원소 주기율표

주족 / 전이 금속 / 주족

금속 | 비금속 | 비활성 기체

	1[a] 1A[b]	2 2A	3 3B	4 4B	5 5B	6 5B	7 7B	8 8B	9 8B	10 8B	11 1B	12 2B	13 3A	14 4A	15 5A	16 6A	17 7A	18 8A
1	1 **H** Hydrogen 1.00794																	2 **He** Helium 4.002602
2	3 **Li** Lithium 6.941	4 **Be** Beryllium 9.012182											5 **B** Boron 10.811	6 **C** Carbon 12.0107	7 **N** Nitrogen 14.00674	8 **O** Oxygen 15.9994	9 **F** Fluorine 18.998403	10 **Ne** Neon 20.1797
3	11 **Na** Sodium 22.989770	12 **Mg** Magnesium 24.3050											13 **Al** Aluminum 26.981538	14 **Si** Silicon 28.0855	15 **P** Phosphorus 30.973762	16 **S** Sulfur 32.066	17 **Cl** Chlorine 35.4527	18 **Ar** Argon 39.948
4	19 **K** Potassium 39.0983	20 **Ca** Calcium 40.078	21 **Sc** Scandium 44.95591	22 **Ti** Titanium 47.867	23 **V** Vanadium 50.9415	24 **Cr** Chromium 51.9961	25 **Mn** Manganese 54.938049	26 **Fe** Iron 55.845	27 **Co** Cobalt 58.933200	28 **Ni** Nickel 58.6934	29 **Cu** Copper 63.546	30 **Zn** Zinc 65.39	31 **Ga** Gallium 69.723	32 **Ge** Germanium 72.61	33 **As** Arsenic 74.92160	34 **Se** Selenium 78.96	35 **Br** Bromine 79.904	36 **Kr** Krypton 83.80
5	37 **Rb** Rubidium 85.4678	38 **Sr** Strontium 87.62	39 **Y** Yttrium 88.90585	40 **Zr** Zirconium 91.224	41 **Nb** Niobium 92.90638	42 **Mo** Molybdenum 95.94	43 **Tc** Technetium [98]	44 **Ru** Ruthenium 101.07	45 **Rh** Rhodium 102.90550	46 **Pd** Palladium 106.42	47 **Ag** Silver 107.8682	48 **Cd** Cadmium 112.411	49 **In** Indium 114.818	50 **Sn** Tin 118.710	51 **Sb** Antimony 121.760	52 **Te** Tellurium 127.60	53 **I** Iodine 126.90447	54 **Xe** Xenon 131.29
6	55 **Cs** Cesium 132.90545	56 **Ba** Barium 137.327	57 ***La** Lanthanum 138.9055	72 **Hf** Hafnium 178.49	73 **Ta** Tantalum 180.9479	74 **W** Tungsten 183.84	75 **Re** Rhenium 186.207	76 **Os** Osmium 190.23	77 **Ir** Iridium 192.217	78 **Pt** Platinum 195.078	79 **Au** Gold 196.96655	80 **Hg** Mercury 200.59	81 **Tl** Thallium 204.3833	82 **Pb** Lead 207.2	83 **Bi** Bismuth 208.98038	84 **Po** Polonium [209]	85 **At** Astatine [210]	86 **Rn** Radon [222]
7	87 **Fr** Francium [223]	88 **Ra** Radium 226.025	89 **†Ac** Actinium 227.028	104 **Rf** Rutherfordium [261]	105 **Db** Dubnium [262]	106 **Sg** Seaborgium [266]	107 **Bh** Bohrium [267]	108 **Hs** Hassium [269]	109 **Mt** Meitnerium [268]	110 **Ds** Darmstadtium [281]	111 **Rg** Roentgenium [272]	112 **Cn** Copernicum [285]	113 **Nh** Nihonium [286]	114 **Fl** Flerovium [289]	115 **Mc** Moscovium [288]	116 **Lv** Livermorium [293]	117 **Ts** Tennessine [294]	118 **Og** Oganesson [294]

*란타넘 계열	58 **Ce** Cerium 140.116	59 **Pr** Praseodymium 140.90765	60 **Nd** Neodymium 144.24	61 **Pm** Promethium [145]	62 **Sm** Samarium 150.36	63 **Eu** Europium 151.964	64 **Gd** Gadolinium 157.25	65 **Tb** Terbium 158.92534	66 **Dy** Dysprosium 162.50	67 **Ho** Holmium 164.93032	68 **Er** Erbium 167.26	69 **Tm** Thulium 168.93421	70 **Yb** Ytterbium 173.04	71 **Lu** Lutetium 174.967
†악티늄 계열	90 **Th** Thorium 232.0381	91 **Pa** Protactinium 231.03588	92 **U** Uranium 238.0289	93 **Np** Neptunium 237.048	94 **Pu** Plutonium [244]	95 **Am** Americium [243]	96 **Cm** Curium [247]	97 **Bk** Berkelium [247]	98 **Cf** Californium [251]	99 **Es** Einsteinium [252]	100 **Fm** Fermium [257]	101 **Md** Mendelevium [258]	102 **No** Nobelium [259]	103 **Lr** Lawrencium [262]

괄호 안의 원자 질량은 특정 방사성 원소 중 가장 오래 지속되거나 가장 중요한 동위원소의 질량이다.

[a] 위의 숫자(1, 2, 3, …, 18)는 국제 순수·응용 화학 연합(International Union of Pure and Applied Chemistry)에서 권장하는 족 번호이다.

[b] 아래의 라벨(1A, 2A, …, 8A)은 미국에서 일반적으로 사용되는 족 번호로, 이 책에서도 사용된다.

자세한 내용은 WebElements^{TM} 웹사이트에서 확인할 수 있다.

탄소-12를 기준으로 한 원자 질량 표

이름	기호	원자 번호	원자 질량	이름	기호	원자 번호	원자 질량
Actinium	Ac	89	227.028	Mendelevium	Md	101	(258)
Aluminum	Al	13	26.9815	Mercury	Hg	80	200.59
Americium	Am	95	(243)	Molybdenum	Mo	42	95.94
Antimony	Sb	51	121.760	Moscovium	Mc	115	(288)
Argon	Ar	18	39.948	Neodymium	Nd	60	144.24
Arsenic	As	33	74.9216	Neon	Ne	10	20.1797
Astatine	At	85	(210)	Neptunium	Np	93	237.048
Barium	Ba	56	137.327	Nickel	Ni	28	58.6934
Berkelium	Bk	97	(247)	Nihonium	Nh	113	(286)
Beryllium	Be	4	9.01218	Niobium	Nb	41	92.9064
Bismuth	Bi	83	208.980	Nitrogen	N	7	14.0067
Bohrium	Bh	107	(267)	Nobelium	No	102	(259)
Boron	B	5	10.811	Oganesson	Og	118	(294)
Bromine	Br	35	79.904	Osmium	Os	76	190.23
Cadmium	Cd	48	112.411	Oxygen	O	8	15.9994
Calcium	Ca	20	40.078	Palladium	Pd	46	106.42
Californium	Cf	98	(251)	Phosphorus	P	15	30.9738
Carbon	C	6	12.0107	Platinum	Pt	78	195.078
Cerium	Ce	58	140.116	Plutonium	Pu	94	(244)
Cesium	Cs	55	132.905	Polonium	Po	84	(209)
Chlorine	Cl	17	35.4527	Potassium	K	19	39.0983
Chromium	Cr	24	51.9961	Praseodymium	Pr	59	140.908
Cobalt	Co	27	58.9332	Promethium	Pm	61	(145)
Copernicium	Cn	112	(285)	Protactinium	Pa	91	231.036
Copper	Cu	29	63.546	Radium	Ra	88	226.025
Curium	Cm	96	(247)	Radon	Rn	86	(222)
Darmstadtium	Ds	110	(281)	Rhenium	Re	75	186.207
Dubnium	Db	105	(262)	Rhodium	Rh	45	102.906
Dysprosium	Dy	66	162.50	Roentgenium	Rg	111	(272)
Einsteinium	Es	99	(252)	Rubidium	Rb	37	85.4678
Erbium	Er	68	167.26	Ruthenium	Ru	44	101.07
Europium	Eu	63	151.964	Rutherfordium	Rf	104	(261)
Fermium	Fm	100	(257)	Samarium	Sm	62	150.36
Flerovium	Fl	114	(289)	Scandium	Sc	21	44.9559
Fluorine	F	9	18.9984	Seaborgium	Sg	106	(266)
Francium	Fr	87	(223)	Selenium	Se	34	78.96
Gadolinium	Gd	64	157.25	Silicon	Si	14	28.0855
Gallium	Ga	31	69.723	Silver	Ag	47	107.868
Germanium	Ge	32	72.61	Sodium	Na	11	22.9898
Gold	Au	79	196.967	Strontium	Sr	38	87.62
Hafnium	Hf	72	178.49	Sulfur	S	16	32.066
Hassium	Hs	108	(269)	Tantalum	Ta	73	180.948
Helium	He	2	4.00260	Technetium	Tc	43	(98)
Holmium	Ho	67	164.930	Tellurium	Te	52	127.60
Hydrogen	H	1	1.00794	Tennessine	Ts	117	(294)
Indium	In	49	114.818	Terbium	Tb	65	158.925
Iodine	I	53	126.904	Thallium	Tl	81	204.383
Iridium	Ir	77	192.217	Thorium	Th	90	232.038
Iron	Fe	26	55.845	Thulium	Tm	69	168.934
Krypton	Kr	36	83.80	Tin	Sn	50	118.710
Lanthanum	La	57	138.906	Titanium	Ti	22	47.867
Lawrencium	Lr	103	(262)	Tungsten	W	74	183.84
Lead	Pb	82	207.2	Uranium	U	92	238.029
Lithium	Li	3	6.941	Vanadium	V	23	50.9415
Livermorium	Lv	116	(293)	Xenon	Xe	54	131.29
Lutetium	Lu	71	174.967	Ytterbium	Yb	70	173.04
Magnesium	Mg	12	24.3050	Yttrium	Y	39	88.9059
Manganese	Mn	25	54.9380	Zinc	Zn	30	65.39
Meitnerium	Mt	109	(268)	Zirconium	Zr	40	91.224

이 표의 원자 질량은 탄소-12를 기준으로 하며, 유효 숫자 여섯 자리까지이지만 일부 원자 질량은 더 정확하게 알려져 있다. 특정 방사성 원소의 경우 (괄호 안의) 숫자는 가장 안정적인 동위원소의 질량수이다.

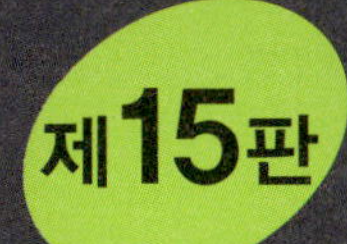

제15판

생활 속의 화학

Hill's **CHEMISTRY** for Changing Times

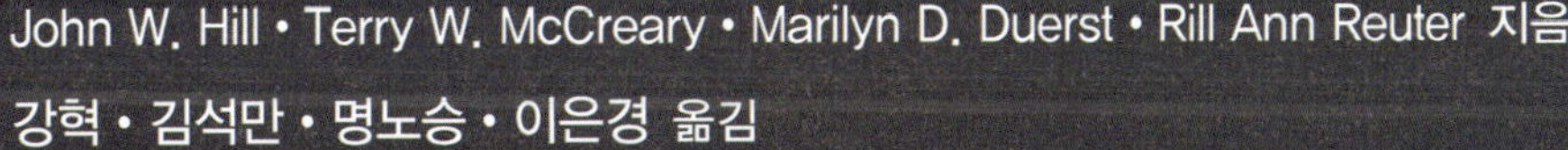

John W. Hill • Terry W. McCreary • Marilyn D. Duerst • Rill Ann Reuter 지음
강혁 • 김석만 • 명노승 • 이은경 옮김

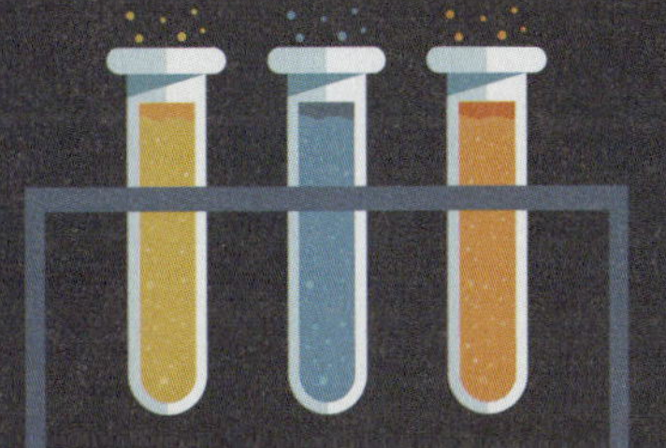

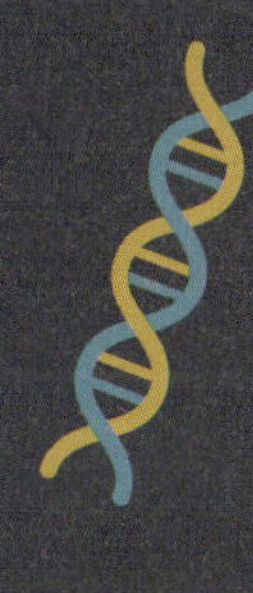

Published by
Pearson Education South Asia Pte Ltd
63 Chulia Street, #15-01
Singapore 049514

Pearson Education offices in Asia: *Bangkok, Beijing, Ho Chi Minh City, Hong Kong, Jakarta, Kuala Lumpur, Manila, Seoul, Singapore, Taipei, Tokyo*

4 3 2 1
29 28 27 26

Authorized translation from the English language edition, entitled 'Hill's Chemistry for Changing Times, 15th edition' by John W. Hill, Terry W. McCreary, Marilyn D. Duerst, and Rill A. Reuter, ISBN 9780134878102, published by PEARSON Education, Copyright © 2020.

발행일: 2026년 1월 2일
공급처: 사이플러스(02-332-6171/sciplus@sciplus.co.kr)
ISBN: 978-981-3352-31-5(93430)
가격: 38,000원

http://pearson.com/asia

역자 서문

이 번역은 우리나라의 화학 비전공 학생들이 더 쉽게 화학을 배울 수 있게 하려는 뜻에서 시작되었다. 원서는 21개 장으로 구성되어 있지만 번역서는 14개 장으로 재편했다. 핵심 개념을 중심으로 흐름을 단순하고 명료하게 정리하여 한 학기 수업에 맞도록 구성하고 예제와 설명은 그대로 살렸다.

15판은 지속가능성과 녹색 화학, 에너지 전환, 신소재, 의약과 건강, 데이터 해석 등 오늘날의 화학에서 중요한 주제를 넓고 깊게 다룬다. 역자들은 이 책을 번역하면서 논리 전개, 정의의 순서, 예제 풀이 단계와 같은 골격을 가능한 한 유지하되, 우리말 문법에 맞게 문장을 가다듬었다. 단위는 SI 체계를 기본으로 쓰고 본문, 표, 그림과 비교하여 수치와 기호를 확인했다. 국내 독자에게 낯선 고유명사와 제도는 원어를 병기하거나 간단한 주석으로 덧붙이기도 했다.

이번 번역 작업은 AI를 이용한 초벌 번역에서 출발했다. 덕분에 반복적인 구문과 표현을 고르게 다듬는 데 도움이 되었다. 그러나 과학 교과서가 요구하는 정확성, 맥락의 적절성, 용어의 일관성은 결국 사람의 몫이었다. 각 장은 해당 분야 전공 역자가 맡아 원문과 초벌본을 문장 단위로 대조하고 수정·감수했다. 특히 개념 정의, 가정과 한계, 수식과 단위, 화학식과 반응식, 안전 관련 경고, 데이터 수치처럼 오류에 민감한 내용은 두 명 이상이 확인했다. 노해의 눈금·범례·단위 표기와 본문이 지시하는 값이 서로 어긋나지 않는지도 점검했다. 요컨대 AI는 도구였고, 최종 결과와 그 책임은 사람에게 있다.

여러 역자가 함께한 번역인 만큼 어투나 용어 선택에 작은 차이가 생길 수 있다. 이를 줄이기 위해 공통 교열 지침을 마련하고, 문체를 교과서 평서형으로 통일했으며, 절과 문단의 길이도 가능한 한 일정하게 유지하려고 노력했다. 전문 용어는 국내 학계와 교육 현장에서 널리 쓰이는 표기를 우선으로 삼았고, 필요한 경우 IUPAC 권장 표기와 국내 표준을 참고하여 용어를 정리했다. 약어는 처음 등장하는 부분에 원어를 병기하고 이후로는 국문으로 표기하는 방식을 따랐다. 서로 다른 번역이 섞이지 않도록 장별 편집 단계에서 검색과 색인 작업을 반복했고, 산화·환원, 엔탈피·엔트로피처럼 서로 짝을 이루는 개념은 설명의 균형이 흐트러지지 않게 맞췄다. 표와 그림의 캡션, 본문 속 상호 교차 참조도 앞뒤가 맞도록 다시 수정했다.

편집 작업도 지난한 과정이었다. 먼저 원문과 초벌본을 나란히 놓고 빠진 곳, 겹친 곳, 뜻이 맞지 않는 곳을 표시한 뒤 용어, 기호, 단위를 한 번에 정리했다. 다음으로 표와 그림을 본문 설명과 대조하고, 각 장 말미의 문제가 본문의 예제와 같은 가정과 조건인지도 확인했다. 마지막으로 색인어와 장·절 제목, 본문에서 언급되는 그림 참조 등을 정리하여 독자가 원하는 개념과 예제를 빠르게 찾을 수 있도록 했다. 21개 장을 14개 장으로 바꾸는 과정에서 설명이 겹치는 부분을 합치고, 반복되는 문장은 흐름을 깨지 않게 축약했다.

아무리 주의를 기울여도 이처럼 분량이 많고 도판이 복잡한 책에는 오탈자나 매끄럽지 않은 문장이 남을 수 있다. 독자가 발견한 오류와 개선을 위한 의견은 앞으로 더 나은 책을 만드는 데 큰 도움이 된다. 피어슨에듀케이션 또는 유통사(사이플러스)로 전달하면 증쇄 시 적극 반영할 것이다. 교과서는 책상 위에서 완성되는 것이 아니라 강의실과 학습의 현장에서 다듬어진다고 믿는다.

이 책의 주요 독자는 화학 비전공 대학생으로 상정했다. 복잡한 수학 전개나 세부 이론에 치우치기보다 개념의 핵심을 분명히 하고 사회·환경·건강·에너지 문제와 연관 지어 왜 배우는지를 드러내는 데 힘을 쏟았다. 본문은 정의를 먼저 밝히고, 곧바로 예와 설명을 이어 맥락을 통해 이해하도록 구성되어 있다. 예제와 문제는 풀이 과정을 단계적으로 보여주어 문제 해결의 생각 순서를 익힐 수 있다. 이 책이 '화학의 언어(기호·식·방정식)를 편하게 읽고 쓰는 법'을 익히고, 데이터를 보고 뜻을 파악하여 논리적으로 판단하는 힘을 기르는 데 도움이 되기를 바란다.

끝으로 분담과 상호 감수, 교정과 재검토에 기꺼이 힘을 보태준 역자들에게 깊이 감사드린다. 기획부터 편집·조판·제작까지 일정과 품질을 흔들림 없이 지켜준 출판사의 노고에도 감사드린다. 독자의 세심한 지적과 조언을 기다리며, 앞으로도 꾸준히 고쳐나가 더 나은 책으로 보답하겠다.

2025년 12월

역자 대표 김석만

저자 서문

1972년에 초판이 출간된 이후 시대가 엄청나게 변했고, 특히 생화학(신경화학, 분자유전학), 환경(지속가능한 실천, 기후 변화), 에너지, 재료, 의약, 건강과 영양의 핵심 분야에서 그 어느 때보다 빠르게 변화하고 있다. 이 책도 그에 맞춰 개정을 거듭하여 15판에 이르렀다. 본문을 전면 수정·보완하고, 녹색 화학을 책 전반에 걸쳐 한층 더 통합했다. 본문 곳곳의 '녹색 화학' 에세이도 최신성에 맞게 업데이트했다. 각 장의 학습목표와 각 장 말미의 문제는 해당 에세이와 체계적으로 연계되어 있다. 15판을 준비하면서 14판 사용자와 검토자의 제안을 수용했을 뿐 아니라, 저자들의 집필·강의·삶의 경험을 반영하고 급변하는 세계의 최신 과학적 성과를 담기 위해 본문을 완전히 개정·업데이트했다.

15판의 특징

- '실험 과제' 활동을 명료화하여 실험의 성공률을 높이고 일상과의 관련성을 강화했다.
- 6장은 보석, 관련 광물, 소금, 귀금속에 대한 논의를 추가했다.
- '영양, 운동, 건강'을 논리적·응집적으로 통합하여 10장에 수록했다.
- 각 장 말미의 문제에 비판적 사고를 요구하는 '전제-결론형 객관식'을 포함했다(예: 전제는 옳으나 결론은 틀림).

개정 사항

- 거의 모든 예제에 해당 주제와 밀접하게 연관된 복습문제 2개(A, B)를 덧붙였다(B가 대체로 더 도전적이다).
- 각 장 말미의 문제를 25% 이상 전면 개정 또는 교체했다. 또한 화학 관련 시사와 현대적 이슈를 강조하는 문제도 포함했다.
- 홀수 번호(파란색) 문제의 정답을 책 뒷부분에 수록했다. 이는 검토자들이 점검하고 저자의 신중한 재검토를 거쳤다.
- 각 장 말미의 문제는 개념을 다룬다는 취지를 명확히 하여 '개념문제'로 시작하고, 난이도가 더 높은 '심화문제'로 이어진다.
- 8장은 물의 고유한 성질 일부를 확장 서술하고, 수질오염 물질과 정수 방법의 서술 체계를 개선했다.
- 다수의 장에서는 지구적 관점을 추가·강화하여 인류가 직면한 과제에 대한 시야를 넓혔다.

강사에게

초판 이후 우리의 지식 기반은 특히 최근 몇 년 사이에 전례 없이 확장되었다. 무엇을 포함하고 무엇을 제외할지 어려운 선택에 직면하게 되었다. 우리는 정보화 시대에 살고 있다. 그러나 정보는 지식이 아니며, 정보가 타당할 수도 있고 그렇지 않을 수도 있다. 그래서 학생이 정보를 평가하도록 돕는 데 초점을 맞추었다. 우리 모두가 언젠가 지혜라는 선물을 얻게 되기를 바란다.

이 책의 핵심 전제는 과학 비전공자를 위한 화학 과목과 과학 전공자를 위한 화학 과목이 분명히 달라야 한다는 점이다. 기본 개념은 지적으로 정직하게 제시하되 난해한 이론이나 엄격한 수학에 초점을 둘 필요는 없고, 현대의 일상적 응용을 풍부하게 포함해야 한다. 책은 보기에도 매력적이고, 이해하기 쉬우며, 흥미롭게 읽을 수 있어야 한다.

미국연방의회에서 심의되는 상당수 법안에는 과학·기술 문제가 포함되지만, 과학자나 공학자가 정계에 진출하는 경우는 드물다. 우리의 건강과 환경에 관한 중요한 결정을 내리는 이들 다수가 과학 훈련을 받지 않았지만, 그들이 과학적 소양을 갖추는 것은 절대적으로 중요하다. 사법 영역의 판결은 종종 과학적 증거에 의존하지만, 과학 지식이 부족한 판사와 배심원이 많다. 비전공자를 위한 화학 과목은 특히 환경 오염, 방사능, 에너지원, 인간 건강 관련 문제에 대한 화학의 실제 응용을 강조해야 한다. 이러한 교양화학을 수강하는 학생들은 미래에 교사, 기업인, 법조인, 입법자, 회계사, 예술가, 언론인, 배심원, 판사가 될 사람들이다.

목표

비전공자를 위한 화학 과목의 주요 목표는 다음과 같다.

- 다양한 전공의 많은 독자를 끌어들인다. 학생이 수강하지 않으면 가르칠 수 없다.
- 독자가 과학 소양을 갖추도록 돕는다. 생산적·창의적·윤리적·참여적 시민이 되려면 과학 지식을 갖추어야 한다.
- 현재적 관심 주제를 활용하여 화학 원리를 설명한다. 현실 세계에서 화학의 중요성을 깨닫게 한다.
- 화학 문제를 개인의 일상과 연관 짓는다. 개인적으로 관련된다고 느낄 때 문제의 의미가 커진다.
- 과학적 방법을 익히게 한다. 과학·기술을 비판적으로 읽어낼 수 있는 판단력을 길러준다(많은 과학 문제가 복잡하고 논쟁적이므로 특히 중요하다).
- 지속가능성과 녹색 화학의 개념을 통해 화학자가 더 안전하고 친환경적인 공정과 제품을 추구함을 보여준다.
- 화학을 '열린 학습 경험'으로 인식하게 한다. 과학에 대한 호기심을 키우고 평생 학습을 이어가게 한다.

다양한 문제

대부분의 장에는 예제와 함께 곧바로 풀어볼 수 있는 복습문제가 제시되어 있다. 각 예제는 특정 유형의 문제 해결 과정을 단계적으로 안내하고, 이어지는 복습문제는 이해를 즉시 점검하도록 돕는다. 많은 예제에는 두 가지 복습문제(A, B)가 따르는데, A는 유사 상황에 예제의 방법을 적용하고, B는 그 방법을 이전에 배운 아이디어와 결합하도록 요구하는 경우가 많다. 다수의 복습문제 B는 실제 화학 지식이 적용되는 맥락에 더 가깝기에, 예제와 각 장 말미의 더 어려운 문제를 잇는 가교 역할을 한다. 복습문제 A와 B는 강사가 예제와 연관된 과제를 손쉽게 배정할 수 있는 틀을 제공한다. 복습문제의 정답은 책 뒷부분에 수록했다.

각 장 말미의 문제(개념문제, 연습문제, 심화문제) 중 홀수 번호(파란색)의 정답도 책 뒷부분에 수록했다. 일부 심화문제는 한층 까다롭고 여러 장의 개념을 요구하며, 또 일부 심화문제는 본문보다 깊게 파고들거나 새로운 아이디어를 제시한다.

학생에게

"거칠고도 소중한 단 한 번뿐인 당신의 삶으로 무엇을 할 계획인가?"

—Mary Oliver(1935~)의 《신작과 선집》 중 〈여름날〉에서

화학의 세계에 오신 것을 환영한다

화학 학습은 자연계에 대한 더 나은 이해, 우리가 직면한 과학적·기술적 질문, 과학 기술 사회의 시민으로서 맞닥뜨릴 선택을 분별하는 힘을 길러주어 독자의 삶을 풍요롭게 할 것이다. 이 과정에서 얻는 역량은 삶의 많은 국면에서 유용하다. 화학을 배운다는 것은 논리적으로, 비판적으로, 창의적으로 사고하는 법을 익히는 일이다. 화학의 언어(기호, 식, 방정식)를 쓰는 법을 배우고, 더 나아가 정보에서 의미를 읽어내는 법을 배운다. 가장 중요한 것은 학습하는 법을 배우는 것이다. 이해의 골격 위에 정리되지 않은 암기는 금세 잊히고 말 것이다.

화학은 우리 삶에 직접적인 영향을 미친다

인체는 어떻게 작동하는가? 아스피린은 어떻게 두통을 완화하고 열을 내리며 심근경색이나 뇌졸중의 위험을 낮추는가? 페니실린은 어떻게 건강한 인체 세포를 해치지 않고 세균을 사멸시키는가? 오존은 유익한가, 위험한가? 우리는 실제로 기후 변화에 직면했는가? 그렇다면 그 심각성은 어느 정도인가? 인간은 기후 변화에 기여하는가? 그렇다면 어느 정도인가? 왜 대부분의 체중 감량 다이어트는 단기적으로는 효과가 있어 보이나 장기적으로는 실패하는가? 왜 우리의 기분은 기쁨과 슬픔을 오가는가?

화학자들은 이러한 질문의 답을 찾아왔고, 우주의 비밀을 푸는 지식을 계속 추구하고 있다. 수수께끼가 풀릴 때 우리의 삶의 방향이 달라진다. 우리는 약물, 살생물제, 식품 첨가물, 비료, 연료, 세제, 화장품, 플라스틱 등 '화학 물질의 세계'에서 살고 있다. 동시에 독성 폐기물, 오염된 공기와 물, 줄어드는 석유 자원이라는 세계에서 살고 있기도 하다. 화학 지식은 이러한 세계의 이점과 위험을 더 잘 이해하게 해주며, 미래에 현명한 결정을 내릴 수 있도록 도와준다.

우리는 화학적으로 의존한다

우리는 태내에서부터 화학 물질에 의존한다. 산소, 물, 포도당, 아미노산, 트라이글리세리드 등 수많은 화학 물질을 지속적으로 공급받아야 한다.

화학은 어디에나 있다. 세계는 화학 시스템이며, 우리 또한 그렇다. 우리 몸은 견고하면서도 섬세한 시스템이며, 끊임없이 일어나는 무수한 화학 반응이 인체 기능을 가능하게 한다. 학습, 운동, 감정, 체중 증감 같은 사실상 모든 생명 현상은 이러한 반응 덕분에 가능하다. 우리가 섭취하는 모든 것은 몸이 효과적으로 작동하는지를 결정하는 복잡한 과정의 일부이다. 어떤 물질은 섭취 시 신체 기능을 멈추게 하는 반응을 일으킬 수 있고, 또

어떤 물질은 영구적 장애를 야기할 수 있으며, 다른 것들은 삶을 불편하게 만들 수 있다. 올바른 음식의 균형은 신체가 최적의 기능을 하기 위한 반응을 구동하는 화학 물질을 제공한다. 화학을 배우면 신체가 어떻게 작동하는지 더 잘 이해하게 되어 스스로를 적절히 돌볼 수 있을 것이다.

변화하는 시대

"유일한 상수는 변화, 즉 지속되는 변화, 피할 수 없는 변화이며, 이것이 오늘날 사회를 지배하는 요소이다. 이제는 있는 그대로의 세계만이 아니라 앞으로 맞이할 세계까지 고려하지 않고는 어떤 현명한 결정도 더 이상 내릴 수 없다."

—Isaac Asimov(1920~1992)

우리는 인류가 겪어온 가장 큰 문제들에 직면해 있으며, 이러한 딜레마에는 완벽한 해답이 없어 보인다. 때로는 나쁜 대안들 사이에서 최선의 선택을 강요받고, 그 결정은 일시적 처방에 그치기도 한다. 그럼에도 바르게 선택하려면 선택지가 무엇인지 알아야 한다. 실수는 비싼 대가를 치르고, 언제나 바로잡을 수 있는 것도 아니다. 오염은 쉽게 일어나지만 정화하는 데에는 막대한 비용이 든다. 중대한 결정을 내리기 전에 가능한 한 많은 정보를 모으고 신중히 평가해야 실수를 피할 수 있다. 과학은 정보를 수집·평가하는 수단이며, 화학은 모든 과학의 중심에 있다.

화학과 인간의 조건

독자가 '화학 공부는 지루하지 않고 어렵지 않다'는 것을 알기 바란다. 오히려 신체, 마음, 환경 그리고 우리가 사는 세상을 더 잘 이해함으로써 삶을 다방면으로 풍요롭게 해준다. 마지막에는 우주를 이해하려는 탐구가 인간다움의 핵심이라는 사실을 깨닫게 된다. 미국의 교육자 Horace Mann(1796~1859)이 1859년에 안티오크대학 연설에서 제기한 도전 과제를 소개한다. "인류를 위해 어떤 승리를 거두기 전에는 죽음을 부끄러워하라."

추모사

15판은 2017년 8월 7일 림프종으로 별세한 John W. Hill의 뜻을 기리기 위해 헌정되었다. 《Hill's Chemistry for Changing Times》로 바뀐 책 제목도 그에 대한 헌사이다. Hill은 40여 년간 교양 화학 교육을 선도한 교수이자 신사이고 우리의 친구였다.

Hill은 조교수 시절에 머레이주립대학교 안식년 강의로 '소비자 화학'을 맡았고, 흔히 '시인을 위한 화학'이라 폄하되곤 하는 과목을 진심으로 즐기며 가르쳤다. 그는 대다수 학생이 평생 단 한 과목만 듣게 될 과학 수업에서 화학을 빛나게 했고, 탁월했다. 위스콘신대학교(리버폴스)에서 교편을 잡은 초기에 교양 화학을 맡았으나 시중 교과서에 만족하지 못했고, 강의 노트와 수많은 문헌의 탐색·집필이 1972년 초판으로 결실을 맺었다. 초창기 판본 작업은 손으로 원고를 쓰고, 우편으로 교정지를 주고받으며, 도판과 사진을 준비해 표기하는 등 실로 방대했다.

그는 조용하고 겸손했으며, 말장난을 즐겼다. 자신의 작업이 수많은 학생에게 준 영향을 아마 끝내 실감하지 못했을 것이다. 그와 함께 일할 수 있었던 것은 특권이었다.

Terry W. McCreary

1981년 위스콘신대학교(리버폴스)에서 1년 임용 교수직에 지원하면서 만난 Hill은 내가 비전공자 교육에 열정과 적성을 가졌음을 알아보았다. 그 1년은 34년으로 이어졌다. 수십 학기 동안 이 책의 최신판으로 비전공자를 가르치며 지치지 않았다.

우리는 학습의 심화와 교실 시연의 교육 효과에 대해 수없이 토론했다. 그는 농담으로 나를 '마법사 부인'이라고 불렀다. 함께 어린이 과학책도 썼다. Hill은 말수가 적고 인내심이 깊었으며, 유쾌한 과학 문구가 적힌 티셔츠를 수업에 즐겨 입고 왔다. 동료로 함께한 것은 기쁨이자 영광이었다.

Marilyn D. Duerst

이전 판의 서평으로 인연이 시작되었다. 한동안은 우편·전화·이메일로만 교류했지만 대화는 언제나 유익하고 사색을 불러일으켰다. Hill은 정확한 정보를 정확하고 명확하게 제시하려 했고, 단순한 사실 나열이 아니라 그 사실이 어떻게 확립되었는지의 역사적 맥락을 제공하여 학생들이 '왜 우리가 아는 것을 알게 되었는지'를 이해하도록 도왔다.

화학은 그에게 정적인 학문이 아니었다. 새로운 발전과 그 일상의 영향에 촉각을 곤두세웠다. 우리 모두(비전공자까지) 화학의 역할과 관련성을 이해하는 일이 중요하다고 믿었다. 그와 함께 일한 것은 영광이었다.

Rill Ann Reuter

저자 소개

John W. Hill

아칸소대학교에서 박사 학위를 받았다. 유기 화학자로서 50편 이상의 논문을 발표했고, 이 책을 포함해 여러 입문용 화학 교과서를 집필 또는 공동집필했으며, 모두 수 차례 개정되었다. 전국 학회에서 60편 이상을 발표하고, 우수 강의상을 다수 수상했으며, 미국화학회(ACS)에서 활발히 활동했다.

Terry W. McCreary

버지니아공과대학교에서 분석화학 박사 학위를 받았다. 1988년부터 머레이주립대학교에서 일반·분석화학을 가르쳤고, 2008년 리전트 우수 강의상을 수상했다. 켄터키과학아카데미 회원, 《Journal of Pyrotechnics》 기술 편집장을 지냈다. 일반·분석화학에 대한 실험 매뉴얼의 저자이고, 《General Chemistry》(John Hill, Ralph Petrucci, Scott Perry 공저), 고체 로켓 추진제의 준비와 성질을 다룬 《Experimental Composite Propellant》의 저자이다. 트리폴리로켓협회에서 설계·제작·비행에 참여했고(2010년 회장), 원예·기계가공·목공·천문을 즐긴다.

Marilyn D. Duerst

세인트올라프대학교를 졸업하고(화학·수학·독일어 전공, 1963) 캘리포니아대학교(버클리)에서 석사 학위를 받았다(1966). 반세기 넘게 폭넓은 연령층을 가르쳤으나 주로 비전공자·예비·현직 교사를 대상으로 했다. 1981~2015년 동안 위스콘신대학교(리버폴스)에서 재직했으며, 2006년에 우수 강의상 수상했다. 현재 위스콘신대학교(리버폴스)의 저명한 화학 강사이며, 미국화학회 펠로우로 지역·전국 단위의 대중 홍보 활동에 헌신하고 있다. 1999년 John W. Hill과 함께 아동을 대상으로 한 《The Crimecracker Kids and the Bake-shop Break-in》를 저술했다. 조류 관찰가·암석 애호가·자연 사진가로서 모래·광물·원소를 수집하고, 4대륙 여행을 즐기며, 12개 언어를 공부했다.

Rill Ann Reuter

코네티컷대학교 화학과를 졸업하고 예일대학교에서 생화학 석사 학위를 받았다. 예일·프린스턴·매사추세츠 의대 연구실에서 12년간 주로 핵산 연구에 종사했다. 1980년 미네소타로 이주 후 세인트메리즈대학교, 세인트테레사대학교, 위노나주립대학교에서 강의하고 광합성 연구를 수행했으며, 2015년 위노나주립대학교 명예교수로 은퇴했다. 일반화학·비전공·간호 예비 학생을 가르쳤고, 35년간 지역과학박람회에 참여했으며, 미국화학회 회원이다. 역사·정치·고전 음악에 깊은 관심을 갖고 있다.

요약 차례

차례

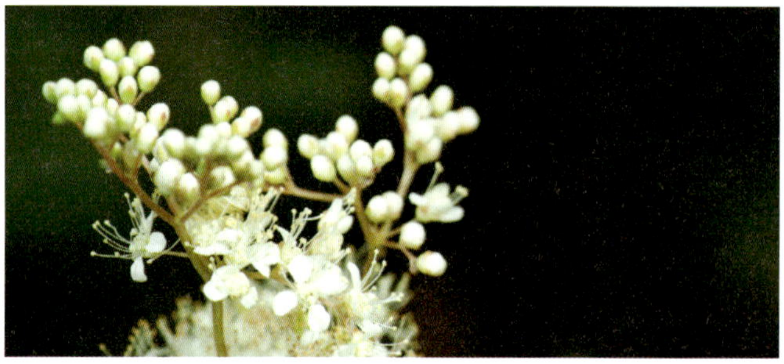

14 독성 물질 465

화학

1

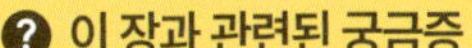

? 이 장과 관련된 궁금증

1. 화학을 공부해야 하는 이유는 무엇인가?
2. 화학 물질이 우리에게 해로운 것이 사실인가?
3. 과학자는 왜 "더 많은 연구가 필요하다"라고 자주 말하는가?
4. 과학자는 왜 당장 응용할 수 없는 연구에 매달리는가?
5. 우리는 납을 금으로 바꿀 수 있는가?

화학은 실험실뿐만 아니라 모든 곳에 존재한다. 주방이 바로 우리가 음식을 먹는 실험실이라는 사실을 알고 있는가? 옥수수 전분이 볶음 요리를 걸쭉하게 만들고, 빵 반죽이 부풀고, 고기에 맛있는 갈색 크러스트가 생기는 것은 모두 바로 화학 덕분이다! 태양 전지부터 석영 결정에 이르기까지 우리가 생각할 수 있는 모든 천연 및 제조 제품은 화학의 결과물이다.

사계절을 위한 과학 무한한 가능성의 지평을 향한 여정에 함께하자. 우리 삶의 모든 측면에 스며든 연구 분야인 화학을 탐구할 것이다. 주변을 둘러보자. 우리가 먹는 음식, 숨쉬는 공기, 입는 옷, 우리를 보호하는 건물, 타고 다니는 자동차, 건강을 유지하는 데 도움이 되는 의약품 등 눈에 보이는 모든 것이 화학 물질로 만들어져 있다.

우리가 하는 모든 일에는 화학이 관여한다. 샌드위치를 먹을 때, 목욕을 할 때, 음악을 들을 때, 자동차를 운전할 때, 자전거를 탈 때에도 화학을 사용한다. 심지어 잠을 자는 동안에도 우리 몸 전체에서 화학 반응이 끊임없이 일어나고 있다.

화학은 사회 전체에도 영향을 미친다. 건강과 의학의 발전에는 많은 화학이 관여한다. 유전공학, 신약, 영양 개선 등 생명공학의 놀라운 발전에는 엄청난 화학 성분이 포함되어 있다. 환경적 문제를 이해하고 해결하려면 화학에 대한 지식과 응용이 필요하다. 오존층 파괴와 기후 변화라는 전 세계적 문제들은 모두 화학과 관련되어 있다.

▲ 유기농 식품은 화학 물질이 전혀 없는 것은 아니다. 사실, 유기농 식품은 완전히 화학 물질로 이루어져 있다.

그렇다면 화학이란 정확히 무엇일까? 1.5절에서 이 질문에 대해 자세히 살펴보겠다. '화학'이란 무엇인가? 화학이라는 단어가 불길하게 들릴 수도 있지만, 화학은 단순히 모든 물질의 이름일 뿐이다. 금, 물, 염, 당, 공기, 커피, 아이스크림, 컴퓨터, 연필 등 모든 것이 화학 물질이거나 화학 물질로 만들어진다.

물질적인 것들은 변화를 겪는다. 단풍잎이 가을에 노랗게 물들고 빨갛게 변하는 것처럼 이러한 변화는 자연적으로 일어나기도 한다. 촛불을 켜거나 달걀을 요리할 때처럼 우리는 종종 물질을 더 유용하게 만들기 위해 의도적으로 물질을 변화시킨다. 이러한 변화의 대부분은 에너지의 변화를 동반한다. 예를 들어 휘발유를 태우면 그 과정에서 자동차를 추진하는 데 사용할 수 있는 에너지가 방출된다. 화학은 생명을 정의하는 데 도움이 된다. 살아있는 화학 물질 집합과 죽은 유기체의 화학 물질 집합 또는 살아 있지 않은 무생물 표본을 어떻게 구별할 수 있을까? 살아있는 분자 집합은 스스로 복제할 수 있고 주변 환경으로부터 에너지를 수확할 수 있는 방법을 가지고 있다.

우리 몸은 놀라운 화학 공장이다. 우리가 섭취한 음식을 피부, 뼈, 혈액, 근육으로 바꾸고, 모든 활동에 필요한 에너지를 생성한다. 이 놀라운 화학 공장은 우리가 살아있는 한 하루 24시간 쉬지 않고 계속 가동된다. 화학은 매 순간 우리 삶에 영향을 미치며 사회 전반도 변화시킨다. 화학은 우리 문명을 형성한다.

1.1 과학과 기술: 지식의 뿌리

학습 목표
- 과학, 화학, 기술, 연금술을 정의한다.
- 녹색 화학 및 지속가능성 화학의 중요성에 대해 설명한다.

1 화학을 공부해야 하는 이유는 무엇인가?

화학은 많은 학문 영역의 일부이며 우리가 하는 모든 일에 영향을 미친다. 화학에 대한 지식은 현대 생활의 여러 측면을 이해하는 데 도움이 된다.

화학은 과학이지만, 과학이란 무엇인가? **과학**(science)은 본질적으로 주의 깊은 관찰과 실험을 통해 자연 현상에 대한 이해와 설명을 찾는 과정이다. 과학은 우리가 새로운 지식을 얻는 주요 수단이다. 과학은 자연과 우리의 물리적 세계에 대한 지식을 축적하고 그 지식을 설명하는 데 사용하는 이론을 생성한다. **화학**(chemistry)은 물질의 거동과 물질이 다른 물질 및 일부 형태의 에너지와 상호작용하는 방식을 다루는 지식 영역이다.

과학과 기술은 종종 서로 혼동되는 경우가 많다. **기술**(technology)은 실용적인 목적을 위해 지식을 응용하는 것이다. 기술은 과학보다 훨씬 이전인 선사 시대부터 존재했다. 불의 발견은 곧 음식을 조리하고 도자기를 굽고 광석을 제련하여 구리와 같은 금속을 생산하는 데 사용되었다. 발효의 발견은 맥주와 와인 제조로 이어졌다. 이러한 작업은 관련된 과학적 원리를 이해하지 못한 채 이루어졌다.

약 2,500년 전, 그리스 철학자들은 물질의 거동을 설명하기 위한 화학 이론, 즉 합리적인 설명을 세우려 했다. 이러한 철학자들은 일반적으로 실험을 통해 그들의 이론을 검증하지 않았다. 그럼에도 불구하고, 주로 아리스토텔레스에 기인한 자연관은 이후 20세기 동안 서양의 물질 세계의 작용에 대한 사고를 지배했다.

화학의 실험적 뿌리는 기원전 700년경 아랍 세계에서 시작되어 중세 유럽으로 퍼진 기초적 형태의 화학인 **연금술**(alchemy)에 있다. 연금술사들은 값싼 금속을 금으로 바꿀 수 있는 '철학자의 돌'과 영생을 가져다 줄 불로초를 찾았다. 비록 이러한 목표를 달성하지는 못했지만, 연금술사들은 오늘날에도 여전히 사용되는 증류 및 추출과 같은 많은 새로운 화학 물질과 완벽한 기술을 발견했다.

중세 말기에 진정한 화학 과학이 모습을 드러내기 시작했다. 물질의 거동이 실험을 통해 규명되기 시작했으며, 이러한 실험을 통해 생겨난 이론은 점차 초기 철학자들의 권위를 밀어냈다. 1800년대에는 더 많은 과학자가 물질의 거동을 폭넓고 깊이 있게 연구하면서 지식이 사실상 폭발적으로 증가했다. 1950년대와 1960년대 초까지 과학 전반과 특히 화학은 우리 삶에서 관련성이 점점 더 커졌다. 실험실에서 개발된 비료, 합금, 의약품, 플라스틱 등이 일상생활에 접목되었다. 세계 최대 화학 기업 중 하나인 듀폰(DuPont)은 1970년대까지 "화학을 통한 더 나은 삶"이라는 슬로건을 효과적으로 사용했다.

인류 역사의 대부분 동안 사람들은 지구의 자원을 착취하면서 안타깝게도 그 결과에 대해 거의 생각하지 않았다. 생물학자 Rachel Carson(1907~1964)은 일찍이 환경 보호에 대한 경각심을 일깨운 인물이다. 그녀의 저서 《침묵의 봄》(1962)의 핵심 주제는 해충을 통제하기 위해 사용하는 화학 물질이 인류를 포함한 모든 생명을 파괴할 위협이 된다는 것이었다. 살충제 업계와 그 지지자들은 Carson을 선동가라고 강력하게 비난했지만, 일부 과학자들은 Carson을 지지하는 목소리를 높였다. 그러나 1960년대 후반에 이르러 여러 종의 새가 멸종위기종에 처하고 많은 강, 호수, 바다에서 물고기가 사라지자 많은 과학자가 Carson의 입장에 동조하게 되었다. Carson의 견해에 대한 대중의 지지는 압도적이었다.

▲ Rachel Carson의 《침묵의 봄》은 여러 가지 심각한 환경 문제를 지적한 최초의 저서 중 하나이다.

대중의 관심이 높아짐에 따라 최근 몇 년 동안 화학자들은 **녹색 화학**(green chemistry)의 개념을 발전시켰다. 이는 오염을 사후에 처리하는 것이 아니라, 그 근원에서부터 예방하거나 감소하는 것을 목표로 한 물질과 공정을 사용하는 접근법이다. 이러한 접근 방식은 21세기 첫 10년 동안 **지속가능한 화학**(sustainable chemistry)이라는 개념으로 더욱 확장되었다. 지속가능한 화학은 현 세대의 필요를 충족시키는 동시에 미래 세대의 필요를 훼손하지 않도록 설계된 화학을 의미한다. 지속가능성은 자원을 보존하고, 재생가능한 자원으로부터 환경 친화적인 제품을 생산하는 것을 지향한다.

2 화학 물질이 우리에게 해로운 것이 사실인가?

우리가 보고, 냄새 맡고, 맛보고, 만질 수 있는 모든 것은 화학 물질이거나 화학 물질로 만들어져 있다. 화학 물질은 객관적으로 좋은 것도 나쁜 것도 아니다. 화학 물질은 좋은 용도로 쓰일 수도 있고, 나쁜 용도로 쓰일 수도 있으며, 그 중간 정도의 용도로 쓰일 수도 있다.

화학 물질 자체는 좋지도 나쁘지도 않다. 화학 물질을 잘못 사용하면 문제를 일으킬 수 있지만, 올바르게 사용하면 화학 물질은 수많은 생명을 구하고 지구 전체 삶의 질을 향상시켰다. 염소와 오존은 끔찍한 질병을 일으키는 박테리아를 죽이며, 약물과 예방접종은 고통을 덜어준다. 암모니아와 같은 비료는 식량 생산을 늘리고, 석유는 난방, 냉방, 조명, 운송에 필요한 연료를 제공한다. 요컨대 화학은 과거 강력한 통치자들도 구할 수 없었던 생필품과 사치품을 평범한 사람들에게 제공했다. 화학이 없다면 생명 자체가 불가능할 정도로 화학은 우리 삶에 필수적인 존재이다.

▲ 한 세기 전만 해도 오염된 식수는 콜레라와 기타 질병 발생의 원인이 되곤 했다. 현대의 정수 처리는 화학 물질을 사용하여 고형 물질을 제거하고 질병을 일으키는 박테리아를 죽여 물을 안전하게 마실 수 있도록 한다.

자가평가문제

1. 화학을 이해함으로써 가능해진 기술 발전에 해당하지 않는 것은 무엇인가?
   a. 테프론과 같은 붙지 않는 표면으로 코팅된 요리 팬
   b. 납 또는 기타 금속을 금으로 바꾸는 능력
   c. 의약품을 이용한 사람의 수명 연장
   d. 석유 의존도를 낮추기 위한 대체 연료 공급원

2. 연금술에 대한 설명으로 옳은 것은 무엇인가?
   a. 자연에 대한 철학적 사색
   b. 환경적 문제와 관련된 화학
   c. 현대 화학의 선구자
   d. 실용적인 목적을 위한 지식의 응용

3. Rachel Carson은 《침묵의 봄》에서 지구상의 생명체가 어떤 이유로 파괴될 수 있다고 주장하는가?
   a. 보툴리누스 중독
   b. 핵전쟁
   c. 인구 과잉
   d. 살충제

4. 녹색 화학의 목표는 무엇인가?

a. 저렴한 녹색 염료 생산하기 b. 기업에게 큰 부를 제공하기
c. 오염 감소하기 d. 사막을 숲과 초원으로 바꾸기

5. 다음 중 나쁜 화학 물질은 무엇인가?
a. 트리니트로톨루엔(TNT) b. 사이안화 수소
c. 보툴리누스 독소 d. 앞의 보기 모두 아님

정답: 1. b, 2. c, 3. d, 4. c, 5. d

1.2 과학: 재현가능, 검증가능, 잠정적, 예측적, 설명가능

학습 목표 • 가설, 과학 법칙, 과학 이론, 과학 모형을 정의하고 과학에서 이들의 관계를 설명한다.

과학을 정의했지만, 과학에는 다른 학문과 구별되는 몇 가지 특징이 있다.

과학자들은 종종 현재와 미래에 대해 의견이 일치하지 않지만, 그렇다고 해서 과학이 단순히 추측 게임일 뿐이며 어느 쪽이 맞느냐가 중요한가? 결코 그렇지 않다. 과학은 증거, 관찰, 가설에 대한 실험적 테스트를 기반으로 한다. 그러나 과학은 변함없는 사실들의 집합체가 아니다. 우리는 자연을 우리의 선입견에 억지로 맞출 수 없다. 과학은 오류를 수정하는 데는 능숙하지만, 진리를 확립하는 것은 훨씬 어려운 과제이다. 과학은 아직 끝나지 않은 작업이다. 우리가 과학에서 배운 것들은 수백만 권의 책과 학술지를 가득 채우고 있지만, 우리가 아는 것과 비교했을 때 우리가 아직 모르는 것은 훨씬 더 많다.

과학적 데이터는 재현가능해야 한다

과학자는 주의 깊게 관찰하여 데이터를 수집한다. 데이터는 **재현가능**해야 한다. 한 과학자가 보고한 데이터는 다른 과학자들도 동일하게 관찰할 수 있어야 한다. 이를 위해 정밀한 측정이 필요하며 조건은 철저하게 통제하고 상세히 설명해야 한다. 과학적 연구는 다른 과학자들의 검증을 받기 전까지는 완전히 받아들여지지 않으며, 이 과정을 **동료 검토**라고 한다.

하지만 관찰은 과학의 지적 과정의 시작에 불과하다. 과학적 발견에는 여러 가지 경로가 있으며, 그중 하나가 그림 1.1에 나와 있다. 그러나 일반적인 규칙은 없다. 과학은 발견을 이뤄내는 간단한 과정이 아니다.

과학적 가설 검증가능

과학자들은 단순히 자신이 맞다고 생각하는 것을 주장하지 않는다. 그들은 관찰된 데이터에 대한 잠정적인 설명으로 검증가능한 **가설**(hypotheses; 교육받은 추측, 단수형 가설)을 설정한다. 그리고 실험을 설계하고 수행하여 이러한 가설을 검증한다. 실험은 과학과 예술과 인문학을 구분한다. 인문학에서는 수천 년 전에 논의되었던 동일한 질문에 대해 사람들이 여전히 논쟁(진리란 무엇인가? 아름다움이란 무엇인가?)을 벌인다. 이러한 논쟁이 지속되는 이유는 제안된 답을 객관적으로 검증하고 확인할 수 없기 때문이다.

과학자들은 예술가나 시인처럼 상상력이 풍부하고 창의적인 경우가 많다. 그러나 과학의 기본 원칙들은 검증가능하다. 대부분의 과학적 질문에 답하기 위해 실험을 고안할 수 있다. 아이디어를 검증하여 결과를 확인하거나 거부할 수 있다. 어떤 아이디어는 잠시 동안은 받아들여지지만, 추가 연구를 수행하면 거부될 수도 있다. 예를 들어 오랫동안 운동을 하면 근육이 피로해지고 젖산이 축적되어 근육통이 생긴다고 생각했다. 최근의 연구 결과에 따르면 젖산이 근육의 피로를 지연시키고 근육이 피곤하고 아픈 원인은 근육 세포 내부의 칼슘 이온 누출로 인한

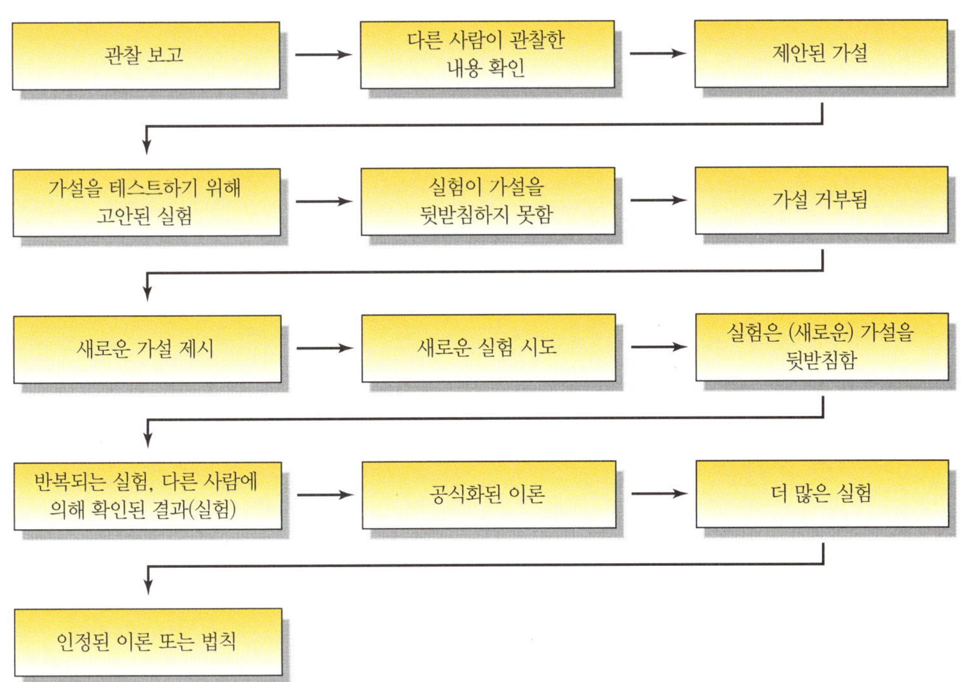

◀ **그림 1.1** 가능한 과학적 작용. '관찰 보고'에서 '이론 또는 법칙으로 받아들여지기'까지는 수년이 걸릴 수 있다. 새로운 객관적인 지식을 얻는 데는 많은 시간과 노력이 필요하다.

수축 약화 등 다른 요인과 관련이 있을 수 있다는 사실이 밝혀졌다. 과학자들은 많은 실험을 통해 확고한 지식의 토대를 구축하여 새로운 세대가 과거를 바탕으로 새로운 지식을 쌓을 수 있도록 했다.

대량의 과학적 데이터는 종종 짧은 언어적 진술이나 수학적 진술로 요약되며, 이를 **과학 법칙**(scientific law)이라고 부른다. 예를 들어 아일랜드 출신의 Robert Boyle(1627~1691)은 기체에 대한 많은 실험을 수행했다. 이러한 실험을 통해 그는 기체에 가해지는 압력이 증가하면 기체의 부피가 감소한다는 보일의 법칙(Boyle's law)을 확립했다. 수학적으로 보일의 법칙은 $PV = k$로 쓸 수 있는데, 여기서 P는 기체에 가해지는 압력, V는 기체의 부피, k는 상수이다. P가 2배가 되면 V는 반으로 줄어든다. 과학 법칙은 보편적이다. 특정 조건하에서는 관측가능한 우주의 모든 곳에 적용된다.

3 과학자는 왜 "더 많은 연구가 필요하다"라고 자주 말하는가?

더 많은 데이터는 과학자들이 가설을 더 잘 정의하고, 더 명확하고, 더 적용할 수 있도록 구체화하는 데 도움이 된다.

과학 이론은 잠정적이고 예측적이다

과학자들은 축적된 지식을 이론이라고 하는 세부적인 설명의 뼈대 위에 정리한다. **과학 이론**(scientific theory)은 어떤 현상에 대한 현재 가장 최선의 설명을 나타낸다. 본질적으로 법칙은 "이렇게 된다"라고 말하는 반면에 이론은 "왜 이렇게 되는가"라고 설명한다.

어떤 사람은 과학이 절대적이라고 생각하지만, 이는 사실과 거리가 멀 수 있다. 이론은 항상 잠정적인 것이다. 이론은 새로운 관찰의 결과로 수정되거나 심지어 폐기되어야 할 수도 있다. 예를 들어 1800년대 초에 제안된 원자 이론은 원자가 더 작은 입자로 구성되어 있다는 사실을 알게 되면서 광범위하게 수정되었다. 과학의 큰 부분을 차지하는 지식은 빠르게 성장하고 있으며 항상 변화하고 있다.

이론은 과학적 지식을 체계화하며 예측 가치에도 유용하다. 이론에 근거한 예측은 원래 연구자와 다른 과학자들에 의해 추가 실험으로 검증된다. 성공적인 예측을 하는 이론은 일반적으로 과학계에서 널리 받아들여진다. 한 분야에서 개발된 이론은 다른 분야에서도 적용되는 경우가 많다.

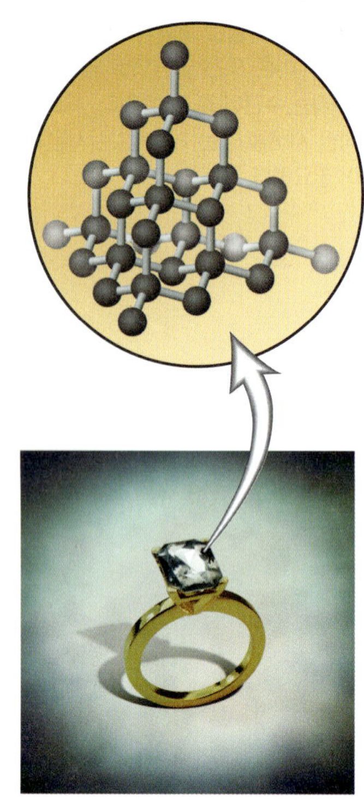

▲ 다이아몬드의 분자 모형은 다이아몬드가 단단한 이유를 설명하는 치밀하고 견고한 구조를 나타낸다.

설명가능한 과학적 모형

과학자들은 복잡한 현상을 설명하기 위해 종종 모형을 사용한다. **과학 모형**(scientific model)은 눈에 보이지 않는 작용을 표현하기 위해 구체적인 물체나 그림을 사용한다. 예를 들어 눈에 보이지 않는 기체의 입자는 구슬이나 당구공으로, 또는 종이에 그려진 점이나 원으로 시각화할 수 있다.

우리는 물 한 컵을 일정 시간 그대로 두면 증발이라는 과정을 통해 물이 사라진다는 것을 알고 있다(그림 1.2). 과학자들은 기체분자 운동론(kinetic-molecular theory)을 통해 증발 현상을 설명하는데, 이 이론은 액체가 분자라 불리는 미세한 입자로 이루어져 있고 이들이 끊임없이 운동하면서 서로 인력에 의해 결합되어 있다고 제안한다. 당구대 위의 당구공처럼 분자는 서로 충돌한다. 때때로 당구에서 '하드 브레이크'가 발생하면 공 하나가 밖으로 튀어나가기도 한다. 마찬가지로 액체의 일부 분자들은 충돌을 통해 충분한 에너지를 얻어 이웃 분자들과의 인력을 극복하고 액체로부터 벗어나 공기 중에 널리 퍼져 있는 분자들 사이로 흩어진다. 그 결과 유리잔 속의 물은 점차 사라진다. 이러한 모형은 단순히 증발이라는 이름만을 알려주는 것이 아니라, 그 현상에 대한 이해를 제공한다.

실험을 수행하고 이론을 발전시키며 모형을 구성할 때 두 요소 사이에 보이는 연관성, 즉 상관관계가 반드시 한쪽이 다른 쪽을 일으킨다는 인과관계를 의미하는 것은 아니라는 점을 유념하는 것이 중요하다. 예를 들어 많은 사람이 금계국이 피는 가을에 알레르기로 고통받는다. 그러나 연구에 따르면 이러한 알레르기의 주요 원인은 돼지풀 꽃가루(ragweed pollen)이다. 돼지풀의 개화와 가을철 알레르기 사이에는 상관관계가 있지만, 돼지풀 꽃가루가 원인은 아니다. 실제 원인은 같은 시기에 개화되는 돼지풀이다.

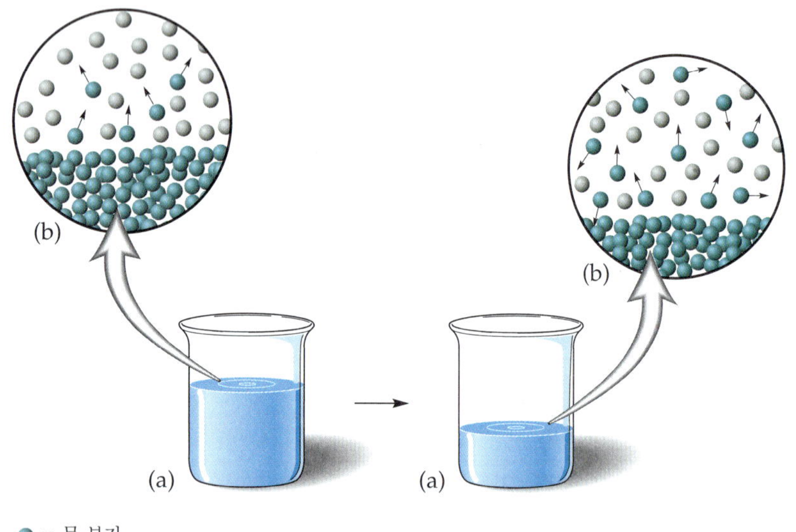

▲ **그림 1.2** 물의 증발. (a) 물이 담긴 용기를 공기 중에 열어 두면 물이 서서히 사라진다. (b) 과학자들은 분자의 운동을 보여주는 모형을 통해 증발을 설명한다.

과학의 한계

어떤 사람은 우리가 직면한 많은 문제를 과학의 방법으로만 접근한다면 많은 문제를 해결할 수 있다고 말한다. 과학자의 절차를 사회적, 정치적, 윤리적, 경제적 문제에 적용할 수 없는 이유는 무엇일까? 그리고 왜 과학자들은 환경적, 사회적, 정치적 문제에 대해 동의하지 않을까?

의견 불일치는 종종 변수를 통제할 수 없기 때문에 발생한다. **변수**(variable)는 실험이 진행되는 동안 변경될 수 있는 어떤 것이다. 예를 들어 실험실에서 압력 변화에 따라 기체의 부피가 어떻게 변하는지를 연구하고 싶다면 온도와 기체의 양과 종류와 같은 인자를 일정하게 유지할 수 있다. 반면에 특정 오염 물질의 낮은 수치가 인구의 건강에 미치는 영향을 확인하고자 한다면 건강에 영향을 미치는 개인의 식단, 습관, 다른 물질에 대한 노출과 같은 변수를 통제하는 것은 거의 불가능할 것이다. 우리는 오염 물질의 건강적 영향에 대해 관찰하고 가설을 세우고 실험을 할 수는 있지만, 결과 해석이 어렵고 이견이 있을 수 있다.

과학이란 무엇인가?

책임감 있는 뉴스 미디어는 일반적으로 우세한 증거가 어디에 있든 사안의 양쪽 측면을 모두 제시하며 공정성을 유지하려고 노력한다. 과학에서는 증거가 한쪽이 단순히 틀렸다는 것을 나타내는 경우가 많다. 과학자들은 평형이 아닌 정확성을 추구한다. 평평한 지구에 대한 아이디어는 (대략적인) 구형 지구에 대한 아이디어와 동등한 신빙성을 부여받지 못한다. 실험적 검증과 동료 검토를 거친 아이디어만 유효한 것으로 간주된다. 아름답고, 우아하고, 심지어 성스러운 아이디어도 실험적 데이터에 의해 무효화될 수 있다. 예를 들어 1543년까지만 해도 태양이 지구 주위를 돈다는 생각은 신성불가침한 것으로 여겨졌다.

과학은 민주적인 과정이 아니다. 다수결의 원칙은 건전한 과학을 무엇으로 규정할지를 결정하지 않는다. 과학은 거짓으로 판명되거나 실험에 의해 검증되지 않은 개념을 받아들이지 않는다.

자가평가문제

1. 가설을 지지하거나 반박하기 위해 과학자는 어떻게 하는가?

a. 실험 수행
b. 기관과 협의
c. 과학적 법칙 수립
d. 과학 이론 공식화

2. "화학적 변화가 일어날 때 질량은 항상 보존된다"라는 진술은 어떤 과학적 지식의 예인가?

a. 실험
b. 가설
c. 법칙
d. 이론

3. 성공적인 이론에 대한 설명으로 옳은 것은 무엇인가?

a. 예측에 활용될 수 있다.
b. 결국 과학적 법칙이 된다.
c. 더 이상 검증의 대상이 아니다.
d. 영구적으로 사실로 인정된다.

4. 다음 중 가설이 아닌 것은 무엇인가?

a. 1/4은 니켈보다 무겁다.
b. 얼음이 물 위에 뜨는 이유는 얼음이 어는 과정에서 기포가 갇히기 때문이다.
c. 산소는 은과 반응하여 변색을 일으킨다.
d. 합성 호르몬은 생물체 내에서 자연적으로 생성되는 호르몬과 동일한 효과를 가진다.

5. 다음 중 과학적 연구의 요건은 무엇인가?

a. 과학자 및 정치인으로 구성된 위원회의 승인을 받아야 한다.
b. 지구에 도움이 되고 인간의 삶을 개선해야 한다.
c. 실험적 검증과 동료 검토를 통해 타당성을 확인해야 한다.
d. 평형을 유지하고 결과의 장단점을 따져봐야 한다.

6. 사회 문제는 해결하기 어렵다. 그 이유는 무엇인가?

a. 변수 통제
b. 초자연적 사건 배제
c. 가설 형성
d. 이론 공식화

정답: 1. a, 2. c, 3. a, 4. a, 5. c, 6. a

1.3 과학 및 기술: 위험과 이익

학습 목표 • 위험과 이익을 정의하고 각각의 예를 들어 설명한다.
• 이익 및 위험 데이터로부터 바람직성 지수를 추정한다.

대부분의 사람들은 사회가 과학과 기술의 이익을 누리고 있다는 사실을 인식하고 있지만, 모든 기술 발전에는 위험이 따른다는 사실을 깨닫지 못하는 경우가 많다. 이익이 위험보다 큰 시점을 어떻게 판단할 수 있을까? **위험-이익 분석**(risk-benefit analysis)이라고 하는 한 가지 접근 방식에는 바람직성 지수(desirability quotient, DQ)를 추정하는 것이 포함된다.

$$\text{DQ} = \frac{\text{이익}}{\text{위험}}$$

이익(benefit)은 웰빙을 증진하거나 긍정적인 영향을 미치는 모든 것을 의미한다. 이익은 경제적, 사회적, 심리적일 수 있다. **위험**(risk)은 손실이나 부상을 초래할 수 있는 모든 위험을 의미한다. 현대 기술과 관련된 위험 중 일부는 질병, 사망, 경제적 손실, 환경적 악화를 초래했

왜 중요할까?

북유럽 혈통의 대부분 사람들에게 저온 살균 저지방 우유는 건강에 좋은 식품이다. 우유의 이점(이익)은 위험성보다 훨씬 크다. 다른 인종 그룹은 성인 중 유당 불내증 비율이 높고, 우유에 대한 선호도 지수가 훨씬 낮다.

다. 위험과 이익은 한 개인, 그룹, 사회 전체에 관련될 수 있다.

모든 기술 발전에는 이익과 위험이 함께 존재한다. 예를 들어 자동차는 빠르고 편리한 교통수단이라는 이점(이익)을 제공한다. 하지만 자동차 운전은 교통사고로 인한 부상이나 사망이라는 개인적 위험과 공해, 기후변화와 같은 사회적 위험을 수반한다. 자동차를 운전하는 사람들의 수를 고려하면 대부분 사람들이 자동차 운전의 이점(이익)이 위험보다 크다고 생각하는 것은 분명하다.

어떤 제품의 이익과 위험을 평가하는 것은 여러 집단을 고려할 때 더 어렵다. 예를 들어 저온 살균 저지방 우유는 북유럽 출신의 많은 사람에게 안전하고 영양가 있는 음료이다. 이 그룹의 일부 사람들은 우유의 당분인 젖당을 견디지 못한다. 그리고 일부는 우유 단백질에 알레르기가 있다. 그러나 이러한 문제는 북유럽계 사람들에게는 비교적 흔하지 않기 때문에 우유의 이익은 크고, 위험은 작기 때문에 이 그룹에 대한 DQ가 높다. 그러나 다른 인종적 배경을 가진 성인은 종종 유당 불내증인 경우가 많으며, 이들에게 우유는 DQ가 낮다.

다른 기술은 큰 이익을 제공하지만 큰 위험도 존재한다. 이러한 기술의 경우 DQ가 불확실한다. 예를 들어 석탄을 액체 연료로 전환하는 것이 있다. 대부분의 사람들은 액체 연료가 운송, 가정 난방, 산업 분야에서 매우 유익하다고 생각한다. 그러나 석탄 전환에는 탄광 근로자에 대한 위험, 대기 및 수질 오염, 전환 공장 근로자의 독성 화학 물질 노출 등 큰 위험이 있다. 그 결과는 다시 불확실한 DQ와 정치적 논란이다.

위험-이익 분석에는 또 다른 문제가 있다. 일부 기술은 한 집단에게는 이익을 주지만 다른 집단에게는 위험을 초래할 수 있다. 예를 들어 컴퓨터와 기타 가전제품의 금도금과 금선은 소비자에게 더 높은 신뢰성과 더 긴 수명을 제공함으로써 이익을 준다. 그러나 기기를 폐기할 때 금을 회수하려는 소규모 시도는 종종 회수 지역에서 심각한 오염을 초래한다. 이러한 경우 어려운 정치적 결정이 필요하다.

다른 기술은 현재의 이익을 제공하지만 미래의 위험을 초래할 수도 있다. 예를 들어 원자력은 현재 유용한 전기를 제공하지만, 원자력 발전소에서 부적절하게 저장된 폐기물은 수 세기 동안 위험을 초래할 수 있다. 따라서 원자력의 사용은 논란의 여지가 있다.

과학과 기술에는 분명히 위험과 이익이 모두 수반된다. 이익의 결정은 거의 전적으로 사회적 판단이다. 위험 평가에도 사회적, 개인적 결정이 포함되지만 과학적 조사가 큰 도움이 되는 경우가 많다. 많은 기술 발전의 이면에 있는 화학적 원리를 이해하면 자신, 가족, 지역사회, 세계를 위해 보다 정확한 위험-이익 분석을 하는 데 도움이 될 것이다.

예제 1.1 위험-이익 분석

케토로락(ketorolac)은 중등도에서 중증의 통증을 치료하는 데 일부 오피오이드만큼 효과적이라고 알려진 처방용 NSAID(비스테로이드성 항염증제)이다. 그러나 부작용과 뇌졸중 및 심장마비의 가능성 때문에 FDA는 단기간만 사용하도록 권장하고 있다. **(a)** 충수절제술을 받은 24세 남성, **(b)** 고혈압과 관절염의 만성 통증을 앓고 있는 52세 여성의 통증 치료에 케토로락을 사용하는 것에 대한 위험-이익 분석을 수행하라.

풀이

a. 충수 절제술 또는 이와 유사한 시술로 인한 통증은 일반적으로 단기적이며, 젊고 건강한 사람의 경우 단기간에 뇌졸중이나 심장마비가 발생할 가능성은 낮을 수 있다. DQ는 보통에서 높을 가능성이 높다.

b. 관절염과 같은 만성 질환의 통증을 치료하려면 약물을 장기간 사용해야 한다. 또한 환자의 나이와 고혈압은 뇌졸중이나 심장마비를 일으킬 가능성이 훨씬 더 높다. 또한 효과는 떨어지지만 장기적으로 사용하기에 훨씬 안전한 다른 약물도 있다. 이 경우 DQ가 낮다.

› 복습문제 1.1A

클로람페니콜은 강력한 항균제로 다른 약물에 영향을 받지 않는 박테리아를 파괴하는 경우가 많다. 그러나 일부 개인에게는 매우 위험하며 약 3만 명 중 1명에게서 치명적인 재생불량성 빈혈을 일으킬 수 있다. 클로람페니콜을 **(a)** 아픈 농장 동물에게 투여하여 약물의 잔류물이 포함될 수 있는 우유와 고기를 섭취하고, **(b)** 록키산 반점열에 걸린 사람이 사망하거나 영구 장애가 발생할 가능성이 높은 경우의 위험-이익 분석을 수행하라.

› 복습문제 1.1B

탈리도마이드는 1950년대 유럽에서 수면 보조제로 도입된 약물이다. 하지만 기형아 유발 물질(테라토겐)로 밝혀졌고, 임신 중 산모가 복용한 아이들이 사지가 기형인 채로 태어나자 시장에서 퇴출되었다. 최근에는 탈리도마이드가 나병으로 인한 병변과 카포시 육종(에이즈 환자에게서 흔히 진단되는 암의 한 형태)에 효과적인 치료제로 연구되고 있다. **(a)** 25~40세 여성, **(b)** 55~70세 여성에게 나병 치료를 위해 탈리도마이드 처방의 위험-이익 분석을 수행하라.

과학은 통합된 전체이다. 공통된 과학 법칙은 모든 조직과 모든 단계에 적용된다. 과학의 다양한 영역은 서로 상호작용하고 서로를 지원한다. 따라서 화학은 그 자체로 유용할 뿐만 아니

사망 위험

위험에 대한 인식은 우리가 직면하는 실제 위험과 다를 때가 많다. 어떤 사람들은 비행기를 타는 것을 두려워하지만 자동차 여행의 위험은 쉽게 감수한다. 다양한 원인으로 인한 사망할 확률은 표 1.1에 나와 있다.

표 1.1 미국의 대략적인 평생 사망 위험도

행동	생애 위험[a]	세부사항/가정
모든 원인	1 또는 1/1	어떤 이유로든 사망
흡연	0.25 또는 1/4	흡연, 하루에 담배 한 갑
심장 질환	0.20 또는 1/5	심장 마비, 울혈성 심부전
모든 암	0.14 또는 1/7	모든 암
자동차 사고	0.01 또는 1/100	자동차 사고로 사망
집 안에서 사고	0.01 또는 1/100	집 안에서 사고로 사망
자연의 힘	0.0003 또는 1/3360	더위, 추위, 폭풍, 지진 등
땅콩버터(아플라톡신)	0.00060 또는 1/1700	하루에 땅콩버터 4테이블스푼
비행기 사고	0.00005 또는 1/20,000	비행기 사고로 사망
테러 공격	0.00077 또는 1/1300	10년마다 9/11 수순의 테러 한 번[b]
테러 공격	0.000077 또는 1/13,000	10년마다 9/11 수준의 테러 한 번

[a] 특정 연도에 특정 원인으로 사망할 확률은 해당 연도의 사망자 수로 인구를 나누어 계산된다.
[b] 예상치 못한 시나리오

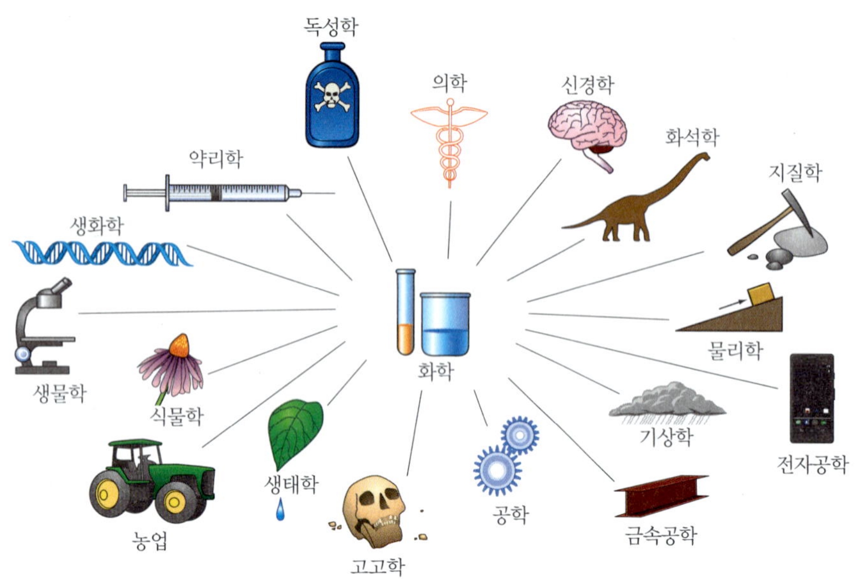

▲ **그림 1.3** 화학은 과학 중에서도 중심적인 역할을 한다.

라 다른 과학 분야의 기초가 되기도 한다. 화학 원리의 응용은 생물학과 의학에 혁명을 일으켰고, 수학에 사용되는 강력한 컴퓨터의 재료를 제공했으며, 신소재 생산과 같은 다른 분야에도 깊은 영향을 미쳤다. 더 나은 건강, 영양, 주거라는 사회적 목표는 화학자의 지식과 기술에 상당 부분 의존하고 있다. 종이, 유리, 금속과 같은 기본 재료의 재활용에는 화학적 과정이 수반된다.

화학은 실제로 중심 과학이다(그림 1.3). 우리 일상생활에서 화학의 영향을 받지 않는 분야는 없다. 많은 현대 소재가 화학자에 의해 개발되었으며, 더 놀라운 소재가 개발되고 있다.

화학은 산업 국가의 경제에도 중요한 역할을 한다. 미국에서는 화학 산업에서 개인 위생용품, 농산물, 플라스틱, 코팅, 비누, 세제 등 수천 가지의 소비재 제품을 생산한다. 의약품 제조에 사용되는 원료의 80%를 생산한다. 미국 화학 산업은 미국 최대 산업 중 하나로, 2016년 매출액이 8,000억 달러 이상이며 미국 전체 수출의 약 10%를 차지한다. 과학자, 엔지니어, 기술자를 포함하여 826,000명 이상의 근로자를 고용하고 있으며 미국 전체 특허의 약 11%를 창출하고 있다. 화학 물질은 매우 위험하다는 일반적인 믿음과는 달리 화학 산업 근로자는 미국 제조업 평균 근로자보다 5배 더 안전하다.

자가평가문제

1. 위험에 대한 우리의 인식은 어떠한가?

a. 항상 건전한 과학에 기반한다.
b. 항상 실제 위험보다 높다.
c. 항상 실제 위험보다 낮다.
d. 실제 위험과 다른 경우가 많다.

2. 다음 중 사망 위험이 가장 높은 것은 무엇인가(표 1.1 참조)?

a. 심장 질환 **b.** 땅콩버터
c. 암 **d.** 자동차 사고

3. 화학을 '중심 과학'이라고 부르는 이유는 무엇인가?

a. 화학 산업은 주로 미국 중서부에 기반을 두고 있다.
b. 모든 대학 커리큘럼의 핵심 과정이다.
c. 다른 과학 분야의 기본이다.
d. 많은 환경 문제의 원인이 된다.

4. 미국 화학 산업에 대한 설명으로 옳은 것은 무엇인가?

a. 특허 불안전
b. 거의 모든 오염의 원인
c. 많은 소비자 제품의 원천
d. 미국 경제에 중요하지 않음

정답: 1.d, 2.a, 3.c, 4.c

1.4 사회 문제 해결: 과학 연구

학습 목표 • 기초 연구와 응용 연구를 구분한다.

화학은 오늘날 사회를 형성하는 강력한 힘이다. 화학 연구는 다른 과학 분야에서 중추적인 역할을 할 뿐만 아니라 사회 전체에 지대한 영향을 미친다. 연구에는 응용 연구와 기초 연구라는 두 가지 범주가 있다. 이 두 가지는 종종 겹치기도 하고, 특정 프로젝트를 어느 한쪽으로 명확히 분류하는 것이 항상 가능한 것은 아니다.

응용 연구

일부 화학자는 오염된 토양, 공기, 물을 검사한다. 다른 화학자들은 식품, 연료, 화장품, 세제, 약품을 분석한다. 또 다른 화학자들은 약물이나 살충제로 사용하기 위해 새로운 물질을 합성하거나 새로운 응용 분야를 위한 플라스틱을 제조한다. 이러한 활동은 산업이나 환경의 특정 문제 해결을 지향하는 작업인 **응용 연구**(applied research)의 예이다.

응용 연구 분야에서 가장 기념비적인 업적은 George Washington Carver의 업적이다. 노예 출신인 Carver는 심슨대학을 다녔고 이후 아이오와 주립대학을 졸업했다. 식물학자이자 농업 화학자였던 Carver는 터스키기연구소에서 가르치고 연구를 수행했다. 그는 땅콩에서 땅콩버터, 손 세정제, 단열 보드에 이르기까지 300개 이상의 제품을 개발했다. 그는 고구마, 피칸, 점토로 다른 새로운 제품도 만들었다. Carver는 또한 남부 농부들에게 농작물을 윤작하고 콩과 식물을 사용하여 면화 작물이 토양에서 제거한 질소를 보충하는 방법을 가르쳤다. 그의 연구는 남부 경제를 활성화하는 데 도움이 되었다.

▲ George Washington Carver(1864~1943). 터스키기연구소의 실험실에서 연구한 과학자이다.

기초 연구: 지식 검색

많은 화학자가 **기초 연구**(basic research), 그 자체로 지식을 탐구하는 일에 종사한다. 일부 화학자는 원자와 분자 구조의 세부 사항을 연구한다. 다른 사람들은 복잡한 화학 반응에 수반되는 복잡한 에너지 변화를 측정한다. 일부는 새로운 화합물을 합성하고 그 성질을 결정한다. 자연의 비밀을 풀고 우주의 질서를 발견하는 순수한 기쁨을 위해 수행되는 기초 연구는 예측가능하고 상업화 가능한 산물이 없다는 특징이 있다.

제품이 없다고 해서 기초 연구가 쓸모없다는 의미는 아니다. 전혀 그렇지 않다! 기초 연구의 결과는 나중에 응용되는 경우가 많지만, 이것이 연구자의 주된 목표는 아니다. 실제로 현대 기술의 대부분은 기초 연구에서 얻은 결과를 기반으로 한다. 예를 들어 1940년대와 1950년대에 Gertrude Elion(1918~1999)과 George Hitchings(1905~1998)는 세포 화학에서 **퓨린**(purine)이라는 화합물의 역할을 조사했다. 이를 통해 장기 이식을 촉진하고 통풍, 말라리아, 헤르페스, 암, AIDS를 치료하는 신약을 발견할 수 있었다. 1960년대에는 **메이서**(maser)라는 장치를 이용한 기초 연구가 오늘날의 위성 위치 확인 시스템(GPS)을 개발하는 데 기여했다. 1920년대에는 기초 연구를 통해 특정 원자핵의 성질인 **핵 스핀**을 발견했다. 이 연구는 오늘날 거의 모든 병원에서 신체 내부 구조를 보기 위해 사용하는 **자기공명영상**(MRI)의 개발로 이어졌다. 기초 연구를 통해 얻은 사실적 정보의 기반이 없다면 기술 혁신은 우연적이고 더디게 이루어질 것이다.

응용 연구는 주로 새롭고, 더 좋거나, 더 많이 팔릴 수 있는 제품을 개발하여 즉각적인 이익을 추구하는 산업계에서 수행한다. 이러한 연구의 궁극적인 목적은 일반적으로 주주의 이익이다. 기초 연구는 주로 대학과 연구 기관에서 수행된다. 이러한 연구에 대한 대부분의 지원은 연방 및 주정부 및 재단에서 이루어지지만, 일부 대규모 산업체에서도 지원하기도 한다.

4 과학자는 왜 당장 응용할 수 없는 연구에 매달리는가?

기초 연구의 결과는 당장 실용화되지 않을 수도 있다. 하지만 기초 연구는 세상에 대한 이해를 넓히고 미래를 위한 투자라고 할 수 있다. 그리고 기초 연구는 종종 실용적인 응용을 찾기도 한다. 예를 들어 '존 정제(zone refining)'는 20세기 초에 매우 순수한 고체를 생산하기 위해 개발된 방법이다. 집적 회로가 등장하기 전까지는 실용적인 응용이 거의 없었다. 현재 존 정제는 지구상의 모든 전자 장치에 필요한 초순수 실리콘을 생산하는 데 사용된다.

자가평가문제

다음 각 항목을 **(a)** 응용 연구 또는 **(b)** 기초 연구로 분류하라.

1. 한 화학자가 더 빨리 작용하고 더 오래 지속되는 천식 치료제를 개발한다.

왜 중요할까?

Gertrude Elion은 퓨린에 대한 기초 연구로 노벨상을 수상했다. 그녀의 연구는 제약 및 의학 분야에서 많은 응용으로 이어졌다. 현대의 많은 중요한 응용은 기초 연구에서 시작되었다. 1991년 Elion은 여성 최초로 미국 발명가 명예의 전당에 추대되었다.

2. 한 연구원이 전분 분해에 미치는 다양한 산의 영향을 조사한다.
3. 한 과학자가 해면동물에서 생물학적으로 활성인 화합물을 추출하려고 한다.
4. 과학자들은 젖소의 우유 생산을 개선하기 위해 rBST를 개발한다.

정답: 1. a, 2. b, 3. b, 4. a

1.5 화학: 물질과 그 변화에 대한 연구

학습 목표 • 질량과 무게, 물리적 및 화학적 변화, 물리적 및 화학적 성질을 구분한다.

앞서 언급했듯이 화학은 흔히 물질과 그 변화를 연구하는 학문으로 정의된다. 전체 물리적 우주가 물질과 에너지로 구성되어 있기 때문에 화학의 영역은 원자에서 별, 암석에서 살아 있는 유기체에 이르기까지 광범위한다. 이제 물질에 대해 좀 더 자세히 살펴보겠다.

물질(matter)은 모든 물질적 사물을 구성하는 것이다. 공간을 차지하고 질량을 가진 모든 것을 말한다. 과학적으로 **질량**(mass)은 물체의 관성을 나타내는 척도로, 물체의 질량이 클수록 관성이 커져 물체의 속도를 바꾸기 어렵다는 뜻이다. 주먹만 한 테니스공이 초속 30미터로 자신을 향해 날아오는 것은 쉽게 막을 수 있지만, 같은 속도로 움직이는 같은 크기의 철분(iron) 대포알은 막기 어렵다. 대포알은 같은 크기의 테니스공보다 질량이 더 크다. 나무, 모래, 물, 공기, 사람 모두 공간을 차지하고 질량을 가지므로 물질이다.

물체의 질량은 위치에 따라 달라지지 않는다. 우주비행사는 달이나 '무중력' 궤도에서 지구와 동일한 질량을 갖는다. 반대로 **무게**(weight)는 힘을 측정한다. 지구에서는 지구와 해당 질량 사이의 인력을 측정한다. 중력이 지구의 6분의 1인 달에서 우주비행사의 몸무게는 지구의 6분의 1에 불과하다(그림 1.4). 무게는 중력에 따라 달라지지만 질량은 그렇지 않다. 그럼에도 불구하고 이 책에서는 두 가지 이유로 '무게'라는 용어를 '질량'이라는 의미로 자주 사용한다. 첫째, "그 학생의 무게는 약 15그램의 설탕이었다"가 아니라 "그 학생은 약 15그램의 설탕을 질량했다"라고 말하는 것이 다소 어색하거나 혼란스러울 수 있기 때문이다. 둘째, 대부분 화학 반응은 지구 표면에서 일정한 중력 하에서 일어나기 때문에 지구상의 어느 곳에서나 무게는 거의 동일하게 유지된다. 이 책에서 무게를 표현할 때는 일반적으로 미국식 단위인 온스와 파운드를 사용하며 그램, 킬로그램 등은 질량을 나타낸다.

▲ **그림 1.4** 우주비행사 Harrison Schmitt의 우주복 무게는 지구에서와 마찬가지로 180파운드에 달하지만, 달의 중력은 지구의 중력의 6분의 1에 불과하기 때문에 우주복과 우주인을 끌어당기는 힘은 매우 약해 이동이 매우 쉽다는 것을 알게 되었다.

Q 캡션의 정보에 근거하여 달에서 Schmitt와 그의 우주복의 무게는 피운드 단위로 얼마인가? 지구에서 Schmitt가 우주복을 입었을 때의 질량은 킬로그램 단위로 얼마나 되는가?

예제 1.2 질량과 무게

수성 행성의 중력은 지구의 8분의 3이다. **(a)** 지구에서 80킬로그램(kg)의 질량을 가진 사람의 수성에서의 질량은 얼마인가? **(b)** 지구에서 몸무게가 160파운드(lb.)인 사람의 수성에서의 무게(파운드)는 얼마인가?

풀이

a. 사람의 질량은 지구(80 kg)와 동일할 것이다. 물질의 양은 변하지 않는다.

b. 수성과 사람 사이의 인력은 지구와 사람 사이의 인력의 8분의 3, 즉 0.375배에 불과하므로 사람의 무게는 0.375×160 lb. = 60 lb.에 불과하다.

› 복습문제 1.2A

금성 표면의 중력은 지구 표면의 중력의 0.903배이다. **(a)** 금성에서 1.00 kg의 물체의 질량은 얼마인가? **(b)** 지구에서 몸무게가 198 lb.인 사람이 금성 표면에서 몸무게는 얼마나 되는가(단위는 파운드)?

› 복습문제 1.2B

지구에서 몸무게가 198파운드인 사람은 목성 표면에서 475파운드가 될 것이다. 목성의 중력은 지구의 중력보다 몇 배 더 큰가?

물리적 및 화학적 성질

우리는 화학에 대한 지식을 이용해 물질을 더 유용하게 변화시킬 수 있다. 화학자들은 원유를 휘발유, 플라스틱, 살충제, 의약품, 세제, 기타 수천 가지의 생성물로 바꿀 수 있다. 물질의 변화는 에너지의 변화를 동반한다. 우리는 종종 에너지의 일부를 추출하기 위해 물질을 변화시킨다. 예를 들어 자동차를 움직이기 위해 휘발유를 태워 에너지를 얻는다.

물질의 시료를 구별하기 위해 성질을 비교할 수 있다(그림 1.5). 물질의 **물리적 성질**(physical property)은 물질의 새로운 유형을 형성하지 않고도 관찰하거나 측정할 수 있는 특성 또는 행동이다. 색깔, 냄새, 경도가 물리적 성질이다(표 1.2). **화학적 성질**(chemical property)이 관찰되면 조성이 다른 새로운 종류의 물질이 형성된다. 나무를 태우면 이산화 탄소, 수증기, 재(주로 산화 칼륨)와 같은 새로운 물질이 형성되기 때문에 화학적 변화가 일어난다(표 1.3).

물리적 변화(physical property)가 발생하면 물질의 화학적 성질이나 조성은 변하지 않고 물질의 물리적 외관에 변화가 생긴다. 얼음 조각이 녹아 액체가 될 수 있지만 여전히 물이다. 용융은 물리적 변화이며, 용융이 일어나는 온도(녹는점)는 물리적 성질이다.

화학적 변화(chemical property) 또는 화학 반응은 물질의 화학적 성질이 화학적으로 다른 물질로 변화하는 것을 말한다. 화학적 성질을 나타낼 때 물질은 화학적 변화를 수반한다. 원래의 물질 중 적어도 하나의 물질이 하나 이상의 새로운 물질로 대체된다. 철 금속은 공기 중의 산소와 반응하여 녹(산화철)을 형성한다. 유황이 공기 중에서 연소하면 한 종류의 원자로 조성된 노란색 고체인 유황과 다른 종류의 원자로 조성된 무취의 산소 가스(공기 중)가 결합하여 각

◀ **그림 1.5** 두 원소의 물리적 성질을 비교한 것이다. 구리(왼쪽)는 얇은 호일로 두드려서 만들거나 와이어로 뽑아낼 수 있다. 요오드(오른쪽)는 부서지기 쉬운 회색 결정으로 이루어져 있으며, 두드리면 가루로 부서진다.

Q 사진에서 구리와 요오드의 어떤 추가적인 물리적 특성을 알 수 있는가?

표 1.2 물리적 성질의 몇 가지 예

성질	예
온도	물의 어는점은 0 ℃이고, 끓는점은 100 ℃이다.
질량	니켈의 질량은 5 g이다. 페니의 질량은 2.5 g이다.
색	황은 노란색이고, 브롬은 붉은색이다.
맛	산은 시고, 염기는 쓰다.
냄새	벤질 아세테이트는 자스민 냄새가 나고, 황화 수소는 썩은 달걀 냄새가 난다.
끓는점	물은 100 ℃에서 끓는다. 에틸 알코올은 78.5 ℃에서 끓는다.
경도	다이아몬드는 아주 단단하고, 소듐 금속은 부드럽다.
밀도	물의 밀도는 1.00 g/mL이고, 금의 밀도는 19.3 g/cm^{3}이다.

표 1.3 화학적 성질의 몇 가지 예

물질	화학적 성질
철	녹(산소와 결합하여 산화철을 형성한다.)
탄소	화상(산소와 결합하여 이산화탄소를 생성한다.)
은	타르니시(황과 결합하여 황화은을 형성한다.)
니트로글리세린	폭발(분해되어 가스 혼합물이 생성된다.)
일산화 탄소	독성이 있음(헤모글로빈과 결합하여 무산소를 유발한다.)
네온	비활성 상태(아무것과도 반응하지 않는다.)

각 유황 원자 1개와 산소 원자 2개를 포함하는 분자로 이루어진 냄새가 나고 숨이 막히는 가스인 이산화 황을 형성한다. **분자**는 하나의 단위로 결합된 원자의 그룹이다. (다음 절에서 원자와 분자에 대해 자세히 알아보겠다.)

어떤 변화가 물리적 변화인지 화학적 변화인지 판단하는 것은 때때로 어렵다. 하지만 변화의 가역성뿐만 아니라 관련된 물질의 조성이나 구조에 어떤 변화가 일어나는지를 기준으로 결정할 수 있다. 물리적 변화는 가역적인 경우가 많지만 화학적 변화는 그렇지 않은 경우가 많다. **구성**은 존재하는 원자의 유형과 상대적인 비율을 말하며, **구조**는 이러한 원자가 서로 또는 공간에 배열되는 것을 말한다. 화학적 변화는 조성이나 구조의 변화를 초래하지만, 물리적 변화는 그렇지 않다. "이것이 화학적 변화인가?"라는 질문에 답하려면 새로운 성질을 가진 새로운 물질이 형성되었는지를 생각하면 된다. 새로운 물질이 형성되었다면 그 변화는 화학적 변화이다.

예제 1.3 화학적 변화와 물리적 변화

다음 각각을 물리적 변화 또는 화학적 변화로 구분하라.

a. 목재 조각을 샌딩하여 매끄럽게 만들어 톱밥을 만든다.
b. 데운 우유에 레몬즙을 넣어 코티지 치즈를 만든다.
c. 녹은 알루미늄을 곰팡이에 부어 굳힌다.
d. 염화 나트륨(식염)은 금속 나트륨과 염소 가스로 분해된다.

풀이

우리는 각각의 변화를 조사하고 구성이나 구조에 변화가 있었는지 여부를 판단한다. 즉 "화학적으로 다른 새로운 물질이 생성되었는가?"라는 질문을 던진다. 그렇다면 화학적 변화이고, 그렇지 않다면 물리적 변화이다.

a. 물리적 변화: 다듬어진 목재와 톱밥은 모두 여전히 목재이며, 화학적으로 샌딩 전의 목재와 동일하다.

b. 화학적 변화: 코티지 치즈와 우유는 구성 성분이 매우 다르다.

c. 물리적 변화: 고체이든 액체이든 알루미늄은 동일한 조성을 가진 동일한 물질이다.

d. 화학적 변화: 새로운 물질인 소듐과 염소가 형성된다.

› 복습문제 1.3A

다음 각각을 물리적 변화 또는 화학적 변화로 구분하라.

a. 빗속에 방치된 강철 렌치는 녹이 슨다.

b. 버터 스틱이 녹는다.

c. 숯불 연탄이 태워진다.

› 복습문제 1.3B

다음 각각을 물리적 변화 또는 화학적 변화로 구분하라.

a. 푸드 프로세서가 쇠고기 로스트를 갈은 소고기로 바꾼다.

b. 팬케이크 반죽을 철판에서 조리한다.

c. 3D 프린터의 플라스틱 필라멘트는 작은 피규어를 만드는 데 사용된다.

자가평가문제

1. 다음 중 물질의 예가 아닌 것은 무엇인가?
a. 메탄 가스 **b.** 스팀
c. 은 **d.** 무지개

2. 다음 중 물질의 예는 무엇인가?
a 햇빛 **b.** 대기 오염
c. 자기장 **d.** 태닝 램프의 자외선

3. 지구에서 화성으로 가져간 2개의 동일한 항목은 어떤 성질을 갖는가?
a. 지구와 동일한 질량과 동일한 무게를 유지한다.
b. 지구와 질량도 무게도 같지 않다.
c. 질량은 같지만 무게는 지구와 같지 않다.
d. 무게는 같지만 질량은 지구와 같지 않다.

4. 다음 중 어떤 종류의 변화가 자료의 성질을 변경하는가?
a. 온도 낮추기 **b.** 물리적
c. 재료 망치질하기 **d.** 화학

5. 뜨거운 불꽃에서 유리관을 구부리는 것은 무엇에 해당하는가?
a. 응용 연구 **b.** 화학적 변화
c. 실험 **d.** 물리적 변화

6. 액체 물에서 고체 얼음을 만드는 것은 무엇에 해당하는가?
a. 물에 에너지 더하기 **b.** 물리적 변화
c. 화학적 변화 **d.** 새로운 물질 만들기

7. 다음 중 화학적 성질은 무엇인가?
a. 요오드 증기는 보라색이다.
b. 구리가 변색된다.
c. 염은 물에 녹는다.
d. 발사 나무는 쉽게 조각할 수 있다.

8. 다음 중 물리적 변화의 예는 무엇인가?
a. 케이크는 밀가루, 베이킹 파우더, 당, 달걀, 쇼트닝, 우유로 구워진다.
b. 냉장고 밖에 밤새 방치한 크림은 시큼해진다.
c. 양털을 깎고 털실은 실로 뽑아낸다.
d. 거미는 파리를 잡아먹고 거미줄을 만든다.

9. 다음 중 화학적 변화의 예는 무엇인가?
a. 달걀을 깨서 에그노그 믹스에 붓는다.
b. 나무를 가지치기하여 일부 가지를 줄인다.
c. 나무는 물을 주고 비료를 주면 더 크게 자란다.
d. 차가운 유리창에 성애가 생긴다.

정답: 1. d, 2. b, 3. c, 4. d, 5. d, 6. b, 7. b, 8. c, 9. c

1.6 물질의 분류

학습 목표 • 물질을 상태에 따라 혼합물, 순물질, 화합물 및/또는 원소로 분류한다.

이 절에서는 물질을 분류하는 여러 가지 방법 중 세 가지를 살펴본다. 먼저 물질의 물리적 형태 또는 상태를 살펴본다.

물질의 상태

물질에는 고체, 액체, 기체라는 세 가지 친숙한 상태가 있다(그림 1.6). 이들은 부피 성질(거시적 관점) 또는 이를 구성하는 입자의 배열(분자 또는 미시적 관점)에 따라 분류할 수 있다. **고체**(solid)는 위치에 관계없이 모양과 부피를 유지한다. **액체**(liquid)는 일정한 부피를 차지하지만 그것이 차지하는 용기의 부분의 모양을 가정한다. 355 mL의 청량음료가 있다면 그 음료가 캔에 있든, 병에 있든, 사고로 인해 바닥에 쏟아졌든 상관없이 355 mL를 가지고 있는데, 이는 액체의 또 다른 성질을 보여주는 예이다. 고체와 달리 액체는 쉽게 흐른다. **기체**(gas)는 모양이나 부피를 유지하지 않는다. 기체는 어떤 용기에 넣어도 완전히 채워지도록 팽창한다. 액체와 마찬가지로 기체는 흐르지만, 액체나 고체와 달리 기체는 쉽게 압축된다. 예를 들어 스쿠버다이빙을 위해 몇 분 동안 숨쉬기 할 수 있는 충분한 공기를 강철 탱크에 압축할 수 있다.

고체, 액체, 기체의 부피 성질은 운동-분자 이론(3장)을 사용하여 설명한다. 고체에서는 입자들이 서로 가깝고 고정된 위치에 있다. 액체에서는 입자들이 서로 가깝지만 자유롭게 움직인다. 기체에서는 입자가 멀리 떨어져 있고 빠르게 무작위로 움직인다.

순물질 및 혼합물

물질은 순수하거나 혼합되어 있을 수 있다(그림 1.7). **순물질**(substance)은 순수한 형태의 물질로, 일정하고 고정된 조성을 가지며 시료마다 변하지 않는다. 순금(24캐럿 금)은 전적으로 금 원자로 조성되어 있으므로 물질이다. 순수한 물의 모든 표본 시료는 수소 원자 2개와 산소 원자 1개로 이루어진 분자로 구성되어 있으므로 물도 순물질이다.

혼합물(mixture)은 두 가지 이상의 물질로 이루어진 조성이 일정하지 않은 물질이다. 혼합

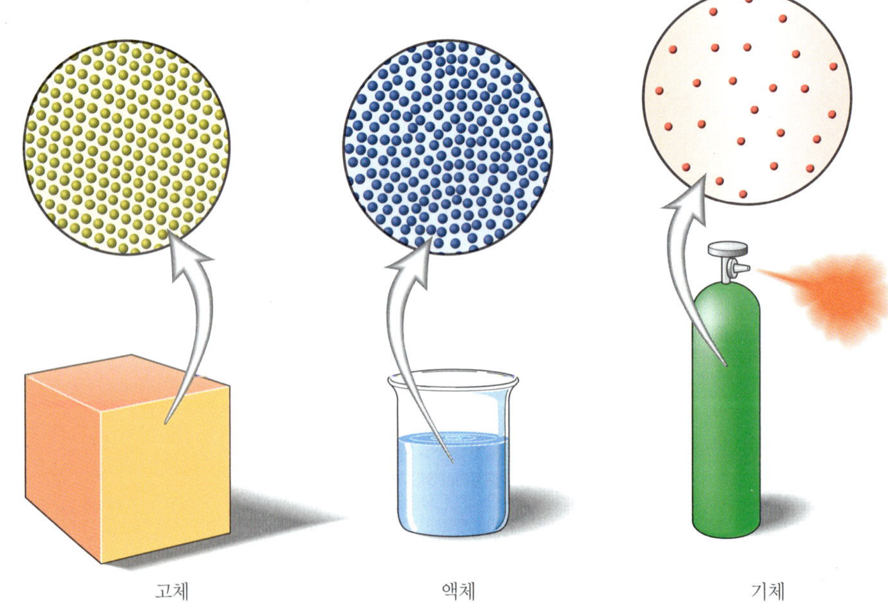

▶ **그림 1.6** 운동-분자 이론은 고체, 액체, 기체의 부피 성질을 설명하는 데 사용할 수 있다. 고체에서는 입자들이 서로 가깝고 고정된 위치에 있다. 액체에서는 입자가 서로 가깝지만 자유롭게 움직일 수 있다. 기체에서는 입자가 멀리 떨어져 있고 빠르게 무작위로 움직인다.

Q 이 그림에 따르면 수증기 1쿼트의 무게가 액체 물 1쿼트보다 훨씬 적은 이유는 무엇인가?

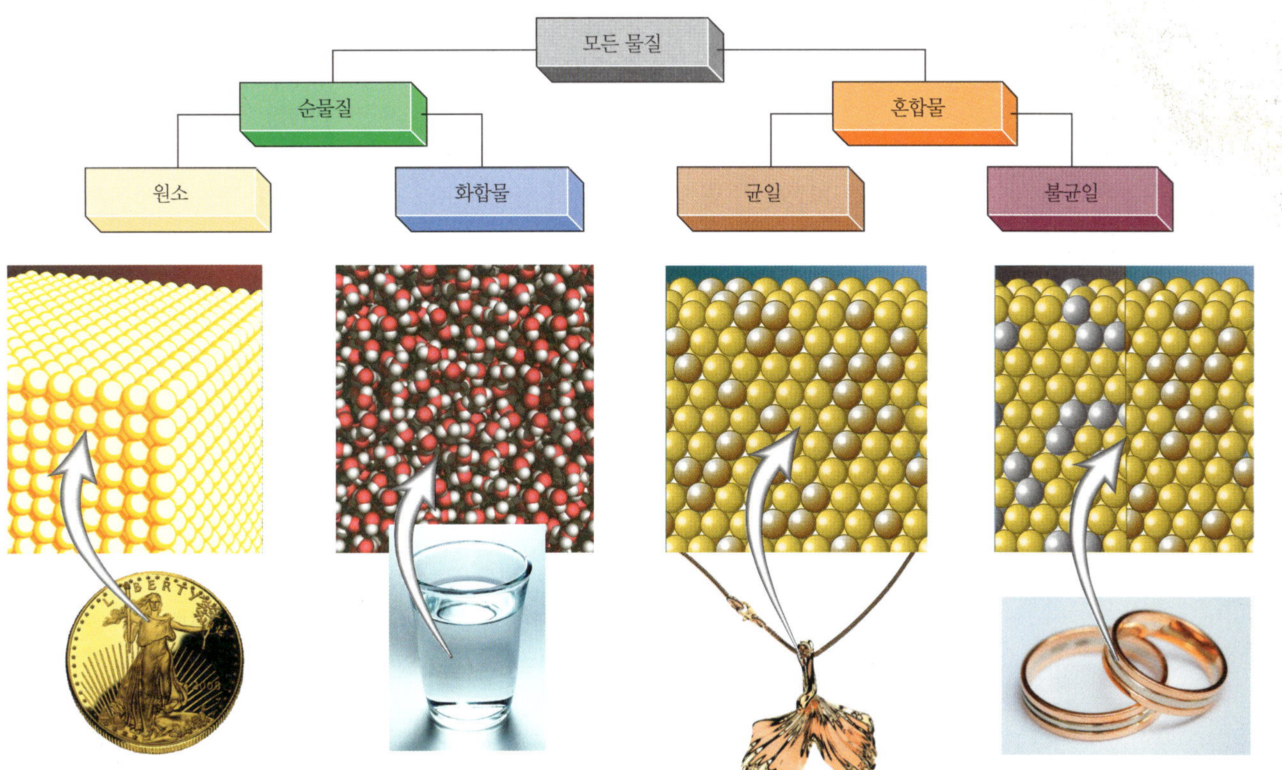

▲ **그림 1.7** 물질을 구성 성분에 따라 분류하는 방식. 왼쪽에서 오른쪽으로: 동전은 순금이고 원소이다. 물은 화합물이다. 펜던트는 금과 구리의 '균일 혼합물'인 로즈 골드로 만들어졌으며, 펜던트의 모든 부분이 동일한 성분을 가지고 있다. 맨 오른쪽의 반지는 로즈 골드와 화이트 골드(금과 은 함유)의 '불균일 혼합물'이다. 로즈 골드와 화이트 골드는 서로 다른 조성을 가진다.

된 물질은 각각의 정체성을 유지한다. 화학적으로 변하지 않고 단순히 섞일 뿐이다. 혼합물은 물리적 변화를 통해 분리할 수 있다. 혼합물은 균일 또는 불균일이 될 수 있다. **균일 혼합물**(homogeneous mixture)의 모든 부분은 동일한 조성과 동일한 외관을 갖는다. 물 속의 염 용액은 균일 혼합물이다. 소금과 물의 비율은 용액마다 다를 수 있지만, 물은 여전히 물이고 소금은 여전히 소금이다. 두 물질은 물리적 방법으로 분리할 수 있다. 예를 들어 물을 끓여서 염을 남길 수 있다.

불균일 혼합물(heterogeneous mixture)의 다른 부분은 조성이 다르다. 땅콩 캔디는 불균일 혼합물이다. 전체적으로 모양이 균일하지 않다. 땅콩과 땅콩을 붙잡고 있는 사탕은 명확히 구분된다. 우리가 매일 접하는 대부분의 사물은 불균일 혼합물이다. 컴퓨터, 책, 펜, 사람만 봐도 그 혼합물의 각 부분이 서로 다른 조성을 가지고 있다는 것을 알 수 있다(예를 들어 머리카락은 피부와 상당히 다르다).

원소 및 화합물

물질은 원소 또는 화합물이다. **원소**(element)는 모든 순물질을 구성하는 기본 물질 중 하나이다. 원소는 어떤 화학적 과정으로도 더 단순한 물질로 분해할 수 없다. 알려진 원소는 118개이며, 이 책에서는 그중 약 1/3에 해당하는 원소만 다룬다. 모든 원소의 목록은 이 책의 맨 앞부분에 나와 있다. 산소, 탄소, 황, 알루미늄, 철은 우리에게 친숙한 원소이다.

화합물(compound)은 두 가지 이상의 원소가 화학적으로 일정한 비율로 결합된 물질을 말한다. 예를 들어 물은 수소(H)와 산소(O)의 비율이 고정되어 있기 때문에 화합물이다. 산화 알루미늄(사포의 '모래'), 이산화 탄소, 이황화 철(FeS_2, '바보의 금') 등도 화합물이다. 26개의 글

5 우리는 납을 금으로 바꿀 수 있는가?

한 원소는 화학 반응에 의해 다른 원소로 바뀔 수 없다. 원소를 포함하는 혼합물이나 화합물에서 원소를 추출할 수는 있지만 원소를 생성하거나 파괴할 수는 없다.

▲ 1960년대까지 주택용과 상업용 건물의 배관에는 납 배관이 사용되었으며, 구리 배관을 연결할 때는 1986년 안전 음용수 법(Safe Drinking Water Act) 시행 전까지 납 기반 땜납이 사용되었다. 납은 부드럽고 다루기 쉽지만, 음용수에 극소량의 납이 포함되어도 인지 기능 장애를 일으킬 수 있으며, 이는 2015년 미시간주 플린트에서 실제로 확인되었다.

자로 단어사전 전체를 구성할 수 있듯이, 118개의 원소로 수천만 개의 화합물이 만들어졌다. 화합물의 특징은 화학적 변화를 통해서만 원소로 분리될 수 있다는 점이다.

원소는 화학 공부의 기본이 되는 요소이므로 약자로 표기하는 것이 유용하다. 각 원소는 원소 이름에서 파생된 한두 개의 문자로 구성된 **화학 기호**(chemical symbol)로 나타낼 수 있다. 원소에 대한 기호는 책 맨 앞부분의 원자 질량의 표에 나열되어 있다. 기호의 첫 글자는 항상 대문자로 표기한다. 두 번째 글자(2개일 경우)는 항상 소문자이다. 차이가 있다. 예를 들어 Co는 금속 원소인 코발트를 나타내는 기호이지만, CO는 유독성 화합물인 일산화 탄소의 화학식이다.

화학식의 화학 기호는 원소의 원자 하나를 나타낸다. 화학식에 2개 이상의 원자가 포함된 경우 기호 뒤에 아래첨자 번호가 사용된다. 예를 들어 화학식(H_2)는 2개의 수소 원자를 나타내고, 화학식(CH_4)는 각각 탄소 원자 1개와 수소 원자 4개를 포함하는 분자를 가진 화합물을 나타낸다. 혼합물에는 일정한 조성이 없기 때문에 혼합물에는 이러한 화학식이 존재하지 않는다.

원소의 기호는 화학의 알파벳이다. 대부분은 원소의 영어 이름을 기반으로 하지만, 일부는 라틴어와 그리스어 이름을 기반으로 한다. 예를 들어 금의 기호는 라틴어 *aurum*에서 유래한 Au이고, 납의 기호는 라틴어 *plumbum*에서 유래한 Pb이다(후자는 1960년대까지 납이 배관 및 부속품에 사용되었기 때문에 배관이라는 단어의 기원이기도 한다).

예제 1.4 원소 및 화합물

다음 중 원소를 나타내는 것은 무엇이고, 화합물을 나타내는 것은 무엇인가?

C Cu HI BN In HBr

풀이

주기율표를 보면 C, Cu, In은 원소를 나타낸다(각각은 단일 기호이다). HI, BN, HBr은 각각 두 원소의 기호로 구성되어 있으며, 화합물을 나타낸다.

› 복습문제 1.4A

다음 중 원소를 나타내는 것은 무엇이고, 화합물을 나타내는 것은 무엇인가?

Hf No CuO NO HF Fm

› 복습문제 1.4B

복습문제 1.4A의 목록에는 몇 개의 다른 원소가 표시되어 있는가?

원자와 분자

원자(atom)는 원소의 가장 작은 특징적인 부분 단위이다. 각 원소는 특정 종류의 원자로 구성된다. 예를 들어 구리는 구리 원자로 구성되어 있고, 금은 금 원자로 구성되어 있다. 모든 구리 원자는 근본적인 면에서 비슷하게 같으며, 금 원자와는 다르나.

대부분 화합물에서 가장 작은 특징적인 부분은 분자이다. **분자**(molecule)는 하나의 단위로 결합된 원자의 그룹이다. 주어진 화합물의 모든 분자는 같은 비율의 원자를 가지고 있다. 예를 들어 모든 물 분자는 H_2O라는 공식으로 표시된 것처럼 2개의 수소 원자와 1개의 산소 원자를 가지고 있다. 원자에 대해서는 2장에서 자세히 설명할 것이며, 이후 많은 장의 초점은 분자에 맞춰져 있다.

자가평가문제

1. 부피는 일정하지만 모양이 일정하지 않은 물질의 상태는 무엇인가?
   a. 기체 **b.** 화합물 **c.** 액체 **d.** 고체
2. 다음 중 혼합물은 무엇인가?
   a. 탄소 **b.** 구리 **c.** 은 **d.** 소다 수
3. 다음 중 원소가 아닌 것은 무엇인가?
   a. 알루미늄 **b.** 황동 **c.** 납 **d.** 황
4. 화합물은 어떤 방법으로 원소로 분리할 수 있는가?
   a. 화학적 방법 **b.** 기계적 방법 **c.** 물리적 방법 **d.** 자석 사용
5. 원소의 가장 작은 부분은 무엇인가?
   a. 원자 **b.** 소립자 **c.** 질량 **d.** 분자
6. 소듐(sodium)의 기호는 무엇인가?
   a. S **b.** Na **c.** Sd **d.** So
7. Ar은 무엇의 기호인가?
   a. 공기 **b.** 아르곤 **c.** 알루미늄 **d.** 비소

정답: 1. c, 2. d, 3. b, 4. a, 5. a, 6. b, 7. b

1.7 물질의 측정

학습 목표 • 관찰에 적절한 측정 단위를 부여하고 변환 단위를 조작한다.

질량, 부피, 시간, 온도와 같은 특성에 대한 정확한 측정은 신뢰할 수 있는 과학적 데이터를 작성하는 데 필수적이다. 이러한 데이터는 모든 과학 관련 분야에서 매우 중요하다. 의학에서는 온도와 혈압 측정이 일상적으로 이루어지며, 현대 의학 진단은 혈액과 소변의 정밀한 화학 분석을 포함한 다양한 측정에 의존한다.

어떤 형태로든 단위의 표준화는 매우 중요하다. 예를 들어 '1파운드'의 의미에 대해 합의하지 않으면 무역이 불가능할 것이다. 1960년 이후 과학자들이 합의한 측정 체계는 1791년 프랑스에서 제정된 미터법을 현대화한 국제 단위계 또는 **SI 단위**(Système International unit, 프랑스식 국제 단위계에서 유래)이다. 대부분의 국가는 일상생활에서 미터법을 사용한다. 미국에서는 이 단위가 주로 과학 실험실에서 사용되지만, 특히 국제적인 요소가 있는 기업에서 상업 분야에 점점 더 많이 사용되고 있다. 1리터 및 2리터 병 음료는 어디에서나 볼 수 있으며, 스포츠 경기에서는 100미터 달리기와 같은 미터법 측정이 자주 사용된다. 그림 1.8은 몇 가지 미터

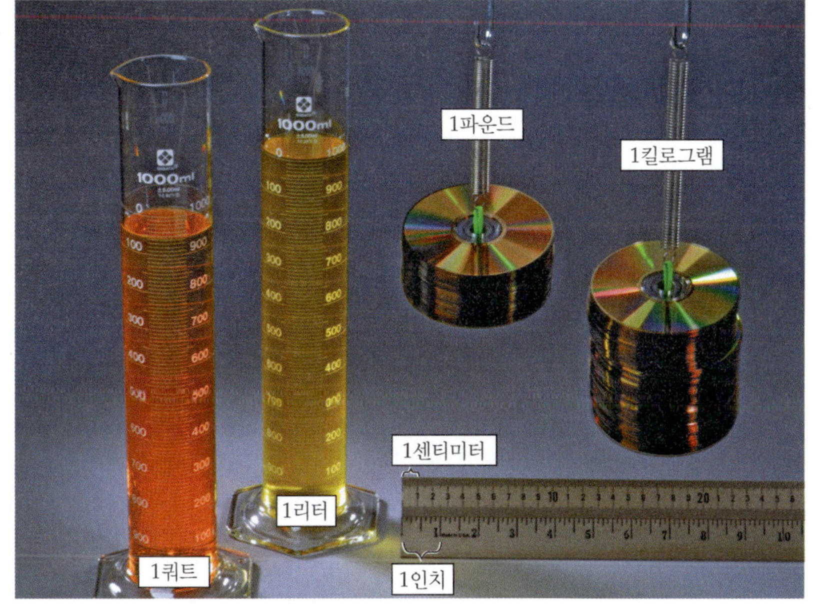

◀ **그림 1.8** 미터법과 관습적인 측정 단위의 비교. 미터 막대기는 길이가 100센티미터이며 그 아래의 줄자보다 약간 더 길다 (1 m = 1.09 yd).

Q 이 그림에서 대략 1킬로그램은 몇 파운드인가? 인치와 센티미터 또는 쿼트와 리터 중 크기가 더 가까운 두 단위는 무엇인가?

법과 관습 단위를 비교한 것이다.

지수 숫자: 10의 거듭제곱

과학자들은 원자보다 작고 우주만큼 큰 물체를 다룬다. 이러한 물체의 크기를 설명할 때는 보통 지수 표기법을 사용한다. 1.6×10^{-19} 또는 35×10^{6}과 같이 계수와 10의 거듭제곱으로 숫자를 표기할 때는 **지수 표기법**(exponential notation)으로 표기한다. 계수가 1과 10 또는 -1과 -10 사이의 값인 경우 **과학적 표기법**(scientific notation)으로 숫자를 표현한다.

전자의 지름은 약 10^{-15}미터(m), 질량은 약 10^{-30}킬로그램(kg)이다. 다른 극단에서 은하는 일반적으로 지름이 약 10^{23} m이고, 질량은 약 10^{41} kg이다. 이렇게 작거나 이렇게 큰 숫자는 상상하기조차 어렵다. 첨부된 왼쪽 그림은 크기에 대한 몇 가지 관점을 제공한다.

기본 SI 단위를 사용한 측정값은 크기가 어색할 수 있기 때문에 지수 단위를 사용하는 경우가 많다. 그러나 접두사(표 1.5)를 사용하여 기본 단위보다 큰 단위 또는 작은 단위를 나타내는 것이 더 편리할 때도 있다. 다음 예제는 접두사와 10의 거듭제곱이 어떻게 상호변환되는지 보여준다.

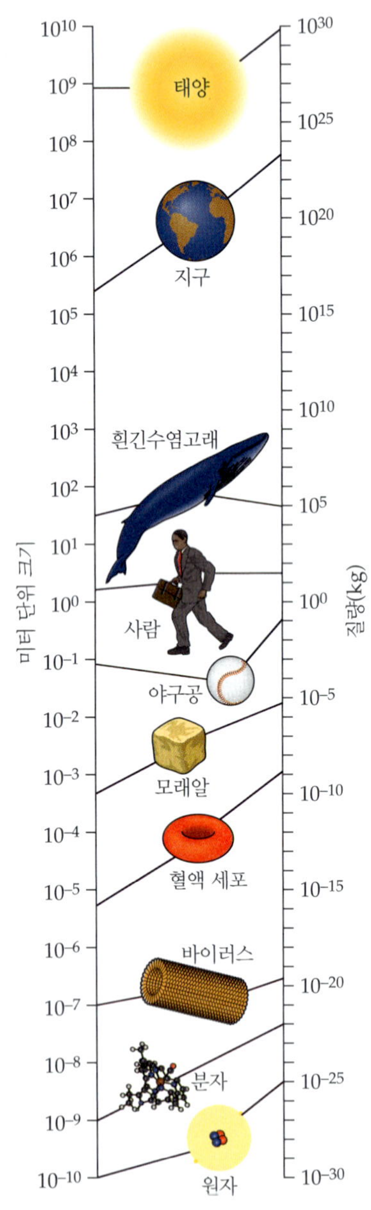

▲ 지수 표기법을 사용하면 매우 큰 물체와 매우 작은 물체를 훨씬 쉽게 비교할 수 있다.

표 1.4 7가지 SI 기본 단위

물리량	단위 이름	단위 기호
길이	미터(meter)[a]	m
질량	킬로그램(kilogram)	kg
시간	초(second)	s
온도	켈빈(kelvin)	K
물질의 양	몰(mole)	mol
전류	암페어(ampere)	A
광도	칸델라(candela)	Cd

[a] 대부분의 국가에서 metre로 표기한다.

예제 1.5 접두사와 10의 거듭제곱

다음 각 측정값을 10의 거듭제곱을 접두사로 대체하는 단위로 변환하라.

a. 2.89×10^{-6} g **b.** 4.30×10^{3} m

풀이

10의 각 거듭제곱을 표 1.5의 적절한 접두사로 대체하는 것이 목표이다. 예를 들어 $10^{-3} = 0.001$은 m(단위)에 해당한다. 단위가 무엇인지는 중요하지 않으며, 여기서는 접두사만 다루겠다.

a. 10^{-6}은 접두사 마이크로-에 해당하며, 즉 $10^{-6} \times$ (단위) $= \mu$(단위)이다. 따라서 2.89 μg이 된다.

b. 10^{3}은 접두사 킬로-에 해당하며, 즉 $10^{3} \times$ (단위) $=$ k(단위)이다. 따라서 4.30 km가 된다.

표 1.5 승인된 숫자 접두사[a]

지수 표현	소수점 표현	접두어	발음	기호
10^{12}	1,000,000,000,000	*tera-*	TER-uh	T
10^{9}	1,000,000,000	*giga-*	GIG-uh	G
10^{6}	1,000,000	*mega-*	MEG-uh	M
10^{3}	1,000	*kilo-*	KIL-oh	k
10^{2}	100	*hecto-*	HEK-toe	h
10^{1}	10	*deka-*	DEK-uh	da
10^{-1}	0.1	*deci-*	DES-ee	d
10^{-2}	0.01	*centi-*	SEN-tee	c
10^{-3}	0.001	*milli-*	MIL-ee	m
10^{-6}	0.000001	*micro-*	MY-kro	μ
10^{-9}	0.000000001	*nano-*	NAN-oh	n
10^{-12}	0.000000000001	*pico-*	PEE-koh	p
10^{-15}	0.000000000000001	*femto-*	FEM-toe	F

[a] 가장 일반적으로 사용되는 접두사는 붉은색, 푸른색으로 표시했다.

〉 복습문제 1.5A

다음 각 측정값을 10의 거듭제곱을 접두사로 대체하는 단위로 변환하라.

a. 7.24×10^3 g　　**b.** 4.29×10^{-6} m　　**c.** 7.91×10^{-3} s

〉 복습문제 1.5B

다음 각 측정값을 기본 단위와 10의 거듭제곱을 사용하는 측정값으로 변환하라.

a. 3.8 ns　　**b.** 7.54 mm　　**c.** 2.9 kA

예제 1.6 접두사와 10의 거듭제곱

다음 각 측정값을 SI 기본 단위로 10진수 및 지수 형식으로 표현하라.

a. 4.12 cm　　**b.** 947 ms　　**c.** 3.17 nm

풀이

a. 우리의 목표는 주어진 단위와 SI 기본 단위를 연관시키는 10의 거듭제곱을 찾는 것이다. 따라서 센티(기본 단위) $= 10^{-2} \times$ (기본 단위)이다.

$$4.12 \text{ cm} = 4.12 \text{ centimeter} = 4.12 \times 10^{-2} \text{ m} = 0.0412 \text{ m}$$

b. 밀리초(ms)를 기본 단위 초로 변경하려면 접두사 밀리-를 10^{-3}으로 바꾸고, 지름길로 소수점 이하 자릿수를 음수의 경우 왼쪽으로, 양의 경우 오른쪽으로 이동하면 된다.

$$947 \text{ ms} = 0.947 \text{ s}$$

c. 나노미터(nm)를 기본 단위 미터로 변경하려면 접두사 나노-를 10^{-9}으로 바꾼다. 지수 형식의 답은 3.17×10^{-9} m이고, 소수점 표기로는 0.00000000317이다.

› 복습문제 1.6A

다음 각 측정값을 SI 기본 단위로 변환하라.

a. 7.45 nm **b.** 5.25 μs **c.** 1.415 km **d.** 2.06 mm

e. 6.19×10^6 mm

› 복습문제 1.6B

다음 각 측정값을 SI 기본 단위로 변환하라.

a. 57 km **b.** 11 mA

질량

질량의 SI 기본 단위는 **킬로그램**(kilogram, kg)으로, 약 2.2파운드(lb) 또는 1 L 청량음료의 질량과 비슷하다. 이 기본 단위는 접두사가 이미 포함되어 있다는 점에서 특이하다. 대부분 실험실 작업에 더 편리한 질량 단위는 큰 종이클립의 질량 정도인 그램(g)이다.

$$1 \text{ kg} = 1000 \text{ g} = 10^3 \text{ g}$$

밀리그램(mg)은 일부 약물 복용량이나 음식을 조리할 때 첨가하는 향신료 등 소량의 재료에 적합한 단위이다. 우리가 복용하는 약물이나 비타민은 마이크로그램(μg)과 같이 매우 적은 양이 필요하며, 라벨에는 일반적으로 mcg로 약칭한다.

$$1 \text{ mg} = 10^{-3} \text{ g} = 0.001 \text{ g} \qquad 1 \ \mu\text{g} = 10^{-6} \text{ g} = 0.000001 \text{ g}$$

화학자들은 이제 나노그램(ng), 피코그램(pg), 심지어 펨토그램(fg) 범위의 질량도 감지할 수 있다.

길이, 면적, 부피

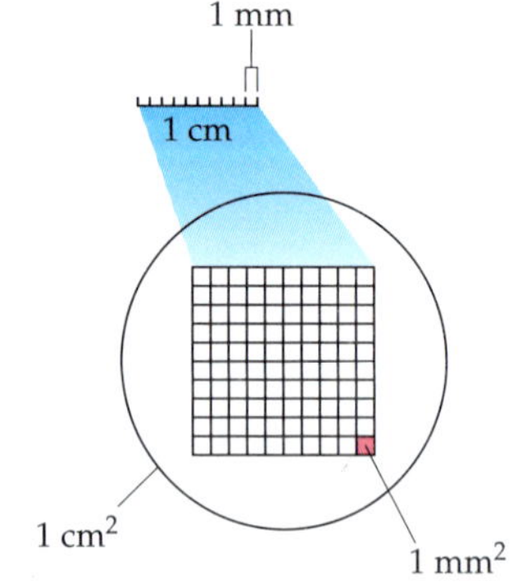

▲ mm^2, cm^{2}와 같은 면적 단위는 길이 단위에서 파생된 것이다.

Q 1 cm는 몇 mm가 되는가? 1 cm^{2}는 몇 mm^{2}가 되는가?

길이의 SI 기본 단위는 1야드(yd)보다 약간 긴 단위인 **미터**(meter, m)이다. 킬로미터(km)는 고속도로를 따라 거리를 측정하는 데 사용된다.

$$1 \text{ km} = 1000 \text{ m}$$

실험실에서는 보통 미터보다 작은 길이가 더 편리하다고 생각한다. 예를 들어 일반적인 계산기 버튼의 너비 정도인 센티미터(cm) 또는 메모장의 뒷면 판지 두께 정도인 밀리미터(mm)를 사용한다.

$$1 \text{ cm} = 0.01 \text{ m} \qquad 1 \text{ mm} = 0.001 \text{ m}$$

원자 및 분자 수준에서의 측정에는 마이크로미터(μm), 나노미터(nm), 피코미터(pm)를 사용한다. 예를 들어 거의 구형에 가까운 헤모글로빈 분자의 지름은 5.5 nm 또는 5500 pm이고, 소듐 원자의 지름은 372 pm이다.

면적과 부피의 단위는 길이의 기본 단위에서 파생된다. 면적의 SI 단위는 제곱미터(m^2)이지만, 실험실 작업에서는 제곱센티미터(cm^2) 또는 제곱밀리미터(mm^2)를 더 편리하게 사용하는 경우가 많다. 1 cm = 10^{-2} m이지만 1 cm^{2}는 10^{-2} m^{2}와 같지 않다는 점에 유의하자.

$$1 \text{ cm}^2 = (10^{-2} \text{ m})^2 = 10^{-4} \text{ m}^2 \qquad 1 \text{ mm}^2 = (10^3 \text{ m})^2 = 10^{-6} \text{ m}^2$$

마찬가지로 부피의 SI 단위는 세제곱미터(m^3)이지만, 실험실에서 더 많이 사용되는 단위는 세제곱센티미터(cm^3 또는 cc)와 세제곱데시미터(dm^3)로 두 가지이다. 세제곱센티미터는 정육면체의 부피이고, 세제곱데시미터는 1쿼트(qt)보다 약간 큰 단위이다. 면적과 마찬가지로 1 cm^3는 10^{-2} m^3와 같지 않다.

$$1\ cm^3 = (10^{-2}\ m)^3 = 10^{-6}\ m^3 \qquad 1\ dm^3 = (10^{-1}\ m)^3 = 10^{-3}\ m^3$$

세제곱데시미터는 일반적으로 리터라고 한다. **리터**(liter, L)는 1세제곱데시미터, 즉 1000세제곱센티미터이다.

$$1\ L = 1\ dm^3 = 1000\ cm^3$$

밀리리터(mL) 또는 세제곱센티미터는 실험실에서 자주 사용되는 단위이다. 1밀리리터는 스포이트에서 약 한 방울 정도이다.

$$1\ mL = 1\ cm^3$$

시간

시간 간격을 측정하는 SI 기본 단위는 **초**(second, s)이다. 매우 짧은 주기는 밀리초(ms), 마이크로초(μs), 나노초(ns), 피코초(ps) 등의 SI 접두사를 사용하여 표현한다.

$$1\ ms = 10^{-3}\ s \qquad 1\ \mu s = 10^{-6}\ s \qquad 1\ ns = 10^{-9}\ s \qquad 1\ ps = 10^{-12}\ s$$

반면에 긴 시간 간격은 일반적으로 분(min), 시간(h), 일(d), 년(y)과 같은 전통적인 비 SI 단위로 표현된다.

$$1\ min = 60\ s \qquad 1\ h = 60\ min \qquad 1\ d = 24\ h \qquad 1\ y = 365\ d$$

문제 해결: 추정

많은 화학 문제에는 수치로 답을 구하는 계산이 필요하다. 계산기를 사용하면 항상 답을 알려주지만 답이 정확하지 않을 수도 있다. 잘못된 숫자를 입력했거나 잘못된 함수를 사용했을 수 있다. 답을 추정하는 방법을 배우면 계산된 답이 합리적인지 확인할 수 있다. 다음 예제와 복습문제에서 볼 수 있듯이 때로는 예상 답안으로도 충분할 때가 있다. 답을 추정하는 능력은 화학 수업뿐만 아니라 일상생활에서도 중요할 수 있다. 추정에는 상세한 계산이 필요하지 않다. 대략적인 계산만 하거나 전혀 계산하지 않아도 된다.

예제 1.7 질량, 길이, 면적, 부피

자세한 계산을 하지 않고, 다음 중 전형적인 2세 아동의 **(a)** 질량(몸무게), **(b)** 키가 적당한지 결정하라.

질량: 10 mg	10 g	10 kg	100 g
높이: 85 mm	85 cm	850 cm	8.5 m

풀이

a. 통상적인 단위로 2세 아이의 몸무게는 20~25 lb 정도인데, 1 kg은 2 lb가 조금 넘기 때문에 10 kg이 정답이다.

b. 통상적인 단위로 2세 어린이의 키는 약 30~36 in이다. 1 cm는 0.5 in보다 약간 작기 때문에 답은 그 범위의 2배, 즉 60~72 cm보다 조금 더 커야 한다. 따라서 유일하게 합리적인 답은 85 cm이다.

› 복습문제 1.7A

자세한 계산을 하지 않고, 다음 중 교과서 앞표지에 적합한 면적을 결정하라.

$500\ \text{mm}^2 \qquad 50\ \text{cm}^2 \qquad 500\ \text{cm}^2 \qquad 50\ \text{m}^2$

› 복습문제 1.7B

자세한 계산을 하지 않고, 다음 중 교과서에 적합한 부피를 결정하라.

$1600\ \text{mm}^3 \qquad 16\ \text{cm}^3 \qquad 1600\ \text{cm}^3 \qquad 1.6\ \text{m}^3$

문제 해결: 단위 변환

문제 풀이의 **단위 변환** 방법을 사용하면 한 미터법 단위에서 다른 미터법 단위로 쉽게 변환할 수 있다. 이 방법에 익숙하지 않다면 일반 단위를 미터법 단위로 변환하는 방법을 공부해야 한다.

측정값의 정확도를 나타내는 방법은 **유효 숫자**(significant figure)이며, 이후 문제와 본문 전체에서 대부분의 계산은 세 자리 숫자를 사용한다.

예제 1.8 단위 변환

다음을 각각 변환하라.

a. 1.83 kg에서 g으로　　**b.** 729 μL에서 mL로

풀이

a. 주어진 수량인 1.83 kg으로 시작한다. 접두사 킬로-는 1000을 의미하므로, 1 kg = 1000 g으로 등가된다. 이로부터 단위 kg을 취소하고 단위 g으로 끝낼 수 있는 변환 계수를 형성할 수 있다.

$$1.83\ \cancel{\text{kg}} \times \frac{1000\ \text{g}}{1\ \cancel{\text{kg}}} = 1830\ \text{g}$$

b. 여기서는 주어진 양 729 μL를 mL로 환산하는 것으로 시작한다. μL에서 mL로 변경할 인자가 하나도 없으므로 문제에 접근하는 한 가지 방법은 두 가지 변환 인자를 사용하는 것이다. 표 1.5에 따르면 마이크로-는 10^{-6}이고 밀리- 단위는 10^{-3}이다. 즉 1 μL = 10^{-6} L, 1 mL = 10^{-3} L이다. 첫 번째 변환 계수는 μL(시작 단위)을 하단에, L을 상단에 배치한다. 두 번째 인자는 하단에 L이 있고 상단에 mL(원하는 단위)가 있다. μL과 L 모두 무효가 되므로 올바른 단위로 답을 구할 수 있다.

$$729\ \cancel{\mu\text{L}} \times \frac{10^{-6}\ \cancel{\text{L}}}{1\ \cancel{\mu\text{L}}} \times \frac{1\ \text{mL}}{10^{-3}\ \cancel{\text{L}}} = 0.729\ \text{mL}$$

› 복습문제 1.8A

다음을 각각 변환하라.

a. 0.755 m에서 mm　　**b.** 205.6 mL에서 L

c. 0.206 g에서 μg　　**d.** 7.38 μA에서 A

› 복습문제 1.8B

다음을 각각 변환하라.

a. 0.409 kg에서 mg　　**b.** 245 ms에서 ns

자가평가문제

1. 다음 중 길이의 SI 단위는 무엇인가?

a. 피트　**b.** 킬로미터　**c.** 파스칼　**d.** 미터

2. 다음 중 질량의 SI 단위는 무엇인가?

a. 드램　**b.** 그램　**c.** 그레인　**d.** 킬로그램

3. 다음 중 10^{-2}를 나타내는 접두사는 무엇인가?

a. 센티(*centi-*)　**b.** 데시(*deci-*)　**c.** 마이크로(*micro-*)　**d.** 밀리(*milli-*)

4. 1인치는 무엇보다 약 250% 더 긴가?

a. 미터　**b.** 센티미터　**c.** 밀리미터　**d.** 데시미터

5. 1 cm^3는 다음 중 무엇과 같은가?

a. dL　**b.** 드램　**c.** L　**d.** mL

6. 1 qt는 다음 중 무엇보다 약간 작은가?

a. dL　**b.** kL　**c.** L　**d.** mL

7. 5.775 cm인 줄의 길이는 밀리미터로 얼마인가?

a. 0.05775 mm　**b.** 0.5775 mm　**c.** 5.775 mm　**d.** 57.75 mm

8. 다음 중 질량이 대략 1 g인 것은 무엇인가?

a. 개미　**b.** 오렌지　**c.** 땅콩　**d.** 수박

9. 의사가 비타민 B_{12}를 1000 μg 복용하라고 권장한다. 이는 다음 중 무엇과 같은가?

a. 1 cg　**b.** 1 dg　**c.** 1 g　**d.** 1 mg

10. 다음 중 두께가 대략 1 cm인 것은 무엇인가?

a. 벽돌　**b.** 휴대전화　**c.** 칼날　**d.** 이 책

11. 다음 중 부피가 대략 250 mL(0.250 L)인 것은 무엇인가?

a. 1컵　**b.** 1갤런　**c.** 1파인트　**d.** 1테이블스푼

정답: 1. d, 2. d, 3. a, 4. b, 5. d, 6. c, 7. d, 8. c, 9. d, 10. b, 11. a

나노세계

2세기 이상 동안 화학자들은 원자를 재배열하여 '피코미터(10^{-12} m)' 범위의 크기를 가진 분자를 만들 수 있었다. 이러한 능력은 약물, 플라스틱, 기디 여러 물질의 설계에 혁명을 가져 왔다. 지난 수십 년 동안 과학자들은 '마이크로미터(10^{-6} m)' 범위의 물질을 다루는 데 엄청난 진전을 이뤘다. 컴퓨터, 휴대폰 등 전자기기의 혁명은 과학자들이 마이크로미터 단위의 포토리소그래피(photolithography)로 컴퓨터 칩을 생산할 수 있게 되면서 촉발되었다.

최근 많은 과학자가 '나노 기술'에 집중하고 있다. 접두사 *nano-*는 10억 분의 1(10^{-9})을 의미한다. 나노 기술은 피코미터 크기의 분자와 마이크로미터 크기의 전자장치 사이의 간극을 메워준다. 나노미터 크기의 물체는 수백~수천 개의 원자 또는 분자를 포함하고 있으며, 이러한 물체는 같은 물질의 큰 물체와 다른 성질을 갖는 경우가 많다. 예를 들어 대부분 금은 노란색이지만, 나노미터 크기의 금 입자로 구성된 반지는 빨간색으로 보인다. 흑연(연필심) 형태의 탄소는 매우 약하고 부드럽지만, 탄소 나노튜브는 강철보다 100배 이상 강할 수 있다. 나노튜브는 크기(사람 머리카락 굵기의 1만 분의 1에 불과)와 모양(속이 빈 관)으로 인해 나노튜브라고 불리며, 수천 가지의 잠재적 용도가 있지만 제작 비용이 매우 비싸다. 과학자들은 이제 나노미터에서 미터에 이르기까지 모든 규모의 물질을 조작할 수 있게 되어 재료 설계의 범위가 크게 확대되었다. 다음 장에서는 나노 기술의 다양한 실제 응용 중 일부를 살펴보겠다.

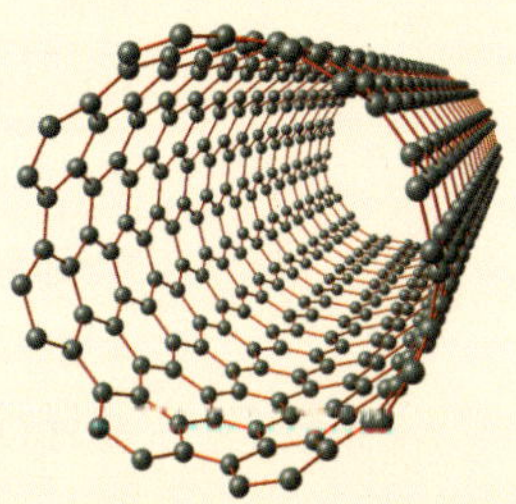

▲ 강철보다 강하고 금보다 비싼 탄소 나노튜브의 분자 구조도

▲ 구리 1 cm^3의 무게는 8.94 g이므로 구리의 밀도는 8.94 g/cm^3이다.

Q 구리 2 cm^3의 질량은 얼마인가? 2 cm^3의 구리의 밀도는 얼마인가?

▲ **그림 1.9** 실온에서 물의 밀도는 약 1.00 g/mL이다. 동전은 물속에 가라앉지만 코르크는 물 위에 뜬다.

Q 동전의 밀도가 1.00 g/mL보다 작거나 같거나 큰가? 코르크의 밀도가 1.00 g/mL보다 작거나 같거나 큰가?

1.8 밀도

학습 목표 • 다른 두 가지 양이 주어지면 물체의 밀도, 질량, 부피를 계산한다.

일상생활에서 우리는 납을 '무겁다' 또는 알루미늄을 '가볍다'고 말할 수 있지만, 이러한 설명은 기껏해야 부정확한 표현이다. 실제로 납은 '크기' 또는 차지하는 공간 때문에 무겁다는 뜻이고, 알루미늄은 가볍다는 뜻이다. 과학자들은 이 중요한 성질을 설명하기 위해 밀도라는 용어를 사용한다. 물질의 **밀도**(density, d)는 단위 부피(V)당 질량(m)의 양이다.

$$d = \frac{m}{V}$$

기름과 물처럼 서로 섞이지 않는 물질의 경우에도 밀도라는 개념을 통해 어느 물질이 다른 물질 위에 뜨는지 예측할 수 있다. 결과를 결정하는 것은 각 물질의 질량이 아니라 단위 부피당 질량, 즉 밀도이다. 밀도는 이탈리아 샐러드 드레싱 병에서 기름(밀도가 낮은)이 물(밀도가 높은) 위에 뜨는 이유를 설명하는 성질이다. 그림 1.9는 다른 예를 보여준다.

밀도에 대한 방정식을 다시 정리하면 다음과 같다.

$$m = d \times V \text{ 그리고 } V = \frac{m}{d}$$

이 방정식은 계산에 유용하다. 몇 가지 일반적인 물질의 밀도는 표 1.6에 나와 있다. 일반적으로 액체의 경우 밀리리터당 그램(g/mL), 고체의 경우 세제곱센티미터당 그램(g/cm^3)으로 보고된다. 표에 나열된 값은 다음 예제 및 복습문제와 장 마지막에 있는 문제에서 사용된다.

질량, 길이, 면적, 부피와 관련된 문제(예제 1.7)와 마찬가지로 밀도와 관련된 문제(예: 물질의 상대 부피 또는 물질이 물에 뜨는지 가라앉는지 결정할 때)의 답을 추정하는 것으로 충분할 때가 많다. 이러한 추정은 다음 예제와 복습문제에 설명되어 있다. 추정에 자세한 계산이 필요하지 않다는 점에 다시 한 번 유의하자.

표 1.6 특정 온도에서 일부 일반적인 순물질의 밀도

순물질*	밀도	온도
고체		
구리(Cu)	8.94 g/cm^3	25 ℃
금(Au)	19.3 g/cm^3	25 ℃
마그네슘(Mg)	1.738 g/cm^3	20 ℃
얼음(H_2O)	0.917 g/cm^3	0 ℃
액체		
에탄올(CH_3CH_2OH)	0.789 g/mL	20 ℃
헥산($CH_3CH_2CH_2CH_2CH_2CH_3$)	0.660 g/mL	20 ℃
수은(Hg)	13.534 g/mL	25 ℃
소변(혼합물)	1.003~1.030 g/mL	25 ℃
물(H_2O)	0.9998 g/mL	0 ℃
물	1.000 g/mL	4 ℃
물	0.998 g/mL	20 ℃

* 향후 참고할 수 있도록 공식이 제공된다.

예제 1.9 질량, 부피, 밀도

밀도는 자세한 계산을 하지 않고도 풍부한 정보를 제공할 수 있다. 이 예제와 함께 제공되는 복습문제는 계산기를 사용하지 않고도 해결할 수 있다.

골드러시 시대에 광부들은 종종 금과 거의 똑같이 생긴 **황철석**(fool's gold, iron pyrite)을 발견하곤 했는데, 이는 금과 거의 똑같이 생겼다. 그러나 황철석의 밀도는 약 3.3 g/cm^{3}이다. 표 1.6을 사용하여 금의 밀도를 구하라. 손바닥 크기의 황철석 덩어리를 발견했다면, **(a)** 비슷한 크기의 순금 덩어리와 비교했을 때 질량에 큰 차이가 있는가? **(b)** 만약 황철석 덩어리의 무게가 금 덩어리와 같다면 크기에서 차이가 나는가?

풀이

a. 표 1.6에서 금의 밀도는 19.3 g/mL임을 알 수 있다. 이는 금이 비슷한 크기의 황철석 조각보다 거의 6배 더 무겁다는 것을 의미한다. 이를 통해 광부들은 어떤 광석을 발견했는지 쉽게 식별할 수 있었다.

b. 금의 밀도는 황철석의 약 6배에 달한다. 금은 밀도가 높기 때문에 더 촘촘하게 압축할 수 있고 공간을 덜 차지한다. 질량이 같은 두 광석 시료를 비교하면 금이 황철석의 6분의 1 크기라는 것을 알 수 있다.

› 복습문제 1.9A

납의 밀도는 11.34 g/cm^{3}이다. 납은 헥산에 뜨거나 가라앉는가? 수은에서는 어떠한가?

› 복습문제 1.9B

원유에 대해 알고 있는 지식에 근거하여 원유 밀도가 0.88 g/mL, 1.25 g/mL, 1.83 g/mL 중 어떤 것이 가장 높을 것 같은가? (힌트: 유용한 정보는 표 1.6을 참조하라.)

예제 1.10 밀도, 질량, 부피

질량과 부피는 밀도를 나타낸다. 156 g의 철분이 20.0 cm^{3}의 부피를 차시한다면 철분의 밀도는 어떻게 되는가?

풀이

주어진 값은 다음과 같다.

$$m = 156 \text{ g 그리고 } V = 20.0 \text{ cm}^3$$

밀도를 정의하는 방정식을 사용한다.

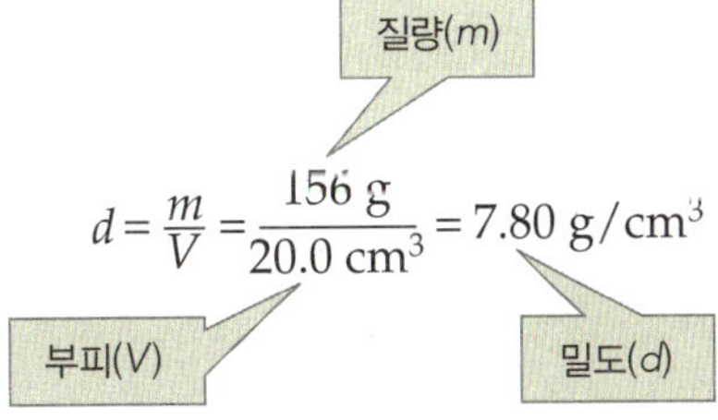

마찬가지로 밀도와 질량은 부피를, 부피와 밀도는 질량을 나타내는데, 원래 밀도 방정식을 재

배열하면 다음과 같다.

$$V = \frac{m}{d} \text{ 또는 } m = dV$$

› 복습문제 1.10A

용액 210 mL의 질량이 234 g인 경우 염 용액의 밀도를 구하라.

› 복습문제 1.10B

10 cm^3 조각의 무게가 17.38 g이라면 어떤 금속일 가능성이 가장 높은가(표 1.6 참조)?

밀도 차이를 직접 실험해 볼 수 있다. 엑스트라 버진 올리브 오일 30~40 mL에 레드 와인 식초 10 mL를 넣어 클래식 프렌치 비네그레트 샐러드 드레싱을 만든다. 염(소금), 후추, 오레가노, 타임, 디종 머스터드, 마늘 등의 조미료를 추가한다. 어떤 재료(기름 또는 식초)가 윗층을 형성하는가? 맛있게 즐기면 된다!

자가평가문제

1. 호수 위에 떠 있는 나무 판자의 밀도는 어떠한가?
   a. 공기보다 낮다. **b.** 물보다 낮다.
   c. 물보다 높다. **d.** 물과 같다.

2. 조약돌과 납 추는 연못에 떨어뜨리면 둘 다 가라앉는다. 두 물체에 대한 설명으로 옳은 것은 무엇인가?
   a. 둘 다 물보다 밀도가 낮다.
   b. 둘 다 물보다 밀도가 높다.
   c. 서로 다른 밀도를 가진다.
   d. 같은 밀도를 가진다.

3. 얼음은 물 위에 뜬다. 얼음의 합리적인 밀도 값은 얼마인가?
   a. 0.92 g/cm^3 **b.** 1.08 g/cm^3
   c. 1.98 g/cm^3 **d.** 4.90 g/cm^3

4. 금을 찾는 탐광자가 진흙, 자갈, 물이 섞인 혼합물을 팬에 돌리고 바닥에서 금을 찾는다. 그 이유는 무엇인가?
   a. 금이 물에 녹아 가라앉는다.
   b. 금은 밀도가 높아 가라앉는다.
   c. 금은 바위보다 밀도가 낮다.
   d. 금은 다른 광물에 의해 밀려난다.

5. 다음 중 수은($d = 13.534$ g/cm^3) 풀에서 가라앉는 금속은 무엇인가?
   a. 알루미늄($d = 2.6$ g/cm^3)
   b. 철($d = 7.9$ g/cm^3)
   c. 납($d = 11.34$ g/cm^3)
   d. 우라늄($d = 19.5$ g/cm^3)

6. 바위의 부피가 80.0 cm^3이고 질량이 160.0 g이라면 밀도는 얼마인가?
   a. 0.05 g/cm^3 **b.** 0.50 g/cm^3
   c. 2.0 g/cm^3 **d.** 20 g/cm^3

정답: 1. b, 2. b, 3. a, 4. b, 5. d, 6. c

1.9 에너지: 열 및 온도

학습 목표 • 열과 온도를 구별한다.
• 온도 눈금이 어떻게 관련되어 있는지 설명한다.

물질이 겪는 물리적 변화와 화학적 변화는 거의 항상 에너지의 변화를 동반한다. **에너지**(energy)는 스스로 일어나지 않는 일을 일어나게 하는 데 필요하다. 에너지는 물질을 물리적으로 또는 화학적으로 변화시키는 능력이다.

과학에서 서로 관련이 있지만 때로는 혼동되기도 하는 두 가지 중요한 개념은 온도와 열이다. 서로 다른 온도의 두 물체를 접촉시키면 열은 더 뜨거운 물체에서 더 차가운 물체로 흐르

◀ **그림 1.10** 온도와 열은 서로 다른 현상이다. 아기의 욕조와 온수 욕조의 온도는 약 40 ℃로 거의 같지만, 온수 욕조를 그 온도로 데우는 데는 아기의 욕조보다 훨씬 더 많은 열이 필요했다.

며, 두 물체의 온도가 같아질 때까지 진행된다. **열**(heat)은 이동 중인 에너지로, 따뜻한 물체에서 차가운 물체로 흐르는 에너지이다. **온도**(temperature)는 물체가 얼마나 뜨거운지, 차가운지를 나타내는 척도이다. 온도는 열이 흐르는 방향을 알려주며, 열은 자동으로 온도가 높은 영역에서 낮은 영역으로 흐른다. 예를 들어 뜨거운 시험관을 만지면 열이 시험관에서 손으로 흐른다. 시험관이 충분히 뜨거우면 손이 화상을 입게 된다. 그림 1.10은 열과 온도의 차이를 보여준다.

온도의 SI 기본 단위는 **켈빈**(kelvin, K)이다. 실험실 작업에서는 더 익숙한 **섭씨**(celsius, ℃) 눈금을 자주 사용한다. 이 온도 눈금에서 물의 어는점은 섭씨 0도이고 끓는점은 100 ℃이다. 이 두 기준점 사이의 간격은 각각 섭씨 1 ℃씩 100등분으로 나뉜다. 켈빈 눈금은 영점이 가능한 가장 차가운 온도, 즉 절대 영도이기 때문에 **절대 눈금**이라고 불린다. (이 사실은 이론적 고려에 의해 결정되었으며 앞으로 다루겠지만 실험을 통해 확인되었다.)

켈빈 눈금의 영점인 0 K는 −273.15 ℃로, 흔히 −273 ℃로 반올림한다. 켈빈은 섭씨 1 ℃와 같은 크기이므로 켈빈 눈금에서 물의 어는점은 273 K이다. 켈빈 눈금에는 음의 온도가 없으며, K에 도 부호를 사용하지 않는다. 섭씨에서 켈빈으로 변환하려면 섭씨 온도에 273.15를 더하면 된다.

$$K = {}^{\circ}C + 273.15$$

예제 1.11 온도 변환

디에틸 에터는 36 ℃에서 끓는다. 켈빈 눈금에서 이 액체의 끓는점은 얼마인가?

풀이

$$K = {}^{\circ}C + 273.15$$
$$K = 36 + 273.15 = 309\ K$$

› 복습문제 1.11A

켈빈으로 표시되는 에탄올의 끓는점(78 ℃)은 얼마인가?

› 복습문제 1.11B

대기압에서 액체 질소는 −196 ℃에서 끓는다. 이 온도를 켈빈으로 나타내라.

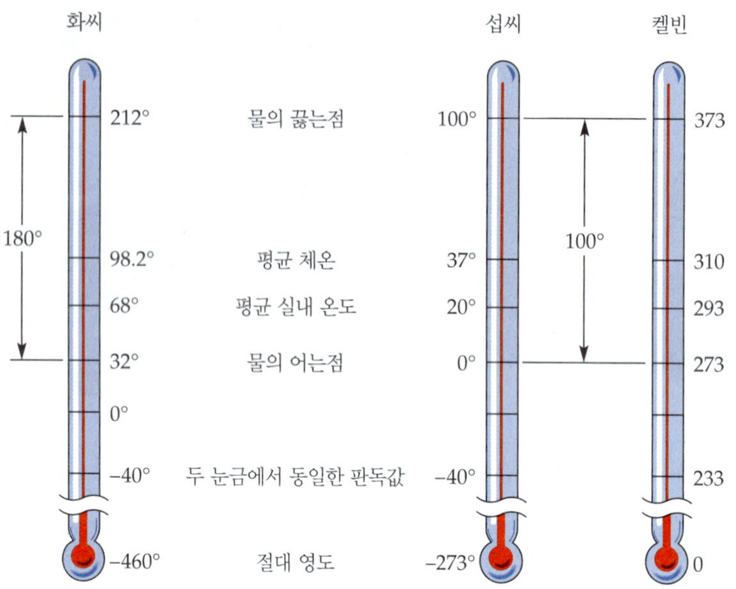

▶ **그림 1.11** 화씨, 섭씨, 켈빈 온도 눈금의 비교

화씨 온도 눈금은 미국에서 널리 사용된다. 그림 1.11은 세 가지 온도 눈금을 비교한 것이다. 화씨 눈금에서는 물의 어는점과 끓는점 사이에 180화씨온도가 있다는 점에 유의하자. 섭씨 눈금에서는 이 두 지점 사이에 100섭씨온도가 있다. 따라서 1섭씨온도는 1.8화씨온도와 같다. 화씨온도와 섭씨온도 간의 변환은 이 관계를 사용한다.

SI에서 유래한 에너지 단위는 **줄**(joule, J)이지만, 일상생활에서는 **칼로리**(calorie, cal)가 더 친숙한 단위이다.

$$1 \text{ cal} = 4.184 \text{ J}$$

칼로리는 물 1 g의 온도를 1 ℃ 올리는 데 필요한 열량이다.

음식의 에너지 함량을 표현하는 데 사용되는 '칼로리'는 실제로 **킬로칼로리**(kilocalorie, kcal)이다.

$$1000 \text{ cal} = 1 \text{ kcal} = 4184 \text{ J}$$

다이어트를 하는 사람은 바나나 스플릿에 1,500 cal가 들어 있다는 것을 알고 있을 것이다. 다이어트를 하는 사람이 이것이 실제로 1,500 kcal, 즉 1,500,000 cal라는 사실을 알게 된다면 바나나 스플릿을 포기하는 것이 더 쉬울 것이다!

예제 1.12 에너지 변환

휘발유 1.00 g이 연소하면 약 10.3 kcal의 에너지를 생성한다. 이 에너지의 양을 킬로줄(kJ) 단위로 환산하면 얼마인가?

풀이

$$10.3 \cancel{\text{kcal}} \times \frac{1000 \cancel{\text{cal}}}{1 \cancel{\text{kcal}}} \times \frac{4.184 \cancel{\text{J}}}{1 \cancel{\text{cal}}} \times \frac{1 \text{ kJ}}{1000 \cancel{\text{J}}} = 43.1 \text{ kJ}$$

› 복습문제 1.12A

유럽 여성은 매일 평균 7525 kJ의 에너지 함량을 가진 음식을 섭취한다. 이 일일 섭취량은 kcal

(음식 칼로리) 단위로 얼마인가?

› 복습문제 1.12B

얼음 한 개를 녹이는 데 약 12 kJ의 에너지가 필요하다. 12개의 얼음 조각이 담긴 쟁반을 녹이는 데 필요한 에너지(kcal)는 얼마인가?

자가평가문제

1. 열에 대한 설명으로 옳은 것은 무엇인가?

a. 원소

b. 뜨거운 물체에서 차가운 물체로의 에너지 흐름

c. 에너지 강도 측정

d. 실온보다 높은 온도

2. 온도에 대한 SI 눈금은 무엇으로 알려져 있는가?

a. 섭씨 눈금 **b.** 화씨 눈금

c. 켈빈 눈금 **d.** 리히터 척도

3. 다음 중 물이 끓는 온도는 무엇인가?

a. 0 ℃ **b.** 100 ℉

c. 273 ℃ **d.** 373 K

4. 켈빈 눈금의 온도를 섭씨로 변환하려면 다음 중 무엇을 사용하는가?

a. 100 더하기 **b.** 273 더하기

c. 100 빼기 **d.** 273 빼기

5. 다음 중 에너지의 SI 단위는 무엇인가?

a. cal **b.** C

c. J **d.** W

정답: 1. b, 2. c, 3. d, 4. d, 5. c

정상 체온

독일의 의사였던 Carl Wunderlich(1815~1877)는 열이 질병의 증상이라는 것을 처음으로 인식했다. 그는 건강한 사람의 체온을 수천 번 측정하여 평균값을 37 ℃로 보고했다. 이 값이 화씨 눈금으로 변환되면서, 어떤 이유에서인지(부적절하게) 유효 숫자가 하나 더해져서 98.6 ℉가 널리 알려진(그러나 잘못된) 정상 체온으로 알려지게 되었다. 최근 몇 년 동안 수백만 건의 측정 결과, 평균 정상 체온은 실제로 98.2 ℉이며 건강한 사람의 체온은 97.7 ℉에서 99.5 ℉ 사이라는 것이 밝혀졌다.

1.10 비판적 사고

학습 목표 • 비판적 사고를 사용하여 주장과 진술을 평가한다.

과학의 특징 중 하나는 비판적으로 사고하는 능력이다. 즉 진술이나 주장을 합리적이고 객관적인 방식으로 평가하는 능력이다. 예를 들어 다이어트 계획 광고에는 체중을 많이 감량한 사람이 등장한다. 광고 어딘가에 작은 글씨로 "결과는 개인에 따라 다를 수 있다" 또는 "결과는 일반적이지 않다"와 같은 문구를 볼 수 있다. 또한 이러한 광고는 종종 다이어트 계획과 운동을 병행할 것을 권장한다.

이러한 광고가 다이어트 계획에 효과가 있나는 것을 증명할 수 있을까? 비판적 사고를 사용하여 광고의 주장을 평가할 수 있다. **비판적 사고**(critical thinking)는 사실을 수집하고, 평가하고, 논리를 사용하여 결론에 도달한 다음에 결론을 평가하는 것을 포함한다. 비판적으로 생각하는 능력은 학습할 수 있으며, 과학 수업뿐만 아니라 일상생활에서도 도움이 될 것이다. 비판적 사고는 모든 유형의 직업과 모든 종류의 산업에 종사하는 직원에게 중요하다. 여기서는

James Lett가 개발한 접근법을 채택하여 설명한다.[1] 이 접근법은 이후 요약되어 있고, 몇 가지 예가 이어진다.

FLaReS(모음 무시)라는 약어를 사용하여 주장을 검증하는 데 사용되는 네 가지 원칙인 반증가능성, 논리성, 재현성, 충분성을 기억할 수 있다.

- **반증가능성**(falsifiability): 주장이 거짓임을 입증할 수 있는 증거가 있는가? 주장이 거짓임을 증명할 수 있는 증거를 생각할 수 있어야 한다. 위조할 수 없는 가설은 가치가 없다. 과학은 압도적인 증거를 제시할 수는 있지만, 절대적인 의미에서 어떤 것도 진실로 증명할 수는 없다. 과학은 거짓을 증명할 수 있다.
- **논리성**(logical): 주장을 뒷받침하는 증거로 제시되는 모든 주장은 타당해야 한다. 논증은 결론이 전제에서 필연적으로 따르고 전제가 참이면 타당하다. 전제가 거짓이면 타당하지 않으며, 결론이 전제에서 필연적으로 따르지 않는 단 한 가지 예외가 있으면 타당하지 않다.
- **재현성**(replicability): 주장에 대한 증거가 실험 결과를 기반으로 하는 경우, 어떤 주장에 대한 증거가 실험 결과에 근거한다면 그 증거는 이후의 실험이나 시험에서도 반복하여 동일하게 얻어질 수 있어야 한다. 과학 연구는 거의 항상 다른 자격을 갖춘 과학자들에 의해 검토된다. 동료의 검토를 거친 연구는 다른 사람들이 실험을 반복할 수 있는 형태로 출판된다. 때때로 잘못된 과학이 동료평가(peer-review) 과정을 통과하기도 하지만, 이러한 결과는 결국 재현성 검증에서 실패하게 된다. 예를 들어 2005년 5월 과학 학술지 《사이언스》는 모든 환자가 맞춤형 치료를 받을 수 있도록 맞춤형 배아 줄기세포를 개발했다고 주장한 한국의 생명과학자 황우석 박사의 연구를 게재했다. 다른 연구자들은 황우석의 연구 결과를 재현하지 못했고, 그가 의도적으로 결과를 조작했다는 증거가 드러났다. 《사이언스》는 2006년 1월 그 논문을 철회했다. 동료평가를 거치지 않은 매체에 발표된 연구 결과는 과학계에서 거의 또는 전혀 인정받지 못하며, 그러한 결과를 신뢰해서는 안 된다.
- **충분성**(sufficiency): 주장을 뒷받침하는 증거는 그 주장의 진실을 입증하기에 충분해야 하며, (1) 모든 주장에 대한 증거의 부담은 주장자에게 있고, (2) 특별한 주장은 특별한 증거를 요구하며, (3) 권위자나 증언에 근거한 증거는 결코 적절하지 않다는 규정이 있다.

네 가지 FLaReS 테스트를 모두 통과한 주장은 사실일 수 있다. 반면에 거짓으로 판명될 수도 있다. 그러나 FLaReS 테스트 중 하나라도 통과하지 못하면 거짓일 가능성이 높다. FLaReS 방법은 인터넷과 다른 곳에서 찾을 수 있는 무수한 주장을 평가하기 위한 좋은 출발점이다. 다음 예에서는 하나 이상의 FLaReS 원칙을 적용하여 각 주장을 평가한다.

비판적 사고의 예

1.1 한 의사가 환자 자신의 소변으로 만든 백신으로 암을 치료하는 데 큰 성공을 거두었다고 주장한다. 그러나 이 백신은 환자의 면역계가 충분히 강할 때만 효과가 있다. 이 주장은 반증가능한가?

풀이

아니다. 의사는 환자의 면역계가 더 이상 충분히 강하지 않다고 말할 수 있다.

1.2 한 웹사이트에서는 "의료-산업 복합체는 자연 치료가 환자를 치료하기 때문에 자연 치료를 억제한다. 완치된 환자는 더 이상 의사가 필요하지 않으며 의사는 수입을 잃는다"라고 주장한다. 이 주장

[1] Lett은 반증가능성, 논리성, 포괄성, 정직성, 재현성, 충분성이라는 여섯 가지 규칙을 기념하기 위해 약어 FiLCeRS(모음을 무시함)를 사용했다. 출처: Lett, James, "A Field Guide to Critical Thinking," *The Skeptical Inquirer*, Winter 1990, pp. 153~160.

녹색 화학 지속가능한 세상을 위한 화학의 재구상

Jennifer MacKellar and David Constable, ACS Green Chemistry Institute®

원칙 1, 2, 3, 4, 5, 6, 7, 8, 9, 10, 11, 12

학습 목표
- 녹색 화학을 정의한다.
- 녹색 화학이 어떻게 위험을 줄이고 환경 문제를 예방하는지 설명한다.

유명한 자연주의자인 John Muir는 "자연 속의 한 가지를 건드리면 그것이 세상의 다른 모든 것과 연결되어 있음을 알게 된다"라고 말했다. 변화하는 기후와 전례 없는 환경 재앙의 세계에서 우리는 이보다 더 진실한 말은 없다는 것을 깨닫는다. 하지만 현재의 경로를 바꾸기 위해 우리는 무엇을 할 수 있을까? 지속가능한 지구는 어떤 모습일까?

인간 사회가 자연과 조화를 이루며 살아가는 공동체를 상상해보자. 사람들은 자신을 지탱하는 자원을 감소시키지 않으면서도 건강을 누린다. 토지, 물, 공기는 환경의 생태적 가치를 유지하는 방식으로 관리된다. 지속가능한 공동체는 경제, 환경, 사회 문제의 균형이 중요하다는 것을 깨닫고 이를 통해 번영할 수 있다.

20세기에는 의학, 제조, 화학 처리 분야에서 엄청난 기술 발전이 이루어지면서 미국의 삶의 질이 향상되었다. 그러나 이러한 생활 수준은 환경과 사람의 건강에 상당한 타격을 입혔다. 부적절한 화학 물질 사용과 폐기, 전반적인 환경오염은 전 세계 생태계를 크게 훼손하여 미래 세대의 안전을 위협하고 있다. 1962년 Rachel Carson의 《침묵의 봄》이 출간되고 환경 운동이 탄생한 이후, 오염 방지와 환경 보호에 초점을 맞춘 정부 규제가 점점 더 많아지고 있다(1.1절).

하지만 유해 폐기물을 완전히 막을 수 있다면 어떨까? 환경을 파괴하지 않으면서도 우리의 필요와 욕구를 충족하는 화학 물질을 설계할 수 있다면 어떨까? 지속가능성 및 녹색 화학은 간단히 말해 화학과 화학 공학을 바라보는 다른 사고 방식일 뿐이다. 수년에 걸쳐 화학 제품 및 공정의 설계, 개발 및 구현에 대해 생각할 때 사용할 수 있는 다양한 원칙이 제안되었다. 이러한 원칙을 통해 과학자와 엔지니어는 폐기물을 줄이고, 에너지를 절약하고, 유해 물질을 대체할 수 있는 창의적이고 혁신적인 방법을 찾아 경제, 사람, 지구를 보호하고 혜택을 누릴 수 있다.

녹색 화학과 공학적 원리는 제품의 전 과정에 걸쳐 적용되어야 한다는 점에 중요하다. 이는 제품의 수명 종료 또는 최종 폐기를 위한 설계에 이르기까지 보다 지속가능하거나 재생가능한 원료를 사용하는 것을 의미한다. 녹색 화학은 유기화학, 무기화학, 분석화학, 물리화학, 생화학 등 모든 화학 분야에 걸쳐 적용될 수 있다.

전 세계 정부와 과학계는 녹색 화학의 실천이 더 깨끗하고 지속가능한 지구뿐만 아니라 경제적 이익과 긍정적인 사회적 영향도 가져온다는 것을 인식하고 있다. 이러한 혜택은 기업과 정부가 친환경 제품 및 공정 개발을 지원하도록 장려한다. 특히 미국은 1996년부터 매년 대통령 녹색 화학 챌린지(Presidential Green Chemistry Challenge) 시상 프로그램을 통해 녹색 화학 혁신을 인정하고 있다.

베르데자인(Verdezyne, Inc.)은 2016년 헤어 브러시, 칫솔, 코팅, 향수, 자동차 및 항공유용에 사용되는 고성능 나일론 6, 12를 생산할 수 있는 효모를 개발해 대통령 녹색 화학 도전상(Presidential Green Chemistry Challenge Award)을 수상했다. 이들은 온실가스 배출량이 적은 식물성 원료에서 출발했다.

지속가능한 미래를 만들기 위해 친환경적인 관행을 실천하는 것도 중요하지만, 오늘날의 위기에는 혁신적인 사고와 변화의 의지가 필요하다는 점도 고려해야 한다. Albert Einstein은 "문제를 일으킨 것과 같은 수준의 인식으로는 문제를 해결할 수 없다"라는 말을 가장 잘 표현했다. 녹색 화학 분야의 많은 연구 발전에도 불구하고 주류 산업은 아직 친환경적이고 지속가능한 기술을 완전히 수용하지 못하고 있다. 녹색 화학자들은 오늘날의 산업계 리더와 소비자들이 수용할 수 있는 제품을 만들어 혁신을 실험실에서 벗어나 이사회로 가져가기 위해 매우 열심히 노력하고 있다.

지속가능성과 환경적 건강은 우리 모두에게 영향을 미친다. 환경은 연령, 인종, 소득 수준, 문화적 차이를 뛰어넘어 모든 삶에 영향을 미친다. 녹색 화학은 시급한 세계화 과제를 해결하기 위한 해결책 기반 접근 방식이다.

▲ 2013년, 인도네시아 그레식에 위치한 엘리밴스 바이오정유공장에서 특수 화학 제품을 상업적으로 생산하기 시작했다. 바이오정유공장에서 공급 원료는 주로 재생가능한 식물성 기름이다.

은 논리적인가?

풀이

의사가 모든 환자를 치료하는 것은 아니다. 많은 환자가 여전히 아프고 일부는 사망한다.

1.3 많은 '심령술사'는 미래를 예측하는 능력인 예지력이 있다고 주장한다. 이러한 예측은 종종 한 해가 끝날 무렵에 이루어지며 다음 해에 관한 것이다. 이러한 심령술사들의 예지력 주장을 평가하기 위해 모든 FLaReS 검증을 적용하라.

풀이

1. 예측은 반증가능한가? 네. 작성된 예측을 보관했다가 연말에 직접 확인할 수 있다.
2. 예지력이 논리적인가? 심령술사가 정말 미래를 예측할 수 있다면 복권에 당첨되고, 사전 경고를 통해 모든 종류의 재난을 막는 등 일반인보다 훨씬 더 자주 예지력을 발휘해야 한다.
3. 이러한 예측은 재현가능한가? 심령술사들은 종종 "4월과 5월에 토네이도가 오클라호마를 강타할 것이다" 또는 "저명한 정치인이 놀라운 이변으로 의원직을 잃을 것이다"와 같은 광범위하고 일반적인 예측을 하곤 한다(오클라호마에서 토네이도는 그 달에 꽤 흔하게 발생하며, 선거에서 이변이 일어나지 않은 해는 거의 없었다). 심령술사들은 나중에 '적중'에 대한 구체적인 언급을 하면서 '실패'에 대해서는 무시한다.
4. 주장은 충분한가? 아니다. 사전 인식은 적절한 검증을 통해 입증된 적이 없다. 이러한 주장은 매우 이례적이며 특별한 증거가 필요하다. 청구에 대한 입증 책임은 청구인에게 있다.

요약

1.1절: **기술**은 지식의 실용적 응용이며, **과학**은 자연과 물리적 세계에 대한 지식의 축적과 그 지식에 대한 설명이다. 화학의 뿌리는 중세부터 1700년대까지 행해진 화학과 마술의 혼합물인 **연금술**에 있다. **녹색 화학**은 오염을 원천적으로 방지하거나 줄이기 위한 재료와 공정을 사용한다. **지속가능한 화학**은 미래 세대의 필요를 훼손하지 않으면서 현재 세대의 필요를 충족하도록 설계되었다.

1.2절: 과학은 재현가능하고, 검증가능하며, 설명가능하며, 예측적이고, 잠정적인 것이다. 자연에 대한 일련의 확인된 관찰은 그 관찰에 대한 잠정적인 설명인 **가설**로 이어질 수 있다. **과학 법칙**은 많은 양의 데이터를 요약한 간략한 진술이며 보편적으로 진실이다. 법칙은 매우 적고 이론은 많다. 어떤 가설이 실험과 추가 실험을 거치면 **과학 이론**, 즉 현상에 대한 현재 최선의 설명이 될 수 있다. 이론은 항상 잠정적이며 추가 실험을 계속 견디지 못하면 거부될 수 있다. 유효한 이론은 새로운 과학적 사실을 예측하는 데 사용될 수 있다. 과학자들이 사회적, 정치적 이슈에 대해 의견이 일치하지 않는 이유는 부분적으로 실험 중에 변할 수 있는 **변수**, 인자를 통제할 수 없기 때문이다.

1.3절: 과학과 기술은 세상에 많은 이익을 제공했지만, 새로운 위험을 초래하기도 했다. **위험-이익 분석**은 어느 것이 더 중요한지 결정하는 데 도움이 될 수 있다.

1.4절: 대부분의 화학자는 어떤 종류의 연구에 참여한다. **응용 연구**의 목적은 유용한 생성물을 만들거나 특정 문제를 해결하기 위한 것이고, **기초 연구**는 단순히 새로운 지식을 얻거나 근본적인 질문에 답하기 위해 수행된다. 기초 연구는 종종 유용한 제품이나 과정으로 이어지기도 한다.

1.5절: **화학**은 물질과 물질이 변화하는 과정을 연구하는 학문이다. **물질**은 질량이 있고 공간을 차지하는 모든 것을 말한다. **질량**은 물체에 있는 물질의 양을 측정하는 단위이고, **무게**는 물체를 끌어당기는 중력을 나타낸다. 물질의 **물리적 성질**은 새로운 물질을 만들지 않고도 관찰할 수 있다. **화학적 성질**이 관찰되면 새로운 물질이 형성된다. **물리적 변화**는 화학적 구성의 변화를 수반하지 않는다. **화학적 변화**는 그러한 변화를 수반한다.

1.6절: 물질은 물리적 상태에 따라 분류할 수 있다. **고체**는 모양과 부피가 확실하다. **액체**는 부피가 정해져 있지만 용기의 모양을 따른다. **기체**는 용기의 모양과 부피를 모두 따른다. 물질은 또한 구성에 따라 분류할 수 있다. **순물질**은 어떻게 만들어지거나 어디서 발견되든 항상 동일한 구성을 갖는다. **혼합물**은 제조 방법에 따라 다른 조성을 가질 수 있다. 물질은 원소이거나 화합물이다. **원소**는 한 가지 유형의 원자로 구성되며, **원자**는 원소의 가장 작은 특징 입자이다. 원소는 수백 가지가 넘으며, 각 원소는 원소 이름에서 파생된 한두 개의 글자로 구성된 **화학 기호**로 표시된다. **화합물**은 2개 이상의 원소가 화학적으로 일정한 비율로 결합된 것이다. 대부분의 화합물은 하나의 단위로 결합된 원자 그룹인 **분자**로 존재한다.

1.7절: 과학적 측정은 **SI 단위**로 표현되며, 이는 합의된 표준 버전의 미터법을 구성한다. 기본 단위로는 질량의 경우 **킬로그램**(kg), 길이의 경우 **미터**(m)가 있다. 부피의 경우 SI 표준 단위는 아니지만 **리터**(L)가 널리 사용된다. 접두사는 기본 단위를 10의 인자 단위로 더 크게 또는 더

작게 만든다.

1.8절: **밀도**는 '크기 대비 무게'라고 생각할 수 있다. 단위 부피당 질량의 양이다.

$$d = m/V$$

밀도를 변환 인자로 사용할 수 있다. 물의 밀도는 거의 1 g/mL이다.

1.9절: 물질이 물리적 또는 화학적 변화를 겪을 때 **에너지** 변화가 수반된다. 에너지란 이러한 변화를 일으키는 능력이다. **열**은 따뜻한 물체에서 차가운 물체로 이동하는 에너지 흐름이다. **온도**는 물체가 얼마나 뜨거운지, 차가운지를 나타내는 척도이다. 온도의 기본 단위는 **켈빈**(K)이지만, 더 일반적으로 사용되는 것은 **섭씨**(℃) 눈금이다. 섭씨 눈금에서 물은 100 ℃에서 끓고 0 ℃에서 얼어붙는다. 열의 SI 단위는 **줄**(J)이다. 더 친숙한 단위인 **칼로리**(cal)는 물 1 g의 온도를 1 ℃ 올리는 데 필요한 열량이다. 음식 '칼로리'는 실제로 **킬로칼로리**(kcal), 즉 1000칼로리이다.

1.10절: 주장은 비판적 사고를 적용하여 검증할 수 있다. 약어 **FLaReS**는 주장을 검증하는 데 사용되는 네 가지 원칙인 **반증가능성**, **논리성**, **재현성**, **충분성**을 나타낸다.

녹색 화학: 녹색 화학이란 폐기물을 방지하고, 유해하지 않은 화학 물질과 재생가능한 자원을 사용하며, 에너지를 절약하고, 사용 후 분해되는 제품을 만드는 것을 의미한다. 녹색 화학은 화학 물질의 공급원과 최종 목적지, 화학 물질이 사람과 지구에 미치는 영향을 고려한다.

학습 목표	관련 문제
• 과학, 화학, 기술, 연금술을 정의한다. (1.1)	1, 4
• 녹색 화학 및 지속가능한 화학의 중요성에 대해 설명한다. (1.1)	43, 44
• 가설, 과학 법칙, 과학 이론, 과학 모형을 정의하고 과학에서 이들의 관계를 설명한다. (1.2)	2, 3, 71, 72, 74, 75
• 위험과 이익을 정의하고 각각의 예를 들어 설명한다. (1.3)	5
• 이익 및 위험 데이터로부터 바람직성 지수를 추정한다. (1.3)	7, 13~18
• 기초 연구와 응용 연구를 구분한다. (1.4)	8, 9
• 질량과 무게, 물리적 및 화학적 변화, 물리적 및 화학적 성질을 구분한다. (1.5)	29~32
• 물질을 상태에 따라 혼합물, 순물질, 화합물 및/또는 원소로 분류한다. (1.6)	33~44
• 관찰에 적절한 측정 단위를 부여하고 변환 단위를 조작한다. (1.7)	10~12, 19~28, 45~52, 69, 70, 73, 78~80
• 다른 두 가지 양이 주어지면 물체의 밀도, 질량, 부피를 계산한다. (1.8)	53~64, 76, 77, 81~88
• 열과 온도를 구분한다. (1.9)	67, 68
• 온도 눈금이 어떻게 관련되어 있는지 설명한다. (1.9)	65, 66
• 비판적 사고를 사용하여 주장과 진술을 평가한다. (1.10)	6
• 녹색 화학을 정의한다.	95
• 녹색 화학이 어떻게 위험을 줄이고 환경 문제를 예방하는지 설명한다.	96~98

개념문제

1. 과학의 다섯 가지 특징을 말하라. 과학을 다른 학문과 가장 잘 구별하는 특성은 무엇인가?
2. 가설을 뒷받침하기 위해 실험을 해야 하는 이유는 무엇인가?
3. 사회적, 정치적, 윤리적, 경제적 문제를 해결하는 데 항상 과학적 방법을 사용할 수 없는 이유는 무엇인가?
4. 기술은 과학과 어떻게 다른가?
5. 위험-이익 분석이란 무엇인가?
6. **(a)** 이익 평가와 **(b)** 위험 평가에는 어떤 종류의 판단이 포함되는가?
7. DQ란 무엇인가? 높은 DQ는 무엇을 의미하는가? DQ를 추정하기 어려운 경우에 많은 이유는 무엇인가?
8. 실험실에서 일반적으로 사용되는 **(a)** 질량과 **(b)** 길이의 유도 단위는 무엇인가?
9. 부피에 대한 SI 유도 단위는 무엇인가? 실험실에서 가장 자주 사용되는 부피 단위는 무엇인가?
10. 다음은 SI 접두사, 그 기호, 의미에 대한 표이다. 빈칸을 채우라.

접두사	기호	의미
테라-	T	10^{12}
_____	M	_____
센티-	_____	_____
_____	μ	_____
밀리-	_____	_____
_____	_____	10^{-1}
_____	K	_____
나노-	_____	_____

11. 다음 각 연구 프로젝트를 응용 연구 또는 기초 연구로 구분하라.

a. 버지니아 공대의 한 화학자는 석탄 가루가 석탄 화력 발전소로 들어가기 전에 1분 이내에 분석하는 방법을 테스트하고 있다.

b. 퍼듀의 한 엔지니어는 알루미늄을 물과 반응시켜 자동차용 수소를 생성하는 방법을 개발한다.

c. 일리노이대학 어바나-샴페인 캠퍼스 연구원이 고온과 저압에서 원자의 거동을 조사하고 있다.

12. 다음 각 작업을 응용 연구 또는 기초 연구로 구분하라.

a. 한 엔지니어가 노트북 컴퓨터 케이스 제작에 사용될 티타늄 합금의 강도를 측정한다.

b. 한 생화학자가 가재(lobster)의 혈액 세포에서 산소가 어떻게 결합하는지를 알아내기 위해 실험한다.

c. 한 생물학자가 6년 동안 켄터키의 랜드 비트윈 더 레이크 지역에 매년 둥지를 트는 독수리의 수를 조사한다.

연습문제

조언 한마디. 피아노 연주법을 책으로만 읽거나 공연을 관람하는 것만으로는 피아노 연주자가 될 수 없듯이, 문제집을 읽거나 강사가 문제를 푸는 것을 보는 것만으로는 문제를 해결하는 법을 배울 수 없다. 문제는 각 장에서 제시된 아이디어를 이해하고 개념을 종합하는 능력을 향상시키는 데 도움이 될 뿐만 아니라 추정 기술을 연습할 수 있다. 대부분의 문제를 풀 수 있도록 계획을 세우자.

위험-이익 분석

13. 페니실린은 박테리아를 죽여 전염병으로 사망할 수 있는 수천 명의 생명을 구한다. 페니실린은 일부 사람들에게 알레르기 반응을 일으키며, 이런 상태를 치료하지 않으면 사망에 이를 수 있다. 사회 전체의 페니실린 사용에 대한 위험-이익 분석을 수행하라.

14. 아황산 나트륨은 말린 과일, 일부 과일 주스, 와인에 방부제로 첨가되기도 하는 화합물이다. 인구의 약 1%가 아황산염에 민감하다. **(a)** 과일 주스, **(b)** 와인에 아황산염을 사용하는 것을 고려하라. 이러한 용도는 위험-이익 분석에서 어떻게 다를 수 있는가?

15. 오늘날 자동차에 사용되는 페인트는 보통 두 가지 성분으로 구성되어 있으며 혼합 후 몇 시간 후에 굳는다. 한 가지 성분은 아이소시아네이트로, 장기간에 걸쳐 (소량이라도) 호흡할 경우 사람을 민감하게 하여 알레르기 반응을 일으킬 수 있다. **(a)** 자동차 공장 근로자, **(b)** 1965년형 머스탱을 복원하는 애호가가 이 페인트를 사용하는 것에 대한 위험-이익 분석을 수행하라. 이 두 사람의 DQ를 어떻게 높일 수 있는가?

16. 엑스레이는 의학과 치과에서 널리 사용된다. **(a)** 1년에 한 세트의 엑스레이를 촬영하는 치과 환자, **(b)** 매일 세 번씩 엑스레이를 촬영하는 동안 환자와 함께 진료실에 머무는 치과의사에 대한 위험-이익 분석을 수행하라.

17. 항생제 처방이 증가함에 따라 메티실린 내성 황색포도상구균(MRSA) 감염이 더 흔해지고 있다. **(a)** 인후염 치료를 위해 항생제를 일상적으로 사용하는 것에 대한 DQ는 높은가, 낮은가? 답을 간단히 설명하라. **(b)** 이 DQ는 인플루엔자 치료를 위한 항생제 사용에 대한 DQ와 어떻게 다른가(높은가, 낮은가)? 답을 간단히 설명하라.

18. HIV라는 바이러스는 파괴적이고 종종 치명적인 질병인 AIDS를 유발한다. HIV 감염을 치료할 수 있는 여러 가지 약물이 있지만 모두 고가이다. 이러한 약물을 개별적으로 또는 병용하여 사용하면 AIDS로 인한 사망자 수를 크게 줄일 수 있다. 고가의 신약은 특히 임산부로부터 태아로 HIV 바이러스가 전염되는 것을 예방하는 데 있어 HIV/AIDS 환자 치료에 가능성을 보여주고 있다. 이 약을 **(a)** HIV에 감염되었다고 생각되는 남성, **(b)** HIV 양성인 임산부, **(c)** 어머니가 AIDS에 걸린 태아에게 투여할 수 있는 DQ는 얼마인가?

질량 및 무게

19. 휴대전화와 노트북 컴퓨터의 실제 질량은 각각 얼마인가?

100 mg; 100 g　　100 g; 100 mg
100 g; 2 kg　　1 kg; 2 kg

20. 유럽에서 A2 크기의 종이는 594 mm × 420 mm이다. 미국에서 사용되는 표준 8½ in. × 11 in. 종이보다 더 큰가, 작은가?

21. 다음 중 잘못 짝지어질 가능성이 높은 것은 무엇인가? 틀린 질량에 0을 더하거나 빼서 더 합리적으로 만들어라. **(a)** 큰 종이클립 1000 mg, **(b)** 뿔테 안경 20 g, **(c)** 넓은 거실을 덮는 카펫 10 kg, **(d)** 생수 한 통 1 kg.

22. 달의 표본(X)은 지구의 표본(Y)과 정확히 같은 질량을 가지고 있다. 두 표본의 무게는 같은가? 설명하라.

길이, 면적, 부피

23. 찻잔의 적당한 부피는 얼마인가?

25 mL, 250 mL, 2.5 L, 25 L

24. 땅콩의 부피에 대한 합리적인 근사치는 얼마인가?

$0.5\ cm^3$, $50\ cm^3$, $500\ cm^3$, $5\ m^3$

25. 지구의 바다는 $3.50 \times 10^8\ mi^3$의 물을 포함하고 있으며 면적은 $1.40 \times 10^8\ mi^2$이다. 바닷물의 부피는 세제곱킬로미터 단위로 얼마인가? (힌트: 1.7절의 면적과 부피에 대한 논의를 참조하여 세제곱마일에서 세제곱킬로미터로 변환하라.)

26. 지구의 바다 면적은 평방킬로미터 단위로 얼마인가? 25번 문제를 참조하라.

27. 그림(오른쪽)과 같은 2개의 관이 있다. 알루미늄 관의 외경은 0.998 in.이고 내경은 0.782 in.이다. 자세한 계산을 하지 않고 이런 알루미늄 관의 내경이 26.3 mm인 다른 알루미늄 관 안에 들어갈 수 있는지 결정하라.

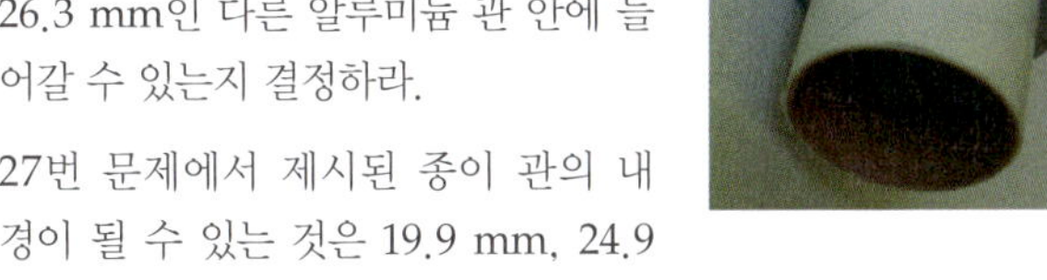

28. 27번 문제에서 제시된 종이 관의 내경이 될 수 있는 것은 19.9 mm, 24.9 mm, 18.7 mm 중 무엇인가? 그 이유를 간단히 설명하라.

물리적 및 화학적 성질 및 변화

29. 다음 각 변화를 물리적 또는 화학적 성질로 구분하라.
- **a.** 일반 유리와 달리 강화 유리는 둥근 조각으로 깨진다.
- **b.** 빵을 그대로 두면 곰팡이가 생긴다.
- **c.** 사이안화 수소는 혈액 내 헤모글로빈과 반응하기 때문에 독성이 있다.
- **d.** ABS 플라스틱 필라멘트는 3D 프린터에서 쉽게 녹는다.

30. 다음 각 변화를 물리적 또는 화학적 성질로 구분하라.
- **a.** 밀크 초콜릿이 입안에서 녹는다.
- **b.** 철못은 젖으면 녹이 슨다.
- **c.** 티타늄 칩은 찬란한 백색광으로 연소된다.
- **d.** 요거트는 따뜻한 우유에 박테리아 배양균을 넣어 발효시켜 만든다.

31. 다음 각 변화를 물리적 또는 화학적 성질로 구분하라.
- **a.** 노란색 플라스틱 조각을 녹여 몰드(mold)에 밀어 넣으면 노란색 장난감이 만들어진다.
- **b.** 식당에서 나오는 폐유는 식용유와 다르게 연소되는 바이오디젤 연료로 전환된다.
- **c.** 오렌지 주스는 오렌지 주스 농축액 1캔에 물 3캔을 넣어 준비한다.

32. 다음 각 변화를 물리적 또는 화학적 성질로 구분하라.
- **a.** 수영장에 염소를 첨가하면 박테리아가 죽는다.
- **b.** 갈색 인쇄는 잉크젯 프린터에서 청록색, 자홍색, 노란색 잉크를 혼합하여 만들어진다.
- **c.** 당을 물에 녹여 시럽을 만든다.

순물질 및 혼합물

33. 다음 각각을 순물질 또는 혼합물로 구분하라.
- **a.** 접착 테이프
- **b.** 원자 폭탄의 우라늄
- **c.** 증류수
- **d.** 이산화 탄소 가스

34. 다음 각각을 순물질 또는 혼합물로 구분하라.
- **a.** 산소
- **b.** 아황산 소듐
- **c.** 스모그
- **d.** 당근
- **e.** 순수 밀크 초콜릿
- **f.** 토끼 모피

35. 다음 중 균일한 혼합물과 불균일한 혼합물은 무엇인가?
- **a.** 캐슈넛
- **b.** 창 유리
- **c.** 봉투
- **d.** 스카치위스키

36. 다음 중 균일한 혼합물과 불균일한 혼합물은 무엇인가?
- **a.** 휘발유
- **b.** 이탈리안 샐러드 드레싱
- **c.** 라이스 푸딩
- **d.** 정맥 내 포도당 용액

37. 지구상의 어느 곳에서 얻은 것이든 포도당의 모든 시료는 질량 기준 8부분 산소, 6부분 탄소, 1부분 수소로 구성되어 있다. 포도당은 순물질인가, 혼합물인가? 그 이유를 설명하라.

38. 샴푸 광고에 "인공적으로 아무것도 첨가하지 않은 순수한 샴푸"라고 쓰여 있다. 이 샴푸는 순물질인가, 혼합물인가? 그 이유를 설명하라.

원소 및 화합물

39. 다음 각각을 원소를 나타내는 것과 화합물을 나타내는 것으로 구분하라.
- **a.** KF
- **b.** Fe
- **c.** F
- **d.** Fr

40. 다음 각각을 원소를 나타내는 것과 화합물을 나타내는 것으로 구분하라.
- **a.** Li
- **b.** CO
- **c.** Cf
- **d.** CF_4

41. 표를 참조하지 않고 다음 각각의 이름을 쓰라.
- **a.** C
- **b.** Mg
- **c.** He
- **d.** N

42. 표를 참조하지 않고 다음 각각의 기호를 쓰라.
- **a.** 산소
- **b.** 인
- **c.** 칼륨
- **d.** 아르곤

43. 1789년 Antoine Lavoisier는 《화학의 기초》(2장)에서 33개의 알려진 원소를 나열했는데, 그중 하나가 바로 중정석(baryte)이었다. 중정석은 원소가 될 수 없음을 가장 잘 보여주는 관찰은 무엇인가?

- **a.** 중정석은 물에 녹지 않는다.
- **b.** 중정석은 1,580 °C에서 녹는다.

c. 중정석의 밀도는 4.48 g/cm^{3}이다.
d. 중정석은 열수 정맥과 온천 주변에서 형성된다.
e. 중정석은 황산과 수산화 바륨이 혼합되면 고체로 형성된다.
f. 중정석은 특정 금속이 산소에서 연소될 때 유일한 생성물로 형성된다.

44. 분젠 버너에서 노란색 액체를 가열한다. 갈색 기체가 방출되고 노란색 액체는 무색이 된다. 다음 중 옳은 것은 무엇인가?
a. 노란색 액체는 화합물이어야 한다.
b. 갈색 가스는 원소여야 한다.
c. 노란색 액체는 혼합물 또는 화합물일 수 있다.
d. 갈색 가스는 화합물이어야 한다.

미터법: 측정 및 단위 변환

45. 10의 에너지를 적절한 SI 접두사로 대체하여 다음 각 측정값의 단위를 변환하라.
a. 4.4×10^{-9} s　b. 8.5×10^{-2} g
c. 3.38×10^{6} m

46. 다음 각 측정값을 SI 기본 단위로 변환하라.
a. 45 mg　b. 125 ns
c. 10.7 μL　d. 12.5346 kg

47. 다음 각 변환을 수행하라.
a. 5.52×10^{4} mL에서 L로　b. 325 mg에서 g으로
c. 27 cm에서 m로　d. 27 mm에서 cm로
e. 78 μs에서 ms로

48. 다음 각 변환을 수행하라.
a. 546 mm에서 m로　b. 65 ns에서 μs로
c. 87.6 mg에서 kg으로　d. 46.3 dm^{3}에서 L로
e. 181 pm에서 μm로

49. 다음 각 쌍에서 더 큰 단위는 무엇인가?
a. mm 또는 cm　b. kg 또는 g
c. dL 또는 μL

50. 성인의 몸에는 약 7,000,000,000,000,000,000,000,000,000(7옥틸리언)개의 원자가 있다. 이 양을 과학적 표기법으로 나타내라.

51. 책 한 권 1.4 kg의 질량을 **(a)** mg, **(b)** g, **(c)** ng으로 나타내라.

52. **(a)** 352 mL 청량음료와 **(b)** 26 kL 휘발유 탱크의 부피를 리터 단위로 나타내라.

53. 전형적인 4세 아동의 키는 얼마인가?
a. 10 cm　b. 10 mm
c. 100 m　d. 1 m

54. 집파리의 날개 무게는 얼마인가?
a. 10 μg　b. 200 mg　c. 0.5 kg　d. 50 kg

55. 2015년 루카라 다이아몬드 회사는 아프리카 보츠와나에 위치한 광산에서 지금까지 발견된 다이아몬드 중 두 번째로 큰 1111캐럿 다이아몬드(그림 왼쪽)를 발견했다. 그러나 이 다이아몬드는 컷팅되지 않은 3106캐럿으로 컬리넌 다이아몬드의 약 3분의 1 크기에 불과하다. 1905년 남아프리카 프리토리아의 프리미어 광산에서 발견된 컬리넌은 9개의 개별 스톤(그림 오른쪽)으로 절단되었으며, 이 중 상당수가 영국 왕관 보석에 속해 있다. 각 다이아몬드의 질량 단위는 **(a)** g인가, **(b)** ld인가? 1캐럿(ct) = 200 mg이다.

56. 일반적인 잉크젯 프린터 카트리지에는 1.20액량 온스(fl oz.)의 잉크가 들어 있다. 잉크의 부피 단위는 **(a)** mL인가, **(b)** μL인가? **1** fl oz. = 29.6 mL이다.

밀도

일부 문제를 푸는 데 표 1.6이 필요하다.

57. 카놀라유 122 mL의 무게가 112 g이다. 카놀라유의 밀리리터당 밀도(g)는 얼마인가?

58. 질량이 392 g인 나일론 막대의 부피가 341 cm^{3}이다. 나일론의 밀도는 얼마인가?

59. 지우개의 고무의 밀도가 1.43 g/cm^{3}이다. 부피가 13.2 cm^{3}인 지우개의 질량은 얼마인가?

60. 한 학생이 밀도가 1.51 g/mL인 농축 질산 94.1 mL를 측정한다. 산의 질량은 얼마인가?

61. **(a)** 227 g의 헥산(mL), **(b)** 454 g의 얼음 블록(cm^3)의 부피는 얼마인가?

62. **(a)** 475 g의 구리 조각(cm^3), **(b)** 253g의 수은 샘플(mL)의 부피는 얼마인가?

63. 수은과 헥세인 각각 40 mL와 물 80 mL를 그림의 250 mL 비커에 넣는다. 세 액체는 서로 섞이지 않는다. 용기에 담긴 세 액체의 상대적 위치와 수위를 표시하라.

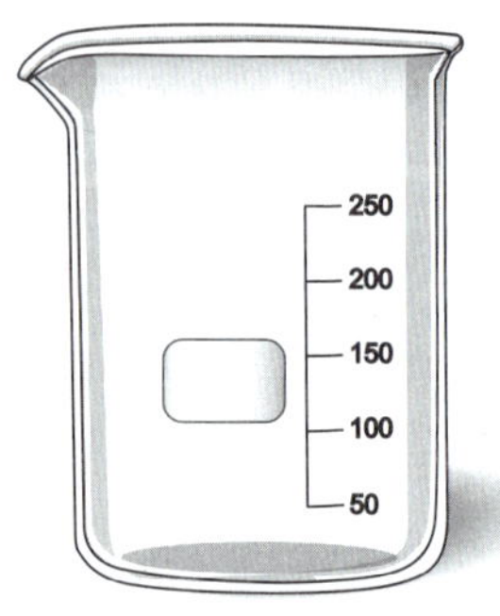

64. 63번 문제의 혼합물에 붉은 단풍나무 조각($d = 0.49$ g/cm^3), 발사나무 조각($d = 0.11$ g/cm^3), 구리 동전, 금 동전, 얼음 조각을 떨어뜨린다. 각 고체는 비커의 어디로 가겠는가?

65. 금속 스탠드의 최대 하중은 450 lb.이다. 무게가 59.5 lb.이고 37.9 L의 바닷물이 채워진 수족관을 지탱할 수 있는가? $d = 1.03$ g/mL이다.

66. E85 연료는 부피 기준으로 에탄올 85%와 휘발유 15%의 혼합물이다. 14.0갤런 탱크에 포함할 수 있는 E85($d = 0.758$ g/mL)의 질량(kg)은 얼마인가?

67. '수정 구슬'은 지름이 148 mm이고 밀도가 3.18 g/cm^{3}인 유리로 만들어졌다. 이 물체의 질량은 얼마인가? (구의 부피는 $4\pi r^3/3$이며, 여기서 r은 반지름이다.)

68. 탈지 우유 종이팩의 바닥은 77 mm × 77 mm이다. 탈지 우유의 밀도는 1.031 g/mL이다. 탈지 우유 0.500 kg을 담으려면 상자의 높이가 얼마나 되어야 하는가?

에너지: 열 및 온도

69. 정자 표본을 냉동하는 데 사용되는 액체 질소의 온도는 77 K이다. 이 온도를 섭씨(℃) 단위로 나타내라.

70. 정상적인 체온은 약 37 ℃이다. 이 온도를 켈빈 단위로 나타내라.

71. 뉴질랜드에서 포장된 오렌지 주스 100 mL 용기에는 부분적으로 "에너지… 161 kJ"이라고 표시되어 있다. 이 값을 킬로칼로리(음식 칼로리) 단위로 변환하라.

72. 피부에서 1.00 g의 땀(물)을 증발시키려면 물은 584칼로리를 흡수해야 한다. 이 값을 킬로줄(kJ) 단위로 변환하라.

 심화문제

73. 다음 각 과학적 가설을 평가하라.
  a. 차 한 잔의 온도를 높이면 그 안에 녹을 수 있는 당의 양이 증가한다.
  b. 생성되는 산소의 양으로 측정하는 광합성 속도가 빛의 파장(색깔)과 관련이 있다면 다른 색깔의 빛은 식물로 하여금 다른 양의 산소를 만들게 할 것이다.
  c. 동물의 신진대사 속도가 온도와 관련이 있다면 주변 온도를 높일 때 동물의 물질대사가 증가하게 된다.
  d. 열심히 명상하면 이 화학 시험에 합격할 수 있을 것이다.

74. 수소 원자의 핵은 지름이 1.75 fm이다. 원자는 핵보다 약 145,000배 더 크다. **(a)** 지수 표기법을 사용하여 각 측정값을 SI 기본 단위로 표현하라. **(b)** 수소 핵의 부피는 fm^3 단위로 얼마인가? 수소 원자의 부피는 nm^3 단위로 얼마인가? 반지름 $r = 4/3\pi r^3$인 구의 부피는 얼마인가?

75. 특정 화학 수업의 길이가 1.00마이크로센추리(μcen)이다. 이 수업의 길이를 분 단위로 나타내라.

76. 영국의 수학자 W.A.H. Rushton이 발명했다고 알려진 아름다움의 단위인 **헬렌**은 트로이의 헬렌(Christopher Marlowe의 희곡 〈닥터 파우스트〉에서 '천 척의 배를 띄운 얼굴'로 묘사된 인물)을 모티브로 삼았다. 1.00밀리헬렌의 아름다움을 가진 얼굴로 몇 척의 배를 띄울 수 있는가?

77. 영국의 화학자 William Henry는 다양한 온도와 압력에서 물에 흡수되는 기체의 양을 연구했다. 1803년, 그는 일정한 온도에서 용해된 기체의 농도를 액체와 평형 상태인 기체의 분압과 연관시키는 공식($p = k_H c$)을 제시했다. 이 관계는 어떤 과학적 법칙을 설명하는가?
  a. 가설 **b.** 법칙 **c.** 관찰 **d.** 이론

78. 한 학생이 새로운 다이어트를 시도할 계획이다. 이 다이어트에서 그는 원하는 것은 무엇이든 먹을 수 있지만, 음식을 먹을 때마다 한 숟가락의 으깬 얼음(약 5 g)을 삼켜야 한다. 그의 추론은 (가) 얼음 1 g을 녹이는 데 약 79칼로리의 열이 필요하고, (나) 얼음을 삼켜 위에서 녹게 하면 같은 양의 음식 에너지를 '소모'하기 때문이다. (가)와 (나) 모두 맞지만, 이 다이어트는 효과가 없다. 그 이유를 설명하라. (힌트: 에너지 단위에 대한 논의는 1.9절을 참조한 다음, 얼음 1킬로그램을 녹이는 데 필요한 음식 칼로리의 에너지 양을 계산하라.)

79. 특정 브랜드의 에폭시 접착제가 도포 전에 두 부피의 액체 에폭시 수지(밀도 2.25 g/mL)와 한 부피의 액체 경화제(밀도 0.94g/mL)를 혼합하여 사용한다. 에폭시 접착제를 부피가 아닌 질량으로 준비하려면 10.0 g의 수지에 몇 g의 경화제를 혼합해야 하는가?

80번, 81번 문제에서 번호가 매겨진 각 문장을 **(a)** 실험, **(b)** 가설, **(c)** 과학 법칙, **(d)** 관찰, **(e)** 이론으로 분류하라. (이 문제들을 풀기 위해 관련 과학을 이해할 필요는 없다.)

80. 1800년대 초, 기체 연구에서 많은 과학적 진보가 이루어졌다. (1) 예를 들어 Joseph Gay-Lussac은 수소와 산소를 반응시켜 수증기를 생성하고, 질소와 산소를 반응시켜 이산화 질소(N_2O) 또는 일산화 질소(NO)를 생성했다. Gay-Lussac은 수소와 산소가 2:1의 부피 비율로 반응하며, 질소와 산소가 생성물에 따라 2:1 또는 1:1의 부피 비율로 반응할 수 있다는 것을 발견했다. (2) 1808년 Gay-Lussac은 모든 기체를 동일한 온도와 압력에서 측정하다면 화학 반응에서 기체의 상대 부피는 작은 정수의 비율로 존재한다는 내용의 논문을 발표했다. (3) 1811년 Amedeo Avogadro는 동일한 온도와 압력에서 측정된 모든 기체의 동일한 부피는 동일한 수의 분자를 포함한다고 제안했다. (4) 세기 중반까지 Rudolf

Clausius, James Clerk Maxwell 등은 분자 운동의 관점에서 기체의 거동을 상세히 합리화했다.

81. 브롬산 칼륨은 밀가루로 만든 반죽에서 첨가물 역할을 한다. 밀가루에는 **글루텐**이라는 단백질이 들어 있다. 단백질은 긴 사슬로 연결된 아미노산 단위로 구성되어 있다. (1) 브롬산 칼륨을 첨가한 반죽은 더 잘 부풀어 올라 더 가볍고 부피가 큰 빵을 만든다. (2) 브롬산 칼륨은 글루텐과 단백질 분자의 티로신(아미노산) 단위를 산화시켜 반죽이 가스를 더 잘 유지할 수 있도록 작용한다. (3) 한 과학자는 브롬산 나트륨이 분리된 티로신 분자를 교차 연결하여 이합체(2개의 소단위로 이루어진 분자)를 형성할 수 있는지 궁금해한다. (4) 그녀는 티로신 용액에 브롬산 나트륨을 첨가한다. (5) 그녀는 침전물(용액에서 떨어지는 고체)이 형성되는 것을 확인한다.

82. 눈금이 표시된 원통의 무게가 88.32 g이고, 약 50 mL의 물을 넣으면 원통과 물의 무게는 137.29 g이다. 다음으로 약 50 mL의 부동액을 넣으면 원통과 내용물의 무게는 192.79 g이고, 현재 원통에는 91.1 mL의 액체가 들어 있는 것으로 확인되었다. 실린더의 내용물의 밀도(g/mL)는 얼마인가? (액체가 섞인 부피가 항상 첨가제가 되는 것은 아니다.)

83. 발사나무 블록($d = 0.11$ g/cm^3)이 7.6 cm $\times$ 7.6 cm $\times$ 94 cm이다. 이 블록의 질량은 그램 단위로 얼마인가?

84. (1) 1.21 m 체인, (2) 75 in 보드, (3) 3 ft, 5 in. 방울뱀, (4) 야드 스틱을 길이가 긴 순서로(가장 짧은 것부터) 배열하라.

85. (1) 5 lb의 감자 한 봉지, (2) 1.65 kg의 양배추, (3) 2500 g의 당을 질량이 증가하는 순서로(가장 가벼운 것부터) 배열하라.

86. 다음 사진 속 인물 중 몸무게가 47.2 kg, 키가 1.53 m인 사람은 누구인가?

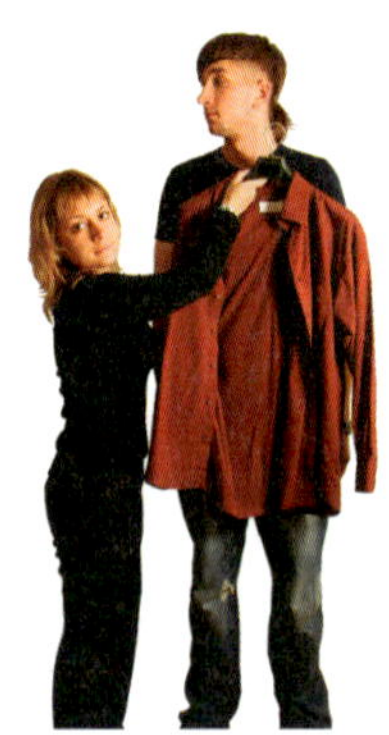

87. 부피가 3.29 cm^{3}인 금속 조각을 종이 위에 놓고 무게를 잰다. 결합된 질량은 18.43 g으로 밝혀졌고, 종이 자체의 무게는 1.21 g이다. 금속의 밀도를 계산하라.

88. 10.5 in.(26.7 cm) 철 프라이팬의 질량이 7.00 lb.(3180 g)이다. 부피는 세제곱센티미터 단위로 얼마인가(표 1.6 참조)?

89. 5.79 mg의 금 조각을 망치로 두드려서 44.6 cm^{2}의 면적으로 균일한 두께의 금박을 만들었다. 금박의 두께는 얼마인가(표 1.6 참조)?

90. 원통형 스테인리스 스틸($d = 7.48$ g/cm^3) 막대 한 묶음의 무게는 1850 kg이다. 각 막대의 길이는 6.1 m, 지름(직경)은 25.4 mm이다. 한 묶음에 몇 개의 막대가 들어 있는가? 원통의 부피는 $\pi r^2 h$이며, 여기서 r은 반지름, h는 높이를 나타낸다.

91. 한 변의 길이가 36.1 cm인 금 정육면체의 질량은 미터톤 단위로 얼마인가(1미터톤 = 1000 kg, 표 1.6 참조)?

92. 금색 금속 구슬의 질량이 425 g이고, 구슬의 부피가 48.0 cm^{3}이다. 주어진 밀도와 표 1.6의 밀도를 사용하여 청동($d = 9.87$ g/cm^3), 구리, 금, 니켈($d = 8.86$ g/cm^3)인 금속을 구분하라.

93. 행성의 밀도는 반지름과 추정 질량으로부터 근사치를 구할 수 있다. **(a)** 반지름이 약 7.0×10^4 km이고 질량이 1.9×10^{27} kg인 목성, **(b)** 반지름이 6.4×10^3 km이고 질량이 5.98×10^{24} kg인 지구, **(c)** 반지름이 5.82×10^4 km이고 질량이 5.68×10^{26} kg인 토성의 대략적인 평균 밀도를 세제곱센티미터당 그램으로 계산하라. 구의 부피는 $4\pi r^3/3$이며, 여기서 r은 반지름이다. 각 행성의 밀도는 물의 밀도와 어떻게 비교되는가?

94. 다음 그림은 외계 행성 HAT-P-1에 대한 구상도이다. 이 행성은 지구에서 450광년 떨어진 별의 궤도를 돌고 있다. 이 행성의 질량은 목성의 약 절반이고, 반지름은 목성의 약 1.38배이다(93번 문제 참조). HAT-P-1의 대략적인 평균 밀도를 세제곱센티미터당 그램 단위로 계산하라. 이 밀도는 물의 밀도와 어떻게 비교되는가?

95. 녹색 화학을 정의하라.

96. 녹색 화학의 12가지 원칙 중 6가지를 나열하라.

97. 녹색 화학은 어떻게 위험을 줄이는가? (하나만 선택하라.)
   a. 위험과 노출을 줄여서
   b. 화학 물질 사용을 피해서
   c. 더 높은 단계로 노출을 늘려서
   d. 인적 오류를 줄여서

98. 녹색 화학을 구현하는 기업에서 녹색 화학이 비용을 절감할 수 있는 방법은 무엇인가?
   a. 비용 절감으로
   b. 에너지를 덜 사용해서
   c. 낭비를 줄여서
   d. 앞의 보기 모두

비판적 사고 문제

이 장에서 습득한 지식과 하나 이상의 FLaReS 원칙을 적용하여 다음 진술과 주장을 평가하라.

1.1 한 대체 의학자가 원자력 발전소는 측정할 수 없을 정도로 낮은 수준의 방사선을 방출하지만, 이 방사선이 갑상샘에 해롭다고 주장한다. 그는 갑상샘 추출물이 문제를 예방할 수 있다고 주장하며 이를 판매한다.

1.2 한 의사가 관절염 환자의 관절을 마사지하는 것만으로 관절염을 치료할 수 있다고 주장한다. 환자의 전폭적인 신뢰만 있다면 1년 안에 관절염을 치료할 수 있다고 한다. 그녀의 환자 중 몇몇은 이 의사가 관절염을 치료했다고 증언했다.

1.3 벨연구소의 독일 물리학자 Jan Hendrik Schön은 2001년에 분자 크기의 트랜지스터를 제작했다고 주장했다. 다른 과학자들은 그의 자료에 불규칙성이 있다고 지적했다. Schön의 실험과 유사한 실험을 시도했지만 비슷한 결과를 얻지 못했다.

1.4 티오메르살(thiomersal)이라는 수은 함유 보존제는 1930년대부터 1999년에 사용이 단계적으로 중단될 때까지 백신의 박테리아 및 곰팡이 오염을 방지하기 위해 사용되었다. 미국에서는 이 백신이 자폐증을 유발한다는 우려가 널리 퍼졌다. 영국에서는 동일한 보존제가 함유된 백신을 사용했지만 그러한 우려는 없었다. 이 우려가 타당한가?

1.5 한 여성이 신약 성경을 외웠다고 주장한다. 그녀는 책의 모든 장을 전적으로 기억에서 인용하겠다고 제안한다.

1.6 모든 태양염 결정체 봉지에는 "화학 물질이나 첨가제 없음"이라는 문구가 적혀 있다.

협업 과제

파워포인트, 포스터, 기타 프레젠테이션을 준비하여 수업에서 공유하라.

1. 다음 중 하나에 대한 간단한 전기 보고서를 준비하라.

- **a.** Frederick Sanger
- **b.** Rachel Carson
- **c.** Albert Einstein
- **d.** George Washington Carver

다음 과제는 4명이 팀을 이루어 수행하는 것이 가장 좋다.

2. 다음 양식의 복사본을 만들라. 학생 1은 양식의 첫 번째 열에 있는 목록과 두 번째 열에 있는 단어의 정의를 쓴다. 그런 다음 첫 번째 열을 아래로 접어 단어를 숨기고 학생 2에게 시트를 전달한다. 학생 2는 어떤 단어가 정의되었는지 확인하고 세 번째 열에 해당 단어를 배치한다. 그런 다음 학생 2는 두 번째 열을 아래로 접어 숨기고 학생 3에게 시트를 전달한다. 학생 3은 세 번째 열에 단어의 정의를 쓴 다음 세 번째 열을 아래로 접어 학생 1에게 전달한다.

3. 학생 4는 학생 3이 제시한 정의에 해당하는 단어를 쓴다. 마지막 열에 있는 단어와 첫 번째 열에 있는 단어를 비교한다. 두 정의의 차이점에 대해 토론하라. 마지막 열의 단어가 첫 번째 열의 단어와 다른 경우, 그 과정에서 다음 중 무엇이 잘못되었는지 결정하라.

- **a.** 가설
- **b.** 이론
- **c.** 혼합물
- **d.** 순물질

텍스트 항목	학생 1	학생 2	학생 3	학생 4
단어	정의	단어	정의	단어

실험 과제 무지개 밀도 기둥

준비물

- 다크 콘 시럽 1/4컵
- 식기세척액 1/4컵
- 물 1/4컵
- 식물성 기름(오일) 1/4컵
- 소독용 알코올 1/4컵
- 키가 큰 12온스 투명 유리잔 또는 투명 플라스틱컵 1개
- 식용 색소
- 계량컵

물잔에 얼음 조각을 떨어뜨리면 어떻게 될까? 얼음이 떠오른다는 것은 누구나 알고 있지만, 왜 그럴까? 간단한 답은 밀도이다.

물과 얼음은 같은 물질로 만들어졌지만, 밀도가 서로 다르다. 밀도는 어떤 물질의 질량과 부피의 비율을 측정한 값이다. 밀도 방정식(밀도 = 질량/부피)을 기억하자.

이 실험을 위해서는 부엌과 욕실 수납에서 찾을 수 있는 다양한 액체를 찾아야 한다. 어떤 액체의 밀도가 더 높거나 낮은지 알아내는 한 가지 방법은 무게를 재는 것이지만, 이 실험에서는 액체를 겹겹이 쌓아 올려 이러한 일반적인 가정용품의 밀도에 대해 알아보는 것이다.

실험을 시작하기 전에 소독용 알코올 1/4컵에 식용 색소(파란색 또는 녹색) 몇 방울을 넣고 물 1/4컵에 식용 색소(빨간색 또는 주황색)를 넣어 준비한다.

12온스 투명 유리잔을 준비한다(슬림한 유리잔이 가장 좋다). 유리잔의 측면에 시럽이 묻지 않도록 주의하면서 유리잔 바닥 중앙에 시럽을 붓는다. 유리잔의 6분의 1이 채워질 정도로 시럽을 충분히 따르자.

시럽을 넣은 후 유리잔을 살짝 기울여 같은 양의 식기세척액을 유리잔 옆면에 천천히 붓는다. 다음 액체를 천천히 따르도록 주의하자. 유리잔을 살짝 기울이고 유리잔 옆면을 따라 천천히 부으면서 먼저 색이 있는 물, 그다음 식물성 기름, 마지막으로 색이 있는 소독용 알코올을 차례로 넣는다.

실험문제

1. 액체가 분리되어 있는 이유를 설명하라.
2. 액체의 밀도와 유리잔 안에서 위치 사이의 관계를 알아낼 수 있는가?
3. 유리잔의 액체를 저어주고 층이 어떻게 되는지 관찰한다. 층이 섞여 있는가?
4. 몇 분 후에 변화를 느꼈는가? 왜 그런가?
5. 물질의 밀도를 아는 것이 유용한 이유는 무엇인가?

원자

2

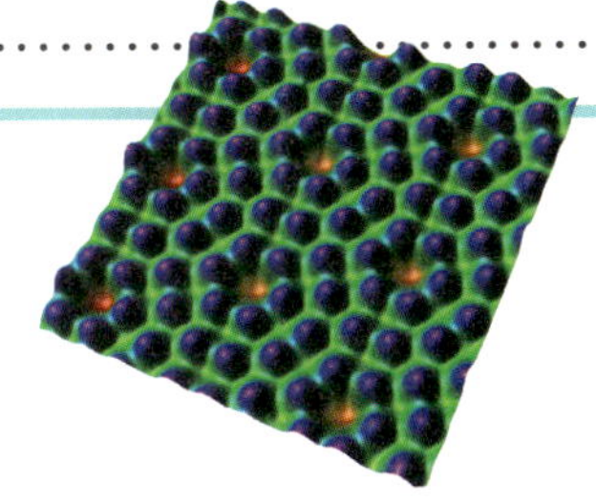

자동차, 냉장고, 프린터, 스마트폰, 태블릿 컴퓨터 등 모든 '첨단 기술' 기기의 중심에는 하나 이상의 집적 회로(IC 또는 칩)와 그 안에 실리콘 웨이퍼가 자리 잡고 있다. 전자기기에 사용되는 실리콘은 매우 순도가 높아야 하는데, 1950년대 초 띠정제가 개발되기 전까지는 이러한 전자기기를 제조할 수 없었다. 실리콘은 한 가지 종류의 원자로 이루어진 '원소'이다. IC를 만들기 위해서는 실리콘 원자 10억 개당 불순물 원자는 1개 정도만 존재해야 한다.

하지만 원자가 존재한다는 것을 어떻게 알 수 있는가? 가색 그림은 최근에 개발된 주사 터널링 현미경(STM)이라는 기술을 이용해 만든 것으로, 개별 실리콘 원자가 육각형으로 배열된 모습을 보여준다. 하지만 과학자들은 이미 200여 년 전에 물질의 거동으로부터 물질의 원자적 성질을 밝혀냈다. 이 장에서는 그 역사 중 일부를 살펴보고 원자의 성질에 대해 알아보겠다.

이 장과 관련된 궁금증

1. 원자란 무엇이며, 왜 우리는 원자에 관심을 가지는가?
2. 원자가 상상의 산물이 아니라는 것을 어떻게 알 수 있는가?
3. 유해 폐기물을 없애는 것이 어려운 이유는 무엇인가?
4. 빛은 원자로 이루어져 있는가?
5. 원소의 표를 '주기율표'라고 부르는 이유는 무엇인가?
6. 원자와 분자의 차이점은 무엇인가?

진짜인가? 우리는 원자에 관한 이야기를 거의 매일 듣는다. 20세기에 이른바 원자 시대가 시작되었다. '원자력, 원자 에너지, 원자 시계'라는 용어는 이제 일상적인 어휘의 일부가 되었다. 그런데 원자란 도대체 무엇인가?

여러분을 포함한 세상의 모든 물질은 원자로 구성되어 있으며 원자는 물질의 거동을 결정한다. 화학은 물질의 거동을 연구하는 학문이기 때문에, 화학을 공부하는 사람은 모든 것이 어떻게 작동하는지를 파악하기 위해 원자를 이해해야 한다.

그렇다면 화학자들은 원자를 어떻게 정의하는가? 원자는 원소의 가장 작은 부분이면서 그 원소의 성질을 그대로 가지고 있다. 예를 들어 탄소 원자 하나를 실제로 볼 수 있다면 탄소 원자로만 이루어진 다이아몬드 덩어리 전체와 같은 방식으로 거동할 것이다.

원자들이 모두 똑같지는 않다. 각 원소에는 고유한 종류의 원자가 있다. 지구상에는 자연적으로 존재하는 원소가 약 90개 있다. 과학자들은 20개 이상을 더 합성했었다. 우리가 아는 한, 우주 전체는 이 동일한 몇 가지 원소들로 이루어져 있다.

그렇다면 원자는 얼마나 작은가? 사람의 눈으로 감지할 수 있는 가장 작은 물질 조각도 평생 셀 수 있는 것보다 더 많은 원자로 이루어져 있다. 예를 들어 크루거랜드나 캐나다 메이플리프 같은 1온스짜리 금화에는 금 원자가 거의 100,000,000,000,000,000,000,000(= 10^{23})개 들어 있다. 그림 2.1은 이러한 엄청나게 큰 숫자를 보다 쉽게 이해하도록 도와준다.

1 원자란 무엇이며, 왜 우리는 원자에 관심을 가지는가?

원자는 물질의 기본 구성 요소이며 모든 물질의 거동을 제어한다.

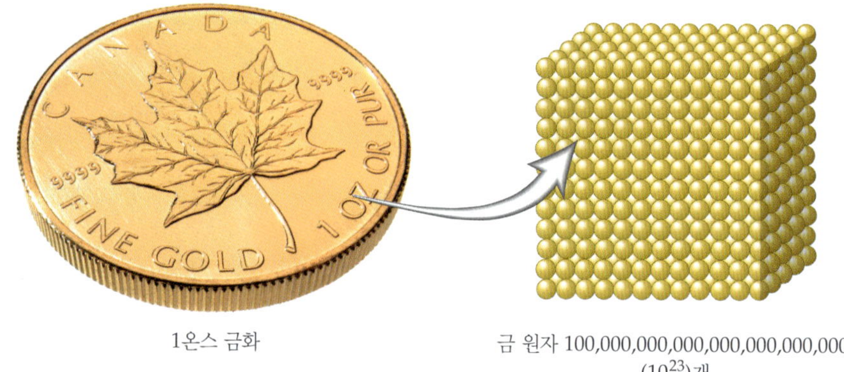

▲ **그림 2.1** 1온스 금화에 들어 있는 금 원자 수만큼의 모래 알갱이가 있다면 해저를 포함한 지구 전체를 모래로 덮고도 남을 것이다.

2.1 원자: 고대 그리스인의 아이디어

학습 목표 • 물질의 특성에 대한 고대 그리스인의 생각을 설명한다.

고대 그리스 철학자들은 지구를 공기, 물, 흙, 불이라는 네 가지 주요 구성 요소, 즉 원소로 나눴다(그림 2.2). 물론 문자 그대로 지구를 나눈 것은 아니다. 이 철학자 중 Leucippus(기원전 5세기)와 그의 제자 Democritus(기원전 약 460~370)가 물 웅덩이를 바라보며 다음과 같은 상상을 했다고 생각해보자. 웅덩이의 물이 여러 방울로 나뉘고, 각 방울이 더 작고 작은 방울로 나뉘고, 결국 보이지 않을 만큼 작아졌다. 물은 무한히 나눌 수 있을까? 결국에는 한 방울 혹은 입자가 남고, 이것을 나누면 더 이상 물이 아닐까?

Leucippus는 궁극적으로 더 이상 나눌 수 없는 작은 물 입자가 있을 것이라고 추론했다. 결국 멀리서 보면 해변의 모래는 연속적으로 보이지만, 자세히 살펴보면 작은 알갱이로 이루어져

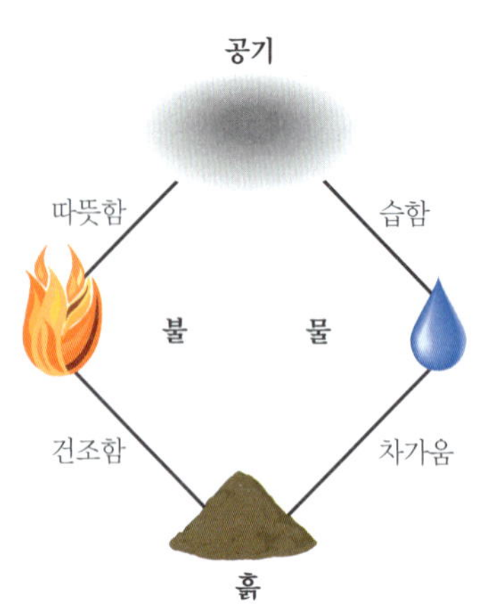

▲ **그림 2.2** 물질에 대한 그리스인의 관점은 네 가지 '원리'로 연결된 네 가지 원소(진한 글씨)만이 존재한다는 것이었다. 중국인들은 흙의 구성 요소를 목재와 금속으로 더 세분화했다.

◀ **그림 2.3** 모래사장

Q 해변을 멀리서 보면 모래가 무한히 나뉠 수 있게 연속적으로 보인다. 정말 연속적일까? 달리는 차에서 보면 도로 포장이 연속적으로 보이는데, 이런 인식이 맞는 걸까? 물은 가까이서 보더라도 연속적으로 보인다. 정말 연속적일까? 구름은 연속적일까? 공기는 연속적일까?

있다는 것을 알 수 있다(그림 2.3).

Democritus는 Leucippus의 아이디어를 확장했다. 그는 입자를 **아토모스**(atomos, "자를 수 없다"라는 뜻)라고 불렀는데, 여기서 현대의 **원자**라는 이름이 유래했다. Democritus는 각 종류의 원자는 모양과 크기가 서로 다르다고 생각했다(그림 2.4). 그는 다양한 종류의 원자가 혼합된 것이 실제 물질이라고 생각했다.

Democritus에게는 불행한 일이지만, 그리스의 유명한 철학자 Aristotle(기원전 약 384~322)는 물질이 **불연속적**(나눌 수 없는 작은 입자로 구성됨)이 아니라 **연속적**(무한히 나눌 수 있음)이라고 선언했다. 당시 사람들은 어떤 견해가 옳은지 판단할 방법이 없었다. 대부분의 사람들에게는 Aristotle의 연속적인 물질 관점이 더 논리적이고 합리적으로 보였다. 또한 Aristotle는 여러 분야에서 권위자로 여겨졌고, 권위자의 생각은 '아무나'의 생각보다 훨씬 더 쉽게 받아들여졌다. 따라서 이 견해는 잘못된 것이었음에도 불구하고 약 2000년 동안 널리 받아들여졌다.

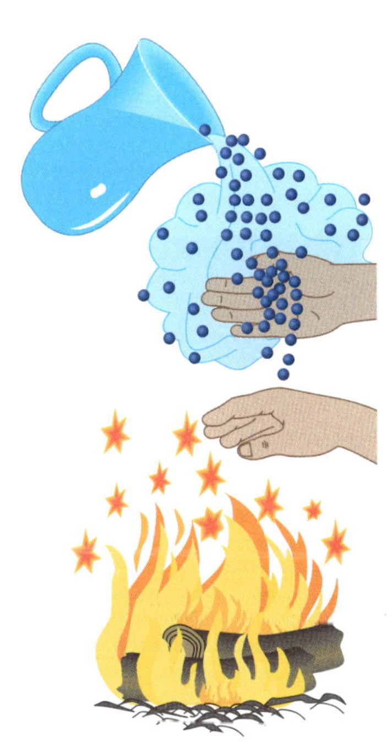

▲ **그림 2.4** Democritus는 물의 '원자'는 매끄럽고 둥근 공이고, 불의 원자는 날카로운 모서리를 가지고 있을 것이라고 상상했다.

자가평가문제

1. 불연속과 연속이라는 특성이 기시적(육안으로 볼 수 있는) 수준에서 물질에 어떻게 적용되는지 생각해보라. 다음 중 연속적인 것으로 가장 잘 설명되는 것은 무엇인가?
   - a. 커피(음료)
   - b. 커피 원두 한 봉지
   - c. 잎 더미
   - d. 타일 바닥
2. 물질이 원자가 아닌 연속적이라는 견해가 수세기 동안 널리 퍼진 이유는 무엇인가?
   - a. 실제로 맞아서
   - b. 이해하기 쉬워서
   - c. 잘못된 실험으로 검증되어서
   - d. Democritus가 제안해서

정답: 1. a, 2. b

2.2 과학 법칙: 질량 보존과 일정 성분비

학습 목표 • 질량 보존 법칙과 일정 성분비 법칙의 중요성에 대해 서술한다.
• 화합물의 성분으로부터 원소의 양을 계산한다.

화학 물질에 대한 많은 실용적인 지식은 수 세기에 걸친 연금술사들의 업적에서 비롯되었다. 그러나 1700년대에 시작된 계몽주의 시대까지는 원자와 원자론에 대한 이해에 큰 진전이 없었다. 이 시기에는 다채롭고 열정적이며 대부분 자비로 연구하던 과학 '애호가'들이 기체를 연구하고 정량적 방법을 개발했다. 이런 방법들을 통해 오늘날 우리가 알고 있는 현대 화학이 시작되었다.

특히 Robert Boyle(아일랜드, 1627~1691)로 거슬러 올라갈 필요가 있는데, Boyle은 1661년에 《회의론적 화학자》를 출간했다. Boyle은 기체를 연구한 뒤 원소가 다양한 유형과 크기의 '미립자(원자)'로 구성되어 있고, 이 원자들이 서로 모여 여러 가지 화학 물질을 만들 수 있다고 제안했다. 그는 또한 화합물과 혼합물을 구분했다. Boyle은 어떤 물질이 더 단순한 물질로 분해될 수 있다면 그 물질은 원소가 아니라고 주장했다.

Boyle의 연구는 Joseph Black(프랑스와 스코틀랜드, 1728~1799)의 후속 연구로 이어져, Black은 공기가 단일 물질이 아니라 혼합물이라는 것을 증명했다. 이 개념을 Joseph Priestley(영국, 1733~1804)와 Carl Scheele(스웨덴, 1742~1786)가 이어받아, 두 사람은 거의 같은 시기에 산소를 발견했다. Scheele가 먼저 발견하기는 했지만, Priestley가 Scheele보다 먼저 자신의 발견을 공식적으로 발표했다는 증거가 있다. 이메일과 인터넷이 없던 시절에는 정보의 흐름이 매우 느리기 때문에 정확한 발견 연대를 정하기 어려웠다. Priestley가 특별히 이론에 강하지는 않았지만, 훌륭한 실험가였으며 새로운 기체 9개를 추가로 발견했다는 점은 주목할 만하다.

▲ Lavoisier는 많은 사람이 현대 화학의 아버지로 여긴다. 1788년에 Jacques Louis David가 그린 그림에서 Lavoisier가 아내 Marie와 함께 있는 모습을 볼 수 있다. Marie는 그 자신도 매우 뛰어난 과학자였다.

Priestley와 동시대 인물인 Henry Cavendish(영국, 1731~1810)는 꼼꼼한 사람이었지만 수줍음이 너무 많고 발표가 늦어, 그의 연구는 제대로 인정받지 못했다. 하지만 Cavendish는 정확성에 관심을 기울여 정량적인 방법들을 개발했고, 그 방법으로 물에서 수소와 산소가 2:1의 부피 비율로 존재한다는 것을 2% 이내의 오차로 입증했다.

선행 연구들을 바탕으로, Antoine-Laurent Lavoisier(프랑스, 1743~1794)는 반응 전후에 존재하는 모든 물질의 질량을 최초로 측정하여 물질이 **보존된다는**, 즉 그 양이 일정하게 유지된다는 사실을 발견했다. 그는 또한 이 결과의 의미를 현대적 용어로 올바르게 해석한 최초의 사람이기도 하다. 그래서 Lavoisier를 현대 화학의 아버지라고 부르는 사람들도 있다. 역사적 반전으로, 낮에는 세금 징수원이었던 Lavoisier가 프랑스 혁명 중에 처형당하고 있을 때, Joseph Priestley는 미국으로 망명길에 올라 바다 위에 있었다. 이미 Benjamin Franklin의 친구였던 Priestley는 펜실베니아에 정착했다.

화학은 수많은 동시대 사람들의 집단적 성취였지만 반드시 협력적인 것은 아니었다. 화학의 시대는 오직 개념의 발전과 그 발전을 문서로 소통하는 것에 의해 가능했다. 간단히 말해, 과학자들은 항상 그들보다 앞서 온 사람들의 지식을 바탕으로 지식을 쌓아왔다.

2 원자가 상상의 산물이 아니라는 것을 어떻게 알 수 있는가?

물질에 '가장 작은 입자'가 없다면 질량 보존 법칙, 일정 성분비 법칙, 배수 비율 법칙을 설명하기가 거의 불가능할 것이다. 원자론은 이러한 법칙과 다른 많은 법칙을 간단히 설명한다.

질량 보존 법칙

Lavoisier는 자신의 발견을 **질량 보존 법칙**(law of conservation of mass)으로 요약했는데, 화학 변화 중에 물질은 생성되지도 파괴되지도 않는다는 법칙이다(그림 2.5). 반응 생성물의 총 질량은 항상 반응물(출발 물질)의 총 질량과 같다. 몇 가지 간단한 예와 논의를 통해 질량

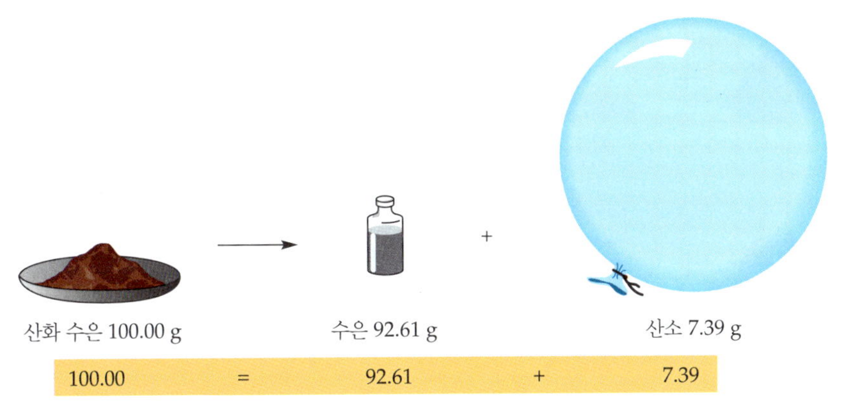

◀ **그림 2.5** 붉은 고체인 산화 수은은 수은(은색 액체)이나 산소(무색 기체)의 성질을 전혀 가지고 있지 않지만, 산화 수은 100.00 g을 가열해서 분해하면 생성물은 수은 92.61 g과 산소 7.39 g이 된다. 이 반응에서 성질은 완전히 바뀌지만 질량에는 변화가 없다.

Q 산화 수은 20.00 g이 분해되면 산소 1.478 g이 생성된다. 생성된 수은의 질량은 얼마인가?

보존을 설명한다.

질량 보존 법칙은 많은 화학 계산의 기초가 되는 법칙이다. 무에서 유를 창조할 수 없기 때문에, 원자의 결합 방식을 바꿔야만 새로운 물질을 만들 수 있다. 예를 들어 철광석에서 금속 철을 얻을 수 있는 것은 철광석에 철 원자가 포함되어 있기 때문이다. 또한 물질을 파괴하는 것만으로는 폐기물을 없앨 수 없다. 우리는 폐기물을 어디로 치우거나 그 형태를 더 좋은 것으로 바꿔야 한다. 이처럼 물질을 한 형태에서 다른 형태로 바꾸는 것이 화학의 핵심이다.

일정 성분비 법칙

18세기 말, Lavoisier와 다른 과학자들은 많은 물질이 2개 이상의 원소로 구성된 화합물이라는 사실에 주목했다. 각 화합물은 그것이 어디에서 왔든, 누가 만들었든 관계없이 동일한 비율로 동일한 원소를 가지고 있었다. 이러한 관찰의 보편 타당성을 대부분의 화학자들이 확신하게 된 것은 Joseph Louis Proust(프랑스, 1754~1826)의 공들인 연구 덕분이다. 예를 들어 어떤 일련의 실험에서 Proust는 염기성 탄산 구리라는 화합물이 항상 질량 기준으로 구리 57.48%, 탄소 5.43%, 수소 0.91%, 산소 36.18%로 구성되어 있음을 발견했다. 실험실에서 만든 화합물이든 자연에서 얻은 화합물이든 상관없이 이 구성은 동일했다(그림 2.6).

이 실험과 다른 많은 실험을 요약하기 위해 Proust는 1799년에 새로운 과학 법칙을 정립했다. **일정 성분비 법칙**(law of definite proportions)은 한 화합물은 항상 일정한 비율로는 같은 원소를 포함하고 다른 비율로는 포함하지 않는다는 법칙이다. 이 법칙으로 Cavendish의 실험에서 물의 수소 대 산소의 비율이 2:1이라는 것을 설명할 수 있고, 이것은 이론이 실험 데이터

(a)

(b)

(c)

▲ **그림 2.6** (a) '염기성 탄산 구리'로 알려진 화합물은 화학식이 $Cu_2(OH)_2CO_3$이며 자연에서 '공작석'이라는 광물로 존재한다. (b) 이 화합물은 구리 지붕에 푸른 녹이 생성된다. (c) 이 화합물을 실험실에서 합성할 수도 있다. 어디에서 얻었든 염기성 탄산 구리는 항상 동일한 조성이다. 이 화합물의 분석을 통해 Proust는 일정 성분비 법칙을 정립했다.

▶ **그림 2.7** Berzelius의 실험이 일정 성분비 법칙을 어떻게 설명하는지 보여주는 예

Q 황 3.10 g과 완전히 반응하는 납의 질량은 얼마인가? 생성되는 황화 납의 질량은 얼마인가?

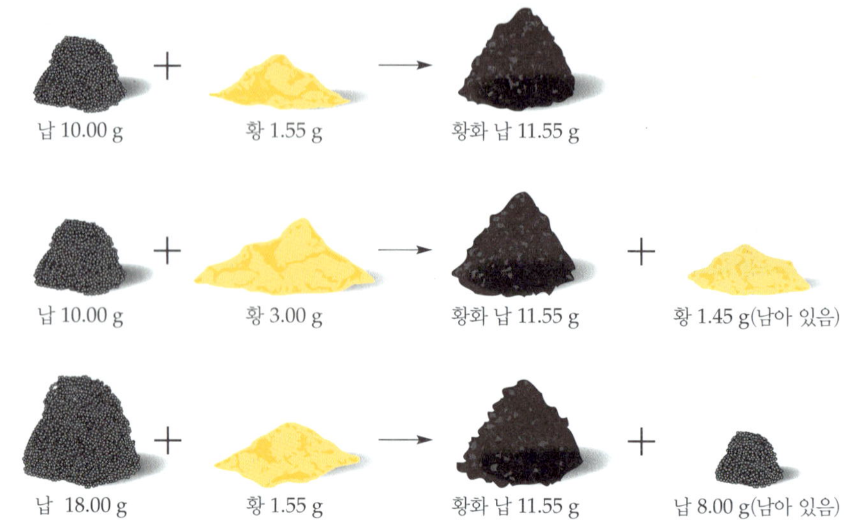

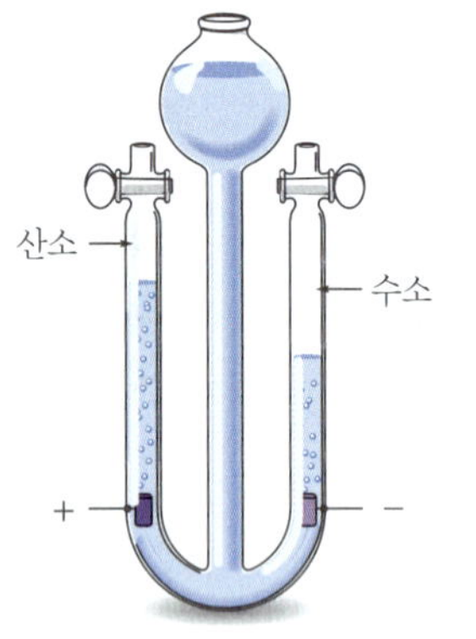

▲ **그림 2.8** 물의 전기분해. 수소와 산소는 항상 2:1의 부피 비율로 생산된다.

Q 전기분해로 24세제곱피트(0.68 m^3)의 수소 기체가 생산된다면 산소 기체는 얼마나 생산되는가?

를 따라잡은 예이다. 앞으로 다루겠지만, 다른 경우에는 실험을 통해 이론을 확인하는 경우도 있다.

Jöns Jakob Berzelius(스웨덴, 1779~1848)는 내과 의사였다(그리고 건강염려증 환자였을 수도 있다). 그는 여가 시간에 그림 2.7에 나온 것과 매우 유사한 실험을 수행했다. 이 실험에서 정해진 양의 납(회색을 띤 부드러운 금속)을 다양한 양의 황(노란색 고체)과 함께 가열하여 황화 납(반짝이는 검은색 고체)을 만들었다. 여분의 황은 이황화 탄소로 씻어 냈는데, 황은 이황화 탄소에 녹지만 황화 납은 녹지 않는다. 납 10.00 g에 황을 최소 1.55 g 사용하는 한, Berzelius는 항상 정확히 황화 납 11.55 g을 얻었다. 1.55 g을 초과하는 황은 반응하지 않고 남았다. 황 1.55 g에 납을 10.00 g 이상 사용한 경우에 황화 납 11.55 g을 얻었고 약간의 납이 남았다.

Cavendish가 물에서 수소와 산소 비율을 2:1로 제시한 것은 부피 비율(그림 2.8과 유사한 장치를 사용)이었고 Berzelius의 실험은 질량 비율이었지만, 둘 다 일정 성분비 법칙을 입증했다. 이 과학 법칙으로 인해 화학이 급속히 발전했고, 고대 그리스의 물이 원소라는 개념은 치명상을 입었다. 또한 면밀히 수집된 방대한 양의 자료가 Dalton의 원자론과 같은 다른 이론을 검증하는 데 사용할 수 있는 지식의 보고가 되었다는 것도 주목할 필요가 있다.

일정 성분비 법칙은 물을 H_2O로 나타내는 것과 같은 화학식의 기초가 된다. 일정한 성분은 또한 물질이 일정한 성질을 가지고 있다는 것을 의미한다. 순수한 물은 항상 염이나 당을 녹이고, 정상 압력에서 항상 0 ℃에서 얼고 100 ℃에서 끓는다.

자가평가문제

1. 밀폐된 용기에서 화학적 변화가 발생하는 경우 용기와 내용물의 질량은 어떻게 되는가?
   a. 증가한다.
   b. 감소한다.
   c. 변하지 않는다.
   d. 예측할 수 없다.

2. 순수한 형태의 탄소인 다이아몬드를 산소 대기에서 연소시키면 각 탄소 원자는 산소 원자 2개와 결합한다. 다이아몬드 2.000 g (10.00캐럿)을 산소 6.000 g만 있는 밀폐된 용기에서 연소시킨다면 연소 후 용기의 내용물의 질량은 얼마인가?
   a. 2.000 g **b.** 6.000 g
   c. 8.000 g **d.** 불확실

3. 고대 그리스인은 물을 원소라고 생각했다. 1800년 William Nicholson과 Anthony Carlisle은 물을 수소와 산소로 분해했

다. 그들의 실험이 증명한 사실은 무엇인가?

a. 전기는 분해를 일으킨다.

b. 그리스인이 옳았다.

c. 수소와 산소는 원소이다.

d. 물은 원소가 아니다.

4. 짐과 제인은 옷을 좋아하는 부부이다. 그래서 짐은 새 모자를 살 때마다 장갑도 구입하고, 제인은 새 지갑을 살 때마다 신발도 구입한다. 모자와 장갑, 지갑과 신발의 2:1 비율과 유사한 것은 무엇인가?

a. Dalton의 원자론 b. Democritus의 원자론

c. 일정 성분비 법칙 d. 질량 보존 법칙

5. 물(고체[얼음], 액체, 기체[수증기])의 구성은 항상 질량 기준으로 88.81%의 산소와 11.19%의 수소를 생성한다. 이로부터 설명할 수 있는 것은 무엇인가?

a. Boyle의 기체 법칙 b. Democritus의 원자론

c. 일정 성분비 법칙 d. 질량 보존 법칙

6. Joseph Louis Gay-Lussac(프랑스, 1778~1850)과 친구인 Alexander von Humboldt(독일, 1769~1859)는 산소와 수소 기체의 혼합물에 전기 스파크를 통과시켜 수증기를 만들어냈다. 그들은 실험에서 항상 산소보다 정확히 2배의 수소가 필요하다는 사실을 발견했다. 이 발견을 가장 잘 설명하는 것은 무엇인가?

a. Boyle의 기체 법칙 b. 수익률 감소 법칙

c. 일정 성분비 법칙 d. 질량 보존 법칙

7. 탄소 60.0 g이 산소 160.0 g에서 연소하면 이산화 탄소 220.0 g이 생성된다. 탄소 60.0 g이 산소 750.0 g에서 연소되면 생성되는 이산화 탄소의 질량은 얼마인가?

a. 60.0 g b. 160.0 g

c. 220.0 g d. 810.0 g

정답: 1. c, 2. c, 3. d, 4. c, 5. c, 6. c, 7. c

2.3 John Dalton과 물질의 원자론

학습 목표 • 물질이 원자로 이루어져 있다는 개념이 이론인 이유를 설명한다.

• 원자론이 배수 비율 법칙과 질량 보존 법칙을 어떻게 설명하는지 서술한다.

John Dalton(영국, 1766~1844)이 원자의 개념을 처음 고안한 것은 아니다. 이 영광은 Democritus와 같은 그리스 철학자들에게 돌아간다. 그러나 그리스 철학자들은 실험 데이터에 얽매이지 않았다. 따라서 그들의 원자 모형은 놀랍도록 창의적이면서도 완벽하게 부정확했다. 예를 들어 식초는 뾰족한 원자로 구성되어 있고 올리브유는 매끄러운 원자로 만들어졌다고 믿었다. 앞서 언급한 Boyle과 같은 Dalton 이전의 과학자들도 물질의 입자적 성질에 대해 서술했지만, Dalton이 공헌한 바는 원자의 개념을 일정 성분비 법칙이라는 틀 안에 정립했다는 점이다. 그는 변하지 않는 비율은 물질이 원자로 구성되어 있기 때문이라고 밀했다.

▲ John Dalton은 원자론을 개발하는 것 외에도 기체의 거동에 대한 중요한 연구를 수행했다. 그가 과학에 기여한 모든 업적은 그가 색맹이라는 사실에도 불구하고 이루어졌다.

Dalton은 연구를 계속하면서 자신의 이론으로 설명해야 할 또 다른 법칙을 발견했다. Proust는 화합물에는 특정 비율의 원소가 그 비율로만 포함되어 있다고 말한 바 있다. Dalton의 새로운 법칙은 **배수 비율 법칙**(law of multiple proportions, 또는 배수 비례 법칙)인데, 원소들이 두 가지 이상의 비율로 결합할 수도 있으며 각각의 비율은 다른 화합물에 해당한다는 것이다. 예를 들어 탄소는 1.00:2.66(또는 3.00:8.00)의 질량비로 산소와 결합하여 이산화 탄소를 생성하는데, 이 기체는 석탄이나 목재 연소와 호흡의 생성물이다. 그러나 Dalton은 탄소가 1.00:1.33(또는 3.00:4.00)의 질량비로도 산소와 결합하여 일산화 탄소를 생성한다는 사실을 발견했다. 일산화 탄소는 공기 공급이 제한된 상태에서 연료가 연소할 때 발생하는 유독 가스이다. 요컨대 같은 원소가 다른 비율로 결합하면 그들이 생성하는 화합물들은 매우 다른 성질을 갖게 된다. 배수 비율 법칙은 또한 동일한 두 원소로 만든 두 가지(또는 그 이상) 다른 화합물의 경우에 원소의 비율이 일정한 고정된 규칙성을 따른다는 것을 말해주었다.

Dalton은 자신의 **원자론**(atomic theory)을 사용하여 다양한 법칙을 설명했다. 표 2.1에 Dalton의 원자론의 중요한 요점들이 나열되어 있으며, 나중에 살펴볼 몇 가지 현대적 수정 사항들도 포함되어 있다.

3 유해 폐기물을 없애는 것이 어려운 이유는 무엇인가?

화합물 또는 혼합물인 유해 폐기물은 다른 화합물 또는 혼합물로 전환될 수 있지만, 해당 화합물 또는 혼합물의 원소는 여전히 존재하며 유해할 수 있다. 예를 들어 산화 비소가 포함된 살충제는 비소와 산소 원소로 분해될 수 있지만, 비소 원소는 독성이 있고 다른 원소로 분해될 수 없다.

표 2.1 Dalton의 원자론과 수정 사항

Dalton의 원자론	현대적 수정 사항
1. 모든 물질은 원자라고 불리는 매우 작고 파괴되지 않는 입자로 이루어져 있다.	1. Dalton은 원자가 나누어지지 않는다고 가정했지만, 원자는 나누어질 수 있다.
2. 원소는 해당 원소에 고유한 단일 종류의 원자로 이루어져 있다.	2. Dalton은 주어진 원소의 모든 원자가 질량을 포함해 모든 면에서 동일하다고 가정했다. 아원자 수준의 미세한 차이 때문에 이는 틀린 것으로 밝혀졌다.
3. 화합물은 서로 다른 원소의 원자들이 일정한 비율로 결합할 때 생성된다.	3. 수정되지 않음. 오늘날의 화학자들도 Dalton의 이론에 동의한다. 예를 들어 일산화 탄소는 탄소와 산소가 1:1의 비율로, 이산화 탄소는 2:1의 비율로 결합한다.
4. 화학 반응은 원자의 재배열을 수반하지만, 원자를 깨뜨리거나 파괴하거나 새로 만드는 일은 없다.	4. 화학 반응에 대해서는 수정되지 않음(3장 참고). 하지만 핵 반응에서는 성립하지 않는다.

원자론을 이용한 설명

Dalton의 이론은 원소와 화합물의 차이를 명확하게 설명한다. 원소는 한 종류의 원자로만 구성된다. 예를 들어 인 원소의 시료에는 인 원자만 포함되어 있다. 화합물은 두 종류 이상의 원자가 화학적으로 일정한 비율로 결합된 것이다. 예를 들어 화합물인 물에는 수소 원자와 산소 원자가 2:1의 고정 비율로 모두 포함되어 있다.

이 시점에서 우리는 분자의 개념을 정식으로 도입해야 한다. 가장 간단한 용어로, 분자는 2개 이상의 원자가 고정된 비율로 결합된 것을 말한다. 산소(O_2)나 수소(H_2)와 같이 일부 원소는 자연에 분자로 존재한다. 다른 분자 물질은 화합물인데, 서로 다른 원소의 원자 2개 이상이 결합할 때 생성된다. 물(H_2O)은 산소와 수소 원자가 결합한 것이고, 설탕(슈크로스)은 탄소, 수소, 산소 원자가 12:22:11의 비율로 결합해 $C_{12}H_{22}O_{11}$의 화학식을 가진다. 화학 반응은 단순히 분자의 분해와 생성을 통해 원자를 재배열하는 것이다.

그림 2.9는 원자론을 일정 성분비 법칙에 어떻게 적용할 수 있는지 보여준다. 이 그림은 물이 수소 원자 2개와 산소 원자 1개, 즉 수소와 산소가 2:1이라는 정해진 비율로 결합하여 생성된다는 것을 보여준다. 화살표는 "생성한다" 또는 "만든다"라고 읽는다. 또한 반응하지 않은 산소 원자가 여전히 존재한다는(남았다는) 점에 유의하자. 즉 화살표의 양쪽에 있는 수소와 산소 원자의 전체 개수는 동일하다. 따라서 이 그림은 (화살표로 구분된) 오른쪽과 왼쪽이 모두 같은 질량을 가지므로 원자론이 질량 보존 법칙을 지킨다는 것을 보여준다.

Dalton의 원자론과 이를 일정 성분비 법칙에 적용한 것에서 핵심 부분은 각 원소가 하나의 고유한 무게를 가진 원자로 구성되어 있다는 개념이었다. 현대에 이르러 무게의 개념은 상대

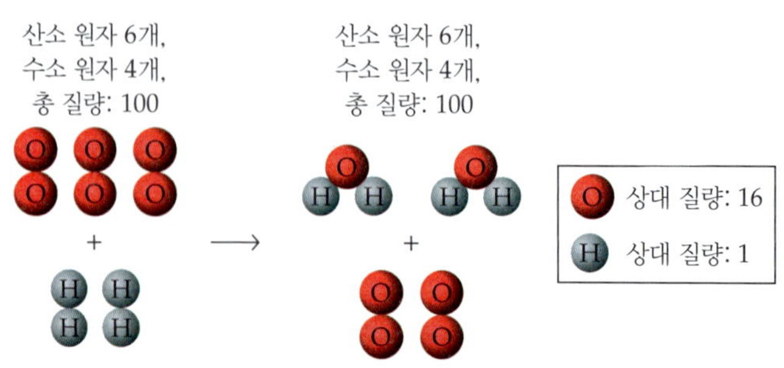

▶ **그림 2.9** 일정 성분비 법칙과 질량 보존 법칙을 Dalton의 원자론으로 해석한 것이다.

Q 이원자 산소(O_2) 분자 10개와 이원자 수소(H_2) 분자 28개가 반응하면 물(H_2O) 분자가 몇 개 생성될 수 있는가? 어떤 원소가 남는가? 남은 원소의 분자는 몇 개인가?

표 2.2 배수 비율 법칙

화합물	표시[a]	O의 1.000 g당 N의 질량	N의 질량의 비[b]
산화 이질소		1.750 g	(1.750 ÷ 0.4375) = 4.000
일산화 질소		0.8750 g	(0.8750 ÷ 0.4375) = 2.000
이산화 질소		0.4375 g	(0.4375 ÷ 0.4375) = 1.000

[a] = 질소 원자, = 산소 원자
[b] 산소의 일정한 질량과 결합하는 질소의 질량의 비율은 세번째 열의 각 값을 가장 작은 값(0.4375 g)으로 나누어 구할 수 있다.

원자 질량(relative atomic mass) 또는 간단히 원자 질량(atomic mass)으로 대체되었다. 이 책의 앞표지에는 원자 질량의 표가 있다. Dalton의 원자론이 질량 보존 법칙과 일정 성분비 법칙을 어떻게 설명하는지 보여주는 몇 가지 예와 또 다른 예에서도 이 현대의 값을 사용할 것이다.

마지막으로 원자론은 배수 비율 법칙을 설명한다. 예를 들어 탄소 1.00 g이 산소 1.33 g과 결합하여 일산화 탄소를 생성하거나 산소 2.66 g과 결합하여 이산화 탄소를 생성한다. 배수 비율 법칙에 따르면 이 예에서 이산화 탄소 속 산소의 질량(2.66 g)과 일산화 탄소 속 산소의 질량(1.33 g)의 비율은 2.66 g/1.33 g = 2이라는 작은 정수가 된다. 이렇게 되는 이유는 이산화 탄소에서 탄소 1 g당 산소의 질량이 일산화 탄소보다 2배이기 때문이다. 또 이것은 탄소 원자 1개가 산소 원자 1개와 결합하면 일산화 탄소가 되고, 탄소 원자 1개가 산소 원자 2개와 결합하면 이산화 탄소가 되기 때문이다.

현대의 값을 사용하여 산소 원자에는 16.0의 상대 질량을, 탄소 원자에는 12.0의 상대 질량을 할당한다. 탄소 원자 1개가 산소 원자 1개와 결합하면(일산화 탄소) 탄소 12.0 대 산소 16.0, 즉 3.00:4.00의 질량비를 의미한다. 탄소 원자 1개가 산소 원자 2개와 결합하면(이산화 탄소) 탄소 12.0 대 산소 2 × 16.0 = 32.0, 즉 3.00:8.00의 질량비를 가진다. 모든 산소 원자의 평균 질량이 같고 모든 탄소 원자의 평균 질량이 같기 때문에, 이산화 탄소 속의 산소와 일산화 탄소 속의 산소의 비율은 8.00 대 4.00, 즉 2:1이다. 동일한 두 원소로 구성된 다른 화합물에도 동일한 법칙이 적용된다. 표 2.2는 질소와 산소를 포함하는 배수 비율 법칙의 또 다른 예를 보여준다.

왜 중요할까?

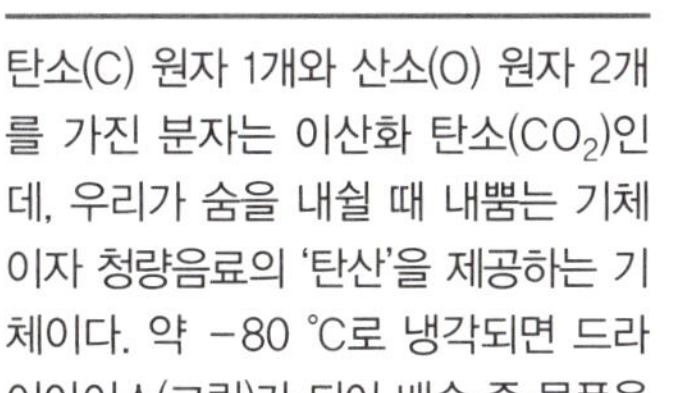
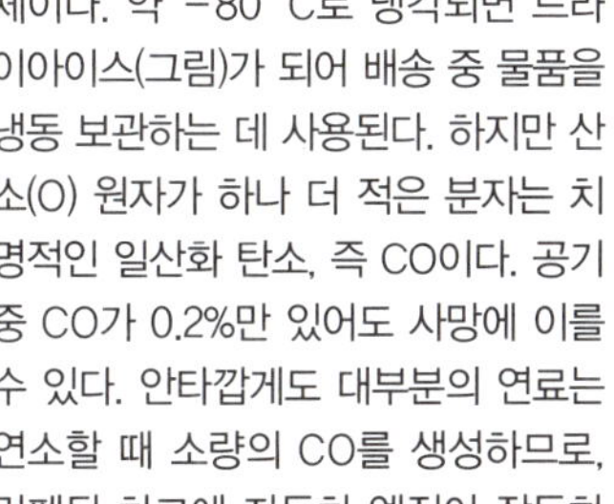

탄소(C) 원자 1개와 산소(O) 원자 2개를 가진 분자는 이산화 탄소(CO_2)인데, 우리가 숨을 내쉴 때 내뿜는 기체이자 청량음료의 '탄산'을 제공하는 기체이다. 약 −80 °C로 냉각되면 드라이아이스(그림)가 되어 배송 중 물품을 냉동 보관하는 데 사용된다. 하지만 산소(O) 원자가 하나 더 적은 분자는 치명적인 일산화 탄소, 즉 CO이다. 공기 중 CO가 0.2%만 있어도 사망에 이를 수 있다. 안타깝게도 대부분의 연료는 연소할 때 소량의 CO를 생성하므로, 밀폐된 차고에 자동차 엔진이 작동하는 채로 방치해서는 안 된다.

동위원소: 하나의 원소지만 질량이 다른 원자

위 논의에서 **평균**이라는 단어를 사용한 이유를 설명하는데, Dalton의 원자론 중 일부가 약간의 난관에 부딪혔기 때문이다. 앞서 언급했듯이 원소의 모든 원자가 같다는 Dalton의 두 번째 가정은 수정되었다.

한 원소의 원자는 서로 다른 질량을 가질 수 있으며, 이러한 원자를 **동위원소**(isotope)라고 한다. 예를 들어 대부분의 탄소 원자는 상대 원자 질량이 12(탄소-12)이지만, 탄소 원자의 1.1%는 상대 원자 질량이 13(탄소-13)이다. 원자는 더 작은 입자로 구성되어 있기 때문에 동위원소가 존재한다.

자가평가문제

1. 철에는 세 가지 다른 산화물이 있다. FeO, Fe_3O_4, Fe_2O_3에 고정된 철 질량에 대해 세 가지 산화물의 산소 질량은 6:8:9의 비율이다. 이는 다음 중 무엇을 나타내는가?

a. Avogadro의 법칙
b. 일정 구성 법칙
c. 배수 비율 법칙
d. 서부 법칙

2. Dalton의 원자론 중 현대의 발견으로 인해 수정되어야 했던 부분은 무엇인가?
   a. 원자는 화학 반응을 통해 재배열된다.
   b. 원자는 화학 반응을 통해 생성되지도 파괴되지도 않는다.
   c. 화합물은 원자가 서로 다른 비율로 결합하여 생성된다.
   d. 한 원소의 모든 원자는 정확히 같다.

3. 서로 다른 원소의 원자가 고정된 비율로 결합하면 무엇이 되는가?
   a. 분자　　b. 동위원소
   c. 이온　　d. 다원자 이온

4. 다음 중 배수 비율 법칙을 입증하는 데 사용할 수 있는 쌍은 무엇인가?
   a. CoO와 Co_2O_3　　b. MgS와 CaS
   c. MgF_2와 CaF_2　　d. $NaCl$과 KBr

정답: 1. c, 2. d, 3. a, 4. a

2.4 몰과 몰질량

학습 목표 • 몰이 무엇이며 어떻게 사용되는지 서술한다.
• 순물질의 질량과 몰 사이를 변환한다.

몰과 아보가드로수

몰이라는 현대적 개념을 사용하기 위해 이 시점에서 약간의 정리 작업이 필요하다. 우리는 처음에 원자가 얼마나 작은지 물어보고 놀랍도록 작다는 사실을 이야기했다. 그러나 이제는 훨씬 더 큰 질량, 즉 원소를 그램 단위로 이야기할 필요가 있다. 그 이유는 화학 실험실에서 원자 개수보다 그램 단위로 작업하는 것이 전반적으로 더 편하기 때문이다. 여기서 원소 x그램에 원자가 몇 개 있는지에 대한 질문이 나온다. 이 질문에 답하려면 동일한 존재를 극도로 작은 원자 규모와 더 실질적인 거시적 (그램) 눈금에서 모두 측정해야 한다.

현대의 과학 계측기를 이용해 이러한 측정을 할 수 있다. 실제로 현대의 계측기는 다이아몬드에서 탄소 원자 하나가 차지하는 공간을 측정할 수 있다. 대부분의 고체에서 원자가 고도로 정렬되어 있기 때문에 이런 측정이 가능하다. 다이아몬드에서 탄소 원자는 서로 같은 간격으로 떨어져 있다. 치수가 알려진 다이아몬드에 대해 그 다이아몬드에 포함된 탄소 원자의 수를 알 수 있다는 뜻이다. 또한 다이아몬드의 질량을 알면 원자 몇 개가 모여 이 질량을 이루는지도 알 수 있다.

이 방법을 사용하면 질량이 12.011 g인(왜 이 숫자가 사용되는지 잠시 후에 살펴본다) 다이아몬드는 탄소 원자 6.022×10^{23}개를 포함하고 있음을 확인할 수 있다. 원자 6.022×10^{23}개라는 양을 **아보가드로수**(Avogadro's number)라고 하며, 탄소 원자 6.022×10^{23}개는 탄소 1몰과 같다. 이 개념은 모든 원소에 적용되므로 어떤 원소의 원자 6.022×10^{23}개는 해당 원소 1**몰**(mole)과 같다.

아보가드로수는 매우 커서 비유를 통해 상상하는 것이 가장 좋다. 예를 들어 볼링공 1몰의 질량은 지구(1.314×10^{25} lb, 또는 5.972×10^{24} kg)보다 더 무겁다. 동전 1몰을 쌓으면 달에 닿을 것이다. 한 번이 아니라 1조 번 이상이다!

양계업자나 제빵사가 다스(dozen, 12)와 그로스(gross, 144)라는 용어를 사용하는 것처럼 화학자들은 몰이라는 개념을 사용한다. 하지만 화학자들은 12나 144가 아닌 6.022×10^{23}을 사용한다.

4 빛은 원자로 이루어져 있는가?

빛은 물질이 아니며 원자로 구성되어 있지 않다. 빛은 에너지의 한 형태이다. 에너지(화학 에너지, 전기 에너지, 원자력 에너지 포함)는 일을 할 수 있는 능력으로 정의된다. 9장에서 에너지에 대해 자세히 알아보겠다.

몰질량

그렇다면 원자 또는 분자 6.022×10^{23}개의 1몰 무게는 얼마일까? 앞서 설명한 것처럼 답은

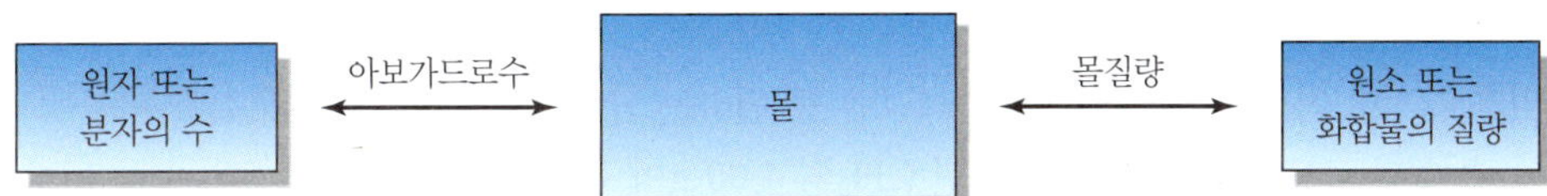

▲ **그림 2.10** 질량을 몰 및 분자(및 기타 물질의 구성 요소)와 연결하고 다시 되돌리는 과정에서 몰의 중심적인 역할이 강조된다. 원자 또는 분자의 수는 아보가드로수에 의해 몰로 변환된다. 원소 또는 화합물의 질량은 몰질량에 의해 몰로 변환된다. 즉 그림과 같이 몰은 원자(및 분자)의 수와 그 원자(및 분자)의 질량 사이를 이동하는 데 중추적인 역할을 한다.

Q 그림 2.10을 사용하여 헬륨 원자 1.807×10^{24}개의 질량을 구하라. 그림 2.10을 사용하여 다이아몬드 3 g에 들어 있는 탄소 원자의 수를 구하라.

원소에 따라(또는 분자의 경우 원소들에 따라) 달라진다. 또한 기준점으로 사용할 원소 하나를 선택해야 한다. 여기서 선택은 쉬웠는데, 바로 탄소였다. 탄소는 매우 흔하고, 지구상의 생명체 존재의 중심이며, 동위원소 구성이 매우 단순하다. 자연에서 발견되는 탄소 원자 100개 중 거의 99개가 탄소-12 동위원소이다. 순수한 탄소-12 동위원소 1몰, 즉 원자 6.022×10^{23}개는 정확히 12.0000그램의 질량을 가지고 있다. 따라서 탄소-12의 **몰질량**(molar mass, 1몰의 질량)은 12.0000그램이다. 시료의 질량과 그 시료에 있는 원자 또는 분자의 수는 몰 개념을 사용하여 서로 연관시킬 수 있다(그림 2.10).

다르게 말하면 원소의 몰질량은 해당 원소의 원자 6.022×10^{23}개의 질량이고, 화합물의 몰질량은 해당 화합물의 분자 6.022×10^{23}개의 질량이다. 탄소-12가 기준으로 사용되기 때문에 다른 모든 원소(및 화합물)의 몰질량은 탄소-12와 관련이 있다. 마찬가지로 모든 원소의 원자 질량은 탄소-12를 기준으로 표현되며, 일반적으로 **원자 질량 단위**(atomic mass unit, amu)로 표현된다.

원소의 몰질량을 찾으려면 주기율표를 참조하면 된다. 원소 기호 아래의 숫자는 해당 원소의 **원자 질량**(atomic mass), 즉 amu 단위로 나타낸 해당 원소의 원자 1개의 질량이다. 원소의 몰질량은 숫자는 같지만, amu 대신 그램(g) 단위이다. 따라서 붕소(B) 원자 1개의 질량은 10.811 amu이고, 붕소 1몰의 질량은 10.811그램이다. 수은 원자(Hg) 1개는 200.59 amu의 질량을 가지고, 수은 원자 1몰은 200.59그램의 질량을 가진다.

이때 몰질량과 분자량에서와 같이 몰과 분자라는 두 영어 단어를 혼동하지 않는 것이 좋다. 단위에 주의하자. 예를 들어 수소 원자의 몰질량은 몰당 1.0079그램이므로 수소 기체(H_2)의 몰질량은 몰당 $2 \times 1.0079 = 2.0158$그램이다. 반면에 수소 기체(H_2)의 분자량, 즉 단일 분자의 질량은 2.0158 amu이다.

문제 풀이: 질량, 원자 비, 몰

Dalton이 측정한 것과 같은 비율 또는 몰을 사용하여 한 물질의 주어진 양과 결합하는 데(또는 주어진 양을 생성하는 데) 필요한 다른 물질의 양을 계산할 수 있다. 어떻게 하는지 배우기 위해 몇 가지 예제를 살펴보자.

예제 2.1 질량비, 원자비, 몰

천연가스의 주성분인 메테인(CH_4)을 분해하여 연료 전지용 수소 기체를 만들 수 있다. 메테인을 분해하면 탄소(C)와 수소(H)가 탄소 질량 3.00에 대해 수소 질량 1.00의 비율로 생성되는 것으로 밝혀졌다. 메테인 90.0 g으로 수소 몇 그램을 만들 수 있는가?

풀이(질량비 사용)

단위가 같기만 하면 파운드, 그램, 킬로그램 등 원하는 단위로 두 원소에 대해 질량 비율을 표현할 수 있다. 그램을 단위로 사용하면 CH_4의 4.00 g이 분해되어 탄소 3.00 g과 수소 1.00 g이 생성된다는 것을 알 수 있다. CH_4의 질량(g)을 H의 질량(g)으로 변환하려면 분자에 1.00 g H, 분모에 4.00 g CH_4가 있는 변환 인자를 사용한다.

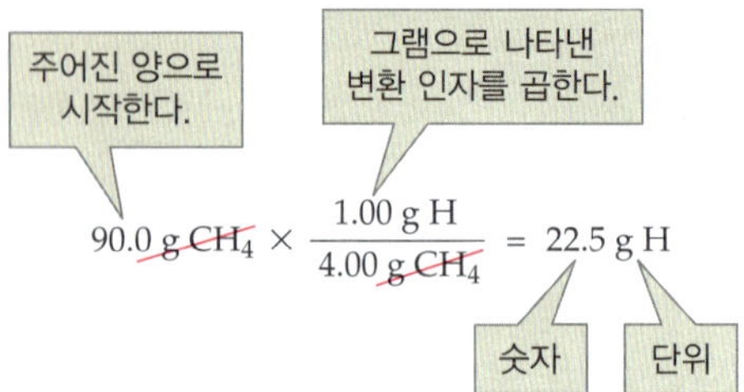

풀이(원자 비율 이용)

메테인의 화학식인 CH_4를 보면 탄소 원자 1개당 수소 원자 4개가 존재한다는 것을 알 수 있다. 즉 메테인에서 탄소 대 수소 원자 비율은 항상 1:4이다. 주기율표를 보면 탄소가 수소보다 약 12배 더 질량이 크다는 것을 알 수 있다. 즉 1:4의 원자 비율을 질량 비율로 변환하면 12:4, 즉 3:1이 된다. 따라서 메테인 4.0 g이 분해될 때마다 수소 1.0 g이 생성되며, 위의 식과 같은 변환 인자가 나오게 된다. 위의 질량비 풀이를 구할 때와 동일한 결론에 도달했다는 점에 유의하자.

풀이(몰 사용)

몰은 단순히 원자 또는 분자의 정해진 수(아보가드로수)라는 것을 기억하자. 즉 메테인(CH_4) 1몰에는 탄소 원자 1몰과 수소 원자 4몰이 포함되어 있다. 이제 주기율표를 보면 탄소 1몰의 질량은 12.0107 g(탄소의 몰질량), 수소 1몰의 질량은 1.00794 g이다. 메테인의 경우 탄소 12.0107 g당(1몰) 수소 4.03176 g(4×1.00794 g, 즉 4몰)을 가지고 있다는 것을 알 수 있다. 따라서 우리는 다시 한번 탄소 대 수소 질량비 3:1과 탄소 대 수소의 정확한 원자 비율 1:4에 매우 근접했다. 질량비가 정확하지 않은(2.99390:1.0000) 이유는 질량이 조금씩 다른 동위원소가 존재해서 원소의 평균 질량에 영향을 미치기 때문이다.

› 복습문제 2.1A

포스핀(인화 수소) 기체를 분해하면 10.3:1.00의 질량비로 인과 수소를 얻을 수 있다. 수소의 질량을 1.00으로 했을 때 인의 상대 질량이 31.0이라면 기체에서 인 원자 1개에 결합된 수소 원자의 수는 몇 개인가?

› 복습문제 2.1B

아산화 질소(웃음 가스)를 분해하면 질소 질량 비율 7.00, 산소 질량 비율 4.00을 얻을 수 있다. 아산화 질소를 충분히 분해하여 산소 36.0 g을 얻을 수 있다면 질소는 몇 그램을 얻을 수 있는가?

예제 2.2 질량, 원자, 몰비

다이아몬드는 (흑연과 마찬가지로) 순수한 산소에서 연소시킬 수 있으며, 온도가 충분히 높으면 이 반응은 이산화 탄소(CO_2)만 생성한다. 처음에 과학자들은 다이아몬드가 단순히 사라졌다고 생각했다. 하지만 이 반응은 다이아몬드가 단순히 순수한 형태의 탄소라는 증거를 제공하는 데 있어 결정적인 단계였다. 다이아몬드 10.0000캐럿(2.00000 g)을 충분한 양의 순수한 산소와 함께 완전히 연소시킨다면 얼마나 많은 이산화 탄소(CO_2)가 생성되는가?

풀이(질량비 사용)

다이아몬드는 순수한 형태의 탄소이기 때문에 다이아몬드 2.00000 g은 실제로는 탄소 2.00000 g이다. 반응의 생성물인 이산화 탄소(CO_2)에서는 탄소 원자 1개당 산소 원자 2개가 존재한다. 원소 목록을 보면(주기율표의 원자 질량 참조) 산소 대 탄소의 상대 질량이 15.9994 대 12.0107임을 알 수 있다. 이산화 탄소의 경우 탄소 12.0107 g당 다음의 양만큼 산소가 있다는 뜻이다.

$$2 \times 15.9994 \text{ g O} = 31.9988 \text{ g O}$$

따라서 탄소 2.00000 g에 대해 산소를 다음의 양만큼 갖게 된다.

$$2.00000 \text{ g C} \times \frac{31.9988 \text{ g O}}{12.0107 \text{ g C}} = 5.32838 \text{ g O}$$

탄소와 산소의 질량을 더하면 CO_2의 총 질량은 7.32838 g이 된다.

풀이(원자 비율 이용)

다이아몬드를 태울 때 탄소 원자 1개당 산소 원자 2개가 소비된다. 따라서 탄소 대 산소 원자 비율은 1:2가 된다. 주기율표를 보면 산소가 탄소보다 15.9994/12.0107배 더 질량이 크다는 것을 알 수 있다. 즉 1:2 원자비로부터 다음의 질량비를 알 수 있다.

$$1 : 2(15.9994/12.0107) \text{ 즉 } 1 : 2.66419$$

따라서 탄소 2.00000 g에는 2 × 2.66419, 즉 산소 5.32838g이 필요하며 생성된 CO_2의 총 질량은 7.32838 g이다.

풀이(몰 사용)

다이아몬드를 연소시키면 탄소 1몰이 연소될 때마다 이산화 탄소 1몰이 생성된다. 즉 탄소(C)와 이산화 탄소(CO_2) 사이의 몰비는 1:1이다. 탄소의 몰질량은 12.0107이고, CO_2의 몰질량은 탄소의 몰질량에 산소의 몰질량을 2배를 더한 값이다.

$$12.0107 + (2 \times 15.9994) = 44.0095 \text{ g/mole}$$

10.0000캐럿 다이아몬드는 다음과 같은 양의 탄소를 포함하고 있다.

$$2.00000 \text{ g}/12.0107 \text{ g/mole} = 0.66518 \text{ mole}$$

따라서 이산화 탄소 0.66518몰(이산화 탄소 발생량)의 질량은 다음과 같다.

$$0.66518 \text{ mole} \times 44.0095 \text{ g/mole} = 7.32838 \text{ g}$$

이 예제는 문제를 해결하는 데 있어 여러 가지 방법이 존재한다는 것을 보여준다. 물론 원자, 질량, 몰의 비율을 올바르게 변환하여 적용해야 한다. 결국 제시된 세 가지 서로 다른 풀이는 모두 동일한 답을 제공한다. 과학자들은 종종 자신이 사용하는 방법에 대해 개인적인 선호가 있다.

› 복습문제 2.2A

석회석($CaCO_3$)은 철분, 시멘트, 기타 상품을 제조하는 데 중요한 성분이다. 석회석 1몰을 가열하면 생석회(CaO) 1몰과 이산화 탄소(CO_2) 1몰이 생성된다. 석회석 200 g에서 생석회 몇 그램을 얻을 수 있는가?

› 복습문제 2.2B

석회석 200 g에서 얻을 수 있는 이산화 탄소의 질량은 얼마인가?

Dalton은 실험 결과를 바탕으로 한 추론을 통해 원자론에 도달했고, 약간의 수정을 거쳐 이 이론은 오랜 세월과 첨단 과학 장비의 검증을 견뎌냈다. 1803년 퀘이커의 한 교사에게 이렇게 성공적인 이론을 정립한 것은 대단한 성공이었다. 위의 예에서 볼 수 있듯이 몰의 개념은 Dalton의 원자론을 일반적인 화학 계산에 적용하는 데 큰 도움이 된다는 것을 알 수 있다. 몰의 중요성은 3장(화학 계산)에서 더욱 강조될 것이다.

자가평가문제

1. 일산화 탄소(CO)와 이산화 탄소(CO_2)는 둘 다 탄소와 산소를 포함하고 있다. CO의 시료에 C 36.0321 g과 O 47.9982 g이 포함되어 있다면 C 36.0321 g이 포함된 CO_2에는 O가 몇 그램 존재하는가?

a. 15.9994 **b.** 47.9982
c. 36.0321 **d.** 95.9964

2. Dalton에 따르면 원소는 무엇에 의해 서로 구별되는가?

a. 고체 상태에서의 밀도 **b.** 핵 전하
c. 원자의 모양 **d.** 원자의 무게

3. Dalton은 원자가 파괴되지 않는다고 가정해서 어떤 사실을 설명했는가?

a. 동일한 두 원소가 하나 이상의 화합물을 생성할 수 있다.
b. 어떤 두 원소도 동일한 원자 질량을 갖지 않는다.
c. 질량은 화학 반응에서 보존된다.
d. 핵분열(쪼개짐)은 불가능하다.

4. Dalton은 화학적 변화를 무엇이라고 보았는가?

a. 한 유형에서 다른 유형으로 원자의 변화
b. 원자의 생성과 파괴
c. 원자의 재배열
d. 전자의 전달

5. 하나의 화합물에 존재하는 원자의 종류는 몇 개인가?

a. 최소 2개 **b.** 수백 개
c. 3개 이상 **d.** 화합물의 질량에 따라 다르다.

6. 탄소 1몰에 대한 설명으로 옳지 않은 것은 무엇인가?

a. 여기에는 아보가드로수의 탄소 원자가 포함되어 있다.
b. 탄소의 양이다.
c. 질량은 12.0107 g이다.
d. 탄소 원자 12개로 구성되어 있다.

7. 몰질량에 대한 설명으로 옳지 않은 것은 무엇인가?

a. 탄소-12의 몰질량은 12.0000 g/mole이다.
b. 한 원소의 원자는 6.022×10^{23}개의 질량이다.
c. 한 화합물의 분자는 6.022×10^{23}개의 질량이다.
d. 한 원소의 원자에만 적용할 수 있다.

8~10번 문제는 다음 그림을 참조하라.

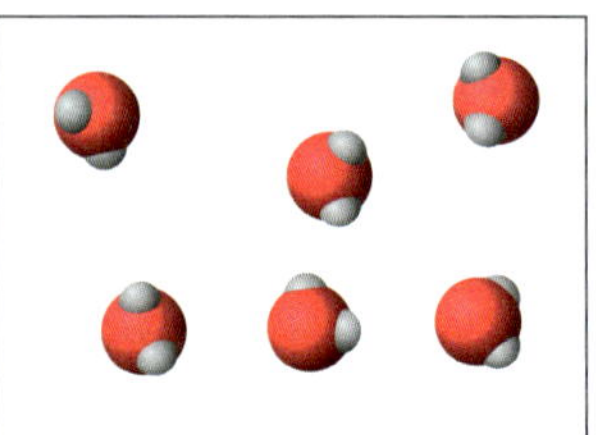
a.

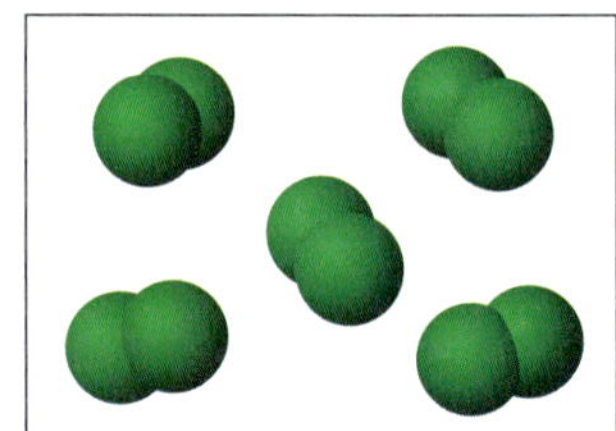
b.

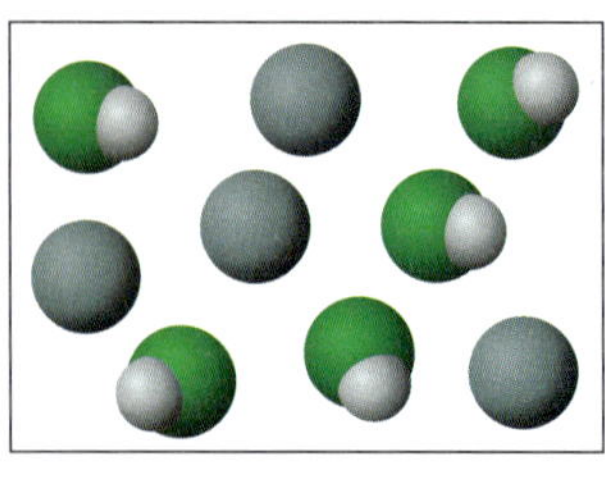
c.

8. 원소를 나타내는 그림은 무엇인가?

9. 단일 화합물을 나타내는 그림은 무엇인가?

10. 혼합물을 나타내는 그림은 무엇인가?

정답: 1. d, 2. d, 3. c, 4. c, 5. a, 6. d, 7. d, 8. b, 9. a, 10. c

2.5 Mendeleev와 주기율표

학습 목표 • 주기율표에서 원소가 어떻게 배열되어 있는지, 그 배열이 왜 중요한지 서술한다.

18세기와 19세기 동안 새로운 원소가 놀라울 정도로 자주 발견되었다. 1830년까지 알려진 원소는 55개였는데, 모두 서로 다른 성질을 가지고 있었으며 뚜렷한 순서를 알 수는 없었다. Dalton은 1808년에 펴낸 《화학 철학의 새로운 체계》에서 상대 원자 질량 표를 만들었다. Dalton의 대략적인 값은 이후 몇 년 동안 개선되었는데, 특히 1828년 54개 원소가 포함된 원자 질량 표를 발표한 Berzelius에 의해 개선되었다. Berzelius의 값은 대부분 현대의 값과 잘 일치한다.

알려진 원소들 사이에서 나타나는 규칙성과 주기성

1816년 초, Johann Wolfgang Döbereiner(독일, 1780~1849)는 원자 질량을 기준으로 원소 간의 삼원소 관계를 발견했다. 삼원소에서 가장 가벼운 원자와 가장 무거운 원자의 평균 질량은 삼원소의 중간 원소의 질량과 같았다. 그가 발견한 삼원소의 예는 Li/Na/K, Ca/Sr/Ba, Cl/Br/I, S/Se/Te이다. 이 삼원소들이 현대 주기율표와 얼마나 잘 어울리는지 교과서 앞표지 안쪽에서 확인할 수 있다. 당시에는 유용했지만, 이러한 유형의 관계는 현대 주기율표에 존재하는 관계로 대체되었다.

사용가능한 원자 질량에서 다음으로 주목할 만한 경향은 이러한 질량이 수소 원자 질량의 8배 간격으로 나누어 있다는 것이다. 이 규칙성은 영국의 화학자인 John Newlands(1837~1898)와 프랑스의 광물학자인 Alexandre-Emile Béguyer de Chancourtois(1820~1886)에 의해 발견되었다. Newlands보다 2년 앞선 1863년에 Béguyer de Chancourtois가 최초로 아이디어를 발표했지만, Newlands의 옥타브 법칙이라고도 불린다.

예제 2.3 주기적 성질 예측하기

Döbereiner의 삼원소인 리튬, 포타슘(칼륨), 소듐(나트륨)을 사용하여 소듐의 원자 질량의 대략적인 값을 예측하는 방법을 밝혀라.

풀이

리튬(Li)의 원자 질량은 6.941 u, 포타슘(K)은 39.0983 u, 둘의 평균은 (6.941 amu + 39.0983 amu) ÷ 2 = 23.020 amu로, 소듐(Na)의 현대 값인 22.9898 amu에 상당히 근접한다.

› 복습문제 2.3A

Döbereiner의 또 다른 삼원소인 염소, 브로민, 아이오딘(요오드)은 염을 생성하는 원소이다. 이 삼원소 중 중간 원소의 상대 원자 질량이 다른 두 원소의 상대 원자 질량의 평균에 가깝다는 것을 밝혀라.

› 복습문제 2.3B

해당 삼원소에서 중간 원소의 원자 질량을 더 정확하게 예측하는 삼원소는 Mg/Ca/Sr 또는 He/Ne/Ar 중 무엇인가?

▲ 러시아의 화학자인 Dmitri Mendeleev는 오늘날 우리가 사용하는 것과 비슷한 주기율표에 당시 알려진 원소 63개를 배열했고, 당대의 위대한 스승 중 한 명으로 꼽힌다. 마땅한 화학 교과서를 찾지 못한 그는 식섭 《화학의 원리》라는 책을 저술했다. Mendeleev는 또한 석유의 성질과 기원을 연구하고 그 밖에도 과학에 많은 공헌을 했다. 원소 101은 그를 기리기 위해 멘델레븀(Md)으로 명명되었다.

주기율표: Mendeleev와 Meyer

과학자들이 발견한 규칙성은 Julius Lothar Meyer(독일, 1830~1895)와 Dmitri Ivanovich Mendeleev(러시아, 1834~1907)의 연구로 이어졌다. 두 사람은 화학적 성질을 원자 질량과 연결시켰고, 이를 통해 주기 법칙을 발전시켰다. 1862년 Meyer는 28개 원소의 주기율표를 발표했고, 1869년 Mendeleev는 당시 알려진 63개 원소에 대해(정정된 원자 질량을 포함한) 자신의 첫 번째 주기율표(그림 2.11)를 발표했다. 그러나 Mendeleev는 아직 발견되지 않은 원소가 있을 것으로 예상되는 곳에 대담하게도 공백을 남겼다. 그는 주기율표를 바탕으로 이 원소들의 성질까지 예측했다.

빠져 있던 원소 중 세 가지는 곧 발견되어 스칸듐, 갈륨, 게르마늄으로 명명되었다. 표 2.3에서 볼 수 있듯이 당시 "에카-실리콘"으로 불렸던 게르마늄에 대한 Mendeleev의 예측은 놀라울 정도로 성공적이었다. Mendeleev가 위대한 천재인 이유는 **알려진 사실들을 연결하고 공백을 남겨 미지의 존재를 예측할 수 있는 능력** 때문이다. 그의 주기율표는 뛰어난 예측력 때문에 널리 받아들여졌다. 이것이 Mendeleev가 주기율표를 개발한 공로를 거의 전적으로 인정받는 이유이다.

Mendeleev는 평생 동안 주기율표를 계속 수정하여 결국 은, 금, 기타 여러 금속을 이전에 제안된 순서에서 약간 벗어난 위치에 배치했다. 이렇게 함으로써 화학적 성질이 비슷한 황, 셀레늄, 텔루륨이 같은 열에 나타나게 되었다. 또한 이러한 재배치를 통해 아이오딘은 화학적으로 유사한 염소 및 브로민(브롬)과 같은 열에 배치되었다.

현대 주기율표에는 원소 118개가 포함되어 있다. 가장 최근에 추가된 원소는 118번인데, 2016년 말에 오가네손(oganesson)이라는 이름이 붙였다. 그림 2.12와 같이 주기율표에서 각 원소는 상자로 표시된다.

5 원소의 표를 "주기율표"라고 부르는 이유는 무엇인가?

주기율은 어떤 일이 규칙적으로 발생한다는 것을 나타낸다. 원소의 물리적, 화학적 성질은 주기적이다. 즉 표의 주어진 열에 있는 원소들은 이러한 성질 중 많은 부분이 유사하다.

Tabelle II.

der chemischen Elemente.

Reihen	Gruppe I. — R^2O	Gruppe II. — RO	Gruppe III. — R^2O^3	Gruppe IV. RH^4 RO^2	Gruppe V. RH^3 R^2O^5	Gruppe VI. RH^2 RO^3	Gruppe VII. RH R^2O^7	Gruppe VIII. — RO^4
1	H = 1							
2	Li = 7	Be = 9,4	B = 11	C = 12	N = 14	O = 16	F = 19	
3	Na = 23	Mg = 24	Al = 27,3	Si = 28	P = 31	S = 32	Cl = 35,5	
4	K = 39	Ca = 40	— = 44	Ti = 48	V = 51	Cr = 52	Mn = 55	Fe = 56, Co = 59, Ni = 59, Cu = 63.
5	(Cu = 63)	Zn = 65	— = 68	— = 72	As = 75	Se = 78	Br = 80	
6	Rb = 85	Sr = 87	?Yt = 88	Zr = 90	Nb = 94	Mo = 96	— = 100	Ru = 104, Rh = 104, Pd = 106, Ag = 108.
7	(Ag = 108)	Cd = 112	In = 113	Sn = 118	Sb = 122	Te = 125	J = 127	
8	Cs = 133	Ba = 137	?Di = 138	?Ce = 140	—	—	—	— — — —
9	(—)	—	—	—	—	—	—	
10	—	—	?Er = 178	?La = 180	Ta = 182	W = 184	—	Os = 195, Ir = 197, Pt = 198, Au = 199.
11	(Au = 199)	Hg = 200	Ti = 204	Pb = 207	Bi = 208	—	—	
12	—	—	—	Th = 231	—	U = 240	—	— — — —

▲ **그림 2.11** Mendeleev의 주기율표. 1898년 버전에서 그는 텔루륨의 원자량이 아이오딘의 원자량보다 작은 것으로 잘못된 '수정'을 했다.

표 2.3 게르마늄의 성질: 예측 및 관찰

성질	에카-실리콘에 대한 Mendeleev의 예측(1871)	게르마늄에 대한 관찰(1886)
원자 질량	72	72.6
밀도(g/cm^3)	5.5	5.47
색	지저분한 회색	회색빛이 도는 흰색
산화물의 밀도(g/cm^3)	EsO_2: 4.7	GeO_2: 4.703
염화물의 끓는점	$EsCl_4$: 100 ℃ 이하	$GeCl_4$: 86 ℃

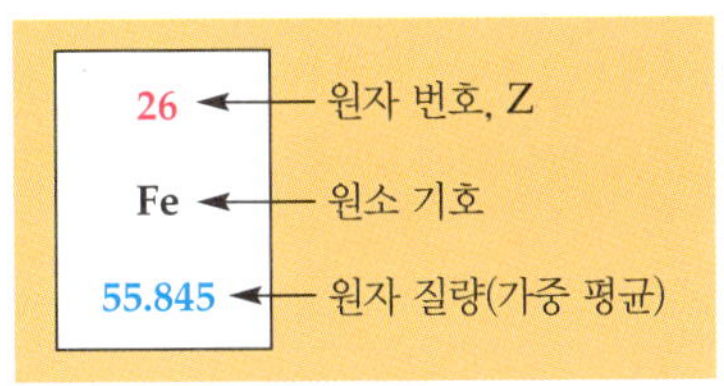

▲ **그림 2.12** 현대 주기율표의 원소 표현

자가평가문제

1. Mendeleev의 주기율표에 대한 설명으로 옳지 않은 것은 무엇인가?
   a. 막 발견한 새로운 원소들이 포함되어 있다.
   b. 대부분의 원소는 일반적으로 원자 질량이 증가하는 순서대로 배열되어 있다.
   c. 예상되는 새로운 원소를 위해 빈틈을 남겼다.
   d. 더 무거운 원소 몇 개를 더 가벼운 원소 앞에 배치했다.
2. Meyer와 Mendeleev는 무엇에 따라 주기율표에 원소를 배열했는가?
   a. 알파벳 순서 b. 화학적 성질
   c. 발견된 순서 d. 밀도
3. 현대 주기율표의 상대 질량은 어떤 값을 기준으로 하는가?
   a. 탄소-12 동위원소 b. 수소 원자
   c. 자연 발생 산소 d. 산소-16 동위원소
4. 오늘날 알려진 원소의 수는 대략 몇 개인가?
   a. 12 b. 100 c. 1000 d. 3,000만

정답: 1. a, 2. b, 3. a, 4. b

2.6 원자와 분자: 실존성과 중요성

학습 목표 • 원자와 분자를 구별한다.

원자는 실제로 존재할까? 물론 원자는 개념으로서 실재하며 또 매우 유용한 개념이다. 그리고 오늘날 과학자들은 개별 원자의 컴퓨터 보정 이미지를 관찰할 수 있다. 이러한 사진은 원자가 존재한다는 강력한(아직은 간접적이지만) 증거이다.

원자는 실질적으로 중요할까? 신물질 생산, 오염 제어 기술 등 현대 과학과 기술의 대부분은 원자라는 개념을 기반으로 한다. 우리는 원자가 화학 반응에서 보존된다는 것을 보았다. 따라서 물질, 즉 원자로 만들어진 물건은 재활용할 수 있다. 우리가 어떻게 사용하더라도 원자는 파괴되지 않기 때문이다. 실용적인 관점에서 우리가 물질을 '잃어버리는' 한 가지 방법은 원자를 너무 얇게 퍼뜨려서 원자를 다시 조립하는 데 너무 많은 시간과 에너지가 소요되는 것이다. 재활용에 관한 에세이(다음 쪽)는 이러한 손실의 실제 사례를 설명한다.

Leucippus와 Democritus가 그리스 해변에서 했던 사색으로 돌아가보자. 우리는 물방울을 계속 나누면 궁극적으로 분자라는 작은 입자, 즉 여전히 물을 얻을 수 있다는 것을 알고 있다. **분자**(molecule)는 서로 화학적으로 결합된, 즉 연결된 원자의 집합이다. 분자는 화학식으로 표현된다. 기호 H는 수소 원자를 나타낸다. 화학식 H_2는 수소 원자 2개로 구성된 수소 분자를 나타낸다. 화학식 H_2O는 수소 원자 2개와 산소 원자 1개로 구성된 물 분자를 나타낸다. 물 분자를 나누면 수소 원자 2개와 산소 원자 1개를 얻을 수 있다. 그리고 그것은 더 이상 물이 아니다. 그 원자를 나누면…, 하지만 그것은 다음에 다룰 이야기이다.

1895년 방사능이 발견되기 전까지 Dalton은 그의 후계자들과 마찬가지로 원자를 나눌 수 없는 것으로 생각했다.

6 원자와 분자의 차이점은 무엇인가?

분자는 일정한 비율로 결합된 원자로 이루어져 있다. 탄소 원자는 탄소 원소의 가장 작은 입자이고, 이산화 탄소 분자는 화합물 이산화 탄소의 가장 작은 입자이다. 아마도 알아차렸겠지만, 분자는 원자로 분해할 수 있다.

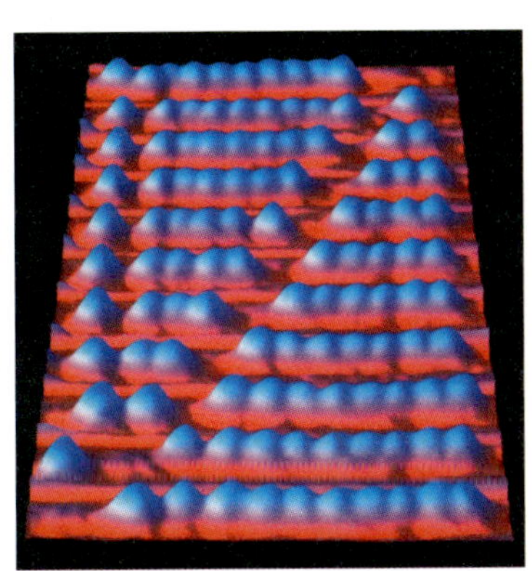

▲ 구리 위에 C_{60}분자로 만든 분자 주판. 주사 터널링 현미경(STM)을 사용하면 표면의 개별 분자와 원자를 조작할 수 있다.

재활용

철은 원소이기 때문에 화학 반응을 통해 생성되거나 파괴될 수 없지만, 그렇다고 해서 항상 원소 상태로 존재하는 것은 아니다. 철을 재활용하는 두 가지 경로를 살펴보자.

1. 철광석인 적철광(Hematite)은 광산에서 채취하여 선철로 변환한 후 강철 캔을 만드는 데 사용된다. 일단 버려지면 캔은 녹슬게 된다. 녹으로부터 철 이온이 천천히 지하수로 녹아 들어 결국 바다로 흘러 들어간다. 이렇게 용해된 이온은 해양 식물에 흡수되어 그 조직에 포함될 수 있다. 그 식물을 먹은 해양 생물에 철 이온이 흡수되어 조직에 포함된다. 원래의 철 원자는 이제 공간적으로 널리 흩어져 있다. 그 일부는 혈액 내 헤모글로빈의 일부가 될 수도 있다. 철은 재활용되었지만 다시는 원래의 선철과 같은 모습이 되지 않을 것이다. 즉 철로 새로운 제품을 만들려면 더 많은 철을 채굴해야 한다. 채굴은 장기적으로 지속 불가능한 관행이다. 또한 철 채굴을 관행으로 발생하는 환경 피해로 인해 화학적으로 친환경 접근법도 아니다.
2. 광산에서 철광석을 채취하여 선철로 만든 다음 강철로 변환한다. 이 강철은 자동차를 만드는 데 사용되며, 자동차는 10년 동안 주행한 후 폐차장으로 보내진다. 그곳에서 압축되어 재활용 공장으로 보내지면 그곳에서 철을 회수하여 새로운 자동차에 다시 사용된다. 철은 광석에서 철이 분리된 후 원소 금속 형태로 보존된다. 이러한 형태의 재활용을 통해 철은 오랫동안 계속 유용하게 사용할 수 있다. 이는 채굴된 철을 계속해서 재사용할 수 있기 때문에 지속가능한 방식이다. 또한 철을 재활용하면 철광 채굴 방식보다 환경에 미치는 스트레스가 훨씬 적기 때문에 화학적으로도 친환경 방식이다.

자가평가문제

1. 물질을 재활용할 수 있는 것은 원자의 어떤 성질 때문인가?
   a. 항상 같은 방식으로 결합하기 때문이다.
   b. 보존되기 때문이다.
   c. 나눌 수 없기 때문이다.
   d. 여러 부분으로 결합하기 때문이다.
2. 분자에 대한 설명으로 옳은 것은 무엇인가?
   a. 같은 원자의 모음이다.
   b. 화학 반응에서 보존된다.
   c. 서로 화학적으로 결합된 원자들의 집합체이다.
   d. 나뉠 수 없다.
3. 재활용에 대한 설명으로 옳은 것은 무엇인가?
   a. 화합물은 절대 변경되지 않는다.
   b. 금 이외의 새로운 원소가 생성될 수 있다.
   c. 원소는 변경되지 않은 상태로 유지된다.
   d. 철만 재활용할 수 있다.

정답: 1. b, 2. c, 3. c

녹색 화학 원소는 기본이다

Lallie C. McKenzie, Chem11 LLC

원칙 3, 7, 10

학습 목표
- 위험하거나 희귀한 것으로 분류될 수 있는 원소를 식별한다.
- 위험한 원소나 희귀한 원소에 의존하는 기술을 녹색 화학이 어떻게 바꿀 수 있는지 설명한다.

이 장에서는 모든 것이 원자로 구성되어 있으며, 원자는 주어진 원소의 특징을 가진 가장 작은 입자라는 것을 배웠다. 우주는 셀 수 없이 많은 화합물과 혼합물로 구성되어 있지만, 기본 구성 요소는 원소이다. 주기율표(2.5절)는 원소를 상대적 질량에 따라 정리하고, 더 중요하게는 예측가능한 화학적 특성에 따라 정리한다.

원소는 녹색 화학과 어떤 관련이 있을까? 화학자들은 제품과 공정을 설계할 때, 자연이나 우리 몸에서 거의 혹은 전혀 사용되지 않는 원소를 포함해서 전체 주기율표를 활용한다. 이때 선택한 원소가 사람의 건강과 환경에 미치는 영향에 대해 생각하는 것이 중요하다. 두 가지 중요한 평가 요소는 고유한 유해성과 자연적 풍부도이다. 유해성은 원소 자체 또는 화합물에 있을 때 달라질 수 있으므로 원소의 형태에 따라 유해성 여부를 결정할 수 있다. 예를 들어 원소 소듐은 물과 반응성이 매우 높지만, 염화 소듐은 우리가 먹는 화합물이다. 또한 질량 보존 법칙(2.2절)에서 배운 것처럼 원소는 생성되거나 파괴될 수 없다. 따라서 지구상에 존재하는 양은 한정되어 있고 부족할 수도 있다.

녹색 화학 원칙 #3, #7, #10은 유해 원소 및 희귀 원소가 포함된 제품 및 공정에 적용된다. 독성 원소 및 화합물이 사람의 건강과 환경에 미치는 영향을 이해하면 더 안전한 대안을 개발하고 이러한 물질의 사용을 줄이거나 제거할 수 있다. 또한 상대적으로 풍부한 원소를 사용하는 새로운 기술을 설계하면 자원 고갈을 방지할 수 있다. 마지막으로, 사용 후 해를 끼칠 수 있거나 희소성이 있는 재료는 재활용하는 것이 중요하다.

녹색 화학을 통해 납, 카드뮴, 수은의 세 가지 유해 원소 사용을 줄였다. 이 원소들은 인체 시스템에 해를 끼치고 어린이의 발날에 부정적인 영향을 미치는 것으로 알려져 있다. 이 원소들이 많은 제품에서 중요하게 사용되지만, 이들에 대한 노출을 제한해야 한다는 필요성이 긴급히 제기되어 더 안전한 대체 물질이 개발되었다. 예를 들어 납은 더 이상 페인트에 들어가지 않으며, 독성이 낮은 화합물이 플라스틱의 납 안정제와 카드뮴 색소를 대체하고, 전자제품에 기존의 땜납 대신 새로운 화학 물질이 사용되고 있다. 배터리의 카드뮴을 금속 수소화물로 대체하면서 카드뮴 사용량이 감소했다. 또한 발광 다이오드(LED) 전구는 백열등보다 약 90% 더 효율적으로 빛을 생산하고 수은이 없다. 석탄 화력 발전소는 수은을 배출하기 때문에 대체 에너지원의 진전으로 수은에 대한 노출을 줄일 수 있다.

현재의 많은 기술은 희소 원소를 사용해야 한다는 한계가 있지만, 녹색 화학으로 새로운 기회를 촉진할 수 있다. 거의 모든 원소가 지각에서 발견되지만, 8가지 원소가 전체의 98% 이상을 차지한다. 실제로 지구 지각의 거의 4분의 3은 규소와 산소 두 가지 원소로 구성되어 있다. 현재 컴퓨터 하드 드라이브, 풍력 터빈, 하이브리드 자동차의 영구 자석에는 희소 원소인 네오디뮴과 디스프로슘이 포함되어 있다. 또한 많은 제품이 세륨, 이트륨, 네오디뮴, 란타넘에 의존하고 있다. 이러한 원소들은 단일 공급원에서 추출되며 다른 물질들과 분리하기 어려울 수 있다. 앞으로 예상되는 성장에 필요한 것보다 현재 공급량은 훨씬 적다. 지구에 풍부한 원소(예: 규소, 철, 알루미늄)를 기반으로 한 접근 방식은 기술을 지원하고 자원을 보호할 수 있다.

녹색 화학은 개별 원소 성분을 쉽게 재활용할 수 있는 물질을 설계하도록 지원한다. 물질의 원자는 재활용을 통해 직접 회수하거나 환경을 통해 확산될 수 있다. 유해 물질은 방출될 경우 건강과 환경에 부정적인 영향을 미칠 수 있기 때문에 원소의 재활용이 우선시되어야 한다. 원료를 재활용하면 희소 원소를 포함한 천연자원에 대한 수요를 줄일 수 있다.

녹색 화학 접근법은 제품 및 공정이 건강 또는 환경적 위험을 초래할 때 특히 중요하다. 유해하고 희귀한 원소를 식별하고 대체함으로써 녹색 기술과 모두를 위한 지속가능한 미래를 달성할 수 있다.

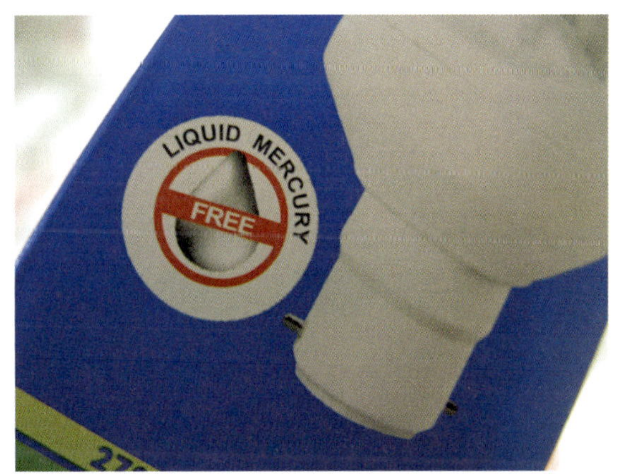

▲ 새로운 기술 덕분에 이처럼 수은 없는 효율적인 전구가 개발되었다. 이러한 제품은 에너지를 절약하고 기존 형광등에 사용되던 독성 원소를 포함하지 않는다.

요약

2.1절: 원자의 개념은 고대 그리스에서 Leucippus와 Democritus에 의해 처음 제안되었다. 그러나 이 아이디어는 물질이 연속적이라는 Aristotle의 견해에 밀려 거의 2000년 동안 거부되었다.

2.2절: **질량 보존 법칙**은 Cavendish, Lavoisier 등 여러 과학자의 정밀한 실험을 통해 확립되었으며, 그들은 화학 반응에서 질량의 변화가 일어나지 않는다는 사실을 발견했다. Boyle은 어떤 원소가 더 단순한 물질로 분해될 수 있다면 그것은 원소가 아니라고 말했다. **일정 성분비 법칙**(또는 일정 조성 법칙)은 주어진 화합물은 항상 정확히 같은 질량 비율로 같은 원소를 포함하고 있다는 법칙이다. 이 법칙은 Proust와 Berzelius의 연구를 기반으로 한다.

2.3절: 1803년 Dalton은 (1) 물질은 원자로 불리는 작은 입자로 이루어져 있다, (2) 같은 원소의 원자는 서로 같다, (3) 서로 다른 원소의 원자가 일정한 비율로 결합하면 화합물이 생성된다, (4) 화학 반응 시 원자는 생성되거나 파괴되지 않고 재배열된다 등 네 가지를 주요 골자로 하는 **원자론**으로 일정 성분비와 질량 보존 법칙을 설명했다.

Dalton은 또한 서로 다른 원소가 두 가지 이상의 서로 다른 비율로 결합할 수 있으며, 각각의 비율은 서로 다른 화합물에 해당한다는 **배수 비율 법칙**을 발견했다. 그의 원자론도 이 새로운 법칙을 설명한다. 이 법칙들은 화합물이나 반응에서 결합하거나 존재하는 원소의 양을 계산하는 데 사용할 수 있다. Dalton의 원자론은 현대 버전과 매우 유사하다. 가장 중요한 변화는 원소의 원자가 반드시 동일하지 않고 질량이 약간 다를 수 있다는 인식이 추가되었다는 점이며, 이러한 원자를 **동위원소**라고 한다.

2.4절: 1**몰**의 물질은 **아보가드로수**, 즉 6.022×10^{23}개의 해당 물질의 입자(원자, 분자, 화합물)로 이루어져 있다. 원자 또는 분자 6.022×10^{23}개의 질량을 **몰질량**이라고 한다. 주기율표에 보고된 원자 질량(**원자 질량 단위, amu**)과 우리가 계산에 사용하는 몰질량(몰당 그램 단위)은 각각 탄소-12의 원자 질량과 몰질량을 기준으로 한 것이다.

2.5절: Berzelius는 1828년에 원자량표를 발표했는데, 그의 값은 현대의 값과 잘 일치한다. 1869년 Mendeleev는 원소들을 체계적으로 배열한 **주기율표**를 발표했는데, 이를 통해 아직 발견되지 않은 원소의 존재와 성질을 예측할 수 있게 되었다. 현대 주기율표에는 각 원소가 원소 기호와 평균 원자 질량과 함께 나열되어 있다.

2.6절: 원자는 화학 반응에서 보존되기 때문에 원자로 이루어진 물질은 항상 재활용할 수 있다. 원자가 환경에 흩어지면 사실상 손실될 수 있다. **분자**는 화학적으로 결합된 원자들의 집합체이다. 원자가 원소의 가장 작은 입자인 것처럼 분자는 대부분의 화합물에서 가장 작은 입자이다.

녹색 화학: 화학자가 제품과 공정을 설계할 때 포함되는 원소가 사람의 건강과 환경에 미칠 수 있는 잠재적 영향을 고려해야 한다. 독성 및 희귀 원소를 식별하고 대체하면 녹색 기술을 개발하고 지속가능성을 촉진시킬 수 있다.

학습 목표	관련 문제
• 물질의 특성에 대한 고대 그리스인의 생각을 설명한다. (2.1)	1~3
• 질량 보존 법칙과 일정 성분비 법칙의 중요성에 대해 서술한다. (2.2)	4~8, 15~28, 47, 48, 56
• 화합물의 성분으로부터 원소의 양을 계산한다. (2.2)	33, 34, 47~50
• 물질이 원자로 이루어져 있다는 개념이 이론인 이유를 설명한다. (2.3)	8
• 원자론이 배수 비율 법칙과 질량 보존 법칙을 어떻게 설명하는지 서술한다. (2.3)	9~11, 29~40, 52, 53
• 몰이 무엇이며 어떻게 사용되는지 서술한다. (2.4)	12, 41~44, 54
• 순물질의 질량과 몰 사이를 변환한다. (2.4)	12, 41~43
• 주기율표에서 원소가 어떻게 배열되어 있는지, 그 배열이 왜 중요한지 서술한다. (2.5)	13, 55
• 원자와 분자를 구별한다. (2.6)	14, 45, 46
• 위험하거나 희귀한 것으로 분류될 수 있는 원소를 식별한다.	57
• 위험한 원소나 희귀한 원소에 의존하는 기술을 녹색 화학이 어떻게 바꿀 수 있는지 설명한다.	58, 59

개념문제

1. 다음 각각을 구별하여 설명하라. **(a)** 물질에 대한 원자적 관점과 연속적 관점, **(b)** 원소에 대한 고대 그리스의 정의와 현대의 정의.

2. Democritus가 원자론에 기여한 바는 무엇인가? 물질이 불연속적이지 않고 연속적이라는 생각이 왜 그렇게 오랫동안 널리 퍼졌는가? 마침내 그 생각을 반박하게 된 발견은 무엇인가?

3. 다음 각 거시적(육안으로 볼 수 있는) 물체를 생각해보자. 어떤 것이 (Democritus의 물질에 대한 설명처럼) **불연속적인** 것으로 가장 잘 분류되고, 어떤 것이 (Aristotle의 설명처럼) **연속적인** 것으로 가장 잘 분류되는가?
   a. 사람들
   b. 헝겊
   c. 계산기
   d. 밀크 초콜릿
   e. M&M 초코볼

4. Boyle이 현대 화학에 기여한 바를 설명하라.

5. Cavendish는 물이 산소 원자 1개당 수소 원자 2개로 구성되어 있다는 것을 발견했다. 이것이 어떻게 일정 성분비 법칙을 뒷받침하는지 설명하라.

6. Lavoisier가 현대 화학의 발전에 기여한 바를 설명하라.

7. 프룩토오스(과당)는 과일의 종류에 상관없이 항상 탄소 40.0%, 산소 53.3%, 수소 6.7%로 구성되어 있다. 이것은 어떤 법칙을 설명하는가?

8. Dalton의 원자론의 주요 내용을 요약하고, 이를 **(a)** 질량 보존 법칙, **(b)** 일정 성분비 법칙, **(c)** 배수 비율 법칙에 적용하라.

9. 화합물 N_2O, NO, NO_2, N_2O_4은 어떤 법칙을 나타내는가?

10. 배수 비율 법칙에 따르면 다음 각 화합물에서 첫 번째 원소의 일정 질량에 대해 질량들 사이의 관계(비율)는 무엇인가?
   a. ClO_2와 ClO에서 산소의 질량
   b. ClF_3와 ClF에서 플루오린(F)의 질량
   c. P_4O_6와 P_4O_{10}에서 산소의 질량

11. 그림에서 파란색 공은 인 원자를 나타내고 빨간색 공은 산소 원자를 나타낸다. '초기'라고 표시된 상자는 혼합물을 나타낸다. 다른 상자 3개(A, B, C) 중 화학 반응이 일어난 후 그 혼합물을 나타낼 수 없는 것은 무엇인가? 그 이유를 간단히 설명하라.

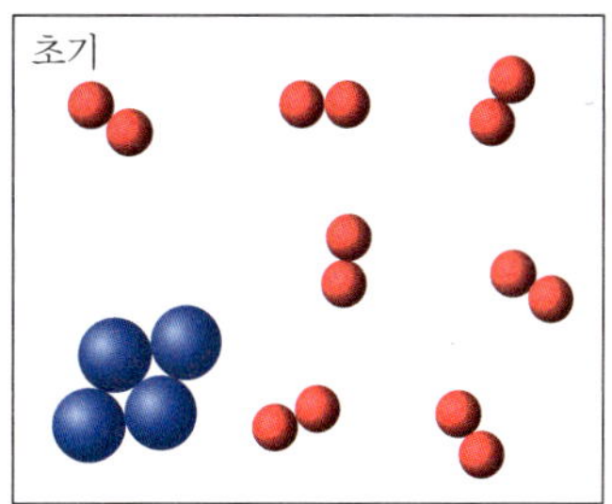

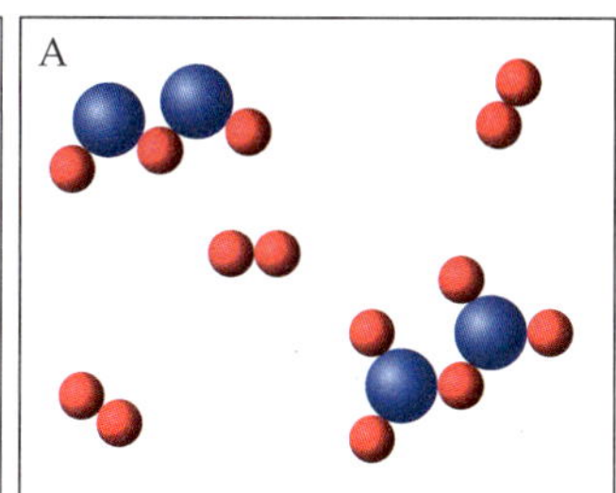

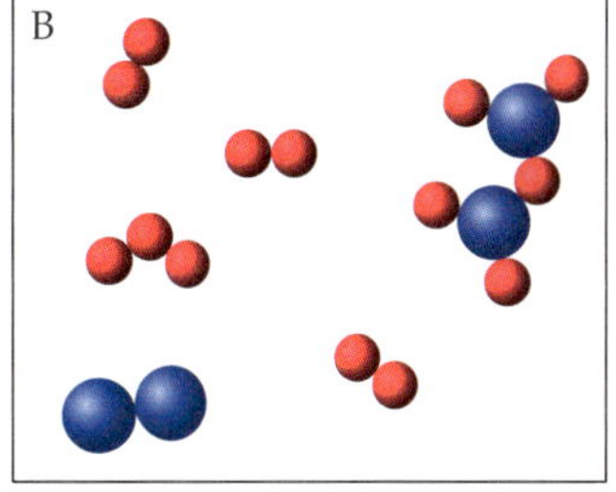

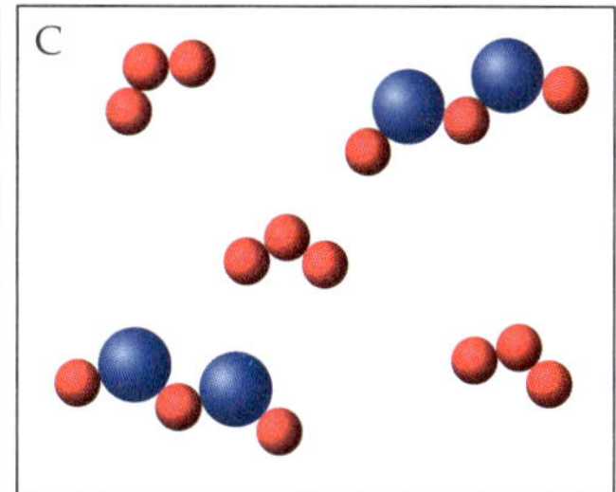

12. **a.** 아보가드로수는 몰의 개념과 어떤 연관성이 있는가?
   b. 산소 원자 1몰에는 원자가 몇 개 있는가?
   c. 카페인 1몰에는 분자가 몇 개 있는가?
   d. 이원자 질소(N_2) 1몰의 질량은 얼마인가?

13. Mendeleev가 주기율표를 구성하고 아직 발견되지 않은 원소의 존재와 성실을 예측할 수 있었던 이유를 주기 법칙을 통해 설명하라.

14. Lavoisier는 알루미나를 원소라고 생각했다. 1825년 덴마크의 화학자인 Hans Christian Oersted(1777~1851)는 염화 알루미늄과 포타슘을 반응시켜 알루미늄 금속을 분리했다. 이후 실험을 통해 알루미늄 금속과 산소를 반응시켜 알루미나가 생성된다는 사실이 밝혀졌다. 이 실험이 증명한 것은 무엇인가?

연습문제

질량 보존 법칙

15. **a.** 밀폐된 용기에 쥐 1마리와 쥐가 3주 동안 살 수 있는 충분한 음식, 물, 산소가 들어 있다면 쥐가 먹고 마시고 운동한 후(호흡은 CO_2 배출) 1주, 2주 후 용기의 질량은 얼마나 될 것이며, 그 이유는 무엇인가?
   b. 쥐가 철창 안에 있고 쥐, 음식, 물의 질량만 고려한다면 **(a)**에서와 같은 답이 나오겠는가? 그 이유는 무엇인가?

16. 철 못이 염산 용액에 녹는다. 못이 사라진다. 철 원자가 파괴되었는가? 그렇다면 어떻게 파괴되었는가? 그렇지 않다면 어디에 있는가?

17. 발포성 제산제 4.00 g을 물 100 mL(100 g)에 녹인다면 제산제가 녹은 후 유리잔과 그 내용물의 질량은 얼마인가? 답변의 근거를 제시하라.
   a. 104 g

b. 204 g
c. 204 g보다 조금 적다.
d. 204 g보다 조금 많다.

18. 다음 두 가지 연소 반응이 어떻게 질량 보존 법칙을 어기는 것처럼 보이는지 설명하라.
a. 다이아몬드를 태우면 남는 질량은 0이다.
b. 목재를 태우고 남은 재의 질량은 나무보다 적다.
추가 조사 결과, 두 반응 모두에서 CO_2가 배출된 것으로 나타났다. 이 추가 정보를 통해 다이아몬드가 순수한 탄소로 만들어졌고, 목재는 그렇지 않다는 것을 어떻게 증명할 수 있는지 설명하라.

19. 최초의 불활성 기체 화합물은 1962년에 만들어졌다. 그 이후로 폭발성이 강한 삼산화 제논(XeO_3)을 포함하여 제논과 크립톤을 포함하는 여러 가지 화합물이 만들어졌다. 삼산화 제논은 산소 2.68 g당 제논 7.32 g을 함유하고 있다. 제논 100.0 g을 삼산화 제논으로 변환하는 데 필요한 산소의 질량은 얼마인가?

20. 아산화 질소(N_2O 또는 웃음 가스)는 아산화 질소 44.01 g당 질소 28.01 g을 함유하고 있다. 질소 48.7g에서 생성되는 아산화 질소의 질량은 얼마인가?

21. 지나치게 열정적인 화학과 학생이 프로판(C_3H_8, H 8.07g당 C 36.03 g) 88.20 g을 연소시켜서 이산화 탄소 291 g(O 32.00 g당 C 12.01 g)을 생성했다고 말한다. 이 답이 왜 불가능한지 설명하라.

22. 한 학생이 아연 분말 2.796 g을 황 2.414 g과 함께 가열하여 황화 아연 4.169 g을 얻고, 반응하지 않은 황 1.041 g을 회수했다. 이 결과가 질량 보존 법칙을 따르는지 계산을 통해 증명하라.

23. 아연 1.00 g과 황 0.80 g을 반응시키면 아연은 모두 소진되고 황화 아연(ZnS) 1.50 g이 생성되고 반응하지 않은 황이 일부 남는다. 반응하지 않은 황의 질량은 얼마인가?
a. 0.20 g
b. 0.30 g
c. 0.50 g
d. 이 정보만으로는 판단이 불가능하다.

24. 한 도시에서 고체 폐기물 처리할 계획을 세워야 한다. 고체 폐기물은 다양한 종류의 물질로 구성되어 있으며, 이 물질들은 화합물과 혼합물 모두 다양한 원소로 구성되어 있다. 폐기물을 처리하는 방법에는 매립지 매립, 소각, 해양 투기 등이 있다. 폐기물을 구성하는 원자를 제거할 수 있는 방법은 무엇인가? 폐기물의 화학적 형태를 즉시 바꿀 수 있는 방법은 무엇인가?

일정 성분비 법칙

25. 물 18.02 g을 전기분해로 분해하면 산소 16.00 g과 수소 2.02 g이 생성된다. 일정 성분비 법칙에 따르면 물 489 g을 전기분해하면 **(a)** 수소와 **(b)** 산소는 그램 단위로 얼마나 생성되는가?

26. 미래의 연료로 물의 분해에서 나오는 수소가 제안되었다(9장). 수소 907 kg을 생산하기 위해 전기분해해야 하는 물의 질량은 킬로그램 단위로 얼마인가(25번 문제 참조)?

27. 공기가 풍부하게 공급되면 질량비로 3.0의 탄소가 8.0의 산소와 반응하여 이산화 탄소가 생성된다. 이 질량비를 사용하여 이산화 탄소 14 kg을 생성하는 데 필요한 탄소의 질량을 계산하라.

28. 다이아몬드를 산소가 포함된 대기 중에 태우면 다이아몬드의 탄소가 이산화 탄소(CO_2)로 전환된다. 다이아몬드 0.4 g(2캐럿)을 태우면 이산화 탄소가 얼마나 생성되는가(27번 문제 참조)?

John Dalton과 물질의 원자론

29. Dalton의 원자론의 요점에 해당하지 않는 것은 무엇인가?
a. 정해진 원소의 모든 원자는 동일하다.
b. 서로 다른 원소의 원자는 크기와 질량이 다르다.
c. 화합물은 일정한 정수 조합으로 원자들이 결합해 생성된다.
d. 서로 다른 두 화합물의 질량이 같으면 원자 개수가 같아야 한다.

30. 그리스인은 물과 기름 원자가 매끄럽고, 불 및 매운맛과 관련된 원자가 날카로운 모서리를 가지고 있는 등 원자의 모양이 서로 다르다고 생각했다. 이 견해는 Dalton의 원자론과 일치하는가? 그 이유를 설명하라.

31. Dalton의 원자론을 사용하여 다이아몬드가 연소될 때 탄소 원자는 어떻게 되는지, 물이 전기분해될 때 산소와 수소원자는 어떻게 되는지 설명하라.

32. Dalton의 원자론에 따르면 원소들이 반응할 때 원자들의 결합은 어떻게 일어나는가?
a. 각 원소 쌍마다 고유하게 간단한 정수 비율로
b. 정확히 1:1 비율로
c. 하나 이상의 간단한 정수 비율로
d. 쌍으로
e. 무작위 비율로

33. 수소와 산소는 약 1:8의 질량비로 결합하여 물을 생성한다. 모든 물 분자가 수소 원자 2개와 산소 원자 1개로 구성되어 있다면 수소 원자의 질량은 산소 원자의 질량보다 몇 배인가?
a. $\frac{1}{16}$배 **b.** $\frac{1}{8}$배
c. 8배 **d.** 16배

34. 원소인 플루오린(불소)과 질소는 57:14의 질량 비율로 결합하여 화합물을 생성한다. 화합물의 모든 분자가 플루오린 원자 3개와 질소 원자 1개로 구성되어 있다면 플루오린 원자 질량의 몇 배가 질소 원자 질량에 해당하는가?
a. $\frac{19}{14}$배 **b.** 3배
c. $\frac{14}{19}$배 **d.** 14배

배수 비율

35. 다음 중 배수 비율 법칙을 설명하는 데 사용할 수 있는 쌍은 무엇인가?
a. CH_4와 CO_2 **b.** H_2O와 HF
c. NO와 NO_2 **d.** ZnO와 ZnS

36. 산소와 루비듐만 포함된 화합물이 Rb 1.00 g당 O 0.187 g을 가지

고 있다. 상대 원자 질량은 O의 경우 16.0이고 Rb의 경우 85.5이다. 루비듐의 다른 산화물에 대해 가능한 O 대 Rb 질량비는 얼마인가?

a. 8.0:85.5 **b.** 16.0:85.5
c. 32.0:85.5 **d.** 16.0:171

37. 화학식이 SnO인 주석 산화물 시료가 주석 0.742 g과 산소 0.100 g으로 구성되어 있다. 주석의 다른 산화물 시료는 주석 0.555 g과 산소 0.150 g으로 구성되어 있다. 두 번째 산화물의 화학식은 무엇인가?

38. 질소의 세 가지 산화물인 X, Y, Z가 있다. 산화물 X의 산소 대 질소 질량비는 2.28:1.00, 산화물 Y의 산소 대 질소 질량비는 1.14:1.00, 산화물 Z의 산소 대 질소 질량비는 0.57:1.00이다. 질소의 질량이 일정할 때, 이들 화합물에서 산소의 질량 비는 정수로 얼마인가?

39. 철은 자연에서 여러 가지 산화물을 생성한다. 뷔스타이트(FeO) 시료에는 Fe 0.558 g와 O 0.160 g이 포함되어 있고, 적철광과 자철광 시료에는 각각 Fe 0.558 g과 O 0.240 g, Fe 3.35 g과 O 1.28 g이 포함되어 있다. 뷔스타이트에 대한 정보가 주어졌을 때, 적철광과 자철광의 철-산소 비율은 얼마인가? 결론이 배수 비율 법칙과 일치하는가? 그 이유를 설명하라.

40. 화합물 V와 W는 수소와 탄소로만 구성되어 있다. 화합물 V는 탄소가 질량 기준으로 80.0%, 수소가 질량 기준으로 20.0%이다. 화합물 W는 탄소가 질량 기준으로 83.3%, 수소가 질량 기준으로 16.7%이다. 탄소 질량이 고정되어 있을 때, 이 화합물들에서 수소의 질량 비율은 얼마인가?

몰 및 몰질량

41. 순수한 다이아몬드는 탄소 원자로만 만들어진다. 0.60 g(3.0캐럿) 다이아몬드에는 몇 몰의 탄소가 들어 있는가? 이 다이아몬드는 탄소 원자 몇 개로 구성되어 있는가?

42. 물 분자는 산소 원자 1개와 수소 원자 2개로 구성되어 있다. 물 1몰의 질량은 얼마인가? 물 1몰에는 산소 원자 몇 개와 수소 원자 몇 개가 있는가?

43. 탄소-12 5몰의 질량은 얼마인가? 탄소 5몰의 질량은 얼마인가?

44. 탄소-12에 대한 수소의 질량은 얼마인가? 탄소에 대한 수소의 질량은 얼마인가?

질량 및 원자 비율

45. 아줄렌이라는 파란색 고체가 순수한 화합물이라고 생각된다. 이 물질의 세 가지 시료를 분석한 결과는 다음 표와 같다. 이 물질은 순수한 화합물일 수 있는가? 설명하라.

	시료의 질량	탄소의 질량	수소의 질량
시료 1	1.000 g	0.937 g	0.0629 g
시료 2	0.244 g	0.229 g	0.0153 g
시료 3	0.100 g	0.094 g	0.0063 g

46. 어떤 무색 액체가 순수한 화합물이라고 생각된다. 이 물질의 세 가지 시료를 분석한 결과는 다음 표와 같다. 그 물질은 순수한 화합물일 수 있는가? 설명하라.

	시료의 질량	탄소의 질량	수소의 질량
시료 1	1.000 g	0.862 g	0.138 g
시료 2	1.549 g	1.295 g	0.254 g
시료 3	0.988 g	0.826 g	0.162 g

심화문제

47. 우라늄과 플루오린의 화합물은 원자력 발전소용 우라늄을 생성하는 데 사용된다. 이 기체를 분해하면 질량비로 플루오린 1당 우라늄 2.09를 얻을 수 있다. 우라늄 원자의 상대 질량이 238이고 플루오린 원자의 상대 질량이 19일 때, 우라늄 원자 1개와 결합하는 플루오린 원자의 수를 계산하라.

48. 한 실험에서 수소 3.06 g이 과량의 산소와 반응하여 물 27.35 g을 생성했다. 두 번째 실험에서는 전류를 흘려 물 시료를 수소 1.45 g과 산소 11.51 g으로 분해했다. 이 결과는 일정 성분비 법칙과 일치하는가? 그 이유를 설명하라.

49. 유황을 순수한 산소 기체에서 완전히 연소시켜 이산화 황을 생성하고 반응하지 않은 산소를 일부 남기는 실험을 두 번 수행했다. 첫 번째 실험에서는 유황 0.312 g을 태워 이산화 황 0.623 g이 생성되었다. 두 번째 실험에서는 유황 1.305 g이 연소되었다. 생성된 이산화 황의 질량은 얼마인가?

50. 그림 2.5를 사용하여 수은 금속 100.0 g을 생성하는 데 필요한 수은 산화물의 질량을 계산하라.

51. 표 2.1을 참조한다. 질소와 산소의 또 다른 화합물이 산소 1.000 g당 질소 0.5836 g을 함유하고 있다. 이 화합물에서 N의 질량과 이산화 질소에서 N의 질량의 비율을 계산하라. 이 값은 어떤 정수의 비율을 나타내는가?

52. 휘발유는 화학식 C_8H_{18}로 근사할 수 있다. 한 환경 옹호론자가 휘발유 1갤런(약 7파운드)을 태우면 대기 온도를 상승시키는 온실 가스인 이산화 탄소가 약 19 lb. 생성된다고 지적한다. 질량 보존 법칙의 모순으로 보이는 이 현상에 대해 설명하라.

53. 다음 사진과 같은 실험에서 플라스크에 염산 용액 약 15 mL를 넣고 탄산 소듐 약 3 g을 풍선에 넣었다. 그런 다음 탄산 소듐이 플라스크 안의 산에 떨어지지 않도록 주의하면서 풍선의 입구를 플라스크 위에 조심스럽게 늘려 씌웠다. 플라스크를 전자 저울에 올려놓고 내용물과 플라스크의 질량을 측정한 결과 38.61 g으로 나타났다. 탄산 소듐을 천천히 흔들어 산에 집어넣었다. 풍선이 기체로 채워지기 시작했다. 반응이 완료되었을 때, 풍선 속의 기체를 포함한 플라스크와 그 내용물의 질량이 38.61 g이다. 이 실험은 어떤 법칙을 보여주는가? 그 이유를 설명하라.

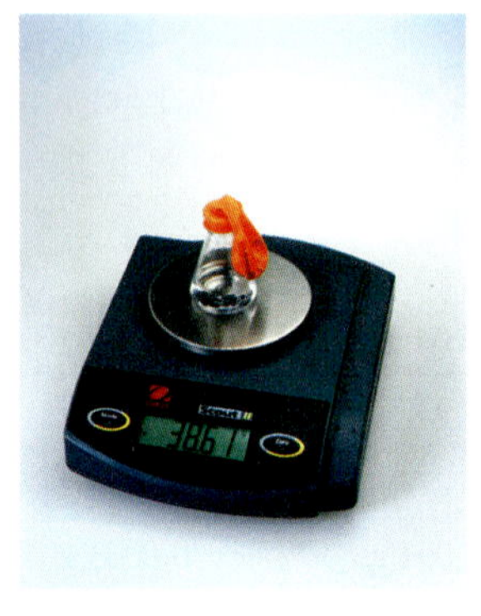

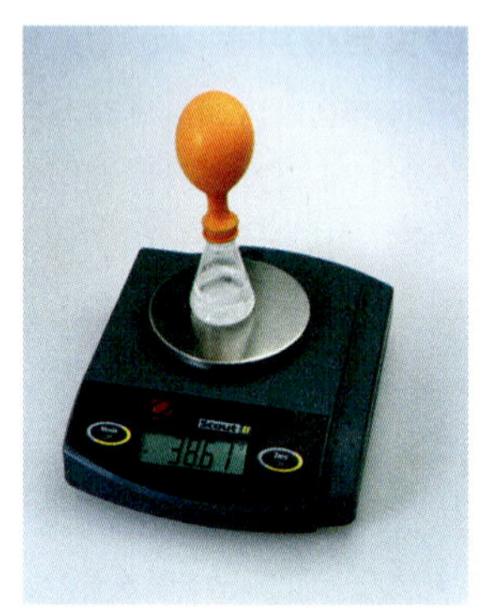

54. Fritz Haber는 질소와 수소 기체를 결합해 현대 농업의 필수 영양소이자 귀중한 화학 물질인 암모니아(NH_3)를 만드는 공정을 발명해 노벨상을 수상했다. 암모니아는 질량 기준으로 82.2%가 질소인 것으로 알려져 있다.

a. 질소 28.0 g과 수소 6.05 g이 밀폐된 시스템에서 결합하면 생성되는 암모니아의 질량은 얼마인가?

b. 수소 47.5 g을 완전히 소비하려면 질소의 질량은 얼마가 필요하고, 생성되는 암모니아의 질량은 얼마인가?

c. 질소 16.0 g과 수소 2.02 g으로 시작하여 수소를 모두 소비하면 질소의 질량은 얼마가 남는가?

55. Döbereiner의 삼원소 관계를 사용하여 다음 각각의 방법으로 Se의 질량을 계산하라.

a. Mendeleev의 주기율표 값을 기반으로(그림 2.11)

b. 이 책의 앞표지 안쪽에 있는 현대 주기율표의 값을 기반으로

56. 시안화 포타슘(KCN)이 함유된 금 가공 폐기물은 산소가 있는 상태에서 매우 높은 온도로 가열하여 위험하지 않게 만들 수 있다. 배터리 생산 과정에서 발생하는 황산 납(II) 또는 $PbSO_4$를 함유한 폐기물은 이러한 처리 방법으로 안전성을 확보할 수 없다. 그 이유를 설명하라.

57. 다음 각 원소가 위험한지, 희귀한지, 아니면 둘 다 아닌지 밝혀라.

a. 규소 **b.** 네오디뮴 **c.** 수은

d. 산소 **e.** 납

58. 녹색 화학이 소비자 제품에서 카드뮴 사용을 줄이는 데 어떻게 도움이 되었는지 두 가지 예를 제시하라.

59. 수은이 든 형광등을 매립하지 않고 재활용하는 것이 중요한 이유는 무엇인가?

비판적 사고 문제

이 장에서 습득한 지식과 하나 이상의 FLaReS 원칙(1장)을 적용하여 다음 진술과 주장을 평가하라.

2.1 공상 과학 영화에서 한 여성이 9개월의 임신을 단 몇 분 만에 진행한다. 이 기간 동안 산모는 영양분을 전혀 섭취하지 못한다. 그녀는 분만 중 사망하고 아이를 살리기 위해 응급 제왕절개를 시행한다. 아이는 단 몇 시간밖에 살지 못하고 급속도로 노화되어 죽는다. 한 학생이 이 영화가 외계인과의 만남에 대한 비밀 정부 기록에 근거한 것이라고 주장한다.

2.2 물을 전기분해하면 물 한 분자에서 항상 산소 원자 1개와 수소 원자 2개가 나온다. 그러나 미화 1,000,000달러를 캐나다 달러로 환전할 때 캐나다 달러의 양은 달라질 수 있다.

2.3 건강식품 매장에 구리 금속으로 만든 팔찌가 많이 진열되어 있다. 어떤 사람들은 그러한 팔찌를 착용하면 관절염이나 류마티스 질환으로부터 착용자를 보호할 수 있다고 주장한다.

2.4 오래된 요리책에 따라 스파게티 소스와 같은 산성 음식을 철 냄비에 조리하면 같은 음식을 알루미늄 냄비에 조리하는 것보다 더 많은 영양소를 섭취할 수 있다고 한다.

2.5 한 회사에서 '물 에너지-산화기'라는 장치를 판매하고 있다. 이 장치는 식수에 많은 에너지를 공급하여 물 속의 산소 질량을 증가시켜 신체에 더 많은 산소를 공급할 수 있다고 주장한다.

2.6 한 신비주의자에 따르면 다이아몬드를 사용하면 유죄인지, 무죄인지 알 수 있다고 한다. 그의 주장에 따르면 유죄인 사람의 손에 쥔 다이아몬드는 흐리게 보이지만, 무죄인 사람이 만지면 그 사람의 선함 때문에 반짝인다고 한다.

협업 과제

파워포인트, 포스터, 기타 프레젠테이션을 준비하여 수업에서 공유하라.

1. Aristotle, Leucippus, Democritus, Thales, Anaximander, 밀레투스의 Anaximenes, Heraclitus, Empedocles, 또는 기원전 300년 이전의 다른 그리스 철학자 중 한 사람의 업적에 초점을 맞추어 과학 분야의 개념에 초기 그리스인이 기여한 바에 대한 간략한 보고서를 작성하라.
2. 플로지스톤 이론(phlogiston theory)에 대한 간단한 보고서를 작성하라. 이 이론이 무엇인지, 무언가를 태울 때 질량의 변화를 어떻게 설명하는지, 왜 결국 포기되었는지 설명하라.
3. 금속, 종이, 플라스틱, 유리, 음식물 쓰레기, 풀잎 중 하나의 재활용에 대한 에세이를 쓰라. 원소의 성질을 유지하는 재활용 방법과 성질을 바꾸는 재활용 방법을 대조하라.

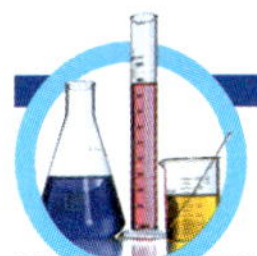

실험 과제 비닐 봉투 속의 반응: 물질 보존 법칙 시연하기

준비물

- Alka-Seltzer 알약(8)
- 물 1/4컵
- 작은 플라스틱 컵 2개
- 밀봉가능한 비닐 봉투(1)
- 주방 저울

화학 반응에서 기체가 생성되면 물질 보존 법칙을 관찰할 수 있는가?

물질 보존 법칙은 화학 반응 중에 원자가 생성되거나 파괴되지 않는다는 것을 말한다. 이번 실험에서는 Alka-Seltzer 알약(역자주: 미국에서 널리 사용되는 발포 소화제)을 물에 녹이는 실험을 통해 이 법칙을 증명하도록 하겠다.

Alka-Seltzer 알약은 제산제 및 진통제 역할을 하며 아스피린이 진통제로 작용한다. 알약을 물에 녹이면 시트르산과 중탄산 소듐이 용해되어 반응하여 물과 이산화 탄소를 생성한다. 이렇게 생성된 구연산 소듐과 이미 생성된 아스피린을 섭취하면 속쓰림과 통증 완화에 도움을 받을 수 있다. 이 실험에서는 반응에서 원자가 손실되는지 관찰할 수 있으므로 물질 보존 법칙을 관찰하고 있는 것이다.

먼저 작은 플라스틱 컵에 물 1/8컵을 계량한다. 주방 저울을 사용하여 물과 컵의 질량을 기록한다. Alka-Seltzer 알약 4알을 물에 떨어뜨리고 즉시 총 질량을 기록한다(힌트: 그램 단위를 사용). 알약이 물에 녹는 동안 관찰한 내용을 적는다. 혼합물에 대해 어떤 관찰을 할 수 있는가?

반응이 완료된 후 혼합물의 최종 질량을 측정한다. 반응 전과 후의 질량 측정값에 차이가 있는가?

다음 단계로 다시 반응을 진행하되, 이번에는 Alka-Seltzer 알약 4개와 물 1/8컵(다시 작은 플라스틱 컵)을 큰 비닐 봉투에 넣고 알약을 먼저 물 밖에 꺼내어 둔다(알약을 봉투의 한쪽 모서리에서 잡고 있는다). 봉투의 공기를 대부분 빼내고 밀봉한 후, 봉투와 내용물의 질량을 잰다. 그런 다음 알약을 물컵에 넣는다. 반응 전과 후에 봉투와 내용물의 질량을 잰다.

실험문제

1. 봉투에 들어 있는 혼합물과 봉투에 들어 있지 않은 혼합물에 대해 어떤 관찰을 할 수 있는가?
2. 밀봉된 봉투의 혼합물 질량에 변화가 있었는가? 그 이유는 무엇인가?
3. 이 실험은 물질 보존 법칙에 대해 무엇을 알려주는가?

화학에서의 계산

연료를 태우는 모든 것에는 산소가 필요하며, 인체도 예외는 아니다. 스쿠버다이버는 등에 메고 있는 공기 공급 장치의 산소에 의존한다. 하지만 다이버에게 얼마나 많은 산소가 필요할까? 화학에 대한 지식을 통해 이 질문에 답할 수 있으며, 다이버의 안전을 도모할 수 있다.

❓ 이 장과 관련된 궁금증

1. 자동차가 휘발유보다 더 많은 오염 물질을 배출하는 이유는 무엇인가?
2. 은 함량 0.925와 은 함량 0.800의 차이는 무엇인가?
3. 2% 우유는 일반 우유 열량의 2%만 함유하고 있는가?
4. 독성 등급(LD_{50})이 100 ppm이라는 것은 무엇을 의미하는가?

질량과 부피의 관계 화학 현상은 세 가지 수준에서 바라보거나 표현할 수 있다.

1. 거시적이고 실체적인 것: 예를 들어 비커에 담긴 노란색 분말 또는 파란색 용액의 시료이다.
2. 입자(원자, 분자, 이온) 및 보이지 않는 것: 예를 들어 황 원자, 이산화 탄소 분자, 염화 이온이다.
3. 기호 및 수학: 예를 들어 S, CO_2, Cl, $d = m/V$이다.

화학 물질을 거시적으로 표현하는 것은 일상생활에서 흔히 볼 수 있다. 셰이커 속의 소금 결정, 보석 속의 금, 상자 속의 베이킹소다, 영양제 속의 비타민 C 등 우리가 흔히 접하는 물질은 실체가 있으므로 쉽게 시각화할 수 있다. 우리는 그것들을 보고 만질 수 있다. 다른 표현들은 앞 장에서 소개했다. 1장에서 밀도에 대한 수식을 알아보았다. 2장에서는 원자에 대해 논의할 때 기호를 사용했다. 이 장에서는 화학적 변화에 대한 기호와 수학적 설명을 고려한다.

화학에서 '계산'이 필요한 이유

화학의 많은 부분은 수학을 거의 또는 전혀 사용하지 않고도 논의하고 이해할 수 있지만, 정량적 측면은 물질의 성질을 밝히는 데 많은 도움을 줄 수 있다. 이 장에서는 화학, 생물학, 의학 등 관련 분야에서 사용되는 몇 가지 기본적인 계산을 살펴볼 것이다. 이러한 유형의 대수는 위의 분야에만 국한되지 않고 비즈니스, 사회과학, 심지어 예술에도 적용될 수 있다. 화학자들은 간단한 산술부터 정교한 미적분학, 복잡한 컴퓨터 알고리즘에 이르기까지 다양한 종류의 수학을 사용하지만, 여기에서 다루는 계산에는 기껏해야 약간의 대수학만을 필요로 한다.

이 장에서 다루는 화학의 한 분야를 '화학량론'이라고 부르는데, 이는 화학에서 매우 중요한 분야이다. 이 이름은 원소를 뜻하는 그리스어인 *stoicheion*과 측정을 뜻하는 *metria*라는 두 단어에서 유래했다. 문자 그대로 화학량론은 원소의 측정을 의미한다. 하지만 이 분야에는 단순히 측정하는 것 이상의 의미가 있다. 돈을 세는 것뿐만 아니라 자금이 어디로 가고 어떻게 사용되는지 설명해야 하는 재무 회계사처럼 화학자는 화학 반응에 관여하는 물질의 양적 변화도 설명해야 한다. 이 장의 뒷부분과 이 책의 다른 부분에서 다루겠지만, Dalton 법칙은 물질의 모든 움직임과 위치를 추적할 것을 요구한다.

3.1 화학적 문장: 화학 반응식

학습 목표 • 균형 화학 반응식과 불균형 화학 반응식을 확인하고, 검사를 통해 반응식의 균형을 맞춘다.

과학을 공부한다는 것은 언어를 공부하는 것과 마찬가지로 특정 언어의 어휘와 문법을 배워야 한다는 것을 의미한다. 초보자가 어떤 언어를 바로 말하는 것은 불가능하다. 화학은 물질에 관한 학문이고 물질이 에너지와 상호작용할 때 일어나는 변화를 연구하는 학문이다. 원소와 화합물을 표현하는 데 사용하는 기호와 화학식은 화학 언어의 문자(기호)와 단어(화학식)를 구성한다. 이를 사용하여 문장(화학 반응식)을 쓸 수 있지만, 화학 언어를 사용하는 규칙을 이해해야 한다. **화학 반응식**(chemical equation)은 기호와 화학식을 사용하여 변화에 관련된 원소와 화합물을 나타낸다.

거시적 수준에서 화학 반응을 말로 설명할 수 있다. 예를 들어 다음과 같다.

탄소는 산소와 반응하여 이산화 탄소를 생성한다.

위의 반응을 기호로 나타낼 수 있다.

$$C + O_2 \longrightarrow CO_2$$

더하기 기호(+)는 탄소와 산소가 어떤 식으로든 더해지거나 결합한다는 것을 나타낸다. 화살표(⟶)는 '생성한다' 또는 '반응하여 생성한다'로 읽는다. 화살표 왼쪽에 있는 물질(이 경우 C와 O_2)은 **반응물**(reactant) 또는 **출발 물질**이다. 화살표 오른쪽에 있는 것(여기서는 CO_2)은 반응의 **생성물**(product)이다. 숫자를 더하는 순서는 합계에 아무런 차이가 없다(대수학에서 배운 덧셈의 교환 법칙은 여기에도 적용된다). 마찬가지로 화학 반응식에서도 모든 반응물은 화살표 왼쪽에, 모든 생성물은 오른쪽에 있는 한 반응물과 생성물을 특정한 순서로 쓸 필요는 없다. 즉 앞의 반응식을 다음과 같이 쓸 수도 있다.

$$O_2 + C \longrightarrow CO_2$$

원자 또는 분자 수준에서 이 화학식은 탄소(C) 원자 1개가 산소(O_2) 분자 1개와 반응하여 이산화 탄소(CO_2) 분자 1개를 생성한다는 것을 의미한다. 화학 물질은 탄소처럼 원소 원자로 존재하는 경우도 있지만, 산소처럼 분자 상태로만 존재하는 경우도 있다는 점에 유의하는 것이 중요하다.

때때로 화학식 바로 뒤에 상태의 첫 글자를 써서 반응물과 생성물의 물리적 상태를 나타내기도 한다. (g)는 기체 상태, (l)은 액체 상태, (s)는 고체 상태의 물질을 나타낸다. 기호 (aq)는 해당 물질이 수용액(물) 상태임을 나타낸다. 상태 기호를 사용하면 위의 반응식은 다음과 같이 쓸 수 있다.

$$C(s) + O_2(g) \longrightarrow CO_2(g)$$

화학 반응식의 균형 맞추기

앞서 설명한 탄소와 산소가 반응하여 이산화 탄소를 생성하는 반응과 같이 어떤 반응은 아주 간단하게 표현할 수 있지만, 다른 많은 화학 반응은 더 많은 생각이 필요하다. 예를 들어 수소는 산소와 반응하여 물을 생성한다. 화학식을 사용하면 반응을 다음과 같이 나타낼 수 있다.

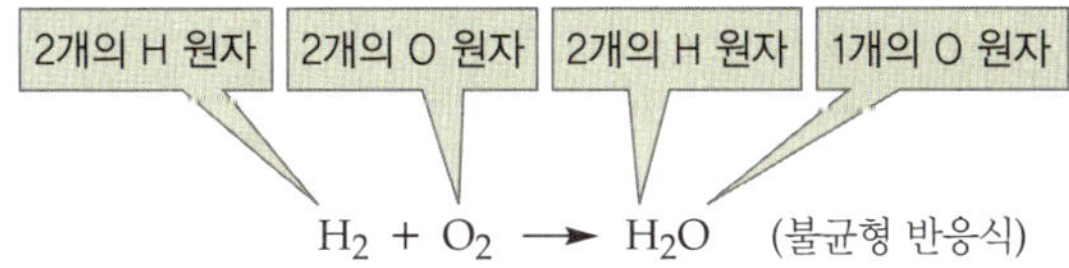

그러나 이 식은 반응물(O_2)에는 2개의 산소 원자가 있지만, 생성물(H_2O)에는 산소 원자가 1개만 있음을 나타낸다. 화학 반응에서 물질은 생성되지도 파괴되지도 않으므로(질량 보존 법칙, 2.2절), 화학 반응을 올바르게 표현하려면 반응식의 **균형**을 맞추어야 한다. 각 기호는 원자 또는 분자 1개 또는 배수를 나타낸다는 의미로 반응식을 해석하고 있으므로 단순히 산소 분자의 절반을 사용하고 있다고 가정할 수 없다. 대신에 전체 입자 간의 관계를 유지해야 한다. 또한 화살표의 양쪽에 각각 다른 유형의 원자가 같은 수로 나타나는지 확인해야 한다. 산소 원자의 균형을 맞추려면 물의 화학식 앞에 계수 2를 넣기만 하면 된다.

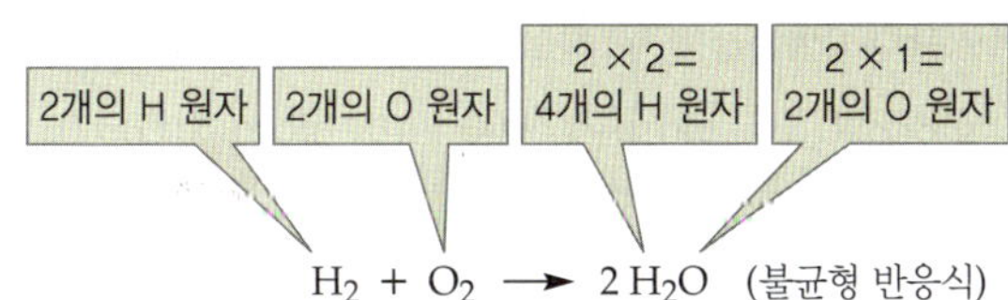

계수 2는 2개의 물 분자가 생성된다는 것을 의미한다. 아래첨자 1과 마찬가지로 계수 1은 화학식 앞에 숫자가 없을 때 1이 있는 것으로 간주한다. 화학식의 모든 값에는 그 앞에 있는 계수가 곱해진다. 앞의 식에서 H_2O 앞에 계수 2를 더하면 생성물 쪽의 산소 원자 수가 총 2개로 늘어날 뿐만 아니라 수소 원자 수도 총 4개로 증가한다.

하지만 반응식은 여전히 균형이 맞지 않는다. 현재 반응식의 오른쪽(생성물)에는 4개의 수소 원자가 있지만, 왼쪽(반응물)에는 2개만 있다. 생성물의 산소 원자 수를 고정했기 때문에 수소 원자 수의 균형이 맞지 않게 된 것이다. 수소의 균형을 맞추려면 H_2 앞에 계수 2를 넣어야 한다.

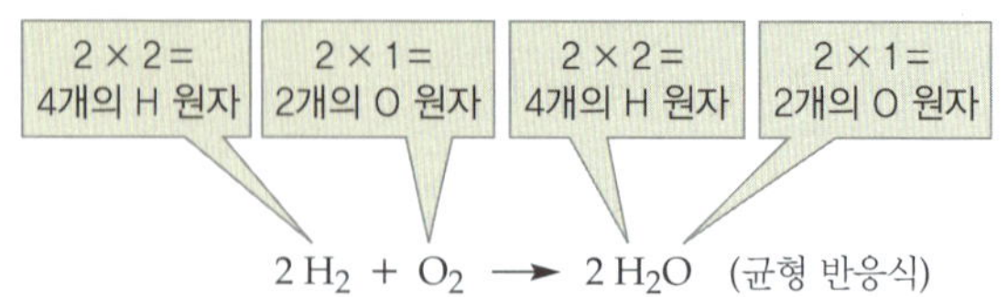

이제 반응식의 양쪽에는 수소 원자 4개와 산소 원자 2개가 있다. 원자는 보존되고, 반응은 균형(그림 3.1)을 이루었으며 질량 보존 법칙은 지켜졌다. 그림 3.2는 화학식의 균형을 맞추는 과정에서 흔히 발생하는 두 가지 함정과 올바른 방법을 보여준다. 잘못된 반응을 나타낼 수 있으므로 반응식의 생성물 쪽에서 단순히 물질을 추가하거나 삭제할 수는 없다. 또한 특정 화학식의 첨자를 변경하면 다른 물질이나 잘못된 화학식이 된다.

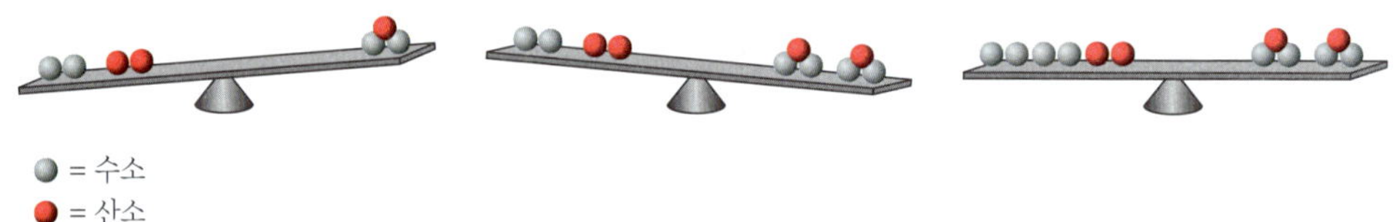

▲ **그림 3.1** 수소와 산소가 반응하여 물을 형성하는 반응식의 균형을 맞추려면 각 원자의 종류가 양쪽에 같은 수로 나타나야 한다(원자는 보존된다). 반응식이 균형을 이루면 양쪽에 4개의 H 원자와 2개의 O 원자가 존재한다.

Q 첫 번째 저울의 왼쪽에서 산소 원자 1개를 제거하여 반응식의 균형을 맞출 수 없는 이유는 무엇인가?

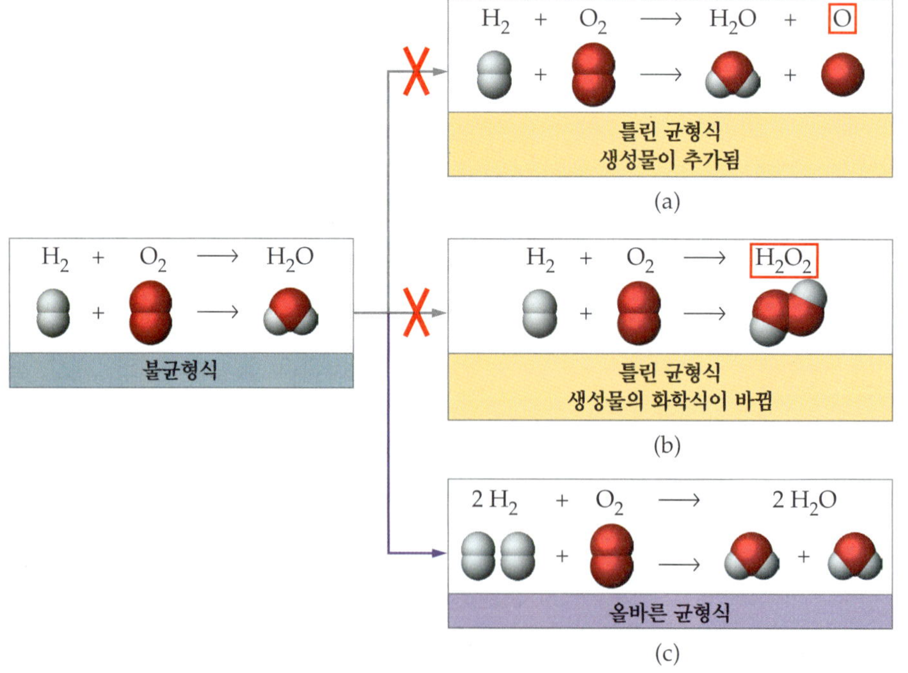

▶ **그림 3.2** 수소와 산소가 반응하여 물을 생성하는 반응식의 균형 맞추기. (a) 오답이다. 생성물에 원자 산소(O)는 없다. 단순히 반응식의 균형을 맞추기 위해 다른 생성물을 도입할 수는 없다. (b) 오답이다. 반응의 생성물은 과산화 수소(H_2O_2)가 아니라 물(H_2O)이다. 단순히 반응식의 균형을 맞추기 위해 화학식을 변경할 수 없다. (c) 정답이다. 반응식은 올바른 화학식을 사용하고 계수를 조정해야만 균형을 맞출 수 있다.

예제 3.1 화학 반응식의 균형 맞추기

자동차의 에어백이 터질 때 일어나는 반응을 나타내는 다음 화학 반응식의 균형을 맞춰라.

$$NaN_3 \longrightarrow Na + N_2$$

풀이

소듐(Na) 원자는 균형을 이루고 있지만, 질소(N) 원자는 그렇지 않다. 이 반응식의 균형을 맞추기 위해 최소공배수 개념을 사용할 수 있다. 왼쪽(반응물 쪽)에는 질소 원자가 3개, 오른쪽(생성물 쪽)에는 질소 원자가 2개 있다. 2와 3의 최소공배수는 6이다. 양쪽에 6개의 질소 원자를 얻으려면 3개의 N_2와 2개의 NaN_3가 필요하다.

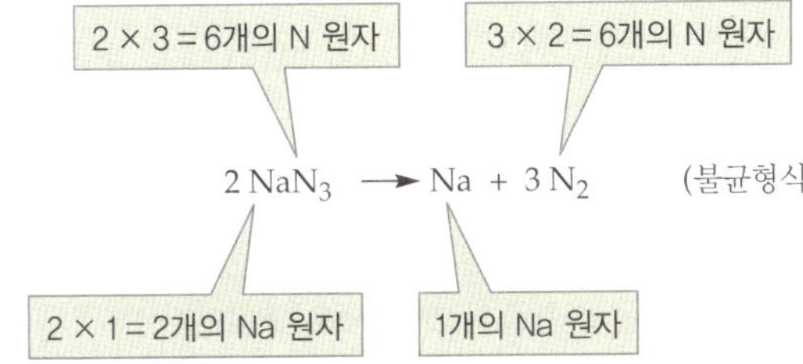

이제 왼쪽에 2개의 소듐 원자가 있다. Na 앞에 계수 2를 놓으면 오른쪽에도 2개의 소듐 원자를 얻을 수 있다.

$$2\,NaN_3 \longrightarrow 2\,Na + 3\,N_2 \quad \text{(균형 반응식)}$$

확인해보면 양쪽에 2개의 Na 원자와 6개의 N 원자가 있다. 반응식은 균형을 이룬다.

› 복습문제 3.1A

수소와 질소를 반응시켜 암모니아를 만드는 Haber 공정은 일반적으로 질소 비료를 산업적으로 생산하는 첫 번째 단계이다.

$$H_2 + N_2 \longrightarrow NH_3$$

반응식의 균형을 맞춰라.

› 복습문제 3.1B

철광석(대부분 Fe_2O_3)은 탄소와의 반응으로 제련하여 철 금속과 이산화 탄소를 생성한다. 반응식의 균형을 맞춰라.

$$Fe_2O_3 + C \longrightarrow CO_2 + Fe$$

▲ 철광석의 제련

검사를 통해 반응식의 균형을 맞추려면 시행착오가 필요하지만, 몇 가지 전략이 도움이 되는 경우가 많다.

1. 어떤 원소가 반응식의 양쪽에서 하나의 물질에만 존재하는 경우에 해당 원소의 균형을 먼저 맞춘다.
2. 자유 원소(Fe, O_2 등)로 존재하는 반응물 또는 생성물의 균형은 마지막에 맞춘다.
3. 어떤 원소의 균형을 맞추기 위해 화합물에 계수를 추가할 때, 화합물 내 다른 원소의 원자 수 또한 변경된다는 점에 유의해야 한다.

반응식의 균형을 맞추는 가장 중요한 단계는 얻은 결과가 실제로 균형을 이루는지 확인하는 것이다. 각 원소에 대해 반응식의 양쪽에 같은 수의 원자가 나타나야 한다는 점을 기억한다.

아주 간단한 반응을 고려함으로써 반응식의 균형을 맞추는 작업이 쉽게 보이도록 만들었다. 이 시점에서는 복잡한 반응식의 균형을 맞추는 것보다 원리를 이해하는 것이 더 중요하다. 균형 반응식의 의미를 알고 간단한 반응식의 균형을 맞출 수 있어야 한다. 균형 반응식에 포함된 정보를 이해하는 것이 중요하다.

자가평가문제

1. 다음 중 균형이 맞는 반응식은 무엇인가? (반응식의 균형을 맞출 필요는 없다. 균형이 맞는지 판단하기만 하면 된다.)

I. $Mg + 2\ H_2O \longrightarrow Mg(OH)_2 + H_2$

II. $4\ LiH + AlCl_3 \longrightarrow 2\ LiAlH_4 + 2\ LiCl$

III. $2\ KOH + CO_2 \longrightarrow K_2CO_3 + H_2O$

IV. $2\ Sn + 2\ H_2SO_4 \longrightarrow 2\ SnSO_4 + SO_2 + 2\ H_2O$

a. I과 II **b.** I과 III
c. II와 III **d.** II와 IV

2. 포스핀과 산소 기체가 반응하여 십산화 사인 및 물을 생성하는 반응식을 생각해보자.

$$PH_3 + O_2 \longrightarrow P_4O_{10} + H_2O \quad \text{(불균형식)}$$

반응식이 균형을 이룰 때, 생성된 P_4O_{10} 분자 하나당 생성되는 물 분자의 개수는 몇 개인가?

a. 1 **b.** 4 **c.** 6 **d.** 12

3~5번 문제는 수산화 마그네슘[$Mg(OH)_2$]과 인산(H_3PO_4)의 반응에 대한 다음 식을 참조하라.

$$Mg(OH)_2 + H_3PO_4 \longrightarrow H_2O + Mg_3(PO_4)_2 \quad \text{(불균형식)}$$

3. 반응이 균형을 이룰 때, 하나의 $Mg_3(PO_4)_2$ 화학식 단위를 생성하기 위해 반응해야 하는 H_3PO_4 분자의 개수는 몇 개인가? (분자가 분자 화합물의 가장 작은 단위인 것처럼 화학식 단위는 이온 화합물의 가장 작은 단위이다.)

a. 1 **b.** 2 **c.** 3 **d.** 6

4. 반응식이 균형을 이룰 때, 반응하는 H_3PO_4 분자 하나당 생성되는 H_2O 분자의 개수는 몇 개인가?

a. 1 **b.** 2 **c.** 3 **d.** 6

5. 반응식이 균형을 이룰 때, 6개의 H_3PO_4 분자와 반응하기 위해 필요한 $Mg(OH)_2$ 화학식 단위는 얼마인가?

a. 1 **b.** 1.5 **c.** 6 **d.** 9

정답: 1. b, 2. c, 3. b, 4. c, 5. d

3.2 화학 반응식에서 부피 관계

학습 목표 • 반응에 대한 균형 반응식을 사용하여 반응하는 기체의 부피를 결정한다.

화학 반응을 다룰 때 어려운 점 중 하나는 단지 몇 개의 원자 또는 분자 사이에서는 반응이 거의 일어나지 않는다는 것이다. 실제 세계에서 화학자들은 수십억 개의 원자를 포함하는 많은 양의 물질을 다루고 있다.

John Dalton은 서로 다른 원소의 원자는 서로 다른 질량을 가지고 있다고 가정했다. 따라서 같은 질량을 가진 서로 다른 원소는 서로 다른 수의 원자를 포함해야 한다. 비유하자면 골프공 1 kg에는 탁구공 1 kg보다 더 적은 수의 공이 들어 있는데, 이는 골프공이 탁구공보다 무겁기 때문이다. 단순히 공의 개수를 세어 각각의 수를 파악할 수는 있지만, 원자의 개수를 세는 것은 불가능하다. 눈에 보이는 가장 작은 물질 입자는 10번의 생애 동안 셀 수 있는 것보다 더 많은 원자를 포함하고 있다! 그러나 이 장에서 배우게 될 것처럼 물질에 들어 있는 원자 수를 결정하는 다른 방법도 있다.

아이러니하게도, 관찰하기가 역시 어려운 기체에 대한 연구를 통해 화학 반응에 관여하는 원자를 설명하는 방법에 대한 이해가 발전했다. 1700년대에 이루어진 이러한 연구를 통해 기체의 흥미로운 성질과 거동이 밝혀졌다.

수소 기체
(3 부피)

질소 기체
(1 부피)

암모니아 기체
(2 부피)

▲ **그림 3.3** Gay-Lussac의 기체 반응 법칙. 같은 온도와 압력에서 측정했을 때 3 부피의 수소 기체가 1 부피의 질소 기체와 반응하여 2 부피의 암모니아 기체를 생성한다는 법칙이다.

Q $2\ SO_2(g) + O_2(g) \longrightarrow 2\ SO_3(g)$ 반응에 대해 그림 3.3과 유사한 그림을 그려라.

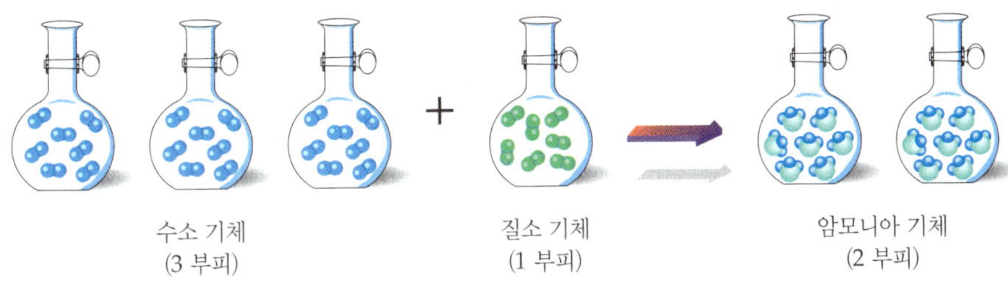

▲ **그림 3.4** Gay-Lussac의 기체 반응 법칙에 대한 Avogadro의 설명. 부피가 같은 기체는 모두 같은 수의 분자를 포함하고 있다.

Q $2\ NO(g) + O_2(g) \longrightarrow 2\ NO_2(g)$ 반응에 대해 그림 3.4와 유사한 그림을 그려라.

여기서는 기체를 이용하여 화학 반응식이 어떻게 균형을 이룰 수 있는지를 밝혀낸 역사적인 실험에 초점을 맞추고자 한다. 프랑스 과학자 Joseph Louis Gay-Lussac(1778~1850)은 원자를 정량화할 수 있는 접근법으로 이어진 실험을 수행했다. 1808년, 그는 기체를 이용해 수행한 몇 가지 화학 반응의 결과를 발표하고, 이 실험을 새로운 법칙으로 요약했다. **기체 반응 법칙**(law of combining volumes)은 모든 측정이 동일한 온도와 압력에서 이루어질 때 기체 반응물과 생성물의 부피는 작은 정수의 비율로 이루어진다는 것을 나타낸다.

이러한 실험 중 하나가 그림 3.3에 설명되어 있다. 수소 기체는 질소 기체와 반응하여 암모니아 기체를 생성한다. 실제로는 수소 3 부피가 질소 1 부피와 결합하여 암모니아 2 부피를 생성한다. 작은 정수 비율은 3:1:2이다.

Gay-Lussac은 기체 상태의 반응물과 생성물의 부피와 분자 수 사이에는 직접적인 관계가 있을 것이라고 생각했다. 1811년 이탈리아의 수학자이자 과학자인 Amedeo Avogadro (1776~1856)가 처음으로 기체 반응 법칙을 설명했다. 이 법칙의 결과는 동일한 온도와 압력에서 측정할 때 동일한 부피의 기체는 모두 동일한 수의 분자를 포함한다는 것이다(그림 3.4).

▲ Amedeo Avogadro. 그의 이름을 딴 무기질 아보가드라이트(avogadrite)는 지각에 존재하는 몇 안 되는 세슘 공급원 중 하나이다.

그러면 수소와 질소가 결합하여 암모니아를 생성하는 반응식은 다음과 같다.

$$3\ H_2(g) + N_2(g) \longrightarrow 2\ NH_3(g)$$

분자 계수는 그림 3.3의 기체 부피의 결합 비율, 즉 3:1:2와 관련이 있다. 이 반응식은 3개의 H_2 분자가 1개의 N_2 분자와 반응하여 2개의 NH_3 분자를 생성하는 것을 나타낸다. 그러면 균형 반응식은 반응의 크기에 따라 확장할 수 있는 동등한 비율을 제공한다. 300만 개의 H_2 분자가 있는 경우에 200만 개의 NH_3 분자를 생산하려면 100만 개의 N_2 분자가 필요하다. 이 반응식에 따르면 수소 3 부피가 질소 1 부피와 반응하여 암모니아 2 부피를 생성하는데, 그 이유는 같은 부피의 수소와 질소에는 같은 수의 분자가 포함되어 있기 때문이다.

예제 3.2 기체의 부피 관계

다음 연소 반응에서 두 기체가 동일한 온도와 압력에서 측정된다고 가정할 때, 2.00 L의 프로페인을 연소시키는 데 필요한 산소의 부피를 구하라.

$$C_3H_8(g) + 5\,O_2(g) \longrightarrow 3\,CO_2(g) + 4\,H_2O(g)$$

풀이

균형 화학 반응식을 보면 계수는 1 부피의 $C_3H_8(g)$에 5 부피의 O_2 기체가 필요하다는 것을 나타낸다. 따라서 필요한 산소의 부피를 구하기 위해 5 L $O_2(g)$/1 L $C_3H_8(g)$을 환산 계수로 사용한다.

$$?\text{L } O_2(g) = 2.00\text{ L } \cancel{C_3H_8(g)} \times \frac{5\text{ L } O_2(g)}{1\text{ L } \cancel{C_3H_8(g)}} = 10.0\text{ L } O_2(g)$$

› 복습문제 3.2A

예제 3.2의 반응식을 사용하여 두 기체를 같은 온도와 압력에서 비교했을 때 0.553 L의 프로페인이 연소될 때 발생하는 이산화 탄소(g)의 부피(L)를 계산하라.

› 복습문제 3.2B

프로페인과 산소를 같은 온도와 압력에서 각각 4.00 L씩 결합하면 반응 후 어떤 기체가 남는가? 남는 기체의 부피는 얼마인가?

자가평가문제

1. $2\,H_2(g) + O_2(g) \longrightarrow 2\,H_2O(g)$ 반응에서 모든 물질이 동일한 온도와 압력에 있을 때 H_2, O_2, H_2O의 부피 비율은 얼마인가?

   a. 1:0:1 **b.** 1:1:1 **c.** 2:0:2 **d.** 2:1:2

2. 다음 식과 같은 반응에서 75개의 O_2 분자가 반응하면 생성되는 CO_2 분자의 개수는 몇 개인가?

   $$2\,C_8H_{18}(l) + 25\,O_2(g) \longrightarrow 16\,CO_2(g) + 18\,H_2O(l)$$

   a. 50 **b.** 100 **c.** 48 **d.** 32

3. $N_2(g) + 3\,H_2(g) \longrightarrow 2\,NH_3(g)$의 반응에서 모든 물질이 동일한 온도와 압력에 있을 때 질소 4.50 L가 과량의 수소와 반응하면 생성되는 암모니아의 양은 얼마인가?

   a. 3.00 L **b.** 9.00 L **c.** 6.75 L **d.** 4.50 L

정답: 1. d, 2. c, 3. b

3.3 아보가드로수와 몰

학습 목표
- 물질의 화학식량, 분자량, 몰질량을 계산한다.
- 아보가드로수를 사용하여 어떤 물질의 질량에 포함된 여러 유형의 입자의 수를 구한다.

앞서 설명한 것처럼, 같은 온도와 압력에서 같은 부피의 기체는 같은 수의 분자를 포함한다. 즉 부피가 같은 서로 다른 기체의 무게를 재면 기체의 무게가 같지 않다는 것을 의미한다. 기체들의 질량 비율은 분자 자체의 질량 비율과 같아야 한다. 그러나 이 관계를 어떤 방식으로든 고체와 액체에도 확장하고자 한다.

아보가드로수: 6.02×10^{23}

Avogadro는 주어진 기체 부피에 몇 개의 분자가 있는지 알 방법이 없었다. Avogadro 시대 이후 과학자들은 다양한 무게의 물질 시료에 포함된 원자 수를 측정했다. 원자는 매우 작기 때문에 아주 작은 시료에서도 이 숫자는 매우 크다. 탄소-12 원자의 질량은 정확히 12 원자 질량 단위(amu)인데(2.4절), 이는 탄소-12 원자가 원자량의 표준으로 설정했기 때문이다. 12 g의 탄소-12 시료에 들어 있는 탄소-12 원자의 수를 **아보가드로수**(Avogadro's number)라고 하며, 실험적으로 6.0221367×10^{23}으로 결정되었다. 일반적으로 이 숫자는 유효 숫자 3개로 반올림하여 6.02×10^{23}으로 나타낸다.

몰: '달걀 1다스와 설탕 1몰 주세요'

양말은 한 켤레(양말 2개), 달걀은 한 다스(달걀 12개), 연필은 한 묶음(연필 12개 또는 144개), 종이는 한 림(종이 500장) 단위로 구매한다. 이러한 양적 용어를 일정한 척도로 사용하는 것에 익숙해져 있다. 달걀을 세든 오렌지를 세든 12개는 같은 수이다. 하지만 달걀 12개와 오렌지 12개의 무게는 같지 않다. 오렌지의 무게가 달걀의 5배라면 오렌지 10개는 달걀 10개보다 5배 더 무거울 것이다. 또한 이러한 품목을 대량으로 구매해야 할 때도 쉽게 구매할 수 있다. 종이 2000장을 일일이 세어 봐야 한다면 아무도 사려고 하지 않겠지만, 4묶음의 종이를 사기는 쉽다. 마찬가지로 제빵사는 수백 개의 케이크를 만들어야 할 수도 있으므로 수 다스의 달걀이 필요할 수 있으며, 1다스 또는 1그로스(144개) 단위로 살 수 있다.

그러나 이러한 품목의 판매자는 조각으로 판매하기를 원하지 않기 때문에 사무실의 직원이 연필 500개를 사고 싶어도 일반적으로 정확히 같은 개수를 구매하지는 않는다. 대신 연필을 총 4그로스(576개)를 구매해야 하고 잉여분이 생기게 된다. 마찬가지로 화학 반응식에 사용되는 정수 비율 때문에 과량의 화학 성분을 다뤄야 할 때도 있다.

사무실에서 종이를 림 단위로, 연필을 그로스 단위로 구매하듯이 화학자는 원자와 분자를 몰 단위로 센다. 탄소 원자 1개는 너무 작아서 보이지도 않고 무게도 측정할 수 없지만, 탄소 원자 1몰은 큰 숟가락을 가득 채우고 무게는 12 g이다. 탄소 1몰과 티타늄 1몰은 각각 같은 수의 원자를 포함하고 있다. 그러나 티타늄 원자는 탄소 원자의 4배의 질량을 가지므로 티타늄 1몰은 탄소 1몰의 4배의 질량을 가진다.

몰(mole, mol)은 정확히 12 g의 탄소-12에 들어 있는 원자의 수와 같은 수의 기본 단위가 들어 있는 물질의 양을 말한다. 이 수치는 아보가드로수인 6.02×10^{23}이다. 기본 단위는 원자(S 또는 Ca), 분자(O_2 또는 CO_2), 이온(K^+ 또는 $SO_4{}^{2-}$), 기타 모든 종류의 화학식 단위일 수 있다. 예를 들어 NaCl 1몰은 6.02×10^{23} NaCl 화학식 단위로, 이는 6.02×10^{23}개의 Na^+ 이온과 6.02×10^{23}개의 Cl^- 이온을 포함하고 있음을 의미한다. 원자, 분자, 이온은 매우 작아서 그 수가 엄청나게 많을 수밖에 없고, 보고 다룰 수 있는 양의 물질을 만들기 위해서는 엄청난 수의 원자와 분자가 필요하다. 그림 3.5의 비교를 통해 숫자의 크기를 어느 정도 짐작할 수 있다.

화학식량

각 원소는 특정한 원자량을 가지고 있다. 화합물은 2개 이상의 원소로 구성되어 있기 때문에 화합물의 질량은 원자량의 조합이다. 어떤 물질의 경우 **화학식량**(formula mass)은 화학식에

▶ **그림 3.5** 아보가드로수는 너무 커서 과학자조차도 제대로 이해하기 어렵지만, 이러한 비교가 도움이 될 수 있다.

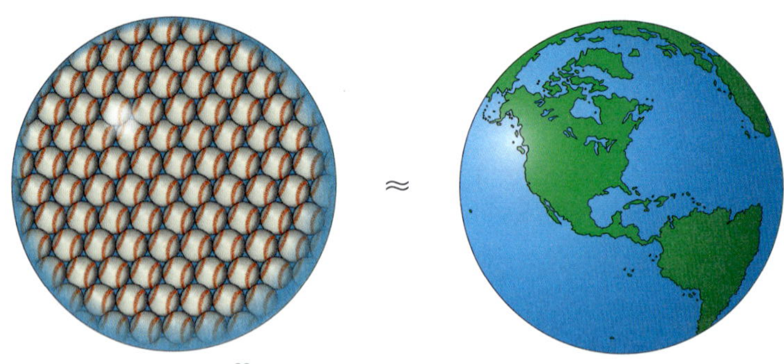

6.02×10^{23}개의 야구공 무게는 대략 지구의 질량과 같다.

6.02×10^{23}개의 물방울은 대략 지구에 있는 바닷물의 양과 같다.

표시된 원자의 질량을 합한 값이다. 화학식이 분자를 나타내는 경우에 화학식량 대신 종종 **분자량**(molecular mass)이라는 용어를 사용한다. 예를 들어 화학식 CO_2는 이산화 탄소 분자 1개당 탄소 원자 1개와 산소 원자 2개를 나타내므로 이산화 탄소의 화학식(또는 분자) 질량은 탄소 원자량에 산소 원자량의 2배를 더한 값이다.

$$\begin{aligned} CO_2\text{의 화학식량} &= 1 \times \text{C의 원자량} + 2 \times \text{O의 원자량} \\ &= (1 \times 12.0 \text{ amu}) + (2 \times 16.0 \text{ amu}) = 44.0 \text{ amu} \end{aligned}$$

예제 3.3 분자량 계산하기

(a) 석탄을 태우는 발전소에서 흔히 발생하는 황갈색 기체인 이산화 황(SO_2)의 분자량과 **(b)** 가정에서 정원사가 흔히 사용하는 비료인 황산 암모늄[$(NH_4)_2SO_4$]의 화학식량을 계산하라.

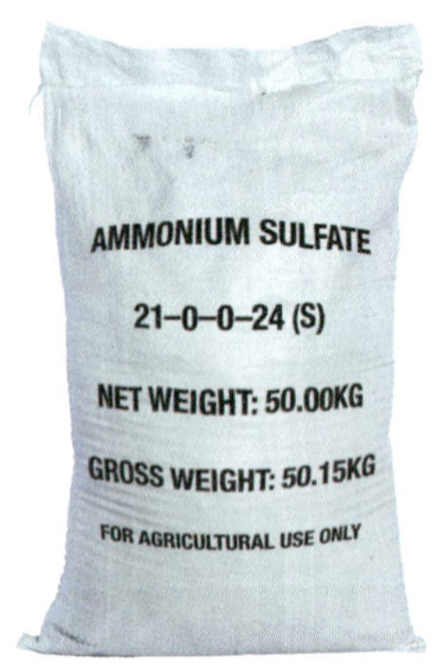

▲ 황산 암모늄 비료 한 봉지

풀이

a. 분자식 SO_2에서 시작한다. 그런 다음 분자량을 결정하기 위해 황의 원자량에 산소 원자량의 2배를 더하기만 하면 된다.

$$\begin{aligned} 1 \times \text{S의 원자량} &= 1 \times 32.1 \text{ amu} = 32.1 \text{ amu} \\ 2 \times \text{O의 원자량} &= 2 \times 16.0 \text{ amu} = 32.0 \text{ amu} \\ SO_2\text{의 화학식량} &= 64.1 \text{ amu} \end{aligned}$$

b. 화학식 $(NH_4)_2SO_4$는 질소 원자 2개, 수소 원자 8개, 황 원자 1개, 산소 원자 4개를 나타낸다. 원자량을 모두 더하면 다음과 같다.

$$\begin{aligned} &(2 \times 14.0 \text{ amu}) + (8 \times 1.01 \text{ amu}) + (1 \times 32.1 \text{ amu}) + (4 \times 16.0 \text{ amu}) \\ &= 132.2 \text{ amu} \end{aligned}$$

› 복습문제 3.3A

(a) 자동차 에어백에 사용되는 질화 소듐(NaN_3), **(b)** 식품 방부제로 사용되는 프로필렌 글리콜($C_3H_8O_2$)의 화학식량을 계산하라.

› 복습문제 3.3B

(a) 소독용 알코올로 더 잘 알려진 이소프로필 알코올[$(CH_3)_2CHOH$], **(b)** 제빵 제품 및 팬케이크 믹스의 발효제로 사용되는 인산이수소 칼슘[$Ca(H_2PO_4)_2$]의 화학식량을 계산하라.

화학식량에서 화합물의 백분율 조성 계산하기

화학식은 원자의 비율과 질량의 비율을 나타낸다. 이 관계를 통해 질량을 입자의 수와 연관시키고 다양한 응용에 의미 있는 방식으로 정보를 표현할 수 있다. 예를 들어 1.00몰 CO_2의 질량은 44.0 g이며, 이 중 12.0 g은 탄소이고 32.0 g은 산소이다. CO_2의 조성은 탄소와 산소의 질량 백분율로 표현할 수 있다.

$$\text{C의 질량 \%} = \frac{\text{C의 질량}}{CO_2\text{의 질량}} \times 100\% = \frac{12.0\text{ g}}{44.0\text{ g}} \times 100\% = 27.3\%$$

비슷한 방법으로 산소의 질량 백분율을 구할 수도 있지만, CO_2에는 탄소 외에 산소만 있으므로 빼기를 통해 질량 백분율을 구하기가 더 쉽다.

$$100\% - 27.3\% = 72.7\% \text{ 산소}$$

조성 백분율이라는 개념은 여러 응용에 유용하다. 소듐 섭취 제한량은 일반적으로 Na^+의 밀리그램으로 표시된다. 소듐은 주로 염화 소듐의 형태로 섭취된다. 미국심장협회(AHA)는 하루 최대 소듐 섭취량을 2400 mg Na^+로 권장한다. 예제 3.4는 이 양을 식탁용 소금 한 티스푼에 들어 있는 NaCl과 어떻게 연관시킬 수 있는지 보여준다.

예제 3.4 화학식에서 조성 백분율 계산하기

1티스푼(6.0 g)의 NaCl에 들어 있는 Na^+의 질량을 구하라. 이 양을 AHA에서 권장하는 하루 최대 섭취량인 2400 mg Na^+와 비교하라.

풀이

염화 소듐 1몰에는 1몰(23.0 g)의 Na^+와 1몰(35.5g)의 Cl^-가 있다. Na^+의 질량 백분율은 다음과 같다.

$$\text{Na의 질량 \%} = \frac{\text{Na의 질량}}{\text{NaCl의 질량}} \times 100\% = \frac{23.0\text{ g}}{58.5\text{ g}} \times 100\% = 39.3\%$$

따라서 100 g의 NaCl에는 39.3 g의 Na^+가 들어 있다. 1티스푼(6.0 g)의 NaCl에 들어 있는 양은 다음과 같다.

$$6.0\text{ g NaCl} \times \frac{39.3\text{ g Na}^+}{100\text{ g NaCl}} = 2.4\text{ g Na}^+$$

이는 하루 최대 권장량인 2400 mg Na^+과 같다.

› 복습문제 3.4A

$(NH_4)_2S$에서 질소의 질량 백분율을 계산하라.

› 복습문제 3.4B

질소는 식물 성장에 중요한 원소이므로 비료에는 질소 함유량이 표시되어 있다. 황산 암모늄 $(NH_4)_2SO_4$의 1파운드와 질산 암모늄 NH_4NO_3의 1파운드 중 어느 것이 더 많은 질소를 포함하는가? (힌트: 각각 1파운드에 들어 있는 질소의 양을 찾을 필요는 없다. 질소의 백분율로 같은 것을 알 수 있다.)

많은 환경 오염 물질은 실제 오염 물질이 화합물 또는 화합물의 혼합물인 경우에도 원소로 보고된다. 예를 들어 지하수의 질산 이온(NO_3^-)은 질소 백만분율(ppm)로 보고되고, 이산화 탄소 배출량은 탄소 톤(t)으로 보고되는 경우가 많다. 질량 백분율 개념은 이렇게 보고된 양을 이해하는 데 유용하다.

자가평가문제

1. 정확히 16 g의 산소-16에 들어 있는 산소-16 원자의 개수는 몇 개인가?
   a. 1 **b.** 16 **c.** 256 **d.** 6.02×10^{23}
2. 탄소-12 원자 1몰의 질량은 얼마인가?
   a. 12 g **b.** 12.011 g **c.** 12 amu **d.** 12.011 amu
3. 다음 중 분자량이 가장 작은 것은 무엇인가?
   a. CH_4 **b.** HCl **c.** H_2O **d.** PH_3
4. 1몰 $Cr(SO_4)_3$에 들어 있는 황 원자의 몰수는 얼마인가?
   a. 1몰 **b.** 3몰 **c.** 15몰 **d.** 6.02×10^{23}몰
5. 2.00몰의 물 H_2O에 존재하는 수소 원자의 몰수는 얼마인가?
   a. 2.00몰 **b.** 4.00몰 **c.** 6.00몰 **d.** 8.00몰
6. 염화 소듐의 질량 백분율 조성은 어떠한가?
   a. 약 40% Na^+와 60% Cl^- **b.** 50% Na^+와 50% Cl^-
   c. 약 60% Na^+와 40% Cl^- **d.** 23.0% Na^+와 35.5% Cl^-

정답: 1. d, 2. a, 3. a, 4. b, 5. b, 6. a

3.4 몰질량: 몰을 질량으로, 질량을 몰로 변환하기

학습 목표 • 물질의 질량을 몰로, 몰을 질량으로 변환한다.
• 한 반응물 또는 생성물의 질량 또는 몰수를 다른 반응물 또는 생성물의 질량 또는 몰수로부터 계산한다.

지금쯤이면 몰과 질량 관계의 유용성을 알 수 있을 것이다. 물질의 질량을 측정하고 그 값을 입자의 수로 변환할 수 있다는 것은, 화학식을 같은 부피의 기체 또는 같은 수의 개별 분자 사이의 반응에 대한 지침으로만이 아니라 더 넓은 의미로 사용될 수 있음을 의미한다. 또한 주어진 물질의 양에 따라 반응식을 확장할 수도 있다. 반응식을 적용하는 방법만 알면 된다.

물질의 **몰질량**(molar mass)은 이름 그대로 그 물질 1몰의 질량이다. 아보가드로수에 따라 물질의 몰질량은 원자량, 분자량, 화학식량과 수치적으로 같지만 몰질량은 몰당 그램(g/mol) 단위로 표현한다. 소듐의 원자량은 23.0 amu이고, 몰질량은 23.0 g/mol이다. 이산화 탄소의 분자량은 44.0 amu이고 몰질량은 44.0 g/mol이다. 황산 암모늄의 화학식량은 132.2 amu이고 몰질량은 132.2 g/mol이다. 이러한 사실을 몰의 정의와 함께 사용하여 다음과 같은 관계를 쓸 수 있다.

$$1 \text{ mol Na} = 23.0 \text{ g Na} = 6.02 \times 10^{23} \text{ 원자}$$
$$1 \text{ mol } CO_2 = 44.0 \text{ g } CO_2 = 6.02 \times 10^{23}\ CO_2 \text{ 분자}$$
$$1 \text{ mol } (NH_4)_2SO_4 = 132.2 \text{ g } (NH_4)_2SO_4 = 6.02 \times 10^{23}\ (NH_4)_2SO_4 \text{ 화학식 단위}$$

이러한 관계는 다음 예제에서 볼 수 있듯이 g 단위의 질량과 몰 단위의 양을 변환하는 데 필요한 환산 계수를 제공한다. 이러한 환산 계수는 등식을 나타내므로 필요에 따라 단위가 적절하게 상쇄되도록 식에서 이를 거꾸로 할 수도 있다(예제 3.5b 참조)는 점에 유의해야 한다.

예제 3.5 몰과 질량 사이의 환산

(a) 0.400 mol CH_4는 몇 g인가? **(b)** 62.5 g의 소듐 금속 조각에 들어 있는 Na의 몰수를 계산하라.

풀이

a. CH_4의 분자량은 (1 × 12.0 amu) + (4 × 1.0 amu) = 16.0 amu이다. 따라서 CH_4의 몰질량은 16.0 g/mol이다. 이 몰질량을 환산 계수로 사용하면 다음과 같다.

$$? \text{ g } CH_4 = 0.400 \text{ mol } CH_4 \times \frac{16.0 \text{ g } CH_4}{1 \text{ mol } CH_4} = 6.4 \text{ g } CH_4$$

b. Na의 몰질량은 23.0 g/mol이다. 질량을 몰로 변환하려면 몰질량의 역을 환산 계수 (1 mol Na/23.0 g Na)로 사용하여 질량 단위를 상쇄해야 한다. 그램 단위로 시작하면 환산 계수의 분모에 그램이 있어야 한다.

$$? \text{ mol Na} = 62.5 \text{ g Na} \times \frac{1 \text{ mol Na}}{23.0 \text{ g Na}} = 2.72 \text{ mol Na}$$

› 복습문제 3.5A

(a) 0.0728 mol 탄소, **(b)** 55.5 mol H_2O, **(c)** 0.0728 mol $Ca(HSO_4)_2$의 질량을 그램 단위로 계산하라.

› 복습문제 3.5B

(a) 3.71 g Fe, **(b)** 165 g C_5H_{12}, **(c)** 0.100g $Mg(NO_3)_2$의 양을 몰 단위로 계산하라.

그림 3.6은 여러 가지 물질의 1몰 시료를 보여준다. 각 용기에는 해당 물질이 화학식 단위로 아보가드로수 만큼 들어 있다. 즉 가장 큰 접시에는 풍선 안에 들어 있는 헬륨 원자 수만큼의 설탕 분자가 들어 있다.

화학 반응식에서 몰과 질량의 관계

이제 이 중요한 아이디어를 하나로 모을 차례이다. 균형 반응식의 기본을 배웠고, 몰/질량 환산의 중요성을 배웠다. 이제 이것들을 실제 상황에 적용할 수 있다.

화학자, 다른 과학자, 엔지니어는 종종 "1.0톤의 Fe_2O_3에서 얼마나 많은 철을 얻을 수 있을까?" 또는 "1000 g의 프로페인을 연소하면 얼마나 많은 이산화 탄소가 생성될까?"와 같은 질문에 직면하게 된다. 동일한 반응에서 한 물질의 질량으로부터 다른 물질의 질량을 직접 계산하는 간단한 방법은 없다. 화학 반응은 원자와 분자가 관여하기 때문에 반응의 양은 원자, 이

▶ **그림 3.6** 여러 가지 친숙한 물질이 1몰씩 들어 있다. 테이블의 왼쪽부터 오른쪽으로 설탕, 소금, 탄소, 구리가 있다. 그 뒤에 있는 풍선에는 헬륨이 들어 있다. 각 용기에는 해당 물질이 기본 단위로 아보가드로수만큼 들어 있다. 시료에는 설탕 분자, NaCl 화학식 단위, 탄소와 구리와 헬륨 원자가 6.02×10^{23}개씩 들어 있다.

Q 소금 한 접시에는 몇 개의 Na^+ 이온과 몇 개의 Cl^- 이온이 들어 있는가? 풍선에 산소 기체(O_2)가 가득 차 있다면 그 안에 들어 있는 산소 원자는 몇 개인가?

온, 분자의 몰 단위로 계산된다. 이러한 계산을 하려면 예제 3.5에서와 같이 물질의 그램을 몰로 변환해야 한다. 또한 몰 사이의 관계를 결정하기 위해 균형 반응식을 작성해야 한다.

이런 유형의 문제는 항상 화학 반응식으로 시작한다. 균형 화학 반응식은 처음 보는 미지의 반응식을 풀기 위해 따르는 비결 또는 지침이다. 화학 반응식은 원자와 분자의 비율뿐만 아니라 몰의 비율도 제공한다는 것을 기억하자. 예를 들어 다음과 같은 반응식이 있다고 하자.

$$C + O_2 \longrightarrow CO_2$$

C 원자 1개가 O_2 분자 1개(원자 2개)와 반응하여 CO_2 분자 1개(C 원자 1개, O 원자 2개)를 생성한다는 것을 알려줄 뿐만 아니라, 1몰의 탄소(6.02×10^{23}개의 원자)가 1몰의 산소(6.02×10^{23}개의 분자)와 반응하여 1몰의 이산화 탄소(6.02×10^{23}개의 분자)를 생성한다는 것도 알려준다. 물질의 그램 단위 몰질량은 원자 질량 단위로 나타낸 물질의 화학식량과 수치적으로 같으므로, 이 반응식을 통해 12.0 g(1몰) C가 32.0 g(1몰) O_2와 반응하여 44.0 g(1몰) CO_2를 생성한다는 것도 (간접적으로) 알 수 있다(그림 3.7).

중요한 작업은 질량의 비율을 유지하는 것이다. 비율이 고정되어 있으면 항상 결과를 예측할 수 있다. 앞의 반응에서 산소와 탄소의 질량비는 32.0:12.0인데, 이 값을 4로 나누면 8.0:3.0

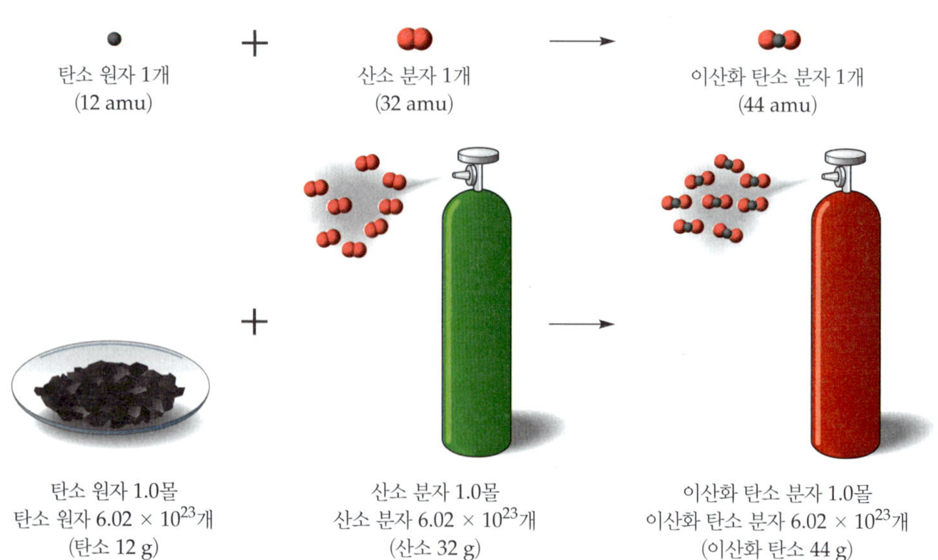

▶ **그림 3.7** 원자 1개 또는 분자 1개의 무게는 측정할 수 없지만, 이 작은 입자들을 같은 수만큼 모은 것의 무게는 측정할 수 있다.

으로 단순화할 수 있다. 마찬가지로 생성물도 4배만큼 줄어든다. 따라서 8.0 g O와 3.0 g C는 11.0 g CO_2를 생성하게 된다. 실제로 주어진 양의 탄소와 반응하는 데 필요한 산소의 양을 계산하려면 탄소의 양에 32.0:12.0의 인자를 곱하기만 하면 된다. 다음 예제는 이러한 관계를 설명한다.

예제 3.6 분자, 몰, 질량 관계

내연기관 자동차에서 배출되는 대기오염 물질인 일산화 질소(산화 질소)는 산소와 결합하여 호흡기와 눈을 자극하는 황갈색 기체인 이산화 질소를 생성한다. 그 반응식은 다음과 같다.

$$2\,NO + O_2 \longrightarrow 2\,NO_2$$

이 반응식이 나타내는 분자, 몰, 질량 관계를 설명하라.

풀이

분자와 몰의 관계는 계산할 필요 없이 반응식에서 직접 구할 수 있다. 질량 관계는 약간의 간단한 계산이 필요하다.

분자: 2개의 NO 분자가 1개의 O_2 분자와 반응하여 2개의 NO_2 분자를 생성한다.
몰: 2몰의 NO가 1몰의 O_2와 반응하여 2몰의 NO_2를 생성한다.
질량: 60.0 g NO(2 mol NO × 30.0 g/mol)는 32.0 g O_2(1 mol O_2 × 32.0 g/mol)와 반응하여 92.0 g NO_2(2 mol NO_2 × 46.0 g/mol)를 형성한다.

〉 복습문제 3.6A

썩은 달걀 냄새가 나는 기체인 황화 수소는 공기 중에서 연소하여 다음 식에 따라 이산화 황과 물을 생성한다.

$$2\,H_2S + 3\,O_2 \longrightarrow 2\,SO_2 + 2\,H_2O$$

이 반응식이 나타내는 분자, 몰, 질량 관계를 설명하라.

〉 복습문제 3.6B

복습문제 3.6A의 반응식에서 보존되는 것은 다음 중 무엇인가? 즉 반응물의 총합이 생성물의 총합과 같은 것은 다음 중 무엇인가?

a. 원자 수 **b.** 분자 수 **c.** 몰수 **d.** 질량(g)

왜 중요할까?

연소 중인 탄소와 완전히 반응할 만큼 충분한 산소 기체가 없으면 탄소 중 일부가 불완전하게 산화되어 치명적인 일산화 탄소가 생성된다. 미국에서는 매년 400명 이상의 사망자가 의도하지 않은 일산화 탄소 중독으로 인해 발생한다. 이 중 상당수는 실내에서 사용하는 벽난로와 장작 난로 등의 열원을 환기가 충분하지 않은 상태에서 사용하기 때문에 발생한다.

화학 반응식에서 몰 관계

이 장의 앞부분에서 언급했듯이 화학 반응에서 반응물과 생성물 사이의 정량적 관계를 **화학량론**(stoichiometry)이라고 한다. 반응물과 생성물의 몰 비율은 균형 화학 반응식의 계수에 의해 주어진다. 라이터의 일반적인 연료인 뷰테인의 연소를 생각해보자.

$$2\,C_4H_{10} + 13\,O_2 \longrightarrow 8\,CO_2 + 10\,H_2O$$

균형 반응식의 계수를 통해 다음과 같은 설명을 할 수 있다.

- 2몰의 C_4H_{10}은 13몰의 O_2와 반응한다.
- 2몰의 C_4H_{10}가 반응할 때마다 8몰의 CO_2가 생성된다.

- 8몰의 CO_2가 생성될 때마다 10몰의 H_2O가 생성된다.

이러한 설명을 화학량론 인자라는 환산 인자로 바꿀 수 있다. **화학량론 인자**(stoichiometric factor)는 화학 반응에 관여하는 두 물질의 양을 몰 단위로 나타내는 환산 인자이다. 화학량론 인자는 반응에 대한 균형 반응식의 계수에서 비롯되므로 작은 정수를 포함한다는 점에 유의해야 한다. 다음의 예제에서는 화학량론 인자를 색으로 표시했다.

예제 3.7 몰 관계

0.105몰의 프로페인이 충분한 양의 산소에서 연소할 때, 소비되는 산소의 몰수는 얼마인가?

$$C_3H_8 + 5\,O_2 \longrightarrow 3\,CO_2 + 4\,H_2O$$

풀이

균형 반응식에 따르면 1몰의 C_3H_8을 연소하려면 5몰의 O_2가 필요하다. 이 관계로부터 산소와 프로페인의 몰을 연관시키는 환산 인자를 만들 수 있다. 가능한 환산 인자는 다음과 같다.

$$\frac{1\text{ mol }C_3H_8}{5\text{ mol }O_2} \quad \text{그리고} \quad \frac{5\text{ mol }O_2}{1\text{ mol }C_3H_8}$$

어느 것을 사용해야 할까? 0.105몰의 C_3H_8로 문제를 시작했기 때문에 오른쪽의 인자가 필요하며, 이를 통해 'mol C_3H_8'은 상쇄되고 필요한 단위(산소 기체의 몰)로 답을 구할 수 있다.

$$?\text{ mol }O_2 = 0.105\ \cancel{\text{mol }C_3H_8} \times \frac{5\text{ mol }O_2}{1\ \cancel{\text{mol }C_3H_8}} = 0.525\text{ mol }O_2$$

› 복습문제 3.7A

예제 3.7에 제시된 프로페인의 연소를 고려해보자. **(a)** 1.250몰의 C_3H_8이 연소할 때 몇 몰의 CO_2가 생성되는가? **(b)** 0.059몰의 O_2가 소비될 때 몇 몰의 CO_2가 생성되는가?

› 복습문제 3.7B

예제 3.7에서 프로페인 연소의 경우에 25.0몰의 O_2와 12.0몰의 프로페인이 결합한다고 가정한다. 반응 후, 어떤 반응물이 다 소모되고 다른 반응물은 몇 몰이 남게 되는가? (힌트: 주어진 양의 산소와 반응할 프로페인의 몰수를 계산한 다음에 주어진 양의 프로페인과 반응할 산소의 몰수를 계산하라. 어떤 반응물이 다 소모되는가?)

화학 반응식에서의 질량 관계

화학 반응식은 화학량론적인 관계를 몰 단위로 정의하지만, 실험실에서 몰을 직접 측정할 수 없으므로 문제에서 몰 단위로 주어지는 경우는 거의 없다. 일반적으로 한 물질의 질량(그램 단위)이 주어지고 반응하거나 생성될 수 있는 다른 물질의 질량을 계산하는 문제가 주어진다. 이러한 계산에는 여러 단계가 포함된다.

1. 반응에 대한 균형 화학 반응식을 쓴다.
2. 계산에 관련된 물질의 몰질량을 결정한다.
3. 주어진 양을 적고 몰질량을 사용하여 이 양을 몰로 변환한다.
4. 균형 화학 반응식의 계수(화학량론적 관계)를 사용하여 주어진 물질의 몰을 원하는 물질

A의 질량(그램) $\xrightarrow[\text{몰질량 전환 인자}]{\frac{\text{mol A}}{\text{g A}}}$ A의 양(몰) $\xrightarrow[\text{균형 반응식의 계수}]{\frac{\text{mol B}}{\text{mol A}}}$ B의 양(몰) $\xrightarrow[\text{몰질량 전환 인자}]{\frac{\text{g B}}{\text{mol B}}}$ B의 질량(그램)

▲ **그림 3.8** 화학 반응식을 사용하여 식에 있는 어떤 두 물질의 몰수를 연관시킬 수 있다. 이러한 물질은 반응물과 생성물, 2개의 반응물 또는 2개의 생성물일 수 있다. 한 물질의 질량을 같은 반응에 관여하는 다른 물질의 질량과 직접적으로 연관시킬 수는 없다. 질량 관계를 구하려면 각 물질의 질량을 몰로 변환하고, 화학량론 인자를 통해 한 물질의 몰을 다른 물질의 몰과 연관시킨 다음 두 번째 물질의 몰을 그 질량으로 변환해야 한다.

의 몰로 변환한다.

5. 몰질량을 사용하여 원하는 물질의 몰을 원하는 물질의 그램으로 변환한다.

반응식에서 어떤 물질의 양을 알면 다른 모든 물질의 양을 결정할 수 있다. 변환 과정은 그림 3.8에 나타냈다. 예제와 복습문제를 통해 학습하는 것이 가장 좋다.

예제 3.8 질량 관계

이산화 탄소를 생성할 때 5.00 g의 탄소와 반응하는 데 필요한 산소의 질량을 계산하라.

풀이

1단계: 균형 반응식은 다음과 같다.

$$C + O_2 \longrightarrow CO_2$$

2단계: C의 몰질량은 12.0 g/mol이고, O_2의 몰질량은 $2 \times 16.0 = 32.0$ g/mol이다.

3단계: 주어진 탄소의 질량을 몰 단위의 양으로 변환한다.

$$5.0\ \cancel{\text{g C}} \times \frac{1\ \text{mol C}}{12.0\ \cancel{\text{g C}}} = 0.417\ \text{mol C}$$

4단계: 균형 반응식의 계수를 사용하여 산소의 양과 탄소의 양을 연관시키는 화학량론 인자(분홍색)를 설정한다.

$$0.417\ \cancel{\text{mol C}} \times \frac{1\ \text{mol}\ O_2}{1\ \cancel{\text{mol C}}} = 0.417\ \text{mol}\ O_2$$

5단계: 산소의 몰수를 그램으로 변환한다.

$$0.417\ \cancel{\text{mol}\ O_2} \times \frac{32.0\ \text{g}\ O_2}{1\ \cancel{\text{mol}\ O_2}} = 13.3\ \text{g}\ O_2$$

다섯 단계를 한 단계로 결합할 수도 있다. 환산 인자의 분모에 있는 단위는 각각 이전 항의 분자에 있는 단위를 상쇄하도록 선택된다.

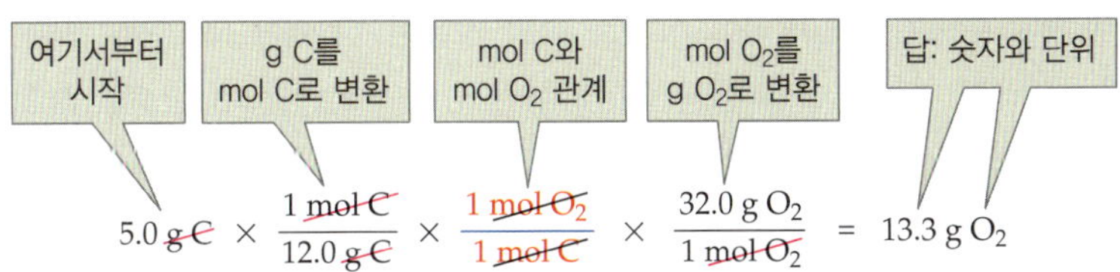

❯ 복습문제 3.8A

1.505 g의 질소 기체(N_2)와 반응하여 이산화 질소를 생성하는 데 필요한 산소 기체(O_2)의 질

1 **자동차가 휘발유보다 더 많은 오염 물질을 배출하는 이유는 무엇인가?**

탄소 1몰(12 g)은 대기 중의 산소와 결합하여 이산화 탄소 1몰(44 g)을 생성한다. 휘발유는 대부분 탄소로 이루어져 있으므로 생성된 이산화 탄소의 질량은 연소된 휘발유의 질량보다 크다. 이산화 탄소는 주요 온실 기체이다.

량을 계산하라. (힌트: 균형 반응식을 먼저 쓰라.)

❯ 복습문제 3.8B

(a) 메테인(CH_4)과 **(b)** 펜테인(C_5H_{12}) 각각 355 g이 산소 기체에서 연소할 때 생성되는 이산화 탄소의 질량을 계산하라. (힌트: 예제 3.7의 반응이 반응식의 균형을 맞추는 데 도움이 될 수 있다.)

자가평가문제

1. 4.65 mol H_2SO_4의 질량은 얼마인가?
   a. 314 g **b.** 456 g **c.** 466 g **d.** 564 g
2. 다음 중 10.0 g의 시료에 가장 많은 몰수가 포함된 것은 무엇인가?
   a. Co **b.** F **c.** Se **d.** P
3. 1 lb(453.6 g)의 CO_2에 들어 있는 CO_2의 몰수는 얼마인가?
   a. 0.0969몰 **b.** 9.20몰 **c.** 10.3몰 **d.** 14.2몰
4. 7.80 g의 벤젠 시료에 들어 있는 벤젠(C_6H_6)의 몰수는 얼마인가?
   a. 0.100몰 **b.** 1.00몰 **c.** 7.81몰 **d.** 610몰

5~7번 문제는 반응식 $2\ H_2 + O_2 \longrightarrow 2\ H_2O$을 참조하라.

5. 몰 단위로 반응식이 의미하는 것은 무엇인가?
   a. 2 mol H는 1 mol O와 반응하여 2 mol H_2O를 생성한다.
   b. 4 mol H는 2 mol O와 반응하여 4 mol H_2O를 생성한다.
   c. 2 mol H_2는 1 mol O_2와 반응하여 2 mol H_2O를 생성한다.
   d. 2 mol O_2는 1 mol H_2와 반응하여 2 mol H_2O를 생성한다.
6. 0.500 mol H_2에서 생성될 수 있는 물의 몰수는 얼마인가?
   a. 0.500몰 **b.** 1.00몰 **c.** 2.00몰 **d.** 4.00몰
7. 0.222 mol H_2O를 생성하는 데 필요한 산소(O_2)의 몰수는 얼마인가?
   a. 0.111몰 **b.** 0.222몰 **c.** 0.444몰 **d.** 1.00몰

정답: 1.b, 2.b, 3.c, 4.a, 5.c, 6.a, 7.a

3.5 용액

학습 목표 • 용액에서 용질의 농도(몰농도, 부피 백분율, 질량 백분율)를 계산한다.
• 농도와 다른 양이 주어졌을 때 용질 또는 용액의 양을 계산한다.

많은 화학 반응이 용액에서 일어나는 이유는 화학 성분이 더 쉽게 교환되기 때문이다. **용액**(solution)은 두 가지 이상의 물질이 균일하게 섞인 상태이다. 용해된 물질을 **용질**이라 하고, 용해 작용을 하는 물질을 **용매**라고 한다. 용매는 일반적으로 용질보다 더 많은 양으로 존재한다. 용매에는 여러 가지가 있다. 등유는 그리스를 녹이고, 에탄올은 많은 약물을 녹이며, 바나나 기름의 성분인 이소펜틸 아세테이트는 모형 비행기 접착제의 용매이다.

물은 의심할 여지 없이 가장 친숙한 용매로 설탕, 소금, 에탄올과 같은 많은 일반적인 물질을 녹인다. 여기서는 물이 용매인 **수용액**(aqueous solution, aq)에 초점을 맞춰 용질과 용매

의 관계를 보다 정량적으로 살펴본다.

용액의 농도

설탕이나 소금과 같은 일부 물질은 물에 가용성이라고 말한다. 물론 일정량의 물에 녹일 수 있는 설탕이나 소금의 양에는 한계가 있다. 그런데도 상당한 양이 녹기 때문에 물에 녹는다고 말하는 것이 편리하다. 구리 동전이나 유리(이산화 규소)와 같은 다른 물질은 물에 대한 용해도가 0에 가까워서 불용성으로 간주한다. 가용성 및 불용성과 같은 용어는 유용하지만 정확하지 않으므로 주의해서 사용해야 한다.

대략 추정되지만 때때로 유용한 다른 두 가지 용어는 '묽은'과 '진한'이다. **묽은 용액**(dilute solution)은 많은 양의 용매에 상대적으로 적은 양의 용질이 들어 있는 용액이다. 예를 들어 차 한 잔에 설탕을 조금 넣으면 단맛이 거의 없는 묽은 설탕 용액이 된다. **진한 용액**(concentrated solution)은 소량의 용매에 비교적 많은 양의 용질이 녹아 있는 용액이다. 팬케이크 시럽은 상대적으로 적은 양의 물에 많은 양의 설탕 용질이 녹아 있는 진한 용액으로 매우 달콤하다.

과학적 작업에는 일반적으로 '차 한 잔에 설탕 조금'보다 더 정확한 농도 단위가 필요하다. 또한 물질은 몰비에 따라 화학 반응을 일으키기 때문에 정량적인 작업에는 종종 몰 단위가 필요하다.

▲ 소독용 알코올은 물-이소프로필 알코올 용액으로, 일반적으로 이소프로필 알코올[$(CH_3)_2CHOH$]이 부피의 70%를 차지한다.

몰농도

화학자들이 자주 사용하는 농도 단위는 **몰농도**이다. 용액을 포함하는 반응의 경우, 일반적으로 용질의 양은 몰, 용액의 양은 리터 또는 밀리리터로 측정한다. **몰농도**(molarity, M)는 용액 1리터에 들어 있는 용질의 몰수이다.

$$\text{몰농도(M)} = \frac{\text{용질의 양(몰)}}{\text{용액의 양(리터)}}$$

예를 들어 '1.75 M NaCl'은 "1.75몰 염화 소듐"으로 읽는다. 몰농도와 몰을 혼동하지 않도록 주의해야 한다. 몰농도 식에는 몰이 포함되지만, 예제 3.9에서 볼 수 있듯이 몰농도가 몰과 같다는 의미는 아니다.

예제 3.9 용액의 농도: 몰농도와 몰

3.50 mol NaCl을 충분한 물에 녹여 만든 용액 2.00 L의 몰농도를 계산하라.

풀이

$$\text{몰농도(M)} = \frac{\text{용질의 양(몰)}}{\text{용액의 양(리터)}} = \frac{3.50\ \text{mol NaCl}}{\text{용액 } 2.00\ \text{L}} = 1.75\ \text{M NaCl}$$

› 복습문제 3.9A

5.95 L의 용액에 0.0400 mol NH_3가 들어 있는 용액의 몰농도를 계산하라.

› 복습문제 3.9B

0.850 mol H_2SO_4를 충분한 물에 녹여 만든 용액 775 mL의 몰농도를 계산하라.

일반적으로 용액을 준비할 때는 용질의 무게를 측정해야 한다. 저울에는 몰 단위가 표시되지 않으므로 예제 3.10과 같이 주어진 질량을 물질의 몰 질량으로 나눈다.

예제 3.10 몰농도와 질량

탄산수소 포타슘 333 g을 충분한 물에 녹여 만든 용액 10.0 L의 몰농도는 얼마인가?

풀이

먼저 $KHCO_3$의 질량(g)을 $KHCO_3$의 몰로 변환해야 한다.

$$333\ \text{g}\ \cancel{KHCO_3} \times \frac{1\ \text{mol}\ KHCO_3}{100.1\ \text{g}\ \cancel{KHCO_3}} = 3.33\ \text{mol}\ KHCO_3$$

그런 다음, 이 값을 몰농도를 정의하는 식의 분자로 사용한다. 용액의 부피인 10.0 L가 분모이다.

$$\text{몰농도} = \frac{3.33\ \text{mol}\ KHCO_3}{\text{용액}\ 10.0\ \text{L}} = 0.333\ \text{M}\ KHCO_3$$

› 복습문제 3.10A

(a) 용액 2.00 L에 들어 있는 18.0 g의 H_3PO_4와 **(b)** 용액 2.39 L에 들어 있는 3.00 g의 KCl의 몰농도를 계산하라.

› 복습문제 3.10B

용액 1752 mL에 0.309 g의 HF가 들어 있는 용액의 몰농도를 계산하라. HF는 유리를 식각하는 데 사용된다.

왜 중요할까?

음료의 에탄올 함량은 거의 항상 '부피'로 표시된다(복습문제 3.13A 참조). 이는 부분적으로 마케팅 전략의 일환일 수도 있다. 에탄올은 물보다 밀도가 약 20% 낮으므로 "부피비로 알코올 12%"라고 표시된 음료는 질량비로 약 10%의 에탄올만 함유한 것이다. 부피 비율이 높을수록 구매자는 "가격 대비 더 많은 것을 얻고 있다"라고 생각할 수 있다.

종종 특정 몰농도의 용액을 주어진 부피만큼 준비하는 데 필요한 용질의 질량을 알아야 할 때가 있다. 이러한 계산에서 몰농도를 용질의 몰수와 용액의 부피(L) 사이의 환산 인자로 사용할 수 있다. 예를 들어 예제 3.11에서 '0.15 M NaCl'이라는 표현은 용액 1리터당 0.15 몰의 NaCl을 의미하며, 다음과 같은 환산 계수로 표현된다.

$$\frac{0.15\ \text{mol KaCl}}{\text{용액}\ 1\ \text{L}}$$

예제 3.11 용액 만들기: 몰농도

일반적인 시판 식염수(약 0.15 M NaCl)를 0.500 L 만드는 데 필요한 NaCl의 질량(그램)은 얼마인가?

풀이

먼저 몰농도를 변환 인자로 사용하여 NaCl의 몰수를 계산한다.

$$\cancel{\text{용액}}\ 0.500\ \text{L} \times \frac{0.15\ \text{mol NaCl}}{\cancel{\text{용액}}\ 1\ \text{L}} = 0.075\ \text{mol Nacl}$$

그런 다음 몰질량을 사용하여 NaCl의 질량(g)을 계산한다.

$$0.075\ \text{mol NaCl} \times \frac{58.5\ \text{g NaCl}}{1\ \text{mol NaCl}} = 4.4\ \text{g NaCl}$$

› 복습문제 3.11A

(a) 4.00 M KOH 용액 1.500 L와 **(b)** 1.00 M KOH 용액 200.0 mL를 만들기 위해 필요한 수산화 포타슘의 질량(g)은 얼마인가?

› 복습문제 3.11B

19.1 M NaOH 용액 12.5 L를 만드는 데 필요한 수산화 소듐의 질량(kg)은 얼마인가?

종종 알려진 몰농도의 용액을 시중에서 구할 수 있다. 예를 들어 진한 염산은 12 M이다. 특정 몰수의 용질을 포함하는 용액의 부피를 어떻게 결정할 수 있을까? 12 M HCl은 12몰의 염산이 1리터의 용액과 같다는 것을 의미하므로 두 가지 환산 인자를 쓸 수 있다.

$$\frac{12\ \text{mol HCl}}{\text{용액}\ 1\ \text{L}} \quad \text{또는} \quad \frac{\text{용액}\ 1\ \text{L}}{12\ \text{mol HCl}}$$

두 번째 환산 인자는 HCl의 몰수를 HCl의 부피로 바꾼다.

2 **은 함량 0.925와 은 함량 0.800의 차이는 무엇인가?**

은의 순도는 십진수로 표시되며, '1'은 순수한 은을 나타낸다. 순도가 0.925보다 큰 은을 '표준 은(sterling silver)'이라고 한다. 표준 은은 합금 1.000 g당 최소 0.925 g의 은 원자가 있으며, 0.800 은은 합금 1.000 g당 0.800 g의 은 원자가 있다. 은 합금으로 만든 제품은 은 도금 제품과는 다르다.

예제 3.12 몰농도와 부피에서 몰수 계산하기

진한 염산(HCl)의 농도는 12.0 M이다. 0.425몰의 HCl을 얻는 데 필요한 이 용액의 부피(mL)를 계산하라.

풀이

$$0.425\ \text{mol HCl} \times \frac{\text{용액}\ 1\ \text{L}}{12\ \text{mol HCl}} = \text{용액}\ 0.0354\ \text{L}$$

이 경우 용액 0.0354 L(35.4 mL)에는 0.425몰의 용질이 포함되어 있다. 몰농도는 용액 1 L당 몰수이지 용매 1 L당 몰수가 아니라는 점을 기억하자.

› 복습문제 3.12A

0.445몰의 아세트산을 얻는 데 필요한 18.0 M 아세트산($HC_2H_3O_2$) 용액의 부피(mL)를 계산하라.

› 복습문제 3.12B

2.00×10^{-5} M의 HNO_3를 포함하고 있는 산성비 500 mL에 들어 있는 HNO_3의 질량(g)을 구하라.

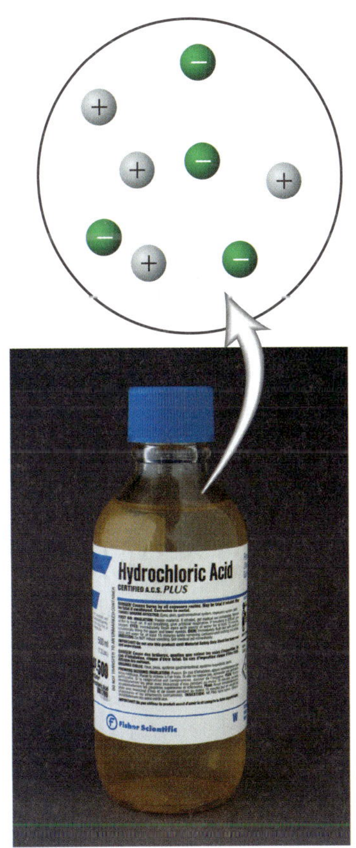

▲ '시약 등급'의 진한 염산은 물에 HCl(H^+ 및 Cl^- 이온)이 질량비로 38% 들어 있는 용액이다.

백분율 농도

의학 및 약학 분야를 비롯한 많은 실제 응용 분야에서 용액 농도는 종종 백분율로 표현된다. 측정하는 것이 질량인지 부피인지에 따라 백분율을 표현하는 방법은 여러 가지가 있다. 용질과 용매가 모두 액체인 경우에 액체 부피를 쉽게 측정할 수 있으므로 **부피 백분율**(percent by volume)을 사용하는 경우가 많다.

$$\text{부피 백분율} = \frac{\text{용질의 부피}}{\text{용액의 부피}} \times 100\%$$

부피 백분율을 계산할 때, 용질과 용액 모두 동일한 단위를 사용하기만 하면 어떤 부피 단위로든 표현할 수 있다. 예를 들어 두 부피를 모두 mL 또는 ft^3 또는 갤런으로 표현할 수 있다. 의약용 에탄올(CH_3CH_2OH)은 부피로 95%이다. 즉 수용액 100 mL당 95 mL의 CH_3CH_2OH로 구성된다.

예제 3.13 부피 백분율

전기톱 및 잔디 깎는 기계와 같은 장비에 일반적으로 사용되는 2기통 엔진은 120 mL의 오일을 충분한 양의 휘발유에 섞어서 4.00 L로 만든 혼합 연료이다. 이 혼합물에서 오일의 부피 백분율을 계산하라.

풀이

$$\text{부피 백분율} = \frac{\text{오일 } 120\text{ mL}}{\text{용액 } 4000\text{ mL}} \times 100\% = 3.0\%$$

› 복습문제 3.13A

90.0 mL의 물이 들어 있는 에탄올-물 용액 845 mL에서 에탄올의 부피 백분율은 얼마인가?

› 복습문제 3.13B

35.5 mL의 톨루엔($C_6H_5CH_3$)과 80.0 mL의 벤젠(C_6H_6)을 혼합하여 만든 용액에서 톨루엔의 부피 백분율은 얼마인가? (부피는 가산성이 있다고 가정한다.[1])

3 2% 우유는 일반 우유 열량의 2%만 함유하고 있는가?

아니다. 법에 따라 우유에는 최소 3.25%의 버터 지방이 함유되어 있어야 한다. 일부 버터 지방을 제거하여 2% 우유를 만들면 버터 지방의 질량 백분율이 2%가 된다. 우유의 당(주로 젖당)과 단백질도 에너지를 제공하기 때문에 2% 우유는 우유 열량의 약 75%를 가지고 있다. 반면 탈지분유는 지방이 최대 0.2%이고 우유 열량의 60% 수준이다. 세 가지 유형의 우유 모두 칼슘과 단백질 함량은 같다.

대부분의 상업용 용액에는 **질량 백분율**(percent by mass) 농도가 표시되어 있다. 예를 들어 황산은 축 전지에 사용하는 35.7% H_2SO_4, 인산염 비료 제조용 77.7% H_2SO_4, 철강 산세(pickling steel)용 93.2% H_2SO_4과 같이 여러 농도로 판매된다. 각 %는 질량 기준이다. 즉 황산 용액 100 g당 35.7 g의 H_2SO_4 등이다.

$$\text{질량 백분율} = \frac{\text{용질의 질량}}{\text{용액의 질량}} \times 100\%$$

부피 백분율과 마찬가지로, 용질과 용액의 질량도 같은 단위를 사용하기만 하면 어떤 질량 단위로든 표현할 수 있다.

예제 3.14 질량 백분율

25.5 g NaCl이 물 425 g에 용해된 용액의 질량 백분율을 계산하라.

풀이

위의 질량 백분율 식에 위의 값들을 대입한다. 용액의 질량은 NaCl과 물의 질량을 합한 값이

[1] 질량은 항상 가산성을 가지고 있다. 즉 설탕 50 g에 소금 50 g을 더하면 혼합물 100 g이 된다. 그러나 액체의 부피가 항상 가산성을 갖는 것은 아니다. 예를 들어 메탄올(가정용품 상점의 페인트 근처에 진열되어 있는 목재 알코올)과 물을 각각 50 mL씩 조심스럽게 계량하여 함께 섞으면 용액의 부피는 100 mL 미만이 된다. 이는 분자간 힘의 차이 때문이다.

라는 점을 기억하자.

$$\text{질량 백분율} = \frac{25.5\text{ g NaCl}}{\text{용액 }(25.5 + 425)\text{ g}} \times 100\% = 5.66\%\text{ NaCl}$$

› 복습문제 3.14A

가정용 과산화 수소 용액에는 일반적으로 물에 H_2O_2가 질량 백분율로 3.0% 들어 있다. 물 425 g에 8.95 g의 H_2O_2가 녹아 있는 용액의 질량 백분율은 얼마인가?

› 복습문제 3.14B

수산화 소듐(NaOH, 잿물)은 비누를 만드는 데 사용되며 물에 매우 잘 녹는다. 물 1025 g에 NaOH 1.00 kg이 들어 있는 용액에서 NaOH의 질량 백분율은 얼마인가?

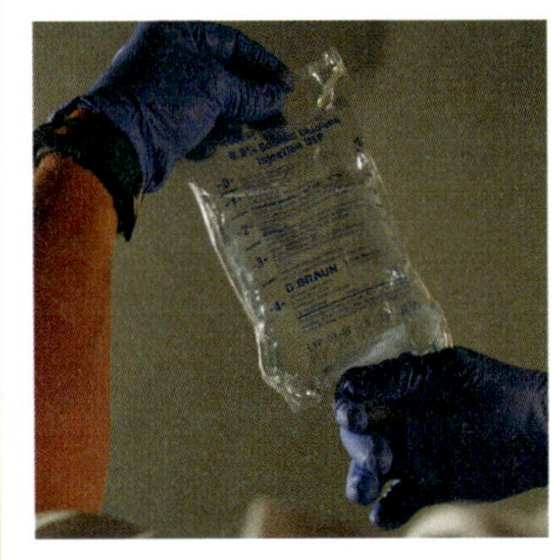

왜 중요할까?

등장액, 즉 '정상' 정맥 내 용액은 혈액 세포의 손상을 방지하기 위해 적절한 농도의 용질을 함유하고 있어야 한다. 농도가 높으면 삼투현상에 의해 수분이 세포에서 빠져나가면서 혈액 세포가 쪼그라들게 된다(수축). 농도가 낮으면 세포가 부풀어 오르고 심지어 터질 수도 있다(용혈).

예제 3.15 용액 만들기 질량 백분율

$NaNO_3$의 질량 백분율이 4.85%인 수용액 430 g을 만드는 방법을 설명하라.

풀이

먼저 용질의 질량을 구하기 위해 질량 백분율의 식을 다시 정리한다.

$$\text{용질의 질량} = \frac{(\text{질량 백분율} \times \text{용액의 질량})}{100\%}$$

대입하면

$$\frac{4.85\% \times 430\text{ g}}{100\%} = 20.9\text{ g}$$

20.9 g $NaNO_3$을 달아서 용액의 무게가 430 g이 될 때까지 충분한 양의 물을 넣는다.

› 복습문제 3.15A

질량으로 4.50%의 포도당 수용액 250 g을 만드는 방법을 설명하라.

› 복습문제 3.15B

질량으로 0.89%의 염화 소듐이 들어 있는 일반적으로 사용되는 정맥 주사(IV) 용액인 등장성 식염수 1.25 kg을 만드는 방법을 설명하라.

백분율 농도의 경우에 필요한 용질의 질량이나 부피는 용질이 무엇인지에 따라 달라지지 않는다는 점에 유의해야 한다. 질량 백분율 10% NaOH 용액에는 용액 100 g당 10 g의 NaOH가 들어 있다. 마찬가지로, 10% HCl, 10% $(NH_4)_2SO_4$, 10% $C_{110}H_{190}N_3O_2Br$은 각각 용액 100 g당 10 g의 지정된 용질을 포함한다. 그러나 몰농도 용액은 지정된 몰농도 용액에 들어 있는 용질의 질량이 용질에 따라 달라진다. 0.10 M 용액의 1 L에는 4.0 g(0.10 mol)의 NaOH, 3.7 g(0.10 mol)의 HCl, 13.2 g(0.10 mol)의 $(NH_4)_2SO_4$, 166 g(0.10 mol)의 $C_{110}H_{190}N_3O_2Br$이 필요하다.

4 독성 등급(LD_{50})이 100 ppm이라는 것은 무엇을 의미하는가?

LD_{50}은 중간 치사량, 즉 시험 대상 개체의 50%를 사망에 이르게 하는 물질의 용량을 의미한다. 100 ppm(또는 백만 분의 1)이라는 수치는 해당 독성 물질이 실험 생물체의 체중 1 kg당 100 mg만 있어도 된다는 의미이다.

녹색 화학 원자 경제

Margaret Kerr, Worcester State University

원칙 1, 2

학습 목표
- 원자 경제의 개념이 오염 방지와 환경 보호에 어떻게 적용될 수 있는지 설명한다.
- 화학 반응에 대해 원자 경제를 계산한다.

미래의 자신을 상상해보자. 여러분의 직업은 환경 보호와 관련이 있으며, 실무 화학자들이 새로운 공정과 반응을 설계할 때 필요한 정보를 제공해야 한다. 폐기물 관리는 가장 큰 관심사 중 하나이다. 일반적으로 폐기물은 원하는 상품을 생산한 후에야 해결되지만, 친환경적인 접근 방식은 처음부터 폐기물을 최소화하는 것을 의미할 수 있다는 것을 알고 있다. 이 업무에서 어떤 방법을 사용할 수 있을까? 어떤 주제가 중요할까? 화학자들은 어떻게 환경을 보호하면서 동시에 새로운 제품을 제공할 수 있을까?

폐기물 관리에 대한 친환경적 접근 방식에는 폐기물로 버려지지 않고 원하는 제품에 보존되는 원자 수를 계산하는 원자 경제 개념이 내재되어 있다. 원자 경제는 관심 있는 반응의 '친환경성'(또는 부족함)을 결정하는 데 도움이 되는 '녹색 화학 지표'의 한 예이다. 1998년 스탠포드대학의 Barry Trost는 이 개념을 개발한 공로로 대통령 녹색 화학 도전상을 수상했다. 화학자들은 원하는 생성물의 일부가 되지 않고 폐기물로 들어가는 원자 수를 계산함으로써 반응을 실행하기도 전에 반응에 사용되는 화학 물질이 생성할 최소 폐기물의 양을 정확하게 결정할 수 있다.

이제 화학 반응식을 쓰고 균형을 맞추는 방법을 배웠으며(3.1절), 몰질량을 계산하고 질량을 몰로 변환하고 주어진 양의 반응물에서 생성되는 생성물의 양을 결정할 수도 있게 되었다(3.3절 및 3.4절). 반응의 효율을 계산하는 다른 방법으로는 전통적으로 '이론적 수득량', '실험적 수득량', '수득 백분율'을 사용하여 표현해왔다. 이론적 수득량은 사용된 반응물의 양으로 생성할 수 있는 원하는 생성물의 최대량이다. 실험실 조건에서는 일반적으로 반응의 이론적 수득량을 얻을 수 없다. 실제로 얻어진 원하는 생성물의 양을 실험적 수득량이라고 한다. 화학자들은 종종 실험 결과를 수득 백분율로 표현하는데, 이는 단순히 실험적 수득량을 이론적 수득량으로 나눈 다음 100%를 곱한 값이다.

$$\text{수득 백분율} = \frac{\text{실험적 수득량}}{\text{이론적 수득량}} \times 100\%$$

반응의 수득률이 100%라고 보고하는 것은 좋아 보이지만, 수득 백분율은 원하는 생성물만을 고려한다. 생성되는 다른 물질(예를 들어 부산물)은 수득률에 포함되지 않는다. 부산물은 종종 화학 폐기물 흐름의 일부가 된다. 일부 반응은 원하는 생성물보다 더 많은 부산물을 생성한다.

원자 경제는 반응 효율을 측정하는 더 좋은 방법이다. 원자 경제 백분율(%A.E.)은 반응 혼합물에서 실제로 원하는 생성물의 일부가 되는 원자의 비율을 측정한다. 생성물에 포함되지 않는 반응물 원자는 폐기물로 간주된다. 다음 식에 의해 주어진 %A.E.는 원하는 생성물의 수득률 100%에 대한 이론적 최대 원자 경제이다.

$$\%\,\text{A.E.} = \frac{\text{원하는 생성물의 몰질량}}{\text{모든 반응물의 몰질량}} \times 100\%$$

반응의 수득률이 100%에 가까워도 원자 경제는 좋지 않을 수 있다.

플라스틱 산업에서 중요한 화학 원료인 뷰텐(C_4H_8)을 만드는 방법에는 다음 두 가지가 있다. 첫째, 뷰틸브로마이드(C_4H_9Br)와 수산화 소듐(NaOH)을 사용하여 뷰텐을 만들 수 있다.

$$C_4H_9Br + NaOH \longrightarrow C_4H_8 + H_2O + NaBr$$

이 반응에서는 뷰틸브로마이드에서 Br 원자와 H 원자가 제거되어 최종 생성물이 만들어진다. 일반적으로 이와 같은 반응에서는 하나의 생성물만 필요하고 다른 생성물은 모두 사용하지 않는다.

이 반응에 대한 원자 경제를 계산할 수 있다.

$$\%\,\text{A.E.} = \frac{C_4H_8\ \text{몰질량}}{(C_4H_9Br\ \text{몰질량} + NaOH\ \text{몰질량})} \times 100\%$$

$$\%\,\text{A.E.} = \frac{56.11\ \text{g/mol}}{137.02\ \text{g/mol} + 40.00\ \text{g/mol}} \times 100\% = 31.7\%$$

이러한 제거 반응은 항상 부산물이 존재하기 때문에 100% 원자 경제를 갖지 못한다. 그 결과 일부 원자는 폐기물 흐름으로 들어가게 된다.

뷰텐은 뷰타인(C_4H_6)과 수소 기체(H_2)를 사용하여 만들 수도 있다.

$$C_4H_6 + H_2 \longrightarrow C_4H_8$$

이 반응에서는 두 반응물의 모든 원자가 원하는 생성물에 나타나고 폐기물 흐름으로 들어가는 원자는 하나도 없다. 원자 경제 백분율은 100%이다.

$$\%\,\text{A.E.} = \frac{C_4H_8\ \text{몰질량}}{C_4H_6\ \text{몰질량} + H_2\ \text{몰질량}} \times 100\%$$

$$\%\,\text{A.E.} = \frac{56.11\ \text{g/mol}}{54.09\ \text{g/mol} + 2.02\ \text{g/mol}} \times 100\% = 100\%$$

원자 경제 개념은 낭비를 예측할 수 있는 방법을 제공하기 때문에 낭비를 제거하거나 최소화하는 혁신적인 설계 공정으로 이어질 수 있다. 반응의 시작 단계에서부터 폐기물에 집중함으로써 마지막 단계에서 청소 작업을 줄이거나 없앨 수 있다.

자가평가문제

1. 물 85.0 g과 설탕 5.0 g($C_{12}H_{22}O_{11}$)의 용액에 대한 설명으로 옳은 것은 무엇인가?
   a. 용질은 설탕이고 용액은 용매이다.
   b. 용질은 설탕이고 용매는 물이다.
   c. 용질은 물이고 용매는 설탕이다.
   d. 물과 설탕 모두 용질이다.

2. 용액 62.5 mL에 0.500 mol의 수산화 소듐이 들어 있는 용액의 몰농도는 얼마인가?
   a. 0.00200 M **b.** 0.200 M **c.** 2.00 M **d.** 8.00 M

3. 0.600 M 설탕 용액 2.00 L를 만드는 데 필요한 설탕의 몰수는 얼마인가?
   a. 1.20몰 **b.** 2.40몰 **c.** 24.0몰 **d.** 6.67몰

4. 0.800 M NaCl 용액 2.500 L을 만드는 데 필요한 NaCl의 g은 얼마인가?
   a. 2.00 g **b.** 4.00 g **c.** 58.5 g **d.** 117 g

5. 1.80 mol HCl이 들어 있는 6.00 M HCl 용액의 부피는 얼마인가?
   a. 250 mL **b.** 300 mL **c.** 900 mL **d.** 9.00 L

6. 충분한 양의 물에 순수 에탄올 50.0 mL를 첨가하여 용액 250 mL를 만들었다. 이 용액에서 에탄올의 부피 백분율은 얼마인가?
   a. 16.7% **b.** 20.0% **c.** 25.0% **d.** 80.0%

7. 어떤 용액에 설탕 15.0 g과 물 60.0 g이 들어 있다. 이 용액에서 설탕의 질량 백분율은 얼마인가?
   a. 15.0% **b.** 20.0% **c.** 25.0% **d.** 80.0%

8. 4.00 M NaCl 용액 100.0 mL를 만들려면 23.4 g의 NaCl에 더해야 하는 물은 얼마인가?
   a. 76.6 mL
   b. 76.6 g
   c. 100.0 mL
   d. 100.0 mL 용액을 만들 만큼 충분히

정답: 1. b, 2. d, 3. a, 4. d, 5. b, 6. b, 7. b, 8. d

요약

3.1절: **화학 반응식**은 단어 대신 기호와 공식을 사용하여 화학 변화를 간단히 나타낸 것이다(예를 들어 $C + O_2 \longrightarrow CO_2$). 화살표 왼쪽에 있는 물질은 출발 물질 또는 **반응물**이고, 화살표 오른쪽에 있는 물질은 **생성물** 또는 반응이 생성하는 물질이다. 물리적 상태는 (s), (l), (g)로 표시할 수 있다. 화학 반응식은 양쪽에 같은 수와 유형의 원자를 배치하여 균형을 이루어야 한다. 반응식은 각 반응물 또는 생성물 앞에 계수를 배치하여 균형을 맞춘다. 균형 반응식 $2\ NaN_3 \longrightarrow 2\ Na + 3\ N_2$는 2개의 NaN_3 화학식 단위가 반응하여 2개의 Na 원자와 3개의 N_2 분자를 생성한다는 의미이다.

3.2절: Gay-Lussac은 실험을 통해 **기체 반응 법칙**을 발견했다. 주어진 온도와 압력에서 기체 반응물과 생성물의 부피는 1:1, 2:1, 4:3과 같은 작은 정수 비율로 존재한다. **Avogadro 법칙**은 일정 온도와 압력에서 부피가 같은 모든 기체는 같은 수의 분자를 포함하고 있다는 법칙이다.

3.3절: **아보가드로수**는 정확히 12 g의 ^{12}C에 들어 있는 ^{12}C 원자의 수, 즉 6.02×10^{23} 원자로 정의된다. **몰**은 물질에 따라 원자, 분자, 화학식 단위 등 아보가드로수 만큼의 기본 단위가 포함된 물질의 양을 말한다. **화학식량**은 물질의 화학식에 있는 원자들의 질량을 합한 값이다. 화학식이 분자를 나타내는 경우 종종 **분자량**이라는 용어를 사용한다. 화학식은 질량비뿐만 아니라 원자비도 나타내며, 이 화학식으로부터 화합물의 질량별 조성을 계산할 수 있다.

3.4절: **몰질량**은 물질 1몰의 질량이다. 몰질량의 숫자 부분은 화학식량, 분자량, 원자량과 동일하지만 몰질량의 단위는 몰당 그램(g/mol)이다. 이 단위는 물질의 질량(g)을 몰로 변환하거나 그 반대로 변환할 때 사용된다. 균형 화학식은 원자와 분자 또는 몰 단위로 나타낼 수 있다. **화**

학량론 또는 화학 반응의 질량 관계는 **화학량론 인자**를 사용하여 구할 수 있으며, 이는 한 물질의 몰과 다른 물질의 몰을 연관시킨다. 화학량론 인자는 균형 반응식에서 직접 구할 수 있다. 화학 반응에서 질량 관계를 평가하기 위해 몰농도와 화학량론 인자는 모두 환산 인자로 사용된다.

3.5절: 용액은 두 가지 이상의 물질이 균일하게 섞인 혼합물로, 대개 용매에 용해된 용질로 구성된다. 물질의 상당량이 용매에 녹으면 그 물질은 용매에 가용성이다. 용매에 크게 용해되지 않는 물질은 해당 용매에 불용성이다. **수용액**(aq)은 용매로 물을 사용한다. **진한 용액**은 용매에 비해 상대적으로 많은 양의 용질을 가지고 있고, **묽은 용액**은 많은 양의 용매에 적은 양의 용질만 가지고 있다. 농도의 정량적 단위 중 하나는 **몰농도**(M)인데, 이는 용액 1 L당 용해된 용질의 몰수이다.

$$\text{몰농도(M)} = \frac{\text{용질의 몰수}}{\text{용액의 리터}}$$

백분율을 사용하여 농도를 표현하는 여러 가지 방법이 있다. 두 가지 중요한 방법은 **부피 백분율**과 **질량 백분율**이다.

$$\text{부피 백분율} = \frac{\text{용질의 부피}}{\text{용액의 부피}} \times 100\%$$

$$\text{질량 백분율} = \frac{\text{용질의 질량}}{\text{용액의 질량}} \times 100\%$$

각 농도 단위에 대해 식의 세 항 중 2개를 알고 있으면 세 번째 항을 풀 수 있다.

녹색 화학: 원자 경제는 녹색 화학 및 폐기물 방지의 중요한 요소이다. 화학자는 사용되는 원자 수를 최대화하기 위해 전략적으로 반응을 설계함으로써 폐기물 생산을 줄일 수 있다.

학습 목표	관련 문제
• 균형 화학 반응식과 불균형 화학 반응식을 확인하고, 검사를 통해 반응식의 균형을 맞춘다. (3.1)	4, 11~16, 51~53, 62
• 반응에 대한 균형 반응식을 사용하여 반응하는 기체의 부피를 결정한다. (3.2)	17~22, 55
• 물질의 화학식량, 분자량, 몰질량을 계산한다. (3.3)	2, 3, 27~34
• 아보가드로수를 사용하여 어떤 물질의 질량에 포함된 여러 유형의 입자의 수를 구한다. (3.3)	23~26
• 물질의 질량을 몰로, 몰을 질량으로 변환한다. (3.4)	29~34, 71
• 한 반응물 또는 생성물의 질량 또는 몰수를 다른 반응물 또는 생성물의 질량 또는 몰수로부터 계산한다. (3.4)	35~38, 54, 56~58, 62, 69
• 용액에서 용질의 농도(몰농도, 부피 백분율, 질량 백분율)를 계산한다. (3.5)	39, 40, 45, 46, 60, 61
• 농도와 다른 양이 주어졌을 때 용질 또는 용액의 양을 계산한다. (3.5)	41~44, 47~50, 59, 64, 65
• 원자 경제의 개념이 오염 방지와 환경 보호에 어떻게 적용될 수 있는지 설명한다.	75
• 화학 반응에 대해 원자 경제를 계산한다.	73~77

개념문제

1. 다음 각 항목을 정의하거나 설명하라.
   a. 화학식 단위
   b. 화학식량
   c. 몰
   d. 아보가드로수
   e. 몰질량
   f. (기체의) 몰부피
2. 염소의 원자량과 염소 기체의 화학식량의 차이를 설명하라.
3. 한 꼬집(예: 소금 한 꼬집), 한 줌, 양동이 한 가득, 트럭 한 대 분량 중에 설탕이나 소금과 같은 전형적인 물질의 몰의 양을 가장 잘 나타내는 것은 무엇인가?
4. 질량 보존 법칙을 참고하여 균형 화학 반응식을 사용해야 하는 이유를 설명하라.
5. 다음 각 용어를 정의하거나 예를 들어 설명하라.
   a. 용액
   b. 용매
   c. 용질
   d. 수용액
6. 다음 각 용어를 정의하거나 예를 들어 설명하라.
   a. 진한 용액
   b. 묽은 용액
   c. 가용성
   d. 불용성

연습문제

화학식 해석하기

7. 다음 화학식에는 각각 몇 개의 산소 원자가 포함되어 있는가?
   a. $Al(H_2PO_4)_3$
   b. $HOC_6H_4COOCH_3$
   c. $(BiO)_2SO_4$
8. 다음 화학식에는 각각 몇 개의 탄소 원자가 포함되어 있는가?
   a. $Fe_2(C_2O_4)_3$
   b. $Al(CH_3COO)_3$
   c. $(CH_3)_3CCH(CH_3)_2$
9. $3(NH_4)_2HPO_4$에는 N, P, H, O 원자가 몇 개씩 포함되어 있는가?
10. 4 $Fe(HOOCCH_2COO)_3$에는 Fe, C, H, O 원자가 몇 개씩 포함되어 있는가?

화학 반응식 해석하기

11. 다음 반응식에 대해 **(a)** 분자 수준에서 그 의미를 설명하라. **(b)** 몰의 관점에서 해석하라. **(c)** 반응식이 나타내는 질량 관계를 설명하라.

$$2\,H_2O_2 \longrightarrow 2\,H_2O + O_2$$

12. 다음 각 화학 반응식을 몰 단위로 나타내라.
   a. $2\,Mg + O_2 \longrightarrow 2\,MgO$
   b. $2\,C_2H_6 + 7\,O_2 \longrightarrow 4\,CO_2 + 6\,H_2O$

화학 반응식의 균형 맞추기

13. 다음 각 반응식의 균형을 맞춰라.
   a. $Li + O_2 \longrightarrow Li_2O$
   b. $Mg + Co_2O_3 \longrightarrow MgO + Co$
   c. $Zr + H_2S \longrightarrow ZrS_2 + H_2$
14. 다음 각 반응식의 균형을 맞춰라.
   a. $K + O_2 \longrightarrow K_2O_2$
   b. $FeCl_2 + Na_2SiO_3 \longrightarrow NaCl + FeSiO_3$
   c. $F_2 + AlCl_3 \longrightarrow AlF_3 + Cl_2$
15. 다음 각 과정에 대한 균형 반응식을 쓰라.
   a. 질소 기체와 산소 기체가 반응하여 사산화 이질소(N_2O_4)를 생성한다.
   b. 오존(O_3)은 탄소와 반응하여 이산화 삼탄소(C_3O_2)를 생성한다.
   c. 산화 우라늄(VI)은 플루오린화 수소(HF)와 반응하여 플루오린화 우라늄(VI)과 물을 생성한다.
16. 다음 각 과정에 대한 균형 반응식을 쓰라.
   a. 알루미늄 금속은 산소 기체와 반응하여 산화 알루미늄을 생성한다.
   b. 탄산 칼슘(많은 제산제의 활성 성분)은 위산(HCl)과 반응하여 염화 칼슘, 물, 이산화 탄소를 생성한다.
   c. 헥세인(C_6H_{14})은 산소 기체에서 연소하여 이산화 탄소와 물을 생성한다.

화학 반응식에서 부피 관계

17. 3개의 풍선에 각각 같은 부피의 이산화 탄소, 염소 기체, 질소 기체가 채워져 있다. **(a)** 어느 것이 가장 많은 분자를 포함하고 있는가? **(b)** 어느 것의 질량이 가장 큰가?
18. 3개의 풍선에 각각 같은 질량의 네온, 크립톤, 아르곤 기체가 채워져 있다. 어느 풍선이 가장 큰가?
19. 펜테인(C_5H_{12})의 연소를 나타내는 다음 반응식을 생각해보자.

$$C_5H_{12}(g) + 8\,O_2(g) \longrightarrow 5\,CO_2(g) + 6\,H_2O(g)$$

   a. 20.6 L의 펜테인 증기가 연소될 때 생성되는 이산화 탄소의 부피(L)는 얼마인가? 두 기체는 동일한 조건에서 측정한다고 가정한다.
   b. 펜테인 증기가 58.4 mL의 산소 기체와 반응하는 데 필요한 펜테인 증기의 부피(mL)는 얼마인가? 두 기체는 동일한 조건에서 측정한다고 가정한다.
20. 다음은 암모니아의 연소를 나타내는 반응식이다.

$$4\,NH_3(g) + 3\,O_2(g) \longrightarrow 2\,N_2(g) + 6\,H_2O(g)$$

   a. 3.58×10^4 L의 암모니아가 연소될 때 생성되는 질소 기체의 부피(L)는 얼마인가? 두 기체는 동일한 조건에서 측정한다고 가정한다.
   b. 6.42 L의 수증기를 생성하는 데 필요한 산소 기체의 부피(L)는 얼마인가? 두 기체는 동일한 조건에서 측정한다고 가정한다.
21. 두 기체가 동일한 조건에서 측정된다고 가정하고, 19번 문제의 반응식을 사용하여 반응하는 펜테인 증기의 부피 대 생성되는 이산화 탄소의 부피 비율을 구하라.
22. 두 기체가 동일한 조건에서 측정된다고 가정하고, 20번 문제의 반응식을 사용하여 생성된 수증기의 부피 대 반응하는 암모니아의 부피 비율을 구하라.

아보가드로수

23. 1.00몰의 백린(P_4)에는 **(a)** 몇 개의 인 분자와 **(b)** 몇 개의 인 원자가 있는가?
24. 2.00몰의 Al_2S_3에는 **(a)** 몇 개의 알루미늄 이온과 **(b)** 몇 개의 황화 이온이 있는가?
25. 다음 문장을 올바르게 완성하기 위해 빈칸에 들어갈 말은 무엇인가?

   브로민(Br_2) 기체 1 mol은 ______.

   a. 질량이 79.9 g이다.

b. 6.02×10^{23}개의 Br 원자를 포함하고 있다.
c. 12.04×10^{23}개의 Br 원자를 포함하고 있다.
d. 질량이 6.02×10^{23} g이다.

26. **(a)** 7.00 mol $Ba(NO_3)_2$에는 몇 mol의 바륨 이온과 몇 몰의 질산 이온이 있는가? **(b)** 7.00 $Ba(NO_3)_2$에는 몇 mol의 질소 원자와 몇 mol의 산소 원자가 있는가?

화학식량과 몰질량

원자량은 소수점 첫째 자리에서 반올림할 수 있다.

27. 다음 각 화합물의 몰질량을 계산하라.
a. $CuSO_4$
b. $Sr(ClO_4)_2$
c. $Cd(BrO_3)_2$
d. $(CH_3)_2CHCH_2OH$

28. 다음 각 화합물의 몰질량을 계산하라.
a. Na_3PO_4
b. $(NH_4)_2SO_3$
c. $Cr_2(Cr_2O_7)_3$
d. $(CH_3)_3CCOCH(C_2H_5)_2$

29. 다음 각각의 질량(g)을 계산하라.
a. 3.15 mol $AgNO_3$
b. 0.0901 mol $CaCl_2$
c. 11.86 mol H_2S

30. 다음 각각의 질량(kg)을 계산하라.
a. 194 mol $TiCl_4$
b. 2.25×10^7 mol Fe_3O_4
c. 24.8 mol $Fe_3[Fe(CN)_6]_2$

31. 다음 각각의 양을 몰 단위로 계산하라.
a. 77.3 g Sb_2S_3
b. 321 g MoO_3
c. 908 g $AlPO_4$

32. 다음 각각의 양을 몰 단위로 계산하라.
a. 16.3 g SF_6
b. 25.4 g $Pb(C_2H_3O_2)_2$
c. 15.6 g $SrCO_3$

33. **(a)** $NaNO_3$와 **(b)** NH_4Cl에서 N의 질량 백분율을 계산하라.

34. 포도당($C_6H_{12}O_6$)에서 C, H, O의 질량 백분율을 계산하라.

화학 반응식에서 몰과 질량 관계

35. 다음은 이소프로판올(C_2H_5OH, 소독용 알코올)의 연소 반응이다.

$$2\,C_3H_7OH + 9\,O_2 \longrightarrow 6\,CO_2 + 8\,H_2O$$

a. 이소프로판올 0.845 mol이 연소하면 몇 mol의 이산화 탄소가 발생하는가?
b. 이소프로판올 2.54 mol을 연소시키려면 몇 mol의 산소 기체가 필요하는가?

36. 일부 호흡 장치에서는 과산화 포타슘과 내뿜는 이산화 탄소가 반응하여 숨 쉬는 데 필요한 산소를 생성한다.

$$4\,KO_2 + 2\,CO_2 \longrightarrow 2\,K_2CO_3 + 3\,O_2$$

a. 2.81 mol KO_2가 반응하면 몇 몰의 산소 기체가 생성되는가?
b. 8.12 mol 산소 기체가 생산될 때 몇 mol의 CO_2가 소비되는가?

37. **(a)** 250 g H_2로부터 생성될 수 있는 암모니아의 질량(g)은 얼마인가? **(b)** 923 g N_2와 완전히 반응하는 데 필요한 수소의 질량(g)은 얼마인가?

$$N_2 + H_2 \longrightarrow NH_3 \quad (\text{불균형식})$$

38. 톨루엔(C_7H_8)과 질산(HNO_3)은 굴착 및 철거에 사용되는 폭약인 트리나이트로톨루엔(TNT, $C_7H_5N_3O_6$)의 생산에 사용된다.

$$C_7H_8 + HNO_3 \longrightarrow C_7H_5N_3O_6 + H_2O \quad (\text{불균형식})$$

a. 454 g C_7H_8과 반응하는 데 필요한 질산의 질량(g)은 얼마인가?
b. 829 g C_7H_8로 만들 수 있는 TNT의 질량(g)은 얼마인가?

용액의 몰농도

39. 다음 각 용액의 몰농도를 계산하라.
a. 9.66 mol $LiNO_3$이 들어 있는 용액 8.83 L
b. 0.575 mol $FeCl_3$이 들어 있는 용액 955 mL

40. 다음 각 용액의 몰농도를 계산하라.
a. 8.82 mol H_2SO_4이 들어 있는 용액 7.50 L
b. 1.22 mol C_2H_5OH이 들어 있는 용액 96.3 mL

41. **(a)** 0.288 M HCl 2.25 L를 만드는 데 필요한 용질의 양(g)은 얼마인가? **(b)** 0.375 M K_2CrO_4 175 mL를 만드는 데 필요한 용질의 양(g)은 얼마인가?

42. **(a)** 0.167 M $K_2Cr_2O_7$ 0.250 L를 만드는 데 필요한 용질의 양(g)은 얼마인가? **(b)** 0.0200 M $KMnO_4$ 625 mL를 제조하는 데 필요한 용질의 질량(g)은 얼마인가?

43. **(a)** 2.50 mol NaOH가 들어 있는 6.00 M NaOH의 부피(L)는 얼마인가? **(b)** 8.10 g KH_2AsO_4가 들어 있는 0.0500 M KH_2AsO_4의 부피(L)는 얼마인가?

44. **(a)** 2.50 M NaOH가 들어 있는 0.250 M NaOH의 부피(L)는 얼마인가? **(b)** 0.225 g $H_2C_2O_4$가 들어 있는 4.25 M $H_2C_2O_4$의 부피(L)는 얼마인가?

용액의 백분율 농도

45. **(a)** 과산화 수소-물 용액 514 mL에 과산화 수소 18.9 mL가 들어 있는 용액의 부피 백분율은 얼마인가? **(b)** 에틸렌 글리콜-물 용액 7.55 L에 에틸렌 글리콜 3.81 L가 들어 있는 용액의 부피 백분율은 얼마인가?

46. **(a)** 에탄올-물 용액 725 mL에 물 35.0 mL가 들어 있는 용액의

부피 백분율은 얼마인가? **(b)** 아세톤-물 용액 1550 mL에 아세톤 78.9 mL가 들어 있는 용액의 부피 백분율은 얼마인가?

47. 질량 백분율 농도가 8.2%인 NaCl 수용액 3375 g을 만드는 방법을 설명하라.

48. 질량 백분율 농도가 16.3%인 KOH 수용액 2.44 kg을 만드는 방법을 설명하라.

49. 부피 백분율 농도가 2.00%인 아세트산 수용액 2.00 L를 만드는 방법을 설명하라.

50. 부피 백분율 농도가 30.0%인 이소프로필 알코올 수용액 600.0 mL를 만드는 방법을 설명하라.

심화문제

51. 마그네슘과 알루미늄은 모두 수용액에서 수소 이온과 반응하여 수소를 생성한다. 다음 반응식 중 하나만 이 반응을 바르게 설명하는 이유는 무엇인가?

$$Mg(s) + 2\,H^+(aq) \longrightarrow Mg^{2+}(aq) + H_2(g)$$
$$Al(s) + 2\,H^+(aq) \longrightarrow Al^{3+}(aq) + H_2(g)$$

52. 염소산 포타슘이 염화 포타슘과 산소 기체로 분해되는 반응을 바르게 나타낸 것은 다음 중 무엇인가?

a. $KClO_3(s) \longrightarrow KClO_3(s) + O_2(g) + O(g)$
b. $2\,KClO_3(s) \longrightarrow 2\,KCl(s) + 3\,O_2(g)$
c. $KClO_3(s) \longrightarrow KClO(s) + O_2(g)$
d. $KClO_3(s) \longrightarrow KCl(s) + O_3(g)$

53. **(a)** 고체 산화 철(II)과 알루미늄 금속이 반응하여 액체 철 금속과 고체 산화 알루미늄을 생성하는 균형 화학 반응식을 쓰라. **(b)** 황화 포타슘 수용액이 질산 구리(II) 수용액과 반응하여 질산 포타슘 수용액과 고체 황화 구리(II)를 생성하는 균형 화학 반응식을 쓰라.

54. 1774년 Joseph Priestley는 '적색 수은 금속회[산화 수은(II)]'를 열로 가열하여 산소를 발견했다. 금속회는 구성 원소들로 분해되었다. 반응식은 다음과 같다.

$$HgO \longrightarrow Hg + O_2 \quad \text{(불균형식)}$$

18.0 g의 HgO가 분해될 때 생성되는 산소의 질량은 얼마인가?

55. 같은 온도와 압력에서의 1.00 mol $H_2(g)$, 2.00 mol He(g), 0.50 mol $C_2H_2(g)$를 고려하자. **(a)** 세 시료는 원자의 수가 모두 같은가? **(b)** 질량이 가장 큰 것은 무엇인가?

56. 순수한 철 50.0 g과 과량의 산소로 만들 수 있는 자성 산화 철 (Fe_3O_4)의 질량(g)은 얼마인가? 반응식은 다음과 같다.

$$Fe + O_2 \longrightarrow Fe_3O_4 \quad \text{(불균형식)}$$

57. 석회석(탄산 칼슘)은 900 ℃ 이상으로 가열하면 생석회(시멘트 제조에 사용되는 산화 칼슘)와 이산화 탄소로 분해된다. 2.5×10^5 g의 석회석에서 생산할 수 있는 생석회의 질량(g)은 얼마인가?

58. 암모니아가 산소와 반응하면 질산(HNO_3)과 물이 생성된다. 549 g의 암모니아로 만들 수 있는 질산의 질량(g)은 얼마인가?

59. 약국에서 판매되는 과산화수소 용액은 질량비로 3.0%의 H_2O_2가 물에 녹아 있다. 이 용액의 전형적인 16온스 병에는 몇 몰의 과산화수소가 들어 있는가(1온스 = 29.6 mL, 밀도 = 1.00 g/mL)?

60. **(a)** 100.0g의 물에 2.59 g의 NaOH를 녹인 용액에서 NaOH의 질량 백분율은 얼마인가? **(b)** 50.0 g의 물에 5.25 mL의 에탄올(밀도 = 0.789 g/mL)을 녹인 용액에서 에탄올의 질량 백분율은 얼마인가?

61. **(a)** 18.0 mL의 물이 들어 있는 에탄올-물 용액 355 mL에서 에탄올의 부피 백분율은 얼마인가? **(b)** 4.000 mL의 아세톤이 들어 있는 아세톤-물 용액 1.55 L에서 아세톤의 부피 백분율은 얼마인가?

62. 웃음 가스[일산화 이질소(N_2O) 또는 아산화 질소라고도 함]는 질산 암모늄을 매우 조심스럽게 가열하여 만들 수 있다(부주의하게 가열하면 폭발이 일어나는데, 이는 매우 나쁜 실험 기술이다). 또 다른 생성물은 물이다.

a. 이 과정에 대한 균형 반응식을 쓰라.
b. N_2O의 루이스 구조를 그려라. (힌트: 질소가 중심 원자이다.)
c. 질산 암모늄 150.0 g으로 만들 수 있는 N_2O의 질량(g)은 얼마인가?

63. 표 1.6에는 SI 기본 단위와 함께 사용되는 몇 가지 접두어가 나열되어 있다. 1990년대에는 첨단 실험에서 물질의 양이 점점 더 줄어듦에 따라 몇 가지 새로운 접두어가 권장되었다.

제타- (Z, 10^{21})	요타- (Y, 10^{24})
젭투- (z, 10^{-21})	욕토- (y, 10^{-24})

a. 1.50 ymol 우라늄 질량을 욕토그램 단위로 쓰라.
b. 1.20 zmol의 우라늄에는 몇 개의 원자가 있는가?

64. 31.7 g의 옥살산($H_2C_2O_4$)이 포함된 0.859 M 옥살산의 부피는 얼마인가?

65. 음주 측정에서 혈중 알코올 농도는 부피 백분율로 표시된다. 혈중 알코올 농도가 부피비로 0.080%라는 것은 혈액 100 mL당 0.080 mL의 에탄올이 있다는 것을 의미하며, 중독의 증거로 간주된다. 사람의 총 혈액량이 5.0 L인 경우에 혈중 알코올 농도가 부피비로 0.165%가 되는 혈액 내 알코올의 부피는 얼마인가?

66. 미국 내 많은 약국에서 판매되는 동종요법 '치료제'는 치료 중인 질병의 증상을 유발하는 물질로 시작하는 희석 과정을 통해 제조된다. 일부 동종요법에서는 각 단계에서 물질을 10배씩 희석하는 희석 척도(X)를 사용한다. 예를 들어 6X의 경우 원래 물질을 10배씩 6번에 걸쳐 희석되어 총 10^6배 묽어진다(많은 동종요법 제제는 이보다 훨씬 더 많이 희석되며, 일부는 100배 희석을 의미하는 C 척

도를 사용한다).

a. 원래 물질이 1.00 M 용액 형태라면 24X 약제의 욕토몰 농도는 얼마인가? (초기 농도가 1 M인 용액은 거의 없으며, 대부분은 훨씬 덜 진하다.)

b. 24X '치료제' 10.0 L(약 2.4갤런)에는 원래 물질 분자가 몇 개 남아 있는가? (참고로 바닷물 10 L에는 약 400조 개의 금 원자가 있다.)

c. 이는 그러한 '치료제'의 효과에 대해 무엇을 시사하는가?

67. 다음 문장을 평가하라. "물 한 컵에는 지구의 모든 바닷물을 컵에 담았을 때 컵의 수보다 더 많은 분자가 들어 있다." (1컵 = 236 mL = 236 cm^3) 바다의 부피는 3.50×10^8 세제곱마일을 사용하라.

68. 5만 년 전 네안데르탈인이 500 mL의 소변을 바다에 배출했다면 오늘날 우리가 마시는 500 mL의 물에는 그 소변에서 유래한 분자가 몇 개나 있겠는가? 67번 문제를 참조하고, 5만 년 동안 지구의 물이 완전히 섞였다고 가정한다.

69. 약 50,000 kg의 황산(H_2SO_4)을 싣고 가던 트럭이 사고를 당해 산이 유출되었다. 황산과 반응하여 중화시키기 위해 필요한 탄산수소 소듐($NaHCO_3$)의 질량은 얼마인가? 반응의 생성물은 황산 소듐(Na_2SO_4), 물, 이산화 탄소이다.

70. 69번 문제를 참고하여 산을 중화시키는 데 필요한 탄산 소듐(Na_2CO_3)의 질량을 구하라(반응의 생성물은 같다).

71. 물 2.00 L에 들어 있는 H_2O의 몰수는 얼마인가(d = 1.00 g/mL)?

72. 일반적인 스포츠 음료 1 L에는 소듐 425 mg, 포타슘 114 mg, 당류 53 g이 함유되어 있으며 190칼로리를 제공한다. 소듐 이온의 공급원은 염화 소듐이고, 포타슘 이온의 공급원은 인산 수소 포타슘(K_2HPO_4), 유일한 당 공급원은 설탕($C_{12}H_{22}O_{11}$)이라면 스포츠 음료 1 L에 들어 있는 염화 소듐, 인산 수소 포타슘, 설탕의 몰농도를 계산하라. (힌트: 염화 소듐 1몰에는 소듐 이온 1몰이 들어 있고, 인산수소 포타슘 1몰에는 포타슘 이온 2몰이 들어 있다.)

73. 한 강사가 일반 화학 3개 과목을 수강하는 학생 72명을 위한 실험을 위해 1.25 M 질산 은($AgNO_3$) 용액 25 mL를 준비해 달라고 한다. 질산 은은 현재 100 g에 85달러이다. 화학과에서 이 용액을 준비하는 데 얼마의 비용(달러)이 드는가?

74. 에어백에서 질소 기체를 생성하는 질화 소듐의 반응에 대한 다음 반응식을 고려해보자. **(a)** N_2의 생산에 필요한 원자 경제는 무엇인가? **(b)** 5.74 g의 NaN_3가 반응할 때 생성되는 N_2의 질량(그램)은 얼마인가?

$$2\,NaN_3 \longrightarrow 2\,Na + 3\,N_2$$

75. 에탄올(C_2H_5OH)은 매우 중요한 화학 물질이다. 산업용 용매, 휘발유 첨가제, 대체 연료로 널리 사용될 뿐만 아니라 알코올 음료에 들어 있는 알코올로 잘 알려져 있다. 에탄올의 일반적인 이름은 '곡물 알코올'인데, 이는 옥수수, 밀, 보리 등의 곡식에 있는 포도당($C_6H_{12}O_6$)과 다른 당이 발효되어 형성되기 때문이다.

$$C_6H_{12}O_6 \longrightarrow C_2H_5OH + CO_2$$

이 반응은 수 세기 동안 수행되어왔으며 가장 오래된 제조 공정 중 하나이다. 보다 최근의 개발에서는 석유에서 발견되는 에틸렌을 물과 반응시켜 에탄올을 제조할 수 있다.

$$C_2H_4 \longrightarrow H_2O + C_2H_5OH$$

a. 위의 두 반응 각각에 대한 균형 반응식을 작성하라.

b. 두 반응 각각에 대해 (에탄올 생성물의) %A.E.를 계산하라.

c. **(b)**의 계산을 하지 않고도 어떤 반응이 더 높은 원자 경제를 갖는지 확인할 수 있는 방법을 설명하라.

d. 두 가지 방법 중 어느 것이 지속가능한가? 그 이유를 설명하라.

e. **(b)**와 **(d)**의 결과를 감안할 때, 두 가지 방법 중 에탄올을 제조하는 데 전반적으로 더 적합한 방법을 선택하라. 그 이유를 설명하라.

76. 탄화 수소의 연소로 생성되는 이산화 탄소(CO_2)는 온실 기체로 알려져 있다. 다음 연소 반응식을 고려해보자.

$$C_5H_{12} + O_2 \longrightarrow CO_2 + H_2O \quad (\text{불균형식})$$

a. 목표 생성물인 이산화 탄소를 기준으로 한 원자 경제 백분율은 얼마인가?

b. 12.0 g C_5H_{12}가 연소되면 몇 그램의 CO_2가 형성되는가?

c. 반응이 끝날 때 15.2 g의 이산화 탄소가 생성된다면 이 반응의 수득률은 몇 퍼센트인가? (힌트: 이 계산을 위해 원자 경제 에세이의 정보를 사용하라.)

77. 다음 각 반응의 균형을 맞추고 밑줄 친 분자를 원하는 생성물로 하여 원자 경제 백분율을 계산하라.

a. $CuCl(aq) + Na_2CO_3(aq) \longrightarrow \underline{CuCO_3}(s) + NaCl(aq)$

b. $NH_3(g) + O_2(g) \longrightarrow \underline{NO}(g) + H_2O(g)$

c. $KMnO_4(aq) + KOH(aq) + KI(aq) \longrightarrow \underline{K_2MnO_4}(aq) + KIO_3(aq) + H_2O(l)$

 비판적 사고 문제

이 장에서 습득한 지식과 하나 이상의 FLaReS 원칙(1장)을 적용하여 다음 진술과 주장을 평가하라.

3.1 누군가 아보가드로수의 새로운 값을 확립했다고 주장하는 논문을 발표했다고 가정해보자. 저자는 매우 주의 깊게 실험실에서 측정한 결과, 아보가드로수의 진정한 값은 3.0187×10^{23}이라고 말한다. 이 주장이 믿을 만하다고 생각하는가? 저자의 주장에 대해 어떤 질문을 하고 싶은가?

3.2 한 화학 교사가 학생들에게 "염소 분자 1몰의 질량은 몇 그램입니까?"라고 물었다. 한 학생은 35라고 답했고, 다른 학생은 70이라고 답했으며, 다른 몇몇 학생은 36, 37, 72, 74라고 답했다. 선생님은 이 모든 답이 정답이라고 말했다. 선생님의 말을 믿을 수 있는가?

3.3 불꽃놀이 관련 웹사이트에서는 다음 식에 따라 탄산 포타슘(138 g/mol)과 질산 암모늄(80 g/mol)을 사용하여 질산 포타슘(KNO_3, 몰질량 = 101 g/mol)을 제조하는 방법을 제공한다.

$$K_2CO_3 + 2\,NH_4NO_3 \longrightarrow 2\,KNO_3 + CO_2 + H_2O + NH_3$$

지침에는 다음과 같이 명시되어 있다. "탄산 포타슘 1킬로그램과 질산 암모늄 2킬로그램을 섞는다. 이산화 탄소와 암모니아는 기체로 빠져나가고 물은 증발하여 순수한 질산 포타슘 2킬로그램이 남는다"라고 쓰여 있다. 이 장에서 배운 내용을 사용하여 이 진술을 평가하라.

3.4 한 연료 전지 제조업체는 납, 니켈, 카드뮴과 같은 금속을 사용하는 배터리에 비해 자신의 수소 연료 전지가 전기 자동차에 사용되는 충전식 배터리보다 가볍다고 주장하며, 원자량이 적은 수소를 연료로 사용하기 때문에 연료 전지가 더 가볍다고 주장한다.

3.5 66번 문제를 풀고 난 후, 동종요법이 유효한 대체 의학 치료법이라는 주장을 평가하라.

 협업 과제

파워포인트, 포스터, 기타 프레젠테이션을 준비하여 수업에서 공유하라.

1. Amedeo Avogadro에 대한 간단한 전기 보고서를 준비한다.
2. 많은 과학자의 견해에 따르면 수소는 청정 에너지의 공급원으로서 큰 가능성이다. 2008년 미국국립연구위원회의 보고서에 따르면 2023년까지 매년 약 40억 달러의 정부 보조금을 지원하면 수소 자동차가 석유 자동차에 비해 경쟁력을 갖출 수 있다고 한다. 웹을 검색하여 수소를 연료로 사용하기 위한 제안들을 살펴본다. 찾은 내용을 요약하고, 수소가 깨끗하고 재생가능한 공급원으로 간주되는 이유를 적절한 균형 반응식을 사용하여 설명하라. 연료로서의 수소에 대한 자세한 논의는 9장에서 찾을 수 있다.

실험 과제 쿠키 반응식

준비물

- 시각적으로 다른 네 가지 종류의 샌드위치 쿠키(초콜릿, 바닐라, 초코칩, 땅콩버터)
- 버터 나이프
- 냅킨

잠깐, 잠깐, 분자를 먹지 마라…아직!

물질 보존 법칙에 따르면 물질은 화학 반응 중에 생성되지도 파괴되지도 않는다. 원자는 서로 다르게 결합될 수 있지만, 반응물에 있는 원자의 수와 질량은 생성물에 있는 원자의 수와 질량과 같아야 한다.

쿠키를 조작물로 사용하여 화학 반응식 쓰기를 연습해보자. 화학 반응식은 기호와 공식을 사용하여 변화하는 원소와 화합물을 표현한다는 것을 기억하자. 반응식의 왼쪽에 있는 원소는 무엇이든 반응식의 오른쪽에 있는 최종 생성물에 들어간다. 조합은 다를 수 있지만, 왼쪽의 양은 오른쪽의 양과 같아야 한다. "들어간 것은 반드시 나와야 한다."

먼저 각 쿠키를 비틀어 분리한다. 칼을 사용하여 각 쿠키 유형별로 여러 개의 쿠키 부분에서 속을 분리한다. 원하는 경우 원자를 서로 다른 조합으로 '결합'할 수 있도록 속을 따로 보관한다.

쿠키 조각을 사용하여 다음 반응에서 반응물을 구성한다. 핵심을 따라 쿠키를 원소와 일치시키자. 이제 '분자'를 분해하여 생성물로 다시 조립한다. 몇 개의 '원자'로 시작하는가? 몇 개의 원자로 끝나는가? 몇 개의 분자로 시작해서 몇 개의 분자로 끝나는가?

$$Fe_2O_3 + C \longrightarrow CO_2 + Fe$$

Key
Cookie #1 = Fe
Cookie #2 = C
Cookie #3 = O

$$CH_4 + 2\,O_2 \longrightarrow CO_2 + 2\,H_2O$$

Key
Cookie #1 = H
Cookie #2 = C
Cookie #3 = O

쿠키 조각을 사용하여 다음 반응식에서 두 가지 반응물을 구성한다. 이제 반응물을 분리하여 생성물을 구성해보자. 마지막으로 반응식의 균형을 맞춘 다음 반응물과 생성물의 구성을 반복한다.

$$NaOH + HCl \longrightarrow NaCl + H_2O$$

Key
Cookie #1 = H
Cookie #2 = Na
Cookie #3 = O
Cookie #4 = Cl

실험문제

1. 위의 세 가지 균형 반응식에서 원자는 보존되는가? 분자는 보존되는가?
2. 반응식의 균형이 중요한 이유는 무엇인가?

산과 염기

4

❓ 이 장과 관련된 궁금증

1. 모든 산은 부식성이 있는가?
2. 아미노산이란 무엇인가?
3. 잿물은 산이 아닌데 왜 위험한가?
4. 'pH 균형 샴푸'란 무엇을 의미하는가?

산과 염기라고 불리는 화학 물질은 우리 주변 곳곳에 존재한다. 산은 철강 생산과 금속 도금, 화학 분석에 사용된다. 심지어 우리가 먹는 음식에서도 산이 발견된다. 팬케이크나 머핀이 부풀어 오르는 것은 재료에 들어 있는 산과 염기 때문이고, 과일의 시큼한 맛은 과육에 들어 있는 다양한 산에서 비롯된다. 위에 산이 너무 많으면 제산제(염기)로 완화할 수 있다.

양성자를 전달해줘 신맛이 나는 사탕을 좋아하는가? 표백제가 피부에 닿았을 때 미끄러운 느낌을 받은 적이 있는가? 우리가 일상에서 흔히 접하는 산의 예로는 신맛이 나는 사탕에 들어 있는 구연산, 사과산, 주석산 등이 있고, 염기의 예로는 표백제의 하이포아염소산 소듐이 있다. 우리에게 친숙한 산으로는 식초(아세트산), 비타민 C(아스코르브산), 배터리의 산(황산) 등이 있다. 배수구 세정제(수산화 소듐), 베이킹소다(탄산수소 소듐), 유리창 세정제(암모니아) 등 친숙한 염기도 있다.

'산성 소화불량'에서 '산성비'에 이르기까지 뉴스와 광고에 산이라는 단어가 자주 등장한다. 대기 및 수질 오염은 종종 산과 염기와 관련이 있다. 예를 들어 산성비는 심각한 환경 문제이다. 건조한 지역에서는 알칼리성(염기성) 물을 마실 수 없는 일도 있다.

감각이 산-염기 화학과 관련된 네 가지 맛을 인식한다는 사실을 알고 있는가? 산은 신맛, 염기는 쓴맛, **염**(salts, 산이 염기와 반응할 때 생기는 이온 화합물)은 짠맛이 난다. 단맛은 더 복잡하다. 단맛을 내기 위해서는 화합물에 산성 부분과 염기성 부분이 있어야 하고, 미뢰의 단맛 수용체에 딱 맞는 기하학적 구조가 있어야 한다.

이 장에서는 산과 염기의 화학에 대해 설명한다. 우리는 매일 산과 염기를 사용한다. 우리 몸은 지속적으로 이들을 처리한다. 우리가 섭취한 단백질은 아미노산으로 분해된 다음 우리 몸에 필요한 단백질로 재조립되고 나머지는 연료로 사용된다. 위산은 음식물의 소화를 돕는다. 아민이라는 염기성 화합물은 생선의 '비린내'를 유발하는데, 산성인 맥아 식초나 레몬즙으로 아민을 부분적으로 중화시키면 생선의 맛이 더 좋아진다. 살아가는 동안 산과 염기에 대해 듣고 읽게 될 것이다. 여기서 배운 내용은 이 중요한 화합물의 종류를 더 잘 이해하는 데 도움이 될 수 있다.

4.1 산과 염기: 실험적 정의

학습 목표
- 화학적, 물리적 성질을 사용하여 산과 염기를 구별한다.
- 산-염기 지시약의 작동 원리를 설명한다.

산과 염기는 화학적으로 반대되는 물질이므로, 그 성질은 상당히 다르거나 반대이다. 이러한 성질 중 몇 가지를 나열하는 것부터 시작하자.

산은 다음과 같은 화합물이다.

- 신맛
- 리트머스 종이의 염료를 붉은색으로 변화시킨다.
- 아연 및 철과 같은 활성 금속을 용해하여 수소 기체를 생성한다.
- 염기와 반응하여 물과 염을 생성한다.

염기는 다음과 같은 화합물이다.

- 쓴맛
- 리트머스 종이의 염료를 푸른색으로 변화시킨다.
- 피부에 미끄러운 느낌을 준다.
- 산과 반응하여 물과 염을 생성한다.

안전 경고

모든 산은 신맛이 나고 모든 염기는 쓴맛이 나지만, 미각 검사는 물질이 산인지 염기인지 판단하는 적절한 방법이 아니다. 일부 산과 염기는 독성이 있으며, 일부 산은 많이 희석하지 않으면 부식성이 강하다. **실험실 화학 물질을 절대 맛봐서는 안 된다.** 너무 많은 화학 물질이 독성이 있고 오염되었을 수도 있다.

식초와 레몬 주스 같은 산성 식품은 신맛으로 식별할 수 있다. 식초는 물에 아세트산(약 5%)을 녹인 용액이다. 레몬, 라임, 기타 감귤류 과일에는 구연산이 함유되어 있다. 젖산은 요거트에 시큼한 맛을 내고, 인산은 탄산음료에 신맛을 내기 위해 첨가되는 경우가 많다. 반면에 토닉 워터의 쓴맛은 부분적으로 염기인 퀴닌에서 비롯된다. 그림 4.1은 몇 가지 일반적인 산과 염기(그리고 염)를 보여준다.

리트머스 검사는 물질이 산인지 또는 염기인지 식별하는 일반적인 방법이다. 리트머스(그림

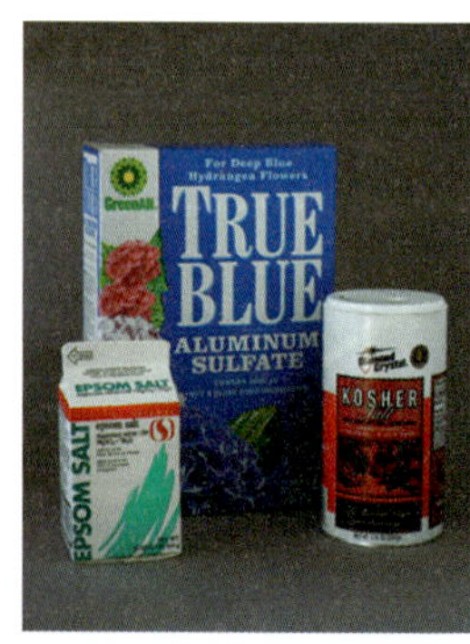

▶ **그림 4.1** 몇 가지 일반적인 산(왼쪽), 염기(가운데), 염(오른쪽). 산, 염기, 염은 친숙한 많은 소비재의 구성 성분이다.

Q 세 가지 종류의 화합물은 리트머스 종이의 염료에 어떤 영향을 미치는가(그림 4.2 참조)?

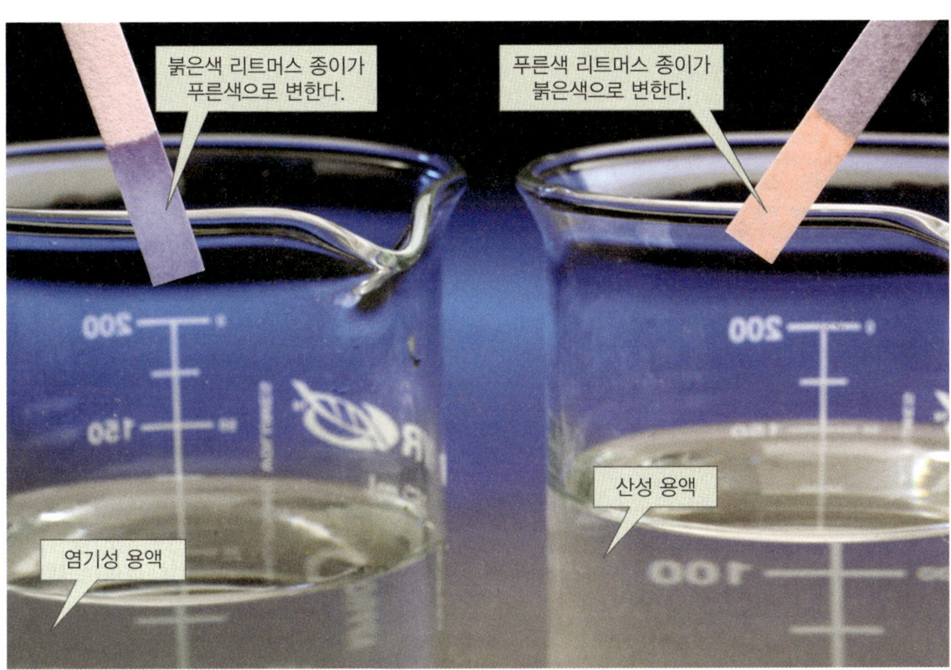

▲ **그림 4.2** 리트머스 염료(곰팡이류에서 추출한)가 스며들어 있는 종이는 산과 염기를 구별하는 데 자주 사용된다. 왼쪽의 시료는 리트머스가 푸른색으로 변하므로 염기성이다. 오른쪽의 시료는 리트머스가 붉은색으로 변하므로 산이다.

왜 중요할까?

수국은 재배하는 토양의 산도에 따라 다른 색을 보이는 여러 종류의 꽃 중 하나이다. 일부 품종은 약산성 토양에 심으면 파란색(위)을, 염기성 토양에 심으면 분홍색(아래)을 띤다.

4.2)는 **산-염기 지시약**(acid-base indicator)으로, 산에서는 염기와는 다른 색을 띠는 화합물이다. 푸른색 리트머스 종이를 용액에 담갔을 때 붉은색(분홍색)으로 변하면 그 용액이 산성임을 의미한다. 용액에 담갔을 때 푸른색으로 변하는 붉은색 리트머스는 용액이 염기성임을 나타낸다(중성 리트머스는 적자색이다). 포도 주스, 붉은 양배추, 블루베리, 꽃잎에 색을 내는 물질 등 많은 물질이 산-염기 지시약이다.

자가평가문제

1. 다음 중 산이 성질이 아닌 것은 무엇인가?
   a. 피부에 미끄러운 느낌이 든다.
   b. 아연과 반응하여 수소 기체를 형성한다.
   c. 신맛이 난다.
   d. 리트머스를 붉은색으로 변화시킨다.
2. 다음 중 염기의 성질이 아닌 것은 무엇인가?
   a. 피부에 미끄러운 느낌이 든다.
   b. 염과 반응하여 산을 생성한다.
   c. 쓴 맛이 난다.
   d. 리트머스를 푸른색으로 변화시킨다.
3. 산과 염기가 혼합될 때 일반적으로 어떤 일이 일어나는가?
   a. 새로운 산과 염이 생성된다.
   b. 새로운 염기와 염이 생성된다.
   c. 아무런 반응이 발생하지 않는다.
   d. 물과 염이 생성된다.

▲ 붉은 양배추로 나만의 지시약 염료를 만들 수 있다. 4장의 실험 과제를 참조하라. 지시약이 들어 있는 다른 식물 재료로는 블랙베리, 블랙 라즈베리, 붉은 무 껍질, 붉은 장미 꽃잎, 강황 등이 있다.

4. 다음 중 젖산이 포함된 일반적인 물질은 무엇인가?

a. 올리브 오일　　b. 비누
c. 식초　　d. 요거트

5. 다음 중 자몽의 신맛을 내는 것은 무엇인가?

a. 아세트산　　b. 암모니아
c. 염화 소듐　　d. 구연산

정답: 1. a, 2. b, 3. d, 4. d, 5. d

4.2 산, 염기, 염

학습 목표
- Arrhenius와 Brønsted-Lowry 산과 염기를 구별한다.
- 중화 반응 또는 이온화 반응에 대한 균형 반응식을 작성한다.

산과 염기에는 특징적인 성질이 있다. 하지만 왜 이러한 성질을 가질까? 이를 설명하기 위해 여러 가지 이론을 사용한다.

▲ 스웨덴의 화학자 Svante Arrhenius는 물속의 산, 염기, 염이 이온으로 구성되어 있다는 이론을 제안했다. 또한 그는 대기 중의 이산화 탄소를 온실 효과와 처음으로 연관시켰다.

Arrhenius 이론

스웨덴의 화학자 Svante Arrhenius(1859~1927)는 1887년에 산과 염기에 대한 최초의 성공적인 이론을 개발했다. Arrhenius의 개념에 따르면 **산**(acid)은 물속에서 수소 이온(H^+)과 음이온을 형성하는 물질이다(수소 이온은 유일한 전자가 제거된 수소 원자이기 때문에 H^+을 양성자라고도 한다). 산은 이온화된다고 한다. 예를 들어 질산은 물에서 이온화된다.

$$HNO_3(aq) \longrightarrow H^+(aq) + NO_3^-(aq)$$

물에서 산의 성질은 H^+의 성질이다. 리트머스 종이를 붉게 변하게 하고, 신맛이 나며, 염기 및 활성 금속과 반응하는 것은 바로 수소 이온이다. 표 4.1에는 몇 가지 일반적인 산이 나열되어 있다. 각 화학식에는 하나 이상의 수소 원자가 포함되어 있다. 화학자들은 종종 화학식에서 H 원자를 앞에 써서 산을 나타낸다. HCl, H_2SO_4, HNO_3는 산이지만, NH_3와 CH_4는 산이 아니다. 화학식 $HC_2H_3O_2$(아세트산)는 이 화합물이 수용액에 있을 때 1개의 H 원자는 이온화되고, 3개의 H 원자는 그렇지 않음을 나타낸다.

1 모든 산은 부식성이 있는가?

표 4.1을 보면 산이 반드시 '부식성이 있음'을 의미하지는 않는다는 것을 알 수 있다. 많은 산은 우리가 먹는 음식에 포함될 만큼 무해하며, 일부는 생명에 필수적이다.

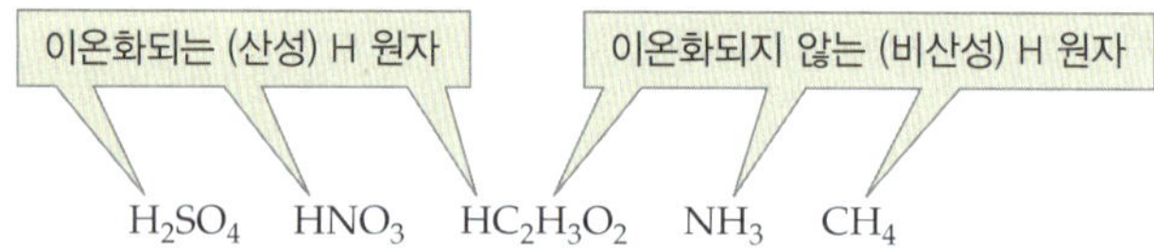

표 4.1 몇 가지 일반적인 산

이름	화학식	산의 세기	일반적인 용도/특징
황산	H_2SO_4	강함	배터리 산; 광석 가공, 비료 제조; 정유
염산	HCl	강함	금속 및 벽돌 청소, 보일러의 물때 제거하기
인산	H_3PO_4	중간	콜라에 사용됨, 녹 제거제에 사용됨
젖산	$CH_3CHOHCOOH$	약함	요구르트; 산미료(맛을 높이기 위한 식품 첨가물); 로션 첨가물
아세트산	CH_3COOH	약함	식초; 산성제
붕산	H_3BO_3	매우 약함	소독용 안약; 바퀴벌레 독
시안화수소산	HCN	매우 약함	플라스틱 제조; 매우 유독함

표 4.2 몇 가지 일반적인 염기

이름	화학식	염기의 세기	일반적인 용도/특징
수산화 소듐	$NaOH$	강함	산 중화; 비누 만들기
수산화 포타슘	KOH	강함	액체 비누 제조; 바이오디젤 연료
수산화 리튬	$LiOH$	강함	알칼리성 축전지
수산화 칼슘	$Ca(OH)_2$	강함[a]	석고; 시멘트; 토양 중화제
수산화 마그네슘	$Mg(OH)_2$	강함[a]	제산제; 완하제
암모니아	NH_3	약함	비료; 가정용 클렌저

[a] 이러한 염기는 강염기로 분류되지만, 물에 잘 녹지 않는다. 수산화 칼슘은 약간만 용해되고, 수산화 마그네슘은 더욱 용해되지 않으므로 $Mg(OH)_2$ 1그램을 녹이는 데 20갤런 이상의 물이 필요하다.

Arrhenius **염기**(base)는 수용액에서 수산화 이온(OH^-)을 생성하는 물질이다. 일부 염기는 수산화 소듐($NaOH$) 및 수산화 칼슘[$Ca(OH)_2$]과 같이 OH^-를 함유하는 이온성 고체이다. 이러한 화합물은 고체가 물에 용해될 때 단순히 수산화 이온을 용액으로 방출한다.

다른 염기는 물에 넣으면 이온화되어 OH^-를 생성하는 암모니아와 같은 분자 물질이다(4.4절 참조).

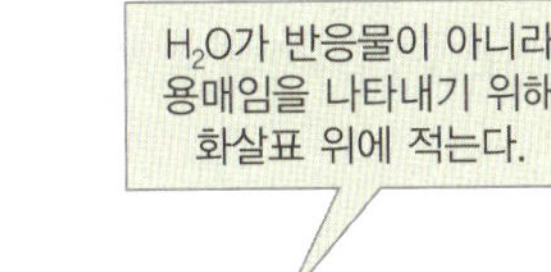

$$NaOH(s) \xrightarrow{H_2O} Na^+(aq) + OH^-(aq)$$

표 4.2에는 몇 가지 일반적인 염기가 나열되어 있다. 이들 대부분은 Na^+ 또는 Ca^{2+}와 같은 양전하를 띤 금속 이온과 음전하를 띤 수산화 이온을 포함하는 이온 화합물이다. 이러한 화합물이 물에 용해되면 모두 OH^- 이온을 제공하므로 모두 염기이다. 산의 성질이 수소 이온의 성질인 것과 마찬가지로, 염기의 성질은 수산화 이온의 성질이다.

Arrhenius는 산과 염기 사이의 본질적인 반응을 H^+와 OH^-가 결합하여 물을 생성하는 **중화**(neutralization)라고 제안했다. 원래 OH^-와 결합되어 있던 양이온은 H^+와 결합되어 있던 음이온과 결합하여 **염**(salt, 산-염기 반응에서 생성되는 이온 화합물)을 생성한다.

$$\text{산} + \text{염기} \longrightarrow \text{염} + \text{물}$$

▲ 미용사가 사용하는 많은 피부 각질 제거제에는 글리콜산이나 젖산과 같은 알파-하이드록시산이 들어 있다.

예제 4.1 산과 염기의 이온화

물에서 **(a)** 황산(H_2SO_4)과 **(b)** 고체 수산화 포타슘(KOH)의 이온화를 나타내는 반응식을 쓰라.

풀이

a. H_2SO_4 분자는 이온화되어 2개의 수소 이온과 1개의 황산 이온을 형성한다. 이 반응은 물에서 일어나기 때문에 '(aq)'라는 기호를 사용하여 관련 물질이 수용액에 있음을 나타낼 수 있다.

$$H_2SO_4(aq) \longrightarrow 2\ H^+(aq) + SO_4^{2-}(aq)$$

b. 이온성 고체인 수산화 포타슘(KOH)은 물에 녹기만 하면 $K^+(aq)$ 이온과 $OH^-(aq)$ 이온으로 분리된다.

$$KOH(s) \xrightarrow{H_2O} K^+(aq) + OH^-(aq)$$

〉 복습문제 4.1A

물에서 **(a)** HI(아이오딘화 수소산)와 **(b)** 고체 수산화 칼슘의 이온화를 나타내는 반응식을 쓰라.

2 아미노산이란 무엇인가?

아미노산은 산성인 카르복실기(—COOH)와 염기성인 $-NH_2$(아미노기)를 모두 포함하는 분자이다. 아미노산은 서로 연결되어 생체 조직에서 단백질을 형성한다.

〉 복습문제 4.1B

역사적으로 카르복실기(—COOH기를 포함하는 화합물)의 화학식은 이온화가 가능한 수소를 마지막에 붙여서 쓰는 경우가 많다. 예를 들어 아세트산의 화학식을 $HC_2H_3O_2$로 쓰는 대신 CH_3COOH로 쓸 수 있다. 물에서 CH_3COOH의 이온화를 나타내는 반응식을 쓰라.

Arrhenius 이론의 한계

Arrhenius 이론은 여러 가지 면에서 한계가 있다.

- 수용액에 단순한 자유 양성자는 존재하지 않는다. H^+ 이온은 양전하 밀도가 매우 높기 때문에 H_2O 분자의 O 원자에 있는 고립 전자쌍에 즉시 끌려서 **하이드로늄 이온**(H_3O^+)을 형성한다.

$$\underset{\text{물}}{H:\overset{..}{\underset{\underset{H}{..}}{O}}:} + H^+ \longrightarrow \underset{\text{하이드로늄 이온}}{\left[H:\overset{..}{\underset{\underset{H}{..}}{O}}:H\right]^+}$$

- 암모니아 및 관련 화합물의 염기성을 설명하지 않는다. 암모니아에는 수산화 이온이 없기 때문에 표 4.2에 포함되지 말아야 할 것으로 보인다.
- 수용액에서의 반응에만 적용된다.

Arrhenius 이론은 그 한계 내에서 여전히 유용하지만, 최신 데이터에 기반한 더 광범위하고 유용한 이론으로 대체되었다.

Brønsted-Lowry 산-염기 이론

Arrhenius 이론의 단점은 1923년 덴마크의 J. N. Brønsted(1879~1947)와 영국의 T. M. Lowry(1874~1936)가 독자적으로 연구한 이론에 의해 크게 극복되었다. **Brønsted-Lowry 이론**(흔히 Brønsted 이론이라고도 함)에서는 다음과 같이 설명한다.

- **산**은 양성자(H^+) 주개이다.
- **염기**는 양성자 받개이다.

이 이론은 염화 수소의 이온화를 다음과 같이 설명한다.

$$HCl(aq) + H_2O \longrightarrow H_3O^+(aq) + Cl^-(aq)$$

이 반응에서 물은 반응물이다. 산 분자는 물 분자에 수소 이온(양성자)을 주므로 산(HCl)은 양성자 주개로 작용한다. 물은 양성자 받개 역할을 한다. 물은 그 자체로 중성인 것으로 생각하기 때문에 혼란스러울 수 있다. 그러나 물이 양성자와 상호작용할 때 물은 Brønsted 염기로 작용한다.

$$\text{H}:\ddot{\underset{..}{\text{Cl}}}: \; + \; \text{H}:\ddot{\underset{\text{H}}{\text{O}}}: \longrightarrow \left[\text{H}:\overset{\text{H}}{\ddot{\underset{\text{H}}{\text{O}}}}:\right]^{+} + \; :\ddot{\underset{..}{\text{Cl}}}:^{-}$$

산 (양성자 주개) 염산

HCl 분자는 물 분자에 양성자를 제공하여 하이드로늄 이온과 염화 이온을 생성하고 **염산**이라는 용액을 형성한다. 다른 산도 비슷하게 반응한다. 이들은 물 분자에 수소 이온을 제공하여 하이드로늄 이온을 생성한다. HA가 어떤 산을 나타내도록 하면 반응식은 다음과 같다.

$$HA(aq) + H_2O \longrightarrow H_3O^+(aq) + A^-(aq)$$

물이 아닌 용매에서도 일부 화합물은 여전히 산으로 작용하여 용매 분자에 H^+ 이온을 전달할 수 있다.

물에서 H^+ 이온은 여러 개의 H_2O 분자와 연관되어 있다. 예를 들어 $H(H_2O)_4{}^+$ 또는 $H_9O_4{}^+$ 이온에는 4개의 H_2O 분자가 관련되어 있다. 많은 목적으로 우리는 단순히 H^+를 사용하고 관련된 물 분자는 무시한다. 그러나 H^+라는 표기는 실제 상황을 단순화한 것이며, 물속의 양성자는 항상 물 분자와 연관되어 있다는 점을 명심해야 한다.

예제 4.2 Brønsted-Lowry 산

물과 Brønsted 산 HNO_3의 반응을 나타내는 반응식을 쓰라. 반응에서 물의 역할은 무엇인가?

풀이

Brønsted 산으로서, HNO_3는 물 분자에 양성자를 제공하여 하이드로늄 이온과 질산 이온을 생성한다.

$$HNO_3(aq) + H_2O \longrightarrow H_3O^+(aq) + NO_3{}^-(aq)$$

이 반응에서 물은 Brønsted 염기 역할을 하며, HNO_3로부터 양성자를 받아들인다.

❯ 복습문제 4.2A

물과 Brønsted 산 HBr의 반응을 나타내는 반응식을 쓰라.

❯ 복습문제 4.2B

메탄올(CH_3OH)과 Brønsted 산 $HClO_4$의 반응을 나타내는 반응식을 쓰라.

암모니아(NH_3)와 같은 염기가 물에 녹을 때 OH^-는 어디에서 오는 것일까? Arrhenius 이론은 이 질문에 대한 답이 불충분했지만, Brønsted 이론은 암모니아가 물에서 염기 역할을 하는 과정을 설명한다. 암모니아는 실온에서 기체이다. 물에 녹으면 다음 식과 같이 일부 암모니아 분자가 반응한다.

$$NH_3(aq) + H_2O \longrightarrow NH_4{}^+(aq) + OH^-(aq)$$

암모니아 분자는 물 분자에서 양성자를 받아들이고, NH_3는 Brønsted 염기로 작용한다. (암모니아의 N 원자는 양성자와 공유할 수 있는 고립 전자쌍을 가지고 있다는 것을 기억해야 한다.) 물 분자는 양성자 주개, 즉 산으로 작용한다. 암모니아 분자는 양성자를 받아들이고 암모늄 이온이 된다. 양성자가 물 분자를 떠날 때, 양성자는 O 원자와 공유했던 전자쌍을 남긴다. 물 분자는 음전하를 띤 수산화 이온이 된다.

일반적으로 **염기는 양성자 받개이다**(그림 4.3). 이 정의에는 수산화 이온뿐만 아니라 암모니

▶ **그림 4.3** Brønsted-Lowry 산은 양성자 주개이다. 염기는 양성자 받개이다.

Q 산을 HA로, 염기를 B^-로 나타내는 반응식을 쓸 수 있는가?

왜 중요할까?

많은 염을 제빙제로 사용할 수 있다. 염화 소듐은 저렴하고 효과적이지만, 생성되는 용액은 자동차를 부식시키고 일부 식물에 해를 끼친다. 염화 포타슘은 NaCl보다 낮은 온도에서 작동하지만, 수생 생물에 위험하다. 염화 칼슘은 NaCl보다 더 비싸지만 훨씬 효과적이며, 칼슘 이온은 식물에서 사용되지만 $CaCl_2$는 NaCl보다 부식성이 더 강하다. 빙판길에 뿌리는 염은 항상 비용, 효과, 가용성, 환경에 미치는 영향을 절충한 결과이다.

아 및 아민(암모니아에서 파생된 CH_3NH_2와 같은 유기 화합물)과 같은 중성 분자가 포함된다. 또한 산화 이온(O^{2-}), 탄산 이온(CO_3^{2-}), 탄산수소 이온(HCO_3^-) 이온과 같은 다른 음이온들도 포함된다. 산을 양성자 주개로, 염기를 양성자 받개로 생각하면 산과 염기에 대한 개념이 크게 확장된다.

염

산과 염기의 중화 반응으로 생성되는 염은 양이온과 음이온으로 구성된 이온 화합물이다. 이러한 이온은 소듐 이온(Na^+)이나 염화 이온(Cl^-)과 같은 단순 이온이거나 암모늄 이온(NH_4^+), 황산 이온(SO_4^{2-}), 아세트산 이온(CH_3COO^-)과 같은 다원자 이온이 될 수도 있다. 일반 식탁용 소금인 염화 소듐이 가장 친숙한 염이지만 다양한 염이 존재한다.

물에 녹으면 전기를 전도하는 염을 **전해질**이라고 한다. 다양한 전해질은 특정 양으로 존재할 때 신경 전도, 심장 박동, 체액 균형 등 많은 신체 기능에 중요한 역할을 한다. 의료용 혈액 검사에서는 종종 Na^+, K^+, Cl^-, HCO_3^-, 기타 전해질 이온의 수치를 확인한다(10.4절 참조). 전해질 함유를 자랑하는 스포츠 음료는 감미료 및 향료와 함께 인산 포타슘, 염화 소듐, 기타 염류의 용액일 뿐이다.

친숙한 용도로 사용되는 일반적인 염이 많이 있다. 염화 소듐과 염화 칼슘은 겨울철 도로와 보도의 얼음을 녹이는 데 사용된다. 황산 구리(II)는 하수관의 나무뿌리를 죽이는 데 사용된다. 이 밖에도 식이 무기질(10.2절), 비료 등 여러 가지 사례를 이후 장에서 만나게 될 것이다. 표 4.3에는 의학에서 사용되는 몇 가지 염이 나와 있다.

표 4.3 현재 또는 과거에 의학에서 사용되었던 일부 염

이름	화학식	용도
질산 은	$AgNO_3$	살균제, 소독제
플루오린화 주석(II)	SnF_2	충치 예방을 위한 치약 첨가제
황산 칼슘	$2\ CaSO_4 \cdot H_2O$[a]	깁스용 석고
황산 마그네슘	$MgSO_4 \cdot 7\ H_2O$[a]	완하제; 족욕
과망가니즈산 포타슘	$KMnO_4$	화상 치료제; 소독제
황산 철(II)	$FeSO_4$	철분 결핍(무혈증)에 처방
황산 아연	$ZnSO_4$	피부 치료(습진)
황산 바륨	$BaSO_4$	위장관 X-선 촬영을 위한 '위장 조영제 성분'을 제공
염화 수은(I)	Hg_2Cl_2	완하제; 더 이상 사용되지 않음

[a] 이 화합물들은 수화물이며, 화합물의 필수적인 부분으로 물 분자가 일정한 비율로 결합되었다.

자가평가문제

각 화학식과 화합물의 용도를 연결하라.

1. CH_3COOH	**a.** 배터리산
2. H_3BO_3	**b.** 비누 제조
3. HCl	**c.** 소독용 눈 세척제
4. H_2SO_4	**d.** 보일러 물 때 제거제
5. NaOH	**e.** 식초

6. HBr이 물에 녹을 때 일어나는 일을 가장 잘 나타내는 반응식은 무엇인가?

a. $2\ HBr \xrightarrow{H_2O} Br_2 + H_2$

b. $HBr(g) \xrightarrow{H_2O} H(aq) + Br(aq)$

c. $HBr(g) \xrightarrow{H_2O} H^+(aq) + Br^-(aq)$

d. $HBr(g) + H_2O \longrightarrow Br^-(aq) + H_3O^+(aq)$

각 용어와 올바른 정의를 연결하라.

7. Arrhenius 산	**a.** 양성자 받개
8. Arrhenius 염기	**b.** 양성자 주개
9. Brønsted 산	**c.** 물에서 H^+ 생성
10. Brønsted 염기	**d.** 물에서 OH^- 생성

정답: 1. e, 2. c, 3. d, 4. a, 5. b, 6. d, 7. c, 8. d, 9. b, 10. a

4.3 산성 및 염기성 무수물

학습 목표 • 산성 무수물과 염기성 무수물을 구별하고 물과의 반응을 나타내는 반응식을 쓴다.

특정한 금속 및 비금속 산화물은 산이나 염기를 생성하거나 중화시키는 능력으로 잘 알려져 있다. 예를 들어 이산화 질소(NO_2)와 이산화 황(SO_2)은 산성비를 생성하는 것으로 악명이 높다. 산화 칼슘(CaO, 생석회)은 산성 토양을 중화시키는 데 널리 사용된다. Brønsted 관점에서 보면 많은 금속 산화물은 산화 이온이 양성자를 받아들일 수 있기 때문에 직접 염기로 작용한다. 이러한 금속 산화물은 또한 물과 반응하여 Arrhenius의 의미에서 염기인 금속 수산화물을 형성한다. 그리고 많은 비금속 산화물은 물과 반응하여 산을 생성한다.

비금속 산화물: 산성 무수물

많은 산은 비금속 산화물과 물을 반응시켜 만들어진다. 예를 들어 삼산화 황은 물과 반응하여 황산을 생성한다.

$$SO_3 + H_2O \longrightarrow H_2SO_4$$

마찬가지로 이산화 탄소는 물과 반응하여 탄산을 생성한다.

$$CO_2 + H_2O \longrightarrow H_2CO_3$$

일반적으로 비금속 산화물은 물과 반응하여 산을 생성한다.

$$\text{비금속 산화물} + H_2O \longrightarrow \text{산}$$

이러한 방식으로 작용하는 비금속 산화물을 **산성 무수물**(acidc anhydride)이라고 한다. 무수물은 '물이 없음'을 뜻한다. 이러한 반응은 빗물이 산성인 이유를 설명한다(4.8절 참조).

예제 4.3 산성 무수물

이산화 황이 물과 반응할 때 생성되는 산의 화학식을 쓰라.

왜 중요할까?

소석회는 저렴하고 값싼 원료로 쉽게 만들 수 있으며 독성이 낮다. 이러한 성질 덕분에 산을 중화시키는 데 가장 널리 사용되는 염기이다. 소석회는 벽돌공의 모르타르, 석고, 접착제, 심지어 피클과 옥수수 토르티야 등 다양한 재료의 재료로 사용된다. Mark Twain의 《톰 소여의 모험》에서 유명해진 흰색 도료는 소석회와 물을 섞어 만든 단순한 혼합물이다. 여기서는 어린 나무의 부드러운 나무껍질을 보호하기 위해 동일한 흰색 도료가 사용되고 있다.

풀이

산의 화학식 H_2SO_3는 SO_2에 물의 H 원자 2개와 O 원자 1개를 더해 얻어진다. 반응식은 다음과 같다.

$$SO_2 + H_2O \longrightarrow H_2SO_3$$

› 복습문제 4.3A

이산화 셀레늄(SeO_2)이 물과 반응할 때 생성되는 산의 화학식을 쓰라.

› 복습문제 4.3B

오산화 이질소(N_2O_5)가 물과 반응할 때 생성되는 산의 화학식을 쓰라. (힌트: 2개의 산 분자가 생성된다.)

금속 산화물: 염기성 무수물

비금속 산화물로 산을 만들 수 있듯이 많은 일반적인 수산화 염기는 금속 산화물로 만들 수 있다. 예를 들어 산화 칼슘은 물과 반응하여 수산화 칼슘(소석회)을 생성한다.

$$CaO + H_2O \longrightarrow Ca(OH)_2$$

또 다른 예는 리튬 산화물과 물의 반응으로 수산화 리튬을 생성하는 것이다.

$$Li_2O + H_2O \longrightarrow 2\ LiOH$$

일반적으로 금속 산화물은 물과 반응하여 염기를 형성한다(그림 4.4). 이러한 금속 산화물은 **염기성 무수물**(basic anhydride)이라고 한다.

$$\text{금속 산화물} + H_2O \longrightarrow \text{염기}$$

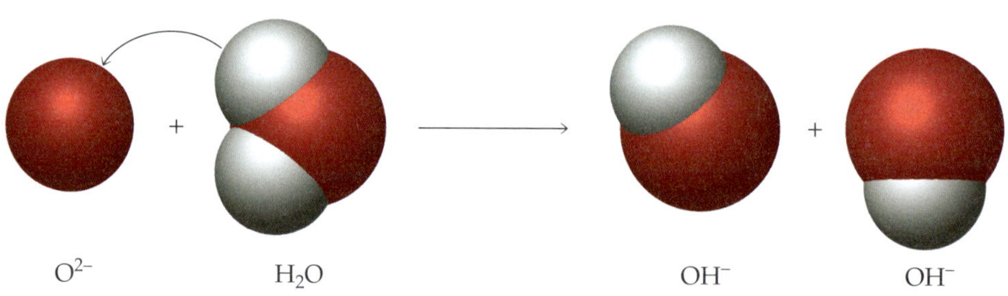

▶ **그림 4.4** 금속 산화물은 산화 이온이 물과 반응하여 2개의 수산화 이온을 생성하기 때문에 염기성이다.

Q 고체 산화 소듐(Na_2O)이 물과 반응하여 수산화 소듐을 생성하는 과정을 나타내는 반응식을 쓸 수 있는가?

예제 4.4 염기성 무수물

산화 바륨(BaO)에 물을 첨가하여 생성된 염기의 화학식을 쓰라.

풀이

다시 물 분자의 원자를 BaO에 추가한다. 바륨 이온은 2+ 전하를 띠기 때문에 염기의 화학식에는 2개의 수산화 이온(1−) 이온이 있다.

$$BaO + H_2O \longrightarrow Ba(OH)_2$$

› 복습문제 4.4A

산화 스트론튬(SrO)에 물을 첨가하여 생성된 염기의 화학식을 쓰라.

› 복습문제 4.4B

산화 포타슘(K_2O)에 물을 첨가하면 어떤 염기가 생성되는가? (힌트: 2몰의 염기가 생성된다.)

자가평가문제

1. 셀렌산(H_2SeO_4)은 열을 가하면 금을 녹일 수 있는 부식성이 매우 강한 산이다. 이 산은 물에 매우 잘 녹는다. 다음 중 셀렌산의 무수물은 무엇인가?
   a. SeO **b.** SeO_2 **c.** SeO_3 **d.** SeO_4
2. 수산화 아연[$Zn(OH)_2$]은 수술용 드레싱의 흡수제로 사용된다. 다음 중 수산화 아연의 무수물은 무엇인가?
   a. ZnO **b.** ZnOH **c.** ZnO_2 **d.** ZnH_2

정답: 1. c, 2. a

4.4 강산, 강염기, 약산, 약염기

학습 목표 • 강산, 강염기, 약산, 약염기를 정의하고 구별한다.

가장 중요한 산-염기 반응 중 하나는 2개의 물 분자 사이에서 일어난다. 그림 4.5에서 볼 수 있듯이 한 물 분자에서 다른 물 분자로 양성자가 이동하는 것이 가능하다.

$$2\ H_2O(l) \longrightarrow H_3O^+(aq) + OH^-(aq)$$

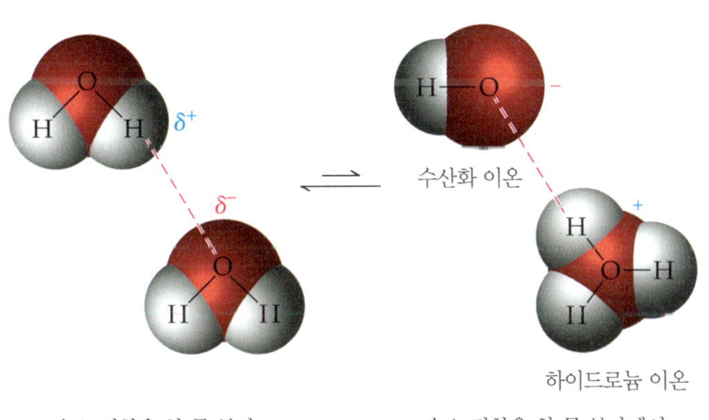

수소 결합을 한 물 분자

수소 결합을 한 물 분자에서 하이드로늄 이온과 수산화 이온의 생성

◀ **그림 4.5** 물 분자는 양성자를 다른 물 분자에 전달하여 수산화 이온과 하이드로늄 이온을 만들 수 있다. 하이드로늄 이온은 다시 양성자를 수산화 이온에 제공하여 2개의 물 분자를 만들 수 있다. 두 반응은 지속적으로 일어나며 반응물과 생성물은 평형을 이룬다.

이것은 중화 반응의 반대 반응이다.

$$H_3O^+(aq) + OH^-(aq) \longrightarrow 2\ H_2O(l)$$

두 반응은 항상 동시에 발생한다. 따라서 두 반응을 모두 쓰는 대신 양쪽을 가리키는 화살표를 사용하여 순방향 반응과 역방향 반응이 모두 발생하는 것을 나타낸다.

정반응과 역반응 모두 같은 속도로 일어난다.

$$2\ H_2O(l) \rightleftharpoons H_3O^+(aq) + OH^-(aq)$$

화학자들은 이중 화살표가 있는 이 반응식을 “물은 하이드로늄 이온과 수산화 이온과 ‘평형 상태’에 있다”라고 말한다. 물이 새는 배를 생각해보면 물이 새는 속도와 같은 속도로 배에서 물을 빼내면 배 안의 물의 높이는 변하지 않는다. 마찬가지로 화학계가 평형 상태일 때는 ‘정반응’과 ‘역반응’의 화학 반응이 모두 일어나지만, 같은 속도로 일어나기 때문에 반응물과 생성물의 농도는 동일하게 유지된다. 일부 평형에서는 많은 생성물이 생성된다. 다른 평형에서는 물의 해리처럼 생성물이 거의 생성되지 않는다. 중성 물에서 주어진 시간에 5억 개의 물 분자 중 약 1개만이 수산화 이온과 하이드로늄 이온으로 해리된다. 이 반응에서 물 분자 중 하나는 양성자를 제공하는 산의 역할을 하고, 다른 하나는 양성자를 받아들여 염기의 역할을 한다. 물과 같이 양성자를 제공하거나 양성자를 받아들일 수 있는 물질을 **양쪽성**(amphiprotic)이라고 한다(문제 71 참조).

물의 자동 이온화를 다음과 같이 표현할 수도 있다.

$$H_2O(l) \rightleftharpoons H^+(aq) + OH^-(aq)$$

이 반응식은 물 분자의 해리에 초점을 맞추고 있으며, (aq)는 수용액을 나타내는 데 사용된다. 앞서 언급했듯이, 자유로운 수소 이온은 수용액에 존재하지 않는다. 그러나 우리는 종종 하이드로늄 이온을 더 간단한 화학식 H^+로 표현한다.

많은 산이 유사한 평형에 참여한다. 유독성 기체인 시안화 수소(HCN)는 물에서 이온화되어 수소 이온과 시안화 이온을 생성한다. HCN도 약간만 이온화된다. 물 1 L에 1몰의 HCN이 있는 용액에서는 4만 개 중 1개의 HCN 분자만 이온화하여 수소 이온을 생성한다. 나머지는 용해된 HCN 분자로 남아 있게 된다.

$$HCN(aq) \rightleftharpoons H^+(aq) + CN^-(aq)$$

반대 방향을 가리키는 화살표는 반응이 가역적임을 나타내며, 이온이 결합하여 HCN 분자를 형성할 수도 있다는 것을 기억해야 한다.

반면 기체 상태의 염화 수소(HCl)는 물과 반응하면 완전히 반응하여 하이드로늄 이온과 염화 이온을 생성한다.

$$HCl(aq) \longrightarrow H^+(aq) + Cl^-(aq)$$

이 경우에는 사실상 100%의 HCl 분자가 이온화되므로 화살표를 하나만 사용했다. 역반응은 일어나지 않는다.

산은 이온화 정도에 따라 다음과 같이 분류할 수 있다.

- 물에서 완전히 이온화되는(물과 완전히 반응하는) HCl과 같은 산을 **강산**(strong acid)이라고 한다.
- 물에서 약간만 이온화되는 HCN과 같은 산은 **약산**(weak acid)이다.

강산은 몇 가지뿐이다. 표 4.1에 나열된 처음 두 산(황산과 염산)이 가장 흔한 산이다. 다른 강산으로는 질산(HNO_3), 브로민화수소산(HBr), 아이오딘화수소산(HI), 과염소산($HClO_4$)이 있다. 그 외의 거의 모든 산은 약산이다.

염기 또한 강하거나 약한 것으로 분류된다.

- **강염기**(strong base)는 물에서 완전히 이온화된다.
- **약염기**(weak base)는 물에서 약간만 이온화된다.

강하다라는 단어는 용액에 포함된 산이나 염기의 양을 의미하지 않는다. 3.5절에서 언급했듯이, 주어진 용액 부피에 강하든 약하든 비교적 많은 양의 산 또는 염기가 용질로 들어 있는 용액을 진한 용액이라고 한다. 같은 부피의 용액에 용질이 조금만 들어 있는 용액은 묽은 용액이라고 한다.

강하다라고 해서 반드시 부식성이 있거나 위험한 것은 아니다. 사실 모든 강산과 대부분의 강염기는 어느 정도 부식성이 있고 위험하지만, 더 부식성이 강하고 더 위험한 약산도 있다. 예를 들어 팔에 염산이 튀어도 즉시 씻어내면 피부가 붉게 변하는 것 이상은 일어나지 않을 것이다. 반면에 플루오린화 수소산[HF(aq)]이 튀면 즉각적인 치료가 필요하며 생명을 위협하는 상황이 될 수 있다. 앞서 언급한 6가지 강산은 유리병에 안전하게 보관할 수 있지만, 플루오린화 수소산은 유리를 포함한 대부분의 재료를 녹이기 때문에 테플론과 같은 특정 플라스틱으로 만들어지거나 코팅된 병에 보관해야 한다.

아마도 가장 친숙한 강염기는 흔히 잿물이라고 불리는 수산화 소듐(NaOH)이다. 이 염기는 고체 상태에서도 소듐 이온과 수산화 이온으로 존재한다. 다른 강염기에는 수산화 포타슘(KOH)과 다른 모든 1A 족 금속의 수산화물이 포함된다. $Be(OH)_2$를 제외한 2A 족 금속의 수산화물도 강염기이다. 그러나 $Ca(OH)_2$는 물에 약간만 용해되고, $Mg(OH)_2$는 거의 용해되지 않는다. 따라서 $Ca(OH)_2$ 또는 $Mg(OH)_2$ 용액에서 수산화 이온의 농도는 그다지 높지 않다.

가장 친숙한 약염기는 암모니아(NH_3)이다. 암모니아는 물과 약간 반응하여 암모늄 이온(NH_4^+)과 수산화 이온을 생성한다(그림 4.6).

$$NH_3 + H_2O \rightleftharpoons NH_4^+ + OH^-$$

HCl과의 반응(4.2절의 'Brønsted Lowry 산-염기 이론' 내용)에서 물은 염기(양성자 받개)로 작용한다. NH_3와의 반응에서 물은 산(양성자 주개)으로 작용한다.

3 잿물은 산이 아닌데 왜 위험한가?

잿물은 고체 수산화 소듐이다. 수분과 접촉하면 Na^+ 이온과 OH^- 이온이 방출된다. 수산화 이온은 수소 이온과는 다르지만 다양한 화학 반응에서 부식성을 띠며, 눈에 들어가면 일부 단백질을 변성시켜 실명시킬 수 있다.

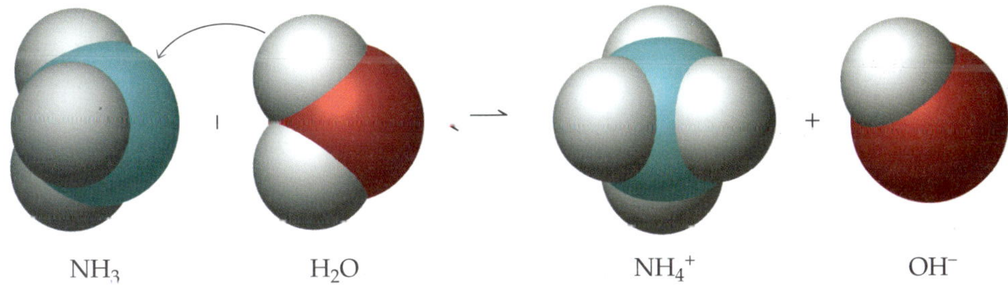

▲ **그림 4.6** 암모니아는 물에서 양성자를 받아들이기 때문에 염기이다. 암모니아 수용액에는 암모늄 이온과 수산화 이온이 포함되어 있다. 그러나 암모니아 분자 중 극히 일부만 반응하고 대부분은 변하지 않는다. 따라서 암모니아는 약염기이다.

Q 아민은 암모니아와 관련이 있으며, 아민에서는 NH_3의 하나 이상의 H 원자가 탄소를 함유하고 있는 그룹으로 대체된다. 아민은 암모니아와 같은 방식으로 반응한다. 아민 CH_3NH_2가 물과 어떻게 반응하는지를 보여주는 반응식을 쓸 수 있는가? 생성물 중 하나는 수산화 이온이다.

자가평가문제

다음 각 산과 염기를 **(a)** 강산, **(b)** 강염기, **(c)** 약산, **(d)** 약염기로 분류하라(주어진 분류에 2개 이상의 물질이 들어갈 수 있다).

1. $Ca(OH)_2$
2. HCN
3. HF
4. HNO_3
5. NH_3
6. KOH
7. CH_3NH_2

8. 아세트산이 물과 반응하여 생성되는 것은 무엇인가?

a. $CH_3COO^- + H_2O$
b. $CH_3COOH + OH^-$
c. $CH_3COO^- + H_3O^+$
d. $CH_3COO^+ + OH^-$

9. 암모니아가 물과 반응하여 생성되는 것은 무엇인가?

a. $NH_3 + H_2O$
b. $NH_4^+ + OH^-$
c. $NH_2^- + H_3O^+$
d. $NH_3 + OH^-$

정답: 1. b, 2. c, 3. c, 4. a, 5. d, 6. b, 7. d, 8. c, 9. b

4.5 중화

학습 목표 • 중화 반응에서 반응물을 구별하고 생성물을 예측한다.

산과 염기가 반응할 때 생성물은 물과 염이다. 수소 이온(산)이 들어 있는 용액과 정확히 같은 양의 수산화 이온(염기)이 들어 있는 다른 용액을 섞으면 생성물은 리트머스 색깔을 변하게 하지 않고 아연이나 철분을 녹이거나 피부에 미끄러운 느낌이 들게 하지도 않는다. 더 이상 산성이나 염기성이 아니다. 중성이다. 앞서 언급했듯이 산과 염기의 반응을 중화라고 한다(그림 4.7).

$$H^+ + OH^- \longrightarrow H_2O$$

수산화 소듐이 염산에 의해 중화되면 생성물은 물과 염화 소듐(일반 식탁용 소금)이다.

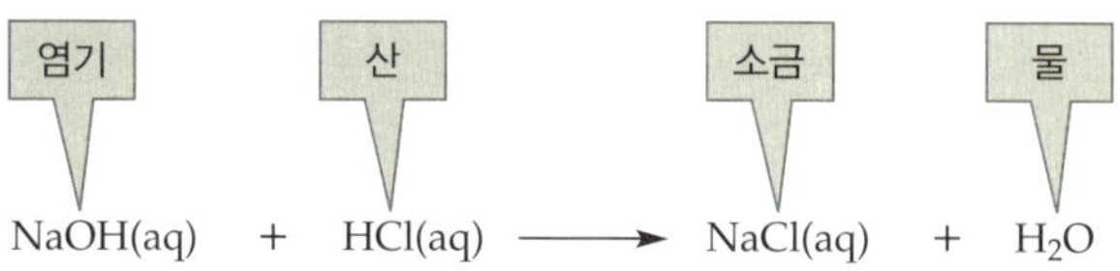

(a)

(b)

(c)

▲ **그림 4.7** 용액 속의 산(또는 염기)의 양은 신중한 중화에 의해 결정된다. (a) 식초 5.00 mL, 물 약간, 페놀프탈레인(산-염기 지시약) 몇 방울을 플라스크에 넣는다. (b) 뷰렛(용액의 부피를 정밀하게 측정하는 장치)으로 0.1000 M NaOH 용액을 플라스크에 천천히 넣는다. (c) 산이 과량으로 있는 한 용액은 무색이다. 산이 중화되고 염기가 조금이라도 과량으로 존재하면 페놀프탈레인 지시약이 분홍색으로 변한다.

Q 식초의 산인 아세트산(CH_3COOH)과 NaOH 수용액 사이의 반응에 대한 반응식을 쓸 수 있는가?

예제 4.5 중화 반응

질산 포타슘은 흑색 화약과 일부 비료의 성분으로, 중세 후기부터 19세기까지 소변 침전을 통해 얻어졌다. 일반적으로 초석이라고 불리며, 질산과 수산화 포타슘의 반응으로 제조할 수 있다. 이 중화 반응의 반응식을 쓰라.

풀이

염기의 OH^-와 산의 H^+가 결합하여 물을 생성한다. 염기의 양이온(K^+)과 산의 음이온(NO_3^-)은 염(질산 포타슘, KNO_3)의 용액을 생성한다.

$$KOH(aq) + HNO_3(aq) \longrightarrow KNO_3(aq) + H_2O(l)$$

› 복습문제 4.5A

조리대에 흘린 잿물 수용액(수산화 소듐 수용액)은 식초(아세트산 수용액, 표 4.1 참조)로 중화시킬 수 있다. 중화 반응에 대한 반응식을 쓰라.

› 복습문제 4.5B

변기 세정제에는 염산이 포함되어 있다. 실수로 섭취했을 때 응급 처치법은 티스푼의 마그네시아 우유(수산화 마그네슘)이다. 수산화 마그네슘과 염산의 중화 반응에 대한 반응식을 쓰라. (힌트: 반응식의 균형을 맞추기 전에 반응물과 염에 대한 올바른 화학식을 써야 한다.)

자가평가문제

1. 같은 양의 산과 염기를 혼합하면 어떤 일이 발생하는가?
   a. 산이 더 진해진다.
   b. 염기가 더 진해진다.
   c. 반응이 일어나지 않는다.
   d. 서로를 중화시킨다.
2. 수산화 소듐 1.5몰을 중화하는 데 필요한 염산은 얼마인가?
   a. 1.0몰 **b.** 1.5몰 **c.** 3.0몰 **d.** 4.5몰
3. 수산화 칼슘 2.4몰을 중화하는 데 필요한 염산은 얼마인가?
   a. 1.2몰 **b.** 2.4몰 **c.** 3.6몰 **d.** 4.8몰
4. 인산 2.0몰을 중화하는 데 필요한 수산화 스트론튬은 얼마인가? 먼저 균형 화학 반응식을 쓰라.
   a. 1.0몰 **b.** 2.0몰 **c.** 3.0몰 **d.** 6.0몰

정답: 1.d, 2.b, 3.d, 4.c

4.6 pH 척도

학습 목표 • 용액의 pH와 산도 또는 염기도 사이의 관계를 설명한다.
• pH 값에서 수소 이온의 몰농도 $[H^+]$를 구하거나, $[H^+]$로부터 pH 값을 구한다.

용액에서 이온의 농도는 리터당 몰수(몰농도, 3.5절 참조)로 표시된다. 예를 들어 염화 수소는 물에서 완전히 이온화되므로 1몰 용액의 염산(1 M HCl)에는 용액 1리터당 1몰의 H^+ 이온이 포함되어 있다. 마찬가지로, 3 M HCl 1 L에는 3몰의 H^+ 이온이 포함되어 있고 0.00100 M HCl 0.500 L에는 0.500 L × 0.00100 mol/L = 0.000500 mol의 H^+ 이온이 포함되어 있다.

특정 용액의 산도는 수소 이온의 리터당 몰 단위로 나타낼 수 있다. 0.001 M HCl 용액의 수소 이온의 농도는 1×10^{-3} mol/L이다. 그러나 지수 표기는 그다지 편리하지 않다. 흔히 이 용액의 산도는 단순히 pH 3으로 나타낸다.

일반적으로 용액의 산도 또는 염기도를 설명하기 위해 1909년 덴마크의 생화학자 S. P. L. Sørensen(1868~1939)이 처음 제안한 **pH 척도**를 사용한다. pH 척도의 숫자는 수소 이온 농도와 직접적으로 관련이 있다. 4.4절에서 우리는 순수한 물에서 주어진 시간에 5억 개의 물 분자 중 약 1개가 H^+ 이온과 OH^- 이온으로 나뉘는 과정을 살펴봤다. 이것은 순수한 물에서 수소 이온과 수산화 이온의 농도가 각각 0.0000001 mol/L, 즉 1×10^{-7} M이라는 것을 의미한다. 왜 7이 순수한 물의 pH인지 알 수 있을까? 그것은 단순히 H^+의 몰농도의 10의 거듭제

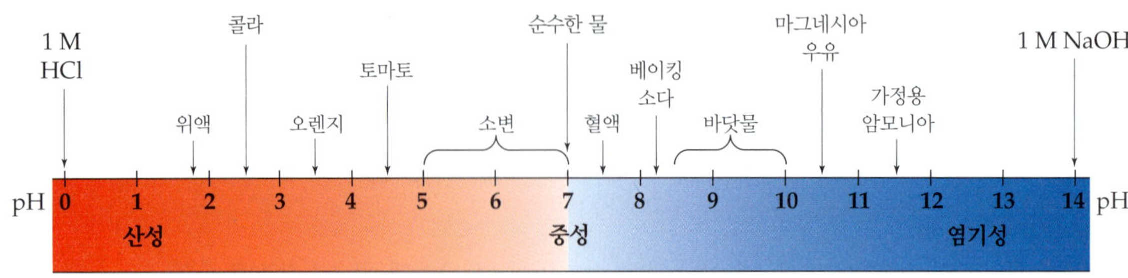

▲ **그림 4.8** pH 척도. pH가 1 단위로 변화하면 수소 이온 농도는 10배 변한다는 것을 의미한다.

Q 토마토는 오렌지보다 더 산성인가 아니면 덜 산성인가? 산도가 몇 배 정도 더 높거나 낮은가?

표 4.4 pH와 H^+ 이온 농도 사이의 관계

H^+의 농도(mol/L)	pH
1×10^{-0}	0
1×10^{-1}	1
1×10^{-2}	2
1×10^{-3}	3
1×10^{-4}	4
1×10^{-5}	5
1×10^{-6}	6
1×10^{-7}	7
1×10^{-8}	8
1×10^{-9}	9
1×10^{-10}	10
1×10^{-11}	11
1×10^{-12}	12
1×10^{-13}	13
1×10^{-14}	14

표 4.5 몇 가지 일반적인 용액의 대략적인 pH 값

용액	pH
염산(4%)	0
위액	1.6~1.8
청량 음료	2.0~4.0
레몬 주스	2.1
식초(4%)	2.5
소변	5.5~7.0
빗물[a]	5.6
침	6.2~7.4
우유	6.3~6.6
순수한 물	7.0
혈액	7.4
신선한 달걀 흰자	7.6~8.0
쓸개즙	7.8~8.6
마그네시아 우유	10.5
세탁용 소다	12.0
수산화 소듐(4%)	13.0

[a] 대기 중 이산화 탄소로 포화되었지만, 오염되지 않았다.

곱에서 음의 부호를 제거한 수이다. (pH의 H는 '수소'를, p는 '힘'을 의미한다.) 따라서 pH는 수소 이온의 몰농도의 음의 로그로 정의된다(표 4.4).

$$pH = -\log[H^+]$$

H^+ 주위의 대괄호는 '몰농도'를 의미한다. pH와 $[H^+]$의 관계는 식을 $[H^+] = 10^{-pH}$의 형식으로 작성하면 더 쉽게 알 수 있다.

대부분의 용액은 0~14 범위의 pH를 갖는다. 이 척도에서 중성점은 7이며, 7보다 낮은 값은 산도가 증가하고 7보다 높은 값은 염기도가 증가함을 나타낸다. 따라서 pH 6은 약산성인 반면에 pH 12는 매우 염기성이다(그림 4.8). pH는 산도 척도이지만, 산도가 올라가면 그 값이 내려간다는 점에 유의해야 한다. 이 관계는 역관계일 뿐만 아니라 로그 관계이기도 하다. pH가 1 감소하면 산도가 10배 증가하며, pH가 2 감소하면 산도는 100배 증가한다. 이 관계가 처음에는 이상하게 보일 수 있지만, pH 척도를 이해하고 나면 그 편리함에 감사하게 될 것이다.

표 4.4에는 수소 이온 농도와 pH의 관계가 요약되어 있다. pH 4는 수소 이온 농도가 1×10^{-4} mol/L, 즉 0.0001 M을 의미하며, 수소 이온 농도가 0.01 M, 즉 1×10^{-2} M이면 pH는 2이다. 다양한 일반적인 용액의 전형적인 pH 값은 표 4.5에 나와 있다.

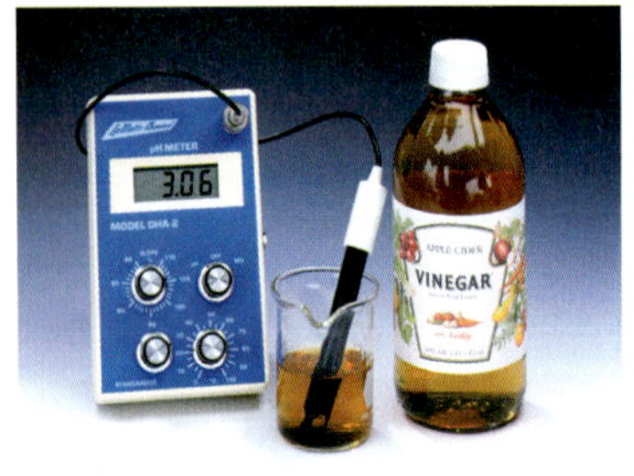

▲ pH 미터는 pH를 빠르고 정확하게 측정하는 장치이다.

Q 비커의 용액이 가정용 암모니아보다 더 염기성인가, 아니면 덜 염기성인가(그림 4.8 참조)?

예제 4.6 수소 이온 농도로부터 pH 계산하기

수소 이온 농도가 1×10^{-5} M인 용액의 pH는 얼마인가?

풀이

수소 이온 농도는 1×10^{-5} M이다. 지수는 −5이고, pH는 이 지수의 음수이다. −(−5), 즉 5이다.

› 복습문제 4.6A

수소 이온 농도가 1×10^{-9} M인 용액의 pH는 얼마인가?

› 복습문제 4.6B

0.010 M HNO_3 용액의 pH는 얼마인가? (힌트: HNO_3는 강산이다.)

예제 4.7 pH에서 수소 이온 농도 구하기

pH가 4인 용액의 수소 이온 농도는 얼마인가?

풀이

pH 값이 4라는 것은 10의 지수가 −4임을 의미한다. 따라서 수소 이온 농도는 1×10^{-4} M이다.

› 복습문제 4.7A

pH가 2인 용액의 수소 이온 농도는 얼마인가?

› 복습문제 4.7B

pH가 3인 HI 용액의 농도는 얼마인가? (힌트: HI는 강산이다.)

4 'pH 균형 샴푸'란 무엇을 의미하는가?

pH가 너무 높거나 너무 낮은 샴푸는 모발(그리고 아마도 피부도)을 손상시킬 수 있다. 대부분 샴푸는 중성(pH 7) 또는 약염기성으로 제조된다. 샴푸에 대한 자세한 내용은 13.6절을 참조하라.

예제 4.8 수소 이온 농도로부터 pH 추정하기

H^+의 농도가 8×10^{-4} M인 용액에 대한 적절한 pH는 얼마인가?

a. 2.9 **b.** 3.1 **c.** 4.2 **d.** 4.8

풀이

$[H^+]$는 1×10^{-4} M보다 크므로 pH는 4보다 작아야 한다. 따라서 **(c)**와 **(d)**는 제외된다. $[H^+]$는 10×10^{-4}(또는 1×10^{-3} M)보다 작으므로 pH는 3보다 커야 한다. 따라서 **(a)**는 제외된다. 유일하게 합리적인 답은 3과 4 사이의 값인 **(b)**이다.

계산기를 사용하면 실제 pH를 계산할 수 있다. 대부분의 그래프 계산기에서는 log(8×10^{-4})를 입력한 다음 '=' 또는 'Enter' 키를 누른다. 그러면 8×10^{-4}의 로그에 대해 −3.1의 값이 나온다. pH는 H^+ 농도의 음의 로그이므로 pH 값은 3.1이다.

› 복습문제 4.8A

H^+의 농도가 2×10^{-10} M인 용액의 적절한 pH는 얼마인가?

a. 2.0 **b.** 8.7 **c.** 9.7 **d.** 10.2

› 복습문제 4.8B

3.6×10^{-3} M HI의 pH는 얼마인가? (힌트: 예제 4.8의 풀이를 참조하고, HI가 강산임을 기억하라.)

중성 용액에서 수소 이온과 수산화 이온의 농도는 모두 1×10^{-7} M이다. 이 둘을 곱하면 1×10^{-14}가 된다. 25 °C의 수용액에서 $[H^+] \times [OH^-]$는 항상 1×10^{-14}와 같다는 것이 밝

혀졌다. 따라서 수소 이온 농도가 1×10^{-7} M보다 크면 수산화 이온의 농도는 1×10^{-7} M보다 작아야 한다. 예를 들어 pH가 4인 용액의 H^+ 이온 농도는 1×10^{-4} M이지만, OH^- 이온의 농도는 1×10^{-10} M에 불과하다. 반면에 염기성 용액은 1×10^{-7} M 이상의 OH^- 이온을 가지고 있으므로 1×10^{-7} M 미만의 H^+ 이온을 가져야 한다. 따라서 1×10^{-2} M의 OH^- 이온이 있는 염기성 용액은 1×10^{-12} M의 H^+ 이온과 12의 pH를 가져야 한다. 따라서 pH가 7보다 크면 용액이 염기성이라는 뜻이다.

예제 4.9 산과 염기의 수소 이온 및 수산화 이온

다음 세 가지 수용액을 각각 산성, 염기성, 중성으로 분류하라. (물 분자는 나타내지 않았다.)

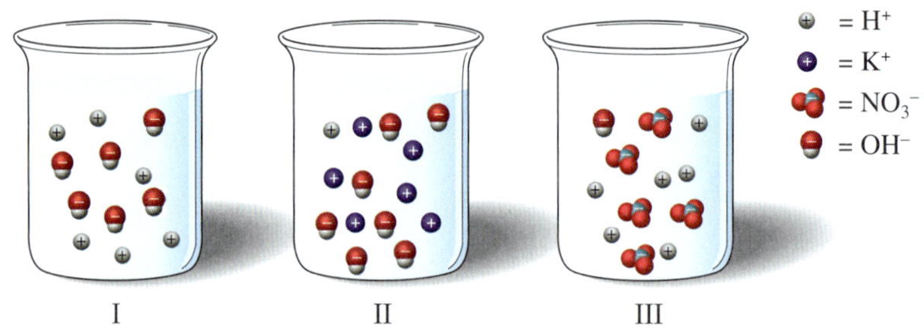

풀이

비커 I에는 같은 수의 OH^- 이온과 H^+ 이온이 각각 6개씩 들어 있으므로 용액은 중성이다. 비커 II는 OH^- 이온(7개)이 H^+ 이온(1개)보다 더 많으므로 용액은 염기성이다. 비커 III에는 6개의 H^+ 이온과 1개의 OH^- 이온이 포함되어 있으므로 용액은 산성이다.

› 복습문제 4.9A

비커 III에 용해된 화합물의 화학식은 무엇인가? 비커 II에 용해된 화합물의 화학식은 무엇인가?

› 복습문제 4.9B

질산 칼슘 수용액을 나타내기 위해 한 학생이 3개의 Ca_2^+ 이온과 5개의 H^+ 이온이 들어 있는 비커를 그렸다. 이 학생은 몇 개의 OH^- 이온과 몇 개의 NO_3^- 이온을 그려야 하는가?

자가평가문제

1. 0.0010 M HNO_3 용액의 수소 이온 농도 $[H^+]$는 얼마인가?
a. 1.0×10^{-4} M **b.** 1.0×10^{-3} M
c. 1.0×10^{-2} M **d.** 10 M

2. 수소 이온 농도가 1.0×10^{-11} M인 용액의 pH는 얼마인가?
a. 1.0 **b.** 3 **c.** 10 **d.** 11

3. 수산화 이온의 농도가 1.0×10^{-5} M인 용액의 pH는 얼마인가?
a. 1.0 **b.** 5 **c.** 9 **d.** 14

4. pH가 8인 수영장 물의 수소 이온 농도는 얼마인가?
a. 8.0 M **b.** 8.0×10^{-8} M
c. 1.0×10^{-8} M **d.** 1.0×10^{8} M

5. 순수한 물의 pH는 얼마인가?
a. 0 **b.** 1 **c.** 7 **d.** 10
e. 14

6. 0.015 M HCl에 대한 적절한 pH는 얼마인가?
a. 0.015 **b.** 1.82 **c.** 8.24 **d.** 12.18

7. 0.015 M NaOH에 적합한 pH는 얼마인가?
   a. 0.015 **b.** 1.82 **c.** 8.24 **d.** 12.18

8. 생리적 pH(7.4)는 혈액의 평균 pH이다. 생리적 pH에서 용액의 적정 수소 이온 농도는 얼마인가?
   a. −7.4 M **b.** 0.6 M
   c. 6×10^{-7} M **d.** 1×10^{-8} M
   e. 4×10^{-8} M

정답: 1. b, 2. d, 3. c, 4. c, 5. c, 6. b, 7. d, 8. e

4.7 완충 용액 및 짝산-짝염기 쌍

학습 목표
- 산의 짝염기 또는 염기의 짝산에 대한 화학식을 쓴다.
- 완충 용액의 작용을 설명한다.

Brønsted 이론에서 **짝산-짝염기 쌍**(conjugate acid-base pair)은 양성자(H^+) 하나가 다른 한 쌍의 화합물 또는 이온이다. 예를 들어 HF와 F^-, NH_3와 NH_4^+는 짝산-짝염기 쌍이다. 염기(예: NH_3)가 양성자를 받아들이면 NH_4^+는 이제 제공할 수 있는 '여분의' 양성자를 가지게 되므로 산인 NH_4^+가 된다. 마찬가지로 산(예: HF)이 양성자를 제공하면 남은 것(F^-)은 염기(HF의 짝염기)가 되는데, 이는 F^-가 이제 양성자를 받아들일 수 있기 때문이다.

예제 4.10 짝산-짝염기 쌍

(a) HBr과 **(b)** H_3PO_4의 짝염기는 무엇인가? **(c)** OH^-와 **(d)** HSO_4^-의 짝산은 무엇인가?

풀이

a. HBr에서 양성자를 제거하면 Br^-가 남는다. 따라서 HBr의 짝염기는 Br^-이다.
b. H_3PO_4에서 양성자를 제거하면 $H_2PO_4^-$가 남는다. 따라서 H_3PO_4의 짝염기는 $H_2PO_4^-$이다.
c. OH^-에 양성자를 더하면 H_2O가 된다. 따라서 OH^-의 짝산은 H_2O이다.
d. HSO_4^-에 양성자를 더하면 H_2SO_4가 된다. 따라서 HSO_4^-의 짝산은 H_2SO_4이다.

› 복습문제 4.10A
(a) SO_4^{2-}와 **(b)** HCO_3^-의 짝산은 무엇인가?

› 복습문제 4.10B
(a) HCN과 **(b)** NH_3의 짝염기는 무엇인가?

완충 용액

완충 용액(buffer solution)은 소량의 강산이나 강염기를 첨가해도 거의 일정한 pH를 유지한다. 완충 용액은 산업, 실험실, 생물체에서 중요한 응용이 많은데, 그 이유는 일부 화학 반응이 산을 소비하고, 다른 화학 반응이 산을 생성하며, 많은 화학 반응이 산에 의해 촉매되기 때문이다. (촉매는 반응을 가속화하는 물질 또는 혼합물이며 반응이 완료된 후에도 변함없이 회수할 수 있다.) 완충 용액은 약산과 그 짝염기(예: $HC_2H_3O_2$와 $C_2H_3O_2^-$) 또는 약염기와 그 짝산(예: NH_3와 NH_4^+)으로 구성된다.

아세트산의 이온화 반응식을 알아보자. 이중 화살표는 산이 약간 이온화되는 것을 나타낸다.

$$HC_2H_3O_2(aq) \rightleftharpoons H^+(aq) + C_2H_3O_2^-(aq)$$

아세트산 용액에 아세트산 소듐을 첨가하면 아세트산 소듐은 Na^+ 이온과 $C_2H_3O_2^-$ 이온으로 완전히 해리된다. 따라서 아세트산의 짝염기, 즉 아세트산 이온을 첨가하여 완충 용액을 형성하게 된다. 이 용액에 약간의 강염기(OH^-)를 첨가하면 약산과 반응하여 약한 짝염기를 약간 생성한다.

$$OH^- + HC_2H_3O_2 \longrightarrow H_2O + C_2H_3O_2^-$$

용액에 더는 강염기가 들어 있지 않은 것이 보이는가? 대신 강염기를 첨가하기 전보다 약염기가 조금 더 많고 약산은 조금 더 적다. pH는 거의 일정하게 유지된다. 마찬가지로, 약간의 강산(H^+)이 첨가되면 약염기와 반응하여 약한 짝산을 생성한다.

$$H^+ + C_2H_3O_2^- \longrightarrow HC_2H_3O_2$$

강산이 소비되고 약간의 약산이 형성되며 용액 pH는 약간만 감소한다. 완충 용액의 이러한 거동은 강산이나 강염기를 첨가하면 pH가 크게 변하는 완충되지 않은 용액의 거동과는 크게 대조된다.

완충 용액의 작용에 대한 극적이고 필수적인 예는 우리 혈액에서 찾을 수 있다. 혈액은 7.4에 매우 가까운 pH를 유지해야 하며, 그렇지 않으면 폐에서 세포로 산소를 운반할 수 없다. 혈액의 산-염기 균형을 유지하는 데 가장 중요한 완충제는 탄산-탄산수소 이온(H_2CO_3/HCO_3^-) 완충 용액이다.

자가평가문제

1. 다음 중 짝산-짝염기 쌍은 무엇인가?
   - **a.** CH_3COOH와 OH^-
   - **b.** HCN과 CN^-
   - **c.** HCN과 OH^-
   - **d.** HCl과 OH^-
2. 다음 중 짝산-짝염기 쌍이 아닌 것은 무엇인가?
   - **a.** CH_3COO^-와 CH_3COOH
   - **b.** F^-와 HF
   - **c.** H_2O와 H_3O^+
   - **d.** NH_3와 H_3O^+
3. 포름산(HCOOH)과 포름산 소듐(HCOONa)으로 완충 용액을 만들었다. 여기에 산을 첨가하면 무엇이 반응하는가?
   - **a.** $HCOO^-$
   - **b.** HCOOH
   - **c.** Na^+
   - **d.** OH^-
4. 다음 중 완충 용액을 생성할 수 있는 쌍은 무엇인가?
   - **a.** C_6H_5COOH와 C_6H_5COONa
   - **b.** HCl과 NaCl
   - **c.** NaCl과 NaOH
   - **d.** NH_3와 H_3BO_3

정답: 1. b, 2. d, 3. a, 4. a

4.8 산업 및 일상생활에서의 산과 염기

학습 목표 • 산과 염기의 일상적인 용도와 이것들이 일상생활에 어떤 영향을 미치는지 설명한다.

산과 염기는 우리 몸, 의학, 가정, 산업에서 중요한 역할을 하며 여러모로 유용한 제품이다. 하지만 산업 부산물로서 환경에 피해를 줄 수 있다. 산과 염기는 사용 시 주의가 필요하며 오용하면 사람의 건강에 위험할 수 있다.

제산제: 염기성 치료제

위는 음식물 소화를 돕기 위해 염산을 분비한다. 때때로 과식이나 정서적 스트레스는 **위산과다**를 유발한다(너무 많은 산이 분비되는 것). 미국에서는 이 상태를 치료하기 위해 수백 가지 브랜드의 제산제(그림 4.9)가 판매되고 있다. 브랜드 이름은 많지만 제산제 성분은 몇 가지에 불과하며, 모두 염기로 이루어져 있다. 일반적인 성분은 탄산수소 소듐, 탄산 칼슘, 수산화 알루미늄, 탄산 마그네슘, 수산화 마그네슘이다.

흔히 베이킹 소다라고 불리는 탄산수소 소듐($NaHCO_3$)은 최초의 제산제 중 하나이며 여전히 가끔 사용된다. 이것은 속쓰림 완화를 위한 Alka-Seltzer의 주요 제산제이다. 탄산수소 이온은 위에서 산과 반응하여 탄산을 형성한 다음에 이산화 탄소와 물로 분해된다.

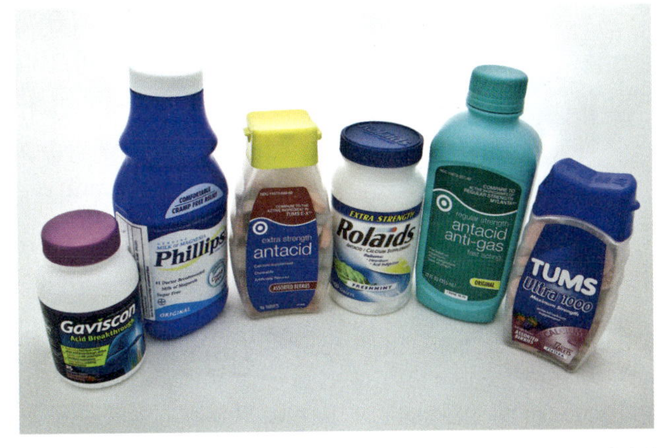

▲ **그림 4.9** 대부분의 일반적인 산-염기 반응은 거의 즉각적으로 일어나기 때문에 어떤 제산제가 '빠르게 작용한다'라는 주장은 거의 의미가 없다. 일부 정제는 다른 정제보다 조금 더 천천히 용해될 수 있다. 제산제를 씹으면 작용 속도를 높일 수 있다.

$$HCO_3^-(aq) + H^+(aq) \longrightarrow H_2CO_3(aq)$$
$$H_2CO_3(aq) \longrightarrow CO_2(g) + H_2O(l)$$

탄산수소염이 들어 있는 제산제가 유발하는 트림의 주원인은 $CO_2(g)$이다. 탄산수소 소듐을 과도하게 사용하면 혈액을 너무 알칼리성으로 만들 수 있으며, 이는 **알칼리증**(alkalosis)이라고 불리는 상태이다. 또한 소듐 이온이 함유된 제산제는 고혈압 환자의 혈압을 높일 수 있다.

아스피린이 들어 있지 않은 'Alka-Seltzer'를 직접 만들 수 있다. 오렌지 주스 한 잔에 베이킹 소다 반 티스푼을 넣으면 된다. (이 반응에서 산은 무엇이고 염기는 무엇인가?)

제산제의 또 다른 성분인 탄산 칼슘($CaCO_3$)이 소량으로는 안전하지만, 정기적으로 사용하면 변비를 유발할 수 있다. 또한 탄산 칼슘을 다량 복용하면 몇 시간 후에 오히려 산 분비가 증가할 수 있다. Tums와 많은 시중 제산제 브랜드에는 탄산 칼슘이 유일한 활성 성분으로 함유되어 있다.

수산화 알루미늄[$Al(OH)_3$]은 탄산 칼슘과 마찬가지로 변비를 유발할 수 있다. 또한 알루미늄 이온이 함유된 제산제는 체내 필수 인산 이온을 고갈시킬 수 있다는 우려도 있다. 수산화 알루미늄은 Amphojcl의 활성 성분이다.

물에 수산화 마그네슘[$Mg(OH)_2$]을 현탁한 것을 마그네시아 우유로 판매한다. 탄산 마그네슘($MgCO_3$)도 제산제로 사용된다. 이러한 마그네슘 화합물은 소량으로는 제산제 역할을 하지만 다량에서는 설사제 역할을 한다.

위산이 위를 녹이지 않는 이유

강한 산이 피부를 부식시킨다는 것을 알고 있다. 표 4.1을 다시 보면 위에 들어 있는 위액은 매우 산성이라는 것을 알 수 있다. 위액은 약 0.5%의 염산을 함유한 용액이다. 위산은 왜 위벽을 파괴하지 않을까? 위 안을 감싸고 있는 세포는 '뮤신'이라는 당-단백질 복합체와 다른 물질이 물에 섞여 점성이 있는 용액인 점액층에 의해 보호되고 있다. 점액은 물리적 장벽 역할을 하지만 그 역할은 그보다 더 광범위하다. 뮤신은 위를 감싸고 있는 세포에서 나오는 탄산수소 이온과 위 내부에서 나오는 염산을 흡수하는 스펀지 같은 역할을 한다. 탄산수소 이온은 점액 내의 산을 중화시킨다.

예전에는 위산이 너무 많은 것이 궤양의 원인이라고 생각했지만, 최근에는 위산이 궤양 형성에 미미한 역할만 하는 것으로 알려져 있다. 연구에 따르면 대부분의 궤양은 헬리코박터 파일로리(*H. pylori*)라는 박테리아에 감염되어 점액을 손상시키고 위벽의 세포가 강한 위산에 노출되어 발생하는 것으로 밝혀졌다. 아스피린과 알코올과 같은 다른 약제들도 궤양 발생의 인자가 될 수 있다. 치료에는 일반적으로 헬리코박터 파일로리를 죽이는 항생제가 포함된다.

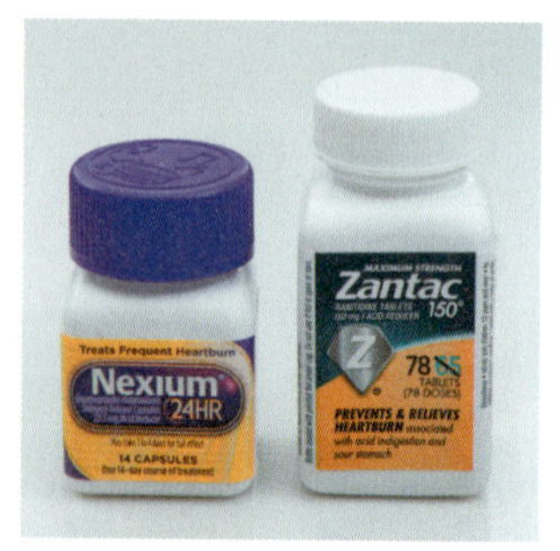

▲ 라니티딘(Zantac®), 파모티딘((Pepcid AC®), 시메티딘(Tagamet HB®), 에스오메프라졸(Nexium®)과 같은 약물은 제산제가 아니다. 이러한 약물은 위산을 중화시키는 대신 위 내벽의 세포에 작용하여 생성되는 산의 양을 줄인다.

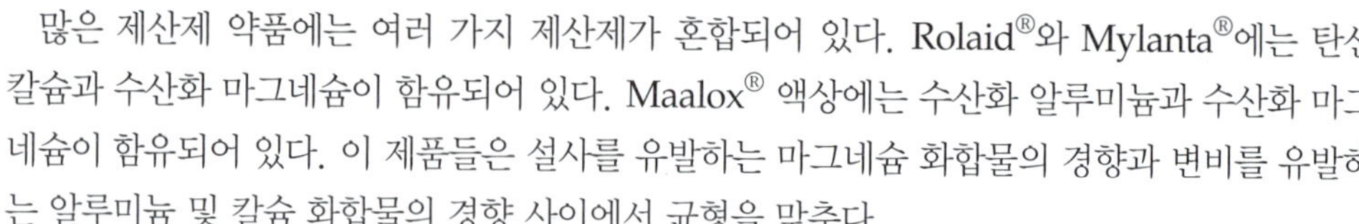

많은 제산제 약품에는 여러 가지 제산제가 혼합되어 있다. Rolaid®와 Mylanta®에는 탄산 칼슘과 수산화 마그네슘이 함유되어 있다. Maalox® 액상에는 수산화 알루미늄과 수산화 마그네슘이 함유되어 있다. 이 제품들은 설사를 유발하는 마그네슘 화합물의 경향과 변비를 유발하는 알루미늄 및 칼슘 화합물의 경향 사이에서 균형을 맞춘다.

제산제는 일반적으로 가끔 복용해도 안전하지만, 다른 약물과 상호작용을 일으킬 수 있다. 소화불량 증상이 심하거나 반복적으로 나타나는 사람은 의사와 상담해야 한다. 자가 치료는 때때로 위험할 수 있다.

산업 및 가정에서의 산과 염기

황산은 미국의 주요 화학 제품(연평균 생산량 약 400억 kg)이며, 전 세계적으로는 연간 2,000억 kg 이상 생산된다. 대부분은 비료 및 기타 산업용 화학 물질을 만드는 데 사용된다. 가정에서는 자동차 배터리와 일부 특수 배수구 세정제 등에 황산을 사용한다.

염산은 산업에서 금속의 녹을 제거하고, 건축에서는 벽돌에서 과도한 모르타르를 제거하고 도장을 위해 콘크리트를 에칭하는 데 사용되며, 가정에서는 설비와 변기의 석회 침전물을 제거하는 데 사용된다. 가정에서 사용되는 제품은 종종 염산의 옛 이름인 **뮤리아트산**(muriatic acid)이라고 불린다. 진한 용액(약 38% 염산)은 심한 화상을 유발하지만, 묽은 용액은 조심스럽게 다루면 가정에서 안전하게 사용할 수 있다. 염산의 연간 생산량은 미국에서 40억 kg 이상이고, 전 세계적으로는 약 200억 kg이다.

석회(CaO)는 가장 저렴하고 가장 널리 사용되는 상업용 염기이다. 석회석($CaCO_3$)을 가열하여 CO_2를 제거하여 만든다.

$$CaCO_3(s) + 열 \longrightarrow CaO(s) + CO_2(g)$$

산화 칼슘의 연간 생산량은 미국에서 약 220억 kg이고, 전 세계적으로는 약 2,300억 kg이다. 산화 칼슘은 부식성이 매우 강하다. 물을 첨가하면 수산화 칼슘[$Ca(OH)_2$, 소석회]이 생성되며, 이는 일반적으로 취급하기에 더 안전하다. 소석회는 농업과 모르타르 및 시멘트 제조에 사용된다.

수산화 소듐(NaOH, 잿물)은 가정에서 가장 자주 사용되는 강력한 염기이다. 오븐 청소용 *Easy Off*, 배수구 막힘 제거용 *Drano*와 같은 제품, 상업용 및 수제 비누를 만드는 데 사용된다. 연간 수산화 소듐의 미국 내 생산량은 약 90억 kg이다.

암모니아(NH_3)는 주로 비료로 사용하기 위해 대량으로 생산된다. 미국의 연간 생산량은 거의 110억 kg에 달한다. 암모니아는 가정에서 다양한 청소 제품에 사용된다(13장).

왜 중요할까?

적절한 pH는 비료만큼이나 식물 성장에 중요하다. '신맛'이 나거나 너무 산성인 토양은 소석회(수산화 칼슘)를 첨가하여 '단맛'을 더해준다. 블루베리와 감귤류와 같은 일부 식물은 산성 토양을 필요로 하며, 식물이 자라는 토양에 주기적으로 약간의 산을 첨가해야 할 수도 있다.

건강과 질병에서 산과 염기

산과 염기를 오용하면 사람의 건강에 해로울 수 있다. 진한 강산과 염기는 부식성 독극물로 심각한 화학 화상을 입힐 수 있다. 화학 물질이 제거되면 이러한 부상은 열로 인한 화상과 유사하며 종종 같은 방식으로 치료된다. 황산은 강산일 뿐만 아니라 세포의 물과 반응할 수 있는 강력한 탈수제이기도 한다.

희석된 용액에서도 강산과 염기는 요리할 때와 마찬가지로 살아있는 세포의 단백질 분자를 분해하거나 **변성**(denature)시킨다. 일반적으로 이러한 조각들은 원래 단백질의 기능을 수행할 수 없다. 산이나 염기에 지속적으로 노출되면 조직이 완전히 파괴될 때까지 이러한 파편화가 계속된다.

산과 염기는 미묘한 방식으로 사람의 건강에 영향을 미친다. 혈액, 기타 체액 및 세포에서

산성비

이산화 탄소는 탄산의 무수물이다(4.3절). 공기 중에서 떨어지는 빗방울은 CO_2를 흡수하고, 빗방울 속에서 H_2CO_3로 전환된다. 따라서 빗물은 약산인 탄산의 묽은 용액이다. 이산화 탄소로 포화된 비는 pH가 5.6으로 매우 약산성이다. 전 세계 많은 지역, 특히 산업 중심지에서 바람이 많이 부는 지역에서는 빗물의 산성도가 3 이하로 훨씬 더 낮다. pH가 5.6 미만인 비를 산성비라고 한다.

산성비는 공기 중의 산성 오염 물질로 인해 발생한다. 여러 대기 오염 물질은 산성 무수물이다. 이산화 황(SO_2)과 삼산화 황(SO_3)은 주로 발전소나 금속 제련소에서 황의 함량이 높은 석탄이 연소할 때 발생하고, 이산화 질소(NO_2)와 일산화 질소(NO)는 자동차 배기가스에서 나온다.

일부 산성비는 화산 폭발과 번개와 같은 자연 오염 물질로 인해 발생한다. 화산은 황산화물과 황산을 내뿜고, 번개는 공기 중의 질소, 산소, 물에서 질소 산화물과 질산을 생성한다.

산성비는 대기 오염 및 수질 오염과 관련된 중요한 환경 문제이다. 산성비는 식물과 동물의 생명에 심각한 영향을 미칠 수 있다.

산과 염기 사이의 섬세한 균형이 유지되어야 한다. 혈액의 산도가 너무 많이 변하면 혈액은 산소를 운반하는 능력을 잃게 된다. 살아 있는 세포에서 단백질은 최적의 pH에서만 제대로 기능한다. pH가 어느 한 방향으로 너무 많이 변하면 단백질이 제 기능을 수행하지 못한다. 다행히도 우리 몸에는 적절한 산-염기 균형을 유지하기 위한 복잡하지만, 효율적인 메커니즘이 있다(4.7절).

자가평가문제

1. 다음 중 제산제의 일반적인 성분은 무엇인가?
- **a.** $CaCO_3$ **b.** $Ca(OH)_2$ **c.** HCl **d.** KOH

2. 위산이 과다한 사람이 제산제를 복용하면 위의 pH가 어떻게 변하는가?
- **a.** 낮은 값에서 7에 가까운 값으로 변한다.
- **b.** 7에서 훨씬 더 큰 값으로 변한다.
- **c.** 낮은 값에서 더 낮은 값으로 변한다.
- **d.** 높은 값에서 낮은 값으로 변한다.

3. 다음 중 미국 산업의 주요 화학 제품은 무엇인가?
- **a.** 암모니아 **b.** 석회 **c.** 플라스틱 **d.** 황산

4. 다음 중 자동차 배터리에 사용되는 산은 무엇인가?
- **a.** 시트르산 **b.** 염산 **c.** 질산 **d.** 황산

5. 다음 중 비누 제조에 자주 사용되는 염기는 무엇인가?
- **a.** $Ca(OH)_2$ **b.** KOH **c.** NaOH **d.** NH_3

정답: 1.a, 2.a, 3.d, 4.d, 5.c

녹색 화학 산과 염기-친환경 대안

Irvin J. Levy, Gordon College, Wenham, MA

원칙 1, 3, 7, 12

학습 목표
- 물속의 이산화 탄소가 유용하고 안전한 산의 공급원임을 인식한다.
- 산과 염기를 사용할 때 친환경적인 반응 조건을 위한 대체 선택 사항에 대해 설명한다.

산과 염기는 가장 일반적인 유형의 화학 물질 중 하나이다. 우리는 어디에서나 산과 염기를 찾을 수 있다. 기술적인 용어로 산과 염기를 구분하지 못할 수도 있지만, 우리는 생활의 모든 순간에 산과 염기를 접하고 있다. 예를 들어 건강한 사람의 혈액은 알칼리성이라고도 하는 아주 약간 염기성(pH 7.4)인 반면에 위는 다소 산성(pH 2~3)이다(4.6절). 산과 염기는 또한 많은 식품 재료에서 발견된다. 예를 들어 식초와 오렌지 주스는 약산성 용액이고, 베이킹 소다는 알칼리성 고체이다.

산과 염기는 중요한 화학 물질이지만, 진한 용액은 위험할 수 있다. 일부 산업 공정에서는 대량의 강염기성 또는 산성 폐기물이 발생한다. 이러한 폐기물을 처리하지 않으면 의도하지 않은 노출이 발생했을 때 사람의 건강과 환경에 위험할 수 있다. 산성 및 알칼리성 폐기물의 적절한 처리를 위해서는 중화가 필요하다. 산과 염기는 또한 많은 화학 반응에 사용되므로 대량으로 운반, 보관, 사용해야 한다. 이러한 부식성 물질은 취급하는 장비와 보관 용기에 해를 끼칠 수 있으며, 잠재적으로 작업하는 사람에게도 해를 끼칠 수 있다. 이후에 설명하는 바와 같이 산과 염기를 포함하는 화학 공정은 친환경적인 대안을 개발할 수 있는 기회를 제공한다.

한 가지 예로 염화 소듐 수용액을 염소 및 수산화 소듐을 포함한 중요한 화학 물질로 전환하는 것을 들 수 있다. 이 공정은 매년 수백만 톤의 유용한 화학 물질을 생산하지만, 막대한 양의 알칼리성 폐기물을 발생시킨다. 폐기물을 안전하게 처리하려면 산을 첨가하여 pH를 6에서 9 사이로 낮춰야 한다. 일반적으로 염산 또는 황산과 같은 무기산을 폐기물 흐름에 첨가하여 폐기물을 중화한다(4.5절). 하지만 이 방법에는 몇 가지 단점이 있다.

첫째, 첨가되는 산의 양이 상당하며 이는 화학 물질의 낭비적인 사용을 의미한다. 또한 그 양을 매우 신중하게 제어해야 하며, 그렇지 않으면 폐기물을 '과도하게 중화'시킬 수 있다(4.5절). 이렇게 하면 유해 알칼리성 폐기물이 유해 산성 폐기물로 전환되어 도움이 되지 않는다. 둘째, 중화 산이 알칼리성 폐기물과 결합할 때 생성되는 원치 않는 생성물이 또 다른 문제를 일으킬 수 있다. 셋째, 그리고 어쩌면 가장 중요한 것은 무기산은 생산, 운송, 보관 및 최종 현장의 사용 과정에서 위협이 되는 유해 물질이라는 점이다. 이러한 폐기물을 보다 친환경적으로 처리할 수 있는 방법이 반드시 존재해야 한다.

실제로 기업들은 알칼리성 폐기물을 훨씬 더 친환경적인 물질인 이산화 탄소(CO_2)를 사용하여 중화하기 시작했다. CO_2는 화석 연료를 태울 때 방출되는 많은 양이 지구 기후 변화에 영향을 미치기 때문에 종종 환경에 위험한 물질로 여겨진다. 그러나 이미 대기 중에 존재하는 CO_2에는 좋은 용도가 많이 있다. 예를 들어 이산화 탄소가 물에 녹으면 약산성 용액이 형성되기 때문에, CO_2를 알칼리성 폐기물 흐름에 불어넣기만 해도 중화가 가능하다. 실제 사용 시 용액의 pH를 7 이하로 낮추지 않으며, 과량의 CO_2는 물에서 거품으로 빠져나가기 때문에 CO_2로 용액을 '과잉중화'할 수 없다. 이 방법은 무기산을 대체하고, 폐기물을 방지하며, 재생가능한 자원에 의존하고, 더 안전한 화학 물질로 동일한 결과를 얻을 수 있다(원칙 1, 3, 7, 12).

화학은 매우 활발한 분야이며 녹색 화학의 원리는 화학자들에게 인간의 건강과 환경에 더 안전하고, 비용 효율적이며, 더 유해한 대안과 동등하거나 더 나은 효과를 내는 방법을 개발할 수 있는 많은 기회를 상기시켜 준다. 한 가지 연구 분야는 화학 공정에서 산을 자연적으로 발생하는 더 안전한 물질로 대체하는 것이다. 예를 들어 알코올(탄소에 OH기가 결합된 분자)을 다른 화학 물질로 전환하는 일반적인 화학 반응에는 고농도의 매우 강한 무기산과 높은 온도가 필요하다.

$$-\overset{\overset{\displaystyle H}{|}}{\underset{|}{C}}-\overset{\overset{\displaystyle OH}{|}}{\underset{|}{C}}- \xrightarrow[\text{고온}]{\text{강산}} \;\rangle C{=}C\langle \; + \; H_2O$$

최근에는 이러한 화학적 전환에 사용되는 황산과 인산을 훨씬 더 안전한 물질인 몬모릴로나이트(montmorillonite)라는 점토의 일종으로 대체할 수 있다는 사실이 밝혀졌다. 점토 촉매는 화학 산업에서 많은 용도를 찾고 있으며 이러한 공정의 안전성을 크게 향상시킨다.

수십 년 동안 화학 산업에서 사용되어 온 많은 방법이 최근 다시 활발한 연구 분야가 되고 있다. 화학자들은 녹색 화학의 기본 원리를 활용하여 더 안전한 물질과 방법을 개발하는 데 전념하고 있다. 이것이야말로 정말 '기본적인' 아이디어라고 할 수 있다(그리고 산성도!).

 요약

4.1절: 산은 신맛이 나고, 리트머스 종이를 붉은색으로 변하게 하며, 활성 금속과 반응하여 수소를 생성한다. 염기는 쓴맛이 나고, 리트머스 종이를 청색으로 변하게 하며, 피부에 미끄러운 느낌을 준다. 산과 염기는 반응하여 **염**과 물을 생성한다. 리트머스 종이와 같은 **산-염기 지시약**은 산과 염기의 색이 달라 용액이 산성인지 염기성인지를 판별하는 데 사용된다.

4.2절: Arrhenius 산은 수용액에서 양성자라고도 하는 수소 이온(H^+)을 생성하고, Arrhenius 염기는 수산화 이온(OH^-)을 생성한다. **중화**는 H^+와 OH^-가 반응하여 물을 생성하는 것이다. H^+ 이온과 OH^- 이온이 관련된 음이온과 양이온이 결합하여 이온성 염을 생성한다. 보다 일반적인 Brønsted 산-염기 이론에서 **산**은 양성자 주개이고, **염기**는 양성자 받개이다. Brønsted 산이 물에 녹으면 H_2O 분자가 H^+를 끌어당겨 하이드로늄 이온(H_3O^+)을 형성한다. 물속의 Brønsted 염기는 물 분자에서 양성자를 받아들여 OH^-를 형성한다.

4.3절: 일부 비금속 산화물(예: CO_2 및 SO_3)은 **산성 무수물**이며, 물과 반응하여 산을 형성한다. 일부 금속 산화물(예: Li_2O 및 CaO)은 **염기성 무수물**이며, 물과 반응하여 염기를 형성한다. **양쪽성** 물질은 산 또는 염기로 작용할 수 있다.

4.4절: **강산**은 물에서 완전히 이온화되어 H^+ 이온과 음이온을 형성하는 산이다. **약산**은 물속에서 약간만 이온화되며 대부분 온전한 분자로 존재한다. 일반적인 강산은 황산, 염산, 질산이다. 마찬가지로, **강염기**는 물에서 완전히 이온화되고, **약염기**는 약간만 이온화된다. 수산화 소듐과 수산화 칼륨은 일반적인 강염기이다.

4.5절: 산과 염기 사이의 반응을 중화라고 한다. 수용액에서는 종종 H^+와 OH^-가 반응하여 물을 형성한다. 다른 음이온과 양이온은 이온성 염을 형성한다.

4.6절: **pH** 척도는 산성 또는 염기성의 정도를 나타내며, pH는 $pH = -\log[H^+]$로 정의되며, 여기서 $[H^+]$는 수소 이온의 몰농도이다. pH 7($[H^+] = 1 \times 10^{-7}$ M)은 중성이며, 7보다 낮은 pH 값은 산성이 증가하는 것을, 7보다 큰 pH 값은 염기성이 증가하는 것을 나타낸다. pH가 1단위 변화하면 $[H^+]$가 10배 변화하는 것을 나타낸다.

4.7절: 양성자(H^+) 하나가 다른 한 쌍의 화합물 또는 이온을 **짝산-짝염기 쌍**이라고 한다. **완충 용액**은 약산과 그 짝염기 또는 약염기와 그 짝산의 혼합물이다. 완충 용액은 소량의 강산 또는 강염기를 첨가해도 거의 일정한 pH를 유지한다.

4.8절: 제산제는 탄산수소 소듐, 수산화 마그네슘, 수산화 알루미늄, 탄산 칼슘과 같은 염기로, 위산과다를 완화하기 위해 복용하는 약이다. 일부 제산제를 과도하게 사용하면 혈액을 너무 알칼리성(염기성)으로 만들 수 있는데, 이를 **알칼리증**이라고 한다. 황산은 미국에서 가장 많이 생산되는 화학 물질로 비료 및 기타 산업용 화학 물질을 만드는 데 사용된다. 염산은 녹 제거와 모르타르 및 콘크리트 에칭에 사용된다. 석회(산화 칼슘)는 석회석으로 만들어지며 가장 저렴하고 가장 널리 사용되는 염기이다. 석고와 시멘트의 성분이며 농업에 사용된다. 수산화 소듐은 비누뿐만 아니라 많은 산업 제품을 만드는 데 사용된다. 암모니아는 주로 비료로 사용하기 위해 생산되는 약한 염기이다. **산성비**는 pH가 5.6보다 낮은 비이다. 산성비는 자연적으로 발생하는 황산화물과 질소 산화물, 산업 대기오염, 자동차 배기가스 등이 원인이다. 산성비는 식물과 동물의 생명에 심각한 영향을 미칠 수 있다. 진한 강산과 염기는 부식성 독극물로 심각한 화상을 유발하고 단백질을 **변성**(파괴)할 수 있다. 살아 있는 세포는 단백질의 적절한 기능에 필요한 최적의 pH를 가지고 있다.

녹색 화학: 산은 염기성 폐기물을 중화하거나 화학 반응을 촉진하는 등 다양한 용도로 사용할 수 있나. 녹색 화학의 12가지 원칙은 화학 공정에서 한때 표준 선택으로 간주되었던 것보다 더 안전한 산과 염기를 선택하는 데 지침이 될 수 있다. 유해한 무기산을 물에 녹은 이산화 탄소와 몬모릴로나이트 점토로 대체하는 것이 두 가지 예이다.

학습 목표	관련 문제
• 화학적, 물리적 성질을 사용하여 산과 염기를 구별한다. (4.1)	1, 2, 57
• 산-염기 지시약의 작동 원리를 설명한다. (4.1)	3, 58
• Arrhenius와 Brønsted-Lowry 산과 염기를 구별한다. (4.2)	4~6, 13~28, 59
• 중화 반응 또는 이온화 반응에 대한 균형 반응식을 작성한다. (4.2)	7, 39~42, 60~62
• 산성 무수물과 염기성 무수물을 구별하고 물과의 반응을 나타내는 반응식을 쓴다. (4.3)	8, 29, 30
• 강산, 강염기, 약산, 약염기를 정의하고 구별한다. (4.4)	9~11, 31~38
• 중화 반응에서 반응물을 구별하고 생성물을 예측한다. (4.5)	43~46
• 용액의 pH와 산도 또는 염기도 사이의 관계를 설명한다. (4.6)	43, 44
• pH 값에서 수소 이온의 몰농도 $[H^+]$를 구하거나, $[H^+]$로부터 pH 값을 구한다. (4.6)	45~52, 63~65
• 산의 짝염기 또는 염기의 짝산에 대한 화학식을 쓴다. (4.7)	53, 54
• 완충 용액의 작용을 설명한다. (4.7)	66, 67

• 산과 염기의 일상적인 용도와 이것들이 일상생활에 어떤 영향을 미치는지 설명한다. (4.8)	12, 55, 56, 68~71
• 물속의 이산화 탄소가 유용하고 안전한 산의 공급원임을 인식한다.	72~74
• 산과 염기를 사용할 때 친환경적인 반응 조건을 위한 대체 선택 사항에 대해 설명한다.	73, 75

개념문제

1. 다음 각 용어를 정의하고 예를 들어 설명하라.
   a. 산
   b. 염기
   c. 염

2. **(a)** 산성 용액과 **(b)** 염기성 용액의 일반적인 성질 네 가지를 나열하라.

3. 중화된 용액이 리트머스 종이의 색깔에 미치는 영향과 철분 또는 아연에 미치는 작용을 설명하라.

4. H 원자를 포함하지 않는 물질이 Brønsted-Lowry 산이 될 수 있는가? Brønsted-Lowry 염기에 반드시 있어야 하는 특징적인 원자가 있는가?

5. 산-염기 화학에서 양성자가 의미하는 것은 무엇인가? 핵 양성자와 어떻게 다른가?

6. Arrhenius 이론에 따르면 모든 산에는 한 가지 공통 원소가 있다. 그 원소는 무엇인가? 그 원소를 포함하는 모든 화합물은 산인가? 그 이유를 설명하라.

7. 산 또는 염기의 중화에 대해 설명하라.

8. 산성 무수물이란 무엇인가? 염기성 무수물은 무엇인가? 무수물이란 단어의 뜻은 무엇인가?

9. 강염기와 약염기는 수산화 이온의 특징적인 성질을 가지고 있다. 강염기와 약염기는 어떻게 다른가?

10. 수산화 마그네슘은 고체 상태에서도 완전한 이온 상태이지만, 제산제로서 복용할 수 있다. 수산화 소듐을 복용하면 다칠 수 있지만, 수산화 마그네슘은 복용해도 다치지 않는 이유를 설명하라.

11. 강산과 강염기가 피부에 미치는 영향은 무엇인가?

12. 알칼리증이란 무엇인가? 어떤 제산제 성분을 과다 복용하면 알칼리증을 유발할 수 있는가?

연습문제

산과 염기: Arrhenius 이론

13. 물에서 **(a)** 브로민화 수소산이 Arrhenius 산으로, **(b)** 수산화 세슘이 Arrhenius 염기로 작용하는 반응식을 쓰라.

14. 물에서 **(a)** 아질산(HNO_2)이 Arrhenius 산으로, **(b)** 수산화 스트론튬이 Arrhenius 염기로 작용하는 반응식을 쓰라. (이온의 전하를 정확하게 나타내야 한다.)

15. 특정 Arrhenius 산을 물에 녹였을 때의 생성물 중 하나는 하이포아염소산 이온(ClO^-)이다. Arrhenius 산의 화학식을 쓰라.

16. 특정 Arrhenius 염기가 물과 반응하여 인산 수소 이온을 생성한다. 이 반응의 반응식을 쓰라. (이온의 전하를 정확하게 나타내야 한다.)

산과 염기: Brønsted-Lowry 산-염기 이론

17. Brønsted-Lowry의 정의를 사용하여 각 반응식의 첫 번째 화합물이 산인지, 염기인지 구분하라.
   a. $CH_3NH_2 + H_2O \longrightarrow CH_3NH_3^+ + OH^-$
   b. $H_2O_2 + H_2O \longrightarrow H_3O^+ + HO_2^-$
   c. $NH_2Cl + H_2O \longrightarrow NH_3Cl^+ + OH^-$

18. Brønsted-Lowry의 정의를 사용하여 각 반응식의 첫 번째 화합물이 산인지, 염기인지 구분하라. (힌트: 반응에서 생성되는 것은 무엇인가?)
   a. $(CH_3)_2NH + H_2O \longrightarrow (CH_3)_2NH_2^+ + OH^-$
   b. $C_6H_5NH_2 + H_2O \longrightarrow C_6H_5NH_3^+ + OH^-$
   c. $C_6H_5CH_2NH_2 + H_2O \longrightarrow C_6H_5CH_2NH_3^+ + OH^-$

19. 물에서 **(a)** 포름산(HCOOH)이 Brønsted-Lowry 산으로, **(b)** 피리딘(C_5H_5N)이 Brønsted-Lowry 염기로 작용하는 반응식을 쓰라.

20. 물에서 **(a)** 하이포아염소산(HOCl)이 Brønsted-Lowry 산으로, **(b)** 디에틸아민[$(CH_3CH_2)_2NH$]이 Brønsted-Lowry 염기로 작용하는 반응식을 쓰라.

21. 암모니아가 물에서 Brønsted-Lowry 염기로 작용하는 것을 보여주는 반응식을 쓰라.

22. 하이드록실아민($HONH_2$)은 OH기를 포함하지만, NH_2^+ 및 OH^- 이온으로 해리되지 않는다. 그러나 Brønsted-Lowry 염기이다. 하이드록실아민이 물에서 Brønsted-Lowry 염기로 작용하는 것을 보여주는 반응식을 쓰라.

산과 염기: 이름과 화학식

23. 다음 각 산과 염기에 대해 화학식은 이름을, 이름은 화학식을 쓰라.
a. HCl
b. 수산화 스트론튬
c. KOH
d. 붕산

24. 다음 각 산과 염기에 대해 화학식은 이름을, 이름은 화학식을 쓰라.
a. 수산화 루비듐
b. $Al(OH)_3$
c. 시안화수소산
d. HNO_3

25. 다음 각 이름을 쓰고, 산 또는 염기로 분류하라.
a. H_3PO_4
b. CsOH
c. H_2CO_3

26. 다음 각 이름을 쓰고, 산 또는 염기로 분류하라.
a. $Mg(OH)_2$
b. NH_3
c. CH_3COOH

27. 산의 이름이 '-산'으로 끝나면 이름이 '아-'로 시작되는 관련 산이 있는 경우가 많다. '아-'산의 화학식은 '-산'의 화학식보다 산소 원자가 하나 더 적다. 이 정보를 사용하여 **(a)** 아질산과 **(b)** 아인산의 화학식을 쓰라.

28. 27번 문제와 표 4.1을 참조하라. 텔루륨은 황과 같은 그룹에 속한다. 이 정보를 사용하여 **(a)** 텔루르산과 **(b)** 아텔루르산의 화학식을 쓰라.

산성 및 염기성 무수물

29. **(a)** 이산화 셀레늄이 물과 반응할 때, **(b)** 산화 스트론튬이 물과 반응할 때 생성되는 화합물의 화학식을 쓰라. 각각의 경우에 생성물은 산인가, 염기인가?

30. **(a)** 산화 세슘이 물과 반응할 때, **(b)** 십산화 사인이 물과 반응할 때 생성되는 화합물의 화학식을 쓰라. (힌트: 여섯 분자의 물이 반응하여 네 분자의 생성물이 생성된다.) 각각의 경우에 생성물은 산인가, 염기인가?

강산과 약산, 강염기와 약염기

31. 물 1 L에 1.0 몰의 아이오딘화 수소(HI) 기체를 녹이면 생성되는 용액에는 1.0몰의 하이드로늄 이온과 1.0몰의 아이오딘화 이온이 들어 있다. HI를 강산, 약산, 약염기, 강염기로 분류하라.

32. 수산화 탈륨(TlOH)은 수용성 이온 화합물이다. TlOH를 강산, 약산, 약염기, 강염기로 분류하라.

33. 1.300몰의 메틸아민(CH_3NH_2) 기체를 물 1.00 L에 첨가하여 만든 용액에는 메틸암모늄 이온($CH_3NH_3^+$)과 수산화 이온(OH^-)이 각각 0.00936몰 들어 있고, CH_3NH_2 분자가 1.291몰 포함되어 있다. CH_3NH_2를 강산, 약산, 약염기, 강염기로 분류하라.

34. 물 1.00 L에 HOCN 1.000몰을 첨가하여 만든 용액에는 H^+ 이온과 OCN^- 이온이 각각 0.055몰 들어 있고, 0.945몰의 HOCN 분자가 포함되어 있다. HOCN을 강산, 약산, 약염기, 강염기로 분류하라.

35. 다음 각 물질을 강산, 약산, 강염기, 약염기, 염으로 분류하라.
a. LiOH
b. HBr
c. HNO_2
d. $CuSO_4$

36. 다음 각 물질을 강산, 약산, 강염기, 약염기, 염으로 분류하라.
a. K_3PO_4
b. $CaBr_2$
c. $Mg(OH)_2$
d. NH_4Cl

37. 다음 수용액을 H^+ 이온의 농도가 높은 것부터 낮은 순으로 나열하라. 0.20 M NH_3, 0.10 M HClO, 0.10 M $HClO_4$.

38. 농도가 각각 0.10 M인 포름산(HCOOH), 암모니아, 질산, 수산화 리튬의 용액을 pH가 증가하는 순서대로 나열하라.

중화

39. **(a)** 수산화 은(AgOH)과 염산의 반응, **(b)** 수산화 루비듐과 질산의 반응에 대한 반응식을 쓰라.

40. **(a)** 수산화 바륨 1몰과 하이드로브로민산 2몰의 반응, **(b)** 과염소산 3몰과 수산화 알루미늄 1몰의 반응에 대한 반응식을 쓰라.

41. 아황산(H_2SO_3) 1몰과 수산화 마그네슘 1몰의 반응에 대한 반응식을 쓰라.

42. 인산 2몰과 수산화 칼슘 3몰의 반응에 대한 반응식을 쓰라.

pH 척도

43. 다음 각 pH 값이 산성, 염기성, 중성 용액인지 밝혀라.
a. 3 **b.** 11.4 **c.** 0.8 **d.** 9.6

44. 라임 주스는 상당히 신맛이 난다. 라임 주스에 적합한 pH는 얼마인가?
a. 13 **b.** 7.4 **c.** 2.2 **d.** 6.5

45. 수소 이온의 농도가 1.0×10^{-8} M인 용액의 pH는 얼마인가?

46. 수소 이온의 농도가 1.0×10^{-2} M인 용액의 pH는 얼마인가?

47. 수산화 이온의 농도가 1.0×10^{-3} M인 용액의 pH는 얼마인가?

48. 수산화 이온의 농도가 1.0×10^{-10} M인 용액의 pH는 얼마인가?

49. pH가 6인 용액의 수소 이온 농도는 얼마인가?

50. pH가 11인 용액의 수소 이온 농도는 얼마인가?

51. 블랙커피의 수소 이온 농도는 1.0×10^{-5} M에서 1.0×10^{-6} M 사이이다. 블랙커피의 pH 범위를 나타내는 두 정수는 얼마인가?

52. 창문 청소용 스프레이의 pH는 10에서 11 사이이다. 1.0×10^{-x} M에서 수소 이온의 농도 범위를 나타내는 x의 두 정숫값은 얼마인가?

짝산-짝염기 쌍

53. 다음 수용액 반응에서 **(a)** 반응물 중 산과 염기가 무엇인지 밝히고, **(b)** 산의 짝염기, **(c)** 염기의 짝산을 밝혀라.

$$NH_2OH + HCl \longrightarrow NH_3OH^+ + Cl^-$$

54. 다음 수용액 반응에서 **(a)** 반응물 중 산과 염기가 무엇인지 밝히고, **(b)** 산의 짝염기, **(c)** 염기의 짝산을 밝혀라.

$$HCO_3^- + HCOOH \longrightarrow HCOO^- + H_2CO_3$$

제산제

55. Mylanta 액체에는 티스푼당 200 mg의 $Al(OH)_3$와 200 mg의 $Mg(OH)_2$가 들어 있다. 이 물질들 각각에 의한 위산[HCl(aq)로 표시]의 중화 반응식을 쓰라.

56. 다음 각각의 화합물에서 Brønsted-Lowry 염기는 무엇인가? 제산제의 성분은 무엇인가?
 a. $NaHCO_3$
 b. $Mg(OH)_2$
 c. $MgCO_3$
 d. $CaCO_3$

심화문제

57. 대부분의 비누는 쓴맛이 있다. 이것은 비누의 pH에 대해 무엇을 의미하는가?

58. 그림(왼쪽)에서 용액의 용질이 될 수 있는 것은 무엇인가?
 a. HNO_2 **b.** KOH **c.** NH_3
 d. CH_3NH_2 **e.** CF_3COOH

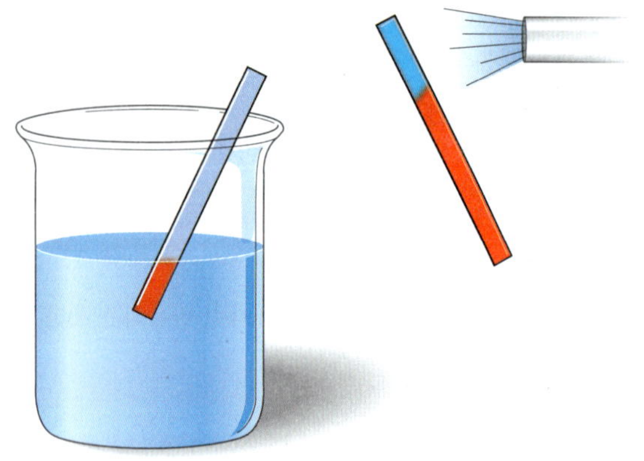

59. 그림(오른쪽)의 관에서 나오는 기체로 가능한 것은 무엇인가?
 a. N_2 **b.** CO_2 **c.** NH_3 **d.** SO_2

60. Arrhenius 이론에 따르면 OH를 포함하는 모든 화합물은 염기인가? 설명하라.

61. 황동 수도꼭지의 석회 침전물은 대부분 $CaCO_3$이다. 이 침전물은 수도꼭지를 염산에 담가서 제거할 수 있다. 이 반응에 대한 반응식을 쓰라.

62. 아이오딘화 스트론튬은 고체 탄산 스트론튬($SrCO_3$)과 산의 반응으로 만들 수 있다. 어떤 산인지 밝히고 이 반응의 균형 반응식을 쓰라.

63. 황화물 무기질이 포함된 암석에 우물을 뚫으면 일부 무기질이 우물물에 녹아 썩은 달걀 냄새가 나는 '유황수'가 나올 수 있다. 이 우물의 물은 약간 미끌미끌하고, HS^- 이온을 함유하고 있으며, 리트머스 종이를 푸른색으로 변화시킨다. 이 정보로부터 HS^- 이온과 물의 반응을 나타내는 반응식을 쓰라.

64. pH가 $[H^+]$와 관련된 것처럼 pOH는 $[OH^-]$와 관련되어 있다. **(a)** 수산화 이온의 농도가 1.0×10^{-2} M인 용액의 pOH는 얼마인가? **(b)** 0.1 M KOH 용액의 pOH는 얼마인가? **(c)** 0.001 M HCl 용액의 pOH는 얼마인가?

65. 농도가 각각 0.1 M인 **(a)** 아세트산($HC_2H_3O_2$), **(b)** 암모니아(NH_3), **(c)** 질산(HNO_3), **(d)** 염화 소듐(NaCl), **(e)** 수산화 소듐(NaOH) 용액을 pH가 가장 높은 것부터 낮은 순서대로 나열하라.

66. 0.050 M $Ba(OH)_2$ 용액의 pH를 계산하라.

67. 사람의 혈액에는 pH 변화를 최소화하는 완충 용액이 포함되어 있다. 혈액 완충 용액 중 하나가 인산수소 이온 HPO_4^{2-}이다. 물과 마찬가지로 HPO_4^{2-}는 양쪽성이다. 즉 Brønsted-Lowry 산 또는 Brønsted-Lowry 염기로 작용할 수 있다. HPO_4^{2-}를 산과 염기로 사용하여 물과의 반응을 나타내는 반응식을 쓰라.

68. 아세트산 암모늄과 암모니아 용액, 수산화 소듐과 아세트산 소듐 용액 중 더 좋은 완충 용액은 무엇인가? 왜 그런가?

69. 세 가지 종류의 Tums에는 탄산 칼슘이 유일한 활성 성분으로 함유되어 있다. 일반 Tums 정제는 500 mg, Tums E-X는 750 mg, Tums ULTRA는 1000 mg이다. Tums E-X 2개를 섭취했을 때와 같은 양의 탄산 칼슘을 얻기 위해서는 일반 Tums를 몇 알 먹어야 하는가? Tums ULTRA 2개를 섭취했을 때와 같은 양의 탄산 칼슘을 얻기 위해 일반 Tums를 몇 알 먹어야 하는가?

70. 제산제 Basaljel의 활성 성분은 고체 탄산 알루미늄 젤이다. 알루미늄 탄산염이 위산(HCl 수용액)에 의해 중화되는 반응식을 쓰라.

71. 액체 암모니아, 즉 $NH_3(l)$은 어떤 특별한 반응의 용매로 사용된

다. 물과 마찬가지로 액체 암모니아도 아주 작은 범위에서 자체 양성자화할 수 있다. 한 암모니아 분자와 다른 암모니아 분자 사이의 Brønsted-Lowry 반응을 나타내는 반응식을 쓰라.

72. 황산은 원소 황에서 3단계 과정을 거쳐 생산된다. (1) 황을 연소시켜 이산화 황을 생성한다. (2) 이산화 황은 산소와 바나듐(V) 산화물 촉매를 사용하여 삼산화 황으로 산화된다. (3) 마지막으로 삼산화 황을 물과 반응시켜 98%의 황산을 생성한다. 세 가지 반응에 대한 반응식을 쓰라.

73. 수산화 소듐 1몰과 아세트산 2몰을 혼합하여 완충 용액을 만들 수 있다. 이 완충 용액에서 짝산-짝염기 쌍은 무엇인가? 설명하라.

74. 이산화 탄소가 물과 섞이면 탄산이라는 약산이 형성된다. 이산화 탄소는 물의 pH를 낮추는가, 높이는가, 아니면 그대로 유지하는가?

75. 어떤 회사가 배출하는 폐기물 1 L를 중화하기 위해 1 mL의 진한 염산이 필요하다고 가정하자. 만약 이 회사가 연간 100만 L의 폐기물을 중화하기 위해 진한 염산 대신 CO_2를 사용하기로 한다면 이 선택으로 연간 몇 L의 진한 염산을 대체할 수 있는가?

76. 탄산수(CO_2가 용해된 순수한 물)는 약간 신맛이 난다. 이 힌트는 탄산수의 pH에 대해 무엇을 의미하는가?

77. 에스터라는 중요한 유형의 화학 물질은 강한 무기산의 존재하에 두 가지 화학 물질을 가열하여 제조할 수 있다. 이 반응에는 물이 사용되지 않는다. 강산보다 더 친환경적인 대안을 제시하라.

비판적 사고 문제

이 장에서 습득한 지식과 하나 이상의 FLaReS 원칙(1장)을 적용하여 다음 진술과 주장을 평가하라.

4.1 한 텔레비전 광고는 제산제인 Maalox가 위산을 더 빨리 중화시켜 위산 방출을 억제하는 약물인 Pepcid AC보다 속 쓰림을 더 빨리 완화한다고 주장했다. 이 주장을 설명하기 위해 산이 담긴 2개의 플라스크를 보여주었다. 한 플라스크에서는 Maalox가 산을 빠르게 중화시켰다. 다른 플라스크에서는 Pepcid AC가 산을 중화시키지 못했다.

4.2 법정 소송에서 증언하는 증인이 다음과 같이 진술한다. "우리 공장의 유출수가 하천을 오염시킨 것처럼 보였지만, 오염 전 하천의 pH는 6.4였고 오염 후에는 5.4였다. 따라서 하천은 이전보다 약간 더 산성이 되었다."

4.3 자메이카의 생선 요리법에서는 생선에 라임즙을 몇 개 넣어야 하지만, 생선을 익히는 데 열을 사용하지 않는다. 조리법에는 라임 주스가 생선을 '익히는' 효과가 있다고 명시된다.

4.4 유리 세정제에 들어 있는 식초가 수돗물에 의해 안경에 남은 얼룩을 제거할 수 있다는 광고가 있다. 이 얼룩은 대부분 탄산 칼슘 침전물이다.

4.5 바이오디젤 제조에 관한 한 웹페이지에서는 반응을 시작하기 전에 폐유에 있는 수분을 제거해야 한다고 주장한다.

협업 과제

파워포인트, 포스터, 기타 프레젠테이션을 준비하여 수업에서 공유하라.

1. 다음 산 또는 염기 중 하나에 대한 간략한 보고서를 준비한다. 공급원(가능한 경우 산 또는 염기의 현지 공급원 포함) 및 상업적 용도를 기재한다.
   a. 암모니아
   b. 염산
   c. 인산
   d. 질산
   e. 수산화 소듐
   f. 황산
2. 최소 5가지 제산제의 라벨을 살펴본다. 각각의 성분 목록을 작성한다. 웹이나 'Merck 인덱스'와 같은 참고서적에서 각 성분의 성질(의학적 용도, 부작용, 독성 등)을 찾아본다.
3. 변기 세정제 5개와 배수구 세정제 5개 이상의 라벨을 살펴본다. 각각의 성분 목록을 작성한다. 웹이나 'Merck 인덱스'와 같은 참고서적에서 각 성분의 화학식과 성질을 찾아본다. 어떤 성분이 산이고, 어떤 성분이 염기인가?

실험 과제 산, 염기, pH 그리고 세상에나!

준비물

- 붉은 양배추
- 물
- 용기(양배추 주스 표시기용)
- 계량컵
- 레몬 주스
- 식초
- 암모니아
- 오렌지 주스
- 붕사 용액(물 1/4컵에 1티스푼): 대부분이 녹을 때까지 저어준다.
- 베이킹 소다 용액(물 1/4컵에 1티스푼): 대부분이 녹을 때까지 저어준다.
- 마그네시아 우유
- 클리어 샴푸
- Seltzer 워터
- 투명 플라스틱 컵 10개
- 큰 스푼 또는 드롭퍼

매일 사용하는 모든 제품을 생각해보자. 우리가 사용하는 모든 제품은 중성의 pH일까? 산성인지 염기성인지 어떻게 검사할 수 있을까?

pH 척도를 사용하여 어떤 물질이 얼마나 산성 또는 염기성인지 순위를 매길 수 있다. 용액에 있는 수소 이온(H^+) 또는 수산화 이온(OH^-)의 수는 용액이 얼마나 산성인지 또는 염기성(알칼리성)인지에 영향을 준다. pH는 물속의 여분의 수소 이온 또는 수산화 이온과 결합할 때 색이 변하는 화학 물질을 사용하여 측정한다. 따라서 용액이 산성일수록 수소 이온이 많아져 색이 더 많이 변한다. 염기성(알칼리성)의 수산화 이온이 많을수록 용액은 더 염기성(알칼리성)이 되고 색이 더 많이 변한다.

이 실험에서는 붉은 양배추의 천연 지시약을 사용하여 지역 식료품점이나 약국에서 찾을 수 있는 다양한 물질의 pH를 검사할 것이다. 붉은 양배추와 다른 많은 채소, 과일, 꽃잎의 붉은 색을 담당하는 화학 물질은 안토시아닌 계열에 속한다. 지금까지 300종 이상의 안토시아닌이 발견되었다. 또한 강력한 항산화 물질로 인체 건강에 매우 유익한 것으로 밝혀졌다. 붉은 양배추 지시약에는 자체 pH 색상 변화표가 있다.

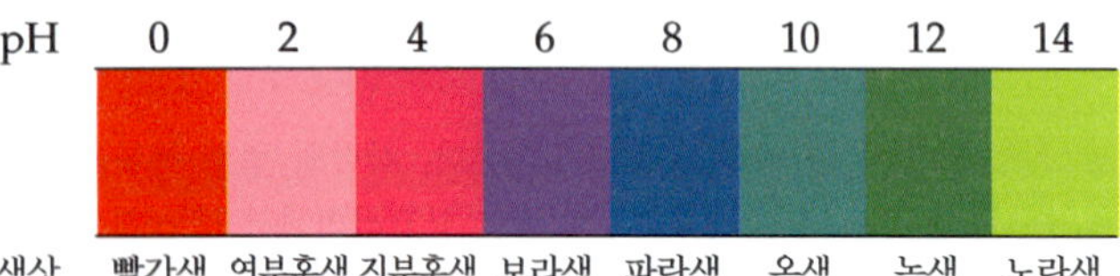

▲ 붉은 양배추 색상은 pH 표에 따라 변한다.

붉은 양배추에서 지시약을 준비하자.

- 먼저 붉은 양배추 머리에서 잎을 떼어내고 2컵 분량의 붉은 양배추를 잘게 다진다(믹서기를 사용해도 된다).
- 그 사이에 물 8컵을 끓인다.
- 다진 양배추 잎을 냄비에 넣고 불을 낮춘 후 20분간 끓인다.
- 혼합물을 거름망을 통해 큰 용기에 붓는다. 액체를 실온으로 식히고 양배추 즙을 지시약으로 사용한다.

양배추즙 지시약을 준비하고 준비물을 다 모았다면 실험을 할 준비가 된 것이다. 투명한 플라스틱 컵 10개를 준비하고 지시약 즙을 반 정도 채운다. 각 가정용품 액체 한 숟가락을 지시약 즙에 넣고 저어준다. 한 컵에는 붉은 양배추 지시약만 넣고 다른 컵에는 수돗물을 넣는다. 이렇게 하면 10개의 시료를 검사할 수 있다. 관찰한 내용을 반드시 기록하자.

지시약의 색이 변하는가? 데이터 표를 만들어 검사한 화학 물질, 색상 변화, pH를 추적하자. 완료되면 가장 산성인 컵부터 가장 염기성인 컵까지 나열한다.

실험문제

1. 생성물의 pH가 놀라웠는가?
2. 어떤 물질이 산성인가?
3. 어떤 물질이 염기성인가?
4. 특히 산성인 용액을 중화하려면 어떻게 해야 하는가?
5. pH 측정값이 실제 pH와 일치하지 않는 이유는 무엇인가?

고분자

5

❓ 이 장과 관련된 궁금증

1. 모든 고분자는 합성인가?
2. 대부분 합성 고분자의 공급원은 무엇인가?
3. 껌에 고분자가 있는가?
4. 유연한 베이킹 팬에 실리콘을 사용할 수 있는 이유는 무엇인가?
5. 천연 고분자로 만든 원단에는 어떤 것이 있는가?
6. 플라스틱 재활용이 왜 그렇게 중요한가?

플라스틱(합성 고분자)은 병, 전화기, 계산기, 컴퓨터, 조리기구, 진신 절연, 선글라스, 펜 그리고 대부분 포장재를 포함한 대부분 소비재에 사용된다. 이러한 고분자의 공급원은 대부분 원유이며, 원유는 공급이 제한되어 있다. 따라서 가능하면 이러한 고분자를 재활용하는 것이 중요하다. 표시된 플라스틱 더미는 재활용 센터로 보내지고 장난감, 관, 건축 자재를 만드는 데 직접 사용될 수 있다. 또는 재활용 재료는 성형 기계에서 사용할 수 있는 조각이나 구슬로 전환될 수 있다. 이 장에서는 고분자가 어떻게 만들어지는지 살펴보고, 유용한 성질을 복습하고, 왜 그러한 성질을 갖는지 설명하고, 장기적인 효과를 살펴본다.

분자 속의 거인 주위를 둘러보자. 고분자는 어디에나 있다. 카펫, 커튼, 실내 장식, 수건, 시트, 바닥 타일, 책, 가구, 대부분 장난감과 용기(전화기, 칫솔, 피아노 건반 같은 것은 말할 것도 없고), 심지어 옷까지 고분자로 만들어져 있다. 자동차의 대시보드, 시트, 타이어, 바퀴 휠, 바닥 매트 등 눈에 보이지 않는 많은 부품이 고분자로 만들어져 있다. 우리가 먹는 음식의 대부분은 고분자를 포함하고 있으며, 우리 몸의 많은 중요한 분자는 고분자이다. 고분자 없이는 살 수 없다. 우리 생활에 스며들어 있는 고분자 중 일부는 자연에서 유래한 것이지만, 대부분은 합성 물질이다. 다른 합성 화학 화합물과 마찬가지로 자연을 개선하기 위해 화학 공장에서 만들어진다.

흔히 그렇듯이 세계적 사건은 과학의 발전에 예기치 않은 영향을 미쳤다. 제2차 세계대전 중 일본이 동남아시아를 점령하면서 연합군의 천연고무 공급이 대부분 끊겼다. 고무를 대체할 수 있는 물질을 찾기 위해 고분자 산업이 발전했고, 다른 많은 합성 제품도 만들어졌다. 이 장에서는 이 작업의 결과로 탄생한 새로운 고분자 몇 가지를 살펴보겠다.

5.1 고분자: 작은 것에서 큰 것 만들기

학습 목표
- 고분자와 단량체를 정의한다.
- 화학적으로 변형된 것을 포함하여 여러 가지 천연 고분자를 나열한다.

▲ 면은 단당류인 포도당의 천연 고분자인 거의 순수한 셀룰로스이다.

1 모든 고분자는 합성인가?

아니다. 지구 표면에 존재하는 천연 고분자의 총 무게는 합성 고분자의 무게를 훨씬 초과한다. 전분, 단백질, 셀룰로스, 라텍스, DNA, RNA는 모두 천연 고분자이다.

고분자는 그리스어 *makros*에서 유래한 '큰' 또는 '긴'을 의미하는 거대분자(macromolecules)이다. 이러한 '거대한' 분자는 대부분 사람의 눈에는 보이지 않기 때문에 고분자는 사실 그리 크지 않지만, 다른 분자와 비교하면 엄청나게 크다.

고분자(polymer, 그리스어로 '많다'를 뜻하는 *poly*와 '부분'을 뜻하는 *meros*에서 유래)는 훨씬 작은 분자(그리스어로 '하나'를 뜻하는 *monos*에서 유래)인 단량체로 만들어진다. 수백, 수천 개의 단량체 단위가 결합하여 하나의 고분자가 만들어진다. **단량체**(monomer)는 고분자가 만들어지는 소분자 빌딩 블록이다. 이러한 단량체는 일반적으로 작용기 또는 그룹을 가지고 있으며, 여러 단위를 연결하는 여러 반응을 거친다. 단량체가 고분자로 전환되는 과정을 **중합**(polymerization)이라고 한다. 고분자는 단량체와 매우 다른데, 마치 미세한 밀가루 입자와 긴 스파게티 한 가닥처럼 다르다. 예를 들어 플라스틱 봉투를 만드는 데 사용되는 익숙한 왁스성 물질인 폴리에틸렌은 기체 상태의 단량체인 에틸렌으로부터 만들어진다.

천연 고분자

고분자는 음식의 전분과 단백질, 주거용으로 사용하는 목재, 의복을 만드는 양모와 면과 실크 등을 제공함으로써 수천 년 동안 인류에게 봉사해왔다. 전분은 포도당($C_6H_{12}O_6$, 단당류) 단위로 이루어진 고분자이다. 면은 역시 포도당 고분자인 셀룰로스로 만들어지며, 목재도 대부분 셀룰로스로 이루어져 있다. 단백질은 아미노산 단량체로 구성된 고분자이다. 양모와 실크는 자연에서 발견되는 수천 가지 종류의 단백질 중 두 가지이다.

생명체는 고분자 없이는 존재할 수 없다. 각 식물과 동물은 다양한 특정 유형의 고분자를 필요로 한다. 아마도 가장 놀라운 천연 고분자는 각 개체를 독특하게 만드는 암호화된 유전 정보를 담고 있는 핵산일 것이다. 이 장에서는 주로 실험실에서 만들어지는 거대분자에 초점을 맞출 것이다.

셀룰로이드: 당구공과 목걸이

가장 초기의 합성 시도는 천연 고분자를 개선하기 위해 흔히 존재하는 거대분자를 화학적으로 변형하는 방식으로 이루어졌다. 반합성 물질인 **셀룰로이드**(celluloid)는 천연 셀룰로스(예: 면과 목재에서 추출한 것)에서 추출했다. 셀룰로스를 질산으로 처리하면 질산 셀룰로스라는 유도체가 형성된다.

당구공에 사용할 상아 대체재를 찾기 위한 대회에서 미국의 발명가 John Wesley Hyatt(1837~1920)는 에틸 알코올과 장뇌로 처리하여 질산 셀룰로스를 부드럽게 만드는 방법을 발견했다. 이렇게 부드러워진 재료는 부드럽고 단단한 공으로 성형할 수 있었다. 이로써 Hyatt는 당구를 더 많은 사람이 경제적으로 즐길 수 있게 했고, 수많은 코끼리를 구할 수 있었다. 왜냐하면 셀룰로이드는 상아, 호박, 거북이 등껍질과 같은 값비싼 물질을 대체하는 재료로 널리 사용되었기 때문이다.

영화 산업은 한때 '셀룰로이드 산업'으로 알려져 있었다. 셀룰로이드는 영화 필름뿐만 아니라 빳빳한 셔츠 칼라에도 사용되었는데, 세탁과 반복적인 전분 처리가 필요 없었기 때문이다. 하지만 안타깝게도 질산 셀룰로스는 가연성이 강해(질산 셀룰로스는 무연 화약으로도 사용)

오래되면 분해되기 시작하고 폭발할 수도 있다. 1988년 이탈리아 영화 〈시네마 천국(Cinema Paradiso)〉은 영화 기술의 발전 과정을 보여주며, 영사기 안에서 필름이 걸렸을 때 전구의 열로 인해 필름이 점화되는 장면을 포함하고 있다. 셀룰로이드 필름은 1950년대에 더 안전한 대체제가 등장하면서 시장에서 퇴출되었다. 필름 스톡의 분해와 그에 따른 보존 부족으로 인해 의회도서관은 1929년 이전에 개봉된 약 11,000편의 무성 영화 중 14%만이 여전히 볼 수 있다는 사실을 발견했다. 오늘날 영화 필름은 주로 폴리에스터인 폴리에틸렌 테레프탈레이트로 만들어진다. 그리고 남성 셔츠의 높고 뻣뻣한 칼라는 확실히 유행이 지났지만, 사무용 칼라는 여전히 플라스틱으로 만들어지고 있다.

화학 산업이 합성 고분자의 잠재력을 인식하는 데는 그리 오랜 시간이 걸리지 않았다. 과학자들은 단순히 큰 분자를 변형하는 것이 아니라 작은 분자에서 거대분자를 만드는 방법을 찾아냈다. 최초의 진정한 합성 고분자는 1909년에 처음 만들어진 페놀-포름알데하이드 수지(예: 베이클라이트)였다. 이러한 복합체는 5.5절에서 설명하지만, 여기서는 좀 더 간단한 것부터 살펴보겠다.

자가평가문제

1. 셀룰로스는 무엇의 예인가?
a. 지방 **b.** 이성질체 **c.** 단량체 **d.** 고분자

2. 다음 중 고분자가 아닌 것은 무엇인가?
a. 셀룰로이드 **b.** 포도당 **c.** 실크 **d.** 울

3. 최초의 반합성 고분자는 천연 고분자로 만들어졌는데, 이것은 무엇인가?
a. 베이컨 기름을 기본으로 한 베이클라이트
b. 면화에서 추출한 셀룰로스를 기본으로 한 셀룰로이드
c. 이소프로필 알코올 기반의 폴리프로필렌
d. 사람 모발 기준의 폴리판틴

4. 최초의 진정한 합성 고분자는 무엇인가?
a. 페놀과 포름알데하이드로 만든 베이클라이트
b. 포도당으로 만든 셀룰로스
c. 에탄올로 만든 폴리에틸렌
d. 아이소프렌으로 만든 고무

정답: 1. d, 2. b, 3. b, 4. a

5.2 폴리에틸렌: 영국 전투에서 빵 봉지까지

학습 목표
- 폴리에틸렌의 두 가지 주요 유형의 구조와 성질에 대해 설명한다.
- 열가소성 및 열경화성이라는 용어를 사용하여 고분자 구조가 성질을 결정하는 방법을 설명한다.

널리 사용되는 플라스틱 **폴리에틸렌**은 가장 간단하고 저렴한 합성 고분자이다. 과일과 채소 포장에 사용되는 비닐봉지, 드라이클리닝 의류용 의류 봉투, 쓰레기통 봉투 등 우리에게 친숙한 형태이다. 2018년 전 세계 폴리에틸렌의 연간 생산량은 1,000억 kg, 상업적 가치는 1,640억 달러로 추정된다. 폴리에틸렌은 불포화 탄화수소인 에틸렌($CH_2{=}CH_2$)으로 만들어진다. 에틸렌은 석유를 분해하여 대량으로 생산되는데, 이는 큰 탄화수소 분자가 더 간단한 탄화수소로 분해되는 과정이다.

압력과 열을 가하고 촉매가 있으면 에틸렌 단량체가 서로 결합하여 긴 사슬을 형성한다. 이 과정에서 단량체의 이중 결합 중 하나가 끊어지고, 원래 이중 결합이 각 탄소 원자에 홑전자가 남고 탄소 원자 사이에 단일 결합이 형성된다. 전자는 결합을 형성할 때 짝을 이루는 것을 좋아하기 때문에, 이러한 분자의 무작위 충돌로 인해 두 단량체에서 홑전자를 가진 탄소 사이에 결합이 형성되고 이것이 사슬을 따라 계속된다.

$$\cdots + \underset{H}{\overset{H}{C}}=\underset{H}{\overset{H}{C}} + \underset{H}{\overset{H}{C}}=\underset{H}{\overset{H}{C}} + \underset{H}{\overset{H}{C}}=\underset{H}{\overset{H}{C}} + \underset{H}{\overset{H}{C}}=\underset{H}{\overset{H}{C}} + \cdots \longrightarrow \sim\underset{H}{\overset{H}{C}}-\underset{H}{\overset{H}{C}}-\underset{H}{\overset{H}{C}}-\underset{H}{\overset{H}{C}}-\underset{H}{\overset{H}{C}}-\underset{H}{\overset{H}{C}}-\underset{H}{\overset{H}{C}}-\underset{H}{\overset{H}{C}}\sim$$

압축된 수식을 사용하면 다음과 같다.

$$\cdots + CH_2{=}CH_2 + CH_2{=}CH_2 + CH_2{=}CH_2 + CH_2{=}CH_2 + \cdots \longrightarrow \sim CH_2CH_2CH_2CH_2CH_2CH_2CH_2CH_2\sim$$

이러한 식들은 그리는 과정이 번거로울 수 있기 때문에, 종종 축약된 형태를 사용한다.

$$n\,\underset{H}{\overset{H}{C}}=\underset{H}{\overset{H}{C}} \longrightarrow \left[-\underset{H}{\overset{H}{C}}-\underset{H}{\overset{H}{C}}-\right]_n \quad \text{또는} \quad n\,CH_2{=}CH_2 \longrightarrow -\!\!\left[CH_2CH_2\right]\!\!-_n$$

줄임표(⋯)와 물결표(~)는 '기타 등등'의 역할을 하며, 줄임표는 표시된 4개의 단량체보다 더 많은 단량체가 존재함을 의미하고, 물결표는 고분자 구조가 여러 방향으로 훨씬 더 많은 단위로 이어짐을 나타낸다. 대괄호 안의 분자 조각을 고분자의 **반복 단위**라고 한다. 고분자 생성물의 구조식에서는 반복 단위를 대괄호 안에 넣고, 결합선은 양쪽으로 이어지도록 표시한다. 이 단위가 전체 고분자 구조에서 여러 번 반복됨(위 방정식의 n)을 나타내는 접미사 n은 이 단위가 반복됨을 나타낸다.

축약 구조식의 단순함은 단량체와 고분자 사이의 비교를 용이하게 한다. 단량체인 에틸렌에는 이중 결합이 존재하지만, 폴리에틸렌에는 존재하지 않는다. 또한 고분자의 각 반복 단위는 단량체와 동일한 조성(C_2H_4)을 가진다는 점에도 주목한다. 이러한 경우는 부가 고분자에서 나타나지만, 축합 고분자의 경우에는 그렇지 않다(이에 대해서는 5.5절에서 살펴본다).

분자 모형은 3D 표현을 제공한다. 그림 5.1은 탄소 원자 수가 수백 개에서 수천 개까지 다양할 수 있는 매우 긴 폴리에틸렌 분자의 작은 부분의 모형을 보여준다.

폴리에틸렌은 제2차 세계대전이 시작되기 직전에 영국에서 발명되었다. 견고하고 유연하며 전기 절연체로서 탁월하고 고온과 저온을 모두 견딜 수 있는 것으로 입증되었다. 폴리에틸렌이 사용되기 이전에는 전선의 절연에 면사로 짠 직물에 천연고무 코팅을 입힌 재료가 사용되었다(이 둘 모두 천연 고분자이다). 이 소재는 단열재가 노화되어 갈라지고 전선이 노출되는 등 온도 변화에 훨씬 더 취약했다. 폴리에틸렌은 레이더 장비의 케이블 절연에 사용되었는데, 이는 영국 조종사가 적국의 항공기를 육안으로 발견하기 전에 감지할 수 있도록 도와주는 일급 비밀 발명품이었다. 폴리에틸렌이 없었다면 영국은 효과적인 레이더를 보유할 수 없었을 것이고, 레이더가 없었다면 영국 전투에서 패배했을지도 모른다. 이 단순한 플라스틱의 발명은 역사의

2 대부분 합성 고분자의 공급원은 무엇인가?

대부분 합성 고분자의 원료는 석유와 천연가스이다. 이러한 화석연료는 재생가능한 공급원이 아니며, 공급량이 한정되어 있을 뿐만 아니라 말 그대로 95% 이상을 에너지로 태우고 있다. 고분자와 같은 다른 제품을 만들기 위한 에너지는 상대적으로 거의 남지 않는다.

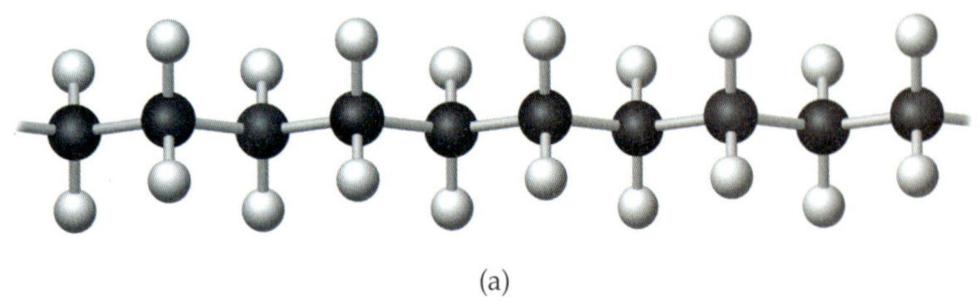

(a)

(b)

▲ **그림 5.1** 폴리에틸렌 분자의 짧은 분절의 (a) 공-막대, (b) 공간-채움 모형

흐름을 바꾸는 데 큰 도움이 되었다.

폴리에틸렌의 유형

오늘날 널리 사용되는 폴리에틸렌은 크게 세 가지 유형이 있지만 다른 종류도 존재한다. 고밀도 폴리에틸렌(high-density polyethylene, HDPE)은 대부분 선형 분자가 서로 밀집되어 있으며 상당히 잘 정돈된 결정 구조를 취할 수 있다. 따라서 HDPE는 다소 단단하고 인장 강도가 우수하다. 이름에서 알 수 있듯이 HDPE의 밀도(0.94~0.96 g/cm^3)는 다른 폴리에틸렌에 비해 높다. HDPE는 나사형 병뚜껑, 장난감, 세제병, 우유병 등에 사용된다.

반면에 저밀도 폴리에틸렌(low-density polyethylene, LDPE)은 고분자 분자에서 분기되

다양한 형태의 탄소

많은 작은 분자와 여기서 접하는 거대분자에서 탄소 원자는 다른 원자, 특히 수소와 결합되어 있다. 그러나 탄소 원자만으로도 다양하고 흥미로운 구조를 형성할 수 있으며, 그중 일부는 고대부터 알려져 왔다. 다이아몬드는 순수한 결정 탄소로, 각 원자가 다른 4개의 원자와 결합되어 있다. 연필심의 검은색 물질인 흑연에서는 각 탄소 원자가 다른 3개의 원자와 결합되어 있다. 그러나 가장 흥미로운 형태의 탄소는 지난 수십 년 동안 발견되었다.

영국 맨체스터대학의 Andre Geim과 Konstantin Novoselov는 접착테이프를 사용하여 흑연에서 한 층 두께의 탄소 원자 평면 시트를 분리해냈다. 이 물질은 '그래핀(graphene)'이라 불리며, 탄소 원자로 이루어진 분자 규모의 철망과 같은 구조를 가지고 있다. 그래핀은 전자, 감지 장치 및 터치스크린의 응용과 2차원 물질의 전자 흐름에 대한 기초 연구에 적합한 성질을 가지고 있다. 게임과 노보셀로프는 그래핀 연구로 2010년 노벨 물리학상을 수상했다.

흑연은 여러 겹의 그래핀 층으로 구성되어 있다. 300만 장의 그래핀 시트를 쌓으면 두께가 1밀리미터에 불과하다. 그래핀은 벤젠 고리가 융합된 매우 큰 방향족 분자로 생각할 수도 있다.

탄소 원자로만 이루어진 다른 구조들도 많이 존재한다. '나노튜브(nanotube)'라 불리는 관 형태의 탄소 분자는 그래핀 한 장을 말아서 만든 속이 빈 원통 형태로 생각할 수 있다. 나노튜브는 특이한 기계적 및 전기적 성질을 가지고 있다. 나노튜브는 열을 잘 전달하며, 알려진 소재 중 가장 강하고 단단한 소재 중 하나이다.

탄소로만 구성된 또 다른 구조는 축구공의 무늬처럼 육각형과 오각형의 대략적인 구형 집합이다. 이 탄소 분자의 화학식은 C_{60}이다. 건축가 R. Buckminster Fuller가 개척한 측지 돔 구조와 닮았다고 해서 이 분자를 '벅민스터풀러렌(buckminsterfullerene)'이라고 부른다. '풀러렌'이라는 일반 명칭은 C_{60}, C_{70}, C_{74}, C_{82}와 같은 공식을 가진 유사한 분자에 사용되며, 구어체로 '버키볼'이라고도 불린다. Richard Smalley, Harold Kroto, Robert Curl은 풀러렌을 발견한 공로로 1996년 노벨 화학상을 수상했다.

이러한 소재는 기초 연구뿐만 아니라 응용 연구에서도 엄청난 잠재력을 가지고 있다. 재료 과학 분야에서는 탄소 나노튜브 고분자를 항공 우주 응용 분야와 약물 전달 시스템에 사용하기 위한 방사선 차폐의 일종으로 연구하고 있다.

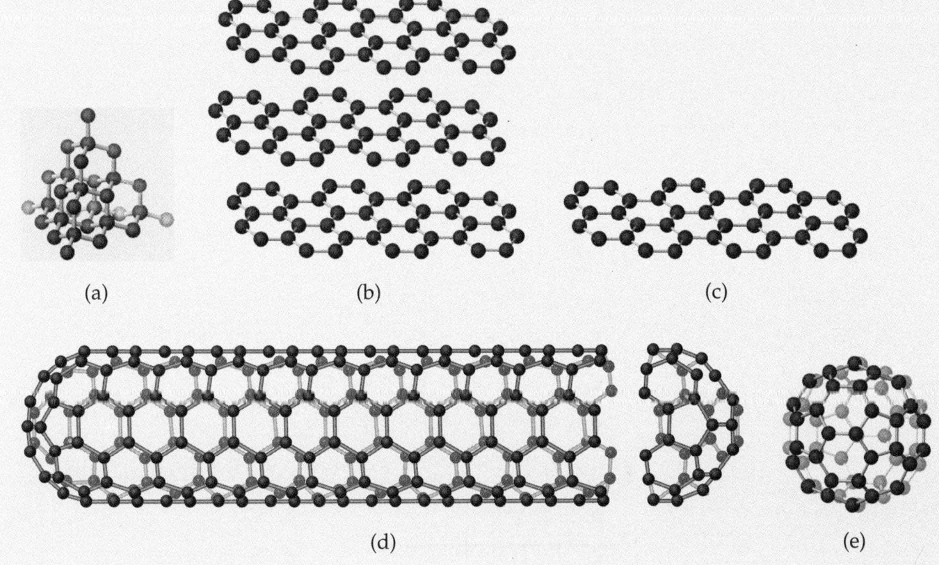

◀ 탄소는 형태에 따라 극적으로 다른 성질을 가진다. (a) 다이아몬드는 단단하고 투명한다. (b) 흑연은 부드럽고 회색이며 전기가 통한다. (c) 그래핀은 흑연의 단일 층이다. (d) 그래핀 한 장을 원통 모양으로 말면 알려진 가장 강한 물질인 탄소 나노튜브가 만들어진다. (e) 벅민스터풀러렌(C_{60} 분자)은 축구공과 비슷하다.

▲ **그림 5.2** 폴리에틸렌으로 만든 두 병을 같은 오븐에서 같은 시간 동안 열을 가했다.

Q 어떤 병은 HDPE로, 어떤 병은 LDPE로 만들어졌는가? 설명하라.

는 많은 곁사슬이 있다. 이러한 분기는 분자가 서로 밀착되어 결정 구조를 형성하는 것을 방지한다. 저밀도 폴리에틸렌(LDPE)는 왁스질이고 잘 휘어지는 플라스틱으로, 고밀도 폴리에틸렌보다 밀도(0.91~0.94 g/cm^3)와 녹는점이 더 낮다. HDPE로 만든 물체는 끓는 물에서도 모양이 유지되는 반면에 LDPE로 만든 물체는 심하게 변형된다(그림 5.2). LDPE는 비닐봉지, 필름, 짜는 병, 전선 절연 및 유연성이 중요한 많은 일반 가정용품을 만드는 데 사용된다.

선형 저밀도 폴리에틸렌(linear low-density polyethylene, LLDPE)이라고 불리는 폴리에틸렌의 세 번째 유형은 실제로 2개(또는 그 이상)의 서로 다른 단량체로 형성된 **공중합체**(copolymer)이다. LLDPE는 4-메틸-1-펜텐과 같은 분지사슬 알켄과 에틸렌을 중합하여 만들어진다.

$$n\,CH_2{=}CH_2 + m\,CH_2{=}CH{-}CH_2{-}CH(CH_3){-}CH_3 \longrightarrow {-}[CH_2{-}CH_2]_n{-}[CH_2{-}CH(CH_2{-}CH(CH_3){-}CH_3)]_m{-}$$

에틸렌 4-메틸-1-펜텐 LLDPE

LLDPE는 매립지 봉투, 쓰레기통, 튜브, 자동차 부품으로 사용되는 플라스틱 필름 등을 만드는 데 사용된다.

열가소성 및 열경화성 고분자

폴리에틸렌은 다양한 열가소성 고분자 중 하나이다. 열과 압력이 가해질 때 분자들이 서로 미끄러지듯 움직일 수 있기 때문에, **열가소성 고분자**(thermoplastic polymer)는 부드러워졌다가 다시 원하는 형태로 성형할 수 있다. 녹였다가 다시 성형하는 과정을 반복할 수 있다. 미국의 열가소성 고분자 연간 총 생산량은 약 440억 kg이며, 그중 폴리에틸렌은 190억 kg이다.

모든 고분자를 쉽게 녹일 수 있는 것은 아니다. 전 세계적으로 매년 약 1,800억 kg의 다양한 플라스틱과 220억 kg의 고무가 생산된다. 미국 고분자 생산의 약 15%는 한 번 형성되면 영구적으로 굳는 **열경화성 고분자**(thermosetting polymer)로 구성된다. 열로 부드러워지거나 다시 성형할 수 없다. 대신 강한 열을 가하면 변색되고 분해된다. 열경화성 플라스틱의 영구적인 경도는 이 장의 뒷부분에서 설명할 고분자 사슬의 가교(좌우 기능분화) 때문이다.

왜 중요할까?

'초고분자량 폴리에틸렌(ultra-high-molecular-weight polyethylene, UHMWPE)'이라고 불리는 분자량 200만~600만 개의 폴리에틸렌은 강철보다 10배, 방탄복에 사용되는 케블라보다 약 40% 더 강한 섬유를 만드는 데 사용된다. 최신 스키의 대부분은 바닥면이 UHMWPE로 코팅되어 있다.

자가평가문제

1. 고분자를 형성하기 위해 결합하는 각 빌딩 블록 분자를 무엇이라고 하는가?
   a. 교배 b. 단량체
   c. 고분자 d. 폴리펩타이드
2. HDPE에 비해 LDPE의 융점이 낮은 이유는 무엇인가?
   a. 극성이 적은 단량체로 만들어진다.
   b. 분자량이 훨씬 낮은 분자로 구성되어 있다.
   c. 교배가 적다.
   d. 분자의 가지가 더 많아 밀집하지 못한다.
3. 다음 중 폴리에틸렌으로 만들어진 것은 무엇인가?
   a. 1900년 이전의 전선 절연
   b. 거품 커피 컵
   c. 플라스틱 식료품 봉투
   d. 플라스틱 배관 파이프
4. 공중합체는 어떻게 만들어지는가?
   a. 2개의 간단한 고분자를 혼합하여
   b. 코발트와 알켄에서
   c. 2개의 동일한 단량체로부터
   d. 2개의 다른 단량체로부터
5. 녹여서 모양을 바꿀 수 없는 고분자를 무엇이라고 하는가?
   a. 고결정성 b. 고무
   c. 열가소성 플라스틱 d. 열경화성

6. 다음 중 버키볼은 무엇인가?
   a. 큰 탄소 분자(C_{60})
   b. 끈처럼 감긴 탄소 나노튜브
   c. 끈처럼 감긴 긴 고분자 분자
   d. 탄소 원자의 고리형(환상)

7. 녹여서 모양을 바꿀 수 있는 고분자를 무엇이라고 하는가?
   a. 고결정성
   b. 고무
   c. 열가소성 플라스틱
   d. 열경화성

정답: 1.b, 2.d, 3.c, 4.d, 5.d, 6.a, 7.c

5.3 부가 중합: 1 + 1 + 1 + ··· = 1

학습 목표 • 부가 고분자의 단량체를 확인하고, 단량체 구조로부터 고분자의 구조식을 작성한다.

중합 반응에는 부가 중합과 축합 중합의 두 가지 일반적인 유형이 있다. **부가 중합**(addition polymerization, 연쇄 반응 중합이라고도 함)에서는 중합 생성물이 출발 단량체의 모든 원자를 포함하는 방식으로 단량체 분자가 서로 부가된다. 폴리에틸렌을 형성하기 위한 에틸렌의 중합이 그 예이다. 폴리에틸렌에서는 5.2절에서 언급했듯이 각 단량체 분자의 탄소 원자 2개와 수소 원자 4개가 고분자 구조에 통합된다. 축합 중합(5.5절)에서는 각 단량체 분자의 일부가 최종 고분자에 포함되지 않는다.

폴리프로필렌

친숙하고 많은 부가 고분자의 대부분은 수소 원자 중 1개 이상이 다른 원자 또는 그룹으로 대체되는 에틸렌의 유도체로 만들어진다. 수소 원자 중 1개를 메틸기로 대체하면 단량체 프로필렌(프로펜)이 된다. 폴리프로필렌 분자는 다른 모든 탄소 원자에 메틸기($-CH_3$)가 붙어 있다는 점을 제외하면 폴리에틸렌 분자와 매우 흡사하다.

$$\sim CH_2-\underset{CH_3}{\underset{|}{CH}}-CH_2-\underset{CH_3}{\underset{|}{CH}}-CH_2-\underset{CH_3}{\underset{|}{CH}}-CH_2-\underset{CH_3}{\underset{|}{CH}}\sim \quad \text{or} \quad \left[CH_2-\underset{CH_3}{\underset{|}{CH}}\right]_n$$

폴리프로필렌

탄소 원자들이 연결된 사슬은 고분자의 **주사슬**(backbone)이라고 불린다. 폴리프로필렌의 $-CH_3$기와 같이 척주에 붙어 있는 그룹을 녹색으로 표시된 **곁사슬기**(pendant group)라고 한다.

폴리프로필렌은 습기, 기름, 용매에 강한 견고한 플라스틱 소재이다. 하드케이스 여행가방, 배터리 케이스, 다양한 종류의 가전제품 부품으로 성형된다. 또한 포장재, 실내 장식용 직물 및 카펫과 같은 직물용 섬유, 물에 뜨는 로프 등을 만드는 데도 사용된다. 폴리프로필렌의 녹는점(121 ℃)이 높기 때문에 이 소재로 만든 물건은 증기로 살균할 수 있다.

▲ 스티로폼 단열재는 겨울에는 따뜻한 집 내부에서 외부로, 여름에는 더운 외부에서 시원한 실내로 열이 전달되는 것을 줄여 에너지를 절약한다.

폴리스타이렌

에틸렌의 수소 원자 중 하나를 벤젠 고리로 바꾸면 **스타이렌**(styrene)이라는 단량체가 나오는데, 화학식은 $CH_2=CHC_6H_5$이며, 여기서 C_6H_5는 벤젠 고리를 나타낸다. 스타이렌을 중합하면 녹색으로 표시된 벤젠 고리가 펜던트 그룹으로 있는 폴리스타이렌이 생성된다.

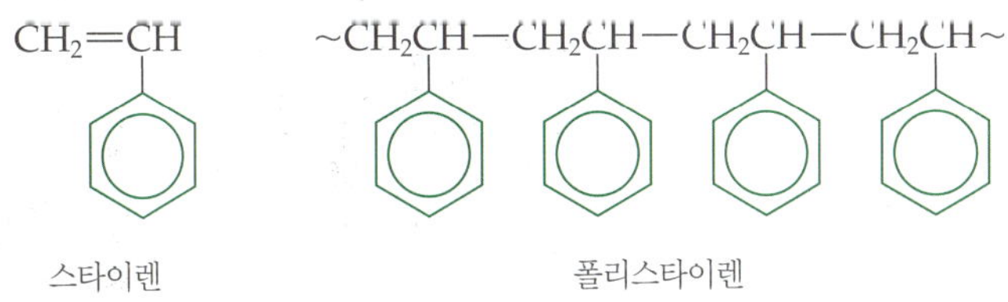

폴리스타이렌은 투명한 일회용 음료수 컵을 만드는 데 사용되는 플라스틱이다. 색소와 충전제를 첨가하면 수천 가지의 저렴한 장난감과 생활용품의 재료가 된다. 폴리스타이렌 액체에 공기와 같은 기체를 불어 넣으면 기포가 발생하고 굳어져 일부 일회용 아이스박스나 커피 컵의 친숙한 소재(스티로폼)가 된다. 이 고분자는 배송용 기구나 가전제품의 포장재로 쉽게 모양을 만들 수 있으며, 가정용 단열재로도 널리 사용된다. 하지만 안타깝게도 가장 많이 버려지는 소재 중 하나이기도 하다. 미국인들은 매년 약 250억 개의 폴리스타이렌 폼으로 만든 커피 컵을 버린다.

비닐 고분자

저렴한 비용으로 가죽처럼 보이는 견고한 합성 소재를 원하는가? 깨지지 않는 병을 만들 수 있는 투명하고 단단한 소재를 원하는가? 매력적이고 오래 지속되는 바닥재가 필요한가? 아니면 가볍고 녹슬지 않으며 연결하기 쉬운 배관이 필요한가? 폴리염화비닐(PVC)은 이러한 성질을 모두 갖추고 있다.

에틸렌의 수소 원자 중 하나를 염소 원자로 바꾸면 상온에서 기체인 화합물인 염화 비닐($CH_2{=}CHCl$)이 된다. 염화 비닐을 중합하면 단단한 열가소성 소재인 PVC가 만들어진다. PVC 분자의 한 부분이 여기에 나와 있다.

$$\sim CH_2\underset{\displaystyle Cl}{\underset{|}{C}}H - CH_2\underset{\displaystyle Cl}{\underset{|}{C}}H - CH_2\underset{\displaystyle Cl}{\underset{|}{C}}H - CH_2\underset{\displaystyle Cl}{\underset{|}{C}}H \sim$$

폴리염화비닐(PVC)

PVC는 다양한 모양으로 쉽게 성형할 수 있다. 맑고 투명한 이 고분자는 비닐 랩과 투명 페트병에 사용된다. 비닐 플라스틱에 색소와 기타 다른 성분을 첨가하면 인조 가죽이 만들어진다. 대부분 바닥 타일과 샤워 커튼은 비닐 플라스틱으로 만들어지며, 가정용 사이딩 패널과 창틀의 목재 모방에도 널리 사용된다. 생산되는 PVC의 약 40%는 파이프로 성형된다.

비닐 플라스틱을 만드는 단량체인 염화 비닐은 발암물질이다. 이 가스와 밀접하게 작업했던 여러 사람들에게서 이후 **혈관육종**이라 불리는 일종의 암이 발생했다.

PTFE: 논스틱 코팅

1938년, 듀폰의 젊은 미국 화학자 Roy Plunkett(1910~1994)은 테트라플루오로에틸렌($CF_2{=}CF_2$) 가스를 연구하고 있었다. 그는 가스가 담긴 탱크의 밸브를 열었지만, 아무것도 나오지 않았다. 그는 탱크를 버리는 대신 조사를 하기로 결심했다. 탱크 안에는 왁스 같은 흰색 고체가 가득 차 있는 것을 발견했다. 그는 이 고체를 분석하려고 시도했지만, 뜨겁고 농축된 산에

▶ 일부 가구, 창틀, 비닐 사이딩(벽판자), 방수 의류는 PVC로 만들어진다. 또한 PVC는 구리선을 코팅하여 단열재로 사용하거나, 다채롭고 탄력 있는 바닥재로 만들거나, 기타 여러 친숙한 소비재로 만들 수 있다.

도 녹지 않는 문제에 부딪혔다. Plunkett은 Teflon®이라는 상품명으로 가장 잘 알려진 테트라플루오로에틸렌의 고분자인 폴리테트라플루오로에틸렌(PTFE)을 발견했다. 이 경우 불소 원자는 곁사슬기이며 녹색으로 표시되어 있다.

$$\sim CF_2-CF_2-CF_2-CF_2-CF_2-CF_2-CF_2-CF_2\sim$$

Teflon

C—F 결합이 매우 강하고 열과 화학 물질에 대한 내성이 뛰어난 PTFE는 견고하고 반응성이 없는 불연성 소재이다. PTFE는 옷을 다림질하는 데 사용되는 다리미의 밑판을 코팅하고 전기 절연, 베어링, 가스킷을 만드는 데 사용된다. 의료용 카테터는 박테리아가 달라붙어 감염을 일으키는 것을 방지하기 위해 PTFE로 코팅하는 경우가 많다. 그러나 음식이 눌어붙지 않도록 조리기구 표면을 코팅하는 용도로 가장 널리 알려져 있다. PTFE는 260 ℃(500 ℉) 이상의 온도에서 분해되기 시작하지만, 대부분 튀김은 그보다 훨씬 낮은 온도에서 이루어진다.

▲ 프라이팬, 베이킹 팬, 기타 조리 도구는 종종 불활성이며 달라붙지 않는 PTFE의 특성을 활용한다.

예제 5.1 고분자의 반복 단위

폴리염화비닐리덴의 반복 단위는 무엇인가? 그것을 만드는 단량체는 무엇인가? 고분자의 한 분절은 다음과 같이 표현된다.

$$\sim\underset{\underset{H}{|}}{\overset{\overset{H}{|}}{C}}-\underset{\underset{Cl}{|}}{\overset{\overset{Cl}{|}}{C}}-\underset{\underset{H}{|}}{\overset{\overset{H}{|}}{C}}-\underset{\underset{Cl}{|}}{\overset{\overset{Cl}{|}}{C}}-\underset{\underset{H}{|}}{\overset{\overset{H}{|}}{C}}-\underset{\underset{Cl}{|}}{\overset{\overset{Cl}{|}}{C}}\sim$$

풀이

한 분절을 살펴보면 각각 탄소 원자 2개, 수소 원자 2개, 염소 원자 2개로 이루어진 3개의 반복 단위로 구성되어 있음을 알 수 있다. 한 단위의 탄소 원자 사이에 이중 결합을 배치하면 다음과 같이 된다.

$$\underset{\underset{H}{|}}{\overset{\overset{H}{|}}{C}}=\underset{\underset{Cl}{|}}{\overset{\overset{Cl}{|}}{C}}$$

이러한 단위 수백 개를 결합하면 고분자 분자가 만들어진다.

› 복습문제 5.1A

폴리아크릴로니트릴의 반복 단위는 무엇인가? 그것을 만드는 단량체는 무엇인가? 고분자의 한 분절은 다음과 같이 표현된다.

$$\sim CH_2\underset{\underset{CN}{|}}{C}H\,CH_2\underset{\underset{CN}{|}}{C}H\,CH_2\underset{\underset{CN}{|}}{C}H\,CH_2\underset{\underset{CN}{|}}{C}H\,CH_2\underset{\underset{CN}{|}}{C}H\,CH_2\underset{\underset{CN}{|}}{C}H\sim$$

› 복습문제 5.1B

폴리비닐 브로마이드의 반복 단위는 무엇인가? 그것을 만드는 단량체는 무엇인가? 고분자의 한 분절은 다음과 같이 표현된다.

$$\sim CH_2\underset{\underset{Br}{|}}{C}H\,CH_2\underset{\underset{Br}{|}}{C}H\,CH_2\underset{\underset{Br}{|}}{C}H\,CH_2\underset{\underset{Br}{|}}{C}H\sim$$

예제 5.2 고분자의 구조

메틸에틸케톤($CH_2{=}CHCOCH_3$)으로 만든 고분자의 구조를 쓰라. 최소 4개의 반복 단위를 표시하라.

풀이

탄소 원자는 결합하여 탄소 원자 사이에 단일 결합만 있는 사슬을 형성한다. 메틸 케톤은 고분자 사슬에 결합된 곁사슬기이다. (단량체의 이중 결합에 있던 전자 2개가 각 단위를 연결하는 결합을 형성한다.) 고분자는 다음과 같다.

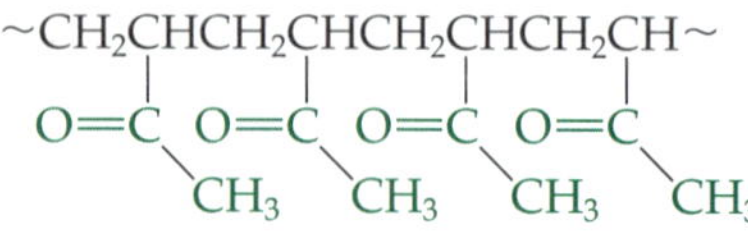

› 복습문제 5.2A

불화 비닐($CH_2{=}CHF$)로 만든 고분자의 구조를 쓰라. 각 고분자의 반복 단위를 4개 이상 표시하라.

› 복습문제 5.2B

비닐 아세테이트($CH_2{=}CHOCOCH_3$)로 만든 고분자의 구조를 쓰라. 각 고분자의 반복 단위를 4개 이상 표시하라.

▲ 전도성 고분자는 사진의 백팩과 같은 제품에 사용된다. 태양 전지는 외부에서 걷는 동안 휴대폰이나 기타 장치를 충전하는 데 사용할 수 있는 에너지를 포집할 수 있다.

고분자 가공

일상생활에서 많은 고분자를 플라스틱이라고 부른다. 화학에서 플라스틱 재료는 열과 압력에서 흐르도록 만들 수 있는 재료이다. 그런 다음 재료는 몰드 또는 다른 방식으로 모양을 만들 수 있다. 플라스틱 제품은 종종 과립 고분자 물질로 만들어진다. 압축 성형(compression molding)에서는 금형의 공동 안에 있는 플라스틱 입자에 열과 압력을 직접 가한다. 전사 성형

전도성 고분자: 폴리아세틸렌

아세틸렌(H—C≡C—H)은 이중 결합이 아닌 삼중 결합을 가지고 있지만, 여전히 부가 중합을 거쳐 폴리아세틸렌을 형성할 수 있다(그림 5.3). 탄소 사슬에 단일 결합만 있는 폴리에틸렌과 달리, 폴리아세틸렌의 모든 탄소 대 탄소 결합은 이중 결합이라는 점에 유의한다.

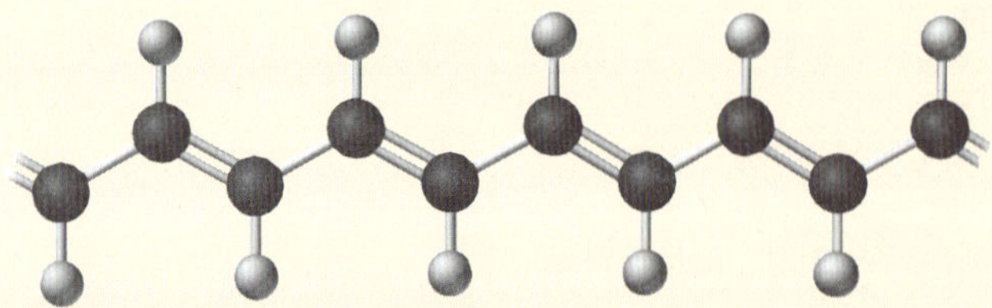

▲ **그림 5.3** 폴리아세틸렌의 공-막대 모형

Q 5.2절의 폴리에틸렌과 비슷한 폴리아세틸렌의 형성에 대한 식을 쓰되, 반복 고분자 단위는 괄호 안에 넣어라.

이중 결합과 단일 결합이 번갈아 가며 '공액 시스템'을 형성한다. 이러한 시스템은 전자가 사슬을 따라 이동하기 쉽기 때문에 폴리아세틸렌은 전기를 전도할 수 있다. 대부분 다른 플라스틱은 전기 절연체이다. 폴리아세틸렌 및 이와 유사한 접합 공액 고분자는 금속의 경량 대체재로 사용할 수 있다. 실제로 이 플라스틱은 금속처럼 은빛 광택이 나기도 한다.

최초의 전도성 고분자인 폴리아세틸렌은 1970년에 발견되었다. 그 이후로 전기를 전도하는 다른 많은 고분자가 만들어졌다. 최근에는 전도성 폴리머를 함유한 페인트와 잉크가 오픈 마켓에서 판매되고 있다. 예술가들은 이 페인트와 잉크를 예술의 일부로 사용하여 발광 다이오드(LED) 및 모터와 같은 전기 장치를 작품에 통합할 수 있다. 이러한 소재를 섬유에 사용하는 방법도 연구되고 있다. 태양 전지가 묻혀 있는 재킷을 입고 도시를 걸어 다니면서 스마트폰을 충전할 수 있다고 상상해보자!

(transfer molding)에서는 고분자를 금형에 주입하기 전에 가열하여 고분자를 부드럽게 한 후 몰드 안에서 굳히게 된다.

용융 고분자를 성형하는 방법에는 여러 가지가 있다. **사출 성형**(injection molding)에서는 챔버에서 플라스틱을 녹인 다음 플런저를 통해 차가운 금형에 밀어 넣어 굳힌다. **압출 성형**(extrusion molding)에서는 녹은 고분자를 연속적인 형태로 다이를 통해 압출하여 길이로 자르거나 코일로 만든다. 병 및 이와 유사한 속이 빈 물체는 종종 **블로우 성형**(blow molding)되며, 용융된 고분자의 '방울'이 속이 빈 금형 내부에서 풍선처럼 부풀어 오른다.

표 5.1에는 주요한 부가 고분자 몇 가지와 그들의 일부 용도가 함께 나와 있으며, 곁사슬은 녹색으로 표시되어 있다.

▲ 과립 고분자 수지는 많은 성형 플라스틱 제품의 기본 원료이다.

표 5.1 일부 부가 고분자

단위체	고분자	고분자 이름	용도
$CH_2=CH_2$	$-[CH_2-CH_2]_n-$	폴리에틸렌	가방, 병, 장난감, 전기 절연체
$CH_2=CH-CH_3$	$-[CH_2-CH(CH_3)]_n-$	폴리프로필렌	카펫, 병, 짐
$CH_2=CH-C_6H_5$	$-[CH_2-CH(C_6H_5)]_n-$	폴리스타이렌	모의 목재 가구, 단열재, 컵, 장난감, 포장재
$CH_2=CH-Cl$	$-[CH_2-CH(Cl)]_n-$	폴리염화비닐(PVC)	음식 포장랩, 모조 가죽, 배관, 정원 호스, 바닥 타일
$CH_2=CCl_2$	$-[CH_2-CCl_2]_n-$	폴리염화비닐리덴(Saran)	음식 포장랩, 좌석 커버
$CF_2=CF_2$	$-[CF_2-CF_2]_n-$	폴리테트라플루오로에틸렌 (Teflon)	달라붙지 않는 요리 기구의 코팅 재료, 전기 절연체
$CH_2=CH-C\equiv N$	$-[CH_2-CH(CN)]_n-$	폴리아크릴로나이트릴 (Acrilan, Creslan, Dynel)	실, 가발, 페인트
$CH_2=CH-OCOCH_3$	$-[CH_2-CH(O-C(=O)-CH_3)]_n-$	폴리비닐 아세테이트	접착제, 섬유 코팅, 껌 수지, 페인트
$CH_2=C(CH_3)COOCH_3$	$-[CH_2-C(CH_3)(C(=O)-O-CH_3)]_n-$	폴리메틸 메타크릴레이트 (Lucite, Plexiglas)	유리 대용품, 볼링공

자가평가문제

1. 부가 고분자가 형성되면 단량체 단위는 어떻게 결합되는가?
   a. 고분자 사슬을 따라 흐르는 전위화된 전자
   b. 분산 힘
   c. 이중 결합
   d. 단량체의 이중 결합에서 전자에 의해 형성된 새로운 결합

2. 단량체 스타이렌($CH_2=CHC_6H_5$, 여기서 C_6H_5는 벤젠 고리를 나타냄)이 고분자를 형성할 때 반복되는 사슬은 무엇인가?
   a. 주사슬의 8-탄소 단위
   b. 6탄소 단위의 주사슬과 곁사슬기 2탄소 그룹
   c. 주사슬의 CH_2CH 단위와 곁사슬기 C_6H_5 그룹
   d. 주사슬의 $CH_2=CH$ 단위와 곁사슬기 C_6H_5 그룹

3. 수도관, 물병, 비옷을 만드는 일반적인 재료는 무엇인가?
   a. 폴리에틸렌
   b. 폴리프로필렌
   c. 폴리테트라플루오로에틸렌
   d. 폴리염화비닐

4. 다음 중 전도성 고분자는 무엇인가?
   a. 폴리아세틸렌
   b. 폴리프로필렌
   c. 폴리테트라플루오로에틸렌
   d. 폴리염화비닐

정답: 1. d, 2. c, 3. d, 4. a

5.4 고무 및 기타 탄성체

학습 목표 • 가교를 정의하고 가교가 고분자의 성질을 어떻게 변화시키는지 설명한다.

이 장의 시작 부분에서 언급했듯이, 제2차 세계대전 중 천연고무 공급이 끊기면서 이를 대체할 소재를 찾던 것이 합성 고분자 산업 발전의 기반이 되었다.

천연고무는 **아이소프렌**이라는 단순한 탄화수소 단위로 분해할 수 있다. 아이소프렌은 휘발성 액체인 반면에 고무는 반고체의 탄성 물질이다. 화학자들은 아이소프렌이 고무나무의 세포가 아닌 석유 정제소에서 나온다는 점을 제외하면 천연고무와 동일한 물질인 폴리아이소프렌을 만들 수 있다.

$$n\,CH_2{=}\underset{\displaystyle CH_3}{\underset{|}{C}}{-}CH{=}CH_2 \longrightarrow \left[CH_2{-}\underset{\displaystyle CH_3}{\underset{|}{C}}{=}CH{-}CH_2\right]_n$$

아이소프렌　　　　폴리아이소프렌(고무)

화학자들은 또한 여러 가지 합성 고무를 개발하고, 고분자의 성질을 변화시키기 위해 다양한 개질 방법을 고안해냈다.

가황: 가교

고무를 이루는 긴 사슬 분자들은 서로 꼬이고 얽혀 있다. 고무를 늘리면 이 꼬여 있던 분자들이 곧게 펴진다. 천연고무는 뜨거울 때 부드럽고 끈적거리지만, 황과 반응하면 더 단단해질 수 있다. 이 과정을 **가황**(vulcanization)이라 하며, 황 원자가 탄화수소 사슬들을 옆으로 서로 **가교**(cross-link)한다(그림 5.4). 미국의 Charles Goodyear(1800~1860)가 가황을 발견했고, 1844년에 이 공정으로 미국 특허 제3633호를 받았다.

가황된 고무는 가교된 구조를 가지고 있어 더 단단하고 강한 물질이 되며, 자동차 타이어에 적합하다. 놀랍게도 가교는 고무의 탄성도 향상한다. 가교 결합의 정도가 적당하면 개별 사슬이 어느 정도 자유롭게 풀리고 늘어날 수 있다. 늘어난 가황 고무가 방출되면 가교가 사슬을 원래 배열로 다시 잡아당긴다(그림 5.5). 고무줄이 탄력을 가지는 것은 이러한 분자 구조 덕분이다. 늘어난 후 원래 크기로 되돌아올 수 있는 물질을 **탄성체**(elastomer)라고 부른다.

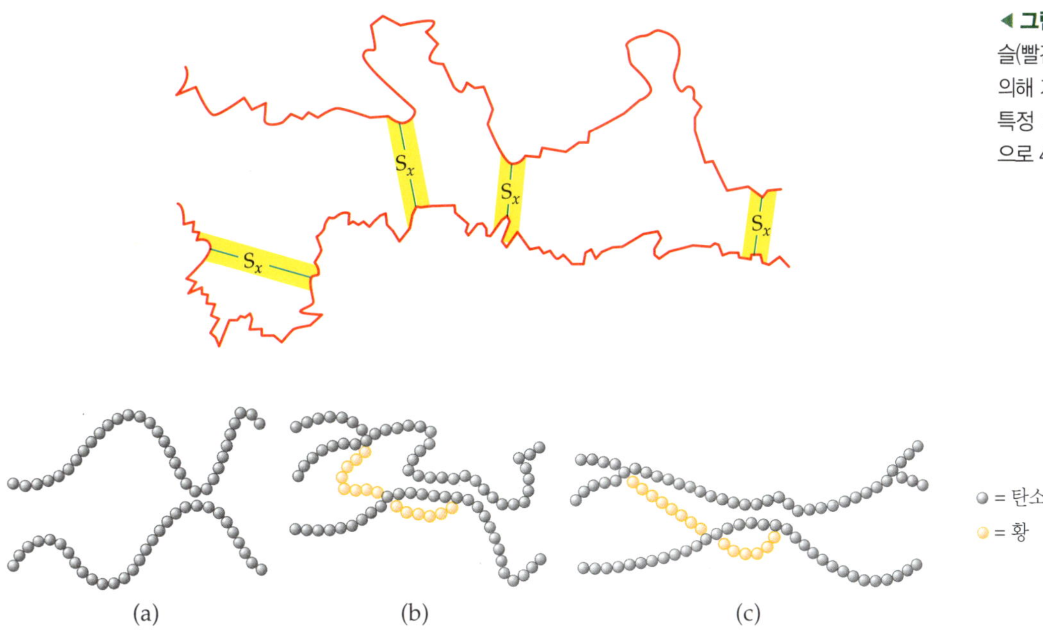

◀ **그림 5.4** 가황 고무는 긴 탄화수소 사슬(빨간색 선으로 표시)이 짧은 황 원자에 의해 가교되어 있다. 아래첨자 x는 작은 불특정 개수의 황 원자를 나타내며, 일반적으로 4개를 넘지 않는다.

▲ **그림 5.5** 고무의 가황은 탄화수소 사슬을 가교한다. (a) 가황하지 않은 고무에서는 고무를 늘릴 때 사슬이 서로 미끄러진다. (b) 가황은 사슬 사이에 황 가교를 추가하는 것을 포함한다. (c) 가황 고무가 늘어날 때 황 가교는 사슬이 서로 미끄러지는 것을 방지한다. 가황 고무는 가황되지 않은 고무보다 강하다.

합성 고무

천연고무는 아이소프렌의 고분자이며, 일부 합성 탄성체는 천연고무와 밀접한 관련이 있다. 예를 들어 폴리부타디엔은 단량체 부타다이엔($CH_2{=}CHCH{=}CH_2$)으로 만들어지는데, 이는 두 번째 탄소 원자에 메틸기가 없다는 점에서만 아이소프렌과 다르다. 폴리부타디엔은 이 단량체로부터 비교적 쉽게 만들어진다.

$$n\,CH_2{=}CH{-}CH{=}CH_2 \longrightarrow \left[CH_2{-}CH{=}CH{-}CH_2 \right]_n$$

그러나 이 고분자는 인장 강도가 약하고 휘발유와 기름에 대한 저항성이 약하다. 이러한 특성으로 인해 탄성체의 주요 용도인 자동차 타이어에 사용하기에는 한계가 있다.

또 다른 합성 탄성체인 폴리클로로프렌(네오프렌)은 아이소프렌과 유사하지만, 아이소프렌의 메틸기 대신 염소(녹색으로 표시)가 있는 단량체로 만들어진다.

$$n\,CH_2{=}\underset{\displaystyle Cl}{\underset{|}{C}}{-}CH{=}CH_2 \longrightarrow \left[CH_2{-}\underset{\displaystyle Cl}{\underset{|}{C}}{=}CH{-}CH_2 \right]_n$$

네오프렌(Neoprene)은 다른 탄성체보다 기름과 휘발유에 대한 내성이 강하다. 자동차 주유소에서 사용되는 휘발유 펌프 호스 및 이와 유사한 제품을 만드는 데 사용된다.

스타이렌-부타다이엔 고무(styrene-butadiene rubber, SBR)는 스타이렌(약 25%, 녹색으로 표시)과 부타다이엔(약 75%)의 공중합체이다. SBR 분자의 한 조각은 다음과 같다.

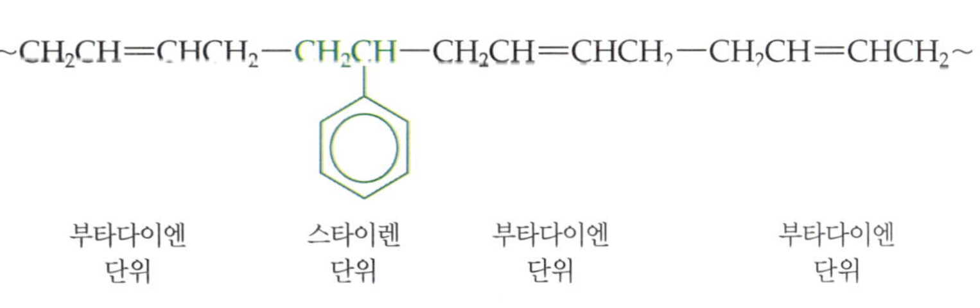

3 껌에 고분자가 있는가?

껌은 항상 고분자를 함유하고 있다. 원래는 '치클(chicle)'이라고 불리는 사포딜라 나무의 수액이었으며, 초기 껌 브랜드는 치클렛(Chiclets)이라는 이름이었다. 제2차 세계대전 이후 껌의 기초 재료로 폴리에틸렌이나 폴리비닐 아세테이트와 같은 합성 고무가 사용되었다.

왜 중요할까?

SBR과 관련된 고분자는 폴리(스타이렌-부타다이엔-스타이렌), 즉 SBS이다. '블록 공탄성체'라고 불리는 SBS는 3개의 분절로 구성된 분자를 가지고 있다. 한쪽 끝은 폴리스타이렌 반복 단위의 사슬, 중간은 폴리부타다이엔 반복 단위의 긴 사슬, 다른 쪽 끝은 또 다른 폴리스타이렌 반복 단위의 사슬이다. SBS는 신발 밑창이나 타이어 노면 접합부 등 내구성이 중요한 제품에 사용되는 경질 고무이다.

SBR은 천연고무보다 산화와 마모에 강하지만, 물리적 강도와 복원력은 떨어진다. 천연고무와 마찬가지로 SBR 분자는 이중 결합을 포함하고 있으며, 가황을 통해 가교될 수 있다. SBR은 미국 전체 탄성체 생산량의 약 3분의 1을 차지하며, 주로 타이어 제조에 사용된다.

페인트에 사용되는 고분자

탄성체의 놀라운 용도는 페인트 및 기타 코팅이다. 페인트에서 경화되어 연속적인 표면 코팅을 형성하는 물질(바인더 또는 레진이라고도 함)은 고분자, 즉 일반적으로 탄성체이다. 탄성체로 만든 페인트는 균열에 강하다. 페인트에서 원하는 특정 특성에 따라 다양한 종류의 고분자를 바인더로 사용할 수 있다. 고분자 입자가 물에 분산되어 있어 유기 용매를 사용하지 않는 라텍스 페인트가 가장 일반적이다. 브러시와 롤러는 비누와 물로 쉽게 세척할 수 있다. 역사적으로 페인트에 사용되던 유해한 유기 용매를 물로 대체한 것은 녹색 화학의 좋은 예이다.

▲ 합성 고분자는 페인트에서 바인더 역할을 한다. 색소는 페인트에 색상과 불투명도를 제공한다. 흰색 고체인 이산화 티타늄(TiO_2)이 가장 널리 사용되는 색소이다.

자가평가문제

1. 천연고무는 무엇의 고분자인가?
   a. 부타다이엔
   b. 아이소뷰틸렌
   c. 아이소프렌
   d. 프로필렌
2. 다음 중 아이소프렌의 구조는 무엇인가?
   a. $CH_2=CH-C\equiv(N)$
   b. $CH_2=C(CH_3)-CH_3$
   c. $CH_2=CCl-CH-CH_2$
   d. $CH_2=C(CH_3)-CH=CH_2$
3. 가교제에 대한 설명으로 옳은 것은 무엇인가?
   a. 고분자 사슬을 서로 결합하는 원자 또는 그룹
   b. 고분자 사슬의 작용기
   c. 고분자 사슬의 반복 단위
   d. 고분자 사슬의 치환기
4. Charles Goodyear는 천연고무를 어떤 물질과 함께 가열하면 가교시킬 수 있다는 것을 발견했는가?
   a. 바인더(B)
   b. 탄소
   c. 아이소프렌
   d. 유황
5. 스타이렌-부타다이엔 고무(SBR)는 어떤 고분자의 예인가?
   a. 공중합체
   b. 천연 탄성체
   c. 천연 가교 고분자
   d. 폴리아마이드
6. 탄성체와 같은 고분자는 페인트에서 무엇으로 사용되는가?
   a. 바인더
   b. 개시제
   c. 색소
   d. 용제
7. 늘어났다가 원래 크기로 되돌아올 수 있는 물질은 무엇인가?
   a. 바인더
   b. 공중합체
   c. 탄성체
   d. 폴리아마이드

정답: 1. c, 2. d, 3. a, 4. d, 5. a, 6. a, 7. c

5.5 축합 고분자

학습 목표 • 부가 중합과 축합 중합을 구분한다.
• 폴리에스터와 폴리아마이드를 형성하는 단량체의 구조를 작성한다.

지금까지 살펴본 고분자는 모두 부가 고분자이다. 단량체 분자의 모든 원자가 고분자 분자에 통합된다. 축합 고분자에서는 단량체 분자의 일부가 최종 고분자에 포함되지 않는다. **축합 중**

합(condensation polymerization) 또는 단계 반응 중합(step-reaction polymerization) 중에는 작은 분자, 즉 보통 물(다음 예에서는 녹색으로 표시됨)이지만 때로는 메탄올, 암모니아, HCl가 부산물로 형성된다.

나일론 및 기타 폴리아마이드

예를 들어 나일론의 형성을 고려해보자. **나일론** 6이라고 불리는 나일론의 한 유형의 단량체는 6번째 탄소 원자에 아미노기(파란색)가 있는 6탄소 카복실산(자홍색)인 6-아미노헥사노산($HOOCCH_2CH_2CH_2CH_2CH_2NH_2$)이다. (각각 다른 단량체 또는 단량체 집합으로 제조된 여러 가지 나일론이 있지만 모두 공통된 구조적 특징을 공유한다.)

이 중합 반응에서 한 단량체 분자의 카복실기는 다른 분자의 아민기와 아마이드 결합을 형성한다.

$$n\,HO-\overset{O}{\overset{\|}{C}}CH_2(CH_2)_3CH_2\overset{H}{\overset{|}{N}}-H + n\,HO-\overset{O}{\overset{\|}{C}}CH_2(CH_2)_3CH_2\overset{H}{\overset{|}{N}}-H \longrightarrow$$

$$\left[\overset{O}{\overset{\|}{C}}CH_2(CH_2)_3CH_2\overset{H}{\overset{|}{N}}-\overset{O}{\overset{\|}{C}}CH_2(CH_2)_3CH_2\overset{H}{\overset{|}{N}}\right]_n + 2n\,H_2O$$

아마이드 결합

만들어진 각 아마이드 결합에 대해 부산물로 물 분자가 형성된다. 비축합 부산물이 생성된다는 점이 축합 중합과 부가 중합을 구별하는 특징이다. 축합 고분자의 반복 단위식은 단량체의 화학식과 동일하지 않다는 점에 유의해야 한다.

고분자를 함께 묶는 연결 고리는 아마이드 결합이기 때문에 나일론 6은 **폴리아마이드**(polyamide)이다. 또 다른 나일론은 1,6-헥산디아민($H_2NCH_2CH_2CH_2CH_2NH_2$)과 아디프산($HOOCCH_2CH_2CH_2COOH$), 두 가지 단량체의 축합에 의해 제조된다. 각 단량체는 6개의 탄소 원자를 가지고 있으며, 이 고분자를 나일론 66(nylon 66)이라고 한다.

$$n\,H-\overset{H}{\overset{|}{N}}CH_2CH_2CH_2CH_2CH_2CH_2\overset{H}{\overset{|}{N}}-H + n\,HO-\overset{O}{\overset{\|}{C}}(CH_2)_4\overset{O}{\overset{\|}{C}}-OH \longrightarrow$$

1,6-헥산디아민 이디프산

$$\left[\overset{H}{\overset{|}{N}}CH_2CH_2CH_2CH_2CH_2CH_2\overset{H}{\overset{|}{N}}-\overset{O}{\overset{\|}{C}}CH_2CH_2CH_2CH_2\overset{O}{\overset{\|}{C}}\right]_n + 2n\,H_2O$$

아마이드 결합

이것은 1937년에 듀폰의 화학자 Wallace Carothers(미국, 1896~1937)가 발견한 최초의 나일론 고분자이다. 한 단량체는 아미노기가 2개, 다른 단량체는 카복실기가 2개이지만 생성물은 나일론 6와 매우 유사한 폴리아마이드이다. 단백질 섬유인 실크와 양모는 천연 폴리아마이드이다.

나일론은 다양한 모양으로 성형할 수 있지만 대부분 나일론은 섬유로 만들어진다. 일부는 가느다란 실로 뽑아 실크와 같은 직물로 짜고, 일부는 양모와 비슷한 실로 만들어진다. 한때 카펫은 주로 양모나 면으로 만들어졌지만, 최근에는 최소 90%의 카펫이 나일론으로 만들어진다.

폴리에틸렌 테레프탈레이트 및 기타 폴리에스터

폴리에스터(polyester)는 알코올과 카복실산 작용기를 가진 분자로 만든 축합 고분자이다. 가장 일반적인 폴리에스터는 에틸렌 글리콜과 테레프탈산으로 제조된다. **폴리에틸렌 테레프탈레이트**(polyethylene terephthalate, PET)라고 한다.

▲ 마일라 풍선은 축하 행사나 기타 축제 행사 및 이벤트에 매우 일반적으로 사용된다. 다채로운 폴리에스터 필름으로 만들어지며 헬륨으로 채워져 있다.

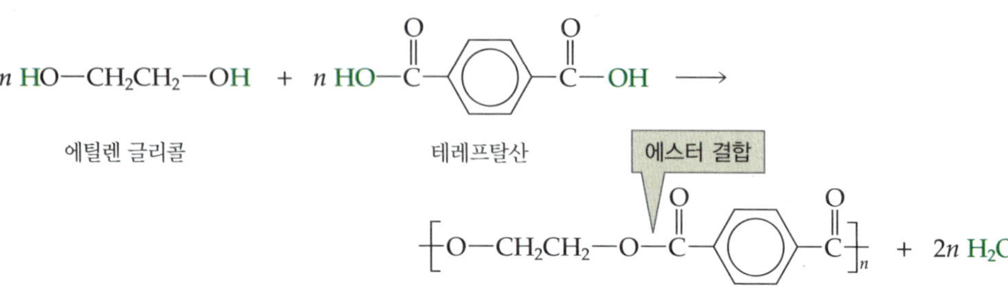

에틸렌 글리콜의 수산기는 테레프탈산의 카복실기와 반응하여 많은 에스터 결합으로 긴 사슬을 생성한다.

PET는 음료 및 기타 액체를 담는 병으로 성형할 수 있다. 또한 문서를 라미네이팅하고 견고한 포장 테이프를 만드는 데 사용되는 필름으로 성형할 수도 있다. 폴리에스터 마감재는 기타, 피아노, 차량 및 보트의 인테리어와 같은 고급 목재 제품에 사용된다. 폴리에스터 섬유는 강하고 건조가 빠르며 곰팡이, 구김, 늘어남, 수축에 강한다. 카펫, 커튼, 시트 및 베갯잇, 실내 장식과 같은 가정용 가구 및 제품에 사용된다. 폴리에스터 섬유는 물을 흡수하지 않기 때문에 습하고 습한 환경에서 착용하는 아웃도어 의류와 부츠 및 침낭의 단열재에 이상적이다. 다른 의류의 경우 보다 자연스러운 느낌을 위해 면과 혼방되는 경우가 많다. 폴리에스터 필름(마일라)은 특별한 날을 기념하기 위해 헬륨으로 채워진 반짝이는 풍선을 만드는 데도 많이 사용된다.

페놀-포름알데하이드 및 관련 수지

최초의 합성 고분자인 베이클라이트(Bakelite)로 다시 돌아가 보자. 베이클라이트는 페놀-포름알데하이드 수지로, 미국의 Leo Baekeland(1863~1944)가 처음 합성했다. 그는 이 공정으로 1909년 미국 특허 제942,699호를 받았다. 페놀 수지는 더 이상 산업용 고분자로는 중요하지 않지만 당구공, 도미노, 체커와 같은 보드 및 테이블톱 게임 조각 및 도자기 대체재로 사용된다.

페놀-포름알데하이드 수지는 물 분자, 페놀의 벤젠 고리에서 나오는 수소 원자, 알데하이드에서 나오는 산소 원자를 생성하는 축합 반응을 통해 형성된다. 반응은 단계적으로 진행되며, 먼저 포름알데하이드가 페놀 분자의 2번 또는 4번 위치에 추가된다.

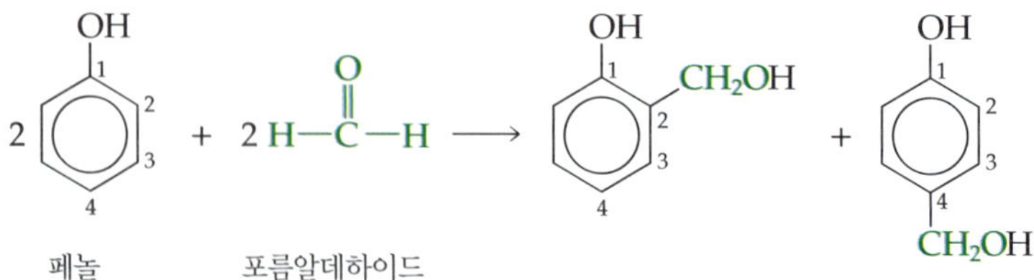

치환된 페놀 분자는 물 분자가 형성되면서 서로 연결된다. (벤젠 고리의 치환되지 않은 모든 모서리에는 수소 원자가 있다는 것을 기억하자.) 분자의 연결은 광범위한 그물 구조가 형성될 때까지 계속된다.

페놀-포름알데하이드 수지

반응에서 생성된 물은 고분자가 경화되는 동안 열에 의해 제거된다. 고분자의 구조는 거대한 건물의 뼈대처럼 매우 복잡한 3차원 그물 구조이다. 페놀 고리는 포름알데하이드에서 나온 CH_2 단위로 서로 연결된다는 점에 유의하자. 이러한 그물구조 고분자는 **열경화성 수지**(thermosetting resin)로 녹여서 다시 성형할 수 없다. 대신 높은 온도로 가열하면 분해된다.

포름알데하이드는 요소[$H_2N(C{=}O)NH_2$]와 축합하여 요소-포름알데하이드 수지를 만들거나 멜라민과 축합하여 멜라민-포름알데하이드 수지를 만들 수도 있다(멜라민은 요소 세 분자의 응축으로 형성된다. 오른쪽 구조 참조).

이 수지는 페놀 수지와 마찬가지로 열경화성 수지이다. 이 고분자는 포름알데하이드($H_2C{=}O$) 분자와 아미노기($-NH_2$) 그룹(파란색)의 축합 반응에 의해 형성된 복잡한 3차원 그물 구조이다. 요소-포름알데하이드 수지는 파티클 보드에서 목재 조각을 서로 결합시키는 접착제로 사용된다. 멜라민-포름알데하이드 수지는 멜라크(Melmac) 식기류와 라미네이트 조리대에 표면 재료로 사용된다.

멜라민

기타 축합 고분자

다른 많은 종류의 축합 고분자가 있지만 몇 가지만 살펴보자.

폴리카보네이트(polycarbonate)는 방탄창에 사용할 수 있을 만큼 견고하고 '유리처럼 투명한' 고분자이다. 또한 보호 헬멧, 보안경, 투명한 플라스틱 물병, 젖병, 심지어 치과용 크라운에도 사용된다. 하나의 폴리카보네이트는 비스페놀-A(BPA)와 포스겐($COCl_2$)으로 만들어진다. 생성물에는 탄산염 그룹(녹색으로 표시)이 있다.

포스겐 + 비스페놀-A ⟶ 폴리카보네이트 + 2 HCl

왜 중요할까?

비스페놀-A(BPA)는 내분비계 교란 물질로 호르몬처럼 작용할 수 있다. 폴리카보네이트 젖병에서 소량의 BPA가 침출되어 장기간 저용량 노출로 이어질 수 있다. 캐나다는 2008년에 젖병의 BPA 사용을 금지했다. 미국 및 기타 지역의 많은 제조업체는 BPA가 없는 젖병 제조로 전환했다.

폴리우레탄(polyurethane)은 구조상 나일론 고분자와 유사하지만, 아이소시아네이트기(—N=C=O)가 알코올기(—OH)와 반응하여 아마이드 결합이 아닌 —NHCOO— 결합을 형성한다는 점을 제외하면 나일론 고분자와 유사하다. 일반적인 폴리우레탄의 반복 단위는 다음과 같다.

$$\sim\overset{\overset{\displaystyle O}{\|}}{C}-NH-CH_2CH_2CH_2CH_2CH_2CH_2-NH-\overset{\overset{\displaystyle O}{\|}}{C}-O-CH_2CH_2CH_2CH_2-O\sim$$

폴리우레탄은 사용되는 단량체에 따라 탄성체일 수도 있고, 단단하고 딱딱할 수도 있다. 쿠션, 매트리스, 패딩 가구의 발포 패딩(폼 고무)에 흔히 사용된다. 또한 스케이트 바퀴, 러닝화, 스포츠 활동용 보호 장비, 목재용 하드 래커와 같은 코팅에도 사용된다.

에폭시(epoxy)는 우수한 표면 페인트와 코팅을 만든다. 강철 파이프와 장치를 부식으로부터 보호하는 데 사용된다. 금속 캔의 내부는 녹이 슬지 않도록 에폭시로 코팅하는 경우가 많으며, 특히 토마토와 같은 산성식품 캔에는 에폭시가 많이 사용된다. 일반적인 에폭시는 에피클로로히드린과 BPA로 만들어진다.

$$\sim O-C_6H_4-\underset{\underset{\displaystyle CH_3}{|}}{\overset{\overset{\displaystyle CH_3}{|}}{C}}-C_6H_4-O-CH_2\underset{\underset{\displaystyle OH}{|}}{C}HCH_2\sim$$

에폭시

에폭시는 또한 강력한 접착제로 사용된다. 이러한 접착제는 일반적으로 사용 직전에 혼합되는 두 가지 성분으로 이루어져 있다. 혼합 후 고분자 사슬들이 가교되어 결합력이 매우 강해진다.

복합 재료

▲ 탄소 섬유와 에폭시를 사용한 복합 구조는 자전거 프레임을 튼튼하고 가볍게 만든다(약 1 kg에 불과). 탄소 섬유의 방향에 따라 제작자는 필요한 곳에 강도를 극대화할 수 있도록 소재를 맞춤 제작할 수 있다.

복합 재료는 고강도 섬유(유리, 흑연, 합성 고분자 또는 세라믹 등으로 된)가 고분자 매트릭스 안에 결합된 형태로 구성된다. 이 기지재는 보통 열경화성 축합 고분자로 구성된다. 섬유 보강재가 지지력을 제공하고, 이를 둘러싼 플라스틱이 섬유가 끊어지는 것을 방지한다.

가장 일반적으로 사용되는 복합 재료 중에는 유리 섬유로 강화된 폴리에스터 수지가 있다. 이는 보트 선체, 성형 의자, 자동차 패널, 테니스 라켓과 같은 스포츠 장비에 널리 사용된다. 주목할 만한 예로는 장대높이뛰기에 사용되는 장대가 있다. 현재의 세계 기록은 목재 장대를 사용했을 때보다 75% 이상 향상되었다. 일부 복합 재료는 강철과 동일한 강도와 강성을 가지면서도 강철 무게의 일부에 불과한 경량성을 지닌다.

실리콘

모든 고분자가 탄소 원자 사슬을 기반으로 하는 것은 아니다. 다른 유형의 고분자의 좋은 예는 **실리콘**(silicon, 폴리실록산)으로, 사슬에 실리콘과 산소 원자가 번갈아 가며 배열되어 있다.

$$\sim\underset{R}{\overset{R}{Si}}-O-\underset{R}{\overset{R}{Si}}-O-\underset{R}{\overset{R}{Si}}-O-\underset{R}{\overset{R}{Si}}-O-\underset{R}{\overset{R}{Si}}-O-\underset{R}{\overset{R}{Si}}-O-\underset{R}{\overset{R}{Si}}\sim$$

(단순 실리콘에서 *R*은 메틸, 에틸, 뷰틸과 같은 탄화수소기를 나타낸다.)

실리콘은 선형 구조, 고리형 구조, 가교된 그물 구조를 가질 수 있다. 실리콘은 열에 안정적이고 대부분 화학 물질에 안정적이며 방수성이 뛰어난 재료이다. 사슬 길이와 가교의 양에 따

규소는 탄소와 같은 4A 족 원소로, 탄소와 마찬가지로 4가 원자이며 사슬 구조를 형성할 수 있다. 그러나 탄소는 폴리에틸렌에서처럼 오직 탄소 원자만으로 이루어진 사슬을 만들 수 있는 반면에 실리콘 고분자의 사슬은 규소 원자와 산소 원자가 번갈아 배열된 구조를 가지고 있다.

라 실리콘은 기름이나 그리스, 고무 같은 화합물 또는 고체 수지가 될 수 있다. 실리콘 오일은 유압유 및 윤활유로 사용된다. 다른 실리콘은 봉합제, 자동차 광택제, 구두약, 방수 시트와 같은 제품에 사용된다. 비옷과 우산용 원단은 실리콘으로 처리되는 경우가 많다.

아마도 가장 주목할 만한 실리콘은 손가락 관절부터 안와(eye sockets)에 이르기까지 인체의 인공 기관에 사용되는 것이다 인공 귀와 코도 실리콘 고분자로 만들어진다. 이들은 주변 피부색과 일치하도록 특별히 착색할 수도 있다.

4 유연한 베이킹 팬에 실리콘을 사용할 수 있는 이유는 무엇인가?

실리콘 소재는 −55~300 ℃(−67~570 ℉)의 온도 범위에서 견딜 수 있다. 유연성, 모양, 기타 성질을 유지한다. 매우 안정적이고 내구성이 뛰어나지만, 강도와 강성을 높이기 위해 보강하는 경우가 많다.

▲ 실리콘으로 만든 조리기구는 다채롭고 유연하며 달라붙지 않는다.

예제 5.3 고분자의 축약 구조식

디메틸실란올 $(CH_3)_2Si(OH)_2$로 형성된 고분자의 축약 구조식 작성하라.

풀이

단량체의 구조식을 작성하는 것부터 시작한다.

$$\mathrm{HO-\overset{\displaystyle CH_3}{\underset{\displaystyle CH_3}{\overset{|}{\underset{|}{Si}}}}-OH}$$

이 분자에는 이중 결합이 없기 때문에 부가 중합을 거치지 않을 것으로 예상한다. 오히려 한 분자의 OH기와 다른 분자의 원자(H)가 결합하여 물 분자를 형성하는 축합 반응이 일어날 것으로 예상한다. 또한 분자당 2개의 OH기가 있기 때문에 각 단량체는 2개의 다른 단량체(양쪽에 하나씩)와 결합을 형성할 수 있다. 이것이 중합의 핵심 요건이다. 이 반응은 다음과 같이 나타낼 수 있다.

$$\mathrm{HO-\overset{\displaystyle CH_3}{\underset{\displaystyle CH_3}{\overset{|}{\underset{|}{Si}}}}-OH + HO-\overset{\displaystyle CH_3}{\underset{\displaystyle CH_3}{\overset{|}{\underset{|}{Si}}}}-OH + HO-\overset{\displaystyle CH_3}{\underset{\displaystyle CH_3}{\overset{|}{\underset{|}{Si}}}}-OH + \cdots \longrightarrow \left[-\overset{\displaystyle CH_3}{\underset{\displaystyle CH_3}{\overset{|}{\underset{|}{Si}}}}-O-\right]_n + \mathit{n}\,H_2O}$$

› 복습문제 5.3A

a. 글리콜산(하이드록시아세트산, $HOCH_2COOH$)으로 형성된 고분자의 구조식을 쓰고, 반복 단위를 4개 이상 표시하라.

b. 반복 단위가 괄호 안에 표시된 축약 구조식을 작성하라.

› 복습문제 5.3B

a. 4-아미노부탄산($NH_2CH_2CH_2CH_2COOH$)으로 형성된 고분자의 구조식을 쓰고, 반복 단위를 4개 이상 표시하라.

b. 반복 단위가 괄호 안에 표시된 축약 구조식을 작성하라.

자가평가문제

1. 축합 중합은 일반적으로 물과 같은 작은 분자를 생성하며, 어떤 조건이 필요한가?

a. 탄소-탄소 이중 결합의 존재

b. 탄소-산소 이중 결합의 존재

c. 각각 최소 2개의 작용기를 가진 2개의 단량체

d. 각각 1개의 작용기만 갖는 2개의 단량체

2. 실리콘 고분자 사슬의 주사슬은 어떤 반복 단위로 구성되어 있는가?
   a. $\sim OCH_2CH_2OSi\sim$
   b. $\sim OCH_2CH_2Si\sim$
   c. $\sim SiO\sim$
   d. $\sim OSiSi\sim$
3. 폴리아마이드의 유일한 단량체 역할을 할 수 있는 분자는 무엇인가?
   a. $H_2NCH_2CH_2CH_2OH$
   b. $H_2NCH_2CH_2CH_2CH_2NH_2$
   c. $HOOCCH_2CH_2CH_2CH_2CH_2NH_2$
   d. $HOOCCH_2CH_2CH_2CONH_2$
4. 열경화성 고분자는 어떤 특성을 가지는가?
   a. 쉽게 재활용된다.
   b. 항상 첨가제이다.
   c. 녹여서 다시 성형할 수 없다.
   d. 일반적으로 열가소성 고분자보다 낮은 온도에서 녹는다.
5. 폴리에스터를 형성할 수 있는 분자 쌍은 무엇인가?
   a. $HOCH_2CH_2OH$ 및 $HOCH_2CH_2CH_2CH_2OH$
   b. $H_2NCH_2CH_2CH_2CH_2NH_2$ 및 $HOOCCH_2CH_2CH_2CH_2COOH$
   c. $H_2NCH_2CH_2CH_2CH_2NH_2$ 및 $HOCH_2CH_2CH_2CH_2CH_2OH$
   d. $HOOCCH_2CH_2CH_2CH_2COOH$ 및 $HOCH_2CH_2CH_2CH_2OH$

정답: 1. c, 2. c, 3. c, 4. c, 5. d

5.6 고분자의 성질

학습 목표 • 유리 전이 온도의 개념을 설명한다.
• 결정성이 고분자의 물리적 성질에 어떤 영향을 미치는지 설명한다.

고분자는 크게 세 가지 점에서 분자로 구성된 물질과 다르다. 첫째, 긴 사슬은 스파게티 접시 위의 가닥처럼 서로 얽힐 수 있다. 특히 저온에서는 고분자 분자의 얽힘을 풀기가 어렵다. 이 성질은 많은 플라스틱, 탄성체, 기타 재료에 강도를 부여한다.

둘째, 분자간 힘은 작은 분자와 마찬가지로 고분자에 영향을 미치지만, 분자 간 상호작용의 수가 훨씬 많기 때문에 큰 분자의 경우 이러한 힘이 크게 증가된다. 분자의 크기가 클수록 분자 사이의 분자간 힘도 커진다. 보통은 약한 분산력만 존재하는 분자간 힘일지라도 고분자 사슬을 강하게 묶을 수 있다. 이 특성은 고분자 재료의 강도를 제공한다. 예를 들어 폴리에틸렌은 분자간 분산력만 있는 비극성 분자이다. 하지만 5.2절에서 언급했듯이 초고분자량 폴리에틸렌은 방탄 조끼에 사용할 수 있을 정도로 강한 섬유를 형성한다.

셋째, 작은 분자들(단량체)은 긴 사슬(고분자)로 결합되어 있을 때보다 서로 독립적으로 존재할 때 훨씬 더 빠르고 무작위로 움직일 수 있다. 분자 속도가 느리면 고분자 물질은 작은 분자로 이루어진 물질과 다르다. 예를 들어 용매에 용해된 고분자는 순수한 용매보다 훨씬 더 점성이 높고 순수한 용매보다 더 느리게 흐르는 용액을 형성한다.

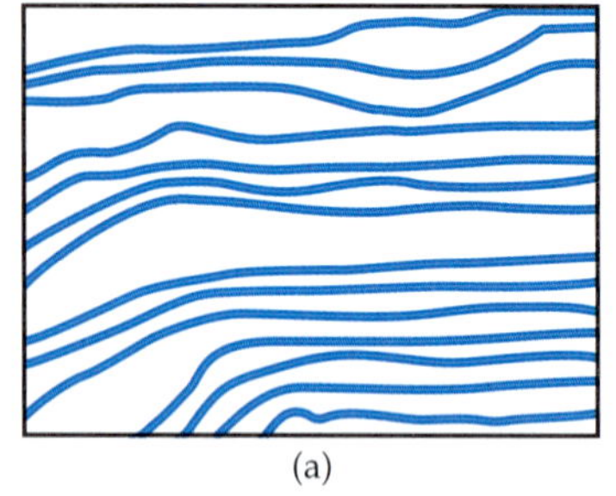
(a)

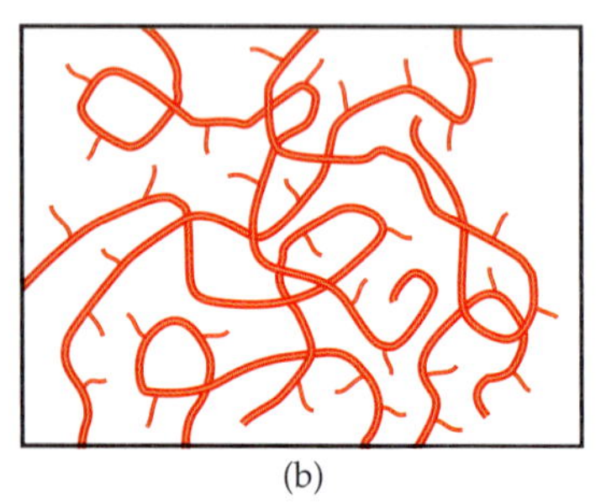
(b)

▲ **그림 5.6** 고분자 분자의 배열. (a) 결정 배열, (B) 비정질 배열

결정성 및 비정질 고분자

일부 고분자는 높은 결정성을 가지며, 그 분자들이 질서 있게 배열되어 매우 강한 장섬유를 형성한다. 다른 고분자는 대부분 무정형이며, 무작위로 배열된 분자들이 서로 뒤엉켜 있는 구조를 가진다(그림 5.6). 결정성 고분자는 우수한 합성 섬유를 만드는 경향이 있는 반면에 무정형 고분자는 종종 탄성체로 사용된다.

때때로 같은 고분자가 한 영역에서는 결정질이고 다른 영역에서는 비정질인 경우가 있다. 예를 들어 과학자들은 스판덱스 섬유[스키 바지, 운동복, 수영복의 신축성 직물(예: 라이크라)에 사용]를 설계하여 결정질 섬유의 인장 강도와 비정질 고무의 신축성을 결합했다. 2개의 분자 구조가 1개의 고분자 사슬에 결합되어 있으며, 결정성 블록과 비정질 블록이 번갈아 가며 결합되어 있다. 비정질 블록은 부드럽고 고무 같은 반면 결정질 블록은 매우 단단하다. 결과물인 고분자는 유연성과 강성이라는 두 가지 성질을 모두 나타낸다.

5 천연 고분자로 만든 원단에는 어떤 것이 있는가?

면, 실크, 양모, 린넨은 모두 직물로 만들 수 있는 자연 발생 고분자이다. 레이온과 같이 자연 발생 셀룰로스로 만들어졌지만 합성적으로 변형되어 실로 제조되는 다른 소재는 반합성 소재로 간주된다.

유리 전이 온도

대부분 열가소성 고분자의 중요한 특성은 **유리 전이 온도**(glass transition temperature, T_g)이다. 이 온도 이상에서는 고분자가 고무처럼 단단하고 질기게 된다. 그 이하에서 고분자는 유리처럼 단단하고 뻣뻣하며 부서지기 쉽다. 각 고분자에는 고유한 T_g가 있다. 자동차 타이어는 견고하고 탄성이 있어야 하므로 T_g 값이 낮은 고분자로 타이어를 만든다. 반면에 유리 대체용 플라스틱은 유리처럼 보이기를 원한다. 따라서 이러한 고분자는 실온보다 훨씬 높은 T_g 값을 갖는다. 우리는 일상생활에서 유리 전이 온도를 적용할 수 있다. 예를 들어 껌에 '씹는 맛'을 주는 폴리비닐 아세테이트 수지의 온도를 T_g 이하로 낮추기 위해 얼음을 입혀 옷에서 껌을 제거할 수 있다. 그러면 차갑고 부서지기 쉬운 수지가 쉽게 부서져서 제거할 수 있다.

섬유 형성

모든 합성 고분자를 유용한 섬유로 만들 수 있는 것은 아니지만, 천연 섬유보다 우수한 성질을 가진 섬유를 만들 수 있는 합성 고분자도 있다. 미국에서 매년 생산되는 600억 kg의 섬유 중 절반 이상이 합성 섬유이다.

실크 원단은 아름답고 고급스러운 '촉감'을 가지고 있지만, 나일론 원단도 매력적이고 실크와 비슷한 느낌을 준다. 게다가 나일론 원단은 실크보다 더 오래 입을 수 있고 관리하기 쉬우며 가격도 저렴하다.

PET와 같은 폴리에스터는 면이나 실크를 대체할 수 있지만, 여러 면에서 천연 섬유보다 성능이 뛰어나다. 폴리에스터는 면 섬유처럼 곰팡이에 잘 오염되지 않으며, 많은 폴리에스터 직물은 다림질이 필요하지 않다. 폴리에스터 섬유에 35%에서 50%의 면 섬유를 혼합한 직물은 면의 쾌적함과 폴리에스터의 다림질이 필요 없는 손쉬운 관리 특성을 함께 지닌다.

폴리아크릴로니트릴(polyacrylonitrile)로 만든 아크릴 섬유는 양모처럼 보이는 실을 뽑을 수 있다. 아크릴 스웨터는 양모의 아름다움과 따뜻함을 가지고 있지만 뜨거운 물에서 수축되지 않고 좀벌레의 피해를 받지 않으며, 일부 사람들에게 양모가 유발하는 알레르기성 피부 반응을 일으키지 않는다.

지름이 10 μm 이하로, 즉 실크 섬유의 절반 정도로 매우 가는 섬유를 마이크로섬유(microfiber)라고 하며, 거의 모든 섬유 형성용 고분자로부터 제조할 수 있다. 그러나 대부분은 폴리에스터, 폴리아마이드, 또는 이 두 가지의 혼합물로 만들어진다. 섬유의 크기, 형태, 조성을 변화시키면 방수성(의류용) 또는 흡수성(걸레용) 제품을 만들 수 있다. 마이크로섬유는 먼지를 효과적으로 포집하거나 액체를 흡수하도록 형태를 조절할 수 있다. 이러한 섬유는 이미 다양한 용도로 사용되고 있으며, 앞으로 더욱 많은 분야에서 활용될 가능성이 높다.

합성섬유의 단점 중 하나는 세탁할 때 미세한 마이크로섬유가 떨어져 나간다는 점이다. 마이크로섬유는 천연섬유처럼 쉽게 분해되지 않으며, 해양 환경에 축적되어 수생 생물 및 먹이사슬 전반에 걸쳐 위해를 초래할 수 있다.

▲ 방사판을 통한 압출에 의한 섬유의 형성. 녹은 고분자를 미세한 구멍을 통해 압출하면 식으면서 굳어 섬유가 형성된다.

자가평가문제

1. 결정성 고분자에 대한 설명으로 옳은 것은 무엇인가?
   a. 탄성 **b.** 유연성 **c.** 높은 정도의 가교 **d.** 섬유에 사용

2. 고분자가 부드럽고 탄성 있는 상태에서 유리질처럼 단단한 상태로 변하는 온도는 무엇인가?

a. T_c **b.** T_f **c.** T_g **d.** T_i

3. 끓는 물에서는 유연하지만 실온에서는 단단한 재료라면 어떤 온도 T_g를 가질 가능성이 가장 높은가?

a. −20 ℃ **b.** 15 ℃ **c.** 75 ℃ **d.** 150 ℃

정답: 1. d, 2. c, 3. c

5.7 플라스틱과 환경적 문제

학습 목표
- 플라스틱 및 가소제와 관련된 환경적 문제를 설명한다.
- 지속가능하며 석유에서 유래하지 않은 두 가지 고분자의 종류를 알고, 그 원료를 설명한다.

▲ 매년 엄청난 양의 플라스틱 쓰레기가 바다로 흘러 들어간다. 해류에 의해 운반된 작은 플라스틱 조각들은 태평양의 특정 해역과 같이 다른 지역보다 훨씬 높은 농도로 플라스틱이 축적되는 구역에 모여 쌓이게 된다.

많은 플라스틱의 장점은 내구성이 강하고 환경적 조건에 잘 견딘다는 것이다. 그러나 이러한 특성은 단점이 될 수도 있는데, 플라스틱이 너무 안정적이어서 거의 영구적으로 분해되지 않기 때문이다. 플라스틱 물건은 한 번 버려지면 사라지지 않는다. 우리는 플라스틱 쓰레기가 공원, 인도, 고속도로, 해안가 곳곳에 흩어져 있는 것을 볼 수 있으며, 바다 한가운데를 들여다보면 그곳에서도 발견할 수 있다. 매년 약 80억 킬로그램의 플라스틱이 바다로 흘러들어간다. 작은 플라스틱 조각은 해류에 의해 운반되어 특정 지역에 쌓이는 경향이 있다. 예를 들어 태평양에서는 하와이 제도의 북쪽과 일본의 동쪽 해역에 다른 지역보다 훨씬 더 높은 농도의 플라스틱 조각들이 모여 있는 넓은 해역이 존재한다. 많은 작은 물고기가 먹이와 함께 섭취한 플라스틱 조각이나 미세섬유에 의해 소화관이 막혀 죽은 채로 발견되고 있다. 과학자들은 바다에 버려진 비닐봉지와 기타 플라스틱 쓰레기로 인해 매년 100만 마리의 해양 생물이 죽는 것으로 추정하고 있다.

미국 고형 폐기물의 질량 기준으로는 약 13%, 부피 기준으로는 약 25%를 플라스틱이 차지한다. 플라스틱의 부피는 전체 고형 폐기물의 55%가 매립지로 가는데, 적절한 매립지를 찾기가 점점 더 어려워지고 있기 때문에 문제를 야기하고 있다. 미국인들은 매일 약 6,000만 개의 플라스틱 병을 사용하지만, 약 12%만 재활용된다. 플라스틱 병 하나를 재활용하면 60 W 전구를 6시간 동안 태울 수 있는 충분한 에너지를 절약할 수 있다. 플라스틱을 재활용하면 석유에 대한 의존도를 줄이고 화석연료 사용으로 인한 이산화 탄소(CO_2) 배출량을 줄일 수 있다.

버려진 플라스틱을 처리하는 또 다른 방법은 소각하는 것이다. 대부분 플라스틱은 연료 가치가 높다. 예를 들어 폴리에틸렌 1파운드는 연료유 1파운드와 거의 같은 에너지 함량을 가지고 있다. 지역 쓰레기 소각장에서 나오는 열은 전기를 생산할 수 있으며, 일부 전력 회사에서는 분쇄된 고무 타이어를 소량의 분말 석탄과 혼합하여 연료로 사용하며, 이는 동시에 폐타이어 처리 문제를 해결하는 데도 도움이 된다.

반면에 플라스틱과 고무를 태우면 새로운 문제가 발생할 수 있다. 예를 들어 PVC는 연소 시 독성 염화 수소와 염화 비닐 가스가 발생하고, 자동차 타이어는 그을음과 악취가 나는 연기를 내뿜는다. 소각로는 산성 가스에 의해 부식되고 쉽게 연소되지 않는 물질로 막힐 수 있다.

분해가능한 플라스틱

미국에서 발생하는 폐플라스틱의 약 절반은 포장재에서 발생한다. 플라스틱 폐기 문제에 대한 한 가지 접근 방식은 생분해성 또는 광분해성(각각 박테리아나 빛에 의해 분해됨)인 플라스틱재를 만드는 것이다. 물론 이러한 포장재는 사용 중에는 형태를 유지하고 분해가 시작되지 않아야 한다. 최근에는 옥수수나 사탕수수로부터 제조된 폴리락타이드(PLA)와 미생물이 생성하는 여러 종류의 폴리하이드록시알카노에이트(PHA) 등 새로운 고분자에 대한 연구가 활발히 이루어지고 있으며, 분해가능한 새로운 플라스틱 식품 용기와 식기가 생산되고 있다.

재활용

재활용은 폐플라스틱을 처리하는 가장 좋은 방법일 것이다. 폐플라스틱을 수거하고, 분류하고, 잘게 자르고, 녹인 다음 다시 성형해야 한다. 수거 시스템은 지역사회의 협력이 강할 때 효과적으로 운영된다. 분리 단계는 플라스틱 용기에 찍힌 코드 번호로 간소화할 수 있다. 분리된 플라스틱은 조각으로 잘게 자르고 녹여 다시 성형하거나 섬유로 만들 수 있다.

이론적으로는 거의 모든 플라스틱을 재활용할 수 있지만, 항상 재활용이 가능한 것은 아니다. '단일 흐름' 재활용 방식은 대부분 재활용품을 하나의 용기에 함께 버릴 수 있도록 하지만, 일회용 비닐봉지는 단일 흐름 재활용에 포함될 수 없다. 그 이유는 비닐봉지가 단일 흐름 시스템에서 사용되는 분류기를 막아버리기 때문이다. 현재 대규모로 재활용되는 플라스틱은 두 가지 종류, 즉 PET(28% 재활용)와 HDPE(29%)뿐이다. 재활용은 플라스틱을 매립하지 않고 석유에서 추출한 단량체나 유해 화학 물질의 사용을 줄여 지속가능성을 높인다는 점에서 친환경적이다. 2016년 미국에서는 약 300억 kg의 플라스틱 폐기물 중 10% 미만이 재활용되었으며, 아직 갈 길이 멀다.

6 플라스틱 재활용이 왜 그렇게 중요한가?

폴리에틸렌과 다른 고분자는 석유로 만들어진다. 석유 공급은 제한되어 있기 때문에 지속가능성 관점에서 보면 이러한 고분자를 재사용함으로써 자원을 최대한 활용할 수 있다. 대부분 플라스틱 제품에는 재활용을 위해 분류할 수 있도록 코드 번호가 각인되어 있다.

▲ 재활용 플라스틱은 다양한 용도로 활용될 수 있다. 이런 옥외용 의자는 재활용 우유 용기로 만든 것이다.

플라스틱 및 화재 위험성

합성 섬유나 기타 직물의 우발적인 발화로 인해 엄청난 인명 피해가 발생하고 있다. 미국보건복지부는 가연성 직물과 관련된 화재로 매년 수천 명이 사망하고 15만~20만 명이 부상을 입는 것으로 추정하고 있다.

연구를 통해 다양한 난연성 원단이 개발되었다. 많은 제품이 고분자 섬유에 염소 및 브롬 원자를 포함하고 있다. 연방 규정에 따르면 아동용 잠옷은 난연성 소재로 제작되어야 한다. 또 다른 합성 섬유인 메타아라미드(또는 노멕스)는 화염이나 고열에 노출되어도 발화하거나 녹지 않는 섬유로 만들어졌다. 노멕스(Nomax)는 소방관이나 경주용 자동차 운전자의 보호복에 사용될 정도로 내열성이 뛰어나다. 또한 전기 절연 및 고열에 노출되는 기계 부품에도 사용된다.

플라스틱을 태우면 독성 가스가 발생하는 경우가 많다. 사이안화 수소는 폴리아크릴로니트릴 및 기타 질소함유 고분자가 연소할 때 다량으로 형성된다. 항공기 사고의 희생사 시신에서 발견된 치명적인 양의 사이안화물은 연소된 플라스틱으로부터 비롯된 것으로 밝혀졌다. 소방관들은 종종 플라스틱이 타면서 발생하는 유독가스에 질식할 위험이 있기 때문에, 방독면 없이 불타는 건물에 들어가지 않는다. 연기가 나는 화재는 또한 치명적인 양의 일산화 탄소를 발생한다. 플라스틱을 더 안전하게 만들기 위해 화학자들은 불에 타지 않거나 연소 시 독성 화학 물질을 발생하지 않는 새로운 종류의 고분자를 만들고 있다.

가소제와 오염

플라스틱 제조에 사용되는 화학 물질도 문제를 일으킬 수 있다. 가소제가 중요한 예이다. 일부 플라스틱, 특히 비닐 고분자는 단단하고 부서지기 쉬워서 가공하기가 어렵다. **가소제(plasticizer)**는 유리 전이 온도를 낮춰 플라스틱을 더 유연하고 덜 부서지게 만들 수 있다. 가소화되지 않은 PVC는 단단하며 파이프에 사용된다. 비옷, 정원 호스, 자동차용 시트 커버는 가소화된 PVC로 만들 수 있다. 가소제는 휘발성이 낮은 액체이지만, 일반적으로 플라스틱 제품이 노화됨에 따라 확산 및 증발에 의해 손실된다. 플라스틱은 점차 부서지기 쉬워지고, 결국

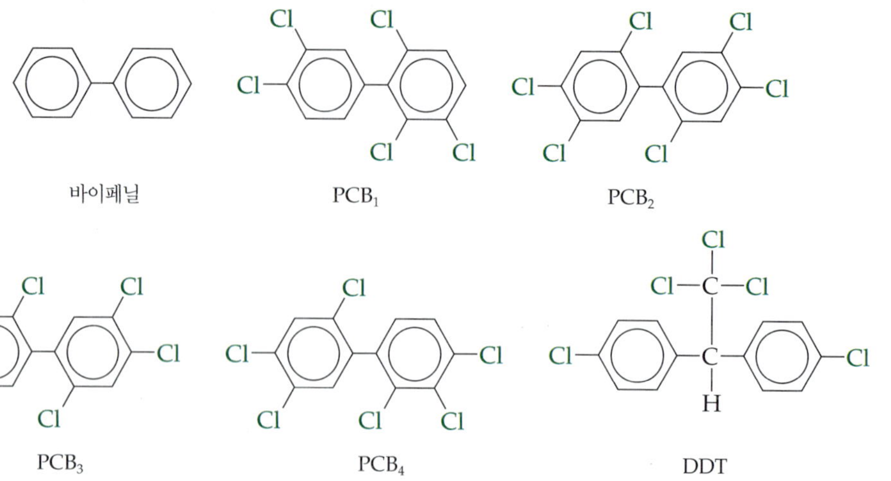

▶ **그림 5.7** 바이페닐 및 바이페닐에서 파생된 일부 PCB(수백 가지의 가능한 PCB 중 일부에 불과). 비교를 위해 DDT도 표시되어 있다.

바이페닐 PCB_1 PCB_2 PCB_3 PCB_4 DDT

은 균열이 생기고 깨지게 된다.

한때 가소제로 널리 사용되었지만 현재는 사용이 금지된 폴리염화 바이페닐(PCB)은 2개의 벤젠 고리가 모서리에서 결합된 탄화수소인 바이페닐($C_{12}H_{10}$)에서 유도된다. PCB에서는 바이페닐의 수소 원자 중 일부가 염소 원자로 치환된다(그림 5.7, 녹색). PCB는 살충제 DDT와 구조적으로 유사하다는 점에 유의하라.

PCB는 안정성과 낮은 극성으로 인해 전기 저항이 높고 열을 흡수하는 능력이 뛰어나 전기 변압기의 절연 재료로도 널리 사용되었다. 하지만 자연에서 천천히 분해되고 비닐 플라스틱뿐만 아니라 동물의 지방과 같은 비극성 물질에 잘 녹기 때문에 먹이 사슬에 집중적으로 축적되는 문제가 있다. PCB 잔류물은 어류, 새, 물, 퇴적물에서 발견되었다. PCB의 생리학적인 영향은 DDT와 유사하다. 미국에서는 1977년에 PCB 생산이 중단되었지만, 화합물은 여전히 환경에 남아 있다. 오늘날 비닐 플라스틱에 가장 널리 사용되는 가소제는 프탈산(1,2-벤젠디카복실산)에서 파생된 다이에스터의 그룹인 프탈레이트 에스터이다. 프탈레이트 가소제(그림 5.8)는 급성 독성이 낮으며 일부 연구에서 어린이에게 해로울 수 있다고 제안했지만, FDA는 이러한 가소제가 일반적으로 안전한 것을 인정했다. 가소제는 상당히 빠르게 분해되기 때문에 환경에 대한 위협이 거의 없다. 화학자들의 또 다른 접근 방식은 이미 적절한 유연성을 가지고 있어 제조 시 가소제가 필요 없는 플라스틱을 만드는 것이다.

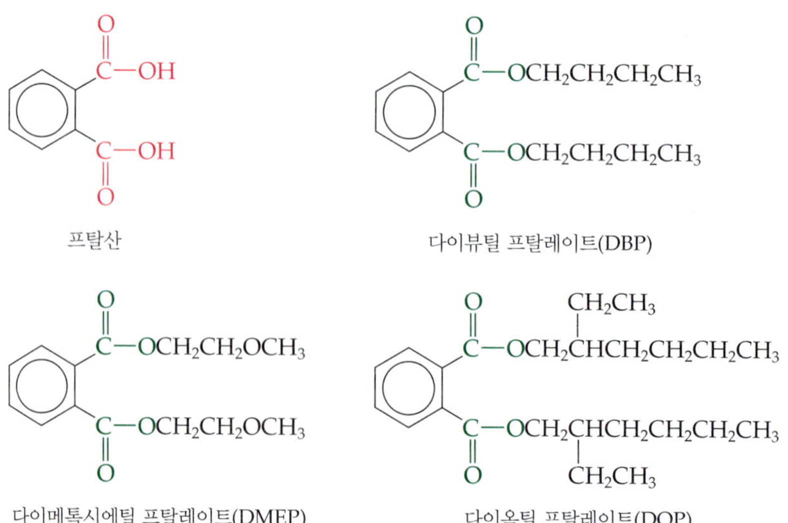

▶ **그림 5.8** 프탈산(자홍색의 카복실기) 및 일부 에스터(녹색의 에스터기)에서 파생된 물질이다. 다이옥틸 프탈레이트는 다이-2-에틸헥실 프탈레이트라고도 한다.

플라스틱과 미래

오늘날 널리 사용되는 합성 고분자는 미래의 소재이다. 새로운 종류의 플라스틱과 새로운 용도가 발견될 것이다. 우리는 이미 전기를 전도하는 고분자, 우수한 접착제, 강철보다 강하면서도 무게는 훨씬 가벼운 합성 재료를 가지고 있다. 플라스틱은 문제를 일으키기도 하지만, 플라스틱 없이는 생활하기 어려울 정도로 우리 생활의 중요한 일부가 되었다.

의학계에서는 적어도 부분적으로 고분자로 만든 신체 대체 부품이 일반화되었다. 미국에서는 매년 약 30만 건의 고관절 수술, 70만 건의 무릎 관절 수술, 360만 건 이상의 백내장 수술이 이루어지고 있다. 인공 폐와 인공 심장이 있지만 매우 비싸고, 현재 부상이나 질병에서 회복하는 기간이나 이식을 위해 기증 장기를 기다리는 동안에만 제한적으로 사용되고 있다. 앞으로는 교체 비용이 낮아지고 그 효과는 향상될 가능성이 높다.

오늘날 주택 건설에는 PVC 파이프, 사이딩, 창틀, 플라스틱 폼 단열재, 고분자 표면 코팅이 사용된다. 일부 주택에는 재활용 플라스틱으로 만든 목재와 인조 목재 벽 패널도 포함되어 있다.

합성 고분자는 비행기 내부에 광범위하게 사용된다. 일부 비행기와 많은 자동차의 몸체와 날개는 경량 복합 재료로 만들어진다. 전기 전도성 고분자는 전기 자동차용 경량 배터리를 만드는 데 도움이 된다. 소형화된 회로에는 더 많은 전기 전도성 열가소성 플라스틱이 사용된다.

사람들이 사용하기 위해 '개선'되고 더 안전한 새로운 제품을 개발할 때, 해당 제품이 환경에 미치는 의도된 영향과 의도하지 않은 영향을 모두 살펴보는 것이 중요하다. 한 가지 접근 방식은 제품의 의도된 유용성뿐만 아니라 제품을 제조하기 위한 원자재와 자원의 요구 사항과 사용하지 않는 제품의 최종 운명까지 고려하는 전과정 영향 평가(LCIA)를 실시하는 것이다.

여기에 한 가지 더 생각해야 할 것이 있다. 대부분 합성 고분자는 석유나 천연가스로 만들어진다. 이러한 천연 자원은 재생이 불가능하며 화석연료 공급은 제한되어 있다. 금세기 안에 석유가 고갈될 가능성이 높다. 우리가 이 귀중한 자원을 적극적으로 보존할 것이라고 생각할 수도 있지만, 안타깝게도 그렇지 않다. 우리는 빠른 속도로 땅속에서 석유를 채취하여 대부분 휘발유와 다른 연료로 전환한 다음 단순히 태우고 있다. 다른 에너지 공급원도 있지만, 플라스틱을 만드는 원료로 석유를 대체할 수 있는 것이 있을까? 그렇다! 폴리락트산, 폴리하이드록시부티레이트 등 여러 가지 새로운 유형의 플라스틱을 화석연료가 아닌 옥수수, 대두, 사탕수수와 같은 재생가능한 자원으로 만들고 있다. 재생가능한 자원으로부터 고분자를 개발하는 것은 녹색 화학 연구 분야에서 활발하지만 아직은 상당히 새로운 분야이다.

자가평가문제

1. 일반적으로 플라스틱을 폐기하는 가장 좋은 방법은 무엇인가?

a. 퇴비 **b.** 소각 **c.** 매립지 **d.** 재활용

2. 많은 플라스틱이 연소하면서 무엇을 생성하기 때문에 화재의 위험이 있는가?

a. CFC
b. 질소 산화
c. 고형 폐기물
d. 독성 가스

3. 가소제로 사용되던 폴리염화 바이페닐(PCB)의 사용이 중단된 이유는 무엇인가?

a. 비용
b. 지속 불가능한 석유 공급원
c. DDT와 유사한 환경적 영향
d. 제품의 생분해성

4. 많은 난연성 원단에 포함된 성분은 무엇인가?

a. Br 및 Cl 원자
b. CFC
c. PCB
d. 프탈레이트 가소제

5. 대부분의 합성 고분자는 무엇으로 만들어지는가?

a. 석탄
b. 면
c. 석유 및 천연가스
d. 지속가능성 자원

6. 다음 중 재생가능한 자원으로 만든 고분자는 무엇인가?

a. LDPE
b. 폴리아크릴로나이트릴
c. 폴리락트산
d. 스타이렌-부타디엔 고무

정답: 1. d, 2. d, 3. c, 4. a, 5. c, 6. c

녹색 화학 신제품의 수명주기 영향 평가

Eric J. Beckman, University of Pittsburgh

원칙 1, 2, 3, 4, 6, 7, 10

학습 목표 • 수명주기 영향 분석을 사용하여 새로 설계된 제품의 환경적 이점과 효과를 식별하는 방법을 설명한다.

제안된 모든 설계에서 핵심 질문은 "우리가 만든 것이 개선된 것인지 어떻게 알 수 있는가?"이다. 녹색 화학의 12가지 원칙은 화학 전문가가 본질적으로 더 안전한 제품을 만드는 데 도움이 되는 전략과 결과를 제공한다. 그러나 더 안전한 제품을 만들려는 선의의 시도가 때로는 의도하지 않은 바람직하지 않은 결과를 초래하기도 한다. 예를 들어 휴대전화를 통해 개발도상국은 전선망 없이 고속 통신으로 도약할 수 있었고, 이로 인해 재료 사용과 에너지를 크게 줄일 수 있었다. 그러나 이러한 기기는 빠르게 '일회용' 생성물(평균 수명, 18개월)이 되었고, 카드뮴과 탄탈륨을 포함한 독성 및 분쟁 금속을 포함하고 있다. 녹색 화학 원칙이 불행한 절충 관계를 피하는 데 도움이 될 수 있을까?

신제품은 사용자 요구 사항에 따라, 사양에 따라 평가되므로 환경적 발자국을 기준으로 새로운 화합물 또는 제품에 '등급'을 매길 수 있다. 이를 위한 한 가지 방법은 수명주기 영향 분석(LCIA)으로 제품에 대한 성적표를 작성하여 환경적 측면과 관련된 '등급'을 부여하는 것이다. LCIA의 첫 번째 단계는 제품의 전체 수명주기를 개괄적으로 파악하는 것이다. 예를 들어 폴리에틸렌 테레프탈레이트(PET) 병을 살펴본다면(5.5절 참조) PET 펠릿을 병으로 만드는 제조 공정, 단량체(에틸렌 글리콜과 디메틸 테레프탈레이트)로부터 PET를 만드는 중합 공정, 단량체를 만드는 데 사용되는 합성 공정이 포함될 수 있다. 이 개요는 PET의 '화학적 계보'를 원료를 제공하는 석유 시추지나 식물성 물질까지 거슬러 올라가며 다루고 있다. 마지막으로, 완전한 수명주기에는 병의 수명 종료 단계, 즉 매립되는지 또는 재활용되는지도 포함된다. 수명주기에 대해 학습하는 것은 녹색 화학 원칙 7과 10을 적용할 수 있는 기회를 제공한다

수명주기가 개략적으로 정리된 후, LCIA의 재고 단계에서는 각 단계별로 모든 투입물(질량, 물, 에너지)과 산출물을 합산한다. 또한 어떤 공정도 100% 효율적이지 않기 때문에, 각 단계에서 공기, 토양, 물로 배출되는 폐기물의 양도 함께 계산된다. 이러한 재고는 녹색 화학의 원칙 1, 2, 6을 적용할 때 중요한 역할을 한다.

다음 단계에서 재고는 영향력으로 변환한다. 이 변환을 수행하는 방법에는 여러 가지가 있지만, 북미에서 널리 사용되는 방법 중 하나는 EPA가 개척한 중간점 분석이다. 중간점 분석에서는 특정 화학 물질이 해를 끼칠 수 있는 잠재력을 각 영향 범주에 대한 해당 화학 물질과 행동이 잘 연구된 화합물과 비교하여 계산한다. 예를 들어 기후변화 전위는 이산화 탄소(CO_2)와 비교하여 계산된다. 따라서 간단한 막대 그래프를 통해 특정 제품의 전체 수명주기에 대한 영향(12개 범주)을 이전 버전과 비교하여 보여줄 수 있다. 영향이 알려지면 녹색 화학의 원칙 3과 4가 관련성이 높아진다.

기존 제품과 '개선된' 제품에 대한 평가표는 우리가 불가피한 절충을 만들어 냈는지를 보여준다. 즉 어떤 영향은 감소했지만 다른 영향이 크게 증가했는지를 확인할 수 있다. 예를 들어 석유화학 기반의 원료와 고분자를 콩이나 옥수수로 만든 것으로 대체하면 화석연료 사용량과 온실가스 배출량은 크게 줄지만, 비료 사용으로 인해 높은 인산염과 질소 유출로 인한 하구에 조류가 번성해 피해를 입는 등 부영양화 영향은 급격히 증가하는 것을 볼 수 있다(예: 하구의 녹조 현상 피해).

LCIA는 대안을 설계하는 동안 어떤 상충되는 부분이 발생했는지 보여줄 수는 있지만, 어떤 것이 더 나은지에 대한 가치 판단을 내릴 수는 없다. 학생의 성적표에서 GPA가 성과를 요약하는 것처럼, LCIA에서는 영향을 평균화하여 총점을 산출할 수 있다. 간단하지만 단일 점수에 의존하면 세부 사항을 놓칠 수 있다. 효과적인 LCIA를 실시하는 방법에 대한 많은 의문이 남아 있다. 연구자들은 다양한 측정에 가중치를 부여하는 방법, 내분비 교란과 같은 독성학적 현상을 포함하는 방법, 제품의 복잡한 공급망을 모두 포함하는 방법 등을 해결하기 위해 노력하고 있다.

수명주기 영향 분석은 "친환경 설계 원칙을 사용하여 환경 발자국이 더 적은 대안을 만들었습니까?"라는 질문을 탐구할 수 있는 방법을 제공한다. LCIA를 통해 "예, 이 신제품은 더 친환경적이다!"라는 답이 나오는 경우는 드물다. 하지만 LCIA는 화학 제품이 환경에 미치는 영향에 대한 통찰력을 제공하고, 개선이 필요한 부분을 보여주며, 녹색 화학 해결책 개발을 위한 정보를 제공한다.

 요약

5.1절: **고분자**는 **단량체**라고 불리는 작은 분자(구성 단위)들이 결합하여 만들어진 거대분자이다. 천연 고분자에는 전분, 셀룰로스, 핵산, 단백질 등이 포함된다. **셀룰로이드**는 최초의 반합성 고분자로, 질산으로 처리한 천연 셀룰로스로부터 만들어졌다.

5.2절: 가장 간단하고, 가장 저렴하며, 가장 생산 양이 많은 합성 고분자는 단량체인 에틸렌으로 만들어지는 폴리에틸렌이다. 고밀도 폴리에틸렌(HDPE)은 분자들이 서로 밀집하여 배열될 수 있어 단단하고 강한 구조를 형성한다. 저밀도 폴리에틸렌(LDPE) 분자는 **공중합체**이기 때문에 더 유연한 플라스틱을 만들 수 있다. 폴리에틸렌은 열과 압력으로 부드러워지고 모양을 바꿀 수 있는 많은 **열가소성 고분자** 중 하나이다. **열경화성 고분자**는 열을 가하면 부드러워지는 것이 아니라 분해된다.

5.3절: **부가 중합**에서는 단량체 분자가 서로 결합되어 단량체에 포함된 모든 원자를 그대로 포함하여 고분자가 형성된다. 부가 고분자는 탄소 대 탄소 이중 결합을 가진 단량체로 만들어진다. 부가 고분자의 성질과

용도는 단량체에 달린 곁사슬기의 종류에 따라 크게 달라진다. 열가소성 고분자는 다양한 방식으로 성형할 수 있다.

5.4절: 천연고무는 **탄성체**로, 늘어난 후 원래의 형태로 돌아가는 성질을 가진 물질이다. 천연고무의 단량체인 아이소프렌은 인공적으로 중합하여 만들 수 있다. 폴리아이소프렌은 가열시 부드럽고 끈적끈적하다. **가황** 과정에서는 폴리아이소프렌이 황 원자와 반응하여 탄화수소 사슬들 사이에 **가교**를 형성한다. 이로 인해 고무는 더욱 단단하고 강하며 탄성이 향상된다. 폴리아이소프렌과 구조가 유사한 합성 고분자는 폴리부타다이엔, 폴리클로로프렌, 스타이렌-부타다이엔 고무(SBR) 등이 있다. 이들은 코일 형태로 감겼다가 다시 풀릴 수 있는 탄성체이다. 탄성체는 페인트의 결합제로 사용된다.

5.5절: **축합 중합**에서는 단량체 분자의 일부가 최종 생성물에 포함되지 않는다. 물과 같이 작은 분자가 부산물로 형성된다. 나일론은 **폴리아마이드**, 즉 단량체에 아마이드[—(CO)NH—] 연결이 결합되어 있다. **폴리에스터**는 알코올과 카복실산과 작용기를 가진 단량체로 만들어진다. 폴리에틸렌 테레프탈레이트(PET)가 가장 일반적인 폴리에스터이다.

포름알데하이드와 요소, 멜라민, 페놀을 축합하여 다양한 **열경화성 수지**를 제조할 수 있다. 고분자와 고강도 섬유를 결합하면 두 재료의 장점을 살린 복합 재료를 만들 수 있다. **실리콘**은 탄소 원자 대신 규소와 산소 원자로 이루어진 사슬을 가지고 있으며, 다양한 구조와 다양한 용도를 가지고 있다.

5.6절: 고분자의 성질은 단량체의 성질과 크게 다르다. 고분자의 강도는 부분적으로 분자들이 서로 얽혀 있기 때문에, 부분적으로 큰 분자들이 강한 분산력을 가지고 있기 때문에 발현한다. 고분자는 결정성 또는 비정질일 수 있다. **유리 전이 온도**(T_g) 이상에서는 고분자가 고무처럼 단단하고 질기며, 그 이하에서는 부서지기 쉽다. 결정성 고분자로 만들어진 합성 섬유는 그 긴 분자들이 서로 가지런히 정렬될 수 있기 때문에 강하다.

5.7절: 플라스틱은 내구성이 매우 높기 때문에, 매립지에 쌓이는 폐기물의 상당 부분을 차지한다. 적절한 소각은 버려진 플라스틱을 처리하는 한 가지 방법이지만 유독 가스를 발생시킬 수 있다. 일부 고분자는 분해되도록 설계되어 있다. 플라스틱을 재활용하려면 코드 번호에 따라 수거 및 분류해야 하고, 그 수가 증가하고 있다. 의류용 난연성 직물은 종종 염소 또는 브롬 원자를 포함하는 고분자로 만들어진다.

가소제는 고분자를 더 유연하게 만들기 위해 첨가된다. 폴리염화 바이페닐(PCB)은 한때 가소제로 사용되었지만, 최근에는 사용이 금지되었다. 프탈레이트 에스터는 오늘날 가장 널리 사용되는 가소제이다.

수명주기 영향 분석은 새로운 제품이 환경에 미치는 영향을 평가하는 데 유용하다. 대부분 합성 고분자는 제한적이며 재생 불가능한 자원인 석유로부터 만들어진다. 이러한 이유로 플라스틱을 재활용하고, 재생가능한 원료로부터 제조할 수 있는 고분자를 개발하는 것이 중요하다.

녹색 화학: 녹색 화학 원리를 적용하면 본질적으로 더 안전한 제품을 만들 수 있지만, 개선 사항을 분석하고 신제품의 의도하지 않은 부정적 영향도 이해하는 것이 중요하다. 수명주기 영향 분석은 이러한 제품이 환경 발자국을 측정하고, 더 친환경적인 제품 설계를 위한 방향을 제시하는 데 도움을 줄 수 있다.

학습 목표	관련 문제
• 고분자와 단량체를 정의한다. (5.1)	2, 13
• 화학적으로 변형된 고분자를 포함한 여러 천연 고분자를 나열한다. (5.1)	7, 14
• 폴리에틸렌의 두 가지 주요 유형의 구조와 성질에 대해 설명한다. (5.2)	6, 15~17, 71
• 열가소성 및 열경화성이라는 용어를 사용하여 고분자 구조가 성질을 결정하는 방법을 설명한다. (5.2)	8, 18, 35, 36, 52, 72
• 부가 고분자의 단량체를 확인하고, 단량체 구조로부터 고분자의 구조식을 작성한다. (5.3)	1, 3~5, 19~24, 49~51, 53, 54, 57
• 가교를 정의하고 가교가 고분자의 성질을 어떻게 변화시키는지 설명한다. (5.4)	25~30, 69
• 부가 중합과 축합 중합을 구분한다. (5.5)	10, 45~48, 63, 65, 67, 68
• 폴리에스터와 폴리아마이드를 형성하는 단량체의 구조를 작성한다. (5.5)	9, 31~34, 55, 56, 58, 60-64
• 유리 전이 온도의 개념을 설명한다. (5.6)	37
• 결정성이 고분자의 물리적 성질에 어떤 영향을 미치는지 설명한다. (5.6)	38~40, 59, 66
• 플라스틱 및 가소제와 관련된 환경적 문제를 설명한다. (5.7)	11, 12, 41~44, 70
• 지속가능하며 석유에서 유래하지 않은 두 가지 고분자의 종류를 알고, 그 원료를 설명한다. (5.7)	55
• 수명주기 영향 분석을 사용하여 새로 설계된 제품의 환경적 이점과 효과를 식별하는 방법을 설명한다.	73~75

개념문제

1. PVC의 구조는 폴리에틸렌과 어떻게 다른가? 폴리에틸렌의 몇 가지 용도를 나열하라.
2. 다음 각 용어를 정의하라.
   a. 거대분자　**b.** 탄성체
   c. 공중합체　**d.** 가소제
3. 부가 중합이란 무엇인가? 부가 중합에서 단량체로 사용되는 분자는 일반적으로 어떤 구조적 특징이 있는가?
4. 테프론(Teflon)이란 무엇인가? 어떤 특별한 성질을 가지고 있는가? 어떤 용도로 사용되는가?
5. 일회용 발포 플라스틱 커피 컵은 어떤 단량체로 만들어지는가?
6. **(a)** 갤런 우유 용기와 **(b)** 2 L 청량음료 병을 만드는 데 사용되는 플라스틱은 무엇인가?
7. 셀룰로이드란 무엇인가? 어떤 재료로 만들어지는가?
8. 열가소성 고분자란 무엇인가? 예를 들라.
9. 미국에서 천연 또는 합성 섬유 중 어떤 유형의 섬유가 가장 많이 사용되는가? 그 이유는 무엇인가?
10. 부가 중합과 축합 중합은 어떻게 다른가?
11. 플라스틱을 재활용하려면 어떤 단계를 거쳐야 하는가?
12. 플라스틱을 **(a)** 환경에 버릴 때, **(b)** 매립지로 폐기될 때, **(c)** 소각으로 처리할 때 어떤 문제가 발생하는가?

연습문제

중합

13. 고분자와 단량체의 차이점은 무엇인가?
14. 자연계에 존재하는 세 가지 고분자를 밝혀라. 각 고분자를 구성하는 단량체는 무엇인가?

폴리에틸렌

15. 저밀도 폴리에틸렌(LDPE)의 구조를 설명하라. 이 구조는 고분자의 성질을 어떻게 설명하는가?
16. 선형 저밀도 폴리에틸렌(LLDPE)의 구조를 설명하라. 이 구조는 고분자의 성질을 어떻게 설명하는가?
17. 고밀도 폴리에틸렌(HDPE)과 저밀도 폴리에틸렌(LDPE)의 구조는 어떻게 다르며, 이로 인해 성질이 어떻게 달라지는가?
18. 열가소성 고분자와 열경화성 고분자의 차이점은 무엇인가?

부가 중합

19. 다음 각 고분자가 만들어지는 단량체의 구조를 쓰라.
    a. 폴리에틸렌(polyethylene)
    b. 폴리스타이렌(polystyrene)
20. 다음 각 고분자가 만들어지는 단량체의 구조를 쓰라.
    a. 폴리프로필렌(polypropylene)
    b. 폴리염화비닐(polyvinyl chloride)
21. 다음 각 단량체로 만든 고분자의 탄소 원자 길이가 8개 이상인 사슬 단위의 구조를 쓰라.
    a. 아크릴로나이트릴(acrylonitrile)
    b. 비닐리덴 불화(vinylidene fluoride, $H_2C{=}CF_2$)
22. 다음 각 단량체로부터 형성된 고분자의 반복 단위 길이가 최소 4개 이상인 사슬 단위의 구조를 쓰라.
    a. 테트라플루오로에틸렌(tetrafluoroethylene)
    b. 메틸 메타크릴레이트(methyl methacrylate)

$$\begin{array}{c} \quad\; CH_3 \\ \quad\;\; | \\ CH_2{=}CCOOCH_3 \end{array}$$

23. 다음 각 항목으로 만든 고분자의 구조를 쓰라. 최소 4개의 반복 단위를 표시하라.
    a. 1-펜텐(1-pentene, $CH_2{=}CH_2CH_2CH_3$)
    b. 메틸 사이아노아크릴레이트(methyl cyanoacrylate)
24. 다음 각 항목으로 만든 고분자의 구조를 쓰라. 최소 4개의 반복 단위를 표시하라.
    a. 비닐 아세테이트[vinyl acetate, $H_2C{=}CH{-}O(C{=}O)CH_3$]
    b. 메틸 아크릴레이트[methyl acrylate, $H_2C{=}CH{-}(C{=}O)OCH_3$]

고무 및 기타 탄성체

25. 단량체 아이소프렌의 구조를 작성하라.
26. 가황의 과정을 설명하라. 가황은 고무의 성질을 어떻게 변화시키는가?
27. 다른 많은 고분자는 딱딱한 것에 반해 고무는 탄성이 있는 이유를 설명하라.
28. 폴리부타다이엔은 성질과 구조 면에서 천연고무와 어떻게 다른가?
29. SBR은 어떻게 만들어지는가? 어떤 단량체로 만들어지는가?
30. 세 가지 합성 탄성체의 이름과 그 합성 탄성체가 만들어지는 단량체를 쓰라.

축합 고분자

31. 나일론 88은 단량체인 $H_2N(CH_2)_8NH_2$와 $HOOC(CH_2)_6COOH$로 만들어진다. 나일론 88의 구조를 그리고 각 단량체에서 최소 2개의 반복 단위를 표시하라.

32. 코델은 폴리에스터 섬유이다. 이를 만드는 데 사용되는 단량체는 테레프탈산(5.5절)과 1,4-사이클로헥산디메탄올(그림)이다. 코델 분자의 반복 단위에 대한 축약 구조식을 쓰라.

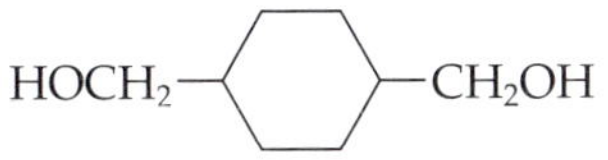

$HOCH_2$—(사이클로헥세인 고리)—CH_2OH

1,4-사이클로헥산디메탄올

33. 글리콜산(하이드록시아세트산, $HOCH_2COOH$)으로 만든 고분자의 구조를 그려라. 최소 4개의 반복 단위를 표시하라. (힌트: 5.5절의 나일론 6과 비교하자.)

34. 방탄 조끼를 만드는 데 사용되는 폴리아마이드인 케블라는 테레프탈산(5.5절)과 *para*-페닐렌다이아민(그림)으로 만들어진다. 케블라 분자의 반복 단위에 대한 축약 구조식을 쓰라.

H_2N—(벤젠 고리)—NH_2

para-페닐렌다이아민

고분자의 성질

35. 원자, 화합물, 원소, 고분자를 가장 작은 것부터 가장 큰 것까지 순서대로 나열하라.

36. 플라스틱이 **(a)** 일상생활에서, **(b)** 화학에서 무엇을 의미하는가?

37. 고분자의 유리 전이 온도(T_g)란 무엇인가? T_g가 낮은 고분자는 어떤 용도에 적합하고, T_g가 높은 고분자는 어떤 용도에 적합한가?

38. 다음 각 합성 섬유가 천연 섬유를 대체하는 데 따르는 장점 한 가지를 제시하라.

a. 나일론 **b.** 아크릴 **c.** 폴리에스터

39. 고분자의 성질이 단량체의 성질과 다른 점을 세 가지 제시하라.

40. 결정질과 비정질 고분자의 차이점은 무엇인가?

플라스틱과 환경적 문제

41. 가소제는 어떻게 고분자를 덜 부서지게 만드는가?

42. PCB란 무엇인가? 왜 더 이상 가소제로 사용되지 않는가?

43. 오늘날 가장 일반적으로 사용되는 가소제는 무엇인가?

44. 플라스틱을 폐기하는 한 가지 방법은 태우는 것이다. 버려진 플라스틱을 태우는 것의 **(a)** 장점과 **(b)** 단점을 제시하라.

심화문제

45. 유기 고분자 화학에서 부가 반응은 무엇인가?

a. 생성물의 분자량은 출발 물질의 분자량의 합이다.
b. 1개의 큰 분자가 2개의 작은 분자로 분리된다.
c. 2개의 동일한 분자가 결합하여 더 큰 분자를 형성한다.
d. 2 개 이상의 분자가 결합하여 더 큰 분자를 형성한다.

46. 축합 반응의 고분자에 대한 설명으로 옳은 것은 무엇인가?

a. 반응물의 모든 원자는 고분자 생성물에 포함된다.
b. 1개의 큰 분자가 여러 개의 작은 분자로 분해된다.
c. 생성된 고분자는 고도로 가교되어 있다.
d. 생성물이 형성될 때 물과 같은 작은 분자가 떨어져 나온다.

47. 다음 방정식에서 **(a)**, **(b)**, **(c)**로 표시된 부분을 단량체, 고분자, 반복 단위로 나타내라. 중합의 유형(부가 또는 축합)을 나타내는 것은 무엇인가?

$$n\,\overbrace{CH_2{=}CHF}^{(a)} \longrightarrow$$

$$\underbrace{\sim CH_2-CHF-\overbrace{CH_2-CHF}^{(b)}-CH_2-CHF-CH_2-CHF\sim}_{(c)}$$

48. 나일론 88(31번 문제)은 부가 고분자인가, 축합 고분자인가? 그 이유를 설명하라.

49. 사란의 한 유형은 다음과 같은 구조를 가지고 있다. 이 사란이 만들어지는 두 단량체의 구조를 쓰라.

$$\sim CH_2CCl_2-CH_2CHCl-CH_2CCl_2-CH_2CHCl\sim$$

50. 폴리(styrene-co-acrylonitrile, SAN)라고 불리는 다음 공중합체는 어떤 단량체로 만들 수 있는가?

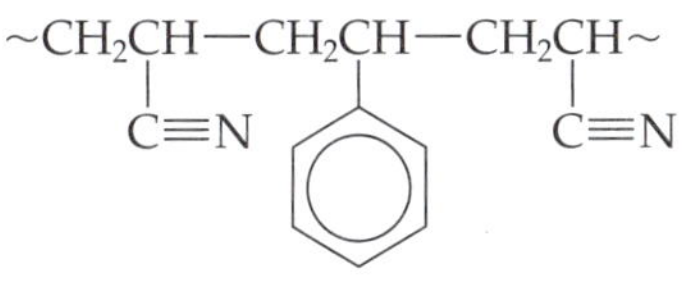

$$\sim CH_2CH(C{\equiv}N)-CH_2CH(C_6H_5)-CH_2CH(C{\equiv}N)\sim$$

51. 메틸 사이노아크릴레이트(23번 문제의 b)로 만든 것과 같은 사이노아크릴레이트는 즉석에서 굳는 '슈퍼 접착제'에 사용된다. 그러나 폴리(메틸 사이노아크릴레이트)는 조직을 자극할 수 있다. 알킬 에스터기가 긴 사이노아크릴레이트는 덜 자극적이며 봉합사 대신 수술에 사용할 수 있다. 좋은 예로 폴리(옥틸 사이노아크릴레이트)가 있다. 옥틸 사이노아크릴레이트로부터 폴리(옥틸 사이노아크릴레이트)를 형성하기 위한 중합 반응을 쓰고, 고분자의 반복 단위를 나타내는 축합 구조식을 사용하여 중합 반응을 쓰라.

52. **(a)** 열가소성 고분자와 **(b)** 열경화성 고분자를 점점 더 높은 온도로

가열할 때 가장 먼저 일어나는 생생한 변화는 무엇인가?

53. 아이소뷰틸렌[$CH_2{=}C(CH_3)_2$]이 중합되어 접착제로 사용되는 끈적끈적한 고분자인 폴리아이소뷰틸렌을 형성한다. 폴리아이소뷰틸렌의 구조를 그리고, 최소한 4개의 반복 단위를 표시하라.

54. 아소프렌과 아소뷰틸렌의 공중합체(53번 문제)는 뷰틸 고무를 형성한다. 뷰틸 고무의 구조를 쓰라. 아소뷰틸렌 반복 단위 3개 이상과 아소프렌 반복 단위 1개를 나타내라.

55. *Alcaligenes eutrophus*라는 박테리아는 다음과 같은 구조를 가진 폴리하이드록시부티레이트라는 고분자를 생성한다. 이 고분자가 만들어지는 하이드록시산의 구조를 쓰라.

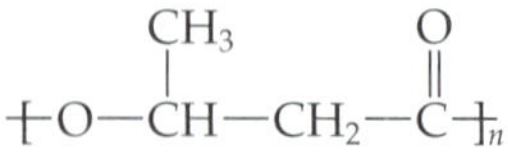

$$\left[\!-O-\underset{}{\overset{CH_3}{\overset{|}{C}H}}-CH_2-\overset{O}{\overset{\|}{C}}-\right]_n$$

56. DSM 엔지니어링 플라스틱은 두 가지 특수 고분자를 생산한다. 즉 스타닐 나일론 46과 폴리테트라메틸렌 테레프탈아마이드(PA_4T)이다. (메틸렌기는 CH_2이고, 테트라메틸렌은 4개의 메틸렌기 $CH_2CH_2CH_2CH_2$로 구성된다.) 두 고분자는 모두 1,4-다이아미노부탄을 다이아민으로 사용하여 만들어진다. **(a)** 각각 어떤 다이아민이 사용되는가? **(b)** 스타닐 나일론 46과 **(c)** PA4T의 반복 단위를 나타내는 축약 구조식을 쓰라.

57. 한 학생이 폴리프로필렌의 화학식을 다음과 같이 썼다. 이 화학식에서 오류가 있는 부분을 밝혀라.

$$\left[-CH_2-CH-CH_3-\right]_n$$

58. 다음과 같이 제시된 폴리(에틸렌 나프탈레이트, PEN)의 반복 축약 구조식을 바탕으로 **(a)** 단량체의 구조를 쓰고, **(b)** 이 고분자가 폴리에스터인지, 폴리아마이드인지 밝혀라.

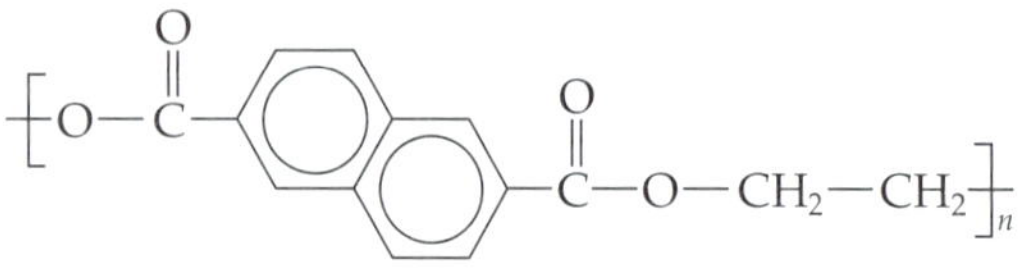

$$\left[-O-\overset{O}{\overset{\|}{C}}-C_{10}H_6-\overset{O}{\overset{\|}{C}}-O-CH_2-CH_2-\right]_n$$

59. 100 cm에서 떨어뜨린 고무공은 약 60 cm까지 튕겨 올라간다. 슈퍼볼이라고 불리는 폴리부타다이엔으로 만든 공은 약 85 cm까지 튕겨 올라간다. 가교 폴리부타다이엔으로 만든 골프공은 최대 89 cm까지 튕겨 올라간다. 세 가지 공은 모두 어떤 유형의 고분자로 만들어졌는가? 어떤 종류의 공이 고분자의 성질을 가장 잘 나타내는가?

60. 테레프탈산(5.5절)과의 반응에서 2,3-부탄디올(그림)이 에틸렌 글라이콜로 치환될 경우 예상되는 생성물의 구조를 그려라.

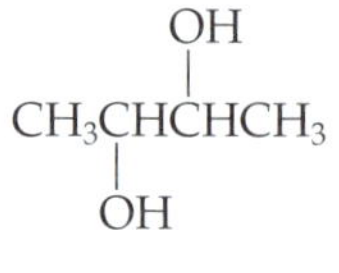

$$CH_3\overset{OH}{\overset{|}{C}H}\underset{OH}{\underset{|}{C}H}CH_3$$

61. 테레프탈산(5.5절)과 1,4-부탄다이올($HOCH_2CH_2CH_2CH_2OH$)로 폴리에스터를 합성하라는 과제를 받은 학생이 실수로 1,4-부탄다이올 대신 2-부탄올을 사용했다. 이 치환의 결과는 어떻게 되는가?

62. 테레프탈산과 1,4-부탄다이올($HOCH_2CH_2CH_2CH_2OH$)로 폴리에스터를 합성하라는 과제를 받은 학생이 실수로 1,4-부탄다이올 대신 다음과 같은 1,3-부탄다이올을 사용했다. 이 치환의 결과는 어떻게 되는가?

$$HOCH_2CH_2\overset{OH}{\overset{|}{C}H}CH_3$$

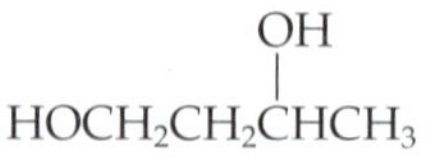

63. 다음과 같은 화합물로 이루어진 실리콘 고분자의 구조를 그리고, 반복되는 4개의 단위를 표시하라.

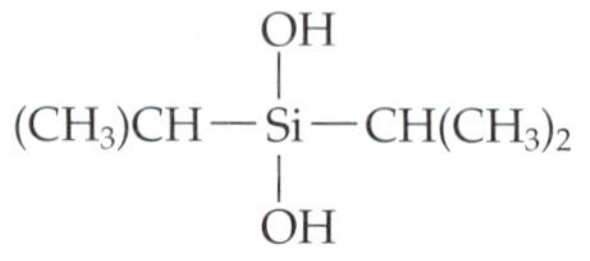

$$(CH_3)CH-\underset{OH}{\underset{|}{\overset{OH}{\overset{|}{Si}}}}-CH(CH_3)_2$$

64. 다음과 같이 표시된 두 알켄은 서로 다른 화합물이지만, 각각 부가중합을 거치면 같은 고분자가 형성된다. 이에 대해 설명하라.

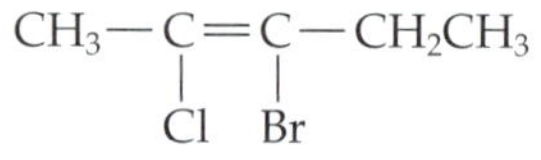

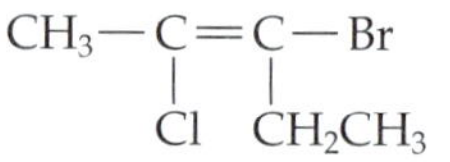

$$CH_3-\underset{Cl}{\underset{|}{C}}=\underset{Br}{\underset{|}{C}}-CH_2CH_3 \qquad CH_3-\underset{Cl}{\underset{|}{C}}=\underset{CH_2CH_3}{\underset{|}{C}}-Br$$

65. 아미노산은 아미노기($-NH_3^+$)와 카복실산기($-COO^-$)를 가지고 있다(카복실기에서 양성자 1개가 제거되고 아미노기에 1개가 추가되었다). 단백질은 아미노산의 고분자이다. 글리신의 중합에 의해 형성된 단백질의 구조를 그리고, 4개의 반복 단위를 표시하라.

66. 복합 재료란 무엇인가? 복합 재료의 장점은 무엇인가?

67. 축합 고분자를 형성하는 것은 다음 한 쌍의 단량체 중 무엇인가? 설명하라.

a. $NH_2CH_2CH_2CH_2CH_2NH_2$ 및 $NH_2CH_2CH_2NH_2$
b. $NH_2CH_2CH_2CH_2CH_2NH_2$ 및 $COOHCH_2CH_2COOH$
c. $COOHCH_2CH_2CH_2COOH$ 및 $HOCH_2CH_2CH_2OH$
d. $NH_2CH_2CH_2CH_2COOH$ 및 $NH_2CHCH_2CH_2COOH$

68. 아동용 잠옷은 난연성 원단으로 만들어야 한다. 난연성 원단은 일반 원단과 어떻게 다른가?

69. LDPE는 주 고분자 사슬에 많은 짧은 곁사슬을 가지고 있으며, 가황은 주 사슬에 짧은 황 사슬이 결합되도록 한다. 이러한 곁사슬들은 고분자의 성질에 어떤 다른 영향을 미치는가?

70. 고분자의 재활용에 대한 설명으로 옳은 것은 무엇인가?

a. PET와 HDPE는 부피가 크고 다루기 쉽기 때문에 스티로폼보다 재활용률이 높다.
b. PET과 HDPE는 스티로폼보다 재활용률이 낮은데, 이는 방향족 고리를 가진 고분자는 재활용할 수 없기 때문이다.
c. PET과 HDPE는 재활용 비용-효율성이 더 높기 때문에 스티로폼보다 더 높은 비율로 재활용된다.
d. PET와 HDPE는 '단일 흐름' 재활용 공정에서 분리할 수 없기 때문에 스티로폼보다 재활용률이 낮다.

71. A와 B가 서로 다른 곁사슬기를 나타내는 두 단량체 $CH_2{=}CHA$

와 CH_2=CHB가 있다고 가정하라. 이에 대한 설명으로 옳은 것은 무엇인가?

a. 각 단량체로부터 만들어진 고분자는 서로 다른 탄소 주사슬을 가지게 된다. 이는 곁사슬기가 주사슬의 일부이기 때문이다.
b. 각 단량체로부터 만들어진 고분자는 동일한 탄소 주사슬을 가지게 된다. 이는 곁사슬기가 중합 반응의 일부가 아니기 때문이다.
c. 각 단량체로부터 만들어진 고분자는 동일한 성질을 가지게 된다. 이는 곁사슬기가 달라져도 고분자의 성질에는 영향을 미치지 않기 때문이다.
d. 각 단량체로부터 만들어진 고분자는 단량체에 있던 모든 원자를 포함하지 않는다. 이는 반응 중에 작은 분자가 방출되기 때문이다.

72. 열가소성 및 열경화성 재료에 대한 설명으로 옳은 것은 무엇인가?

a. 열가소성 재료는 열을 가해도 부드러워지지 않기 때문에 열경화성 재료보다 강도가 높다.
b. 열가소성 재료는 열을 가하면 분해되기 때문에 열경화성 재료보다 재활용이 용이하다.
c. 열가소성 재료는 열을 가하면 부드러워지기 때문에 열경화성 재료보다 재활용이 쉽다.
d. 열가소성 재료는 열을 가해도 부드러워지지 않기 때문에 열경화성 재료보다 재활용이 더 어렵다.

73. PET 생수병의 수명주기 개요에 포함되는 과정은 무엇인가? 해당되는 것을 모두 선택하라.

a. 병이 매립지로 보내지거나 재활용되는지 여부
b. PET 중합 과정
c. 물병 내부 물의 공급원
d. 단량체를 합성하는 과정
e. 단량체의 원료 출처

74. '개선된' 제품이나 기술로 인해 의도치 않게 바람직하지 않은 결과가 초래된 예를 한 가지 제시하라.

75. LCIA는 녹색 화학 해결책 개발에 어떤 도움을 줄 수 있는가?

a. 총점을 제공하여 어떤 제품이 더 친환경적인지 명확하게 보여준다.
b. 사람들이 PET 병을 재활용하도록 보장한다.
c. 대체 제품 설계 과정에서 발생한 상충 관계를 보여주고, 제품들의 환경 발자국을 비교할 수 있게 한다.
d. CO_2의 생성이 환경에 해롭다는 사실을 식별한다.

비판적 사고 문제

이 장에서 습득한 지식과 하나 이상의 FLaReS 원칙(1장)을 적용하여 다음 진술과 주장을 평가하라.

5.1 한 환경 운동가는 합성 플라스틱을 내체하기 위해 천연 재료를 사용해야 한다고 주장하며, 천연 재료가 더 지속가능하기 때문이라고 말한다.

5.2 뉴스 보도에 따르면 플라스틱을 태우는 소각로가 '다이옥신'이라는 염소함유 독성 화합물의 주요 공급원이라고 한다.

5.3 염화 비닐은 발암물질이다. 어떤 사람들은 아이들이 PVC로 만든 장난감을 가지고 놀다가 암에 걸릴 수 있다고 경고한다.

5.4 미국 화학위원회의 플라스틱 사업부는 종이 봉투와 비교했을 때 '비닐 봉투는… 환경적으로 책임감 있는 선택'이라고 말한다.

5.5 한 제조업체는 플라스틱이 기름과 가스에 더 강하기 때문에 자동차 엔진에 금속보다 플라스틱을 너 많이 사용해야 한다고 주장한다.

협업 과제

파워포인트, 포스터, 기타 프레젠테이션을 준비하여 수업에서 공유하라.

1. 석탄과 석유 자원이 고갈될 때 사용할 수 있는 플라스틱의 가능한 원료에 대한 간략 보고서를 작성하라.

2. 바이오-HDPE, 나일론 11(polyundecylamide), 바이오 기반 PET, 바이오 기반 폴리트리메틸렌 테레프탈레이트(PTT)와 같은 바이오 기반 고분자에 대한 간략한 보고서를 작성하라. 각각의 원료가 유래된 천연 공급원을 확인하고 공급원에서 최종 제품까지의 중간 단계를 설명하라.

3. 다음 중 하나 이상과 연관 지어 합성 고분자 사용에 대한 위험-이익 분석(1.4절)을 수행하라.

a. 식료품 가방 b. 건축 자재 c. 의류
d. 카펫 e. 식품 포장 f. 피크닉 쿨러
g. 자동차 타이어 h. 인공 고관절 소켓

4. 자신이 살고 있는 지역사회의 플라스틱 쓰레기에 대해 조사하라. 강사의 지시에 따라 한 구역(또는 한 블록)을 조사하고, 발견된 쓰레기를 목록화하라(조사하면서 쓰레기를 함께 주워도 좋다). 쓰레기 중 플라스틱이 차지하는 비율은 얼마인가? 그중 패스트푸드 용기가 차지하는 비율은 얼마인가? 지역사회에서는 플라스틱이 어느 정도 재활용되고 있는가? 추가적인 재활용을 제한하는 요인에는 어떤 것들이 있는가?

5. 방탄복에 사용되는 케블라(Kevlar)에 대해 조사하라. 케블라의 다른 용도에 대해 보고하고, 왜 그렇게 강한지 설명하라. 또한 국제경찰청장협회와 듀폰이 공동으로 후원하는 케블라 생존자 클럽(Kevlar Survivors' Club)에 대해 서술하라.

6. 미국플라스틱협회와 같은 산업 단체의 웹사이트, 그린피스나 시에라 클럽과 같은 환경 단체의 웹사이트 등에서 플라스틱 및 기타 고분자의 환경 영향을 어떻게 다루고 있는지 비교하라.

실험 과제 고분자 탄성 공

준비물

- 작은 플라스틱 컵 2개(4온스)
- 계량스푼
- 따뜻한 물
- 붕사
- 나무 막대 2개
- 흰색 공예 접착제
- 옥수수 전분
- 식용 색소(원하는 경우)
- 지퍼락이 달린 플라스틱 가방(보관용)

가장 초기의 공이 나무와 돌로 만들어졌다는 사실을 알고 있었는가? 오늘날 가장 탱탱한 공은 무엇으로 만들어졌을까?

튀어 오르는 공은 대부분 고무로 만들어지지만 가죽이나 플라스틱으로 만들 수도 있고 속이 비어 있거나 단단할 수도 있다. 이 실험에서는 흔하고 저렴한 재료를 사용하여 튀어 오르는 공을 만들어 보자.

고분자는 반복되는 화학 단위로 이루어진 분자이다. 접착제는 폴리비닐 아세테이트(PVA)라는 고분자로 되어 있다. 이 실험에서 붕사(붕산의 염인 붕산 소듐)는 분자를 서로 연결하고 분자를 가교하여 공이 퍼티처럼 탱탱하고 탄력 있는 성질을 갖도록 하는 역할을 한다.

시작하려면 두 컵의 붕사 용액과 공 혼합물에 표시한다.

- 붕사 용액은 따뜻한 물 2큰술과 붕사 가루 1/2티스푼을 컵에 붓는다. 나무 막대를 사용하여 혼합물을 저어 붕사를 용해시킨다. 원하는 경우 식용 색소를 추가한다.
- 공 혼합물의 경우 접착제 1큰술을 컵에 붓는다. 방금 만든 붕사 용액 1/2티스푼과 옥수수 전분 1테이블스푼을 추가한다. 저어서는 안 된다 재료들이 스스로 반응하도록 10~15초 동안 그대로 둔다. 그런 다음 다른 나무 막대를 사용하여 재료들이 완전히 섞이도록 저어준다. 혼합물이 너무 걸쭉해져서 더 이상 저을 수 없게 되면 컵에서 꺼내 손으로 공의 형태를 잡기 시작한다.

공은 처음에 끈적끈적하고 지저분하지만 반죽할수록 단단해진다. 공의 끈적임이 줄어들면 튕겨 보자! 공이 마르지 않게 하려면 플라스틱 지퍼백에 넣어 보관하자.

실험문제

1. 공이 튀어 오르는가? 얼마나 높이 튀는가?
2. 고분자 공을 만들면 화학적 반응이나 물리적 반응이 일어나는가? 그 이유를 설명하라.
3. 각 재료의 양을 변경하면 공 혼합물에 어떤 영향을 미치는지 설명하라.
4. 이 공은 생분해성인가? 왜 그런가? 그 이유를 설명하라.

지구의 화학

6

지구의 많은 지역에는 인류에게 유용한 광물이 풍부하다. 구리 채굴은 메소포타미아에서 적어도 기원전 6000년 전에 시작되었으며 아마도 그 이전부터 시작되었을 것이다. 미국 뉴멕시코주 실버시티 동쪽에 있는 현대식 치노 구리 광산은 세계에서 세 번째로 오래된 활성 노천 광산이다. 이곳에서 생산된 구리는 주로 전선과 케이블에 사용된다.

❓ 이 장과 관련된 궁금증

1. 지구 지각에 알루미늄이 그렇게 많다면 천연 알루미늄을 찾을 수 없는 이유는 무엇인가?
2. 고양이 화장실 모래는 어떻게 작동하는가?
3. 창유리, 유리잔, 자동차 앞유리에는 어떤 차이가 있는가?
4. 시멘트와 콘크리트는 같은 것이 아닌가?
5. 칼은 단단하고 날카롭지만 종이 클립은 구부러지는 이유는 무엇인가?
6. 보석은 무엇으로 만들어졌는가?

어머니나 할머니가 목이 아플 때 소금물로 양치질을 하라고 말씀하신 적이 있는가? 역사상 소금의 가장 중요한 용도가 육류와 생선을 보존하고 상처의 감염을 예방하는 데 있었다는 사실을 알고 있었는가? 이 장에서는 지구의 화학 성분, 중요한 금속과 식염을 포함한 광물에 대해 알아본다. 이들은 인간 사회에서 유용할 뿐만 아니라 필수적이다.

우주선 지구호는 광활한 우주에 있는 작은 청록색 보석으로, 둘레는 약 4만 km, 표면적은 5,000만 km^2이며 약 4분의 3이 물로 덮여 있다. 우리가 살고 있는 건물부터 구입하고 사용하는 모든 물건, 먹는 음식부터 음식에 뿌리는 소금, 도자기 접시부터 그 음식을 준비하고 소비하는 데 사용되는 금속 식기에 이르기까지, 우리가 살아가는 데 필요한 모든 것을 지구는 자급자족하며 태양과 함께 공급하고 있다. 그러나 이 우주선이 자급자족한다는 사실은 자원이 유한하기 때문에 이를 관리해야 한다는 것, 즉 지속가능성을 유지해야 한다는 것을 의미한다.

6.1 우주선 지구호: 구조와 성분

학습 목표
- 지구의 구조와 지구 표면의 영역을 설명한다.
- 지구 지각에서 가장 풍부한 원소와 각각의 원소가 발견되는 일반적인 화합물을 나열한다.

이 우주선에는 어떤 종류의 물질이 탑재되어 있는가? 이 엄청난 승객을 태우기에 충분할까? 먼저 지구의 구성부터 살펴보자. 지구의 구조는 세 부분으로 나눌 수 있다(그림 6.1).

1. 핵: 지름은 약 6,800 km이다. 고체(내부, 지름 약 2,600 km)와 액체(외부, 두께 약 2,100 km)의 두 가지 물리적 상태가 있다. 핵은 주로 철로 구성되어 있으며 니켈이 일부 포함되어 있다.
2. 맨틀: 두께는 매우 다양하지만 평균 두께는 약 2,800 km이며, 하부(두께 약 2,000 km), 전이(두께 약 500 km), 상부(두께 약 360 km) 맨틀로 구성되어 있다. 주로 고밀도 마그네슘과 규산 철로 구성되어 있다.
3. 지각: 지각은 지구의 가장 바깥쪽 층으로 두께가 8 km(해양)에서 40 km(대륙) 사이이며, 지구 부피의 1% 미만을 차지한다. 해양 지각은 주로 현무암과 같은 암석의 규산 마그네슘과 규산 철로 구성되어 있다. 대륙 지각은 주로 소듐, 포타슘, 알루미늄 규산염, 이산화 규소인 석영으로 구성되어 있다. 금속 산화물, 탄산염, 황화물, 황산염도 소량 존재한다.

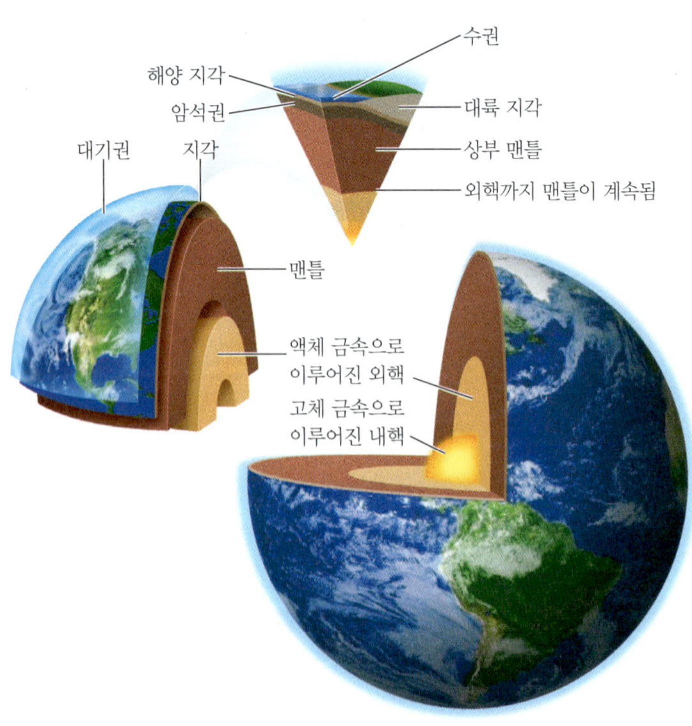

▶ **그림 6.1** 지구의 구조적 영역을 보여주는 다이어그램(축척되지 않음)

Q 지구의 지름(직경)은 약 12,000 km이고, 지각의 두께는 평균 35 km이다. 지각의 축척이 표시되지 않는 이유는 무엇인가?

지각은 지구의 바깥쪽 단단한 껍질로, 흔히 암석권이라고도 한다. 대기권과 수권으로 알려진 기체와 물로 이루어진 부분은 각각 7장과 8장에서 다룰 것이다. 광범위한 표본 추출을 바탕으로 지구 표면(대기권, 수권, 암석권 포함)의 원소 구성이 결정되었으며 표 6.1에 요약되어 있다.

지구 표면에 있는 원자의 절반 이상은 산소 원자로, 대기권에서는 산소 분자(O_2)와 오존(O_3)으로, 수권에서는 수소와 결합하여 물로, 암석권에서는 규소와 결합하거나(SiO_2 또는 규산염으로), Fe_2O_3 같은 금속 산화물, 탄산염 또는 황산염으로 금속과 결합하여 존재한다. 규소는 두 번째로 풍부한 원소이고, 수소는 세 번째로 많은 원소이며, 대부분의 수소 원자는 물속의 산소와 결합되어 있다. 수소는 가장 가벼운 원소이기 때문에 질량 기준으로 지구 지각의 0.9%만을 차지한다. 산소, 규소, 수소 등 3개 원소만으로 지구 표면 원자의 84.3%를 차지하고, 상위 9개 원소가 전체 원자의 96.3%를 차지하며 나머지 원소는 3.7%에 불과하다.

표 6.1 지구 표면의 원소 구성

원소	원자 백분율	질량 백분율
산소	53.3	49.5
규소	15.9	25.7
수소	15.1	0.9
알루미늄	4.8	7.5
소듐	1.8	2.6
철	1.5	4.7
칼슘	1.5	3.4
마그네슘	1.4	1.9
포타슘	1.0	2.4
나머지	3.7	1.4
총계	100.0	100.0

1 지구 지각에 알루미늄이 그렇게 많다면 천연 알루미늄을 찾을 수 없는 이유는 무엇인가?

기본적으로 암석권 내의 모든 알루미늄 원자는 유리된 원자가 아닌 암석의 특정 안정된 구조에서 산소 원자와 결합하거나 규산 알루미늄이라고 하는 복잡한 중합체 구조에 갇혀 있다.

암석권: 인간에게 중요한 점

질량 측면에서 보면 암석권은 거의 전적으로 무기질 광물로 구성되어 있다. 그러나 인간과 지구 생명체에 대한 암석권의 중요성을 논의할 때는 암석과 광물 이상을 포함해야 한다. 암석권은 무기물(암석과 광물), 유기질(토양과 화석연료), 생물학적(동물과 식물)이라는 똑같이 중요한 세 가지 구성 요소로 이루어져 있다. 이 장에서는 주로 무기물 성분에 초점을 맞추겠다.

암석권의 주요 암석과 광물은 다음과 같다.

- 규산염 광물(규소와 산소가 있는 금속의 화합물)
- 탄산염 광물(탄소와 산소가 결합된 금속)
- 산화물 광물(금속과 산소만 결합)
- 황화물 광물(금속과 황만 결합)

전형적인 비규산염 광물이 표 6.2에 나열되어 있다.

양적으로는 훨씬 적지만, 지구 외층의 유기물에는 토양(대부분 생물학적 성분의 폐기물과 분해 산물)과 수백만 년 전 살아있는 유기체였던 석탄, 천연가스, 석유, 셰일 오일과 같은 화석연료 물질이 포함된다. 이 유기 물질은 항상 탄소와 거의 항상 수소를 포함하고 있으며 종종 산소, 질소, 기타 원소를 포함한다. 9장에서는 이러한 화석연료의 에너지 함량에 대해 설명한다.

암석권의 보상금: 재료에서 에너지까지

초기 인류는 사냥과 채집을 통해 식량을 얻었다. 농업 혁명(약 1만 년 전) 이후 사람들은 더 이상 식량을 찾아 헤매지 않아도 되었다. 가축과 작물은 인간의 의식주에 필요한 것을 공급했다. 식량 공급이 합리적으로 보장되면서 사람들은 마을에서 살 수 있게 되었고, 더 정교한 건축 자

표 6.2 경제적 중요성이 있는 몇몇 비규산염 광물

광물 종류	이름	화학식	공급원 또는 용도
산화물	적철광	Fe_2O_3	철광석, 안료
	자철광	Fe_3O_4	철광석
	강옥	Al_2O_3	보석, 연마제
황화물	방연광	PbS	납광석
	황동광	$CuFeS_2$	구리광석
탄산염	방해석	$CaCO_3$	석회, 시멘트, 유리, 동굴 구조

왜 중요할까?

지구상에서 가장 흔한 암석 중 하나는 탄산 칼슘($CaCO_3$)인 석회암이다. 자연에서 탄산 칼슘은 대리석, 조개껍질, 달걀껍질, 산호, 진주, 분필 등 다양한 물리적 형태로 존재한다. 석회암 지형의 대표적인 예로는 칼스배드 동굴 국립공원에서 볼 수 있는 동굴의 석순과 종유석 등이 있다.

재에 대한 수요가 생겼다. 사람들은 천연 재료를 우수한 성질을 가진 제품으로 전환하는 방법을 배웠다. 예를 들어 건조한 지역에서 잘 견디는 어도비 벽돌(흙벽돌)은 점토와 짚을 섞어 햇볕에 말리기만 하면 만들 수 있었다.

불은 인류가 처음으로 마주한 화학적 변환의 원동력이었다. 사람들은 불을 조절하는 법을 배웠고, 요리를 하면 고기와 곡식의 풍미와 소화가 더 좋아진다는 사실을 알게 되었다. 사람들은 어도비 벽돌을 가열하면 더 강한 세라믹 벽돌을 만들 수 있다는 사실을 알게 되었다. 마찬가지로 점토를 고온에서 구우면 도자기 냄비가 만들어져 음식을 훨씬 쉽게 조리하고 보관할 수 있었다. 더 높은 온도를 만들 수 있게 되자, 사람들은 유리를 만들고 광석에서 금속을 추출하는 방법을 배웠다. 청동으로 도구를 만들었고 나중에는 철을 이용해 도구를 만들었다.

자가평가문제

1. 지구의 구역을 중앙에서 바깥쪽으로 순서대로 나열한 것은 무엇인가?
   a. 핵, 지각, 맨틀, 수권 **b.** 핵, 맨틀, 지각
   c. 핵, 맨틀, 지각, 수권 **d.** 맨틀, 지각, 핵
2. 다음 중 지구의 핵을 주로 구성하는 것은 무엇인가?
   a. 납 **b.** 철 **c.** 방사성 원소 **d.** 황
3. 지구의 암석권을 나눌 수 있는 구성 요소는 몇 개인가?
   a. 1 **b.** 2 **c.** 3 **d.** 4
4. 다음 중 지구 표면의 구성 요소가 아닌 것은 무엇인가?
   a. 암석권 **b.** 수권 **c.** 지각 **d.** 맨틀
5. 원자 백분율로 세 가지 원소가 지각의 80% 이상을 차지한다. 풍부한 순서대로 나열한 것은 무엇인가?
   a. H, O, Si **b.** H, Si, O **c.** O, H, Si **d.** O, Si, H

정답: 1. b, 2. b, 3. c, 4. d, 5. d

6.2 규산염과 사물의 모양

학습 목표
- 일반적인 규산염 광물에서 규산염 사면체의 배열을 설명한다.
- 유리가 다른 규산염과 구조가 어떻게 다른지 설명한다.

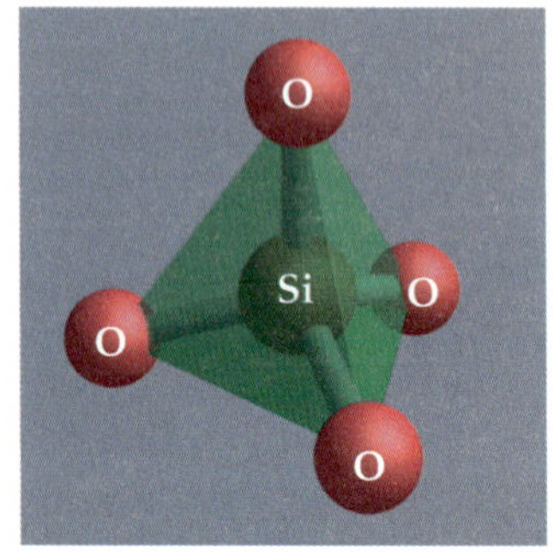

▲ **그림 6.2** 규산염 사면체는 중앙에 규소 원자가 있고 네 모서리에 각각 산소 원자가 있다. 음영 영역(녹색)은 SiO_4 사면체가 일반적으로 광물 구조에서 어떻게 표현되는지 보여준다.

암석권에서 발생하는 수천 가지의 광물 중 대표적인 몇 가지만 살펴보자. 먼저 규산염에 대해 살펴보자. 규산염 구조의 기본 단위는 SiO_4 사면체이다(그림 6.2). SiO_4 사면체는 여러 가지 방법으로 연결하여 놀라운 배열과 독특한 광물 상을 만들 수 있다. 몇 가지 가능성이 그림 6.3에 설명되어 있으며, 실제 광물 상은 표 6.3에 나와 있다.

석영(quartz)은 순수한 이산화 규소 SiO_2이다. 규소와 산소 원자의 비율은 1:2이다. 그러나 각 규소 원자는 4개의 산소 원자로 둘러싸여 있기 때문에 석영의 기본 단위는 SiO_4 사면체이다. 이 사면체는 복잡한 3차원 구조로 배열되어 있다. 순수한 석영의 결정은 무색이지만 불순물에 의해 다양한 석영 결정이 만들어져 보석으로 사용되기도 한다(그림 6.4).

운모(mica)는 2차원 판형으로 배열된 SiO_4 사면체로 구성되어 있으며 얇고 투명한 판으로 쉽게 쪼갤 수 있다(그림 6.5). 운모는 전자제품의 절연과 고온 난로에 사용된다.

석면(asbestos)은 다양한 섬유질 규산염을 통칭하는 용어이다. 이 중 가장 잘 알려진 것은 마

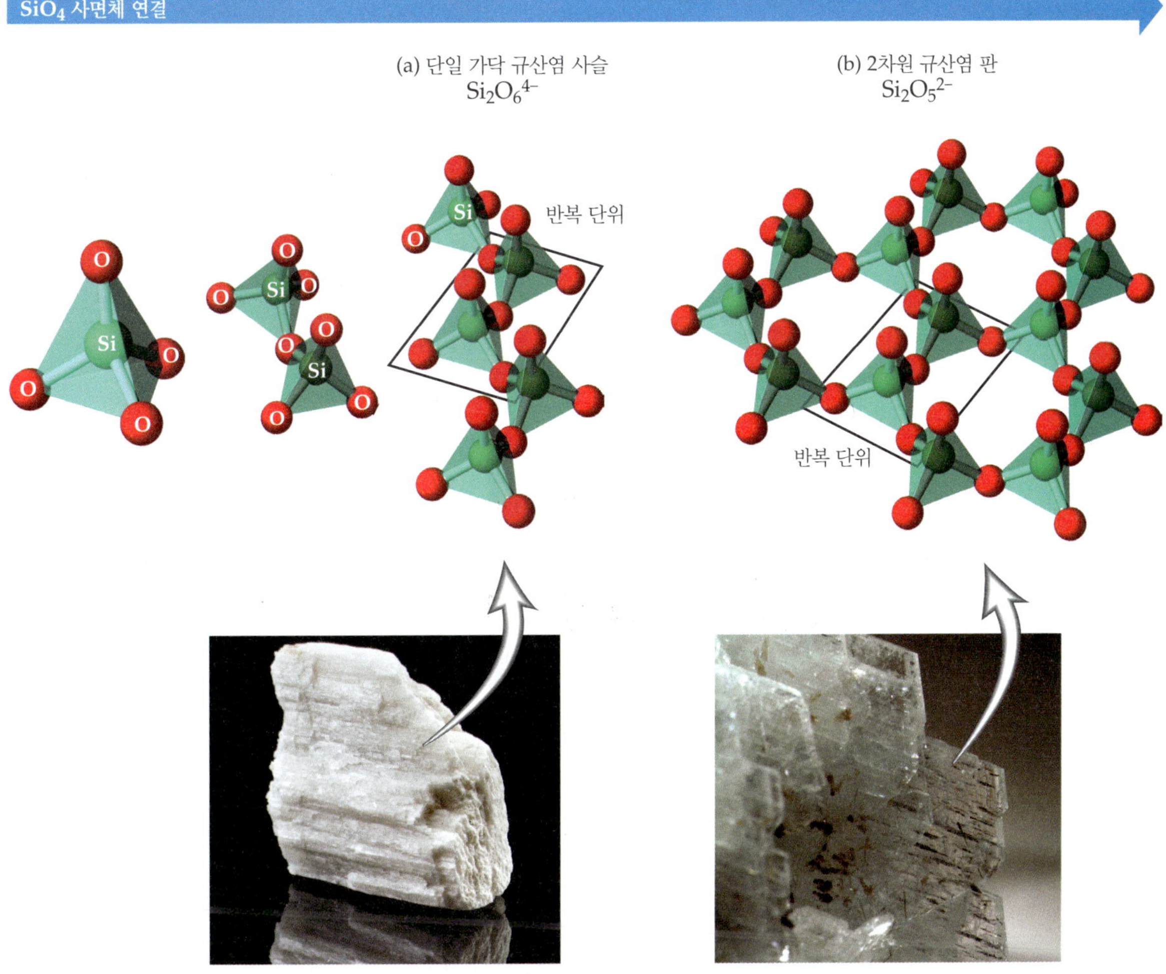

▲ **그림 6.3** 산소 원자로 연결된 SiO_4 사면체와 유래된 광물 몇 가지(왼쪽 위 규회석, 오른쪽 위 백운모)

표 6.3 몇몇 광물의 규산염 사면체

광물	규산염 배열	화학식	사용처
규산 지르코늄	단순 음이온(SiO_4^{4-})	$ZrSiO_4$	세라믹, 보석(지르콘)
리티아 휘석	긴 사슬	$LiAl(SiO_3)_2$	리튬과 리튬 화합물 공급원
온석면	이중 사슬	$Mg_3(Si_2O_5)(OH)_4$	내화 재료(사용 금지됨)
백운모	판	$KAl_2(AlSi_3O_{10})(OH)_4$	단열, 광택 페인트, 포장재(질석)
석영	3차원 배열	SiO_2	모래, 유리, 자수정, 마노, 황수정

그네슘 규산염인 온석면(크리소타일)이다(그림 6.6). 온석면은 SiO_4 사면체의 이중 사슬을 가지고 있다. 공유 결합이 하나만 있는 산소 원자는 또한 음전하를 띠고 있다. 마그네슘 이온(Mg^{2+})은 이 음전하의 균형을 맞춘다.

규산 알루미늄: 점토에서 세라믹까지

2차원으로 연결된 이산화 규소 사면체를 쌓으면 점토라는 3차원 광물 상이 시작된다. 인류의 점토 사용은 기원전 14,000년 도자기 제작으로 거슬러 올라가는 오랜 역사를 가지고 있으며, 오늘날 우리는 동일한 기본 개념과 기술을 사용하여 점토 커피컵과 기와를 비롯한 다양한 유용

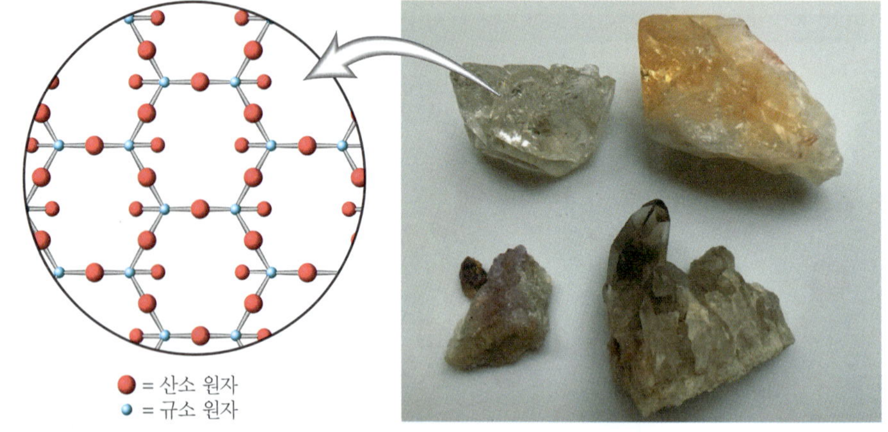

▶ **그림 6.4** 석영 결정에는 (오른쪽 위부터 시계 반대 방향으로) 황수정, 무색 수정, 자수정, 흑수정 등이 있다. 석영(왼쪽)의 화학 구조를 보면 규소 원자 1개가 산소 원자 4개, 산소 원자 1개가 규소 원자 2개에 결합되어 있다.

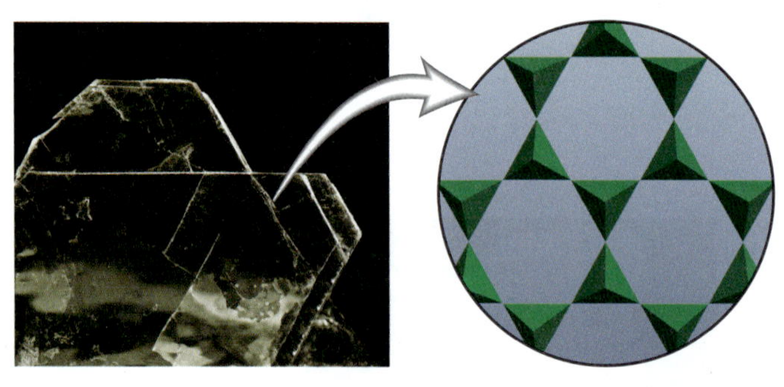

▶ **그림 6.5** 얇고 투명한 판으로 갈라진 운모 시료. 운모의 화학 구조는 SiO_4 사면체의 판을 보여준다. 이 판은 주로 산소 원자와 Al^{3+}(표시되지 않음)와 같은 양이온 사이의 결합으로 연결되어 있다. 운모는 산업용 용광로에서 투명한 '창' 재료로 사용된다.

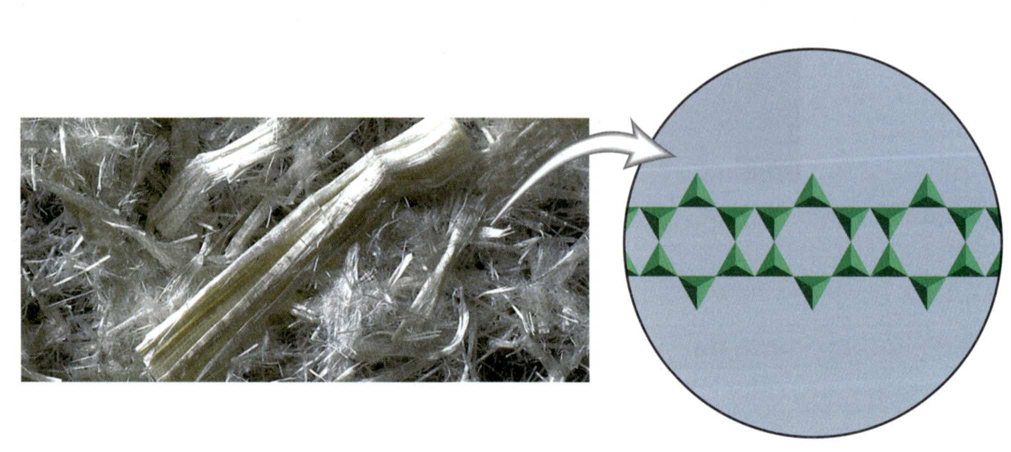

▶ **그림 6.6** 석면의 일종인 온석면의 시료. 온석면의 화학 구조는 SiO_4 사면체의 이중 사슬을 보여준다. 두 사슬은 산소 원자를 통해 서로 연결되어 있다. 이중 사슬은 주로 산소 원자와 Mg^{2+}(표시되지 않음)와 같은 양이온 사이의 결합으로 연결된다.

석면: 석면의 장점과 위험성

석면은 우수한 내화성 단열재이다. 한때 난로, 난방 덕트, 증기 파이프의 단열재로 널리 사용되었다. 우랄 산맥의 동쪽 경사면에 있는 러시아의 아스베스트라는 도시는 1880년대부터 채굴된 이 광물이 상당량 매장된 곳이다. 러시아는 여전히 이 광물의 주요 생산국이다. 그러나 퀘벡주 아스베스트의 노천 석면 광산은 2011년에 폐쇄되었다.

석면으로 작업하는 사람들의 건강 위험은 잘 알려져 있다. 석면 섬유는 매우 작고 모서리가 매우 날카롭다. 5~50 μm 길이의 섬유를 10~20년 동안 흡입하면 석면 침착증에 걸릴 수 있고, 폐암이나 체강 내벽에 생기는 희귀난치성 암인 '중피종'에 걸릴 수 있다.

직업적으로 석면에 장기간 노출되면 폐암 위험이 두 배로 증가한다. 흡연은 폐암 위험을 10배 증가시킨다. 흡연을 하는 석면 작업자는 석면 작업을 하지 않는 비흡연자에 비해 폐암 발병 위험이 20배 정도 높을 것이라고 예상할 수도 있지만, 오히려 그 위험은 90배까지 증가한다. 담배 연기와 석면 섬유는 각각이 서로의 영향을 증가하는 방식으로 작용한다. 이러한 강화 상호작용을 **시너지 효과**(synergistic effect)라고 한다.

한 제품을 제조한다. 점토의 유용성과 다양성은 Al, Si, O 원자가 결합하는 방식에 기인한다. 점토는 사면체 규산염 판과 팔면체(주로 수산화 알루미늄) 판의 결합 방식에 따라 크게 두 가지 종류로 나뉜다.

1:1 점토

이 점토에서는 사면체 규산염 판과 팔면체 수산화 알루미늄 판이 산소 원자에 의해 연결되어 층을 형성한다. 이 산소 원자는 사면체 판의 Si 원자와 팔면체 판의 Al 원자에 모두 결합되어 있다. 이 1:1 층은 규산염과 수산화 알루미늄 판이 서로 번갈아 가며 쌓이면서 서로 수소 결합으로 연결된다. 또한 이러한 점토는 팽창하거나 부풀어 오르지 않는다. 이 유형의 점토로 잘 알려진 예는 중국 장시성의 가오링산의 이름을 딴 **고령석**으로, 이 광물은 수천 년 동안 도자기 판과 그릇을 만드는 데 사용되었다.

2:1 점토

이 점토는 하나의 팔면체 수산화 알루미늄 판이 2개의 사면체 규산염 판 사이에 끼워져 있고, 이 층들은 산소 원자로 연결된다. 2:1 층 사이의 공간에 H_2O가 포함된 경우는 이 유형의 점토는 건조할 때 수축하고 젖으면 팽창한다. 팽창 점토는 진흙 시추, 고양이 화장실 모래, 오염 물질 정화 등 다양한 분야에서 응용되고 있다. 그러나 팽창성 때문에 미국에서만 연간 약 20억 달러의 기간 시설 손상이 발생하기도 한다.

점토에 물을 첨가하면 전성이 생겨 점토/물 혼합물로 거의 모든 모양을 만들 수 있다. 일단 점토로 물건을 만들고 나면 여분의 물이 빠져나가면서 단단해진다. 벽돌, 화분, 타일 등이 이러한 방식으로 만들어진다. 냄비나 물병처럼 다공성이 바람직하지 않은 경우에는 점토로 만든 물건 표면에 다양한 염을 첨가하여 유약을 칠한다. 그런 다음 가열하여 전체 표면을 유리와 같은 구조로 바꾼다. 벽돌과 도자기는 **세라믹**(ceramic)의 예로, 세라믹은 점토 또는 기타 광물 물질을 고온으로 가열하여 입자가 부분적으로 녹아 서로 융합하여 생기는 무기질 재료이다.

유리

지금까지 우리는 모래와 점토에서 사면체(SiO_4)가 고도로 질서정연하게 연결되는 방식에 주목해왔다. 그런데 이 고도의 질서는 특정 규산염 무기물을 매우 높은 온도로 가열하면 깨질 수 있는데, 약 5000년 전 시리아 북부 해안의 메소포타미아와 이집트에서 발견됐다. 그 결과물이 **유리**(glass)이다. 고대의 장식용 유리 구슬은 매우 희귀하고 값져서 파라오의 무덤에 금붙이와 함께 넣을 정도였다.

자연은 화산의 역사가 있는 지역에서 고유한 유리 유형을 만들어냈다. 흑요석은 마그마가 녹아 만들어진 검은색 자연 발생 유리 광물로, 정해진 결정 구조가 없다. 가장 유명한 흑요석 발생지 중 하나는 옐로스톤 국립공원으로 '흑요석 절벽'이라고 불리는 곳이다.

오늘날 제조되는 일반 창문과 용기 유리의 원료는 모래(SiO_2), '소다회(Na_2CO_3)', 석회석($CaCO_3$)이다. 그러나 유리 제조업체는 일반적으로 '소다석회' 유리의 구성을 %SiO_2, %Na_2O(전통적으로 '소다'), %CaO(전통적으로 '석회')로 설명한다. 일반적인 제조법은 75% SiO_2, 15% Na_2O, 10% CaO이다.

유리 제조 시설의 고온(최대 1500 ℃)에서 탄산염은 반응에 따라 CaO와 Na_2O로 분해되어 이산화 탄소를 방출한다.

$$CaCO_3 \longrightarrow CaO + CO_2 \quad \text{및} \quad Na_2CO_3 \longrightarrow Na_2O + CO_2$$

2 고양이 화장실 모래는 어떻게 작동하는가?

흡수력이 뛰어난 덩어리형 고양이 화장실 모래의 비밀은 2:1로 팽창하는 점토인 몬모릴로나이트가 함유되어 있기 때문이다. 소변(대부분 물)이 몬모릴로나이트 성분의 점토에 닿으면 점토 입자가 팽창해 서로 달라붙고, 결국 쉽게 퍼낼 수 있는 덩어리가 만들어진다. 중요한 것은 화장실의 더러워진 부분만 제거하면 된다는 점이다. 이렇게 하면 화장실의 일상적인 관리가 더 쉬워진다.

유리 속의 금? 중세 유리 장인들은 금을 환원시켜 100 nm보다 작은 금 나노 입자를 만드는 조건에서 금 염을 사용해 붉은 유리를 제조했다. 금 나노 입자와 금으로 된 큰 물체는 빛과 상호작용하는 방식이 다르다. 유리를 만드는 데 사용되는 조건을 조금씩 달리하면 금 나노 입자의 정확한 크기의 차이에 따라 다양한 색조의 붉은색을 얻을 수 있었다. 숙련된 유리 장인들은 높은 연봉을 요구할 정도로 인기가 높았다.

3 창유리, 유리잔, 자동차 앞유리에는 어떤 차이가 있는가?

자동차 앞유리는 2개의 곡면 유리 층 사이에 플라스틱 층이 적층되어 있어, 자동차 충돌 시 유리가 치명적인 날카로운 조각으로 부서지지 않는다. 일반 유리창과 유리잔은 모두 본질적으로 규산염, 소듐, 칼슘 이온의 무정형 혼합물인 소다석회 유리이다. 어떤 유리창에는 자외선 흡수를 위해 소량의 첨가제(보통 철)가 들어 있다.

왜 중요할까?

'광섬유'는 머리카락 굵기의 얇은 유리 실로, 간헐적인 빛의 펄스로 메시지를 전달한다. 소리는 전기 신호로 변환되고, 이 전기 신호는 레이저 빛의 펄스로 변환되어 유리 섬유를 통해 전달된다. 선의 끝에서 빛의 펄스는 다시 음파로 변환된다. 광섬유 한 묶음은 같은 크기의 구리 케이블보다 수백 배 많은 신호를 전달할 수 있으며, 이 광섬유 묶음은 많은 오래된 전화선과 컴퓨터 케이블을 대체했다. 또한 광섬유는 의료 분야에서 신체 내부를 시각적으로 확인하고 수술 기구를 안내하는 장치에도 사용된다.

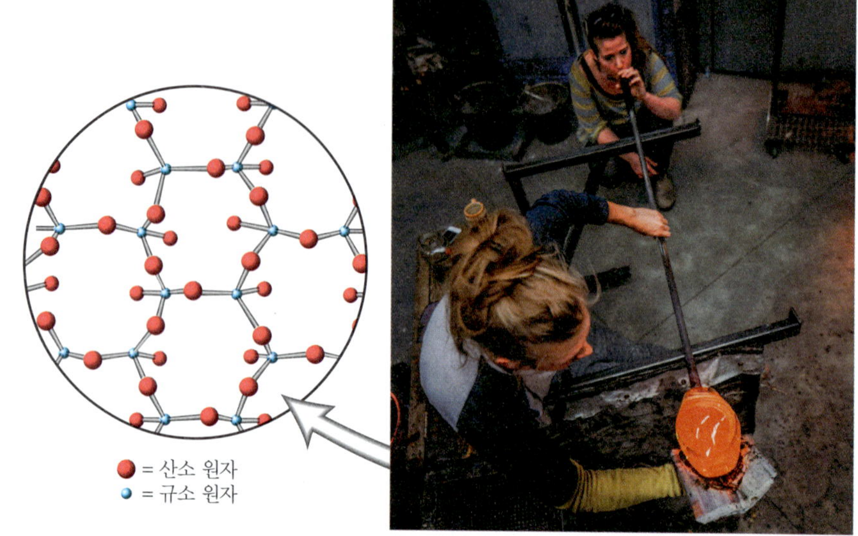

▲ **그림 6.7** 열 연화 유리는 블로잉 또는 성형으로 모양을 만들 수 있다. 유리의 불규칙한 원자 배열과 석영의 규칙적인 배열을 비교한다(그림 6.4).

며칠 동안 가열하면 유리가 형성된 다음 천천히 냉각된다. 기본 유리는 본질적으로 무색이며 다음 반응에 나오는 규산 소듐과 규산 칼슘의 혼합물로 볼 수 있다.

$$CaO + SiO_2 \longrightarrow CaSiO_3 \quad \text{및} \quad Na_2O + SiO_2 \longrightarrow Na_2SiO_3$$

분자 수준에서 실제로 일어나는 일은 그림 6.7에서 볼 수 있듯이 규산염의 결정 기반 내의 가교 상호작용이 끊어져 SiO_4 사면체의 불규칙한 3차원 배열로 이어지는 것이다. 비정질이라고 불리는 이 새로운 상에서는 SiO_4 사면체를 연결하는 화학결합의 강도가 달라진다. 따라서 유리를 가열하면 약한 결합이 먼저 끊어지고 유리가 서서히 물러진다. 비정질 물질이 특정 온도가 아닌 다양한 온도 범위에서 녹는 이유는 이 때문이다. 고무, 고무찰흙, 다양한 합성 고분자와 같이 많은 무정형 물질은 매우 유연하다(5장 참조).

다양한 금속의 산화물을 소듐 또는 칼슘 산화물에 첨가하거나 일부 또는 전부를 대체하여 색을 바꾸거나 새로운 성질을 부여할 수 있다. 현미경, 안경, 망원경의 렌즈에 사용되는 유리[납(II) 산화물로 만든 것]를 포함하여 많은 특수 유형의 유리를 만들 수 있다. 오븐에서 유리 접시를 꺼내 식힐 때와 같이 급격한 온도 변화에도 잘 깨지지 않는 유리는 산화 붕소(붕규산 유리라고도 함)로 만들어진다. 창문이나 베란다 문으로 제작되는 유리인 경우, 유리에 닿는 자외선을 일부 흡수하기 위해 소량의 산화철을 첨가한다. 착색제를 포함한 유리 첨가제의 몇 가지 예는 표 6.4에 나와 있다. 자동차 창문과 앞 유리의 안전 유리는 2개의 곡면 유리 판 사이에 얇은 플라스틱 층을 적층하여 제조된다.

일반 유리 제조에는 필수 원료를 사용하지 않지만, 유리를 녹이고 모양을 만드는 데 사용되는 용광로는 에너지를 소비한다. 유리는 쉽게 재활용할 수 있다. 새로운 유리를 제조하는 것보다 훨씬 적은 에너지를 사용하여 유리를 녹여 새로운 물건으로 만들 수 있다.

세라믹

유리의 형성에서 방금 소개한 가열 후 냉각하여 성질 변화를 일으키는 과정은 세라믹 제조의 기초이기도 한다. **세라믹**(ceramic)은 일반적으로 결정성 또는 부분 결정성인 무기질 비금속 고체이다. 세라믹을 만드는 데 사용되는 재료가 다양하고 열을 가하는 방식이 다양하기 때문에

표 6.4 다양한 유리의 구성과 성질

종류	특수 성분	특수 성질 혹은 용도
소다석회 유리	없음	창문, 병, 물잔용 일반 유리
붕규산 유리	산화 붕소(석회 대신)	내열성, 실험실 초자, 오븐용기
납유리	산화 납(석회 대신)	고굴절률, 현미경, 망원경, 수정용 광학 유리
색유리	셀레늄 화합물	빨간색(루비 유리)
	코발트 화합물	파란색(코발트 유리)
	크로뮴 화합물	초록색
	망가니즈 화합물	보라색
	탄소, 산화 철	갈색(앰버 유리)
광변색 유리	염화 또는 브로민화 은	빛에 노출되면 어두워짐, 썬글라스, 병원 창유리

왜 중요할까?

연구를 통해 놀라운 세라믹 신소재가 개발되었다. 세라믹은 고온의 산업용 난로, 로켓의 탄두, 우주왕복선의 내열 타일, 자기부상열차, 자동차 엔진, 제트 엔진 터빈 날개, 컴퓨터의 메모리 소자 등을 만드는 데 사용되었다. '초전도 세라믹'은 전기의 흐름에 거의 저항이 없어 고속 자기부상열차를 가능하게 한다.

세라믹은 일반 식판이나 커피잔 등 특정 용도에 맞게 맞춤 제작할 수 있다. 많은 세라믹은 고령석과 알루미늄 산화물로 만들어졌다. 더 진보된 세라믹은 탄화 텅스텐과 탄화 규소로 만들어진다. 세라믹 소재는 지구 대기권 재진입의 고온을 견디기 위한 우주선 표면의 세라믹 소재와 같이 고온이 존재할 때 특히 유용하다.

시멘트와 콘크리트

시멘트(cement)는 주로 규산 칼슘, 규산 알루미늄, 탄산염으로 구성된 복합체이다. 시멘트 생산의 원료는 석회석(6.3절 참조), 점토, 소량의 석고(주로 $CaSO_4$)이다. 이 재료들은 잘게 분쇄되고 혼합되어 천연가스 또는 분말 석탄을 연소시켜 가열한 회전식 가마에서 약 1500 °C로 구워진다. 완성된 제품을 고운 가루로 분쇄한 후 모래, 자갈, 물과 섞어 **콘크리트**(concrete)를 만든다. 보도, 차도, 고속도로 외에도 주차 경사로, 후버 댐, 파나마 운하 등 많은 대형 구조물이 콘크리트로 만들어졌다. 이러한 구조물에는 강도를 높이기 위해 강철 보강재가 묻혀 있는 경우가 많다.

콘크리트는 저렴하고 강하며 화학적으로 불활성이고 내구성이 뛰어나며 광범위한 온도에 견딜 수 있기 때문에 건축에 널리 사용된다. 그러나 생산 과정에서 산 전체를 파괴하고 이산화탄소, 미세 먼지, 이산화 황과 같은 오염 물질을 배출하는 등 원료 채굴 측면에서 환경에 해로운 영향을 미친다. 긍정적인 측면으로는 타이어와 독성 유기 폐기물을 가마의 연료로 사용하여 없앨 수 있다. 폐기할 때는 콘크리트를 부수어 골재로 사용할 수 있다.

▲ 보도, 고속도로, 지하실, 기타 여러 응용 분야에 사용되는 콘크리트는 혼합물이다. 중요한 재료는 석회석과 점토의 혼합물을 구운 다음 분쇄하여 분말로 만든 포틀랜드 시멘트이다. 이 시멘트는 모래, 물, 고운 자갈을 함께 붙이는 '접착제'이다. 어떤 콘크리트는 굳기 전에 디자인으로 도장을 찍거나 재활용 유리를 분쇄하여 강도를 높일 수 있다. 어떤 고품질 콘크리트는 매우 매끄러운 콘크리트 바닥을 만들기 위해 광택을 내거나 다른 첨가제로 색을 칠할 수도 있다.

자가평가문제

1. 모든 규산염 광물에 포함된 것은 규소와 어떤 물질인가?
   a. 탄소 b. 수소 c. 철 d. 산소
2. 순수한 이산화 규소(SiO_2)로 구성된 광물은 무엇인가?
   a. 석면 b. 방해석 c. 석영 d. 지르콘
3. 규산염 사면체는 중앙에 ________ 원자 하나와 모서리에 있는 ________ 원자들로 구성된다. 빈칸에 들어갈 말은 무엇인가?
   a. O, 4개 Si b. O, 2개 Si와 2개 Al
   c. Si, 4개 O d. Si, 2개 O와 2개 Al

4~9번 문제에서 각 물질과 구조를 연결하라.

4. 석면	**a.** 이중 사슬
5. 운모	**b.** 판
6. 석영	**c.** 단순 음이온
7. 지르콘	**d.** 3차원 배열
8. 점토	**e.** 무정형
9. 유리	**f.** 적층 판

10. 2:1 점토는 어떻게 구성되어 있는가?

a. 사면체/팔면체/사면체 판 **b.** 팔면체/사면체/팔면체 판
c. 사면체/사면체/팔면체 판 **d.** 사면체/사면체/사면체 판

11. 중세 스테인드글라스의 붉은색은 무엇 때문인가?

a. 혈액 **b.** 철 나노 입자
c. 양이온 **d.** 금 나노 입자

12. 단단하고 내구성이 있지만 부서지기 쉬운 재료의 유형은 무엇인가?

a. 세라믹 **b.** 금속
c. 고분자 **d.** 반도체

13. 다음 중 일반 유리의 주요 성분은 무엇인가?

a. 산화 붕소, 모래, 석회석 **b.** 점토와 석회암
c. 콜라, 모래, 석회석 **d.** 모래, 탄산 소듐, 석회석

14. 다음 중 일반 시멘트의 주요 성분은 무엇인가?

a. 점토와 석회암 **b.** 콜라, 모래, 석회석
c. 모래와 석회암 **d.** 모래, 탄산 소듐, 석회석

정답: 1. d, 2. c, 3. c, 4. a, 5. b, 6. d, 7. c, 8. f, 9. e, 10. a, 11. d, 12. a, 13. d, 14. a

4 시멘트와 콘크리트는 같은 것이 아닌가?

콘크리트는 모래, 자갈, 물, 포틀랜드 시멘트의 혼합물이다. 포틀랜드 시멘트는 석회석과 점토로 만든 미세한 분말로, 황산 칼슘인 석고가 약간 포함되어 있는 경우가 많다. 콘크리트 보도를 만들기 위해 이 분말 시멘트를 모래, 자갈, 물과 혼합하면 굳어서 단단하고 오래가는 인조석이 된다.

6.3 탄산염: 동굴, 분필, 석회암

학습 목표 • 탄산 칼슘 및 다른 탄산염의 중요성, 풍부함, 반응에 대해 설명한다.

석회암은 지구상에서 가장 흔하게 발견되는 퇴적암이다. 그리고 주로 탄산 칼슘으로 구성되어 있으며 맑고 따뜻하며 얕은 바닷물, 특히 산호초와 다른 연체동물이 풍부한 곳에서 발견된다. 카리브해, 멕시코만, 태평양, 인도양, 인도네시아 군도 등은 석회암이 활발하게 생성되는 곳이다. 원시 바다가 대륙을 덮었던 지역에서는 석회암 절벽, 노출 암석층, 지하 동굴이 고대 바다의 증거이다. 석회암 구조물은 전 세계에 걸쳐 지어졌으며, 수백 년이 지난 건축물도 많으며, 석회암으로 만든 대학 캠퍼스와 정부 건물은 매력적이고 내구성이 좋다.

가장 순수한 형태의 탄산 칼슘은 방해석으로 알려져 있다. 아이슬란드 스파라고 불리는 방해석의 한 종류는 투명한 결정성 광물로, 이를 통해 물체를 볼 때 이중 이미지가 보이는 **복굴절**이라는 특이한 성질을 나타낸다.

▲ 투명 방해석(아이슬란드 스파)은 '복굴절'이라는 특이한 성질을 나타낸다. 이 이중 굴절 현상은 결정을 통해 본 물체의 이미지가 이중으로 보이게 한다.

아주 오래 전 석회암이 녹으면서 대리석이라는 매우 단단한 광물로 변해 조각상을 조각하고, 부엌 조리대를 만들고, 웅장한 석조 건물을 짓는 재료로 사용되어 왔다. 파리의 노트르담 대성당, 워싱턴 DC의 워싱턴 기념탑과 링컨 기념관, 인도 아그라의 타지마할은 모두 대리석을 주

재료로 만들어졌다.

지하 동굴 시스템은 사람이 거주하는 지구상의 모든 대륙에서 발견된다. 북미에서 더 잘 알려진 동굴로는 뉴멕시코의 칼스배드 동굴(6.1절의 '왜 중요할까' 사진 참조)과 켄터키의 맘모스 동굴이 있다. 종유석과 석순은 동굴에서 물이 증발하여 오랜 세월에 걸쳐 형성된 석회암의 매혹적인 형태 중 일부에 불과하다. 사우스다코타주 래피드시티 근처에 있는 쥬얼 동굴은 세계에서 세 번째로 긴 동굴 시스템(310 km가 넘는 통로)이며, 주로 방해석으로 이루어져 있다.

탄산 칼슘은 다른 모든 탄산염과 마찬가지로 산의 공격을 받아 이산화 탄소를 형성하여 고체를 친천히 용해시킨다. 지질학자들은 현장에 나갈 때 종종 염산이 담긴 작은 용기를 가지고 간다. 탄산염 물질에 염산 몇 방울을 떨어뜨리면 다음 반응과 같이 CO_2 기포가 형성된다.

$$CaCO_3(s) + 2\,H^+(aq) \longrightarrow H_2O\,(l) + CO_2(g) + Ca^{2+}(aq)$$

마찬가지로 석회암과 대리석 구조물은 산성비로 인해 천천히 분해될 수 있다(7.6절 참조).

탄산 칼슘은 많은 제산제에서 발견되며(4.8절 참조), 탄산염과 산의 반응을 이용한다. 탄산 칼슘은 유리 제조(6.2절 참조)와 광석에서 금속을 추출하는 용광로(6.4절 참조)에서도 사용된다. 일반 분필에서도 발견되지만, 일부 보도용 분필은 황산 칼슘으로 만들기도 한다.

칼슘 외에도 Mg^{2+}, Ba^{2+}, Fe^{2+}, Cu^{2+}, Mn^{2+}, 기타 많은 양이온이 결정 형태와 다양한 색상으로 탄산염 광물을 형성한다. 예를 들어 남동광(진한 파란색)와 공작석(청록색)는 모두 구리의 중요한 화합물이며, 탄산염이다. 능망간석($MnCO_3$)은 아름다운 밝은 분홍색 광물이다.

자가평가문제

1. 탄산염에 대한 설명으로 옳지 않은 것은 무엇인가?
   a. 탄산 이온의 전하량은 2−이다.
   b. 탄산 소듐은 암석권에서 가장 흔하게 발견되는 탄산염이다.
   c. 탄산 칼슘은 연체동물 껍질의 주요 성분이다.
   d. 탄산 칼슘은 주로 얕고 따뜻한 해양에서 형성된다.

2. 탄산 구리에 대한 설명으로 옳은 것은 무엇인가?
   a. 자연에서 발견되지 않는다.
   b. 일반적으로 구리색이다.
   c. 자연에서 가장 흔한 형태의 구리이다.
   d. 놀랍게도 파란색이다.

3. 다음 중 동굴 형성을 구성하지 않는 것은 무엇인가?
   a. $Ca(OH)_2$
   b. $CaSO_4$
   c. $CaCO_3$

4. 다음 중 산성비의 해로운 영향을 받는 것은 무엇인가?
   a. 사암
   b. 대리석 조각상
   c. 석고
   d. 석영

정답: 1. b, 2. d, 3. a, 4. b

6.4 금속과 광석

학습 목표 • 가장 중요한 금속을 주요 광석과 함께 나열하고, 추출 방법과 용도를 설명한다.
• 금속 생산과 관련된 환경적 비용에 대해 설명한다.

시대의 발전은 종종 도구를 만드는 데 사용된 재료, 특히 금속의 관점에서 설명된다. 우리는 석기 시대, 청동기 시대, 철기 시대로 이야기한다.

구리와 청동

구리는 때때로 **천연 상태**(화합물이 아닌 원소)로 발견되며, 보통 다결정 형태로 존재한다. 자연에서 유리된 상태로 발견되기 때문에 아마도 가장 먼저 사용된 금속이었을 것이다. 중동의 고대 기록에 따르면 구리는 1만 년 전에도 사용되었다고 한다. 구리는 일반적으로 황과 결합하여 **황동광**($CuFeS_2$)으로 발견되며, 그보다 적은 양으로 **휘동광**(Cu_2S)으로도 발견된다. 공작석과 남동광은 덜 흔하게 발견되며 구리, 탄산 이온, 수산화기로 만들어진다. 구리는 열을 가하여 휘동광에서 분리할 수 있으며, 두 단계의 환원 반응이 일어난다.

$$\text{(황의 산화)}: 2\ Cu_2S + 3\ O_2 \longrightarrow 2\ Cu_2O + 2\ SO_2$$

$$\text{(구리 환원)}: 2\ Cu_2O \longrightarrow 4\ Cu + O_2$$

구리는 **청동**(bronze)의 주성분으로 역사적으로 중요한 위치를 차지했다. 전통적인 청동은 구리 ~90%와 주석 ~10%로 이루어진 **합금**(alloy, 두 가지 이상의 원소가 혼합된 것)이다. 연청동이라고 불리는 또 다른 형태는 주석이 6%만 함유되어 있다. 전통 청동은 더 단단하여 칼날에 사용되었고, 연청동은 더 물러서 투구와 갑옷에 사용되었다. 청동 합금은 순수 구리보다 단단하기 때문에 무기나 보트, 선박 부속품과 같은 다양한 용도에 더 적합하다. 청동 기술을 배운 사회는 세계에서 더 지배적인 역할을 맡게 되었다.

오늘날 구리는 뛰어난 전기 전도성으로 인해 여전히 매우 가치가 높다. 전 세계 건물의 전기 배선은 대부분 구리로 만들어져 있다. 구리는 미적 가치뿐만 아니라 열 전도성 때문에 지붕 재료로 사용되기도 한다. 또한 배관으로도 매우 인기 있는 소재이다. 구리의 부차적인 용도는 주화인데, 로마 시대부터 로마 황제의 이미지가 새겨진 청동 동전이 사용되어 왔다. 미국에서는 구리로 도금된 1센트 동전이 여전히 사용되고 있다.

▲ 청동검(왼쪽)과 강철검(오른쪽)의 예

철과 강철

자연 형태의 철은 구리보다 거의 단단하지 않다. 하지만 탄소와 합금하여 **강철**(steel)을 만들면 그 결과는 크게 달라진다. 강철은 어떤 청동 합금보다 훨씬 단단하며, 강철 무기는 거의 항상 청동 무기보다 우월하다. 그럼에도 불구하고 철과 강철의 생산 기술은 두 가지 이유로 구리나 청동보다 훨씬 뒤처져 있었다. 철은 산소 및 유황과 매우 쉽게 반응하기 때문에 자연에서 결합되지 않은 상태로 발견되지 않는다. 또한 구리(1,084 ℃)나 청동(600 ℃~950 ℃)보다 훨씬 더 높은 온도(1,536 ℃)에서 녹는다.

아주 뜨거운 불 속에서 붉은빛을 띠는 철광석과 부순 석탄을 섞어 녹은 철을 만드는 방법이 기원전 1500년경 메소포타미아에서 발견되었다. 현대에는 철광석을 제련하는 고로(용광로)에서 '코크스'라고 불리는 정제된 형태의 탄소를 환원제로 사용하며, 이는 농축된 철광석 알갱이과 혼합되어 사용된다. 석회석을 첨가하여 규산염 불순물과 결합하여 '슬래그'를 만든다.

먼저, 용광로에 유입되는 공기의 양을 제한하여 탄소를 일산화 탄소로 전환한다.

$$2\ C(s) + O_2(g) \longrightarrow 2\ CO(g)$$

그런 다음 일산화 탄소가 광석의 산화철을 금속 철로 환원시킨다.

$$Fe_2O_3(s) + 3\ CO(g) \longrightarrow 2\ Fe(l) + 3\ CO_2(g)$$

액체 상태의 철을 주형에 부어 굳힌 다음(**주철**이라고도 함) 제철소로 보내 유용한 물건으로 바꾸어 만든다. 일반적으로 주철은 다시 녹여 정제된다. 다른 금속을 첨가하여 다양한 용도의 합금을 만들 수 있다.

알루미늄: 풍부하고 밀도가 낮은 금속

알루미늄은 지구 지각에서 가장 풍부한 금속이지만, 대부분은 알루미늄 함유 점토에 희박하게 분포되어 있다. 이 금속은 다른 화합물과 단단히 결합되어 있고, 광석에서 추출하려면 상당한 에너지가 필요하다. 그럼에도 불구하고 알루미늄은 다양한 용도로 철을 대체하고 있다. 전 세계 알루미늄 생산량은 연간 약 6,300만 톤으로, 철 생산량인 연간 약 1억 6,300만 톤에 이어 두 번째이다.

알루미늄의 주요 광석은 **보크사이트**, 즉 불순물이 섞인 산화 알루미늄(Al_2O_3)이다. 산화 알루미늄은 2,000 ℃가 훨씬 넘을 때까지 녹지 않아 환원제로 탄소를 사용하면 잘 작동하지 않기 때문에, 산화물에서 순수한 알루미늄을 추출하는 방법을 찾는 것이 중요한 과제였다. 1880년대 이전에는 금속 알루미늄으로 만들어진 제품은 거의 존재하지 않았다. 1886년에 오하이오주 오벌린대학을 갓 졸업한 Charles Martin Hall이 그 공정을 발견했고, 곧 알코아 회사의 공동 창립자 중 한 명으로 부자가 되었다. 불순물이 섞인 Al_2O_3는 약 1000 ℃에서 녹은 빙정석(Na_3AlF_6) 용액 속의 알루미늄 이온을 전기분해하여 환원된다. 냄비, 프라이팬, 쿠킹 호일부터 낚시 보트, 카누, 음료수 캔, 기계 부품에 이르기까지 오늘날 알루미늄으로 만들어진 무수히 많은 일상 용품을 생각해보자.

알루미늄 1톤(1 t = 1000 kg)을 생산하려면 2톤의 산화 알루미늄과 17,000 kWh의 전기가 필요하다. 이 전기를 석탄으로 생산하면 약 16 t의 이산화 탄소가 대기로 방출된다. 추가 제련을 통해 모든 알루미늄 제품의 출발 물질인 알루미늄 주괴가 생산된다.

알루미늄은 가볍고 튼튼하다. 알루미늄으로 만든 물건의 밀도는 3 g/cm^3 미만으로 강철로 만든 물건의 밀도의 약 1/3에 불과하다. 알루미늄은 철보다 훨씬 더 반응성이 높지만 부식은 훨씬 더 느리게 진행된다. 갓 제조된 알루미늄 금속은 산소와 빠르게 반응하여 표면에 단단하고 투명한 산화 알루미늄 막을 형성한다. 이 피막은 금속이 더 이상 산화되지 않도록 보호한다. 반면 철은 다공성이고 벗겨지는 산화 피막을 형성한다. 금속을 보호하는 대신 이 코팅은 벗겨져서 추가 산화가 일어난다.

철과 알루미늄 생산의 환경적 비용

강철과 알루미늄은 현대 산업 사회에서 필수적인 역할을 담당하지만, 둘 다 상당한 환경적 비용을 치르며 생산된다.

제철소와 알루미늄 공장 모두 상당한 양의 폐기물을 배출한다. 이러한 폐기물로 인한 환경 피해는 2010년 헝가리 콜론타르에서 '붉은 진흙'으로 알려진 알루미늄 폐기물 100만 m^3가 주변 환경으로 방출된 사건으로 입증된 바 있다. 이 유출 사고로 10명이 사망하고 인근 마르칼강에 서식하던 모든 생명체가 죽었다. 이 '붉은 진흙'은 다뉴브강으로 흘러들어가 더 큰 피해를 입혔다. 개발도상국의 금속 생산으로 인한 오염은 여전히 큰 문제이다.

광석에서 알루미늄을 생산하는 것은 철강 생산보다 에너지가 많이 들지만, 알루미늄의 밀도가 낮기 때문에 향후 에너지를 절약할 수 있다. 주로 알루미늄으로 만든 자동차는 강철로 만든 자동차보다 훨씬 가볍기 때문에 작동하는 데 훨씬 적은 에너지가 필요하다.

또한 알루미늄은 재활용성이 높다. 알루미늄 음료 캔을 예로 들어보자. 캔을 재활용하는 데는 새 캔을 만드는 데 필요한 에너지의 5%가 필요하다. 에너지 비용 측면에서 보면 재활용 캔 20개는 새 캔 1개와 맞먹는다. 따라서 재활용은 환경적으로나 경제적으로나 매우 지속가능한 활동이다. 알루미늄 캔이나 다른 거의 모든 알루미늄 제품을 쓰레기통에 버리는 것은 환경적으로 해롭고 낭비이다. 그러니 마시고 난 알루미늄 캔은 재활용하자.

5 칼은 단단하고 날카롭지만 종이 클립은 구부러지는 이유는 무엇인가?

스테인리스 칼은 강도를 위해 크롬이 13% 이상 함유되어 있으며, 어떤 칼은 망간/철 합금을 사용한다. 종이 클립은 주로 철로 이루어진 단순한 강철로 만들어지며, 탄소가 소량 포함되어 있다.

"저 언덕에는 황금이 묻혀 있소!"

앞서 언급했듯이, 자연에서 (**천연 금속**이라고 부르는) 순수한 상태로 발견되는 금속은 비교적 적다. 이러한 금속은 일반적으로 상업적 개발이 불가능할 정도로 소량으로 존재하기 때문에 찾기가 매우 어렵다. 금, 은, 구리, 백금이 가장 잘 알려져 있지만 주기율표의 중간 부분에서 발견되는 많은 금속이 자연에서 순수한 형태로 발견되는 경우는 매우 드물다.

귀금속의 존재 여부는 역사적으로 국가의 흥망성쇠에 중요한 요인이었다. 고대에 이집트는 지배적인 문화였다. 이집트 유적에서 수천 개의 금 유물이 발견되었다. 투탕카멘왕의 무덤에는 최소 1000 kg의 금이 들어 있었는데, 이는 당시(기원전 ~1300년) 전 세계에서 사용되던 금의 상당 부분으로 추정된다. 순금 110 kg으로 만든 그의 관만 해도 약 470만 달러(온스당 1,328달러)에 달한다.

금이 발견될 수 있는 새로운 지역이 발견되어 사람들이 대규모로 이주했다. 1848~1849년에 수십만 명의 사람이 부자가 되기 위해 캘리포니아 중부로 몰려들었던 캘리포니아 골드러시를 생각해보자. 금 외에도 은, 백금, 팔라듐, 기타 귀금속은 오늘날 상업, 전자, 장신구 분야에서 중요한 상품이기 때문에 활발하게 채굴되고 있다.

기타 중요한 금속

그 외에도 많은 중요한 금속이 현대 기술에 필수적이다. 첨단 기술 응용에 사용되는 몇몇 금속이 표 6.5에 나와 있다. 미국에서는 고급 광석의 대부분이 고갈되었으며, 표 6.5에 나와 있는 것처럼 최근 많은 필수 광물을 수입에 의존하고 있다. 다른 국가의 금속 매장량도 고갈되고 있다.

어떻게 금속이 부족할 수 있을까? 원자는 보존되지 않는가? 그렇다. 지구에는 100년 전과 마찬가지로 많은 철이 존재하지만, 우리는 이를 사용하면서 환경 전체에 금속을 흩뿌린다. 그렇기 때문에 에너지 절약을 넘어 재활용과 같은 지속가능한 실천이 중요하다.

▲ 구리로 만든 세계 각국의 동전, 황동(구리/아연 합금)으로 만든 동전, 두 부분으로 된 동전, 다양한 구리/니켈 합금으로 만든 동전의 예이다. 가장 작은 중국 동전은 알루미늄으로 만들어졌다.

화폐 주조

동전은 기원전 수백 년 전부터 사용되어 왔다. 고대 그리스와 로마의 동전은 여전히 수집품과 박물관에 존재하며, 일반적으로 황동(Cu와 Zn) 또는 청동(Cu와 Sn)과 같은 구리 또는 구리 합금으로 만들어 황제나 군대 지도자의 모습이 새겨져 있다. 금화와 은화는 로마 시대까지 거슬러 올라간다. 로마 은화 데나리온은 하루 노동의 가치가 있었고, 과부의 적은 헌금(프루타, 이스라엘 공화국의 화폐 단위)은 가장 작은 유대 동전으로, 둘 다 기독교 신약성경에 언급되어 있다. 중국 동전은 적어도 기원 8세기부터 활발하게 사용되었고, 유럽과 중동 동전은 중세부터 사용되었다.

현대 주화는 금속 합금으로 구성되어 있으며, 주로 구리, 아연, 니켈, 알루미늄을 사용하여 다양한 모양과 크기의 두 가지 금속 또는 층으로 된 주화를 만든다. 현재 미국 페니는 아연이 구리보다 훨씬 저렴하기 때문에 아연에 얇은 구리 층으로 구성되어 있다. 안타깝게도 여전히 1페니를 주조하는 데 거의 2센트의 비용이 든다. 캐나다는 2013년에 페니 주조를 중단했으며, 미국도 향후 어느 시점에 주조를 중단할 가능성이 있다. 금화와 은화는 거의 한 세기 동안 일반적으로 사용되지 않았다. 1933년 미국 조폐국에서 44만 5,000여 개의 더블 이글 금화(20달러짜리 금화)를 주조했지만, 대공황 당시 행정명령 6102호에 의해 대부분은 회수되어 녹여졌다. 미국과 남아프리카공화국을 비롯한 일부 국가에서는 일상적인 상업용이 아닌 수집가들을 위해 금과 은으로 귀금속 주화를 주조하고 있다. 화폐 수집은 대중적인 취미이다.

표 6.5 기술적으로 중요한 금속

금속	매장국	용도	전세계 연간 생산량(t)
인듐	중국, 캐나다	LCD 디스플리에와 광전지용 투명 전도 코팅	655
리튬	칠레, 아르헨티나	공구, 노트북, 디지털 카메라, 휴대폰용 배터리	35,074
팔라듐	러시아	촉매변환기, 전자기기용 에너지 저장 축전기	208
백금	남아공, 러시아	촉매변환기, 컴퓨터 하드 드라이브, LCD 디스플레이용 유리, 연료 전지	200
희토류	중국	전자기기, 고효율 에너지 기술	126,000
유로퓸		CRT 디스플레이의 적색 인광체	
세륨		상업적 촉매, 유리 연마제, 자체 세척 오븐	
네오디뮴		강력 자석과 레이저의 재료	
이트륨	중국	형광등, 세라믹, 레이저	5000
탄탈럼	콩고민주공화국, 르완다	컴퓨터, 디지털 카메라, 휴대폰의 축전기	1100

자가평가문제

1. 자연 상태에서 발견될 가능성이 가장 높은 금속은 무엇인가?
a. 알루미늄 **b.** 구리 **c.** 철 **d.** 소듐

2. Cu_2S에서 구리를 생산할 때 부산물은 무엇인가?
a. CuO **b.** CO_2 **c.** S **d.** SO_2

3. 청동은 Cu와 무엇의 합금인가?
a. Fe **b.** Pb **c.** Sn **d.** Zn

4. 강철 제조에서 탄소의 역할은 무엇인가?
a. 환원제와 경화제 **b.** 산화제와 연화제
c. 환원제와 연화제 **d.** 산화제와 경화제

5. (a) 전기 분해, (b) 열, (c) 탄소라는 용어를 한 번씩 사용하여 다음 문장을 완성하라.
알루미늄 광석은 _______로 환원된다.
구리 광석은 _______로 환원된다.
철 광석은 _______로 환원된다.

6. 보크사이트는 무엇에 불순물이 섞인 것인가?
a. Al_2O_3 **b.** Cu_2S **c.** Fe_2O_3 **d.** 금

7. 다음 중 알루미늄의 산화수가 변하는 반응은 무엇인가?
a. $2\ Al(OH)_3 \longrightarrow Al_2O_3 + 3\ H_2O$
b. $Al_2O_3 + 2\ NaOH + 3\ H_2O \longrightarrow 2\ NaAl(OH)_4$
c. $NaAl(OH)_4 \longrightarrow Al(OH)_3 + NaOH$
d. 없음

8. 알루미늄 캔을 재활용하는 것보다 새 알루미늄 캔을 만드는 데 얼마나 더 많은 에너지가 필요한가?
a. 2배 **b.** 10배 **c.** 20 배 **d.** 50 배

9. 청동의 주석 함량이 더 _____질수록, 더 ______진다. 빈칸에 알맞은 내용은 무엇인가?
a. 낮아, 단단해 **b.** 높아, 단단해
c. 높아, 물러 **d.** 답 없음

10. 구리의 용도에 해당하지 않는 것은 무엇인가?
a. 전선과 케이블 **b.** 아연 도금 강철
c. 층으로 된 주화 **d.** 청동 조각상

정답: 1. b, 2. d, 3. c, 4. a, 5. a-b-c, 6. a, 7. d, 8. c, 9. b, 10. b

6.5 염과 '식염'

학습 목표
- 염화 소듐이 인류 역사상 가장 중요한 광물 중 하나였던 이유를 설명한다.
- 소금이 어떻게 미생물을 죽이는지 서술한다.
- 겨울철 암염으로 어는점이 낮아지는 원리를 설명한다.

우리는 양전하를 띤 금속 이온과 음전하를 띤 비금속 이온 또는 다원자 이온이 질서 정연하게 기하학적으로 배열되어 염이 만들어진다는 것을 알 수 있다. 이온성 염은 산이 염기와 반응한 생성물이다(4.5절). 가장 단순한 염은 할로젠화 이온 Cl^-, F^-, Br^-, I^-와 알칼리 금속(1족) 이

▲ 황량한 볼리비아의 우유니 사막은 세계에서 가장 큰 소금 평원으로, 산업과 가정에서 널리 사용되는 물질인 염화 소듐을 엄청나게 많이 가지고 있다. 대부분의 염화 소듐은 소금 호수와 바다에서 얻는다. 물은 증발하고 고체는 더미로 쌓인다. 건조, 정제, 포장 과정을 거쳐 식염으로 우리 주방에 들어온다.

온이 결합한 것이다.

지구상에서 가장 풍부하고 21세기까지 인류 역사상 가장 중요한 할로젠화 알칼리 금속은 염화 소듐(NaCl)이다. 수천 년 동안 염화 소듐의 가장 중요한 용도는 음식의 맛을 내는 것이 아니었다.

초기 사람들은 미생물이 신선한 고기와 생선을 분해하거나 박테리아가 상처에 감염을 일으킨다는 사실을 몰랐지만, 대부분의 초기 문화권에서는 고기를 소금에 절이면 음식 보존에 도움이 되고 상처를 소금으로 닦으면 감염을 예방할 수 있다는 것을 깨달았다. '급여(salary)'라는 단어는 '소금(salt)'에서 유래했는데, 많은 로마 군인의 급여 중 일부가 소금을 구입할 수 있는 수당이었기 때문이다. 고대 그리스에서는 소금이 노예와 거래되었고, 소금은 유럽과 미국의 역사, 특히 미국 독립 혁명부터 미국 서부 정착에 이르기까지 전쟁에서 중요한 역할을 했다. 지하 염수 공급원 근처, 고체 소금 매장지 근처 또는 소금물 증발 연못을 가꿀 수 있는 바다 근처에 정착지가 건설되었다. 소금은 고대부터 현재까지 주요 무역로를 따라 소금을 쉽게 구할 수 없는 지역으로 운반되었다. 고대 이집트의 종교 의식에서 가죽 무두질에 사용되는 것부터 정부의 주요 수입원으로서의 세금에 이르기까지 소금은 인류 역사와 불가분의 관계에 있다.

소금은 **삼투현상**이라는 과정을 통해 미생물을 죽인다. 이 과정에서 이온의 농도를 '균등화'하기 위해 물 분자가 세포벽을 통해 세포 표면의 염 또는 소금 용액 쪽으로 이동하기 때문에, 세포의 탈수를 초래한다. 현대 사회에서 선진국 사람들은 냉장 보관과 많은 시판 소독제가 있지만, 개발도상국에서는 여전히 육류 보존과 감염 예방을 위해 소금이 중요하다.

오늘날 암염(주로 NaCl과 소량의 불순물)은 겨울철 지방 자치 단체와 고속도로의 주요 지출을 구성하는데, 도로의 얼음과 눈을 녹이는 일에 (보통 견인력을 위해 모래와 혼합해서) 사용되기 때문이다. 뉴욕주에서는 연평균 100만 톤 이상의 암염이 도로에 사용된다! 그리고 이 수치는 연간 뉴욕주 도로에 적용되는 백만 갤런 이상의 염수(소금) 용액도 포함되지 않은 것이다.

도로와 보도에 소금을 뿌리는 것이 효과를 내는 이유는 **용액**에 이온이 존재하면 액체의 어는점이 낮아지기 때문이다. 과학자들은 이 현상을 **어는점 내림**이라고 말한다. 암염을 물에 녹이면 용액에 소듐(Na^+)과 염화(Cl^-) 이온이 방출된다. 이것이 왜 일어나는지 상상하는 한 가지 방법은 용액에 존재하는 이온이 얼음 구조를 형성하는 물 분자를 '방해'한다고 생각하는 것이다. 그러나 도로에 소금을 뿌리는 것의 효과에는 한계가 있는데, 이는 모든 염의 물에 대한 용해도 한계가 있기 때문이다. 물에서 NaCl의 용해도는 물 100 g 당 약 35 g이다. (이 책의 범위를 벗어난) 계산에 따르면 외부 온도가 약 −22 ℃보다 더 추우면 얼음이 녹지 않는 것으로 나타났다.

식염은 분명히 많은 음식에 사용되며, 적어도 서구 문화권에서는 소금통이 대부분의 식탁에서 영구적인 자리를 차지한 것 같다. 식단에 있는 소금과 다른 광물에 대해 10장에서 자세히 설명한다.

자가평가문제

1. 역사상 NaCl의 주요 용도에 해당하지 않는 것은 무엇인가?
   a. 음식 맛을 좋게 만들기 위해
   b. 얼음을 녹이기 위해
   c. 소화를 개선하기 위해
   d. 상처의 감염을 예방하기 위해

2. 암염이 겨울철 도로에 사용되는 이유는 무엇인가?
   a. 소금은 물보다 얼음에 더 잘 녹는다.
   b. 소금 분자는 어는점에 영향을 미친다.
   c. 소금은 견인력을 돕는다.
   d. 이온은 물의 어는점을 낮춰준다.

정답: 1. c, 2. d

6.6 보석과 준보석

학습 목표 • 보석의 주요 성분과 성질을 명명하고 서술한다.

▲ 아름답게 면을 깎은 보석들. 왼쪽부터 파란색 사파이어, 빨간색 루비, 초록색 에메랄드, 다이아몬드, 파란색 남옥, 노란색 황옥, 분홍색 사파이어이다.

비교적 희귀한 보석과 준보석은 역사에서 중요한 역할을 해왔다. 역사 속의 왕과 여왕들은 보석으로 장식된 화려한 장신구와 왕관을 착용해왔다. 오늘날 보석은 현대 경제와 비즈니스에서 중요한 틈새시장을 형성하고 있다. 다이아몬드 톱은 가장 단단한 재료를 자르는 데 사용된다. 대부분의 서구 사회에서 다이아몬드나 다른 보석이 세팅된 약혼 반지는 결혼에 대한 헌신의 상징으로 가장 흔하게 사용된다. 놀랍게도 현재 워싱턴DC의 국립자연사박물관에 전시되어 있는 파란색 희망 다이아몬드와 같이 유색 다이아몬드도 있다.

보석에는 다이아몬드, 루비, 사파이어, 에메랄드 등이 있다. 상대적으로 희귀하고, 경도가 높고(다이아몬드가 가장 단단하고 나머지 세 가지는 석영보다 단단함), 투명도가 높으며, 절단이나 연마를 통해 반사도 높은 표면(반짝임)을 만들 수 있다. 덜 단단하고, 더 흔하며, 덜 화려한 색상을 가진 것들은 준보석으로 분류되며 일반적으로 가격이 저렴하지만, 당연히 보석의 크기와 눈에 띄는 결함도 가격에 중요한 영향을 미친다. 준보석에는 황옥, 남옥, 자수정, 탄자나이트(원래 탄자니아에서 발견됨) 등이 있다.

6 보석은 무엇으로 만들어졌는가?

다이아몬드는 단지 탄소 원자로 이루어져 있고, 각 탄소 원자가 다른 4개의 탄소 원자와 결합하여 무한히 연결된 구조이다. 다른 보석은 산화 알루미늄이 결정화되거나 미량의 불순물이 포함된 Be 원자가 구조에 결합되어 색을 낸다. 베릴륨은 에메랄드, 녹주석, 남옥, 금록옥 등 많은 보석의 필수 구성 성분이기 때문에 보석 세계에서 잘 알려진 원소이다.

보석은 높은 온도와 압력, 느린 냉각의 조건에서 형성되어 그 광물 고유의 결정 구조를 형성하기 때문에 희귀성이 있다. 예를 들어 러시아에서는 우랄 산맥의 작은 지역에서 이러한 조건이 발생했는데, 이곳의 에메랄드 '벨트'는 폭이 25 km, 길이가 1 km 미만이다. 에메랄드는 콜롬비아, 잠비아, 브라질에서도 발견된다. 루비는 아시아(특히 인도와 태국)에서, 사파이어는 마다가스카르, 스리랑카, 기타 지역에서 발견된다.

놀랍게도 보석의 원소 구성은 매우 평범해 보인다. 다이아몬드는 순수한 탄소이지만, 다이아몬드의 모든 탄소 원자는 높은 열과 압력의 조건에서 자연에서 형성된 매우 안정적인 구조(그림 6.8)인 연속적인 사면체에서 다른 탄소 원자 4개와 공유 결합을 하고 있다. 흑연도 순수한 탄소이지만 육각형 패턴으로 결합된 탄소 원자층으로 구성되어 있다. 흑연은 층이 서로 쉽게 미끄러질 수 있기 때문에 연필이나 윤활제로 사용된다. 불타는 집에 남겨진 다이아몬드는 순수한 탄소이기 때문에 산화되어 매우 비싼 이산화 탄소로 사라질 가능성이 높다.

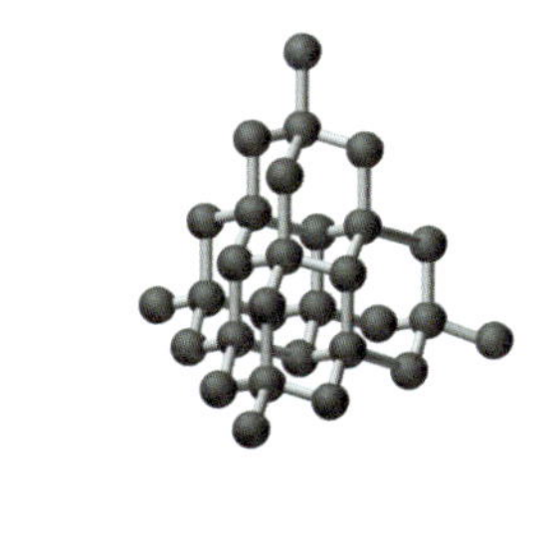

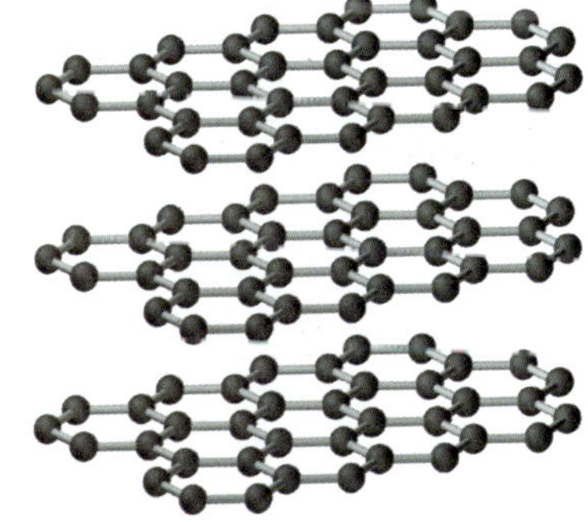

▲ **그림 6.8** 다이아몬드와 흑연의 구조. 다이아몬드에서 모든 탄소 원자는 3차원 공간에서 사면체가 '무한히' 반복되는 구조로 다른 탄소 원자 4개와 공유 결합하고 있다. 흑연에서는 탄소 원자층이 서로 느슨하게 결합되어 반복되는 육각형을 형성한다.

사파이어와 루비는 산화 알루미늄(Al_2O_3)인 강옥이라는 광물로 만들어졌지만, 약간 왜곡된 팔면체 모양으로 구성된 매우 단단한 형태이다. 두 보석의 차이점은 특정 미량 원소가 존재한다는 것이다. 다이아몬드만이 사파이어와 루비보다 더 단단하다. 루비에는 Al^{3+} 이온을 대체하는 약 1%의 크롬 이온(Cr^{3+})이 포함되어 있다. 크롬이 겪는 에너지 전이는 알루미늄과 다르다. 미량의 크롬 이온은 부딪히는 황록색과 보라색 빛의 대부분을 흡수하고 빨간색과 파란색은 모두 반사하여 눈에 보이는 분홍빛이 도는 붉은색을 띠게 된다. 루비는 자외선이 닿으면 선명한 밝은 빨간색으로 형광을 발한다.

반면에 사파이어는 산화 알루미늄의 왜곡된 결정 구조에 미량의 티타늄 이온(Ti^{4+})과 철 이온(Fe^{2+})이 나란히 쌍으로 존재하기 때문에 파란색을 띠게 된다. 전자기 스펙트럼의 노란색 부분에 있는 광자가 흡수되면 그 에너지가 철 이온에서 티타늄 이온으로 전자를 전달하는 데 도움이 되므로, 눈에 파란색만 반사된다.

에메랄드는 이와 다르며 매우 미량의 크롬이 함유된 베릴륨 알루미늄 규산염으로 이루어진다. 이 경우 베릴륨 원자는 가능한 전자 전이를 약화시키고, 전자기 스펙트럼의 노란색에서 빨간색 부분과 보라색 부분의 일부 광자는 흡수되지만, 녹색 빛은 모두 눈에 반사된다.

준보석은 종종 장신구로 만들어지기도 한다. 불순물이 있는 석영에는 캐나다 수페리어 호수 해안선 근처에서 발견되는 자수정, 황수정, 남옥, 황옥 등이 있으며, 금속 불순물이 있는 석영 또는 강옥이 있다. 진주는 주로 탄산 칼슘이다. 많은 사람은 준보석에 치유 또는 초자연적인 성질이 있다고 믿는다. 예를 들어 한 웹사이트에 따르면 주황색 방해석(철 불순물이 포함된 $CaCO_3$)은 에너지 증폭기라고 주장하며 "당신이 가진 모든 재능을 촉진시키고 몸에 존재하는 오염을 제거하며, 몸의 긍정적 에너지를 증가시키고 부정적인 에너지를 쫓아낸다"라고 한다. 돌에서 문질러진 원자가 피부에 들어가 이러한 효과를 일으킬 수 있다는 과학적 증거는 없다.

자가평가문제

1. 사실이 아닌 것은 무엇인가?
   a. 다이아몬드는 탄소 원자로만 이루어져 있다.
   b. 루비는 탄소로 만들어지고 크롬 이온을 불순물로 포함한다.
   c. 사파이어와 루비는 모두 알루미늄 산화물로, 결정 구조에 다른 미량 금속이 포함되어 있다.
   d. 진주의 대부분은 탄산 칼슘이다.
2. 다이아몬드와 관련하여 옳지 않은 설명은 무엇인가?
   a. 탄소 원자가 층으로 결합되어 있다.
   b. 루비와 에메랄드를 잘라 면을 만드는 데 사용된다.
   c. 지구상에서 알려진 가장 단단한 광물이다.
   d. 때때로 색이 있는 경우도 있다.
3. 준보석에 대한 설명으로 옳은 것은 무엇인가?
   a. 다이아몬드와 루비보다 더 비싸다.
   b. 다이아몬드와 마찬가지로 주로 탄소로 만들어진다.
   c. 일반적으로 금속 이온 불순물이 있는 알루미늄 산화물 또는 석영으로 만들어진다.
   d. 초자연적인 힘을 가지고 있다.

정답: 1. b, 2. a, 3. c

6.7 지구의 줄어드는 자원

학습 목표
- 고형 폐기물의 주요 성분을 나열한다.
- 쓰레기의 3R을 명명하고 서술한다.

▲ 유럽인이 처음 북미에 도착했을 때, 사진에 보이는 천연 구리는 쉽게 구할 수 있었고 아메리카 원주민이 사용하고 있었다. 오늘날 미국에서는 황동광($CuFeS_2$), 반동광(Cu_5FeS_4), 휘동광(Cu_2S) 등 구리가 0.6% 미만인 광석이 채굴되고 있다.

수십 년 동안 국제 정치는 금속과 광물을 포함한 다양한 원자재의 부족과 높은 가격의 위협을 야기했다. 미국은 구리와 철과 같은 고급 금속 광석이 고갈되었다. 한때 광부들은 순금과 은 덩어리를 발견하기도 했지만, 북미 서부의 '영광의 구멍'은 이미 오래 전에 사라졌다. 이제 광석 1톤당 금이 1온스도 채 나오지 않는 광석을 채굴한다. 선진국들이 쉽게 접근할 수 있는 고급 금속 광석은 거의 남아 있지 않다.

저급 광석의 문제점은 무엇인가? 동일한 양의 금속을 얻기 위해 더 많은 물질을 채굴해야 하기 때문에 환경 파괴가 더 심하고, 광석을 농축하는 데 더 많은 에너지가 필요하다. 환경 정화와 에너지 모두 비용이 든다. 비유를 들어 보자. 팝콘 한 봉지는 유용하다. 팝콘을 튀겨 먹을 수 있다. 하지만 같은 팝콘이 방 여기저기에 흩어져 있다면 유용성이 떨어진다. 물론 모두 모아서 튀길 수도 있겠지만, 그렇게 하려면 많은 에너지가 소모되고 팝콘을 튀긴 후 먹는 데 드는 에너지보다 더 많은 에너지가 필요할 수도 있다.

현대 사회는 화학 물질에 크게 의존하고 있으며, 일상 제품에 사용되는 수많은 화학 물질을 만드는 데 사용되는 많은 주요 원소의 매장량이 빠르게 고갈되고 있다. 예를 들어 자동차에 사용되는 촉매 변환기에는 백금, 로듐, 팔라듐이 사용된다. 이러한 귀중한 원소의 대부분은 자동차가 폐차될 때 재활용되지만, 이 금속들 중 일부는 자동차의 배기관을 통해 손실된다. 또 다른 예는 인듐이다. 인듐에 왜 관심을 가져야 할까? 물론 휴대폰이나 태블릿, 노트북 또는 디스플레이 화면이 있는 기타 전자기기를 가지고 있을 것이다. 아니면 태양광 패널이 밀집된 곳을 지나가 봤을 수도 있다. 이 모든 것에는 인듐이 포함되어 있다. 이제 디바이스 수에 수십억 개를 곱하고 연간 교체 대수를 5억 개 정도로 더해보자. 이러한 장치에 소량의 인듐만 포함되어 있어도 연간 톤 단위의 인듐이 추가된다. 현재 우리는 인듐을 재활용하지 않고 있으며, 재활용하는 것은 큰 도전이 될 것이다. 결국 인듐을 구하는 것은 지금보다 더 어려워질 것이다.

현재 우리가 사용하는 화학 물질에서 어떻게 하면 현재 우리가 가지고 있는 모든 문제를 일으키지 않는 새로운 종류의 화학 물질로 전환할 수 있을까? 가능하긴 하지만, 이를 위해서는 조속히 움직여야 한다. 그 해답의 대부분은 화학 연구에 있다.

▲ 미래에는 금속을 어디서 얻을 수 있을까? 한 가지 가능한 공급원은 바다이다. 망간이 풍부한 단괴는 해저의 광대한 지역을 덮고 있다. 이 단괴에는 구리, 니켈, 코발트도 포함되어 있다. 이 광물들의 소유권은 누구에게 있는지, 어떻게 하면 큰 환경 파괴 없이 채굴할 수 있는지에 대한 의문은 아직 해결해야 할 과제로 남아 있다.

우리의 우주선은 얼마나 붐비는가

매일 사람이 죽고 사람이 태어나지만, 태어나는 사람이 죽는 사람보다 약 20만 명 더 많다. 5일마다 세계 인구는 100만 명씩 증가하며, 2018년에는 75억 명을 넘어섰다.

그림 6.9는 인구 증가에 대한 그림이다. 수만 년 동안 인류 인구는 수억 명을 넘지 않았다. 1800년경이 되어서야 10억 명에 도달했고, 그 이후에는 증가율이 급격히 높아졌다. 세계 인구는 20세기 동안 4배로 증가했으며, 1960년대에는 연간 약 2.05%의 증가율로 정점을 찍었다. 2017년의 증가율은 연간 1.10%였다. 유엔경제사회국 인구부는 2050년 세계 인구가 98억 명, 2100년에는 112억 명에 이를 것으로 예상하고 있다. 우주선인 지구는 얼마나 많은 인구를 수용할 수 있을까? 많은 사람은 우리가 이미 지구의 최적 인구를 넘어섰다고 생각하며, 자원을 둘러싼 갈등이 증가하고 환경 오염이 증가할 것으로 예측한다.

수 세기 동안 거의 변화가 없던 지구의 인구가 왜 이렇게 빠르게 증가하기 시작했을까? 인구 증가는 출생률과 사망률에 따라 달라진다. 이 두 가지가 같으면 인구 증가율은 0이 된다. 수천 년 동안 거의 같은 비율을 유지하던 사망률은 19세기 과학의 발전으로 선진국의 사망률이 감소하기 시작했다. 그러나 출생률은 거의 변하지 않았고 인구는 빠르게 증가했다. 이러한 변화는 1950년대 저개발 국가에도 영향을 미쳐 사망률은 급격히 떨어졌지만, 출생률은 여전히 높아 인구 폭발을 일으켰다.

최근 몇 년 동안 선진국을 중심으로 인구 증가세가 상당히 둔화되었다. 과학의 발전으로 사망률은 계속 감소하고 있지만, 특히 유럽과 동아시아에서 출생률도 감소하고 있다. 저개발국에서는 출생률 감소가 더 천천히 진행되고 있다. 사람이 많아지면 처리해야 할 폐기물도 많아진다. 계속 증가하는 폐기물을 처리할 수 있는 기술과 방법을 지속적으로 개발해야 한다.

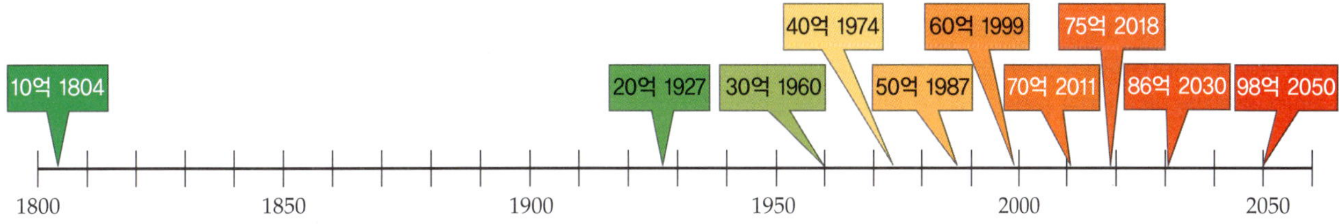

▲ **그림 6.9** 2,000년 전 지구의 인구는 약 3억 명으로 오늘날 미국 인구와 거의 비슷했다. 이후 천 년 동안 인구는 거의 변하지 않았고, 10세기 말에는 3억 1,000만 명에 불과했던 것으로 추정된다. 1804년경에 10억 명에 도달했고 2018년에는 76억 명에 육박했다. 이 그래프는 지구 인구에 10억 명이 추가되는 간격을 보여주고, 2030년과 2050년에 대한 예측도 나와 있다. 출처: United Nations, World Population Prospects: The 2017 Revision, New York: 2017.

자가평가문제

1. 쓰레기의 3R은 무엇인가?

a. 줄이기(reduce), 재활용(recycle), 재배치(redeploy)
b. 재사용(reuse), 재배치(redeploy), 재활용(recycle)
c. 재사용(reuse), 재처리(reprocess), 재활용(recycle)
d. 줄이기(reduce), 재사용(reuse), 재활용(recycle)

2. 매립지에 버리는 쓰레기 중 가장 큰 비중을 차지하는 물질은 무엇인가?

a. 음식 b. 금속 c. 종이 d. 플라스틱

정답: 1. d, 2. c

녹색 화학 핵심 원소의 공급 위기

David Constable, ACS Green Chemistry Institute

원칙 2, 3, 6, 7

학습 목표
- 현대 사회에서 매일 사용하는 제품 중 지구에 풍부하지 않아 풍부한 다른 재료로 대체해야 하는 몇 가지 중요한 원소를 확인한다.
- 중요한 원소의 재활용과 재사용이 지속가능하지 않은 이유를 서술한다.

이런 식으로 생각하지 못했을 수도 있지만, 화학자들도 대피소를 짓는 방법을 고민하기 시작한 사람들과 비슷하다. 초기 건축가들은 나뭇가지, 돌, 통나무, 진흙, 점토 등 쉽게 구할 수 있는 재료로 집을 지었다. 화학에 관심이 있던 사람들도 비슷한 방식으로 시작했다. 그들은 주위를 둘러보고 같은 종류의 재료를 사용하여 어떻게 다른 것을 만들 수 있을지 생각하기 시작했다. 그들은 돌과 같은 주변 재료가 무엇으로 만들어졌는지, 이 재료로 더 가치 있는 무언가를 만들 수 있는지 궁금해했다. 때로는 물건을 끓이거나 물에 넣어 어떤 일이 일어나는지 보기도 했다. 그러던 어느 날 그들은 딸기나 포도의 즙이 가끔 발효되는 것을 발견했고, 그것을 마셨을 때 기분이 달라지는 것을 보고 기뻐했다. 돌, 식물, 혈액, 깃털 등 주변의 모든 것에서 그들은 실험을 시작했다.

수천 년이 지난 지금도 사람들은 손에 있는 것을 가지고 물건을 만들고 있다. 물론 오늘날 만들어지는 재료는 100년 전보다 훨씬 정교해졌지만, 사람들은 크게 변하지 않았다. 땅의 구멍은 더 크고 깊어졌고, 불은 더 뜨겁거나 더 효율적이며, 고맙게도 우리는 음식과 화학 물질을 얻기 위해 모든 종류의 것을 발효하는 방법을 알고 있다. 하지만 우리는 여전히 육지나 바다, 공중에서 찾을 수 있는 것에 의존하고 있다. 잠시 멈춰서 주변을 둘러보면 지금과 같은 방식으로 모든 것을 채취하고 물건을 만드는 것이 영원히 지속될 수 없다는 것을 깨달을 수 있다.

현대 사회는 화학 물질에 크게 의존하고 있으며, 우리가 일상 제품에 사용하는 수많은 화학 물질을 만드는 데 사용되는 많은 주요 원소의 알려진 매장량이 빠르게 고갈되고 있다. 화학 물질과 제품을 만드는 데 매우 중요한 많은 원소의 경우, 우리는 많은 양의 물질(예를 들어 산처럼 쌓인 암석)을 채취하여, 원하는 원소를 농축하고, 회수 및 재사용하기 어려운 형태로 제품에 분산하고 있다. 이러한 물질을 점점 더 많이 사용하게 되면 원하는 원소를 추출하기가 점점 더 어려워질 것이다. 언젠가는 바다나 저급 광석에서 원소를 얻는 방법을 찾아야 할 것이며, 이는 인적 비용과 환경적 비용이 증가하게 될 것이다.

핵심 원소가 사용되는 몇 가지 예를 살펴보자. 자동차에 사용되는 촉매 변환기에는 전이 금속인 백금, 로듐, 팔라듐 등 여러 가지가 있다. 자동차가 폐차될 때 이러한 귀중한 원소의 대부분은 재활용되지만, 이 금속들 중 일부는 자동차의 배기관을 통해 손실된다. 우리가 휘발유를 사용하는 자동차를 운전하고 더 나은 대기 질을 보장하기 위해 촉매 변환기에 이러한 금속을 사용하는 한, 자동차의 수가 증가한다는 것은 더 많은 금속이 환경으로 손실된다는 것을 의미한다. 우리는 철이나 니켈과 같이 지구에 풍부한 원소에 의존하는 촉매 변환기를 개발하거나 내연기관이나 디젤 엔진에 의존하지 않는 다른 운송 방법을 찾아야 할 것이다.

또 다른 예는 인듐이다. 인듐에 왜 관심을 가져야 할까? 물론 휴대폰이나 태블릿, 노트북, 디스플레이 화면이 있는 기타 전자기기를 가지고 있을 것이다. 아니면 태양광 패널이 밀집된 곳을 지나가 봤을 수도 있다. 이 모든 것에는 인듐이 포함되어 있다. 이제 디바이스 수에 수십억 개를 곱하고 연간 교체 대수를 5억 개 정도로 더해보자. 이러한 장치에 소량의 인듐만 포함되어 있어도 연간 톤 단위의 인듐이 추가된다. 현재 우리는 인듐을 재활용하지 않고 있으며, 재활용하는 것은 큰 도전이 될 것이다. 결국 인듐을 구하는 것은 지금보다 더 어려워질 것이다. 그렇다면 어떻게 해야 할까?

바로 여기에 녹색 화학이 등장한다. 디스플레이의 경우에 현재의 디스플레이를 대체하기 위해 지구에 풍부한 물질이나 유기 발광 다이오드 같은 것을 사용하는 방향으로 나아갈 수 있다. 이것이 바로 전 세계가 고민해야 할 부분이다. 현재 우리가 사용하는 화학 물질에서 어떻게 하면 현재 우리가 가지고 있는 모든 문제를 일으키지 않는 새로운 종류의 화학 물질로 전환할 수 있을까? 가능하긴 하지만, 이를 위해서는 조속히 움직여야 한다.

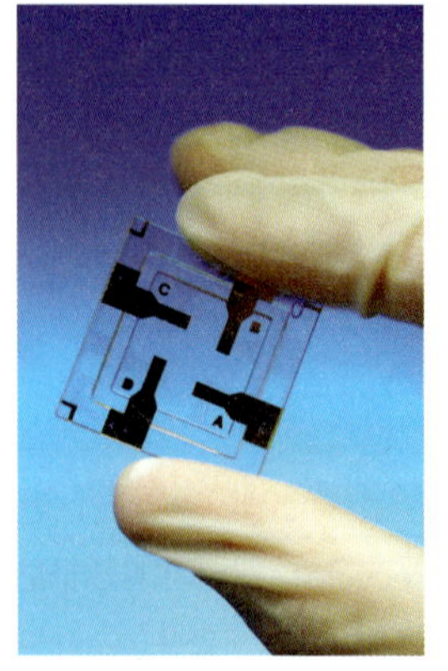

요약

6.1절: 지구는 핵, 맨틀, 지각으로 나뉜다. 핵은 주로 철로 이루어져 있는 것으로 알려져 있다. 지각은 고체 암석권, 액체(물) 수권, 기체 대기권으로 구성된다. 9가지 원소가 지각 내 원자의 96%를 구성한다. 암석권은 주로 규산염, 탄산염, 산화물, 황화물을 포함한 암석과 광물로 구성되어 있다. 암석권은 무기질 성분과 유기 및 생물학적 성분으로 구성되어 있다.

6.2절: 규산염에는 다양한 배열의 SiO_4 사면체가 포함되어 있다. **석영**은 이러한 사면체의 3차원 그물 구조로 구성된 결정질 규산염이다. 모래는 주로 석영이다. **운모**는 SiO_4 사면체 판으로 구성된다. **석면**은 SiO_4 사면체 사슬로 이루어진 섬유질 규산염 광물이다. 석면 노출은 흡연과 함께 **상승 효과**를 일으켜 두 가지를 단순 조합했을 때보다 폐암 발생 위험이 더 높아진다. 점토는 사면체 규소와 팔면체 알루미늄 판으로 구성된 알루미늄 규산염이다. 1:1과 2:1 클레이의 두 가지 유형이 있으며, 2:1 유형은 물에 의해 팽창할 수 있다. 세라믹, 유리, 시멘트는 변형된 규산염이다. **유리**는 녹는점이 고정되어 있지 않은 비결정성 고체이다. 대부분의 유리는 모래, 석회석, 탄산 소듐에 내열성, 색상, 빛에 대한 민감성 등 원하는 성질을 부여하기 위한 첨가제를 넣어 만들어진다. 유리는 환경에서 분해되지 않고 재활용하기 쉽다. **세라믹**은 점토와 다른 광물을 열로 가열하여 융합하여 만든다. **시멘트**는 석회석과 점토로 만든 칼슘과 알루미늄 규산염의 복합체이다. **콘크리트**는 시멘트, 모래, 자갈, 물의 혼합물이다. 시멘트를 굽는 단계에서 필요한 에너지를 생산하는 것은 환경에 부정적인 영향을 미친다.

6.3절: 탄산 칼슘은 암석권에서 중요한 화합물로 석회암, 대부분의 동굴, 절벽, 고대 바다 밑에서 생성된 노출 암석층에서 발견된다. 분필과 제산제에서 발견된다. 대리석은 석회암이 변성된 것으로, 수백 년 동안 지속되는 조각상이나 대형 구조물에 자주 사용된다. 탄산염은 산, 특히 산성 강우에 의해 분해되기 쉽다.

6.4절: 구리는 광석(황동광 또는 휘동광)에서 얻은 최초의 금속 중 하나이지만, 너무 물러서 도구로 사용하기에는 무리가 있다. **청동**은 금속과 하나 이상의 다른 원소가 혼합된 **합금**이다. 청동에는 구리와 주석이 포함되어 있다. 청동에 주석이 많이 함유될수록 더 단단하다. 청동은 구리보다 단단하며 청동으로 만든 도구는 수천 년 동안 사용되었다. 철을 만드는 기술은 훨씬 후에 개발되었다. 철은 철광석(적철광)과 탄소(코크스)로부터 용광로에서 생산된다. **강철**은 철과 탄소의 합금으로, 철이 일반적으로 사용되는 형태이다. 탄소 함량이 높을수록 강철은 더 단단해진다. 알루미늄은 강철보다 밀도가 낮고 녹이 슬지 않는다. 알루미늄은 광석인 보크사이트로부터 전기를 사용하는 환원 공정을 통해 분리된다. 금속 추출에 필요한 에너지와 폐기물은 모두 환경에 큰 영향을 미친다. 재활용은 이러한 영향을 줄여준다. 금과 은과 같은 귀금속 매장지의 발견은 역사에 영향을 미쳤고, 현대 기술 사회는 Os, Ir, Ta와 같은 자연에서 희귀한 광물을 활용하고 있다. 주화는 2000년 이상 사용되어 왔으며 금, 은, 구리 그리고 최근에는 구리나 다른 금속 코팅이 된 더 저렴한 금속으로 만들어졌다.

6.5절: 염화 소듐은 자연에서 발견되는 가장 중요한 할로젠화 알칼리 금속이다. 고기와 생선을 보존하고 상처를 닦는 것은 역사적으로 소금의 가장 중요한 용도였으며, 많은 사람이 돈이나 동전이 아닌 소금으로 급여를 받았을 정도로 중요했다. 소금은 삼투현상에 의해 미생물을 죽인다. 암염은 어는점 내림이라는 과정을 통해 겨울에 눈과 얼음을 녹이는 데 사용되며, 북부 기후의 지역에서는 매우 비싸다.

6.6절: 보석은 일반적으로 장신구로 사용되는 중요한 물품이지만, 실제로는 일반적인 원소로 만들어진다. C, Al, O와 적당한 양의 다른 미량 금속 이온이 색을 내는 원소이다. 매우 높은 온도와 압력 그리고 느린 냉각이라는 조건이 매우 드물기 때문에 희귀하다. 다이아몬드는 탄소 원자로 만들어지며 각 탄소 원자가 다른 탄소 원자 4개와 결합된 구조가 거의 무한대에 가깝게 있는 지구상에서 가장 단단한 광물이다.

6.7절: 고급 광석이 대부분 고갈되어 많은 금속과 광물이 잠재적으로 부족할 수 있다. 미국은 현재 채굴하던 일부 금속과 광석을 수입하고 있다. 대부분의 금속을 재활용하는 데는 광석에서 생산할 때보다 훨씬 적은 에너지가 필요하다.

출산율은 다소 감소했지만, 지구는 인구가 넘쳐나고 있으며 앞으로 몇 년 안에 더 많아질 것이다. 우리는 계속 증가하는 폐기물을 처리할 수 있는 기술과 방법을 개발해야 한다.

녹색 화학: 녹색 화학은 희귀 원소를 사용하지 않고도 필요한 물건을 만들 수 있는 방법을 생각하는 데 도움이 된다. 재활용, 새로운 종류의 재료 또는 폐기물에서 더 많은 재료를 사용하여 유용한 제품으로 전환하는 방법에 대해 생각할 수 있도록 도와준다.

학습 목표	관련 문제
• 지구의 구조와 지구 표면의 영역을 설명한다. (6.1)	1, 20~22, 28
• 지구 지각에서 가장 풍부한 원소와 각각의 원소가 발견되는 일반적인 화합물을 나열한다. (6.1)	23~27
• 일반적인 규산염 광물에서 규산염 사면체의 배열을 설명한다. (6.2)	29~36
• 유리가 다른 규산염과 구조가 어떻게 다른지 설명한다. (6.2)	2, 3, 37~39
• 탄산 칼슘 및 다른 탄산염의 중요성, 풍부함, 반응에 대해 설명한다. (6.3)	5, 43~50
• 가장 중요한 금속을 주요 광석과 함께 나열하고, 추출 방법과 용도를 설명한다. (6.4)	6~9, 18, 51~64, 72~74
• 금속 생산과 관련된 환경적 비용에 대해 설명한다. (6.4)	10~12, 70, 71

• 염화 소듐이 인류 역사상 가장 중요한 광물 중 하나였던 이유를 설명한다. (6.5)	15
• 소금이 어떻게 미생물을 죽이는지 서술한다. (6.5)	13
• 겨울철 암염으로 어는점이 낮아지는 원리를 설명한다. (6.5)	14
• 보석의 주요 성분과 성질을 명명하고 서술한다. (6.6)	16, 17, 67~69
• 고형 폐기물의 주요 성분을 나열한다. (6.7)	17
• 현대 사회에서 매일 사용하는 제품 중 지구에 풍부하지 않아 풍부한 다른 재료로 대체해야 하는 몇 가지 중요한 원소를 확인한다.	76~77
• 중요한 원소의 재활용과 재사용이 지속가능하지 않은 이유를 서술한다.	78~80

개념문제

1. 인류가 필요로 하는 물질의 거의 100%는 어디에서 발견되는가? 지구의 질량과 비교하라.
2. 비정질 물질과 결정질 물질을 비교하라.
3. 유리 혼합물에 첨가할 수 있는 금속 산화물을 세 가지 이상 나열하고, 유리의 어떤 성질이 변화하는지 설명하라.
4. 시멘트 제조와 관련된 환경적 문제에는 어떤 것이 있는가?
5. 석회암이 어디서, 무엇으로부터 형성되는지 설명하라. 왜 대륙의 내륙에서 발견될 수 있는가?
6. 구리가 최초로 사용된 금속 중 하나인 이유는 무엇인가?
7. 대부분의 지역에서 청동기 시대가 철 시대보다 앞선 이유는 무엇인가?
8. 강철이란 무엇인가? 성분과 성질이 순수한 철과 어떻게 다른가?
9. 알루미늄은 지구 지각에서 가장 풍부한 금속이지만, 알루미늄 광석은 그다지 풍부하지 않다. 그 이유를 설명하라.
10. 알루미늄의 환경적 비용과 이점은 무엇인가?
11. 알루미늄, 구리, 철 중 추출 및 정제에 가장 많은 에너지가 필요한 금속은 무엇이며, 그 이유는 무엇인가?
12. 보크사이트 추출을 통한 새로운 알루미늄의 생산 에너지 비용과 재활용 알루미늄의 생산 에너지 비용을 비교하라.
13. 소금이 삼투현상을 통해 미생물을 죽이는 원리를 설명하라.
14. 어는점 내림이란 무엇인가? 겨울에 보도 위에 암염을 뿌리면 얼음이 어떻게 녹는지 설명하라.
15. 인류 역사상 염화 소듐의 가장 중요한 용도는 무엇인가?
16. 보석이 귀하게 여겨지는 이유를 세 가지 이상 나열하라.
17. 고형 폐기물 처리 방법 세 가지를 나열하라. 각각의 장단점을 설명하라.
18. 물질이 보존된다면 어떻게 금속이 고갈될 수 있는가?
19. 금속을 쉽게 재활용할 수 있는 이유를 설명하라. 금속의 재활용을 제한하는 요인은 무엇인가?

연습문제

지구의 구성

20. 지구의 구조에 관한 설명으로 옳지 않은 것은 무엇인가?
    a. 지각의 두께는 8 km에서 40 km 사이이다.
    b. 맨틀은 주로 규산염으로 구성되어 있다.
    c. 내부 핵은 액체이다.
    d. 외부 핵은 액체이다.
21. 지구 표면은 무엇으로 구성되어 있는가?
    a. 대기권 b. 수권
    c. 암석권 d. 위의 모든 항목
22. 암석권, 수권, 대기권을 정의하라.
23. 지구 지각에서 발견되는 광물의 네 가지 종류를 나열하고, 각각의 예를 제시하라.
24. 칼슘, 수소, 규소, 마그네슘, 포타슘, 철, 소듐 등 지구 표면에 풍부한 원소의 원자 백분율에 따라 배열하라.
25. 칼슘, 수소, 규소, 마그네슘, 포타슘, 철, 소듐 등 지구 표면에 풍부한 원소의 질량 비율에 따라 배열하라.
26. 24번 문제의 답과 25번 문제의 답이 다른 이유는 무엇인가?
27. 암석권의 유기 부분을 구성하는 물질은 무엇인가?
28. 표 6.2를 참고하여 방연광을 염산에 녹이는 균형 반응식을 쓰라. 생성물은 황화 수소 기체와 염화 납(II)이다.

규산염 광물

29. 석영의 화학 성분은 무엇인가? 석영의 기본 구조 단위는 어떻게 배열되어 있는가?

30. 규산염에서 4개의 O 원자가 각 규소(Si) 원자를 둘러싸고 있지만, 규산염의 화학식은 SiO_2이다. 이것이 어떻게 가능한지 설명하라.

31. SiO_4 사면체는 어떻게 연결되어 있는가? 이것은 다이아몬드에서 탄소 원자가 연결되는 방식과 어떻게 비교할 수 있는가?

32. SiO_4^{4-}에 대한 루이스 점 구조를 그린 후 연결된 2개의 SiO_4 사면체에 대한 루이스 점 구조를 그려라. (힌트: $O_3Si—O—SiO_3^{6-}$로 생각하라.)

33. 운모가 판 형태로 생기는 이유는 무엇인가? 운모의 기본 구조 단위는 어떻게 배열되어 있는가?

34. 석면이 섬유 형태로 생기는 이유는 무엇인가? 온석면의 기본 구조 단위는 어떻게 배열되어 있는가?

35. 점토에서 규소는 어떤 형태로 발견되는가?
   a. 사면체 판에서만
   b. 팔면체 판에서만
   c. 사면체 및 팔면체 판 모두에서
   d. 사면체 또는 팔면체 이외의 판에서

36. 팽창이 가능한 점토는 무엇이며, 팽창할 수 있는 방법은 무엇인가?
   a. 1:1 점토
   b. 2:1층 사이에 물이 없는 2:1 점토
   c. 2:1층 사이에 물이 있는 2:1 점토
   d. 팽창할 수 있는 점토는 없다.

변형 규산염

37. 일반적인 유리창에 원자 백분율 기준으로 가장 많이 들어 있는 원소는 무엇인가? 질량 백분율을 사용할 때 이 수치가 바뀌는지 설명하라.
   a. Si **b.** O **c.** Ca **d.** Na

38. 결정성 물질을 가열하면 어떻게 장거리 규칙성이 파괴되는가?

39. 결합에 초점을 맞췄을 때 유리가 열을 받으면 어떻게 물러지는지 설명하라.

40. 시멘트를 만드는 데 필요한 두 가지 기본 원료는 무엇인가?

41. 시멘트와 콘크리트의 차이점은 무엇인가?

42. 콘크리트를 만드는 데 사용되는 원료는 무엇인가?

탄산염

43. 석회암은 어떤 환경에서 생성되는가?

44. 석회암과 대리석의 차이점은 무엇인가?

45. 대리석의 몇 가지 구체적인 용도를 나열하라.

46. 석회암의 몇 가지 구체적인 용도를 나열하라.

47. **(a)** 탄산 바륨, **(b)** 탄산 포타슘의 올바른 화학식은 무엇인가?

48. **(a)** 탄산 철(II), **(b)** 탄산 철(III)의 올바른 화학식은 무엇인가?

49. 황산(H_2SO_4)이 탄산 칼슘과 반응할 때의 균형 화학 반응식을 쓰라.

50. 염산(HCl)이 탄산 바륨과 반응할 때의 균형 화학 반응식을 쓰라.

금속 및 광석

51. 알루미늄, 구리, 철을 추출하는 주요 광석은 무엇인가?

52. 구리와 철은 현대에 어떤 용도로 사용되는가?

53. 다음 각 화학 반응에 대해 금속 원자의 산화수 변화를 설명하라.
   a. $2\ Cu_2O \longrightarrow 4\ Cu + O_2$
   b. $Fe_2O_3 + 3\ CO \longrightarrow 2\ Fe + 3\ CO_2$

54. 다음 각 화학 반응에 대해 금속 원자의 산화수 변화를 설명하라.
   a. $2\ Al_2O_3 \longrightarrow 4\ Al + 3\ O_2$
   b. $2\ FeO + CO \longrightarrow CO_2 + 2\ Fe$

55. 53번 문제의 각 반응에 관여하는 전자는 몇 개인가?

56. 54번 문제의 각 반응에 관여하는 전자는 몇 개인가?

57. 어떤 종류의 화학적 과정을 통해 광석에서 금속을 얻는가? 예를 들어 설명하라.

58. 금속은 어떤 화학 작용에 의해 부식되는가? 예를 들어 설명하라.

59. 구리에 주석을 첨가하면 어떤 이점이 있는가?

60. 구리와 주석 사이에는 어떤 합금이 형성되는가? 주석 함량이 6% 또는 10%인 구리-주석 합금 중 어느 것이 더 단단한가?

61~64번 문제는 반응식이 주어지지 않은 경우 반응식을 쓰거나, 반응식을 완성하고 균형을 맞춘다. 그리고 다음 질문에 답하라. **(a)** 환원되는 물질은 무엇인가? **(b)** 환원제는 무엇인가? **(c)** 산화되는 물질은 무엇인가? **(d)** 산화제는 무엇인가? (이 문제들은 '산화와 환원'에 대한 약간의 지식이 필요하다.)

61. 바나듐 금속은 산화 바나듐(V)와 칼슘을 반응시켜 제조할 수 있으며, 다른 생성물은 산화 칼슘이다.

62. 어븀 금속(Er)은 플루오린화 어븀(III)과 마그네슘을 반응시켜 제조할 수 있으며, 다른 생성물은 플루오린화 마그네슘이다.

63. 유로퓸(Eu)은 구형 텔레비전 화면에서 붉은색을 내기 위해 사용되었다. 이 금속은 용융 염화 유로퓸(III)의 전기분해로 제조할 수 있으며, 부산물은 염소 기체이다.

64. 초기 문명인은 분쇄한 탄소와 분쇄한 철광석(Fe_2O_3)을 섞어 도자기 솥에 세게 열을 가하여 철을 만들어 칼과 방패를 만들었다. 이 반응의 두 번째 생성물은 무엇인가? 그 과정에 대한 균형 반응식을 쓰라.

염

65. '염'의 일반적인 정의는 무엇인가? NaCl 이외의 예를 들고, 그 염을 형성하는 데 사용될 수 있는 반응물을 나열하라.

66. 네 가지 이상의 중요한 염의 화학식과 그것이 중요한 이유를 설명하라.

보석

67. 가장 중요한 네 가지 보석을 나열하라.

68. 화학 구조 측면에서 다이아몬드와 흑연의 차이점을 설명하라.

69. 기본 화학식이 같지만 미량 광물의 종류에 따라 달라지는 두 가지 중요한 보석은 무엇인가? 그 기본 화학식은 무엇인가?

심화문제

70. 한 알루미늄 공장은 연간 7,200만 kg의 알루미늄을 생산한다. 산화 알루미늄은 얼마나 필요한가? 얼마나 많은 보크사이트가 필요한가? (산화 알루미늄 1.0 kg을 생산하려면 2.1 kg의 보크사이트 원료가 필요하다.)

71. 알루미늄 1.0 kg을 생산하려면 17 kWh의 전기가 필요하다. 70번 문제의 공장이 1년 동안 알루미늄 생산에 사용하는 전기의 양은 얼마인가?

72~74번 문제는 3장(원자 구조)의 내용을 어느 정도 알고 있어야 한다.

72. 가솔린-전기 하이브리드 자동차에 사용되는 자석의 핵심 부품인 네오디뮴 금속은 플루오린화 네오디뮴(III)을 칼슘 금속으로 환원시켜 제조한다.

$$2\,NdF_3 + 3\,Ca \longrightarrow 2\,Nd + 3\,CaF_2$$

100.0 g의 NdF_3에서 몇 g의 네오디뮴을 얻을 수 있는가?

73. 인듐은 LCD 화면에서 전기를 전도하는 투명 코팅의 필수 구성 요소이다. 인듐 금속은 염화 인듐(III)과 같은 염을 전기분해하여 제조할 수 있다. 20.0 g의 인듐을 생산하는 데 필요한 염화 인듐(III)의 질량은 그램 단위로 얼마인가?

$$2\,InCl_3 \longrightarrow 2\,In + 3\,Cl_2$$

74. 시안화 소듐 용액이 광석에서 금을 녹이는 반응식은 다음과 같다.

$$4\,Au + 8\,NaCN + 2\,H_2O + O_2 \longrightarrow 4\,NaAu(CN)_2 + 4\,NaOH$$

금광석 1톤에서 10 g의 Au를 녹이는 데 필요한 NaCN의 최소 질량은 얼마인가?

75. 쓰레기의 세 가지 R은 무엇을 의미하는가?

76. 인듐이 함유된 광물과 인듐이 채굴되는 곳을 알아보자.
   a. 순수한 인듐을 얻는 데 사용되는 과정은 무엇인가?
   b. 인듐 채굴로 인한 환경적 문제에는 어떤 것들이 있는가?

77. 백금을 얻는 과정을 알아보자.
   a. 화학자들은 화학 공정에 백금을 사용하는 것을 좋아한다. 그들이 사용하는 백금의 한 가지 형태를 설명하라.
   b. 화학자들이 백금을 사용하는 이유는 무엇이며, 그 대안은 무엇인가?

78. 백금, 팔라듐, 로듐이 인듐보다 재활용이 더 쉬운 이유를 설명하라.

79. 인듐과 같은 원소의 재활용이 어려운 이유는 무엇인가?

80. 전기 조명에 대한 다른 접근 방식으로 인듐과 같은 희귀 원소를 사용하지 않는 예를 제시하라.

비판적 사고 문제

이 장에서 습득한 지식과 하나 이상의 FLaReS 원칙(1장)을 적용하여 다음 진술과 주장을 평가하라.

6.1 한 경제학자가 구리는 다른 금속으로 만들 수 있기 때문에 구리 부족에 대해 걱정할 필요가 없다고 말했다.

6.2 한 시민이 자신의 집 근처에 쓰레기 매립장이 들어서면 지하수로 물질이 유출되어 우물물이 오염될 것이라며, 매립장 건설에 반대하는 증언을 하고 있다.

6.3 한 시민이 소각로에서 연소된 플라스틱이 염화 수소를 대기 중으로 방출할 것이라며, 집 근처에 소각장 설립을 반대하는 로비를 벌이고 있다.

6.4 한 환경 운동가가 모든 물건을 재활용하면 새로운 물건을 만들기 위해 원료를 사용할 필요가 없다고 주장한다.

6.5 영업사원이 '세라믹'은 유리를 멋있게 일컫는 단어일 뿐이라고 말한다.

협업 과제

파워포인트, 포스터, 기타 프레젠테이션을 준비하여 수업에서 공유하라.

1. 표 6.6에 나열된 금속 중 하나에 대한 간단한 보고서를 작성하라. 주요 광석을 나열하고, 그 광석들 중 하나에서 금속을 얻는 방법을 설명하라. 그 금속의 몇 가지 용도를 설명하고, 그 성질이 어떻게 그 용도에 적합하게 만드는지 설명하라.
2. 다음 도시 고형 폐기물의 유형 중 하나를 재활용하는 것에 대한 간단한 보고서를 작성하라. 재활용의 장점을 나열하고, 그 과정에서 발생하는 문제점을 파악하라.
   a. 유리 **b.** 플라스틱 **c.** 낙엽 쓰레기 **d.** 종이 **e.** 납 **f.** 알루미늄
3. **(a)** 세척하여 재사용할 수 있는 걸레, 대걸레, 스펀지를 사용할 때와 유사한 일회용품을 사용할 때, **(b)** 세탁해야 하는 천 기저귀를 사용할 때와 일회용 기저귀를 사용할 때 환경에 미치는 영향에 대해 토론하라.
4. 인터넷을 검색하여 미국과 전 세계의 현재 추정 인구수를 찾아라. **(a)** 프랑스, **(b)** 볼리비아, **(c)** 우간다, **(d)** 미국의 현재 인구 증가율은 연간 백분율로 얼마인가?

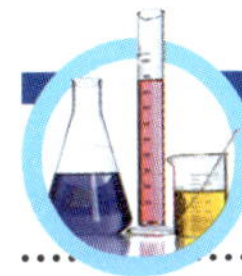

실험 과제 톡톡 튀는 플린스톤, 부서지는 탄산 칼슘

준비물

- 식초
- 투명 플라스틱 컵
- 레몬 주스
- 스포이드
- 물
- 여러 가지 유형의 암석(석회암, 분필, 석영, 화강암, 기타)

석상은 왜 시간이 지나면 녹아내리는가? 어떤 암석 유형이 산에 민감한가?

석회석이나 대리석 조각상은 우리 사회에서 흔히 볼 수 있다. 게티스버그 국립전적지나 뉴욕의 센트럴파크와 같은 공원에서 많이 볼 수 있다.

안타깝게도 이 조각상들은 산성비로 인해 피해를 입고 있다. 석회석($CaCO_3$)은 물에 녹지 않지만 산성 환경에 있으면 용해된다. 황산(H_2SO_4)과 같은 비 속의 산은 석회석을 녹이는 데 기여한다. 황산은 탄산 칼슘을 녹여 이산화 탄소 및 물과 함께 적당히 용해되는 형태의 칼슘인 $CaSO_4$(석고)를 만든다. 이 반응식은 다음과 같다.

$$CaCO_3 + H_2SO_4 \longrightarrow CaSO_4 + CO_2 + H_2O$$

이 실험에서는 세 가지 유형의 암석을 3개 이상 수집해야 한다. 석회암, 백악, 화강암은 어떤 지역의 야외에서 구할 수 있고, 다른 지역에서는 철물점에서 구할 수 있다. 레몬 주스와 식초를 사용하여 암석에 탄산염이 있는지 테스트한다.

투명한 플라스틱 컵 세 세트를 각 암석 유형별로 3개씩 준비한다. 적절하게 표시한다.

- 세 가지 유형의 바위 각각 한 조각에 레몬 주스 5~10방울을 떨어뜨린다. 각 돌에 레몬즙을 떨어뜨리면 어떻게 되는가?
- 세 가지 유형의 바위 각각에 식초 5~10방울을 두 번째 조각에 떨어뜨린다. 각 돌에 식초를 떨어뜨리면 어떻게 되는가?
- 세 가지 유형의 바위 각각 세 번째 조각에 5~10방울의 물을 떨어뜨린다. 각 바위에 물을 떨어뜨리면 어떻게 되는가?

레몬즙, 식초, 물을 돌에 넣을 때마다 주의 깊게 살펴보고 들어보자.

실험문제

1. 레몬즙과 식초가 각 바위에 같은 방식으로 작용하는가?
2. 일부 암석의 반응이 다르게 나타난 이유는 무엇인가?
3. 이 실험은 풍화와 어떤 관련이 있는가?
4. 아세트산($C_2H_4O_2$)과 석회석($CaCO_3$)의 반응에 대한 화학 반응식을 쓰라.

7

공기

이 장과 관련된 궁금증

1. 오늘날의 공기는 과거보다 덜 오염되었는가?
2. 자동차 배기가스를 모아 휘발유로 다시 전환하는 것이 현실적인가?
3. 온실 기체는 어떻게 지구를 따뜻하게 유지하는가?
4. 지구 온난화는 오존 구멍 때문인가?
5. 자동차 배기가스 검사는 실제로 무엇을 검사하는가?

생명의 숨쉬기 우리는 음식 없이도 약 4주를 살 수 있다. 물 없이는 나흘 동안 살 수 있다. 하지만 공기가 없으면 4분도 살 수 없다. 대부분은 위급한 상황에서 숨을 참아야 한다고 해도 오래 숨을 참을 수 없다. 사진 속 지구 가장자리에 있는 가느다란 파란색 경계는 사실 우리를 살아 있게 하는 대기의 두께를 과장되게 표현한 것이다. 대기는 명확한 경계가 없지만, 대기 기체의 99%는 지구 표면에서 30 km 이내에 존재한다. 지구가 사과 크기라면 대기는 사과 껍질보다 더 얇을 것이다.

미국 여성 최초로 우주에 다녀온 Sally Ride는 다음과 같이 말했다. "나는 칠흑 같은 우주를 보았고, 그다음에는 밝고 푸른 지구가 보였어요. 그것은 마치 누군가가 파란색 크레파스로 지구의 지평선을 따라 그어놓은 듯한 모습이었죠. 그러고 나서 나는 그 파란색 선, 즉 정말 가느다란 밝은 남색 선이 지구의 대기라는 것을 깨달았고, 그게 전부였다는 것을 깨달았죠. 그런 관점에서 보면 우리 존재가 얼마나 연약한지 너무나도 분명해집니다."

미래 세대의 삶을 해치지 않는 방식으로 오늘을 사는 것이 지속가능성을 바라보는 한 가지 관점이다. 인간이 대기와 상호작용하는 방식은 분명히 지구의 지속가능성을 결정짓는 인자이다. 지구의 많은 부분에 숨쉬기 좋은 공기가 없거나 전체 대기의 상태가 태양의 에너지를 너무 많이 보유하게 되어, 부정적인 결과를 초래한다면 후대 사람들에 대한 의무를 다하지 않은 것이다. 이 장에서 공기와 관련된 주제를 읽으면서 행동의 필요성을 나타내는 측정 도구로서 지속가능성의 개념을 명심해야 한다.

한 지역사회에 식량이나 담수가 부족할 수는 있지만, 지구 대기의 크기를 고려할 때 공기가 부족할 수는 없다. 반면에 우리는 공기를 너무 심하게 오염시켜 숨쉬기가 불쾌하거나 심지어 건강에 해로울 정도로 오염시킬 수 있다. 일부 지역에서는 이미 공기의 질이 너무 나빠서 사람들이 숨쉬기만 해도 병에 걸리고 심지어는 사망에 이르는 일도 있다. 세계보건기구(WHO)는 매년 900만 명이 대기 오염에 의해 사망하는 것으로 추정(2017년)하고 있다. 이는 전 세계 사망자 6명 중 1명에 해당하는 수치로, 2012년의 거의 두 배에 달하는 수치이다. 이러한 사망의 대부분은 개발도상국에서 발생한다.

이 장에서는 먼저 대기의 자연 화학에 관해 설명한 다음, 인간의 개입이 대기 성분의 자연적 균형에 미치는 영향에 관해 설명한다. 이러한 부정적인 영향을 줄일 수 있는 몇 가지 가능한 방법도 고려한다.

7.1 지구의 대기: 권역과 조성

학습 목표 • 대기의 층을 나열하고 설명한다.

• 지구 대기 중에 포함된 N_2, O_2, Ar, CO_2의 대략적인 비율을 알아본다.

우주선 지구에 탑승한 승객들인 우리 인류는 **대기**(atmosphere)라고 하는 얇은 공기 담요 아래에서 생활한다. 대기는 해당 지역 기체의 성질에 따라 네 가지 주요 층으로 나뉜다(그림 7.1). 각 층의 온도는 고도에 따라 달라진다. **대류권**이라고 하는 지구와 가장 가까운 층에는 거의 모든 생물과 거의 모든 인간이 활동하고 있다. 태양계의 다른 행성들도 대기가 있지만, 지구의 대기는 우리 인간과 같은 고등 생명체를 지탱할 수 있다는 점에서 독특하다. 많은 사람이 고도가 높아질수록 대기의 온도가 낮아진다고 생각하지만, 이는 주로 대류권과 **중간권**에만 해당하는 이야기이다. **성층권**과 **열권**에서는 고도가 높아질수록 온도가 높아진다.

다양한 대기층의 고도와 건조한 공기의 구성은 표 7.1에 요약되어 있다. 공기 중의 물의 양은 거의 없는 것부터 약 4%까지 현저하게 다르다. 대기에는 여러 가지 미량 성분이 있는데, 그 중 가장 중요한 성분은 CO_2이다. 대기 중 이산화 탄소 농도는 산업화 이전 약 280 ppm에서 2018년 408 ppm으로 증가했으며, 매년 2~3 ppm씩 계속 증가하고 있다.

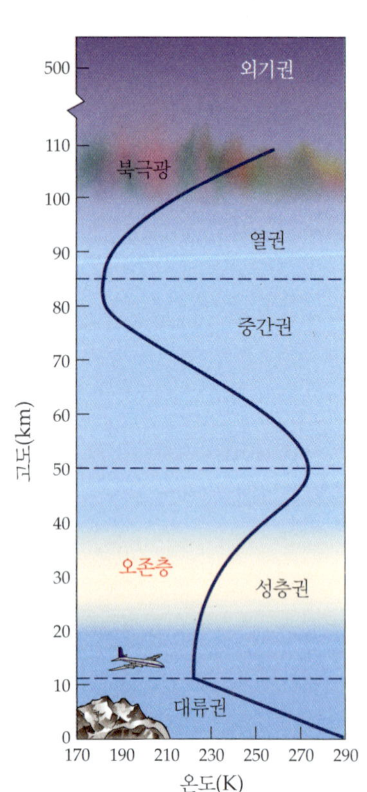

▲ **그림 7.1** 대기층의 대략적인 고도와 온도 변화

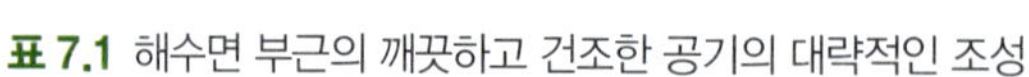

표 7.1 해수면 부근의 깨끗하고 건조한 공기의 대략적인 조성

성분	부피 백분율
질소(N_2)	78.08
산소(O_2)	20.94
아르곤(Ar)	0.93
이산화 탄소(CO_2)	0.04
미량 기체[a]	60.01

[a] 미량 기체에는 네온(Ne), 헬륨(He), 메테인(CH_4), 크립톤(Kr), 수소(H_2), 일산화 질소(N_2O), 제논(Xe), 오존(O_3), 이산화 황(SO_2), 이산화 질소(NO_2), 암모니아(NH_3), 일산화 탄소(CO), 아이오딘(I_2) 등이 있다.

자가평가문제

1. 거의 모든 인간 활동이 이루어지는 대기층은 무엇인가?
   a. 중간권 b. 성층권 c. 열권 d. 대류권
2. 오존층이 있는 대기층은 무엇인가?
   a. 중간권 b. 성층권 c. 열권 d. 대류권
3. 지구의 대기에 대한 설명으로 옳은 것은 무엇인가?
   a. 우주 공간과 섞여 있다. b. 30 km의 고도에서 갑자기 끝난다.
   c. 50 km의 고도에서 갑자기 끝난다. d. 달에서 갑자기 끝난다.
4. 대기 중 질소의 대략적인 비율은 얼마인가?
   a. 18% b. 28% c. 48% d. 78%
5. 수증기 농도를 무시하고 질소와 산소 다음으로 지구 대기 중에 가장 풍부한 기체는 무엇인가?
   a. 아르곤 b. 이산화 탄소 c. 수소 d. 메테인
6. 현재 지구 대기의 이산화 탄소 농도는 얼마인가?
   a. 약 280 ppm b. 약 400 ppm c. 약 1% d. 약 4%
7. 성층권의 고도 범위는 얼마인가?
   a. 0~11 km b. 11~20 km c. 11~50 km d. 50~85 km

정답: 1. d, 2. b, 3. a, 4. d, 5. a, 6. b, 7. c

왜 중요할까?

지난 2세기 동안 대기 중 CO_2가 0.028%에서 0.040%로 증가한 것은 절대적인 수치로는 작아 보이지만, 거의 1.5배에 달하는 증가는 심각한 결과를 초래하는 중대한 변화를 나타낸다. 이러한 변화는 지구 상공의 모든 대기에 걸쳐 일어났으며, 이는 인간 활동이 거대한 규모에 미치는 영향에 대해 잠시 생각해볼 기회를 제공한다. 증가된 CO_2의 대부분은 수천만 년 동안 화석 연료에 저장되어 있다가 최근 공기 중에서 연소한 탄소에서 비롯된 것이다. 매년 약 300억 톤의 CO_2가 이러한 연소를 통해 대기 중으로 배출된다.

7.2 대기 화학

학습 목표
- 질소 및 산소 순환에 대해 설명한다.
- 기온 역전의 원인과 효과에 대해 설명한다.

일반적인 조건에서 질소와 산소 기체는 대기 중에 단순한 혼합물로 공존하며, 서로 거의 또는 전혀 반응하지 않는다. 그러나 특정 상황에서는 두 원소가 결합하여 생명 자체에 영향을 미치는 반응을 일으킬 수 있다.

질소는 이원자 N_2 분자의 형태로 대기의 78%를 차지한다. 질소는 생명에 필수적이지만, 대부분의 동물과 식물은 N_2를 조직에 직접 흡수할 수 없다. 그렇다면 어떻게 질소가 생명체의 단백질과 핵산과 같은 수많은 필수 화합물의 구성 요소가 되었을까? 답은 유기체가 먼저 질소를 다른 원소와 결합하는 과정, 즉 **질소 고정**(nitrogen fixation)이다. 이 과정은 쉽게 일어나지 않는데, N_2의 질소 원자는 강한 삼중 결합($N{\equiv}N$)으로 서로 묶여 있어 질소 고정이 일어나기 위해서는 이 결합이 끊어져야 하기 때문이다.

질소 순환

몇 가지 자연 현상은 질소 기체를 더 유용한 형태로 변환한다. 번개와 차량용 및 산업용 엔진의 열에서 나오는 에너지는 질소를 산소와 결합하게 하여 먼저 일산화 질소(NO)를 형성한 다음에 일반적으로 산화 질소라고 불리는 이산화 질소(NO_2)를 형성한다.

$$N_2 + O_2 \xrightarrow{\text{에너지}} 2\,NO$$
$$2\,NO + O_2 \longrightarrow 2\,NO_2$$

(이러한 질소 산화물인 NO와 NO_2를 통칭하여 NO_x라고 부른다.) 이산화 질소는 물과 반응하

여 질산(HNO_3)과 일산화 질소를 형성한다.

$$3\,NO_2 + H_2O \longrightarrow 2\,HNO_3 + NO$$

빗물 속의 질산은 지구 표면에 떨어지면서 해양과 토양에 질산염을 공급한다.

질소는 산업적으로 질소와 수소를 결합하여 암모니아를 형성하는 Haber-Bosch **공정**(12.1절에서 설명)이라는 과정을 통해 고정되며, 이 공정은 촉매에 의해 촉진된다.

$$N_2 + 3\,H_2 \longrightarrow 2\,NH_3$$

이 기술은 식량 공급을 많이 증가시켰는데, 그 이유는 고정된 질소의 가용성이 종종 식량 생산의 제한 요인이 되는 경우가 많기 때문이다. 그러나 이러한 개입의 결과가 모두 긍정적인 것만은 아니다. 질소 비료의 과도한 유출로 인해 일부 지역에서는 심각한 수질 오염 문제가 발생했다(8장에서 논의).

Haber-Bosch 공정에서 생산되는 양과 비슷한 양으로 콩과 식물(완두콩, 콩, 클로버 등)의 뿌리에서 박테리아에 의해 질소 고정이 일어난다. 특정 유형의 박테리아는 N_2를 암모니아(NH_3)로 환원한다. 다른 박테리아는 암모니아를 아질산 이온(NO_2^-)으로, 또 다른 박테리아는 아질산 이온을 질산 이온(NO_3^-)으로 산화한다. 그러면 식물은 토양에서 질산 이온과 암모니아를 흡수할 수 있다. 동물은 식물을 직접 먹거나 식물을 섭취하는 동물을 먹음으로써 필요한 질소 화합물을 얻을 수 있다. **질소 순환**(nitrogen cycle, 그림 7.2)은 다른 유형의 미생물의 작용에 의해 완성되는데, 이들은 질산 이온을 산소 공급원으로 사용하여 유기물을 분해하고, 탈질소화라는 과정을 통해 다시 대기로 질소 기체를 방출할 수 있다.

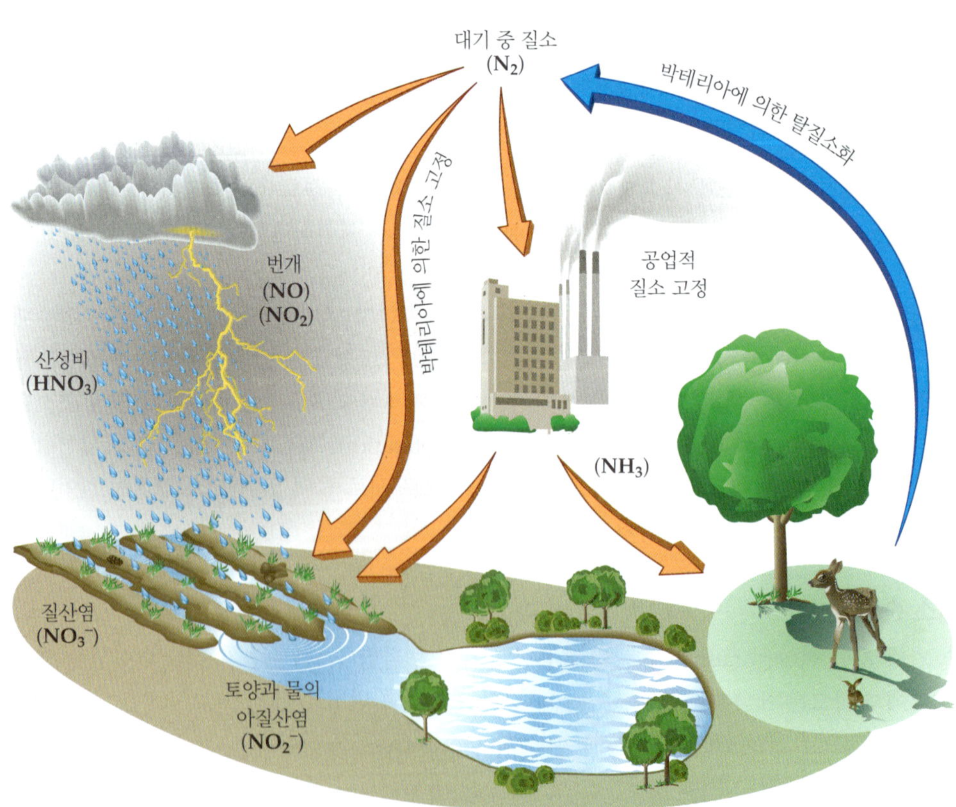

▶ **그림 7.2** 질소 순환. 대기 중 질소는 자연적으로 또는 산업적으로 고정되거나 수용성 형태로 전환된다. 동물성 폐기물이나 죽은 동식물은 특정 박테리아에 의해 대기 중의 질소로 다시 전환된다.

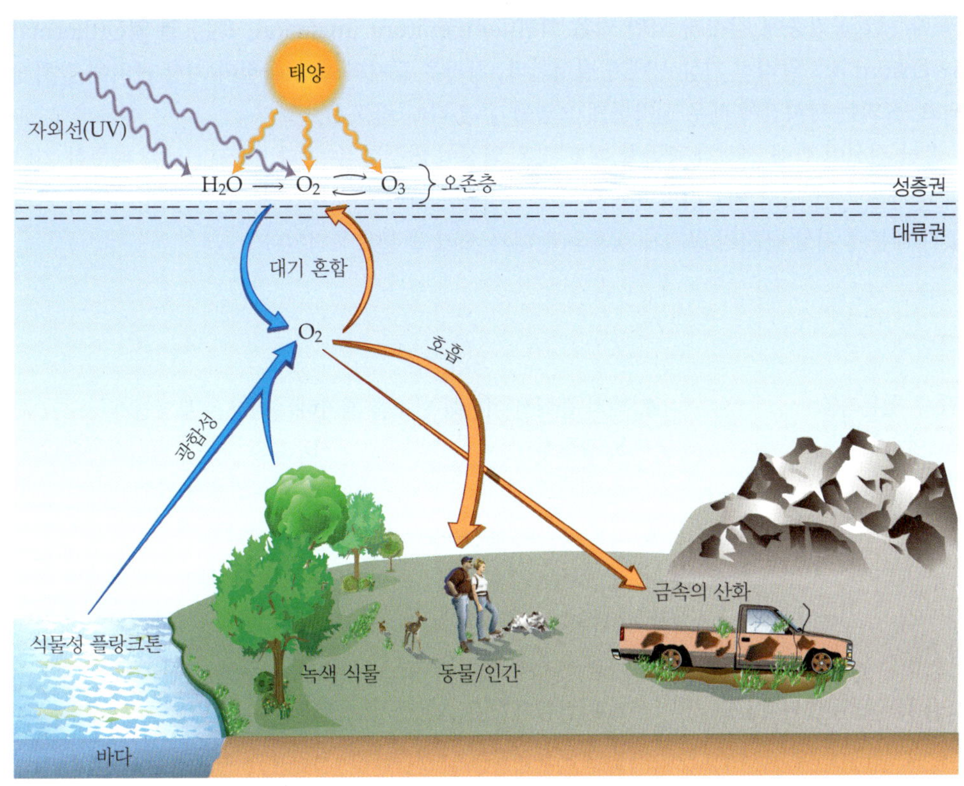

◀ **그림 7.3** 산소 순환. 동물과 사람은 산소 기체를 사용하고 이산화 탄소를 생성한다. 식물은 이산화 탄소를 소비하여 산소 기체와 포도당으로 전환하여 식용으로 사용한다. 성층권에서는 대기 중 산소가 오존 생성에 관여한다.

산소 순환

산소는 지구 대기의 약 21%를 차지한다. 질소와 마찬가지로 대류권에서 산소의 소비와 생성 사이에 평형이 유지된다. 식물과 동물 모두 섭취하는 음식물의 물질대사에 산소를 사용한다. 동식물의 부패와 연소는 산소를 소비하고 이산화 탄소를 생성하며 석탄, 석유, 천연가스 등 화석연료의 연소도 마찬가지이다. 금속이 녹슬고 암석이 풍화되는 과정에서도 산소가 소비된다. 그림 7.3에 표시된 단순화된 **산소 순환**(oxygen cycle)은 바다의 단세포 생물(식물 플랑크톤)을 포함한 녹색 식물의 영향을 보여주는데, 이들은 광합성에서 이산화 탄소를 소비하고 그 과정에서 산소 공급을 보충한다.

$$6\,CO_2 + 6\,H_2O \longrightarrow C_6H_{12}O_6 + 6\,O_2$$

또 다른 중요한 균형 작용은 지구 표면보다 훨씬 높은 성층권에서 일어난다. 성층권에서는 자외선(UV)이 물 분자에 작용하여 산소가 형성된다. 더 중요한 것은 일부 산소가 오존으로 전환된다는 점이다(7.8절).

$$3\,O_2(g) + \text{에너지(자외선)} \longrightarrow 2\,O_3(g)$$

이 오존은 고에너지 자외선을 흡수하는데, 이 자외선이 지표면에 도달하면 지구상의 고등 생명체가 존재할 수 없게 될 수도 있다. 다음 절에서 대기에 대해 더 자세히 설명하며, 특히 인간 활동으로 인한 변화에 주목한다.

기온 역전

일반적으로 공기는 땅에서 방출되는 열로 인해 지상 근처에서 가장 따뜻하고 적당한 고도에서는 차가워진다. 맑은 밤에는 지면이 빠르게 냉각되지만, 바람은 보통 지면 근처의 차가운 공기와 그 위의 따뜻한 공기를 섞어준다. 공기가 정지한 상태에서 차가운 공기의 아래층이 그 위

(a) 기온 역전 현상이 일어나기 전

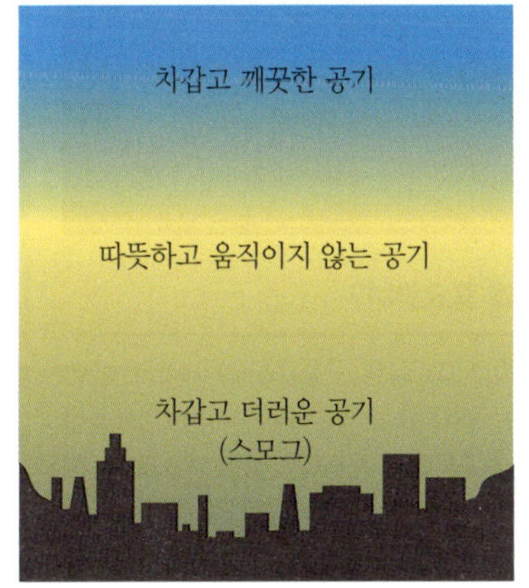

(b) 기온 역전

▲ **그림 7.4** (a) 일반적으로 공기는 고도가 높아질수록 더 차가워진다. (b) 기온(열) 역전 동안, 더 차가운 층은 지표면 근처에 갇혀 더 따뜻한 층 아래에 남아 쉽게 오염될 수 있다.

의 따뜻한 공기층에 갇히게 되면 **기온 역전**(temperature inversion) 또는 **열 역전**(thermal inversion)으로 알려진 기상 상태가 발생한다. 차가운 공기의 오염 물질이 지상 근처에 갇히게 되고, 공기는 단시간에 매우 심각하게 오염될 수 있다(그림 7.4).

온난 전선이 한랭 전선과 충돌할 때도 기온 역전이 발생할 수 있다. 밀도가 낮은 따뜻한 기단이 차가운 기단 위로 미끄러지면서 대기가 안정된 상태가 만들어진다. 수직 공기 이동이 거의 없기 때문에 지상 근처의 공기가 정체되고 대기 오염 물질이 축적된다.

자가평가문제

1. 번개는 대기 중의 N_2를 무엇으로 전환할 수 있는가?
   a. 나이트로글리세린　b. 암모니아
   c. 산화 질소　d. 박테리아
2. 대기 중의 N_2를 생물학적으로 유용한 형태로 전환하는 것을 무엇이라고 하는가?
   a. 질소 첨가　b. 질소 고정
   c. 질소 환원　d. 탈질소화
3. 암모니아를 만들기 위한 산업 공정의 출발 물질은 무엇인가?
   a. N_2와 H_2　b. N_2와 O_2
   c. NO_3^-와 H_2　d. NO_3^-와 O_2
4. 대기 중에서 이산화 탄소를 제거하는 작용은 무엇인가?
   a. 광합성　b. 호흡
   c. 기온 역전　d. 화석연료의 연소
5. 다음 중 산소를 소비하는 활동은 무엇인가?
   a. 오존 분해　b. 금속 부식
   c. Haber-Bosch 공정　d. 광합성
6. 기온 역전에 대한 설명으로 옳은 것은 무엇인가?
   a. 사람들이 보온 속옷을 입게 만든다.
   b. 평탄한 농촌 지역에서 흔히 발생한다.
   c. 대기 오염 물질이 농축된다.
   d. 따뜻한 공기가 차가운 공기 아래에 있을 때 발생한다.

정답: 1. c, 2. b, 3. a, 4. a, 5. b, 6. c

7.3 시대별 오염

학습 목표
- 대기 오염의 자연적인 공급원을 나열한다.
- 석탄을 태울 때 발생하는 주요 오염 물질을 나열하고, 이러한 오염 물질을 정화하는 데 사용되는 몇 가지 기술을 설명한다.

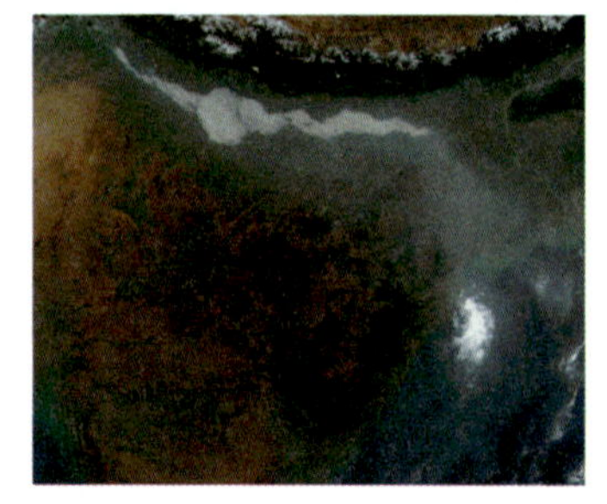

왜 중요할까?

'아시아 갈색 구름(ABC)'이라고 불리는 광대한 오염된 공기 기둥이 겨울철 남아시아와 인도양 상공에 드리워진다. 이 구름은 매우 거대하여 온실 기체가 지역을 따뜻하게 하는 것만큼 또는 그 이상으로 지역을 냉각시킬 수 있다. 이 구름은 그을음, 재, 황산염, 질산염, 무기질 먼지로 구성된다. 산불, 요리, 난방으로 인한 바이오매스 연소가 오염의 절반 이상을 차지한다. 자동차와 공장도 기여한다.

대기 오염은 항상 우리와 함께 해왔다. 산불, 바람에 날리는 먼지, 화산 폭발은 인간이 존재하기 훨씬 전부터 대기에 오염 물질을 추가했으며 지금도 계속되고 있다. 하와이의 킬라우에아화산은 매일 1,000~2,000 mt[1]의 이산화 황을 배출하며, 이 수치는 화산이 활화산일 때의 생산량을 나타낸다(이는 중국 전체 이산화 황 생산량의 5~10%에 해당한다). 이산화 황은 바람을 타고 이동하면서 산성비를 형성하고, 이는 척박한 카우 사막을 만드는 데 일조했다. 사하라 사막의 먼지는 종종 카리브해와 남미에 도달한다. 중국의 먼지와 오염은 일본을 뒤덮고 심지어 북미 서부에까지 도달한다. 자연이 항상 온순한 것만은 아니다.

우리 조상이 숨 쉬던 공기

대기 오염 문제는 환기가 잘 되지 않는 동굴이나 기타 주거지에서 화재가 발생했을 때 처음 발생했을 것이다. 사람들이 땅을 개간하면서 더 큰 먼지 폭풍이 일어났다. 도시를 건설하면서 난로에서 나오는 그을음과 폐기물에서 나오는 악취가 대기를 가득 채웠다. 로마의 작가 Seneca는 기원전 61년에 제국 도시의 악취, 매연, '무거운 공기'에 대해 썼다. 산업 혁명으로 인해 공

[1] mt = metric ton, 1 mt = 1000 kg = 2200 lb이다.

장의 동력을 얻기 위한 석탄을 대량으로 태우면서 대기 오염은 더욱 심해졌다. 매연, 연기, 이산화 황이 공기를 가득 채웠다.

오늘날의 대기 오염은 우리 조상들이 겪었던 대기 오염보다 훨씬 더 복합적이다. 사회가 활동을 변화시키면 대기에 버려지는 폐기물의 성질도 변화한다. 이러한 현상은 새로운 것은 아니지만 오늘날의 빠른 변화 속도는 전례가 없다. 우리의 환경은 이러한 변화를 흡수하지 못하고, 생명 시스템에 돌이킬 수 없는 손상을 입힐 수도 있다.

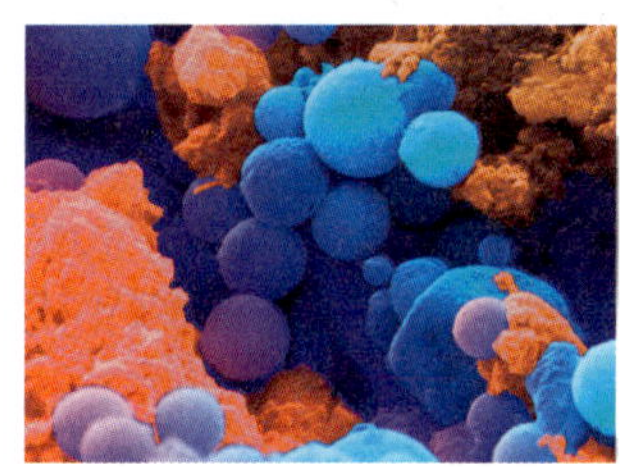

▲ (위) 발전소 및 기타 시설에서의 석탄 연소는 높은 수준의 이산화 황과 입자상 물질이 특징인 산업 스모그의 주요 원인이다. (아래) 날아다니는 재의 주사전자현미경 사진이다. 이러한 입자상 물질은 일단 흡입되면 일반적으로 폐에 남아 있다.

오염의 세계화

대기 오염에는 정치적 경계선이 없다. 중서부 발전소의 오염은 북동부의 산성비로 이어진다. 로스앤젤레스의 스모그는 콜로라도와 그 너머로 이동한다. 미국은 캐나다에서 산성비의 원인이 되는 오염을 발생시킨다. 영국과 독일의 오염 물질이 노르웨이의 눈을 오염시킨다. 미국 동부에서 아시아로 제조업이 이동하면서 뉴잉글랜드의 공기는 깨끗해졌지만, 서해안에는 더 많은 오염 물질이 발생했다는 증거가 있다.

인구가 증가함에 따라 더 많은 사람이 도시에 살고 있다. 특히 개발도상국에서는 산업화가 환경보다 우선시되고 있다. 중국, 이란, 멕시코, 인도네시아, 기타 여러 국가의 도시는 대기 오염으로 인해 끔찍한 상황을 경험했다. 대도시 지역이 대기 오염으로 가장 큰 어려움을 겪고 있지만, 시골 지역도 영향을 받고 있다. 연기가 자욱한 공장 주변 지역에서는 양의 유산율 증가와 양털 품질 저하, 달걀의 생산량 감소와 높은 폐사율, 소의 사료와 관리 요구량 증가 등이 관찰되고 있다. 식물은 발육 부진, 기형, 심지어 죽기도 한다. 동식물을 위한 농업 운영은 지속가능성을 위한 핵심적인 부분이기 때문에 이 산업에 미치는 영향을 고려하는 것이 중요하다.

오염 물질(pollutant)이란 무엇인가? 잘못된 장소 또는 잘못된 시기에 존재하는 너무 많은 양의 물질을 말한다. 어떤 화학 물질은 한 곳에서는 오염 물질이 될 수 있고 다른 곳에서는 도움이 될 수 있다. 예를 들어 오존은 성층권의 자연적이고 중요한 구성 성분으로 생명을 파괴하는 자외선으로부터 지구를 보호한다. 그러나 대류권에서 오존은 위험한 오염 물질이다(7.4절).

석탄 + 화재 ⟶ 산업(황) 스모그

스모그(smog)라는 단어는 연기와 안개라는 단어의 합성어이다. 스모그에는 두 가지 기본 유형이 있다(표 7.2). 산업 활동과 관련된 오염된 공기는 흔히 **산업 스모그**(industrial smog) 또는 황 스모그라고 불린다. 연기, 이산화 황, 재, 그을음과 같은 입자상 물질이 존재하는 것이 특징이다. 석탄, 특히 미국 동부·중국·동유럽에서 발견되는 황 함유량이 큰 석탄의 연소가 대부분의 산업 스모그의 원인이다(광화학 스모그는 7.5절에서 설명한다).

산업 스모그의 화학은 매우 간단하다. 석탄은 유기 물질과 무기 물질의 복잡한 조합이다. 유기 물질은 주로 탄소이며, 석탄이 연소할 때 연소한다. 탄소는 산화되어 이산화 탄소가 되고

1 오늘날의 공기는 과거보다 덜 오염되었는가?

답은 시간과 장소에 따라 다르다. 본문에서 언급했듯이 공기의 질은 도시 지역과 농촌 지역 등 지역에 따라 현저하게 다르다. 산업 혁명으로 인해 대기 질이 크게 악화했지만, 20세기 후반에 많은 정부가 환경법을 시행하여 많은 지역에서 공기가 크게 개선되었다. 세계 일부 지역의 경우 1900년보다 2000년에 공기가 훨씬 깨끗해졌지만, 개발도상국의 많은 지역에서는 부정적인 추세가 반전되지 않았다. 중국과 인도의 일부 도시는 최근 대기 오염 물질이 기록적인 수준에 도달했다.

표 7.2 스모그의 유형

	산업 스모그	광화학 스모그
다른 이름	겨울 스모그, 유황 스모그, '런던 스모그'	여름 스모그, 'LA 스모그'
주요 성분	SO_2, 입자성 물질	NO_x, 탄화수소
보조 성분	SO_3, H_2SO_4	O_3, 알데하이드, 퍼옥시아세틸 질산염(PAN)
오염원	발전소, 공장	자동차
관련 날씨	차가움, 축축함, 안개 낀	따뜻함, 건조함, 맑음

▲ 산업 스모그는 한때 '런던 스모그'라고 불릴 정도로 런던에서 흔한 문제였다. 1952년 12월 4일 목요일 런던에서 시작된 악명 높은 스모그는 5일간 지속되었으며, 4,000명 이상이 사망한 것으로 추정된다.

열이 방출된다. 무기물인 무기질은 대부분 금속 산화물인 재로 남는다.

$$C(s) + O_2(g) \longrightarrow CO_2(g) + \text{열}$$

그러나 모든 탄소가 완전히 산화되는 것은 아니며, 일부는 일산화 탄소로 남는다.

$$2\,C(s) + O_2(g) \longrightarrow 2\,CO(g)$$

그리고 연소되지 않은 일부 탄소는 그을음으로 남게 된다.

석탄의 황도 연소하여 숨 막히는 매운 가스인 이산화 황을 형성하여 **황 오염**이라는 용어를 만들어냈다.

$$S(s) + O_2(g) \longrightarrow SO_2(g)$$

이산화 황은 호흡기에 쉽게 흡수된다. 천식, 기관지염, 폐기종, 기타 폐 질환으로 고통받는 사람들의 증상을 악화시키는 것으로 알려진 강력한 자극제이다.

이 화학 반응의 다음 단계는 상황을 더욱 악화시킨다. 이산화 황 중 일부는 공기 중 산소와 더 반응하여 삼산화 황을 형성한다.

$$2\,SO_2(g) + O_2(g) \longrightarrow 2\,SO_3(g)$$

그런 다음 삼산화 황은 물과 반응하여 황산을 형성한다.

$$SO_3(g) + H_2O(l) \longrightarrow H_2SO_4(l)$$

황의 두 가지 산화물을 통칭하여 종종 SO_x로 부르기도 한다.

공기 중에서 황산은 **에어로졸**(aerosol), 즉 기체 속의 작은 입자(고체) 또는 물방울(액체)이 분산된 형태를 형성한다. 에어로졸은 부식성이 있으며 이산화 황보다 호흡기에 더 자극적이다.

산업 스모그는 일반적으로 높은 수준의 **미세먼지**(particulate matter, PM), 즉 분자 크기보다 큰 고체 및 액체 입자를 함유하고 있다. 가장 큰 입자는 종종 먼지와 연기로 공기 중에 보인다. PM은 주로 그을음과 석탄에서 발생하는 무기질 물질로 구성된다.

거대한 공장이나 발전소 보일러의 활활 타오르는 불 속에서도 무기질이 타지 않는 이유는 매우 안정적이고 이온 결합된 화학종으로 만들어져 있기 때문이다. 일부 무기 물질은 바닥재로 남지만, 대부분은 불길이 만들어내는 엄청난 외풍을 타고 하늘로 날아간다. 이 날아다니는 재(비산재)는 주변 지역에 가라앉아 모든 것을 먼지로 덮는다. 이는 또한 흡입되어 동물과 사람의 호흡기 질환을 유발한다.

지름이 12 μm 이하인 작은 입자, 즉 PM12는 특히 해로운 것으로 알려져 있다. 미세먼지는 호흡기 및 심장 질환의 원인이 된다. 미국환경보호국(EPA)은 PM2.5라고 하는 더 미세한 입자들도 관찰하고 있다. EPA 연구에 따르면 연간 수만 명의 조기 사망이 미세먼지와 관련이 있으며, 그중 약 2만 명이 미세먼지로 인한 사망이라고 한다. 1999년에 전국적인 관찰이 시작된 이후 미세먼지 농도는 크게 낮아졌다. 2010년에 미국 인구 10명 중 3명은 미세먼지 오염 수준이 PM2.5, PM12 또는 둘 다에 대한 EPA의 기준보다 높은 지역에 거주했다.

산업 스모그의 건강과 환경에 대한 영향

액체 상태의 미세한 황산 방울과 PM12 및 더 작은 고형물은 폐에 쉽게 갇힐 수 있다. 상호작용은 오염 물질의 유해한 영향을 상당히 강화할 수 있다. PM이 존재하지 않는 특정 수준의 이산화 황은 상당히 안전할 수 있다. 특정 수준의 미세먼지는 주변에 이산화 황이 없으면 상당히 무해하지만, 두 가지가 함께 작용하면 치명적일 수 있다. 미세먼지는 다른 오염 물질을 폐로 유입시키는 매우 효과적인 운반체가 될 수 있다. 이와 같은 **상승 효과**는 화학 물질이 함께 작용할 때마다 매우 흔하게 발생한다. 석면과 담배 연기의 상승 효과(6.2절에서 설명)와 일부 약물의 상승 효과(11.7절에서 설명)가 그 예이다.

산업 스모그의 오염 물질이 폐포에 닿으면 폐포는 탄력성을 잃고 이산화 탄소를 배출하기 어렵게 된다. 이러한 폐 손상은 폐기종이라는 질환을 유발하는데, 이 질환은 호흡 곤란이 점점 심해지는 특징이 있다.

황산과 SO_x 오염 물질도 식물에 피해를 준다. SO_x에 노출되면 잎이 표백되고 얼룩덜룩해진다. 농작물의 수확량과 품질에 심각한 영향을 미칠 수 있다. 이러한 화합물은 또한 산성비 생성의 주범이기도 하다.

산업 스모그 대처 방법

지속가능성의 한 측면은 산업 스모그를 예방하고 완화하기 위한 노력이다. 산업 공장이 어떻게 운영되는지는 대기에 영향을 미치는 중요한 요소이며, 따라서 사람뿐만 아니라 다른 동식물에도 영향을 미치는 중요한 요소이다.

여러 장치를 사용하여 굴뚝에서 배출되는 가스에서 PM을 제거할 수 있다.

- **전기 집진기**(electrostatic precipitator, 그림 7.5)는 입자에 전하를 유도하여 반대 전하를 띠는 얇은 판에 끌어당겨 부착되게 한다.
- 백 여과법은 진공청소기의 먼지봉투와 매우 유사하게 작동한다. 입자가 포함된 기체는 백하우스의 필터를 통과한다. 이 필터를 흔들거나 주기적으로 반대 방향으로 공기를 불어 넣어 청소할 수 있다.
- 사이클론 분리기는 배기가스를 회전하는 원형 흐름으로 위쪽으로 소용돌이치게 한다. 이 과정에서 입자들은 외벽에 부딪혀 가라앉고, 바닥에 모여 수거된다.
- **습식 세정기**(wet scrubber)는 배기가스를 미세한 물안개에 통과시켜 PM을 제거한다. 사용 후에는 폐수 내 입자를 제거하기 위해 폐수를 처리해야 한다.

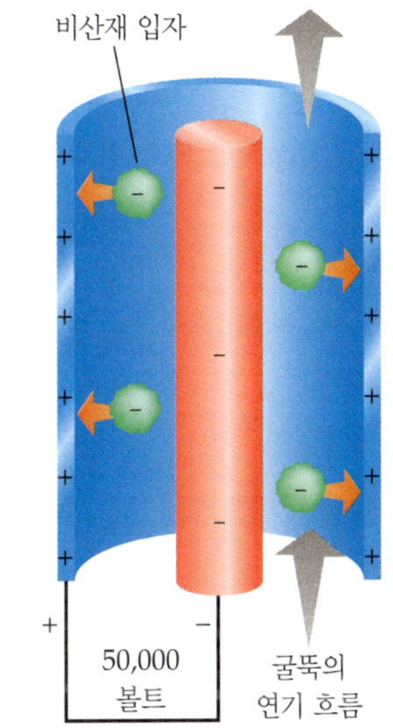

▲ **그림 7.5** 굴뚝에서 배출되는 가스에서 미세먼지를 제거하기 위한 원통형 전기 집진기의 단면도. 음전하를 띠는 방전 전극(가운데)에서 나온 전자가 날아다니는 재의 입자에 부착되어 음전하를 띠게 된다. 이렇게 하선된 입자는 양전히를 띤 바깥쪽 집진판에 흡착되어 퇴적되고 이를 통해 입자가 제거된다.

장치의 선택은 연소하는 석탄의 종류, 발전소의 규모, 기타 요인에 따라 달라진다. 모두 에너지가 필요하며(전기 집진기는 발전소 발전량의 약 10%를 사용), 수집된 재는 어딘가에 폐기해야 한다. 일부 재는 콘크리트를 만들거나 도로 기초의 골재 대용, 토양 개량제, 광산을 다시 메꾸는 데 사용된다. 나머지는 저장해야 한다. 대부분은 연못에 버려지고, 나머지는 매립지로 이동한다.

황과 SO_x는 미세먼지보다 제거하기가 더 어렵다. 석탄을 연소하기 전에 처리하여 황을 제거할 수 있지만, 부유법과 기체화 또는 액화 공정(9장)은 모두 비용이 많이 든다. 황을 제거하는 또 다른 방법은 석탄을 연소시킨 후 배기가스에서 이산화 황을 제거하는 것이다.

가장 일반적인 세정기는 석회석-백운석 공정을 사용한다. 석회석($CaCO_3$)과 백운석(탄산 칼슘과 탄산 마그네슘의 혼합물)을 분쇄하고 열을 가한다. 열은 이산화 탄소를 제거하여 염기성 산화물인 산화 칼슘(석회)을 형성하고, 이는 이산화 황과 반응하여 고체 아황산 칼슘($CaSO_3$)을 형성한다.

$$CaCO_3(s) + \text{열} \longrightarrow CaO(s) + CO_2(g)$$
$$CaO(s) + SO_2(g) \longrightarrow CaSO_3(s)$$

이 부산물은 상당한 처리 문제를 야기한다. 이산화 황 1톤을 제거하면 거의 2톤의 고체가 생성된다. 일부 개량 세정기는 아황산 칼슘을 황산 칼슘($CaSO_4$)으로 산화한다.

$$2\,CaSO_3(s) + O_2(g) \longrightarrow 2\,CaSO_4(s)$$

황산 칼슘은 아황산 칼슘보다 훨씬 더 유용하며 석고보드와 같은 상업용 제품을 만드는 데 사용된다. 자연에서 황산 칼슘은 석고($CaSO_4 \cdot 2H_2O$)로 존재하며, 이는 경화 석고와 동일한 성분을 가지고 있다. 이 과정의 첫 번째 단계에서 추가적인 양의 CO_2가 생성된다는 점에 유의해야 하는데, 이는 지구 기후에 영향을 미침으로써 그 자체로 또 다른 문제를 일으킨다(7.9절).

자가평가문제

1. 18세기 영국 도시의 공기에 대한 설명으로 옳은 것은 무엇인가?
   a. 바다 냄새가 났다.
   b. 장미 향기가 났다.
   c. 석탄 연소로 연기가 자욱했다.
   d. 깨끗했다.

2. 화석연료를 태울 때 일반적으로 방출되지 않는 것은 무엇인가?
   a. N_2 **b.** NO_x
   c. CO_2 **d.** SO_2

3. 일반적인 조성이 아닌 크기로 설명되는 오염 물질은 무엇인가?
   a. 산성비 **b.** CFC
   c. 미세먼지 **d.** 광화학 물질

4. 폐 손상을 일으키는 데 상승적으로 작용하는 오염 물질 쌍은 무엇인가?
   a. O_3와 그을음 **b.** O_3와 PM
   c. SO_2와 NO_x **d.** SO_2와 PM

5. 전하를 이용하여 배기가스를 세정하는 장치는 무엇인가?
   a. 촉매 변환기 **b.** 전기 발전기
   c. 전기 집진기 **d.** 입자 가속기

6. 석회를 사용하는 세정기가 굴뚝에서 배출되는 가스에서 제거하는 오염 물질은 무엇인가?
   a. CO_2 **b.** CO
   c. NO_x **d.** SO_2

7. 굴뚝에서 배출되는 가스에서 이산화 황을 제거할 때 생기는 일반적인 부산물은 무엇인가?
   a. CaO **b.** $CaSO_4$
   c. $CaCO_3$ **d.** 고체 S

정답: 1. c, 2. a, 3. c, 4. d, 5. c, 6. d, 7. b

2 자동차 배기가스를 모아 휘발유로 다시 전환하는 것이 현실적인가?

가설적으로는 가능하지만 어렵고 많은 에너지가 필요하다. 실제로 배기가스를 다시 휘발유로 전환하려면 원래 휘발유를 태울 때보다 더 많은 에너지가 필요하다!

7.4 자동차 배기가스

학습 목표
- 자동차 배기가스의 주요 기체를 나열하고, 촉매 변환기가 이러한 기체 오염 물질을 어떻게 줄이는지 설명한다.
- 일산화 탄소가 어떻게 독으로 작용하는지 설명한다.

탄화수소가 충분한 산소 속에서 연소하면 생성물은 이산화 탄소와 물이다. 예를 들어 휘발유를 구성하는 수백 가지 탄화수소 중 하나인 옥테인의 연소를 생각해보자.

$$2\,C_8H_{18}(l) + 25\,O_2(g) \longrightarrow 18\,H_2O(g) + 16\,CO_2(g)$$

이처럼 자동차 배기가스의 주요 구성 요소는 수증기, 이산화 탄소, 반응하지 않은 질소 및 산소이다. 수증기와 질소는 인체에 해가 없지만 이산화 탄소는 지구 온난화에 기여한다. 또한 연소 과정이 완전하지 않고 부반응이 일어나기도 한다. 이러한 인자들은 일산화 탄소, 질소 산화물(NO_x), 휘발성 유기 화합물(VOC) 등 더 해로운 생성물을 소량으로 발생한다. NO_x는 스모그와 산성비의 원인이 된다. 연소하지 않은 연료에서 발생하는 VOC는 산소 원자와 반응하여 오존(O_3), 알데하이드(RCHO), PAN($RCOOONO_2$)을 생성한다.

일산화 탄소: 조용한 살인자

연소 중에 산소가 부족하면 일산화 탄소가 생성된다. 미국에서는 대기 중으로 유입되는 모든 대기 오염 물질의 60% 이상(질량 기준)을 CO가 차지하며, 전체 CO 배출량의 절반 이상이 운송 수단에서 발생한다. 미국의 총 CO 배출량은 20년 동안 거의 50% 감소했지만, 2009년 이후 정체 상태에 있다.

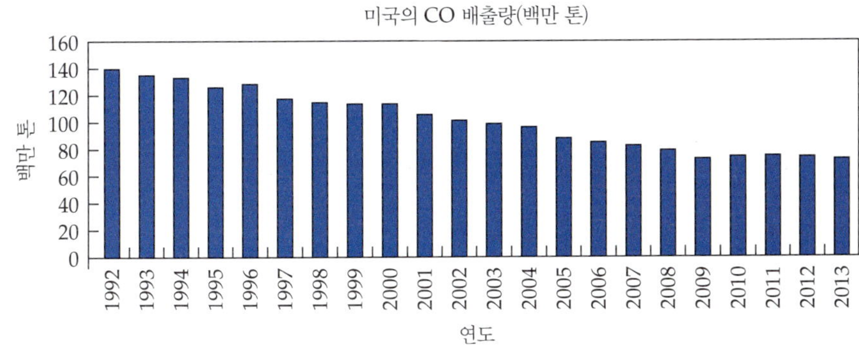

▲ 미국의 연간 일산화 탄소 배출량

CO의 다른 공급원으로는 산업 활동, 주거용 목재 연소, 산불과 같은 자연적 공급원 등이 있다. EPA는 CO의 위험 수준을 8시간 동안 9 ppm(평균), 1시간 동안 35 ppm(평균)으로 설정했다. 도시 거리에서는 이러한 위험 수준을 초과하는 경우가 많다. 도심 외곽 지역에서도 평균 7~8 ppm의 수치를 보이는 경우가 많다. 이러한 수준은 즉각적인 사망을 초래하지는 않지만, 장기간 노출되면 신체적·정신적 장애를 일으킬 수 있다.

일산화 탄소는 무색, 무취이기 때문에 일산화 탄소 감지기나 검사 시약을 사용하지 않는 한 일산화 탄소가 있는지 알 수 없다. (자동차 배기가스는 일산화 탄소가 아닌 연소되지 않은 탄화수소에서 냄새가 난다.) 졸음은 일반적으로 유일한 초기 증상이지만, 항상 불쾌한 것은 아니다.

일산화 탄소는 혈액의 헤모글로빈을 묶는 작용을 한다. 정상적으로 헤모글로빈은 우리 몸 전체에 산소를 운반하지만(그림 7.6), CO는 산소보다 훨씬 더 강하게 헤모글로빈과 결합하여 산소의 결합을 방해한다. 일산화 탄소 중독의 증상은 산소 결핍의 증상과 비슷하지만, 피부가 CO-헤모글로빈으로 인해 선홍색으로 변할 수 있다는 점을 제외하면 일산화 탄소 중독의 증상은 산소 결핍의 증상과 유사하다. 가장 심각한 급성 일산화 탄소 중독을 제외하고는 모두 가역적이지만, 산소 요법과 함께 장기간 입원이 필요한 경우도 있다. 일산화 탄소 중독에 대해서는 14장에서 자세히 설명한다.

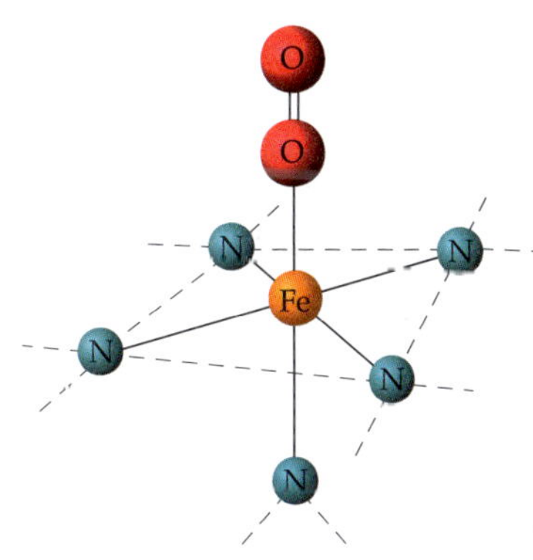

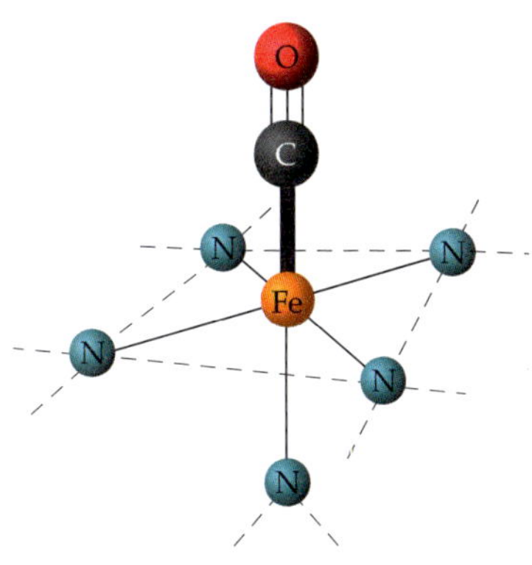

▲ **그림 7.6** 헤모글로빈 분자 일부의 도식적 표현. 일산화 탄소는 더 굵은 결합 선으로 표시된 것처럼 산소보다 훨씬 더 단단히 결합한다.

질소 산화물: 황갈색 공기의 화학

질소 산화물은 고온에서 N_2가 O_2와 반응할 때 형성된다. 공기에는 질소와 산소가 모두 포함되어 있으므로 연료에 질소가 포함되어 있는지에 관계없이 모든 연료가 연소하는 동안 NO_x가 형성될 수 있다. 자동차 배기가스와 화석연료를 태우는 발전소는 질소 NO_x의 주요 공급원이다. 질소와 산소 반응의 주요 생성물은 일산화 질소(NO)이다.

$$N_2(g) + O_2(g) \longrightarrow 2\,NO(g)$$

일산화 질소는 대기 중의 산소에 의해 산화되어 눈에 자극을 일으키고 갈색 안개를 생성하는 황갈색 기체인 이산화 질소로 변한다.

$$2\,NO(g) + O_2(g) \longrightarrow 2\,NO_2(g)$$

이 두 가지 질소 산화물은 대기 화학에서 중요하지만 지저분한 역할을 한다.

일반적인 대기 수준에서 질소 산화물은 특별히 위험해 보이지 않는다. 그러나 고농도에서는 NO가 헤모글로빈과 반응하여 산소 부족을 초래할 수 있다. 이러한 높은 수치는 일반적인 대기 오염으로 인해 발생하는 경우는 거의 없지만, 산업 공급원과 가까운 지역에서는 도달할 수 있다. 더 심각한 문제는 스모그 형성에서 NO_x의 역할이다. 이러한 기체는 질산을 형성할 때 직물의 탈색과 변색을 유발하고, 산성비의 원인이 되기도 한다(7.6절).

대기 오염 물질로서의 오존

▲ 오존은 생명을 주는 산소와는 다른 화학적 형태이지만, O_2보다 반응성이 훨씬 더 강하다. 낮은 수준의 오존도 식물은 물론 사람의 폐와 같은 동물 조직에 심각한 손상을 일으킬 수 있다.

우리가 숨 쉬는 공기 중의 일반 산소는 O_2 분자로 구성되어 있다. 앞서 언급했듯이 오존은 O_3 분자로 구성된 산소의 한 형태이다. 오존과 산소는 같은 원소의 **동소체**(allotrope)로, 서로 다른 성질을 가진다. 분자에 세 번째 산소 원자가 있으면 뭔가 긍정적일 것으로 생각할 수 있지만, 그 반대이다. 오존은 반응성이 매우 강하기 때문에 흡입 시 독성이 매우 강하다. 오존은 광화학 스모그의 구성 성분이다(7.5절). 그러나 오존은 성층권의 중요한 자연적인 성분으로 생명을 파괴하는 자외선으로부터 지구를 보호하는 역할을 하기도 한다. 오존은 오염 물질, 즉 환경적으로 부적합한 물질의 좋은 예이다. 성층권에서는 생명을 가능하게 하는 데 도움을 준다. 하지만 우리가 숨 쉬는 대류권에서는 삶을 어렵게 만든다.

대부분의 미국 도시 지역은 오존 경보를 경험했다. 미국폐협회는 미국 인구의 절반 이상이 일정 시점에 오존 권장 농도를 초과하는 지역에 살고 있다고 추정한다. 오존 농도가 높으면 호흡기 질환으로 인한 병원 입원 및 응급실 방문이 증가한다. 낮은 수준에서는 눈에 자극을 유발한다. 반복적으로 노출되면 호흡기 감염에 더 취약해지고, 폐 염증을 일으키고, 천식을 악화시키고, 폐 기능을 저하하고, 흉통과 기침을 증가시킬 수 있다.

오존은 건강에 미치는 악영향 외에도 경제적 피해를 유발한다. 오존의 산화 성질은 고무를 굳게 하고 갈라지게 하여 자동차 타이어와 기타 고무 제품의 수명을 단축한다. 오존은 또한 농작물, 특히 면화, 땅콩, 콩에 광범위한 피해를 입힌다.

휘발성 유기 화합물

휘발성 유기 화합물(volatile organic compound, VOC)은 일반적인 온도와 압력에서 상당량이 기화되는 유기 물질이다. 이들은 스모그 형성의 주요 원인 물질 중 하나이다. 나무, 휘발유 증기 및 유출, 연료의 불완전 연소, 페인트 및 에어로졸 스프레이와 같은 소비자 제품 등 VOC의 공급원은 다양하다. 많은 VOC는 탄화수소이다.

탄화수소는 늪에서 식물 물질이 부패하는 등 다양한 자연 공급원에서 방출된다. 대기 중에 존재하는 탄화수소의 약 15%만이 인간에 의해 배출된다. 그러나 대부분의 도시 지역에서는 휘발유의 가공과 사용이 대기 오염 탄화수소의 주요 공급원이다. 휘발유는 사용되는 모든 곳에서 증발할 수 있으며, 도시 대기 중 탄화수소의 총량에 상당한 기여한다. 그래서 주유 탱크 뚜껑을 잘 밀봉하고 액체를 과도하게 채우거나 흘리지 않는 것이 중요하다. 자동차에서 배출되는 탄화수소는 주로 오염 제어 장치가 없거나 장치가 제대로 작동하지 않는 차량에서 발생한다. 자동차의 내연기관도 연소하지 않은 탄화수소와 부분적으로 연소한 탄화수소를 배출하여 오염에 기여한다.

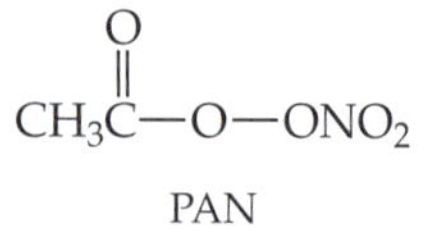

탄화수소는 연소하지 않은 상태에서도 오염 물질로 작용할 수 있다. 특히 알켄과 같은 특정 탄화수소는 산소 원자 또는 오존 분자와 결합하여 알데하이드를 형성한다. 많은 알데하이드는 악취와 자극적인 냄새를 풍긴다. 탄화수소, 산소, 이산화 질소와 관련된 또 다른 일련의 반응은 과산화 아세틸 질산염(PAN)의 형성으로 이어진다.

오존, 알데하이드, PAN은 스모그로 인한 많은 환경 파괴의 원인이다. 이들은 호흡을 어렵게 하고 눈이 따갑고 가려운 증상을 유발한다. 이미 호흡기 질환을 앓고 있는 사람은 심각한 영향을 받을 수 있다. 특히 어린이나 노약자는 더욱 취약하다.

최근 몇 년 동안 천식 발병률이 급격히 증가했다. 대기 오염이 직접적인 원인이라고 보기는 어렵지만, 의학 연구에 따르면 적당한 수준의 오염 물질은 천식 환자의 폐 기능과 증상 수준에 작지만 측정가능한 영향을 미칠 수 있다고 한다. 오염 물질이 천식 발작을 유발하기보다는 오염 물질과 알레르기원이 상호작용하여 천식 발작의 심각성을 촉진하는 것으로 보인다.

넓게 생각해볼 만한 질문은 한 국가나 지역에서 얼마나 많은 자동차를 지속할 수 있게 운행할 수 있는 지이다. 자동차의 연비 효율은 이 논의에서 중요한 요소이다. 미국에서는 2013년에 자동차 평균 연비 기준이 변경되었다. 2016년에는 차량 평균 연비가 35.5마일이었고, 2025년에는 54.5마일로 증가할 예정이었으나 2018년에는 목표치가 낮아졌다. 이 데이터를 차량 대수라는 관점에서 생각해보자. 미국은 인구 1000명당 821대지만, 영국은 587대이고, 중국은 118대에 불과하다. 이와 관련해서 대중교통 이용률도 다른 나라에 비해 미국이 훨씬 낮다. 버스와 기차도 이 절에서 설명한 배기가스를 생성하지만, 일반적으로 1인당 또는 마일당 배출량은 훨씬 적다.

자가평가문제

1. 일산화 탄소의 가장 큰 공급원은 무엇인가?
   a. 운송 차량　**b.** 화산
   c. 석탄 연소 발전소　**d.** 가정용 난로
2. 질소 산화물 배출로 인한 문제가 아닌 것은 무엇인가?
   a. 중독
   b. 산성비로 이어지는 질산의 형성
   c. 스모그 형성
   d. 눈 자극
3. 많은 휘발성 유기 화합물(VOC) 분자의 구성 요소는 무엇인가?
   a. C와 H　**b.** C와 N
   c. N와 H　**d.** N와 O
4. 도시 지역 외에서 휘발성 유기 화합물(VOC)의 주 배출원은 무엇인가?
   a. 자동차　**b.** 드라이클리닝 공장
   c. 전기 발전소　**d.** 천연 공급원
5. 다음 중 알켄이 산소 원자와 반응하여 생성하는 것은 무엇인가?
   a. 알코올　**b.** 알데하이드
   c. 알케인　**d.** 오존
6. 다음 중 일산화 탄소가 생성물로 생성되는 과정은 무엇인가?
   a. 동물 호흡
   b. 굴뚝에서 배출되는 가스에서 SO_x 제거
   c. 과량의 산소로 화석연료의 연소
   d. 화석연료의 부분 연소
7. 다음 중 자동차가 배출하는 것은 무엇인가?
   a. 오존층 고갈을 유발하는 CFC
   b. O_3
   c. 햇빛 아래에서 탄화수소와 반응하여 오존을 생성하는 CO_2
   d. 오존을 포함한 기타 오염 물질을 형성하는 NO_x와 VOC
8. 호흡기 문제를 악화시킬 가능성이 큰 오염 물질은 무엇인가?
   a. CO　**b.** CO_2　**c.** NO　**d.** CH_4
9. 2003년부터 2013년까지 감소한 CO 배출량은 대략 몇 퍼센트인가?
   a. 1%　**b.** 5%　**c.** 10%　**d.** 25%

정답: 1. a, 2. a, 3. a, 4. d, 5. b, 6. d, 7. d, 8. a, 9. d

7.5 광화학 스모그: 태양이 빛나는 동안 만들어지는 안개

학습 목표
- 광화학 스모그의 기원과 황 스모그의 기원을 구별한다.
- 광화학 스모그를 완화하는 데 사용되는 기술에 대해 설명한다.

탄화수소와 질소 산화물은 개별적으로는 산성비 등 환경에 큰 영향을 미치는 걱정스러운 물질이다. 총체적으로 이러한 오염 물질은 햇빛이 있을 때 복잡한 일련의 반응을 거쳐 매우 중요한

▲ 광화학 스모그는 자동차 및 기타 고온의 연소원에서 배출되는 질소 산화물에 햇빛이 작용하여 발생한다. 여기에 보이는 것과 같은 적갈색 또는 갈색 연무가 이러한 유형의 스모그의 특징이다.

오염 물질인 **광화학 스모그**(photochemical smog)를 생성할 수 있으며, 이는 갈색 연무로 보인다.

차갑고 습한 공기와 함께 발생하는 황 스모그와 달리, 광화학 스모그는 보통 건조하고 화창한 날씨에 발생한다. 많은 사람을 로스앤젤레스 지역으로 끌어들인 '캘리포니아 기후'는 연중 언제든 광화학 스모그가 발생하기에 완벽한 환경이기도 하다. 주범은 자동차에서 배출되는 연소하지 않은 탄화수소와 질소 산화물이다. 광화학 스모그의 화학적 구조는 매우 복잡하다(그림 7.7).

일반적으로 화창한 여름날의 시간 경과에 따른 대기 오염 물질 발생을 그림 7.8에 나타내었다. 이른 아침에 교통량이 증가하면 자동차 배기가스를 통해 질소 산화물이 공기 중으로 유입되어 공기 중의 산소와 반응하여 NO_2를 형성한다. 연료의 연소하지 않은 성분과 주유할 때 새거나 흘린 연료로 인해 탄화수소는 공기 중으로 유입된다. 햇빛은 NO_2를 NO와 O 원자로 분리한다. 반응성이 매우 높은 O 원자는 O_2와 결합하여 오존, 즉 O_3를 형성한다. 오존 수치는 종일 계속 상승하다가 태양이 지고 나면 반응물 기체가 적고 태양 에너지가 적기 때문에 감소한다.

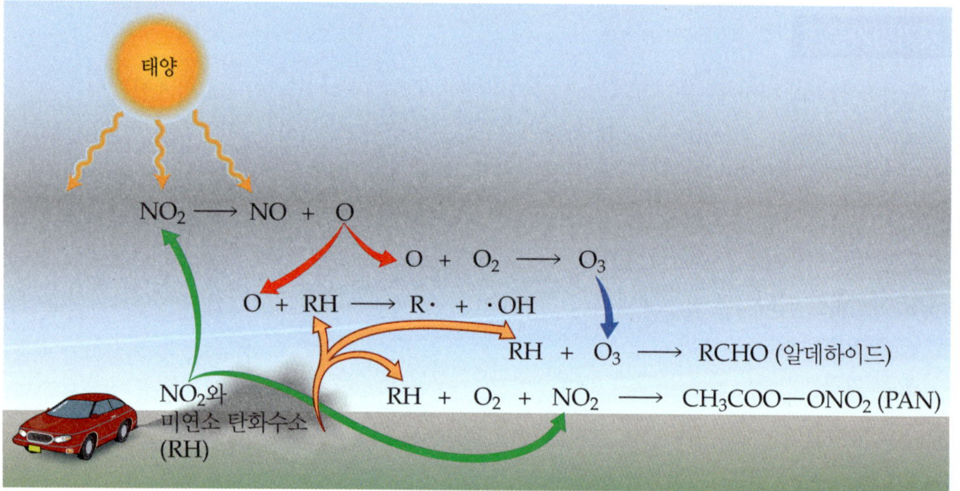

▶ **그림 7.7** 광화학 스모그의 형성과 관련된 화학 작용. 이 단순화된 과정에서 다른 많은 반응성 중간 생성물은 생략되었다.

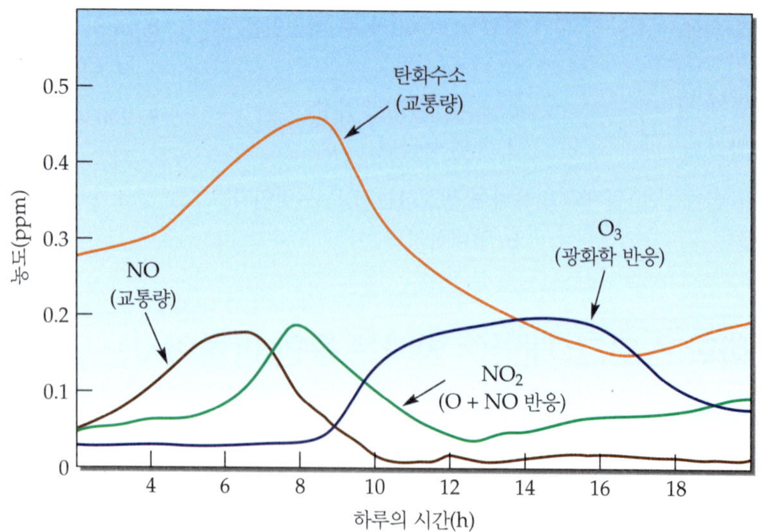

▶ **그림 7.8** 전형적인 맑은 날 여러 도시의 대기 오염 물질의 시간대별 농도. 탄화수소와 NO가 먼저 생성된다. 이들이 햇빛과 상호작용하면서 NO_2와 오존이 생성된다.

광화학 스모그에 대한 해결책

광화학 스모그는 질소 산화물과 탄화수소에 햇빛이 작용해야 한다. 이 중 어느 하나라도 줄이면 스모그의 양이 줄어든다. 햇빛의 양을 줄이고 싶지는 않을 것 같으니 나머지 두 가지에 집중해보자.

탄화수소(일반적으로 대기 오염 보고서에서 HC라고 불림)는 용매로서 많은 중요한 용도를 가지고 있다. 그러나 대기로 유입되는 탄화수소의 양을 줄일 수 있다면 알데하이드와 PAN의 생성량도 줄어들 것이다. 저장 및 분배 시스템의 설계를 개선하여 주유소에서 배출되는 HC를 감소시켰다. 개조된 가스 탱크와 크랭크 케이스 환기 시스템은 자동차의 증발 배출을 감소시켰다. 그러나 대부분의 감소는 **촉매 변환기**(catalytic converter)를 사용하여 자동차 배기가스에서 탄화수소와 일산화 탄소 배출을 두 단계로 줄인 결과이다.

- 첫 번째 단계에서는 백금과 로듐으로 만든 환원 촉매를 사용하여 NO_x 배출을 줄인다. 일산화 탄소의 일부는 산화 질소를 N_2로 환원하는 데 사용된다.

$$2\,NO(g) + 2\,CO(g) \longrightarrow N_2(g) + 2\,CO_2(g)$$

- 촉매 변환기에서의 두 번째 단계는 산화 촉매를 사용한다. 배기가스에 남아있는 일부 산소를 사용해 백금과 팔라듐 촉매를 통해 미연소된 HC와 CO를 산화시켜 물과 이산화 탄소를 생성한다.

엔진의 작동 온도를 낮추면 질소 산화물의 배출량을 줄이는 데 도움이 되지만, 엔진이 자동차를 추진하기 위한 에너지를 생산하는 데 효율성이 떨어진다. 더 풍부한(더 많은 연료, 더 적은 공기) 혼합물로 엔진을 작동하면 질소 산화물 배출량은 줄어들지만 일산화 탄소와 탄화수소 배출량이 많아진다. 최적의 작동을 위해 배기 흐름을 관찰하려면 조절 장치가 필요하다.

촉매 변환기는 90% 이상의 HC, CO, NO_x를 덜 유해한 CO_2, N_2, 수증기로 변환한다. 지난 40년 동안 촉매 변환기의 사용으로 120억 톤 이상의 유해한 배기가스가 지구 대기 중으로 유입되는 것을 방지했다.

최근 많은 사람이 휘발유를 절약하고 환경에 도움이 되는 하이브리드 차량을 운전한다. 하이브리드 차량은 전기 모터와 휘발유 엔진을 모두 사용한다. 한 가지 변형에서는 소형 휘발유 엔진이 대부분의 시간 동안 차량을 구동하고 전기 모터를 작동하는 배터리를 충전한다. 전기 모터는 필요할 때 추가 동력을 제공한다. 하이브리드 차량은 기존 휘발유 차량보다 훨씬 더 효율적이다. 이러한 차량은 대기 오염을 줄이기는 하지만, 환경에 미치는 영향에 대한 완전한 평가에는 배터리의 생산, 교체, 재활용이 포함되어야 한다. 연구자들은 제조 과정에서 오염을 덜 발생시키는 더 작고 효율적인 배터리를 개발하기 위해 노력하고 있다.

현재 생산 중인 전기 전용 차량은 몇 가지 있으며, 더 많은 차량이 개발되고 있다. 현재로서는 몇 가지 한계가 있다. 대부분의 전기차는 휘발유 엔진이 장착된 자동차보다 주행거리가 짧다. 또한 충전하는 데 몇 시간이 걸리고 휘발유 차량보다 가속력이 떨어진다. 널리 보급되기 위해서는 더 긴 주행거리와 빠른 재충전을 제공할 수 있도록 배터리를 개선해야 한다. 충전 하드웨어의 표준화, 더 많은 충전소, 전기를 공급할 수 있는 발전소도 더 많이 필요하다.

전기차의 지속가능성 인자는 전기를 생산하는 데 사용되는 에너지의 공급원이다. 재생 에너지 비율이 높은 캘리포니아주와 같은 곳에서는 전기차가 내연기관 차량보다 이산화 탄소를 훨씬 적게 배출한다. 오하이오주와 같이 석탄 사용량이 많은 주에서는 여전히 전기차가 유리하지만, 그 차이는 작다. 전기차가 탄소 배출량 측면에서 긍정적인 영향을 미치려면 재생가능한 방법으로 생산된 전기의 양이 많이 증가해야 한다.

자가평가문제

1. 햇빛이 있을 때 질소 산화물과 탄화수소가 결합하여 생성하는 것은 무엇인가?
a. 산성비 **b.** 지구 온난화
c. 오존 구멍 **d.** 광화학 스모그

2. 도시에 황갈색 안개가 나타나면 어떤 화합물이 존재한다는 의미인가?
a. HNO_3 **b.** NO
c. NO_2 **d.** SO_2

3. 광화학 스모그가 주로 발생하는 날씨나 지역은 무엇인가?
a. 춥고 습한 날씨 **b.** 건조하고 화창한 날씨
c. 평평하고 건조한 지역 **d.** 눈 덮인 산악 지역

4. 대부분의 지역에서 광화학 스모그의 주요 공급원은 무엇인가?
a. 자동차 **b.** 전기 발전소
c. 화학 공장 **d.** 고체 폐기물 소각

5. 자동차 배기가스에서 질소 산화물을 제거하기 위해 필요한 것은 무엇인가?
a. 백 여과법 **b.** 전기 집진기
c. 환원 촉매 **d.** 습식 세정기

6. 그림 7.8에서 오존 농도가 최댓값의 절반으로 떨어질 때까지 걸리는 시간은 얼마인가?
a. 2.5시간 **b.** 4시간
c. 6시간 **d.** 18시간

정답: 1.d, 2.c, 3.b, 4.a, 5.c, 6.a

7.6 산성비: 대기 오염 → 수질 오염

학습 목표
- 산성비의 원인이 되는 대기 오염 물질의 이름을 나열한다.
- 산성비를 생성하는 오염 물질의 주요 산업 및 소비자 공급원을 나열한다.

황 산화물이 황산(7.3절)으로, 질소 산화물이 질산(7.2절)으로 전환되는 과정을 살펴봤다. 이러한 산이 대기 중에 있는 경우에 산성비 또는 산성 눈의 형태로 지구에 떨어지거나 산성 안개에 침전되거나 미세 입자에 흡착된다. **산성비**(acid rain)는 pH가 5.6 미만인 모든 형태의 강수로 정의된다. 2.1의 낮은 pH를 가진 비와 pH가 1.8인 안개가 보고된 바 있다(그림 7.9). 이 값은 식초나 레몬 주스의 pH보다 낮다.

산성비는 주로 발전소나 제련소에서 배출되는 황 산화물과 발전소나 자동차에서 배출되는 질소 산화물이 주요 원인이다. 이러한 물질은 산을 형성하여 비나 눈으로 떨어지기 전에 먼 거리를 이동하는 경우가 많다(그림 7.10).

산은 금속을 부식시키고 석조 건물과 조각상까지 부식시킬 수 있다. 황산은 금속을 녹여 용해성 염과 수소 기체를 생성한다.

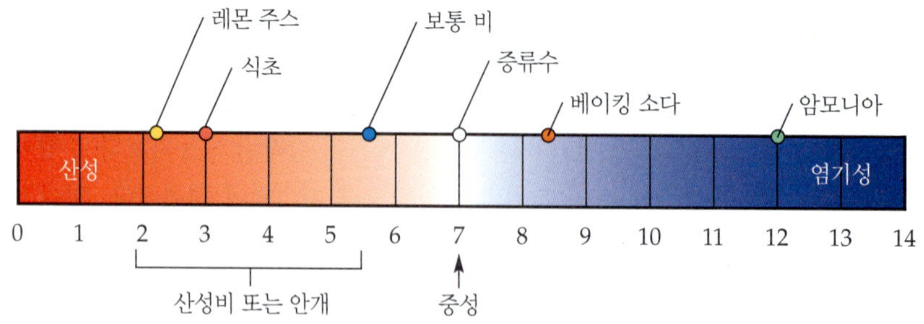

▲ **그림 7.9** 다른 친숙한 물질과 비교한 산성비의 pH. 이산화 탄소가 물과 반응하여 중성이 아닌 산성으로 변하기 때문에 용존 이산화 탄소로 포화된 일반 빗물의 pH는 5.6이다. 천둥번개가 치는 동안 번개에 의해 생성된 질산 때문에 빗물의 pH가 훨씬 낮아질 수 있다. 4장에서 배운 것처럼 pH 값이 1만큼 낮아지면 용액은 10배 더 산성이 된다는 것을 기억하자. 예를 들어 pH가 5.6에서 4.6으로 감소하면 산성도가 10배 증가한다는 것을 의미한다. pH 단위가 2만큼 낮아지면 100배 더 산성이고, pH 단위가 3만큼 낮아지면 1000배 더 산성이다.

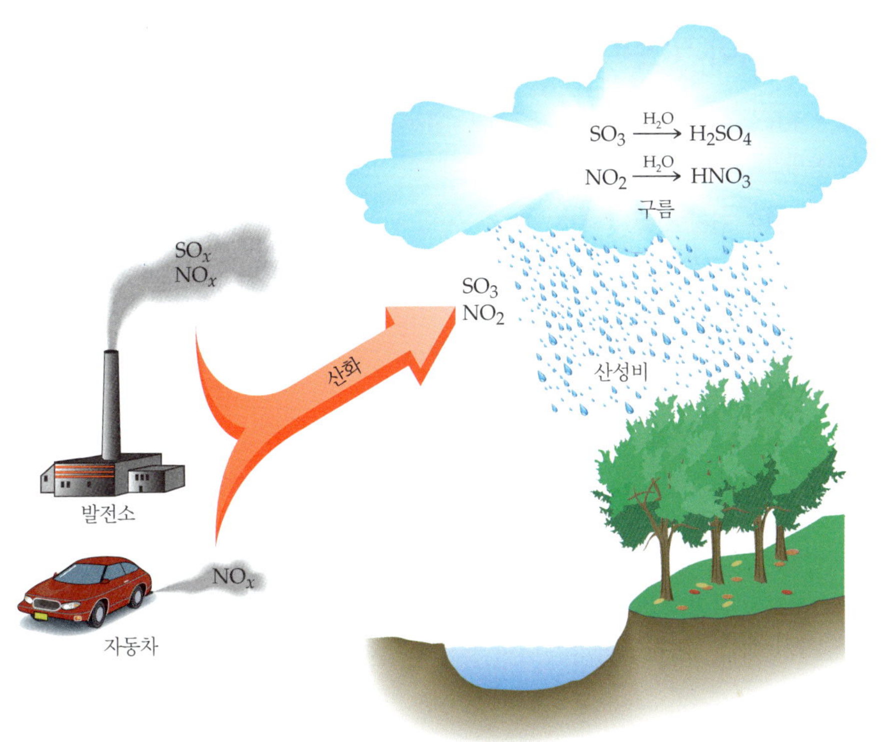

◀ **그림 7.10** 산성비. 산성비를 일으키는 두 가지 주요 물질은 발전소에서 배출되는 이산화 황(SO_2)과 발전소나 자동차 등에서 배출되는 산화 질소(NO)이다. 이 산화물은 각각 SO_3와 NO_2로 변환된 후 물과 반응하여 H_2SO_4와 HNO_3를 형성한다. 그런 다음 산은 공급원으로부터 수백 킬로미터 떨어진 곳에서도 산성비로 내린다.

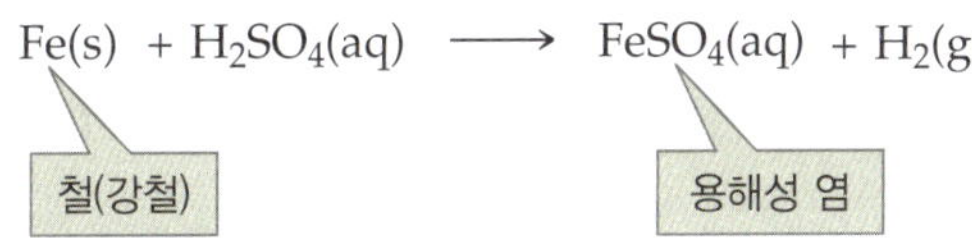

여기에 표시된 반응은 지나치게 단순화되어 있다. 예를 들어 물과 산소(공기)가 있으면 철은 녹(Fe_2O_3)으로 전환된다. 이러한 반응의 한 가지 효과는 자연수에서 금속 이온의 농도가 증가한다는 것이다. 이러한 이온이 식물에 흡수되면 추가적인 환경 문제가 발생할 수 있다. EPA에는 산성비, 대기, 청정 대기법, 기후 변화, 오존, 라돈 등과 같은 주제에 대해 더 많은 정보를 얻을 수 있도록 "빠른 찾기(Quick Finder)" 링크가 있는 웹사이트를 운영하고 있다.

대리석이나 석회암으로 만든 건물과 조각상은 황산과 유사한 반응을 통해 분해되는데, 이 반응에서 생성되는 황산 칼슘은 약간 용해되며 부서지기 쉬운 화합물이다.

$$CaCO_3(s) + H_2SO_4(aq) \longrightarrow CaSO_4(aq) + H_2O(l) + CO_2(g)$$

대리석 또는 석회석

▲ (왼쪽) 여기에서 볼 수 있듯이 산성비는 예술품과 장식물, 특히 대리석(산에 잘 녹는 탄산 칼슘)으로 만든 장식품을 훼손할 수 있다. (오른쪽) 19세기 장식물이 원래 모습으로 복원된 후의 모습이다.

자가평가문제

1. 정의된 산성비의 pH는 얼마인가?

a. 7.4 이상
b. 7.0 이상
c. 5.6 미만
d. 7.0 미만

2. 다음 중 산성비를 일으키는 반응은 무엇인가?

a. $C + O_2 \longrightarrow CO_2$
b. $Cl_2 + H_2 \longrightarrow 2\,HCl$
c. $N_2 + 3\,H_2 \longrightarrow 2\,NH_3$
d. $S + O_2 \longrightarrow SO_2$

정답: 1. c, 2. d

7.7 내부 이야기: 실내 공기 오염

학습 목표
- 주요 실내 공기 오염 물질과 그 공급원을 나열한다.
- 라돈의 출처와 라돈이 왜 위험한지 설명한다.

실내 공기 오염은 건강에 큰 문제를 일으킬 수 있다. 미국에서도 심각할 수 있지만, 난방과 요리를 위해 장작, 숯, 석탄, 말린 배설물을 연료로 사용하는 개발도상국에서는 훨씬 더 심각한 경우가 많다.

대기 오염 물질의 인체 노출에 대한 EPA 연구에 따르면 많은 오염 물질의 실내 공기 수준이 실외 수준보다 2~5배, 때로는 100배 이상 높을 수 있다고 한다. 교통량이 많은 지역 근처에서는 실내 공기의 일산화 탄소 농도가 실외 공기와 동일한 수준이다. 일부 지역에서는 사무실 건물, 공항 터미널, 아파트의 실내 CO 수치가 정부 안전 기준을 초과하는 경우도 있다. 장작 난로, 가스 스토브, 담배, 환기가 되지 않는 가스 및 등유 공간 히터도 실내 CO의 공급원이다.

가스레인지가 있는 주방은 질소 산화물 수치가 미국 정부 기준보다 높은 경우가 많다. 독립형 등유 스토브는 실외 공기에 대한 연방 규정에서 허용하는 수준보다 최대 20배 더 높은 수준의 NO_x를 배출한다. (이러한 규정은 실내 공기에는 적용되지 않는다.)

장작 연기

많은 사람이 나무나 나뭇잎을 태울 때 나는 연기 냄새를 좋아하지만, 장작 연기는 결코 무해하지 않다. 대부분의 생산물은 이산화 탄소와 수증기이지만, 장작 1 kg을 태우면 80~370 g의 일산화 탄소와 소량의 휘발성 유기 화합물, 알데하이드, 아세트산, 미립자, 탄화수소, 발암성 다환 방향족 탄화수소(PAH) 등이 함께 생성될 수 있다. 장작 연기의 냄새는 지난 가을의 추억이나 모닥불 주위의 노래를 떠올리게 하지만, 연기를 흡입하면 천식 발작을 일으키고 장기적으로 폐에 해를 끼칠 수 있다.

담배 연기

담배 연기의 약 15%만 흡연자가 흡입하고, 나머지는 공기 중에 남아 다른 사람이 들이마신다. 담배 연기에서 발견된 약 4000여 종의 화합 물질 중 40가지 이상의 발암물질이 확인되었다. 장작 연기에서 발견되는 PAH 외에도, 담배 연소 시에는 방향족 아민, 니트로사민, 심지어 방사성 폴로늄-210(담배 비료에서 포함된 자연 발생 우라늄과 토륨의 미량 성분에서 생성)이 생성된다. 심지어 EPA는 간접흡연을 사람에게 암을 유발하는 것으로 알려진 1급 발암물질로 분류하고 있다. 실내에서 타는 담배 연기 하나만으로도 미세입자 수치가 정부 기준치 이상으로 높아질 수 있다.

담배 연기로 인한 비흡연자의 위험도 잘 알려져 있다. 의학 연구에 따르면 간접흡연을 자주 하는 비흡연자도 폐암, 심장병 등 흡연자와 동일한 질병에 걸릴 확률이 높다고 한다. 담배를 피운 적이 없지만, 흡연자와 함께 사는 여성은 심장병에 걸릴 위험이 거의 두 배, 폐암으로 사망할 위험이 두 배 가까이 높다. 임신 중 간접흡연에 노출된 여성은 유산 및 사산율이 더 높다. 그들의 자녀는 폐 기능이 저하되고 영아 돌연사 증후군(SIDS)의 위험이 더 크다. 간접흡연에 노출된 아이들은 중이염과 부비동염, 천식, 감기, 기관지염, 폐렴, 기타 폐 질환에 걸릴 가능성이 더 높다. 이러한 건강 문제와 기타 문제로 인해 많은 주와 지방자치단체가 대부분의 공공장소에서 흡연을 금지하고 있다.

라돈과 그 해로운 딸핵종

라돈은 무색, 무취, 무미의 화학적으로 반응성이 없는 비활성 기체이지만 방사성이 있다. 라돈-222는 알파 방출에 의해 붕괴하며 반감기는 3.8일이다. 붕괴 생성물인 **딸 동위원소**(daughter isotope)가 가장 큰 문제이다.

$$^{222}_{86}Rn \longrightarrow ^{218}_{84}Po + ^{4}_{2}He$$

라돈을 흡입하면 폴로늄-218과 다른 방사성 동위원소가 폐에 갇히고, 더 붕괴하여 조직에 손상을 입힌다.

라돈은 토양과 암석, 특히 화강암과 셰일에서 자연적으로 방출된다. 궁극적인 공급원은 이러한 물질에서 발견되는 우라늄 원자이다. 라돈은 우라늄이 다단계 붕괴하는 과정에서 형성되는 여러 방사성 물질 중 하나에 불과하다. 그러나 라돈은 기체이며 대기 중으로 쉽게 빠져나간다는 점에서 독특하다. 실외에서는 라돈이 확산되어 문제가 되지 않지만, 단단한 콘크리트 슬래브나 지하실 위에 지어진 집은 기체가 내부에 갇힐 수 있다. 라돈 수치는 EPA가 정한 최대 안전 수준(공기 1 L당 0.15 Bq)의 몇 배에 달할 수 있다. 이 수치의 5배라면 하루에 두 갑의 담배를 피우는 것과 같은 위험으로 간주할 수 있다. 유해성이 정확히 밝혀지지는 않았지만, 미국국립암연구소의 과학자들은 라돈이 연간 2만 명의 폐암 사망을 유발할 수 있다고 추정하고 있다.

기타 실내 오염 물질

어떤 사람들은 겨울철 난방비를 줄이기 위해 등유 히터나 환기가 되지 않는 천연 가스 히터를 사용하기도 한다. 집안에서 사용하는 공간만 난방하는 것은 좋은 생각처럼 보인다. 그러나 이러한 히터를 적절히 조절하지 않으면 일산화 탄소가 발생할 수 있다. 가스레인지, 가스난로, 휘발유 발전기, 심지어 차고에 연결된 자동차 배기가스에서 나오는 일산화 탄소는 일부 주택에서 발견되는 높은 수준의 CO에 기여할 수 있다. EPA는 8시간 동안 최대 9 ppm의 CO를 권장한다. 제대로 조정되지 않은 가스 히터에서 나오는 일산화 탄소의 농도는 쉽게 30 ppm을 지속적으로 초과할 수 있다. 높은 수준의 일산화 탄소를 예방하려면 적절한 환기가 핵심이다.

곰팡이는 많은 가정에서 흔히 무시되는 오염 물질이다. 새는 관이나 수증기가 응축되는 서늘한 곳은 습기 문제를 일으킬 수 있으며, 습기가 있는 곳에는 곰팡이가 자란다. 곰팡이 포자는 천식, 기관지염, 기타 폐 질환을 악화시킬 수 있는 미세먼지의 한 형태이다. 일반적으로 곰팡이는 습기를 조절하여 제어한다.

전기 공기청정기는 널리 광고되고 있으며 실내 공기 오염에 대한 편리한 해결책으로 보일 수 있다. 하지만 안타깝게도 이러한 청정기 중 일부는 특히 오존과 같은 오염 물질을 생성한다. 오존은 반응성이 매우 강해 실제로 일부 오염 물질과 반응하여 오염 물질의 단계를 낮출 수 있다. 하지만 이 과정에서 포름알데하이드와 같은 다른 오염 물질을 생성할 수 있다. EPA는 대중에게 "실내 공기 오염을 제어하는 입증된 방법을 사용하라"라고 권고한다. 이러한 방법에는 오염원 제거 또는 제어, 실외 공기 환기 증가, 입증된 공기 정화 방법 사용 등이 포함된다.

자가평가문제

1. 주방에서 제대로 작동하는 가스레인지에 발생하는 실내 공기 오염 물질은 무엇인가?

a. CO **b.** NO_x **c.** PAH **d.** VOC

2. 광고하는 전기 실내 공기청정기가 유발할 수 있는 오염 물질은 무엇인가?

a. CO **b.** 오존 **c.** VOC **d.** 라돈

3. 다음 중 주택에서 라돈의 발생원은 무엇인가?
   a. 가스레인지 b. 연기 감지기
   c. 히터 배기가스 누출 d. 토양과 암석

4. 다음 중 방사성 라돈의 붕괴 생성물은 무엇인가?
   a. 코발트-60 b. 헬륨-4
   c. 폴로늄-218 d. 우라늄-238

정답: 1. b, 2. b, 3. d, 4. c

7.8 성층권 오존: 지구를 지켜주는 소중한 방패

학습 목표
- CFC와 오존층 파괴 사이의 연관성을 설명한다.
- 성층권 오존층 파괴의 결과를 설명한다.

중간권(그림 7.1 참조)에서 일반적인 산소 분자는 단파장의 고에너지 자외선에 의해 산소 원자로 분리된다.

산소 분자 / 산소 원자

$$O_2(g) + \text{에너지(자외선)} \longrightarrow 2\,O(g)$$

반응성이 높은 이 원자 중 일부는 성층권으로 확산되어 내려와서 O_2 분자와 반응하여 오존 분자를 형성한다.

산소 분자 / 오존 분자

$$O_2(g) + O(g) \longrightarrow O_3(g)$$

오존은 파장이 더 길지만 여전히 해로운 자외선을 흡수하여 이러한 유해한 자외선으로부터 우리를 보호한다. 이러한 광자를 흡수하는 과정에서 오존 분자는 이전 반응의 역반응으로 다시 산소 분자와 산소 원자로 전환된다.

$$O_3(g) + \text{에너지(자외선)} \longrightarrow O_2(g) + O(g)$$

방해가 없으면 성층권의 오존 농도는 이러한 순환 과정으로 인해 상당히 일정하게 유지된다. 약 20 km 두께의 성층권에서 매일 3,000억 톤 이상의 오존이 이런 식으로 파괴되고 생성된다. 그러나 오존 분자의 실제 수는 상대적으로 적다. 오존이 정상적인 해수면 압력으로 압축된다면 그 층의 두께는 3 mm에 불과할 것이다! 이 미세한 장벽은 모든 생명체를 유해한 자외선으로부터 보호한다. 최근 수십 년 동안 인간의 활동으로 인해 일부 지역에서는 오존층의 보호 기능이 약화되어 평형이 깨졌다.

클로로플루오로탄소 및 오존 구멍

성층권에 오존이 적을수록 지구 표면에 도달하는 유해한 자외선이 더 많아진다. 사람의 경우 자외선 노출이 증가하면 피부암, 백내장, 면역계 장애를 일으킬 수 있다. 미국국립연구위원회는 오존층이 1% 고갈될 때마다 피부암이 2~5% 증가한다고 예측하고 있다. 또한, 자외선 증가는 많은 농작물의 수확량을 감소시키고, 바다의 식물 플랑크톤 개체군을 감소시켜 해양 생물의 먹이 사슬과 산소 순환을 방해할 수 있다(그림 7.3 참조).

오존층의 두께는 위도와 계절에 따라 달라진다. 오존 농도의 주기는 남극에서 가장 두드러지는데, 이는 부분적으로는 얼음 결정 표면에서 오존 파괴 반응이 훨씬 더 빠르게 일어나기 때문이다. 극심한 남극 겨울(6~8월)에는 얼음 결정이 포함된 구름이 더 많이 형성되어 오존 농도가 감소한다. 오존 농도는 9월에 가장 낮은데, 이는 남반구 봄철의 강해지는 햇빛이 분해 반응을 최대화하기 때문이다. 1970년대에는 따뜻한 계절에 오존층이 제대로 회복되지 않아 심각한 우려가 제기되었다. 1974년 멕시코의 화학자 Mario Molina(1943~2020)와 미국의 화학자 F. Sherwood Rowland(1927~2012)는 성층권 내 CFC의 존재가 오존층 파괴를 촉진한다는 메커니즘을 설명했다. 이들은 이 연구로 1995년에 노벨화학상을 받았다.

CFC는 자연에서는 발견되지 않고 에어로졸 캔의 분산 기체 및 냉매로 사용하기 위해 개발되었다. 실온에서 CFC는 끓는점이 낮은 기체 또는 액체이다. 물에 거의 녹지 않고 화학적으로 거의 비활성이기 때문에 다양한 용도로 사용할 수 있다. 그러나 일단 대기 중으로 방출되면 반응성이 낮아서 사라지지 않고 성층권 상층까지 확산된다. 오존층 위에서는 강력한 자외선이 C—Cl 결합을 끊어내어 일련의 반응을 촉발하며 결국 오존 분자의 알짜 분해를 초래한다.

$$CF_2Cl_2 + \text{에너지(자외선)} \longrightarrow CF_2Cl\cdot + Cl\cdot$$
$$Cl\cdot + O_3 \longrightarrow ClO\cdot + O_2$$
$$ClO\cdot + O \longrightarrow Cl\cdot + O_2$$

초기 반응의 두 생성물은 반응성이 높은 자유 라디칼이며, 전자가 짝을 이루지 않은 화학종(여기서는 점으로 표시)이다. 염소 원자는 오존 분자와 반응하여 O_2를 생성하고, 궁극적으로 또 다른 염소 원자를 형성하여 또 다른 O_3 분자를 분해할 수 있다. 두 번째와 세 번째 단계는 여러 번 반복된다. 이 촉매 연쇄 반응에서 단일 CFC 분자가 분해되면 수천 개의 오존 분자가 파괴될 수 있다.

▲ 1986년 콜로라도주 볼더에 있는 해양대기청의 화학자 Susan Solomon은 극지방의 오존층 파괴가 CFC에 의해 더 심해지는 이유를 설명하는 메커니즘을 제안했다. 이후 실험을 통해 이 메커니즘이 확인되었고 국제적으로 CFC 사용이 금지되었다. Solomon은 이 공로로 1999년 미국국립과학훈장을 받았다.

국제 협력

유엔(UN)은 오존층 파괴 물질의 생산과 사용을 줄이고 궁극적으로 제거하도록 강제하는 국제 협약인 1987년 몬트리올 의정서를 통해 오존층 파괴 문제를 해결했다. 그 결과 미국을 비롯한 여러 국가에서 CFC 사용이 금지되었고, 효과적인 대체 물질을 찾는 데 성공했다.

CFC와 기타 오존 파괴 화합물은 대부분 더 순한 물질로 대체되었다. CH_2FCF_3와 같은 HFC 및 $CHCl_2CF_3$와 같은 HCFC가 이러한 대체 물질 중 일부이다. 이러한 화합물의 C—H 결합은 반응성이 있는 화학종에 취약하기 때문에, 분자는 일반적으로 성층권에 도달하기 전에 분해된다. 모든 해결책에는 새로운 문제가 있는 것처럼 보인다. CFC, HFC, HCFC는 모두 온실 기체이다(7.9절). 또한 HFC와 HCFC는 사용 중에 분해되어 냉장 부품을 부식시킬 수 있다.

몬트리올 의정서로 인해 성층권의 CFC 농도는 1998년에 정점을 찍었다. 그 이후 농도는 서서히 감소했지만, 2025년 이후까지 심각한 오존 파괴를 일으킬 수 있을 만큼 여전히 높은 수준을 유지하고 있다. 남극 상공의 오존 구멍 크기(그림 7.11)는 온도 및 기타 기상 요인에 따라 해마다 달라진다. CFC로 인한 피해로부터 완전히 회복되기까지는 수십 년이 걸릴 것으로 예상된다.

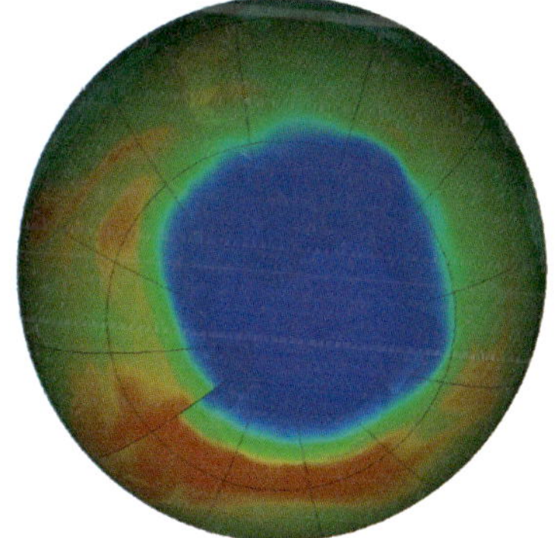

2017년 10월

▲ **그림 7.11** 남극 상공의 오존 구멍(파란색)은 9월에 가장 크게 나타난다. 2017년 10월 오존 구멍이 가장 컸을 때의 사진이다. 이 면적은 북미와 거의 같은 크기이다. 이는 최저치를 기록했던 2000년에 비해 20% 작아졌지만, 여전히 지구 온난화 이전과는 거리가 멀다.

자가평가문제

1. 성층권에서 일부 O_2는 어떤 물질로 변하는가?
   - a. 산성비
   - b. 암모니아
   - c. 오존
   - d. 물

2. 오존은 다음 중 어떤 물질의 동소체인가?
   - a. 탄소
   - b. 염소
   - c. 질소
   - d. 산소

3. 지구 표면에서는 해롭지만 성층권에서는 생명을 보호하는 오염 물질은 무엇인가?
   - a. 일산화 탄소
   - b. 염소
   - c. 산소
   - d. 오존

4. 중간권에서 산소 원자가 생성되는 과정은 무엇인가?
   - a. O_3 분자의 분해
   - b. H_2O 분자의 분해
   - c. H_2O_2 분자의 분해
   - d. O_2 분자의 분해

5. 태양 복사선 중 오존에 의해 흡수되는 부분은 무엇인가?
   - a. 파란색 가시광선
   - b. 적외선
   - c. 보라색 가시광선
   - d. 자외선

6. 클로로플루오로탄소가 오존층에 해를 끼치는 방법은 무엇인가?
   - a. 더 많은 오존을 추가하여
   - b. 자외선을 차단하여
   - c. 산소 분자를 파괴하여
   - d. 오존 분자를 파괴하여

정답: 1. c, 2. d, 3. d, 4. d, 5. d, 6. d

7.9 이산화 탄소와 기후 변화

학습 목표
- 중요한 온실 기체를 나열하고 온실 효과의 작동 원리와 중요성에 대해 설명한다.
- 대기로 방출되는 이산화 탄소의 양을 줄이기 위한 몇 가지 전략을 설명한다.

석탄이나 석유 제품을 연소하는 모든 엔진과 공장은 이산화 탄소를 배출한다. 80만 년 전의 얼음 코어에 갇힌 공기 방울을 분석한 결과, 그 기간의 대기 중 CO_2 농도는 300 ppm을 넘지 않은 것으로 나타났다. 20세기 초에 300 ppm을 넘어섰고, 2013년에 처음으로 400 ppm을 넘어섰으며, 2018년에는 408 ppm에 도달했다. 면밀한 분석에 따르면 주요 원인은 화석연료의 연소이다. 우리는 수백만 년 동안 지구에 저장된 엄청난 양의 고체 및 액체 탄소 함유 물질을 기체 형태로 바꾸고 있으며, 이는 심각한 결과를 초래하고 있다.

이산화 탄소는 환경의 자연적인 구성 요소이며 독성으로 간주하지 않는다. 사실 우리는 숨을 쉴 때마다 이 기체를 내뱉는다. 그러나 사람, 다른 동물, 식물에 미치는 영향이 심각해지기 시작했고, 미래에 대한 예측은 큰 우려를 불러일으키고 있다. 2007년 미국대법원은 이산화 탄소를 환경 규제를 위한 대기 오염 물질로 간주해야 한다고 결정했다.

태양은 크게 가시광선, 적외선, 자외선 등 다양한 유형의 복사선을 방출한다. 이 에너지의 약 절반은 대기에 의해 반사되거나 흡수된다. 대기를 통과하는 빛(대부분 가시광선)은 지구 표면을 열로 가열하는 역할을 한다.

대기의 세 가지 주요 구성 성분인 산소, 질소, 아르곤은 적외선을 흡수하지 않는다. 그러나 이산화 탄소와 수증기를 포함한 일부 다른 기체들은 **온실 효과**(greenhouse effect)를 일으킨다(그림 7.12). 이러한 기체는 태양으로부터 오는 가시광선을 흡수하지 않고 대기를 통과해 지구 표면을 따뜻하게 한다. 따뜻해진 표면은 적외선 광자를 방출한다. 이 적외선 에너지는 우주로 방출되지만, 대기의 온실 기체는 이 광자들을 흡수하여 일부 에너지를 지표면 근처에 가둔다. 이로 인해 공기, 물, 땅은 이러한 기체가 없을 때보다 더 따뜻해진다.

생명체에게는 어느 정도의 온실 효과가 필요하다. 대기가 없다면 복사된 열은 모두 우주로 손실되고 지구는 훨씬 더 추워질 것이다. 실제로 태양과의 거리만을 고려하면 지구의 평균 기온은 영하 18 ℃로 추정되며, 이는 표면의 대부분을 얼음이 덮고 있을 것이라는 의미이다.

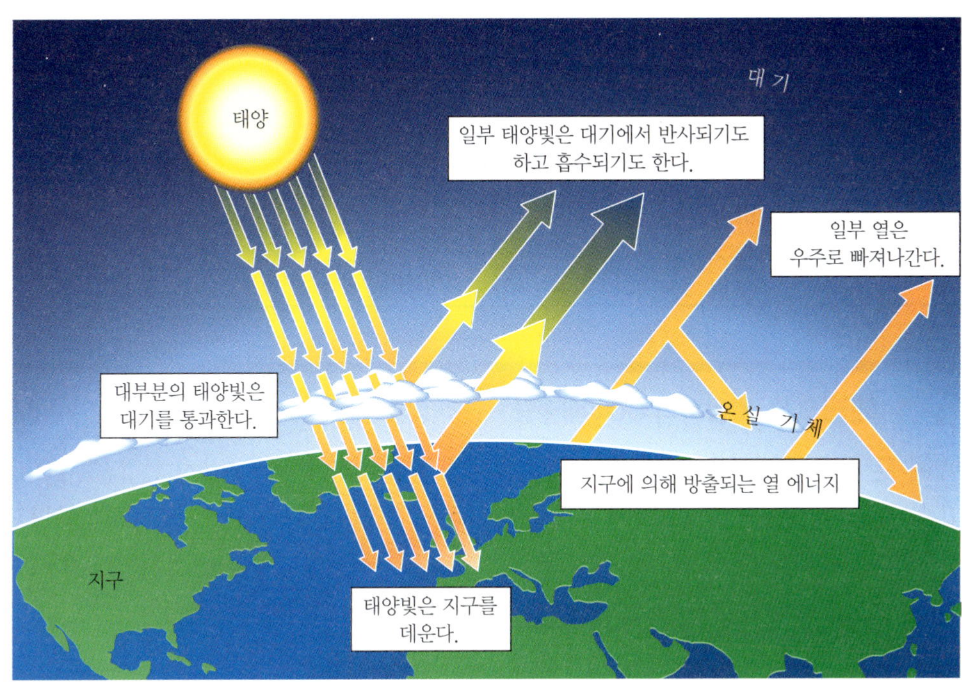

◀ **그림 7.12** 온실 효과. 대기를 통과하는 햇빛이 지구 표면에 흡수되어 지구를 따뜻하게 만드는 현상이다. 따뜻해진 표면은 에너지를 적외선으로 방출한다. 이 복사선의 일부는 CO_2, H_2O, CH_4, 기타 기체에 의해 흡수되어 대기 중에 유지된다.

예제 7.1 CO_2 화학량론

이산화 탄소 배출에 관한 많은 보고서는 탄소 배출량을 기가톤 단위로 표시한다. 이 값에는 배출된 기체에 포함된 산소의 질량이 포함되지 않는다.

1년 동안 모든 공급원에서 4.0×10^{10} g의 탄소가 인간의 행동에 의해 방출된다면 이산화 탄소는 몇 그램이 생성되는가?

$$C(s) + O_2(g) \longrightarrow CO_2(g)$$

풀이

우리는 탄소의 질량을 알고 있으며, 그로부터 생성된 이산화 탄소의 질량을 구하고자 하므로 이것은 화학량론 문제이다(3.4절 참조).

탄소 질량을 몰로 변환해야 한다.

$$4.0 \times 10^{10}\ \text{g C} \times \frac{1\ \text{mol C}}{12.0\ \text{g C}} = 3.3 \times 10^{9}\ \text{mol C}$$

반응의 경우 몰 관계는 1몰의 C는 1몰의 CO_2와 동일한다.

$$3.3 \times 10^{9}\ \text{mol C} \times \frac{1\ \text{mol CO}_2}{1\ \text{mol C}} = 3.3 \times 10^{9}\ \text{mol CO}_2$$

마지막으로 CO_2의 몰농도를 사용하여 생산된 CO_2의 질량을 결정한다.

$$3.3 \times 10^{9}\ \text{mol CO}_2 \times \frac{44\ \text{g CO}_2}{1\ \text{mol CO}_2} = 1.5 \times 10^{11}\ \text{g CO}_2$$

CO_2의 질량은 배출된 C 질량의 거의 4배에 달하는데, 이는 타당한 설명이다. CO_2 1개가 C 원자 질량의 거의 4배이다.

› 복습문제 7.1A

인간이 연간 생산하는 탄소의 0.10%가 CO_2가 아닌 CO를 형성한다면 생성되는 CO의 질량(kg)은 얼마인가?

› 복습문제 7.1B

자세한 계산을 하지 말고, 1 kg을 연소할 때 CH_4와 CH_3OH 중 어느 것이 더 많은 CO_2를 생성하는지 결정하라. 그 이유를 설명하라.

예제 7.2 자동차의 CO_2 배출량

이 예제는 자동차 운전 시 배출되는 이산화 탄소의 양에 대한 관점을 제공한다. 2,670 g(1갤런)의 휘발유를 연소하면 몇 질량의 CO_2가 발생하는가? 휘발유를 나타내기 위해 C_8H_{18}(114.0 g/mol)을 사용하라.

$$2\,C_8H_{18}(l) + 25\,O_2(g) \longrightarrow 18\,H_2O(g) + 16\,CO_2(g)$$

풀이

이 예제는 반응물의 질량이 주어지고 생성물의 질량을 구해야 하므로 두 번째 화학량론 문제이지만, 고려해야 할 몇 가지 측면이 더 있다.

먼저, 주어진 물질인 C_8H_{18}의 질량을 몰로 변환하는 것으로 시작한다.

$$2670\ \text{g}\ \cancel{C_8H_{18}} \times \frac{1\ \text{mol}\ C_8H_{18}}{114.0\ \text{g}\ \cancel{C_8H_{18}}} = 23.4\ \text{mol}\ C_8H_{18}$$

다음으로, 균형 방정식에 따르면 2몰의 C_8H_{18}은 16몰의 CO_2를 생성한다.

$$23.4\ \cancel{\text{mol}\ C_8H_{18}} \times \frac{16\ \text{mol}\ CO_2}{2\ \cancel{\text{mol}\ C_8H_{18}}} = 187\ \text{mol}\ CO_2$$

마지막으로, CO_2의 몰농도를 사용하여 생성된 CO_2의 질량을 구한다.

$$187\ \cancel{\text{mol}\ CO_2} \times \frac{44.0\ \text{g}\ CO_2}{1\ \cancel{\text{mol}\ CO_2}} = 8240\ \text{g}\ CO_2$$

휘발유의 탄소가 산소(수소보다 훨씬 무겁다)와 결합하기 때문에 소비되는 휘발유의 질량보다 CO_2의 질량이 더 크다.

› 복습문제 7.2A

휘발유 2670 g(1갤런)을 연소할 때 발생하는 수증기의 질량(g)을 계산하라.

› 복습문제 7.2B

학생 60명으로 구성된 한 학급에서 각 학생이 일주일 동안 휘발유 10갤런을 연소할 경우에 일주일 동안 발생하는 이산화 탄소의 질량(kg)을 계산하라.

3 온실 기체는 어떻게 지구를 따뜻하게 유지하는가?

일부 극성 분자는 적외선(IR)을 강하게 흡수하기 때문에 온실 기체 역할을 한다. 태양에서 흡수되는 대부분의 복사선은 가시광선 형태이며, 지구에서 방출되는 복사선의 대부분은 적외선이다. 분자의 극성이 강할수록 IR을 더 쉽게 흡수하여 지구 온난화를 일으킬 수 있다. 이를 통해 지구는 생명체가 살기에 적당한 온도를 유지할 수 있다.

온실 기체 및 지구 온난화

현재 문제는 이산화 탄소와 기타 온실 기체의 대기 중 농도가 급격히 증가함에 따라 온실 효과가 강화된다는 것이다. 이러한 온실 효과의 강화는 지구의 평균 온도를 상승시키는 **지구 온난**

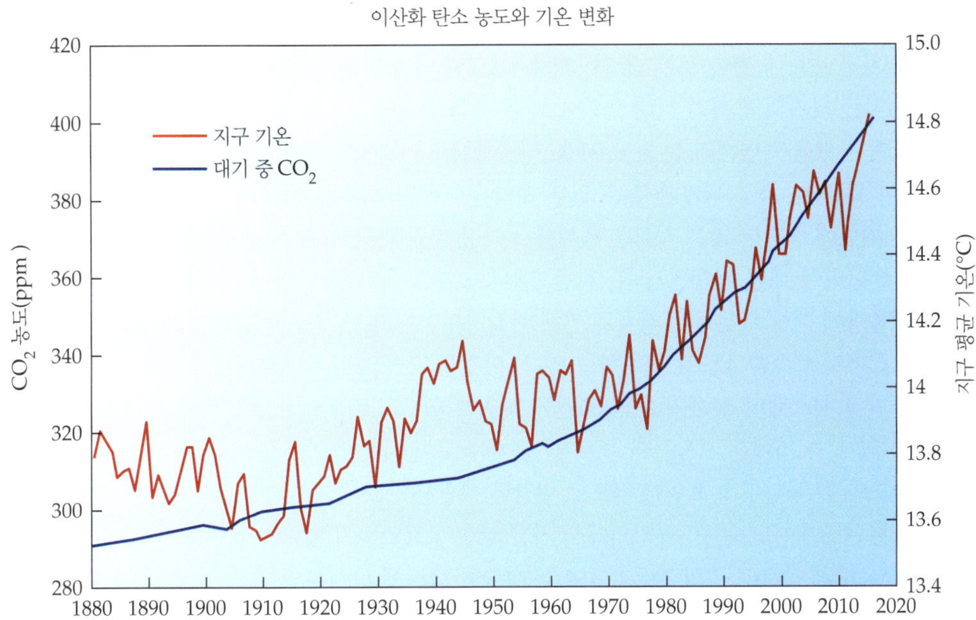

◀ 그림 7.13 대기 중 이산화 탄소 함량과 지표면 온도 변화는 이 그림에서 볼 수 있듯이 뚜렷한 상관관계가 있다. 이산화 탄소의 현저한 증가는 산업혁명의 영향과 일치한다. 얼음 핵은 대기 중 이산화 탄소 농도가 최소 80만 년 동안 300 ppm을 넘지 않았음을 나타낸다.

화(global warming, 그림 7.13)로 이어지고 있다. 실제로, 과거 지구에서 이산화 탄소 농도가 높았던 시기는 지구 온도 상승과 연관성이 있었다.

2017년 대기 중으로 배출된 이산화 탄소는 약 366억 톤으로, 1960년 이후 거의 매년 증가하고 있다. 이 중 대부분은 탄소의 동위원소 분석으로 확인된 화석연료의 연소에서 비롯된 것이다. 이 CO_2의 약 57%는 대부분의 식물, 토양, 해양에 의해 제거된다. 나머지 43%가 대기 중 CO_2 농도를 매년 약 2 ppm 증가시킨다.

메테인(CH_4)도 온실 효과에 기여한다. 대기 중 CH_4 농도는 1750년 약 0.7 ppm에서 오늘날 약 1.8 ppm으로 증가했다. 이 수치는 CO_2 농도보다 훨씬 낮지만, CH_4는 열을 가두는 효과가 CO_2보다 약 25배 더 크다. 대기 중 메테인의 대부분은 자연 습지에서 발생하는데, 이곳에서 CH_4를 생성하는 박테리아가 유기물을 분해한다. 미국의 경우에 매립지에서 일어나는 유사한 반응이 인간 활동에 의한 CH_4의 가장 큰 배출 원인이다. 다른 공급원으로는 소와 흰개미가 있으며, 이들은 정상적인 소화 과정에서 CH_4를 생성한다. 최근에는 수압파쇄법(프래킹) 과정에서 대량의 CH_4가 발생하고 있다. 한 가지 효과는 많은 가정의 난방에 사용되는 이 가스의 가격이 하락했다는 것이었다. 그러나 시추 과정에서 CH_4가 대기 중으로 누출될 수 있다는 우려가 있다.

▲ '메테인 얼음' 또는 메테인 하이드레이트는 얼음 속 물 분자 사이의 공간에 갇힌 메테인 분자로 구성된다. 얼음이 녹으면 메테인이 방출되어 연소될 수 있다. 영구동토층에 갇힌 메테인 얼음은 향후 심각한 지구 온난화 문제를 일으킬 수 있다(본문 참조).

메테인의 또 다른 공급원은 CH_4 분자가 고체 얼음 공간에 물리적으로 갇혀 있는 '메테인 얼음'(메테인 하이드레이트)이다. 메테인 얼음은 주로 일부 해저에 대규모로 매장되어 있다. 지구 온난화로 인해 이 얼음 중 일부가 녹아 메테인이 방출될 수 있다고 생각된다. 이렇게 되면 지구 온도가 더 상승하고 메테인의 방출이 더 많아져 더 큰 온도 상승이 일어날 수 있다. 비록 우리 생애 안에 일어날 가능성은 낮지만, 그러한 재앙적인 사건이 약 2억 5,000만 년 전 페름기-트라이아스기 멸종 사건에 영향을 미쳤다는 증거가 있다. 당시 생물 종의 90% 이상이 멸종했다.

극성이거나 중간~강한 분산력을 가진 분자는 매우 효과적인 온실 기체이다. CFC는 지구 대기 중의 열을 가두는 데 CO_2보다 5,000~14,000배, HCFC는 140~11,700배 더 효과적이다. 물은 열을 가두는 효율이 10분의 1 정도에 불과하지만, 물이 상당량 존재할 경우 눈에 띄는 효과를 발휘한다. 예를 들어 흐린 겨울밤은 맑은 겨울밤보다 더 따뜻한 경향이 있는데, 이는 구름에 상당한 양의 물이 존재하여 지표면 가까이에 열을 가두는 역할을 하기 때문이다.

예측 및 결과

유엔의 '기후 변화에 관한 정부 간 협의체(IPCC)'의 대규모 연구(제5차 평가보고서: 기후 변화 2013~14)는 과거의 변화와 미래 변화에 대한 예측을 종합적으로 검토했다. 1880년부터 2016년까지 지구 평균 표면 온도는 약 0.94 ℃ 상승했다.

러시아 및 기타 북부 국가와 같은 일부 지역은 따뜻한 기후의 혜택을 누릴 수 있다. 그러나 가장 큰 위험에 직면한 많은 지역은 세계에서 가장 가난한 국가 중 하나이다.

미래 온난화에 대한 예측은 구름, 화산, 엘니뇨 기상 패턴 등 다양한 자연 변수와 미래 온실기체 배출량에 대한 다양한 추정치로 인해 복잡하지만, IPCC 연구에 따르면 2100년까지 1 ℃에서 6 ℃까지 상승할 것으로 예측하고 있다. 이것은 작아 보일 수 있지만, 우리의 많은 물리적 및 생물학적 시스템이 20세기 초의 조건에 맞춰져 있으므로 이러한 온난화의 파급 효과는 심각할 수 있다. 여기에는 사람들이 주로 물 근처에 모여 사는 경향도 포함된다. 또한 식물과 동물은 온도와 같은 환경적 요인에 극도로 민감한 생활사를 가지고 있다.

또 다른 중요한 요소는 지구 전역에서 기온 상승이 균일하지 않다는 것이다. 예를 들어 지난 30년 동안 미국 북동부 주의 기온은 1.4 ℃ 상승한 반면에 남서부의 일부 주에서는 1.9 ℃까지 기온이 상승했다.

지금까지 모델에 의한 일부 예측은 특히 고위도 지역의 실제 변화를 과소평가했다. 그린란드와 남극의 빙상 손실은 예상을 뛰어넘었다. 2017년 3월에는 북극의 얼음이 역대 최저치를 기록했으며, 2018년, 2016년, 2015년이 바로 그 뒤를 이었다. 전반적인 추세가 계속된다면 2030년에는 여름에 북극해에 얼음이 없을 수도 있다.

해수면 상승은 바닷물의 온난화와 팽창으로 인한 결과로 전체 해수면 상승의 약 40%를 차지한다. 나머지 증가는 그린란드, 남극, 빙하에서 육상 얼음이 녹으면서 발생한다. 그러나 북극해 얼음이 녹는 것은 해수면 상승의 요인이 아니다.

북극의 얼음이 줄어드는 것의 중요한 영향은 우주로 반사되는 햇빛의 양이 줄어든다는 것이다. 북극의 바닷물은 얼음보다 더 많은 태양 에너지를 흡수하여 온난화를 일으킨다. 이는 차례로 더 많은 얼음이 녹아 긍정적인 피드백 효과를 일으킨다.

지구 온난화로 문제가 생기기 위해 극지방의 얼음이 완전히 녹을 필요는 없다. 1901년 이후 해수면은 연평균 0.17 cm씩 상승하여 지금까지 19 cm 상승했다. 다시 말해 이 정도의 상승이 사소해 보일 수 있지만, 해수면이 조금만 상승해도 조수가 높아지고 더 크고 파괴적인 폭풍 해일이 발생한다. 해수면 변화는 최근 0.32 cm/y로 장기 평균의 거의 두 배에 달한다. IPCC 보고서는 2100년까지 26~98 cm가 추가로 상승할 것으로 예측하고 있다. IPCC는 기후 변화에 대한 연구로 2007년 노벨평화상을 받았다.

떠다니는 북극의 만년설이 녹는 것을 흉내 낸 실험을 직접 해볼 수 있다. 유리잔에 물과 얼음 2개를 넣는다. 수위를 표시하자. 얼음이 녹은 후 수위가 변했는가? 남극 또는 그린란드 빙하가 녹는 것을 흉내 내려면 유리잔에 돌을 몇 개 넣고 물을 돌의 상단에서 약 1 cm 아래까지 채운다. 바위 위에 얼음 2개를 놓고 수위를 표시한다. 얼음이 녹은 후 유리잔의 수위가 변했는가?

4 지구 온난화는 오존 구멍 때문인가?

성층권에서 일부 오존의 손실은 지구를 전반적으로 냉각시키는 효과가 있지만, 그 양은 매우 적다. 대부분의 지구 온난화는 최근 온실기체 배출량이 크게 증가했기 때문이다.

지구 온난화의 완화

과학자들은 지구 온난화를 완화하기 위해 우리가 무엇을 해야 하는지 대략 알고 있다. 기술 선진국은 탄소 배출량을 빠르고 극적으로 줄여야 한다. 또한 각국이 석탄 화력 발전소를 많이 사용하지 않고도 경제를 발전시킬 수 있도록 기술을 다른 나라에 이전해야 한다. 이러한 아이디어를 실행하는 데 따르는 문제도 잘 알려져 있다. 그렇게 급격한 감축이 가능할까? 정부와 개인이 이러한 문제를 해결할 의지가 있을까?

9장에서는 에너지 생산을 위한 화석연료의 다양한 대안에 대해 논의한다. 그러나 대부분 과학자는 태양광, 원자력, 풍력, 바이오 연료 등 어떤 단일 대체 기술로도 이산화 탄소 배출량 증가 문제를 해결할 수 없다는 사실을 깨닫고 있다. 우리는 여러 가지 전략, 특히 더 낮은 비용으로 비용을 절감할 수 있는 보존을 추구해야 한다.

에너지 효율이 더 높은 자동차, 가전제품, 가정용 냉난방 시스템을 사용하는 것이 일반적인 에너지 절약과 마찬가지로 어느 정도 도움이 될 것이다. 아마도 필요한 배출량 감축의 3분의 1 정도는 이러한 조치를 통해 달성할 수 있을 것이다. CO_2를 포집하고 격리하는 대규모 계획이 개발 중이지만 비용이 많이 들고 에너지 집약적이다. **탄소 격리**(carbon sequestration)는 대규모 배출원에서 CO_2를 포집하고 운송하여 지하 저장소에 저장하는 것이다. 또한 나무를 심고 삼림 벌채를 중단하는 등의 농업 활동을 통해 대기 중의 CO_2를 제거하는 것도 격리에 포함된다. 이러한 모든 대안은 어렵지만, 효과적인 탄소 격리 없이는 CO_2 농도를 심각한 피해를 피할 수 있는 수준으로 유지하는 것은 거의 불가능할 것이다.

일부 국가들은 이산화 탄소 배출량을 줄이거나 상한선을 설정하는 데 진전을 보였지만, 전반적으로는 거의 혹은 전혀 진전이 없다. 중국은 빠른 속도로 석탄 화력 발전소를 건설하고 있으며, 실제로 2008년 이후 중국은 미국을 제치고 최대 배출국이 되었다. 그러나 현실적인 비교를 위해 미국은 중국보다 1인당 CO_2 배출량이 2.5배 더 많다.

메테인의 가용성이 높아지고 비용이 절감된다는 점이 유망한 요인 중 하나이다. 메테인은 배출되는 이산화 탄소 1킬로그램당 석탄보다 50% 더 많은 전기를 생산할 수 있다. 또한 석탄보다 훨씬 더 깨끗하게 연소한다. 메테인의 가용성이 높아진 것은 주로 수압파쇄법 덕분인데, 이는 누출 측면에서 한계가 있으며 일부 지역에서는 지진이 증가했다는 보고가 있다(9장 참조).

기후 변화의 가장 중요한 결과를 실펴볼 때, WHO는 지구의 온난화로 인해 매년 15만 명 이상이 사망하고 500만 명이 질병에 걸린다고 추정하며, 2030년까지 이 수치가 두 배로 증가할 것으로 예측하고 있다. 저널 《Nature》에 발표된 데이터에 따르면 기후가 따뜻해지면서 말라리아, 영양실조, 설사 발생률이 증가하고 있다. 이러한 영향은 석탄 연소로 인한 미세먼지나 수은 같은 오염 물질의 배출 외에 추가로 발생하는 것이다.

자가평가문제

1. 온실 효과로 인해 지구 표면에 갇히는 복사선의 종류는 무엇인가?
- **a.** 감마선 **b.** 적외선 **c.** 자외선 **d.** 가시광선

2. 20세기 동안 지구 표면 근처의 전 세계 평균 기온이 상승한 정도는 얼마인가?
- **a.** 0.5 ℃ **b.** 0.85 ℃ **c.** 1.25 ℃ **d.** 2.25 ℃

3. 다음 중 최근 지구 온도 상승의 주요 원인은 무엇인가?
- **a.** 공장, 발전소, 자동차에서 배출되는 이산화 탄소
- **b.** 지구 궤도의 이심률
- **c.** 태양 에너지 방출의 변화
- **d.** 수증기

4. CO_2가 바다에 용해될 때 발생하는 결과는 무엇인가?
- **a.** 바닷물의 산 농도를 감소시킨다.
- **b.** 바다 생물의 껍질을 녹이는 산을 형성한다.
- **c.** 바다의 온도를 높인다.
- **d.** Ca^{2+} 이온과 반응하여 $CaCO_3$를 형성한다.

5. 지구 온난화에 맞서기 위해 사람들이 해야 할 일은 무엇인가?
- **a.** 습지를 없앤다.
- **b.** 숯을 사용한다.
- **c.** 비포장 도로를 포장한다.
- **d.** 화석연료 사용을 줄인다.

6. 대기 중에 온실 기체가 없다면 지구의 평균 온도는 어떻게 되는가?
- **a.** 물의 어는점 이하가 된다.
- **b.** 물의 어는점과 끓는점 사이가 된다.
- **c.** 물의 끓는점 이상이 된다.

7. 이산화 탄소와 메테인 외에 중요한 온실 기체는 무엇인가?
- **a.** Ar **b.** NO **c.** N_2O **d.** HCl

8. 20세기에 대기 중 이산화 탄소 농도가 증가한 비율은 몇 퍼센트인가?
- **a.** 1% **b.** 10% **c.** 25% **d.** 50%

정답: 1.b, 2.b, 3.a, 4.b, 5.d, 6.a, 7.c, 8.c

7.10 누가 오염을 유발하는가, 누가 비용을 지불하는가

학습 목표 • EPA의 기준 오염 물질과 자동차와 산업에서 주로 발생하는 주요 대기 오염 물질을 나열한다.

EPA는 6가지 기준 오염 물질을 나열하고 있는데, 이는 과학적 기준을 사용하여 건강에 미치는 영향을 결정하기 때문이다. 1970년 첫 지구의 날 이후 6가지 기준 오염 물질의 전국적인 배출량은 급격히 감소했다(표 7.3). 이러한 대기의 질 개선은 미국 인구가 1/3로 증가하고 국내 총생산과 차량 주행 거리가 모두 세 배로 증가했음에도 불구하고 이루어졌다.

표 7.4에는 7가지 주요 대기 오염 물질의 주요 공급원과 건강 및 환경에 대한 영향이 나열되어 있다. 자동차는 전체 대기 오염 물질의 거의 절반(질량 기준)을 배출하는 공급원이라는 점에 유의하자. 교통 부문은 도시 CO 배출량의 약 85%, 탄화수소 배출량의 40%, NO_x 배출량의 40%를 차지한다. 20세기 초부터 1970년대 중반까지 미국에서도 자동차는 대기 중 납의 주요 공급원이었다. 그 당시 휘발유에 테트라에틸납[TEL, $(CH_3CH_2)_4Pb$]이라는 화합물이 첨가되었다. 1976년 미국은 자동차 연료에 TEL 사용을 단계적으로 중단하기 시작했다. 현재 대기 중 납의 주요 공급원은 산업 공정과 도로를 사용하지 않는 장비이다. 그런데도 미국에서는 대부분 교통수단이 자가용이기 때문에 자동차는 대기 오염의 주요 공급원이다.

반면에 대부분의 미세먼지는 발전소(약 40%)와 산업 공정(약 45%)에서 발생한다. 마찬가지로 SO_x 배출량의 80% 이상이 발전소에서 발생하며, 기타 산업에서 15%가 추가로 배출된다. 발전소에서만 약 55%의 NO_x 배출이 발생한다. 발전소의 전기는 누가 사용하는가? 우리 모두이다. 석탄 화력 발전소는 일반 100 W 전구를 1년 동안 켜기 위해 275 kg의 석탄을 연소시켜야 한다.

최악의 오염 물질은 무엇인가? 일산화 탄소는 엄청난 양이 생성되며 독성이 매우 강하다. 하지만 4000 ppm에 육박하는 농도에서만 치명적이다. 심장에 스트레스를 증가시켜 심혈관 질

5 자동차 배기가스 검사는 실제로 무엇을 검사하는가?

검사는 장소에 따라 다르지만 대부분은 미연소 탄화수소와 일산화 탄소 배출 농도를 측정한다. 미연소 탄화수소는 배기관에서 발생하거나 연료 시스템의 다른 곳에서 증발 또는 누출로 인해 발생할 수 있다. 일부 주와 도시에서는 질소 산화물이나 미세먼지를 검사하기도 한다.

표 7.3 6가지 기준 대기 오염 물질에 대한 주변 대기의 질 기준

오염 물질	한도
일산화 탄소	
8시간 평균	9 ppm
1시간 평균	35 ppm
이산화 질소	
연평균	0.053 ppm
오존[a]	
8시간 평균	0.075 ppm
입자상 물질	
PM12, 24시간 평균	150 $\mu g/m^3$
PM2.5, 24시간 평균	35 $\mu g/m^3$
이산화 황	
3시간 평균	0.50 ppm
1시간 평균	0.075 ppm
납	
3개월 평균	0.15

[a] 휘발성 유기 화합물(VOC)과 NO_x로 형성된다.

표 7.4 7가지 주요 대기 오염 물질

오염 물질	화학식 또는 기호	주요 원인	건강에 대한 영향	환경에 대한 영향
일산화 탄소	CO	자동차	산소 운반을 방해하고 심장 질환에 기여한다	적음
탄화수소	C_nH_m	자동차, 산업체, 용매	높은 농도에서 마약성이 있다. 일부 방향족 화합물은 발암물질이다.	알데하이드와 PAN의 전구체
황 산화물	SO_x	발전소, 제철소	호흡기를 자극한다. 폐 및 심장 질환을 악화시킨다.	작물 수확량 감소, 산성비의 원인, SO_4^{2-} 미세먼지
질소 산화물	NO_x	발전소, 자동차	호흡기를 자극한다.	작물 수확량 감소, 오존과 산성비의 원인, 갈색 연무를 생성
미세먼지	PM	산업, 발전소, 농장 및 건설 현장의 먼지, 곰팡이 포자, 꽃가루	호흡기를 자극한다. SO_2와 상승 효과를 낸다. 흡착된 발암물질과 독성 금속을 함유한다.	시각 손상
오존	O_3	NO_2로 인한 2차 오염 물질	호흡기 자극한다. 폐 및 심장 질환을 악화시킨다.	농작물 수확량 감소, 나무 죽이기(SO_2와 상승 효과), 고무 및 페인트 파괴
납	Pb	자동차, 제철소	신경계 및 혈액 생성계에 독성을 가진다.	모든 생명체에 독성

환을 일으키는 정도는 측정하기 어렵다. WHO는 SO_x를 최악의 오염 물질로 평가한다. 강력한 자극제이기 때문에 호흡기 질환이 있는 사람은 다른 종류의 오염 물질에 노출될 때보다 황 산화물에 노출될 때 사망할 확률이 더 높다고 WHO는 말한다. 황 산화물과 이로 인해 생성된 산은 미국에서 매년 5만 명 이상의 사망자와 관련이 있다.

우리 모두는 환경 오염에 대한 책임을 공유한다. Walt Kelly의 만화 캐릭터 포고(Pogo)는 "우리는 적을 만났고, 그가 바로 우리이다"라고 말한다. 하지만 우리는 모두 연료와 전기를 절약함으로써 해결책의 일부가 될 수 있다. 최근 많은 전력회사에서 에너지 절약을 위한 제안과 혜택을 제공한다. 일부는 가정 에너지 사용 분석을 무료로 제공하기도 한다.

대가 지불하기

대기 오염으로 인해 매년 수백억 달러의 비용이 발생한다. 기관지염, 천식, 폐기종, 폐암을 유발하거나 악화시켜 우리의 건강을 해친다. 농작물을 파괴하고 가축을 병들게 하고 죽인다. 기계를 부식시키고 건물을 병들게 한다. 이러한 것들을 교체하려면 더 많은 에너지가 필요하고 더 많은 공해가 발생하며 기후 변화에 영향을 미치는 이산화 탄소 배출량도 증가한다.

대기 오염을 제거하는 것은 저렴하지도, 쉽지도 않다. 특히 오염 물질의 마지막 아주 작은 양까지 제거하는 것은 더욱 어렵다. 오염 물질이 0에 가까워질수록 비용 곡선은 기하급수적으로 치솟으며 무한대를 향해 치솟는다. 예를 들어 배기가스를 50% 줄일 때 대당 200달러가 든다면 75% 줄일 때는 약 400달러, 87.5% 줄일 때는 800달러가 드는 식이다. 배기가스 배출량을 99%까지 줄이려면 엄청난 비용이 든다. 우리는 더 깨끗한 공기를 마실 수 있지만, 얼마나 깨끗한지는 우리가 비용을 얼마나 기꺼이 지불할 의향이 있는지에 달려 있다.

대기 오염을 없애면 우리가 얻을 수 있는 것은 무엇인가? 물론 밤에 맑고 푸른 하늘과 별을 보고, 깨끗하고 신선한 공기를 마시는 것은 좋은 일이다. 그러나 장기적으로 볼 때 그 대가는 훨씬 더 높다. 아마도 호모 사피엔스의 생존일 것이다.

녹색 화학 폐 CO_2 활용하기

Philip Jessop and Jeremy Durelle, Queen's University

원칙 1, 5, 7

학습 목표 • 산업 활동이 환경에 미치는 영향을 줄이기 위해 폐 CO_2를 활용하는 방법을 설명한다.

대기 중으로 배출되는 이산화 탄소(CO_2)의 놀라운 속도로 인해 해양은 물론 대기의 평균 온도가 꾸준히 상승하고 있다. 산업혁명 이후 인류는 약 5500억 톤의 탄소를 태웠고, 대기 중 이산화 탄소 농도는 200년 전보다 100 ppm 높아졌다. 그런데도 에너지 수요는 증가하고 있으며, 이는 우리가 더 많은 탄소를 더 빨리 태우고 있다는 것을 의미한다. 탄소를 태울 때 발생하는 온실 기체가 이산화 탄소뿐인 것은 아니지만, 온실 효과의 60%를 차지하기 때문에 가장 주목받고 있다(7.9절 참조).

CO_2 배출을 최소화하기 위해 발전소는 CO_2를 대기 중으로 방출하기 전에 폐가스에서 CO_2를 분리할 수 있다. 이를 스크러빙(scrubbing)이라고 하며, 기체를 냉각하고 CO_2와 결합하는 액체 용매(예: 암모니아 또는 에탄올아민 수용액)로 처리하는 과정이 포함된다. 상상할 수 있듯이 전 세계 발전소를 스크러빙하면 많은 양의 폐 CO_2가 발생하게 된다. 그 CO_2의 대부분은 고갈된 석유나 가스 저장고와 같은 어딘가에 격리되어야 하지만, 일부는 사회와 환경을 위해 사용될 수 있을까? 폐 CO_2는 재생가능하며(원칙 7) 이미 요소나 탄산음료와 같은 제품을 만드는 데 사용되고 있지만, 일부는 산업 공정을 더 친환경적으로 만드는 데 사용될 수 있을까?

밝혀진 바와 같이, 폐 CO_2를 사용하여 여러 가지 공정을 보다 친환경적으로 만들 수 있다. 예를 들어 전환성 친수성 용매(SHS)라는 매우 새로운 종류의 용매는 CO_2를 첨가하여 상호전환할 수 있는 두 가지 형태로 존재할 수 있다. SHS는 아민들이다. CO_2가 없으면 소수성 용매이므로 헥세인과 마찬가지로 물과 섞이지 않는다. 그러나 CO_2가 존재하면 SHS는 메테인올처럼 물과 섞이는 친수성이 된다(반응식 1은 이러한 상호 변환이 어떻게 일어나는지 보여준다).

$$\underset{\text{소수성 형태의 SHS}}{NR_3 + H_2O + CO_2} \rightleftharpoons \underset{\text{친수성 형태의 SHS}}{[NR_3H^+][HCO_3^-]}$$

▲ **반응식 1** 이 화학 반응은 SHS의 소수성 및 친수성 형태를 상호변환한다. CO_2를 첨가하면 평형이 친수성 형태로 바뀌고, CO_2를 제거하면 평형이 소수성 형태로 바뀐다.

예를 들어 오일 샌드(모래, 점토, 중유의 자연 발생 혼합물)에서 기름 제거, 콩에서 식물성 기름 추출, 사용한 자동차 오일병의 기름과 플라스틱 분리 및 재활용 등 불용성 고체에서 기름 물질을 추출하는 데 SHS를 사용할 수 있다. 대부분의 유성 물질 추출은 기존의 (전환 불가능한) 유기 용매를 사용하여 이루어진다. 추출할 혼합물(예: 대두)을 기존 용매에 담근다. 여과를 통해 고형물을 제거하면 용매에 기름 용액만 남게 된다. 그런 다음에 증류를 통해 용매를 제거한다. 안타깝게도 이 마지막 단계는 용매가 휘발성일 경우에만 작동하며 이는 인화성, 스모그 형성, 작업자 흡입 위험이 있을 수 있음을 의미한다. 전환성 친수성 용매는 증류 없이 생성물에서 제거하고 재활용할 수 있으므로 휘발성이 필요하지 않다. 따라서 잠재적으로 더 안전한 대안(원리 5)이 될 수 있다(그림 1). 추출할 혼합물을 SHS에 담근다. 여과를 통해 고형물을 제거한 후 탄산수로 생성물에서 SHS를 추출한다. 물에서 CO_2를 제거하면 SHS가 물 밖으로 나오므로 이를 회수하여 재사용할 수 있다.

CO_2를 사용하는 것이 지구 온난화에 대한 해결책은 아니지만, 폐 CO_2를 활용하면 환경에 미치는 영향을 줄일 수 있는 색다른 방식으로 산업 공정을 수정할 수 있다. 이것이 바로 녹색 화학의 목적이다.

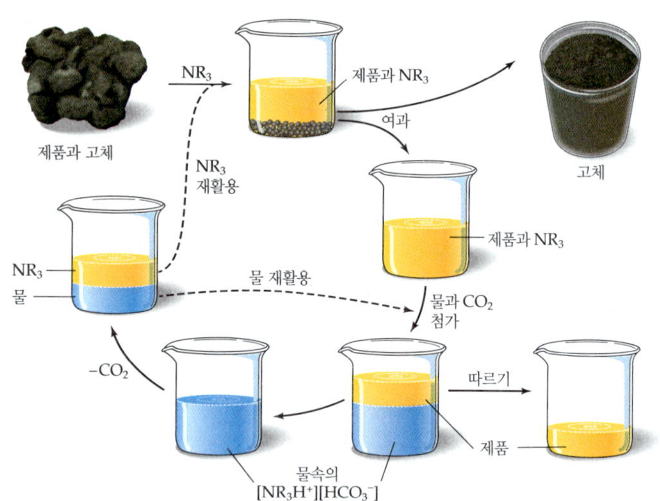

▲ **그림 1** SHS를 사용하여 제품-고체 혼합물에서 생성물(비 전환성 기름)을 추출한다. 발전소에서 발생하는 폐 이산화 탄소는 제품-고체 혼합물에서 생성물 추출과 같은 산업 공정을 친환경적으로 만드는 데 사용될 수 있다.

자가평가문제

1. 대기 오염 데이터를 수집하고 분석하는 미국 기관은 무엇인가?
   - a. EPA
   - b. FAA
   - c. FCC
   - d. FDA

2. 1970년 이후 대기 오염 물질이 크게 감소한 이유는 무엇인가?
   - a. 발전소 수가 더 줄어들었기 때문이다.
   - b. 인구가 더 줄어들었기 때문이다.
   - c. 더 많은 오염 제어가 있기 때문이다.
   - d. 더 많은 나무를 심고 있기 때문이다.

3. 일산화 탄소 오염의 가장 큰 공급원은 무엇인가?
   - a. 전기 발전소
   - b. 석탄 채굴
   - c. 자동차
   - d. 기름 정제소

4. 발전소가 가장 많이 배출하는 오염 물질은 무엇인가?
   - a. CO
   - b. 오존
   - c. SO_2
   - d. VOC

5. 세계보건기구(WHO)에 따르면 건강에 미치는 영향이 가장 나쁜 오염 물질은 무엇인가?
   - a. CO
   - b. 오존
   - c. NO_x
   - d. SO_x

6. 질소 산화물을 가장 많이 배출하는 오염원은 무엇인가?
   - a. 전기 발전소 및 자동차
   - b. 전력 발전소 및 산업
   - c. 산업 및 자동차
   - d. 제련소 및 자동차

7. 미세먼지를 가장 많이 배출하는 오염원은 무엇인가?
   - a. 전기 발전소 및 자동차
   - b. 전력 발전소 및 산업
   - c. 산업 및 자동차
   - d. 제련소 및 자동차

정답: 1. a, 2. c, 3. c, 4. c, 5. d, 6. a, 7. b

요약

7.1절: 지구의 **대기**에서 각 층은 온도, 압력, 구성 성분이 다르다. 해수면에서 건조한 공기는 부피 기준으로 약 78%의 질소, 21%의 산소, 1%의 아르곤과 소량의 이산화 탄소 및 미량 기체가 혼합되어 있다. 습한 공기는 최대 4%의 수증기를 포함할 수 있다.

7.2절: 동물과 대부분 식물은 **질소 고정**(다른 원소와의 결합)을 거치지 않는 한 대기 중 질소를 사용할 수 없다. 질소는 공기에서 식물과 동물로 이동한 후 **질소 순환**을 통해 다시 공기로 돌아간다. 공기 중 산소는 (식물과 동물 물질의) 산화에 관여하고 결국 **산소 순환**을 통해 다시 공기로 되돌아간다. 성층권에서 이원자 산소(O_2)는 자외선을 흡수하여 오존(O_3)으로 전환된 후 다시 이원자 산소로 바뀐다. **기온 역전**은 더 차가운 공기층이 더 따뜻한 공기층 아래에 갇힐 때 발생한다. 차가운 공기는 단시간에 상당히 오염될 수 있다.

7.3절: **오염 물질**은 잘못된 장소나 시간에 존재하여 문제를 일으키는 물질을 말한다. 자연 대기 오염은 수백만 년 동안 존재했으며 먼지 폭풍, 늪에서 발생하는 유해 가스, 화산 폭발로 인한 화산재와 이산화 황 등이 여기에 포함된다. 오늘날 대기 오염은 더욱 복잡해졌다. 대기 오염은 한 지역의 오염 물질이 다른 지역으로 이동하는 경우가 많아서 전 세계적인 문제이다. 인간 활동에 의해 유입되는 주요 대기 오염 물질은 연료의 연소로 인해 발생하는 연기와 가스, 공장에서 배출되는 매연과 입자들이다. **스모그**(smog = smoke + fog)는 이러한 유형의 오염을 총칭하는 용어이다. **산업 스모그**는 차갑고 습한 공기에서 화석연료를 과도하게 연소시켜 생성된다. 이산화 황과 **에어로졸** 또는 **미세먼지**(PM) 또는 황산, 그을음, 석탄의 비산회와 같이 분자 크기보다 큰 고체 또는 액체 입자로 구성된다. 산업 스모그를 구성하는 오염 물질은 상승적으로 작용하여 생체 조직에 심각한 손상을 일으킬 수 있다. 입자를 충전하는 **전기 집진기** 또는 오염 물질을 가두거나 파괴하기 위해 화학물질이 포함된 물에 가스를 통과시키는 **습식 세정기**를 사용하여 배기가스에서 PM을 제거할 수 있다. 석회석을 사용하여 배기가스에서 이산화 황을 스크러빙하여 아황산 칼슘을 형성한 다음 유용한 황산 칼슘으로 산화시킬 수 있다.

7.4절: 휘발유가 완전히 연소하면 이산화 탄소와 물이 생성되지만, 연소는 항상 불완전하다. 일산화 탄소는 불완전 연소의 생성물 중 하나이며, 생성되는 일산화 탄소의 4분의 3은 운송 과정에서 발생한다. 일산화 탄소는 혈액 내 헤모글로빈을 묶어 산소를 운반할 수 없도록 한다. 질소 산화물은 자동차 배기가스, 화석연료를 태우는 발전소 등에서 발생하며 스모그 발생에 크게 기여한다. 이산화 질소의 황갈색은 특정 대도시에서 흔히 볼 수 있는 연무에 갈색을 띠게 하는 원인이 된다. 오존은 대류권에서 복잡한 반응으로 형성되는 **동소체** 또는 다른 화학적 형태의 산소이다. 호흡에 매우 위험하며 도시 오염의 중요한 구성 요소이다. 휘발유의 증발과 연료의 불완전 연소로 인한 **휘발성 유기 화합물(VOC)**은 스모그의 주요 원인이다. 탄화수소는 그 자체로도 오염 물질이 될 수 있으며 알데하이드 및 PAN과 같은 다른 오염 물질과 반응하여 조직에 매우 자극적인 물질을 형성할 수 있다.

7.5절: **광화학 스모그**는 탄화수소와 질소 산화물이 밝은 햇빛에 노출될 때 발생한다. 일련의 복잡한 반응으로 오존을 비롯한 다양한 오염 물질이 생성된다. 자동차의 **촉매 변환기**는 연소되지 않은 탄화수소를 산화시키고 질소 산화물의 배출을 줄임으로써 광화학 스모그를 줄여준다. 하이브리드 차량은 기존 차량보다 효율이 높고 오염 물질을 더 적게 배출한다.

7.6절: 질소 산화물과 황 산화물(주로 발전소에서 발생)은 대기 중의 수분에 용해되어 **산성비**를 형성할 수 있다. 산성비는 종종 산의 원래 공급원에서 멀리 떨어진 곳에서 내리며 금속을 부식시키고 대리석이나 석회암 건물과 조각상을 침식할 수 있다.

7.7절: 실내 오염은 실외 오염보다 더 심각할 수 있다. 담배 연기는 미세먼지와 일산화 탄소의 수치를 EPA의 허용 안전 기준 이상으로 높일 수 있다. 간접흡연의 영향 때문에 대부분의 도시와 주에서는 공공장소에서의 담배 흡연을 제한하고 있다. 방사성 가스 라돈은 경우에 따라 실내에 축적될 수 있다. 이것은 또한 방사성을 띤 **딸 동위원소**를 생성하며, 이들은 폐에 축적될 수 있다. 라돈을 흡입하면 폐암의 위험이 커질 수 있다.

7.8절: 오존은 대류권에서는 해롭지만, 성층권에서는 보호층을 형성하여 태양의 자외선으로부터 지구를 보호하는 역할을 한다. CFC는 오존층의 '구멍'이라고 불리는 오존 파괴와 관련이 있으며, 최근 널리 금지되고 있다. 이 금지 조치로 오존 구멍의 확장은 막을 수 있겠지만 오존층이 완전히 회복되려면 수년이 걸릴 것이다.

7.9절: 이산화 탄소와 기타 기체는 지구 표면에서 방출된 적외선이 대기를 빠져나가지 못할 때 발생하는 **온실 효과**에 기여한다. 그 결과 **지구 온난화**, 즉 지구의 평균 기온이 상승하여 바람직하지 않은 기후변화를 계속 일으킬 것으로 예측된다. **탄소 격리**(대기 중 이산화 탄소의 저장 또는 화학적 변화)는 온실 효과에 대한 부분적인 해결책이 될 수 있다.

7.10절: EPA는 최근 몇 년 동안 대기 중 농도가 감소한 6가지 기준 오염 물질을 나열했다. 자동차는 일산화 탄소, 탄화수소, 질소 산화물의 주요 공급원이며, 대부분의 미세먼지와 황 산화물은 산업 공정에서 발생한다. 일산화 탄소와 황 산화물은 가장 문제가 되는 오염 물질이다. 우리모두가 오염에 대한 책임과 오염을 줄여야 할 책임을 공유한다.

녹색 화학: 폐온실 기체인 CO_2를 재활용하는 동시에 환경도 보호할 수 있다. CO_2 기술을 산업 공정에 적용하면 식물과 공장에서 배출되는 폐기물을 줄이고 친환경 응용 분야로 이어질 수 있다.

학습 목표	관련 문제
• 대기의 층을 나열하고 설명한다. (7.1)	12, 16
• 지구 대기 중에 포함된 N_2, O_2, Ar, CO_2의 대략적인 비율을 알아본다. (7.1)	12
• 질소 및 산소 순환에 대해 설명한다. (7.2)	10, 15
• 기온 역전의 원인과 효과에 대해 설명한다. (7.2)	17, 70
• 대기 오염의 자연적인 공급원을 나열한다. (7.3)	7, 18, 59
• 석탄을 태울 때 발생하는 주요 오염 물질을 나열하고, 이러한 오염 물질을 정화하는 데 사용되는 몇 가지 기술을 설명한다. (7.3)	3, 4, 8, 20, 23
• 자동차 배기가스의 주요 기체를 나열하고, 촉매 변환기가 이러한 기체 오염 물질을 어떻게 줄이는지 설명한다. (7.4)	8, 28, 29, 32, 35, 36
• 일산화 탄소가 어떻게 독으로 작용하는지 설명한다. (7.4)	32
• 광화학 스모그의 기원과 황 스모그의 기원을 구별한다. (7.5)	9, 20, 21, 25, 26
• 광화학 스모그를 완화하는 데 사용되는 기술에 대해 설명한다. (7.5)	28
• 산성비의 원인이 되는 대기 오염 물질의 이름을 나열한다. (7.6)	20, 43~46, 67
• 산성비를 생성하는 오염 물질의 주요 산업 및 소비자 공급원을 나열한다. (7.6)	43, 45
• 주요 실내 공기 오염 물질과 그 공급원을 나열한다. (7.7)	47, 48, 51, 52
• 라돈의 출처와 라돈이 왜 위험한지 설명한다. (7.7)	49~51
• CFC와 오존층 파괴 사이의 연관성을 설명한다. (7.8)	1, 2, 40~42
• 성층권 오존층 파괴의 결과를 설명한다. (7.8)	7, 10, 41, 42
• 중요한 온실 기체를 나열하고 온실 효과의 작동 원리와 중요성에 대해 설명한다. (7.9)	5, 6, 53~55, 57, 63, 68
• 대기로 방출되는 이산화 탄소의 양을 줄이기 위한 몇 가지 전략을 설명한다. (7.9)	56, 58, 68, 69
• EPA의 기준 오염 물질과 자동차와 산업에서 주로 발생하는 주요 대기 오염 물질을 나열한다. (7.10)	66
• 산업 활동이 환경에 미치는 영향을 줄이기 위해 폐 CO_2를 활용하는 방법을 설명한다.	72, 73, 74

 개념문제

1. CFC의 (이전의) 두 가지 용도를 나열하라.
2. CFC의 대체품 한 가지를 쓰라. 대체품과 관련된 문제점은 무엇인가?
3. 바닥재란 무엇인가? 날아다니는 재(비산재)란 무엇인가? 날아다니는 재의 두 가지 용도를 나열하라.
4. **(a)** 백 여과법과 **(b)** 사이클론 분리기가 어떻게 연도 가스(벽난로, 오븐, 용광로, 보일러나 증기 발생기의 배기가스가 파이프나 통로인 '연도'를 통해 배출되는 가스)에서 미립자를 제거하는지 설명하라.
5. 온실 기체의 작용을 햇빛과의 상호작용 측면에서 설명하라. 그러한 기체의 세 가지 예를 제시하라. 기체의 어떤 분자적 특징이 이 효과를 일으키는가?
6. 지난 100년 동안 크게 증가한 3대 온실 기체의 주요 공급원은 무엇인가?
7. **(a)** 대기 오염 물질로서의 지상 오존과 **(b)** 성층권 오존의 고갈이 건강에 미치는 영향은 무엇인가?
8. 스모그란 무엇인가?
9. 광화학 스모그가 산업 스모그와 다른 점은 무엇인가?
10. 한 학생이 오존층에 구멍이 생기면 더 많은 에너지가 대기 하층으로 유입되기 때문에 지구 온난화의 주요 원인이라고 말한다. 이것이 틀린 이유를 설명하라.

 연습문제

대기: 조성과 순환

11. 질소 고정이란 무엇인가? 왜 중요한가?
12. 건조한 공기의 네 가지 주요 성분의 대략적인 비율은 얼마인가?
13. 그림 7.1을 참고하여 답하라. X-15는 1959년부터 1968년까지 시험 비행한 실험용 항공기이다. 한 번은 고도 67마일까지 시험 비행했다. X-15는 대기의 어느 층에 도달했던 것인가?
14. 그림 7.1을 참조하여 답하라. 고도 12,000 ft에서 비행하는 작은 비행기를 생각해보자. 이 비행기는 대기의 어느 층에서 비행하고 있는가?
15. 그림 7.3은 산소 순환의 한 측면으로서 금속의 산화를 보여준다. **(a)** 철 금속이 대기 중의 산소에 의해 산화되어 산화 철(III)을 형성하는 것, **(b)** 크로뮴 금속이 산화되어 산화 크로뮴(III)을 형성하는 것에 대한 균형 반응식을 쓰라.
16. 대기 중의 미량 기체는 몰농도에 따라 여러 단계로 농축되는 경향이 있으며, 무거운 기체는 지표면에 가까울수록, 가벼운 기체는 고도가 높을수록 농축되는 경향이 있다. 그림 7.1과 표 7.1을 참고하여 다음 질문에 답하라. **(a)** 표 7.1에 나열된 미량 기체 중 약 40 km 이상의 고도에서 발견될 가능성이 높은 기체는 무엇인가? **(b)** 약 20 km 이하에서 발견될 가능성이 높은 기체는 무엇인가? **(c)** 대류권에서 발견될 가능성이 가장 높은 기체는 무엇인가? [힌트: **(a)**와 **(b)**를 답하기 위해 오존층의 위치를 고려하라.]

산업 스모그

17. 산업 스모그와 관련된 기상 조건은 무엇인가?
18. 산업 스모그의 생산에서 반응물로 사용되는 두 가지 원소를 쓰라.

19~23번 문제의 각 반응에 대한 균형 반응식을 쓰라.

19. 이산화 황은 대기 중의 산소에 의해 삼산화 황으로 산화된다.
20. 삼산화 황은 수증기와 반응하여 황산을 형성한다.
21. 이산화 황은 황화 수소와 반응하여 원소 황과 물을 형성한다.
22. 아황산 칼슘은 대기 중의 산소에 의해 황산 칼슘으로 산화된다.
23. 이산화 질소는 수증기와 반응하여 질산과 질소 산화물인 NO를 형성한다.
24. PM2.5 입자를 일렬로 놓았을 때 그 길이가 1.0인치가 되려면 몇 개의 입자가 필요한가?

광화학 스모그

25. 어떤 조건에서 질소와 산소가 결합하는가? 반응식을 제시하라.
26. 광화학 스모그의 형성을 시작하는 질소 산화물의 화학식은 무엇인가?
27. PAN이란 무엇인가? 무엇으로부터 생성되는가? 건강에 미치는 영향은 무엇인가?
28. 자동차의 질소 산화물 배출 수준을 줄일 수 있는 두 가지 방법을 설명하라.
29. 2017년 미국에서는 약 1,440억 갤런의 휘발유가 사용되었다. 휘발유의 화학식은 C_8H_{18}이고, 밀도가 0.77 g/mL이며, 1갤런 = 3785 mL라고 가정한다.
    a. 휘발유가 완전히 연소하여 이산화 탄소와 물을 형성하는 균형 반응식을 쓰라.
    b. 휘발유를 완전히 연소시키면 몇 kg의 이산화 탄소가 생성되는가?

30. 전기 집진기는 신발 공장에서 배출되는 그을음을 줄이는 데는 유용할 수 있지만, 그 공장에서 사용되는 접착제로부터 나오는 유해한 증기를 줄이는 데는 유용하지 않다. 그 이유를 설명하라.

자동차 배기가스 및 일산화 탄소

31. CO, SO_3, NO_2, NO 중 어느 것이 자유 라디칼인가?

32. 공기 중 일산화 탄소 농도가 4,000 ppm(질량 기준 0.400%)이면 약 30분 만에 치사량이 된다. 내부 부피가 2.3 m^3인 자동차에서 일산화 탄소의 질량(그램)은 어느 정도여야 이 농도를 제공할 수 있는가? 공기의 밀도는 1.29 g/L(1 m^3 = 1,000 L)라고 가정한다.

33. 32번 문제를 참고하라. 차 안에 있는 사람이 한 번 숨을 쉴 때마다 1.0 L의 공기를 들이마시고 분당 8번 숨을 쉬면 30분 동안 흡수할 수 있는 일산화 탄소의 질량은 몇 g인가?

34. 일산화 탄소가 일산화 질소를 질소 기체로 환원시키는 반응의 반응식을 쓰라.

35. 미국에서 시간 경과에 따른 CO 배출량의 변화를 설명하라. 이 패턴에 대해 그럴듯한 설명을 제시하라.

36. 촉매 변환기에 의해 농도가 감소되는 오염 물질은 무엇인가?

오존층

37. 산소와 오존은 같은 원소이지만 두 가지 다른 형태로 존재한다. 이 현상을 설명하는 용어는 무엇인가?

38. 바닷물에는 리터당 약 30 g의 용존 염화 소듐이 포함되어 있다. 바닷물이 오존층을 파괴하는 염소 원자의 강력한 공급원이 아닌 이유를 제시하라.

39. 오존은 산소보다 훨씬 더 활발하게 연소를 돕는다. 오존과 메테인(CH_4)의 혼합물은 불안정하고 즉각적이며 격렬하게 반응한다. 오존에서 메테인이 완전히 연소하여 이산화 탄소와 물을 형성하는 균형 반응식을 쓰라.

40. 자유 라디칼은 오존층과 어떤 관련이 있는가?

41. 성층권에 있는 염소 원자(자유 라디칼) 1개가 무해화되기 전까지 최대 5만 개의 오존 분자를 파괴할 수 있다. 자유 라디칼이 반응하지 않게 되려면 어떤 종류의 입자와 반응해야 하는가?

42. 오존층이 감소할 때 더 많이 발병하는 질병을 제시하라.

산성비

43. 산성비의 주원인이 되는 두 가지 산은 무엇인가?

44. 43번 문제의 각 산과 대리석의 반응에 대한 반응식을 쓰라.

45. 산성비에서 나온 질산과 철이 반응하여 질산 철(III)과 기체 생성물을 생성하는 반응식을 쓰라.

46. 산성비는 물과 이산화 황이 반응하여 황산을 형성함으로써 형성될 수 있다. 이 반응에 대한 반응식을 쓰라.

실내 공기 오염

47. 실외 오염 물질이기도 한 실내 공기 오염 물질의 이름을 쓰라. 각 환경에서 그 오염 물질의 주요 공급원은 무엇인가?

48. 간접흡연과 관련된 세 가지 위험을 나열하라.

49. 콘크리트 바닥 위에 지어진 집보다 바닥 아래에 공간이 있는 집이 라돈 문제가 발생할 가능성이 더 낮은 이유를 설명하라.

50. 건물의 단열을 개선하면 실내 공기 오염이 어떻게 악화되는가?

51. 라돈의 물리적 상태는 무엇이며, 라돈의 물리적 상태가 특히 위험한 이유는 무엇인가?

52. 집 안에는 어떤 종류의 미세먼지 물질이 자주 발견되는가?

이산화 탄소와 기후

53. 온실 효과란 무엇인가?

54. 대기 중의 주요 온실 기체를 나열하라.

55. 사람의 호흡은 대기 중의 CO_2 수준에 얼마나 영향을 미치는가? (힌트: 내뿜는 CO_2의 최종 탄소 공급원은 무엇인가?)

56. 이웃이 온실 기체 배출량을 줄일 수 있는 방법을 묻는다면 어떤 제안을 하겠는가?

57. 지난 130년 동안 대기 중 이산화 탄소 농도는 대략 몇 퍼센트 증가했는가?

58. 대기 중의 이산화 탄소를 가장 오랜 기간 함유할 수 있는 물질은 무엇인가?

심화문제

59. 오염을 완전히 없애는 것은 왜 불가능한가?

60. 대기에는 약 5.2×10^{15} t의 공기가 포함되어 있다. 이산화 탄소의 농도가 402 ppm인 경우 대기 중의 이산화 탄소 질량(톤)은 얼마인가?

61. 하루에 몇 시간씩 격렬하게 운동하는 사람은 하루에 약 22 m^3의 공기를 흡입할 수 있다. 미세먼지 수준이 평균 312 $\mu g/m^3$인 경우 이 사람이 하루에 흡입하는 미세먼지 질량(mg)은 얼마인가?

62. 높이 33 m, 밑동 지름 0.55 m의 나무는 연간 약 84,000 L의 산소를 생산한다. 61번 문제에서 설명한 대로 숨을 쉬는 1,000명에게 산소를 공급하려면 몇 그루의 나무가 필요한가?

63. 수증기는 지구 대기에 상당한 농도로 존재하는 온실 기체이다. 또한 물은 화석연료의 연소 생성물이다. 대기 중 수증기 증가와 지구

온난화에 대한 우려가 거의 없는 이유는 무엇인가? 수온과 수증기 농도 사이에는 상관관계가 있는데, 이 새로운 정보가 분석에 영향을 미치는가?

64. "한 번의 공기 호흡에는 지구 전체 대기의 호흡수보다 더 많은 분자가 있다"라는 주장을 평가하라. 다음 정보를 사용하라. 대기의 총 질량은 약 5.2×10^{21} g이다. 공기의 평균 분자량은 약 29 amu이다. 평균 호흡의 부피는 약 0.50 L이고 밀도는 약 1.3 g/L이다.

65. "방금 우리가 마신 숨에는 기원전 400년경에 세상을 떠난 부처의 마지막 숨에 들어 있던 공기 분자가 하나 이상 포함되어 있다"라는 주장을 평가하라. 64번 문제를 참조하여 지구 대기가 2400년에 걸쳐 완전히 혼합되었다고 가정한다.

66. 기준 오염 물질이란 무엇인가? 표 7.3의 오염 물질 중 주로 자동차에서 발생하는 오염 물질과 산업에서 주로 발생하는 오염 물질은 무엇인가?

67. 질산 생성 반응은 그림 7.10에 표시된 것보다 더 복잡하다. 첫 번째 단계에서는 3개의 이산화 질소 분자가 물 분자와 반응하여 질산과 일산화 질소를 형성한다. 두 번째 단계에서는 일산화 질소가 대기 중의 산소에 의해 산화되어 이산화 질소가 되고, 그 후 질소 순환이 계속된다. 이 두 단계를 나타내는 균형 반응식을 쓰라.

68. 이산화 탄소는 실제로 온실 기체이지만, 화석연료 연소로 인한 배출량은 종종 기가톤(Gt)의 탄소로 보고된다. 2017년 중국은 10.5 Gt의 이산화 탄소를 배출한 반면에 미국은 5.3 Gt의 이산화 탄소를 방출했다. 이 양을 기가톤 단위의 탄소 질량으로 환산하면 몇 기가톤에 해당하는가?

69. 68번 문제의 정보와 인구 추정치가 주어졌을 때, 중국의 인구 1인당 이산화 탄소 배출량(톤)을 미국의 수치와 비교하라. 중국의 총 배출량이 미국보다 많음에도 불구하고 미국 시민에게 배출량을 줄이도록 어떻게 설득할 수 있을지 제안하라.

70. 기온 역전이 왜 오염 문제를 일으키는지 설명하라.

71. 물질의 비열은 물질 1 g의 온도를 1 ℃ 올리는 데 필요한 열의 양을 말한다. 공기의 비열은 온도와 습도에 따라 다르지만, 일반적인 계산에서는 1.0 kJ/(kg ℃)이면 충분하다. NASA 수치에 따르면 지구의 평균 온도는 15 ℃이고, 지구 대기의 질량은 5.1×10^{18} kg이다. **(a)** 온도가 1.0 ℃ 상승할 때 대기에 얼마나 많은 열(kJ)이 추가되는가? 이 값은 **(b)** 전 세계의 연간 총 에너지 소비량인 약 5.0×10^{20} J과 어떻게 비교되는가? **(c)** 약 2×10^{20} J를 방출하는 허리케인과 어떻게 비교되는가?

72. 기존 분리 공정에서 용매가 휘발성이어야 하는 이유는 무엇인가? CO_2 전환 기술을 사용할 때 왜 필요하지 않는가?

73. 휘발성 용매의 단점 3가지를 나열하자. 전환성 친수성 용매(SHS)도 이러한 문제를 가지고 있는가?

74. SHS 기술을 사용하여 여러 번 추출할 때 재활용되지 않고 사용되는 성분은 물, 아민 용매, CO_2 중 무엇인가?

 비판적 사고 문제

이 장에서 습득한 지식과 하나 이상의 FLaReS 원칙(1장)을 적용하여 다음 진술과 주장을 평가하라.

7.1 한 시의원이 로스앤젤레스 지역의 대기 오염 문제를 "무공해 차량만 판매하고 면허를 취득할 수 있도록 허용하면 해결할 수 있다"라고 주장한다.

7.2 에어로졸 캔에 들어 있는 오존은 한때 실내 탈취제로 사용되었다. 한 발명가는 환경에 유입되는 오존이 성층권의 보호 오존층을 복원하는 데 도움이 될 수 있으므로 이러한 방법을 다시 도입할 것을 제안한다.

7.3 일부 사람들은 에어로졸이 지구를 냉각시켜 온실 효과를 촉진함으로써 상쇄할 것이라고 주장한다.

7.4 일부 전문가들은 지구 온난화가 늪지대의 식물 부패, 가축의 배설물 등 자연에서 발생하는 메테인이 주요 원인이라고 수장한다. 이산화 탄소를 배출하는 산업 활동은 생활 수준을 높이고, 온실 기체의 유일한 공급원이 아니므로 간섭 없이 지속될 수 있도록 해야 한다고 주장한다.

7.5 한 활동가는 촉매 변환기가 자동차 배기가스에서 오염 물질의 90%를 제거할 수 있다면 나머지 10%도 쉽게 제거할 수 있을 것이라고 주장한다.

7.6 한 과학자는 이산화 탄소의 대기 중 농도가 0.02%에서 0.04%로 증가되는 것이 지구 온난화 측면에서 중요하지 않다고 주장한다. 그의 논리는 수증기가 대기의 약 2~3%를 차지하고 있고, 수증기는 온실 기체로서 이산화 탄소의 10분의 1 정도밖에 되지 않지만, 그래도 이산화 탄소의 0.02% 증가는 수증기의 0.2% 증가에 비하면 미미한 수준이라는 것이다.

협업 과제

파워포인트, 포스터, 기타 프레젠테이션을 준비하여 수업에서 공유하라.

1. 다음 각 항목의 평균 및 최고 농도는 자기가 사는 동네나 인근 대도시에서 얼마인가? 어떻게 알 수 있는가?
   a. 일산화 탄소
   b. 오존
   c. 질소 산화물
   d. 이산화 황
   e. 미세먼지
2. 미국폐협회는 매년 오존 대기 오염이 가장 심한 대도시 지역 목록을 발표한다. 이 목록과 다른 최악의 대기 문제가 있는 다른 지역 목록을 찾아본다. 대기의 질이 가장 좋은 지역 목록을 찾아본다.
3. 금성과 화성의 대기를 지구의 대기와 비교하고 차이점을 설명하는 간단한 보고서를 작성하라.
4. 대기의 질 기준은 다양한 오염 물질의 최대 허용량이다. 연방정부와 일부 주정부에서 이러한 기준을 발표한다. 인터넷을 사용하여 EPA에서 현재 기준을 찾아본다. 거주하는 지역에서도 이러한 기준을 적용하는가? (힌트: EPA 사이트와 해당 주의 환경 보호 사이트를 찾아보자.)

실험 과제 태양을 빛나게 하라

준비물

- 자외선에 민감한 변색 구슬(40개)
- 작은 플라스틱 지퍼백 4개
- 유성 매직
- 베이킹 시트 또는 쟁반
- SPF가 다른 세 가지 자외선 차단제: 4, 15, 30(또는 50)

자외선 차단제가 실제로 얼마나 잘 작동하는지 궁금한 적이 있는가? 그리고 SPF 4와 SPF 50에는 차이가 있을까? 어느 쪽이 유해한 자외선을 더 많이 차단할 수 있을까?

오존층 파괴와 이로 인해 지표면에 도달하는 자외선 증가에 대한 소식이 들려오면서 피부암 예방을 위한 자외선 차단제의 중요성이 점점 더 커지고 있다. 호주에서는 매년 약 1,200명이 피부암으로 사망하는 등 피부암 발생률이 가장 높은 국가로 기록되고 있다. 호주는 남극 상공의 오존 구멍에 매우 가깝기 때문에 다른 지역보다 자외선 지수가 높다. 또한 호주는 여름에 대부분의 다른 나라보다 태양에 더 가까이 다가간다.

자외선 차단제는 SPF(자외선 차단 지수) 등급으로 나뉜다. SPF 15 자외선 차단제는 자외선 차단제를 바르지 않은 피부보다 15배 더 오랫동안 피부를 보호하며 유해한 자외선을 차단한다. 이 실험에서는 자외선에 민감한 색 변화 구슬을 지표로 사용하여 어떤 SPF 자외선 차단제가 피부를 보호하는 데 가장 효과적인지 시각적으로 확인할 수 있다. 실험의 첫 번째 부분은 창문이 열려 있거나 햇빛이 강한 곳을 피해 실내에서 진행하며, 두 번째 부분은 직사광선이 비치는 실외에서 실험을 진행한다.

먼저 실내에 있는 동안 4개의 지퍼백 각각에 자외선에 민감한 구슬 12~15개를 넣고 밀봉한다. (힌트: 쉽게 비교할 수 있도록 각 백에 같은 색의 구슬을 넣는다.) 한 백의 구슬을 '대조군'이라고 표시하고 쟁반 위에 놓는다.

그런 다음, 각 구슬 백에 세 가지 SPF 자외선 차단제를 한 번씩 짧게(1~2초) 분사한다. 분무할 때 노즐을 백에서 약 4~5인치 거리를 유지한다. 또한 구슬 세트 간의 일관성을 위해 각 분무 시간을 동일하게 유지한다. 각 백에 적절한 SPF 값을 표시하고 백을 쟁반 위에 놓는다. 자외선 차단제를 약 5분간 건조한다.

마지막으로, 시료를 햇빛이 있는 야외로 가져와서 색상 변화를 즉시 관찰한다. 다양한 구슬 세트의 색상에서 어떤 점이 눈에 띄는가? 시료를 햇빛에 1분 정도만 두었다가 실내로 다시 가져와서 변화를 더 자세히 살펴본다. 구슬을 실내로 다시 가져왔을 때 어떤 변화가 눈에 띄는가?

실험문제

1. 관찰한 결과 어떤 경향을 발견했는가? 자외선 차단제의 다양한 SPF 값에 대해 무엇을 알 수 있는가(만약 있다면)?
2. 일반적으로 어떤 SPF 자외선 차단제를 사용하는가? 이것이 유해한 자외선으로부터 우리를 보호한다고 생각하는가?
3. 가방에 묻은 자외선 차단제를 씻으면 어떻게 되는가?

8 물

? 이 장과 관련된 궁금증

1. 플라스틱 표면에서는 물방울이 형성되지만, 왜 커다란 빗방울은 만들어지지 않는 것인가?
2. 알래스카 해안의 기온이 겨울에 노스다코타보다 더 따뜻한 이유는 무엇인가?
3. 물에서 모든 오염 물질을 제거하는 필터가 없는 이유는 무엇인가?
4. 우리는 하루에 실제로 얼마나 많은 물을 사용하는가?
5. 수도꼭지에서 물이 떨어지면 얼마나 많은 물이 낭비되는가?
6. 바닷물에서 담수를 어떻게 얻는가?

물은 참으로 독특한 물질이다. 지구 표면의 거의 4분의 3을 덮고 있는 액체 상태의 가장 흔한 물질로, 대부분 바다에 존재한다. 물은 '만능 용매'라고도 불린다. 물은 대부분의 무기질과 극성 물질을 용해하는데, 이것이 바닷물이 짠 이유이기도 하다. 안타깝게도 물은 수질 오염 물질인 많은 물질을 용해한다. 이 장에서는 물의 특성과 현재 물을 정화하는 데 사용되는 방법을 살펴본다.

생명의 강, 슬픔의 바다 지구는 물로 이루어진 세계이다. 지구 표면의 대부분은 대양과 바다, 호수, 강, 즉 수권으로 덮여 있다. 사람 역시 많은 양의 물을 함유하고 있다. 우리 몸무게의 약 3분의 2가 물이며, 전형적인 세포의 60~90%를 물이 차지한다. 우리 혈액의 물은 바닷물과 매우 흡사하며 다양한 용존 이온을 포함하고 있다. 우리는 걸어 다니는 바닷물 자루라고 말할 수도 있다. 우리는 손실된 수분을 보충하기 위해 매일 약 2 L의 물을 마셔야 한다.

지구에는 다량의 물이 존재하기 때문에 지구는 태양계에서 유일하게 고등 생명체를 지탱할 수 있는 행성이다. 물은 지구상에서 세 가지 물리적 상태로 모두 다량으로 존재하는 유일한 물질이다. 눈이 오는 날 밖에 나가면 세 가지 형태를 한꺼번에 경험할 수 있다. 숨을 내쉴 때 기체 상태의 수증기는 분명하게 보이며 '숨결'을 볼 수 있다. 액체 상태의 작은 물방울은 구름을 형성한다. 고체 상태의 물은 눈이 되어 땅에 떨어지거나 녹아서 액체 상태의 물웅덩이가 된다.

최초의 과학자로 꼽히는 초기 그리스 철학자 Thales(기원전 6세기경)는 물을 다른 모든 만물이 만들어지는 '근본적 물질'이라고 믿으며 물을 가장 중요하게 여겼다. 섬이 많은 나라 출신의 사람이 그렇게 생각하는 것은 당연한 일이다. 물의 독특한 성질은 생명에 필수적인 요소이다.

극성인 물은 다른 어떤 액체보다 더 많은 물질을 용해할 수 있어서 대부분의 수원은 용존 이온과 분자를 많이 포함하고 있다. 많은 물질이 물에 용해되기 때문에 환경 전체에 쉽게 분산된다. 한번 용해된 물질은 물에서 제거하기가 쉽지 않다. 또한 물에는 사람에게 해로운 박테리아와 기타 미생물 균주들이 많이 번식한다. 이 장에서는 오염 물질의 특성에 따라 물을 정화하는 데 사용할 수 있는 다양한 방법을 살펴본다.

전 지구적 관점에서 볼 때, 지구 인구의 상당수는 물과 관련하여 두 가지 주요 문제에 직면해 있는데, 하나는 물의 분포(어떤 지역은 가뭄, 다른 지역은 심각한 홍수가 발생)이고 다른 하나는 사용가능한 물의 질이다. 개발도상국의 경우에 사용할 수 있는 물이 있다고 하더라도 그 물에는 질병을 유발하는 물질이 포함되어 있을 수 있다. 깨끗한 식수의 중요성을 과소평가하거나 당연하게 여겨서는 안 된다. 우리는 음식 없이 몇 주 동안은 살 수 있지만, 물 없이는 기껏해야 며칠밖에 버틸 수 없다.

8.1 물: 몇 가지 독특한 성질

학습 목표
- 물의 독특한 성질을 물 분자의 극성 및 수소 결합과 연관시킨다.
- 지구 표면의 물이 어떻게 하루 동안의 기온 변화를 조절하는지 설명한다.

물은 지구상에서 가장 흔한 분자이면서도 매우 특이하고 독특한 성질을 가진 분자이다. 왜 그럴까? 물 분자의 구부러진 기하학적 구조와 산소와 수소 사이의 큰 전기음성도 차이로 인해 물 분자는 높은 극성을 띠게 된다. 물의 중앙에 있는 산소 원자는 2개의 비공유 전자쌍을 가지고 있다. 이 고립 전자쌍과 두 수소 원자에 있는 (+)극이 함께 작용하여, 1개의 물 분자가 다른 4개의 물 분자와 수소 결합을 통해 상호작용을 할 수 있게 하는데, 이것이 물의 독특한 성질을 만드는 이유이다. 이러한 성질 중 몇 가지를 살펴보겠다.

1 플라스틱 표면에서는 물방울이 형성되지만, 왜 커다란 빗방울은 만들어지지 않는 것인가?

플라스틱 표면은 거대한 비극성 분자로 구성되어 있어 소수성(물을 싫어하는 성질)을 띠고 있다. 물은 플라스틱 표면과의 상호작용은 최소화하고, 수소 결합을 최대한 활용해 물 분자끼리의 상호작용은 극대화하는 경향이 있다. 표면 대 부피 비율이 가장 낮은 기하학적 모양은 구이다. 평평하고 소수성인 표면 위의 물 분자는 반구 모양을 형성한다. 공기 중에서는 구형의 빗방울이 형성된다. 그렇다면 왜 비치볼 크기의 빗방울은 볼 수 없는 걸까? 바로 중력 때문이다. 중력은 물방울의 수소 결합 네트워크의 강도를 극복하여 더 작지만, 여전히 구형인 물방울로 쪼개지게 한다.

작은 분자인데도 끓는점이 높은 물

물은 질량이 18 amu인 작은 분자이다. 질소 N_2(28 amu), 산소 O_2(32 amu), 이산화 탄소 CO_2(44 amu), 프로페인 C_3H_8(44 amu), 오존 O_3(48 amu) 등 질량이 50 amu 미만인 대부분의 작은 분자는 상온(~25 ℃)에서 기체이다. 하지만 물은 상온에서 액체인데, 이는 물 분자 사이의 강한 수소 결합으로 인해 끓는점이 100 ℃로 방금 언급한 기체들의 끓는점보다 훨씬 높기 때문이다. 지구의 평균 기온은 약 16 ℃로 물의 끓는점보다 훨씬 낮고 어는점보다 높다. 만약 물 분자가 강한 수소 결합을 하지 않는다면 지구에서 물은 기체 상태일 것이고, 우리가 알고 있는 생명체는 존재하지 않았을 것이다. 굽은 모양의 물 분자 사이의 강한 수소 결합은 생명을 유지하는 데 필수적이다.

액체 물보다 밀도가 낮은 고체 물

액체 상태의 물이나 다른 음료 위에 얼음 조각이 둥둥 떠 있는 것을 본 적이 있을 것이다. 물을

(a)

(b)

◀ **그림 8.1** 얼음에서 수소 결합. (a) 산소 원자는 변형된 육각형 고리의 층으로 쌓여 있다. 수소 원자는 한 쌍의 산소 원자 사이에 있으며, 한쪽(공유 결합)이 다른 쪽(수소 결합)보다 더 가깝다. 노란색 점선은 수소 결합을 나타낸다. 이 구조에는 큰 '구멍'이 있다. (b) 얼음 결정 구조에서 물 분자의 육각형 배열은 거시적 수준에서 눈송이의 육각형 모양을 통해 드러난다.

제외한 대부분의 물질은 냉각되어 고체가 되면 수축하기 때문에 대부분의 고체는 액체 상태보다 약간 밀도가 높다. 물은 왜 다른가?

물은 약 4 ℃에서 액체 상태의 물 분자가 서로 최대한 밀착되어 있다는 독특한 특성을 가지고 있다. 물이 4 ℃에서 0 ℃로 냉각되면 물 분자들은 실제로 서로 멀어지면서 반복되는 육각형의 고도로 질서 정연한 구조가 형성되는데, 이때 수소 결합이 중요한 역할을 한다. 육각형의 정점에는 산소 원자가 있고 각 변의 중앙에는 수소 원자가 있다(그림 8.1). 각 수소는 '자체' 분자 내의 산소 1개와 공유 결합으로 결합하고, 다른 분자 내의 산소 1개와는 수소 결합으로 결합한다. 고체 얼음 구조에서 육각형의 중앙에는 무엇이 있을까? 아무것도 없다. 빈 공간이다. 이것이 얼음이 액체 물보다 밀도가 낮은 이유이며 얼음이 물에 떠다니는 이유이다.

얼음이 녹으면 수소 결합 구조가 흐트러지고 약해져 물 분자의 이동성이 더 커진다. 얼음이 녹으면 단위 부피당 더 많은 물 분자가 밀집할 수 있으므로 액체 물의 밀도가 얼음보다 높아진다. 실제로 물은 알코올, 기름, 휘발유를 포함한 대부분의 액체보다 밀도가 높다. 액체로서의 밀도는 1.00 g/cm^{3}에 매우 가깝고, 많은 물질의 **비중**(specific gravity)은 물과 비교한 해당 물질의 밀도로 정의된다. 예를 들어 금의 밀도는 19.3 g/cm^{3}이고, 비중은 19.3이다.

얼음이 액체 상태의 물보다 밀도가 낮다는 사실은 지구상의 생명체에 필수적인 요소이다. 우리는 겨울에 호수와 연못의 윗부분에 얼음층이 형성되고 그 얼음 아래에 물이 액체 상태로 남아 그 물속의 수생 생물을 보호한다는 것을 알고 있다.

만약 그 반대의 경우라면 기온이 0 ℃ 이하로 떨어질 때 자연 수역의 표면에 형성된 얼음은 호수와 강바닥으로 가라앉을 것이다. 이러한 자연 수역은 바닥에서 위로 완전히 얼어붙을 것이다. 이렇게 되면 호수와 강에 사는 모든 생명체가 죽게 된다. 지구가 겪었던 빙하기에도 같은 일이 일어났을 것이다. 예를 들어 얼음이 떠다니지 않았다면 지구상의 모든 생명체는 오래전에 멸종했을 것이고, 인간은 결코 살지 못했을 것이다.

물이 얼면 팽창한다는 사실은 생명을 위협할 수도 있다. 인체 내 대부분의 세포는 내부가 수분으로 채워진 풍선과 유사한 구조로 되어 있으며, 이때 풍선의 외곽은 세포막에 해당한다. 물이 얼었을 때 10%까지 팽창하면 풍선이나 세포막이 터질 수 있다. 동상은 이러한 방식으로 세포를 죽이고 조직을 파괴할 수 있다.

▲ 물은 4 ℃에서 0 ℃로 냉각될 때, 즉 얼었을 때 팽창하는 유일한 물질이다. 분자가 액체 상태에서보다 고체 상태에서 서로 더 멀리 떨어져 있으면 고체는 액체보다 밀도가 낮다. 차가운 물보다 밀도가 낮은 얼음 정육면체가 떠다닌다. 같은 이유로 겨울에는 호수와 연못의 표면에 얼음층이 형성되어 그 아래의 수상 생물을 보호한다.

물의 용해 능력

물은 때때로 '만능 용매'라고 불린다. 모래, 집, 금속, 식물, 사람은 물에 녹지 않기 때문에 당연히 이것은 사실이 아니다! 모래(SiO_2)와 같이 '무한' 수준의 공유 결합으로 구성된 비극성 분자

▲ 1리터의 기름은 2.5헥타르(6.3에이커) 면적의 해면에 유막을 만들 수 있다. 멕시코만에서 폭발로 인해 침몰한 딥워터 호라이즌 시추선처럼 누출된 기름의 크기가 수면 아래 1마일에 이르는 일도 있어 그 규모를 추정하기 어려운 예도 있다. 기름 유출은 기름 분자는 비극성이고 물 분자는 극성이기 때문에 탄화수소와 물이 섞이지 않는다는 것을 상기시켜준다.

및 물질은 극성 물에 용해되지 않는다. 극성 액체는 기름과 같은 비극성 액체를 밀어내기 때문에 바다에 유출된 기름은 바닷물에 녹지 않는다. 일반적으로 기름은 물보다 밀도가 낮아 다행히도 유막은 물 위에 떠 오른다.

그런데도 물은 다른 어떤 액체보다 더 많은 물질을 용해한다. 물이 매우 좋은 용매인 가장 큰 이유는 극성이 강하고 수소 결합이 강하기 때문이다. 예를 들어 NaCl은 물에 쉽게 녹는다. 실제로 1 L의 물은 359 g의 NaCl을 녹이지만, 1 L의 메탄올은 14.9 g의 NaCl만 녹인다. 왜 그럴까? 그 답은 메탄올이 물보다 수소 결합이 훨씬 약하기 때문이다.

분자 수준에서 용해는 실제로 어떻게 일어날까? NaCl이 물에 녹는 과정을 상상하는 한 가지 방법은 물 분자의 양극이 이온 쌍극자 힘에 의해 결정 격자의 바깥 부분에서 각 Cl^- 이온을 강하게 끌어당기는 것을 상상하는 것이다. 동시에, 다른 물 분자의 음극은 결정 격자의 바깥 부분에서 각 Na^+ 이온을 강하게 끌어당긴다. 이 과정은 모든 염화 이온(Cl^-)과 소듐 이온(Na^+)이 분리되어 수소 결합된 물 분자의 액체 구조 내에 갇힐 때까지 계속된다.

염화 이온(Cl^-)과 소듐 이온(Na^+)은 물 분자 사이의 빈 공간에 잘 들어맞는다. 이는 NaCl이 물에 용해될 때 수소 결합 구조를 크게 방해하지 않음을 의미하며, 따라서 NaCl을 녹이는 데에는 많은 에너지가 필요하지 않다. 그러나 이온의 크기는 중요한 요소이다! K^+와 Br^-처럼 더 큰 이온들로 이루어진 KBr은 물에 대한 용해도가 다소 낮다(119 g/L).

물의 수소 결합 능력은 또한 물이 알코올, 카복실산, 아마이드와 같이 수소 결합이 가능한 작용기를 가진 유기 분자에 대해 뛰어난 용매로 작용하는 이유를 설명해준다. 이러한 예는 벤젠(비극성이고 작용기가 없는 분자)과 페놀(벤젠 고리에 하나의 알코올 작용기가 있는 분자)의 용해도를 비교해보면 잘 나타난다. 물에서의 용해도는 각각 1.8 g/L와 83 g/L이다.

물의 높은 비열

비열(specific heat capacity)은 물질 1 g의 온도를 1 ℃ 올리는 데 필요한 열의 양을 말한다. 다른 물질에 비해 물은 온도가 1 ℃ 상승하기 전에 상대적으로 많은 양의 열 에너지를 흡수한다. 반대로 물은 온도가 1 ℃ 내려갈 때 상대적으로 많은 양의 열 에너지를 방출해야 한다. 표 8.1은 몇 가지 친숙한 물질의 비열을 기존 단위인 cal/g·℃와 SI 단위인 J/g·K로 표시한 것이다. 칼로리의 정의에 따르면 물의 비열은 1.00 cal/g·℃이며, SI 단위로 환산하면 4.184 J/g·K

표 8.1 25 ℃에서 일부 친숙한 물질의 비열

물질	비열	
	(cal/g ℃)	(J/g K)
알루미늄(Al)	0.216	0.902
구리(Cu)	0.0920	0.385
에탄올(CH_3CH_2OH)	0.588	2.46
철(Fe)	0.107	0.449
에틸렌 글리콜($HOCH_2CH_2OH$)	0.561	2.35
마그네슘(Mg)	0.245	1.025
수은(Hg)	0.0332	0.139
납(Pb)	0.0306	0.128
은(Ag)	0.0562	0.235
물(H_2O)	1.00[a]	4.184

[a] cal/g·℃ 단위로 물의 비열은 1.00이다. 미터법이 정립되었기 때문에 물의 성질을 보통 표준으로 간주한다.

이다.

금속은 물보다 비열이 훨씬 낮다는 점에 유의하자. 물 1 g의 온도를 1 ℃ 올리는 데는 같은 양의 철 1 g의 온도를 올리는 것보다 거의 10배의 열이 필요하다. 모닥불 위에 올려놓은 금속 머그잔은 매우 빠르게 가열되지만, 같은 머그잔에 담긴 물은 훨씬 느리게 가열된다. 물은 열을 잘 저장하기 때문에 머그잔에 담긴 가열된 물은 빈 머그잔보다 훨씬 더 오래 뜨겁게 유지된다. 따라서 지구 표면의 방대한 양의 물은 일교차를 완화하는 거대한 열 저장고 역할을 한다. 바닷가에 위치한 도시는 내륙 도시에 비해 온도 변화가 훨씬 작은 온화한 기후를 경험한다. 물이 없는 달 표면은 한낮 100 ℃에서 밤 −173 ℃에 이르는 극심한 온도 변화를 나타내는데, 이는 물의 중요한 온도 조절 특성을 극적으로 보여주는 예이다.

다음 방정식을 사용하여 계가 흡수하거나 방출하는 열의 양을 계산할 수 있는데, 이 식에서 ΔT는 온도 변화(℃ 또는 켈빈)를 나타낸다.

$$\text{흡수되거나 방출된 열} = \text{질량} \times \text{비열} \times \Delta T$$

2 알래스카 해안의 기온이 겨울에 노스다코타보다 더 따뜻한 이유는 무엇인가?

알래스카주 쥬노의 1월 평균 기온은 −2.1 ℃이고, 노스다코타주 파고의 1월 평균 기온은 −12.7 ℃이다. 물은 비열이 매우 높은 물질이므로, 대부분의 다른 물질보다 온도를 올리거나 기화시키는 데 훨씬 더 많은 에너지가 필요하다. 낮 동안에는 태양 복사로부터 흡수된 상당한 양의 열 에너지로 인해 해수의 온도를 오직 소폭 상승시키는 데 그칠 수 있다. 반대로 밤에 해수의 온도가 조그만 낮아져도 상당량의 열이 방출된다. 이러한 이유로, 해안 근처 지역의 기온은 내륙 지역에 비해 하루 동안의 온도 변화가 상대적으로 작다.

예제 8.1 흡수된 열

물 225 g(약 한 잔)의 온도를 25.0 ℃에서 100.0 ℃로 올리는 데 필요한 열량(cal, kcal, kJ)은 얼마인가?

풀이

계산에 필요한 양들을 정리한다.

물의 비열 = 1.00 cal/g·℃

온도 변화 = 100 ℃ − 25 ℃ = 75 ℃

이후 다음과 같은 공식을 사용한다.

$$\begin{aligned}\text{흡수된 열량} &= \text{질량} \times \text{비열} \times \Delta T \\ &= 225\ \text{g} \times 1.00\ \text{cal/g ℃} \times 75.0\ \text{℃} \\ &= 16{,}900\ \text{cal}\end{aligned}$$

이후 cal 단위를 kcal와 kJ 단위로 변환할 수 있다.

$$16{,}900\ \text{cal} \times \frac{1\ \text{kcal}}{1000\ \text{cal}} = 16.9\ \text{kcal}$$

$$16.9\ \text{kcal} \times \frac{4.184\ \text{kJ}}{1\ \text{kcal}} = 70.7\ \text{kJ}$$

› 복습문제 8.1A

975 g의 물이 100.0 ℃에서 18.0 ℃로 식을 때 방출되는 열량(cal, kcal, kJ)은 얼마인가?

› 복습문제 8.1B

표 8.1의 정보를 이용하여 어떤 물질 32.0 g의 온도를 12 K만큼 올리는 데 148 J의 열 에너지가 필요하다면 이 물질은 무엇인지 확인하라.

물의 높은 기화열

기화열(heat of vaporization)은 물질을 증발시키는 데 필요한 열량을 kcal/mol 또는 kJ/mol 단위로 나타낸 것이다. 소량의 물을 증발시키는 데 필요한 많은 양의 열은 기존의 모든 분자간 힘을 끊는 데 쓰이는데, 그중 수소 결합이 가장 강하다. 이 사실은 피부에서 소량의 땀이 증발함으로써 많은 양의 체열을 발산할 수 있기 때문에 우리에게 매우 중요하다.

물의 높은 기화열(40.8 kJ/mol)도 호수와 바다의 기후를 조절하는 성질을 부분적으로 설명한다. 공기와 육지의 온도를 높이는 대신 상당한 양의 열이 호수와 바다 표면에서 물을 기화(증발)시키기 때문이다. 따라서 여름에는 내륙 지역보다 큰 호수나 바다 근처가 더 시원하다.

이러한 물의 흥미로운 성질들은 모두 극도로 극성을 띠는 물 분자의 독특한 구조와 조밀하게 형성된 수소 결합 구조에 기인한다.

자가평가문제

1. 물의 독특한 성질에 해당하지 않는 것은 무엇인가?

a. 고체 물은 액체 물 위에 떠 있다.
b. 물은 대부분의 기체보다 끓는점이 훨씬 높다.
c. 물은 고체, 액체, 기체의 세 가지 상태(상)로 나뉜다.
d. 물은 촘촘한 수소 결합 구조를 가지고 있다.

2. 얼음과 물에서 각 물 분자는 몇 개의 물 분자와 수소 결합을 형성하는가?

a. 1개 **b.** 3개 **c.** 4개 **d.** 5개

3. 물의 독특한 성질이 나타나는 이유는 무엇인가?

a. 물 분자들이 안정적인 전자 구성을 갖지 않는 수소 원자를 가지고 있기 때문이다.
b. 물 분자들이 수소 결합을 통해 서로 끌어당기기 때문이다.
c. 물 분자들이 이온성 물질과 공유 결합을 형성할 수 있기 때문이다.
d. 물 분자들이 비극성 물질과 공유 결합을 형성할 수 있기 때문이다.

4. 물 분자들의 집합체에서 수소 결합이 형성되는 대상은 무엇인가?

a. 한 H_2O 분자 안의 H 원자와 다른 H_2O 안의 O 원자 사이에서 형성된다.
b. 서로 다른 H_2O 분자에 있는 O 원자 사이에서 형성된다.
c. 한 H_2O 분자 내의 두 H 원자 사이에서 형성된다.
d. 서로 다른 H_2O 분자에서 두 H 원자 사이에서 형성된다.

5. 다음 중 얼린 물이 갖는 열린 구조에 대한 설명은 무엇인가?

a. 비정질의 분자 배열을 하고 있다.
b. 큰 육각형 구멍을 가지고 있다.
c. 분자들이 끊임없이 움직인다.
d. 분자들이 서로 반발하는 경향이 있다.

6. 물 50.0 g의 온도를 20.0 ℃에서 50.0 ℃로 올리려면 얼마나 많은 열(cal)이 필요한가?

a. 30.0 cal **b.** 50.0 cal
c. 1500 cal **d.** 2500 cal

7. 철 131 g의 온도를 15.0 ℃에서 95.0 ℃로 올리려면 얼마나 많은 열(kJ)이 필요한가?

a. 0.058 kJ **b.** 1.11 kJ
c. 4.71 kJ **d.** 4710 kJ

정답: 1. c, 2. c, 3. b, 4. a, 5. b, 6. c, 7. c

8.2 자연 속의 물

학습 목표
- 인간이 지구상 물의 1% 미만만 사용할 수 있는 이유를 설명한다.
- 지구의 물 순환에 대해 설명한다.
- 비와 자연의 물에 있는 오염 물질의 자연적인 오염원을 파악한다.

바닷물과 담수

지구 표면의 4분의 3은 물로 덮여 있지만, 그중 거의 98%는 짠 바닷물이거나 사해와 같이 배출구가 거의 또는 전혀 없는 내륙 호수에서 발견되며 식수로 적합하지 않고 대부분의 산업용으로도 적합하지 않다. 바닷물의 주요 용존 이온은 소듐과 염화 이온이지만 칼슘, 마그네슘, 황산염도 중요하다. 해양의 전체 염분은 더운 지역에서 증발이 더 빠르게 일어나기 때문에 열대에서 약 35 ppt로 가장 높고, 극지방 얼음 근처에서 가장 낮다(약 30 ppt).

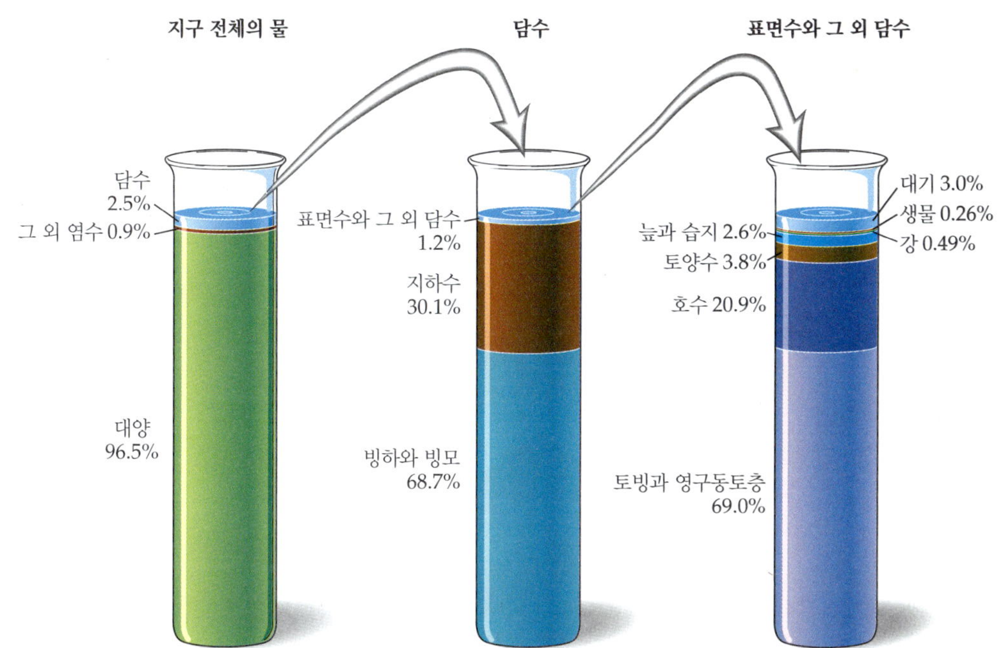

그림 8.2 지구의 물은 어디에 있는가?

담수는 짠물보다 이온 농도가 훨씬 낮은 자연 그대로의 물로 정의된다. 자연계에 존재하는 어떤 물도 절대적으로 순수하고 용해된 물질이 없는 물은 없다. 지구상의 담수는 대부분 만년설에 얼어붙어 있어 사람이 사용할 수 있는 물은 지구 전체 물의 1% 미만에 불과하다. 그중 대부분은 지하에 있으며 우물에서 얻는다. 호수와 하천은 지구상의 담수 중 0.01%에 불과하며, 직접 식수로 사용할 수 없다. 비는 엄청난 양이 지구에 내리지만, 대부분은 바다로 떨어지거나 접근하기 어려운 육지로 떨어진다. 지구상의 물 분포에 대해 자세한 분석은 그림 8.2에 나와 있다.

지하 10~15 m 정도의 우물에서 나오는 지하수의 온도는 일반적으로 해당 지역의 평균 기온보다 약 2 ℃ 정도 높다. 우물에서 나오는 물은 깊이가 20 m 깊어질 때마다 약 1 ℃씩 온도가 낮아진다. 옐로스톤 국립공원, 뉴질랜드, 아이슬란드 등 지각이 더 얇은 일부 지역에서는 지하수가 매우 뜨거운 암석에 의해 과열되어 간헐천이 터지거나 온천이 생성될 수 있다.

지구에서 물은 증발(태양에 의한), 강수, 중력에 의한 흐름을 통해 끊임없이 순환한다. 전체적으로 지구의 물 순환은 안정된 상태이며(그림 8.3), 이는 해양, 만년설, 담수 강, 호수, 하천에 할당된 물의 비율이 상당히 일정하게 유지된다는 것을 의미한다. 그러나 기후 변화로 인해 북극과 남극의 얼음이 녹으면 몇 세대 안에 이러한 불변성이 바뀔 수 있다. 물은 수면과 지표면 모두에서 끊임없이 증발하고 수증기는 구름으로 응축되어 비, 진눈깨비, 눈이 되어 지구로 되돌아온다. 이 담수는 만년설의 일부가 되어 하천과 강으로 흘러내리고, **대수층**이라고 불리는 바위와 모래 속 호수와 지하 물웅덩이를 채운다.

자연수의 산과 염기, 비의 오염 물질

해수는 일반적으로 pH 약 8.0으로 약알칼리성을 띠며, 이는 탄산 이온과 탄산수소 이온의 존재 때문이다. 연체동물의 껍질은 주로 탄산 칼슘으로 구성되어 있다는 사실을 기억하자(6.3절 참조). 해수의 화학은 실제로 매우 복잡하지만, 과학자들은 대기 중의 이산화 탄소가 바다에 용해되어 탄산을 형성하고, 이로 인해 해양이 서서히 산성화되는 현상과 그것이 해양 생물군에 미치는 영향에 대해 우려하고 있다.

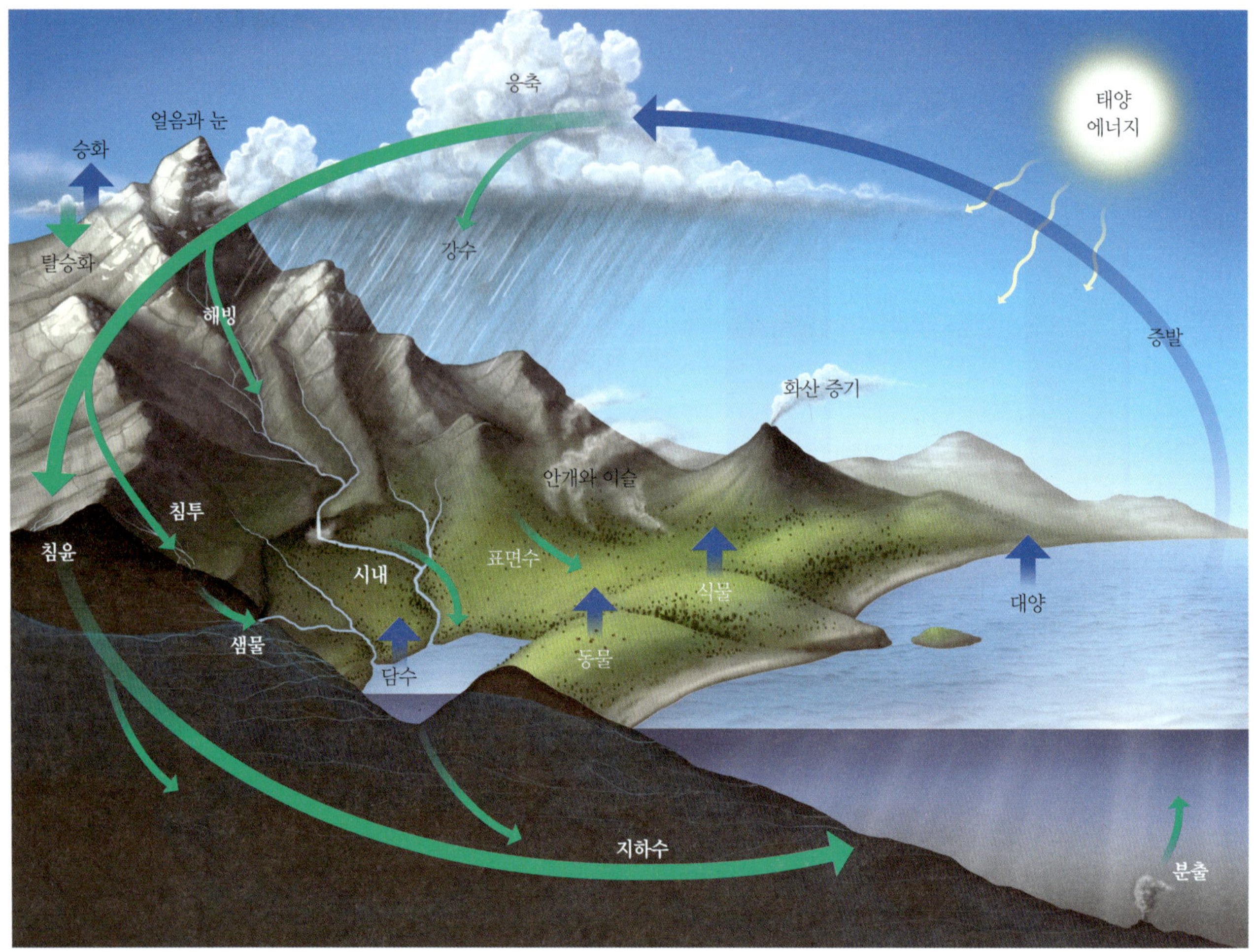

▲ **그림 8.3** 물의 순환. 태양 에너지에 의해 바다, 호수, 육지로부터 물이 증발한다. 습한 공기가 상승하면서 냉각되면 수증기가 응결되어 구름을 형성한다. 이후 물은 강수 형태로 지표면으로 다시 돌아온다. 이 물의 일부는 지하수로 흡수되어 대수층을 재충전하며, 일부는 강과 하천으로 유입되어 다시 바다로 흘러간다. 증발산은 토양에서의 수분 증발과 식물의 증산 작용을 통해 대기로 물이 방출되는 과정을 말한다.

$$CO_2(g) + H_2O(l) \longrightarrow H_2CO_3(aq)$$

'자연 상태'의 빗물은 대기 중 CO_2가 빗방울에 용해되어 탄산(H_2CO_3)을 형성하기 때문에, pH는 약 5.65를 나타내야 한다(위의 화학 반응 참조). 또한 번개는 질소, 산소, 수증기를 반응시켜 질산을 생성함으로써 빗물을 산성화시킬 수 있다. 빗물에 존재하는 자연적인 오염 물질로는 공기 중의 먼지가 있으며, 이는 $CaSO_4$, SiO_2, 알루미늄 규산염, NaCl, KCl과 같은 매우 미세한 입자들로 구성되어 있다.

빗물 속의 다른 성분들은 주로 사람의 활동으로 인해 발생한다. 화석 연료의 연소는 대기 중 이산화 황의 증가를 초래하여, 일부 지역에서는 pH가 4.3까지 떨어지는 산성비, 산성 안개, 산성 눈(7.6절 참조)을 발생시켰다. 산성비는 전 세계적으로 수많은 조각상과 건축 문화재의 손상을 일으켰으며, 금속 부식을 촉진하고 자동차 도장 면을 손상하기도 했다. 최근 몇 년 동안 SO_x 배출량 감소(7.6절 참조)와 그에 따른 산성비의 강도 또는 빈도 감소에도 불구하고, 북미 동부 지역의 수천 개 수역은 여전히 산성화 상태를 유지하고 있다. 이러한 수역의 산성화에는 버려진 광산에서 유입되는 산성 물질도 중요한 원인 중 하나이다.

산성 수질은 석회석($CaCO_3$)이 존재하면 중화된다(6.3절 참조).

$$CaCO_3(s) + 2\,H^+(aq) \longrightarrow Ca^{2+}(aq) + CO_2(g) + H_2O(l)$$

석회석 산

주로 화강암으로 이루어진 지역처럼 석회암이 풍부하지 않은 경우에 산성 수질은 수생 생물에 해로우며, 알루미늄 규산염 광물에서 알루미늄이 용출되는 원인이 된다(6.2절 참조). 알루미늄 이온은 아주 낮은 농도에서도 어린 물고기에게 치명적이다. 역설적으로 과도한 산성으로 인해 파괴된 호수들은 종종 생명체가 거의 없어 맑고 반짝이는 아름다운 모습을 보인다.

산성 수질과 산성비는 농작물 수확량 감소 및 산림과 그 안에 거주하는 생물들의 파괴와도 관련이 있다. 실제로 산성비는 단풍나무 시럽 생산량 감소와 연관되어 있는데, 이는 그리 달갑지 않은 상황이다.

용해된 무기질

위에서 언급했듯이 물은 훌륭한 용매이다. 그랜드 캐니언의 형성에서 알 수 있듯이 물은 지구 표면을 따라 또는 그 아래로 이동하면서 암석과 토양에서 무기질을 (느리지만) 용해시킨다. 무기질(대부분 염)은 이온성이며 이온은 양전하 또는 음전하를 띤다는 것을 기억하자. 표 8.2에서 붉은색으로 표시된 천연수의 주요 양이온은 소듐, 포타슘, 칼슘, 마그네슘, 철(Fe^{2+} 또는 Fe^{3+})의 이온이다. 음이온(파란색으로 표시)은 일반적으로 황산 이온, 탄산수소 이온 및 염화 이온이다.

우물이나 도시 상수도의 가정용 물은 일반적으로 연수(대부분 Na^+과 K^+ 이온을 함유) 또는 경수(고농도의 Ca^{2+}, Mg^{2+}, $Fe^{2+/3+}$ 이온을 함유)로 분류한다. **경수**(hard water)는 건강에 유해하지 않다. 하지만 경수에 비누를 사용하면 흰색의 고체 비누 찌꺼기가 생겨 욕실 설비가 지저분해 보일 수 있다. 연수 및 비누와 세제 사용에 대한 자세한 내용은 13.1절에서 설명한다.

표 8.2 자연수에서 발견되는 물질

물질	화학식	근원
이산화 탄소	CO_2	대기
먼지	–	대기
질소	N_2	대기
산소	O_2	대기
질산	HNO_3	대기(천둥폭풍)
모래와 토양 입자	–	토양, 암석
소듐 이온	Na^+	토양, 암석
포타슘 이온	K^+	토양, 암석, 비료
칼슘 이온	Ca^{2+}	석회석
마그네슘 이온	Mg^{2+}	백운 석회석
철(III) 이온	Fe^{3+}	토양, 암석
염화 이온	Cl^-	토양, 암석, 비료
황산염 이온	SO_4^{2-}	토양, 암석, 비료
탄산수소 이온	HCO_3^-	토양, 바위
라돈	Rn	방사성 붕괴

지하수에는 산소, 질소, 이산화 탄소, 자연 발생 기체인 라돈을 포함한 용존 기체도 포함되어 있지만 우려할 만한 농도가 아닐 정도로 매우 낮다.

그림 8.3에서 볼 수 있듯이 물 순환은 우리에게 신선한 물을 공급원으로 보충한다. 바다에서 물이 증발하면 염이 남는다. 물이 땅을 통과할 때 많은 불순물이 걸러져 바위, 자갈, 모래, 점토에 갇히게 된다. 이 정화 능력은 무한하지 않다. 하지만 전 세계적으로 물 순환은 초당 1,600만 L 이상의 물을 깨끗하게 정화하며, 이 모든 과정을 무료로 진행한다!

유기 물질

빗물은 식물과 동물이 썩으면서 나오는 물질을 녹여준다. 숲의 자연 순환의 일부인 이 소량의 유기물은 토양을 풍부하게 한다. 다음 절에서 다루겠지만, 모든 유기물 투입이 환경에 좋은 것은 아니다. 윤활유, 연료, 일부 비료, 살충제는 모두 물을 오염시킨다. 박테리아, 기타 미생물과 동물 배설물은 모두 잠재적인 수질 오염 물질이며 종종 심각한 건강 문제를 일으킨다.

자가평가문제

1. 물 순환을 위한 에너지는 어디에서 나오는가?
a. 전기 발전소 **b.** 허리케인
c. 태양 **d.** 뇌우

2. 지구상 물의 대부분은 어디에 존재하는가?
a. 지하수 **b.** 얼음과 영구동토층
c. 호수와 강 **d.** 바다

3. 빗물이 자연적으로 산성인 이유는 물이 무엇과 반응하기 때문인가?
a. CO_2 **b.** N_2
c. O_2 **d.** SO_2

4. 다음 중 빗물에서 흔히 발견되지 않는 것은 무엇인가?
a. HNO_3 **b.** SiO_2
c. H_2CO_3 **d.** Rn(라돈)

5. 다음 중 물의 주요 양이온은 무엇인가?
a. Na^+, Al^{3+}, Ca^{2+}, Mg^{2+}
b. Na^+, K^+, Ca^{2+}, Li^+
c. Na^+, K^+, Ca^{2+}, Mg^{2+}
d. Ra^{2+}, Sr^{2+}, Ca^{2+}, Mg^{2+}

6. 다음 중 경수에 들어 있지 않은 이온은 무엇인가?
a. Ca^{2+} **b.** Fe^{2+}
c. K^+ **d.** Mg^{2+}

7. 산성비 또는 광산 배수로 인해 산성화된 호수의 물은 종종 어떤 상태인가?
a. 깨끗한 상태이다.
b. 조류로 인해 녹색이다.
c. 낚시용 물고기가 풍부하다.
d. 석회질이 풍부하다.

정답: 1. c, 2. d, 3. a와 d, 4. d, 5. c, 6. c, 7. a

8.3 유기 오염: 인간과 동물의 폐기물

학습 목표
- 인간과 동물의 배설물이 수질에 어떤 영향을 미치는지 설명한다.
- 생물학적 수질 오염 물질의 예를 든다.
- 지하수에서 질산염의 공급원과 이로 인해 발생할 수 있는 문제를 파악한다.

인분과 소변을 완곡하게 표현한 인간의 배설물은 특히 대도시에서 심각한 처리 문제로 대두되고 있다. 변기 물을 내린다고 해서 내용물이 단순히 사라지는 것은 아니다. 역사적으로 가장 손쉬운 처리 방법은 폐기물을 땅에 묻거나 가장 가까운 수역에 방출하는 것이었다. 이러한 처리 방식은 환경적 피해를 초래했고, 일부는 치명적이었다. 농장 동물 폐기물에 대해서도 고려해야 한다.

너무 많은 유기 물질은 너무 적은 산소를 의미

인간과 농장 동물의 배설물에서 나오는 유기물에는 질산염과 인산염, 단백질, 지방, 박테리아 바이오매스 등의 영양소가 매우 풍부하다. 환경 내 미생물이 이러한 유기물을 대사하여 성장하고 증식함에 따라 바이오매스가 지속해서 증가한다. 이 분해에 산소가 필요한 경우 이를 호기성(혐기성과 반대되는) 산화라고 한다. 이 과정이 수역에서 일어나면 **용존 산소**(dissolved oxygen)의 양이 고갈된다. 유기물이 너무 많으면 너무 많은 산소가 물에서 제거된다. 이런 일이 발생하면 물고기와 같은 고등 생물에 충분한 산소가 공급되지 않아 질식에 의한 사망을 초래할 수 있다. 분해가 일어나는 데 필요한 산소의 양을 측정하는 것이 **생화학적 산소 요구량**(biochemical oxygen demand, BOD)이다.

개울과 강은 대기 중의 산소를 재유입하여 스스로 재생할 수 있다. 급류가 있는 하천은 소용돌이치는 물이 이 과정을 돕기 때문에 곧 다시 살아난다. 흐름이 거의 없거나 전혀 없는 호수는 수년 동안 죽은 상태로 남아 있을 수 있다. 사람이 만든 작은 연못은 특수 펌프 장비를 사용하여 공기를 주입함으로써 산소를 공급할 수 있다.

사람이나 동물의 배설물이 물에 유입되면 질산염(NO_3^- 이온)과 인산염(PO_4^{3-} 이온)도 유입되어 조류 성장의 영양분으로 작용할 수 있다. 이렇게 증가한 바이오매스가 죽어 유기물 자체가 되면 순환이 다시 시작되고, 새로 유입된 CO_2로 인해 추가된 바이오매스에 의해 증폭되어 BOD가 더욱 증가하게 된다. 이 과정을 **부영양화**(eutrophication)라고 한다. 호수의 부영양화는 자연적인 과정이지만 인간의 배설물, 세제의 인산염, 농장과 잔디밭의 비료 유출에 의해 그 작용이 크게 가속화될 수 있으며, 이 모든 것이 조류 번식을 자극하여 결과적으로 낮은 산소 함량(12.1절)을 유발한다. 부영양화의 생태학적 결과를 보여주는 대표적인 사례는 멕시코만 북부의 **데드 존**(dead zone)으로 8700제곱마일(2017년 추정치) 이상에 걸쳐 있다. 미네소타 남부에서 루이지애나에 이르는 미시시피강으로 흘러드는 비료 유출은 그곳 물의 산소 함량이 너무 낮아 해양 생물이 거의 살 수 없는 주요 원인이다.

▲ 호수의 부영양화는 자연스러운 과정이지만, 인간의 폐기물과 세제에서 나오는 인산염, 농장, 잔디밭, 골프장 등에서 흘러나오는 비료에 의해 그 과정이 크게 가속화될 수 있다.

흥미롭게도 미니애폴리스(호수의 도시)와 미네소타주 세인트 폴과 같은 일부 도시에서는 이미 토양에 인산염이 충분해서 잔디밭에 인산염이 함유된 비료 사용을 금지하고 있다.

하수, 죽은 조류, 기타 원인으로 인해 유기물이 너무 많아서 수중의 용존 산소가 고갈되면 **혐기성 부패**(anaerobic decay) 과정이 우세하게 된다. 이 경우 유기물이 산화되는 대신에 혐기성 세균에 의해 환원된다. 그 결과 메테인(CH_4)이 생성되고, 황은 황화 수소(H_2S) 및 기타 악취가 나는 유기 화합물로 전환된다. 질소는 암모니아와 냄새가 나는 아민으로 환원된다. 악취는 물에 유기 폐기물이 과도하게 축적되었음을 나타내는 명확한 신호이며, 이러한 환경에서는 혐기성 미생물만이 생존할 수 있다.

인간과 동물 폐기물로 인한 건강 고려 사항

농장의 동물 사육장에서 유출되는 물과 농작물 생산량을 늘리거나 골프장 잔디를 개선하기 위해 비료를 광범위하게 사용하면 농장 우물에서 질산염(NO_3^- 이온)의 농도가 증가한다(자세한 내용은 12.1절 참조). 1950년대에는 모유 수유를 대체하는 젖병 수유가 대중화되었고, 농장의 많은 여성이 가족농장의 우물물을 사용하여 분말 농축액으로 분유를 만들었다. 안타깝게도 우물물에 있는 고농도의 질산 이온(10 mg/L 이상)이 메트헤모글로빈혈증, 즉 청색증을 발생할 수 있다. 어린아이의 섬세한 소화기관에서는 질산 이온이 아질산 이온으로 환원된다. 메트헤모글로빈혈증은 치료하지 않으면 치명적일 수 있다. 의료계에서 질산 이온 증가와 청색증의 연관성을 알게 된 후, 분유에 생수를 섞어 먹이는 것이 권장되었다.

인간과 동물의 배설물을 환경으로 배출하면 위에서 언급한 것 외에도 여러 가지 우려가 제기된다. 이러한 문제 중 하나는 호르몬 활성 및 내분비 교란 화학 물질의 방출이다. 두 번째 우려는 인간과 동물 배설물에 포함된 항생제가 환경으로 유입되는 것이다. 항생제는 특히 일부 선진국에서 사람에게 과다처방되어 왔으며, 가축 질병을 예방하기 위해 농업에서 남용되어 왔다. 항생제에 의해 죽지 않고 더 강한 개체로 변이된 일부 개체가 새로운 세대의 약물 내성 **슈퍼박테리아**로 번식할 수 있다.

인간 폐기물로 인한 **병원균**(질병 유발) 미생물에 의한 수자원의 오염은 전 세계적으로 치명적인 문제였으며, 지금도 여전히 심각한 문제이다. 예를 들어 1900년 미국에서는 장티푸스로 인한 사망자가 35,000명이 넘었다. 21세기에 들어서도 수인성 질병은 여전히 많은 개발도상국에서 흔한 질병이다. 전 세계 병상의 약 절반은 수인성 질병으로 고통받는 사람들이 차지하고 있다.

저개발국에서는 허리케인이나 우기 등으로 인해 심각한 홍수가 발생할 때마다 콜레라나 기타 위장병의 발생이 공중 보건의 주요 문제가 된다. 심각한 홍수는 평소에 깨끗했던 수자원을 오염시키고, 질병을 유발하는 박테리아와 바이러스를 대규모로 확산시켜 중대한 공중 보건 재앙을 초래하며 말라리아, 지카, 웨스트 나일, 치쿤구니아 바이러스를 전파할 수 있는 모기의 번식지를 제공한다. 예를 들어 WHO(세계보건기구)는 매년 콜레라로 인해 100만 명이 넘는 환자가 발생하고 10만 명이 사망하며, 주로 수질 오염으로 인해 발생한다고 보고하고 있다. 2017년에는 예멘에서 콜레라가 발생하여 50만 명이 감염되었다. 2010년 방글라데시에서는 극심한 홍수로 인해 중증 설사병과 같은 수인성 질병이 25만 명 이상의 사람들에게 영향을 미쳤다. 2017년 가을에는 허리케인 이르마와 하비가 큰 피해를 주고 심각한 홍수를 일으킨 지역에서 질병이 심하게 증가했다.

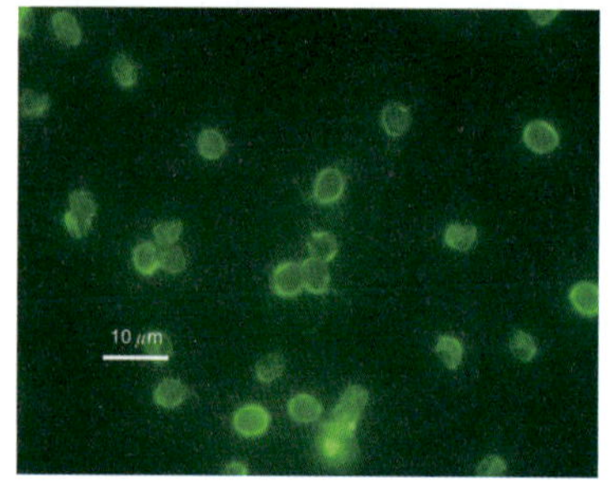

▲ 형광 이미지에 표시된 크립토스포리디움은 1993년 밀워키 지역에서 40만 명을 병들게 하고 약 100명을 사망에 이르게 했다. 그 이후로 상수도 시설은 일반적으로 처리 시스템을 개선했다.

농업과 정원 가꾸기는 살충제와 제초제를 지하수에 유입시킨다(12.2절 및 12.3절에서 이러한 유기 화합물에 대한 자세한 정보를 제공). 무두질, 목재 처리, 의약품 제조, 석유화학 제조, 운송과 같은 산업은 환경에 많은 유기 화학 물질을 배출한다. 가정용 제품과 화장품도 수질 오염에 기여한다.

오늘날 화학적 처리 덕분에 선진국의 도시 상수도는 일반적으로 안전하다. 도시 상수도 시설은 생물학적 오염에 대처하기 위해 처리 시스템을 지속적으로 개선하고 있다. 그러나 미국에서는 여전히 수백만 명의 사람들이 식수의 박테리아 오염으로 인해 위험에 처해 있다. 지속적인 위협에는 크립토스포리디움(*Cryptosporidium*)과 지아르디아(*Giardia*)가 포함된다. 이들은 사람과 동물의 배설물에 의해 배출되는 원생동물로 일반적인 화학적 소독 처리에 저항성을 가지고 있다. 생물학적 오염은 또한 수영, 낚시, 기타 놀이 활동을 위험하게 만들어 물의 오락 가치를 떨어뜨린다.

자가평가문제

1. 전 세계 병상의 절반은 수인성 질병을 앓고 있는 사람들이 차지하고 있는 것으로 추정된다. 다음 중 주요 원인은 무엇인가?
a. 미생물 **b.** DDT 및 다이옥신
c. 납과 수은 **d.** 살충제

2. 수질 시료의 생화학적 산소 요구량(BOD)이 나타내는 것은 무엇인가?
a. 용존 산소의 양 **b.** 유기 물질의 양
c. pH **d.** 염도(염분)

3. 용존 산소와 BOD는 어떤 관련이 있는가?
a. BOD는 용존 산소에 영향을 미치지 않는다.
b. BOD가 높다는 것은 용존 산소가 높다는 뜻이다.
c. BOD가 높으면 유기물이 부패하면서 용존 산소가 감소한다.
d. 낮은 BOD는 용존 산소가 낮다는 뜻이다.

4. 혐기성 환원이 생성하는 것은 무엇인가?
a. CO_2, H_2O, 무기 이온
b. CO, NH_3, H_2O

c. CH_4, NH_3, H_2S
d. 하수 슬러지

5. 호수나 강에 질산 이온이나 인산 이온이 과다할 때 생기는 현상은 무엇인가?
a. 호기성 부패
b. 부영양화
c. 낚시할 수 있는 어류 증가
d. 질소 고정

6. 인간과 동물의 배설물에 의해 물로 방출되는 것은 무엇인가?
a. 번식 능력이 있는 비료 b. 살충제
c. 세제 d. 항생제

7. 안전한 식수의 공급원일 가능성이 가장 높은 것은 무엇인가?
a. 여과된 연못 물 b. 공공 상수도
c. 산악 호수 d. 광야 개울

8. 비료 유출수와 폐수 배출물로 인해 어린이에게 메트헤모글로빈혈증을 유발할 수 있는 이온은 무엇인가?
a. Ca^{2+} b. K^{+}
c. NO_3^{-} d. PO_4^{3-}

정답: 1. a 2. b 3. c 4. c 5. b 6. d 7. b 8. c

8.4 세계의 물 위기

학습 목표 • 지구상의 불공평한 물 분배와 수질 문제를 포함한 전 세계 식수 위기에 대해 알아본다.

선진국에서는 마실 수 있는 안전한 식수를 수도꼭지, 공중화장실, 집안 욕실 등에서 쉽게 구할 수 있다. 그러나 전 지구적 관점에서 볼 때, 지구의 상당 부분은 이미 물의 분배(너무 부족하거나 심각한 홍수처럼 너무 과도한 경우), 수질, 적절한 위생 시설의 부족이라는 세 가지 문제로 고통받고 있다.

지구상에서 가장 가난한 사람들 중 거의 10억 명(대부분 아프리카나 아시아에 거주)은 하루에 5갤런 미만의 물로 연명하며, 보통 여성들이 '제리 캔'을 머리에 이고 평균 9킬로미터를 걸어서 운반한다. WHO는 전 세계 약 8억 5,000만 명의 사람이 '안전한' 식수를 이용할 수 없는 것으로 추정하고 있다. 전문가들은 2025년까지 약 18억 명의 인구가 심각한 물 부족 지역에 거주할 것으로 예측했었으며, 일부에서는 앞으로 물 부족이 일상화되어 단순히 물 권리를 둘러싼 지역 갈등이나 전쟁까지 일어날 것으로 보고 있다.

▲ 전 세계 개발도상국의 수백만 명의 여성은 가족을 위해 몇 갤런의 물을 얻기 위해 매일 수 킬로미터를 걸어야 한다. 이 양은 선진국에서 한 사람이 하루에 사용하는 물의 양에 비하면 극히 일부에 불과하다. 《내셔널 지오그래픽(2010년 4월)》에 실린 한 기사는 여성들이 문밖에 수도꼭지를 설치한다면 사회 전체가 변화할 수 있다고 주장했다.

물 부족은 세계 최빈국에만 국한된 문제가 아니다. 2018년 1월 중순, 남아프리카공화국 케이프타운 주민들은 "'두 달 안에 담수 공급이 고갈될 수 있다'라는 이유로 하루에 19갤런 미만의 물을 사용하고 샤워 횟수를 점점 더 줄여야 한다"라고 촉구받았다. 3년간의 매우 낮은 강우량과 인구 증가가 원인으로 꼽혔다. 미국에서는 점점 더 많은 대도시, 특히 캘리포니아, 텍사스, 애리조나주의 도시에서 깨끗한 식수가 부족할 위험이 있다.

물 부족의 반대말은 물의 과잉이다. 세계 일부 지역에서는 기상 이변이나 기타 요인으로 인해 주기적으로(또는 때때로) 심각한 홍수가 발생하기도 한다. 8.3절에서는 심각한 홍수가 사람의 건강에 미치는 해로운 결과를 언급했다.

전 세계 23억 명 이상의 사람이 양질의 물을 제대로 공급받지 못하는 것은 물론, 화장실이나 변기 등 기본적인 위생 시설도 갖추지 못한 채 살아가고 있다. 열악한 위생 상태는 이질, A형 간염, 장티푸스, 소아마비, 콜레라, 설사뿐만 아니라 장내 기생충을 포함한 많은 열대성 질병의 주요 전염 요인이다. WHO는 부적절한 위생 시설로 인해 매년 28만 명이 사망하는 것으로 추정하고 있다. 이러한 전 세계 물 위기는 지구상에서 인간에게 미치는 전반적인 위협 측면에서 기후 변화에 이어 두 번째로 큰 문제이다.

신선하고 안전한 물이 얼마나 중요한지, 그 양이 얼마나 적은지 생각한다면 특히 인구가 계속 증가하는 상황에서 지속가능한 물 사용에 대해 생각해야 한다. 어디에 살든 오늘 샤워 시간은 얼마나 되었는지 자신에게 물어보자. 샤워 시간을 90초로 제한할 수 있을까?

자가평가문제

1. 다음 중 세계 물 위기의 주요 측면이 아닌 것은 무엇인가?
   a. 박테리아 오염
   b. 쉽게 접근할 수 있는 적절한 양의 식수 부족
   c. 물속의 납과 수은
   d. 박테리아와 바이러스 감염을 확산시키는 심각한 홍수

2. 미국의 모든 대도시와 중소도시에 대한 설명으로 옳은 것은 무엇인가?
   a. 가까운 미래에 거주민들에게 충분히 깨끗한 물을 공급하지 못할 수도 있다.
   b. 현대 기술을 사용하여 무한한 양의 물을 확보할 수 있는 충분한 능력을 갖추고 있다.

정답: 1. c, 2. a

8.5 수돗물 및 정부의 음용수 기준

학습 목표 • 지하수 오염 물질 목록을 나열한다.

미국에서 표면수는 식수 공급의 약 절반을 담당하며, 나머지 절반은 지하수를 통해 공급한다. 특히 농촌 지역에서는 인구의 97%가 지하수를 식수로 이용한다. 암석의 물리적 특성 차이로 인해 모든 암석에서 물이 이동하는 방식이 동일하지 않다. 지하수가 잘 전달되어 샘을 형성하는 암석층을 대수층이라고 한다. 지하수는 대수층에 뚫리며, 물은 펌프로 퍼 올려진다. 강수(비)는 대수층을 재충전한다. 그러나 많은 경우에 대수층에서 물이 재충전 속도보다 훨씬 빠르게 퍼 올려져 지하수면이 낮아지고 있다. 이러한 지역에서는 점점 더 깊은 우물을 뚫어야 한다. 명백히 이러한 상황은 지속가능하지 않다. 이미 고갈된 대수층의 물을 이용하여 오늘 농작물을 관개하면 내일은 농작물 피해가 발생할 수밖에 없다.

▲ 중국 도시의 절반은 지하수가 심각하게 오염되어 있으며, 대부분의 도시가 물 위기에 직면해 있다. 많은 산업에서 폐수를 하천에 직접 흘려보내고 있다. 400개 이상의 중국 도시가 식수 부족의 위협을 받고 있으며, 그중 3분의 1은 심각한 물 부족을 겪고 있다. 지린성 송위안의 송화강에서 수도회사 직원이 표본을 채취하고 있다.

식수 안전법

지난 반세기 동안 지하수 오염에 대한 우려가 제기되어 왔다. 강력한 환경법과 제조 방법의 개선으로 이러한 잠재적 문제는 감소했다. 미국에서는 1974년 식수 안전법이 통과되었고 1986년과 1996년에 개정되었다. 이 법은 미국환경보호국(EPA)에 도시 상수도의 다양한 오염 물질에 대한 국민 건강 기반 기준을 설정, 관찰, 시행할 수 있는 권한을 부여한다. 점점 더 적은 농도의 잠재적 유해 물질을 식별하는 능력이 향상됨에 따라 **최대 오염 물질 수준(MCL)**을 가진 규제 물질의 수가 1976년 22개에서 2016년 97개로 증가했다. 목록에는 12개의 미생물 오염 물질이 포함되어 있다. 표 8.3에는 농업에 사용되는 살충제나 제초제를 포함한 일부 무기 및 유기 오염 물질에 대한 MCL이 나와 있다(12.2절, 12.3절 참조).

기타 수질 오염 물질 공급원

휘발성 유기 화학 물질(VOC)은 대기 오염 물질(7.4절)일 뿐만 아니라 수질 오염 물질이기도 하다. 물에 바람직하지 않은 악취를 더하고 많은 경우 발암물질로 의심되는 물질이다. VOC는 용매, 세정제, 연료로 사용되며 휘발유, 얼룩 제거제, 유성 페인트, 잉크, 드라이클리닝 용제, 탈지제 등의 성분이다. 벤젠(C_6H_6), 톨루엔($C_6H_5—CH_3$)과 같은 탄화수소 용매, 트리클로로에틸렌($CCl_2{=}CHCl$), 사염화 탄소(CCl_4), 클로로폼($CHCl_3$), 염화 메틸렌(CH_2Cl_2)과 같은 염화 탄화수소 등이 일반적인 VOC이다. 이들이 유출되거나 폐기되면 토양으로 들어가 결국 지하수로 유입될 수 있다. 잘 알려진 사례 중 하나는 뉴욕 나이아가라 폭포의 러브 커낼 현장

표 8.3 몇 가지 물질에 대한 미국환경보호국의 음용수 기준[a]

무기 물질	최대 오염 물질 수준(mg/L)	유기 물질	최대 오염 물질 수준(mg/L)
비소	0.010	아트라진	0.003
바륨	2	벤젠	0.005
구리	1.3	*p*-다이클로로벤젠	0.075
시안화 이온	0.2	다이클로로메탄	0.005
플루오린화 이온	4.0	헵타클로르	0.0004
납	0.01	린데인	0.0002
질산 이온	10[b]	톨루엔	1
수은	0.002	트리클로로에틸렌	0.005

[a] EPA 웹사이트에서 훨씬 더 광범위한 목록과 자세한 설명을 찾을 수 있다.
[b] 질산 이온을 질소로 측정할 때 기준은 45 mg/L이다.

으로, 사람들은 오래된 쓰레기 처리장 위나 근처에 학교와 주택을 지었다. 많은 주의 대학 실험실에서 이러한 VOC의 사용을 크게 줄이거나 중단했다.

주유소와 같이 지하 저장 탱크에 석유나 유해 화학 물질이 들어 있으면 평균 약 15년 동안 사용하다가 녹이 슬어 누출이 시작된다. 1980년대에 EPA는 최소 250만 개의 누출 탱크가 있는 것으로 추정했다. 알려진 탱크 부지 중 약 175만 곳이 정화되었지만, 2017년에 정화되지 않은 부지는 여전히 55만 곳에 달한다.

지상 저장 탱크도 누출의 위험에서 자유롭지 않다. 2014년 1월에 15만 리터의 화학 물질을 저장할 수 있는 탱크의 작은 구멍에서 2만 8,000리터의 4-메틸사이클로헥산메탄올(MCHM)이 누출되는 사고가 발생했다. 봉쇄 구역이 있었음에도 유출된 물이 지하수에 도달하여 결국 웨스트버지니아주 찰스턴시와 주변 지역에 물을 공급하는 엘크강을 오염시켰다. 식수 '사용 금지' 권고는 며칠 동안 약 30만 명의 주민에게 영향을 미쳤다.

2014년 미시간주 플린트에서 시작된 수돗물 오염 사례는 훨씬 장기적이고 심각한 문제였다. 당시 플린트시의 식수 공급원이 디트로이트 정수장에서 플린트강으로 변경되었다. 박테리아를 제거하기 위해 과도한 양의 염소가 투입되었으나, 이 염소가 시내에 광범위하게 설치된 납 배관과 반응하여 수십만 명의 어린이들이 EPA 허용 기준치의 최대 10배에 달하는 납에 노출되었다. 2016년 1월에는 연방 비상사태가 선포되었고, 플린트 주민들은 식수, 요리, 청소, 목욕 시 오직 생수나 여과 처리된 물만 사용할 것을 권고받았다. 이 위기는 납 배관을 식수 공급용으로 사용하는 문제를 사회적으로 부각시키는 계기가 되었다.

3 물에서 모든 오염 물질을 제거하는 필터가 없는 이유는 무엇인가?

일부 수질 오염 물질은 극히 낮은 수준으로 존재하며, 우리가 사용할 수 있는 제거 기술은 이러한 오염 물질을 제거하기에 충분히 효율적이지 않다. 증류 기술은 본질적으로 용해된 이온을 제거할 수 있지만, 이는 비용이 많이 드는 정화 방법이다. 필터는 일부 큰 이온은 끌어들이지만, 모든 오염 물질을 끌어들이지는 못한다.

자가평가문제

1. 대수층의 용수 취수와 재충전 간의 관계에서 우려되는 경우는 무엇인가?

a. 취수 > 재충전 **b.** 취수 < 재충전 **c.** 취수 = 재충전

2. VOC의 'V'가 의미하는 것은 무엇인가?

a. 화산 **b.** 휘발성 **c.** 독성 **d.** 병원성

3. 지하수를 오염시키는 VOC는 무엇인가?

a. 오염된 공기로 인한 아세트알데하이드 **b.** 발효 과일에서 나오는 아세트산
c. 오염된 공기로부터의 PAN **d.** 휘발유 성분인 톨루엔

4. 다음 중 VOC의 공급원은 무엇인가?
a. 콘크리트 **b.** 수압파쇄액 **c.** 유리병 **d.** 녹

5. EPA 식수 기준에 따라 규제되는 물질은 몇 가지나 되는가?
a. 25 **b.** 45 **c.** 100 **d.** 180

6. 용존 산소 3 ppm의 값이 의미하는 것은 무엇인가?
a. 3 mg O_2/L H_2O **b.** 3 mg O_2/mL H_2O
c. 3 g O_2/mL H_2O **d.** 3 g O_2/L H_2O

7. 다음 중 가장 낮은 농도에 해당하는 것은 무엇인가?
a. 3 ppt **b.** 3 ppm **c.** 3 ppb

정답: 1. a, 2. b, 3. d, 4. b, 5. c, 6. a, 7. c

8.6 물 소비: 누가 얼마나 사용하는가

학습 목표 • 물의 주요 사용자와 용도를 나열한다.

미국에서 1인당 하루 평균 직접적인 물 사용량은 약 400 L이나, 개인별로는 200 L 미만에서 600 L 이상까지 다양하다. 음용에 필요한 물은 약 2 L에 불과하며, 나머지는 음식 조리·개인 위생·세탁 및 식기 세척·잔디 및 정원 물주기·자동차 세차 등 다양한 활동에 소비된다. 환경을 의식하는 개인의 배수량을 세심하게 관리하고 조절함으로써 물 사용량을 절반가량 줄일 수 있다.

일반적인 자동차 한 대를 생산하려면 수백 킬로그램의 강철이 필요하다. 1 t의 강철을 만들려면 약 100 t의 물이 필요하다. 이 중 약 4 t의 물은 증발을 통해 손실된다. 나머지는 산, 그리스 및 기름, 석회, 철로 오염된다. 타이어용 엘라스토머, 실내 장식용 직물, 창문용 유리 등을 생산하는 데 드는 환경적, 경제적 비용을 고려하면 개인용 자동차가 도로를 달리기 전부터 생태학적인 문제를 일으킨다는 것을 쉽게 알 수 있다.

전 세계 담수 공급량의 약 70%가 농업에 사용되며, 거의 대부분이 관개용으로 사용된다. 채소 1 kg을 생산하기 위해서는 최대 800 L의 물이 필요하고, 소고기 1 kg을 생산하기 위해서는 동물 사료 재배에 사용되는 물과 농장 동물이 마시는 물을 포함해 약 13,000 L의 물이 필요하다. 또한 수영, 보트, 낚시 등 레크리에이션에도 물을 사용한다. 그 외 대부분의 산업과 활동도 수질 오염에 기여한다. 이러한 대부분의 목적을 위해서는 박테리아, 바이러스, 기생충이 없는 물이 필요하다.

왜 중요할까?

순수한 목재 섬유로부터 전통적인 방법으로 종이를 만들 경우에 막대한 양의 물이 사용된다. 전 세계적으로 종이 생산에 사용되는 물의 양은 연간 약 3,150억 kg에 달하며, 이는 종이 한 연(ream, 500장)을 생산하는 데 약 100 파운드(약 45 kg)의 물이 소비된다는 뜻이다. 목재는 약 절반이 셀룰로스로 구성되어 있으나, 이 셀룰로스 섬유는 리그닌이라는 수지성 물질에 의해 서로 결합되어 있으며, 제지를 위해서는 이 리그닌을 제거해야 한다. 신문, 잡지, 광고지 등 폐지를 재활용하면 물 사용량은 약 60%, 에너지 소비는 약 40% 감소하며, EPA에 따르면 재활용은 수질 오염을 35%, 대기 오염을 74% 줄이는 효과가 있다. 더 효과적인 방법은 종이 사용 자체를 줄이는 것이며, 정말 필요한 경우에만 인쇄하는 것이 권장된다.

표 8.4 다양한 물질의 생산에 필요한 물의 예상 수량[a]

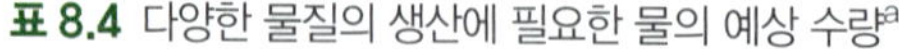

산업재	필요한 물[b](t)	소비자 제품	필요한 물(L)
강철	100	노트북 컴퓨터	10,600
종이	20	햄버거 1개	2400
구리	400	밥 1그릇	525
레이온	800	바나나 1kg	860
알루미늄	1280	커피 1잔	140
합성 고무	2400	청바지 1개	11,000

[a] 농업 용수, 빗물, 직접 사용하는 물, 공정, 세척, 폐기물 처리에 사용되는 물을 포함한다.
[b] 제품 1톤을 생산하는 데 필요한 양이다.

표 8.4는 다양한 산업 및 소비재 생산에 필요한 물의 추정량을 보여준다. 미국의 산업체들은 수질 오염에 대한 기여도를 크게 줄였으며, 대부분 1972년에 개정된 연방 수질 오염 관리법을 준수하고 있다. 이 법은 산업체들이 실행가능한 최선의 기술을 사용하도록 요구하고 있다. 표 8.5는 가정에서 공공 상수도를 통해 사용하는 물(약 11%)보다 농업과 산업에서 식품 및 제품 생산을 위해 간접적으로 사용하는 물(물 사용량의 34%)이 훨씬 더 많다는 것을 보여준다.

4 우리는 하루에 실제로 얼마나 많은 물을 사용하는가?

미국에서 1인당 하루 평균 직접 물 사용량은 약 400 L이며, 이 중 약 7 L는 식수와 조리에 사용되고 나머지는 개인위생, 세탁, 화장실 물 내리기, 설거지, 세차, 기타 작업 등에 사용된다. 그러나 표 8.5는 물의 간접 사용량이 훨씬 더 많다는 것을 보여주며, 대부분은 에너지 생산과 농업에 사용된다. 물을 더 효율적으로 사용하면 물 사용량을 절반으로 줄일 수 있다.

표 8.5 미국 내 물 이용

용도	총 사용 비율
발전소용 냉각수	48
농업 용수	34
공공 용수	11
산업 용수	5
기타[a]	2

[a] 광산, 가축, 양식업, 기타 용도가 포함된다.

자가평가문제

1. 다음 중 물을 가장 많이 사용하는 인간 활동은 무엇인가?
   a. 에너지 생산 **b.** 전자 제조
   c. 고무 만들기 **d.** 종이 생산
2. 철강 산업에서 사용하는 물은 대부분 어떻게 되는가?
   a. 처리되지 않은 상태로 방출된다.
   b. 증발을 통해 손실된다.
   c. 재활용된다.
   d. 최종 생성물에 포함된다.
3. 농업에 사용되는 물의 주요 용도는 무엇인가?
   a. 냉각 **b.** 관개 **c.** 음주 **d.** 정화
4. 미국에서 평균적으로 개인이 하루에 (모든 직접적 용도를 포함하여) 사용하는 물의 양은 얼마인가?
   a. 70 L **b.** 100 L **c.** 200 L **d.** 400 L

정답: 1. a, 2. c, 3. b, 4. d

8.7 마시기에 적합한 물 만들기

학습 목표 • 식수와 요리를 위해 물이 어떻게 성수되는지 설명한다.

미국의 1인당 직간접적인 물 사용량은 연간 약 280만 L로 올림픽 수영장 부피보다 약간 적다. 이 수치는 유럽 1인당 소비량의 두 배 이상이다. 우리는 흔히 식수를 당연하게 여기지만, 미국 내 155,000개의 공공 상수도 시스템에서 공급하는 식수의 안전과 품질을 보장하기 위해 매년 상당한 에너지와 자원이 소비되고 있다.

수처리

표면수와 지하수 모두 쉽게 오염될 수 있기 때문에, 대부분의 선진국 도시는 상수도가 가정으로 유입되기 전에 정수 처리를 한다(그림 8.4). 정수할 물은 일반적으로 침전조에 투입되며, 이곳에서 소석회(수산화 칼슘)와 **응집제**(flocculent, 입자를 서로 뭉치게 하는 물질)인 명반(황산 알루미늄) 등의 물질로 처리한다. 이 물질들은 반응하여 수산화 알루미늄 겔 물질을 형성하며, 이는 먼지 입자와 박테리아를 함께 침전조 바닥으로 끌어 내린다.

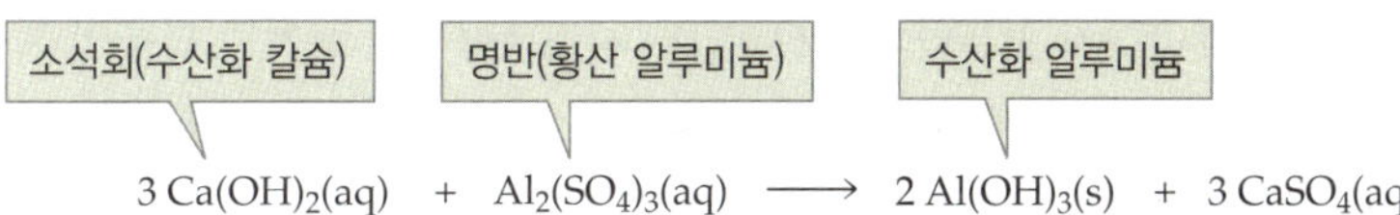

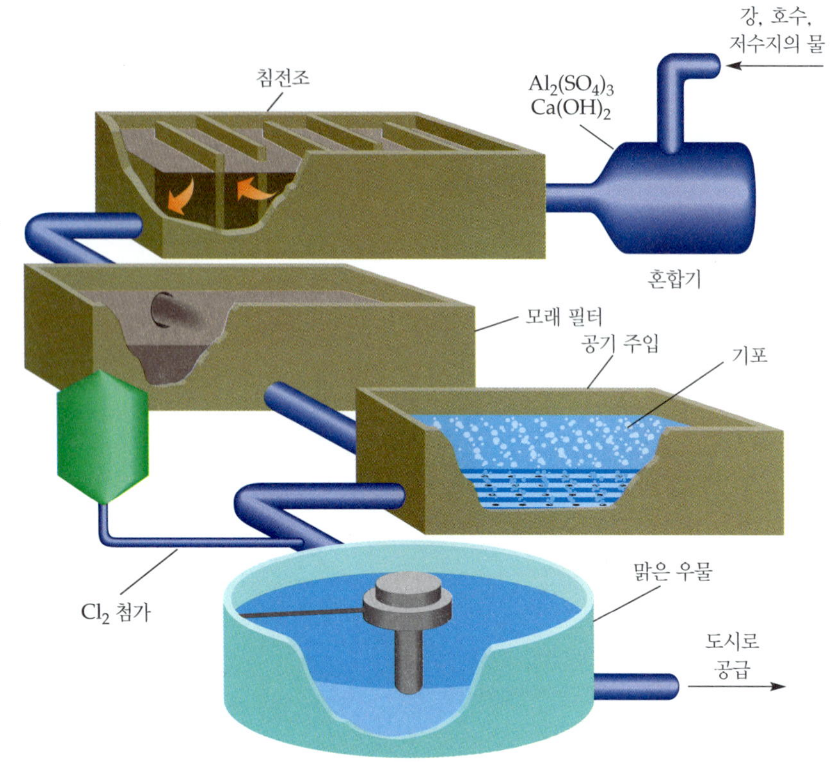

▶ **그림 8.4** 도시 정수장의 그림. 이 정수장은 강, 호수, 수로에서 물을 가져와 부유 물질을 제거하고 미생물을 죽이며 용존 공기를 추가한 후 소비자에게 물을 공급한다.

Q 물이 침전조에 들어가기 전에 황산 알루미늄과 수산화 칼슘을 첨가하는 이유는 무엇인가?

침전된 고형물 위의 물은 모래와 자갈 그리고 경우에 따라 활성탄을 통과하여 색깔과 냄새를 유발하는 성분을 제거한다. 여과된 물은 보통 추가로 공기 주입 과정을 거친다. 물을 공기 중에 분사하여 냄새를 제거하고 맛을 개선한다. 용존 공기가 없는 물은 밋밋한 맛이 난다.

화학 소독

정수 처리의 마지막 단계에서 염소를 첨가하여 남아 있는 박테리아를 죽인다. 강물을 사용하는 일부 지역에서는 박테리아를 모두 죽이기 위해 많은 양의 염소가 필요하며, 물에서 염소 맛을 느낄 수 있다.

강에서 물을 취수하는 여러 도시의 식수를 분석한 결과는 클로로폼과 사염화 탄소 등 발암물질로 알려진 염화 탄화수소가 발견되었다. 이들은 염소와 반응하는 용존 유기 화합물이 전환되어 형성된 것이다. 농도는 10억 분의 1 범위로 미미한 위협에 불과하지만, 그럼에도 불구하고 걱정스러운 수준이다. 미량의 염화 탄화수소의 존재는 적절한 수처리가 불가능한 전 세계 많은 지역에 만연한 수인성 질병만큼 걱정스러운 것은 아니다.

식수 소독에 오존(O_3)이 점점 더 많이 사용되고 있다. 오존을 첨가하는 것은 염소를 첨가하는 것보다 비용이 더 많이 들지만, 필요한 양은 적다. 오존 처리의 중요한 장점은 염소 소독에 거의 또는 전혀 효과를 보이지 않는 바이러스를 죽인다는 것이다. 예를 들어 오존은 소아마비 바이러스를 죽이는 데 염소보다 100배 더 효과적이다. 오존은 '여분의' 산소 원자를 오염 물질에 전달하여 작용한다. 산소화된 오염 물질은 일반적으로 염소화된 오염 물질보다 독성이 적다. 또한 오존은 물에 화학적 맛을 부여하지 않는다. 그러나 염소와 달리 오존은 미생물에 대한 잔류 보호 기능을 제공하지 않는다. 따라서 일부 시스템에서는 초기 처리를 위해 오존을 사용하고 이후 잔류 보호 기능을 위해 염소를 추가하는 등 소독제를 조합하여 사용한다.

캠핑 중이거나 도시 상수도가 공급되지 않는 곳에서는 물을 가득 채우고 1분 이상 끓이면 빠르고 효과적으로 병원균을 제거할 수 있다. 많은 스포츠 용품점에서 다양한 정수 정제를 판매하고 있으며, 표면수만 마실 수 있는 오지 하이킹에 유용하다. 일반적으로 이산화 염소나 아이오딘이 함유되어 있으며 물속의 미생물을 죽이는 데 약 15~30분이 걸린다. 이러한 제품은 아프리카와 아시아의 개발도상국에서 소량의 물을 정화하기 위해 보급되고 있다.

▲ 자외선 소독은 물이 담긴 크고 투명한 플라스틱병을 지상의 주름진 금속 플랫폼 위에 올려 놓는 비교적 간단한 방법으로 물속의 병원균을 파괴하는 방법이다. 아프리카의 뜨거운 태양에서 자외선이 플라스틱을 투과해 박테리아를 죽이는데, 특히 금속 지붕의 온도가 높을수록 박테리아가 더 많이 죽는다. 이 방법은 아프리카와 아시아 개발도상국의 위장병을 치료하거나 최소한 발병률을 낮출 수 있는 하나의 해답이 될 수 있다.

자외선 조사

다양한 미생물로 오염된 물은 자외선(UV)을 조사하여 정수할 수 있다. 자외선은 빠르게 작용하며, 소규모 응용에서는 경제성이 있을 수 있다. 예를 들어 고형 불순물을 미리 제거한 맑은 물을 투명한 플라스틱병에 담아 직사광선에 최소 6시간 이상 노출하면 비상시 소량의 식수를 정수할 수 있다. 이 방법은 아프리카 전역에서 활용되고 있으며, 수백 개의 대형 투명 플라스틱병을 금속 지붕 위에 최소 6시간 이상 두는 방식이 일반적이다. 이 과정에서는 화학 물질의 생성, 저장 또는 취급이 필요하지 않다. 자외선은 크립토스포리디움(*Cryptosporidium*)과 같은 박테리아에 효과적이며, 우려할 수준의 부산물이 생성되지 않는다. 그러나 자외선 정수의 단점으로는 음용수에 대한 잔류 보호 효과와 맛과 냄새를 제어하는 기능이 부족하다는 점이다. 자외선은 탁도가 높은 물에서는 효과가 제한적이고, 대규모 처리에서는 염소 소독보다 비용이 더 많이 드는 경향이 있다.

플루오린(불소) 첨가

충치는 한때 아동기 만성 질환 중 가장 흔한 질환으로 간주되었으나, 이는 더 이상 사실이 아니다. 그 주된 이유는 플루오린 함유 치약의 광범위한 사용(13.6절 참고)과 공공 상수도에 플루오린이 첨가되기 때문이다. 치아 법랑질의 경도는 존재하는 플루오린의 양과 상관관계를 보인다. 치아의 법랑질은 **수산화인회석**이라 불리는 복잡한 인산 칼슘 화합물로 화학식은 $Ca_5(PO_4)_3OH$이다. 플루오린화 이온이 일부 수산화 이온을 치환하여 더 단단한 광물인 **플루오로인회석**$[Ca_5(PO_4)_3F]$을 형성한다.

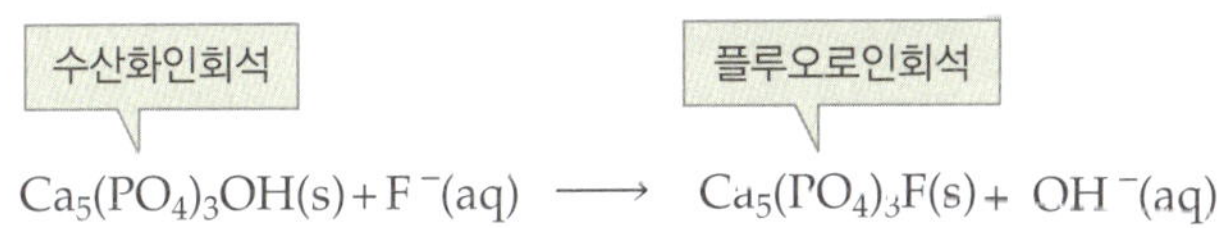

$$Ca_5(PO_4)_3OH(s) + F^-(aq) \longrightarrow Ca_5(PO_4)_3F(s) + OH^-(aq)$$

초기 연구에 따르면 수돗물 불소화로 인해 충치 발생률이 50~70%까지 감소한 것으로 나타났다. 최근의 연구에서는 그 효과가 훨씬 더 적은 것으로 나타났는데, 이는 아마도 어린이 치아에 불소 치료를 하는 일반적인 관행과 불소화된 물로 제조된 식품에 불소가 함유되어 있기 때문일 것이다.

일부 사람들은 수돗물 불소화에 반대하며, 일부 도시에서는 불소화를 고려 중이거나 이미 불소화를 중단했다. 많은 지역 사회의 식수 내 플루오린 농도는 보통 H_2SiF_6 또는 Na_2SiF_6의 형태로 플루오린화 이온을 첨가하여 0.7~1.0 ppm(질량 기준)으로 조정되었다. 플루오린 염은 중등도에서 고농도의 급성 독성 물질이다. 실제로 플루오린화 소듐(NaF)은 바퀴벌레와 집쥐의 독으로 사용된다. 하지만 소량의 플루오린화 이온은 뼈와 치아를 튼튼하게 해 건강 증진에 기여하는 것으로 알려져 있다. 식수, 식단, 치약, 기타 공급원을 통한 플루오린 섭취의 누적 효과에 대한 우려가 있다. 유아기에 플루오린을 과도하게 섭취하면 치아 법랑질에 얼룩이 생길 수 있다. 에나멜은 특정 부위에서 부서지기 쉬워지고 점차 변색된다. 고용량의 플루오린은 또한 칼슘 대사, 콩팥(신장) 작용, 갑상샘 기능, 기타 샘과 기관의 작용을 방해한다.

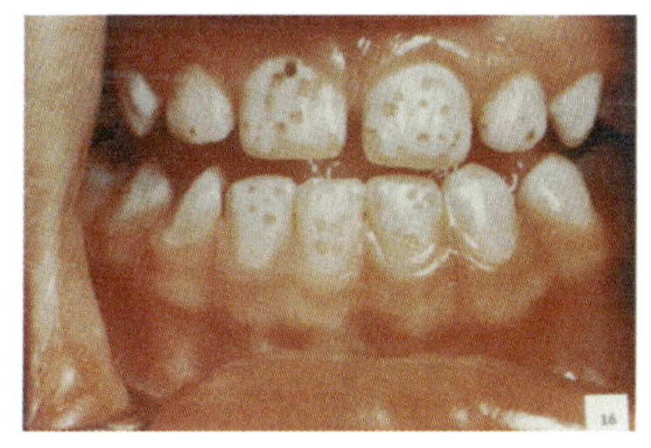

▲ 유아기에 플루오린을 과도하게 섭취하면 치아 법랑질에 얼룩이 생길 수 있다. 여기에 나타낸 심각한 사례는 자연적으로 플루오린이 과도하게 함유된 물 공급원의 물을 어린 시절 지속적으로 섭취하여 발생했다.

자가평가문제

1. 정수장에서 물에 공기를 불어 넣는 이유는 무엇인가?
   a. 맛을 개선하기 위해
   b. 박테리아를 죽이기 위해
   c. 부유 물질을 제거하기 위해
   d. 트리할로메테인을 제거하기 위해
2. 공공 상수도에 염소를 첨가하는 이유는 무엇인가?
   a. 맛을 개선하기 위해
   b. 박테리아를 죽이기 위해
   c. 부유 물질을 제거하기 위해
   d. 트리할로메테인을 제거하기 위해
3. O_3로 물을 처리한다면 염소 처리보다 이점은 무엇인가?
   a. O_3는 Cl_2보다 저렴하다.
   b. O_3는 잔류 보호 기능을 제공하지만, Cl_2는 그렇지 않다.
   c. O_3는 바이러스를 죽인다.
   d. 침전이 제거된다.
4. 오존의 소독 성질을 담당하는 화학 반응은 무엇인가?
   a. 응집 **b.** 침전
   c. 환원 **d.** 산화
5. 식수에 플루오린을 첨가하면 치아 법랑질이 강화된다. 이는 수산화인회석이 어떤 물질로 전환되기 때문인가?
   a. $CaCO_3$ **b.** CaF_2
   c. 플루오로인회석 **d.** 플루오로타르타르산

정답: 1. a, 2. b, 3. c, 4. d, 5. c

유행하는 청량음료: 생수

생수는 음료 산업에서 매우 수익성이 높은 부문이다. 생수가 유일한 공급원은 아니지만, 미국인의 절반 이상이 이를 소비하고 있으며, 생수는 수돗물보다 리터당 가격이 240배에서 최대 10,000배까지 비쌀 수 있다. 2016년 기준으로 미국의 1인당 생수 소비량은 거의 150 L에 달했다.

일반적으로 미국에서는 생수와 수돗물 모두 상당히 안전하다. 그럼에도 일부 사람들은 편의성, 맛 그리고 실질적인 근거는 부족하나 기대되는 건강상의 이점 때문에 생수를 계속 구매한다.

미국 정부는 생수를 식품으로 분류하고 있기 때문에, 이는 환경보호청(EPA)이 아닌 식품의약국(FDA)의 규제를 받는다. FDA는 생수에 대해 수돗물과 동일한 EPA 기준을 채택하고 있으나, 생수에 대한 검사는 일반적으로 공공 상수도에 대한 검사보다 덜 엄격하다. 많은 소비자는 미국에서 판매되는 생수의 약 25%가 사실상 공공 상수도에서 공급된다는 사실을 인식하지 못한다. 병 라벨에 빙하나 산속 샘물이 그려져 있다고 해서 그 물이 더 순수하다는 보장은 없다. 실제로 광천수는 일반 수돗물보다 더 많은 양의 용존 이온(대개 Ca^{2+} 및 Mg^{2+})을 포함하고 있을 가능성이 높다. 생수 라벨을 확인하면 들어 있는 이온의 종류를 알 수 있다.

생수의 환경적 영향도 고려해야 한다. 미국에서 매년 사용되는 생수병을 생산하는 데에 약 1,700만 배럴의 석유가 소모되며, 이는 자동차 100만 대를 1년간 운행할 수 있는 연료량에 해당한다. 그러나 이 병들 중 약 13%만이 재활용된다. 여기에 생수를 매장까지 운송하는 데 사용되는 연료까지 고려하면 그 환경 비용은 더욱 커진다. 따라서 깨끗이 세척한 플라스틱병에 식수대를 통해 물을 채워 사용하는 것이 경제적 측면(개인에게)과 환경적 측면(지구 전체에) 모두에서 생수를 구매하는 것보다 훨씬 더 합리적인 선택일 수 있다. 일부 공항과 대학 캠퍼스에서는 물병을 채울 수 있도록 특수 급수기를 설치해두기도 한다.

8.8 폐수 처리

학습 목표 • 폐수의 1차, 2차, 3차 처리에 대해 설명한다.

미국 인구의 거의 3분의 2가 배출하는 폐기물은 하수도 시스템에 모여 매일 500억 L 이상의 물로 처리장으로 운반된다. 도시는 이 폐수를 처리한 후 환경으로 다시 방출해야 한다. 폐수를 처리하고 정화하면 물의 순환 주기로 되돌리기에 적합하게 만든다.

하수 처리 방법

수십 년 동안 대부분의 지역 사회는 하수를 하천, 호수, 바다로 방류하기 전에 잠깐 침전지에 보관한 후 배출하는 방식으로 처리했는데, 이 과정을 최근에는 **1차 하수 처리**(primary sewage treatment, 그림 8.5)라고 부른다. 1차 처리는 부유 물질의 40~60%를 슬러지로 제거

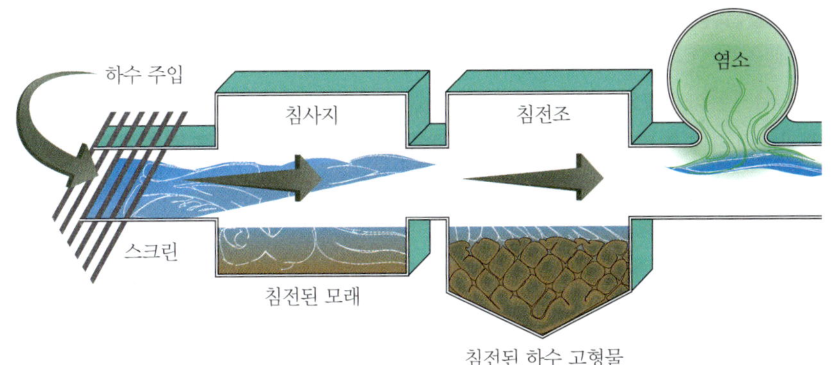

◀ **그림 8.5** 1차 하수 처리장의 그림. 이러한 처리는 하수가 수로에 미치는 유해한 영향을 최소화한다.

Q 1차 처리만으로는 폐수 정화가 충분하지 않은 이유는 무엇인가?

하고, 약 30%의 유기물을 제거한다. 방류수의 BOD는 여전히 원래 수준의 3분의 2 수준이며, 질산 이온과 인산 이온은 거의 모두 제거된다. 침전지의 용존 산소가 모두 소진되면 혐기성 분해(악취와 함께)가 일어날 수 있다.

2차 하수 처리(secondary sewage treatment)에서는 1차 처리수를 모래와 자갈 필터를 통해 통과시킨다. 이 단계에서는 약간의 공기 주입이 이루어지며 호기성 박테리아가 대부분의 유기물을 무기물로 분해한다. **활성 슬러지법**(activated sludge method, 그림 8.6)은 1차와 2차 처리를 결합한 방식으로, 하수를 탱크에 넣고 대형 송풍기로 공기를 주입한다. 이로 인해 **플록**(flocs)이라 불리는 다공성의 생물학적 덩어리가 형성되어 오염 물질을 걸러내고 흡수한다. 호기성 박테리아는 유기물을 슬러지로 전환하며, 일부 슬러지는 공정을 유지하기 위해 재활용되지만, 대부분은 폐기해야 한다. 이 슬러지는 넓은 부지가 필요한 육상 저장, 해양 투기(해양 오염 유발), 소각(천연가스 등의 에너지가 필요하고 대기오염 유발 가능성 있음) 등의 방법으로 처리된다. 일부는 비료로 사용된다.

하수의 2차 처리는 BOD를 약 90%까지 낮추지만, 질산 이온과 인산 이온을 적절히 감소시키지 못하는 경우가 많다. 점점 더 많은 연방 규정에서 **고도 처리**(advanced treatment, 3차 처리라고도 함)를 요구하고 있다. 몇 가지 고급 공정이 사용 중이며 대부분 비용이 많이 든다. 적절한 하수 처리에 필요한 자금을 마련하는 것은 앞으로 몇 년 동안 주요한 정치적 문제가 될 것이다.

청량음료나 수프와 같은 소비재에 물을 사용하여 가정이나 산업에서 사용되는 다른 정수 방법에는 다음과 같은 것이 있다.

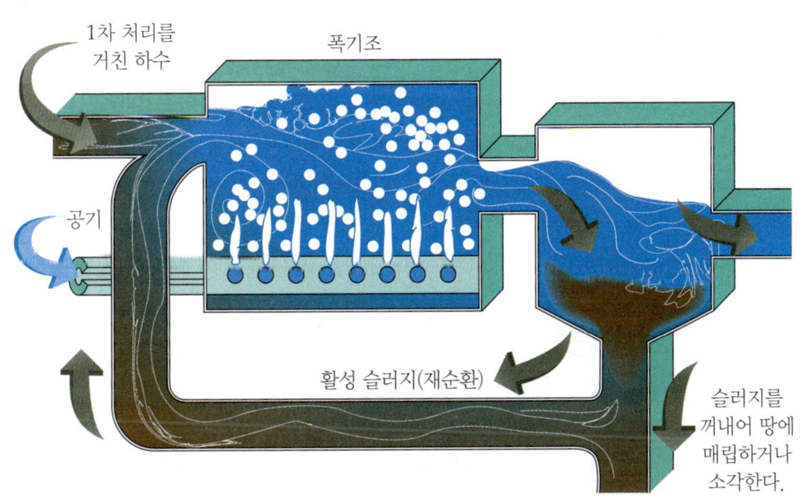

◀ **그림 8.6** 활성 슬러지법을 사용하는 2차 하수 처리장 그림

Q 유기물이 슬러지로 전환된 후 슬러지 중 일부는 폭기조로 재순환되는 이유는 무엇인가?

5 수도꼭지에서 물이 떨어지면 얼마나 많은 물이 낭비되는가?

일반적인 주방이나 욕실의 수도꼭지에서 1분에 평균 15개의 물방울이 떨어지고, 한 방울의 부피가 0.25 mL라면 1년 동안 약 2000 L의 물이 하수구로 바로 흘러 들어간다. 중간 규모의 도시(20만 가구)에서 가구당 수도꼭지 하나씩 샌다고 가정하면 주택 소유주들은 매일 100만 L 이상의 물이 낭비되는 것에 대해 수도회사에 비용을 지불하게 된다.

6 바닷물에서 담수를 어떻게 얻는가?

바닷물은 지구상 물의 97% 이상을 차지하기 때문에 해수 담수화는 매우 유망한 기술이다. 물에서 염분을 제거하는 방법에는 여러 가지가 있다. 물을 증발시켜 소금과 분리하고 그 결과 생성된 수증기를 다시 액체 형태로 응축시킬 수 있다. 역삼투법에서는 물이 막을 통과하도록 하여 소금을 분리한다. 또 다른 방법은 염수와 담수의 전도도 차이를 이용해 염분을 농축하고 염분이 제거된 물을 분리하는 것이다. 마지막으로, 바닷물을 조심스럽게 얼렸다 녹이면 염분의 농도가 높은 부분과 함께 염분이 사라진 얼음을 얻을 수 있다. 해수 담수화는 물을 담수화하려면 최소 1 kWh/m^{3}의 에너지가 필요하므로 에너지 소비 측면에서 상당히 비용이 많이 들 수 있다. 담수를 처리하는 데는 0.2 kWh/m^3 이하만 필요하다.

- **활성탄 여과법**(activated charcoal filtration)에서 숯은 다른 방법으로는 제거하기 어려운 클로로폼($CHCl_3$)과 같은 특정 유기 분자를 흡착한다. 유기 분자는 숯의 표면에 흡착되어 물에서 제거된다. 일정 시간이 지나면 숯은 포화 상태가 되어 더 이상 효과가 없다. 숯을 열로 가열하여 흡착된 물질을 제거하면 숯을 재생할 수 있다. 수도꼭지에 부착하는 가정용 정수 시스템에는 일반적으로 활성탄이 포함되어 있다.
- **역삼투법**(reverse osmosis)에서는 압력을 가해 폐수를 반투막을 통과시켜 오염 물질을 분리한다. 생수와 청량음료 제조용 물은 일반적으로 역삼투를 통해 정화된다.
- **식물환경정화법**(phytoremediation)은 폐수를 대형 자연 또는 인공 석호로 통과시켜 갈대와 같은 식물이 금속 및 기타 오염 물질을 제거할 수 있도록 저장하는 것이다.

하수 처리장의 하수는 일반적으로 염소로 처리되어 수로로 방류되기 전에 남아 있는 병원성 미생물을 죽인다. 염소 처리는 장티푸스와 같은 수인성 전염병의 확산을 방지하는 데 매우 효과적이다. 또한 일부 염소는 물에 남아 병원균에 대한 잔류 보호 기능을 제공한다.

수질 오염과 미래

인류 역사의 대부분 동안 우리 신체의 노폐물은 지구의 자연 순환 시스템의 필수적인 부분이었다. 노폐물은 미생물의 먹이가 되어 분해되고 토양과 물로 영양분을 되돌려주었다. 하지만 도시가 성장하면서 인간의 노폐물은 이러한 순환에서 단절되었다. 우리가 사용할 물을 깨끗하고 안전하게 유지하기 위한 노력의 일환으로, 우리는 토지를 비옥하게 할 수 있는 영양분도 제거했다.

많은 지역사회에서는 슬러지를 건조 및 살균한 후 농지로 운반하여 토양에 영양분을 되돌려준다. 다른 지역사회에서는 젖은 부유 슬러지를 밭에 직접 분출하여 흘려보낸다. 혼합물에 포함된 물은 농작물에 공급되고, 슬러지는 영양분과 토양 내 안정화된 유기물을 제공한다. 한 가지 우려되는 점은 슬러지가 종종 독성 금속으로 오염되어 식물이 흡수하고 결국 우리의 음식에 포함될 수 있다는 것이다.

일부 지역에서는 하수를 먼저 침전조에 가두어 고형물이 슬러지로 가라앉은 후 이를 제거하여 비료로 사용할 수 있도록 처리한다. 그런 다음 폐수는 습지 지역으로 보내져 습지 식물이 물을 걸러내고 하수에서 나온 영양분을 비료로 사용한다. 일부 식물은 독성 금속을 제거하기도 한다. 습지에서 나오는 폐수는 종종 도시 저수지의 물만큼 깨끗하다.

다른 해결책도 가능하다. 정화조는 수십 년 동안 가정 하수 처리에 사용되어 왔지만, 일반적으로 농촌과 일부 교외 지역으로 사용이 제한되어 있다. 또한 정화조를 효과적으로 유지하려면 상당한 유지 관리가 필요하다. 폐기물을 퇴비화하고 에너지나 물을 사용하지 않는 화장실이 개발되었다. 퇴비화 과정에서 발생하는 약한 열이 폐기물에서 수분을 제거한다. 이 시스템은 환기를 통해 호기성을 유지하며, 제대로 설치된 경우에는 냄새가 집안으로 들어오지 않는다. 건조된 폐기물은 1년에 한 번 정도 제거한다. 초기 비용은 수세식 화장실보다 훨씬 높다.

미국인 한 사람당 매년 약 35,000 L의 식수를 변기에 사용한다. 최신 변기 모델은 평균 6 L의 물을 사용하지만, 여전히 많은 가정에서는 약 15 L의 물이 필요한 변기를 사용하고 있다.

우리가 수질 오염의 해결책이다

우리는 일반적으로 식수를 당연하게 여긴다. 하지만 그렇지 않아야 할 것이다. 미국에서는 매년 수천 건의 수인성 질병 사례가 보고되고 있다. 공공 상수도의 약 10%가 EPA 기준 중 1개 이상을 충족하지 못한다. 미국에서는 2,000만 명의 사람이 수돗물을 전혀 사용하지 못하고 있

녹색 화학 수질 환경에서 화학 물질의 거동

Alex S. Mayer, Micigan Technological University

원칙 1, 4, 5, 10

학습 목표
- 화학 물질의 특성을 환경에서의 거동과 연관 지어 설명한다.
- 화학 물질이 환경 구획 사이에서 어떻게 이동하는지, 화학 물질이 먹이사슬을 통해 이동하면서 그 영향이 어떻게 확대될 수 있는지 설명한다.

녹색 화학의 핵심은 화학 물질이 환경에 유입되었을 때 어떻게 이동하고 변화하는지를 이해하는 것이다. 중요한 질문에는 화학 물질이 어떻게 움직이는지, 환경에서 어떻게 그리고 왜 반응하는지, 이러한 화학 물질이 물고기와 다른 동물, 식물, 사람과 같은 환경의 유기체에 어떻게 영향을 미치는지 등이 포함된다. 여기서는 호수, 강, 바다 등 수중에서 유기 화학 물질의 이동에 초점을 맞추고 있지만, 우리가 제시하는 원리는 다른 종류의 화학 물질과 이들이 환경에 도달하는 곳에도 적용된다.

과학자와 공학자는 일을 더 쉽게 하려고 넓은 환경을 공기, 물, 고체와 같은 작은 부분 또는 구획으로 나누어 화학 물질을 추적한다. 고체에는 강, 호수, 바다의 바닥에서 발견되는 퇴적물과 지표면 아래에 있는 모래나 암석층과 같은 토양 또는 기타 물질이 포함된다. 화학 물질이 환경에 유입되면 분배라는 과정을 통해 서로 다른 구획으로 이동할 수 있다. 분배는 각 구획에 도달하는 화학 물질의 양으로 가장 잘 이해할 수 있다.

기름과 식초로 만든 샐러드 드레싱을 생각해보면 분배에 대해 쉽게 이해할 수 있다. 기름과 식초를 격렬하게 섞지 않으면 서로 다른 층으로 분리되는 것을 봤을 것이다. 기름과 식초를 섞으면 대부분의 기름과 식초는 다시 다른 층으로 가라앉지만, 약간의 기름은 식초에 용해 또는 분배되고 식초의 일부는 기름에 녹아 들어가게 된다. 물속의 화학 물질이 공기나 퇴적물과 접촉할 때도 같은 현상이 일어난다. 화학 물질의 일부는 물속에 남아 있지만 일부는 퇴적물이나 공기 중으로 분배된다(지하수 오염에 관한 내용은 8.5절 참조).

화학 물질이 물에는 얼마나 남아 있고 고체에는 얼마가 들어가는지는 물과 고체의 성질과 화학 물질의 성질에 따라 달라진다. 이 과정을 더 잘 이해하기 위해 과학자들은 물과 기름을 모델 시스템으로 사용하여 화학 물질이 물에 얼마나 남을지, 고체로 얼마나 들어갈지 예측한다. 예를 들어 DDT와 같은 살충제는 물에서 아세톤과 같은 용매보다는 기름(또는 지방, 퇴적물 또는 토양)으로 이동할 가능성이 약 천만 배 더 높다. 왜 그럴까? DDT는 기름에 매우 잘 녹고 비극성 화합물인 반면에 아세톤은 물에 매우 잘 녹고(기름에는 덜 녹으며), 극성이다. DDT와 같은 화합물은 물을 '싫어'하는 경향이 있는데, 물은 지구상에서 가장 극성이 큰 화합물이다. 따라서 DDT와 같은 화합물은 일반적으로 다른 환경보다 물에서 더 적은 양으로 발견된다. 아세톤과 같이 극성이 강한 화합물은 물속에 머무르는 것을 '선호'한다.

환경에 미치는 영향 측면에서 보면 고체(또는 기름)에 머무르는 것을 좋아하는 화학 물질을 사용하는 것이 더 좋다고 생각할 수 있다. 왜냐하면 물속에서 발견되는 화학 물질의 양이 상대적으로 더 적기 때문이다. 그러나 고체에 더 강하게 분배되는 화학 물질은 환경에 더 오래 머무르는 경향이 있다. 일단 고체 안으로 또는 표면으로 이동하면 시간이 지남에 따라 주변의 물로 방출되는 양은 극소량이지만, 잠재적으로 독성 수준에 이를 수 있다. 따라서 DDT는 아세톤보다 천만 배 더 지속성이 있다고 말할 수 있다(1.1절과 살충제, 특히 DDT에 대한 Rachel Carson의 연구 참조). 화학 물질의 성질을 이해하면 녹색 화학(원칙 1, 4, 5)을 통해 오염과 사용을 방지하고 더 안전한 제품을 설계하는 데 도움이 될 수 있다.

환경 내 유기 화학 물질에 노출된 개체는 화학 물질을 배설하기 전에 어떤 식으로든 화학 물질을 분해하거나 변화시킬 수 있다. 녹색 화학은 화학 물질을 무해한 생성물로 분해하도록 설계하는 데 도움이 될 수 있다(원칙 10). 그러나 때로는 유기체가 화학 물질을 흡수하거나 보유하기도 한다. 많은 유기 화학 물질은 유기체의 지방 침전물이나 조직으로 흡수되는 경향이 있다. 위에서 설명한 것처럼 DDT와 같은 일부 화학 물질은 지방 조직에 더 많이 흡수되는 경향이 있다. 이러한 화학 물질은 적당히 높은 수준으로 존재할 경우 신경학적 손상 및 선천적 결함을 포함한 독성 효과를 유발할 수 있다.

동물의 화학 물질 흡수는 일반적으로 다른 동물을 잡아먹는 동물의 일부 유기 화학 물질 농도가 점진적으로 증가하는 결과를 초래하게 된다. 이러한 점진적인 농도 증가를 생물 농축이라고 한다(13.2절 참조). 예를 들어 먹이사슬에서 가장 작은 어종이 화학 물질에 노출되어 그 화학 물질을 흡수하여 저장하면 그 어종을 많이 잡아먹는 더 큰 어종은 훨씬 더 많은 양의 화학 물질을 저장하게 된다. 이러한 현상은 포식성 조류나 인간과 같이 먹이사슬의 최상위에 있는 동물에게는 나쁜 소식이다.

방금 설명한 것과 같은 원리는 과학자들이 화학 물질의 성질이 환경 내 최종 위치를 결정한다는 것을 이해하는 데 도움이 된다. 따라서 사람에게 도움이 되는 새로운 화학 물질을 만들 때 녹색 화학 원리를 적용하고, 환경에 덜 잔류하고 고체를 흡수하여 생물 농축될 가능성이 작도록 설계해야 한다(원칙 4, 5, 10). 또한 화학 물질의 수명이 다했을 때 환경에서 빠르게 분해되거나 쉽게 회수하여 재사용할 수 있도록 합성하는 것이 합리적이다. 화학 물질을 도입하기 전에 테스트하여 생물 농축과 같은 의도하지 않은 결과를 피할 수 있도록 하는 것이 중요하다. 마지막으로, 환경에 잔류할 가능성이 있는 폐 화학 물질의 발생을 최소화해야 한다.

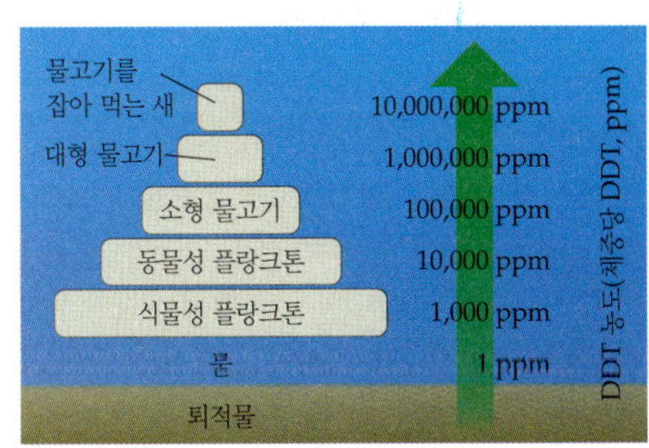

다. 또 다른 약 3,000만 명은 개인 우물이나 샘물을 사용하는데, 수질이 좋지 않은 경우가 많다. 우리 모두가 안전한 식수를 보장받기 위해서는 아직 해야 할 일이 많이 남아 있다.

청정수법(연방 수질 오염 관리법의 다른 이름)은 산업 공급원으로 인한 수질 오염을 크게 줄였다. 하지만 EPA의 "국가 수질 조사 보고서: 의회 보고서, 2017"에 따르면 미국 강·하천의 46%, 호수·연못·저수지의 21%가 질산염·인산염·퇴적물이 너무 높아 생물학적 상태가 좋지 않은 것으로 나타났다. 오염을 완전히 제거하는 것은 불가능하다. 물을 사용하는 것은 곧 물을 오염시키는 것이다. 우리 모두는 물을 절약하고 막대한 양의 물이 필요한 제품의 사용을 최소화함으로써 자신의 몫을 다할 수 있다. 인구가 증가함에 따라 현재의 수질을 유지하는 데만도 많은 비용이 들 것이다. 물을 정화하고 깨끗하게 유지하려면 더 많은 비용이 들 것이다. 그러나 더러운 물로 인한 비용은 레크리에이션, 미적 손실, 사람의 건강에 심각한 영향을 미친다는 점에서 훨씬 더 높다.

자가평가문제

1. 박테리아가 용존 유기물을 소비하는 하수 처리의 단계는 무엇인가?
a. 공기 주입 **b.** 1차 처리
c. 2차 처리 **d.** 스크린과 모래 제거

2. 트리할로메테인은 염소가 무엇과 반응할 때 형성되는가?
a. 박테리아 **b.** 용해된 유기화합물
c. 에탄올 **d.** 페놀

3. 트리할로메테인을 물에서 제거할 수 있는 방법은 무엇인가?
a. 활성탄 여과 **b.** 염소 처리
c. 응집 **d.** 모래 여과

4. 역삼투법은 압력을 사용하여 물을 정화하는 방법이다. 이를 위해 물을 강제로 통과시켜야 하는 것은 무엇인가?
a. 활성탄 필터 **b.** 모래 필터
c. 반투과성 막 **d.** 살수 여과기

5. 식물환경정화법에서 폐수로부터 금속이나 기타 오염 물질을 제거하는 데 사용하는 것은 무엇인가?
a. 식물 **b.** 자외선 조사
c. 활성탄 **d.** 오존

6. 폐수 처리장에서 하루에 16파운드의 염소를 사용하여 하루에 50만 갤런의 하수를 처리한다. 1갤런의 하수 무게가 약 8파운드라고 가정할 때, 폐수의 염소 농도(백만 분의 1)는 얼마인가?
a. 1 ppm **b.** 4 ppm
c. 8 ppm **d.** 16 ppm

7. 욕조 수도꼭지에서 1분에 10번씩 24시간 동안 물방울이 떨어지면 낭비되는 물의 양은 대략 얼마인가? 물방울의 양을 0.25 mL라고 가정한다.
a. 1 L **b.** 3 L
c. 4 L **d.** 15 L

정답: 1. c, 2. b, 3. a, 4. c, 5. a, 6. b, 7. c

요약

8.1절: 물은 주로 극성과 강한 수소 결합으로 인해 특이한 성질을 가지고 있다. 지구상에서 유일하게 흔한 액체로, 고체 형태는 액체보다 밀도가 낮다. **비열**은 물질 1 g의 온도를 1 ℃(또는 1 K) 올리는 데 필요한 열의 양을 말한다. 액체 상태의 물인 경우 1 cal/g·℃(또는 4.18 J/g·K)로 상당히 높다. 물은 또한 일정량의 액체를 기화시키는 데 필요한 열의 양인 **기화열**이 높다. 물은 또한 특히 다른 많은 극성 및 이온성 용질에 대해 우수한 용매이다.

8.2절: 물은 지구 표면의 75%를 덮고 있지만, 그중 1% 미만이 사람이 사용할 수 있는 담수이다. 담수는 용해된 용질의 농도가 훨씬 낮다. 담수가 순수한 물은 아니다. 물은 많은 이온성 물질을 용해하기 때문에 바다가 짠 것이다. 미국 대부분 지역에서는 식수를 쉽게 구할 수 있지만, 다른 많은 국가에서는 담수가 충분하지 않다. 물 순환에서 물은 바다와 호수에서 증발하고 구름으로 응축되어 비나 눈으로 지구에 되돌아온다. 이 순환 동안 물은 자연 공급원과 인간 활동으로 인해 다양한 화학 물질과 미생물에 의해 오염될 수 있다. **경수**는 지하수에 무기질(칼슘, 마그네슘, 철의 염)이 용해되면 형성된다. 석탄과 기타 연료가 연소할 때 황 산화물과 질소 산화물이 방출되어 생성되는 산성비는 수많은 수역의 산성화를 일으켰다. 산성비는 부식 효과 외에도 식물과 동물 모두에게 해롭다.

8.3절: 수인성 질병은 약 100년 전까지만 해도 부유한 나라에서 심각

한 문제였으며, 여전히 전 세계 많은 지역에서 흔한 질병이다. 하수가 수로에 버려지면 유기물은 미생물에 의해 생분해된다. 호기성 산화는 용존 산소가 있는 상태에서 일어나며, **생화학적 산소 요구량(BOD)**은 필요한 산소의 양을 측정하는 척도이다. 하수는 BOD를 증가시킨다. BOD가 충분히 높으면 **혐기성 부패**, 즉 산소가 없는 상태에서 부패가 일어날 수 있다. 높은 수준의 질산염과 인산염은 조류가 성장하고 죽는 **부영양화**를 가속하여 물의 BOD를 증가시킬 수 있다. 물 순환에 유입되는 다른 새로운 물질도 새로운 문제를 일으킬 수 있다.

8.4절: 전 세계 인구의 상당수가 하루에 약 5갤런의 물로 생활하고 있으며, 특히 아프리카와 아시아의 개발도상국에서는 더욱 그렇다. 전 세계 많은 지역에서 심각한 홍수가 발생하여 질병을 유발하는 박테리아가 확산되고 있다. 수인성 질병은 이러한 많은 국가에서 만연하지만, 선진국에서는 드물게 발견되기도 한다. 이러한 지역에서 안전한 위생 시설에 대한 접근성은 전 세계 물 위기의 요인이다.

8.5절: 미국 인구의 약 절반은 표면수를, 절반은 지하수를 마신다. 지하수 사용은 특히 농촌 지역에서 흔하다. 우물이 뚫리는 대수층은 강수량에 의해 재충전되는 속도보다 더 빨리 소모되고 있으며, 최근 많은 곳에서 더 깊은 우물을 필요로 하고 있다. 우물물은 휘발성 유기화합물(VOC), 질산 이온, 인산 이온 등 다양한 유기 화학 물질로 오염될 수 있다. 질산염은 높은 농도에서는 아기에게 치명적일 수 있으며, 인산염은 연못과 호수에서 부영양화(조류의 급속한 성장)를 일으킨다. 안전한 식수법은 미국의 수질 기준을 설정하고 시행하고 있다. 대부분의 경우 오염 물질의 농도는 백만분의 1 ppm 또는 10억분의 1 ppb과 같은 작은 단위로 표시해야 한다.

8.6절: 산업 및 소비재를 생산하기 위해서는 많은 양의 물이 사용되며, 이 과정에서 오염된 물은 정화 및 재활용되어야 한다. 한 사람이 하루에 마시는 데 필요한 물의 양은 약 2.0 L에 불과하지만, 미국의 경우 한 사람이 직접 사용하는 물의 양은 각종 생활 용수를 포함해 하루에 총 약 400 L에 달한다. 간접적인 물 사용량은 훨씬 더 많다.

8.7절: 마시기에 안전한 물을 만들기 위한 상수도 처리에는 일반적으로 침전, **응집제**(입자가 서로 뭉쳐서 가라앉게 하는 것) 처리, 여과, 공기 주입, 염소 또는 오존을 이용한 화학 소독이 포함된다. 충치 예방을 위해 플루오린을 첨가할 수도 있다. 소규모 수질 정화를 위해 끓이거나 정수 정제를 첨가하는 방법을 사용할 수 있다.

8.8절: 폐수의 처리는 **1차 하수 처리**에서 시작하여 폐기물을 가라앉히고 슬러지를 제거한 후 환경으로 배출한다. **2차 하수 처리**에서는 모래와 자갈을 통해 폐수를 여과한다. 하수에 공기를 주입하고 생물학적 슬러지를 제거하는 **활성 슬러지법**을 대신 사용할 수 있다. **고도 처리**(3차 처리)에서는 **활성탄 여과법**으로 유기 화합물을 흡착하거나, **역삼투법**으로 폐수를 반투막에 통과시켜 오염 물질을 제거하거나, **식물환경정화법**으로 폐수를 라군(오수 처리용 인공 못)에 저장하여 식물이 금속 및 기타 오염 물질을 제거하도록 할 수 있다. 이러한 고도의 공정은 비용이 많이 든다. 수질을 유지하는 데는 비용이 많이 들며 앞으로도 더 많이 들겠지만, 수질을 유지하지 않는다면 우리의 건강과 쾌적성 측면에서 훨씬 더 많은 비용이 들 것이다.

녹색 화학: 화학 물질은 환경으로 방출되어 사람과 다른 종에 독성 영향을 미칠 수 있다. 화학 물질의 성질에 따라 환경에 머무는 장소와 기간이 결정된다. 생물체 내에서 더 짧은 기간 동안 지속되고 소량으로 발생하는 화학 물질을 설계하고, 지속성이 있고 먹이사슬에서 확대되는 경향이 있는 화학 물질의 방출은 최소화하는 것이 합리적이다.

학습 목표	관련 문제
• 물의 독특한 성질을 물 분자의 극성 및 수소 결합과 연관시킨다. (8.1)	1~4, 18, 19~21, 63
• 지구 표면의 물이 어떻게 하루 동안의 기온 변화를 조절하는지 설명한다. (8.1)	5, 6, 22, 23
• 인간이 지구상 물의 1% 미만만 사용할 수 있는 이유를 설명한다. (8.2)	27
• 지구의 물 순환에 대해 설명한다. (8.2)	8, 64, 65
• 비와 자연의 물에 있는 오염 물질의 자연적인 오염원을 파악한다. (8.2)	7, 24~26, 34~36
• 인간과 동물의 배설물이 수질에 어떤 영향을 미치는지 설명한다. (8.3)	28~31, 70
• 생물학적 수질 오염 물질의 예를 든다. (8.3)	10, 13, 28, 29
• 지하수에서 질산염의 공급원과 이로 인해 발생할 수 있는 문제를 파악한다. (8.3)	9
• 지구상의 불공평한 물 분배와 수질 문제를 포함한 전 세계 식수 위기에 대해 알아본다. (8.4)	11, 14
• 몇 가지 지하수 오염 물질을 나열한다. (8.5)	12, 15~17, 32, 33
• 물의 주요 사용자와 용도를 나열한다. (8.6)	37, 41~44
• 식수와 요리를 위해 물이 어떻게 정수되는지 설명한다. (8.7)	39, 51, 66~67
• 폐수의 1차, 2차, 3차 처리에 대해 설명한다. (8.8)	45~50, 52
• 화학 물질의 특성을 환경에서의 거동과 연관 지어 설명한다.	74
• 화학 물질이 환경 구획 사이에서 어떻게 이동하는지, 화학 물질이 먹이사슬을 통해 이동하면서 그 영향이 어떻게 확대될 수 있는지 설명한다.	75~76

개념문제

1. 얼음이 액체 물보다 밀도가 낮은 이유를 분자 수준에서 설명하라. 설명할 때 반드시 수소 결합의 개념을 사용하라.
2. 액체 물에 비해 얼음의 밀도가 낮다는 것은 북부 호수의 생명체에 어떤 영향을 미치는가?
3. 가벼운 원유를 가득 채운 유조선이 가라앉아 부서졌다. 기름이 바닷물에 섞이지 않는 이유를 분자 수준에서 설명하라.
4. 유조선에서 유출된 기름이 바다 표면에 떠있는 이유를 설명하라.
5. 내륙 지역이 적도에 가까워도 바다 근처 지역보다 겨울에 더 추운 이유는 무엇인가?
6. 수영장에서 나와 바람을 맞으면 피부가 시원해지는 이유는 무엇인가?
7. 바다는 왜 짠가? 점점 더 짠맛이 강해지고 있는가? 분자 수준에서 설명하라.
8. 지구의 물 순환을 요약하고 자연이 스스로 물을 정화할 수 있는 한 가지 방법을 설명하라.
9. 수로로 유입되는 식물 영양분의 주요 공급원 몇 가지를 나열하라.
10. 병원성 미생물이란 무엇인가?
11. 개발도상국에서 흔히 발생하는 수인성 질병을 나열하라. 이 질병들이 선진국에서는 흔하지 않은 이유는 무엇인가?
12. 지하수가 유기 물질로 오염되는 몇 가지 방법을 나열하라.
13. 하수가 생물학적 산소 요구량(BOD), 용존 산소(DO), 부영양화와 어떤 관련이 있는지 논의하라.
14. 전 세계적으로 물의 분포가 크게 달라지면 건강 문제 측면에서 어떤 결과가 초래되는가?
15. 천연 암석에 의해 중화되는 산성수는 종종 경수가 된다. 이에 대해 설명하라.
16. 지하 저장 탱크 누출은 어떤 문제를 야기하는가?
17. 염화 탄화수소가 지하수에 오랫동안 남아 있는 이유는 무엇인가?

연습문제

물의 성질

18. 비열을 정의하라. 물의 높은 비열이 지구에 중요한 이유는 무엇인가?
19. 표 8.1을 참조하라. 750 g의 물을 12.0 ℃에서 45.0 ℃로 데우는 데 필요한 열(cal)은 얼마인가?
20. 750 g의 철을 12.0 ℃에서 45.0 ℃로 데우는 데 열(칼로리)은 얼마나 필요한가?
21. 19번 문제와 20번 문제의 답을 비교하라. 둘 다 동일한 온도 상승을 포함한다. 그 이유를 설명하라.
22. 기화열을 정의하라. 물의 가치가 유난히 높은 이유를 설명하라.
23. 물의 높은 기화열이 우리 신체 기능에 중요한 이유는 무엇인가?

자연수

24. 빗물에는 어떤 불순물이 존재하며, 그 출처는 어디인가?
25. 빗물의 pH가 7.0이 아닌 이유는 무엇인가?
26. 바다의 평균 pH는 얼마인가? 그 pH를 조절하는 이온 또는 분자에 대해 설명하라.
27. 인간이 지구상의 자연수 중 채 1%도 사용하지 않는 이유는 무엇인가?
28. 혐기성 부패에 의한 유기물 분해의 생성물은 무엇인가?
29. 호기성 박테리아와 혐기성 박테리아의 차이점은 무엇인가?
30. 부영양화를 정의하라.
31. 다음 중 부영양화를 증폭시키는 것은 무엇인가?
    a. 매립지에서 나오는 중금속
    b. 비료 유출수 및 폐수에서 나오는 식물 영양분
    c. 원자력 발전소의 방사성 폐기물
    d. 공장에서 나오는 독성 화학 물질
32. 갤런당 3.0 g 이상의 용존 고형물이 포함된 물은 경도가 높은 것으로 간주된다. 이 '경도 한계'를 리터당 용존 고형물 밀리그램 단위로 쓰라.
33. 32번 문제를 참고하라. 큰 용기에 18리터의 수돗물이 들어 있고, 이 수돗물은 증발된다. 남은 칼슘과 마그네슘 함유 고체 물질의 질량은 2.1 g이다. 이 수돗물은 경수라고 볼 수 있는가?

산성 물

34. 호수와 하천이 산성화되는 두 가지 방법을 나열하라.
35. 표면수가 산성비에 의해 산성화될 가능성이 가장 높은 지역은 다음 중 어디인가?
    a. 백운석 지역
    b. 화강암 지역
    c. 석회암 지역
    d. 마그네사이트($MgCO_3$) 지역

36. pH 4 미만의 산성수가 특히 물고기에게 해로운 이유는 무엇인가?

도시 물 공급원

37. 식수 내 플루오린 첨가의 최적 수준은 얼마인가?

38. 식단에 플루오린이 너무 많으면 건강에 어떤 영향을 미치는가?

39. 화학 물질을 첨가하지 않고 물을 소독할 수 있는가? 그 이유를 설명하라.

40. 메트헤모글로빈혈증이란 무엇인가? 원인은 무엇인가?

41. 한 사람이 하루에 마셔야 하는 물의 양은 얼마인가?

42. 스테이크 1인분을 생산하기 위해서는 쌀 1인분을 생산하는 데 필요한 물의 양보다 몇 배나 더 많은 양의 물이 필요한 이유를 설명하라.

43. 생수 사용의 장단점은 무엇인가?

44. 미국에서는 어느 연방기관이 도시 상수도의 식수 기준을 정하는가? 생수를 규제하는 연방기관은 어느 기관인가?

폐수 처리

45. 1차 하수 처리에 대해 설명하라. 어떤 불순물을 제거하는가?

46. 2차 하수 처리에 대해 설명하라. 어떤 불순물을 제거하는가?

47. 효과적인 2차 처리 후 폐수에는 어떤 물질이 남아 있는가?

48. 하수 처리의 활성화 슬러지 방법에 대해 설명하라.

49. 다음 각 폐수 처리 방법을 1차, 2차, 3차 방법으로 구분하라.
   a. 활성탄 여과
   b. 침전 연못
   c. 모래 및 자갈 필터

50. 하수 슬러지를 농지에 살포할 때의 장점과 단점은 무엇인가?

화학 반응식

51. 석회석(탄산 칼슘)에 의한 산성비(HNO_3가 물에 녹아 있다고 가정)의 중화에 대한 균형 반응식을 쓰라.

52. 소석회(수산화 칼슘)와 명반(황산 알루미늄)이 반응하여 폐수 처리에 사용되는 수산화 알루미늄을 형성하는 균형 반응식을 쓰라.

53. 플루오린화 이온이 치아 법랑질에서 수산화 이온을 대체하는 반응에 대한 균형 반응식을 쓰라.

54. 천연수가 산성 pH를 갖는 이유를 보여주는 반응의 균형 반응식을 쓰라.

ppm과 ppb

55. 물 1리터당 9 μg의 벤젠 농도를 ppb 벤젠으로 표시하라.

56. 물 1.00×10^4 L에 22 g의 Br_2가 들어 있다. Br_2를 농도를 ppm으로 나타내라.

57. 질량으로 0.011% $Ba(NO_3)_2$를 ppm $Ba(NO_3)_2$로 표시하라.

58. 물 65 L에 36 μg의 클로로폼이 들어 있다. 클로로폼의 농도를 ppb로 표시하라.

59. 4.0 L의 식수 표본에 36 μg의 구리와 32 mg의 질산 이온이 함유되어 있는 것으로 밝혀졌다. 이 두 농도 중 어느 것이 표 8.3의 기준을 초과하는가?

60. 0.50 L의 식수 표본에 4.0 μg의 톨루엔이 함유된 것으로 확인되었다. 이는 표 8.3의 기준을 초과하는가?

61. 표 8.3을 사용하여 다음 각 물질의 질량이 1 mg이라고 가정하고, 다음 중 어떤 물질/L의 독성이 더 강할지 결정하라.
   a. 비소
   b. 시안화물
   c. 벤젠
   d. 헵나글로르드

62. 다음 중 플루오린화 이온의 시료가 더 진한 것은 무엇인가?
   a. 4 ppm
   b. 3×10^{-4} mol/L

심화문제

63. 물 분자의 전하 분포에 대한 설명으로 옳지 않은 것은 무엇인가?
   a. 균등하게 분포되어 있고, 분자는 비극성이다.
   b. H 원자에는 음의 부분 전하가, O 원자에는 양의 부분 전하가 있다.
   c. 하나의 H 원자에는 음의 부분 전하가 있고 다른 H 원자에는 양의 부분 전하가 있다.
   d. H 원자에는 양전하가, O 원자에는 음전하가 있다.

64. 물 순환의 일부가 아닌 활동은 무엇인가?
   a. 부영양화
   b. 응축
   c. 증발
   d. 강수량

65. 지구상의 담수 대부분은 어디에 있는가?
   a. 대기권의 위
   b. 극지방 얼음에 얼어붙어 있다.
   c. 강, 호수 및 개울에서 이동 중
   d. 지하 대수층

66. 기존의 수처리 방법에서 사용되지 않는 공정은 무엇인가?
   a. 공기 주입

b. 응고
c. 여과
d. 침투

67. 염소로 소독한 폐수는 민감한 수역으로 보내기 전에 반드시 탈염 처리해야 한다. 탈염제로는 종종 이산화 황을 사용한다. 반응은 다음과 같다.

$$Cl_2 + SO_2 + 2\,H_2O \longrightarrow 2\,Cl^- + SO_4^{2-} + 4\,H^+$$

염소는 산화되는가, 환원되는가? 반응에서 산화제와 환원제를 확인하라.

68. 92 ℃의 뜨거운 물 550 g이 담긴 큰 머그잔을 테이블 위에 놓아둔 후 서서히 25 ℃로 식힌다. 주변(공기, 머그잔, 테이블)으로 방출된 열(kca)은 얼마나 되는가? 어떤 과학적 원리가 설명되어 있는가?

69. 방사성 라돈 기체는 물에 약간 용해된다. 용해도가 낮은 원인이 되는 분자간 힘은 무엇인가?

70. "하수 속 미생물이 물속으로 산소를 방출하기 때문에 생물학적 산소 요구량(BOD)은 물속의 하수 수준을 간접적으로 측정할 수 있다"라는 문장을 생각해보자. 다음 중 참인 것은 무엇인가?
a. 문장은 맞지만, 이유는 잘못되었다.
b. 문장은 틀렸지만, 이유는 맞다.
c. 진술과 이유 모두 맞다.
d. 진술이나 이유 모두 정확하지 않다.

71. 일반적인 가스 온수기는 50갤런의 물을 저장할 수 있고 온도 조절기가 60 ℃로 설정되어 있다.
a. 물 공급 온도가 10 ℃일 때, 온수기의 내용물을 설정 온도까지 가열하는 데 필요한 열량은 몇 kcal인가? (1 gal = 3.8 L)
b. 1.00 mol의 메테인(CH_4, 천연가스의 주요 성분)을 연소시키면 890 kJ의 에너지가 발생한다. **(a)**에서 계산된 열량을 얻기 위해서는 몇 g의 메테인을 연소시켜야 하는가?
c. 표준 상태(STP)하에 **(b)**에서 구한 메테인의 질량은 몇 ft^3의 부피에 해당하는가? (1 ft^3 = 28.3 L)
d. 천연가스 1 therm은 약 100 ft^3이며, 가정용 소비자에게는 약 $1.50의 비용이 든다. **(a)**~**(c)**의 결과를 활용하여 분당 3.0갤런의 온수를 사용하는 10분간의 샤워에 드는 비용을 계산하라.

72. 물 공급원에 이미 40 ppm의 Ca^{2+} 이온이 포함되어 있을 경우에 180 ppm의 Ca^{2+} 이온을 제공하기 위해 1000 L의 용액에 얼마만큼의 질산 칼슘을 첨가해야 하는가? 또한 이 첨가량은 용액 내에 NO_3^-이 몇 ppm 증가하는가?

73. "60칼로리의 열을 가하면 구리 24 g을 10 ℃ 정도 데울 수 있고, 60칼로리의 열을 가하면 물 24 g을 2 ℃ 정도만 데울 수 있는데, 이는 구리의 열용량이 더 크기 때문이다"라는 문장을 생각해보자. 다음 중 참인 것은 무엇인가?
a. 문장은 맞지만, 이유는 잘못되었다.
b. 문장은 틀렸지만, 이유는 맞다.
c. 진술과 이유 모두 맞다.
d. 진술이나 이유 모두 정확하지 않다.

74. 한 화학자가 새로운 살충제를 개발해야 하고, 그 살충제가 환경에 어떻게 잔류할지 염려한다면 그 새로운 살충제는 극성이 더 많아야 하는가, 아니면 비극성이 더 많아야 하는가?

75. 두 가지 화학 물질, 즉 화학 물질 *X*와 화학 물질 *Y*로 실험을 수행하여 동일한 질량의 화학 물질을 토양과 혼합된 물 샘플에 노출시킨다. 실험이 끝났을 때 화학 물질 *X*는 토양에서 화학 물질 *Y*의 1/100의 농도로 발견된다. 어떤 화학 물질이 더 극성인가?

76. 미시간주 공중보건부는 독성 유기 화학 물질에 노출될 수 있는 붉은 생선과 푸른 생선 두 가지에 대해 생선 섭취 주의보를 발령하고 있다. 붉은 생선과 푸른 생선은 각각 5%와 15%의 지방 함량을 가지고 있다. 붉은 생선은 일반적으로 푸른 생선보다 더 많이 섭취한다. 어떤 생선을 다른 생선보다 더 자주 섭취할 것을 추천하는가?

비판적 사고 문제

이 장에서 습득한 지식과 하나 이상의 FLaReS 원칙(1장)을 적용하여 다음 진술과 주장을 평가하라.

8.1 친구가 바닷물이나 무거운 물로 만든 얼음 조각은 보통의 '가벼운' 물 위에 뜬다고 말한다.

8.2 한 회사는 첨단 레이저 기술을 활용한 비밀 분자 공정을 통해 물 1 g당 500 mg의 NaCl을 함유한 특수 스포츠 음료를 개발했다고 한다.

8.3 한 어머니가 가족이 식수, 목욕, 요리 등에 사용하는 우물물에서 1.0 ppb의 트리클로로에틸렌이 검출되었다는 사실을 알게 된다. 이 가족은 2년 동안 우물을 사용해왔다. 어머니는 가족 전체가 암 검사를 받아야 한다고 결정한다.

8.4 한 시민 단체가 플루오린이 독성이 있다는 이유로 지역사회 상수도의 플루오린 첨가를 금지하고자 한다.

8.5 한 회사가 "초산소수가 운동 성과를 높일 수 있다"라고 주장한다. (압력을 가하면 물에는 최대 0.3 g의 O_2/L H_2O가 함유될 수 있는데, 이는 1 L의 숨쉬기에 해당하는 양이다.)

8.6 한 회사는 "산소화 및 구조화된 물은 분자가 작아 세포에 더 빨리 침투하기 때문에 몸에 더 빠르고 효율적으로 수분을 공급한다"라고 주장한다.

8.7 한 친구가 "현재 우리가 마시는 물은 공룡 시대에 흐르던 물일지도 몰라"라고 말한다.

협업 과제

파워포인트, 포스터, 기타 프레젠테이션을 준비하여 수업에서 공유하라.

1. 온라인 또는 인쇄물을 참고하여 다음 중 한 가지 방법으로 해수 담수화에 관한 보고서를 작성하라.
   a. 증류 b. 동결
   c. 전기 투석 d. 역삼투
   e. 이온 교환

2. 지역 수도 사업소에 전화하거나 해당 웹사이트를 참조하여, 자신이 사용하는 식수의 화학 분석 자료를 확인하라. 어떤 물질들이 모니터링되고 있는가? 이 중 문제가 되는 것으로 간주되는 물질이 있는가? (만약 개인 지하수를 사용하고 있다면 해당 수질에 대한 분석이 이루어졌는가? 이루어졌다면 결과는 어땠는가?)

3. 학급 내에서 생수 소비에 대해 설문 조사를 실시하라. 학생들은 연간 대략 몇 병의 생수를 소비하는가? 왜 생수를 사용하는가? 생수의 순도에 관해 우려되는 점이 있는가?

4. 자연자원보호협의회(NRDC) 또는 기타 환경단체의 웹사이트를 활용하여 도시 우수(도시 빗물) 유출로 인한 오염 문제를 조사하라. 일부에서는 도시 우수 유출이 하수 처리장이나 공장과 맞먹는 수질 오염원이라고 평가한다. 조사 결과를 간략한 보고서 형식으로 작성하라.

실험 과제 사라지는 희석

준비물

- 플라스틱 컵 6개
- 물
- 숟가락
- 설탕
- 계량컵
- 큰 그릇 또는 주전자
- 색깔이 있는 분말 음료 믹스

희석이 오염에 대한 해결책일까? 분말 음료 믹스와 설탕을 오염 물질로 사용하여 실험해보자. 혼합물을 얼마나 희석해야 더이상 보거나 맛볼 수 없을까? 그러면 혼합물이 더이상 오염되지 않았다는 뜻일까?

산업혁명 시대와 1970년대까지만 해도 알려진 유해 물질을 물에 희석하는 것이 일반적인 관행이었다. 환경보건 연구에 따르면 소량의 특정 화학 물질도 환경에 매우 해로운 영향을 미칠 수 있으며 실제로 영향을 미치고 있다는 사실이 밝혀졌다. 오염 물질을 희석하거나 사후에 정화 또는 복구를 시도하는 것보다 처음부터 유해 화학 물질의 사용을 줄이거나 없애는 것이 훨씬 낫다.

이 실험에서는 분말 음료 믹스와 설탕을 '오염 물질'로 사용하여 오염 정도를 비교한다. 1번부터 6번까지 컵에 라벨을 하고 실험을 시작한다. 그런 다음 각 컵에 대한 관찰 결과를 기록하는 차트를 만든다[그림은 아래에 설명된 희석 비율이 아닌 희석 실험의 예를 보여준다].

권장량의 설탕을 사용하여 분말 음료 믹스를 준비한다. 이렇게 준비한 설탕 음료 1/2컵을 1번 컵에, 물 1/4컵을 2~6번 컵에 각각 넣는다. 티스푼으로 1번 컵의 음료를 맛본다. 이제 1번 컵이 오염되었다.

계량컵을 사용하여 1번 컵의 '오염된 물' 1/4컵을 2번 컵에 넣는다. 관찰하고 메모한다.

이 물이 1번 컵의 물보다 오염이 덜 되었는가? 색깔 차이가 느껴지는가? 단맛의 차이는 무엇인가? 차트에 설명을 기록하는 것을 잊지 마라. 3~6번 컵의 색이 얼마나 진할지, 맛이 어떨지 예측해보자.

2번 컵의 '오염된 물' 1/4을 3번 컵에 천천히 추가한다. 혼합하고 관찰 결과를 기록한다. 4~6번 컵에 대해서도 이 절차를 반복한다. 관찰 결과를 기록했으면 1번 컵과 3번 컵을 비교한 다음에 6번 컵과 비교한다. 각 컵 아래에 흰 종이를 깔아 색깔 차이를 강조한다. 맛의 차이에 주목하자.

실험문제

1. 용액을 희석한 후에도 오염 물질이 여전히 물에 남아 있다는 증거가 있었는가?
2. 오염된 물을 몇 번이나 더 희석해야 색이나 맛의 변화가 멈출 수 있는가?
3. 희석이 오염에 대한 좋은 해결책이라고 생각하는가? 왜 그런가, 또는 왜 그렇지 않은가?
4. 오염 물질은 항상 물에 남아 있는가? 그렇지 않다면 어디로 흘러가는가?

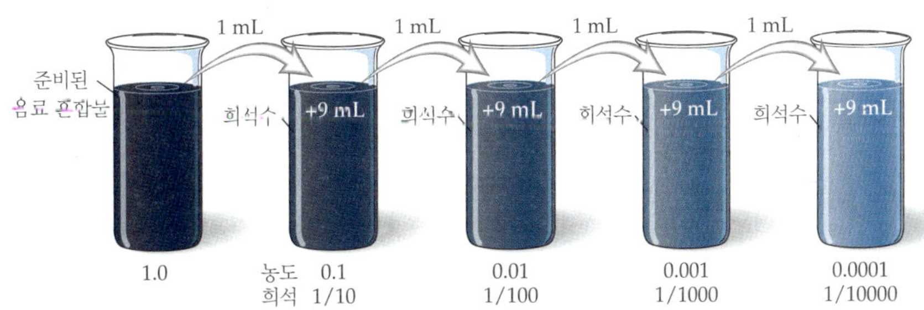

에너지

9

이 장과 관련된 궁금증

1. 에너지는 어떻게 측정할 수 있는가?
2. 화학 반응은 어떻게 열을 방출할 수 있는가?
3. 정말 에너지가 부족한가?
4. '파쇄 모래'란 무엇이며, 일반 해변 모래와 어떻게 다른가?
5. 에너지 위기에 가장 적합한 에너지원은 무엇인가?

지구의 거의 모든 에너지는 약 1억 5,000만 킬로미터 떨어진 핵융합로인 태양에서 간접적으로 얻어진다. 풍력 터빈을 구동하는 바람은 태양열의 결과이다. 바이오디젤, 바이오매스와 같은 바이오연료는 태양광을 에너지원으로 사용하는 식물에서 나온다. 화석연료도 태양에서 파생된다. 태양 에너지를 직접 활용하는 방법 중 점점 인기를 얻고 있는 것은 태양

불이야! 실제로 이 장의 제목은 '불'이 적절하다. 우리의 궁극적인 에너지원은 매우 조밀하고 뜨거운(표면 온도가 약 1,000만 도) 수소와 헬륨의 불덩어리가 핵반응을 일으켜 적외선, 가시광선, 자외선으로 에너지를 발산하는 태양이다. 집을 난방하고, 차량과 산업을 가동하고, 요리를 하는 데 필요한 대부분 에너지를 '화석연료'를 태워 얻는데, 여기에는 반드시 불이 수반된다. 우리가 먹는 식물은 태양의 에너지를 사용하여 자라고, 우리가 먹는 동물과 물고기(일반적으로 식물이나 다른 동물을 먹고 살아온)는 우리가 움직이고 성장하고 생각하고 체온을 유지하는 데 필요한 에너지를 제공한다. 그러나 많은 에너지 공급원은 아무것도 태우지 않으며 화석연료의 매장량이 고갈됨에 따라, 이러한 다른 공급원에 더 많이 의존하게 될 것이다.

우리가 소비하거나 사용하는 모든 것, 즉 음식, 옷, 집과 그 안의 내용물, 자동차와 도로 등은 생산, 포장, 유통, 작동, 폐기하는 데 에너지를 필요로 한다. 중국은 세계에서 가장 큰 에너지 소비국이다. 미국은 에너지 소비국 2위를 차지하고 있다. 전 세계 인구의 5%도 되지 않는 미국은 지구상에서 생성되는 모든 에너지의 약 5분의 1을 사용하므로 1인당 최대 에너지 소비국이다. 풍부한 에너지 덕분에 미국 사람들은 높은 생활수

광을 전기로 변환하는 태양 전지를 사용하는 것이다. 오늘날에는 집 전체를 가동하기에 충분한 양의 태양 전지를 구입할 수 있지만 상당한 비용이 든다. 이 장에서는 에너지의 일반적인 특성과 성질, 에너지를 생성하거나 한 형태에서 다른 형태로 변환하는 다양한 방법을 살펴본다. 우리가 사용하는 에너지의 극히 일부분만이 간헐천에서 볼 수 있고 지열 에너지로 활용되는 지구 내부의 열에서 나온다.

준을 누리고 있다. 하지만 이 에너지의 대부분은 낭비되고 있다. 호주, 스위스, 프랑스, 스칸디나비아 국가들은 1인당 에너지 사용량이 적으면서도 높은 생활수준을 유지하고 있다. 높은 에너지 소비는 건강적, 환경적, 경제적 비용을 초래한다. 에너지의 소비는 우리가 숨쉬는 공기와 마시는 물을 오염시킨다.

미국에서 생산되는 전체 에너지의 약 22%를 산업에서 사용한다. 이 에너지는 원료를 이용하여 우리 사회가 필요로 하고 많은 생성물로 전환하는 데 사용된다. 교통 분야는 약 29%를 사용하며 자동차, 트럭, 기차, 비행기, 버스에 동력을 공급한다. 개인 가정은 약 6%, 상업 공간은 약 4%, 전력 발전소는 39%를 석유, 천연가스, 석탄, 재생 에너지, 원자력을 통해 소비하며, 이 장에서 다룰 에너지는 모두 석유, 천연가스, 석탄, 재생 에너지, 원자력에서 생산된다.

에너지는 집을 밝히고, 생활 공간을 냉난방하며, 인류 역사상 가장 이동이 많은 사회로 만들어준다. 또한 풍부한 물질적 재화를 제공하는 공장의 동력이기도 한다. 실제로 에너지는 현대 문명의 근간이다.

9.1 거대한 원자력 발전소, 우리의 태양

학습 목표 • 전력 및 에너지 계산을 수행한다.

인간을 포함한 지구상의 모든 생명체는 생존을 위해 핵 에너지에 의존하는데, 이는 지구에서 인간이 사용할 수 있는 대부분 에너지가 태양이라고 부르는 거대한 원자로에서 나오기 때문이다. 태양은 약 1억 5,000만 킬로미터 떨어져 있지만 수십억 년 동안 지구에 대부분 에너지를 공급해왔으며 앞으로도 수십억 년 동안 계속 공급할 가능성이 높다(표 9.1).

태양은 수소를 헬륨으로 꾸준히 변환하는 핵융합로라는 것을 기억하자. 지구는 태양의 에너지 생산량의 약 10억 분의 1밖에 받지 못한다. 그럼에도 불구하고 이 작은 양은 1억 개가 넘는 원자력 발전소와 맞먹는 양이다. 지구는 3일 동안 태양으로부터 우리가 보유한 모든 화석연료에 해당하는 에너지를 공급받는다!

생물권(모든 생물이 존재하는 대기, 물, 토양 등)이 태양으로부터 받는 에너지 중 극히 일부만이 생명유지에 사용된다. 입사된 태양 복사의 약 30%는 자외선과 가시광선으로 즉시 우주로

표 9.1 지구의 에너지 원장

항목	에너지(TW)[a]	추정 백분율(%)
들어오는 에너지		
태양 복사	174,000	99.97
내부 열	46	0.025
조수	3	0.002
폐열[b]	13	0.007
나가는 에너지		
직접 반사	52,000	30
직접 가열[c]	81,000	47
물 순환[c]	40,000	23
바람[c]	370	0.2
광합성[c]	40	0.02

[a] TW(terawatt) = 10^{12} W
[b] 화석연료 사용으로 인해
[c] 이 에너지는 결국 적외선(열)에 의해 우주로 되돌아간다.

다시 반사된다. 거의 절반은 열로 변환되어 지구를 따뜻하고 살기 좋은 곳으로 만들어준다. 태양 복사의 약 23%는 물 주기에 동력을 공급하여 육지와 바다에서 물을 증발시킨다. 태양의 복사 에너지는 대기중의 수증기, 물방울, 얼음 결정의 위치 에너지로 전환된다. 이 위치 에너지는 떨어지는 비와 눈, 흐르는 강물의 운동 에너지로 변환된다.

태양 에너지의 극히 일부분, 즉 0.02%도 되지 않는 양이 녹색 식물에 흡수되며, 이 에너지가 **광합성**(photosynthesis)을 수행하는 데 사용된다. 이 에너지는 엽록소와 여러 효소의 존재 하에 일련의 반응을 통해 이산화 탄소와 물을 에너지가 풍부한 단순 당인 포도당으로 전환한다.

태양빛 → 에너지; 포도당(단당류) → $C_6H_{12}O_6$

$$6\,CO_2 + 6\,H_2O + \text{에너지} \xrightarrow{\text{엽록소}} C_6H_{12}O_6 + 6\,O_2$$

광합성은 또한 대기 중의 산소를 보충한다. 포도당은 저장되거나 전분과 같은 더 복잡한 식품이나 셀룰로스의 구조 물질로 전환될 수 있다. 모든 동물은 생존을 위해 녹색 식물의 저장된 에너지에 의존한다.

에너지 단위

식품의 에너지 함량을 측정하는 데 익숙한 단위는 칼로리(1 칼로리 = 1000 칼로리 = 1 킬로칼로리)이다(1.9절). 대부분 성인은 모든 신체 기능을 유지하기 위해 하루에 2000~2500칼로리가 필요하다. SI 단위에서 에너지는 줄(J) 단위로 측정된다. 1칼로리 = 4.18 J이므로 1킬로칼로리는 4,180 kJ이다.

전력은 에너지가 사용되는 **속도**이다(거리를 이동하는 **속도**인 것과 마찬가지로). 전력의 SI 단위는 **와트**(W)이다. 1와트는 초당 1줄(J/s)이다.

$$1\text{ W} = 1\frac{\text{J}}{\text{s}}$$

더 편리한 단위는 킬로와트(1 kW = 1000 W)이다. 태양의 출력은 4×10^{26} W로, 거의 이해할 수 없는 양이다.

에너지 소비량을 표현하기 위해 와트는 시간 단위와 결합된다. 예를 들어 전기 사용량은 일반적으로 1 kW 장치가 1시간 동안 사용한 에너지의 양인 **킬로와트시**(kWh)로 측정(및 요금 청구)된다. 1시간에는 3600초가 있으므로 1 kWh = 3600 kJ가 된다.

예제 9.1 전력 및 에너지 변환

75 W 전구를 1.0시간 동안 켜두면 전기 에너지(단위 줄)가 얼마나 소비되는가?

풀이

1 W는 1 J/s이므로 75 W = 75 J/s라는 것을 알 수 있다. 전구가 1시간 동안 켜져 있다면 다음과 같다.

$$1\,\cancel{h} \times \frac{60\,\cancel{\text{min}}}{1\,\cancel{h}} \times \frac{60\text{ s}}{1\,\cancel{\text{min}}} = 3600\text{ s}$$

$$3600\,\cancel{s} \times \frac{75\text{ J}}{1\,\cancel{s}} = 270{,}000\text{ J}$$

1 에너지는 어떻게 측정할 수 있는가?

분자의 평균 운동 에너지의 척도인 온도는 온도계로 섭씨(C) 단위를 측정한다. 에너지는 그렇게 간단하지 않다. 피아노를 움직이거나 전구에서 빛을 내거나 케이크를 굽는 것과 같이 얼마나 많은 '일'을 할 수 있는지를 측정한다. 열량은 칼로리 또는 줄 단위로 측정된다. 열은 한 물체에서 다른 물체로 전달되는 열 에너지이다. 에너지 소비율은 와트이며, 전기요금은 특정 비율로 에너지를 사용한 시간이 반영된다.

왜 중요할까?

소비자는 가정의 에너지 사용에 대해 오해하는 경우가 많다. 열을 발생시키거나 전달하는 가전제품은 일반적으로 많은 에너지를 소비한다. 대부분 가정에서 두 가지 주요 에너지 '주범'은 냉난방 시스템과 온수기이다. 냉장고, 스토브, 토스터기 및 이와 유사한 가전제품도 에너지를 많이 소비한다. 조명은 월 에너지 요금에서 의외로 적은 부분을 차지하는 경우가 많다. 피자 한 조각을 10분 동안 가열하는 일반 토스터 오븐은 20 W 형광등 전구가 10시간 동안 사용하는 만큼의 에너지를 소비한다.

› 복습문제 9.1A

650 W 전자레인지는 커피 한 잔을 1.0분 동안 가열할 때 전기 에너지(단위 줄)를 얼마나 소비하는가?

› 복습문제 9.1B

13 W 소형 형광 전구가 1.0시간 동안 연소할 때 소비되는 에너지를 계산하고, 같은 양의 빛 에너지를 생산하는 60 W 전구가 소비하는 에너지와 비교하라. 시간당 몇 퍼센트나 절약할 수 있는가?

› 복습문제 9.1C

11.0 cent/kWh인 13 W 소형 형광등을 240시간 동안 사용하는 것은 일반 60 W 전구를 240시간 동안 사용하는 것과 비교했을 때 한 달 동안 얼마나 많은 비용이 절약되는가? 둘 다 동일한 강도의 빛을 제공한다고 가정한다.

운동 에너지 및 위치 에너지

에너지는 위치와 운동 에너지로 존재한다. 위치나 배열에 의한 에너지를 **위치 에너지**(potential energy)라고 한다. 운동에 의한 에너지는 **운동 에너지**(kinetic energy)이다.

댐 상단의 물은 중력으로 인해 위치 에너지를 가지고 있다. 물이 터빈을 통해 낮은 단계로 흐르게 되면 위치 에너지가 운동 에너지로 변환된다. 물이 떨어지면서 더 빠르게 움직인다. 위치 에너지가 감소함에 따라 운동 에너지는 증가한다. 터빈은 물의 운동 에너지 일부를 전기 에너지로 변환할 수 있다. 이렇게 생산된 전기는 전선을 통해 가정과 공장으로 운반되어 빛 에너지, 열 에너지, 기계 에너지로 변환될 수 있다.

자가평가문제

1. 에너지를 사용하거나 생산하는 속도는 J/s 단위로 무엇이라고 하는가?
   a. 에너지 **b.** 와트 **c.** 킬로와트시 **d.** 볼트
2. 미국 경제에서 국가 에너지의 가장 많은 부분을 사용하는 부문은 무엇인가?
   a. 주거용 **b.** 전력-발전 산업 **c.** 산업용 **d.** 운송용
3. 미국은 전 세계 에너지의 몇 퍼센트를 사용하고 있는가?
   a. 3% **b.** 5% **c.** 10% **d.** 20%
4. 비행 중인 독수리가 가진 에너지는 무엇인가?
   a. 힘 에너지 **b.** 운동 에너지 **c.** 위치 에너지 **d.** 회전 에너지
5. 지구에 입사되는 태양 복사의 약 1/3은 어떻게 되는가?
   a. 물 순환주기에 에너지 공급 **b.** 열로 변환
   c. 광합성 에너지에 사용 **d.** 우주로 돌아감
6. 지구에 입사되는 태양 복사는 광합성에 몇 퍼센트를 사용하는가?
   a. 0.02% **b.** 2% **c.** 5% **d.** 10%

정답: 1. b, 2. b, 3. d, 4. b, 5. d, 6. a

9.2 에너지와 화학 반응

학습 목표 • 화학 반응과 물리적 작용을 발열성 또는 흡열성으로 분류한다.
• 결합 에너지를 사용하여 반응의 열을 계산하는 방법을 설명한다.

우리는 보통 에너지 변화를 어떤 물체나 영역이 에너지를 잃고 다른 물체나 영역이 에너지를 얻는다는 관점에서 논의한다. 모닥불을 피워 차가운 손을 따뜻하게 하면 타는 나무는 에너지(열)를 내뿜고, 우리 손은 에너지를 얻어 온도가 올라가는 것과 같은 이치이다. 과학에서는 이를 우주의 일부인 **계**(system)라고 정의한다. 모닥불의 경우, 계는 타는 나무이다. **주변**(surrounding)은 그 외의 모든 것, 즉 이론상으로는 우주의 나머지 부분이지만 우리는 보통 주변을 계와 에너지나 물질 또는 둘 다를 교환하는 우주의 일부로 한정한다. 캠프파이어의 경우에 주변 환경은 사용자의 손과 캠프파이어 근처의 공기이다.

화학 반응 중에서 계로부터 주변 환경으로 열이 방출되는 반응을 **발열 반응**(exothermic)이라고 한다. 열을 발생하는 분자들을 '계'라고 하며,그 분자들 주위에 있는 다른 모든 것을 '주변'이라고 한다. 메테인, 휘발유, 석탄의 연소(그림 9.1)는 대표적인 발열 반응이다. 이 과정에서 화학 에너지가 열 에너지로 전환되며, 그 열은 반응에 참여한 분자들(계)로부터 방출되어 주변 환경이 이를 흡수한다. 열이 방출되기 때문에 그 양은 오른쪽 반응식에 반응의 '생성물'로 기록된다. 이 에너지의 수치값을 **반응열**(heat of reaction) 또는 **반응 엔탈피**(enthalpy of reaction)라고 한다. 예를 들어 가정의 가스 난로에서 사용되는 연료인 '천연가스'의 주성분인 메테인이 연소하는 반응이 있다.

▲ **그림 9.1** 석탄은 발열 반응으로 연소한다. 방출된 열은 물을 증기로 변환하여 터빈을 돌려 전기를 생산할 수 있다.

$$CH_4(g) + 2\,O_2(g) \longrightarrow CO_2(g) + 2\,H_2O(g) + 803\ kJ$$

여기서 기억해야 할 중요한 점으로 반응열(이 경우 803 kJ)은 메테인 1몰이 연소할 때 방출되는 열 에너지의 양(반응에서 화학량론적 화학량론 계수가 '1'이므로)으로, 16.0 g이 된다.

주변으로부터 계에 에너지를 공급해야 하는 화학 반응은 **흡열 반응**(endothermic)이다(그림 9.2). 물을 구성 성분으로 분해하는 것이 그 예이다. 이 과정에 필요한 열의 양은 나음과 같이 '계' 분자에 의해 흡수되어야 하기 때문에 화학 방정식에서 반응물로 쓸 수 있다.

▲ **그림 9.2** 수산화 바륨 팔수화물이 티오시안산 암모늄과 반응하여 티오시안산 바륨, 암모니아 가스, 물을 생성할 때 흡열 반응이 일어난다.

$$열 + Ba(OH)_2 \cdot 8\,H_2O(s) + 2\,NH_4SCN(s) \longrightarrow Ba(SCN)_2(s) + 2\,NH_3(g) + 10\,H_2O(l)$$

이 실험에서는 반응을 젖은 나무 블록 위에 놓인 플라스크 안에서 진행한다. 반응 도중 온도가 물의 어는점 이하로 급격히 떨어지면서 플라스크가 나무 블록에 얼어 붙는다.

$$2\,H_2O(g) + 573\ kJ \longrightarrow 2\,H_2(g) + O_2(g)$$

따라서 기체 상태의 물 2몰을 분해하려면 573 kJ의 에너지가 필요하다(물의 화학량론 계수는 2이므로).

물리적 과정은 발열 반응 또는 흡열 반응이 될 수도 있다. 예를 들어 녹이는 데는 열이 필요하고, 얼리는 데는 열 에너지를 제거해야 한다. 표 9.2에는 물리적 및 화학적 과정의 몇 가지 예가 나와 있으며, 각각을 발열 반응(열을 내는) 또는 흡열 반응으로 분류한다.

표 9.2 일부 흡열 반응 및 발열 반응 과정

발열 과정	흡열 과정
물의 동결	얼음의 융해
수증기 응축	물의 증발
동물의 신진대사	식물의 광합성
화학 결합 형성	화학 결합 깨짐
배터리 방전	배터리 충전

화학 반응과 물리적 변화 모두에서 기억해야 할 중요한 점은 반응열이 평형을 이룬 화학 반응에서 반응물의 몰수에 대한 열이라는 것이다. 분명히 연탄 한 장을 태우는 것보다 1톤의 석탄을 태우는 것이 훨씬 더 많은 열을 방출할 것이다. 예제 9.2를 생각해보자.

예제 9.2 화학 반응에서의 에너지 방출

실험에 따르면 1.00몰(16.0 g)의 메테인을 태워 이산화 탄소와 물을 만들면 803 kJ(192 kcal)의 에너지가 열로 방출된다. 2.00몰의 메테인을 태우면 얼마나 많은 열이 방출되는가?

풀이

$$2.00\ \text{mol} \times \frac{803\ \text{kJ}}{1\ \text{mol}} = 1606\ \text{kJ의 열 방출}$$

예제 9.3 화학 반응의 에너지 변화

225 g의 프로페인이 연소될 때 얼마나 많은 에너지(kJ)가 방출되는가? 프로페인을 태울 때의 반응열은 2201 kJ/mol 프로페인으로, 메테인보다 훨씬 크다.

$$C_3H_8(g) + 5\,O_2(g) \longrightarrow 3\,CO_2(g) + 4\,H_2O(g) + 2201\ \text{kJ}$$

풀이

이 예제에는 몰이 아닌 그램이 주어진다. 분자가 3개의 원자 C와 8개의 원자 H로 구성된 프로페인의 질량 공식은 다음과 같다.

$$(3 \times 12.0\ \text{amu}) + (8 \times 1.0\ \text{amu}) = 36.0\ \text{amu} + 8.0\ \text{amu} = 44.0\ \text{amu}$$

따라서 몰 질량은 44.0 g이다. 다음으로 몰 질량을 사용하여 프로페인 그램을 프로페인 몰로 변환한다.

$$225\ \text{g}\ C_3H_8 \times \frac{1\ \text{mol}\ C_3H_8}{44.0\ \text{g}\ C_3H_8} = 5.11\ \text{mol}\ C_3H_8$$

이제 계산을 완료하려면 연소열인 2201 kJ/mol이 필요하다.

$$5.11\ \text{mol}\ C_3H_8 \times \frac{2201\ \text{kJ}}{1\ \text{mol}\ C_3H_8} = 11{,}300\ \text{kJ}$$

› 복습문제 9.3A

10.1몰의 질소(N_2)가 다량의 산소(O_2)와 반응하여 NO를 형성할 때 흡수되는 에너지는 몇 kJ인가? 질소와 산소가 반응하여 일산화 질소를 형성하려면 에너지가 투입되어야 하므로 왼쪽에 반응물로 에너지를 적는다.

$$N_2(g) + O_2(g) + 18.07\ \text{kJ} \longrightarrow 2\,NO(g)$$

› 복습문제 9.3B

450.0 g의 N_2가 다량의 O_2와 반응하여 NO를 형성할 때 흡수되는 에너지는 몇 kJ인가? 복습문제 9.3A의 반응과 같이 반응열은 18.07 kJ이다.

결합 에너지

어떤 과정은 물리적이든 화학적이든 열을 흡수해야 일어나고, 다른 과정에 열을 방출하는 이유는 무엇인가? 그 답은 분자 수준에서 일어나는 일에 있다. 그 원리는 비교적 단순하다. 먼저, 원자들 사이의 모든 결합이 끊어져야 하며, 이때는 에너지의 투입이 필요하다. 그 다음, 분자 조각들이 다시 결합하여 새로운 분자를 형성할 때 에너지가 방출되어 주변 환경으로 전달된다. 이러한 에너지 변화의 순 효과가 바로 주변으로 열이 방출되었는지(음수) 또는 열이 흡수되었는지(양수)를 결정한다.모든 원자 간 결합은 고유한 에너지를 가지며, 이 에너지를 결합 에너지라고 한다. 그 단위는 kJ/mol이다.

2 화학 반응은 어떻게 열을 방출할 수 있는가?

실제로 분자 내의 결합을 끊기 위해 먼저 에너지를 투입해야 한다. 그 후, 분자 조각들이 다른 배열로 다시 결합할 때 에너지가 방출된다. 이러한 에너지의 주고 받음(흡수와 방출)의 순 효과에 따라, 전체적인 반응 과정이 열을 방출하는 발열 반응이 될 수도 있고, 반대로 열을 필요로 하는 흡열 반응이 될 수도 있다.

화학적 과정이 발열성인지, 흡열성인지를 판단하는 간단한 예로, 수소 분자와 염소 분자가 결합하여 염화 수소(HCl) 분자를 형성하는 과정을 들 수 있다.

$$H_2(g) + Cl_2(g) \longrightarrow 2\,HCl(g)$$

이 반응이 일어나기 위해서는 먼저 2개의 수소 원자 사이의 결합이 끊어져야 하고, 2개의 염소 원자 사이의 결합도 끊어져야 한다. 이제 자유 원자(H)와 자유 염소 원자(각각 전자 1개씩)가 서로 결합하여 H와 Cl 원자 사이에 단일 공유 결합이 형성되므로 8전자 법칙을 만족시킬 수 있다. 2개의 염소(HCl) 분자가 형성된다는 점에 유의하자.

이 반응열을 계산하기 위해 먼저 참고 자료에서 결합 에너지를 찾아야 한다. 수소 분자의 H—H 결합 1몰을 분리하는 데 432 kJ, 염소 분자의 Cl—Cl 결합 1몰을 분리하는 데 243 kJ의 에너지가 필요하다는 것을 알 수 있다. 또한 염소 분자 1몰이 형성될 때 427 kJ의 에너지가 방출된다는 것을 알 수 있다. 결합 에너지를 알면 반응의 '엔탈피 변화'를 계산할 수 있다.

엔탈피 변화 = 모든 결합을 끊는 데 필요한 에너지의 합 − 결합을 형성할 때 방출된 에너지의 합

이 반응의 경우, 반응 엔탈피는 다음과 같이 계산된다.

$$(1\text{ mol H—H 결합} \times 432\text{ kJ/mol} + 1\text{ mol Cl—Cl 결합} \times 243\text{ kJ/mol})$$
$$-(2\text{ mol H—Cl 결합} \times 427\text{ kJ/mol}) = -179\text{ kJ/mol}$$

답의 음의 부호는 분자를 분해하기 위해 분자에 투입된 에너지보다 더 많은 에너지가 주변으로 방출되었음을 의미한다. 따라서 이 반응은 발열 반응이며, 열은 반응의 생성물로 간주할 수 있다. 이제 열화학 반응을 다음과 같이 쓸 수 있다.

$$H_2(g) + Cl_2(g) \longrightarrow 2\,HCl(g) + 179\text{ kJ}$$

이렇게 쓰면 수소 1몰과 염소 1몰로 시작할 때 179 kJ의 열이 방출된다는 것을 알 수 있다.

결합 에너지의 합이 결합을 만들 때 발생하는 열의 합보다 큰 경우에 그 결과 열 에너지의 수(kJ)를 식의 왼쪽에 적고 반응은 흡열 반응이다. 반응열을 계산할 때는 일반적으로 평형 화학식의 화학량론 계수를 고려하여 반응의 모든 분자에 대해 모든 루이스 구조를 그리는 것이 가장 좋다. 이렇게 하면 끊어지고 형성되어야 하는 결합의 수와 유형을 쉽게 계산할 수 있다. 그런 다음 결합 에너지를 찾아 계산을 수행한다.

자가평가문제

1. 다음 중 발열 과정은 무엇인가?

a. $H_2O(g) \longrightarrow H_2O(l)$

b. $H_2O(s) \longrightarrow H_2O(g)$

c. $SiO_2(g) + 3\,C(s) + 624.7\text{ kJ} \longrightarrow SiC(s) + 2\,CO(g)$

d. $H_2O(l) \longrightarrow H_2O(g)$

2. 불타는 양초에 대한 설명으로 옳은 것은 무엇인가?

a. 촛불이 타오르고 있는 방 전체를 '계'로 간주한다.

b. 연소 과정은 흡열 과정이다.
c. 왁스의 결합을 끊으려면 에너지가 필요하지만, 이산화 탄소와 수증기 분자가 형성될 때 그보다 더 많은 에너지가 방출된다.
d. 반응열의 수치 값은 양수이어야 한다.

3. 정육면체의 얼음 녹이기에 대한 설명으로 옳은 것은 무엇인가?
a. 발열 과정
b. 공기 중으로 열을 방출
c. 큰 얼음 덩어리를 녹이는 것과 같은 양의 에너지가 필요
d. 흡열 과정

4. 프로페인 400 g이 연소되었다. 이에 대한 설명으로 옳은 것은 무엇인가?
a. 약 2,000 kJ의 열이 방출된다.
b. 약 2,000 kJ의 열이 필요하다.
c. 약 20,000 kJ의 열이 방출된다.
d. 약 800,000 kJ의 열이 필요하다.

정답: 1. a, 2. c, 3. d, 4. c

9.3 반응 속도

학습 목표 • 화학 반응 속도에 영향을 미치는 요인을 나열하고, 이러한 요인이 반응 속도에 미치는 영향을 설명한다.

왜 중요할까?

우리는 매일 화학 반응에 온도가 미치는 영향을 이용한다. 예를 들어 우유를 냉장 보관하거나 채소를 얼려 부패를 유발하는 화학 반응을 지연시킨다. 고기나 채소를 더 빨리 볶고 싶을 때는 프라이팬 아래의 온도를 높인다.

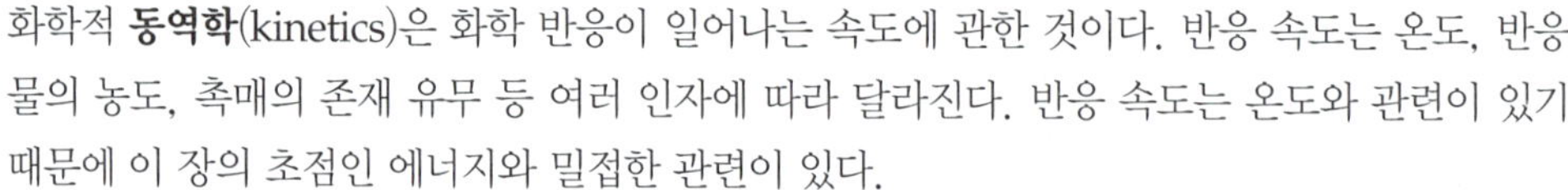

화학적 **동역학**(kinetics)은 화학 반응이 일어나는 속도에 관한 것이다. 반응 속도는 온도, 반응물의 농도, 촉매의 존재 유무 등 여러 인자에 따라 달라진다. 반응 속도는 온도와 관련이 있기 때문에 이 장의 초점인 에너지와 밀접한 관련이 있다.

일반적으로 고온에서 반응이 더 빠르게 진행되는 이유는 분자가 고온에서 더 빨리 움직이고 더 자주 충돌하여 반응할 가능성이 높아지기 때문이다. 예를 들어 상온에서 석탄(탄소)은 공기 중의 산소와 매우 느리게 반응하여 그 변화를 감지할 수 없다. 그러나 석탄을 수백 도까지 가열하면 빠르게 반응한다. 반응에서 발생하는 열은 석탄이 원활하게 연소할 수 있도록 도와준다. 또한 온도가 상승하면 화학 결합을 끊는 데 더 많은 에너지가 공급된다.

반응의 동역학은 일상생활과 산업 공정 모두에서 중요하다. 예를 들어 의약품을 제조할 때, 우리는 일반적으로 생산 라인에서 몇 시간 또는 며칠이 걸리는 것보다 화학 합성이 빠르게 일어나기를 원한다. 국수를 몇 시간 동안 물에 담가두기보다는 몇 분 안에 끓을 정도로 물을 가열하여 국수를 조리한다. 때로는 반응 속도를 높이는 것이 아니라 속도를 늦추고 싶을 때가 있다. 냉장 보관하면 식품의 부패 과정이 느려진다.

반응물의 농도는 대부분 반응 속도에 영향을 미치는데, 주어진 공간에 더 많은 분자가 밀집하면 분자가 더 자주 충돌하기 때문이다. 초당 더 많은 충돌은 초당 더 많은 반응을 의미한다. 예를 들어 나무 막대기에 불을 붙였다가 불꽃을 끄면 막대 끝은 여전히 붉게 달아오르며 공기 중의 산소와 천천히 반응한다. 그런데 붉게 빛나는 막대를 순수한 산소 속(공기 중 O_2보다 약 5배 더 농축된 상태) 에 넣으면 반응 속도가 급격히 증가하여 막대가 다시 불꽃을 내며 타오르게 된다.

촉매는 화학 반응의 속도에 영향을 미치지만, 반응 과정에서 소모되지 않는다. 적절히 선택된 촉매는 원래는 너무 느려서 사실상 일어나기 어려운 반응의 속도를 크게 높일 수 있다. 촉매는 동일한 생성물을 형성하기 위한 새로운 경로를 제공하거나, 반응이 시작되기 위해 필요한 **활성화 에너지**를 낮추는 방식으로 작용한다. 예를 들어 자동차의 촉매 변환기 안에 있는 백금은 엔진에서 배출되는 질소 산화물(NO)의 오염 물질을 빠르게 분해하여 다시 질소(N_2)와 산소(O_2)로 되돌린다. 이 과정에서 생긴 산소 분자들은 추가적으로 일산화 탄소(CO)를 이산화 탄소(CO_2)로 산화시킨다. 이러한 촉매 반응 덕분에 대기 중으로 배출되는 CO(일산화 탄소)와 NO(질소 산화물)의 양이 훨씬 줄어든다.

촉매는 화학 산업과 생물학에서 매우 중요하며, 일반적으로 효소라고 불린다. 효소는 인체에서 일어나는 모든 생화학적 과정에 매우 중요하다. 예를 들어 소화와 관련된 반응 속도를 높이

는 효소 없이는 신체가 제대로 기능할 수 없다. 특정 효소가 부족하면 많은 유전 질환이 발생할 수 있고, 효소 활동이 과도하면 암이 발생할 수 있다.

자가평가문제

1. 다음 중 화학 반응의 속도가 감소하는 경우는 무엇인가?
   - a. 촉매가 추가된다.
   - b. 화학자가 지켜보고 있다.
   - c. 반응물 중 하나의 농도가 감소한다.
   - d. 온도가 증가한다.
2. 어떤 종류의 용기에 담긴 수용액에서 일어나는 화학 반응이 너무 빠르게 진행될 때 그 과정을 늦추고 반응을 제어하기 위해 실제로 할 수 있는 일은 무엇이가?
   - a. 용기에 물을 추가하여 내용물을 희석한다.
   - b. 열을 높인다.
   - c. 반응물이 모두 소진될 때까지 반응을 계속 진행한다.
3. 촉매는 어떻게 화학 반응의 속도를 높이는가?
   - a. 생성물 형성의 가능성을 감소한다.
   - b. 반응물의 압력을 증가하여 생성물 형성에 유리하도록 한다.
   - c. 반응에 필요한 활성화 에너지를 낮춘다.
   - d. 반응이 일어나는 온도를 높인다.
4. 과산화 수소는 시간이 지남에 따라 물과 산소(산소) 기체로 분해된다. 이산화 망간은 그 분해 속도를 최소 100배 이상 증가시킨다. 이산화 망간은 어떤 역할을 하는가?
   - a. 촉매
   - b. 억제자
   - c. 반응물
   - d. 보충제

정답: 1. c, 2. a, 3. c, 4. a

9.4 열역학 법칙

학습 목표 • 열역학 제1법칙과 제2법칙을 설명하고, 에너지 생산과 사용에 미치는 영향을 논의한다.

현재 에너지 공급원과 미래 에너지 전망에 대해 살펴보자. 이를 과학적으로 살펴보기 위해 먼저 몇 가지 자연 법칙을 살펴보겠다. 자연 법칙은 수많은 실험과 관찰의 결과를 요약한 것일 뿐이라는 점을 기억하자. 여기서 그 모든 실험을 언급하지는 않겠다. 단지 법칙과 그 결과 중 일부에 대해서만 설명한다.

에너지와 열역학 법칙

열역학 제1법칙(first law of thermodynamics, *therm*의 뜻은 열이고 *dynamics*는 운동을 의미)에 따르면 에너지는 생성되거나 소멸될 수 있다. 그러나 에너지는 한 형태에서 다른 형태로 바뀔 수 있다. 이 법칙은 **에너지 보존 법칙**(law of conservation of energy)이라고도 한다. 에너지는 무에서 유를 만들 수 없으며, 이는 섭취하는 에너지보다 더 많은 에너지를 생산하는 기계를 만들 수 없음을 의미한다. 에너지는 그냥 나타나거나 사라지는 것이 아니다.

제1법칙만 보면 에너지가 보존되기 때문에 에너지가 고갈될 가능성은 없다고 결론내릴 수 있다. 이는 충분히 사실이지만 문제가 없다는 뜻은 아니다. 한 가지 문제는 에너지가 유용한 일에 '활용'할 수 없는 형태로 변형될 수 있다는 점이다.

에너지와 제2법칙: 완전히 이득을 보는 일은 불가능하다

수많은 시도에도 불구하고(심지어 여러 특허를 획득하기도 했다), 아직까지 영구적으로 움직이는 기계를 성공적으로 만든 사람은 아무도 없다. 에너지를 소비하지 않고 무한정 작동하는 기계는 만들 수 없다. 엔진은 아무런 작업을 하지 않더라도 움직이는 부품의 마찰로 인해 에너지(열)를 잃게 된다. 사실 실제 엔진에서는 투입한 만큼의 유용한 에너지를 얻는 것이 불가능하다. 다시 말해, 결국 손해 없이 이득을 보는 일은 불가능하다.

에너지가 생성되지도 파괴되지도 않는다면 왜 우리는 항상 더 많은 에너지를 필요로 할까?

왜 중요할까?

김이 모락모락 나는 뜨거운 커피나 수프 한 컵에는 많은 열 에너지가 담겨 있는데, 뜨거운 머그잔이나 그릇을 손가락으로 감싸면 차가운 손에 전달될 수 있다. 하지만 머그잔을 테이블 위에 그대로 두면 열 에너지는 곧 방 전체에 분포하는 공기 분자에 전달된다. 그렇게 되면 열 에너지가 너무 분산되어 더 이상 손을 데우는 데 유용하지 않게 된다. 이것은 열역학 제2법칙의 좋은 예로, 자연은 단순히 에너지를 분산시키려고 한다.

우리가 지금 가지고 있는 에너지는 영원히 지속되지 않을까? 그 답은 바로 다음 사실에 있다.

- 에너지는 한 형태에서 다른 형태로 바뀔 수 있다.
- 모든 형태가 똑같이 유용한 것은 아니다.
- 더 유용한 형태의 에너지는 끊임없이 덜 유용한 형태로 변환되거나, 회수가 거의 불가능한 방식으로 흩어져 버린다.

식탁 위에 놓인 뜨거운 커피 한 잔을 생각해보자. 커피는 식으면서 커피를 부은 세라믹 컵, 공기 중의 분자, 주방의 다른 물체에 열 에너지를 발산하는 경향이 있다. 따라서 **에너지가 고르게 분배되는 경향**이 있다. 만약 뜨거운 커피의 열 에너지가 공기 중의 분자, 부엌의 물체, 벽에 모두 분산되어 있다면 그 열 에너지는 더 이상 쓸모가 없게 된다.

열역학 제2법칙은 여러 가지로 표현할 수 있다. 그중 하나는 '열은 항상 뜨거운 물체에서 차가운 물체로 흐른다'는 것이다(그림 9.3). 그 반대는 자연적으로 일어나지 않는다(뜨거운 커피는 더 뜨거워지지 않고 그 주변의 공기도 동시에 차가워지지 않는다). 제2법칙을 다른 방식으로 표현하면 '유용한 작업에 사용할 수 있는 에너지의 형태는 지속적으로 감소하고 있으며, 에너지는 우주의 물체들 사이에서 자발적으로 분배되는 경향이 있다'는 것이다. 기계를 사용할 때, 기계 에너지는 마찰과 주변으로의 에너지/열 손실에 의해 결국 열 에너지로 바뀌게 된다. 에너지는 여전히 존재하지만, 우리가 쉽게 사용할 수는 없다.

▲ **그림 9.3** 에너지는 언제나 뜨거운 물체에서 차가운 물체로 자발적으로 흐르며, 그 반대로 흐르는 일은 결코 없다. 즉 뜨거운 불에서 차가운 마시멜로로 에너지가 이동하는 것이다.

차가운 곳에서 뜨거운 곳으로 에너지를 흐르게 만드는 것이 불가능한 것은 아니다. 냉장고나 냉동고가 바로 그 예이다. 하지만 이러한 과정은 외부로부터의 에너지 투입 없이는 결코 이루어질 수 없다. 즉 자발적인 과정을 거꾸로 되돌리려면 반드시 대가를 치러야 한다. 냉장고의 경우 그 대가는 전기의 소비이다. 즉 차가운 공간에서 따뜻한 공간으로 에너지를 이동하려면 에너지를 사용해야만 한다.

우리가 한 형태의 에너지를 다른 형태로 바꿀 때도, 그 에너지 전부를 우리가 원하는 일에 쓸 수 있도록 완전히 집중시키는 것은 불가능하다. 예를 들어 자동차 엔진에서는 연료의 에너지를 이용하여 피스톤을 밀어내고, 댐의 상부에서 흘러내리는 물의 에너지를 이용해 발전기를 돌려 전기를 생산한다. 하지만 이러한 모든 경우에 있어 에너지의 일부는 열로 변환되어 유용한 일을 하는 데 사용할 수 없게 된다.

엔트로피

열역학 제2법칙을 이해하는 또 다른 방법은 **엔트로피**(entropy)의 개념으로 설명하는 것이다. 과학자들은 엔트로피를 한 계 내에서 에너지가 얼마나 분산되어 있는지를 나타내는 척도로 사용한다. 에너지가 더 넓게 분산될수록, 즉 엔트로피가 높을수록 그 에너지를 유용한 일에 활용할 가능성은 더 낮아진다. 자발적인 과정은 일반적으로 엔트로피가 증가하는 방향으로 진행되거나, 발열 반응이거나, 그 두 가지가 동시에 일어나는 경향이 있다. 결국 고립된 계에서는 전체 엔트로피가 항상 증가한다.

엔진을 작동시키는 에너지는 일반적으로 기름이나 석탄 분자 안에 농축된 화학 에너지에서 나온다. 생화학에서는 음식물 분자가 농축된 에너지 공급원이다. 두 경우 모두 공정 중에 에너지가 확산된다. 각각의 경우 생성물 가스인 이산화 탄소(CO_2)와 물(H_2O)에서 분산된 에너지는 유용성이 떨어진다. 자동차는 배기가스로 달릴 수 없으며, 유기체는 호흡 생성물에서 생명 활동에 필요한 에너지를 얻을 수 없다.

분자는 끊임없이 움직인다. 고체에서 분자의 움직임은 거의 고정된 점에 대한 진동처럼 빠르지만, 작은 앞뒤 움직임으로 제한된다. 액체에서 분자는 더 자유롭게 움직이지만 여전히 짧은 거리에서만 움직이다. 기체 속의 분자들은 훨씬 더 자유롭고 훨씬 더 먼 거리에서 움직인다. 고체가 액체로 변하거나 액체가 기체로 변하는 모든 과정은 엔트로피의 증가를 수반한다. 좀 더 자세히 살펴보겠다.

빛의 에너지는 **광자**라는 작은 묶음의 형태로 존재한다. 마찬가지로 분자의 운동 에너지는 **미시 상태**(microstates)라는 개념으로 설명된다. 만약 어떤 물질 시료 속에 있는 모든 분자의 위

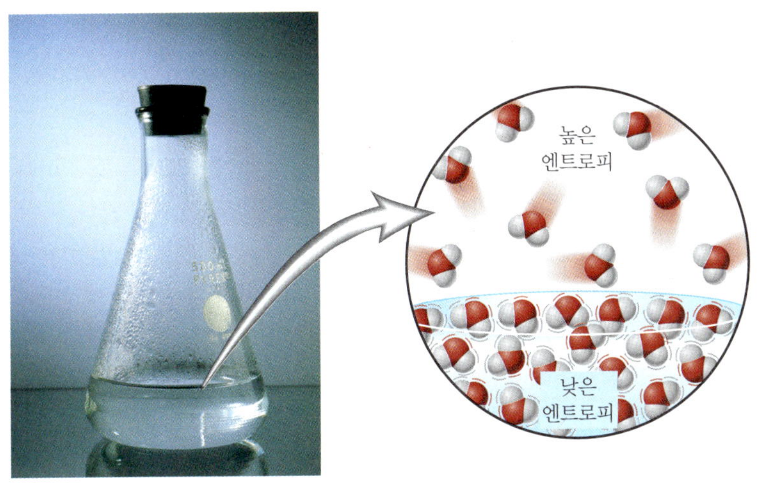

◀ **그림 9.4** 사진은 물의 기화 현상을 나타낸 것으로, 상온의 액체 물[$H_2O(l)$] 시료 증발 과정을 통해 자연적으로 $H_2O(g)$로 변하는 모습을 보여준다. 거시적 수준에서는 아무 일도 일어나지 않는 것처럼 보인다. 그러나 분자 수준에서 보면 분자가 움직이고 있으며, 액체 상태보다 기체 상태에서 훨씬 더 넓은 간격을 두고 있음을 알 수 있다. 기화는 기체가 액체보다 엔트로피가 더 크기 때문에 자연적으로 일어난다. 기체 상태의 분자는 액체 상태의 분자보다 훨씬 더 다양한 방식으로 퍼져 있는 간격을 '배열'할 수 있다. 수증기로부터 액체 물을 만들 수 있지만 기체를 압축하거나 온도를 낮춰야만 가능하다.

치를 특정 순간에 정확히 포착할 수 있다면 그것이 바로 하나의 미시상태를 포착한 것이다. 하나의 물질이 가질 수 있는 미시 상태의 수는 그 물질이 고체, 액체, 기체 중 어떤 상태에 있느냐에 따라 달라진다. 고체 상태의 분자는 주로 진동 운동으로 제한되기 때문에 가능한 에너지 미시 상태의 수는 고체에서 가장 적다. 액체 상태의 분자는 더 자유롭게 움직일 수 있기 때문에 가능한 에너지 미시 상태의 수는 고체보다 액체의 경우 훨씬 더 많다. 기체로 변환하면 분자는 훨씬 더 자유롭게 더 먼 거리까지 이동할 수 있으므로 기체 상태의 분자는 훨씬 더 많은 미시 상태를 사용할 수 있다.

어떤 형태의 물질이든 가열되면 그 안에 있는 에너지는 더 접근하기 쉬운 미시 상태로 분산된다(그림 9.4). 기술적으로 엔트로피는 이러한 미시 상태 사이의 에너지 분산이다. 실제로 엔트로피는 종종 '분자 무질서'와 유사한 것으로 이해된다. 물론 엔트로피가 커지는 경향을 역전시킬 수는 있지만, 그럴 경우 반드시 외부로부터 에너지를 투입해야만 한다.

자가평가문제

1. 열역학 제1법칙을 무엇이라고 하는가?
a. 에너지 절약 **b.** 질량 보존
c. 엔트로피 **d.** 영구 운동

2. 에너지가 항상 더 유용한 형태에서 덜 유용한 형태로 자발적으로 이동한다는 법칙은 무엇인가?
a. 열역학 제1법칙
b. 의도하지 않은 결과의 법칙
c. 열역학 제2법칙
d. 에너지 변환의 표준 법칙

3. 열역학 제2법칙에 대한 설명으로 옳은 것은 무엇인가?
a. 계의 엔트로피는 항상 감소한다.
b. 계의 엔트로피는 항상 증가한다.
c. 고립된 계의 경우 총 엔트로피는 항상 감소한다.
d. 고립된 계의 경우 총 엔트로피는 항상 증가한다.

4. 방정식 $H_2O(l) \longrightarrow H_2O(g)$으로 표현되는 과정에서 엔트로피는 어떻게 되는가?
a. 감소
b. 사용되는 촉매에 따라 다름
c. 증가
d. 동일하게 유지

5. 따뜻한 컵에 차가운 손을 얹으면 어떻게 되는가?
a. 열이 손에서 컵으로 자연스럽게 전달된다.
b. 열이 컵에서 손으로 자연스럽게 전달된다.
c. 둘 다 열역학 제1법칙으로 인해 열 평형 상태에 있으며 에너지가 전달되지 않는다.
d. 첫 번째 법칙은 관련이 있지만 두 번째 법칙은 관련이 없다.

정답: 1. a, 2. c, 3. d, 4. c, 5. b

9.5 연료와 에너지: 사람, 말, 화석

학습 목표 • 일반적인 화석연료를 나열하고, 현대 사회가 화석연료를 어떻게 사용하는지 설명한다.

연료(fuel)는 제어가능한 방식으로 상당한 양의 에너지를 방출하면서 쉽게 연소하는 물질이다. 폭발하는 물질은 많은 양의 에너지를 방출하더라도 일반적인 연료로서 만족스럽지 않다.

초기 인류는 야생 식물을 채집하고 야생 동물을 사냥하여 에너지(식량과 연료)를 얻었다. 그들은 사냥과 채집에 이 에너지를 소비했다. 말과 소의 가축화는 에너지의 가용성을 약간만 증가했을 뿐이다. 이러한 가축이 사용한 원료는 자연에서 얻을 수 있고 다시 자랄 수 있는 식물성 자원이었다. 식물성 재료는 인류 초기에 불을 지피는 데 사용되었다. 1760년 후반까지만 해도 나무가 거의 유일한 연료였다. 오늘날에도 나무, 말린 가축 분뇨, 농작물의 부산물은 여전히 전 세계 인구의 약 3분의 1이 주로 사용하는 주요 열원으로 남아 있다.

▲ 물레방아는 고대부터 흐르는 물에서 기계 에너지를 얻는 데 사용되어 왔다. 시리아 하마에 있는 일부 물레방아는 2000년이 넘은 것들도 있다.

에너지를 유용한 작업으로 전환하는 데 사용된 최초의 기계 장치 중 하나는 물레방아였다. 이집트인들은 약 2300년 전에 수력을 처음 사용했는데, 주로 곡식을 갈기 위해 사용했다. 이후 수력은 제재소, 방직 공장, 기타 소규모 공장에 사용되었다. 풍차는 중세 시대에 서유럽에 도입되어 주로 물을 퍼 올리고 곡식을 빻는 용도로 사용되었다. 1800년대에는 미국 중서부의 모든 소규모 농장에서 소형 풍차를 볼 수 있었다. 최근에는 대규모 풍력을 이용하여 전기를 생산하고 있으며, 풍력 터빈 '농장'은 앞으로 재생 에너지원 중 주요 옵션이 될 가능성이 높다.

풍차와 물레방아는 각각 부는 바람과 흐르는 물의 운동 에너지를 기계 에너지로 변환하는 아주 간단한 장치이다. 산업 혁명의 초기에 동력을 공급하기에 충분했다. 증기기관의 발달로 공장이 수로에서 멀리 떨어진 곳에 위치할 수 있게 되었다. 1850년 이후 물, 증기, 가스로 회전하는 터빈, 내연기관, 기타 다양한 에너지 변환 장치의 발명으로 사회에서 사용할 수 있는 에너지는 약 10,000배 증가했다.

산업 혁명은 사실상 화석, 즉 생명체가 땅속에 묻혀 남긴 잔해물에 의해 추진되었다. 이 물질의 연소로 현대 산업 문명이 시작되었다. 오늘날 우리가 살아가는 방식을 유지하는 데 사용되는 에너지의 85% 이상이 **화석연료**(fossil fuels)에서 나온다. 화석연료에는 석탄, 석유, 천연가스가 포함되며, 이들은 약 3억 년 전 지구의 석탄기 동안 형성된 것이다. 이후에 고대 식물이 태양 광선으로부터 포획한 에너지를 방출하는 이러한 연료의 기원과 화학적 성질을 살펴본다.

연료는 물질의 **환원된** 형태이며, 연소 과정은 산화이다. 원자가 이미 산소 원자(또는 염소나 브롬과 같은 다른 전기음성도 원자와 최대 결합 수를 가지고 있다면 그 물질은 연료로 사용할 수 없다. 실제로 이러한 물질 중 일부는 화재를 진압하는 데 사용될 수 있다. 그림 9.5는 몇 가지 대표적인 연료와 비연료를 보여준다.

3 정말 에너지가 부족한가?

에너지 자체는 부족하지 않지만, 모든 에너지가 우리에게 똑같이 유용한 것은 아니다. 편리하고 유용한 에너지를 제공하는 화석연료와 같은 물질의 공급은 점점 줄어들고 있다.

화석연료의 매장량 및 소비율

지구에는 화석연료의 공급이 제한되어 있다. 매장량 추정치는 가정에 따라 크게 달라지며, 표 9.3의 수치는 추정치로서 상당한 불확실성을 포함하고 있다. 이러한 자원을 측정하는 단위도 일관적이지 않아 비교가 어렵다. 액체 연료는 보통 배럴 또는 갤런, 가스는 입방피트, 전기는 kWh 또는 영국 열 단위(Btu)로 추정된다. 그러나 미국에너지정보국(EIA)은 미국의 연간 1차 에너지 총 소비량을 약 100조(10^{16}) Btu, 즉 30조(10^{12}) kWh로 추산하고 있다. 다양한 유형의 화석연료에 대한 미국 및 세계 추정 매장량과 미국 및 세계 연간 소비량은 2017년 6월 세계 에너지에 대한 BP 통계 검토에서 발췌한 표 9.3에 나와 있다. 그러나 가장 낙관적인 추정치라도 이러한 비재생 에너지 자원이 빠르게 고갈되고 있다는 결론에 도달하게 된다. 실제로 불

에너지 '생산'은 어떤 형태의 에너지를 보다 유용한 형태로 변환하는 것을 말한다. 예를 들어 석유 생산은 석유를 펌핑, 운송, 정제하는 것을 의미한다. 에너지 '소비'는 에너지를 덜 유용한 형태로 바꾸는 방식으로 사용하는 것을 포함한다. 두 경우 모두 에너지는 생성되지도 파괴되지도 않는다.

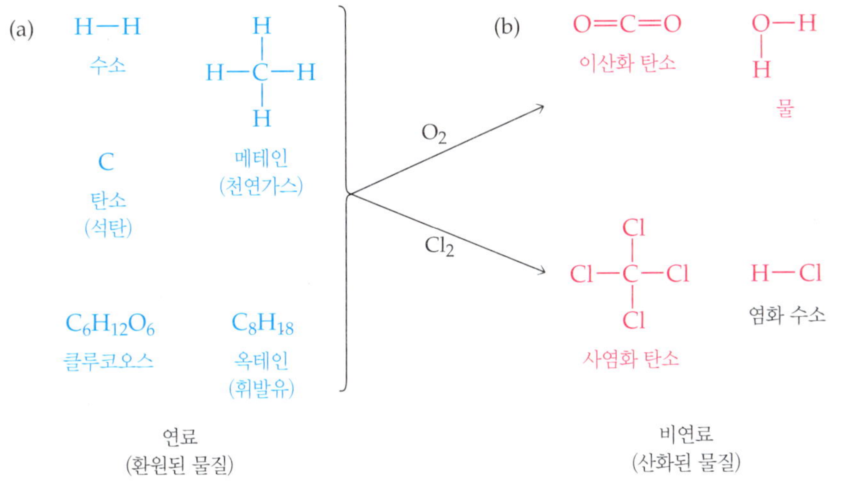

(a)

H—H
수소

H—C—H (메테인 구조식)
메테인
(천연가스)

C
탄소
(석탄)

$C_6H_{12}O_6$
글루코오스

C_8H_{18}
옥테인
(휘발유)

연료
(환원된 물질)

O_2 →

Cl_2 →

(b)

O═C═O
이산화 탄소

O—H (물 구조식)
물

Cl—C—Cl (사염화 탄소 구조식)
사염화 탄소

H—Cl
염화 수소

비연료
(산화된 물질)

▲ **그림 9.5** (a) 연료는 연소할 때 상대적으로 많은 양의 열을 방출하는 환원된 형태의 물질이다. (b) 비연료는 물질의 산화 형태인 화합물이다.

표 9.3 경제적으로 회수가능한 연료의 미국 및 세계 추정 매장량과 화석연료(화석) 연간 소비량

	매장량		연간 소비량	
연료	미국	세계	미국	세계
석탄 10억 톤	252	1139	0.37	3.66
석유 10억 배럴	48	1707	7.16	35.2
천연가스 1조 입방피트	308	6589	34.3	126

자료: 2017년 6월 세계 에너지에 대한 BP 통계 검토

과 한 세기 만에 우리는 수백만 년에 걸쳐 형성된 화석연료의 절반 이상을 사용할 것이다. 불과 몇 백 년만 더 지나면 지구에서 회수가능한 화석연료를 거의 모두 태워버릴 것이다. 지금까지 존재했던 모든 것 중 약 90%가 300년이라는 기간 동안 사용되었을 것이다.

현재 18세 청소년이 살아 있는 동안 사용할 천연가스와 석유는 너무 부족하고 비싸서 연료로 많이 사용되지 않을 것이다. 현재의 소비 속도라면 금세기 중 세계 석유와 천연가스의 매장량은 상당 부분 고갈될 것이다. 석탄 매장량은 약 300년 정도 지속될 수 있지만, 미국에서는 재생 에너지원이 증가하면서 석탄 사용량이 감소하고 있다. 그러나 개발도상국에서는 모든 화석연료의 사용 증가율이 증가하고 있다. 아마도 화석연료는 여전히 자연에서 형성되고 있으며, 그 과정은 토탄 습지에서 가장 잘 드러날 것이다. 형성 속도는 매우 느리며, 연료 사용 속도의 5만 분의 1에 불과한 것으로 추정된다.

21세기에 사용할 수 있는 주요 에너지원을 비교할 때, 다양한 사용자 부문(수송, 산업, 주거 및 상업, 전력 발전소)이 각각 다른 유형의 에너지원을 사용하고 있다는 점은 주목할 만하다. 그림 9.6에는 화석연료 외에 원자력 발전소와 재생 에너지원이 수십억 kWh 단위의 에너지 생산량(그림 9.6a)과 총 에너지 생산량(그림 9.6b) 측면에서 모두 에너지 집계에 중요한 기여를 하고 있음을 알 수 있다.

각 주요 에너지 공급원에 대해 좀 더 자세히 살펴보자.

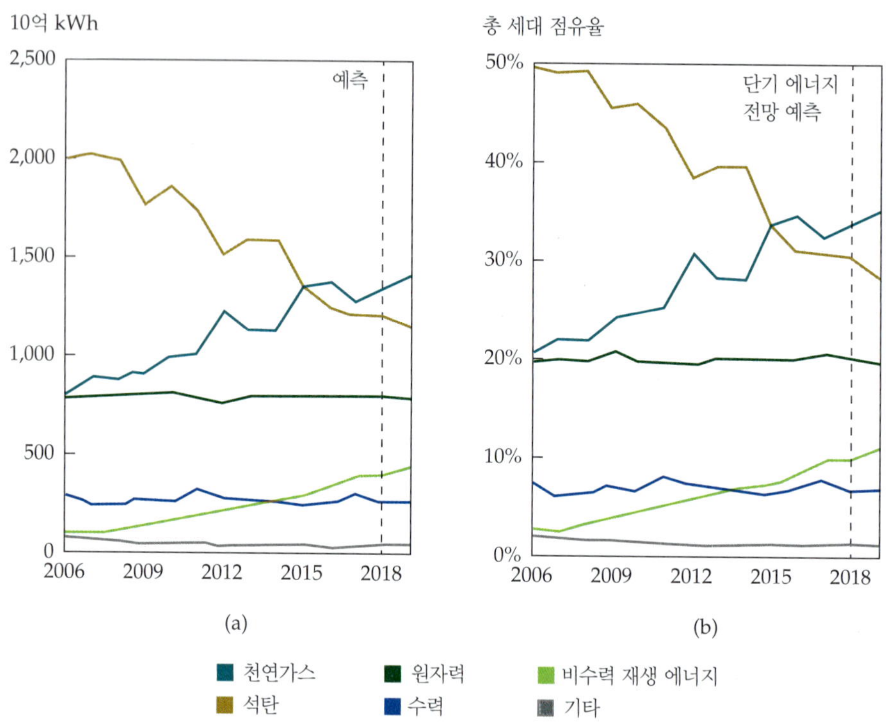

▶ **그림 9.6** 미국에너지정보청은 발전용 석탄 사용은 계속 감소하고, 천연가스 사용은 프래킹 기술로 발견된 새로운 공급원으로 인해 다소 늘어날 것으로 전망했다. 풍력 발전 사용은 크게 증가하겠지만, 원자력과 수력 발전은 적어도 가까운 미래에는 안정적으로 유지될 것이다.

출처: U.S. Energy Information Administration, *Short-Term Energy Outlook*.

자가평가문제

1. 석탄, 석유, 천연가스를 화석연료라고 부르는 이유는 무엇인가?

a. 태워 에너지를 방출한다.

b. 재생 불가능하며 소진된다.

c. 대기 오염을 유발한다.

d. 고대 식물과 동물의 유골에서 수천 년에 걸쳐 형성되었다.

2. 현재 소비율을 기준으로 가장 오래 지속될 것 같은 화석연료는 무엇인가?

a. 천연가스 **b.** 원유

c. 석탄 **d.** 토탄

3. 다음 중 연료가 아닌 것은 무엇인가?

a. C **b.** $CH_3CH_2CH_3$

c. CH_3CH_2OH **d.** CO_2

4. 연료에 대한 설명으로 옳은 것은 무엇인가?

a. 탄소 화합물 **b.** 탄화수소

c. 산화된 형태의 물질 **d.** 물질의 감소된 형태

5. 미국의 석탄 매장량은 전 세계 매장량의 몇 퍼센트인가?

a. 2% **b.** 10.7%

c. 31% **d.** 25%

6. 다음 중 옳지 않은 내용은 무엇인가?

a. 석유를 가장 적게 사용하는 곳은 전력 발전소이다.

b. 천연가스 공급은 산업용, 주거용, 발전용이 거의 비슷한 양으로 사용되고 있다.

c. 석탄은 네 가지 주요 사용자 부문 모두에서 사용된다.

d. 원자력은 주로 전력 생산에 사용된다.

정답: 1. d, 2. c, 3. d, 4. d, 5. d, 6. c

9.6 석탄: 탄소 암석을 대표하는 시대

학습 목표 • 연료로서 석탄의 기원, 장점, 단점을 나열한다.

선사 시대부터 사람들은 소량의 석탄을 사용했을 것이다. 증기기관이 널리 보급된 후(1850년경), 산업 혁명은 대부분 석탄에 의해 추진되었다. 1900년에는 전 세계 에너지 생산량의 약 95%가 석탄 연소를 통해 생산되었다. 오늘날 석탄은 전 세계 에너지 생산량의 약 27%를 공급

표 9.4 다양한 유형의 석탄의 주요 성분(부성분에는 휘발성 물질과 황이 포함됨)

연료 유형	탄소	물	재(무기물)
갈탄	25%에서 35%	35%에서 66%	6%에서 20%
아역청탄	35%에서 65%	13%에서 30%	10%에서 15%
역청탄	65%에서 85%	5%에서 10%	3%에서 12%
무연탄	85%에서 95%	< 5%	2%에서 8%

출처: Diessel, F. K. *Coal-Bearing Depositional Systems*. New York: Springer-Verlag, 1992.

한다.

석탄(coal)은 화석연료이다. 약 3억 6,000만 년에서 3억 년 전인 석탄기에 자란 거대한 양치류, 갈대, 풀 등이 묻혀 오랜 세월을 거쳐 오늘날 우리가 태우는 석탄으로 변했다. 석탄은 연소하는 유기 물질과 재를 생성하는 무기 물질이 복합체로 결합된 것이다. 석탄은 주로 탄소, 물, 기타 무기 물질로 구성되어 있다. 석탄의 품질은 탄소 함량과 기타 원소에 따라 결정된다.

탄소가 완전히 연소하면 이산화 탄소가 생성된다.

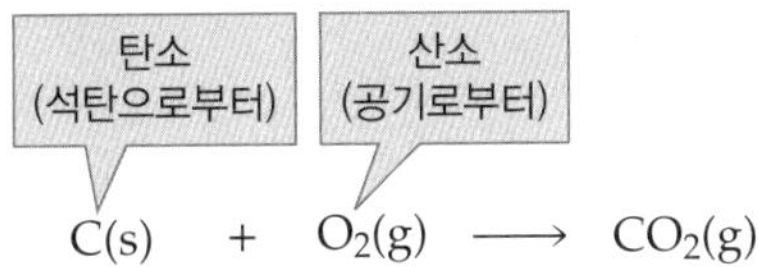

$$C(s) + O_2(g) \longrightarrow CO_2(g)$$

그러나 제한된 양의 공기에서 연소가 일어나면 일산화 탄소와 그을음이 발생한다. 그을음은 대부분 연소되지 않은 탄소이다.

$$2\,C(s) + O_2(g) \longrightarrow 2\,CO(g)$$

석탄은 탄소 함량에 따라 저급 토탄과 갈탄부터 고급 무연탄까지 등급이 매겨진다(표 9.4). 석탄에서 얻는 에너지는 탄소 함량에 거의 비례한다. 연탄(유연탄)은 경탄(무연탄)보다 훨씬 더 풍부하다. 고급 석탄의 공급이 고갈됨에 따라 갈탄과 토탄의 중요성이 점점 더 커지고 있다.

오늘날 존재하는 석탄 매장지의 역사는 3억 년이 되지 않았다. 수백만 년 동안 지구는 지금보다 훨씬 더 따뜻했고 식물 생명체가 번성했다. 대부분 식물은 탄소 순환에서 정상적인 역할을 수행하며 살고, 죽고, 썩었다(그림 9.7). 그러나 일부 식물 물질은 진흙과 물 속에 묻혔다. 그곳에서 산소가 없는 상태에서 부분적으로만 부패했다. 식물의 구조 물질은 주로 셀룰로스 $[(C_6H_{10}O_5)_n]$이다. 압력이 증가함에 따라 물질이 더 깊숙이 묻히면서 셀룰로스 분자가 분해되었다. 수소와 산소가 풍부한 작은 분자는 빠져나와(대부분 물로) 탄소가 점점 더 풍부한 물질을 남겼다.

따라서 토탄은 부분적으로만 전환된 미성숙 석탄으로 식물 줄기와 잎이 선명하게 보인다. 반면 무연탄은 거의 완전히 탄화되었다. 대부분 석탄에는 측정가능한 수분 함량이 있다.

풍부하지만 불편한 연료

석탄은 가장 풍부한 화석연료이다. 미국은 전 세계 매장량의 약 4분의 1을 보유하고 있다. 미국의 전력회사들은 매년 5억 톤 이상의 석탄을 연소하여 1조 2,000억 kWh(전체의 30% 미만)의 전력을 생산한다.

고체인 석탄은 사용하기 불편하고 구하기도 위험한 연료이다. 석탄 채굴은 세계에서 가장 위험한 직업 중 하나로 20세기에만 미국에서 사고와 흑색 폐 질환 등으로 10만 명이 넘는 사망자

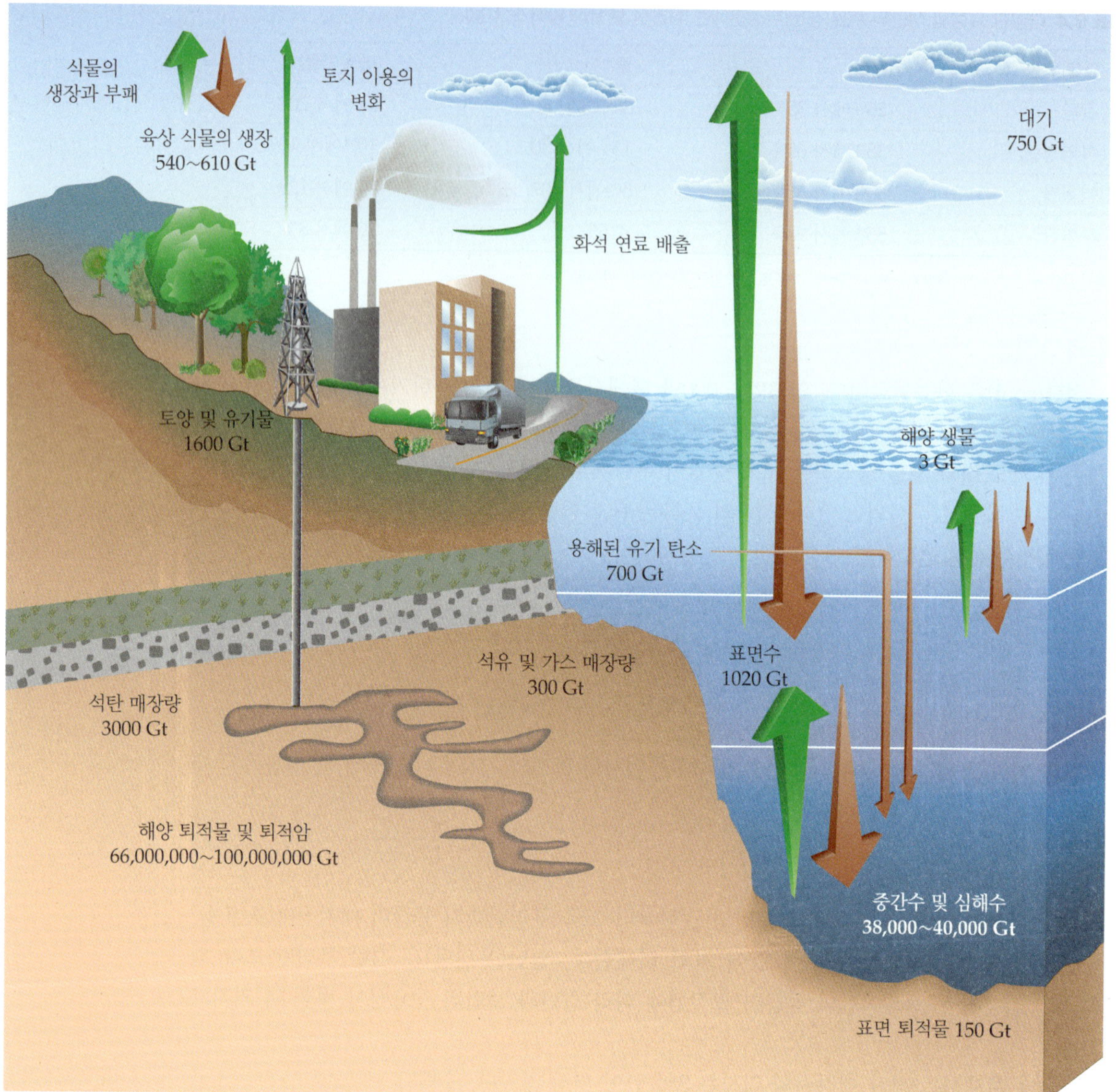

▲ **그림 9.7** 탄소 주기. 숫자는 각 위치에 있는 탄소의 양을 기가톤(1 Gt = 10^9 t) 단위로 나타낸다. 화살표는 주기에 탄소의 일반적인 이동 방향을 나타낸다.

가 발생했다. 노천 채굴은 효율적이지만 넓은 지역을 황폐화시킬 수 있다. 석탄은 기차, 바지선, 트럭을 통해 발전소와 공장으로 운반되어 사용된다.

석탄 연소로 인한 오염 억제

석탄이 연소하면 탄소는 기체 상태의 이산화 탄소로 변한다. 그러나 천연가스나 액체 석유와 달리 고체 석탄에는 석탄이 연소할 때 재로 남는 무기질이 포함되어 있다. 석탄이 탈 때 생긴 재의 일부는 입자상 물질로 공기 중에 유입되어 공기 중 수은을 포함한 주요 대기 오염 문제를 일으킬 수 있다.

이산화 황은 석탄의 주요 오염 물질이다. 그 이유는 석탄의 상당 부분이 황을 많이 함유하고 있기 때문이다. 석탄이 연소할 때 유황도 함께 연소하여 질식성 가스인 이산화 황을 형성한다. 이산화 황은 공기 중의 수분과 반응하여 황산을 형성하여 금속 구조물, 대리석 건물 및 동상, 사람의 폐를 손상시킨다. 이산화 황은 공기 중에서 더 산화되어 삼산화 황을 형성하고, 공

(a)

(b)

◀ 노천 채굴은 광활한 식생 지역을 드러낸다. 노출된 토양이 씻겨 내려가 하천을 진흙과 미사로 가득 채운다. 미국 법은 최근 대부분 채굴 지역을 고비용으로 복원하도록 요구하고 있다. 안타깝게도 이러한 법이 통과되기 전에 많은 피해가 발생했다. 이 사진은 테네시주 모건카운티의 스트립 광산 현장을 보여준다. (a) 1963년 버려진 광산, (b) 1971년 시범 프로젝트를 통해 매립된 후의 지역

기 중의 수분과 반응하여 황산을 형성할 수 있다. 황산과 황산은 산성비의 주성분이다.

이 문제를 해결하기 위해 대부분 굴뚝에서 배출되는 가스는 먼저 미립자 필터를 통과한다. 그런 다음 잔류 가스는 분사된 물의 미세한 안개인 스크러버를 통과하여 이산화 황과 반응한 후 대기 중으로 방출된다. 산성수를 석회석으로 처리하는 것이 최종 중화 단계이다.

석탄을 연소하기 전에 '청소'하는 것도 석탄 연소로 인한 대기 오염을 줄이기 위한 또 다른 선택이다. 석탄의 주요 황 공급원인 황철광(FeS_2)은 석탄 자체보다 밀도가 3~4배 높기 때문에 석탄 분쇄 후 더 무거운 무기질을 분리하기 위해 부양법을 사용한다.

석탄은 단순한 연료 그 이상이다. 공기가 없는 상태에서 열을 가하면 휘발성 물질이 날아가면서 대부분 탄소로 이루어진 **코크스**(coke)라는 생성물이 남는데, 이 코크스는 철강 생산에 환원제로 사용된다. 휘발성 물질이 더 많이 응축되면 액체 석탄유와 **콜타르**(coal tar)라는 끈적한 혼합물이 되는데, 이 두 가지 모두 의료용 및 산업용 유기 화학 물질의 공급원이 된다.

자가평가문제

1. 다음 중 석탄의 출처는 무엇인가?
a. 미세한 해양 생물
b. 바다 밑의 압축 무기질
c. 분해된 식물
d. 기타 무기질

2. 석탄이 주로 탄소인 이유는 무엇인가?
a. 식물은 세포에 이산화 탄소가 있다.
b. 식물은 주로 C, H, O의 화합물인 셀룰로스가 주성분이다.
c. 식물은 주로 단백질이다.
d. 모든 생명체에는 탄소가 들어 있다.

3. 고체 연료를 분석한 결과 탄소가 87%로 나타났다. 가장 가능성이 높은 것은 무엇인가?
a. 무연탄 **b.** 유연탄 **c.** 토탄 **d.** 목재

4. 석탄이 연소되면 무기 성분은 어떤 형태로 남는가?
a. 연료 가스 **b.** 고체 유황 화합물 **c.** 재 **d.** 유기 물질

5. 주요 대기 오염 물질인 대기 중의 황 산화물에 가장 많이 영향을 미치는 화석연료는 무엇인가?
a. 석탄 **b.** 천연가스 **c.** 석유 **d.** 프로페인

6. 석탄 부유선별법은 어떤 물성을 기반으로 하는가?
a. 밀도 **b.** 정전기적 침전 **c.** 녹는점 **d.** 온도

정답: 1. c, 2. b, 3. b, 4. c, 5. a, 6. a

9.7 천연가스 및 석유

학습 목표 • 천연가스와 석유의 특징, 장점, 단점을 나열한다.

▲ 일반 모래와 파쇄 모래. 왼쪽의 모래는 일반적이고 다양한 입자로 구성되어 있지만 오른쪽의 파쇄 모래는 작고 둥근 석영 입자로 구성되어 있으며 노스다코타, 미네소타, 위스콘신, 아이오와주에서 광범위하게 발견된다. 이 이미지의 곡식 크기는 약 0.50 mm이다.

천연가스와 석유는 모두 살아 있는 미생물의 잔해가 혐기성 분해를 통해 형성된 탄화수소로 구성되어 있다. 이 유해는 수백만 년 전에 바다 밑바닥에 가라앉았다. 유기물은 진흙층 아래에 묻혀 오랜 세월 동안 고온과 고압에 의해 기체 및 액체 탄화수소로 전환되었다.

천연가스와 석유(흔히 '원유'라고도 함)는 자연에서 서로 가까운 곳에서 발견되는 경우가 많다. 천연가스는 불투과성 암석으로 덮인 지질 구조에 갇혀 있다. 천연가스는 가스가 매장된 지층에 시추공을 뚫어 제거한다. 오늘날 미국에서 사용되는 천연가스의 약 90%는 지하 5,000피트 이하의 셰일 지층에서 **수압 파쇄**(hydraulic fracturing), 즉 **프래킹**하여 얻는다. 최근까지 프래킹은 주로 화학적으로 처리된 물을 고압으로 암석층에 주입하는 방식으로 이루어졌다. 파쇄된 암석은 가스를 방출한다.

최근에 개발된 셰일 지층의 균열을 여는 방법은 미세한 규소 모래(흔히 **파쇄 모래**라고 함)를 사용하여 균열에서 액체와 기체가 쉽게 흘러 나올 수 있도록 하는 것이다. 주요 석유 또는 천연가스 유정 하나에는 수천 톤의 모래가 필요할 수 있으므로 최근 몇 년 동안 중서부 여러 주에서 특수 모래 채굴이 주요 산업으로 자리 잡았다. 이러한 산업 발전은 에너지 업계가 대규모 채굴장을 설립하려는 미국의 소도시에서 많은 논란을 불러일으켰다. 파쇄 모래의 사용량은 2017년 초에 정점을 찍었고, 현재는 부분적으로 모래의 비용 증가와 풍력과 같은 재생 에너지원의 사용 증가로 인해 약간 감소하고 있다. 특히 오클라호마, 노스다코타 등 중서부 지역과 캐나다 브리티시컬럼비아주에서는 프래킹이 해당 지역의 지진 활동을 증가하는 것으로 밝혀져 논란이 가중되고 있다.

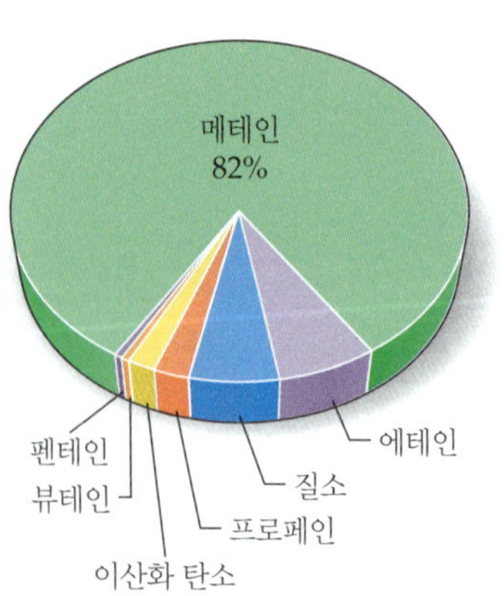

▲ 전형적인 천연가스의 구성에 대한 대략적인 설명이다. 천연가스는 대부분 메테인이며 소량의 다른 탄화수소, 질소, 기타 가스가 포함되어 있다.

천연가스

천연가스(natural gas)는 주로 메테인으로 구성되어 있으며, 미국 내 상당수의 가정에서 사용되는 화석연료 중 가장 깨끗한 연료이다. 이 기체 화석연료의 미량 성분은 매우 다양하다. 북미에서 파이프라인 천연가스 공급에는 83~95%의 메테인, 2~6%의 에테인, 1~2%의 프로페인, 소량의 뷰테인과 펜테인이 포함될 수 있다. 천연가스는 비교적 깨끗한 불꽃으로 연소하며 생성물은 주로 이산화 탄소와 물이다.

$$CH_4(g) + 2\,O_2(g) \longrightarrow CO_2(g) + 2\,H_2O(g) + \text{열}$$

불충분한 공기에서 천연가스를 연소하면 주요 생성물인 일산화 탄소와 그을음이 만들어진다.

$$2\,CH_4(g) + 3\,O_2(g) \longrightarrow 2\,CO(g) + 4\,H_2O(g)$$
$$CH_4(g) + O_2(g) \longrightarrow C(s) + 2\,H_2O(g)$$

땅에서 나오는 가스에는 종종 질소(N_2), 황 화합물, 기타 물질이 불순물로 포함되어 있다. 공기 중의 모든 연소와 마찬가지로 일부 질소 산화물이 형성된다.

▲ 천연가스는 비교적 깨끗한 불꽃으로 연소한다.

대부분 천연가스는 연료로 사용되며 전 세계 에너지 소비의 약 23%를 공급하지만, 중요한 원료이기도 한다. 북미에서는 2~4개의 탄소로 이루어진 알케인(4-탄소)의 일부가 나머지 천연가스에서 분리된다. 에테인과 프로페인은 촉매로 열을 가하여 분해하면 에틸렌과 프로필렌을 형성할 수 있다. 이러한 알켄은 폴리에틸렌, 폴리프로필렌 플라스틱(5장), 기타 여러 유용한 상품을 만드는 데 사용되는 원료이다. 천연가스는 또한 메탄올과 다른 많은 유기 화합물을 만드는 원료이다. 다른 화석연료와 마찬가지로 천연가스의 공급은 제한되어 있지만(표 9.3 참조), 미국에서는 천연가스 사용이 증가하고 있는 반면에 석탄 사용은 감소하고 있다.

석유: 액체 탄화수소

석유(petroleum)는 매우 복잡한 검은색의 점성이 큰 유기 화합물 혼합물로, 브라질 원유의 한 시료에서는 17,000가지 화합물이 분리되었다. 대부분은 알케인, 사이클로알케인, 방향족 화합물 등 탄화수소이다. 이러한 화합물이 완전히 연소하면 이산화 탄소와 수증기가 생성된다.

석유 확보 및 정제

원유는 액체이기 때문에 운반하기 편리한 형태이다. 석유는 송유관을 통해 쉽게 운반되거나, 거대한 유조선으로 바다를 건너 수송된다. 지하에서 석유를 처음 퍼올릴 때는 에너지가 거의 들지 않지만, 점차 석유가 빠져나갈수록 남은 석유는 점점 더 추출하기 어려워진다.

원유는 땅에서 나오기 때문에 그 용도가 제한적이다. 우리의 필요에 더 적합하게 만들기 위해 분별 증류탑에서 열을 가하여 분획으로 분리한다(그림 9.8). 석유 매장지에는 거의 항상 천연가스가 동반되어 있으며, 그 일부 또는 전체도 분리 과정을 거친다. 끓는점이 낮은 가벼운 탄화수소 분자들은 증류탑의 윗부분에서 분리되고, 반대로 끓는점이 높은 무거운 탄화수소(표 9.5)는 탑의 아래쪽에서 분리된다.

오늘날 휘발유의 중요성이 매우 크기 때문에, 분별 증류탑에서 더 높은 온도에 끓는 원유의 일부 성분은 크래킹 과정을 통해 휘발유로 전환된다. $C_{14}H_{30}$을 예로 들어 이 과정을 그림 9.9에 설명했다.

석유를 분해하면 일부 큰 분자가 휘발유 범위(C_5H_{12}~$C_{12}H_{26}$)의 분자로 전환될 뿐만 아니라 플라스틱, 살충제, 제초제, 향수, 방부제, 진통제, 항생제, 각성제, 우울제, 염료, 세제를 포함한 다양하고 유용한 부산물, 즉 다양한 특성을 가진 놀라운 물질이 생산된다. 미래에는 휘발유

4 '파쇄 모래'란 무엇이며, 일반 해변 모래와 어떻게 다른가?

모래라고 해서 모두 같은 모래가 아니다. 일반적으로 모래는 다양한 색상, 크기, 조성을 가진 작은 입자들이 섞여 있다. '파쇄 모래'는 95%가 이산화 규소(석영)이며, 지름이 약 0.4~0.8 mm인 둥근 입자이다.

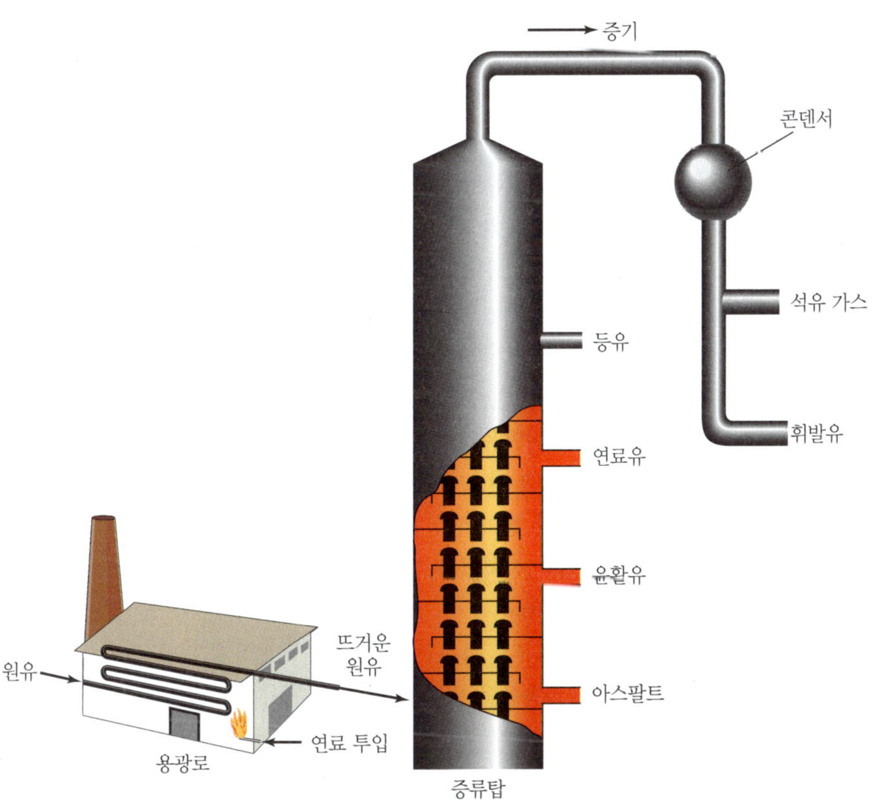

◀ **그림 9.8** 석유의 분별 증류 과정. 원유는 먼저 가열되어 기화되고, 증류탑에서는 각 성분이 끓는점의 차이에 따라 분리된다. 끓는점이 낮은 성분들은 탑의 상부까지 도달하고, 끓는점이 높은 성분들은 더 아래쪽에서 분리된다. 가장 휘발성이 낮은 잔류물은 탑의 맨 아래 부분에 남게 된다.

표 9.5 전형적인 석유 성분

성분	탄화수소의 일반적인 크기 범위	끓는점의 대략적인 범위(℃)	일반적인 용도
가스	CH_4~C_4H_{10}	40 미만	연료, 플라스틱 원료
휘발유	C_5H_{12}~$C_{12}H_{26}$	40~200	연료, 용매
등유	$C_{12}H_{26}$~$C_{16}H_{34}$	175~275	디젤 연료, 제트 연료, 휘발유 제조를 위한 크래킹
난방유	$C_{15}H_{32}$~$C_{16}H_{34}$	250~400	산업용 및 가정용 난방, 휘발유 제조를 위한 크래킹
윤활유, 그리스	$C_{17}H_{36}$ 이상	300 이상	윤활제
잔여물	$C_{20}H_{42}$ 이상	350 이상	파라핀, 아스팔트

▶ **그림 9.9** 등유의 전형적인 분자 $C_{14}H_{30}$이 분해될 때 형성될 수 있는 몇 가지 생성물의 공식이다. 실제로는 다양한 탄화수소(대부분 탄소 원자 수가 15개 미만), 수소 가스, 목탄(대부분 원소 탄소)이 형성된다. 고리형 및 분지 사슬 탄화수소도 생산된다.

$$CH_3CH_2CH_2CH_2CH_2CH_2CH_2CH_2CH_2CH_2CH_2CH_2CH_2CH_3 \xrightarrow[\text{촉매}]{\text{열}}$$

$$CH_3CH_2CH_2CH_2CH_2CH_2CH_2CH_2CH_2CH_2CH_2CH_3 + CH_2{=}CH_2$$

그리고

$$CH_3CH_2CH_2CH_2CH_2CH_2CH_2CH_2CH_2CH_2CH_3 + CH_3CH{=}CH_2$$

그리고

$$CH_3CH_2CH_2CH_2CH_2CH_2CH_2CH_3 + CH_3CH_2CH_2CH_2CH{=}CH_2$$

기타 등

자동차가 단계적으로 퇴출되더라도 석유 성분으로 만들 수 있는 다양한 소모품에 석유는 여전히 중요할 것이다.

휘발유

현재 가장 수요가 많은 석유 생성물은 일반적으로 휘발유이다. 내연기관의 발달과 함께 석유는 점점 더 중요해졌고, 1950년에는 석탄을 주요 연료로 대체했다. 자동차의 발명으로 현대 문화는 완전히 바뀌었다. 오늘날 전 세계에는 10억 대가 넘는 휘발유 자동차가 사용되고 있다.

휘발유(미국 외 지역에서는 흔히 '가솔린'이라고 함)는 그 원료가 되는 석유와 마찬가지로 주로 탄화수소의 혼합물이다. 상업용 휘발유에는 일반적으로 150개 이상의 화합물이 포함되어 있으며, 일부 혼합물에서는 최대 1000개의 화합물이 확인되었다. 탄화수소 중에 일반적인 휘발유 시료에는 직쇄 알케인, 가지형 알케인, 알켄, 고리형 탄화수소, 방향족 탄화수소가 포함되어 있다. 휘발유에는 또한 노킹 방지제, 항산화제, 방청제, 결빙 방지제, 상부 실린더 윤활제, 세제, 염료 등 다양한 첨가제가 포함되어 있다. 휘발유에 사용되는 전형적인 알케인의 범위는 C_5H_{12}에서 $C_{12}H_{26}$이다. 또한 소량의 황함유 및 질소함유 화합물도 존재한다.

휘발유 엔진은 다소 비효율적이며 휘발유 연소는 대기 오염에 크게 기여한다. 휘발유 연소는 지구 기후 변화를 유발하는 주요 이산화 탄소 배출원이다. 천연가스와 마찬가지로 이러한 물질이 완전 연소되면 주로 이산화 탄소와 물이 생성된다. 불완전 연소는 일산화 탄소와 그을음을 생성한다. 휘발유의 연소는 또한 질소 산화물을 생성하므로 인구 밀도가 높은 도시는 종종 대기 중 높은 CO 및 NO_2 수준을 기록한다.

휘발유의 문제는 대기 오염만이 아니다. 석유 자원을 모두 소모하게 되면 플라스틱, 합성 섬유, 용제 등 앞에서 언급한 많은 생활용품을 비롯한 여러 가지 익숙한 물질들의 주요 공급원을 잃게 될 것이다.

전 세계적으로 석유는 여전히 풍부한 것으로 보인다(표 9.3 참조). 미국의 석유 매장량은

1972년 이후 감소했지만, 프래킹 기술의 발달과 미국 내 셰일 매장량이 더 많이 발견되면서 미국이 소비하는 석유 중 약 77%가 국내에서 생산되어 외국 석유에 대한 의존도가 줄어들고 있다. 해저 유전을 추가로 개발하거나 더 깊이 시추하면 석유 생산량을 늘릴 수는 있지만, 이는 육상 시추에 비해 훨씬 더 많은 에너지와 비용이 필요하다. 또한 석유가 풍부한 중동 지역의 정치적 사건들은 수년에 걸쳐 석유 가격의 큰 변동을 초래해왔다. 중동의 막대한 석유 매장량은 세계 에너지 공급에 중요한 영향을 미치는 요인으로 남을 것이다.

휘발유의 옥탄가 등급

내연기관 엔진에서는 점화 플러그가 '점화'되기 전에 휘발유-공기 혼합물이 점화되는 경우가 있다. 이를 노킹(knocking)이라고 하며 엔진이 손상될 수 있다. 초기에 과학자들은 일부 유형의 탄화수소, 특히 가지 구조를 가진 탄화수소가 직쇄 탄화수소보다 더 고르게 연소하고 노킹을 일으킬 가능성이 적다는 사실을 알게 되었다. 1927년에 **옥탄가**(octane rating)라는 임의의 성능 표준이 제정되었다. 아이소옥테인에는 옥탄가 100이 부여되었고, 직쇄 화합물인 헵테인에는 옥탄가 0이 부여되었다. 따라서 옥탄가 90의 휘발유는 아이소옥테인 90%와 헵테인 10%의 혼합물과 같은 성능을 보이는 연료를 의미한다.

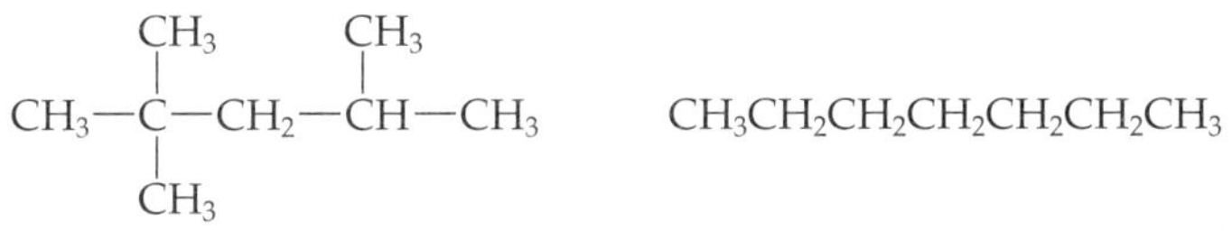

$$CH_3-\overset{\displaystyle CH_3}{\underset{\displaystyle CH_3}{\overset{|}{\underset{|}{C}}}}-CH_2-\overset{\displaystyle CH_3}{\overset{|}{C}H}-CH_3 \qquad\qquad CH_3CH_2CH_2CH_2CH_2CH_2CH_3$$

아이소옥테인
(옥탄가 100)

헵테인
(옥탄가 0)

1930년대에 화학자들은 황산(H_2SO_4) 또는 염화 알루미늄과 같은 촉매가 있는 상태에서 휘발유를 가열하여 옥탄가를 향상할 수 있다는 사실을 발견했다. 이렇게 하면 분기가 없는 일부 분자가 고도로 분기가 있는 분자로 **이성질체화**된다. 화학자들은 또한 작은 탄화수소 분자(휘발유의 크기 범위 이하)를 연료로 사용하기에 더 적합한 큰 분자로 결합할 수 있는데, 이를 **알킬화**라고 한다. 석유 정제소에서는 **촉매 개질**(catalytic reforming)을 사용하여 저옥탄 알케인을 고옥탄 방향족 화합물로 전환한다. 헥세인(옥탄가 25)은 벤젠(옥탄가 106)으로 전환할 수 있다.

무연 휘발유

휘발유 주유소의 펌프 중 하나에 '무연'이라고 표시된 이유는 무엇일까? 그 이유는 수십 년 전에 테트라에틸납 $Pb(CH_2CH_3)_4$이 휘발유 혼합물의 노크 방지 품질을 크게 향상하는 것으로 밝혀져 '납' 휘발유로 분류되었기 때문이다. 휘발유 1리터당 테트라에틸납을 1 mL(1000분의 1) 정도만 넣어도 옥탄가가 10 이상 높아진다. 물론 문제는 납이 함유된 가스가 연소될 때 자동차 배기관에서 납 원자가 배출되기 때문에, 오랫동안 납이 주요 대기 오염 물질이었다는 점이다. 안타깝게도 납은 현대 자동차에 사용되는 촉매 변환기도 오염시킨다. 미국에서는 1974년에 무연 휘발유가 출시되었고, 납이 함유된 휘발유는 자동차 연료에서 단계적으로 퇴출되었다. 그 이후로 미국에서는 대기 오염 물질인 납의 양이 99% 이상 감소했다. 그러나 멕시코, 중앙아메리카, 아프리카의 많은 국가에서는 여전히 납 휘발유가 선택 사항으로 남아 있다.

테트라에틸납을 대체한 옥테인 부스터로는 에탄올, 메탄올, 3차-뷰틸 알코올, 메틸 3차-뷰틸 에터(MTBE)가 있는데, 이 물질은 연방슈퍼펀드법에 따라 유해 물질로 지정되어 환경보호국(EPA)에서 잠재적 인체 발암물질로 간주하여, 2014년에 단계적으로 사용이 금지되었다. 이

중 옥탄가를 높이는 데 테트라에틸납만큼 효과적인 물질은 없다.

에탄올은 흔하고 중요한 휘발유 첨가제가 되었다. EPA는 2001년 이후에 제작된 자동차의 휘발유(E15 연료)에 최대 15%의 에탄올을 허용하고 있다. 일부 주에서는 모든 휘발유에 10%의 에탄올을 포함하도록 요구한다. 대부분 에탄올은 옥수수에서 생산되기 때문에 휘발유에 에탄올을 사용하는 것은 논란의 여지가 있는데, 미국 중부 지역에서 재배되는 옥수수의 대부분은 경쟁 용도인 자동차 엔진에서 연소하기 위해 에탄올로 만들어지기보다는 가축 사료로 사용되기 때문이다. 브라질은 사탕수수에서 설탕을 발효하여 만든 에탄올을 광범위하게 사용한다.

탄화수소로만 구성된 휘발유와 달리 옥탄가 향상제로 사용되는 알코올들은 모두 산소를 함유하고 있다. 따라서 이러한 물질들은 **옥시지네이트**(oxygenate)라고 불리기도 한다. 이러한 첨가제는 옥탄가를 향상할 뿐만 아니라 자동차 배기가스 내 일산화 탄소의 양을 감소하는 역할도 한다. 옥시지네이트의 단점은 부분적으로 산화된다는 것이다. 따라서 에너지 함량이 순수 탄화수소 연료보다 낮기 때문에 한 탱크당 자동차가 주행할 수 있는 거리가 다소 짧아진다.

차량용 대체 연료

자동차 엔진은 거의 모든 액체 또는 기체 연료로 작동하도록 만들 수 있다. 오늘날 도로에는 천연가스, 프로페인, 디젤 연료, 연료 전지, 수소, 심지어 패스트푸드점에서 사용한 기름으로 구동되는 자동차도 있다.

차량용 디젤 연료는 석유의 등유 성분과 겹치며(표 9.5 참조), 주로 C_9~C_{20} 탄화수소로 구성되어 있다. 디젤 연료는 휘발유보다 직쇄 알케인의 비율이 더 높다. **세탄가**(cetane number)라고 하는 성능의 기준은 헥사데케인($C_{16}H_{34}$)을 기준으로 한다. 일부 개조되지 않은 디젤 엔진에는 **바이오디젤**이라는 재생가능한 연료를 사용할 수 있다. 바이오디젤은 에탄올과 식물성 기름 및 동물성 지방을 반응시켜 만들어진다.

미국에서 플렉시블 연료 차량(FFV)은 에탄올 85%와 휘발유 15%로 구성된 연료인 E85 휘발유로 작동하도록 설계되었다. E85 연료의 가격은 일반적으로 일반 휘발유보다 저렴하지만, 연비는 더 나쁘다. 에탄올 단독 또는 휘발유와의 혼합은 에너지 문제에 대한 해답이 될 수 없다.

휘발유와 전기를 모두 사용하는 전기 자동차는 거의 10년 동안 인기를 끌었다. 전력망에 연결할 수 있는 순수 전기 자동차는 미래의 자동차가 될 수 있다. 현재 순수 전기 자동차의 단점은 초기 비용(비슷한 휘발유 자동차보다 높음), 약 10만 마일 주행 후 리튬 배터리 교체 비용이 매우 높다는 점, 100~200마일 주행 후 배터리 재충전에 필요한 시간, 편리한 충전소가 충분하지 않다는 점 등이 있다. 그러나 공학적 개선으로 순수 전기 자동차의 가격은 낮아지고, 재충전이 필요하기 전 주행 가능 거리가 늘어나고, 충전소 수가 증가하고 있다. 특히 일반 차량을 주차하기 어렵고 비용이 많이 드는 고밀도 도시에서 전기 구동 오토바이가 훨씬 더 보편화되고 있다. 대만에서는 일주일에 한 번 정도 배터리를 충전해야 하며, 배터리 교환 시설에서 몇 분 안에 쉽게 배터리를 교체할 수 있는 전기 오토바이가 매우 인기가 있다.

자가평가문제

1. 천연가스의 주요 구성 성분은 무엇인가?

a. CH_4
b. $CH_3CH_2CH_3$
c. C_6H_6
d. CH_3OH

2. 가장 깨끗하고 구성이 단순한 화석연료는 무엇인가?

a. 석탄
b. 공급원에 따라 다름
c. 석유
d. 천연가스

3. 크래킹의 용도는 무엇인가?
   a. 무거운 분수를 가벼운 분수로 변환하기
   b. 옥탄가 등급 향상
   c. 유황 제거
   d. 다양한 분수 분리

4. 알킬화 작용에 대한 설명으로 옳은 것은 무엇인가?
   a. 더 가벼운 분수를 더 무거운 분수로 변환한다.
   b. 아스팔트 수율 향상
   c. 유황 제거
   d. 다양한 분수를 구분한다.

5. 이성질체화는 무엇을 변환하는 데 사용되는가?
   a. 알코올에서 에터로
   b. 분지 알케인 분자를 직쇄 알케인 분자로
   c. 헥세인에서 아이소옥테인으로
   d. 직쇄 분자에서 분지 분자로

6. 촉매 개질 변환기에 대한 설명으로 옳은 것은 무엇인가?
   a. 분지 분자를 직쇄 분자(직선 사슬 분자)로 전환
   b. 저옥탄가 연료를 고옥탄가 연료로 전환
   c. 직쇄 분자에서 방향족 분자로 전환
   d. 직쇄 분자에서 분지 분자로의 전환

7. 휘발유의 옥탄가는 연료의 열량과 어떤 관련이 있는가?
   a. 옥테인(C_8H_{16}) 농도
   b. 에너지 함량(kcal)
   c. 에너지 등급
   d. 노킹을 유발하는 경향

8. 대부분 주유소에서 제공하거나 판매하는 자동차 연료는 무엇인가?
   a. 에탄올 15%, 휘발유 85%
   b. 에탄올 10%, 휘발유 90%
   c. 아이소옥탄 90%, 에탄올 10%
   d. 에터 10%, 옥테인 90%

9. 파쇄 모래의 사용을 포함한 수압 파쇄 기술로 인해 지난 몇 년 동안 매장량이 최소 30% 증가한 것은 무엇인가?
   a. 석탄 b. 생물량
   c. 휘발유 d. 천연가스

정답: 1.a, 2.d, 3.a, 4.a, 5.d, 6.c, 7.d, 8.b, 9.d

9.8 편리한 에너지

학습 목표 • 기체 연료와 액체 연료가 고체 연료보다 사용하기 편리한 이유를 설명한다.

연료의 편의성은 물리적 상태에 따라 달라진다. 기체와 액체는 편리하지만, 고체는 훨씬 그렇지 못하다. 가장 편리한 에너지 형태는 아마도 전기일 것이다. 우리는 전기를 사용하여 조명과 온수를 공급하고 모든 종류의 모터를 작동시킬 수 있다. 집과 직장의 냉난방에 열을 공급하는 데도 사용할 수 있다. 따라서 미래의 에너지원을 살펴볼 때 대부분 전기를 생산하는 방법에 주목한다. 하지만 석탄을 태워 전기를 만들면 어떤 이점이 있을까? 간단한 답은 없다.

어떤 연료든 연소시켜 물을 끓일 수 있고, 생성된 증기로 터빈을 돌려 전기를 생산할 수 있다. 그림 9.10은 석탄 연소 증기 발전소를 보여준다. 현재 미국 전기 에너지의 약 30%는 석탄 연소 발전소에서 생산된다(그림 9.11). 이러한 시설의 효율은 기껏해야 약 40%에 불과하다. 따라서 일부 전력 설비는 건물을 데우기 위해 폐열을 사용하지만, 화석연료 에너지의 약 60%가 열로 낭비된다.

석탄 가스화 및 액화

석탄은 가스나 기름으로 전환할 수 있다. 가스와 석유가 부족할 때 석탄으로 만들면 어떨까? 이 기술은 오래전부터 사용되어 왔다. 가스화 및 액화에는 몇 가지 장점이 있다. 기체와 액체는 운반하기 쉽고, 전환 과정에서 유황과 무기질이 많이 남기 때문에 연료로서 석탄의 심각한 단점을 완화할 수 있다.

석탄을 합성 가스 연료로 전환하는 기본 과정은 수소에 의한 탄소 환원이다. 뜨거운 숯 위에 증기를 통과시키면 수소와 일산화 탄소의 혼합물인 **합성 가스**(synthesis gas)가 생성된다.

$$C(s) + H_2O(g) \longrightarrow CO(g) + H_2$$

▶ **그림 9.10** 석탄을 태우는 발전소가 어떻게 전기를 생산하는지 보여주는 그림

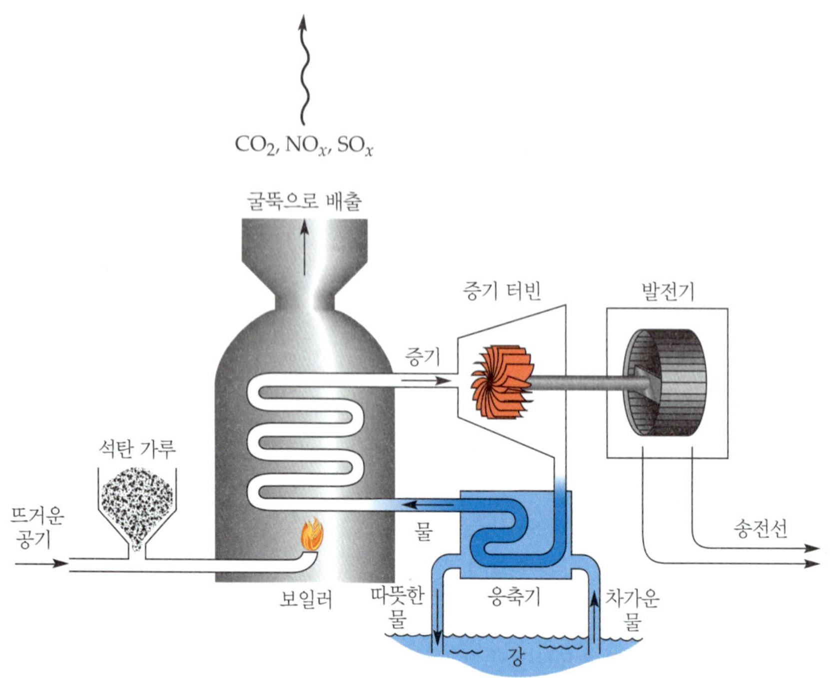

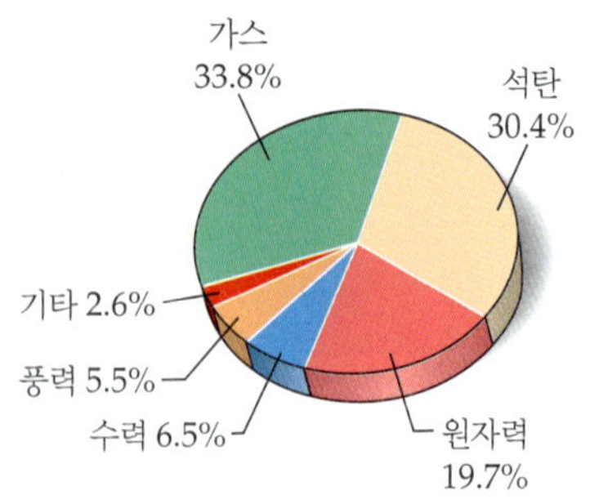

▲ **그림 9.11** 2017년에 보고된 미국의 다양한 에너지 공급원별 전력 발전량 비율

출처: 미국 에너지 정보국

수소는 석탄이나 다른 물질의 탄소를 메테인으로 바꾸는 데 사용할 수 있다. 석탄은 또한 합성 가스를 통해 메탄올로 전환할 수 있는데, 이는 모든 단계에 촉매가 필요한 다단계 공정이다. 모든 과정 하나하나가 결국 비용을 증가한다.

석탄의 가스화 및 액화 모두 많은 에너지가 필요하며, 전환 과정에서 석탄의 에너지 함량 중 최대 3분의 1이 손실된다. 석탄에서 추출한 액체 연료는 불포화 탄화수소와 황, 질소, 비소 화합물 함량이 높다. 연소 생성물에는 많은 양의 물이 필요하지만, 이를 사용할 수 있는 대규모 석탄 매장지는 건조한 지역에 있다. 게다가 이러한 과정은 지저분하다. 엄격한 안전장치가 없다면 전환 공장은 공기와 물 모두를 심각하게 오염시킬 것이다. 또한 석탄 전환은 많은 입자상 물질을 생성한다.

자가평가문제

1. 미국에서 생산되는 전기 중 석탄 발전소에서 나오는 전기는 몇 퍼센트인가?

a. 20% **b.** 30% **c.** 40% **d.** 80%

2. 천연가스가 운송되는 주요 방법은 무엇인가?

a. 원양 유조선 **b.** 파이프라인 **c.** 철도 차량 **d.** 트럭

3. 발전소에서 연소된 석탄의 에너지 중 전기로 소비자에게 전달되는 비율은 몇 퍼센트인가?

a. 20% **b.** 40% **c.** 60% **d.** 80%

4. 석탄 가스화가 주로 생산하는 것은 무엇인가?

a. 코크 **b.** H_2 **c.** CH_4 **d.** $CH_3CH_2CH_3$

5. 연료의 편의성은 어떤 요소에 따라 달라지는가?

a. 탄소 함량 **b.** 밀도 **c.** 냄새 **d.** 물리적 상태

정답: 1. b, 2. b, 3. b, 4. c, 5. d

9.9 원자력 에너지

학습 목표 • 원자력 에너지의 장점, 단점을 나열한다.
• 원자력 발전소가 어떻게 전기를 생산하는지 설명한다.

지금까지 핵융합 반응은 지구에서 에너지를 생산하기 위해 제어할 수 없으며, 태양을 포함한 별에서만 가능하다. 그러나 핵분열 반응은 **원자로**(nuclear reactor)에서 제어할 수 있다. 핵분열 시 방출되는 에너지는 증기를 생성하는 데 사용될 수 있으며, 증기는 터빈을 돌려 전기를 생산할 수 있다(그림 9.12).

원자력 시대가 시작될 무렵, 어떤 사람들은 원자력이 세상의 불타는 종말에 대한 성경의 예언을 실현할 수 있을 것으로 기대했다. 또 다른 사람들은 원자력을 무한 에너지의 공급원으로 여겼다. 1940년대 후반에는 원자력 발전소에서 생산되는 전기가 너무 저렴해져 결국 계량할 필요가 없어질 것이라고 주장하기도 했다. 원자력은 아직 낙원이나 멸망을 가져다주지는 않았지만, 여전히 논란의 여지가 있다.

1990년경부터 현재까지 원자력은 미국 전력의 약 20%를 공급하고 있다. 화석연료가 거의 매장되어 있지 않은 동부 해안과 중서부 상류의 주에서는 원자력에 대한 전력 의존도가 매우 높다. 미국은 현재 30개 주에 99개의 원자력 발전소가 있는 세계 최대의 원자력 에너지 생산국이다. 지난 10년 동안 다수의 노후 발전소가 해체되었고, 현재 2곳의 신규 원자력 발전소가 건설 중이다. 이러한 발전소를 건설하는 데는 약 10년이 걸린다.

미국도 다른 국가들처럼 원자력에 더 많이 의존할 수 있지만(표 9.6), 대중은 일반적으로 원전에 대한 두려움을 갖고 있다. 이러한 불안감은 2011년 일본 후쿠시마 원전 사고로 인해 더욱 악화되었다. 원자력이 우리의 에너지 미래에 큰 역할을 하려면 대중의 태도에 획기적인 변화가 있어야 할 것이다.

원자력 발전소

원자력 발전소에는 여러 가지 유형이 있지만, 여기서는 다양한 설계에 대해 설명하지 않겠다.

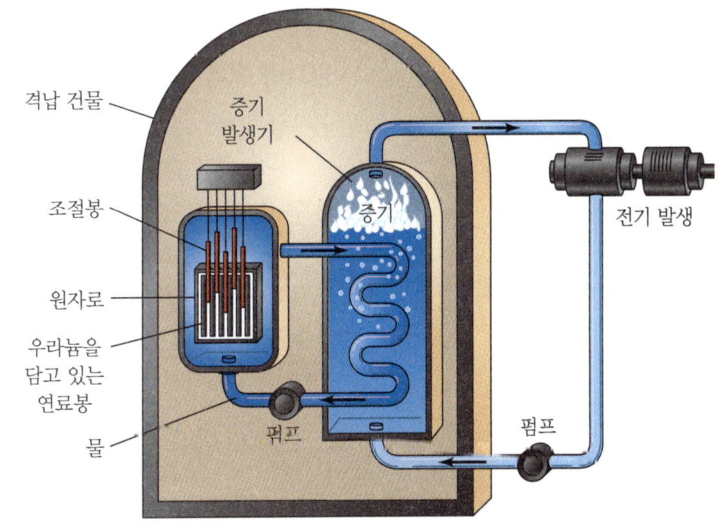

▲ **그림 9.12** 원자력 발전소가 전기를 생산하는 과정을 보여주는 그림. 우라늄의 분열은 원자로의 물을 가열하여 터빈을 구동하는 증기를 발생시켜 전기를 생산한다. 제어봉은 필요에 따라 중성자를 흡수하여 분열 반응을 늦춘다. 원자로는 강철과 철근 콘크리트로 만들어진 격납 건물에 보관되며, 원전 사고를 견디고, 방사성 물질이 환경으로 방출되는 것을 방지하도록 설계되었다.

표 9.6 원자력 발전소를 이용한 전력 생산(일부 국가)

국가	원자력 발전소의 총 전력(%)	운영 중인 원자력 발전소의 수	건설 중인 원자력 발전소의 수
캐나다	14.6	19	0
중국	3.9	39	19
프랑스	71.6	58	1
인도	3.2	22	6
일본	3.6	42	2
대한민국	27.1	25	3
러시아	17.8	35	7
스웨덴	39.6	9	0
우크라이나	55.1	15	2
영국	19.3	15	0
미국	20.0	99	2
기타 국가	NA	72	13
전 세계	NA	448	57

그림 9.12에 설명된 것은 가압 경수로이다. 초기 모델은 주로 끓는 물 원자로로, 원자로에서 나오는 증기를 터빈에 직접 동력을 공급하는 데 사용했다.

원자력 발전소는 핵폭탄에 사용되는 것과 동일한 핵분열 반응을 사용하지만, 원자력 발전소는 폭탄처럼 폭발할 수 없다. 발전소에 사용되는 우라늄은 우라늄-235가 3~4%만 농축되어 있다. 폭탄에는 약 90%의 우라늄-235가 필요하다.

원자력 발전소에서는 우라늄-235 원자에 흡수될 수 있도록 핵분열 반응으로 생성된 중성자의 속도를 늦추기 위해 **감속재**(moderator)를 사용한다. 전 세계 원자로의 75%에서는 일반 물이, 20%에서는 흑연이, 5%에서는 중수(^2H_2O 또는 D_2O)가 감속재 역할을 한다. 핵분열 반응은 붕소 강 또는 카드뮴 **제어봉**을 삽입하여 제어한다. 붕소와 카드뮴은 중성자를 쉽게 흡수하여 연쇄 반응에 참여하지 못하게 한다. 이 제어봉은 원자로를 건설할 때 함께 설치된다. 제어봉을 중간에 제거하면 연쇄 반응이 시작되고, 끝까지 밀어 넣으면 반응이 멈춘다.

원자력 발전의 이점: 대기 오염 최소화

화석연료를 태우는 발전소에 비해 원자력 발전소의 가장 큰 장점은 바로 '하지 않는 것'에 있다. 화석연료를 태우는 발전소와 달리 원자력 발전소는 온실 효과를 가중시키는 이산화 탄소를 배출하지 않으며 황 산화물, 질소 산화물, 매연, 비산재 등을 대기에 추가하지 않는다. 지구 온난화, 대기 오염, 산성비에 거의 영향을 미치지 않는다. 원자력 발전은 외국산 기름에 대한 의존도를 낮추고 무역 적자를 줄여준다. 미국의 99개 원자력 발전소가 석탄 연소 발전소로 대체된다면 대기 오염 물질은 하루에 19,000톤이 증가할 것이다! 원자력 발전소는 하루 24시간, 주 7일 가동되며 1.5~2년에 한 번씩만 연료를 보충하면 된다.

원자력 에너지의 문제점

원자력 발전소에는 몇 가지 단점이 있다. 발전소 근로자와 주변 지역 주민들을 방사능으로부터 보호하기 위해 정교하고 많은 비용이 드는 안전 예방 조치를 취해야 한다. 원자로는 금속과 철근 콘크리트로 된 격납 건물 안에 고도로 차폐되어 있어야 한다. 냉각수가 손실되면 원자로 노심이 용융될 수 있으므로 백업 비상 냉각 시스템이 필요하다.

원자력 발전 지지자들은 최대한의 예방 조치를 취하고 있지만, 일부 반대자들은 격납 건물이 파손되고 대량의 방사능이 환경으로 유출되는 핵폭발 사고를 여전히 우려하고 있다. 이러한 사고가 발생할 가능성은 매우 낮지만, 실제로 후쿠시마에서 사고가 발생했다. 그러나 풍부한 전기 에너지라는 원자력의 이점은 분명하기 때문에 심각한 사고의 작은 확률로 과학자들과 다른 사람들은 그 바람직성에 대해 끝없이 논쟁을 벌이고 있다.

또 다른 문제는 핵분열 생성물이 방사능이 강하기 때문에 수 세기 동안 환경으로부터 격리해야 한다는 것이다. 다시 말해 과학자들은 핵폐기물 처리의 타당성에 대해 동의하지 않는다. 원자력 지지자들은 이러한 폐기물을 오래된 소금 광산이나 다른 지질 구조물에 안전하게 저장할 수 있다고 말한다. 반대자들은 폐기물이 '무덤'에서 올라와 결국 지하수를 오염시킬 수 있다고 우려한다. 누가 옳은지 결정하기 위해 몇 년 안에 100만 년 실험을 하는 것은 불가능하다. 네바다주 유카 마운틴의 지하 저장고에 대한 연방정부의 자금 지원은 수십억 달러가 투입된 후 2011년 중단됐다. 이로 인해 미국은 고준위 방사성 폐기물을 장기적으로 저장할 장소가 없게 되었다. 현재 고준위 방사성 폐기물은 미국 전역의 126개 장소에 보관되어 있다. 미국 내 원전 운영으로 발생하는 고준위 폐기물은 연간 약 3,000톤에 달한다. 미국 에너지부는 지난 60년 동안 발생한 핵폐기물의 총량을 축구장을 10미터 이하 깊이로 채울 수 있는 양으로 추정하고 있다. 이 수치를 미국에서 연간 1억 톤 이상 생산되는 석탄재와 비교해보자! 또한 처분을 기다리고 있는 대부분 핵폐기물은 에너지 생산이 아닌 핵무기 생산에서 나온 폐기물이라는 사실을 인식하는 것이 중요하다.

우라늄 광석의 채굴과 정제 과정에서는 폐석(tailing)이라 불리는 폐기물이 발생한다. 현재 약 2억 톤의 폐석이 미국 서부 10개 주 지역에 쌓여 있다. 이 폐석은 약한 방사능을 띠며, 라돈 가스와 감마선을 방출한다.

모든 발전소에는 피할 수 없는 또 다른 문제인 열 오염이 있다. 어떤 물질의 에너지를 열로 변환하여 전기를 생산할 때, 그 에너지의 일부는 폐열로 환경으로 방출된다. 원자력 발전소는 화석연료를 태우는 발전소보다 더 많은 열 오염을 발생하지만, 이는 엔지니어들이 뜨거운 폐수를 지속가능한 방식으로 사용할 수 있는 메커니즘을 설계할 수 있는 기회를 제공한다.

원자력 사고

1979년 펜실베이니아주 해리스버그 인근의 쓰리마일 아일랜드 원자력 발전소에서 냉각재 손실 사고가 발생하여 소량의 방사능이 환경으로 방출되었다. 사망자나 심각한 부상을 입은 사람은 없었지만 이 사고로 인해 원자력에 대한 대중의 공포가 커졌다.

1986년 우크라이나 체르노빌에서 발생한 사고는 훨씬 더 끔찍했다. 그곳에서 원자로 노심 용융으로 여러 명이 사망했다. 그 후 몇 주와 몇 달 동안 방사능 질병으로 사망한 사람도 있었고, 13만 5,000명이 대피했다. 우크라이나 방사능 연구소는 이 사고로 인해 전체적으로 2,500명 이상이 사망한 것으로 추정했다. 광범위한 지역이 수십 년 동안 오염된 상태로 남아 있을 것이다. 방사능 낙진은 유럽 전역으로 퍼졌다. 우크라이나 국민의 갑상샘암 발병률은 10배 증가했고, 방사능 노출로 인해 전반적인 암 위험률이 높아졌다. 쓰리마일섬의 격납 건물은 거의 모든 방사성 물질을 내부에 보관했다. 체르노빌 발전소에는 그러한 보호 구조가 없었다.

2011년에는 지진으로 인한 쓰나미로 후쿠시마의 원자력 발전소의 외부 전력 공급이 중단되었다. 쓰나미로 수천 명이 사망했고, 방출된 방사능으로 인해 넓은 지역이 수 세기 동안 사람이 살 수 없는 지역이 되었다. 전력 부족으로 인해 3곳의 원자로에서 부분적인 노심 용융이 발생했고, 방사능이 광범위하게 방출되었다. 후쿠시마 사고는 체르노빌에 이어 역사상 두 번째로 최악의 사고로 평가받고 있다. 쓰나미로 수천 명이 사망했지만, 지금까지 방사능으로 인한 사망자는 소수에 불과하다.

원자력 발전의 대부분 측면에 대해서는 상당한 논란이 있다. 과학자들은 실험실의 실험 결과에 내해 동의할 수 있지만, 사회에 가장 좋은 것이 무엇인지에 대해 항상 동의하는 것은 아니다.

증식로: 소비하는 연료보다 더 많은 연료를 만들어내는 원자로

핵분열이 가능한 우라늄-235 동위원소는 자연 발생 우라늄의 1% 미만을 차지하기 때문에 공급이 제한적이다. 우라늄-235를 분리하면 핵분열이 불가능한 우라늄-238이 대량으로 남는다. 그러나 우라늄-238은 중성자에 충격을 가하면 핵분열이 가능한 플루토늄-239로 전환될 수 있다. 처음에는 불안정한 우라늄-239가 형성되지만 빠르게 넵투늄-239로 붕괴되고, 이는 다시 플루토늄으로 붕괴된다.

$$^{238}_{92}\text{U} + ^{1}_{0}\text{n} \longrightarrow ^{239}_{92}\text{U} \longrightarrow ^{239}_{93}\text{Np} + ^{0}_{-1}\text{e}$$
$$^{239}_{93}\text{Np} \longrightarrow ^{239}_{94}\text{Pu} + ^{0}_{-1}\text{e}$$

우라늄-238로 둘러싸인 핵분열 가능한 플루토늄-239의 노심으로 원자로를 만들면, 플루토늄의 핵분열에서 나오는 중성자가 우라늄-238 보호막을 더 많은 플루토늄으로 변환한다. 이런 방법으로 **증식로**(breeder reactor)라고 불리는 원자로는 소비하는 것보다 더 많은 연료를 생산한다. 우라늄-238은 몇 세기 동안 지속될 수 있을 만큼 충분하기 때문에 원전의 단점 중 하나는 증식로를 사용하여 극복할 수 있다. 1차 냉각 고리에는 물이 아닌 용융 소듐 금속이 사용되므로, 이러한 원자로는 종종 **액체 금속 고속 증식로**라고 불린다.

그러나 증식로는 자체적인 문제점도 가지고 있다. 플루토늄은 녹는점이 비교적 낮아(약 640 ℃), 발전소는 상대적으로 낮은 온도에서 비효율적으로 운전할 수밖에 없다. 또 다른 문제는 플루토늄은 독성이 강하고 반감기가 약 24,000년이라는 점이다. 이 물질은 알파 입자를 방출하므로 체내에 들어가면 특히 위험하다. 사람의 폐에 약 1 mg 정도만 존재해도 폐암을 유발할 수 있는 것으로 추정된다.

100 MW 이상의 생산 능력을 갖춘 증식로는 지금까지 11기만 건설되었으며, 미국에는 단 한 기도 없다. 러시아에는 2기가 가동 중이며, 두 번째 원자로는 2016년 11월부터 러시아 스베르들로프스크 지역에서 약 880 MW의 전력을 생산하고 있다. 중국은 2017년 12월에 증식로 건설을 시작했다.

핵융합: 자기 구속 장치 속의 태양

태양의 에너지를 만들어내는 열핵반응과 수소 폭탄의 폭발에서 일어나는 반응, 즉 핵융합 반응을 제어하여 전기를 생산할 수 있게 된다면 사실상 무한에 가까운 에너지를 얻게 될 것이다. 지금까지 핵융합 반응은 폭탄 제조에만 실질적으로 이용되어 왔지만, 핵융합을 제어하여 에너지를 얻는 기술에 대한 연구는 계속 진행되고 있다(그림 9.13).

제어된 핵융합 반응을 통해 에너지를 생산하기 위해서는 큰 기술적 난관을 극복해야 한다. 지속가능한 핵융합 반응을 이루기 위해서는 약 1억 ℃에서 2억 ℃ 사이의 임계 점화 온도에 도달해야 하며, 1~2초의 구속 시간과 1세제곱미터당 2×10^{20}에서 3×10^{20}개의 이온 밀도가 필요하다. 핵융합이 일어나는 온도에서는 어떤 분자도 결합을 유지할 수 없다. 지구상의 어떤 물질도 수천 도 이상의 온도를 견딜 수 없다. 이러한 조건에서는 원자조차 안정하지 않으며, 전자를 잃어버려 원자핵과 자유 전자가 섞인 혼합물이 된다. 이 혼합물을 **플라즈마**(plasma)라고 한다. 플라즈마는 원자핵과 전자로 이루어진 하전 입자로 구성되어 있으며, 강한 자기장에 의해 가둬질 수 있다(그림 9.14).

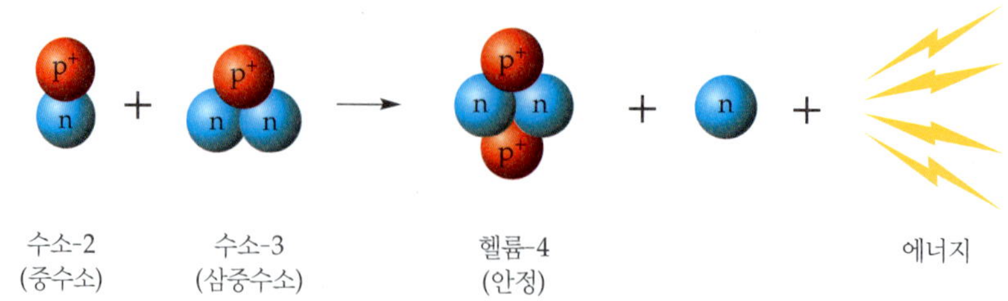

수소-2 (중수소) + 수소-3 (삼중수소) → 헬륨-4 (안정) + n + 에너지

$$^{2}_{1}\text{H} + ^{3}_{1}\text{H} \longrightarrow ^{4}_{2}\text{He} + ^{1}_{0}\text{n}$$

▶ **그림 9.13** 유용한 핵융합 반응은 중수소-삼중수소 반응이다. 수소-2(중수소) 핵이 수소-3(삼중수소) 핵과 융합하여 헬륨-4 핵을 형성한다. 상당한 양의 에너지와 함께 중성자가 방출된다.

제어 핵융합은 에너지 공급원으로서 핵분열에 비해 몇 가지 장점이 있다. 주 연료인 중수소($^{2}_{1}H$)는 풍부하며 물의 전기분해(전기로 분리)를 통해 얻을 수 있다. 방사성 폐기물 문제도 최소화할 수 있다. 최종 생성물인 헬륨은 안정적이고 생물학적으로 불활성이다. 삼중수소($^{3}_{1}H$)의 유출이 문제가 될 수 있는데, 이 수소 동위원소는 생물체에 쉽게 흡수되기 때문이다. 또한 대부분 핵융합 반응에서 중성자가 방출되는데, 중성자는 안정한 동위원소를 방사성 동위원소로 변환시킬 수 있다. 마지막으로, 우리는 여전히 열 오염, 즉 에너지의 일부가 열로 손실되는 불가피한 손실에 대해 우려할 것이다.

핵융합은 미래에 비교적 깨끗하고 풍부한 에너지를 생산할 수 있는 최선의 희망일 수 있지만, 아직 해야 할 일이 많이 남아 있다. 실험실에서 제어된 핵융합을 달성하더라도 실용적인 에너지 공급원이 되기까지는 수십 년이 걸릴 것이다.

▲ **그림 9.14** '토카막'이라고 불리는 거대한 도넛 모양의 전자석은 핵융합에 필요한 극도로 높은 온도와 압력에서 플라즈마를 가두기 위해 설계되었다.

자가평가문제

1. 핵분열 원자로에서 일어나는 반응은 무엇인가?

a. 탄소-14가 질소-14로 붕괴
b. 수소 핵이 융합하여 헬륨을 형성
c. 우라늄-235는 중성자를 흡수하여 2개의 작은 핵으로 분리
d. 우라늄-238은 플루토늄-238로 분해

2. 원자로의 제어봉이 하는 역할은 무엇인가?

a. 중성자를 흡수하여 분열을 일으킬 수 있다.
b. 중성자를 흡수하여 분열을 일으키지 못하게 한다.
c. 중재자가 중성자를 멈출 수 있도록 중성자 속도를 늦춘다.
d. 중성자의 속도를 높여 분열을 시작한다.

3. 미국에서 사용되는 전기 중 원자력 발전소에서 생산되는 전기는 몇 퍼센트인가?

a. 5% **b.** 10%
c. 20% **d.** 50%

4. 소비하는 것보다 더 많은 핵연료를 생산하는 원자로는 무엇인가?

a. 증식로
b. 핵융합로
c. 초우라늄 원자로
d. 에너지 절약 법칙 위반

5. 미국에서 운영되고 있는 원자력 발전소는 대략 몇 개인가?

a. 50 **b.** 100
c. 200 **d.** 400

6. 원자력 발전소의 단점은 무엇인가?

a. 온실가스를 배출한다.
b. 핵무기 개발에서 나오는 폐기물보다 더 많은 방사성 폐기물을 생산한다.
c. 안전한 원자로를 건설하기가 어렵다.
d. 그들은 인근 수원의 열 오염을 일으킨다.

7. 다음 핵반응에서 빠진 생성물은 무엇인가?

$$^{2}_{1}H + ^{3}_{1}H \longrightarrow ^{1}_{0}n + ?$$

a. $^{5}_{2}He$ **b.** $^{3}_{2}He$
c. $^{4}_{2}He$ **d.** $^{3}_{1}H$

8. 원자력 발전소에서 핵융합이 아닌 분열이 사용되는 이유는 무엇인가?

a. 값비싼 초우라늄 원소를 연료로 사용한다.
b. 수백만 도의 온도가 필요하기 때문에 반응 억제가 어렵다.
c. 분열보다 열을 적게 생성한다.
d. 수세기 동안 방사능이 있는 폐기물을 생산한다.

9. 원자력 발전소가 가장 많은 나라는 어디인가?

a. 프랑스 **b.** 미국
c. 영국 **d.** 독일

정답: 1. c, 2. b, 3. c, 4. a, 5. b, 6. d, 7. c, 8. b, 9. b

9.10 재생 에너지 공급원

학습 목표 • 다양한 종류의 재생 에너지원의 중요한 특성, 장점, 단점을 나열한다.

화석연료를 태우면 대기 오염과 중요한 자원의 고갈로 이어진다. 원자력을 사용하는 것도 문제가 있다. 핵연료는 무한하지 않으며, 폐기물 처리 문제도 해결되지 않은 채로 남아 있다. 풍력, 태양, 연료 전지, 수력 발전 등 재생 에너지원의 활용은 지난 3년 동안 매우 큰 상승세를 보이며 현재 미국 에너지 생산의 약 11%를 차지할 정도로 급성장했다. 이 절에서는 이러한 지속가능한 에너지원에 대해 설명한다.

난방용 태양 에너지

9.1절에서 지구에서 사용할 수 있는 에너지의 대부분은 태양에서 나온다고 언급했다. 이렇게 천상의 발전소에서 나오는 에너지가 있는데, 왜 우리는 현재 화석연료나 원자력에 의존하고 있을까? 그 답은 태양 에너지가 얇게 퍼져 있어 직접 포획하기 어렵다는 사실에 있다. 지구 표면에 도달하는 태양 에너지 중 30%는 다시 우주로 반사되어 우리가 사용할 수 없다. 지구에서 사용할 수 있는 태양 에너지의 약 절반은 열로 변환된다. 우리는 이 변환의 효율을 쉽게 높일 수 있다. 검은색 표면은 밝은 색보다 열을 더 잘 흡수한다. 간단한 태양열 집열기를 만들려면 검은색 표면을 유리판으로 덮기만 하면 된다. 유리는 들어오는 태양 복사에 투명하지만 열이 다시 우주로 빠져나가는 것을 부분적으로 막는다. 뜨거운 표면은 물이나 다른 액체를 가열하는 데 사용되며, 뜨거운 액체는 일반적으로 단열된 저장소에 저장된다. 개인 가정에서 사용할 수 있는 간단한 태양열 난방 장치는 개발도상국, 특히 아프리카에서 더 쉽게 구할 수 있다.

이렇게 데워진 물은 목욕, 설거지, 세탁에 직접 사용하거나 건물을 난방하는 데 사용할 수

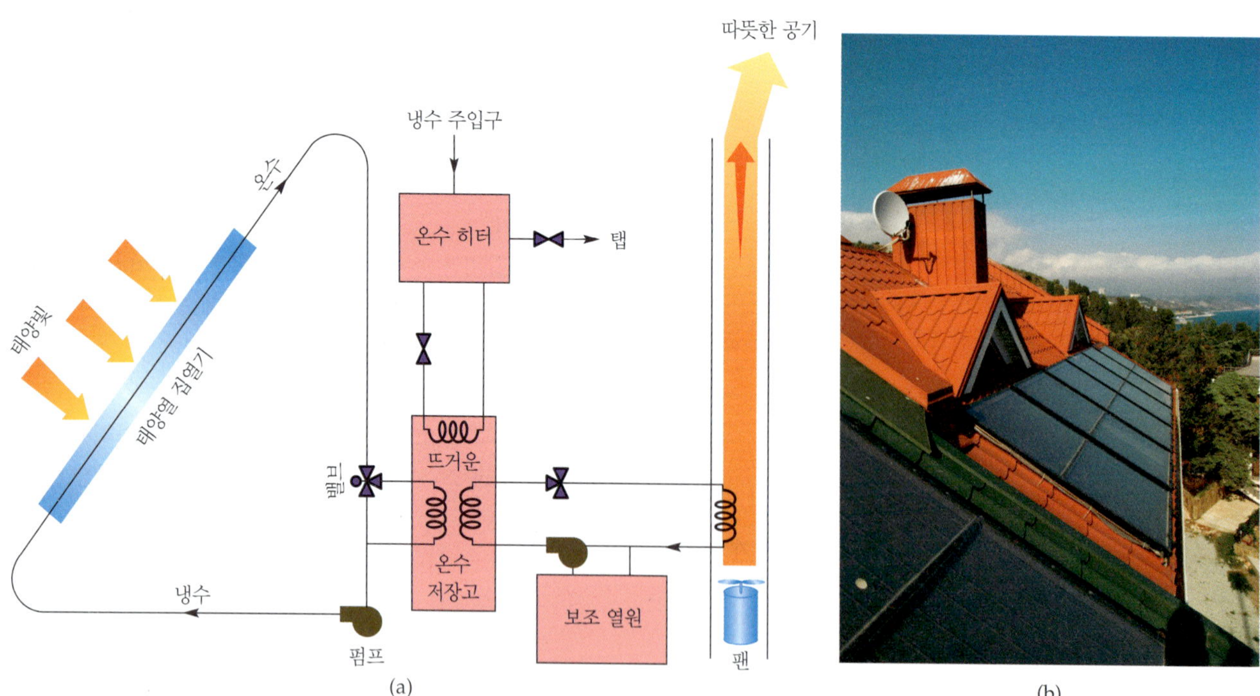

▲ **그림 9.15** (a) 태양빛의 에너지는 태양열 집열기에 흡수되어 물을 데우는 데 사용된다. 온수는 직접 사용하거나 순환되는 공기를 데워 건물을 부분적으로 난방하는 데 사용할 수 있다. 이 그림은 태양열 집열기가 건물의 난방을 위해 온수와 따뜻한 공기를 공급하는 방법을 보여준다. (b) 태양 에너지를 흡수하기 위해 다양한 집열기를 사용할 수 있다.

있다. 공기가 따뜻한 저수조 주위를 통과하고 따뜻해진 공기는 건물 내부로 순환된다(그림 9.15). 추운 북부 기후에서도 태양열 집열기는 가정 난방 요구량의 약 50%를 충족할 수 있다. 이러한 설치는 비용이 많이 들지만 연료 절감을 통해 8~10년 안에 비용을 회수할 수 있다고 한다. 하지만 집의 크기, 외부 온도 변동, 온도 조절기의 온도 설정 등 비용에 영향을 미치는 요인이 너무 많기 때문에 이러한 절감액을 추정하는 것은 매우 어렵다.

태양 전지: 태양빛을 이용한 전기

태양빛은 **광전지**(photovoltaic cell), 즉 **태양 전지**로 불리는 장치를 통해 직접 전기로 변환할 수도 있다. 이러한 장치는 다양한 물질로 만들 수 있지만 대부분은 실리콘 원소로 만들어진다. 순수한 실리콘 결정에서 각 실리콘 원자는 4개의 원자가전자를 가지고 있으며, 다른 4개의 실리콘 원자와 공유 결합되어 있다(그림 9.16). 태양 전지를 만들기 위해 순수한 실리콘에 소량의 특정 불순물을 '도핑'하여 결정으로 형성한다.

실리콘 결정의 한 유형에는 약 1 ppm의 비소가 첨가되어 있다. 비소 원자는 5개의 원자가 전자를 가지고 있으며, 그중 4개는 실리콘 원자와 결합을 형성하는 데 사용된다. 다섯 번째 전자는 비교적 자유롭게 이동할 수 있다. 이 물질은 여분의 전자를 가지고 있고 전자는 음전하를 띠기 때문에 *n*형 **반도체**라고 부른다. 실리콘에 약 1 ppm의 붕소를 첨가하면 다른 유형의 물질이 형성된다. 붕소는 3개의 원자가전자를 가지고 있어 1개의 전자가 부족해져 결정에 **양성 정공**(positive hole)을 남기게 된다. 이 붕소가 도핑된 실리콘을 *p*형 **반도체**라고 한다.

두 종류의 결정, 즉 *n*형과 *p*형을 결합하면 광전지가 만들어진다(그림 9.17). 전자는 높은 농도로 존재하는 *n*형 영역에서 *p*형 영역으로 이동한다. 그러나 접합부 근처의 정공은 인근의 이동성 전자에 의해 빠르게 채워지며, 그 결과 전자의 흐름은 멈춘다.

태양광이 태양 전지에 닿으면 전류가 발생한다. 에너지가 넘치는 광자는 Si—Si 결합에서 전자를 밀어내어 더 많은 이동성 전자와 더 많은 양성 정공을 생성한다. 두 반도체 사이의 접합부에 있는 상벽 때문에 전자는 계면을 통과할 수 없다. 두 결정을 외부 회로로 연결하면 전자가 회로 주변의 *n*형 영역에서 *p*형 영역으로 흐르고 그 전류를 직접 사용할 수 있다.

태양 전지를 형성하기 위해 결합된 태양 전지 배열은 약 200 W/m^{2}의 표면을 생산할 수 있다. 즉 100 W 전구 2개에 전력을 공급하려면 1 m^{2}의 세포가 필요하나. 태양 전지는 수년 동안 인공 지구 위성에 전력을 공급하는 데 사용되어 왔다. 최근에는 시골 지역의 전자 계산기나 고속도로 표지판과 같은 소형 기기에 전력을 공급하고, 외딴 지역의 기상 계측기에 전기를 공급하는 데 널리 사용되고 있다.

우리가 필요로 하는 에너지의 상당 부분을 충족시킬 만큼 충분한 에너지를 생산하려면 매우

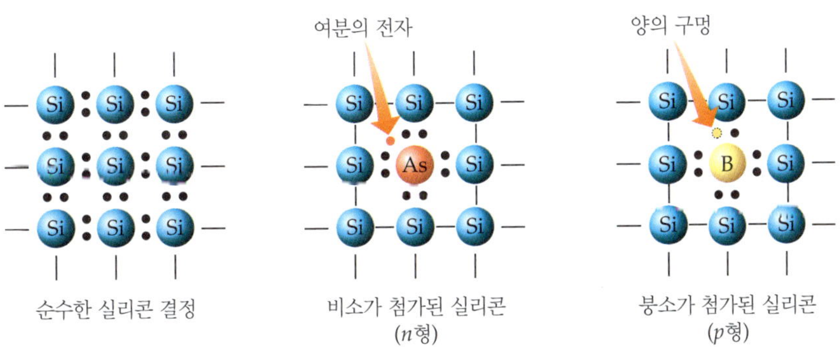

▲ **그림 9.16** 실리콘 결정의 모형. 비소나 붕소와 같은 불순물이 도핑된 결정은 순수 실리콘보다 전도성이 높아 태양 전지에 사용된다.

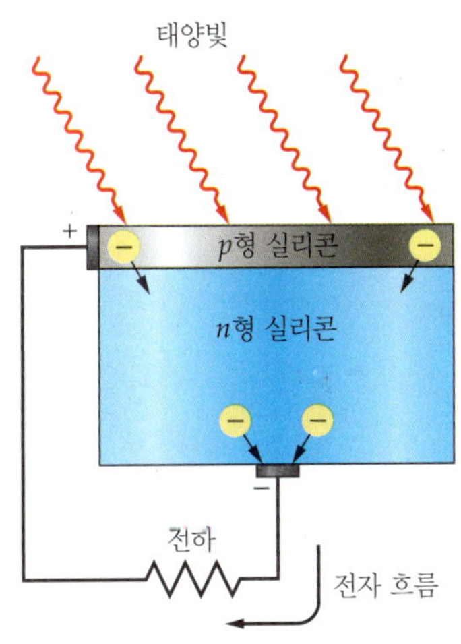

▲ **그림 9.17** 태양 전지 작동의 개략도. 전자는 외부 회로를 통해 *n*형 영역(하층)에서 *p*형 영역(상층)으로 흐른다.

화창한 기후에서 광활한 땅을 태양 전지로 덮어야 한다. 예를 들어 네바다 사막에 있는 1.5마일 길이의 '크레센트 듄스(Crescent Dunes)'라는 지역은 전력 저장용 중앙 타워를 포함해 각각 115 m^2인 1만 개의 태양광 패널로 구성되어 있으며, 밤낮으로 약 7만 5,000가구에 전력을 공급하고 있다.

개인 가정에서 사용하는 태양광 패널은 북부 기후에서는 그다지 실용적이지 않다. 몇몇 회사는 일반 공급 라인에 연결할 수 있는 가정용 태양열 전기 시스템을 판매하고 있으며 전기 요금을 거의 0에 가깝게 줄일 수 있다고 주장한다. 현재 상업적으로 이용가능한 대부분 태양 전지의 효율은 약 15~19%이지만, 적어도 두 회사는 22% 효율을 주장한다. 가장 좋은 패널은 1.5 m^2 패널에 약 325 W의 에너지를 제공하므로 일반 가정에서는 지붕의 대부분을 패널로 덮어야 한다. 캘리포니아주는 2018년 5월에 2020년부터 모든 신규 주택에 태양광 전지를 설치하도록 하는 법안을 통과시켰다. 이렇게 되면 주택 가격에 평균 9,500달러가 추가될 것으로 예상된다.

수력 에너지

▲ 양쯔강의 삼협댐은 중국 전력 수요의 10%를 공급하는 것을 목표로 2009년에 완공되었다. 이 댐은 연간 850억 kWh의 에너지를 생산한다. 이에 비해 1936년 완공된 콜로라도강의 후버댐은 연간 40억 kWh를 생산하는데, 이는 130만 명에게 전기 에너지를 공급할 수 있는 양이다.

태양 에너지를 이용하는 것은 좋은 생각 같지만, 태양 에너지로 우리의 모든 필요를 충족하기는 어려울 것이다. 태양은 지구를 가열하여 바람을 불게 하고, 물을 증발시켜 공기 중으로 떠오르게 하고, 나중에 비로 내리게 한다. 수 세기 동안 그랬던 것처럼 바람이 불고 물이 흐르는 운동 에너지를 에너지원으로 사용할 수 있다. 수력 발전은 현재 미국 전력 생산량의 약 7%를 공급하며, 대부분 산악 지대가 많은 서부에서 이루어진다. 현대의 수력 발전소에서는 거대한 댐 뒤에 물을 저장한다. 저장된 물의 위치 에너지는 거대한 터빈의 날개 위를 흐르는 물의 운동 에너지로 변환된다. 움직이는 물은 터빈에 기계적 에너지를 전달하고, 터빈은 기계적 에너지를 전기 에너지로 변환하는 발전기를 구동한다.

수력 발전소는 비교적 청정한 발전 방식이지만, 미국 내의 적합한 댐 건설 부지는 대부분 이미 사용되고 있다. 더 많은 수력 에너지를 얻으려면 경치 좋은 강을 댐으로 막고 귀중한 농경지와 휴양지를 물에 잠기게 해야 한다. 저수지는 오랜 세월이 지나면서 토사가 쌓이고, 때때로 댐이 붕괴되어 막대한 홍수를 일으키기도 한다. 댐은 물고기가 산란장을 찾아 상류로 이동하는 길을 막는다. 어류 개체 수의 감소로 인해 캘리포니아와 오리건 인근 해역에서는 연어잡이가 중단되었으며, 일부 연어 산란 하천에서는 댐이 철거되기도 했다.

전 세계적으로 수력 발전소는 사용 전력의 약 20%를 공급하고 있으며, 많은 개발도상국에서 더 많은 발전소가 건설되고 있다. 예를 들어 2009년에 완공된 중국의 거대한 양쯔강 삼협댐 프로젝트에는 22,500 MW 규모의 수력 발전소가 포함되어 있다. 이 프로젝트는 중국 전력의 약 10%를 공급할 것으로 예상되었다. 안타깝게도 이 프로젝트는 130만 명의 주민을 이주시켰고 심각한 환경적 피해를 초래할 수 있다. 이미 양쯔강 지류의 수질은 댐으로 인해 오염 물질이 효과적으로 분산되지 않아 조류가 번성하는 등 급격히 악화되고 있다. 상승하는 물로 인해 광범위한 토양 침식, 강둑 붕괴, 산사태가 발생했다. 재생가능한 수력 발전에도 문제가 있다.

▲ 이 버드나무는 특별히 연료로 재배된다. 나무를 지면 가까이에서 베어내어 바이오매스를 수확하고, 이를 통해 재성장을 촉진한다. 버드나무는 성장이 빠르기 때문에 바이오매스에 특히 적합하다.

바이오매스: 연료를 위한 광합성

녹색 식물이 매일 태양으로부터 에너지를 얻는데, 왜 태양열 집열기와 열 광전지를 사용해야 할까? **바이오매스**(biomass)을 연료로 사용하면 꽤 잘 타는데, 열을 많이 내는 캠프파이어를 생각해보자. 문제는 식물 물질을 태울 때 많은 연기와 재가 발생한다는 것이다. 바이오매스는 전기를 생산하기 위한 발전소의 연료로 사용될 수 있다. 배출되는 것은 수증기와 식물이 애초에 공기에서 흡수한 이산화 탄소, 연기, 재이다. '에너지 농장'은 연료로 사용할 식물을 재배할 수 있다. 그러나 대부분 가용 토지는 식량 생산에 필요하다. 생산가능한 토지가 있더라도 식물을 심고, 수확하고, 발전소로 운반해야 한다.

또한 식물 재료를 직접 태울 필요가 없다는 사실을 깨달아야 한다. 식물의 전분과 당분을 발효시켜 에탄올을 만들 수 있다. 공기가 없는 상태에서 목재를 증류하여 메탄올을 생산할 수 있다. 두 알코올 모두 액체이기 때문에 운반하기 편리하고, 아주 깨끗하게 연소하는 훌륭한 연료이다.

- 식물 재료가 박테리아에 의해 분해되면 메테인이 생성된다. 적절한 조건에서 이 과정을 제어하여 천연가스와 유사한 청정 연소 연료를 생산할 수 있다.
- 기름과 지방은 **바이오디젤**이라는 연료로 전환될 수 있다. 트라이아실글리세롤은 구성 지방산의 메틸 에스테르로 전환된다. 팜유에서 추출한 전형적인 바이오디젤 분자는 메틸 팔미테이트, $CH_3(CH_2)_{14}COOCH_3$이다. 폐기물, 조류, 비식용 식물에서 얻은 바이오디젤은 수익성이 있을 수 있다.

그러나 이러한 모든 전환은 유용한 에너지의 일부가 손실되는 결과를 초래한다. 열역학 법칙에 따르면 바이오매스를 더 편리한 액체나 기체 연료로 전환하는 것보다 직접 연소하는 것이 가장 많은 에너지를 얻을 수 있다고 한다.

현재 미국에서 사용되는 재생 에너지의 절반 미만인 바이오매스와 바이오연료는 미국 전체 에너지 수요의 약 4%를 공급한다. 적절한 물질을 바이오디젤로 전환하고, 일부 농업 폐기물을 발효시켜 에탄올로 만들고, 사람 및 동물 폐기물을 발효시켜 메테인을 생산함으로써 이러한 공급원을 더 많이 활용할 수 있다. 이 모든 과정에 대한 기술은 현재 이용가능하며 더욱 개선될 수 있다.

풍력 에너지

풍력 발전은 현재 미국 에너지 생산의 거의 6%를 공급하고 있으며, 그 양은 다른 어떤 에너지원보다 빠르게 증가하고 있다(연간 20~30%). 여러 평방 마일에 걸쳐 수백에서 수천 개의 터빈으로 구성된 대형 풍력 터빈 '단지'가 매년 미국, 특히 노스다코타에서 인디애나를 거쳐 텍사스 남부에 이르는 중서부주에 건설되고 있다. 대형 풍력 터빈 한 대는 1.65메가와트의 전기 에너지를 공급할 수 있다. 초기 비용은 막대하지만, 몇 년이면 투자비를 회수할 수 있다. 80개 이상의 국가에서 육상 및 해상 풍력 터빈을 사용하여 전력을 생산하고 있으며, 현재 전 세계적으로 최소 30만 개의 풍력 터빈이 전기 에너지를 생산하고 있다.

▲ 풍력 터빈 단지는 수천 개의 대형 터빈으로 구성될 수 있다. 2017년 말까지 전 세계적으로 약 20만 MW의 발전 용량을 갖춘 풍력 터빈이 가동되어 전 세계 전력의 약 5%를 생산했다. 20년 후에는 풍력이 전 세계에서 생산되는 전기의 30% 이상을 생산할 것으로 예상된다.

바람은 깨끗하고 자유로우며 풍부하다. 하지만 지속적으로 바람이 불지 않기 때문에 에너지 저장 수단이나 대체 에너지원이 필요하다. 모든 지역에 풍력 발전을 실현할 수 있을 만큼 충분한 바람이 있는 것은 아니다. 일부 환경운동가들은 회전하는 날개 때문에 매년 수천 마리의 새가 죽는다는 이유로 풍력 발전을 반대한다. 일부는 풍력 발전에 필요한 토지를 농사나 방목에 사용할 수 있다고 제안하기도 한다.

지열 에너지

지구의 내부는 엄청난 중력과 자연 방사능에 의해 열이 발생한다. 일부 지역에서는 간헐천과 화산을 통해 열이 지표로 올라오기도 한다. **지열 에너지**(geothermal energy)는 아이슬란드, 뉴질랜드, 일본, 이탈리아에서 오랫동안 사용되어 왔다. 예를 들어 아이슬란드에서는 지열 에너지가 거의 90%의 가정에 열을 공급하고 있으며, 이 나라에서 사용되는 전기의 약 30%를 공급하고 있다. 미국의 지열 에너지는 하와이, 캘리포니아, 네바다, 유타주에서 사용되고 있으

▲ **그림 9.18** 지열 에너지는 일부 지역에서 에너지 공급에 기여하고 있다. 뉴질랜드 와이라케이(Wairakei)의 지열 지대는 그 대표적인 사례이다.

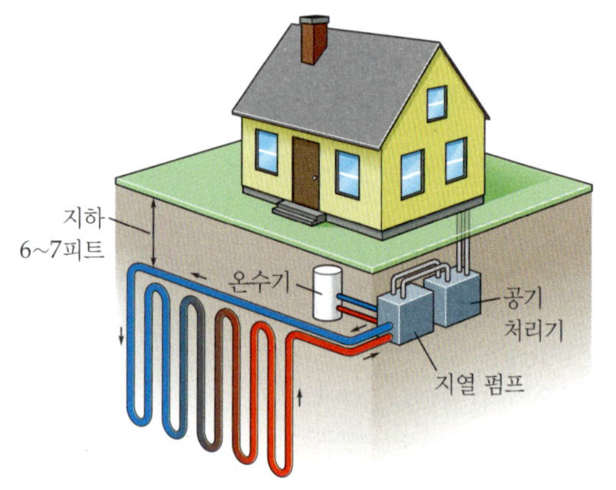

▲ **그림 9.19** 가정용 지열 난방 시스템. 지하에 매설된 관을 통해 물이 집 안으로 공급된다. 전기 에너지는 장치의 팬, 압축기, 펌프를 작동시키는 데 사용된다.

며, 이들 에너지 발전소는 원자력 발전소 3기에 해당하는 3000 MW 이상의 전력을 공급한다(그림 9.18). 일반적으로 이 잠재력은 증기나 뜨거운 물이 지표면 또는 지표면 근처에 있는 지역에서 실현될 수 있다.

증기나 온수가 지표면 가까이 있지 않은 지역에서도 가정용 지열 난방 시스템을 설치할 수 있게 되었다. 초기 비용이 많이 들지만, 북부 기후에서도 10~12년이면 투자비를 회수할 수 있다. 가정 난방에 가장 일반적으로 사용되는 연료인 천연가스는 향후 수십 년 내에 훨씬 더 비싸질 수 있으므로, 신축 주택 건설에 이 가정 난방 방식이 실행가능한 선택이 될 수 있다(그림 9.19). 지표면 아래 4~6피트 아래에서는 일 년 내내 온도가 일정하게 유지된다. 지열 난방 및 냉방 시스템은 실내 공조 장치와 땅속에 매설된 관 시스템과 펌프로 구성되어 있다. 겨울에는 데워진 물을 사용하여 집을 직접 데우거나 덕트를 통해 보내진 공기를 데우는 데 사용된다. 여름에는 물을 사용하여 집을 냉방한다.

해양 에너지

지구 표면의 4분의 3을 덮고 있는 바다는 위치 에너지의 거대한 저장고이다. 해양 열 에너지의 이용은 1881년에 처음 제안되었고, 1930년대에 실현 가능성이 입증되었다. 표면과 심해의 온도 차이는 20 ℃ 이상으로, 액체를 증발시키고, 그 증기를 이용하여 터빈을 구동하기에 충분하다. 그런 다음 액체는 해저의 냉기에 의해 응축되고 이러한 주기가 반복된다.

해양 에너지를 사용하는 다른 방법도 시험되고 있다. 세계 일부 지역에서는 수력 발전소에서 강의 에너지를 활용하는 것과 같은 방식으로 매일 조수 간만의 차를 활용할 수 있다. 만조 시에는 물이 저수지나 만을 가득 채운다. 썰물 때는 터빈을 통해 물이 빠져나가 전기를 생산한다. 해안으로 밀려오는 파도의 에너지도 적절한 기술을 활용하면 사용할 수 있다.

수소: 가볍고 강력한 에너지

천연가스는 관을 통해 필요한 곳으로 보내지며, 다른 기체 연료도 같은 관을 통해 보낼 수 있다. 그러한 가스 중 하나가 수소이다.

수소가 연소하면 물을 생성하고 에너지를 발산한다.

$$2\ H_2(g) + O_2(g) \longrightarrow 2\ H_2O(l) + 527\ kJ$$

그램당 수소는 다른 어떤 화학 연료보다 더 많은 에너지를 생산한다. 한 가지 문제는 수소 가스는 폭발성이 있기 때문에 그 에너지를 제어해야 한다. 또한 수소는 화학 생성물로 물만 생성하는 청정 연료이다. 수소는 우주에서 가장 풍부한 원소이지만, 원소 수소(H_2)는 지구상에 거의 존재하지 않는다. 지구에는 많은 양의 수소가 존재하지만 주로 물과 같은 화합물 속에 묶여 있고, 수소를 방출하려면 수소가 연소할 때 생성되는 에너지보다 더 많은 에너지가 필요하다. 수소는 바닷물에서 만들 수 있어 공급이 거의 무한정이지만, 전기분해 등 생산 과정이 까다로워 비용이 많이 든다.

수소는 직접 또는 연료 전지를 통해 자동차의 연료로 사용할 수 있다. 캘리포니아 남부에는 매우 비싼 수소 자동차가 소규모로 존재하지만, 2018년 이 글을 쓰는 시점으로 수소 충전소는 43개에 불과하다. 수소는 액화할 수 있지만 절대 영도보다 몇 도 높은 온도에서만 액화할 수 있기 때문에 저장, 운송, 연료 분배에 문제가 있다. 차량에 두꺼운 벽을 가진 연료 탱크가 필요하다. 연료 전지 기술은 점점 효율이 높아지고 비용도 낮아지고 있지만, 경제적으로 수소를 생산하는 문제는 여전히 남아 있다. 수소는 화석연료나 원자력이나 태양 에너지나 풍력 같은 재생가능한 에너지원을 이용해 만들어야 한다. 다른 방법으로 수소를 저장하는 것도 가능할 수 있다. 과학자들은 다양한 금속이 자기 부피의 최대 천 배에 달하는 수소 가스를 흡수할 수 있다는 사실을 발견했다. 초박형 탄소 나노튜브와 같은 특수한 형태의 탄소도 대량의 가스를 저장할 수 있다.

연료 전지

연료 전지(cell)는 연료를 전기화학 전지에서 산화시켜 직접 전기를 생산하는 장치이다. 연료 전지는 일반적인 전기화학 전지와는 두 가지 점에서 다르다.

- 연료와 산소가 지속적으로 연료 전지에 공급된다. 연료가 공급되는 한 전류가 생성된다.
- 전극은 백금과 같은 불활성 물질로 만들어져 과정 중에 화학 반응을 하지 않는다.

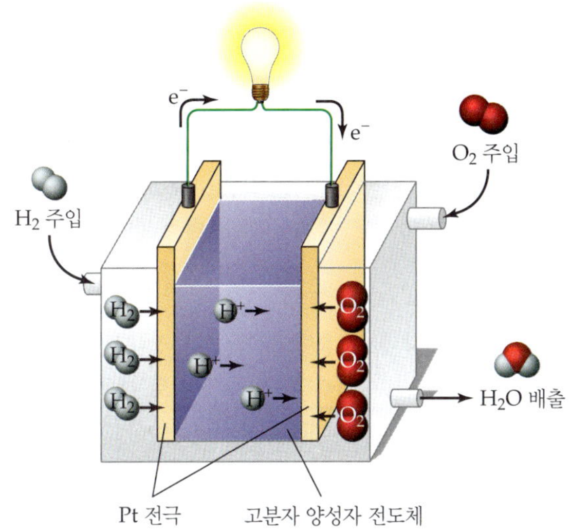

▲ **그림 9.20** 수소-산소 연료 전지. 연료 전지는 반응물이 공급되는 한 계속 전기를 공급한다.

오늘날 대부분 연료 전지는 수소와 산소를 사용한다(그림 9.20). 백금 양극에서 수소(H_2)는 산화되어 수소 이온과 전자를 생성한다.

$$2\,H_2(g) \longrightarrow 4\,H^+ + 4\,e^-$$

양극에서 생성된 전자는 외부 회로를 통해 이동하여 음극에 도달하고, 음극에서 수소 이온 및 산소 분자와 결합하여 물을 형성한다.

$$4\,e^- + O_2(g) + 4\,H^+ \longrightarrow 2\,H_2O(g)$$

전체적인 반응은 수소를 직접 연소하는 것과 동일하지만, 모든 화학 에너지가 열로 전환되는 것은 아니다. 화학 에너지의 약 40~55%가 전기로 직접 전환되기 때문에 연료 전지는 내연기관보다 훨씬 효율이 높다.

$$2\,H_2(g) + O_2(g) \longrightarrow 2\,H_2O(l)$$

연료 전지는 우주선을 발사할 때 중요한 고려 사항인 축전지에 비해 무게가 가볍고, 생산된 물을 식수로 사용할 수 있기 때문에 우주선에서 전기를 생산하기 위해 자주 사용된다. 연료 전지는 움직이는 부품이 없기 때문에 일반적으로 견고하고 안정적이다.

지구상에서는 비용을 절감하고 오래 지속되는 연료 전지를 설계하기 위한 연구가 진행 중이다. 언젠가는 연료 전지가 대형 발전소에서 전력 수요가 최고조에 달할 때 필요한 전력을 공급하거나, 대부분 차량을 구동하는 데 사용될지도 모른다. 거대한 보일러나 원자로와는 달리, 연료 전지는 연료의 공급을 켜거나 끄는 것만으로 간단히 가동하거나 정지시킬 수 있다.

에너지의 미래

장기적인 에너지의 미래를 예측하기는 어렵다. 미국에너지정보청(EIA)은 가까운 미래에 2019년까지 미국의 에너지 생산에서 석탄이 차지하는 비율을 28%로 감소하고, 천연가스를 35%, 원자력을 20%, 수력을 7%, 기타 재생 에너지(주로 풍력과 태양광)를 11%까지 증가할 것으로 예측하고 있다(그림 9.6b). 콜로라도 최대 에너지 회사인 엑셀에너지(Xcel Energy)는 2개의

5 에너지 위기에 가장 적합한 에너지원은 무엇인가?

하나의 에너지원이 정답은 아니다. 우리가 있는 지역에서 편리한 모든 것을 사용해야 한다. 사막에는 대규모 태양열 발전소가 건설되고 있고, 대평원에는 거대한 풍력 발전소가 재생 에너지를 공급하고 있다. 지열과 수력 발전은 적절한 지역에서 유리하다. 전기 에너지 발전소에서 석탄 사용은 감소하고 있으며 천연가스 사용은 증가하고 있다. 이러한 공급원 중 어느 것도 버스나 자동차에 직접 동력을 공급할 수 없으며, 21세기에는 휘발유의 가용성이 심각하게 제한될 것이므로 배터리로 구동되는 순수 전기 자동차가 그 대체재가 될 수 있다.

투자 대비 에너지 수익률

지금까지 인류가 현재 사용할 수 있는 모든 에너지 공급원에 대해 살펴봤다. 에너지 생산에 대한 주요 투자를 고려할 때 우리 또는 우리 정부는 어떻게 선택해야 할까? 답은 명확하지 않다. 1970년대부터 에너지 투입 비용과 프로젝트에서 얻을 수 있는 에너지를 비교하는 '에너지 투자 수익률(energy return on energy invested, EROEI)'을 고려하는 것이 주장되어 왔다. EROEI는 고려해야 할 인자가 무수히 많아 평가하기 어렵고, 그 결과도 불확실성이 높은 경우가 많다. 그러나 필요한 에너지와 재정 지원이 얻는 에너지보다 훨씬 많으면 프로젝트는 에너지 공급원이 아닌 에너지 '흡수원'이 된다. 한마디로 비실용적이다.

석유 산업 초창기에는 텍사스산 원유의 EROEI가 100:1에 달해 1배럴의 기름을 투자하면 100배럴을 생산할 수 있었다. 하지만 1차 에너지 공급이 고갈되면서 남은 자원을 효율적으로 활용하기 어려워졌고, 원유에 대한 EROEI는 시간이 지날수록 떨어졌다. 풍력 터빈의 경우 터빈을 건설하고 인프라를 구축하면 풍력 에너지는 '무료'이고, 유지보수 비용이 과도하지 않기 때문에 설치 비용이 많이 들지만 EROEI는 최소 30:1 이상으로 상당히 높은 편이다. 태양 에너지 패널은 매우 맑은 기후(높은 EROEI)에서는 잘 작동하지만, 미네소타에서 눈이 지붕을 덮을 때는 그렇지 않다(훨씬 낮은 EROEI). 수력 발전은 댐이 건설되면 높은 EROEI 등급을 받는다. 에탄올의 EROEI는 1:1 미만에서 약 1.7:1까지 제안된 값으로 많은 논쟁의 대상이 되고 있다. 에탄올의 EROEI가 낮은 데는 두 가지 이유가 있다. 발효 후 에탄올을 증류하거나 증발시키는 데 많은 에너지가 필요하고, 에탄올은 석유 연료보다 에너지 함량이 낮기 때문이다.

EROEI 외에도 에너지 공급원 개발이 환경에 미치는 영향도 고려해야 한다. 예를 들어 타르 샌드나 오일 셰일에서 기름을 얻는 것은 지저분한 과정이다. 따라서 풍부한 에너지에 대한 우리의 탐구는 많은 비용과 논란의 여지가 있을 것이다.

표 9.7 인당 총 1차 에너지 소비량(2015년 기준 4.4억 BTU)

국가	소비/인당
중국	119.613
미국	92.896
러시아	29.625
인도	25.27
캐나다	14.361
독일	13.203
브라질	12.687
사우디아라비아	10.657
프랑스	10.261
영국	8.111
멕시코	7.62
태국	5.07
나이지리아	1.369
과테말라	0.239
짐바브웨	0.164

출처: U.S. Energy Information Administration

거대한 석탄 연소 발전소를 재생 에너지(풍력 및 태양광)와 천연가스를 사용하는 새로운 시설로 대체할 계획이며, 탄소 배출량은 감소하는 반면에 고객의 비용은 실제로 감소할 것으로 예측하고 있다. 이러한 변화는 7개 주의 사람들에게 영향을 미치며, 고객과 지구의 미래 모두에게 도움이 되는 상황일 것이다.

세계 에너지 사용량은 향후 20년 동안 30% 증가할 것으로 예상되며, 그중 상당 부분이 개발도상국에서 새로 발생할 것이다. 이 장에서 논의한 각 에너지 공급원에는 장단점이 있다. 화석연료는 언젠가 부족해질 것이다. 각각의 재생가능 자원은 실용적이고 이용가능한 곳에서 사용되어야 하며, 어떤 에너지원도 궁극적인 해답이 될 수 없다. 에너지 문제에 대처하기 위한 최선의 방법은 무엇일까? 현명한 선택을 위해서는 처음부터 끝까지 과정을 꼼꼼히 살펴보는 정보에 입각한 시민이 필요하다. 발전소 건설, 연료 생산, 가정과 공장에서의 궁극적인 에너지 사용에 무엇이 관여하는지 알아야 한다.

대중교통을 더 많이 이용하면 미국의 에너지 소비를 크게 줄일 수 있다. 대중교통 이용률이 훨씬 높은 유럽에서는 1인당 에너지 사용량이 훨씬 적은데(표 9.7), 이는 휘발유 평균 가격이 미국의 두 배 이상이기 때문이다. 캐나다에서도 휘발유 가격은 미국보다 훨씬 높다. 대도시에서는 대중교통이 잘 발달해 있는 곳이 많아 점점 더 많은 사람이 개인 차량의 사용을 포기하고 있다. 그러나 소도시에서는 개인 차량이 여전히 필수적인 존재로 여겨진다. 먼 미래에는 인구가 계속 증가하고 지구의 공간이 제한되어 있기 때문에 도시 안팎으로 지하철과 지상 열차 시스템 같은 대중교통의 건설을 늘리는 것이 매우 중요할 수 있다.

전기 자동차가 미래의 자동차일지 모르지만, 아직까지는 대부분 충전이 필요하기 전까지 100~200마일 정도만 주행할 수 있다. 하지만 2018년 1월 미국에는 47,000개 이상의 전기 자동차 충전 콘센트와 17,000개 이상의 전기 자동차 충전소가 설치되어 장거리 여행이 가능해졌다. 대부분 순수 전기 자동차는 여전히 상당히 비싸지만, 가격이 저렴해지고 있다. 리튬 배터리는 매우 무겁다는 점 외에도 충전가능한 횟수가 제한되어 있다는 문제가 있다. 배터리 교체 비용은 웬만한 신차 가격과 맞먹을 정도로 부담스러운 비용이지만, 배터리 개발 연구를 통해 그 비용을 줄일 수 있다. 광범위한 컴퓨터 센서와 제어 장치를 갖춘 자율 주행 전기 자동차는 미래에 보편화될 수 있다.

최근 우리는 개인으로서 무엇을 할 수 있을까? 절약할 수 있다. 더 많이 걷고 자동차 사용을 줄일 수 있다. 낭비적인 전기 사용을 줄일 수 있다. 더 효율적인 가전제품을 구입하고, 에너지 집약적인 제품(잎 송풍기, 잔디 트랙터, 대형 자동차)의 사용을 줄일 수 있다.

지난 30년 동안 에너지 절약은 상당한 진전을 이루었다. 가전제품의 에너지 효율은 더욱 높아졌다. 20년 된 난로의 효율이 60%였던 것에 비해 신형 난로의 효율은 90~95%에 달한다. 새 냉장고와 에어컨은 이전 모델보다 에너지를 35% 정도 덜 사용한다. 백열전구는 이론적으로 20년을 사용할 수 있는 'LED(발광 다이오드)' 전구로 대체되고 있다.

우리가 사는 지구호(Spaceship Earth)에서 인구는 계속 증가하고 있는 반면에 연료 자원은 점점 감소하고 있다. 개발도상국 사람들은 생활수준을 높이기를 원하며, 이를 위해서는 더 많은 에너지가 필요하다. 에너지 문제는 현대 사회가 직면한 가장 큰 도전 과제 중 하나이다.

자가평가문제

1. 다음 중 *n*형 반도체는 무엇인가?
- **a.** 실리콘으로 도핑된 비소
- **b.** 게르마늄이 도핑된 비소
- **c.** 비소가 도핑된 실리콘
- **d.** 붕소가 도핑된 실리콘

2. *p*형 반도체의 특징은 결정 부위가 무엇과 같은가?
- **a.** 광자
- **b.** 양전자
- **c.** 양성 정공
- **d.** 양성자(수소 이온)

3. 재생가능한 에너지원이 아닌 것은 무엇인가?
- **a.** 바이오매스
- **b.** 태양 에너지
- **c.** 수력 발전
- **d.** 석유

4. 바이오디젤을 만들 수 있는 것은 무엇인가?
- **a.** 당
- **b.** 올리브 오일
- **c.** 대두 기름
- **d.** 폐 요리 지방

5. 수소 가스를 연료로 연소하여 생성되는 주요 생성물은 무엇인가?
- **a.** CO_2
- **b.** H_2
- **c.** H_2O
- **d.** O_2

6. EROEI가 가장 낮은 연료는 무엇인가?
- **a.** 바이오디젤
- **b.** 수소
- **c.** 천연가스
- **d.** 석유

7. 태양에서 유래한 에너지를 사용하지 않는 에너지 기술은 무엇인가?
- **a.** 바이오메스
- **b.** 수력
- **c.** 원자력
- **d.** 풍력

8. 현재 거의 모든 연료 전지에 사용되는 연료는 무엇인가?
- **a.** 전기
- **b.** 수소
- **c.** 천연가스
- **d.** 프로페인

9. 풍력 터빈의 단점은 무엇인가?
- **a.** 높은 유지 보수 비용
- **b.** 온실가스 생산
- **c.** 높은 초기 비용
- **d.** 다른 에너지 공급원과의 경쟁

10. 오늘날 미국에서 가장 많은 전기 에너지를 공급하는 재생가능 에너지 공급원은 무엇인가?
- **a.** 지열
- **b.** 수력
- **c.** 태양열
- **d.** 풍력

11. 지구 내부의 열에서 나오는 에너지는 무엇인가?
- **a.** 바이오 에너지
- **b.** 지열 에너지
- **c.** 수력 발전
- **d.** 태양 에너지

12. 전기 자동차 개발에서 극복해야 할 문제에 해당하지 않는 것은 무엇인가?
- **a.** 재충전 전에 더 많은 마일리지 확보
- **b.** 과도한 배터리 교체 비용
- **c.** 충전소 수 부족
- **d.** 고속도로에서 고속으로 작동하는 엔진 설계

정답: 1. c, 2. c, 3. d, 4. a, 5. c, 6. b, 7. c, 8. b, 9. c, 10. b, 11. b, 12. d

녹색 화학 에너지는 어디서 얻을 수 있는가

Michael Heben, University of Toledo

원칙 1, 5, 6, 12

학습 목표 • 녹색 화학 원리를 적용하면 에너지 생성 방법을 개선하는 데 어떻게 도움이 되는지 설명한다.

에너지는 우리 존재의 모든 측면에 스며들어 있다. 우리 몸에 혈액을 공급하는 심장, 탐험가를 화성으로 보내는 로켓의 힘, 추수감사절을 맞아 할머니 댁으로 가는 가족의 드라이브, 이산화 탄소와 햇빛을 흡수하여 식량을 만드는 식물, 자신의 일을 하는 배우와 음악가와 예술가와 운동선수, 산업 또는 의약품용 화합물을 만드는 회사를 생각해보자. 에너지는 어떤 일을 할 때마다 필요하다.

우리가 하는 일 중에 에너지가 필요 없는 일이 있을까? 아니다. 그리고 이 질문에 대해 생각하는 것조차 지칠 수 있다. 왜냐하면 생각에는 에너지가 필요하기 때문이다!

이 장에서는 세상을 움직이는 에너지의 공급원에 대해 살펴봤다. 하지만 우리가 흔히 에너지원이라고 생각하는 천연가스, 석탄, 석유는 사실 에너지원이 아니다. 오히려 이들은 연료다. 이들은 탄소-탄소 및 탄소-수소 화학 결합에 저장된 에너지를 포함하고 있다. 앞서 배운 것처럼(9.6절, 9.7절), 이러한 결합은 연소하는 동안 산소와 반응한다. 방출된 에너지는 가정이나 산업 공정에 열을 공급하거나 기계 엔진에 동력을 공급하여 작업을 수행하거나 전기를 생산하는 데 사용할 수 있다.

오늘날의 화석연료는 우리 별인 태양의 에너지로 생산된 고대 동식물의 잔해이다. 화석연료는 수억 년에 걸쳐 광합성을 통해 축적되었지만, 우리 사회는 쉽게 얻을 수 있는 부분을 너무 빨리 소비하고 있다. 이는 마치 매주 소액의 돈을 오랫동안 은행에 넣어두었다가 한꺼번에 소비하는 것과 같다.

화석연료에 저장된 에너지의 양에 대한 한계 외에도 우리는 더 광범위한 문제를 인식해야 한다. 녹색 화학 원칙은 폐기물 발생, 독성 물질, 운송 비용, 공급 원료, 전반적인 에너지 효율의 영향을 명시적으로 포함함으로써 이를 실현하는 데 도움이 된다. 에너지를 효율적으로 생산하기 위해 투입량을 최소화하고 에너지 생산물을 극대화한다. 원칙 1에서 알 수 있듯이 폐기물은 반드시 줄여야 하며, 그 과정에서 필요한 경우에만 다른 생성물을 생산해야 한다.

원칙 6에서 알 수 있듯이 공정은 주요 생산물(이 경우 에너지)을 제한해서는 안 되며 환경적, 경제적, 부정적 영향을 줄여야 한다. 에너지 생산으로 인해 원치 않는 생산물인 환경 오염이 큰 문제가 된 것은 불과 지난 50년 정도 밖에 되지 않았다. 1970년 Nixon 대통령이 서명한 청정 대기법은 도시의 위험한 스모그를 줄이고 국가의 건강과 경제 활력을 개선하는 데 도움이 되었다. 2007년 미국 대법원은 이산화 탄소를 오염 물질로 취급하는 규정을 지지했다. 안타깝게도 석유, 석탄, 천연가스를 연소하면 부산물로 CO_2가 발생하며, CO_2는 전 세계적으로 시급한 기후 변화 문제의 큰 원인이다.

녹색 화학의 관점에서, 특히 원칙 1, 5, 12와 관련하여 천연가스 생산을 위한 수압 파쇄는 흥미로운 사례이다. 한때 비재래식 방법으로 간주되었던 '파쇄'는 유체를 사용하여 천연가스를 땅속에서 지표로 더 쉽게 이동시키는 방법으로, 현재 미국 천연가스 생산의 약 67%를 차지한다. 이 공정의 장점은 이전에는 이용할 수 없었던 천연가스 자원에 접근할 수 있다는 것이지만, 파쇄액에 발암물질을 포함한 많은 화학 물질이 첨가될 수 있다는 단점이 있다. 파쇄로 인해 방출되는 이들 및 기타 종(자연적으로 발생하는 방사성 종 포함)은 대수층에 도달하거나 도시 수처리 시설로 전환될 수 있다. 분명한 것은 이 과정에서 많은 양의 폐기물이 처리되지 않는다는 것이다. 또한 연소와 관련된 CO_2 배출 외에도 생산 과정에서 CO_2보다 온실가스 활성도가 25배 더 높은 양의 CH_4가 대기 중으로 누출된다.

저장된 화석 에너지의 공급 감소로 인해 연료 확보의 어려움과 이러한 연료가 지구 자체에 미치는 영향은 태양의 에너지를 사용하여 에너지 공급과 소비 사이의 균형을 만들어야 한다는 것을 의미한다. 직접적인 방법으로는 태양광, 풍력, 바이오 에너지와 같은 기술이 있다. 다행히도 태양 에너지는 충분히 공급되고 있다. 예를 들어 미국 인접 48개 주 국토 면적의 0.1%만 15% 효율의 태양광 패널로 덮어도 미국의 모든 에너지 수요를 충족할 수 있다. 이에 비해 필요한 토지는 도로 면적의 4분의 1에도 미치지 못한다.

청정 재생 에너지 개발의 가장 큰 장애물은 비용과 관련이 있다. 만약 우리가 한 과정의 모든 투입물과 산출물 그리고 그로 인한 영향을 정확히 계산한다면 사회적 측면에서의 실질적인 비용이 우리가 올바른 선택을 하는 데 길잡이가 될 것이다. 이를 위해서는 녹색 화학을 포함한 새로운 과학 기술과 사고 방식이 필요하다. 어쩌면 당신이 이 거대한 도전에 참여하게 될지도 모른다.

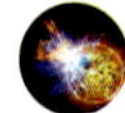

요약

9.1절: 에너지는 일을 할 수 있는 능력이다. 미국은 전 세계 인구의 약 5%를 차지하지만, 생성되는 모든 에너지의 약 5분의 1을 사용한다. 지구에서 사용되는 대부분 에너지는 직접적으로 또는 궁극적으로 태양에서 나온다. 에너지의 SI 단위는 줄(J)이며, 전력 단위는 와트(W)로 1초당 1줄이다. 에너지는 **위치 에너지**(위치에 따른 에너지) 또는 **운동 에너지**(운동에 따른 에너지)로 분류할 수 있다. **광합성**이라는 과정에서 태양에너지는 식물에 흡수되어 포도당을 만드는 데 사용되며, 산소가 생성된다.

9.2절: 화학 반응과 물리적 과정 중에 발생하는 에너지 변화를 연구하는 것은 매우 중요하다. 화학 반응에서는 반응물의 화학 결합이 모두 끊어져야 하고, 그 파편들이 다른 방식으로 결합하여 생성물을 형성한다. 첫 번째 과정은 에너지를 투입해야 하고, 두 번째 과정은 에너지를 방

출한다. 두 과정의 최종 결과는 반응의 열이다. 화학 반응 또는 물리적 과정은 **발열 반응**(주변으로 에너지를 방출) 또는 **흡열 반응**(주변에서 에너지를 필요로 함) 중 하나일 수 있다. 연료의 연소와 관련된 반응은 모두 발열 반응이다.

9.3절: 동역학은 반응 속도와 메커니즘을 연구하는 학문이다. 화학 반응의 속도는 온도, 반응물의 농도, 촉매의 존재에 의해 영향을 받는다. 온도가 상승하거나 용액의 농도가 증가하면 반응 속도가 증가한다. 촉매는 반응을 빠르게 한다.

9.4절: **열역학 제1법칙**(**에너지 보존의 법칙**)에 따르면 에너지는 생성되거나 소멸될 수 없다. 열역학 제2법칙은 자발적인 과정에서 에너지가 더 유용한 형태에서 덜 유용한 형태로 분해된다고 말한다. **엔트로피**는 계가 가질 수 있는 가능한 상태들 사이에서 에너지가 얼마나 분산되어 있는지를 나타내는 척도이다. 계의 엔트로피는 증가하는 경향이 있다.

9.5절: 고대 사회에서는 사람과 동물의 힘을 이용하여 일을 했다. 주요 연료는 목재였다. **연료**는 상당한 에너지를 방출하면서 쉽게 타는 물질이지만, 통제된 방식으로 연소하는 물질이다. 일을 하기 위한 최초의 기계 장치는 물레방아와 풍차였다. 물, 증기, 가스, 내연기관 등에서 나오는 에너지는 산업 혁명의 원동력이 되었다. **화석연료**는 과거에 살았던 식물과 동물에서 추출한 천연 연료이다. 석탄, 석유, 천연가스 등이 여기에 포함된다.

9.6절: **석탄**은 화학 물질의 공급원이기도 한 고체 연료이다. 석탄의 주요 원소는 탄소이다. 석탄의 품질은 주로 탄소와 에너지 함량에 따라 결정되며, 무연탄이 가장 높고 토탄이 가장 낮다. 석탄은 가장 풍부한 화석연료이지만 사용하기 불편하고 다른 연료에 비해 공해를 많이 발생시킨다.

9.7절: **천연가스**는 주로 메테인이며 비교적 깨끗하게 연소한다. 천연가스는 연료, 플라스틱, 기타 제품의 합성을 위한 원료로 모두에게 중요하다. **석유** 또는 원유는 주로 탄화수소를 중심으로 한 유기 화합물의 진한 액체 혼합물이다. 석유 제품은 비교적 깨끗하게 연소할 수 있지만, 비효율적인 연소는 오염을 발생시킨다. 작은 실리콘 모래 알갱이(파쇄 모래)를 사용하는 **수압 파쇄**는 미국에서 천연가스와 석유 모두의 가용성을 높였다. 기술은 미국에서 천연가스와 석유의 생산 가능성을 높였다. 석유는 증류를 통해 여러 가지 분획으로 분리하여 정제된다. 휘발유는 약 C_5에서 C_{12}까지의 탄화수소로 구성된 분획이다. 아이소옥테인과 같은 분지 사슬 탄화수소는 직쇄 탄화수소보다 더 안정적이고 균일하게 연소한다. 휘발유의 **옥탄가**는 노킹 방지 성능을 순수 아이소옥테인의 성능과 비교한 것이다. 휘발유의 옥탄가를 높이기 위해 정유소는 이성질화(분기를 늘리기 위해), **촉매 개질**(직쇄 탄화수소를 방향족 탄화수소로 전환하기 위해), 알킬화(작은 탄화수소를 더 큰 분기로 전환하기 위해)를 사용한다. 메탄올, 에탄올, 3차-뷰틸 알코올과 같은 옥탄가 향상제는 일산화 탄소를 적게 배출하면서 더 깨끗하게 연소하기 때문에 첨가할 수 있다. 테트라에틸납은 50년 이상 옥탄가를 높이는 데 사용되었지만, 미국에서는 사용이 중단되었다. 그러나 다른 많은 국가에서는 여전히 사용되고 있다. 전기 자동차는 미래의 자동차가 될 가능성이 높다.

9.8절: 전기는 가장 편리한 형태의 에너지이다. 미국 전기의 절반 미만은 석탄을 태우는 증기 발전소에서 생산되고 나머지는 천연가스, 원자력, 수력, 풍력, 태양열에서 생산된다. 석탄은 더 편리한 기체 또는 액체 연료로 전환할 수 있지만 에너지 비용이 발생한다.

9.9절: 핵분열 반응은 저농도(3~5%)의 우라늄-235를 사용하는 **원자로**에서 제어할 수 있다. 이 반응들은 카드뮴 또는 붕소 강으로 만든 제어봉에 의해 조절된다. 방출된 에너지는 터빈을 돌려 전기를 생산하는 증기를 생성한다. 미국 전력의 약 20%는 핵분열 원자로에서 생산된다. 원전은 핵폭탄처럼 폭발할 수 없고, 대기 오염을 최소화하며, 폐기물을 분산하지 않고 모아두기 때문에 안전하다는 장점이 있다. 그러나 방사성 물질의 유출을 막기 위해 정교한 안전 예방 조치가 필요하고, 필요한 연료의 가용성이 제한되어 있으며, 방사성 폐기물의 최종 처리는 현재 진행 중인 문제이다. **증식로**는 다른 동위원소를 유용한 핵연료로 변환하여 소비하는 것보다 더 많은 연료를 만들 수 있다. 핵융합은 기술적으로 큰 어려움이 있기 때문에 아직 통제할 수 없다. 수백만 도에 이르는 높은 온도가 필요하며, 이러한 온도에서야 비로소 자유 전자와 원자핵으로 이루어진 플라즈마가 형성되어 제어된 핵융합을 일으킬 수 있다. 그러나 핵융합은 다른 대부분 에너지원에 비해 매우 중요한 잠재적 이점을 가지고 있다.

9.10절: 간단한 태양열 집열기는 난방용 온수를 생산할 수 있다. 태양전지 또는 **광전지**는 태양광으로부터 직접 전기를 생산하며, n형 및 p형 반도체를 사용한다. 이 세포는 점점 더 저렴하고 효율이 높아지고 있지만, 태양광 발전 시스템은 저장 시스템이나 지역 전력망과의 연결이 필요하며 사막에는 거대한 태양 에너지 수집기가 건설되고 있다. 목재와 같은 **바이오매스**는 직접 태우거나 액체 또는 기체 연료로 전환할 수 있지만, 생산에 많은 면적이 필요하고 전반적인 효율이 매우 낮다. 수소는 에너지원이라기보다는 에너지 저장 및 운송 수단이다. 수소는 깨끗하게 연소되지만, 생산하는 것보다 만드는 데 더 많은 에너지가 필요하다. 수소의 한 가지 장점은 연료와 산소를 지속적으로 소비하여 효율적으로 전기를 생산하는 **연료 전지**에 사용할 수 있다는 점이다. 풍력과 수력 발전은 특정 지역에서만 활용할 수 있는 재생 에너지원으로, 전 세계적으로 풍력 터빈의 수가 급격히 증가하고 있다. 두 공급원 모두 초기 비용이 많이 든다. 지구 내부에서 나오는 열 에너지는 **지열 에너지**이다. 또한 바다 표면과 심해의 온도 차이, 조력 에너지, 파도의 에너지를 활용할 수 있다. 각각의 에너지원은 장점, 제한점, 그에 따른 결과를 가지고 있다. 우리는 효율이 높은 가전제품을 사용하거나 단순히 에너지 소비를 줄이는 것만으로도 에너지를 절약할 수 있다.

녹색 화학: 에너지는 우리가 하는 모든 일에 필요하며, 에너지를 얻을 수 있는 방법은 다양하다. 에너지 생산 기술의 모든 투입, 산출, 영향에 대한 계산은 녹색 화학 원칙을 사용하여 그 진정한 가치를 평가해야 한다.

학습 목표	관련 문제
• 전력 및 에너지를 계산한다. (9.1)	9~12, 30, 85~88
• 화학 반응과 물리적 작용을 발열성 또는 흡열성으로 분류한다. (9.2)	79~84
• 결합 에너지를 사용하여 반응의 열을 계산하는 방법을 설명한다. (9.2)	25~32, 89, 90
• 화학 반응의 속도에 영향을 미치는 요인을 나열하고, 이러한 요인이 반응 속도에 미치는 영향을 설명한다. (9.3)	3, 5
• 열역학 제1법칙과 제2법칙을 설명하고 에너지 생산과 사용에 미치는 영향을 논의한다. (9.4)	2, 4, 33~37
• 일반적인 화석연료를 나열하고, 현대 사회가 화석연료를 어떻게 사용하는지 설명한다. (9.5)	17~22, 41~50
• 연료로서의 석탄의 기원, 장점, 단점을 나열한다. (9.6)	39, 40
• 천연가스와 석유의 특성, 장점, 단점을 나열한다. (9.7)	46, 49
• 기체 연료와 액체 연료가 고체 연료보다 사용하기 편리한 이유를 설명한다. (9.8)	46, 92
• 원자력 에너지의 장점, 단점을 나열한다. (9.9)	51, 52, 56~58
• 원자력 발전소가 어떻게 전기를 생산하는지 설명한다. (9.9)	7, 8, 53~55
• 다양한 종류의 재생 에너지원의 중요한 특성, 장점, 단점을 나열한다. (9.10)	65~76, 98
• 녹색 화학의 원리를 적용하면 에너지 생성 방법을 개선하는 데 어떻게 도움이 되는지 설명한다.	78~80

개념문제

1. 온도와 열의 차이를 분자 운동의 관점에서 설명하라.
2. 상온의 그릇에서 아이스크림이 녹는 이유를 에너지 전달과 열역학 제2법칙의 관점에서 설명하라.
3. 온도는 화학 반응의 속도에 어떤 영향을 미치는가? 그 이유를 설명하라.
4. 에너지 인자(반응열) 외에 어떤 과정이 자발적인지 아닌지를 결정하는 데 중요한 다른 인자에 대해 설명하라.
5. 목재는 왜 공기보다 순수한 산소에서 더 빨리 연소되는지 설명하라.
6. 1970년대에 휘발유의 노킹 방지제로 테트라에틸납의 사용이 중지된 이유를 설명하라.
7. 원자력 발전소가 핵폭탄처럼 폭발할 수 없는 이유를 설명하라.
8. 핵반응에서 방출되는 에너지가 연소 반응에서 방출되는 에너지보다 훨씬 더 큰 이유를 원자 또는 분자 수준에서 일어나는 일의 관점에서 설명하라.

연습문제

에너지 및 에너지

9. 에너지를 측정하는 데 일반적으로 사용되는 두 가지 단위를 나열하고, 수학적으로 어떤 관련이 있는지 설명하라.
10. 와트와 줄은 어떤 관계인가? 어느 것이 에너지를 나타내고, 어느 것이 힘을 나타내는지 설명하라.
11. 밤에 10시간 동안 켜져 있는 150 W 실외 전구는 얼마나 많은 전기 에너지(kJ)를 사용하는가?
12. 저녁에 3시간 동안 켜져 있는 1300 W 전기 히터는 얼마나 많은 전기 에너지(kJ)를 사용하는가?
13. 폭포 위로 물이 흐를 때 에너지의 전환을 운동 에너지와 위치 에너지의 관점에서 설명하라.
14. 선풍기가 켜질 때 에너지의 전환을 운동 에너지와 위치 에너지의 관점에서 설명하라.

연료 및 연소

15. 1800년 이전에 미국에서 주로 사용된 연료는 무엇인가?
16. 태양은 어떤 반응으로 에너지를 얻는가?
17. 탄화수소의 완전 연소에 대해 일반화된 반응식을 쓰라.
18. 탄화수소의 불완전 연소에 대해 일반화된 반응식을 쓰라.
19. 프로페인(C_3H_8)이 산소 기체와 완전 연소할 때 일어나는 반응에 대한 균형 화학 반응식을 쓰라.
20. 뷰테인(C_4H_{10})이 산소 기체와 완전 연소할 때 일어나는 반응에 대한 균형 화학 반응식을 쓰라.
21. 프로페인(C_3H_8)이 산소 기체와 불완전 연소할 때 생성물 중 하나로 일산화 탄소가 생기는 반응에 대한 균형 화학 반응식을 쓰라.
22. 뷰테인(C_4H_{10})이 산소 기체와 불완전 연소할 때 생성물 중 하나로

일산화 탄소가 생기는 반응에 대한 균형 화학 반응식을 쓰라.

23. 옥테인(C_8H_{18})이 산소 기체와 완전 연소할 때 일어나는 반응에 대한 균형 화학 반응식을 쓰라.

24. 노네인(C_9H_{20})이 산소 기체와 완전 연소할 때 일어나는 반응에 대한 균형 화학 반응식을 쓰라.

에너지와 화학 반응

25. 결합 에너지를 사용하여 1.0몰의 메테인이 충분한 산소 기체와 연소될 때 방출되는 에너지의 양(kJ)을 다음 각 단계를 사용하여 계산하라.

a. 반응에 관련된 모든 분자의 루이스 구조를 그려라(균형 숫자를 기억하라).

$$CH_4 + 2\,O_2 \longrightarrow CO_2 + 2\,H_2O$$

b. C—H 결합의 결합 에너지가 413 kJ/mol이라면 메테인 분자 1몰의 모든 결합을 끊는 데 얼마나 많은 에너지가 필요한가?

c. O=O 결합의 결합 에너지가 498 kJ/mol이라면 2몰 산소 기체에서 모든 결합을 끊는 데 얼마나 많은 에너지가 필요한가?

d. C=O 결합의 결합 에너지가 798 kJ/mol이라면 1몰의 이산화탄소 기체가 형성될 때 방출되는 에너지는 얼마인가?

e. O—H 결합의 결합 에너지가 467 kJ/mol이라면 2몰의 물 분자가 형성될 때 방출되는 에너지는 얼마인가?

f. 결합을 끊는 데 필요한 에너지에서 새로운 결합이 형성될 때 방출되는 에너지를 뺀 순 결과는 무엇인가? 이때 얻어진 값의 부호를 어떻게 해석할 수 있는가?

26. 다음 각 단계를 사용하여 1몰의 질소 기체가 3몰의 수소 기체와 반응하여 2몰의 암모니아 기체를 형성할 때 관여하는 에너지의 양을 kJ 단위로 계산하라.

a. 반응에 관련된 모든 분자의 루이스 구조를 그려라.

$$N_2(g) + 3H_2(g) \longrightarrow 2\,NH_3(g)$$

b. N≡N 결합의 결합 에너지가 946 kJ/mol이라면 1몰 질소 분자의 모든 결합을 끊는 데 얼마나 많은 에너지가 필요한가?

c. H—H 결합의 결합 에너지가 432 kJ/mol이라면 3몰 수소 기체의 모든 결합을 끊는 데 얼마나 많은 에너지가 필요한가?

d. N—H 결합의 결합 에너지가 391 kJ/mol이라면 1몰의 암모니아가 형성될 때 방출되는 에너지는 얼마인가?

e. 결합을 끊는 데 필요한 에너지에서 새로운 결합이 형성될 때 방출되는 에너지를 뺀 순 결과는 무엇인가? 이때 얻어진 값의 부호를 어떻게 해석할 수 있는가?

27. 1.00몰의 메테인을 연소하면 803 kJ의 에너지가 방출된다. 24.5몰의 메테인을 연소하면 얼마나 많은 에너지가 방출되는가?

$$CH_4(g) + 2\,O_2(g) \longrightarrow CO_2(g) + 2\,H_2O(g) + 803\text{ kJ}$$

28. 액체인 물 2.00몰을 분해하려면 572 kJ의 에너지가 필요하다. 30.0몰의 물을 분해하는 데는 얼마나 많은 에너지가 필요한가?

$$2\,H_2O(l) + 572\text{ kJ} \longrightarrow 2\,H_2(g) + O_2(g)$$

29. 휘발유 1.00 g을 연소하면 1060 cal가 된다. 이 양은 kJ 단위로 어떻게 계산되는가?

30. 42,000 J를 kcal 단위로 표현하라.

31. 다음 식에 따라 10.0 g의 $H_2(g)$가 다량의 $O_2(g)$와 반응하여 증기[$H_2O(g)$]를 형성할 때, kJ 단위로 얼마나 많은 열이 방출되는가?

$$2\,H_2(g) + O_2 \longrightarrow 2\,H_2O(g) + 483.6\text{ kJ}$$

32. 31번 문제를 참고하여 수증기 1몰을 수소 기체와 산소 기체로 변환하기 위해 공급해야 하는 에너지(kJ)를 구하라.

에너지와 열역학의 법칙

33. 열역학 제1법칙에 대해 설명하라.

34. 에너지 흐름과 에너지 분포의 측면에서 열역학 제2법칙을 설명하라.

35. 엔트로피란 무엇인가? 화석연료가 연소될 때 엔트로피는 증가하는가, 아니면 감소하는가?

36. 물이 얼음 틀에서 얼면 엔트로피가 증가하거나 감소하는가? 얼음 틀에서 물이 얼어 고체가 될 때 엔트로피는 증가하는가, 감소하는가?

37. 대기중의 질소와 고체 질산 암모늄의 질소 중 어느 것이 더 높은 엔트로피를 가지는가?

38. 고체 포타슘 금속(K)과 상업용 비료 성분인 염화 포타슘(KCl) 속의 포타슘 중 어느 쪽이 더 높은 엔트로피를 가지는가?

화석연료

39. 연료로서 석탄의 장점과 단점은 무엇인가?

40. 미국은 다른 두 연료보다 훨씬 많은 석탄 매장량을 보유하고 있는데, 왜 석탄에서 석유와 천연가스로 전환했는가?

41~44번 문제의 추정치는 2017년 미국에너지정보청 데이터에서 가져온 것이다(표 9.3 참조).

41. 2017년에 확인된 석탄 매장량은 1,139억 톤으로 추정된다. 전 세계 연간 사용량은 36억 6,600만 톤이었다. 이러한 사용률이 계속된다면 이 매장량은 얼마나 오래 지속되는가? (사용률은 실제로 변화할 가능성이 높다는 점을 유의하자.)

42. 2017년 미국의 석유 매장량은 334억 배럴로 추정된다. **(a)** 수입이나 수출이 없고 미국의 연간 사용량이 67억 배럴로 계속된다면 이 매장량은 얼마나 오래 지속되는가? **(b)** 북극 국립 야생동물 보호구역의 평균 매장량인 104억 배럴을 사용하여 이 자원을 개발하면 현재 미국의 연간 사용률로 얼마나 오래 매장량을 늘릴 수 있는가?

43. 2013년 세계 천연가스 매장량은 6,845조 입방피트로 추정된다. 전 세계 연간 사용량은 120조 입방피트였다. 이러한 사용률이 계속된다면 매장량은 얼마나 오래 지속되는가?

44. 2013년 미국의 입증된 천연가스 매장량은 323조 ft^3이다. 수입이나 수출이 없고 미국의 연간 사용량이 24.5조 ft^3로 계속된다면 이 매장량은 얼마나 오래 지속되는가?

45. 석유의 기원으로 생각되는 것은 무엇인가? 석유의 기원과 석탄의 기원을 비교하라.

46. 연료 공급원으로서 석유의 장점과 단점은 무엇인가?

47. 분별 증류의 과정과 다양한 '분획'을 분리할 수 있는 방법을 설명하라.

48. 옥탄가는 무엇을 의미하는가?

49. 표 9.6을 참조하여 아스팔트가 고속도로와 도로를 포장하는 데 상대적으로 저렴한 방법(예: 콘크리트에 비해)인 이유를 제시하라.

50. 옥탄가가 더 높은 옥테인($CH_3CH_2CH_2CH_2CH_2CH_2CH_2CH_3$) 또는 2,3,3-트리메틸펜테인[$CH_3CH(CH_3)C(CH_3)_2CH_2CH_3$] 중 어느 것이 더 높아야 하는가? 둘 다 옥테인의 이성질체이다. 그 이유를 설명하라.

원자력 에너지

51. 미국 전력의 몇 퍼센트가 원자력 발전소에서 생산되는가?

52. 프랑스에서 원자력 발전소가 생산하는 전력은 몇 퍼센트인가?

53. 우라늄-238이 어떻게 핵분열 가능한 플루토늄-239로 변환되는지 보여주는 핵 방정식을 쓰라. 방정식의 의미를 설명하라.

54. 원자로급 우라늄으로 핵폭탄을 설명하라. 만들 수 있는지 설명하라.

55. 어떻게 증식로는 소모하는 것보다 많은 연료를 생산하는가? 그렇게 하면 에너지 절약의 법칙에 위배되는가?

56. 증식로의 장점과 단점은 무엇인가?

57. 분열 원자로와 비교했을 때 핵융합로의 몇 가지 장점을 나열하라. 플라즈마란 무엇인가?

58. 핵융합로 개발의 주요 도전 과제는 무엇인가?

59. 토륨-232가 어떻게 핵분열 가능한 우라늄-233으로 변환되는지 보여주는 핵 방정식을 쓰라.

60. 중수소와 삼중수소가 어떻게 융합하여 헬륨과 중성자를 형성하는지 보여주는 핵 방정식을 쓰라.

61. 우라늄-235 1몰의 분열은 다음과 같이 나타낼 수 있다.

$$^{235}_{92}U + ^{1}_{0}n \longrightarrow 2\,^{1}_{0}n + ^{139}_{54}Xe + ^{95}_{38}Sr + 1.8 \times 10^{10}\ kJ$$

메테인의 연소는 25번 문제의 방정식을 참조하라. 1.00몰(235 g)의 우라늄-235가 분열하여 에너지를 생성하기 위해 몇 몰의 메테인이 연소되어야 하는가?

62. 61번 문제의 답을 바탕으로, 우라늄-235 1몰의 분열에서 나오는 동등한 양의 에너지를 방출하기 위해 연소해야 하는 메테인의 질량을 톤 단위(1 t = 1,000 kg)로 계산하라.

63. 석탄은 대부분 탄소이다. 1몰(12.0 g)의 탄소를 연소시켜 이산화탄소를 만들면 393 kJ의 에너지가 방출된다. $C + O_2 \longrightarrow CO_2$ 반응을 바탕으로, 우라늄-235의 1.00몰(235 g)이 분열하여 에너지를 생성하기 위해 몇 몰의 탄소가 연소되어야 하는가?

64. 63번 문제의 답을 고려하여 1몰의 우라늄-235가 핵분열할 때 방출되는 에너지와 동일한 양의 에너지를 얻기 위해 연소되어야 하는 탄소의 질량(톤 단위)을 계산하라.

재생 에너지 공급원

65. 광전지란 무엇인가?

66. 도시 전체와 단일 가정에 전기 에너지를 공급하기 위해 태양 전지를 사용할 때 어떤 문제가 있는가?

67. 난방, 요리, 온수기를 위해 가스를 사용하는 미국 가정의 평균 전력 수요는 1.3 kW이다. 태양 전지는 약 100 W/m^{2}를 생산할 수 있다. 이 수요를 충족하는 데 필요한 태양 전지의 면적은 얼마인가?

68. 대형 풍력 터빈은 1.5 MW의 에너지를 생산할 수 있다. 67번 문제에 묘사된 집 중에 대형 풍력 터빈 한 대로 전력을 공급할 수 있는 집은 몇 채인가?

69. 풍력 터빈을 전기 에너지로 사용할 때의 장점과 단점은 무엇인가?

70. 바이오매스란 무엇인가? 에너지 공급원으로서 바이오매스의 문제점과 장점은 무엇인가?

71. 연료 전지가 전기화학 전지와 다른 점 두 가지를 나열하라.

72. 에너지원으로서 지열 발전과 지열 주택 난방 시스템의 장점, 단점, 한계는 무엇인가?

73. 에너지 공급원으로서 수력 발전의 장점, 단점, 한계는 무엇인가?

74. 연료로서 바이오디젤의 장점, 단점, 한계는 무엇인가?

75. 순수 전기 자동차의 장점과 단점은 무엇인가?

76. 우리의 생애에서 휘발유 자동차가 과거의 일이 될 수 있는 이유는 무엇인가?

합성 및 전환 연료

77. 석탄이 **(a)** 메테인, **(b)** 일산화 탄소와 수소로 전환되는 기본 과정에 대한 화학 방정식을 쓰라.

78. **(a)** 일산화 탄소와 수소가 메탄올로 전환되는 과정, **(b)** 수소-산소 연료 전지에서 일어나는 반응에 대한 화학 방정식을 쓰라.

심화문제

79. 콜드 팩은 질산 암모늄을 물에 녹여 작동한다. 얼음을 운반할 수 없을 때 운동 트레이너가 콜드 팩을 들고 다닌다. 이 과정은 흡열 반응인가, 발열 반응인가? 그 이유를 설명하라.

80. 핫팩 손난로의 한 유형에는 과포화되고 불안정한 아세트산 소듐 용액이 포함되어 있다. 용액에서 금속 조각을 압축하여 결정화를 자극하여 활성화된다. 핫팩은 사냥꾼, 기타 야외 스포츠맨처럼 히터나 불을 사용할 수 없는 장소에서 일하는 사람들이 사용한다. 이 과정은 흡열 반응인가, 발열 반응인가? 그 이유를 설명하라.

81. 성냥을 켜는 것은 흡열 과정이다. 타고 있는 성냥 주변의 공기가 열을 흡수하고 있기 때문이라는 진술을 고려할 때, 이 진술에 대한 분석으로 옳은 것은 무엇인가?
    a. 진술은 옳지만, 그 이유는 틀렸다.
    b. 진술은 틀렸지만, 그 이유는 옳다.
    c. 진술과 이유 모두 옳다.
    d. 진술과 이유 모두 틀렸다.

82. 물이 어는 과정에 대한 설명으로 옳은 것은 무엇인가?
    a. 이 과정은 발열 반응이다.
    b. 이 과정은 흡열 반응이다.
    c. 물 분자는 이 과정에서 에너지를 흡수한다.
    d. 동결은 녹는 것과 같은 온도(0 ℃)에서 발생하기 때문에 에너지가 필요하지 않다.

83. 다음 각각은 발열 반응인가, 흡열 반응인가, 둘 다 아닌가?
    a. 채소를 요리하기 위한 끓는 물
    b. 물을 증기로 바꾸기

84. 다음 각각은 발열 반응인가, 흡열 반응인가, 둘 다 아닌가?
    a. 케이크 굽기
    b. 차가운 레모네이드 한 잔의 바깥쪽에 있는 공기 중의 응축수

85. 증기기관이 발명되자 발명가들은 증기기관의 생산물을 엔진이 대체할 말의 생산물을 비교하려고 노력했다. 하루 동안 지속적으로 작업하는 동안 평균적인 말은 1마력(hp)의 속도로 에너지를 소비하며, 이는 원래 초당 550파운드(foot pounds)로 정의된다. 즉 평균적인 말은 1초에 550파운드의 무게를 1발(foot)의 거리만큼 당길 수 있다는 뜻이다. 현대의 단위로 1마력은 745 W이다.
    a. 사람이 하루에 평균적으로 약 2,100 kcal의 에너지를 소비한다면 이 생산물은 W 단위로 얼마인가?
    b. 한 사람의 힘은 1마력에 어떻게 비교할 수 있는가?

86. 1920년 모델 T 포드에는 20마력, 즉 말 20마리의 출력을 내는 엔진이 달려 있었다. 그 초기 자동차의 출력은 kW 단위로 몇 kW인가(85번 문제 참조)?

87. 2.4 L V8 엔진이 장착된 최신 경주용 자동차는 약 740마력, 즉 740마리 말의 출력을 낼 수 있다. 경주용 자동차의 출력은 kW 단위로 어떻게 표시되는가?

88. 바나나와 수류탄은 모두 약 170 kcal의 에너지를 가지고 있다. **(a)** 소파에 누워 텔레비전을 보는 사람이 바나나의 에너지를 2.0시간에 걸쳐 소비한다면 바나나의 출력(W)은 얼마인가? **(b)** 수류탄의 에너지가 0.0012초 동안 소비된다면 수류탄의 출력(W)은 얼마인가? 바나나와 수류탄은 에너지와 생산물에서 어떻게 비교되는가?

89. 수소와 아이소뷰테인이라는 두 가지 기체 연료의 연소 반응을 생각해보자.

$$H_2 + \frac{1}{2}O_2 \longrightarrow H_2O \qquad \text{연소 발열량: 268.6 kJ}$$

$$CH_3CH(CH_3)_2 + \frac{13}{2}O_2 \longrightarrow 4\,CO_2 + 5\,H_2O \qquad \text{연소 발열량: 2,686 kJ}$$

두 가지 연소 반응 중 연료 1킬로그램당 더 많은 에너지를 생산하는 것은 무엇인가?

90. 89번 문제에 표시된 두 연료의 연소 반응을 고려하라. 동일한 온도와 압력의 조건에서 부피를 측정했을 때 두 연소 반응 중 연료의 L당 더 많은 에너지를 생성하는 것은 무엇인가?

91. 미국은 주요 선진국 중 1인당 이산화 탄소(CO_2) 배출량이 가장 많으며, 1인당 연간 19.0톤(1 t = 1000 kg)에 달한다. 이와 같은 양의 CO_2를 배출하려면 메테인(CH_4)이 얼마나 필요한지 톤 단위로 계산하라.

92. 기체 연료와 액체 연료가 고체 연료보다 더 편리한 이유와 응용에 대해 설명하라.

93. a. 석탄에서 유황이 연소하여 이산화 황을 형성하는 반응의 화학 반응식을 쓰라.
    b. 대형 석탄 연소 발전소는 하루에 2,500톤(1 t = 1,000 kg)의 석탄을 연소한다. 석탄에는 질량 기준으로 0.65%의 황(S)이 포함되어 있다. 모든 황이 이산화 황(SO_2)으로 전환된다고 가정한다. 대기 중으로 형성되어 방출되는 이산화 황(SO_2)의 질량은 얼마인가?

94. 93번 문제를 참고하라. 열 역전으로 인해 모든 이산화 황(SO_2)이 45 km × 60 km × 0.40 km의 공기 부피에 갇힌다면 공기 중의 이산화 황(SO_2) 농도는 1차 국가 대기질 기준인 365 μg SO_2/m^3 공기를 초과하는가?

95. 다양한 연료의 연소가 대기 중의 이산화 탄소 축적에 기여하는 정도는 여러 가지 방법으로 평가할 수 있다. 한 가지 방법은 형성된 CO_2의 질량을 연소된 연료의 질량과 연관시키는 것이고, 다른 방법은 CO_2의 질량을 연소 과정에서 발생한 열의 양과 연관시키는 것이다. 세 가지 연료(흑연), $CH_4(g)$, $C_4H_{10}(g)$ 중 연료 그램당 **(a)** 가장 작은 질량의 CO_2를 생성하고, **(b)** 1 kJ의 열을 발생시키는 연료는 무엇인가? 각 물질의 몰당 방출되는 열은 C(흑연) 393.5 kJ, $CH_4(g)$ 803 kJ, $C_4H_{10}(g)$ 2,877 kJ이다.

96. 회수가능한 에너지의 추정치는 불확실한 것으로 악명이 높지만, 일부 과학자들은 지구에 저장된 회수가능한 에너지가 총 9.92×10^6 TWh에 불과하다고 생각한다(석유, 석탄, 천연가스, 우라늄의 형태로). 전 세계적으로 연간 사용량은 약 1.32×10^5 TWh이다. **(a)** 에너지 수요가 현재와 같다면 지구에 저장된 에너지가 모두 소진되기까지 대략 몇 년이 걸리는가? **(b)** 미국(인구 약 313,000,000명)의 1인당 소비량은 나머지 세계(인구 약 70억 명)의 약 4배에 달한다. 전 세계 모든 국가가 미국과 같은 1인당 에너지 소비율로 에너지를 소비한다면 지구에 저장된 에너지가 모두 소진되기까지 대략 몇 년이 걸리는가? **(c)** **(a)**와 **(b)**에서 얻은 답을 비교하고 의견을 제시하라.

97. 타르 모래에서 휘발유를 생산하려면 천연가스가 필요하다. 휘발유를 생산하는 데 필요한 에너지와 휘발유 자체의 에너지 함량 사이의 비율이 매우 낮다면 이 생산 방식을 채택하는 이유는 무엇인가?

98. 북부 기후의 전형적인 침실 3개짜리 집에 살고 있는데, 겨울철 한 달간 가스 요금 고지서에 212 '열량'이 사용되었고 전기 요금이 490 kWh로 표시되어 있다고 가정해보자. 이 양의 에너지를 가정에 공급하기 위해 지붕에 태양 전지를 설치하는 것을 고려하고 있다. 한 회사는 100 W 전구 2개에 전력을 공급하려면 1.0 m^2의 태양 전지가 필요하다고 말한다. 이론적으로 가정에서 충분한 에너지를 공급하기 위해 필요한 태양 전지의 총 면적을 계산하고 싶다(물론 한 가지 현실적인 문제는 겨울에는 눈이 태양 전지를 덮을 수 있다는 것이다).
   a. 먼저 한 달 동안 집의 난방과 집안의 전기 기기에 전력을 공급하는 데 필요한 에너지의 총 kJ를 공공 요금 고지서의 데이터를 사용하여 계산하라. 1'열량' = 100,000 BTU, 1 BTU = 1.05506 kJ이다(1 kWh = 3,600 kJ).
   b. 다음으로 30일 동안 100 W 전구 2개에 전력을 공급하는 데 필요한 에너지의 kWh를 구하라.
   c. **(a)**와 **(b)**의 답을 사용하여 필요한 태양 전지의 면적을 결정하라. 단위를 주의하라.

 비판적 사고 문제

이 장에서 습득한 지식과 하나 이상의 FLaReS 원칙(1장)을 적용하여 다음 진술과 주장을 평가하라.

9.1 한 미래학자이자 발명가는 나노 기술의 발전으로 16년 안에 태양 에너지가 전 세계에 전력을 공급하게 될 것이라고 예측한다.

9.2 1996년에 인도의 발명가 Ramar Pillai는 물을 탄화수소 연료로 전환하는 비밀 약초 공식을 발견했다고 주장했다.

9.3 한 발명가가 헥세인과 같은 선형 알케인을 분지 사슬 이성질체로 빠르게 전환하는 촉매를 발견했다고 주장한다.

9.4 여름에 텔레비전을 보다가 누군가 냉장고 문을 열어두는 것이 부엌을 시원하게 하는 방법이라고 말하는 것을 듣는다.

9.5 모든 가정에 연료 전지를 설치하면 각 가정은 에너지 자립을 할 수 있다고 한다.

9.6 한 회사가 마그네슘과 같은 금속을 자동차 연료로 사용할 수 있다고 주장한다. 금속 코일을 방에 넣으면 과열된 증기와 반응해 수소 가스를 만들어 자동차를 작동시키는 연료 전지에 동력을 공급할 수 있다고 한다.

 협업 과제

파워포인트, 포스터, 기타 프레젠테이션을 준비하여 수업에서 공유하라.

1. 온수기, 텔레비전, 컴퓨터 모니터, 전기 프라이팬과 같은 가전제품을 찾아 가전제품의 와트 수를 확인한다. 전기요금을 확인하여 거주하는 지역에서 전력 에너지(kWh)당 요금이 얼마인지 계산하라. 해당 기기를 1시간 동안 작동하는 데 드는 비용을 계산하라. 40시간 동안의 비용을 결정하라.

2. 효율이 다르다는 점을 제외하면 비슷한 두 가전제품의 전기 사용량을 비교하라. 이 비교를 석탄을 연소하여 전기를 생산한다고 가정하고 가전제품의 CO_2 배출량으로 확장한다.

3. 발전소에서 천연가스를 태워 생산한 전기로 집을 난방하는 것과 천연가스로 난방하는 것의 효율을 정성적으로 비교하라.

4. 다음은 모두 가정 난방에 사용된다. 각각의 경우 공급, 사용, 폐기물에 어떤 문제가 있는가?
   a. 천연가스　　**b.** 전기
   c. 바이오매스/목재　　**d.** 석탄
   e. 연료유　　**f.** 지열 에너지

5. 인터넷 공급원을 사용하여 **(a)** 간단한 태양열 히터 또는 **(b)** 태양열 오븐을 제작하는 방법을 찾아라. 이러한 장치는 저개발 국가, 특히 아프리카의 많은 지역과 같이 햇볕이 잘 드는 기후인 지역에서 중요하다.

실험 과제 어떤 사람은 뜨겁게, 어떤 사람은 시원하게!

준비물

- 작은 투명 플라스틱 컵 2개
- 물 1큰술
- 과산화 수소 3% 용액 1큰술
- 가루 효모 3 g
- 나무 부목(목재 커피 교반기)
- 성냥
- 픽시 스틱스 또는 펀 딥(시트르산함유 사탕) 3 g
- 주방 저울
- 숟가락
- 온도계

물리적 변화가 발생했는지, 화학적 변화가 발생했는지 어떻게 판단할 수 있는가? 발열 반응과 흡열 반응의 주요 차이점은 무엇인가?

이 실험에서는 안전한 재료와 조건을 사용하여 두 가지 다른 화학 반응을 수행한다. 하나는 계에서 주변으로 열이 방출되는 발열 반응이다. 다른 하나는 에너지가 열로 흡수되는 흡열 반응이다.

물 1큰술을 계량한다. 컵에 물을 붓고 표식한다. 온도계로 초기 시작 온도를 기록한다. 데이터 표를 만들어 시작 온도와 60초 동안 10초 간격으로 온도를 기록한다. 주방 저울을 사용하여 픽시 스틱스 과립 3 g의 무게를 잰다. 사탕을 모두 물에 빠르게 넣고 숟가락으로 저어준다(사탕이 물에 완전히 녹을 필요는 없다). 60초 동안 온도 데이터를 수집한다.

물의 온도는 어떻게 되는가? 어떤 유형의 반응이 일어났는가(그림 1)?

▲ 그림 1

과산화 수소 1큰술을 계량한다. 과산화 수소를 컵에 붓고 표식한다. 데이터 표에 시작 온도를 기록한다. 데이터 표를 만들어 60초 동안 10초 간격으로 온도를 기록한다. 주방 저울을 사용하여 효모 3 g의 무게를 잰다. 과산화 수소에 효모를 넣고 숟가락을 사용하여 저어준다. 효모를 넣으면 어떻게 되는가? 60초 동안 온도 데이터를 수집한다(그림 2).

▲ 그림 2

성냥을 이용해 나무 커피 스틱 끝에 불을 붙이고 잠시 불이 붙도록 놔둔다. 그런 나음 불을 끄자. 불이 디오르지는 않지만, 붉은 빛이 남아 있어야 한다 불이 붙은 부목의 끝을 거품의 큰 거품 쪽으로 조심스럽게 가져간다. 그 다음에 무슨 일이 일어나겠는가?

실험문제

1. 두 반응 모두 화학적 변화인가, 아니면 물리적 변화인가? 설명하라.
2. 어떤 반응이 흡열 반응을 일으켰는가? 그 이유는 무엇인가?
3. 어떤 반응이 발열 반응을 일으켰는가? 그 이유는 무엇인가?
4. 효모와 과산화 수소 실험에서 어떤 가스가 생성되었는가? 어떻게 알았는가?
5. 사탕과 물 실험을 반복한다면 나무 부목에 다시 불을 붙일 수 있는가? 그 이유는 무엇인가, 또는 왜 불가능한가?

영양, 체력, 건강

10

건강한 생활 방식의 구성 요소인 운동과 올바른 식단은 건강에 필수적이며, 신체와 정신의 질병 위험을 줄여 준다. 화학을 통해 우리는 식단과 운동이 우리 몸과 마음에 미치는 영향을 더 잘 이해할 수 있다.

? 이 장과 관련된 궁금증

1. 식단에서 어느 정도의 지방이 '너무 많다'고 하는가?
2. 의사가 어머니의 소금 섭취를 줄이라고 했다. 왜 그런가?
3. 비타민을 많이 섭취하는 것이 유익한가?
4. 천연 감미료와 인공 감미료의 차이는 무엇인가?
5. 운동을 중단하면 그동안 발달시킨 근육이 지방으로 바뀌는가?
6. 과체중과 비만은 어떻게 다른가?

웰빙의 화학: 식품, 영양, 운동, 체력 인류 역사 대부분의 기간 동안 사람들의 가장 큰 관심사는 살아남기 위해 충분한 식량을 구하는 것이었다. 결국 음식의 주된 목적은 생명을 유지하는 데 필요한 영양소와 에너지를 공급하는 것이다. 음식은 우리 몸을 이루는 모든 분자적 구성 요소를 제공하고, 아이들이 성장하도록 하며, 우리의 생활 활동에 필요한 모든 에너지를 마련해준다. 그 에너지는 궁극적으로 광합성을 통해 태양으로부터 온다.

특히 선진국에서는 여러가지 노동 절감 장치가 보급되고 식량도 풍부하다. 많은 사람이 큰 육체적 노력 없이 생계를 유지한다. 식량은 너무나 풍족하고 그것을 얻는 데 드는 육체적 노력은 너무 적는데, 많은 사람이 필요 이상으로 먹고 필요한 양보다 훨씬 적게 운동한다.

반면 지구상의 많은 지역에서는 늘 식량이 부족한 사람들이 있다. '헝거 프로젝트'에 따르면 8억 명(9명 중 1명) 이상이 항상 배고픔을 겪는다. 전쟁은 뉴스에 오르내리지만, 전쟁으로 사망하는 사람보다 만성영양결핍으로 사망하는 사람이 열 배나 더 많다. 2018년 세계 인구는 76억 명이었고 지금도 계속 증가하고 있다. 늘어나는 세계 인구에 식량을 공급하는 일은 특히 출산율이 가장 높고 빈곤이 가장 심한 국가들에서 큰 도전이다. 예를 들어 니제르의 인구는 연 3%가 넘는 속도로 증가하고 있으며, 인구의 대다수는 식량이 거의 없는 극심한 빈곤 속에 살고 있다.

수백만 명이 굶주리는 동안 다른 지역에는 잉여가 발생하고, 선진국의 다른 사람들은 정기적으로 잘못된 종류의 음식을 먹는다. 포화 지방, 당, 알코올이 과다한 미국인의 평균 식단은 미국 내 10대 사망 원인 중에 최소 다섯 가지(심장병, 암, 뇌졸중, 당뇨병, 신장 질환)와 부분적으로 연관되어 있다. 미국질병통제예방센터(CDC)는 미국 성인의 70.7%가 과체중이고, 그중 37.9%가 비만이라고 보고했다. 국제비만대책위원회는 전 세계적으로 15억 명이 과체중이며, 그중 5억 명이 비만이라고 추정한다. 이는 건강 악화(당뇨병, 심근경색, 뇌졸중, 일부 암의 위험 증가)와 다른 질병에 대한 감수성 증가에 기여한다.

이 장에서는 논의를 확장해 적절한 영양 섭취를 위한 요건(탄수화물, 지방, 단백질의 균형 잡힌 비율과 더불어 비타민, 무기질, 물, 전해질, 섬유질)을 다룬다. 또한 근육 활동, 운동, 웰빙과 체력에 관련된 다른 주제도 살펴볼 것이다.

10.1 칼로리: 양과 질

학습 목표
- 미국 식단에서 권장되는 칼로리의 출처와 비율을 나열한다.
- 운동선수의 특별한 식이 요구를 설명한다.

일반적으로 우리는 음식이 얼마나 많은 칼로리를 담고 있고 얼마나 섭취하는지에 대해 말한다. 총 칼로리 섭취량도 중요하지만, 칼로리의 분포가 그보다 더 중요하다. 미국농무부(USDA)와 보건복지부(HHS)가 제시한 2015년 《미국인을 위한 식생활 지침》에는 몇 가지 권고가 포함되어 있으며, 그림 10.1의 식품 접시로 제시되어 있다. 이 문서는 5년마다 업데이트되며, 온라인에서 확인할 수 있다.

이러한 일반 권장 사항을 바탕으로 한 식단 계획은 개인에게 맞게 조정되어야 한다. 평균적인 하루 2,000칼로리 식단의 경우 지침에서는 다음 내용을 권한다. 과도한 분량과 과식을 피한다. 접시의 절반은 과일과 채소로 채운다. 섭취하는 곡류의 적어도 절반은 통곡물로 한다. 무지방 또는 저지방(1%) 우유로 바꾸고, 설탕이 든 음료 대신 물을 마신다. 수프, 빵, 냉동식품 등의 소듐 함량을 확인하고, 더 낮은 소듐 제품을 선택한다.

하루 2,000칼로리 식단은 평균값이다. 대부분의 사람에게 권장되는 에너지 영양소 섭취 범위는 지방에서 전체 열량의 20~35%, 탄수화물에서 45~65%, 단백질에서 10~35%이다(탄수화물이나 단백질 1 g은 약 4 kcal를, 지방 1 g은 약 9 kcal를 제공한다). 식단은 자신의 체중, 연령, 활동 수준을 고려해야 한다. 또한 체중을 줄이고 싶다면 칼로리

▲ **그림 10.1** 음식 접시 형태로 제시한 일일 식품 지침보다 자세한 권장 사항은 《미국인을 위한 식생활 지침》에서 개인의 연령, 성별, 활동 수준, 전반적 건강 상태를 기준으로 제시된다.

를 줄이고, 늘리고 싶다면 칼로리를 늘리도록 조정해야 한다. 온라인에서 이용할 수 있는 칼로리 섭취량 계산기가 도움이 될 수 있다.

칼로리 섭취를 고려할 때 기억해야 할 중요한 점은 식품에 표시된 칼로리가 화학에서의 에너지 칼로리와 같지 않다는 것이다. 식품 칼로리는 에너지 칼로리보다 1,000배 더 크며, 식품 칼로리는 흔히 킬로칼로리(kcal)로 표기된다. 이는 하루 평균 2,000칼로리 권장량이 실제로는 2,000킬로칼로리, 즉 200만 칼로리라는 뜻이다. 이 장에서는 주로 식품 칼로리를 언급하지만, 식품 칼로리를 에너지 칼로리로 지칭할 때는 kcal 표기를 사용한다.

성인을 위한 핵심 권장 사항은 섭취하는 총 칼로리 중 지방을 20~35% 사이로 유지하는 것이다. 지방은 주로 고도불포화 및 단일불포화 지방산으로 구성되어야 한다. 포화 지방에서 오는 칼로리는 전체의 7%에서 10% 이하여야 하며, 합성 트랜스 지방산 섭취는 최소화해야 한다.

'좋은' 지방은 생선, 견과류, 식물성 기름과 같은 공급원에서 온다. 올리브 기름과 카놀라 기름에는 단일불포화 지방산이 풍부하고, 생선 기름에는 유익한 오메가-3 지방산이 들어 있다. 그리스 크레타섬 주민을 대상으로 한 연구는 식단에서 지방 비율이 평균 약 40%임에도 불구하고 심혈관 질환의 발생률이 놀라울 만큼 낮다는 것을 보여주었다. 이 결과는 식단에서 올리브 기름의 비중이 높은 데서 비롯된 것으로 여겨진다.

전형적인 미국인 식단에서 지방의 절반 이상은 동물성 지방이며, 포화 지방의 70%는 버터, 라드, 붉은 고기, 패스트푸드 햄버거와 같은 동물성 제품에서 온다. 포화 지방과 콜레스테롤은 동맥의 막힘과 관련이 있다. 우리는 살코기 또는 저지방·무지방인 육류·가금류·우유·유제품을 선택해야 한다.

식물성 기름을 수소화할 때(예: 마가린 생산) 생성되는 트랜스 지방은 트랜스 지방산 함량이 높아 포화 지방산처럼 작용한다. 마가린이 트랜스 지방을 제거하도록 특별히 처리되지 않았다면 건강에 미치는 영향은 버터와 거의 같다.

미국인 식단에서 지방이 차지하는 비율은 1990년의 40%에서 오늘날 약 34%로 낮아졌지만, 미국인들이 총 섭취 칼로리를 더 많이 먹고 있기 때문에 섭취하는 지방의 절대량은 증가했다. 또한 34%는 평균값일 뿐이며, 일부 사람들의 비율은 45%에 달하는 지방 섭취 권고를 크게 초과한다.

1 식단에서 어느 정도의 지방이 '너무 많다'고 하는가?

하루 총 열량의 약 35%를 넘지 않게 지방을 섭취하고, 포화 지방은 10%를 넘지 않게 해야 한다. 하루 2,000 kcal 기준으로 보면 지방에서 얻는 열량은 700 kcal 미만, 포화 지방에서 얻는 열량은 200 kcal 미만이어야 한다.

예제 10.1 영양소 계산

페퍼로니 팬 피자 한 판(1인분)에는 지방이 38 g 들어 있고, 총 음식 칼로리는 780 칼로리이다(음식 칼로리는 킬로칼로리 kcal이다). 총 칼로리 중 지방이 차지하는 비율을 추정하라.

풀이

먼저 지방에서 얻는 칼로리를 계산한다. 지방은 약 9 kcal/g를 제공하므로 38 g의 지방은 다음과 같다.

$$38\ \cancel{\text{g fat}} \times \frac{9\ \text{kcal}}{1\ \cancel{\text{g fat}}} = 340\ \text{kcal}$$

이제 지방에서 얻는 칼로리를 총 칼로리로 나누고 100%를 곱해 백분율을 구한다.

$$\text{지방 칼로리 비율} = \frac{340\ \text{kcal}}{780\ \text{kcal}} \times 100\% = 44\%$$

이 답은 두 가지 이유로 추정값에 불과하다. 9 kcal/g 값이 근사값이고, 38 g의 지방도 가장 가까운 그램으로만 알려져 있기 때문이다. 적절한 답은 약 44%이다.

› 복습문제 10.1A

감자튀김 1인분에는 지방이 12 g 들어 있고 240 kcal를 제공한다. 총 열량의 몇 퍼센트를 지방에서 얻는가?

› 복습문제 10.1B

예제 10.1과 복습문제 10.1A의 페퍼로니 피자 1인분과 감자튀김 1인분은 권장되는 최대 지방 섭취량의 몇 퍼센트를 차지하는가? 그 지침을 지키면서 그날 추가로 섭취할 수 있는 지방은 몇 그램인가? 그것이 쉬운 목표라고 생각하는가, 어려운 목표라고 생각하는가?

건강한 식단은 질병을 예방하는 데 도움이 된다. 하버드 의과대학의 연구에 따르면 올바른 식단 선택, 규칙적인 운동, 흡연의 회피만으로도 심장마비의 약 82%, 뇌졸중의 약 70%, 제2형 당뇨병의 90% 이상, 대장암의 70% 이상을 예방할 수 있다. 대조적으로, 콜레스테롤 축적을 억제하는 가장 효과적인 약물인 이른바 스타틴도 심장마비를 약 20~30% 정도만 줄일 수 있다.

영양과 운동선수

운동선수는 보통 좌식 생활을 하는 일반인보다 더 많은 에너지를 소모하므로 대체로 더 많은 칼로리가 필요하다. 그 추가 칼로리는 건강한 신체가 선호하는 에너지원인 전분과 같은 탄수화물에서 주로 공급되어야 한다.

채식주의자 식단

녹색식물은 태양에서 도달하는 에너지의 극히 일부를 포획한다. 이 에너지의 일부를 사용해 이산화 탄소, 물, 무기질 영양소(질산염, 인산염, 황산염 포함)를 단백질로 전환한다. 소는 식물성 단백질을 먹어 소화하고, 그중 일부를 동물성 단백질로 바꾼다. 식용 쇠고기나 송아지고기 단백질 4.7 g을 얻으려면 단백질 사료 100 g이 필요하니, 전환 효율은 고작 4.7%다. 사람은 이런 동물성 단백질을 먹어 소화한 뒤, 그 아미노산의 일부를 사람 단백질로 재조립한다.

녹색식물이 처음 전환한 에너지의 일부는 각 단계마다 열로 손실된다. 사람들이 식물성 단백질을 직접 섭취하면 이러한 매우 비효율적인 한 단계를 건너뛸 수 있다. 채식 식단은 에너지를 절약한다. 단백질 전환 효율이 12.1%인 돼지고기 생산과 18.2%인 닭·칠면조 생산은 쇠고기 생산보다 효율적이다. 우유 생산(22.7%)과 달걀 생산(23.3%)은 이보다 더 효율적이지만, 식물성 단백질을 직접 섭취하는 것과는 견줄 바가 못 된다.

채식주의자는 일반적으로 육식인보다 고혈압 위험이 낮다. 포화 지방이 적은 채식 식단은 관상동맥질환을 예방하거나 심지어 되돌리는 데 도움을 줄 수 있다. 이러한 식단은 다른 몇몇 질병으로부터도 보호 효과를 제공한다. 다만, 식물성 식품을 신중히 골라 혼합해 먹으면 완전 단백질을 얻을 수 있지만, 완전 채식(비건)은 특히 어린아이들에게 위험할 수 있다. 식단에 다양한 식물성 재료가 포함되어 있더라도, 전적으로 식물성만으로 구성된 식단은 대개 몇 가지 영양소(식물에 존재하지 않는 비타민 B_{12}, 칼슘, 철, 리보플라빈, 햇빛에 노출되지 않는 아동에게 필요한 비타민 D)가 부족하다. 붉은 고기와 가금류는 제외하면서 달걀과 우유 및 유제품을 포함하는 변형 채식(유제품과 달걀) 식단은 훌륭한 영양을 제공할 수 있다.

여러 전통 요리는 식물성 식품 — 보통 곡류(시리얼 곡물)와 콩류(콩, 완두, 땅콩 등)를 조합 — 을 결합해 비교적 양질의 단백질을 제공한다. 곡류는 트립토판과 라이신이 부족하지만 메티오닌은 충분하고, 콩류는 메티오닌이 부족하지만 트립토판과 라이신은 충분하다. 이러한 몇 가지 조합이 표 10.1에 나와 있다. 땅콩버터 샌드위치는 콩류-곡류 조합의 미국식 대표 예다.

표 10.1 곡류와 콩류를 결합한 전통 음식

문화권/그룹	음식(곡류 먼저 표기)
멕시코	옥수수 토르티야와 콩
일본	밥과 두부
영국	구운 콩으로 구운 빵
북미 원주민	옥수수와 콩(서커태시)
서부 아프리카	밥과 땅콩(그라운드넛)
케이준(루이지애나)	밥과 붉은콩
중동	피타빵과 후무스

지방과 단백질이 풍부한 음식도 칼로리를 제공하지만, 단백질 대사는 간과 신장에 부담을 주는 더 많은 독성 노폐물을 만든다. 과거 일부 운동선수가 경기 전에 스테이크를 먹던 관행은 단백질이 근육을 만든다는 속설에 근거했지만, 그렇지 않다. 운동선수에게도 **식이 기준 섭취량**(dietary reference intake, DRI) 수준의 단백질(체중 1 kg당 단백질 0.8 g)은 필요하지만, 몇 가지 예외를 제외하면 과잉섭취할 필요는 없다. DRI는 미국국립과학원 식품영양위원회가 식단 계획과 평가에 사용하도록 마련한 영양소 기준치로, 미국국립과학원이 75년 동안 발표해 온 일일 영양 권장량(RDA)을 대체했다. 조직의 합성과 수리에 필요한 양을 넘어서는 단백질을 섭취해도(과도한 칼로리 섭취의 결과로) 운동선수는 근육이 더 늘어나는 것이 아니라 살만 더 찔 뿐이다.

근육은 과도한 단백질 섭취로 만들어지는 것이 아니라 운동을 통해 만들어진다. 근육이 저항에 맞서 수축할 때 **크레아틴**(creatine)이라 불리는 유기산이 방출된다. 크레아틴은 단백질 미오신의 생성을 자극하여 더 많은 근육 조직을 만든다. 운동을 중단하면 근육은 약 이틀 뒤부터 줄어들기 시작한다. 운동을 하지 않은 채 약 두 달이 지나면 운동 프로그램을 통해 만들어진 근육은 거의 완전히 사라진다.

$$NH_2-\underset{\displaystyle \| \atop NH}{C}-\underset{\displaystyle | \atop CH_3}{N}-CH_2COOH$$

크레아틴

자가평가문제

1. 건강과 체력을 위해 필요한 두 가지 주요 요건은 무엇인가?
   a. 음식과 여가 **b.** 음식과 의약품
   c. 올바른 영양과 운동 **d.** 영양과 스테로이드
2. '좋은' 지방의 공급원이 아닌 것은 무엇인가?
   a. 생선 **b.** 땅콩
   c. 올리브 **d.** 라드(돼지기름)
3. 엄격한 채식주의 식단에서 종종 결핍되는 영양소는 무엇인가?
   a. 비타민 B와 비타민 C **b.** 마그네슘과 엽산
   c. 비타민 B_{12}와 철 **d.** 비타민 B_{12}와 엽산
4. 영양소 기반의 기준값으로 식이 기준 섭취량(DRI)은 어떠한가?
   a. 영양부족자와 환자에게 적합하다.
   b. 모든 사람의 건강을 보장한다.
   c. 식단을 계획하고 평가하는 데 유용하다.
   d. 최소 일일 필요량이다.
5. 체중 66 kg의 운동선수에게 하루에 필요한 단백질은 얼마인가?
   a. 6.6 g **b.** 8.3 g **c.** 53 g **d.** 2.5 kg
6. 다음 중 완전 단백질을 제공하지 않는 식품은 무엇인가?
   a. 옥수수와 콩 **b.** 달걀 **c.** 고기 **d.** 쌀

정답: 1. c, 2. d, 3. c, 4. c, 5. c, 6. d

10.2 무기질

학습 목표 • 대량 식이 무기질을 식별하고 그 기능을 설명한다.

탄수화물, 지방, 단백질이라는 세 가지 주요 식품군 외에도 사람은 양질의 영양을 위해 다양한 무기질(그리고 비타민)을 필요로 한다. 세계보건기구(WHO)에 따르면 개발도상국 인구의 세 사람 중 한 사람은 무기질과 비타민 결핍의 영향을 받고 있다. 먼저 가장 중요한 무기질 몇 가지를 살펴보자.

식이 무기질

표 10.2에 나열된 30가지 원소는 하나 이상의 생명체에 필수적인 것으로 알려져 있다. 이 중에 탄수화물·지방·단백질 같은 유기화합물과 물에 들어 있는 여섯 원소는 인체 질량의 약 3분의 2를 차지한다. 표에 있는 나머지 원소들은 **식이 무기질**(dietary mineral)이라 불리며, 다양한 기능을 수행하고 생명에 필수적이다. 이들은 주로 하전된 입자(이온) 형태로 존재하며, 고체의

표 10.2 생명에 필수적인 원소

원소	기호	사용 형태	원소	기호	사용 형태
대량 구조 원소			**초미량 원소**		
수소	H	공유 결합	망간	Mn	Mn^{2+}
탄소	C	공유 결합	몰리브덴	Mo	Mo^{2+}
산소	O	공유 결합	크로뮴	Cr	?
질소	N	공유 결합	코발트	Co	Co^{2+}
인[a]	P	공유 결합	바나듐	V	?
황[a]	S	공유 결합	니켈	Ni	Ni^{2+}
주요 무기질			카드뮴	Cd	Cd^{2+}
소듐	Na	Na^{+}	주석	Sn	Sn^{2+}
포타슘	K	K^{+}	납	Pb	Pb^{2+}
칼슘	Ca	Ca^{2+}	리튬	Li	Li^{+}
마그네슘	Mg	Mg^{2+}	플루오린(불소)	F	F^{-}
염소	Cl	Cl^{-}	아이오딘(요오드)	I	I^{-}
인[a]	P	$H_2PO_4^{-}$	셀레늄	Se	SeO_4^{2-}?
황[a]	S	SO_4^{2-}	규소(실리콘)	Si	?
미량 원소			비소	As	?
철	Fe	Fe^{2+}	붕소	B	H_3BO_3
구리	Cu	Cu^{2+}			
아연	Zn	Zn^{2+}			

[a] 인과 황은 각각 두 번 나타난다. 이들은 구조 원소이기도 하며, 주요 무기질인 인산염과 황산염의 성분이기도 하다.

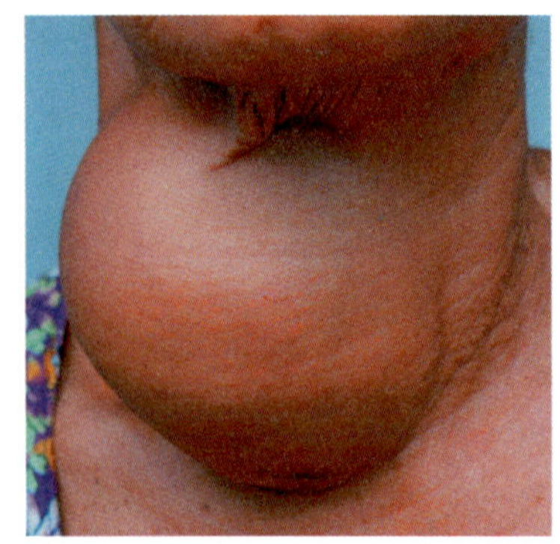

▲ **그림 10.2** 상샘종이 있는 사람. 목의 부은 갑상샘은 미량 원소인 아이오딘의 식이 결핍으로 인해 생긴다.

중성 금속 원소 형태로 존재하는 것은 아니다. 무기질은 인체 질량의 약 4%를 차지하는데, 그 중에서도 주요 무기질은 칼슘과 인이다. 또한 철, 구리, 아연을 포함한 19가지의 미량 원소가 있으며, 이 중에 16가지는 **초미량 원소**로 분류된다.

아이오딘의 역할은 상당히 극적이다. 갑상샘(갑상선)이 제대로 기능하려면 소량의 아이오딘이 필요하며, 성인의 권장 섭취량은 하루 0.15 mg이다. 미국국립보건원에 따르면 거의 16억 명이 아이오딘 결핍 위험에 놓여 있고, 그중 6억 5천만 명 이상은 갑상샘 기능 저하에 수반되는 갑상샘 비대인 갑상샘종(갑상선종)을 어느 정도 가지고 있다(그림 10.2). 결핍이 더 심하면 심각한 결과를 초래할 수 있다. 아이오딘이 부족한 임신부는 사산이나 자연유산을 겪거나 선천적 기형 및 지적 장애가 있는 아기를 출산할 수 있다. 아이오딘은 해산물에 자연적으로 존재하지만, 아이오딘 결핍을 예방하기 위해 식탁용 소금에 소량의 아이오딘화 포타슘(KI)을 첨가하는 경우가 많다. '아이오딘화' 소금은 1924년에 미국에서 처음 시판되었다. 많은 국가가 자국민의 아이오딘 섭취량을 늘리기 위해 노력해 왔다.

철(II) 이온(Fe^{2+})은 산소를 운반하는 화합물인 헤모글로빈이 제대로 기능하는 데 필요하다. 철이 충분하지 않으면 신체 조직으로의 산소 공급이 줄어들어 신체 전반의 쇠약인 빈혈이 생긴다. 세계보건기구(WHO)에 따르면 전 세계 인구의 30% 이상(개발도상국에서는 더 높은 비율)이 빈혈을 겪고 있으며, 이는 말라리아와 기생충 감염으로 더욱 악화되는 경우가 많다. 철 화합물이 특히 풍부한 식품으로는 붉은 고기와 간이 있다. 성인 남성은 체내에 철이 보유되기 때문에 식이 철분이 거의 필요하지 않은 반면, 여성은 매월의 출혈 때문에 더 많은 양이 필요해

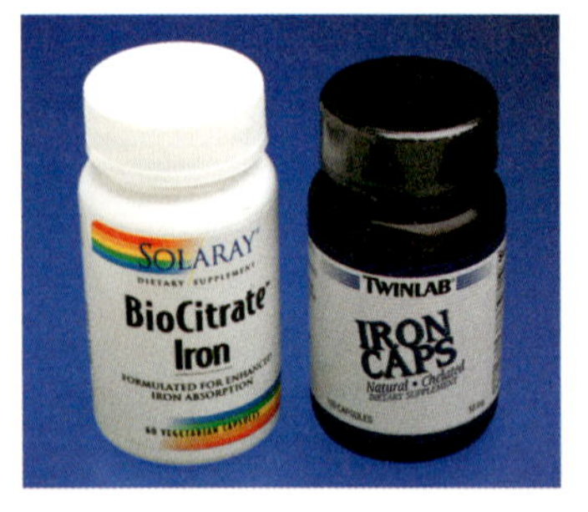

왜 중요할까?

철은 필수이면서도 독성이 될 수 있는 물질의 한 예다. 미국국립보건원(NIH)은 성인 남성의 1일 권장 섭취량을 8 mg, 성인 여성은 18 mg으로 권고하지만, 어린이가 철을 200 mg 복용하면 사망에 이를 수 있다고도 지적한다.

보인다. 많은 건조 시리얼에는 '철가루'가 첨가되며, 이는 신체가 철분 보충제에 들어 있는 철 화합물보다 더 효율적으로 소화할 수 있도록 하기 위한 것이다.

칼슘과 인은 뼈와 치아의 적절한 발달에 필요하다. 성장기 어린이는 이들 무기질 각각을 하루에 약 1.5 g씩 필요로 하며, 우유나 유제품에서 이를 섭취할 수 있다. 성인의 칼슘과 인 필요량은 정확히 규정되어 있지는 않지만, 필요성 자체는 분명하다. 뼈 질량이 감소하고 골절 위험이 증가하는 상태인 골다공증은 특히 노년 여성에게 문제가 되며, 이들은 평생 유제품을 꾸준히 섭취하는 것이 바람직하다. 칼슘 이온은 혈액 응고(출혈을 멈추기 위해)와 심장 박동 리듬의 유지에 필요하다. 인은 신체의 '에너지 화폐'인 아데노신 삼인산(ATP)에서 인산염 단위로 존재하며, 이는 신체가 음식에서 에너지를 얻고 저장하며 사용하는 데 필수적이다. 인산염 단위는 또한 DNA와 RNA 사슬 골격의 중요한 부분이기도 하다.

소듐 이온과 염화물 이온은 염화 소듐(소금)을 이룬다. 적당한 양의 소금은 생명에 필수적이다. 소듐 이온은 세포와 혈장 사이의 체액 교환에 중요하므로, 소금을 과다섭취하면 체내 수분 보유량이 증가한다. 체내 수분 보유량이 많아지면 **부종**이 생길 수 있고 **고혈압**에 기여할 수 있다. 미국에서는 1억 명이 넘는 사람이 고혈압을 앓고 있으며, 이는 뇌졸중, 심장마비, 신부전, 심부전의 주요 위험 요인이다. 항고혈압제는 미국에서 가장 널리 처방되는 약물 가운데 하나이다.

2 의사가 어머니의 소금 섭취를 줄이라고 했다. 왜 그런가?

하루 1,500 mg 이하의 저소듐 식단은 고혈압이 있는 사람이나, 가족력에 이른 심장마비나 뇌졸중이 있는 사람에게 흔히 권장된다. 어머니는 신장 결석 위험이 있을 수도 있으며, 소듐 섭취를 줄이면 처방약 사용을 피할 수 있다. 예를 들면 건강을 위해 소금을 줄이는 편이 더 좋다.

대부분의 미국인은 하루 권장량인 1,500 mg보다 훨씬 많은 소금을 섭취하며, 그 이유가 모두 식탁 위 소금통 때문인 것은 아니다. 통조림 수프, 채소, 파스타 요리, 즉석밥·혼합 쌀 제품, 인스턴트 라면과 같은 간편식에는 대체로 소금이 많이 들어 있다. 다행히 요즘은 많은 간편식 제조사가 소비자를 위해 '저염' 또는 '소금 무첨가' 옵션을 제공하고 있다. 소듐은 신장의 소듐/칼슘 '펌프'에 관여하기 때문에 신장 결석 생성에도 연루되어 온 것으로 보인다. 소듐을 과다섭취하면 신장에 칼슘이 과도하게 머물게 되어, 그 칼슘이 결석을 형성할 수 있다.

철, 구리, 아연, 코발트, 망간, 몰리브덴, 칼슘, 마그네슘은 많은 생명유지 효소가 제대로 기능하는 데 필수적인 보조인자이다. 예를 들어 구리는 피부와 모발의 색소인 멜라닌 생성에 관여한다. 코발트는 거대한 비타민 B-12 분자의 중심에 있으며, 그 금속 이온이 비타민 안에 존재하기 때문에 '코발아민(cobalamin)'이라는 별칭을 갖는다.

건강한 사람에게는 균형 잡힌 식단만으로도 무기질을 충분히 공급할 수 있다. 표 10.3에는 청년층에 필요한 일부 무기질의 식이 기준 섭취량(DRI) 값이 요약되어 있다. 다만 임신·수유기이거나 스트레스 시기·질병 회복기에는 비타민·무기질 보충제를 선택하는 사람들도 있다. 또한 65세 이상에서는 매일 적정량의 무기질과 비타민을 보충하면 면역계를 강화하고 감염을 줄이는 데 도움이 된다는 근거도 있다. 우리 몸에서 무기 화학 물질이 맡는 역할에 관해서는 아직 배울 것이 많으며, 생체무기 화학은 활발히 발전 중인 연구 분야이다.

표 10.3 젊은 성인을 위한 무기질 식이 기준 섭취량(DRI)

무기질	여성	남성
칼슘	1200 mg	1200 mg
인	700 mg	700 mg
마그네슘	320 mg	420 mg
철	15 mg	10 mg
아연	12 mg	15 mg
아이오딘	150 μg	150 μg
불소	3 mg	4 mg
셀레늄	55 μg	55 μg
포타슘	4.7 g	4.7 g

자가평가문제

1. 갑상샘의 건강한 기능에 필요한 무기질은 무엇인가?
a. 칼슘 **b.** 아이오딘 **c.** 철 **d.** 소듐

2. 과다섭취시 고혈압을 불러일으키는 것은 무엇인가?
a. 칼슘 **b.** 아이오딘 **c.** 철 **d.** 소듐

3. 헤모글로빈에 필요한 무기질은 무엇인가?
a. 칼슘 **b.** 아이오딘 **c.** 철 **d.** 인

4. 튼튼한 뼈와 치아의 형성에 필요한 무기질은 무엇인가?
a. 칼슘 **b.** 아이오딘 **c.** 철 **d.** 소듐

5. 체중에서 무기질이 차지하는 비율은 대략 얼마인가?
a. 1% **b.** 4% **c.** 10% **d.** 20%

정답: 1.b, 2.d, 3.c, 4.a, 5.b

10.3 비타민

학습 목표 • 비타민의 종류를 구분하고 그 기능을 서술한다.

영국 선원들은 왜 '라임스(limeys)'라고 불렸는가? 그리고 이 용어는 음식과 어떤 관련이 있는가? 장거리 항해를 하던 선원들은 오래전부터 잇몸이 붓고 출혈이 동반되며 권태감을 보이는 괴혈병에 시달렸다. 1747년에 스코틀랜드 해군 외과의사 James Lind는 식단에 신선한 과일과 채소를 포함하면 이 질병을 예방할 수 있음을 보여 주었다. 장기간 항해에 적합하게 운반할 수 있는 신선한 과일로는 라임, 레몬, 오렌지였다. 영국 군함들은 라임 통을 싣고 출항했으며, 선원들은 매일 라임을 한두 개씩 섭취했다.

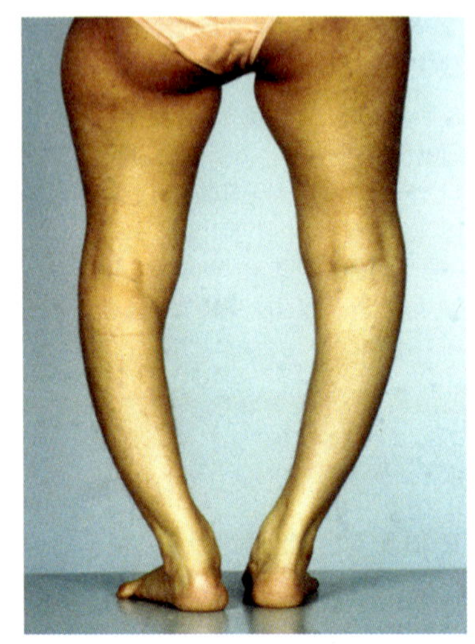

(a)

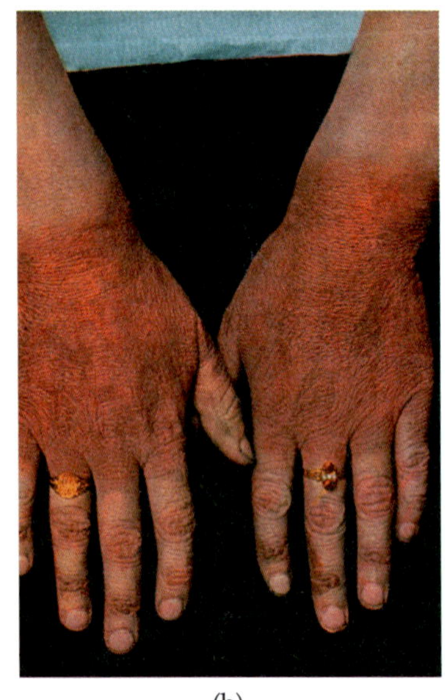

(b)

▲ **그림 10.3** (a) 비타민 D 결핍으로 발생하는 구루병의 특징은 뼈의 연화이다. (b) 니아신 결핍으로 발생하는 펠라그라는 염증과 비정상적인 색소침착이 특징이며, 특히 햇빛에 노출되는 피부에서 두드러진다.

비타민: 필수적이지만 모두가 아민은 아니다

1897년에 네덜란드 과학자 Christiaan Eijkman(1858~1930)은 도정한 쌀이 현미의 껍질층에 존재하는 어떤 성분이 부족하다는 사실을 밝혔다. 그 성분의 결핍은 당시 네덜란드령 동인도(오늘날 인도네시아)에서 심각한 문제였던 각기병을 유발했다. 영국의 과학자 F. G. Hopkins(1861~1947)도 탄수화물·지방·단백질·무기질로만 구성한 합성 식이를 급여한 쥐가 건강한 성장을 유지하지 못한다는 사실을 발견했다. 다시 말해 무엇인가가 빠져 있었던 것이다.

1912년에 폴란드 생화학자 Casimir Funk(1884~1967)는 이러한 결핍 요인을 라틴어 '생명'을 뜻하는 *vita*에서 따와 *vitamine*이라는 용어를 제안했다. 그는 모든 요인에 아민기(—NH_2)가 포함된다고 생각했다. 이후 미국에서 모든 요인이 아민은 아닌 것으로 밝혀지고, 마지막 *e*를 떼어 내 *vitamin*, 즉 비타민이 일반명으로 정착했다. Eijkman과 Hopkins는 비타민 관련 발견으로 1929년 노벨 생리의학상을 공동 수상했다.

비타민(vitamin)은 특정 질병을 예방하기 위해(일반적인 단백질, 지방, 탄수화물, 무기질 외에) 추가로 필요한 특정 유기 화합물이다. 체내에서 합성가능한 호르몬과 효소와 달리, 비타민은 필요한 양만큼 우리 몸에서 합성할 수 없으므로 식이를 통해 섭취해야 한다. **구루병**과 **펠라그라**(그림 10.3) 같은 결핍 질환 예방에서 비타민의 역할은 잘 확립되어 있다. 일부 비타민의 공급원과 결핍 증상은 표 10.4에 제시되어 있다.

비타민은 공통된 화학 구조를 공유하지 않는다. 그러나 크게 **지용성 비타민**(A, D, E, K)과 **수용성 비타민**(B군과 C)으로 구분할 수 있다. 지용성 비타민은 수소와 탄소의 비율이 높고 산소 원자는 대개 한두 개에 불과하므로, 분자 전체의 극성이 약하다. 따라서 체내 지방 조직에 용해되어 저장될 수 있으며, 필요 시 동원된다.

많은 비타민·호르몬·약물의 생물학적 활성을 나타내는 척도로 국제 단위(IU)가 사용된다. 국제 합의에 따라 1 IU에서 기대되는 생물학적 효과가 규정되어 있다. 비타민이 여러 화학적 형태로 존재할 수 있으므로 IU는 비교 효능을 나타내는 데도 쓰인다. 예를 들어 비타민 A의 1 IU는 레티놀 0.3 μg 또는 β-카로틴 0.6 μg과 생물학적으로 동등하다.

지용성 비타민

성인은 비타민 A를 수개월, 경우에 따라 수년까지 저장할 수 있다. 식이에 비타민 A가 부족해지면 이러한 저장분이 동원되어 한 동안 결핍 증상이 나타나지 않는다. 반면에 아직 저장고가 형성되지 않은 영유아는 더 이른 시기에 결핍 증상을 보인다. 세계보건기구(WHO)는 개발도상국의 아동 2억 5,000만 명 이상이 비타민 A 결핍 상태에 있으며, 매년 25만~50만 명이 실명하고, 그 절반은 실명 후 1년 내 사망한다고 추정한다.

표 10.4 비타민의 공급원과 결핍 질환

비타민[a]	이름	공급원	결핍 질환 또는 상태
지용성 비타민			
A	레티놀(retinol)	생선, 간, 달걀, 버터, 치즈; 또한 (비타민 전구체인 β-카로틴 형태로) 당근과 기타 주황·붉은 채소	소아 실명; 성인의 야맹증
D_2	칼시페롤(calciferol)	대구간유, 버섯, 방사선 조사 에르고스테롤(우유 강화제)	뼈 연화: 구루병(소아), 골연화증(성인)
E	α-토코페롤(α-tocopherol)	밀배아유, 녹색 채소, 달걀노른자, 육류	불임, 근이영양증
K_1	필로퀴논(phylloquinone)	시금치, 기타 녹색 잎채소	출혈
수용성 비타민			
B_1	티아민(thiamine)	곡류 배아, 콩류, 견과류, 우유, 맥주효모	각기병(다발신경염으로 근육 마비·심비대 유발, 결국 심부전)
B_2	리보플라빈(riboflavin)	우유, 붉은 고기, 간, 달걀흰자, 녹색 채소, 통밀가루(또는 강화 백밀가루), 생선	피부염, 설염(혀의 염증)
B_3	니아신(niacin)	붉은 고기, 간, 콜라드, 순무잎, 효모, 토마토 주스	펠라그라(피부 병변, 혀의 종창·변색, 식욕감퇴, 설사, 다양한 정신 이상)(그림 10.3)
B_6	피리독신(pyridoxine)	달걀, 간, 효모, 완두, 콩, 우유	피부염, 무감동, 과민성, 감염 감수성 증가; 영아에서 경련
B_9	엽산(folic acid)	간, 콩팥, 버섯, 효모, 녹색 잎채소	빈혈[엽산은 거대적아구성 빈혈(비정상적으로 큰 적혈구가 특징) 치료에 사용됨]; 결핍 임부 태아의 신경관 결손
B_{12}	시아노코발아민(cyanocobalamin)	간, 육류, 달걀, 생선(식물에는 존재하지 않음)	악성 빈혈
C	아스코르빈산(ascorbic acid)	감귤류, 토마토, 피망, 브로콜리, 딸기	괴혈병

[a] 일부 비타민은 하나 이상의 화학적 형태로 존재하며, 여기에는 각 비타민의 흔한 형태를 기재했다.

비타민 A는 지용성 비타민으로, 특히 간을 포함한 지방 조직에 저장된다. 과량 섭취 시 독성이 나타날 수 있으며, 권장 상한은 3,000 μg/일이다. 부유국에서 수행된 연구들에 따르면 보충제나 강화식품을 통해 DRI를 약간만 초과하는 수준으로 비타민 A를 섭취해도 이후 골질 위험이 증가할 수 있다.

β-카로틴은 과량 섭취되어도 모두가 비타민 A로 전환되지 않으므로 비교적 안전하다. 일부 영양학자들은 β-카로틴이 비타민 A의 전구체 역할 외에도 중요한 기능을 가질 수 있으므로, 비타민 A 요구량을 충족하는 데 필요한 양보다 더 많은 섭취가 필요할 수 있다고 본다. β-카로틴을 함유한 식품을 섭취하는 것이 적정량의 비타민 A를 확보하는 가장 안전한 방법이며, 당근 반 컵 분량이면 비타민 A의 DRI를 충족한다.

비타민 D는 구루병으로부터 아동을 보호하는 스테로이드성 호르몬이다. 대부분의 포유류는 햇빛에 노출되면 비타민 D를 충분히 합성하므로, 엄밀히 말하면 비타민 D는 필수 식이 비타민은 아니다. 비타민 D는 식이로부터 칼슘과 인의 흡수를 촉진하여 건강한 뼈의 형성과 유지를 돕는다. 그러나 과다하면 칼슘과 인의 과흡수를 초래하여 심장을 포함한 연부 조직에 칼슘 침착이 생길 수 있다. 비타민 D의 DRI는 연령에 따라 증가하며 20~50세 성인은 200 IU/일, 70세 초과 성인은 600 IU/일이다. 권장 상한은 2,000 IU/일이다. 주요 공급원이 햇빛 노출이므로 자외선 차단제 사용은 체내 합성 능력을 제한할 수 있다(13장 참조). 야외 운동은 비타민

D 합성에 구체적 이점을 줄 수 있으나, 체내 합성량은 독성 수준을 피하도록 자체적으로 제한된다. 지방이 많은 생선이나 치즈 등 비타민 D 공급원을 섭취하면 결핍 관련 문제를 예방할 수 있다.

비타민 E는 탄화수소 곁사슬을 지닌 페놀류인 **토코페롤**(tocopherol)의 혼합물이다. 항산화 활성은 심혈 관계 유지에 기여할 수 있으며, 관상동맥질환, 협심증, 류머티즘성 심질환, 고혈압, 동맥경화증, 정맥류 등 다양한 심혈관 문제의 치료에 사용되어 왔다. 항산화제로서 비타민 E는 자유 라디칼을 불활성화할 수 있다. 노화로 인한 생리적 손상의 상당 부분이 자유 라디칼에 기인한다는 견해가 있어 비타민 E는 '항노화 비타민'이라 불리기도 하나, 이러한 효과에 관한 연구 결과는 상충하며 아직 결론적이지 않다. 비타민 E는 항응고 작용도 있어 수술 후 혈전 예방에 유용하게 쓰여 왔다.

쥐에서 비타민 E 결핍은 불임을 초래하며, 근이영양증(골격근 질환)으로 이어질 수 있다. 또한 비타민 E가 부족하면 항산화 보호가 약화되어 비타민 A가 비활성 형태로 산화되어 기능적 결핍을 일으킬 수 있다. 비타민 E와 비타민 C는 혈관과 기타 조직을 산화로부터 보호하는 데 상호협력한다. 세포막의 불포화 지방산이 산화되는 과정에서 비타민 E가 먼저 산화되며, 비타민 C가 이를 환원하여 비타민 E를 본래의(비산화) 형태로 회복시킨다. 비타민 E의 권장 상한은 일반적으로 400 IU/일로 제시되나 이에 대해서는 다소 이견이 있다. 아울러 2011년 10월 발표된 한 연구에 따르면 400 IU/일 섭취만으로도 남성의 전립선암 위험이 증가할 수 있다. LDL 콜레스테롤은 동맥에 침착되기 전에 산화되며, 비타민 E는 그 산화를 억제한다. 일부에서는 이것이 비타민 E가 심혈관 질환을 예방하는 기전일 수 있다고 본다.

3 비타민을 많이 섭취하는 것이 유익한가?

비타민 C와 같은 다량의 항산화제를 많이 섭취하면 유익한 효과가 있을 수 있다는 일부 근거가 있으나, 대부분의 비타민 '메가도스'는 일반적으로 유의한 이점을 보여주지 못했다. 실제로 지용성 비타민 중 일부는 고용량에서 독성을 나타낸다. 비타민 A가 극도로 높은 북극곰이나 바다표범의 간을 섭취하고 중독을 겪은 극지 탐험가들의 사례가 잘 문서화되어 있다.

지용성 비타민은 체내에 효율적으로 저장되므로 과다섭취 시 바람직하지 않은 영향이 나타날 수 있지만, 이러한 경우는 드물다. 비타민 A를 지나치게 섭취하면 과민성, 피부 건조, 머리 속 압박감이 나타난다. 비타민 D의 과잉은 뼈 통증, 관절의 단단한 침착물, 오심, 설사, 체중 감소를 일으킬 수 있다. 비타민 K도 지용성이지만 대사되어 배설되므로, 비타민 A와 D만큼 저장되지 않으며 과잉섭취로 인한 문제는 드물다.

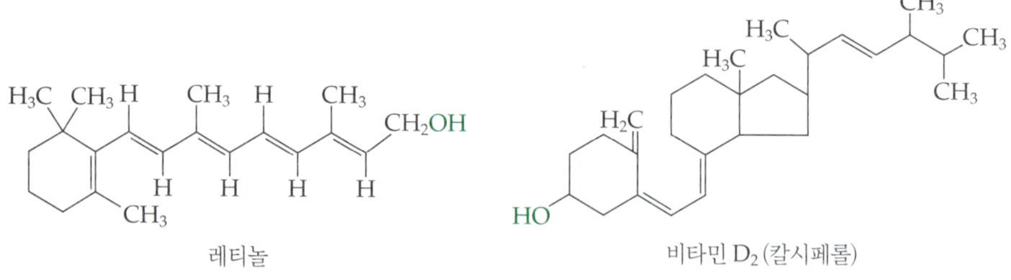

지용성 비타민

▲ Dorothy Crowfoot Hodgkin은 비타민 B_{12}, 페니실린, 콜레스테롤을 포함한 여러 중요한 유기 화합물의 구조를 X선을 이용하여 결정했다.

수용성 비타민

비타민 B군은 8종으로 이루어지며, 모두 수용성이므로 과잉 섭취분은 소변으로 배설된다. 비타민 B군은 대체로 독성이 거의 없거나 없지만, 비타민 B_6과 엽산은 예외적으로 매우 큰 일일 용량을 복용할 경우 일부 사람에서 신경학적 손상을 일으킬 수 있다. 비타민 B군 중에 몇몇은 조효소로 작용한다. 니아신(비타민 B_3)은 펠라그라의 피부 병변을 예방할 뿐 아니라 관절염 증상을 어느 정도 완화하고 혈중 콜레스테롤 수치를 낮추는 데도 도움을 준다.

비타민 B_6(피리독신)은 관절을 둘러싼 결합 조직막을 수축시켜 관절염 환자에게 도움이 되는 것으로 보고되었다. 또한 비타민 B_6은 100가지가 넘는 서로 다른 효소의 조효소이다.

비타민 B_{12}(시아노코발아민)는 식물에는 존재하지 않으므로 채식주의자에서 결핍이 생기기 쉽고, 결핍 시 악성 빈혈을 초래할 수 있다. 비타민 B_{12}는 분자식 $C_{63}H_{88}CoN_{14}O_{14}P$의 매우 크고 복잡한 분자이다. 그 구조는 1956년 옥스퍼드대학의 영국 화학자 Dorothy Hodgkin(1910~1994)이 X선 결정학을 이용해 규명했다. 이 기법에서는 X선 빔으로 결정을 조사하여, 결정 구조에 의해 규정되는 일정한 산란 패턴을 측정한다. 이 정도 크기와 복잡성의 분자 구조를 밝히려는 시도는 그때까지 전례가 없었다. Hodgkin은 이 연구로 1964년 노벨 화학상을 수상했다.

또 다른 B군 비타민인 엽산은 태아의 신경계 발달에 결정적이다. 임신부의 식단에 엽산이 포함되면 신생아의 척추이분증을 예방할 수 있다. 엽산은 심혈관 질환 예방에도 도움이 된다. 일일상한은 1,000 μg로 설정되어 있으며, 이를 초과하면 신경 손상을 일으킬 수 있다.

비타민 C는 감귤류에 함유되어 괴혈병을 방지하는 아스코르빈산이다. 하루 약 60~80 mg이면 괴혈병을 예방할 수 있으나, 비타민 C는 이 밖에도 여러 역할을 한다. 상처·화상·위궤양 등 병변의 치유를 촉진하고, 체내 주요 구조 단백질인 콜라겐의 유지에 중요한 역할을 하는 것으로 보인다. 비타민 E와 마찬가지로 항산화제이며, 두 비타민은 β-카로틴과 함께 많은 항산화 제제에 포함된다. 항산화제는 항발암 인자로도 작용할 수 있다. 비타민 C의 섭취량은 하루 약 200 mg이 최적일 가능성이 높으며, 일일상한은 2,000 mg이다.

비타민 C는 면역계의 효율적 기능에도 필수적인 것으로 보인다. 체내 비타민 C 수치가 높아지면 바이러스가 숙주 세포에 작용하여 형성되는 큰 분자인 **인터페론**의 생성이 증가하는 것으로 보고되어 왔다. 인터페론은 면역계의 인자로서 다른 바이러스의 증식을 방해하도록 작용한다. 비타민 C 수치가 낮은 사람은 백내장과 녹내장, 치은염과 치주 질환이 발생할 가능성도 높다. 매우 큰 용량의 비타민 C가 감기를 치료하거나 예방한다는 주장도 있으나, 이를 뒷받침하는 과학적 근거는 미약하다.

수용성 비타민(B군과 비타민 C, 즉 아스코르빈산)은 체내 저장 능력이 제한적이다. 인체는 즉시 사용할 수 있는 양을 초과하는 분량을 배설하므로, 수용성 비타민은 거의 매일처럼 자주 섭취할 필요가 있다. 일부 식품은 물에 조리한 뒤 물을 따라버리면 비타민 함량이 감소하는데, 물에 녹아 있던 수용성 비타민이 조리수와 함께 유실되기 때문이다.

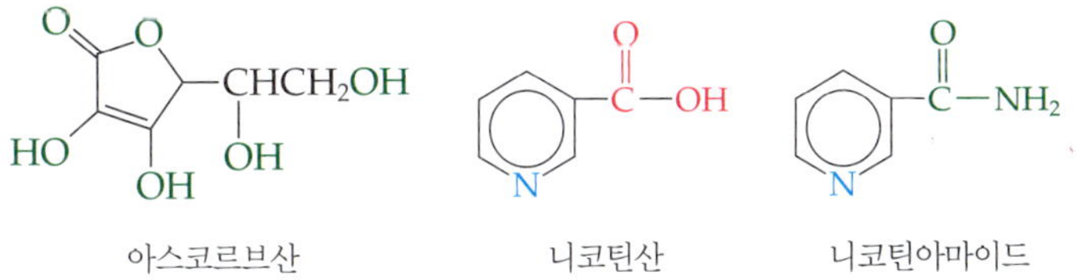

아스코르브산 니코틴산 니코틴아마이드

수용성 비타민(색상은 수소 결합 부위)

많은 피부용 크림과 로션에는 비타민 C 또는 비타민 E가 첨가되어 있다. 비타민 E는 상처와 수술 절개부위와 매우 건조하거나 염증이 있는 피부의 치유를 가속한다는 사실이 입증되었으나, 피부용 크림에 비타민 C를 첨가하는 것이 유익하다는 근거는 확인되지 않았다.

표 10.4는 비타민의 공급원과 결핍 질환 예방에서의 용도를 요약한다. 표 10.5는 젊은 성인의 비타민 DRI를 제시한다.

표 10.5 젊은 성인의 비타민 식이 기준 섭취량(DRI)

비타민	여성	남성
비타민 A	700 μg[a]	900 μg[a]
비타민 C	75 mg[b]	90 mg[b]
비타민 D	200 IU[c]	200 IU[c]
비타민 E	30 IU	30 IU
티아민(B_1)	1.1 mg	1.2 mg
리보플라빈(B_2)	1.1 mg	1.3 mg
니아신	14 mg	16 mg
피리독신(B_6)	1.5 mg	1.7 mg
시아노코발아민(B_{12})	3 μg	3 μg
엽산	400 μg	400 μg
판토텐산	5 mg	5 mg
비오틴	100~200 μg	100~200 μg

[a] 비타민 A 요구량을 β-카로틴으로 충족하는 범위에서는 위 값을 6배로 환산한다.
[b] 흡연자는 35 mg을 추가한다.
[c] IU(국제 단위)는 여러 비타민·호르몬·약물의 생물학적 활성을 나타내는 단위이다.

자가평가문제

1. 체내에서 합성할 수 없으므로 식이에 포함되어야 하는 것은 무엇인가?

a. 효소 **b.** 호르몬 **c.** 불포화 지방 **d.** 비타민

2. 다음 중 비타민 A의 전구체는 무엇인가?

a. β-카로틴 **b.** 콜레스테롤 **c.** 피리독신 **d.** 트립토판

3. 다량 섭취가 해로울 가능성이 가장 큰 것은 무엇인가?

a. β-카로틴 **b.** 니아신 **c.** 비타민 A **d.** 비타민 C

4. 뼈의 건강과 발달에 가장 큰 유용한 비타민은 무엇인가?

a. 비타민 D **b.** 비타민 B **c.** 비타민 C **d.** 비타민 E

5. 다음 중 지용성 비타민은 무엇인가?

a. A **b.** B_{12} **c.** C **d.** 니아신

6. 다음 중 수용성 비타민은 무엇인가?

a. A **b.** C **c.** D **d.** E

정답: 1.d, 2.a, 3.c, 4.a, 5.a, 6.b

10.4 식이섬유, 전해질, 물

학습 목표 • 식이섬유, 전해질, 물의 건강 유지에서의 역할을 식별하고 설명한다.

우리의 식단에는 탄수화물, 단백질, 지방, 무기질, 비타민이 필요하지만, 건강 유지를 위해 그 밖의 요소들도 중요하다. 대표적으로 식이섬유, 전해질, 물이 이에 해당한다.

식이섬유는 수용성과 불용성으로 나뉜다. 불용성 섬유는 대개 셀룰로스이며, 수용성 섬유는 보통 검(gums)과 펙틴으로 이루어진 점성 물질이고 잼·젤리·요구르트와 같은 식품의 겔화, 증점(점도 증가), 안정화에 사용된다. 고식이섬유 식단은 변비를 예방하고 체중 감량에 도움이 된다. 식이섬유는 체내에서 흡수되지 않으므로 열량이 없다. 따라서 과일과 채소 등 식이섬유가 풍부한 식품은 지방과 열량이 낮은 경우가 많다. 또한 섬유는 위의 부피를 차지하여 포만감을 유발하므로 섭취 음식량을 줄이는 데 기여한다. 수용성 섬유는 지방 소화에 관여하는 담즙산을 제거함으로써 혈중 콜레스테롤 수치를 낮출 수 있다. 더 나아가 위 내 배출을 지연시켜 식후 당 흡수를 늦춤으로써 혈당 조절을 돕고, 당뇨병 환자에서 필요한 인슐린의 양을 줄이는

데 기여할 수 있다. 이러한 성질 때문에 식이섬유는 고혈압, 당뇨병, 심장병, 게실염 환자에게 유익하다.

화학과 영양의 관계에서 또 하나 중요한 측면은 수분 섭취와 전해질 섭취의 균형이다. **전해질**(electrolyte)은 물에 녹았을 때 전기를 통하는 물질이다. 체내에서 전해질은 세포가 세포 내외 전하를 유지하고 그에 따라 세포막을 가로지르는 물의 이동을 조절하는 데 필요한 이온을 말한다. 주요 전해질은 소듐 이온(Na^+), 포타슘 이온(K^+), 염화 이온(Cl^-)이며, 그 밖에 칼슘 이온(Ca^{2+}), 마그네슘 이온(Mg^{2+}), 황산 이온($SO_4{}^{2-}$), 인산 수소 이온($HPO_4{}^{2-}$), 중탄산 이온($HCO_3{}^-$) 등이 있다.

물 역시 필수 영양소이다. 우리가 섭취하는 많은 식품은 대부분이 물로 구성된다. 토마토는 약 90%가 물이며, 멜론·오렌지·포도도 대부분이 물이라는 사실은 놀랄 일이 아니다. 물은 구운 소고기와 해산물에서부터 감자와 양파에 이르기까지 모든 식품의 주요 성분 중 하나이다.

음식으로부터 얻는 수분 외에 우리는 하루 약 1.0~1.5 L의 물을 마실 필요가 있다. 일부 비뇨기과 의사는 하루 2.0 L를 권장한다. 이러한 필요는 생수만으로도 충족할 수 있으나 종종 우유, 커피, 차, 탄산음료, 맥주, 과일 주스, 에너지 음료와 같은 다른 음료를 선택한다. 이들 중 일부는 함유된 물의 체내 이용을 오히려 방해할 수 있다.

커피와 탄산음료를 수분 섭취량에 포함시킬 때의 문제는 카페인이 신장에 이뇨 작용을 일으켜 많은 양을 섭취하면 소변 배설이 증가하고 그에 따른 수분 손실이 발생한다는 점이다. 다만 커피 한 잔이나 탄산음료 한 잔 정도의 소량은 배뇨량에 거의 영향을 주지 않는다. 비타민과 무기질을 첨가한 생수가 인기를 얻고 있지만, 신선한 과일과 채소를 대체해서는 안 된다.

많은 사람은 곡류나 과일 주스를 발효하여 만든 에탄올 함유 음료도 마신다. 맥주는 보통 맥아 보리로, 와인은 포도즙으로 만든다. 이러한 알코올 음료 역시 대부분이 물이지만 '영양소'로 간주되어서는 안 된다. 알코올 음료는 항이뇨 호르몬(ADH, 바소프레신)의 작용을 차단하여 수분 손실을 촉진한다. 과일 주스와 물이 더 좋은 대안이다.

호흡, 발한, 눈물, 배뇨로 손실된 수분을 보충하는 가장 좋은 방법은 물을 마시는 것이다(그림 10.4). 안타깝게도 갈증은 수분 손실에 대한 지연된 반응인 경우가 많으며, 탈진·혼란·두통·오심과 같은 탈수 증상에 가려질 수 있다. 땀은 약 99%가 물이지만, 1 L의 땀에는 대략 Na^+ 1.15 g, Cl^- 1.48 g, Ca^{2+} 0.02 g, K^+ 0.23 g, Mg^{2+} 0.05 g과 소량의 요소, 젖산, 피지가 포함되어 있다. 대부분의 사람은 이미 염화 소듐(주요 손실 전해질)을 과다섭취하고 있으므로, 수분 보충은 일반 물로 하는 것이 가장 타당하다.

스포츠 음료나 에너지 음료와 같은 시판 음료에는 대개 운동 수행 향상에 실질적으로 기여하기보다 광고 전략으로 더 적합한 성분이 하나 이상 포함되어 있다. 스포츠 음료에는 보통 당류(감미료)와 전해질이 들어 있으며, 에너지 음료에는 보통 당류가 들어 있고 흔히 카페인이 가벼운 각성제로 포함된다. 이러한 음료는 진지한 선수든, 주말 운동가든 널리 소비되지만 농도가 지나치게 높아 설사를 유발할 위험이 있으므로 지구력 선수(약 2시간 이상 지속 활동)를 제외하면 실질적 가치는 제한적이다.

물을 충분히 마셨는지, 수분 상태가 적절한지는 소변으로 가늠할 수 있다. 수분 공급이 충분하면 소변은 맑고 거의 무색에 가깝다. 탈수 시에는 신장이 혈액량 감소를 막고 쇼크를 예방하기 위해 물을 보존하려 하므로 소변이 탁해지거나 색이 진해진다.

탈수는 매우 심각하며, 치명적일 수도 있다. 총 체액량이 0.5~1.0% 감소하면 갈증을 느끼기 시작하고, 그 이상 진행되면 증상이 악화된다(표 10.6). 근육은 쉽게 피로하고 경련이 날 수 있으며, 현기증과 실신이 뒤따를 수 있다. 뇌세포는 수축하여 정신 혼란을 초래한다. 최종적으로 체온 조절 체계가 실패하여 열사병이 발생할 수 있으며, 신속한 의료 처치가 없으면 치명적이다.

▲ **그림 10.4** 일반적으로 운동 중 손실된 수분을 보충하는 가장 좋은 방법은 물이다. 스포츠 음료는 2시간 이상 지속되는 지구력 활동을 하는 운동선수를 제외하면 도움되는 바가 거의 없다. 이 경우에도 음료에 포함된 탄수화물은 탈진의 시작을 몇 분 정도 지연시킬 뿐이다.

표 10.6 탈수 정도에 따른 영향

땀으로 손실된 체중의 비율	생리적 영향
2%	수행 능력 저하
4%	근육 작업 능력 감소
5%	열탈진
7%	환각
10%	순환기 허탈 및 열사병

그것은 약이다! 아니다, 식품이다! 아니다… 식이 보충제(건강보조제)이다!

우리는 빠른 체중 감량·지구력 향상·기억력 개선 등 거의 기적처럼 보이는 효능을 내세우는 제품 광고를 흔히 접한다. 이러한 제품은 약처럼 보일 수 있으나, 많은 경우 법적으로 의약품이 아니라 '식이 보충제'로 분류된다.

미국 의회는 1994년에 〈식이보충제 건강 및 교육법(Dietary Supplement Health and Education Act, DSHEA)〉을 제정하여, 식이 보충제를 의약품이 아닌 식품으로 규제하도록 법을 개정했다. 제조사는 보충제 사용과 관련된 일부 특정 효익을 설명할 수 있으나, 다음과 같은 면책 고지를 함께 포함해야 한다. "이 진술은 미국식품의약국(FDA)의 평가를 받지 않았다. 이 제품은 질병을 진단, 치료, 치유, 예방할 목적이 아니다."

일부 보충제는 여러 비타민의 단순 조합이며, 다른 것들은 무기질·아미노산·기타 영양소·허브 또는 기타 식물성 원료·동물 또는 식물 유래 추출물을 포함한다. 특정 보충제를 복용해야 할까? 그럴 수도, 아닐 수도 있다. 오메가-3 오일을 함유한 보충제는 LDL 콜레스테롤을 낮추는 데 도움이 될 수 있다. 그러나 병이 아무리 화려하고 광고 속 인물이 매력적이라 하더라도, 비타민과 무기질의 '특별 조제'를 하루 한 스푼 먹는다고 해서 노화의 영향을 되돌리기는 어렵다. 식이 보충제 사용을 고려할 때에는 제조사의 주장을 평가하기 위해 FLaReS 원칙을 적용하는 것이 바람직하다.

▲ 대부분의 식이 보충제는 처방의약품과 일반의약품(OTC)에서 법률상 요구되는 엄격한 시험 절차를 거치지 않는다.

자가평가문제

1. 섬유질이 많은 음식을 섭취하면 어떻게 되는가?
   a. 변비를 유발할 수 있다.
   b. 근육 형성에 도움이 된다.
   c. 포만감을 주는 데 도움이 된다.
   d. 빠른 에너지를 제공한다.
2. 체액의 주요 전해질은 무엇인가?
   a. Ca^{2+}, Fe^{2+}, Cl^- b. Ca^{2+}, Na^+, HSO_4^-
   c. Na^+, K^+, Cl^- d. Na^+, K^+, HCO_3^-
3. 장시간 운동의 경우를 제외하면 손실된 수분을 보충하는 가장 좋은 선택은 무엇인가?
   a. 맥주 b. 무지방 우유
   c. 물 d. 탄산음료
4. 열탈진을 유발할 수 있는 체중 대비 체액 손실의 최소 비율은 얼마인가?
   a. 2% b. 4% c. 5% d. 10%
5. 불용성 섬유는 보통 무엇으로 이루어지는가?
   a. 셀룰로스 b. 지방 c. 지질 d. 단백질

정답: 1. c, 2. c, 3. c, 4. c, 5. a

10.5 식품 첨가물

학습 목표
- 다양한 맛과 향에 대한 욕구 그리고 설탕 대체감미료 탐색이 역사에 미친 영향을 설명한다.
- 식품 속 유익한 첨가물과 논란의 여지가 있는 첨가물을 구분한다.

음식의 풍미를 높이기 위한 새로운 맛의 탐색은 인류사의 흐름을 바꾸어 놓았다. 잘 알려진 예를 들어 500여 년 전 Christopher Columbus가 스페인 Isabella 여왕의 지시로 적잖은 비용을 들여 향신료 무역을 강화하기 위해 동아시아로 가는 짧은 항로를 찾고자 소형 선박 세 척과 함께 서쪽으로 파견되었다는 것이다.

향신료, 허브, 향료

스파이스 케이크, 청량음료, 진저브레드, 소시지 등 많은 식품은 맛의 상당 부분을 향신료와

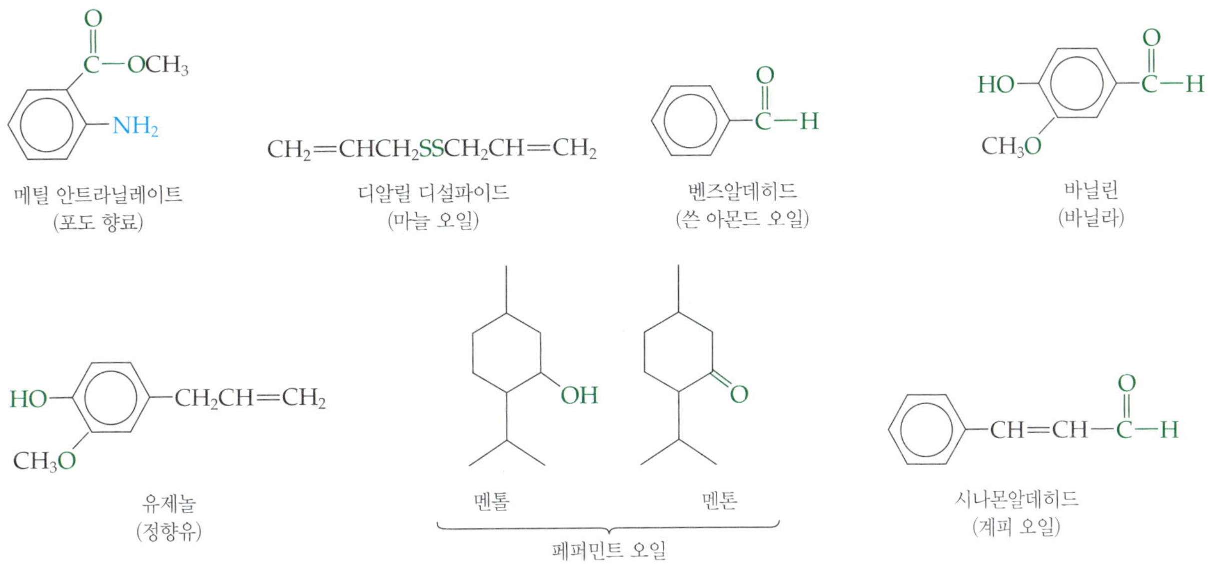

▲ **그림 10.5** 일부 분자 향료

Q 여기 제시된 화합물 중 어느 것이 알데하이드 작용기를 가지는가? 어느 것이 페놀인가? 에터는, 알켄은 무엇인가? 어느 것이 에스터인가? 케톤은, 알코올은 무엇인가?

기타 첨가물에 의존한다. 예를 들어 정향에는 유제놀(eugenol)이라는 독특한 분자가 들어 있어 로스트 햄의 매력적인 향에 기여한다. 토스트나 애플 파이에 사용된 계피에는 이름 그대로 신남알데하이드(cinnamaldehyde)라는 알데하이드가 함유되어 있다. 생강·강황·육두구는 해당 식물의 씨앗·뿌리·나무껍질에서 얻는 천연 향신료의 예이며, 바질·마조람·타임·로즈마리는 널리 쓰이는 허브이다. 과일과 기타 식물성 원료로부터 천연 향료를 추출하기도 한다.

일부 풍미 화합물의 예는 그림 10.5에 제시되어 있다. 화학자들은 천연 풍미를 분석한 뒤 그 성분을 합성하여 원래의 맛과 유사한 혼합물을 만들 수 있다. 천연 향과 인공 향의 주요 성분은 흔히 동일하다. 예를 들어 바닐라 추출물과 모조 바닐라는 주된 풍미를 바닐린이라는 화합물에 의존한다. 다만 천연 바닐라 추출물은 모조 바닐라보다 더 다양한 화합물을 포함하므로 풍미가 대체로 더 복잡하다. 천연이든, 합성이든 향료 첨가물은 적정량 사용할 경우에 위해성이 거의 없는 것으로 보이며, 음식의 기호성을 크게 높인다.

기타 천연 및 인공 감미료

비만은 대부분의 선진국에서 중대한 문제이다. 이론적으로는 설탕을 무칼로리 감미료로 대체하여 열량 섭취를 줄일 수 있겠지만, '다이어트' 탄산음료를 마실 때 다른 음식을 더 많이 섭취하는 경향이 있어 인공 감미료가 비만 조절에 유효하다는 근거는 많지 않다.

주목할 만한 천연 감미료로 스테비아가 있다. 파라과이의 과라니족이 오랫동안 감미료로 사용해 온 남미의 허브(*Stevia rebaudiana*)의 잎에는 자당보다 최소 30배 달게 느껴지는 배당체가 들어 있다. 정제된 이 배당체는 GRAS(Generally Recognized As Safe, 일반적으로 안전하다고 인정됨) 지위를 가진 것으로 간주되며, 현재 미국의 일부 탄산음료와 기타 제품에 스테비올 배당체가 사용되고 있다.

수년간 주요 인공 감미료는 사카린과 사이클라메이트였다. 사이클라메이트는 1970년 실험동물에서 암을 유발한다는 연구 결과에 따라 미국에서 사용이 금지되었다(이후 연구들이 해당 결과를 재현하지 못했음에도 불구하고 FDA는 금지를 해제하지 않았다).

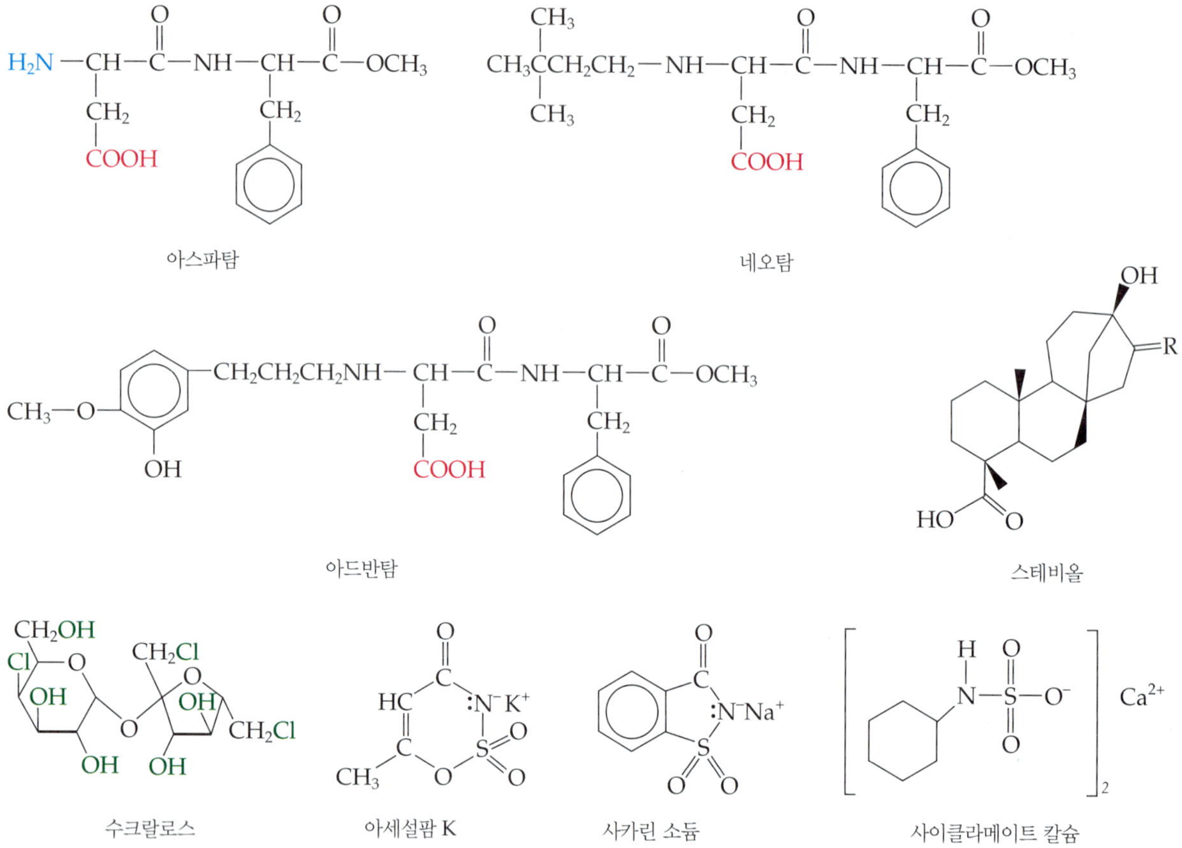

▲ **그림 10.6** 여덟 가지 인공 감미료. 수크랄로스(Splenda®)는 자당의 염소화 유도체로, 실제로 자당으로부터 제조되는 유일한 인공 감미료이다. 이들 가운데 실제 FDA 승인을 받은 것은 여섯 가지이며, 스테비올(steviol)은 GRAS 목록에 올라 있다. 사이클라메이트는 1970년부터 금지되어 있다.

표 10.7 일부 화합물의 상대적 단맛

화합물	상대적 단맛[a]
락토스(lactose)	0.16
말토스(maltose)	0.33
글루코스(glucose)	0.74
자당(sucrose)	1.00
과당(fructose)	1.73
스테비올 배당체(steviol glycoside)	30
사이클라메이트(cyclamate)	45
아스파탐(aspartame)	180
아세설팜 K(acesulfame K)	200
사카린(saccharin)	300
수크랄로스(sucralose)	600
네오탐(neotame)	13,000
아드반탐(advantame)	20,000

[a] 단맛은 1의 값으로 자당에 상대적이다.

1977년에는 사카린이 실험동물에서 방광암을 일으킨다는 보고가 있었으나, 당시 사카린이 유일하게 승인된 인공 감미료였기 때문에 이를 금지하려는 FDA의 조치는 의회에서 저지되었다. 이후 반복 연구에서 1977년과 같은 결과가 확인되지 않아 2000년에는 사카린 소포장과 사카린 함유 제품에서 경고 문구가 사라졌다.

현재 FDA가 승인한 인공 감미료는 여섯 가지이다(그림 10.6). 아스파탐(디펩타이드 아스파틸페닐알라닌의 메틸 에스터)은 1981년에 승인되었다. 아스파탐과 밀접한 구조의 파생 화합물인 네오탐과 아드반탐도 승인되었다. 아스파탐에 대해 일화적 문제 보고가 있으나, 반복 연구에 따르면 일반적으로 안전하며, 다만 페닐알라닌을 적절히 대사하지 못하는 유전 질환인 페닐케톤뇨증 환자에게는 예외가 된다. 이 밖에 미국에서 사용이 승인된 인공 감미료로는 아세설팜 K(Sunette®)와 수크랄로스(Splenda®)가 있으며, 이들은 조리 과정의 높은 온도에서도 안정한 반면에 아스파탐은 열에 의해 분해된다.

표 10.7은 다양한 물질의 상대적 단맛을 비교한다. 무엇이 어떤 화합물을 달게 만드는가? 단맛을 내는 화합물들 사이에는 구조적 유사성이 거의 없어, 이 질문은 아직 명확히 답되지 않았다. 이들 대부분은 당과 거의 닮지 않았다. 당류는 다수의 수산기를 지닌(폴리하이드록시) 화합물이다. 당류와 마찬가지로, 서로 인접한 탄소 원자에 수산기를 가진 많은 화합물도 달다. 예를 들어 에틸렌글리콜

($HOCH_2CH_2OH$)은 단맛이 나지만 상당한 독성이 있다. 지방의 가수분해로 얻는 글리세롤도 단맛이 있으며 식품 첨가물로 승인되어 있다. 다만 글리세롤은 주로 **습윤제**(humectant, 수분 유지제)로 사용되고, 감미료로의 사용은 부수적이다.

감미료로 쓰이는 다른 폴리하이드록시 알코올(폴리올)로는 포도당을 환원하여 만든 **소르비톨**, 5개의 탄소 원자 각각에 수산기(—OH)가 하나씩 결합한 **자일리톨**이 있다. 이러한 화합물은 과일과 베리류 같은 식품에 자연적으로 존재하며, 무설탕 껌과 사탕의 감미료로 사용된다. 설탕과 달리 폴리올은 혈당을 급격히 상승시키지 않으므로 당뇨병 환자도 적정량에서 사용할 수 있다. 다만 과량(대략 10 g 초과) 섭취하면 위장관 불편을 일으킬 수 있다.

$$\begin{array}{l} CH_2OH \\ | \\ CHOH \\ | \\ CHOH \\ | \\ CHOH \\ | \\ CHOH \\ | \\ CH_2OH \end{array} \qquad \begin{array}{l} CH_2OH \\ | \\ CHOH \\ | \\ CHOH \\ | \\ CHOH \\ | \\ CH_2OH \end{array}$$

소르비톨 자일리톨

단맛을 내는 화합물은 수천 종이 알려져 있으며, 150개가 넘는 화학 계열에 속한다. 현재 알려진 바에 따르면 모든 단맛 물질은 혀에 존재하는 단일 미각 수용체에 작용한다. (대조적으로 쓴맛 물질에는 30개가 넘는 수용체가 관여한다.) 다른 미각 수용체와 달리 단맛 수용체는 서로 다른 분자에 의해 활성화될 수 있는 다수의 결합 부위를 가진다. 각 부위는 특정 분자에 대한 친화도가 서로 다르다. 예를 들어 수크랄로스는 자당보다 수용체에 더 치밀하게 결합하는데, 이는 부분적으로 수크랄로스의 염소 원자가 자리를 대체한 OH기의 산소 원자보다 더 큰 음전하를 띠기 때문이다. 네오탐은 수용체에 매우 강하게 결합하여 수용체의 활성 신호가 반복적으로 유발되도록 한다.

풍미 증강제

어떤 화학 물질은 그 자체의 맛은 두드러지지 않지만, 다른 맛을 증강하는 데 사용된다. 익숙한 예가 식탁용 소금(염화 소듐)이다. 소금은 필수 영양소일 뿐 아니라 단맛을 증가하고 쓴맛과 신맛을 가리는 데 도움을 준다.

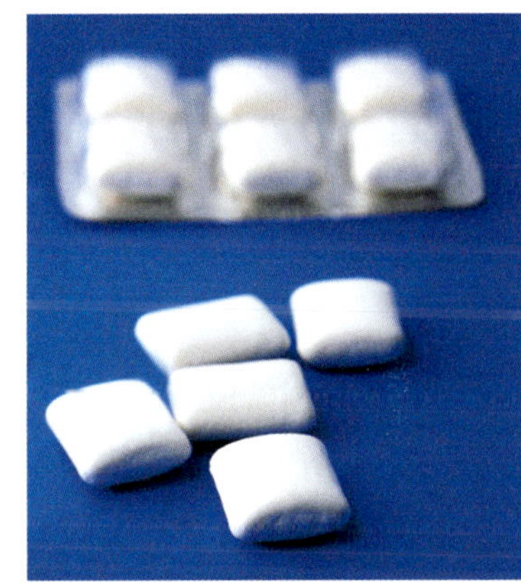

▲ 폴리하이드록시 알코올(폴리올)은 무설탕 껌 등과 같은 제품의 감미에 사용된다. 폴리올은 치태에서 대사되더라도 매우 천천히 또는 거의 대사되지 않기 때문에, 이러한 제품은 치아우식증(충치) 억제에 도움이 된다.

또 다른 대표적 풍미 증강제는 모노소듐 글루탐산(MSG)이다. MSG는 자연적으로 존재하는 아미노산인 글루탐산의 소듐염으로, 많은 즉석·가공식품에 첨가된다. 글루탐산은 단백질에서 발견되지만, 과도한 양은 해로울 수 있다는 근거가 있다. MSG는 실험동물의 뇌 일부를 둔화시키는 효과가 보고되었고, 임신부가 많은 양을 섭취할 경우에 **기형 유발성**(최기형성)을 보일 수 있다는 지적도 있다. MSG는 일부 개인에서 두통의 원인으로 의심되며, 이른바 MSG 증상 복합체와 연관 지어지기도 한다. 잘 알려진 단맛·신맛·짠맛 외에 우마미(감칠맛)는 단백질류의 맛으로 분류된다. MSG는 입안의 감칠맛 미각 수용체를 자극하는 것으로 알려져 있다.

$$HOOC-CH_2CH_2\underset{\underset{^{+}NH_3}{|}}{CH}-\overset{\overset{O}{\|}}{C}-O^- \qquad HOOC-CH_2CH_2\underset{\underset{NH_2}{|}}{CH}-\overset{\overset{O}{\|}}{C}-O^-Na^+$$

글루탐산 MSG

여기서 논의한 향료 외에도 미국식품의약국(FDA) 웹사이트의 '식품에 첨가되는 물질 목록(Substances Added to Food Inventory)'에는 3,000종이 넘는 물질이 등재되어 있다. 라벨에 기재되는 물질의 대부분은 식품 첨가물로 생산·가공·포장·보관 등과 관련된 여러 목적을 위해 기본 식품 원료 이외에 식품에 넣는 물질을 말한다. 이 밖에도 색과 풍미를 증강하고, 부패를 지연시키며, 질감을 부여하고, 살균·표백을 하거나, 숙성을 촉진·억제하고, 수분 수준이나 기포를 조절하기 위해 물질을 첨가한다. 이들 가운데 설탕, 소금, 옥수수 시럽의 사용량이 가장 많다. 이 세 가지에 구연산, 베이킹 소다, 식물성 색소, 겨자, 후추를 더하면 무게 기준으로 전체 첨가물의 98% 이상을 차지한다.

미국에서 식품 첨가물은 식품의약국(FDA)의 규제를 받는다. 최초의 〈식품·의약품·화장품

4 천연 감미료와 인공 감미료의 차이는 무엇인가?

수크랄로스(자당의 일부 —OH기가 염소 원자로 치환되어 자당과 구조가 매우 유사한 경우)를 제외하면 일반적으로 쓰이는 인공 감미료의 분자는 천연 당과 구조적으로 전혀 다르다. 이들이 왜 '단맛'으로 지각되는지는 여전히 다소 불명확하다. 일부 인공 감미료에 쓴맛의 여운이 난다는 주장도 있는데, 이는 분자의 $—NH_2$기가 원인일 가능성이 있다. 인공 감미료는 매우 적은 양으로 사용되므로 열량이 거의 없다.

법(Food, Drug, and Cosmetic Act)〉은 1938년에 의회를 통과했다. 이 법에 따라 특정 첨가물의 사용을 금지하려면 FDA가 그 첨가물이 안전하지 않음을 입증해야 했다. 1958년에 〈식품첨가물개정법(Food Additives Amendment)〉은 입증 책임을 식품 업계로 전환했고, 식품 첨가물을 사용하려는 업체는 그 용도에서 안전함을 먼저 FDA에 증명해야 한다. FDA는 사용가능한 첨가물의 허용량도 규제할 수 있다.

영양 개선을 위한 첨가물

미국농무부 산하의 화학국(후에 FDA로 개편)이 승인한 최초의 영양 보강 조치는 1924년에 갑상생종 발생을 줄이기 위해 식탁용 소금에 아이오딘화 포타슘(KI)을 첨가한 사례였다.

결핍 질환을 예방하기 위해 식품에는 다른 여러 화학 물질도 추가된다. 각기병이 여전히 문제가 되는 일부 동아시아 지역에서는 도정미에 비타민 B_1(티아민)을 첨가하는 것이 필수적이다. 가공 과정에서 제거되는 비타민 B군(티아민, 리보플라빈, 엽산, 니아신)을 보충하고, 보통 탄산철($FeCO_3$)의 형태로 철을 밀가루에 더하는 조치를 **영양강화**(enrichment)라고 한다. 다만 이렇게 강화한 밀가루로 만든 빵이나 파스타도 통밀로 만든 제품만큼 영양가가 높지는 않다. 통곡 밀가루가 일반적으로 공급하는 비타민 B_6, 판토텐산, 아연, 마그네슘, 식이섬유 등이 부족하기 때문이다. 그럼에도 불구하고 빵·콘밀·시리얼의 영양강화는 한때 미국 남부를 괴롭혔던 펠라그라를 거의 근절시켰다.

비타민 C(아스코르빈산)는 과일 주스, 향미 음료, 기타 음료에 자주 첨가된다. 일반적으로 우리의 식단에는 괴혈병을 예방하기에 충분한 아스코르빈산이 들어 있지만, 일부 과학자들은 일일 최소 필요량보다 훨씬 많은 섭취를 권장하기도 한다. 선진국에서는 우유에 비타민 D를 첨가하며, 이러한 강화 우유의 섭취로 구루병은 거의 완전히 사라졌다. 이와 유사하게, 체내에서 비타민 A로 전환되는 β-카로틴을 마가린에 넣어 비타민 A가 자연적으로 존재하는 버터의 영양적 특성에 더 가깝도록 한다.

우리가 신선한 식품으로 균형 잡힌 식사를 한다면 영양 보충제는 아마 필요 없을 것이다. 그러나 많은 사람은 주로 가공식품과 편의 식품을 섭취한다. 통상 식단이 고도로 가공된 식품 위주라면 비타민·무기질류 식품 첨가물이 제공하는 영양소가 필요할 수 있다.

부패 지연 첨가물

식품의 부패는 곰팡이, 효모, 세균의 증식으로 일어날 수 있다. 이러한 증식을 억제하는 물질을 흔히 항균제(antimicrobial)라 하며, 특정 카르복실산과 그 염이 여기에 포함된다. 프로피온산과 그 소듐·칼슘 염은 빵과 치즈의 곰팡이 발생을 억제하는 데 사용된다. 소르빈산, 벤조산,

GRAS 목록

일부 식품 첨가물은 눈에 띄는 유해 영향 없이 오랜기간 사용되어 왔다. 1958년 미국 의회는 일반적으로 안전하다고 인정되는 물질, 즉 'GRAS (generally recognized as safe) 목록'을 마련했다. 이 목록에는 우리에게 친숙한 향신료·향료·영양소 등이 다수 포함된다. 한편 1958년 목록에 있던 물질 중 사이클라메이트 감미료와 일부 식용 색소 등은 이후 제거되었고, 다른 물질들이 새로 추가되었다. 현재 약 7,000종의 물질이 GRAS 지위를 가진다.

시간이 지나면서 초기 시험 절차의 한계가 드러났다. FDA는 새로운 연구 결과와 높아진 소비자 인식을 바탕으로 여러 물질을 재평가해왔다. 더 정밀한 기기와 개선된 실험 설계는 과거에 안전하다고 여겨졌던 일부 첨가물에서도 미약하나 잠재적 위해 가능성을 보여주었다. 다만 최근의 다수 실험은 소형 실험동물에 대량의 첨가물을 급여하는 방식이라서, 그러한 점 때문에 결과 해석에 대한 비판도 존재한다.

그 염도 일부 탄산음료를 비롯한 다양한 가공식품에 사용된다(그림 10.7).

CH_3CH_2COOH

프로피온산

$CH_3CH_2COO^- Na^+$

프로피오네이트 소듐

$CH_3CH{=}CHCH{=}CHCOOH$

소르브산

$CH_3CH{=}CHCH{=}CHCOO^- K^+$

소르베이트 포타슘

벤조산

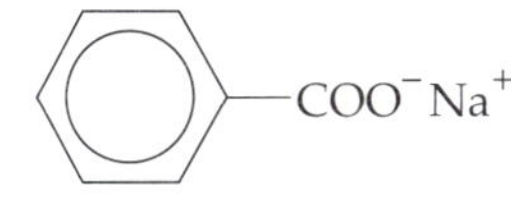

벤조산 소듐

▲ **그림 10.7** 대부분의 부패 억제제는 카르복실산 또는 그 염이다.

부패를 억제하기 위해 무기 화합물을 첨가하기도 한다. 아질산 소듐($NaNO_2$)은 육류의 염지에 사용되며, 훈제 햄·프랑크푸르터·볼로냐 소시지의 분홍색을 유지하고 가공육의 특유한 톡 쏘는 풍미에도 기여한다. 아질산염은 보툴리누스 독소를 만드는 세균 *Clostridium botulinum*의 증식을 억제하는 데 특히 효과적이다. 다만 보툴리누스 식중독을 예방하는 데 필요한 양은 육류의 분홍색을 유지하기 위해 사용하는 양의 약 10%에 불과하다. 한편 아질산염은 위암의 잠재적 원인으로도 조사되어 왔다. 위 속의 염산(HCl) 존재하에서 아질산염은 아질산으로 전환된다.

$$NaNO_2 + HCl \longrightarrow HNO_2 + NaCl$$

여기서 산(HNO_2)은 질소에 2개의 알킬기가 결합한 2차 아민과 반응하여 **니트로소 화합물**을 생성할 수 있다.

$$\underset{\text{아질산}}{H{-}O{-}N{=}O} + \underset{\text{2차 아민}}{R{-}\overset{\overset{\displaystyle R}{|}}{N}{-}H} \longrightarrow \underset{\text{니트로소 화합물}}{R{-}\overset{\overset{\displaystyle R}{|}}{N}{-}N{=}O} + H_2O$$

니트로소 화합물의 R기는 메틸($CH_3—$)이나 에틸($CH_3CH_2—$) 같은 단순 알킬기일 수도 있고, 더 복잡할 수도 있다. 이러한 화합물은 알려진 발암물질 중에서도 특히 강력한 축에 속한다. 가공육을 많이 섭취하는 국가에서는 가공육을 거의 먹지 않는 개발도상국에 비해 위암 발생률이 더 높은 경향이 있다. 한편 미국에서 위암 발생률이 감소한 것은 아스코르빈산(비타민 C)이 아질산과 아민의 반응을 억제해 니트로사민 형성을 막기 때문일 수 있으며, 많은 사람이 아침 베이컨이나 소시지와 함께 오렌지 주스를 마시는 식습관과도 관련 있을 수 있다. 그럼에도 아질산염의 잠재적 문제로 인해 FDA는 대체 육류 보존제로 아질산 소듐(NaH_2PO_2)의 사용을 승인했다.

다른 무기계 방부제로는 이산화 황과 아황산 염이 있다. 상온에서 기체인 이산화 황(SO_2)은 소독제이자 방부제로 쓰이며, 특히 복숭아·살구·건포도 같은 건조 과일에 사용된다. 또한 와인·옥수수 시럽·젤리·건조 감자 등 식품의 갈변을 막기 위한 표백제로도 쓰인다. 이산화 황은 식품과 함께 섭취되는 범위에서는 대부분의 사람에게 안전해 보이나, 흡입 시 강한 사극제로 작용하며 일부 지역의 오염 공기 성분으로 문제를 일으킨다. 이산화황과 아황산염은 일부 개인에서 심각한 알레르기 반응을 유발할 수 있으므로, FDA는 이러한 화합물의 존재를 식품 라벨에 표시하도록 요구한다.

항산화제: BHA와 BHT

보존제의 또 다른 범주는 항산화제로, 즉 산소 존재하에서 일어나는 식품의 화학적 부패를 억제하는 물질이다. 공기에 노출된 잘린 사과가 짧은 시간 내 갈변하는 현상은 화학적 부패의 좋은 예이다. 항산화제는 식품(또는 포장재)에 첨가되어 지방과 기름의 산패를 억제함으로써 기호성을 유지하고, 일부 필수 아미노산과 비타민의 파괴를 최소화한다. 빵, 감자칩, 소시지, 시리얼 등 지방이나 기름을 함유한 포장 식품에는 항산화제가 흔히 첨가된다. 일반적으로 사용되는 항산화제로는 뷰틸화 하이드록시톨루엔(BHT), 뷰틸화 하이드록시아니솔(BHA), 프로필 갈레이트, *tert*-뷰틸하이드로퀴논 등이 있다(그림 10.8).

지방은 부분적으로 산화에 의해 산패한다. 이 과정은 짝지어지지 않은 전자를 특징으로 하는 분자 조각, 즉 **자유 라디칼**(free radical)의 형성을 통해 진행된다. 라디칼의 구조를 구체적으로

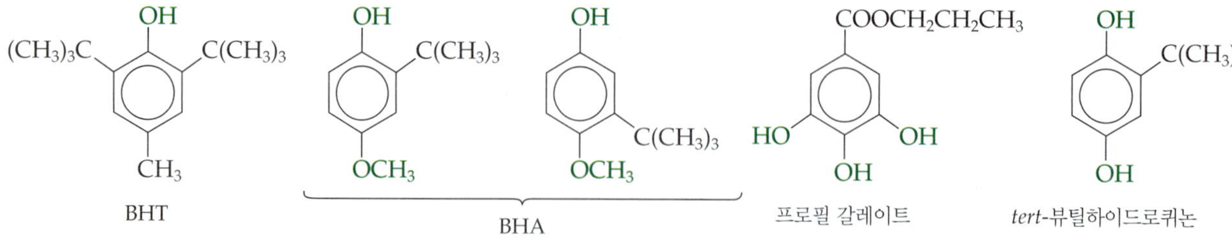

BHT　BHA　프로필 갈레이트　*tert*-뷰틸하이드로퀴논

▲ **그림 10.8** 네 가지 흔한 항산화제. BHA는 두 가지 이성질체의 혼합물이다.

Q 여기 제시된 네 화합물 모두에 공통으로 존재하는 작용기는 무엇인가? BHA에는 또 어떤 작용기가 존재하는가? 프로필 갈레이트에는 어떤 작용기가 존재하는가?

제시하지 않고 과정을 요약하면 다음과 같다. 먼저 지방 분자가 산소와 반응하여 라디칼을 형성한다.

$$\text{지방} + O_2 \longrightarrow \text{자유 라디칼}$$

생성된 라디칼은 다른 지방 분자와 반응하여 새로운 라디칼을 만들고, 이 과정이 반복된다. 이처럼 반응을 지속시키는 중간체가 생성되어 반응이 이어지는 과정을 **연쇄 반응**(chain reaction)이라 한다. 산소 분자 하나가 다수의 지방 분자의 분해로 이어질 수 있다.

지방을 함유한 식품을 보존하기 위해서는 포장 과정에서 공기를 최대한 배제한다. 그러나 완전한 차단은 불가능하므로, BHT와 같은 화학적 항산화제를 사용하여 자유 라디칼과 반응시킴으로써 연쇄 반응을 중단시킨다.

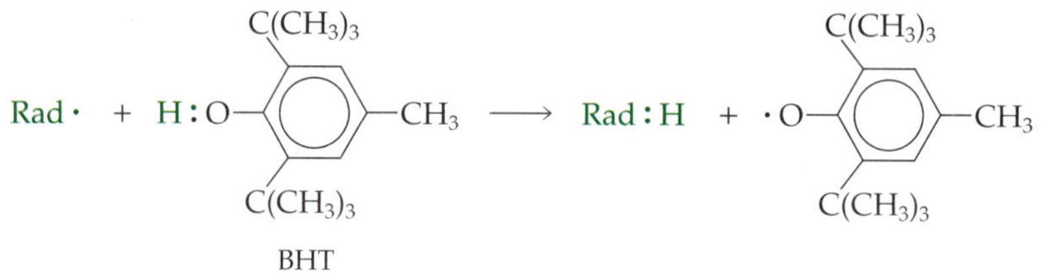

Rad· + H:O–(BHT) ⟶ Rad:H + ·O–(BHT 라디칼)

BHT

BHT에서 생성되는 새로운 라디칼은 비교적 안정하다. 짝지어지지 않은 전자는 산소 원자에만 머무를 필요가 없고, 벤젠 고리의 전자 구름 안에서 비편재화 될 수 있다. BHT 라디칼은 지방 분자와 반응하지 않으므로 연쇄가 끊어진다.

뷰틸기가 중요한 이유는 무엇인가? 뷰틸기가 없다면 두 페놀 분자는 산화제에 노출될 때 단순히 서로 결합해 버릴 것이다.

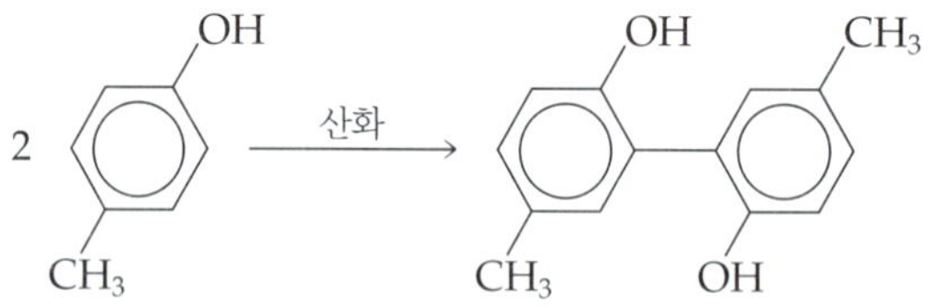

2 (페놀) —산화→ (결합된 이량체)

부피가 큰 뷰틸기가 결합해 있으면 고리들이 서로 충분히 가까이 접근하지 못해 커플링이 일어나지 않는다. 그 결과 이들은 지방의 산화로 생성되는 자유 라디칼을 포획하는 데에 사용될 수 있다.

많은 식품 첨가물이 유해하다는 비판을 받아왔으며, BHA와 BHT도 예외가 아니다. 일부 사람에서 알레르기 반응이 보고되었고, 한 연구에서는 임신한 생쥐에게 식이 중 0.5%의 BHA 또는 BHT를 급여했을 때 뇌 이상을 가진 새끼가 태어났다. 반면에 비교적 많은 양의 BHT를 매일 쥐에 급여하자 수명이 사람으로 환산하여 약 20년에 해당하는 정도까지 증가했다는 보고도 있다. 노화에 관한 한 가설은 자유 라디칼의 형성이 부분적으로 원인이 된다는 것이며, BHT는 식품에서의 부패를 늦추는 것과 같은 방식으로 세포 내 화학적 분해를 지연시킨다.

BHA와 BHT는 합성 화학 물질이지만, 비타민 E와 비타민 C 같은 항산화제는 자연적으로 존재한다. 비타민 E는(BHT와 마찬가지로) 벤젠 고리에 여러 치환기가 달린 페놀이며, 항산화 작용은 아마도 BHT와 유사할 것으로 추정된다. 그러나 최근 연구들은 비타민 E의 고용량 섭취가 다소 해로울 수 있음을 시사한다.

색소 첨가물

일부 식품(특히 과일과 채소)에는 자연색이 존재한다. 예를 들어 노란색 화합물인 β-카로틴은 당근에 존재하며, 버터와 마가린 등 식품의 색소 첨가제로 사용된다. 우리 몸은 β-카로틴 분자의 중심 이중 결합에서 분자를 절단하여 비타민 A로 전환한다. 따라서 β-카로틴은 특히 마가린에서 색소 첨가물일 뿐 아니라 비타민 첨가물이기도 하다.

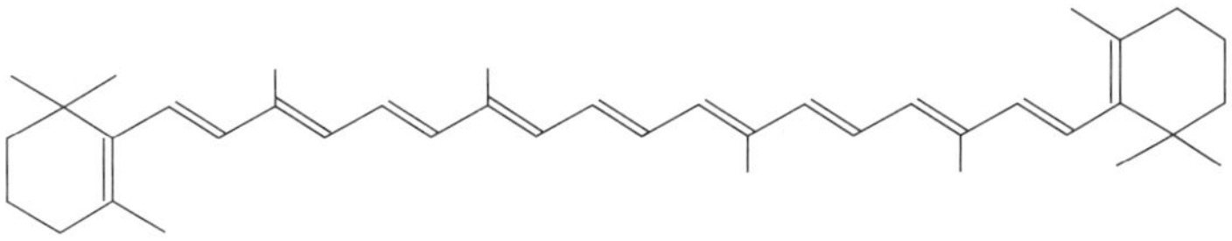

β-카로틴

다른 천연 식용 색소로는 비트 주스, 포도껍질 추출물, 사프란(가을에 피는 크로커스에서 채취)이 있다.

우리는 많은 식품이 고유한 색을 갖기를 기대하며, 식품 산업은 제품의 매력과 수용성을 높이기 위해 수십 년 동안 합성 식용색소를 사용해 왔다. 1906년 "식품 및 의약품법" 제정 이후 FDA는 이러한 화학 물질의 사용을 규제하고 허용 농도를 설정해왔다. 그러나 FDA가 항상 무오류인 것은 아니다. 한때 승인 목록에 있던 일부 색소는 이후 유해성이 확인되어 삭제되었다. 예를 들어 1950년에 호박색 할로윈 사탕에 쓰인 'FD&C Orange No. 1'이 여러 어린이에세 위장 장애를 일으켜 금지되었다. 뒤이어 다른 염료들도 금지되었는데, 'FD&C Yellow No. 3'와 'FD&C Yellow No. 4'에는 실험동물에서 방광암을 유발하는 빌임물질 β-니프틸아민이 소량 함유되어 있었고, 이들이 위산과 반응해 더 많은 β-나프틸아민을 생성한다는 사실도 밝혀졌다. 'FD&C Red No. 2'도 실험동물에서 약한 발암성이 보고되었다.

현재 식품에서 흔히 발견되는 인공 색소는 여섯 가지이며, 사탕, '맥 앤드 치즈' 같은 가공식품, 젤라틴·푸딩 믹스, '오렌지 맛' 탄산음료 등 의외로 많은 가공식품과 음료에 쓰인다. 가장 흔한 색소는 'FD&C Red No. 40', 'Blue No. 1', 'Yellow No. 5'이고, 일부 사탕에는 'Red No. 3'(분홍), 'Blue No. 2', 'Yellow No. 6'(주황)도 포함된다. 'Green No. 3'은 승인되어 있으나 식품에서는 드물며, 일부 구강청결제에 사용된다. 이 일곱 가지 염료의 구조는 그림 10.9에 제시되어 있다.

식용 색소는 겉보기에는 안전하게 수년간 사용되어 왔고 보통 극소량만 사용되지만, 일부 사람에게는 문제가 될 수 있다. 그 효용은 주로 심미적이다. 아이들은 알록달록한 사탕을 좋아한다. 인공 색소를 함유한 식품은 라벨에 그 사실을 반드시 표기하므로, 원하면 피할 수 있다. 사탕 라벨에 '레이크(lake)'라는 단어가 보이면 염료가 산화 알루미늄 매트릭스에 포획되어 피부나 의복에 쉽게 묻어나지 않음을 뜻한다.

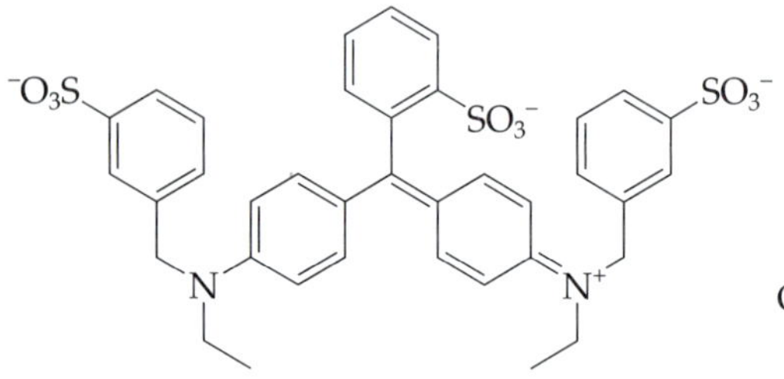

FD&C Blue No. 1 (찬란한 파란색)

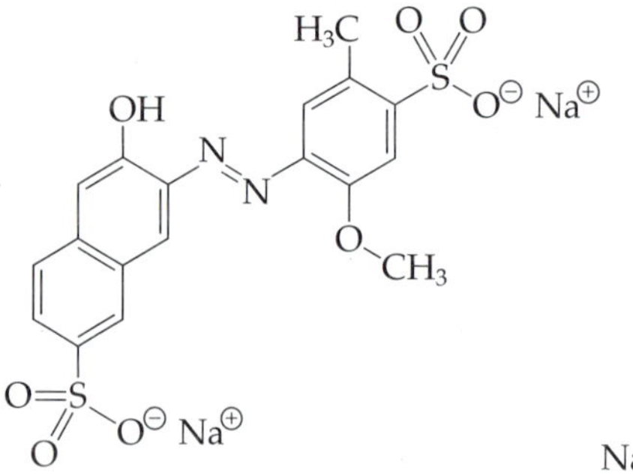

FD&C Red No. 40 (알루라 빨간색)

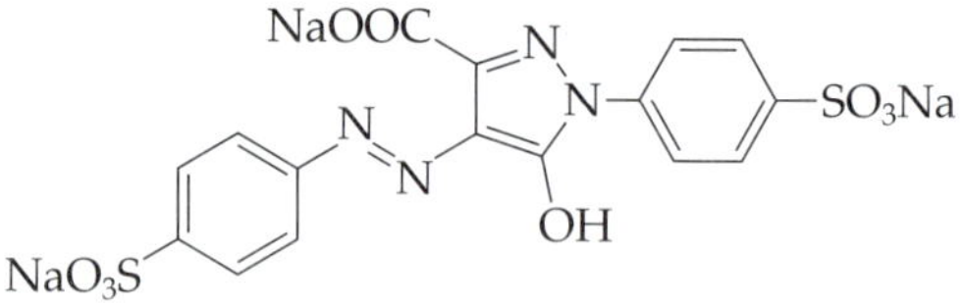

FD&C Yellow No. 5 (타르트라진)

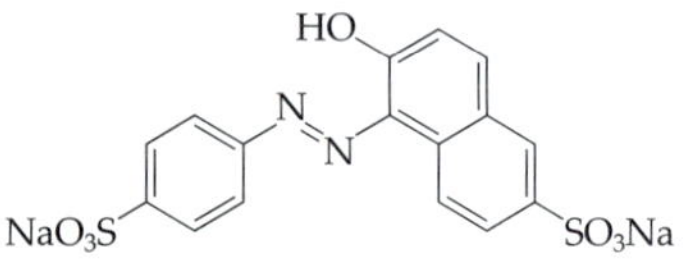

FD&C Yellow No. 6 (일몰 노란색)

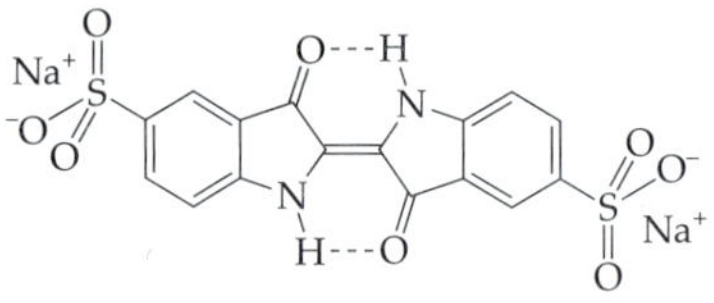

FD&C Blue No. 2 (인디고 카민)

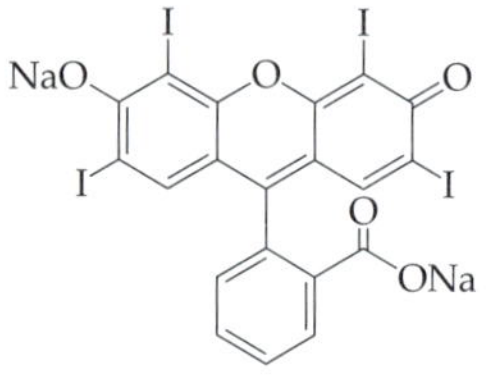

FD&C Red No. 3 (에리트롭신)

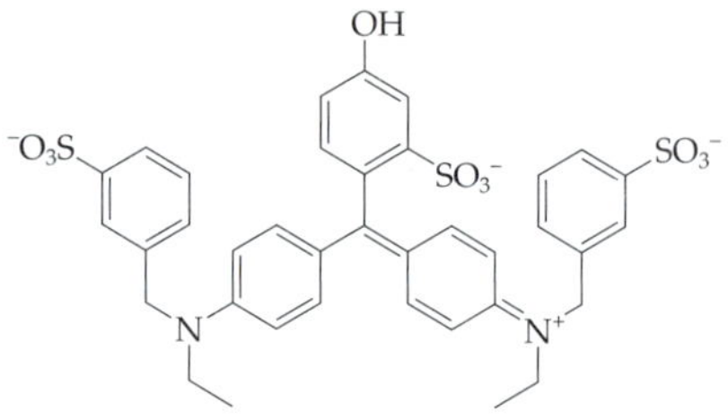

FD&C Green No. 3 (페스트 그린)

▲ **그림 10.9** 식품에 사용이 허용된 식용 색소

자가평가문제

1. 다음 화합물 중 대부분의 사람에게 단맛이 나지 않는 것은 무엇인가?

a. 자일리톨　　**b.** 네오탐

c. 사카린　　**d.** MSG

2. 인공 바닐라에 대한 설명으로 옳은 것은 무엇인가?

a. 천연 바닐라와 똑같은 바닐린 분자를 포함한다.

b. 바닐린과는 다른 분자를 포함하지만 맛이 비슷하다.

c. 천연 바닐라에 존재하는 모든 종류의 분자를 포함한다.

d. 여기에 설탕을 더해 풍미를 높인 것이다.

3. '에스터'라 불리는 유기 분자에 대한 설명으로 옳은 것은 무엇인가?

a. 모든 향신료에 들어 있다.

b. 음식에서 신맛 또는 쓴맛을 내는 향료이다.

c. 매우 향기롭고 독특한 식물의 씨앗이나 나무껍질에서만 발견되는 고유 분자이다.

d. 비타민 보충제에서 흔히 발견된다.

4. MSG에 대한 설명으로 옳은 것은 무엇인가?

a. 양에 상관없이 안전하게 섭취할 수 있다.

b. 아미노산의 소듐염이다.

c. 자당과 유사한 구조의 감미료이다.

d. 혈압을 낮추려는 사람이 안전하게 섭취할 수 있다.

5. 새로운 식품 첨가물을 사용하려면 기업은 무엇을 해야 하는가?

a. 사용할 계획을 FDA에 통지한다.

b. FDA에 비용을 지불하여 안전성 시험을 맡긴다.

c. 해당 용도에서 안전함을 입증하는 자료를 FDA에 제출한다.

d. 신청만 하면 되며, 안전성과 유효성을 증명할 필요는 없다.

6. 볼로냐·햄·베이컨 등 가공육에서 보툴리누스균 증식을 억제하는 첨가물은 무엇인가?

a. 벤조산 소듐　　**b.** 아스코르브산 소듐

c. 소르빈산 소듐　　**d.** 아질산 소듐

7. 프로피온산 칼슘을 빵에 첨가하는 주된 목적은 무엇인가?

a. 항산화제로 작용하기 위해

b. 풍미를 증강하기 위해

c. 곰팡이 생장을 억제하기 위해

d. 가공 중 제거된 Ca^{2+}를 보충하기 위해

8. 항산화제의 기능으로 옳은 것은 무엇인가?

a. 지질 수송을 돕는다.

b. 산소 운반을 돕는다.

c. 색 바램을 방지한다.

d. 자유 라디칼을 포획한다.

9. 산패 방지에 사용되는 항산화제는 무엇인가?

a. 아스코르빈산　　**b.** BHT

c. 아황산 소듐　　**d.** 설탕

정답: 1. d, 2. a, 3. c, 4. b, 5. c, 6. d, 7. c, 8. d, 9. b

10.6 기아, 단식, 영양실조

학습 목표 • 기아, 단식, 영양실조가 인체에 미치는 영향을 설명한다.

세계 여러 지역에서는 영양 공급을 위한 적절한 음식을 섭취하지 못하고 있다. 이들 중 다수는 개발도상국에 살거나, 가뭄과 같은 자연재해 또는 농업 생산성에 영향을 미친 기상 변화의 피해를 입은 지역에 거주한다. 또 다른 사람들은 전쟁·적대 행위·강제 이주로 정상적인 식량 공급이 중단되었다. 그 결과 기근이 발생하고, 이어 영양실조 또는 기아가 초래된다.

음식이 완전히 박탈되면 자발적이든 비자발적이든 인체는 **기아**(starvation) 상태에 빠진다. 비자발적 기아는 세계 여러 지역에서 심각한 문제이다. 기아가 단독으로 사망의 원인이 되는 일은 드물지만, 영양실조로 약해진 사람은 질병에 쉽게 이환된다.

기아에 수반되는 것과 유사한 대사 변화는 단식 중에도 일어난다. 전면 단식 시 체내 글리코젠 저장은 하루가 채 되기 전에 고갈되며, 이후 지방 비축이 동원된다. 지방은 먼저 신장과 심장 주변에서 동원되고, 이어 신체의 다른 부위, 결국 골수에서도 동원된다.

저장 지방에 대한 에너지 의존이 증가하면 **케톤증**이 발생하며, 이는 혈액과 소변에서 **케톤체**가 나타나는 상태로 특징지어진다(그림 10.10). 케톤증은 빠르게 **산증**으로 진행할 수 있고, 혈액의 pH가 낮아지며 산소 운반이 저해된다. 산소 부족은 우울감과 무기력으로 이어진다.

산증은 인슐린 결핍성 질환인 당뇨병과도 연관된다. 인슐린은 체세포가 혈류에서 포도당을 흡수하도록 한다. 인슐린이 부족하면 간은 세포가 굶주린 것처럼 반응하여, 혈당은 상승하는 한편 에너지를 얻기 위해 지방을 태우기 시작한다. 이러한 지방 대사는 케톤체의 생성과 이어지는 산증으로 이어진다.

전면 단식의 초기에는 체내 단백질이 비교적 빠른 속도로 대사된다. 몇 주가 지나면 뇌가 지방산 대사의 분해산물을 에너지원으로 사용하는 데 적응함에 따라 단백질 분해 속도는 크게 느려진다. 지방 비축이 상당히 고갈되면 신체는 다시 에너지 요구를 충족하기 위해 구조 단백질에 크게 의존하게 된다. 기아 상태 개인의 수척한 외모는 근육 단백질의 고갈과 복부의 팽창(부종)에 기인한다(그림 10.11).

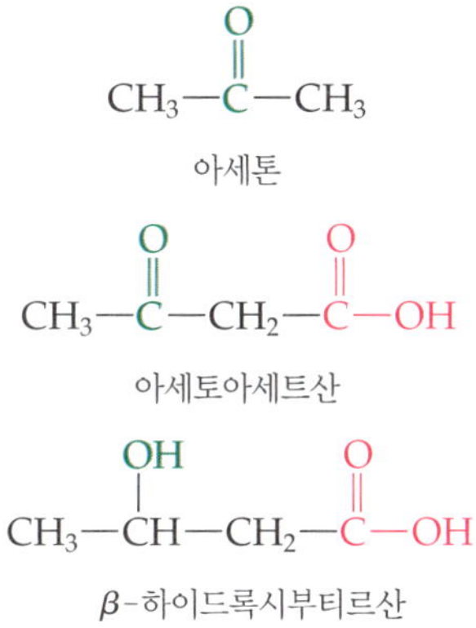

$$\mathrm{CH_3-\overset{\overset{\large O}{\|}}{C}-CH_3}$$

아세톤

$$\mathrm{CH_3-\overset{\overset{\large O}{\|}}{C}-CH_2-\overset{\overset{\large O}{\|}}{C}-OH}$$

아세토아세트산

$$\mathrm{CH_3-\overset{\overset{\large OH}{|}}{CH}-CH_2-\overset{\overset{\large O}{\|}}{C}-OH}$$

β-하이드록시부티르산

▲ **그림 10.10** 지방 대사에서 생성되는 세 가지 케톤체

Q 각 화합물의 작용기를 식별하라. 케톤체 중 케톤이 아닌 것은 어느 것인가?

가공식품: 영양 부족

우리는 흔히 영양실조를 굶주림이나 심각한 식량 부족의 결과로만 생각하지만, 반드시 그렇지는 않다. 열량은 충분하더라도 필수 아미노산과 같은 일부 필수 영양소가 결핍된 식단을 섭취하면 영양실조가 생길 수 있다. 완전 단백질을 확보하기 위해 곡류와 콩류를 짝지어 섭취하는 매우 흔한 조합들이 있다(표 10.1 참조). 풍족한 환경에서도 고도로 가공된 식품을 과다섭취함으로써 영양실조가 발생하기도 한다.

통밀은 비타민 B_1을 비롯한 여러 비타민의 훌륭한 공급원이다. 백밀가루를 만들기 위해서는 밀눈(배아)과 겨(밀기울)를 제거하는데, 이렇게 하면 보관성은 크게 높아지지만 남는 부분에는 무기질과 비타민이 거의 없고 섬유소도 적다. 우리는 주로 전분을 먹고, 배아와 겨의 상당 부분은 가축 사료로 쓴다. 그래서 소와 돼지가 사람보다 더 나은 영양을 섭취하는 셈이라는 지적도 있다. 마찬가지로 도정미(백미)는 단백질과 무기질 대부분이 세거되어 비타민이 거의 없다. 동남아시아에 도정미가 보급되면서 각기병이 널리 퍼진 바 있다.

많은 과일과 채소는 껍질을 벗기면 비타민·무기질·섬유소의 상당 부분을 잃는다. 조리 과정의 열도 일부 비타민을 파괴한다. 물로 조리하는 경우에 수용성 비타민(비타민 C와 B군)과 일부 무기질이 조리수와 함께 따라 버려지는 일이 잦다.

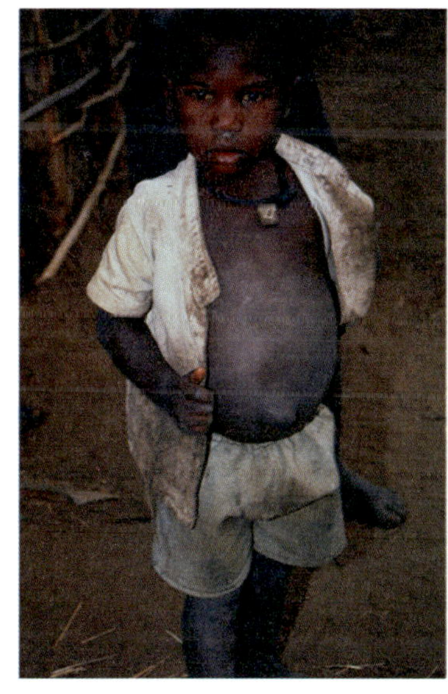

▲ **그림 10.11** 세계 일부 지역에서는 단백질이 불충분한 식단이 흔하다. '콰시오르코르(kwashiorkor)'라 불리는 단백질 결핍 질환은 선진국에서는 드물지만, 단백질이 불완전한 곡물만이 유일한 주식인 지역에서는 기근 시 흔히 발생한다.

미국의 평균 가정은 식비의 70% 이상을 가공식품에 지출하는 것으로 추정된다. 햄버거·감자칩·탄산음료 위주의 식단은 많은 필수 영양소가 부족하다. 고도로 가공된 편의 식품으로 인해 선진국에서 많은 사람이 비만해지고, 식품의 풍요에도 불구하고 영양은 불량한 상태로 만들고 있다.

식량이 부족하지 않은 지역에서도 거식증이나 폭식증 같은 심각한 섭식 장애가 있으면 영양실조와 기아가 발생할 수 있다. 이러한 장애는 젊은 여성에게 흔하지만 남성에게도 나타날 수 있다. 거식증에서는 자신의 체중이 지나치게 높다고 여기고, 건강 체중보다 훨씬 낮은 '희망 체중'을 달성하려고 음식 섭취를 극도로 줄이거나 매우 과격한 운동을 하기도 한다. 흔히 거의 먹지 않아 체중이 감소하고, 몹시 수척해지며, 무월경이나 사춘기 지연과 같은 증상이 나타난다. 경우에 따라 체중 감소가 생명을 위협하기도 한다. 폭식증에서는 빈번한 '폭식' 이후 구토나 완하제(변비약) 사용으로 섭취 열량을 제거하려 하며, 때로는 폭식증과 거식증의 증상이 함께 나타나기도 한다.

자가평가문제

1. 금식 또는 기아 동안 글리코젠 저장은 대략 얼마 만에 고갈되는가?
   a. 1시간 **b.** 1일 **c.** 1주 **d.** 1개월
2. 글리코젠 저장이 고갈된 뒤 신체가 동원하는 비축 에너지원은 무엇인가?
   a. 아미노산 **b.** 지방 **c.** 글리코젠 **d.** 단백질
3. 지방 비축이 소진된 뒤 신체가 에너지원으로 사용하는 것은 무엇인가?
   a. 지방 조직 **b.** 아미노산 비축 **c.** 글리코젠 저장고 **d.** 구조 단백질
4. 미국의 평균 가정은 식비의 어느 정도를 가공식품에 지출하는가?
   a. 10% **b.** 25% **c.** 50% **d.** 70%
5. 영양실조에 대한 설명으로 옳지 않은 것은 무엇인가?
   a. 불충분한 열량 섭취로 인해 발생한다.
   b. 가공식품을 지나치게 섭취해도 발생할 수 있다.
   c. 개발도상국에서만 발생한다.
   d. 거식증이나 폭식증 같은 섭식 장애로도 발생할 수 있다.

정답: 1. b, 2. b, 3. d, 4. d, 5. c

10.7 체중 감량, 식단, 운동

학습 목표 • 식이와 운동을 통해 체중이 감량되는 원리를 설명한다.
• 열량 감소와 운동에 따른 체중 감소를 계산한다.

운동과 올바른 식단을 포함한 건강한 생활 양식은 신체적·정신적 질환의 위험을 낮추는 데 필수적이다. 화학을 통해 식단과 운동이 우리 몸과 마음에 미치는 영향을 더 잘 이해할 수 있다.

비만이 유행 수준에 이르고 과체중 인구가 많은 미국에서는 다이어트가 거대 산업이다. 식이조절만으로도 체중을 줄일 수 있으나 쉽지는 않다. 지방 조직 1파운드에는 약 3,500 kcal의 에너지가 저장되어 있다. 섭취 열량을 하루 100 kcal 줄이고 활동 수준을 일정하게 유지하면 35일에 1파운드의 지방을 소모하게 된다. 안타깝게도 사람들은 충분히 기다리지 못해 더 엄격한 식단에 의존한다. 목표를 더 빨리 달성하려고 특정 식품을 배제하고 다른 식품의 섭취량을 크게 줄이는 식단은 해로울 수 있다. 하루 1,200 kcal 미만의 식단은 필요한 영양소, 특히 비타민 B군과 철분이 결핍될 가능성이 크다. 더욱이 다이어트는 대사 속도를 늦춘다. 식이로 줄인 체중은 이전의 식습관을 재개하면 빠르게 다시 증가한다.

예제 10.2 다이어트에 의한 체중 감소

하루에 1,800 kcal를 소비하는 사람이 일일 섭취 열량을 1,500 kcal로 제한한다면 지방 1.0 lb

을 감량하는 데 대략 얼마나 걸리는가?

풀이

하루에 소비가 섭취보다 1,800 − 1,500 = 300 kcal만큼 크다. 지방 1.0 lb에는 약 3,500 kcal가 저장되어 있으므로 다음과 같다.

$$3500\ \cancel{\text{kcal}} \times \frac{1\ \text{day}}{300\ \cancel{\text{kcal}}} = 11.66\text{일}(\approx 12\text{일})$$

이 점을 기억하라. 실제로 줄어드는 체중이 모두 지방은 아니다. 보통 총 체중은 1 lb 이상 줄 수 있으나, 그 대부분은 수분이며 일부 단백질과 소량의 글리코젠이 포함된다.

› 복습문제 10.2A

하루에 2,000 kcal를 소비하는 사람이 활동 수준은 그대로 유지하고 일일 섭취를 1,200 kcal로 제한한다. 이 식단을 3주 동안 유지하면 지방을 얼마나 감량할지 추정하라.

› 복습문제 10.2B

하루에 2,200 kcal를 소비하는 사람이 일일 섭취를 1,800 kcal로 제한하고 매일 220 kcal를 소비하는 운동을 추가한다. 이 프로그램을 6주 동안 유지하면 지방을 얼마나 감량할지 추정하라.

배고픔의 생화학

과학자들은 이제 막 배고픔 기전의 복잡한 생화학을 이해하기 시작했다. 체중을 조절하는 여러 분자가 확인되었는데, 어떤 것은 '지금 먹을지, 그만 먹을지'와 같은 단기 섭식 행동을, 다른 것은 장기적인 지방 균형을 조절한다. 현재까지의 지식은 체중 감량을 원하는 이들에게 다소 실망스러울 수 있다. 배고픔 기전은 체중 감소를 방지하고 체중 증가를 선호하는 방향으로 작동하기 때문이다.

소화관에서 생성되는 두 펩타이드 호르몬 **그렐린**(ghrelin)과 **펩타이드 YY**(PYY)는 단기 섭식 행동과 연관된다. 변형 펩타이드인 그렐린은 위에서 분비되는 식욕 촉진으로 작용하며, PYY는 식욕 억제로 작용한다. 런던 임페리얼대학의 연구에 따르면 PYY를 투여하면 섭취량이 약 30% 감소했다. 또한 비만인의 자연 PYY 농도가 더 낮아, 더 큰 허기를 느끼고 과식을 하는 현상을 설명할 수 있음이 보고되었다.

장기적인 체중 균형은 인슐린(췌장에서 분비되는 호르몬)과 지방 세포가 만드는 물질인 **렙틴**(leptin)이 좌우한다. 인슐린 농도가 올라가면 혈당이 낮아지고 우리는 배고픔을 느낀다. 반대로 혈당이 높으면 포도당에 민감한 뇌세포의 활동이 줄어들어 포만감을 느낀다.

렙틴은 146개의 아미노산으로 이루어진 단백질로, 지방 세포에서 분비되어 식욕을 줄이고 대사율을 높임으로써 쥐에서 체중 감소를 유발한다. 혈중 렙틴 농도는 시상하부(뇌의 조절 중추)에 체내 지방량을 '보고'하는 신호다. 인간도 렙틴을 분비하며, 과학자들은 이를 비만 치료의 열쇠로 기대했으나 기대는 대체로 실현되지 않았다. 렙틴 생성 결함으로 인한 극소수의 중증 비만 사례에서만 렙틴 치료가 도움이 되었고, 대다수의 비만인은 정상보다 높은 렙틴 농도를 보이면서 그 작용에 저항성을 보인다. 렙틴의 주된 역할은 음식이 풍족할 때 체중 증가를 막기보다는 결핍 시기에 체중 감소를 막는 보호 장치에 더 가까운 것으로 보인다.

이 밖에 장이 분비하는 펩타이드로 충분히 먹었다는 신호를 전달하는 **콜레시스토키닌**(CCK), 뇌에 작용하여 음식 섭취를 조절하는 **멜라노코르틴**(melanocortins) 계열 물질 등도 체중 조절에 관여한다.

이러한 체중 조절계에 대한 새로운 지식이 더 나은 비만 치료로 이어질지는 아직 미지수다. 더구나 섭식 행동에는 다수의 사회적 요인이 얽혀 있다. 가족 모임, 음식의 시각·후각 자극, 스트레스 상황 등 환경적 단서가 배고픔 기전을 촉발하기도 한다.

속성 다이어트: 빠르면, 곧 사이비

일주일에 1~2파운드보다 큰 감량을 약속하는 체중 감량 프로그램은 위험한 사이비일 가능성이 높다. 다수의 '급속 감량' 식단은 지방 대사 이외의 요인으로 사람들을 유인한다. 예를 들어 카페인 같은 **이뇨제**(diuretic)를 포함해 소변 배출을 늘리면 감량된 체중은 수분 손실일 뿐이며 체내 수분이 보충되어 다시 늘어난다.

다른 유형의 급속 식단은 체내 글리코겐 저장 고갈에 의존한다. 저탄수화물 식단에서는 약 24시간 내에 글리코겐이 소진된다. 글리코겐은 포도당의 중합체이며, 분자에 수산기(—OH)가 많아 물 분자와 수소 결합을 이룬다. 인체가 저장할 수 있는 글리코겐은 많아야 약 1 lb이고, 각 1 lb의 글리코겐에는 수소 결합으로 결합된 물이 약 3 lb 동반된다. 따라서 글리코겐 1 lb가 고갈되면 체중은 약 4 lb(= 1 lb 글리코겐 + 3 lb 물) 줄지만 지방은 줄지 않으며, 탄수화물을 다시 섭취하면 체중은 금세 회복된다.

일상 에너지 소비가 2,400 kcal/day이면 이론적으로 '하루 전면 금식'으로 잃을 수 있는 지방의 최대치는 0.69 lb(= 2,400 ÷ 3,500)이다. 이는 신체가 오직 지방만 태운다고 가정한 값으로, 실제와는 다르다. 뇌는 포도당을 연료로 사용하므로 식이를 통해 공급되지 않으면 단백질에서 전환해 공급한다. 즉 탄수화물을 제한하는 식이는 지방과 함께 근육(단백질)도 잃게 한다. 그러나 감량 후 체중이 다시 늘 때(전체 다이어트의 약 90%에서 발생), 늘어나는 것은 주로 지방이다. 운동 없이 다이어트만 할 경우에 재증가한 체중은 대사적으로 활동적인 근육 대신 비활동성 지방으로 대체되며, 이후 시도할수록 감량은 더 어려워진다.

상업적 체중 감량 프로그램이 초과 체중을 줄이고 장기 유지에 효과적이라는 근거는 거의 없다. 프로그램에 대한 엄정한 연구는 드물고, 미국연방거래위원회(FTC)는 업체들이 그러한 연구 수행을 꺼린다고 밝힌 바 있다. 많은 속성 다이어트는 철·칼슘·포타슘 등 무기질이 결핍되어 있어, 이들 결핍은 근육으로 가는 신경 자극 전달을 방해해 운동 수행을 떨어뜨릴 수 있다. 극심한 제한에서는 생명 유지 장기로의 신경 자극 전달도 손상될 수 있으며, 심정지로 사망에 이를 위험도 있다.

체중 감량을 위한 운동

연구에서는 규칙적인 운동이 수명을 연장하고, 질병 빈도와 우울 증상을 줄이며, 이동 능력과 골·근력을 높인다고 일관되게 보여 준다. 수많은 이유가 있지만, 실제로 많은 사람이 운동을 시작하는 가장 큰 이유는 단순하다. 체중 감량을 원해서다.

운동을 시작하면서 섭취량을 늘리지 않으면 체중은 감소한다. 흔한 속설과 달리, 하루 1시간 이내의 운동은 식욕을 증가하지 않는다. 운동으로 인한 체중 감소는 주로 활동 중 대사율 증가에서 비롯되지만, 이 증가는 운동 후 수 시간 지속된다. 운동은 체력과 적정 체중을 모두 유지하게 한다. 반면 운동 없이 식이만으로 체중을 줄이면 감량된 체중의 약 65%는 지방, 약 11%는 단백질(근육 조직)이며, 나머지는 수분과 소량의 글리코겐이다.

예제 10.3 운동에 의한 체중 감소

체중 200 lb인 사람이 고강도 에어로빅을 할 때 약 11.2 kcal/min을 소모한다. 지방 조직 1.0 lb을 줄이려면 이 운동을 얼마나 오래 해야 하는가?

풀이

지방 조직 1.0 lb에는 약 3,500 kcal의 에너지가 저장되어 있다. 이를 11.2 kcal/min의 속도로 소모하려면 다음과 같다.

$$3500 \text{ kcal} \times \frac{1 \text{ min}}{11.2 \text{ kcal}} = 313 \text{ min}$$

즉 고강도 에어로빅을 하더라도 지방 1 lb을 태우려면 약 313분(약 5.2시간)이 필요하다.

› 복습문제 10.3A

1마일 걷기는 약 100 kcal를 소모한다. 지방 2.0 lb을 태우려면 대략 몇 마일을 걸어야 하는가?

› 복습문제 10.3B

중등도 활동자의 경우에 원하는 체중(파운드)에 15 kcal/lb를 곱해 하루 필요 열량을 추정할 수 있다. 체중 180 lb을 유지하려면 하루에 몇 kcal가 필요한가?

유행 다이어트

체중 감량용 식단은 균형 잡힌 영양이 부족한 경우가 많아 건강을 해칠 수 있다. 보다 극단적인 저탄수화물 식단에서는 케톤증을 의도적으로 유발하며, 우울감과 무기력 같은 부작용이 나타날 수 있다. 탄수화물이 부족한 식단의 초기에는 뇌가 요구하는 포도당을 공급하기 위해 체내 아미노산이 포도당으로 전환된다. 식단에 충분한 양의 단백질이 들어 있으면 체조직 단백질의 분해는 어느 정도 억제된다.

다만 단백질이 충분한 저탄수화물 식단이라도 신체에는 부담이 된다. 단백질 분해로 생기는 질소 화합물(암모니아와 요소)을 배출해야 하므로, 노폐물이 생성되는 간과 배설을 담당하는 신장에 부담이 커진다.

널리 퍼진 속설과 달리, 단식은 몸을 '정화'하지 않는다. 실제로는 그 반대가 일어난다. 지방 대사로의 전환은 케톤체(10.6절)를 생성하고, 단백질 분해는 암모니아·요소 등 노폐물을 만든다. 단식으로 체중을 줄일 수는 있지만, 그 과정은 의사의 면밀한 감독 하에 이루어져야 한다.

체중 감량의 가장 타당한 접근은 필수 영양소에 대한 DRI를 충족하는 균형 잡힌 저열량 식단을 준수하고, 합리적이고 지속적이며 개인화된 운동 프로그램을 병행하는 것이다. 이는 섭취를 줄이고 소비를 늘린다는 체중 감량의 원리를 적용한 것이다.

체중의 감소·증가는 에너지 보존 법칙(9.4절)에 따른다. 쓰는 열량보다 더 많이 섭취하면 그 초과분은 지방으로 저장된다. 반대로 활동에 필요한 것보다 적게 섭취하면 부족분을 보충하기 위해 저장 지방이 연소된다. 지방 조직 1파운드를 유지·공급하기 위해서는 그 세포를 담당하는 모세혈관이 약 200마일 필요하다. 따라서 과도한 지방은 심장에 추가적인 부담을 준다.

5 운동을 중단하면 그동안 발달시킨 근육이 지방으로 바뀌는가?

근육이 지방으로 변하지는 않는다. 다만 규칙적인 운동이 없으면 근육은 이완되고(탄력이 떨어지고) 질량이 감소한다.

자가평가문제

1. 일주일에 1.0 lb을 감량하려면 매일 섭취량보다 소모해야 하는 열량은 얼마인가?
   a. 100 kcal b. 300 kcal c. 500 kcal d. 1000 kcal

2. 다음 중 식욕 억제 작용을 하는 호르몬은 무엇인가?
   a. ADH b. 그렐린 c. 렙틴 d. PYY

3. 다음 중 혈당을 낮추는 호르몬은 다음 중 무엇인가?
   a. 콜레시스토키닌 b. 글루카곤
   c. 인슐린 d. 옥시토신

4. 신체가 음식을 섭취할 수 없는 시기에 사람의 체중 감소를 억제하는 것으로 보이는 것은 무엇인가?
   a. 콜레시스토키닌(CCK) b. 그렐린
   c. 렙틴 d. 옥시토신

5. 속성 다이어트에 대한 설명으로 옳은 것은 무엇인가?
   a. 체중을 줄이고 유지하는 데 좋은 방법이다.
   b. 빠른 체중 감소를 위해 글리코젠 고갈에 의존한다.
   c. 지방 세포 수가 감소한다.
   d. 지방 조직의 고갈을 초래한다.

정답: 1. c, 2. d, 3. c, 4. c, 5. b

10.8 체력과 근육

학습 목표
- 체력과 체지방률을 측정하는 몇 가지 방법을 설명한다.
- 유산소 운동과 무산소 운동을 구별하고, 각각에서 일어나는 화학 과정을 서술한다.
- 근육이 형성되고 작동하는 원리를 설명한다.

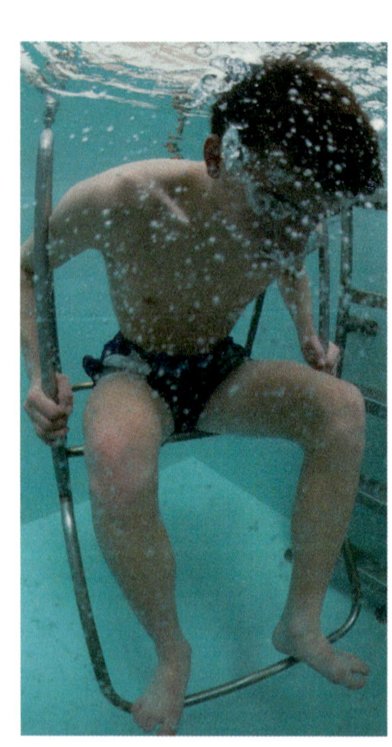

▲ **그림 10.12** 물에 잠기면 신체는 자기 부피만큼의 물을 치환한다. 공기 중에서 잰 체중과 수중에서 잰 체중의 차이는 치환된 물의 질량에 해당한다. 물의 밀도는 1.00 g/mL이므로, 치환된 물의 질량(그램)은 그 사람의 부피(밀리리터)와 같다.

Q 치환된 물이 48.5 kg일 때, 그 사람의 부피는 몇 리터인가?

체력을 측정하는 일은 대체로 체지방률을 측정하는 일과 비슷하다. 그렇다면 체지방은 어느 정도가 적정할까? 남성은 필수 체지방이 약 3% 필요하고, 여성은 평균 10~12%가 필요하다. 체지방률을 정확하게 측정하는 일은 쉽지 않으며, 체중만으로는 체력 수준을 판단할 수 없다. 예를 들어 키 큰 200 lb 남성은 체격이 작은 160 lb 남성보다 훨씬 더 건강할 수 있다. 피하지방 측정기를 쓰기도 하지만, 이 방법은 정확도가 낮고 지방뿐 아니라 수분 저류까지 함께 반영한다.

체지방을 추정하는 한 방법은 개인의 밀도를 측정하는 것이다. 질량은 저울로 측정하고, 부피는 그림 10.12와 같은 수중 체적 측정 탱크의 도움으로 구한다. 공기 중에서 잰 체중과 물속에 잠긴 상태에서의 체중 차이는 치환된 물의 질량에 해당한다. 이 질량을 물의 밀도(1.00 g/mL)로 나눈 뒤 폐에 남아 있는 공기량을 보정하면 개인의 부피에 대한 합리적 값을 얻을 수 있다. 질량을 부피로 나누면 개인의 밀도가 계산되며, 폐 공기량에 따라 결과가 다소 달라질 수 있다. 지방은 몸의 주성분인 물(1.00 g/mL)보다 밀도가 낮아 0.903 g/mL 정도이므로, 체지방 비율이 높을수록 전체 밀도는 낮아지고 물속에서의 부력은 커진다.

체지방률을 더 간단히 추정하는 방법은 허리와 엉덩이 둘레를 재는 것이다. 허리는 가장 좁은 지점에서, 엉덩이는 둘레가 가장 큰 지점에서 측정한다. 그런 다음 허리 둘레를 엉덩이 둘레로 나눈 값을 사용한다. 이 허리/엉덩이 비율은 남성의 경우 1 미만, 여성의 경우 0.8 이하가 바람직하다(두 측정에 같은 단위를 쓰면 단위는 서로 소거된다).

일부 최신 체중계는 생체전기 임피던스 분석(bioelectric impedance analysis)을 이용해 체지방 함량을 제시한다. 맨발로 체중계에 서면 미약한 전류가 몸을 통과하고, 지방은 근육보다 임피던스(변동 전류에 대한 저항)가 더 크다. 신체의 임피던스를 측정한 뒤 키와 체중을 반영해 체지방률을 계산한다. 그러나 골밀도, 체내 수분량, 지방의 분포 등 여러 변수가 수치에 영향을 미치므로 절대 정확도는 높지 않다. 그럼에도 이러한 체중계는 체지방 변화 추세를 모니터링하는 데에는 유용할 수 있다.

체질량 지수

체질량 지수(body mass index, BMI)는 일반적으로 사용되는 체지방의 지표로, 체중(킬로그램)을 키(미터)의 제곱으로 나눈 값으로 정의된다. 키가 1.6 m이고 몸무게가 62 kg인 사람의 BMI는 $62/(1.6)^2 = 24$이다. BMI가 18.5 미만이면 저체중이며, 18.5 이상 25 미만은 정상 범위이다. 25 이상 30 미만의 BMI는 과체중을, 30 이상은 비만을 나타낸다. 파운드와 인치 단위를 사용할 때의 식은 다음과 같다.

$$\text{BMI} = \frac{705 \times \text{체중(lb)}}{[\text{키(in.)}]^2}$$

다시 말해 키가 5 ft 10 in.(70 in.)이고 몸무게가 140 lb인 사람의 BMI는 다음과 같다.

$$\frac{705 \times 140}{70 \times 70} = 20$$

그러므로 이상적인 범위에 있다.

왜 중요할까?

중세 유럽 및 그 이후에도 범죄 혐의를 받은 사람들은 종종 일종의 신판으로 재판을 받았다. 물에 의한 신판에서 무고한 사람은 가라앉고, 유죄인 사람은 떠올랐다. 마녀로 의심된 이들은 손과 발을 묶어 물에 던졌고, 떠오른 사람은 건져 올려 말린 뒤 처형되었다. 그 시절에는 신체 밀도가 정말 중요했다.

예제 10.4 체질량 지수

키가 6 ft 3 in.이고 몸무게가 350 lb인 사람의 BMI는 얼마인가?

풀이

그 사람의 키는 $(6 \times 12) + 3 = 72 + 3 = 75$ in.이다.

$$\text{BMI} = \frac{705 \times 350}{75 \times 75} = 43.9$$

체질량 지수는 44이다.

› 복습문제 10.4A

키가 6.0 ft 이고 몸무게가 120 lb인 사람의 BMI는 얼마인가?

› 복습문제 10.4B

키가 5 ft 10 in.인 사람이 BMI가 25.0을 넘지 않도록 유지할 수 있는 최대 체중(파운드)은 얼마인가?

6 과체중과 비만은 어떻게 다른가?

인체가 정상적으로 기능하려면 최소한의 지방 저장이 필요하지만, 적정량을 초과하는 모든 지방은 건강하지 않은 것으로 간주된다. 체질량 지수(BMI)가 25 kg/m^{2}을 초과하면 과체중으로 간주되고, 30 kg/m^{2}을 초과하면 비만으로 정의된다. 과체중은 건강 위험을 증가시킬 수 있으나, 비만은 제2형 당뇨병, 심장병, 골관절염, 폐쇄성 수면 무호흡증, 특정 종류의 암 발생 가능성을 현저히 높인다.

V_{O_2} 최대섭취량: 체력의 지표

운동 강도를 높이면 산소 섭취량도 증가해야 한다. 예를 들어 더 빠르게 달릴수록 그 속도를 유지하기 위해 더 많은 산소가 필요하다. 그러나 신체는 운동 강도가 더 높아져도 소비하는 산소의 양을 더 이상 늘릴 수 없는 지점에 도달한다. V_{O_2} 최대섭취량(V_{O_2} max)은 한 사람이 1분 동안 사용할 수 있는 산소의 최대량(체중 1 kg당 산소의 밀리리터)이다.

따라서 V_{O_2} 최대섭취량은 체력의 지표이다. V_{O_2} 최대섭취량이 높을수록 운동선수의 체력이 더 뛰어나다. V_{O_2} 최대섭취량이 높은 사람은 그렇지 않은 사람보다 더 높은 강도로 운동할 수 있다. V_{O_2} 최대섭취량은 최대 심박수의 65~85%에 이르는 강도로 주 3~5회, 최소 20분씩 운동하면 증가할 수 있다. V_{O_2} 최대섭취량의 한계 요인에는 연료를 대사하는 데 산소를 사용하는 근육 세포의 능력, 산소를 근육으로 운반하는 심혈 관계와 폐의 능력이 포함된다.

V_{O_2} 최대섭취량을 직접 측정하려면 들숨과 날숨의 O_2를 측정하는 가스 분석기 등 고가의 장

왜 중요할까?

3종경기 선수나 울트라마라톤 선수와 같은 극한 지구력을 가진 운동선수는 DRI보다 약간 더 많은 단백질이 필요할 수 있다. 그러나 거의 모든 미국인은 필요량보다 약 50% 더 많은 단백질을 섭취하므로, 이러한 선수들조차 단백질 보충제가 필요한 경우는 드물다. 역도 선수와 보디빌더도 추가 단백질이 필요하지 않다.

비가 필요하다. $\%V_{O_2}$ 최대섭취량은 최대심박수의 백분율(%MHR)로부터 간접적으로 추정할 수 있는데, 여기서 MHR은 운동 중 1분 동안 심장이 낼 수 있는 최대 박동수를 뜻한다.

$$\text{MHR} = (0.64 \times \%V_{O_2}\,\text{max}) + 37$$

이 관계식은 연령과 활동 수준에 관계없이 남녀 모두에게 비교적 잘 들어맞는다. 예를 들어 80% MHR은 다음과 같다.

$$80 = (0.64 \times \%V_{O_2}\,\text{max}) + 37 \qquad \%V_{O_2}\,\text{max} = 67$$

MHR 값을 구하는 식과 체력 수준을 평가하는 표는 온라인에서 찾아볼 수 있다.

근육의 화학

인체에는 약 600개의 근육이 있다. 운동은 이러한 근육을 더 크고 더 유연하게 만들며, 산소 사용 효율을 높인다. 심장은 주로 근육으로 이루어진 기관이므로 운동은 심장을 강화한다. 규칙적으로 운동하면 안정 시 맥박과 혈압이 대체로 낮아진다. 규칙적으로 운동하는 사람은 더 적은 부담으로 더 많은 육체 활동을 수행할 수 있다. 운동은 하나의 예술이지만, 동시에 점점 더 과학이기도 하며, 그 과학에서 화학이 핵심적 역할을 한다.

근육 수축을 위한 에너지: ATP

세포가 포도당이나 지방산을 대사할 때, 이들 물질의 화학 에너지 중 일부만이 열로 전환된다. 에너지의 일부는 아데노신 삼인산(ATP) 분자의 고에너지 인산 결합에 저장된다.

아데노신 삼인산

근육이 자극을 받으면 수축한다. 이 수축은 일에 해당하며, 필요한 에너지는 근육이 ATP 분자로부터 얻는다. ATP에 저장된 에너지는 근육 조직의 물리적 운동을 구동한다. 이 과정에서 액틴과 미오신이라는 두 단백질이 중요한 역할을 하며, 이 둘은 함께 **액토미오신**이라 불리는 느슨한 복합체를 이루는데, 이는 근육을 구성하는 수축 단백질이다(그림 10.13).

실험실에서 ATP를 액토미오신에 첨가하면 단백질 섬유가 수축한다. 미오신은 ATP의 화학 에너지를 운동으로 전환한다. 미오신 분자는 액틴 필라멘트를 따라 '걸어가듯' 이동한다. 설탕 40 g 한 숟가락을 들어 올리기 위해서는 팔에서 약 2×10^{12}개의 미오신 분자가 일제히 작용해야 한다. 미오신은 근육의 구조적 복합체의 한 부분으로 기능할 뿐 아니라, ATP에서 인산기를 제거하는 반응을 촉매하는 효소로도 작용한다. 따라서 근수축에 필요한 에너지를 방출하는 과정에 직접 관여한다.

휴식 시에는 근육 활동(심장근 활동 포함)이 인체 에너지 요구량의 약 15~30%에 불과하다.

나머지 에너지 요구는 세포 복구, 신경 자극 전달, 체온 유지 등과 같은 다른 활동이 차지한다. 격렬한 신체 활동 중에는 근육의 에너지 요구가 휴식 수준의 200배를 넘을 수 있다.

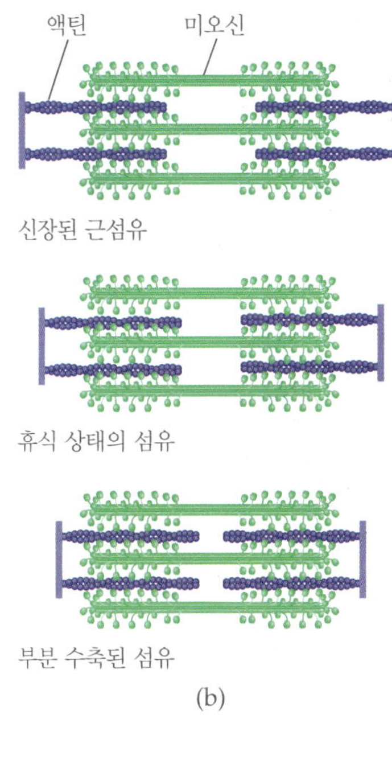

(a)

(b)

▲ **그림 10.13** (a) 골격근 조직은 띠 모양, 즉 횡문성 모습을 띠며, 이는 180배 배율의 현미경 사진에서와 같이 관찰된다. (b) 근육의 액토미오신 복합체 도식은 위에서부터 차례로 신장된 근섬유(위), 휴식 상태의 섬유(가운데), 부분 수축된 섬유(아래)를 보여준다.

유산소 운동: 충분한 산소

근육 조직 내 ATP만으로는 길어야 수초 동안의 활동만을 감당할 수 있다. 다행히 근육에는 저장된 포도당의 한 형태인 글리코젠이라는 큰 에너지 공급원이 있다.

근수축이 시작되면 근세포는 일련의 단계를 거쳐 글리코젠을 피루브산으로 전환한다.

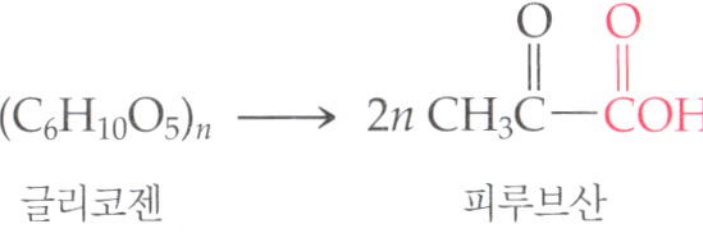
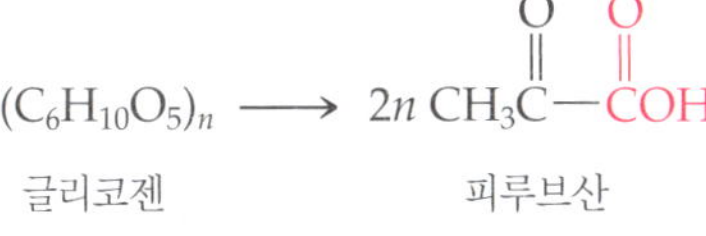

$$(C_6H_{10}O_5)_n \longrightarrow 2n\ CH_3C(=O){-}C(=O)OH$$

글리코젠 피루브산

그다음 충분한 산소가 원활히 공급되면 피루브산은 또 다른 일련의 단계를 거쳐 이산화 탄소와 물로 산화된다. 생물학적 계에서 산은 세포액의 pH에서 대체로 이온화되어 있으므로, 생화학자들은 보통 그 음이온 이름으로 지칭한다. 예를 들어 젖산은 젖산염으로, 피루브산은 피루브산염으로 부른다.

$$2\,CH_3C(=O){-}C(=O)OH + 5\,O_2 \longrightarrow 6\,CO_2 + 4\,H_2O$$

이러한 조건, 즉 산소가 존재하는 상태에서 일어나는 근육 수축을 **유산소 운동**(aerobic exercise)이라 한다(그림 10.14).

▲ **그림 10.14** 유산소 운동은 근육 세포에 피루브산을 이산화 탄소와 물로 산화시킬 만큼 충분한 산소가 공급되도록 하는 속도로 수행된다. 에어로빅은 인기 있는 유산소 운동의 한 형태이다.

무산소 운동과 산소 부채

충분한 산소가 공급되지 않으면 피루브산은 젖산으로 환원된다.

$$CH_3COCOOH + [2\,H] \longrightarrow CH_3CHOHCOOH$$

여기서 [2 H]는 여러 생화학적 환원제로부터 전달되는 수소 이온(H^+)을 나타낸다.

무산소 운동(anaerobic exercise, 산소가 부족한 상태에서의 근육 활동)이 지속되면 근육 세포에 과도한 젖산이 축적된다. 이 젖산은 이온화되어 젖산염과 하이드로늄 이온을 형성한다.

$$CH_3CHOHCOOH + H_2O \longrightarrow CH_3CHOHCOO^- + H_3O^+$$

근육 피로는 젖산염 농도와 상관이 있지만, 실제로 피로의 원인은 칼슘 이온 흐름과 관련이 있음이 밝혀졌다. 일반적으로 근육 수축은 Ca^{2+} 이온의 유입과 유출에 의해 조절된다. 근육이 피로해지면 근육 세포의 미세한 통로에서 Ca^{2+}가 누출되기 시작하여 수축이 약해진다. 동시에 누출된 Ca^{2+} 이온은 근육 섬유를 분해하는 효소를 자극하여 근육 피로를 더욱 가중시킨다. 피로 시에 인산크레아틴(크레아틴의 인산화 형태, 10.1절), ATP, Na^+, K^+, $H_2PO_4^-$ 같은 이온을 포함한 여러 근육 대사 산물의 농도도 변하며, 이러한 변화 역시 근육 피로에 기여할 수 있다.

$$H_2O_3PNH{-}C(=NH){-}N(CH_3){-}CH_2COOH$$

인산크레아틴

▲ **그림 10.15** 경주가 끝난 뒤에도 그 노력을 뒷받침했던 물질대사는 계속된다. 선수는 산소 부채를 상환하기 위해 공기를 급히 들이마신다.

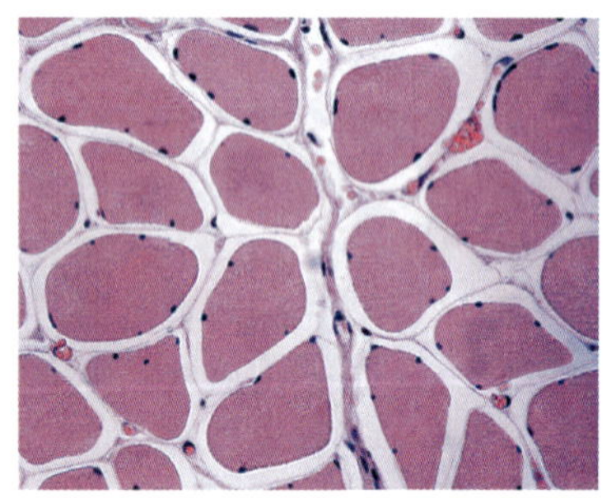

▲ **그림 10.16** 지근 섬유는 속근 섬유보다 미토콘드리아(길쭉한 보라색 점)가 더 많다.

잘 훈련된 운동선수는 근육 피로가 시작된 뒤에도 한동안 계속할 수 있지만, 대부분의 사람들은 중단한다. 이 시점에서 산소 부채의 상환이 시작된다(그림 10.15). 운동이 끝나면 세포의 산소 요구량이 감소하여, 혐기성 대사로 생성된 젖산을 다시 피루브산으로 산화시키는 데 더 많은 산소를 사용할 수 있게 된다. 이어서 피루브산은 이산화 탄소와 물로 전환되며, 그 과정에서 에너지가 방출된다.

대부분의 운동선수는 한 가지 운동 유형(무산소 또는 유산소)을 다른 것보다 더 강조한다. 예를 들어 60 m 단거리 경기를 준비하는 선수는 주로 무산소 운동을 하고, 10 km 경주를 계획하는 선수는 주로 유산소 운동을 한다. 스프린트와 역도는 대체로 무산소 활동이고, 마라톤(42.195 km)은 대체로 유산소 활동이다. 마라톤 동안 선수는 2시간이 넘도록 달릴 수 있는 페이스를 설정해야 한다. 그들의 근육 세포는 탄수화물을 에너지로 바꾸는 느리고 꾸준한 유산소 전환에 의존한다. 반면 무산소 활동 동안 근육 세포는 산소를 거의 사용하지 않는다. 대신 무산소 대사가 제공하는 빠른 에너지에 의존한다.

글리코젠 저장고가 고갈되면 근육 세포는 지방 대사로 전환할 수 있다. 지방은 마라톤의 마지막 구간과 같은 저강도 또는 중간 강도의 지속적인 활동을 위한 주요 에너지원이다.

근육 섬유: 어떤 연축형을 가지고 있는가

근육은 우리가 일을 수행하는 도구이다. 기계의 품질이 작업 방식에 영향을 미치듯이 운동선수가 가진 근육 섬유의 질과 유형은 그 선수의 경기력에 영향을 준다. 예를 들어 진입로의 눈을 치우는 데는 여러 방법이 있다. 제설기로 10분 만에 할 수도 있고, 삽질로 50분을 들일 수도 있다. 근육은 이러한 일을 해내는 데 필요한 속도와 노력에 따라 분류된다. 근육 섬유는 두 부류로 나뉘는데, 더 강하고 크며 무산소 활동에 더 적합한 **속근 섬유**(fast-twitch fiber, 빠른 연축 섬유)와 유산소 작업에 더 적합한 **지근 섬유**(slow-twitch fiber, 느린 연축 섬유)이다(그림 10.16). 표 10.8에는 이 두 유형의 근육 섬유의 몇 가지 특성이 나와 있다.

I형(지근) 섬유는 가벼운 또는 중간 강도의 활동에서 동원된다. 이 섬유는 호흡 능력이 높아 유산소 경로를 통해 많은 양의 에너지를 공급할 수 있다. 미오글로빈 수준도 높다. 미오글로빈은 근육에 있는 붉은색의 헴 함유 단백질로 산소를 저장한다(혈액에서 헤모글로빈이 산소를 저장하고 운반하는 방식과 유사하다). 유산소 산화에는 산소가 필요하므로, 지근 섬유가 풍부한 근육 조직에는 높은 수준의 산소가 공급된다.

I형 근육 섬유는 글리코젠을 사용하는 능력이 낮아 혐기성 에너지 생성에 적합하지 않다. 이들의 작용에는 글리코젠의 가수분해가 필요하지 않다. 액토미오신 복합체의 촉매 활성도 낮다. 액토미오신은 수축을 일으키는 근육의 구조 단위일 뿐 아니라, 수축에 필요한 에너지를 제공하기 위해 ATP의 가수분해를 촉매하는 역할도 한다. 촉매 활성이 낮다는 것은 에너지가 더

표 10.8 두 가지 유형의 근육 섬유 비교

특성	I형	IIB형[a]
분류	지근(느린 수축)	속근(빠른 수축)
색	붉은색	하얀색
호흡 능력	높음	낮음
미오글로빈 수준	높음	낮음
액토미오신의 촉매 활성	낮음	높음
글리코젠 사용 능력	낮음	높음

[a] IIA형 섬유도 있는데(여기서는 다루지 않음), 몇몇 면에서는 I형과 다른 몇몇 면에서는 IIB형과 유사하다.

느리게 배분된다는 뜻이다. 에너지 방출이 느린 것은 200 kg을 들어 올리고자 할 때는 불리하지만, 15 km 달리기에는 유리하다.

IIB형(속근) 섬유는 I형 섬유와 반대되는 특성을 지닌다. 낮은 호흡 능력과 낮은 미오글로빈 수준은 유산소 산화에 유리하지 않다. 글리코젠 사용 능력이 높고 액토미오신의 촉매 활성이 높기 때문에, 속근 섬유가 풍부한 조직은 격렬한 근육 활동 동안 ATP를 빠르게 생성하고 또 그 ATP를 빠르게 가수분해할 수 있다. 따라서 이 유형의 근육 조직은 짧고 강한 작업을 수행할 능력이 있지만 비교적 빨리 피로해진다. 짧은 활동 사이에는 근육에서 젖산이 제거되는 회복 기간이 필요하다.

▲ **그림 10.17** 보스턴 마라톤은 매년 약 3만 명의 주자를 끌어모은다.

Q 엘리트 주자의 주요 근섬유 유형은 무엇인가? 이들의 근육은 유산소 능력이 높은가, 낮은가?

근육 만들기

지구력 운동은 골격근의 미오글로빈 함량을 증가한다. 미오글로빈이 늘어나면 산소 운반이 더 빨라지고 호흡 능력이 향상되며(그림 10.17), 이러한 변화는 보통 2주 이내에 뚜렷해진다. 지구력 훈련이 반드시 근육의 크기를 증가하는 것은 아니다.

더 큰 근육을 원한다면 웨이트 트레이닝을 해보자. 웨이트 트레이닝(그림 10.18)은 속근(빠른 근섬유)을 발달시킨다. 이 섬유는 무산소 운동을 반복하면 크기와 근력이 증가한다. 웨이트 트레이닝은 호흡 능력을 높이지는 않는다.

일부 보디빌더는 근육량을 늘리기 위해 보충제를 사용한다. 크레아틴은 간과 신장에서 자연적으로 생성되는 유기산이다(10.1절). 따라서 필수 영양소는 아니다. 크레아틴은 육류 섭취를 통해서도 얻을 수 있다. 단백질이 포함된 정상적인 식단만으로도 충분한 양의 크레아틴을 공급할 수 있다. 다만 운동선수나 보디빌더는 근육량을 늘리기 위해 고단백 식단으로 바꾸기도 한다. 근육량 증가를 목적으로 크레아틴을 보충제로 사용할 때에는 고단백 식단만으로 얻을 수 있는 양의 2~3배 수준으로 제공되는 경우가 흔하다.

근육 섬유 유형은 유전되는 것으로 보인다. 연구에 따르면 세계적 수준의 마라톤 선수들은 지근 섬유를 80~90%나 보유할 수 있는 반면에 챔피언급 단거리 선수들은 속근 섬유가 최대 70%에 이를 수 있다. 다만 예외도 보고되었으며, 운동에서 훈련과 체성분 같은 요소뿐 아니라 영양, 체액 및 전해질 균형, 약물의 사용 또는 오용 여부도 중요한 요인이다.

▲ **그림 10.18** 역도는 많은 체육관과 체력 센터에서 인기 있는 활동이다.

Q 엘리트 역도 선수에게 우세한 근육 유형은 무엇인가? 이들의 근육은 유산소 능력이 높은가, 낮은가?

자가평가문제

1. 체질량 지수(BMI)는 어떻게 계산하는가?
  a. 체지방 백분율 × 허리 둘레(in.)
  b. (키 ÷ 몸무게) × 100
  c. 705 × 체중(lb) ÷ [신장(in.)]
  d. 체중(kg) ÷ [신장(m)]^2

2. 운동 1분 동안 사용되는 최대 산소량은 무엇인가?
  a. 유산소 역치 **b.** 젖산 역치
  c. 산소 부채 **d.** V_{O_2} 최대섭취량

3. 세포가 ATP 분자에 에너지를 공급하기 위해 사용하는 분자는 무엇인가?
  a. 아미노산 **b.** 액토마이신
  c. 글리코젠 **d.** 포도당

4. 유산소 운동을 하는 동안 피루브산은 무엇으로 전환되는가?
  a. CO_2와 H_2O **b.** 글리코젠
  c. 젖산 **d.** 인산크레아틴

5. 무산소 운동을 하는 동안 피루브산은 무엇으로 전환되는가?
  a. CO_2와 H_2O **b.** 글리코젠
  c. 젖산 **d.** 인산크레아틴

6. 운동 중 생성되어 산소 부채를 유발하는 것은 무엇인가?
  a. ATP **b.** 글리코젠 **c.** 젖산 **d.** 피루브산

7. 지근 섬유(느린 수축 섬유)가 붉게 보이는 이유는 무엇의 존재 때문인가?
  a. 액토미오신 **b.** 크레아틴 **c.** 미오글로빈 **d.** 피루브산

정답: 1. d, 2. d, 3. d, 4. a, 5. c, 6. c, 7. c

녹색 화학 식품 폐기물의 미래: 녹색 화학적 관점

Katie Privett, Green Chemistry Centre of Excellence, York, United Kingdom

원칙 3, 6, 7

학습 목표
- 식품 공급망 폐기물을 화학 산업의 자원으로 사용할 수 있는 방법을 설명한다.
- 화학 물질, 소재, 연료의 원천으로서 화석연료 대신 식품 공급망 폐기물을 사용할 때의 장점을 파악한다.

유엔 식량농업기구(FAO)의 한 연구에 따르면 전 세계적으로 매년 13억 메트릭 톤(t)의 식품 폐기물이 발생한다(t = 1000 kg). 이는 우리가 재배하는 모든 식품의 3분의 1에 해당한다. 이 폐기물의 상당 부분은 식품이 매대에 오르기 전에 저장과 가공을 개선하고, 소비자에게 사용 후 폐기물을 최소화하도록 더 잘 교육함으로써 줄일 수 있다. 그러나 공급망 내에서 발생하는 일부 식품 폐기물은 단순히 피할 수 없다. 농장의 볏짚, 해산물 껍데기, 감귤류 껍질은 애초에 사람이 섭취하도록 의도되지 않은 부산물들이다.

▲ 간단한 음식물 쓰레기통을 사용하는 모습

대부분의 경우에 이러한 식품 공급망 폐기물(FSCW)은 현재 매립지에 쌓이며, 그곳에서 분해되면서 토양의 질에 영향을 미치고, 지역 상수원을 오염시키며, 강력한 온실 가스인 메탄을 방출한다. 처리 비용이 상승하고 매립지에 대한 사회적 수용성이 낮아지는 상황에서 이 폐기물을 다룰 새로운 방법을 찾아야 한다.

이 지점에서 녹색 화학이 등장한다. 녹색 화학 원칙 7은 자원이 기술적·경제적으로 실행가능할 때에는 재생가능해야 한다고 규정한다. FSCW는 경제성이 있는 재생가능 물질의 훌륭한 사례로, 폐기물로 처리하면서 매립세와 수수료를 지불하기보다는 화학 공정의 저렴한 원료로 사용할 수 있다. FSCW에서 가치를 얻는 비교적 단순한 접근은 이를 연료로 전환하는 것이다. 혐기성 소화는 혼합 바이오매스 폐기물을 미생물 공정을 통해 연료와 비료로 바꾸는 기술이다. 이 두 제품은 모두 화석연료에서 유래한 대체재를 대체할 수 있다. 다만 이들은 상대적으로 부가가치가 낮은 제품이어서, 이미 잘 발달한 화석연료 산업이 제시하는 가격과 경쟁하려면 공정 효율이 매우 높아야 한다.

대규모 농장에서의 농업 폐기물, 착즙 공장의 감귤 껍질, 양조장의 사용 후 곡물과 같이 특정 유형의 공급망 폐기물이 한곳에 집중될 때는 이를 대규모로 수집·처리하는 것이 기술적으로 실행가능해진다. 이렇게 집중된 폐기물에는 산업적으로 활용가능한 고부가가치 화합물이 다수 들어 있으며, 이를 경제적으로 추출할 수 있다.

공급망 폐기물 활용의 수혜 산업 중에 한 예는 오렌지 주스이다. 착즙 과정에서 오렌지의 절반이 주로 껍질 형태로 폐기된다. 매년 4,500만 톤이 넘는 오렌지가 주스로 가공되므로, 2,200만 톤의 껍질이 폐기물이 된다. 통상적인 처리 방식은 일부 성분이 필수 토양 미생물에 독성이 있기 때문에 껍질을 지하 깊숙이 묻는 것이다. 그러나 감귤 껍질에는 세제와 퍼스널 케어 제품에 쓰이는 향기 성분인 리모넨, 잼 등 식품의 증점제로 쓰이는 펙틴을 비롯해 유용한 화학 물질이 매우 다양하게 들어 있다. 이 성분들은 자연이 시간과 에너지를 들여 만든 복잡한 화학 물질이다. 이를 탄화수소 혼합물로 분해한 뒤 합성 유기 기술로 유사 화합물을 다시 만드는 것은 낭비다. 대신에 순하고 선택적인 추출 기법을 사용하면 이러한 화학 물질을 껍질에서 직접 추출할 수 있다.

혁신적인 녹색 화학은 또한 FSCW로부터 보다 안전한 소비재용 바이오 기반 소재를 만드는 데 활용될 수 있다. 화학자들은 농업 공정에서 나오는 폐 짚을 이용해 가구용 전통 목재칩 보드(파티클보드)를 대체할 수 있는 바이오보드를 만들었다. 이 보드에서 목재는 짚으로 대체되고, 재료를 결합하는 바인더는 폐 바이오매스 재로부터 만든다. 이러한 규산염계 바인더는 널리 쓰이는 독성 화학 바인더를 대체하며, 바이오보드를 탄소중립적이고 무독성으로 만든다.

FSCW를 화학 공정의 원료로 사용함으로써 우리는 화석 기반 자원의 사용을 피하고, 화학적 처리 단계를 최소화하며, 오염을 줄일 수 있다. 폐기물을 자원으로 여기는 바이오 기반 경제로 가는 열쇠가 바로 녹색 화학이다.

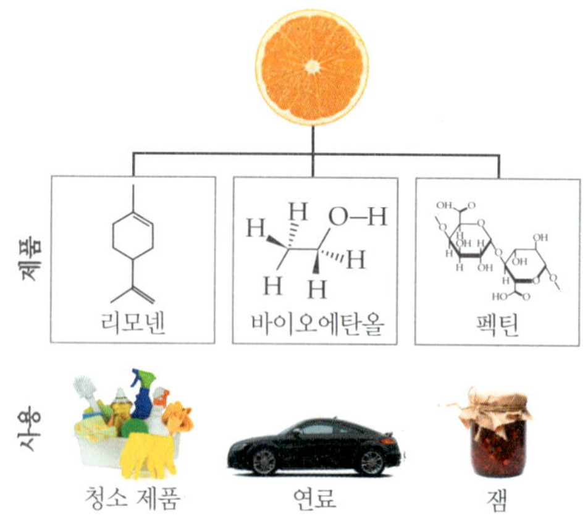

▲ 오렌지 껍질에서 얻을 수 있는 가치 있는 화학 물질

요약

10.1절: 건강과 체력을 유지하려면 영양가 있는 식단과 규칙적인 운동이 필요하다. 오늘날의 식이 지침은 영양 밀도가 높은 식품과 균형 잡힌 식사 계획을 강조한다. 균형 잡힌 식단은 과일, 채소, 통곡물, 유제품을 알맞은 비율로 섭취하는 것으로 이루어진다. 총 지방 섭취는 섭취 열량의 35%를 넘지 말아야 하며, 포화 지방(주로 동물성)은 10% 미만이어야 한다. 운동선수는 대체로 더 많은 열량이 필요하며, 그 대부분은 탄수화물, 특히 전분에서 공급되어야 한다. 근육 조직은 여분의 단백질이 아니라 운동으로 만들어진다. 단백질 및 기타 영양소에 관한 식이 기준 섭취량(DRI)은 식단의 계획과 평가를 위해 미국국립과학아카데미가 제정한다.

10.2절: 식이 무기질은 생명에 필수적인 무기 물질이다. 대량 구조 원소에는 탄소, 수소, 산소가 포함된다. 다량 무기질에는 소듐, 포타슘, 칼슘이 있다. 또한 철과 같은 미량 원소, 망간·크롬·바나듐과 같은 초미량 원소도 필요하다. 무기질은 다양한 기능을 수행한다. 예를 들어 아이오딘은 갑상샘에 필요하고, 철은 헤모글로빈의 구성 성분이며, 칼슘과 인은 뼈와 치아에 필수적이다.

10.3절: 체내에서 만들지 못하는 유기 물질(비타민)은 반드시 식사로 공급해야 한다. **비타민**은 특정 질병을 예방하는 데 필요한 유기 화합물이다. 비타민 B군과 비타민 C는 수용성으로 자주 필요하지만, 비타민 A·D·E·K는 모두 지용성으로 체내에 저장될 수 있다. 비타민 A는 시력과 피부 유지에 필수적이다. B군에는 여러 종류가 있으며, B_3와 B_6는 관절염 환자에게 도움이 될 수 있다. B_{12}는 식물에 존재하지 않으며, 부족하면 빈혈을 유발할 수 있다. 비타민 C는 괴혈병을 예방하고 치유를 촉진하며 면역계에 필요하고, 항산화제이기도 하다. 비타민 D는 칼슘과 인의 흡수를 촉진한다. 비타민 E는 항산화제이자 항응고제이며, 결핍 시 근이영양증으로 이어질 수 있다.

10.4절: 식이섬유는 수용성(검·펙틴)과 불용성(셀룰로스)으로 구분되며, 변비같은 소화 문제를 예방한다. **전해질**은 수용액에서 전기를 전도하는 물질이다. 인체의 주요 전해질은 소듐·포타슘·염화물·칼슘·마그네슘 이온과 황산염·인산수소염·중탄산 이온 등이다. 물은 필수 영양소다.

10.5절: 식품 첨가물은 영양 보강, 부패 억제, 색과 맛의 향상, 질감 제공 등 다양한 목적을 위해 기본 식품 이외에 식품에 첨가되는 물질이다. 첨가물은 수천 종에 달한다. FDA는 어떤 첨가물을 얼마나 사용할 수 있는지 규제한다. 일반적으로 안전하다고 인정된 첨가물 목록은 **GRAS 목록**이며, 주기적으로 재평가된다.

향신료와 허브는 식물에서 얻으며, 음식의 흥미·향기·풍미를 높인다. 합성 향료(예: 바닐라)는 원래 식물과 주요 분자가 같지만 가격이 더 저렴하다. 설탕 섭취를 줄이기 위해 다양한 인공 감미료가 개발되었지만, 비만 조절에 도움이 되지는 않는 것으로 보인다. 글리세롤은 단맛을 내지만 주로 **보습제**(가습제)로 사용된다. 소금과 MSG는 풍미 증강제이다.

영양강화는 가공 중 제거된 비타민 B군을 보충하고 밀가루에 철을 첨가하는 것을 말한다. 비타민 C는 여러 음료에, 비타민 D는 우유에 첨가된다. 프로피온산염·소르빈산염·벤조산염·아질산염은 부패와 세균 증식을 억제한다. 지방은 짝지어지지 않은 전자를 지닌 **자유 라디칼**의 형성으로 산패할 수 있다. 자유 라디칼 한 분자가 **연쇄 반응**을 일으켜 많은 지방 분자의 분해로 이어질 수 있다. BHT와 BHA는 자유 라디칼과 반응하여 산패를 막는 **항산화제**다.

β-카로틴 같은 천연 식용 색소와 합성 식용 색소는 식품의 외관을 개선한다. 식품에 사용을 승인받은 인공 색소는 7종이지만, 이 중에 6종만 식품에서 흔히 발견된다.

10.6절: 기아(굶주림)는 음식 박탈로 인해 대사 변화를 일으키는 상태다. 인체는 먼저 글리코젠을 고갈시키고, 이어서 지방과 근육 조직을 대사한다. 영양실조는 굶주림, 다이어트, 고도로 가공된 음식을 너무 많이 먹는 경우에도 발생할 수 있다.

10.7절: 극단적 다이어트는 장기적으로 성공할 가능성이 낮고, 감량한 체중은 대개 다시 늘어난다. 지방 조직 1파운드에는 약 3,500 kcal의 에너지가 저장되어 있다. 체내에서 생성되는 여러 화학 물질이 체중 조절 인자로 작용한다. 급속 감량 다이어트에는 소변 배출을 늘려 일시적 체중 감소를 일으키는 **이뇨제**가 포함되는 경우가 많다. 저탄수화물 식단은 글리코젠과 수분을 고갈시켜 빠른 체중 감소를 유발한다.

운동은 체중 감량에 도움이 되는데, 운동이 끝난 뒤에도 대사율 증가가 지속되기 때문이다. 가장 합리적인 체중 감량 방법은 저칼로리의 균형 잡힌 식단과 일관된 운동 프로그램을 병행하는 것이다.

10.8절: 남성의 신체에는 약 3%, 여성의 신체에는 10~12%의 체지방이 필요하다. 체지방률은 여러 방법으로 추정할 수 있으며, 그중 밀도 측정이 가장 정확한 편이다. **체질량 지수(BMI)**는 체지방 정도를 나타내며, V_{O_2} 최대섭취량은 체력의 지표다.

운동은 근육을 더 크고 유연하며 효율적으로 만든다. 근육 활동에 필요한 에너지는 ATP에서 나온다. 액토미오신이라 불리는 단백질 복합체는 ATP가 더해져 수축한다. ATP는 수초 동안만 에너지를 제공하고, 이후에는 글리코젠이 대사된다. 산소가 충분한 조건, 즉 **유산소 운동**에서는 CO_2와 H_2O가 생성된다. 산소가 부족한 조건, 즉 **무산소 운동**에서는 젖산이 생성되며 근육 피로가 발생한다. 운동이 끝나면 **산소 부채**가 상환되고, 세포의 산소 요구량이 감소하여 젖산을 CO_2와 H_2O로 산화시킬 수 있다. 근육 섬유는 두 부류로 나뉜다. **속근 섬유**(빠른 수축 섬유)은 더 크고 강하며 짧고 격렬한 운동에 적합하고, **지근 섬유**(느린 수축 섬유)은 오랜시간의 꾸준한 운동에 맞춰져 있다. 웨이트 트레이닝은 속근을 발달시키지만 호흡 능력을 높이진 않는다. 장거리 달리기는 지근을 발달시키고 호흡 능력을 향상시킨다.

녹색 화학: 식품 공급망 폐기물(FSCW)은 가치 있는 화학 물질, 재료, 연료의 재생가능한 공급원으로 활용될 수 있다. 음식물 쓰레기를 매립·소각 같은 오염 유발 종착지에서 전환하면 환경 영향을 줄일 수 있다. 더 중요한 것은 FSCW로부터 더 높은 부가가치 제품을 만드는 경제적·기술적으로 실현가능한 녹색 화학 경로가 개발되고 있다는 점이다. 따라서 음식물 쓰레기로 만든 바이오 기반 소재는 화석연료 유래 대체재를 대신할 수 있으며, 바이오 기반 경제로의 전환을 촉진한다.

학습 목표	관련 문제
• 미국 식단에서 권장하는 칼로리의 출처와 비율을 나열한다. (10.1)	6, 8, 9, 13, 14, 16~18, 59, 62, 65, 68, 74
• 운동선수의 특별한 식이 요구를 설명한다. (10.1)	3, 15
• 대량 식이 무기질을 식별하고 그 기능을 설명한다. (10.2)	19~22
• 비타민의 종류를 구분하고 그 기능을 설명한다. (10.3)	1, 5, 23~28, 61, 75
• 식이섬유, 전해질, 물의 건강 유지에서의 역할을 식별을 설명한다. (10.4)	29~32, 37
• 다양한 맛과 향에 대한 욕구 그리고 설탕 대체감미료 탐색이 역사에 미친 영향을 설명한다. (10.5)	4, 11, 34, 36, 69
• 식품 속 유익한 첨가물과 논란의 여지가 있는 첨가물을 구분한다. (10.5)	10, 33, 35, 38, 61
• 기아, 단식, 영양실조가 인체에 미치는 영향을 설명한다. (10.6)	2, 39~42
• 식이와 운동을 통해 체중이 감량되는 원리를 설명한다. (10.7)	12, 43~46, 60, 66, 72
• 열량 감소와 운동에 따른 체중 감소를 계산한다. (10.7)	47~50
• 체력과 체지방률을 측정하는 몇 가지 방법을 설명한다. (10.8)	7, 51, 63, 67
• 유산소 운동과 무산소 운동을 구별하고, 각각에서 일어나는 화학 과정을 설명한다. (10.8)	52~58, 64, 73, 76
• 근육이 형성되고 작동하는 원리를 설명한다. (10.8)	70, 71
• 식품 공급망 폐기물을 화학 산업의 자원으로 사용할 수 있는 방법을 설명한다.	77, 78
• 화학 물질, 소재, 연료의 원천으로서 화석연료 대신 식품 공급망 폐기물을 사용할 때의 장점을 파악한다.	79

개념문제

1. 수용성 비타민 과잉과 지용성 비타민 과잉 중 어느 쪽이 더 위험한가? 그 이유는 무엇인가?
2. 기아란 무엇인가?
3. 운동선수의 영양 요구는 좌식 생활자와 어떻게 다른가? 이러한 추가 요구는 어떤 방식으로 충족하는 것이 가장 좋은가?
4. 인공 감미료 세 가지를 쓰라. 그중 현재 미국에서 사용 승인을 받은 것이 있는가?
5. 항산화제로 작용하는 지용성 비타민은 무엇인가? 항산화제로 작용하는 수용성 비타민은 무엇인가?
6. 일일 식이 지침(그림 10.1)은 왜 모든 사람에게 동일하지 않은가?
7. 체지방률을 구하는 두 가지 방법을 나열하라. 각 방법의 한계를 한 가지씩 설명하라.
8. 포화 지방의 주된 식이 공급원은 어떤 종류의 식품인가?
9. 고지방 식단으로 인해 발생할 수 있는 문제를 몇 가지 나열하라.
10. 식품 첨가물의 기능을 다섯 가지 나열하라.
11. 식품 첨가물의 사용을 규제하는 미국 정부기관은 무엇인가? 기업이 새로운 식품 첨가물을 사용하려면 무엇을 해야 하는가?
12. 1주일 만에 5파운드를 감량하려면 어떻게 해야 하는가? 그 방법은 체중을 줄이고 유지하는 데 유용한가?

연습문제

칼로리: 질과 양

13. 식이 단백질은 원소 조성에서 식이 탄수화물과 지방과 어떻게 다른가?
14. 탄수화물과 지방의 그램당 평균 에너지 수율은 얼마인가?
    a. 각각 4 kcal　　b. 각각 9 kcal
    c. 각각 4 kcal와 9 kcal　　d. 각각 9 kcal와 4 kcal
15. 운동선수에게 공통적으로 필요한 식이 요구는 무엇인가? 운동선수의 요구가 일반적인 식단과 어떻게 다른지 설명하라.
16. 옥수수에는 어떤 필수 아미노산이 부족할 가능성이 큰가? 콩은 어떠한가?
17. '적절한 단백질'이란 무엇인가? 그런 단백질을 함유한 식품을 몇 가지 쓰라.
18. 일일 열량 섭취의 권장 범위에 따르면 총 열량의 45~65%를 어떤 영양소에서 섭취해야 하는가?
    a. 탄수화물　　b. 지방　　c. 섬유소　　d. 단백질

무기질

19. 다음 각 생물학적 기능과 일치하는 무기질 이온을 쓰라.
a. 갑상샘(대사 조절)
b. 혈액에서의 산소 운반
c. 뼈와 치아; 심장 박동의 리듬
d. 세포 내 수분 조절

20. Ca, Cl, Co, Mo, Na, P, Zn 중에서 인체에 비교적 많은 양으로 존재할 가능성이 큰 것은 무엇인가? 그 이유를 설명하라.

21. 다음 중 어떤 무기질이 결핍되면 빈혈이 발생하는가?
a. 칼슘 b. 구리 c. 철 d. 인

22. 다음 중 어떤 물질을 과도하게 섭취하면 고혈압을 일으킬 수 있는가?
a. 칼슘 b. 아이오딘 c. 철 d. 소금

비타민

23. 비타민 D의 이점은 무엇인가? 매일 비타민 D를 '메가도스'로 복용하는 것은 바람직한가?

24. 비타민 A 섭취를 보충하는 가장 안전한 방법은 무엇인가?

25. 칼시페롤, 리보플라빈, 레티놀, 시아노코발라민 중 어느 것이 일상적으로 필요할 가능성이 큰가? 그 이유를 설명하라.

26. 비타민 C와 E는 항산화제이다. 이것은 무엇을 의미하는가?

27. 다음 각 화합물에 해당하는 비타민 명칭과 짝지어라.

화합물	명칭
아스코르브산	비타민 A
칼시페롤	비타민 B_{12}
시아노코발라민	비타민 C
레티놀	비타민 D
도코페롤	비타민 E

28. 괴혈병은 무엇이며, 이를 예방하는 비타민은 무엇인가?

섬유질, 전해질, 물

29. 이뇨제란 무엇인가? 항이뇨호르몬(ADH)의 기능을 설명하라.

30. 소변의 양상은 탈수와 어떤 관련이 있는가?

31. 열탈진이 발생하려면 체액량의 몇 퍼센트가 손실되어야 하는가?
a. 3% b. 5% c. 7% d. 10%

32. 변비를 예방하는 데 도움이 되는 것은 무엇인가?
a. 탄수화물 b. 전해질 c. 섬유질 d. 단백질

식품 첨가물

33. BHA와 BHT는 포장 식품의 품질을 어떤 방식으로 보존하는가?
a. 방사선을 이용해 식품을 살균한다.
b. 병원성 세균을 죽인다.
c. 식품이 갈변하는 것을 막는다.
d. 자유 라디칼을 소거하여 지방이 산패되는 것을 막는다.

34. 대체물 중 염소가 포함된 것은 무엇인가?
a. 아스파탐 b. 사이클라메이트
c. 스테비아 d. 수크랄로스

35. 다음 각 식품 첨가물의 용도는 무엇인가?
a. BHA b. FD&C Blue No. 2
c. 사카린

36. 다음 중 풍미 증강제는 무엇인가?
a. 아이오딘 b. MSG
c. 사카린 d. 수크랄로스

37. 커피, 차, 콜라 음료에는 공통적으로 어떤 각성제가 들어 있는가?
a. 암페타민 b. 카페인
c. 과당 d. 코카인

38. 항산화제란 무엇인가? 천연 항산화제 한 가지와 합성 항산화제 두 가지를 쓰라.

기아, 단식, 영양실조

39. 몸에 음식이 결핍되면 가장 먼저 활용하는 에너지원은 무엇인가?
a. 글리코젠 b. 지방
c. 근육 d. 단백질

40. 몸이 주된 에너지원으로 무엇을 대사하기 시작할 때 케톤증이 발생하는가?
a. 탄수화물 b. 지방
c. 근육 d. 단백질

41. 영양실조가 발생하는 원인이 아닌 것은 무엇인가?
a. 가공식품 섭취 b. 불완전 단백질
c. 거식증 d. 불충분한 섬유질

42. 다음 중 식품의 영양가를 떨어뜨리지 않는 것은 무엇인가?
a. 물에 끓이기
b. 과일과 채소를 썰기
c. 과일과 채소의 껍질을 벗기기
d. 쌀을 도정하기

체중 감량, 식단, 운동

43. 체중 조절에 관여하는 다음 각 물질의 역할을 설명하라.
a. 렙틴 b. 그렐린

44. 체량 조절에 관여하는 다음 각 물질의 역할을 설명하라.
a. 멜라노코르틴 b. PYY

45. 유행하는 다이어트에는 어떤 것들이 있으며, 그것들이 어떤 방식으로 빠른 체중 감소를 유도하는가? 때로는 효과가 단기간에 그치는 이유는 무엇인가?

46. 탄수화물 섭취를 제한하는 식단은 왜 지방뿐 아니라 근육량의 감

소도 초래하는가?

47. 쿼터파운드 햄버거는 420 kcal의 에너지를 제공한다. 걷기 1시간에 약 210 kcal가 소모될 때 체중 180 lb인 사람이 이 열량을 소모하려면 얼마나 걸어야 하는가?

48. 체중 110 lb의 체조 선수는 하루에 얼마만큼의 단백질이 필요한가? (단백질의 DRI는 체중 1 kg당 약 0.8 g이다.)

49. 70 kg인 남성이 글리코젠 형태로 약 2,000 kcal를 저장할 수 있다. 이 사람이 달릴 때 1 km당 100 kcal를 소모하고 에너지원이 글리코젠뿐이라면 저장된 전분으로 얼마나 멀리 달릴 수 있는가?

50. 70 kg인 남성이 지방으로 약 100,000 kcal의 에너지를 저장할 수 있다. 이 사람이 달릴 때 1 km당 100 kcal를 소모하고 에너지원이 지방뿐이라면 저장된 지방으로 얼마나 멀리 달릴 수 있는가?

체력와 근육

51. 키 5 ft 10 in.이고, 몸무게 186 lb인 야구 선수의 BMI는 얼마인가?

52. 유산소 운동이란 무엇인가? 무산소 운동이란 무엇인가?

53. 다음 각 에너지를 주로 제공하는 대사(유산소/무산소)는 무엇인가?
    a. 짧고 강도 높은 격렬한 활동 **b.** 장시간의 낮은 강도 활동

54. 액토미오신 단백질 복합체의 두 가지 기능은 무엇인가?

55. 유산소 산화에 적합한 근육 조직에 미오글로빈 농도가 높은 것이 왜 타당한지 설명하라.

56. I형과 IIB형 근육 섬유를 각각 유산소 산화에 적합한 유형과 글리코젠의 무산소 사용에 적합한 유형으로 분류하라.

57. IIB형 섬유에서 액토미오신의 촉매 활성이 짧고 격렬한 신체 활동을 하는 근육 섬유임을 시사하는 이유를 설명하라.

58. 빠른 수축 섬유와 느린 수축 섬유의 차이를 설명하라. 어떤 유형을 발달시키는지를 바꿀 수 있는가?

심화문제

59. 에스겔 4장 9절에는 "밀과 보리와 콩과 렌틸콩과 기장과 스펠트…"로 만든 빵이 묘사되어 있다. 그 빵은 완전 단백질을 공급할 수 있는가?

60. 고단백 식단을 하지 말아야 할 두 가지 이유는 무엇인가?

61. 식품에 노란색 착색제로 β-카로틴을 사용할 때의 한 가지 장점은 무엇인가?

62. 육류가 많은 식단은 채식 식단에 비해 식물이 광합성으로 처음 획득한 에너지를 덜 효율적으로 사용한다. 그 이유를 설명하라.

63. 혈액 100 mL에는 헤모글로빈(Hb) 15 g이 들어 있다. 체온과 체압에서 Hb 1 g은 $O_2(g)$ 1.34 mL와 결합할 수 있다. **(a)** 혈액 100 mL에는 O_2가 얼마나 들어 있는가? **(b)** 평균 성인의 혈액 약 6.0 L에는 O_2가 얼마나 들어 있는가?

64. 새는 비행하기 위해 크고 잘 발달한 가슴근을 사용한다. 꿩은 시속 80 km로 날 수 있지만 짧은 거리만 난다. 왜가리는 시속 약 35 km로 날지만 먼 거리를 순항할 수 있다. 각각의 가슴근에서는 어떤 종류의 근섬유가 우세한가?

65. 한 성인 여성이 하루 1,200 kcal를 섭취하는데, 그중 지방이 25%를 넘지 않으며, 그 지방 중 포화 지방이 30%를 넘지 않도록 하는 식단을 시작했다. 이 식단에서 허용되는 포화 지방의 양은 몇 그램인가?

66. 한 운동선수가 은퇴 후 체중이 40 lb 증가했다. 가능성 높은 설명은 무엇인가?

67. 지방 조직의 밀도는 약 0.90 g/mL, 제지방 조직의 밀도는 약 1.1 g/mL이다. 체적이 110 L이고 체중이 90 kg인 사람의 밀도를 계산하라. 이 사람은 지방이 많은 편인가, 제지방이 많은 편인가?

68. 구운 양갈비는 3 oz(온스) 약 170 kcal, 단백질 23.5 g, 지방 6 g을 제공한다. 이 양고기는 탄수화물을 얼마나 제공하는가?

69. 자당과 수크랄로스(그림 10.6)는 구조적으로 어떤 차이가 있는가?

70. 근육이 만들어지는 생화학적 과정을 설명하라.

71. 근육은 단백질로 이루어져 있다. 운동선수가 근육을 만들기 위해 DRI를 넘는 추가 단백질이 필요한가? 근육을 만드는 가장 좋은 방법은 무엇인가?

72. 활동량이 보통 수준이고 체중 160 lb를 유지하고 싶다면 하루에 필요한 칼로리는 대략 얼마인가?

73. 어떤 선수는 400 m 경주를 45초에 뛸 수 있다. 그녀의 최대 산소 섭취량은 4 L/min인데, 근육을 최대 강도로 사용할 때는 체중 1 kg당 분당 약 0.2 L의 산소가 필요하다. 이 선수의 체중이 50 kg이라면 그녀는 어느 정도의 산소 부채를 지게 되는가?

74. '건강 요청(Healthy Request)' 치킨 누들 수프의 라벨에는 1컵 분량이 110 kcal이며, 단백질 7 g, 탄수화물 14 g, 지방 2.5 g이라고 적혀 있다. 이 중 탄수화물, 지방, 단백질에서 각각 몇 퍼센트의 칼로리를 얻을 수 있는가?

75. 건강을 유지하기 위해 비타민을 대량으로 섭취하는 이유는 무엇인가?
    a. 식단에서 비타민을 얻을 수 없으므로 필요하다.
    b. 조리가 비타민을 파괴하므로 필요하다.
    c. 필요하지 않다. 평균적인 식단에는 충분한 비타민이 들어 있다.
    d. 필요하지 않다. 가공식품에는 생식과 동일한 모든 비타민이 들

어 있다.

76. 다음 중 어떤 경우에 산소 부채가 발생할 수 있는가?
   a. 유산소 운동, 이유는 피루브산을 이산화 탄소와 물로 전환하기에 산소가 충분하지 않아서
   b. 유산소 운동, 이유는 젖산을 이산화 탄소와 물로 전환하기에 산소가 충분하지 않아서
   c. 무산소 운동, 이유는 피루브산을 이산화 탄소와 물로 전환하기에 산소가 충분하지 않아서
   d. 무산소 운동, 이유는 글리코겐을 젖산으로 전환하기에 산소가 충분하지 않아서

77. 공급망의 각 단계에서 나오는 음식물 쓰레기 원천과 활용가능한 생성물의 예를 짝지어라.

a. 농업 폐기물	1. 오렌지 껍질
b. 가공(처리) 폐기물	2. 구내식당 남은 음식
c. 소비 후 폐기물	3. 짚(스트로)

78. 감귤 껍질에서 얻을 수 있는 세 가지의 화학 물질을 쓰고, 각각의 잠재적 용도를 제시하라.

79. 화석연료 대신 FSCW를 사용할 때 다음 각각의 이점이 어떻게 실현될 수 있는지 설명하라.
   a. 화석연료 의존도 감소
   b. 에너지 사용 및 파생물 사용 최소화
   c. 비용 절감
   d. 비즈니스 기회 향상

비판적 사고 문제

이 장에서 습득한 지식과 하나 이상의 FLaReS 원칙(1장)을 적용하여 다음 진술과 주장을 평가하라.

10.1 어떤 웹사이트는 천연 비타민은 추가 비용을 지불할 가치가 있다고 주장한다. 그 이유로, 천연 비타민은 "미량 원소, 효소, 보조인자, 그 밖에 인체로의 흡수를 돕고 잠재력을 최대한 발휘하게 하는 미지의 인자 같은 것들의 '군' 속에 존재"하는 반면에 "합성 비타민은 보통 한 가지 순수 화학 물질로 고립되므로 자연이 의도한 추가적인 이점의 일부가 빠지게 된다"라고 한다.

10.2 한 친구가 체중을 감량하려고 '탄수화물 제한' 식단을 하겠다고 한다. 그는 탄수화물이 들어 있지 않다면서 과일과 채소를 많이 먹었다. 매 끼니 보통 버터나 다른 지방에 튀긴 고기를 먹기 때문에 단백질 섭취량은 높다. 이 생각에서 무엇이 잘못되었는가?

10.3 어떤 웹사이트는 마리화나의 화학 물질인 델타-1-테트라하이드로칸나비놀(델타-1-THC)이 '비타민 M'이라 불리는 지용성 비타민이라고 주장한다. '델타-1-THC의 많은 성질이 지용성 비타민과 유사'하므로 비타민으로 분류할 근거가 있다고 한다.

10.4 구석기 식단 지지자들은 우리가 농경 이전의 원시 인류가 섭취하던 음식, 즉 소량의 탄수화물과 주로 지방, 단백질만 먹으면 더 건강해질 것이라고 제안한다.

10.5 한 천연 제품 회사는 자사 비타민과 무기질을 대량으로 섭취하면 건강과 체력이 크게 향상된다고 주장한다.

10.6 한 온라인 광고에 "이 오래된 규칙 하나만 지켜서 한 달 만에 뱃살 47 lb를 줄였다"라고 쓰여 있다.

협업 과제

1. 염화 소듐(NaCl)의 역사, 자연에서의 산출, 역사 전반에 걸친 주요 용도, 과도한 사용의 위험성에 대해 간략한 보고서를 작성하라. 또한 간편식 세 가지(밥, 스파게티류, 수프)의 라벨을 살펴보고 소듐 함량을 비교하라.

2. 표 10.4에 나열된 비타민 중 하나에 대해 간략한 보고서를 작성하라. 해당 비타민의 주요 식이 공급원과 용도, 발견의 역사, 과다섭취 시의 위험(있는 경우), 해당 비타민의 섭취 부족, 섭취 부족이 초래하는 생리적 결과를 밝혀라.

3. 다음 각 품목의 라벨을 확인하라. 각 품목에 들어 있는 식품 첨가제 목록을 만들고, 가능한 한 각 첨가제의 기능을 파악하라. 모든 라벨이 이 정보를 제공하는지 확인하라.

a. 탄산음료 한 캔	b. 맥주 한 캔
c. 건조 수프 믹스 한 상자	d. 수프 한 캔
e. 과일 음료 한 캔	f. 케이크 믹스 한 상자

4. 도전 과제: 하루 식비 5.00달러로 식사할 수 있는가? 주머니에 35달러와 약간의 잔돈만 있다고 가정하고, 일주일 동안 하루 세 끼를 제공하기 위해(이론상) 구입할 다양한 식품의 가격을 가까운 식료품점에서 조사하라. 그 식품들은 하루 최소 1,800 kcal를 공급하고, 무기질·비타민과 균형 잡힌 시단에 충분한 단백질과 탄수화물을 제공하며, 적절한 포만감을 주어야 한다. 각 끼니에 대한 상세 메뉴와 함께 장보기 목록과 각 항목의 비용을 작성하라. 조미료, 향신료, 마가린, 식용유, 물은 충분히 갖추고 있다고 가정하라.

실험 과제 아침 시리얼로 철분 섭취하기

준비물

- 철분을 강화한 아침 시리얼 한 상자(예: Total 시리얼이 적합함)
- 철분이 강화되지 않은 아침 시리얼 한 상자(힌트: 성분표에 미량 철이 기재되어 있지 않은 제품인지 확인)
- 계량컵
- 초강력 자석
- 쿼트(약 0.95 L) 크기의 지퍼식 밀폐봉투 2개
- 물

식단에서 철분을 충분히 섭취하고 있는가? 당신의 아침 시리얼에는 철분이 들어 있는가? 철분 강화 시리얼과 비강화 시리얼 사이에 맛의 차이를 느낄 수 있는가? 눈으로 차이를 볼 수 있는가?

채소, 과일, 곡류, 단백질 식품, 유제품을 균형 있게 섭취하고 물을 충분히 마시면 평균적인 젊은 성인에게 필요한 비타민과 무기질을 공급할 수 있다. 남성과 여성 사이에는 필요한 비타민과 무기질의 양에 약간의 차이가 있다. 특히 철에 대한 권장량은 하루 10 mg 차이가 난다. 여성에게는 철 18 mg, 남성에게는 철 8 mg이 권장된다. 헤모글로빈의 산소 운반 기능이 제대로 작동하려면 철(II) 이온이 필요하다. 여성은 피로와 질병에 대한 저항력 저하를 초래할 수 있는 빈혈에 더 취약하다. 많은 아침의 시리얼에는 무기질 보충제로서 식품 등급의 철 입자(금속 철)가 강화되어 있다. 일반적으로 이러한 형태의 철은 눈에 보이거나 맛으로 느껴지지 않는다.

먼저 철분 강화 시리얼과 비강화 시리얼을 나란히 두고 맛을 보자. 철분 강화 시리얼에서 금속 맛이 나는가? 금속 맛이 나지 않아야 한다. 그렇지 않다면 사람들은 아침으로 그것을 먹지 않을 것이다.

실험을 계속해보자. 시리얼 '수프' 두 봉지를 준비한다. 한 봉지에는 철분 강화 시리얼을, 다른 봉지에는 비강화 시리얼을 담는다. 각 지퍼백에 시리얼 1컵을 넣고, 따뜻한 물을 각 봉지의 절반 높이까지 채운다. 봉지 안에 공기 주머니가 남도록 조심스럽게 밀봉한다.

봉지를 눌러 시리얼과 물이 잘 섞이도록 하여 내용물이 갈색의 국물과 같은 혼합물이 되게 한다. 혼합물을 최소 20분 동안 그대로 둔다.

먼저 초강력 자석을 손바닥 위에 올려놓는다(그림 1).

▲ 그림 1

초강력 자석 위에 철분이 강화되지 않은 시리얼 수프 봉지를 올려놓는다. 그림 2처럼 봉지와 자석을 두 손 사이에 끼워 잡는다.

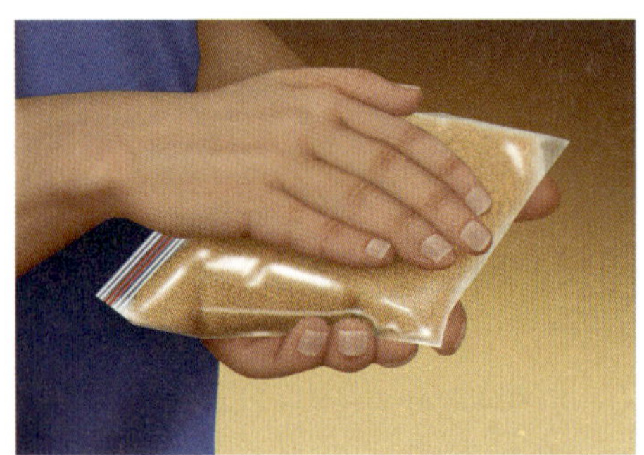

▲ 그림 2

봉지의 내용물을 원을 그리며 15~20초 동안 천천히 흔든다. 목적은 시리얼 속에서 자유롭게 움직이는 금속 철 입자들이 자석에 달라붙게 하는 것이다.

다시 양손을 사용하여 봉지와 자석을 뒤집어 자석이 위로 오게 한다. 봉지를 살짝 눌러 자석이 시리얼 수프 위에서 약간 떠오르도록 하되, 아직 자석은 움직이지 않는다. 자석이 봉지에 닿는 가장자리를 자세히 관찰해보자. 무엇이 보이는가?

이번에는 철분 강화 시리얼 수프로 동일하게 반복한다. 이제 무엇이 보이는가? 자석을 계속 봉지에 붙인 채로 원을 그리며 움직이면 어떤 일이 일어나는가? 그림 3을 보자.

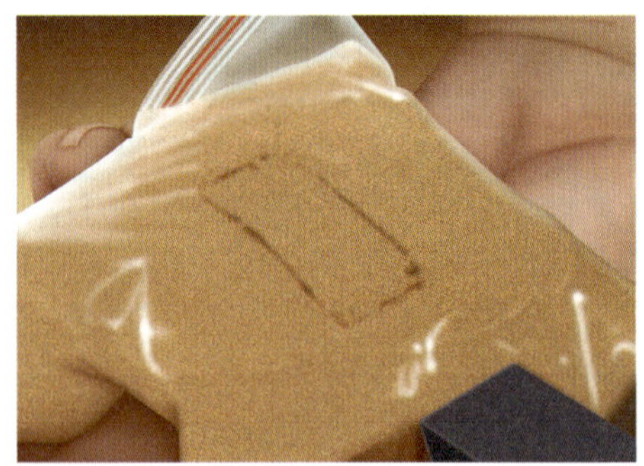

▲ 그림 3

실험문제

1. 철분이 강화되지 않은 시리얼에서 철가루를 확인할 수 있는가?
2. 시리얼에 철가루가 있는 이유는 무엇인가?
3. 식단에서 철은 어디서 얻을 수 있는가? 철 함량이 높은 식품을 최소 세 가지 나열하라.

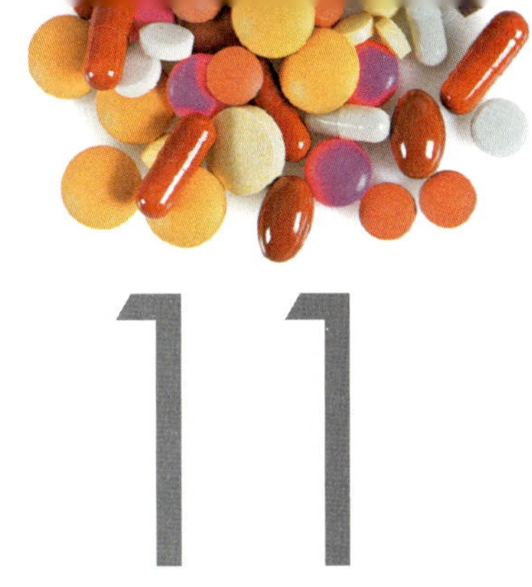

11 약물

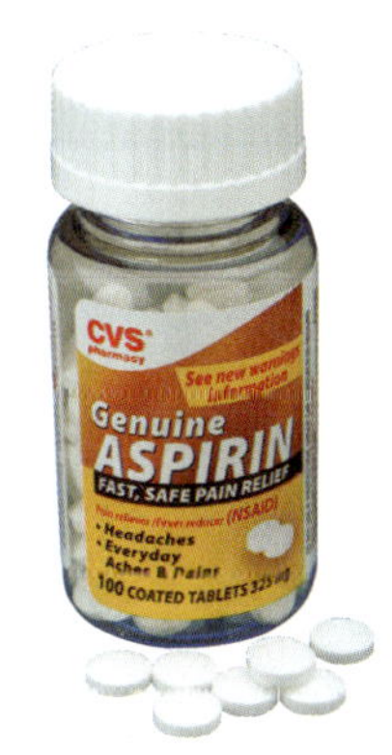

버드나무 껍질과 허브인 메도스위트(왼쪽 사진)에는 살리실산염이 들어 있으며, 이는 세계에서 가장 널리 쓰이는 약물인 아스피린의 바탕이 되었다. 프랑스의 화학자 Charles Frédéric Gerhardt는 살리실산 소듐(o-HOC_6H_4COONa)과 염화 아세틸(CH_3COCl)을 반응시켜 조제 아세틸살리실산(o-$CH_3COOC_6H_4COOH$)을 만들었다. 바이엘의 상품명인 **아스피린**은 살리실산의 독일어 명칭인 스피라에산(Spirsäure)을 아세틸화한 데서 비롯되었고, 여기에 의약품명에서 흔한 어미 *-in*이 덧붙었다.

❓ 이 장과 관련된 궁금증

1. 왜 아스피린은 어린이에게 권장되지 않는가?
2. 아세트아미노펜(Tylenol®)에는 어떤 위험이 있는가?
3. 증상이 나아진 뒤에도 왜 항생제를 계속 복용해야 하는가?
4. 감기나 독감에 효과 있는 약은 어떤 것들인가?
5. 알약이 더 크면 약 성분이 더 많이 들어 있는가?
6. 브랜드 의약품과 제네릭 의약품의 차이는 무엇인가?

화학적 치료, 위안, 주의사항 '약물'이라는 단어는 원래 약으로 쓰기 위해 말린 식물(또는 그 일부) 자체나, 그 유효 성분을 달여 얻은 차를 가리켰다. 오늘날 **약물**(drug)은 생물의 기능에 영향을 미치는 화학 물질로 정의된다. 약물은 통증을 완화하고 질병을 치료하며, 전반적으로 건강이나 웰빙을 증진하는 데 사용된다. 많은 사람이 말 그대로 약물에 생명을 빚지고 있다. 약물은 박테리아를 죽이고, 혈압을 낮추며, 발작을 예방하고, 알레르기를 완화할 수 있다. 그러나 일부 약물은 특히 잘못된 용량으로 쓰이거나 잘못된 이유로 사용될 때 득보다 해가 클 수 있다.

인류의 약물 사용은 선사 시대까지 거슬러 올라가며, 거의 모든 문화권에서 나타난다. 대부분의 사회가 알코올을 사용해왔고, 대마의 사용은 적어도 기원전 3000년경까지 거슬러 올라간다. 아편 양귀비의 마취 효과는 고대인에게 알려져 있었다. 기원전 1400년경 이집트인은 양귀비를 재배했으며, 크레타의 미노스인은 양귀비 여신의 테라코타 조각상을 갖고 있었다. 안데스 산맥 지역의 원주민은 코카인의 각성 효과를 얻기 위해 오래전부터 코카 잎을 씹어왔다.

이 장에서는 폭넓은 질환에 맞서는 천연 및 합성 약물부터 불법적으로 사용되는 약물까지 살펴본다.

11.1 자연과 실험실에서 온 약물

학습 목표
- 일반적인 약물을 천연물, 반합성, 합성으로 분류한다.
- 화학 요법을 정의하고 그 기원을 설명한다.

▲ 아편 양귀비

▲ 마다가스카르 페리윙클

▲ 청자고둥

일부 약물은 자연 공급원에서 온 분자로 만들어진다. 법적으로 천연의 정의는 없지만, 일반적으로 이 단어는 화학 반응으로 합성된 물질과 달리 식물이나 동물로부터 물리적 공정만으로 직접 추출한 물질을 가리킬 때 쓰인다.

우리는 여전히 많은 약물을 자연에서 얻는다. 다음은 식물에서 얻은 수많은 약물 중에 일부 예이다.

- 퀴닌(항말라리아 약물): 키나나무 속(*Cinchona*) 수피에서 유래했다.
- 모르핀(진통제): 아편 양귀비에서 유래했다.
- 디곡신(심장 질환 치료): 디기탈리스 푸르푸레아(*Digitalis purpurea*)에서 유래했다.
- 빈블라스틴과 빈크리스틴(항암제): 마다가스카르 페리윙클(*Catharanthus roseus*)에서 유래했다.
- 투보쿠라린(근육 이완제): *Chondrodendron tomentosum*에서 유래하며, 아마존 원주민이 화살독 큐라레에 사용했다.

또한 다음과 같이 미생물로부터 얻는 약물도 많다.

- 항균제(페니실린류) 및 콜레스테롤 저하제(스타틴류): *Penicillium* 종에서 유래했다.
- 면역억제제(사이클로스포린 등): *Streptomyces* 종에서 유래했다.

잠재적으로 방대한 신약 자원은 해양 생물에도 있다. 예를 들면 다음과 같다.

- 돌라스타틴-10(항암제): 바다민달팽이(Sea hare)에서 유래했다.
- 마노알리드(항염증제): 해면 *Luffariella variabilis*에서 유래했다.
- 지코노타이드(중증 통증 치료제): 원뿔달팽이 독에서 유래했다.

자연 유래 약물의 큰 원천은 열대우림이다. 열대우림은 따뜻하고 습하며 비옥하여 지구상 그 어느 곳보다 다양한 식물과 동물이 서식한다. 열대우림은 귀중하고 대체 불가능한 천연 자원으로 가득한 살아 있는 화학 공장과 같지만, 벌채와 농지 전환으로 급속히 사라지고 있다. 그 결과 우리는 잠재적 신약의 비옥한 공급원을 잃어가고 있다.

다른 약물들은 자연 공급원에서 얻은 분자를 변형해 성질을 개선한 것으로, 이런 약물을 반합성이라 한다. 초기 과학 기반 약물 중에 상당수가 반합성이었다. 예를 들면 다음과 같다.

- 버드나무 껍질에서 처음 얻은 살리실산을 아세틸살리실산(아스피린)으로 전환한다.
- 모르핀(아편양귀비 유래)을 헤로인으로 전환한다.
- 리세르그산(맥각 곰팡이 유래)을 LSD로 전환한다.

현재는 완전 합성 약물도 매우 많다. 항균제부터 수면제, 메타돈·펜타닐·옥시코돈 같은 마약성 진통제에 이르기까지 거의 모든 범주에 걸쳐 합성 약물이 존재한다.

1904년 독일의 화학자 Paul Ehrlich(1854~1915)는 박테리아를 현미경으로 잘 보이게 염색하는 데 쓰던 특정 염료들이 박테리아를 죽이는 데도 쓸 수 있음을 발견했다. 그는 염료를 사용해 아프리카수면병을 일으키는 병원체를 공격했고, 매독의 병원체에 다소 효과가 있는 비소 화합물도 만들었다. Ehrlich는 어떤 화학 물질들이 인체 세포보다 병원체에 더 독성이 크다는 사실을 깨닫고, 이를 감염병의 억제나 치료에 활용할 수 있음을 인지했다. 그는 **화학 요법**(chemotherapy, 'chemical therapy'에서 유래)이라는 용어를 만들었고, 1908년 노벨 생리의학상을 받았다.

약물 사용은 새로운 일이 아니지만, 지금처럼 종류가 방대한 적은 없었다. 수십 개 제약사가 수천 종의 약을 생산하며, 해마다 신약 개발에 막대한 비용을 투입한다. 최근 연구에 따르면 신약 하나를 개발해 시판하기까지 최대 45억 달러가 들 수 있다(약물 종류에 따라 비용 차가 큼). 이런 막대한 비용 때문에 기업은 개발된 제품에 일정기간 높은 가격을 책정하는 경우가 많고, 약이 필요한 많은 사람에게는 너무 비쌀 수 있다. 특허가 만료되면 다른 회사는 연구비가 들지 않았기 때문에 동일 성분의 일반 약품(제네릭)을 만들어 더 낮은 가격에 팔 수 있다. 제네릭 의약품은 원래 제품과 동일하게 작용해야 한다(11.8절).

많은 약물이 일반명과 여러 브랜드명으로 판매되기 때문에 시중에는 수천 종의 처방약이 있다. 이 밖에도 수백 종의 의약품이 수천 개의 브랜드명과 다양한 조합으로 일반의약품(OTC) 형태로 판매된다. 이 중 일부는 복용자의 건강에 필수적이다. 2017년에 전 세계 제약 산업 매출은 약 2조 달러로 추정되었고, 미국인은 리필을 포함해 45억 건에 가까운 처방을 받아 1인당 평균 약 14건의 처방을 채웠으며, 처방약에 약 4,500억 달러를 지출했다.

자가평가문제

1~3번의 약물이 다음 중 어느 범주에 속하는지 표시하라.

a. 천연 **b.** 반합성 **c.** 합성

1. 퀴닌

2. 사이클로스포린

3. 아스피린

4. 화학 요법이란 무엇인가?

a. 화학 물질을 피해 건강을 개선하는 것
b. 화학을 공부하여 정신을 향상하는 것
c. 방사선으로 암을 치료하는 것
d. 화학 물질로 질병을 치료하는 것

정답: 1. a, 2. a, 3. b, 4. d

11.2 진통제: 아스피린에서 옥시코돈까지

학습 목표
- 일반의약품(OTC) 진통제, 해열제, 항염증제를 열거하고, 각 약물의 작용 기전을 설명한다.
- 몇 가지 대표적 마약성 진통제를 언급하고, 각 약물의 작용과 중독가능성을 설명한다.

아세틸살리실산은 미국에서 흔히 아스피린이라 부르며, 전 세계적으로 널리 사용된다. 해마다 약 4,500만 kg이 소비되는데, 이는 표준 정제 1,000억 개를 훨씬 상회하는 수량이다. 그 역사는 최소 2400년 전 고대 그리스의 히포크라테스 시대까지 거슬러 올라간다. 그는 병든 사람이 버드나무 잎을 씹으면 통증이 완화되고 열이 내린다는 사실을 알고 있었다.

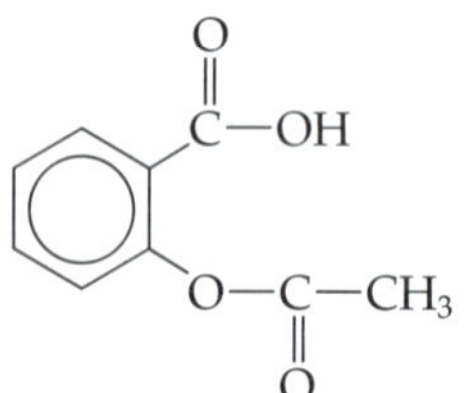

▲ 아세틸살리실산(아스피린)

화학자들이 살리실산이라는 유효 성분을 분리한 것은 1835년의 일이다. 살리실산은 효과적인 **진통제**(analgesic, 통증 완화), **해열제**(antipyretic, 열 내림), **항염증제**(anti-inflammatory)였지만 안타깝게도 위장 자극과 출혈을 상당히 유발했다. 아세틸살리실산은 살리실산을 변형하여 약효는 유지하면서 위장 자극을 줄인 형태로, 1893년 독일의 바이엘(Bayer)사에서 도입되었다. 아스피린 정제는 현재 다양한 상표명과 자체 상표로 판매되고 있다. 표준 아스피린 정제에는 325 mg의 아세틸살리실산이, '효과가 센' 제형에는 보통 500 mg이 들어 있다.

비스테로이드성 소염진통제(NSAID)

아스피린은 **비스테로이드성 소염진통제**(nonsteroidal anti-inflammatory drugs, NSAID)로 분류되는 여러 물질 중 하나이며, 이는 코르티손이나 프레드니손 같은 더 강력한 스테로이드성 항염증제와 구별하기 위한 명칭이다(11.5절). 다른 NSAID로는 이부프로펜(Advil®, Motrin®)과 나프록센(Aleve®)이 있다(그림 11.1). 아세트아미노펜(타이레놀)은 아스피린처럼 가벼운 통증을 완화하고 열을 낮추지만, 항염증 작용은 없어 NSAID에 해당하지 않는다.

왜 중요할까?

오늘날 판매되는 모든 단일 성분 진통제는 다음 네 가지 활성 성분(아세트아미노펜, 아스피린, 이부프로펜, 나프록센) 중 하나를 사용한다. 이들 약물은 제네릭과 수십 종의 상표명으로 제공되며, 기침/감기와 알레르기/부비동 제품을 포함한 다양한 복합 제형에도 들어 있다. 일반명을 검색어로 사용하면 인터넷에서 해당 브랜드명을 찾을 수 있다.

NSAID는 지방산에서 유래한 호르몬유사 지질인 **프로스타글란딘**(prostaglandin)의 생성을 억제함으로써 통증을 완화하고 염증을 줄인다(11.5절). 염증은 프로스타글란딘 유도체의 과다 생성으로 유발되며, 그 합성 억제는 염증 반응을 감소한다. 그러나 프로스타글란딘은 혈소판, 신장, 위 점막에도 영향을 미치므로 이를 억제하면 과다출혈이나 복통과 같은 심각한 부작용이 생길 수 있다. NSAID에는 **항응고**(anticoagulant, 혈액 응고 억제) 효과가 있어 정기 복용자는 출혈 위험이 더 높다. 예를 들어 류마티스 관절염 환자가 1년간 NSAID를 사용할 때 약 1.5%에서 심각한 위장 합병증이 발생한다. 이것은 적은 비율이지만, 많은 환자가 NSAID를 사용하기 때문에 많은 사람에게 영향을 미친다.

NSAID는 항응고제로 작용하므로 매일 소량 복용하면 심근경색과 뇌졸중의 위험을 낮추는 것으로도 보이며, 이는 위 출혈을 일으키는 것과 동일한 항응고 기전에 기인하는 것으로 여겨진다. 성인용 저용량(보통 81 mg) 아스피린 정제는 심근경색과 뇌졸중 위험이 높은 사람에서 일상적으로 사용되고 있다. 반면에 NSAID는 수술, 출산, 출혈 가능성과 관련된 위험에 직면한 사람들이 행사 전 최소 일주일 동안 사용해서는 안 된다.

NSAID는 또한 체온을 낮춘다. 발열은 백혈구 등 순환 세포가 생성·분비하는 화합물인 발열

CH_3CHCH_2—(벤젠 고리)—$\underset{CH_3}{CH}$—$\overset{O}{C}$OH (아래 CH_3)

이부프로펜

CH_3O—(나프탈렌 고리)—$\underset{CH_3}{CH}$—$\overset{O}{C}$OH

나프록센

▶ **그림 11.1** 두 가지 NSAID. 이부프로펜과 나프록센은 프로피온산(CH_3CH_2COOH) 유도체이다.

원에 의해 유도되며, 발열원은 보통 프로스타글란딘을 2차 매개체로 이용한다. 따라서 아스피린을 비롯한 프로스타글란딘 억제제는 발열을 낮출 수 있다. 반대로 프로스타글란딘 경로를 거치지 않는 발열원에 의한 발열에는 NSAID가 효과가 없다.

인체는 체온을 올려 감염에 맞선다. 성인의 미열(39 ℃ 또는 102 ℉ 미만)은 대개 치료하지 않는 것이 바람직하다. 반면 고열은 뇌 손상을 유발할 수 있으므로 즉각적인 치료가 필요하다.

1 왜 아스피린은 어린이에게 권장되지 않는가?

독감이나 수두 같은 바이러스 감염에 걸린 소아에게 아스피린을 투여하면 잠재적으로 치명적인 '라이 증후군'과 연관된다. 이 때문에 아스피린 제품에는 발열이 있는 소아에게 사용하지 말 것이라는 경고가 표시되어 있다.

NSAID의 작용 원리

프로스타글란딘은 세포막 성분인 아라키돈산(11.5절)으로부터 체내에서 생성된다. 연구자들은 이 전환을 촉매하는 효소 사이클로옥시네이즈(COX)를 확인했다. 그중 COX-1은 NSAID 부작용이 나타나는 위와 신장 조직에 존재하며, COX-2는 염증이 일어나는 조직에서 발견된다. 아스피린, 이부프로펜, 나프록센과 같은 기존의 NSAID는 COX-1과 COX-2를 모두 억제하여 통증과 염증을 줄이지만, 바람직하지 않은 부작용도 초래한다. 신세대 NSAID는 COX-2를 선택적으로 억제한다. COX-2 억제제는 세 품목이 항염증제로 시판되었으나, 바이옥스(Vioxx®)를 포함한 두 품목은 뇌졸중과 심근경색의 위험 증가 때문에 곧바로 시장에서 퇴출되었다.

셀레콕시브(Celebrex, 그림 11.2)는 현재까지 시판 중이며, 최근 10년 추적 연구에서 퇴출된 약물들과 동일한 위험을 나타내지 않는다는 결과가 보고되었다. 한편 미국식품의약국(FDA)은 모든 처방용 NSAID의 표시(라벨)에 심장 질환의 위험 증가가능성을 강조하는 박스형 경고문와 알레르기 반응 및 내부 출혈 관련 정보를 포함하도록 요구하고 있다.

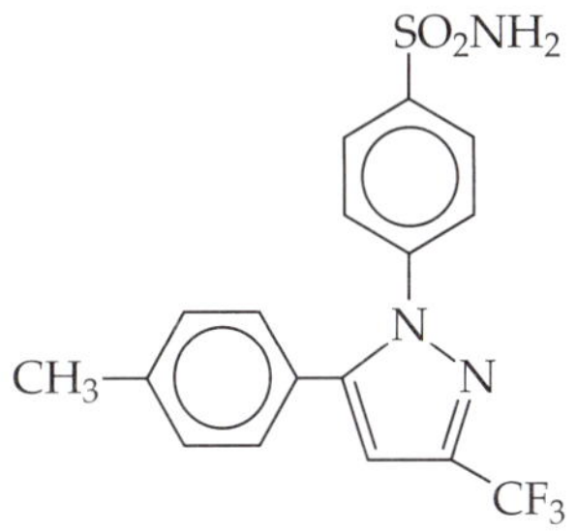

SO_2NH_2, N, N, CH_3, CF_3

셀레콕시브(Celebrex®)

▲ **그림 11.2** 셀레콕시브는 시장에 남아 있는 유일한 COX-2 억제 처방용 NSAID 이다.

아세트아미노펜: COX-3 억제제

브랜드명 타이레놀로 잘 알려진 아세트아미노펜은 미국에서 가장 널리 사용되는 진통제이다. 통증 완화와 해열 효과는 아스피린과 비슷하다. 아세트아미노펜(여러 나라에서는 파라세타몰이라 함)의 전 세계 시장 규모는 연간 약 1억 5,000만 kg이다. 아세트아미노펜은 COX-3로 불리는 세 번째 변이형 COX에 작용하며, COX-3 억제가 통증과 발열을 감소하는 기전일 수 있다. NSAID와 달리 항응고 작용이 없으므로, 아스피린 과민자나 출혈 성향이 있는 사람도 비교적 안전하게 복용할 수 있다. 반면 COX-3은 염증 조절에 관여하지 않는 것으로 보이므로 관절염 환자에서는 효용이 제한적이다. 아세트아미노펜은 경미한 수술 후 통증 완화에 자주 쓰인다. 일반 정제는 325 mg, 초강력 정제는 500 mg을 함유한다.

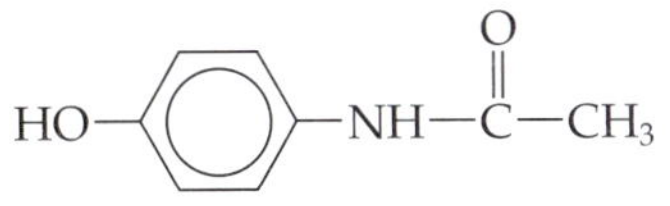

HO—C_6H_4—NH—C(=O)—CH_3

아세트아미노펜

2 아세트아미노펜(Tylenol®)에는 어떤 위험이 있는가?

아세트아미노펜의 표준 용량은 안전하지만, 과량은 간 손상을 유발하는 독성을 보인다. 이 효과는 알코올과 상승 작용을 하며, 24시간에 4 g(초강력 8정)만으로도 최근 음주가 동반되면 심한 간 독성이 생길 수 있다. 매년 3만 3,000명 이상이 아세트아미노펜 독성으로 입원하고, 150건 이상의 사망이 보고된다. 우발적 과다복용은 매우 흔한데, 이는 아세트아미노펜이 감기약, 알레르기약, 수면보조제 등 많은 일반의약품(OTC)에 함유되어 있음을 사람들이 인지하지 못하기 때문이다. 활성 성분 표기를 주의 깊게 확인하는 것만으로도 생명을 구할 수 있다.

복합 진통제

많은 진통제 제품은 NSAID, 아세트아미노펜, 카페인, 항히스타민제, 기타 약물을 조합하여 만든다. 예를 들어 아세트아미노펜은 통증 완화·알레르기 증상·감기와 독감 치료용 70종 이상의 복합제에 들어 있다. 이러한 제품은 여러 브랜드와 자체 상표로 판매되며, 엑세드린(Excedrin)과 아나신(Anacin) 등은 서로 다른 조합·제형으로 제공된다. 이 밖에도 다양한 복합 진통제가 있으며, 다수가 일반 아스피린보다 우수하다고 주장하지만, 그 우위는 기껏해야 미미하다. 일시적 복용이 대부분인 일반인에게는 일반 아스피린이 가장 저렴하고 안전하며 효과적일 수 있다.

화학, 알레르기, 감기

약국 진열대에는 항히스타민제, 진해제(기침 억제제), 거담제, 기관지 확장제, 비충혈 제거제 등을 함유한 다양한 감기·알레르기 약이 진열되어 있다. 감기는 200종에 달하는 관련 바이러스가 원인이며, 치료제가 없다. 어떤 약도 완치를 보장하지 못하며, 대부분의 감기약은 증상 완화에 그친다.

많은 감기약에는 디펜히드라민 또는 세티리진(그림 11.3) 같은 **항히스타민제**(antihistamine)가 포함되어 있으며, 이는 재채기, 눈 가려움, 콧물 등 알레르기 증상을 일시적으로 완화한다.

알레르기 유발 물질인 **알레르겐**(allergen)이 특정 세포의 표면에 결합하면 '히스타민'이 방출되어 알레르기와 관련된 발적, 부기, 가려움을 일으킨다. 항히스타민제는 히스타민의 방출을 억제한다. 많은 기침약·감기약에는 한 가지 이상의 성분이 포함되어 있다.

기타 일반의약품(OTC) 감기약 성분으로는 '진해제'(기침 억제제)와 '거담제'(기관지의 점액 배출을 돕는 물질)가 있다. 일반적으로 기침은 기능적이며, 호흡기는 기침 반사를 이용해 분비물 정체(울혈)를 제거한다. 그러나 마른기침이 지속되거나 수면 등 필요한 휴식을 방해할 때는 일시적 기침 억제가 바람직할 수 있다. 거담제 중에 글리세릴 구아이아콜레이트(구아이페네신)만이 안전하고 유효한 것으로 등재되어 있으나, 그 효과에 대한 문서화는 충분하지 않다.

'비충혈 제거제'인 나파졸린, 페닐에프린, 옥시메타졸린, 자일로메타졸린은 가끔 사용하는 경우 안전하고 효과적인 것으로 보이나, 반복 사용하면 반동성 비충혈이 나타나 비강 점막이 붓고 코막힘이 오히려 악화될 수 있다.

감기를 어떻게 대처할 것인가? 우선 충분한 수분 섭취와 충분한 휴식이 필요하다. 신체 상태가 양호하고 면역계가 강하면 감기에 걸릴 확률이 낮아진다. 특히 유행기에는 손을 자주 씻으면 바이러스 전파를 크게 줄일 수 있다. 그리고 닭고기 수프를 믿고 섭취하는 사람도 여전히 많다.

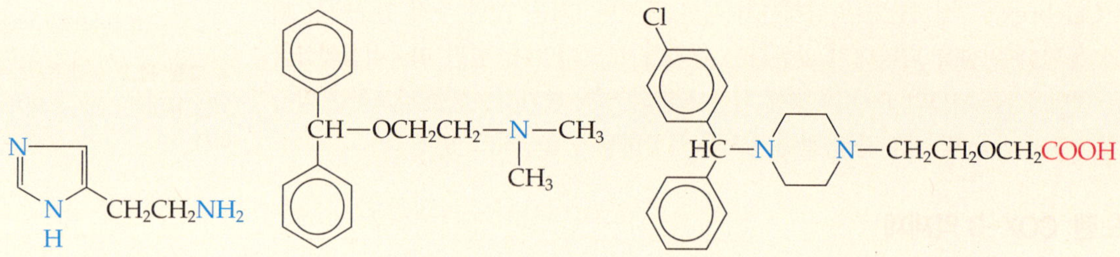

N
N
H
$CH_2CH_2NH_2$
(a) 히스타민

CH—OCH_2CH_2—N—CH_3
CH_3
(b) 디펜히드라민

Cl
HC—N
N—$CH_2CH_2OCH_2$COOH
(c) 세티리진

▲ **그림 11.3** (a) 히스타민과 두 가지 항히스타민제, (b) 디펜히드라민, (c) 세티리진이다. 디펜히드라민은 기침 억제제로도 사용된다.

Q 이 세 물질은 어떤 유기 화합물 계열에 속하는가?

마약성 진통제

일반의약품(OTC) 진통제로는 통증 조절이 어려울 때, 처방에 의해 더 강력한 약물을 사용할 수 있다. 이들 약물의 대부분은 **마약성 진통제**(narcotics)로 분류되는데, 이는 마취(혼수 또는 전신마취)와 진통(통증 완화)을 유발하는 약물을 뜻한다. 이러한 효과를 내는 약물은 많지만, 미국 법제에서는 중독성을 함께 지닌 약물만을 법적으로 마약류로 분류한다.

여러 마약성 진통제는 아편양귀비(*Papaver somniferum*)의 미성숙 씨앗에서 얻는 수지성 유액을 건조하여 만든 아편에서 유래한다(그림 11.4). 아편은 약 20종 내외의 알칼로이드에 당, 수지, 왁스, 물이 더해진 복합 혼합물이다. 주된 알칼로이드인 모르핀은 생아편 중량의 약 10%를 차지한다. 19세기에는 아편이 많은 특허 의약품에 사용되었다. 라우다눔(Laudanum)은 아편의 알코올 용액으로 용액 1 mL당 약 10 mg의 모르핀을 함유했으며, 빅토리아 시대에는 치통에서 결핵, 심지어 복통으로 보채는 영아를 달래는 데까지 널리 쓰였다. 이보다 훨씬 묽은 용액인 파레고릭(Paregoric)은 1 mL당 0.4 mg의 모르핀만을 함유했고, 1970년까지 설사 치료에 널리 사용되었다.

모르핀은 1805년 독일의 약사 Friedrich Sertürner(1783~1841)가 처음으로 분리했다. 1850년대에 피하주사기가 발명되면서 새로운 투여 경로가 가능해졌다. 모르핀을 혈류로 직접 주입하면 진통 효과는 더 컸지만, 이 방법은 중독 문제를 심각하게 악화시켰다.

미국남북전쟁(1861~1865) 동안 모르핀은 전투에서 입은 부상으로 인한 통증 완화에 널리 사용되었다. 또한 모르핀의 부작용 중 하나가 변비이기 때문에, 병사들은 전장에서 흔한 질환이던 이질 치료에도 모르핀을 사용했다. 이 전쟁에 복무하는 동안 10만 명이 넘는 병사가 모르핀에 중독되었고, 이 병적 상태는 '군인병'으로 불릴 만큼 만연했다.

모르핀과 기타 마약성 진통제는 1914년 '해리슨법'에 의해 연방정부의 통제를 받게 되었다. 모르핀은 오늘날에도 심한 통증의 완화를 위해 처방된다. 투여 시 무기력·졸음·혼란·희열·만성 변비·호흡 억제 등을 유발하며, 규정 용량이나 기간을 초과하여 투여하면 중독을 일으킬 수 있다.

모르핀 분자 구조의 치환은 그 생리 작용을 변화시킨다. 페놀성 하이드록실기(—OH)를 메톡시기(—OCH_3)로 치환하면 코데인이 된다. 코데인은 아편에 약 0.7~2.5% 수준으로 존재하지만, 통상 더 풍부한 모르핀을 메틸화하여 합성한다. 코데인은 작용이 모르핀과 유사하나 효력이 약하고, 수면 유도 경향과 중독성이 더 적다. 중등도 통증 완화를 위해 코데인은 아세트아미노펜(Tylenol 2, Tylenol 3)이나 아스피린(Empirin Codeine)과 복합하여 사용된다. 기침 억제 목적에는 액상 제제로 투여되는데, 이는 보다 강력한 마약성 진통제보다 규제가 비교적 덜 엄격하다.

모르핀 분자의 두 —OH기를 아세테이트 에스터기로 전환하면 헤로인(디아세틸모르핀)이 생성된다. 이 반합성 모르핀 유도체는 1874년에 독일 바이엘사의 화학자들이 처음 제조했다. 1890년경에는 모르핀 중독의 해독제로 제안되었고, 곧 기침 진정제로 광범위하게 광고되었으며(종종 아스피린 광고와 함께 게재), 이후 헤로인이 모르핀보다 더 빠르게 중독을 유발하고 치료가 더 어렵다는 사실이 확인되었다.

헤로인의 생리 작용은 모르핀과 유사하다. 헤로인은 모르핀보다 극성이 낮아 뇌의 지방 조직에 더 빠르게 침투하며, 모르핀보다 더 강한 희열을 유발하는 것으로 보인다. 헤로인은 미국에서 처방 여부와 관계없이 불법이다. 그러나 영국에서는 말기 암 환자의 통증 완화에 사용된다.

중독은 대체로 세 가지 구성 요소, 즉 심리적 의존, 신체적 의존, 내성으로 설명된다. 심리적 의존은 약물에 대한 통제 불가능한 갈망으로 드러난다. 신체적 의존은 경련과 같은 급성 금단 증상으로 나타난다. 내성은 시간이 지날수록 동일한 정도의 진정(마취)과 진통을 얻기 위해 점점 더 많은 용량이 필요해지는 사실에서 확인된다.

헤로인 및 기타 마약성 진통제로 인한 사망은 대개 과다복용으로 돌려지지만, 항상 명확한 것은 아니다. 문제의 핵심은 종종 품질 관리에 있다. 불법 유통 약물은 오염 물질을 함유하는 경우가 많고, 효력이 크게 변동될 수 있다.

모르핀만큼 통증 완화에 효과적이면서도 중독성이 없는 약물을 개발하려는 연구가 활발히 진행되어 왔다. 현재 여러 합성 마약성 진통제가 사용가능하며, 일부 대표적 약물은 표 11.1에, 이들 및 기타 마약성 진통제의 구조식은 그림 11.5에 제시되어 있다.

옥시코돈은 코데인 계열의 반합성 오피오이드로, 중등도에서 중증까지 통증 완화에 사용된다. 단일 성분제로도, 아세트아미노펜·이부프로펜·아스피린과의 복합 제제로도 제공된다. 서방형 제제는 옥시콘틴(OxyContin®)이라 하며, 도취감 효과 때문에 남용되어 제네릭을 포함해 불법 유통이 광범위하다. 또 다른 합성 마약성 진통제인 하이드로코돈은 항상 아세트아미노펜 또는 다른 약물과 복합되며, HYCD/APAP(하이드로코돈/아세트아미노펜) 조합은 2013년 미국에서 가장 많이 처방된 약물로, 신규·재처방이 1억 3,700만 건에 달했다. 펜타닐은 특히 강력하여 소량으로도 치명적일 수 있다. 실제로 많은 사법 집행기관이 의심되는 약물 관련 물품을 취급할 때 극도의 주의를 권고한다.

미국에서 불법 오피오이드 사용 문제는 빠르게 악화되었다. 2016년 약물 과다복용 사망이

▲ **그림 11.4** 아편양귀비의 씨방. 씨방의 절개부에서 수지성 유액이 분비되며, 이를 건조하면 아편이 된다. 생아편 중량의 약 10%는 모르핀이다.

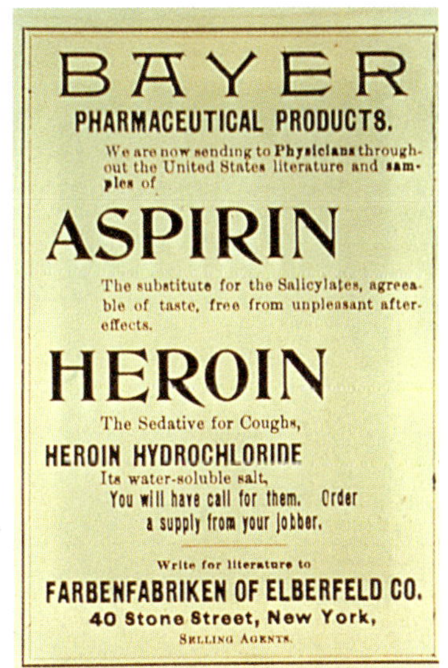

▲ 1900년에 헤로인은 안전한 약으로 여기고 기침 억제제로 널리 사용되었다. 또한 모르핀의 비중독성 대체제로 생각되었다.

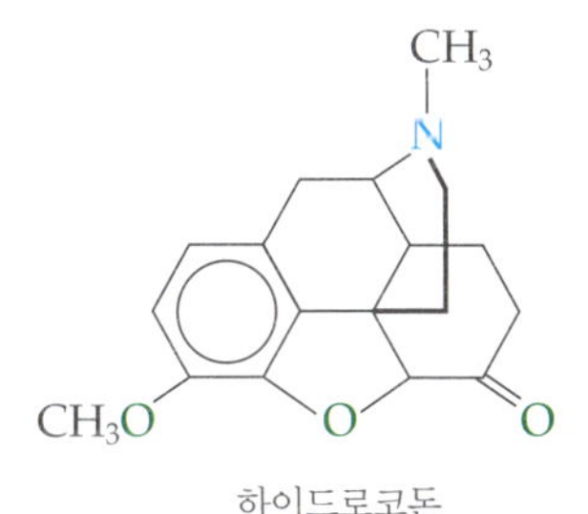

하이드로코돈

표 11.1 일부 합성 마약성 진통제

성분(상품명)	작용 지속 시간(h)	모르핀 30 mg에 상응하는 경구 용량(mg)
메페리딘(Demerol®)	2~4	300
하이드로코돈	4~8	20
펜타닐	1~2[a]	< 1
옥시코돈	4~6[b]	20
하이드로모르폰(Dilaudid®)	4~5	7.5
메타돈	4~6[c]	해당 없음

[a] 만성 통증에서 경피 패치로 사용한다.
[b] 서방형 제제(예: OxyContin)로 자주 처방되며, 12시간 간격 투여가능하다.
[c] 헤로인 중독 치료에 사용되며, 통상 진통 목적으로는 투여하지 않는다.

▶ **그림 11.5** 일부 합성 마약성 진통제의 구조식. (a) 메페리딘(Demerol), (b) 메타돈, (c) 펜타조신(Talwin), (d) 날록손

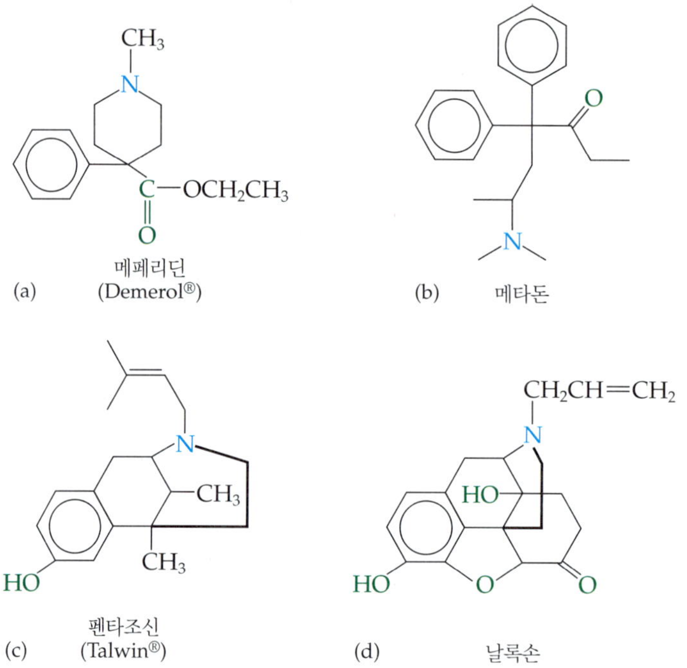

6만 4,000건을 넘었고, 50세 미만 미국인 사망의 약 3분의 2가 약물 과다복용과 연관되었다. 이들 사망의 적어도 절반은 '처방약'과 관련이 있었는데, 일부는 국경을 넘어 유입되며 상당수는 '필 밀(pill mills)'이라 불리는 처방 남발 클리닉을 통해 쉽게 입수되었다. 이른바 오피오이드 위기는 공중보건 비상 사태로 선포되었고, 인적 피해뿐 아니라 경제적 비용(2016년 기준 5,000억 달러 이상)도 초래했다. 처방 오피오이드 사용을 제한하기 위한 조치로 2014년에 일부 약물이 재분류되었고, 재처방(리필) 금지 및 매회 신규 처방전 발급이 의무화되었다.

메타돈은 합성 마약성 진통제로, 헤로인 중독 치료에 널리 쓰인다. 헤로인처럼 중독성이 크지만, 경구 투여 시 헤로인 중독에 특징적인 졸린 혼수를 유발하지 않아, 유지 요법 중인 사람은 대체로 사회·직업 기능을 유지할 수 있다. 메타돈 복용자가 다시 헤로인 남용으로 돌아가더라도, 체내의 메타돈은 헤로인이 유발하는 급격한 희열을 효과적으로 차단하여 사용 유혹을 줄여준다.

모르핀 작용제와 길항제

화학자들은 많은 모르핀 유사체를 합성했으나, 뚜렷한 진통 활성을 보이는 것은 드물고 그중 다수는 중독성이 있다. 모르핀은 뇌의 수용체에 결합하여 작용한다. 모르핀 수용체에는 벤젠 고리를 수용하는 평평한 결합 부위, 탄소 2개를 수용하는 공동(cavity), 질소 원자와 결합하는 음이온성 부위가 존재한다. 모르핀과 유사한 작용을 보이는 분자를 모르핀 **작용제**(agonist)라 한다. 모르핀 **길항제**(antagonist)는 모르핀 수용체를 차단하여 모르핀의 작용을 억제한다. 일부 분자는 작용제와 길항제의 양면 효과를 모두 지닌다. 예를 들어 펜타조신(그림 11.5c)은 모르핀보다 중독성이 낮고, 진통에 효과적이다.

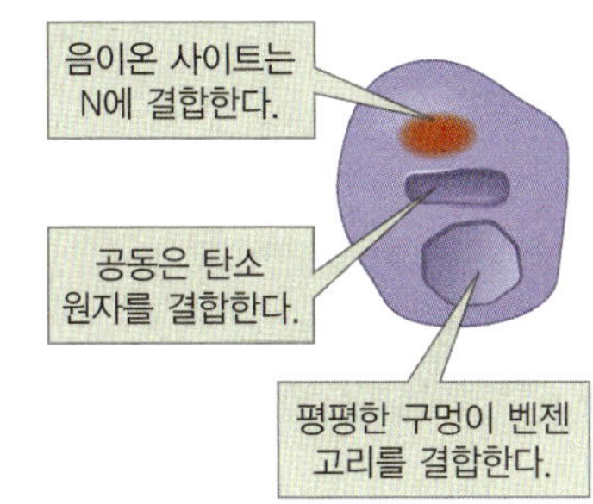

▲ 모르핀 수용체의 그림

순수 길항제인 날록손(그림 11.5d)은 아편계 중독 치료에 사용될 수 있다. 과다복용한 중독자도 날록손 주사로 사망 직전 상태에서 회복될 수 있다. 또 다른 비교적 신규 약물인 부프레노르핀(buprenorphine)은 오피오이드 중독 치료에 유망함을 보인다. 메타돈은 현장(클리닉)에서 매일 투여해야 하지만, 부프레노르핀을 월 1회 처방하는 방식의 유효성을 평가하는 연구가 진행 중이다.

천연 아편계 물질: 엔도르핀과 엔케팔린

모르핀은 뇌의 특정 수용체에 결합하여 작용한다. 그렇다면 인체의 뇌에 식물 유래 약물인 모르핀을 위한 수용체가 존재하는 이유는 무엇인가? 과학자들은 신체가 스스로 이 수용체에 맞는 물질을 생성한다고 결론지었다. 실제로 인체는 **엔도르핀**(endorphin, "endogenous morphine"에서 유래)이라 불리는 여러 모르핀 유사 물질을 만든다. 각 엔도르핀은 아미노산으로 이루어진 짧은 펩타이드 사슬이며, 5개 아미노산으로 된 것은 '엔케팔린'이라 한다. 엔케팔린은 두 종류가 있으며, 사슬 말단의 아미노산만 다르다. *Leu*-엔케팔린의 서열은 Tyr-Gly-Gly-Phe-Leu, *Met*-엔케팔린의 서열은 Tyr-Gly-Gly-Phe-Met이다. 다른 엔도르핀은 30개 이상의 아미노산으로 이루어진 사슬을 가진다.

일부 엔케필린은 합성되어 강력한 진통 효과가 확인되었다. 그러나 이들은 체내의 단백질 가수분해효소에 의해 급속히 분해되므로 의학적 활용은 매우 제한적이다. 연구자들은 가수분해에 더 잘 견디는 유사체를 설계하여 통증 완화를 위한 모르핀 대체제로 쓰고자 노력해왔다. 안타깝게도 천연 엔케팔린과 그 유사체는 모르핀과 마찬가지로 중독성을 보이는 것으로 여겨진다.

엔도르핀은 격렬한 운동이나 통증에 반응하여 방출되는 것으로 보인다. 운동은 뇌의 혈류 공급을 증가하고, **신경영양인자**(neurotrophin)를 생성하여 뇌세포 성장을 촉진함으로써 뇌에 직접적 영향을 준다. 무용 동작과 같이 복잡한 움직임을 포함한 운동은 신경 세포 간 연결을 증가한다. 규칙적으로 운동하면 근육과 뇌 모두 더 잘 기능한다.

또한 침술이 진통성 뇌 '아편계 물질'의 방출을 유발한다는 근거도 있다. 긴 바늘이 심부 감각 신경을 자극하여 펩타이드를 방출시키고, 이들이 일시적으로 통증 신호를 차단한다.

엔도르핀 방출은 과거에 주로 심리적 현상으로 여겨졌던 다른 현상들도 설명한다. 예를 들어 전투 중 부상당한 병사가 교전이 끝날 때까지 통증을 거의 느끼지 못하는 경우가 있는데, 이는 신체가 자체 진통제를 분비했기 때문이다.

자가평가문제

1. 통증을 줄이는 데 작용하는 화합물의 유형은 무엇인가?
   a. 진통제　b. 항응고제
   c. 항히스타민제　d. 해열제
2. 다음 중 항응고제가 아닌 것은 무엇인가?
   a. 아세트아미노펜　b. 아스피린
   c. 이부프로펜　d. 나프록센
3. 알레르겐은 무엇의 방출을 유발하는가?
   a. 엔도르핀　b. 히스타민
   c. 프로스타글란딘　d. 발열원
4. 모르핀 분자에 아세틸기를 붙여 만든 반합성 아편계 약물은 무엇인가?
   a. 헤로인　b. MDMA
   c. 메페리딘　d. 메타돈
5. 헤로인 중독 치료에 사용되어온 것은 무엇인가?
   a. 엔도르핀　b. 메타돈
   c. 모르핀　d. 아편
6. 격렬한 운동 후 '높음'을 유발할 수 있을 만큼 아편계 효과를 모방하는 물질은 무엇인가?

a. 엔도르핀
b. 히스타민
c. 발열원
d. 티록신

7. 미국에서 약물이 마약으로 분류되려면 무엇을 충족해야 하는가?
   a. 중독성이 있어야 한다.
   b. 진통제여야 한다.
   c. 무감각(혼수)을 유발해야 한다.
   d. 전신 마취제여야 한다.

8. 생아편의 건조 중량 중 모르핀이 차지하는 비율은 대략 얼마인가?
   a. 2%   b. 5%   c. 10%   d. 25%

정답: 1.a, 2.a, 3.b, 4.a, 5.b, 6.a, 7.a, 8.c

11.3 약물과 감염성 질환

학습 목표
- 흔한 항균제를 열거하고, 각 약물의 작용 기전을 설명한다.
- 항바이러스제의 주요 범주를 열거하고, 각 범주의 작용 기전을 설명한다.

한 세기 전만 해도 미국에서 감염성 질환은 주요 사망 원인이었다(그림 11.6). 남북전쟁 당시에는 수천 명의 부상병이 팔이나 다리의 절단술을 필요로 했으며, 병원에 온 환자의 거의 80%가(대부분 감염으로) 사망했다. 오늘날 감염성 질환 범주는 주요 사망 원인 상위 10개 목록의 하위권으로 내려 왔다(이런 10개 원인이 미국 전체 사망의 4분의 3 이상을 차지한다). 많은 질환이 항균제의 사용으로 통제되었다.

항균제

최초의 항균제는 설파제(sulfa drug)로, 그 원형은 1935년 독일 화학자 Gerhard Domagk (1895~1964)가 발견했다. 설파제는 제2차 세계대전 동안 상처 감염 예방에 광범위하게 사용되었고, 그 결과 이전 전쟁에서라면 사망했을 많은 병사가 생존할 수 있었다.

가장 단순한 설파제인 설파닐아마이드는 분자 수준에서 작용 원리가 밝혀진 초기 약물 중에 하나였다. 그 효과는 일종의 오인에 기반한다. 세균은 엽산을 합성하기 위해 파라-아미노벤조산(PABA)이 필요한데, 엽산은 세균의 정상적 성장에 필요한 특정 화합물의 형성에 필수적이다. 그런데 세균 효소는 설파닐아마이드와 PABA의 분자 구조가 매우 유사하기 때문에 두 물질을 구별하지 못한다.

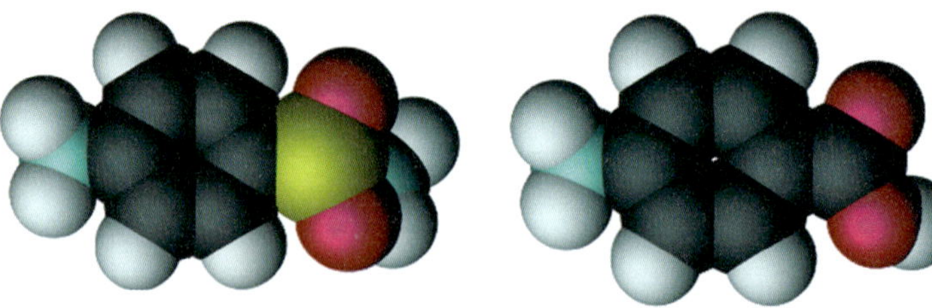

설파닐아마이드　　　　파라-아미노벤조산

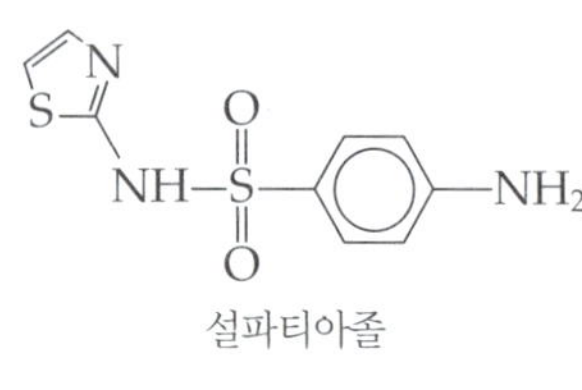

설파티아졸

HN
O NH$_2$
H$_2$N–S–NH
O

설파구아니딘

감염 부위에 설파닐아마이드를 고용량으로 적용하면 세균은 이를 가짜 엽산 합성에 편입하게 되고, 그러한 분자는 정상 기능을 하지 못하므로 세균 증식이 정지한다. 수천 종의 설파닐아마이드 유사체가 개발·시험되었지만, 오늘날 실제로 쓰이는 것은 많지 않다. 흔한 예로 설파티아졸과 설파구아니딘이 있다. 일부 설파제는 신장 손상 등 부작용을 유발할 수 있다.

다음으로 중요한 발견은 페니실린이라는 **항생제**(antibiotic)이다. 항생제란 곰팡이나 세균에서 유래하는 수용성 물질로 다른 미생물의 성장을 억제한다. 페니실린은 1928년에 처음 발견되었으나 1941년에서야 사람에게 투여되었다. 런던대학에 재직하던 스코틀랜드 미생물학자 Alexander Fleming(1881~1955)은 자신이 배양하던 황색포도상구균(*Staphylococcus aureus*)

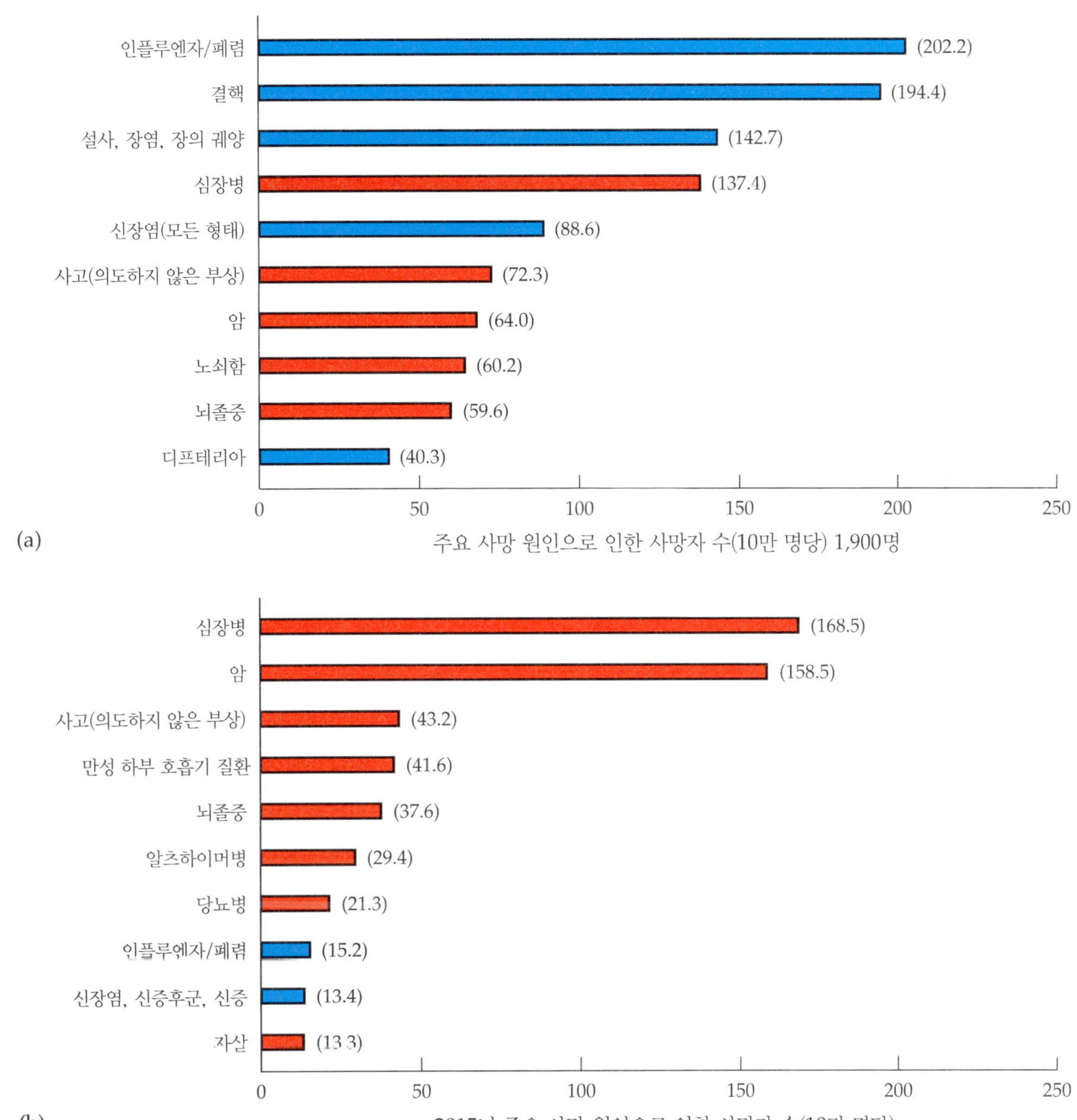

▲ **그림 11.6** (a) 1900년 미국에서는 전체 사망의 5분의 3을 차지한 10대 주요 사망 원인 중 다섯 가지가 감염성 질환(파란색 막대)이었다. (b) 2015년의 주요 사망 원인은 이른바 생활 습관병(빨간색 막대)으로, 식생활과 연관된 심장병·뇌졸중·당뇨병, 흡연과 연관된 암·폐 질환, 과도한 음주와 연관된 사고가 포함된다.

배양 접시가 푸른 곰팡이로 오염되었을 때, 그 곰팡이(*Penicillium notatum*) 주변에서 세균 집락이 소실된 것을 관찰하여 항균 작용을 최초로 알아냈다.

Fleming은 활성 물질의 조추출물을 얻는 데 성공했으며, 이후 이 물질(후에 페니실린으로 명명됨)은 영국 옥스퍼드대학의 Howard Florey(1898~1968)와 Ernst Boris Chain(1906~1979)에 의해 정제·개량되었다. 이 공로로 Fleming, Florey, Chain은 1945년 노벨 생리의학상을 공동 수상했다.

페니실린은 단일 물질이 아니라 구조가 유사한 화합물들의 계열이다(그림 11.7). 구조를 변형하여 분자를 설계하면 약물 성질을 조절할 수 있어 효능이 서로 다른 다양한 페니실린을 만들 수 있다. 일부는 경구 투여가 가능하나, 다른 일부는 주사해야 한다. 한 종류의 페니실린에 내성을 지닌 세균도 다른 페니실린으로는 사멸될 수 있다. 아목시실린은 스펙트럼이 광범위하

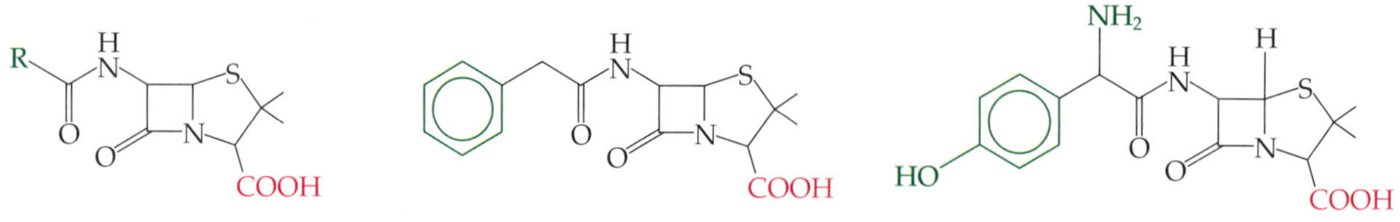

(a) 일반식

(b) 페니실린 G

(c) 아목시실린

▲ **그림 11.7** 페니실린. (a) 일반식, 즉 R은 가변 곁사슬이고, (b) 페니실린 G는 가장 효과적인 페니실린으로 간주되지만 주사제로만 투여가능하고, (c) 아목시실린은 경구 투여가능하다.

3 증상이 나아진 뒤에도 왜 항생제를 계속 복용해야 하는가?

항생제는 세균의 성장을 억제한다. 처방은 모든 세균을 완전히 제거하는 데 필요한 기간을 기준으로 작성된다. 치료 초기에 세균의 큰 비율이 사멸하므로 환자는 훨씬 호전된다고 느낄 수 있다. 그러나 일부 세균은 더 오래 걸릴 수 있다. 남아 있는 세균이 증식하여 감염이 재발하지 않도록 처방된 전량을 끝까지 복용하는 것이 중요하다. 살아남은 세균은 해당 약물에 대한 내성을 발달시킬 가능성이 더 크다.

여 여러 미생물에 효과적이며, 2015년 미국에서 리필 포함 5,480만 건 이상 처방되어 상위 10대 처방약에 들었다. 전반적으로 페니실린계는 모든 항미생물제 처방의 약 절반을 차지한다.

페니실린은 세균이 세포벽을 합성할 때 사용하는 효소들을 억제함으로써 작용한다. 세균의 세포벽은 **뮤코단백질**(mucoprotein)로 이루어진 고분자 구조이며, 이는 아미노당과 단백질이 결합된 형태이다. (아미노당은 —OH자리의 일부가 —NH_2로 치환된 당을 말한다.) 페니실린은 이러한 거대분자들 사이의 가교를 막아 세포벽에 구멍을 남기며, 세균은 팽윤 후 파열된다. 고등동물의 세포는 외막만 있을 뿐 뮤코단백질성 세포벽을 가지지 않으므로, 페니실린의 표적이 되지 않는다. 따라서 페니실린은 인체 세포를 손상시키지 않고 세균만 선택적으로 파괴할 수 있다. 다만 일부 사람은 페니실린 알레르기가 있다.

항생제의 도입 초기에는 패혈증, 폐렴 등 감염성 질환에 의한 사망이 현저히 감소했다. 1941년 이전에는 중증 세균 감염 환자가 거의 예외 없이 사망했지만, 오늘날에는 면역 기능이 손상된 경우를 제외하면 그러한 사망은 드물다. 70여 년 전만 해도 폐렴은 모든 연령층이 두려워한 치명적 질환이었으나, 오늘날 선진국에서는 주로 노인과 HIV/AIDS 환자에서 치명적이다.

항생제는 흔히 '기적의 약'으로 불리지만, 문제점도 있다. 도입 후 그리 오래지 않아 병원체들이 내성 균주를 만들어내기 시작했기 때문이다. 한 균주는 유전자 공유를 통해 다른 균주로 내성을 전파할 수 있으며, 내성 세균의 증가는 세계 보건에 심각한 위협이 되고 있다. 예를 들어 결핵은 선진국에서 거의 퇴치되다시피 했으나 약제내성 균주가 러시아에서 창궐하고, HIV/AIDS 환자 집단 전반에서 문제가 되고 있다.

내성 발현의 또 다른 예로 에리트로마이신을 들 수 있다. 이는 *Streptomyces erythreus*에서 얻는 항생제로, 사용이 제한적일 때는 모든 포도상구균에 유효했으나, 광범위한 사용 뒤에는 내성 균주가 출현했다. 포도상구균 감염은 오늘날 병원 내 감염의 중요 문제가 되었고, 입원 중 중증 세균 감염이 발생하여 사망에 이르는 경우도 있다. 미국질병통제예방센터(CDC)는 2011년 기준으로 매년 8만 건 이상의 중증 질환과 약 11,285건의 사망이 포도상구균 감염과 관련된다고 추정했다. 이후 감염 예방 절차를 도입한 병원이 늘면서 감염 감소가 관찰되었다는 연구 결과도 보고되었다.

내성 균주의 확산을 앞질러 대응하기 위해 과학자들은 새로운 항생제를 계속해서 탐색하고 있다. 페니실린은 세팔렉신(Keflex®) 등 **세팔로스포린**이라 불리는 관련 화합물에 의해 부분적으로 대체되었다. 불행히도 현재 일부 세균 균주는 세팔로스포린에도 내성을 보인다.

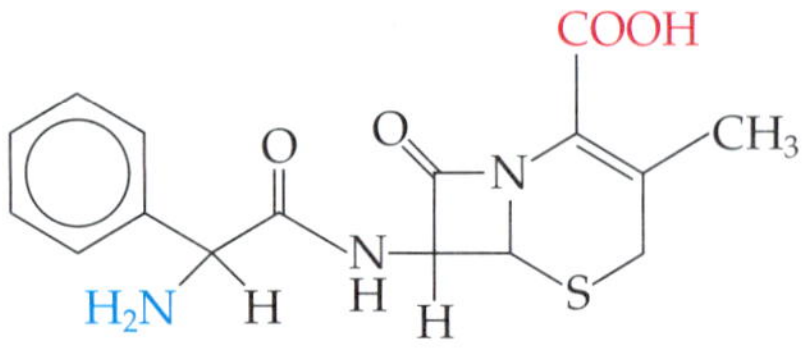

세팔렉신

항생제 분야의 또 다른 중요한 진전은 **테트라사이클린**이라 불리는 화합물 계열의 발견이었다. 이 4개의 고리를 갖는 화합물 중에 최초의 것인 클로르테트라사이클린(Aureomycin®)은 1948년 미국의 Benjamin Duggar(1872~1956)가 *Streptomyces aureofaciens*에서 분리했다. 이어 1950년에는 화이자 연구소의 과학자들이 *Streptomyces rimosus*로부터 옥시테트라사이클린(Terramycin®)을 분리했고, 두 약물 모두가 지금은 *Streptomyces viridifaciens*에서 얻는 테

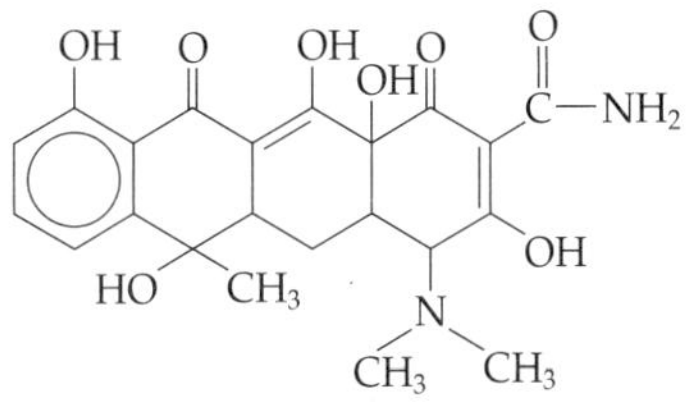

테트라사이클린

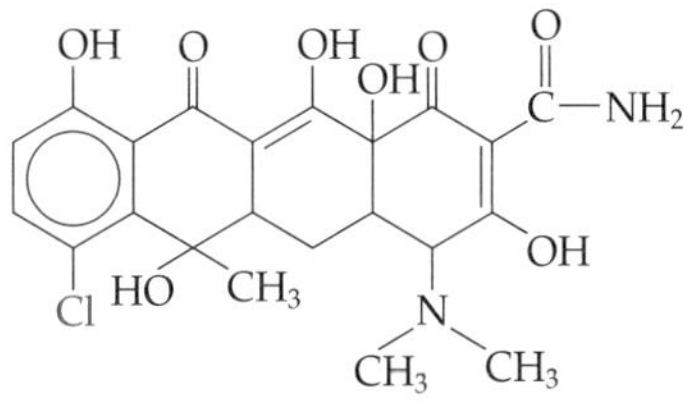

클로로테트라사이클린
(Aureomycin®)

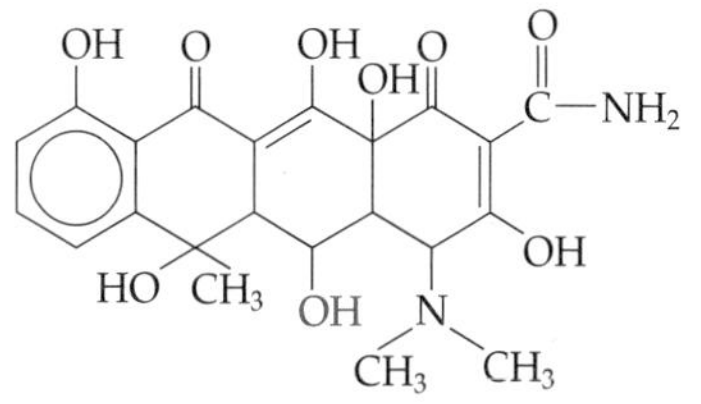

옥시테트라사이클린
(Terramycin®)

▲ **그림 11.8** 세 가지 테트라사이클린 항생제. 미묘한 구조적 차이는 색으로 강조되어 있다.

트라사이클린의 유도체임이 밝혀졌다. 이 세 화합물(그림 11.8)은 모두 **광범위 항생제**(broad-spectrum antibiotics)로 다양한 세균에 효과적이다.

테트라사이클린은 세균 리보솜에 결합하여 세균성 단백질 합성을 억제하고, 그 결과 세균의 증식을 차단한다. 반면 포유류 리보솜에는 결합하지 않아 숙주 세포의 단백질 합성에는 영향을 주지 않는다. 다만 여러 병원체에서 테트라사이클린 내성 균주가 출현했다. 소아에게 투여하면 영구치 변색을 유발할 수 있고(치아가 수년 뒤에 맹출하더라도), 같은 이유로 임신 중 테트라사이클린을 피할 것을 권고한다. 이는 치아 형성기 동안 테트라사이클린과 칼슘이 상호작용하기 때문으로, 우유 등 식품 속 칼슘 이온이 테트라사이클린 분자의 하이드록실기와 결합한다.

플루오로퀴놀론계 항생제는 1986년에 처음 도입되었으며, 현재 전 세계 420억 달러 규모 항생제 시장의 약 3분의 1을 차지한다. 이 계열 약물은 광범위한 세균에 작용하고 부작용이 비교적 적은 것으로 여겨지며, 특히 페니실린 내성 세균에 대한 치료에 많이 쓰인다. 작용 기전은 DNA 자이레이스라는 효소의 작용을 방해하여 세균 DNA 복제를 억제하는 것이다. 사람은 이 효소를 가지지 않으므로, 플루오로퀴놀론은 인체 세포에 해를 주지 않는다. 다른 항생제와 작용 기전이 다르기 때문에 내성 출현이 더디기를 기대했으나 이미 내성 사례가 보고되었다.

플루오로퀴놀론은 구조-활성 상관 관계(SAR)가 뚜렷하여 화학자와 약리학자에게 특히 관심을 받고 있다. 이는 이 계열의 신규 약물의 설계·합성에 합리적이고 체계적인 접근을 가능하게 한다. 플루오로퀴놀론의 기본 골격 구조는 다음과 같다.

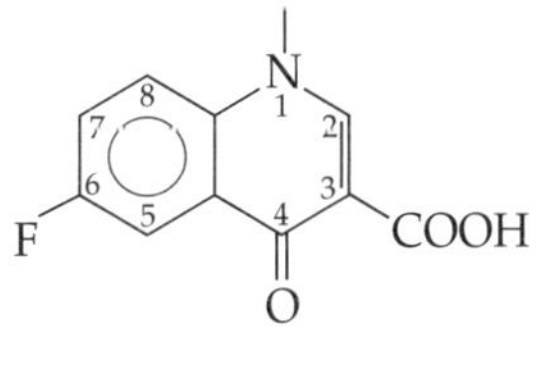

6번 위치의 플루오린 원자는 경구 투여 시 광범위 항균 활성에 필요하다. 또한 3번 위치의 카복실기(—COOH)와 4번 위치의 카보닐 산소(=O)는 세균 DNA 복합체 결합에 핵심적이어서 약효에 직접 관여한다. 7번 위치의 질소함유 고리 또는 8번 위치의 메톡시기(—OCH_3)는 효과가 미치는 세균 범위를 확대하며, 8번 위치의 부피 큰 치환기는 신경계 부작용을 감소하는 경향이 있다. 이러한 특징들 중 몇 가지는 시프로플록사신(Cipro®)에서 확인할 수 있다.

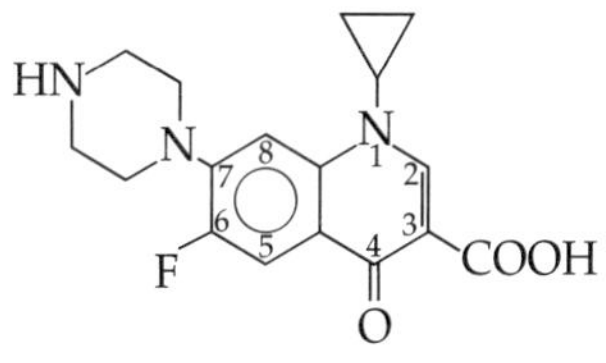

시프로플록사신(Cipro®)

바이러스와 항바이러스제

우리 대부분에게 항생제는 폐렴이나 디프테리아와 같은 세균성 감염의 공포를 사라지게 했다. 내성 세균 균주를 우려하긴 하지만, 대다수의 사람들에게 이러한 문제는 극복 불가능한 수준은 아니다. 그러나 바이러스성 질환은 항생제로 치유할 수 없으며 감기, 인플루엔자, 헤르페스, **후천성면역결핍증후군**(acquired immune deficiency syndrome, AIDS)에 이르기까지 바이

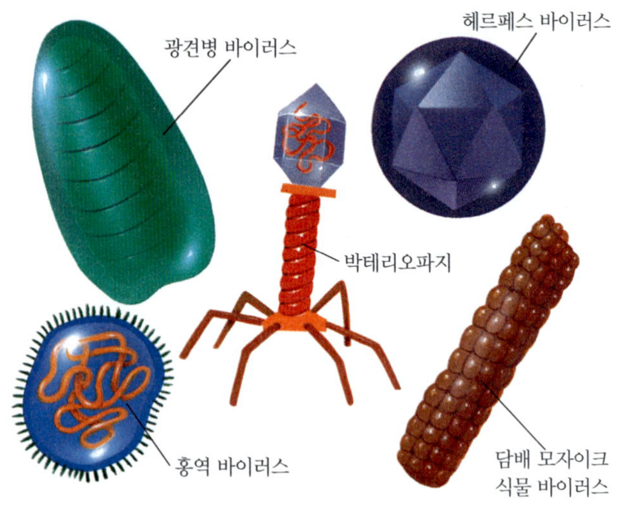

▲ **그림 11.9** 바이러스는 단백질 외피에 따라 형태가 다양하다.

러스 감염은 여전히 우리를 괴롭힌다. 소아마비, 유행성이하선염(볼거리), 홍역, 천연두와 같은 일부 바이러스 감염은 예방접종으로 예방할 수 있다. 인플루엔자 백신은 흔히 재순환하는 독감 바이러스의 일부 균주에 대해서는 상당히 효과적이지만, 이들 바이러스에는 매우 다양한 균주가 존재하고 새로운 균주가 주기적으로 나타난다.

DNA 바이러스와 RNA 바이러스

바이러스는 핵산과 단백질로 구성되어 있다(그림 11.9). 그들은 단백질 분자의 반복적인 패턴을 보여주는 외부 표피를 가지고 있다. 일부 외피는 지질막을 포함하기도 하고, **당단백질**이라고 하는 당-단백질 조합을 가지고 있기도 한다. 바이러스의 유전 물질은 DNA 또는 RNA이다. DNA 바이러스는 DNA가 복제되는 숙주 세포의 위치로 이동하여 숙주 세포가 바이러스 단백질을 생산하도록 지시한다. 바이러스 단백질과 바이러스 DNA는 숙주 세포에 의해 새로운 바이러스로 조립되어 방출된다. 이 새로운 바이러스는 다른 세포에 침입하여 작용을 계속할 수 있다.

대부분의 RNA 바이러스도 대체로 비슷한 방식으로 핵산을 이용한다. 바이러스가 숙주 세포의 RNA 가닥이 복제되는 부위까지 침투하여 바이러스 단백질 합성을 유도하고, 새로 만든 RNA 가닥과 바이러스 단백질이 새 바이러스로 조립된다. 이와 달리 **레트로바이러스**(retrovirus)라 불리는 일부 RNA 바이러스는 숙주 세포 안에서 DNA를 합성한다. 이는 세포에서 정상적으로 일어나는 DNA를 RNA 전사하는 과정과 반대된다('retro'는 '거꾸로'를 뜻함). **역전사효소**가 RNA를 주형으로 하여 DNA를 합성하는 반응을 촉매한다. AIDS를 일으키는 사람면역결핍바이러스(HIV)는 레트로바이러스이다. HIV는 T세포(감염으로부터 신체를 방어하는 백혈구의 일종)에 침입하여 결국 파괴한다. T세포가 파괴되면 AIDS 환자는 폐렴이나 다른 감염으로 쓰러지기 쉽다.

전 세계적으로 2016년에는 3,670만 명이 AIDS 상태로 생활하고 있었고, 이미 3,500만 명 이상이 AIDS로 사망했으며 2016년 한 해에만 100만 명이 추가로 사망했다. 또한 2016년에 약 180만 명이 HIV에 새로 감염되었다. 미국에서는 110만 명 이상이 HIV/AIDS와 함께 살고 있으며, 매년 약 4만 건의 신규 HIV 감염이 발생한다.

항바이러스제

과학자들은 일부 바이러스에 효과를 보이는 다양한 약물을 개발했으나, 그 어느 것도 치료제는 아니다. 몇 가지 흔한 항바이러스제의 구조는 그림 11.10에 제시되어 있다. 또 다른 항바이러스제인 아시클로비르(Zovirax®)는 수두, 대상포진, 구순포진, 생식기 헤르페스의 증상 완화에 사용된다.

항레트로바이러스제는 HIV와 같은 레트로바이러스의 증식을 억제하며 AIDS 치료에 사용된다. 다음은 항레트로바이러스제의 세 가지 주요 범주이다.

- **뉴클레오사이드 유사체(NRTI)**: 바이러스 DNA 내 뉴클레오사이드를 유사체로 치환하여 레트로바이러스를 약화시키고 복제를 지연시킨다. 예를 들어 디다노신(ddI, Videx®), 라미부딘(3TC, Epivir®), 스타부딘(d4T, Zerit®), 잘시타빈(ddC, Hivid®), 지도부딘(AZT, Retrovir®), 테노포비르(복합제 Atripla®의 구성 성분)이다.
- **비뉴클레오사이드 역전사효소 억제제(NNRTI)**: 역전사효소의 정상 작용을 방해하여 레트로

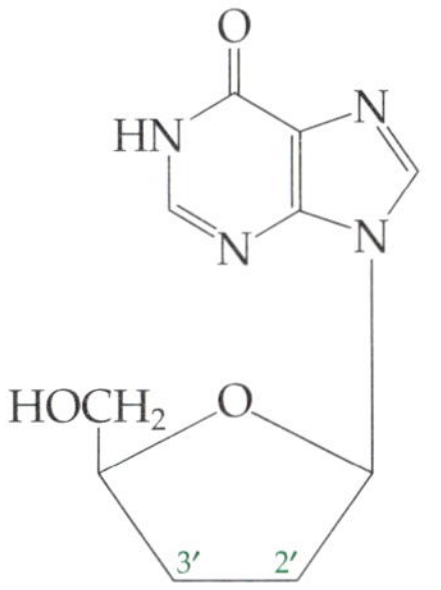

(a) 2′,3′-디데옥시이노신(ddI)

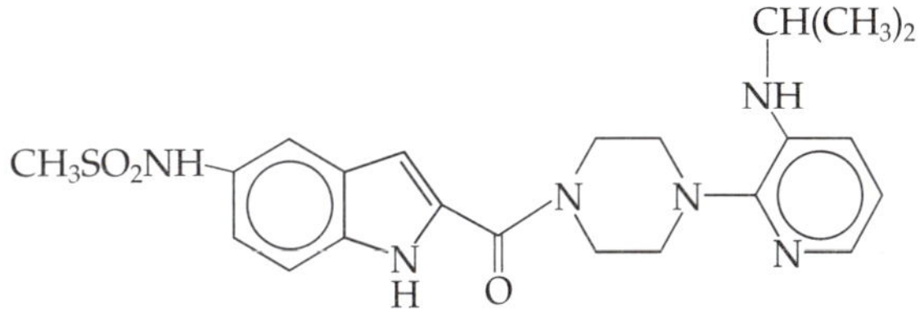

(b) 델라비르딘

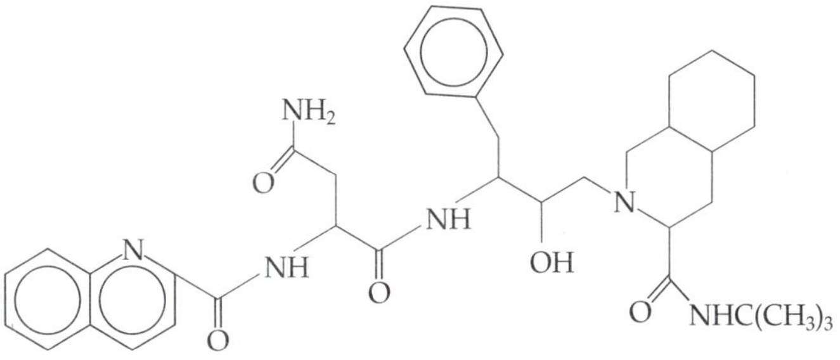

(c) 사퀴나비르

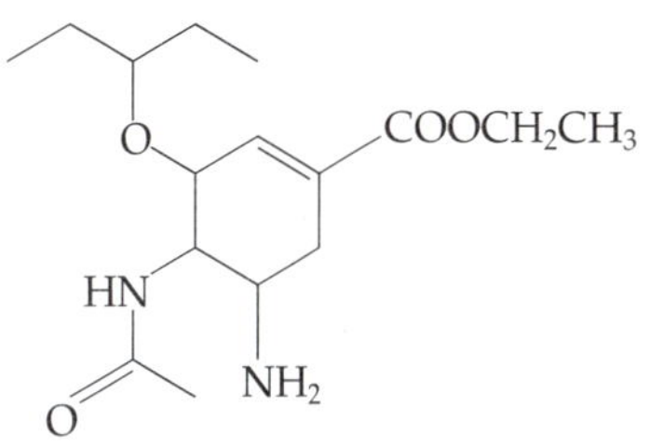

(d) 오셀타미비르

◀ **그림 11.10** 일부 항바이러스제. (a) 디다노신은 뉴클레오사이드 유사체, 즉 뉴클레오사이드 역전사효소 억제제(NRTI)이다. (b) 델라비르딘은 비뉴클레오사이드 역전사효소 억제제(NNRTI)이다. (c) 사퀴나비르는 프로테이스 억제제이다. (d) 오셀타미비르(Tamiflu®)는 질병 초기에 투여하면 인플루엔자를 예방할 수 있다.

바이러스 복제가 이루어지지 못하게 한다. 예를 들어 델라비르딘(Rescriptor®), 에파비렌즈, 릴피비린, 네비라핀(Viramune®)이다.

- 프로테이스 억제제: 프로테이스를 차단하여 새로 만들어진 레트로바이러스 복제체가 새로운 세포를 감염하지 못하게 한다. 예를 들어 리토나비르(Norvir®), 다루나비르, 아타자나비르, 사퀴나비르(Invirase®)이다.

복합 요법이 단일 약물보다 대체로 더 효과적으로 보인다. 예를 들어 Atripla®는 에파비렌즈, 엠트리시타빈, 테노포비르를 함유한 하루 1회 단일정 요법으로, 장기간 HIV를 조절할 수 있다.

기초 연구와 신약 개발

바이러스로 인한 질환을 치료할 약을 개발하기 위해서는 먼저 정상 세포의 생화학을 이해해야 했다. 미국 노스캐롤라이나의 버로즈웰컴연구소의 Gertrude Elion(1918~1999)과 George Hitchings(1905~1998), 런던 킹스대학의 Sir James Black(1924~2010)은 항바이러스제와 다수의 항암제(11.4절) 개발로 이어진 기초 생화학 연구의 상당 부분을 수행했다. 이들은 세포막 수용체의 형태를 규명하고 정상 세포의 작동 원리를 밝혔으며, 이를 바탕으로 감염 세포의 수용체를 차단하는 약물을 설계할 수 있었다. Elion, Hitchings, Black은 이 업적으로 1988년 노벨 생리의학상을 공동 수상했다.

초기의 신약 설계는 흔히 시행착오적이었다. 오늘날에는 고성능 컴퓨터를 이용해 수용체에 잘 맞도록 분자를 설계하여 신약 설계가 훨씬 정밀한 과학으로 발전했다.

4 감기나 독감에 효과 있는 약은 어떤 것들인가?

감기와 독감은 바이러스 감염의 결과이다. 항생제는 세균에 대해서만 효과가 있으며, 바이러스는 돌연변이 속도가 매우 빨라 치료가 훨씬 더 어렵다. 오셀타미비르(Tamiflu®)와 같은 일부 처방약은 발병 후 1~2일 이내에 복용하면 독감의 증상 및 경과에 미치는 영향을 최소화할 수 있다. 그러나 감기에 대해서는 아직 효과적인 치료법이 없는데, 감기는 약 200종의 리노바이러스 중에 어느 것에 의해서도 유발될 수 있다. 이에 따라 원인 치료가 아닌 증상 완화를 돕는 치료가 널리 사용된다.

예방접종을 통한 바이러스성 질환의 예방

많은 바이러스성 질환에는 아직 유효한 치료제가 없다. 그러나 예방접종을 통해 몸이 해당 바이러스/미생물에 대한 면역을 갖도록 하면 예방이 가능한 경우가 많다. 예를 들어 소아마비,

천연두 그리고 과거에 흔했던 소아기 질환인 홍역, 볼거리, 백일해 등이 있다.

소아마비는 전 세계적 공중 보건 문제였으며, Franklin Roosevelt 대통령도 피해자 중 한 명이었다. 1952년 미국 유행 시 보고된 환자가 5만 명을 넘었고, 그중 약 절반이 마비를 겪었다. Jonas Salk(1914~1995)가 개발한 백신이 1955년 도입되어 널리 접종되었고, 이어 Albert Sabin(1906~1993)은 1960년대 초에 경구용 백신을 개발했다. 이러한 백신의 도입으로 미국과 거의 전 세계에서 소아마비의 유행이 종식되었다.

천연두 백신은 훨씬 이른 시기부터 접종되었으며, 가장 잘 알려진 백신은 Edward Jenner (1749~1823)가 1796년에 개발한 것이다. 미국에서는 1972년에 천연두 백신 접종이 중단되었는데, 그 당시 백신에 따른 매우 작은 통계적 위험이 질병에 걸릴 위험보다 더 크다고 판단되었기 때문이다.

MMR 백신(홍역·볼거리·풍진)은 1970년대에 개발되어 보통 취학 전의 아동에게 접종한다. 이 질병들은 발병 후 치료가 가능한 경우도 있으나 예방이 훨씬 바람직하다.

안타깝게도 1998년에는 Andrew Wakefield의 MMR 백신과 자폐증 연관을 주장한 논문을 근거로 최근 일부 부모가 자녀 접종을 거부해왔다. 해당 연구는 사기로 판명되어 Wakefield는 의료 행위 금지 처분을 받았음에도, 일부 유명 인사들이 이를 지지한 탓에 오해가 지속되었다. 그 결과 접종 기피가 확산되며 몇몇 주에서 유행 발생이 보고되었고, 예를 들어 2015년과 2016년에는 매년 6,000건이 넘는 볼거리 확진이 있었으며, 최근 몇 년 사이 홍역과 백일해 등 예방 가능 질환의 발생도 크게 늘어났다.

최근 몇 년 사이 에볼라와 지카 바이러스가 중대한 공중 보건 위협으로 부상했다. 에볼라는 출혈을 유발하며 치명률이 높고, 지카는 임신부 감염 시 선천성 기형의 발생률이 크게 증가한다. 2013~2016년 서아프리카 에볼라 유행을 계기로 백신 개발이 가속화되었고, 2016년 말에는 임상에서 유망한 백신이 등장했으며 2018년 5월 콩고민주공화국 유행 억제에 활용되었다. 지카 백신도 연구가 급증하여 추가 시험 대상 후보들이 도출되었다.

자가평가문제

1. 페니실린은 무엇의 합성을 억제하는 방식으로 작용하는가?
- **a.** 세균의 세포벽
- **b.** 엽산
- **c.** β-락탐
- **d.** 바이러스 RNA

2. 박테리아나 곰팡이에서 유래하여 다른 미생물의 성장을 억제하는 물질은 무엇인가?
- **a.** 항생제
- **b.** 항바이러스제
- **c.** 항발암물질
- **d.** 레트로바이러스

3. 위장 바이러스에 항생제를 복용하면 어떻게 되는가?
- **a.** 질병이 낫는다.
- **b.** 약물 내성 세균이 생길 가능성이 커진다.
- **c.** 증상이 완화된다.
- **d.** 병의 지속 기간이 짧아진다.

4. 바이러스는 단백질 외피가 핵심을 둘러싸는 구조로 이루어져 있다. 핵심을 이루는 것은 무엇인가?
- **a.** 지질
- **b.** 핵산
- **c.** 다당류
- **d.** 단백질

5. 대부분의 RNA 바이러스는 숙주 세포에서 RNA 가닥을 복제하고 무엇을 합성하여 증식하는가?
- **a.** 숙주 세포 지질
- **b.** 숙주 세포 단백질
- **c.** 바이러스성 다당류
- **d.** 바이러스성 단백질

6. 레트로바이러스는 숙주 세포에서 어떤 방식으로 증식하는가?
- **a.** RNA 가닥을 복제하고 바이러스 단백질을 합성한다.
- **b.** RNA 가닥을 복제하고 숙주 세포 단백질을 합성한다.
- **c.** DNA를 합성하고 새로운 바이러스를 형성한다.
- **d.** DNA를 합성하고 숙주 세포를 복제한다.

7. 디프테리아, 유행성이하선염(볼거리), 천연두와 같은 질병에 가장 적절한 대응은 무엇인가?
- **a.** 항균제
- **b.** 항바이러스제
- **c.** 테트라사이클린
- **d.** 예방접종

정답: 1.a 2.a 3.b 4.b 5.d 6.c 7.d

11.4 암과 싸우는 화학 물질

학습 목표 • 흔한 항암제의 주요 유형과 그 작용 기전을 설명한다.

수십 년간 암과 싸워왔지만 암은 여전히 두려운 질병이다. 미국에서는 매년 170만 건이 넘는 새로운 암이 진단되고, 60만 명 이상이 암으로 사망하며, 치료에 1,500억 달러가 넘는 비용이 지출된다. 과학자들이 진전을 이루어 왔지만, 여전히 할 일이 많다. 가장 큰 어려움은 암세포를 죽이는 약물이 정상 세포도 손상시킨다는 점인데, 특히 소화관을 이루는 세포나 모발을 만들어내는 세포처럼 증식 속도가 빠른 세포가 영향을 받는다. 따라서 화학 요법의 흔한 부작용에는 오심(메스꺼움)과 탈모가 포함된다. 결과적으로 암 연구의 주요 목표는 정상 세포를 지나치게 손상시키지 않으면서 암 조직만 선택적으로 제거하는 방법을 찾는 데 있다.

약물·방사선·수술 치료는 일부 암에서 높은 완치율을 보인다. 예를 들어 초기 전립선암은 치료 시 5년 생존율이 거의 100%에 이른다. 반면 폐암과 기관지암의 5년 생존율은 18%에 불과한데, 이는 진단 시점에 이미 진행된 경우가 많기 때문이다. 모든 암을 통틀어 5년 생존율은 거의 70%에 달한다. 현재 여러 범주의 항암제가 널리 사용되는데, 그중 일부를 살펴보자.

항대사제: 핵산 합성 억제

항대사제(antimetabolite)는 정상 대사에 필수적인 물질과 매우 유사한 화합물로, 그 물질이 관여하는 생리적 반응을 방해한다. 암의 특징인 빠르게 분열하는 세포에는 풍부한 DNA를 필요로 한다. 항암 항대사제는 DNA 합성을 차단하여 암세포 수의 증가를 막는다. 암세포는 급속한 성장과 세포 분열을 겪기 때문에 일반적으로 정상 세포보다 더 큰 영향을 받는다. 지난 20년간의 연구로 투여법이 정교화되어 항대사제의 효율이 향상되었다.

Gertrude Elion와 George Hitchings는 1954년에 6-메르캅토푸린(6-MP)의 특허를 받았다. 이 화합물은 뉴클레오타이드(DNA와 RNA의 인산-당-염기 단위)에서 아데닌을 대체할 수 있으며, 이렇게 형성된 유사(가짜) 뉴클레오타이드가 아데닌과 구아닌을 포함하는 뉴클레오타이드의 생합성을 억제한다. 그 결과 DNA 합성과 세포 분열이 지연되어 암세포 증식이 억제된다. 6-MP 도입 이전에는 급성 백혈병 소아의 절반이 수개월 내 사망했으나, 다른 약물과 병용한 6-MP 치료로 약 80%의 소아 백혈병 환자가 완치될 수 있었다.

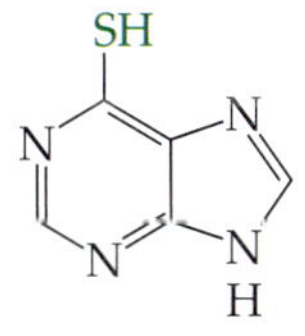

6-메르캅토푸린

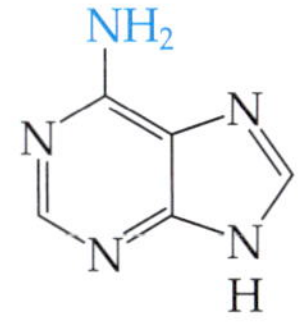

아데닌

또 다른 항대사제 5-플루오로우라실(5-FU)은 티민을 함유한 뉴클레오타이드인 티미딘의 합성을 차단하여 DNA 복제를 방해한다. 5-FU는 다양한 암, 특히 유방암과 소화관암에 사용된다.

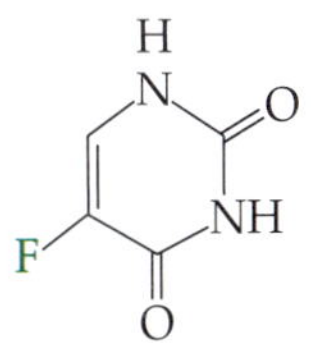

5-플루오로우라실 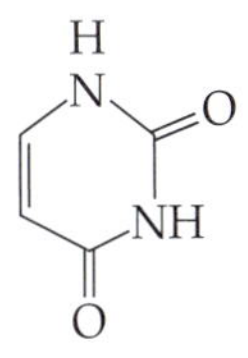　　우라실

메토트렉세이트는 작용이 다소 다르나, 이는 엽산 길항제로서 세포 증식을 방해한다. 그 구조가 엽산과 유사하다는 점에 주목한다. 설파닐아마이드로부터 형성되는 유사 엽산과 마찬가지로, 메토트렉세이트는 필수 효소에 대해 엽산과 경쟁에서 우위를 점하지만, 엽산의 성장 촉진 기능은 수행하지 못한다. 다시 말해서 세포 분열이 지연되어 암 성장이 억제된다. 메토트렉세이트는 백혈병 치료에 자주 쓰이며, 건선과 류마티스 관절염과 같은 일부 염증성 질환의 치료에도 사용된다.

메토트렉세이트

엽산

알킬화제: 오래된 무기의 항암제화

알킬화제는 생물학적으로 중요한 화합물에 알킬기를 전달할 수 있는 반응성이 높은 화합물로 부가된 알킬기가 그 분자들의 정상 기능을 차단한다. 이들 중에 일부(예를 들어 질소 머스타드)는 항암제로 사용된다.

흥미롭게도, 이러한 화합물은 화학전 연구에서 파생되었다. 제1차 세계대전 동안 30종이 넘는 화학 작용제가 사용되어 9.1만 명이 사망하고 120만 명이 부상을 입었다(많은 사람이 영구 장애를 얻음). 제2차 세계대전에서는 사용이 대체로 회피되었으나, 이후 1980년대 이란-이라크 전쟁과 이라크 정부의 쿠르드 반군 공격 등 소규모 전쟁에서 사용되었고, 최근에는 시리아에서 사린이 사용되었다. 화학전 작용제는 대량살상무기(WMD)로 분류되며, 불량 국가나 테러 조직에 의해 사용될 위험이 있다(다른 WMD에는 핵무기와 탄저균·보툴리누스 중독 등 생물학 작용제가 포함).

원래의 머스터드 가스(이페리트)는 유황을 함유한 수포 작용제로, 제1차 세계대전 동안 사용되었다. 액체나 증기와 접촉하면 통증이 심하고 치유가 더딘 수포를 유발한다. 다만 마늘이나 서양고추냉이 같은 냄새로 비교적 쉽게 탐지된다. 머스터드 가스는 군사 기호 H로 표기된다.

$$\mathrm{Cl-CH_2CH_2-S-CH_2CH_2-Cl}$$

머스터드 가스(H)

질소 머스타드(군사 기호 HN)는 1935년경 개발되었다. 전반적인 살상 효율은 머스타드 가스에 미치지 못하지만, 안구 손상은 더 크고 뚜렷한 냄새가 없다. 구조적으로는 염소화 아민에 속한다.

$$\mathrm{CH_3CH_2-N(CH_2CH_2-Cl)_2}$$

HN_1

$$\mathrm{CH_3-N(CH_2CH_2-Cl)_2}$$

HN_2

$$\mathrm{Cl-CH_2CH_2-N(CH_2CH_2-Cl)_2}$$

HN_3

질소 머스타드는 이중 기능성 알킬화제(2개의 작용기를 지닌 약제)로, 두 가닥의 DNA를 가교 결합시켜 작용한다. 이러한 가교는 복제를 억제하거나 방해하여 결과적으로는 암세포의 성장을 저해한다. 과학을 통해 얻은 지식 자체는 선도 악도 아니며, 같은 지식(여기서는 질소 머스타드를 제조하는 능력)이 인류의 이익을 위해서도 또는 파괴를 위해서도 사용될 수 있다.

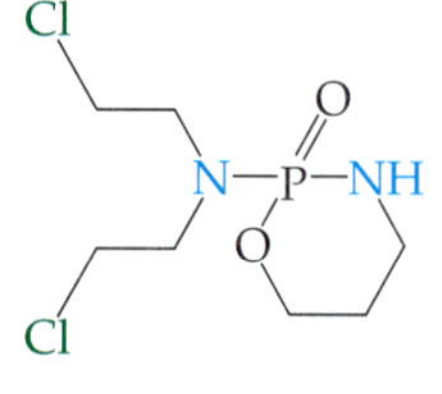

사이클로포스파미드

암 치료에 흔히 사용되는 질소 머스타드로는 사이클로포스파미드(Cytoxan®)가 있다. 호지킨병, 림프종, 백혈병, 기타 암의 치료에 쓰인다.

알킬화제는 암을 야기하기도, 치료하기도 한다. 예를 들어 질소 머스타드 HN_2를 쥐에 주입하면 폐·유방·간에 종양을 유발하지만, 일부 인체 종양의 치료에는 일정한 성과를 보인다. 암의 원인과 치료에는 여전히 많은 불확실성과 겉보기의 모순이 존재한다.

백금을 함유한 화합물인 시스플라틴[$PtCl_2(NH_3)_2$]은 대표적인 항암제이다. 시스플라틴은 1844년 처음 합성되었으나, 그 생물학적 효과는 1965년 미시간주립대학의 Barnett Rosenberg(1926~2009)가 세포 분열에 대한 전류의 영향을 관찰하던 중 우연히 발견했다. 그는 대장균(*E. coli*)이 길이만 증가하고 분열하지 못하여 때로는 정상의 300배 길이에 이르는 현상을 발견했다. 추가 연구에서 전류가 전극의 백금과 세균이 들어 있는 용액의 영양분 사이에 화학 반응을 일으켜 시스플라틴이 생성되었음을 밝혀냈다. 이 화합물이 세포 분열을 억제하므로 항암제로 유효할 것이라 Rosenberg는 추론했으며, 실제로 그렇다. 알킬화제로 분류되는 시스플라틴은 DNA에 결합하여 복제를 차단한다. 현재 난소·고환·자궁·두경부·유방·폐의 암과 진행성 방광암 등의 치료에 널리 사용된다.

시스플라틴

기타 항암제

오늘날에는 이 밖에도 다양한 항암제가 사용된다. 빈카 식물(일일초)의 알칼로이드는 백혈병과 호지킨병에 효과가 있음이 입증되었다. 파클리탁셀(Taxol®)은 태평양 주목나무에서 처음 얻어진 약물로, 유방암·난소암·자궁경부암에 효과적이다.

이마티닙(Gleevec®)은 특히 만성골수성 백혈병에 효과적인 합성 약물이다. 세포 성장은 일반적으로 **성장 인자**가 특정 세포 표면의 수용체 단백질에 결합하여 조절된다. 만성골수성 백혈병 환자는 성장 인자가 없어도 세포에 성장·분열 신호를 보내는 손상된 수용체를 가진 세포를 생성한다. 이마티닙은 이러한 결함 수용체의 작용을 억제하여 세포가 성장·분열 자극을 받지 못하게 하므로 암세포가 증식하지 못한다.

이마티닙

최근에는 만성백혈구성 백혈병(통상 만성림프구성 백혈병, CLL) 치료에 매우 효과적인 약물들이 잇달아 출시되었다. 여기에 이브루티닙(Imbruvica®)과 베네토클락스 등이 포함되며, 그 밖의 후보들도 임상 시험 중이다. 이브루티닙은 암 성장에 필요한 특정 효소를 억제하여 작용하며, 하루 한 번 복용하는 경구제라는 이점이 있다. 2016년 연 매출은 10억 달러였고, 2020년에는 50억 달러의 매출이 예상되었다.

몇몇 항생제도 세균뿐 아니라 암세포를 살해하는 것으로 밝혀졌다. 악티노마이신은 곰팡이 *Streptomyces antibioticus*과 *S. parvus*로부터 얻어지며, 호지킨병과 기타 암에 사용된다. 효과는 뛰어나지만 독성이 매우 강하다. 악티노마이신은 DNA 이중나선에 결합하여 DNA 주형에서의 RNA 합성(전사)을 차단함으로써 단백질 합성을 억제한다.

화학 요법은 암 치료의 일부에 불과하다. 수술적 종양 절제와 방사선 치료는 여전히 주요 수단으로 남아 있다. 모든 암을 단번에 치료할 단일 약제가 발견될 가능성은 낮다. 현재 발암 기전에 대한 활발한 연구가 진행 중이며, 더 나은 이해는 더 나은 치료로 이어질 것이다. 나아가 암 예방이 더욱 큰 희망이다. 흡연 관련 암 사망은 전체 암 사망의 최소 30%를 차지하며, 흡연 감소는 암 사망을 유의미하게 줄일 수 있다.

자가평가문제

1. 다음 중 항대사제는 무엇인가?

a. 5-플루오로우라실 **b.** 사이클로포스파미드
c. 시스플라틴 **d.** 질소 머스타드

2. 6-머캅토퓨린은 염기 아데닌을 모방해 유사뉴클레오타이드를 형성하여 무엇을 늦추는가?

a. 세포매개 면역 반응 **b.** DNA 합성
c. RNA 수송 **d.** 바이러스 복제

3. 메토트렉세이트는 엽산 길항제로서 무엇을 늦추는가?

a. 세포 분열 **b.** 세포매개 면역 반응
c. 암세포로의 영양소 운반 **d.** 바이러스 복제

4. 시스플라틴은 어떤 방식으로 세포 분열을 억제하는가?

a. RNA에 편입됨
b. DNA에 결합하여 복제를 차단함
c. 바이러스 복제 중단

d. 뉴클레오타이드에서 사이토신을 대체함

5. 사이클로포스파미드의 작용 기전은 무엇인가?

a. RNA에 편입됨

b. 두 가닥의 DNA를 가교 결합하여 복제를 차단함

c. 바이러스 복제 중단

d. 뉴클레오타이드에서 사이토신을 대체함

정답: 1. a, 2. b, 3. a, 4. b, 5. b

11.5 호르몬: 조절자

학습 목표
- 호르몬, 프로스타글란딘, 스테로이드의 의미를 정의하고 각각의 기능을 설명한다.
- 성호르몬의 세 가지 유형을 나열하고, 각 호르몬의 작용과 피임약의 작용 원리를 설명한다.

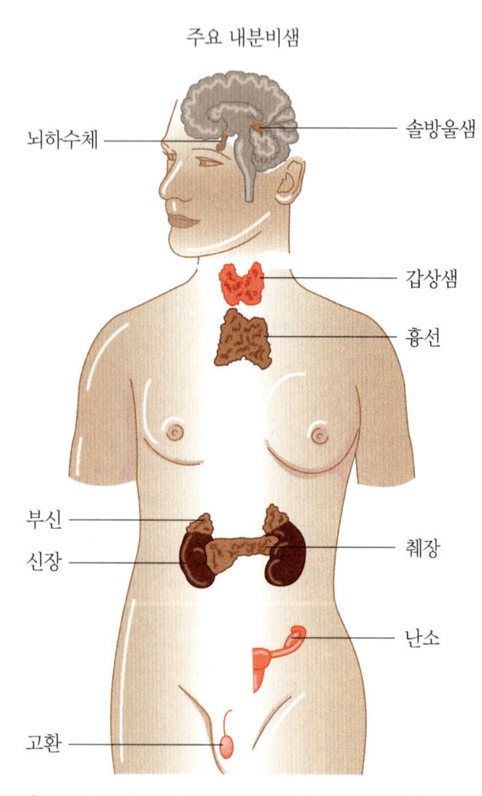

▲ **그림 11.11** 인체 주요 8개 내분비샘의 대략적 위치

다음의 약물 군을 논의하기에 앞서, 인간의 내분비계와 이 계에서 생성되는 화학 물질인 호르몬을 간단히 살펴본다. **호르몬**(hormone)은 내분비샘(그림 11.11)에서 생성되는 화학적 전달자이고, 신체의 한 부위에서 분비되어 다른 부위에 현저한 생리적 변화를 유발하는 신호를 보낸다. 호르몬은 반응 속도를 빠르게 하거나 느리게 하여 성장, 대사, 생식, 기타 신체와 정신의 많은 기능을 조절한다. 주요 인간 호르몬과 그 생리적 효과는 표 11.2에 제시되어 있다. 이 밖에도 심장, 간, 신장, 장, 태반의 조직에서도 여러 호르몬이 생성된다. 대부분의 호르몬은 단백질, 펩타이드, 아미노산 유도체이지만 부신과 생식샘에서 생성되는 호르몬은 스테로이드에 속한다.

프로스타글란딘: 호르몬 작용의 매개자

프로스타글란딘(11.2절)은 지방산 유래의 호르몬유사 지질로, 각 분자는 5탄소 고리를 포함한 20개의 탄소를 가진다. 표적 세포에 작용한다는 점에서 호르몬과 유사하지만, 다음과 같은 점에서 호르몬과 구별된다. (1) 생성 부위 인근에서 작용하고, (2) 조직에 따라 상이하거나 상반된 효과를 보일 수 있으며, (3) 빠르게 대사된다. 프로스타글란딘은 체내에서 아라키돈산으로부터 합성되며(그림 11.12), 전신에 널리 분포하는 몇 가지 주요 계열이 있다. 이들 생리 활성 물질은 극미량으로도 현저한 변화를 유발할 수 있다. 주요 계열 외에도 다양한 다른 프로스타글란딘이 확인되었다.

프로스타글란딘은 호르몬 작용의 매개자로서 혈압, 혈액 응고, 통증 감각, 평활근 활동, 생식 관련 분비 등을 조절한다. 하나의 프로스타글란딘이라도 조직마다 다른(때로는 반대의) 효과를 나타낼 수 있다. 이러한 광범위한 생리 활성 때문에 수백 종의 프로스타글란딘과 유사체가 합성되었다. 예를 들어 PGE_2(일명 디노프로스톤, Cervidil®)은 분만 유도에 사용된다. PGE_1은 혈압을 낮출 수 있고, 그 유사체 미소프로스톨은 NSAID 고용량의 흔한 부작용인 소화성 궤양 예방에 쓰인다. 이 밖의 프로스타글란딘은 비충혈 완화, 천식 증상 경감, 녹내장 치료, 폐고혈압 치료, 심근경색·뇌졸중과 연관된 혈전 형성의 예방 등에 임상적으로 이용될 수 있다.

$PGE_{2\alpha}$는 소의 번식 동기화에 사용되며, 우량 개체의 인공수정·배아이식에도 활용된다. 우수 암소에 호르몬과 함께 $PGE_{2\alpha}$를 주사하여 다수의 난자 배출을 유도한 뒤, 우수 수소의 정자로 수정시킨 배아를 가치가 낮은 대리모 소에 이식하면 한 마리의 우수 암소로부터 한 해에 여러 마리의 송아지를 얻을 수 있다.

표 11.2 일부 인간 호르몬과 그 생리적 효과

이름	화학적 성질	기능
뇌하수체 호르몬		
바소프레신(Vasopressin, 항이뇨 호르몬)	노나펩타이드	평활근 수축 촉진, 수분 보유와 혈압 조절
옥시토신(Oxytocin)	노나펩타이드	자궁 평활근 수축 유도, 유즙 분비 촉진
성장 호르몬(GH, 소마토트로핀)	단백질	체성장 및 골성장 촉진
갑상샘자극 호르몬(TSH)	단백질	갑상샘의 성장 및 갑상샘 호르몬 생성 촉진
부신피질자극 호르몬(ACTH)	단백질	부신피질의 성장과 피질 호르몬 생성 촉진
여포자극 호르몬(FSH)	단백질	여성: 난소 난포 성숙 촉진, 남성: 고환의 정자 세포 성숙 촉진
황체형성 호르몬(LH)	단백질	여성: 배란 촉진, 남성: 테스토스테론 분비 촉진
프로락틴(Prolactin)	단백질	에스트로젠·프로게스테론 생성 유지, 유즙 형성 촉진
갑상샘 호르몬		
티록신(Thyroxine)	아미노산 유도체	세포 대사율 증가
췌장 호르몬		
인슐린(Insulin)	단백질	세포의 포도당 이용 증가, 글리코젠 저장 증가
글루카곤(Glucagon)	단백질	간의 글리코젠을 포도당으로 전환 촉진
부신피질 호르몬		
코르티솔(Cortisol)	스테로이드	단백질의 탄수화물 전환(당원신생) 촉진
알도스테론(Aldosterone)	스테로이드	염분 대사 조절, 신장에서 Na^+와 재흡수·K^+ 배설 촉진
부신수질 호르몬		
에피네프린(Epinephrine, 아드레날린)	아미노산 유도체	긴급 상황 대비 반응 촉진(예: 글리코젠의 포도당 전환)
노르에피네프린(Norepinephrine, 노르아드레날린)	아미노산 유도체	교감신경계 흥분, 혈관 수축, 기타 내분비샘 자극
생식샘 호르몬		
에스트라디올(Estradiol)	스테로이드	여성 2차 성징 발달 촉진, 월경 주기 변화 조절
프로게스테론(Progesterone)	스테로이드	월경 주기 조절, 임신 유지
테스토스테론(Testosterone)	스테로이드	남성 2차 성징의 발달 및 유지 촉진

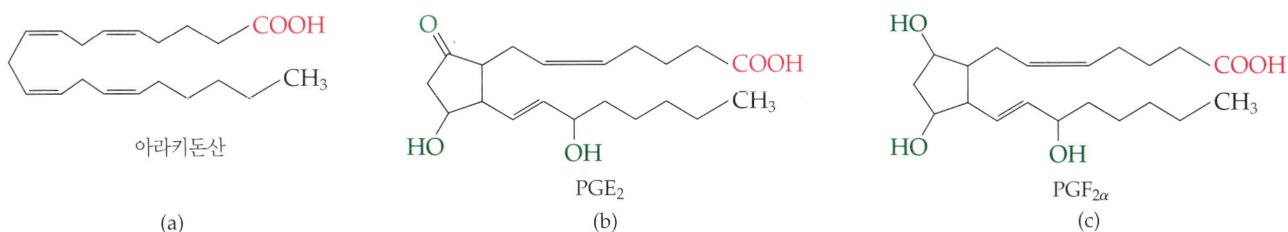

▲ **그림 11.12** (a) 프로스타글란딘은 탄소 20개를 가진 불포화 카르복실산인 아라키돈산에서 유래한다. (b) 프로스타글란딘 E_2(PGE_2), (c) 프로스타글란딘 $F_{2\alpha}$($PGF_{2\alpha}$)의 예이다.

스테로이드

스테로이드(steroid)는 특징적인 4개의 고리 골격 구조를 가진 화합물이다. 생물체에 널리 존재하지만, 모든 스테로이드가 호르몬인 것은 아니다(그림 11.13). 예를 들어 콜레스테롤은 모든 동물 조직에 존재하는 스테로이드 성분이며, 다른 모든 자연 생성 스테로이드의 합성 출발 물질이다. 뇌의 약 10%가 콜레스테롤로 이루어져 있으며, 이는 신경세포 막의 필수 구성 요소

▲ 스테로이드의 골격 구조

당뇨병

췌장은 '인슐린'이라는 호르몬을 생성하여 세포의 포도당 이용을 증가한다. '당뇨병'은 췌장이 인슐린을 충분히 만들지 못할 때(제1형) 또는 인슐린이 체내에서 제대로 사용되지 않을 때(제2형) 발생하며, 두 경우 모두 혈당 상승이 나타난다. 미국에서 당뇨병 진단자 중 90% 이상은 제2형으로, 강한 유전적 요인과 더불어 생활 습관과 밀접히 연관된다. 부적절한 식습관, 비만, 운동 부족 등이 제2형의 기여 요인으로 보인다. 임신성 당뇨병은 기저 질환이 없는 임산부의 2~10%에서 나타나는 제2형의 한 형태로, 대개 분만 후 소실되지만 일부에서는 지속된다. 미국에서 비만 증가와 보조를 맞추어 제2형 당뇨병은 소아와 청소년에서도 점차 흔해지고 있다.

제1형 당뇨병 환자는 보통 인슐린을 투여해야 하며, 인슐린은 경구 복용 시 소화계에서 분해되어 혈류에 도달하지 못하므로 주사해야 한다. 제2형 환자는 식이요법, 운동, 체중 감량으로 병을 조절할 수 있다. 이러한 조치로 충분하지 않을 때는 메트포르민(Glucophage®)과 같은 비구아나이드가 흔히 처방되며, 이는 간의 포도당 생산을 감소하여 작용한다. 메트포르민은 가장 널리 처방되는 약물 중에 하나로, 2014년 미국에서 6,000만 건 이상의 신규·재조제 처방이 조제되었다. 또한 설포닐우레아 계열 약물(췌장의 인슐린 분비를 증가)도 제2형 치료에 사용된다. 때로는 이러한 경구약만으로는 혈당 조절이 충분치 않아 인슐린 투여가 필요하다. 새로운 약물들도 승인되었으나 아직 제네릭이 없고 비용이 상당한 경우가 많다. 2017년 미국에서 당뇨병의 경제적 부담은 3,270억 달러로 추정되었다.

$$
\begin{array}{c}
\quad CH_3\ NH \qquad\quad NH \\
CH_3-\overset{|}{N}-\overset{\|}{C}-NH-\overset{\|}{C}-NH_2
\end{array}
$$

메트포르민

당뇨병은 실명, 심혈관 질환, 신장 질환, 신경 손상 등 여러 합병증을 유발할 수 있으므로, 진단과 조절이 매우 중요하다. 2015년 기준 미국인 3,030만 명(인구의 9.4%)이 당뇨병을 앓고 있으나, 약 4분의 1은 이를 인지하지 못하고 있다. 또한 전당뇨 상태인 사람이 8,400만 명에 이르며, 치료하지 않을 경우 5년 내 제2형으로 진행하는 경우가 많다.

이다. 콜레스테롤은 동맥경화 병변의 침착물에서도 발견되며, 일부 유형의 담석의 주요 성분이기도 하다. 또 다른 천연 스테로이드인 코르티솔은 부신 호르몬이다(표 11.2). 프레드니손은 관절염 환자의 염증을 줄이고, 손상 치료에 사용되는 합성 스테로이드이다.

천연물과 합성물을 막론하고 많은 약물이 스테로이드 골격을 바탕으로 한다. 일부는 관절염, 기관지 천식, 피부염, 안과 감염의 치료에 쓰이는 항염증제이고, 일부는 피임약의 활성 성분인 성호르몬이다. 아나볼릭 스테로이드는 근육 증가를 위해 운동선수와 보디빌더가 사용하기도 하나, 심각한 건강 손상을 초래할 수 있으며 불임에 이르기도 한다.

우연성은 종종 신약 발견에 중요한 역할을 한다. 노예의 손자였던 미국의 화학자 Percy Julian(1899~1975)은 글리든페인트 회사에서 대두(콩)를 연구하던 중, 그 성과가 스테로이드계 신약의 개발로 이어졌다. 이처럼 전혀 다른 주제의 연구를 하던 화학자가 우연히 새로운 약을 발견하는 사례가 자주 보고된다.

▲ Percy Lavon Julian(미국, 1899~1975)은 다양한 스테로이드의 합성에 관여했으며, 실명을 유발할 수 있는 녹내장 치료제 피소스티그민의 합성에도 기여했다.

아나볼릭 스테로이드

많은 고강도 스포츠 성과는 잘 발달한 근육에 의존한다. 근육량은 남성 호르몬 **테스토스테론**의 수준에 좌우된다. 사춘기에 이르면 테스토스테론 농도가 증가하고, 운동을 할 경우 근육이 더 잘 발달한다. 일반적으로 남성의 근육이 큰 것은 테스토스테론이 더 많기 때문이다.

테스토스테론과 그 반합성 유도체(예를 들어 메탄드로스테놀론, 그림 11.13d)는 근육량을 빠르게 늘리려는 목적으로 일부 운동선수들이 사용하기도 한다. 근육량 증가에 쓰이는 이러한 스테로이드 호르몬을 **아나볼릭 스테로이드**(anabolic steroid)라고 하며, 체내 단백질 — 나아가 근육 조직 — 의 합성(동화 작용)을 촉진한다.

아나볼릭 스테로이드의 유효성을 입증한 엄밀한 대조 연구는 없다. 일부 사람들에겐 효과가 있어 보일 수 있으나, 부작용이 매우 많다. 남성의 경우에서는 고환 위축 및 기능 저하, 발기부전, 여드름, 간 손상(간암으로 진행 가능), 부종, 콜레스테롤 수치 상승, 여성형 유방 등이 보고된다.

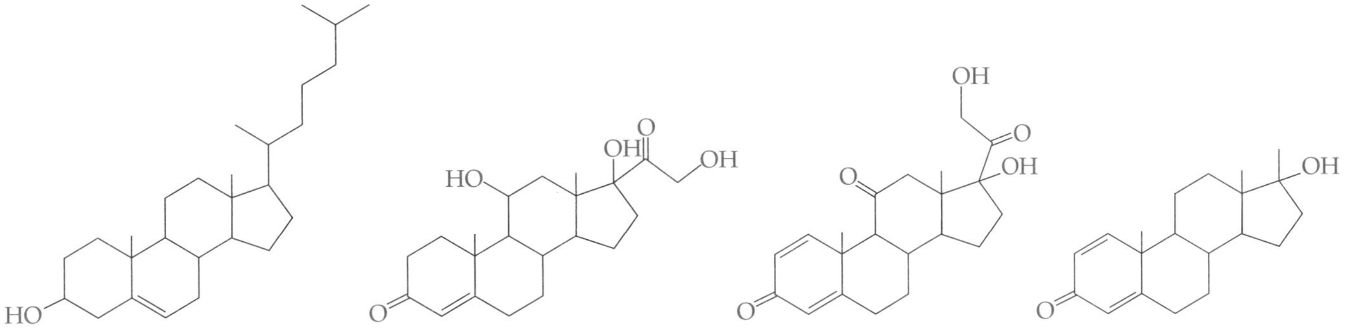

(a) 콜레스테롤　(b) 코르티솔　(c) 프레드니손　(d) 메탄드로스테놀론

▲ **그림 11.13** 네 가지 스테로이드의 구조식. (a) 콜레스테롤은 모든 동물 세포의 필수 성분이다. (b) 코르티솔은 신체적 혹은 심리적 스트레스에 반응하여 부신에서 분비되는 호르몬이다. (c) 프레드니손은 합성 항염증제이다. (d) 메탄드로스테놀론(Dianabol®)은 아나볼릭 스테로이드이다. 네 물질은 모두 동일한 기본 네 고리 구조를 갖는다.

아나볼릭 스테로이드는 남성 호르몬(안드로겐)으로 작용하여 여성의 남성화를 초래할 수 있으며, 여성들의 근육을 형성하는 데 도움을 주지만 탈모, 체모 증가, 저음화, 월경 불순 등이 나타날 수 있다.

운동 능력 향상을 위한 약물 사용은 불법이므로 화학자들은 혈액·소변 검사를 통해 불법 약물을 선별하는 중요한 역할을 맡고, 정교한 기기를 통해 미량의 약물도 검출할 수 있다. 약물 검사는 1968년 올림픽에서 처음 도입되었고, 현재는 프로 및 대학 스포츠에서도 표준 절차가 되고 있다.

불법 약물 사용은 공정한 경쟁의 정신을 훼손할 뿐 아니라 건강과 법적 문제에 중대한 위험을 초래한다.

성호르몬

성호르몬은 스테로이드이다(그림 11.14). 남성 호르몬과 여성 호르몬은 구조가 약간만 다르지만, 생리 작용은 현저히 다르다. 실제로 프로게스테론은 간단한 생화학 반응을 통해 테스토스테론으로 전환될 수 있다. 그러나 이렇게 구조가 유사한 화합물이라도 그 생리적 효과는 크게 다를 수 있다.

안드로젠(androgen)은 남성적 특성의 발현을 자극하거나 유지를 조절하는 모든 화합물을 말한다. 이러한 남성 성호르몬은 고환에서 분비된다. 남성에서는 뇌하수체 호르몬 FSH와 LH(표 11.2)가 정자와 안드로젠의 지속적 생산에 필요하며, 이들 호르몬은 생식 기관의 발달과 목소리·체모 분포와 같은 2차 성징을 담당한다. 가장 중요한 안드로젠은 테스토스테론

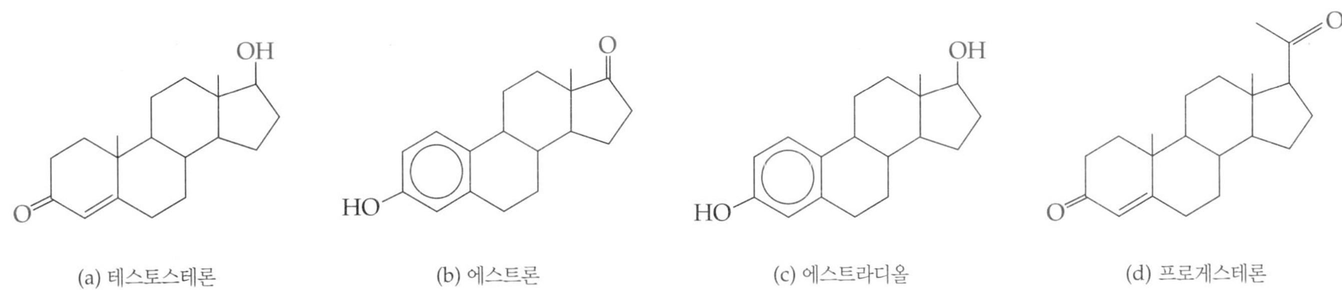

(a) 테스토스테론　(b) 에스트론　(c) 에스트라디올　(d) 프로게스테론

▲ **그림 11.14** 주요 성호르몬의 구조식. (a) 테스토스테론은 대표적인 남성 호르몬(안드로젠)이다. (b) 에스트론, (c) 에스트라디올은 여성 호르몬(에스트로젠)이다. (d) 프로게스테론은 여성에서 생성되며 임신 유지에 필수적이다.

이다.

에스트로젠(estrogen)은 월경 주기, 유방 발달, 그 밖의 여성 2차 성징 등 여성의 성기능을 조절하는 화합물이다. 주요 에스트로젠인 에스트라디올과 에스트론은 주로 난소에서 생성된다. 또 다른 여성 성호르몬 프로게스테론은 자궁을 임신에 대비시키고, 임신 중에는 난소에서의 추가 배란을 억제한다. **프로게스틴**(progestin)은 프로게스테론과 유사한 효과를 갖는 모든 스테로이드 호르몬을 의미한다. 여성에서는 뇌하수체의 FSH와 LH(표 11.2)가 난자, 프로게스테론, 에스트로젠의 생성에 필요하다.

성호르몬은 천연이든, 합성이든 모두 때때로 치료에 사용된다. 예를 들어 폐경 후 여성에게는 난소에서 더 이상 생성되지 않는 호르몬을 보충하기 위해 호르몬이 투여되곤 했다. 그러나 호르몬 대체 요법(HRT)은 건강 위험 증가가 이점을 상회한다는 우려로 대체로 중단되었다.

화학과 사회 혁명: 피임약

주사로 투여하면 프로게스테론은 효과적인 피임제로 작용한다. 이는 신체가 이미 임신한 것처럼 반응하도록 '속이는' 방식이다. 프로게스테론의 구조는 Adolf Butenandt(독일, 1903~1995)에 의해 1934년에 규명되었고, 그는 이 업적으로 1939년 노벨 화학상을 받았다. 이후 다른 화학자들은 경구 복용으로도 효과적인 피임제의 설계를 시도하기 시작했다.

1938년 Hans Inhoffen(독일, 1906~1992)은 분자에 에티닐기(—C≡CH)를 도입하여 최초의 경구 피임제인 에티스테론을 합성했다(에티닐기는 아세틸렌이라고 하는 에틴, HC≡CH에서 유래). 그러나 에티스테론은 효과를 내기 위해 대량을 복용해야 했기 때문에 널리 사용되지는 않았다. 1951년 Carl Djerassi(오스트리아·미국, 1923~2015)는 프로게스테론에서 메틸기 하나가 제거된 19-노르프로게스테론을 합성했다. 이 물질은 피임제로서 프로게스테론보다 4~8배 더 효과적이었으나, 주사 투여가 필요하다는 점이 단점이었다.

Djerassi는 이어서 효능을 높이는 메틸기 제거와 경구 투여를 가능하게 하는 에티닐기 도입을 결합하여, 소량 경구 복용만으로도 효과가 입증된 노르에틴드론(Norlutin®)을 합성했고(그림 11.15), 1956년에 특허를 획득했다. 거의 같은 시기 Frank Colton(미국, 1923~2003)은 또 다른 프로게스틴인 노르에시노드렐을 합성했고, 이에 대해 G. D. Searle이 1954년과 1955년에 특허를 받았다. 노르에시노드렐은 FDA가 1960년에 승인한 최초의 경구 피임약인 에노비드(Enovid®)에 사용되었다.

프로게스틴(노르에시노드렐, 노르에틴드론, 유사 화합물)은 프로게스테론의 작용을 모방한다. 메스트라놀(합성 에스트로젠)은 월경 주기를 조절하고, 프로게스틴은 가성 임신 상태를 형성한다. 여성은 실제 임신 중이거나 프로게스틴에 의해 유도된 거짓 임신 상태에서는 배란이나 임신도 일어나지 않는다.

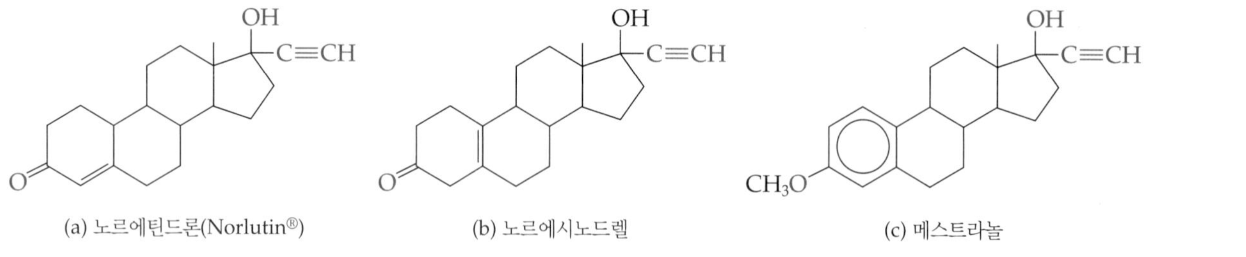

OH
—C≡CH
O

(a) 노르에틴드론(Norlutin®)

OH
—C≡CH
O

(b) 노르에시노드렐

OH
—C≡CH
CH_3O

(c) 메스트라놀

▲ **그림 11.15** 일부 합성 성호르몬의 구조식. (a) 노르에틴드론(norethindrone), (b) 노르에시노드렐(norethynodrel), (c) 메스트라놀(mestranol)이다. 1960년에 G. D. Searle의 에노비드(노르에시노드렐 9.85 mg과 메스트라놀 150 mg 함유)는 FDA가 승인한 최초의 경구 피임약이 되었다. Djerassi의 노르에틴드론과 콜튼의 노르에시노드렐은 이중 결합의 위치만 서로 다르다.

응급 피임약

무방비 성관계 후 임신을 예방하기 위해 사용할 수 있는 **응급 피임약**(ECP)이 있다. 대표적인 제품으로 Plan B One-Step®과 ella®가 있다. Plan B One-Step은 레보노르게스트렐이라는 프로게스틴만을 함유하되, 일반 경구 피임약보다 더 높은 용량으로 제공되며 처방전 없이 구입 가능하다. 다른 프로게스틴과 마찬가지로, 신체가 이미 임신 상태라고 '인지'하도록 만들어 자궁내막 발달을 억제하고 배란과 수정을 억제한다. 또다른 선택은 프로게스테론 길항제인 울리프리스탈 아세테이트를 함유한 비호르몬제로, 처방전으로만 구할 수 있는 ella이다. 이는 최대 5일간 배란을 지연시키며, 그 사이에 정자는 생존하지 못한다.

레보노르게스트렐

울리프리스탈 아세테이트

또한 자궁내장치(IUD)인 Copper T 380A IUD(ParaGard®)도 응급 피임에 사용된다. 무방비 성관계 후 3~5일 이내에 삽입하면 임신 발생률을 99.9% 감소한다. 장치의 구리(II) 이온은 정자의 이동과 수정을 방해하며, 자궁내막에 염증 반응을 유발해 착상에 부적합한 환경을 만들 가능성이 크다.

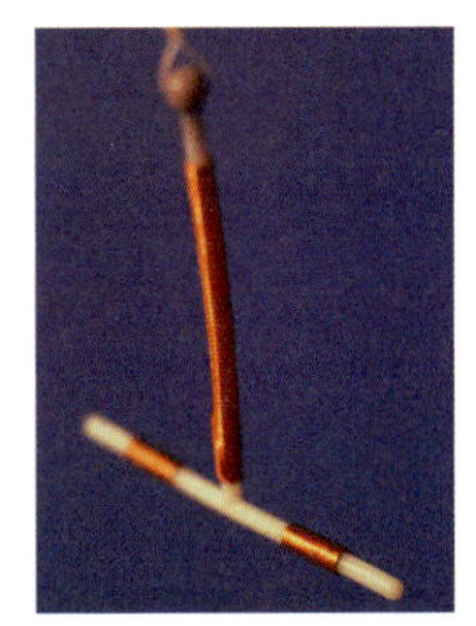

▲ Copper (T) 380A IUD(ParaGard)

ECP는 미페프리스톤(Mifeprex® 또는 RU-486)과는 작용이 다르다. 미페프리스톤은 착상된 난자를 자궁에서 배출시켜 임신을 종료하는 약물이다. 따라서 ECP는 성관계 후 임신을 예방하는 데 사용되고, 미페프리스톤은 임신 초기의 원치 않는 임신을 종료하는 데 사용된다.

미페프리스톤

난자와 정자가 결합하는 순간에 인간의 생명이 시작된다고 믿는 사람들은 미페프리스톤의 사용을 낙태와 동일시하여 그 사용에 반대한다. 반면 다른 이들은 이 약을 또 하나의 피임 방법으로 보고, 외과적 낙태보다 더 안전하다고 여긴다.

피임약 복용의 위험성

경구 피임약의 부작용 대부분이 에스트로젠 성분과 관련되어 있으므로 피임약에 포함된 에스트로젠의 양은 수년 사이 크게 줄었고, 오늘날의 피임약에는 밀리그램의 일부에 불과한 소량만 들어 있다. 또한 프로게스틴만 소량 포함하고 에스트로젠은 전혀 포함하지 않는 '미니필(알이 작은 경구 피임약)'도 시판 중이다. 미니필은 복합제(에스트로젠+프로게스틴)보다 효과는 약간 떨어지지만 부작용은 더 적다.

경구 피임약은 전 세계적으로 1억 명 이상, 미국에서 약 1,200만 명의 여성이 사용한다. 대부분의 여성은 부작용이 없거나 경미하다고 보고하지만, 일부는 고혈압, 여드름, 비정상적 출혈을 겪는다. 이들 약은 일부 여성에서 혈전 형성의 위험을 높이는데, 임신 또한 혈전 위험을 높인다. 혈전은 동맥을 막아 뇌졸중이나 심근경색으로 사망에 이를 수 있다. 피임약과 관련된 사망률은 10만 명당 약 3명으로, 분만과 관련된 사망률의 10분의 1 수준이다. 그러나 흡연자에게는 위험이 훨씬 높다. 40세 이상 여성이 하루 15개비를 피우면서 경구 피임약을 복용할 경우에 뇌졸중 또는 심근경색으로 인한 사망 위험은 5,000명당 1명에 이른다. FDA는 흡연하는 모든 여성, 특히 40세 이상 여성에게 다른 피임 방법을 사용할 것을 권고한다.

남성을 위한 피임약

피임의 책임을 왜 여성만 져야 할까? 남성용 피임약은 왜 없을까? 많은 남성이 위험과 책임을 나누길 원하지만, 현재 남성이 사용할 수 있는 효과적인 피임법은 콘돔과 정관절제술뿐이다. 여성이 더 큰 부담을 지는 데에는 생물학적 이유가 있다. 피임이 실패하면 임신하는 쪽은 여성이며, 여성에서 피임은 월 1회의 배란만을 차단하면 된다. 반면에 남성은 지속적으로 정자를 생성한다.

남성의 경우 FSH와 LH(표 11.2)는 정자와 테스토스테론의 지속적 생성을 위해 필요하다. 여러 연구팀이 안전하고, 효과적이며, 가역적인 남성 피임제 개발에 매진하고 있다. 한 접근법은 프로게스틴과 테스토스테론을 한 알약에 넣는 것이다. 이때 프로게스틴은 여성용 피임약에서와 유사하게 작용하여 정자 생성 속도와 생성량을 모두 억제하는 것으로 보인다. 이러한 남성용 경구 피임약이 일반에 보급되는 시점은 언제일까? 낙관적인 전망으로도 아직 몇 년은 더 필요하다고 추정된다.

자가평가문제

1. 호르몬을 분비하는 샘으로 이루어진 기관계는 무엇인가?
   a. 내분비계 b. 림프계
   c. 호흡계 d. 비뇨기계
2. 프로스타글란딘은 체내에서 무엇으로부터 합성되는가?
   a. 아라키돈산 b. 아스코르브산
   c. 콜레스테롤 d. 프로게스테론
3. 남성에게 사용하도록 FDA 승인을 받은 피임약(경구용)은 몇 개인가?
   a. 없음 b. 1개 c. 3개 d. 5개
4. 다음 중 임신을 유지하는 호르몬은 무엇인가?
   a. 에스트라디올 b. 에스트론
   c. 프로게스테론 d. 프로락틴
5. 경구 피임약의 효과를 가능하게 하는 작용기는 무엇인가?
   a. $CH_3CH_2—$
   b. $CH_2{=}CH_2—$
   c. $HC{\equiv}C—$
   d. $CH_3CO—$

정답: 1.a, 2.a, 3.a, 4.c, 5.c

11.6 심장을 위한 약물

학습 목표 • 심장병 치료에 사용되는 네 가지 약물 유형의 작용을 설명한다.

심장은 우리가 사는 동안 매 순간 박동하는 근육이다. 심혈관계 질환은 미국 전체 사망의 4분의 1 이상, 전 세계 사망의 5분의 1 이상을 차지한다. 전 세계 처방약 상위 10개 중 4개가 심혈관 질환 치료제이며, 이러한 약물은 수명을 연장하고 삶의 질을 향상시킨다.

심장 및 혈관의 주요 질환은 다음과 같다.

- 허혈성(산소 결핍) 관상동맥 질환
- 심장 부정맥(비정상 심장 박동)
- 고혈압
- 울혈성 심부전

죽상경화증(동맥 내막에 지방성 침전물이 축적되는 현상)은 관상동맥 질환의 주된 원인이며, 이는 다시 심근경색(심장 마비)을 유발한다. 따라서 심장 치료 약물의 다수는 심장에 대한 혈액(및 산소) 공급을 늘리고, 심장 리듬을 정상화하며, 혈압을 낮추거나, 혈관 내 지질성 플라크의 축적을 억제하는 데 목적이 있다.

혈압 낮추기

혈압의 단위는 수은 기둥 밀리미터(mmHg)이다. 정상 혈압은 120/80 미만으로 정의된다. 미국심장협회의 최신 지침에 따르면 120/80 이상 130/80 미만은 상승된 범주에 해당한다. 고혈압은 이전보다 낮은 수준에서 시작하는 것으로 간주되며, 130/80 이상 140/90 미만은 1기 고혈압, 140/90 이상은 2기 고혈압으로 본다. 새로운 지침에 따르면 고혈압은 미국 성인의 거의 절반에 영향을 미치는 가장 흔한 심혈관 질환이다. 증상이 드문 탓에 많은 사람이 고혈압임을 인지하지 못하기도 한다. 혈압 강하제는 크게 다음과 같은 네 범주로 나뉜다.

- **이뇨제**(예: 하이드로클로로티아지드, HCT)는 신장에서 수분 배설을 증가시켜 혈액량을 줄인다.
- **베타 차단제**(예: 프로프라놀롤, 메토프롤롤, 11.7절)는 심박수를 늦추고 수축력을 감소시킨다.
- **칼슘 통로 차단제**(예: 암로디핀)는 강력한 혈관 확장제로서 혈관 평활근의 이완을 유도한다.
- **안지오텐신 전환효소(ACE) 억제제**(예: 리시노프릴)는 혈관 수축을 유발하는 효소의 작용을 감소한다.

연구에 따르면 혈압 강하제 중에 가장 오래되고 단순하며 비용이 낮은 이뇨제가 대부분의 사람에게서 가장 효과적일 수 있다. 다만 실제 치료에서는 이뇨제와 다른 약물을 병용 처방하는 경우가 흔하다.

심장 리듬 정상화

부정맥은 비정상적인 심장 박동을 말한다. 일부 부정맥은 증상이 없어 건강검진 중 우연히 발견되지만, 일부는 생명을 위협할 수 있다. 신경과 근육의 전기적 성질은 세포막을 통한 이온의 흐름에서 기인하며, 부정맥 치료제는 이 흐름을 조절한다. 작용 기전은 서로 다른 여러 종류의 약물이 있으나, 대체로 치료 용량과 유해 용량 사이의 안전역이 좁다는 공통점이 있다. 심장 리듬의 변화는 중대한 결과를 초래할 수 있다. 빈맥(과도하게 빠른 박동)과 비정상 리듬은 비교적 흔하며, 불규칙 박동의 한 형태인 **심방 세동**은 매우 흔해 항공기를 비롯한 여러 공공장소에 세동제거기(제세동기)가 비치될 정도이다.

5 알약이 더 크면 약 성분이 더 많이 들어 있는가?

정제에는 활성 성분(실제 약물)뿐만 아니라 '부형제'라고 하는 여러 성분도 함께 들어 있다. 부형제에는 대개 탄수화물계 고분자인 결합제가 포함되어, 특히 유효 성분의 양이 적을 때 정제의 부피를 확보해준다. 결합제는 정제가 쉽게 부스러지지 않도록 서로 결속시키며, 색을 내는 역할을 하기도 한다. 동일한 약물이라도 용량이 다른 정제는 서로 구분할 수 있도록 색을 다르게 만드는 경우가 흔하다.

관상동맥 질환 치료

관상동맥 질환의 흔한 증상은 흉통인 **협심증**이다. 이는 대개 지질이 축적된 플라크(동맥경화)로 관상동맥이 부분적으로 좁아져 심장에 산소가 충분히 공급되지 않을 때 생긴다. 막힘이 완전히 진행되면 심근경색이 발생하여 심장 근육의 일부가 괴사한다. 의학적 치료는 보통 심장으로 가는 혈관을 확장해 혈류(및 산소) 공급을 늘리고, 심박수를 낮춰 심장의 부하와 산소 요구량을 줄이는 데 초점을 둔다. 이 과정에서 베타 차단제처럼 고혈압 치료에 쓰이는 약물들이 일부 그대로 활용된다.

또한 니트로글리세린과 아밀 나이트라이트($CH_3CH_2CH_2CH_2CH_2ONO$) 같은 여러 유기 니트로 화합물은 협심증 치료에 오랫동안 사용되어 왔다. 이들 약물은 질소 산화물(NO)을 방출하여 심장으로 가는 혈액과 산소 공급을 줄이고 있던 수축된 혈관을 이완시킨다.

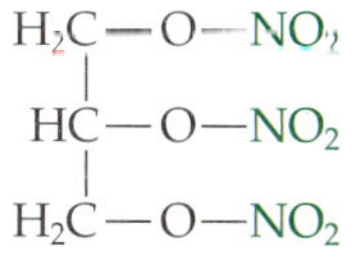

$$
\begin{array}{l}
H_2C-O-NO_2 \\
\;\;| \\
HC-O-NO_2 \\
\;\;| \\
H_2C-O-NO_2
\end{array}
$$

니트로글리세린

심부전 치료에는 새로운 약들이 많이 쓰이고 있지만, 수세기 동안 사용된 약도 여전히 중요한 역할을 한다. 디기탈리스라는 식물은 고대 이집트와 로마에서도 사용되었는데, 이 식물에는 가수분해 시 탄수화물과 스테로이드를 내는 배당체 혼합물이 들어 있다. 그중 하나인 디곡

NO: 메신저 분자

스모그의 원인이 되는 대기 오염 물질로 악명 높은 일산화 질소(NO)는 1986년에 체내 세포들 사이에서 신호를 전달하는 '메신저 분자'로 작용한다는 사실이 밝혀졌다. 이전까지 알려진 메신저 분자들은 노르에피네프린·세로토닌(11.7절)처럼 더 복잡한 물질들이었고, 이들은 세포막의 특정 수용체에 맞물려 작용한다. 흔히 질산화 질소라고도 부르는 NO는 혈압 유지와 장기 기억 형성에 필수적이며, 체내 침입자에 대한 면역 반응을 돕고 음식 소화 과정에서 장 수축의 이완 단계를 매개한다.

NO는 질소가 풍부한 아미노산인 아르기닌으로부터 효소 촉매 반응으로 세포 내에서 생성된다. NO는 침입한 미생물을 죽이는데, 이는 철을 포함한 효소들을 불활성화하는 방식으로, 일산화 탄소가 헤모글로빈의 산소 운반 능력을 파괴하는 것과 유사한 기작으로 여겨진다.

NO의 생리적 역할을 밝혀낸 미국의 Louis Ignarro(1941~), Robert F. Furchgott(1916~2009), Ferid Murad(1936~)는 1998년 노벨 생리의학상을 받았다. 이 수상은 노벨상의 재원을 마련한 Alfred Nobel(스웨덴, 1833~1896)과도 뜻밖의 인연이 있다. 다이너마이트의 폭발 성분인 니트로글리세린은 심장병의 흉통(협심증)을 완화한다. 노벨은 말년에 니트로글리세린이 두통을 유발하고 가슴 통증을 덜어주지 못한다고 생각해 복용을 거부했지만, Murad는 니트로글리세린이 NO를 방출함으로써 작용한다는 것을 보여주었다.

NO는 또 음경으로의 혈류를 가능케 하는 혈관을 확장하여 발기를 유발한다. 이러한 NO의 역할에 대한 연구는 발기부전 치료제 실데나필(Viagra)의 개발로 이어졌다. 실데나필의 생리적 효과 중 하나는 혈중에서 소량의 NO 생성을 유도하는 것이다. 관련 연구는 쇼크 치료제와 신생아 고혈압 치료제 개발로도 이어졌다.

신을 가수분해하면 스테로이드인 디기톡시게닌이 생성되며, 이는 심장 수축의 리듬과 강도에 영향을 준다. 디곡신은 오늘날에도 심부전 환자 치료에 사용되고 있다.

자가평가문제

1. 다음 중 혈압을 낮추는 데 사용되지 않는 약물은 무엇인가?
   a. 암페타민 **b.** 칼슘 통로 차단제
   c. 이뇨제 **d.** 안지오텐신 전환효소 억제제(ACE 억제제)
2. 심장에 대한 약물 치료의 주된 목표에 해당하지 않는 것은 무엇인가?
   a. 심박수 조절 **b.** 심장으로의 혈류 증가
   c. 혈압 강하 **d.** 혈관 내 지질 플라크 침착 증가
3. 아밀 나이트라이트와 니트로글리세린은 혈관의 평활근을 이완시키는 물질을 방출함으로써 작용한다. 그 물질은 무엇인가?
   a. 아미노산 **b.** 디지털리스
   c. 질소 산화물(NO) **d.** 스테로이드

정답: 1. a, 2. d, 3. c

11.7 약물과 마음

학습 목표
- 뇌 아민인 노르에피네프린과 세로토닌이 정신에 미치는 영향과 여러 약물이 그 작용을 어떻게 변화시키는지 설명한다.
- 각성제, 억제제, 환각제의 예를 들고 이들이 정신에 미치는 영향을 설명한다.

향정신성 약물(psychotropic drug)은 인간의 정신에 영향을 미치는 약물이다. 인류가 처음 사용한 약물도 아마 정신을 변화시키는 물질이었을 것이다. 알코올 음료, 마리화나, 아편, 코카 잎, 페요테 등 여러 식물성 물질이 수천 년 동안 그 향정신 효과 때문에 사용되어 왔다. 일반적으로 특정 사회에서는 이들 중에 한두 가지만 사용되었다. 오늘날에는 수천 종의 향정신성 약

물이 손쉽게 구할 수 있으며, 일부는 여전히 식물에서 얻지만 많은 것이 합성품이다.

정신과 신체에 작용하는 약물을 명확히 구분하기는 어렵다. 대부분의 약물은 정신과 신체 모두에 어느 정도 영향을 미친다. 그럼에도 주로 신체에 작용하는 약물과 주로 정신에 영향을 미치는 약물을 구분해보는 일은 유용하다.

향정신성 약물은 보통 세 부류로 나눈다.

- **각성제**(stimulant drug): 코카인이나 암페타민처럼 경계심과 주의력을 높이고, 정신 작용을 빠르게 하며, 전반적으로 기분을 상승시킨다.
- **억제제**(depressant drug): 알코올, 대부분의 마취제, 오피오이드(아편제), 바르비튜레이트, 특정 진정제 등은 의식 수준과 외부 자극에 대한 반응 강도를 낮춘다. 일반적으로 정서적 반응을 둔화시킨다.
- **환각제**(hallucinogen drug): 리세르그산 디에틸아마이드(LSD)나 메스칼린처럼 주변 세계에 대한 지각을 질적으로 변화시킨다.

각 범주에 속하는 주요 약물 몇 가지를 살펴보기 전에 신경계의 화학에 대해 간단히 살펴보자.

신경계의 화학

신경계는 약 120억 개의 신경세포(뉴런)와 그 사이의 10^{13}개 연결로 이루어져 있다. 뇌는 대략 10조 비트 규모의 정보를 처리할 수 있다. 신경세포의 모양과 크기는 매우 다양하며, 한 유형이 그림 11.16에 제시되어 있다. 각 세포의 핵심 구성 요소는 세포체, 축삭, 가지돌기이다. 여기서는 자율신경계를 이루는 신경만 다룬다. 자율신경은 심장, 소화 기관, 폐와 같이 불수의적으로 작동하는 장기와 내분비샘에서 뇌와 척수로 또는 그 반대로 메시지를 전달한다.

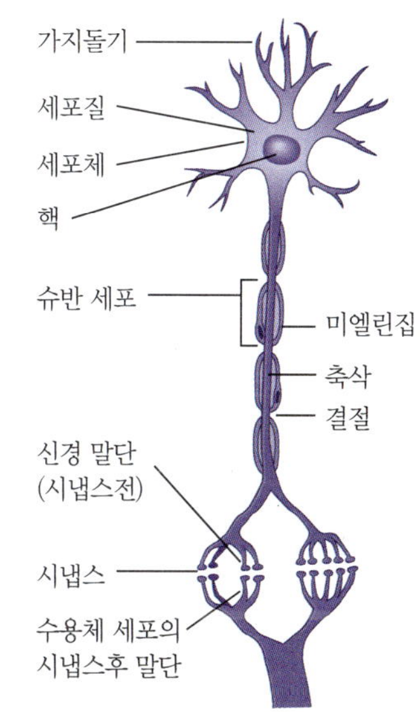

▲ **그림 11.16** 사람 신경세포의 모식도

신경세포의 축삭은 길이가 최대 60 cm에 이를 수 있지만, 기관에서 중추신경계로 이어지는 연속적인 단일 경로가 존재하는 것은 아니다. 신호는 액체로 채워진 미세한 간극인 **시냅스**(synapse, 그림 11.17)를 통해 전달되어야 한다. 뇌의 신경세포에서 나온 전기 신호가 시냅스전 신경세포의 축삭 말단에 도달하면, 미세 소포에 저장되어 있던 **신경전달물질**(neurotransmitter)이 시냅스로 방출된다. 시냅스후 세포의 수용체가 이 신경전달물질과 결합하면 그 수용 세포에 변화가 일어난다. 잠시 뒤 신경전달물질은 수용체 자리에서 떨어져 나와 수송체(transporter)에 의해 시냅스전 세포로 되돌려 운반(재흡수)된다.

신경전달물질은 매우 다양하다. 아미노산, 펩타이드, 단일치환 아민(모노아민) 등이 신경전달물질로 작용한다. 예를 들어 아미노산인 글루탐산의 카르복실산 음이온인 글루탐산염은 뇌에서 가장 흔한 신경전달물질이다. 50종이 넘는 펩타이드도 신경 전달 기능을 한다. 신호는 다른 신경세포, 근육, 부신 같은 내분비샘으로 전달된다. 각 신경전달물질은 수용 세포의 하나 이상 수용체 부위에 정확히 들어 맞는다. 예를 들어 시냅스전 세포에서 글루탐산염이 방출되면, 시냅스후 세포의 글루탐산 수용체가 이를 결합해 활성화된다. 신경전달물질은 우리가 어떻게 생각하고 느끼며 움직이는지를 큰 폭으로 좌우한다. 이들의 합성이나 재흡수에 문제가 생기면 심각한 이상이 나타날 수 있다. 많은 약물(그리고 일부 독성 물질)은 특정 신경전달물질의 작용을 모방하여 작동하며, 다른 약물은 수용체 부위를 차단해 신경전달물질이 작용하지 못하도록 한다.

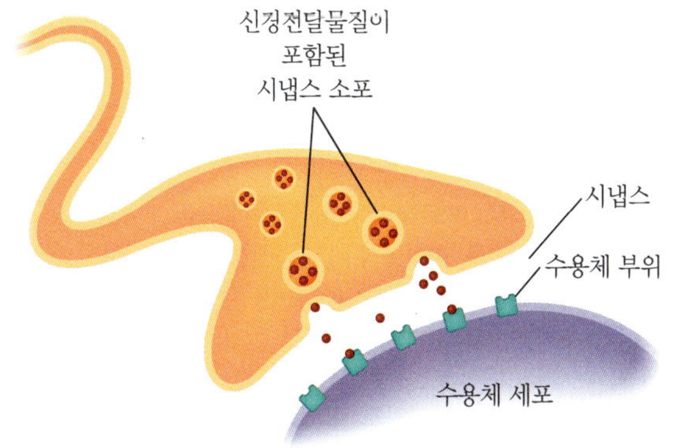

▲ **그림 11.17** 시냅스 모식도. 전기 신호가 시냅스전 신경세포의 축삭 말단에 도달하면 소포에 저장되어 있던 신경전달물질이 방출된다. 이 분자들은 시냅스 간극을 가로질러 시냅스후 신경세포로 확산되어, 표면의 특정 수용체 부위에 결합한다.

뇌 질환의 생화학적 이론

다른 장기와 마찬가지로 뇌도 질병을 겪을 수 있다. 정상적인 뇌 활동에는 많은 화학 물질이 관여하며, 이들 사이의 불균형이 문제를 일으킨다. 우리는 삶에서 기복을 겪는데, 그 원인은 복합적이지만 뇌에서 생성되는 여러 화합물이 관여할 가능성이 크다. 이러한 기복을 다루기 전에, 부신과 일부 중추신경계 세포에서 만들어지는 아민인 에피네프린에 대해 먼저 살펴보자(그림 11.18).

에피네프린은 사람이 스트레스를 받거나 공포를 느낄 때 부신에서 분비되며, 따라서 종종 **아드레날린**이라고 불린다. 소량으로도 혈압을 크게 높이며, 분비된 에피네프린은 신체를 '투쟁-도피' 반응에 대비시킨다. 다만 현대 사회에서는 문화적 억제 규범 때문에 실제로 싸우거나 도망치는 행동으로 이어지지 않는 경우가 많아, 아드레날린으로 야기된 '과충전'이 사용되지 못한다. 이러한 좌절감이 일부 정신 질환과 관련된다는 주장도 있다.

정신 질환의 생화학적 가설은 대개 약물 치료로 개선가능한 뇌 아민의 화학적 불균형을 전제로 한다. 그중 하나가 에피네프린과 구조적으로 가까운 노르에피네프린(NE)이다. NE는 뇌에서 생성되는 신경전달물질(그림 11.18)이다. 과량 분비되면 NE는 행복감(도취감)을 유발하고, 더 큰 과잉에서는 조증 상태까지 초래할 수 있다.

NE 및 관련 화합물은 몇 가지 범주로 나뉜다. **NE 작용제**(NE의 작용을 강화하거나 모방하는 약물)는 각성제로 분류된다. 반대로 **NE 길항제**(NE의 작용을 차단하는 약물)는 여러 생리 과정을 둔화시킨다(11.2절). 예를 들어 베타 차단제(그림 11.19)는 다양한 세포에서 에피네프린과 NE의 각성 효과를 줄인다. 프로프라놀롤(Inderal®)은 심박 수축력을 약간 낮춤으로써 부정맥, 협심증, 고혈압 치료에 쓰이지만 무기력감과 우울감을 유발할 수 있다. 메토프롤롤(Lopressor®)은 심장 세포에 선택적으로 작용하여 기관지 수용체에는 거의 영향이 없으므로 천식을 동반한 고혈압 환자도 사용할 수 있다.

또 다른 뇌 아민은 신경전달물질인 **세로토닌**이다. 세로토닌은 수면, 식욕, 기억, 학습, 감각지각, 기분, 성 행동, 체온 조절, 공격성 등에 관여한다. 세로토닌은 신경계를 억제하여 진정·안정 효과를 내고 만족감과 충족감을 일으킨다. 세로토닌의 주요 대사산물인 5-하이드록시인

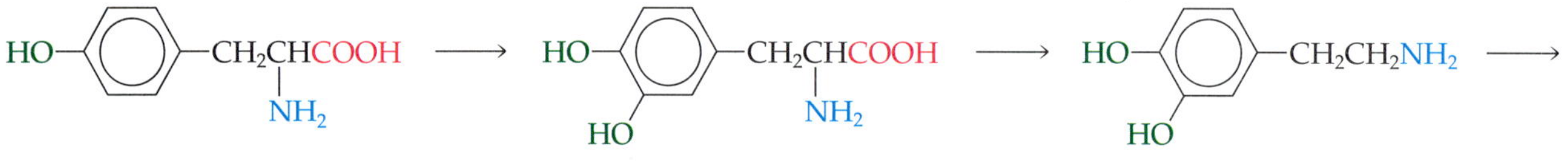

HO–C₆H₄–$CH_2CH(NH_2)COOH$ ⟶ $(HO)_2C_6H_3$–$CH_2CH(NH_2)COOH$ ⟶ $(HO)_2C_6H_3$–$CH_2CH_2NH_2$ ⟶

타이로신 | 도파 | 도파민

$(HO)_2C_6H_3$–$CH(OH)CH_2NH_2$ ⟶ $(HO)_2C_6H_3$–$CH(OH)CH_2NHCH_3$

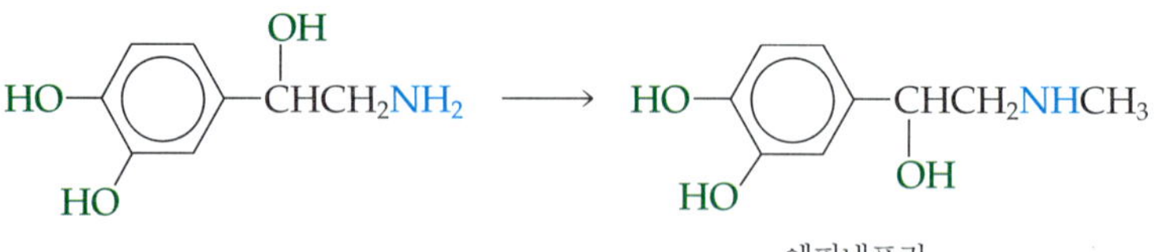

노르에피네프린 | 에피네프린 (아드레날린)

▶ **그림 11.18** 티로신으로부터 에피네프린과 노르에피네프린이 합성되는 경로. 화합물의 좌형 이성질체인 L-도파는 도파민 생성 부족으로 생기는 파킨슨병 치료에 사용된다. 도파민 자체는 혈뇌장벽을 통과하지 못하므로 직접 치료에 쓸 수 없다. 조현병(정신분열증)은 신경세포 내 도파민 과다와 관련된 것으로 알려져 있다.

$C_{10}H_7$–$OCH_2CH(OH)CH_2NHCH(CH_3)CH_3$

프로프라놀롤

$CH_3OCH_2CH_2$–C₆H₄–$OCH_2CH(OH)CH_2NHCH(CH_3)CH_3$

메토프롤롤

▶ **그림 11.19** 프로프라놀롤과 메토프롤롤은 베타 차단제로, 고혈압 치료에 널리 쓰인다.

돌아세트산(5-HIAA)은 자살 시도 병력이 있는 중증 우울증 환자의 뇌척수액에서 비정상적으로 낮게 나타나는데, 이는 세로토닌 대사 이상이 우울증에 관여함을 시사한다. 일부 연구는 뇌 전두엽 시냅스에서의 세로토닌 흐름 감소가 우울증을 유발한다고 제안한다. 5-HIAA는 살인범 및 기타 폭력 범죄자에서 낮게 나타나는 반면에 강박장애 환자, 반사회성 성향자(소시오패스), 강한 죄책감 성향이 있는 사람들에서는 정상보다 높다.

세로토닌 작용제는 우울증·불안·강박장애 치료에 사용되며, 세로토닌 길항제는 편두통 치료와 항암 화학 요법으로 인한 오심 완화에 사용된다.

뇌 아민과 식단: 먹는 것을 느낀다

매사추세츠공과대학의 Richard Wurtman은 식단과 뇌의 세로토닌 수치 사이의 관련성을 입증했다. 그림 11.20에서 보듯이 세로토닌은 아미노산 트립토판으로부터 체내에서 합성된다. 탄수화물이 많은 식단은 세로토닌 수치를 높이고, 단백질이 많은 식단은 세로토닌 농도를 낮춘다.

노르에피네프린은 아미노산인 티로신으로부터 체내에서 합성된다. 그림 11.18에서 보듯이 이 합성은 복잡하며 여러 중간체를 거쳐 진행된다. 티로신은 식단의 구성 성분이기도 하므로, 우리의 정신 상태가 상당 부분 무엇을 먹는지에 좌우될 수 있다.

미국인 10명 중 거의 1명은 어떤 형태로든 정신 질환을 겪는다. 병원 입원 환자의 절반 이상이 정신적 문제로 입원한다. 뇌의 생화학이 더 충분히 이해된다면 약물 투여(또는 식단 조절)를 통해 정신 질환을 치료하거나(적어도) 완화할 수 있을 것이다.

마취제

마취제(anesthetic)는 감각이나 의식을 잃게 하는 물질이다. **전신 마취제**(general anesthetic)는 뇌에 작용하여 무의식 상태와 전반적인 통증 무감각을 유발하고, 국소 마취제는 신체의 일부 부위에서만 감각을 없앤다.

최초의 전신 마취제인 다이에틸 에테르($CH_3CH_2OCH_2CH_3$)는 1840년대에 외과 수술에 처음 사용되었다. 에테르 증기를 흡입하면 중추신경계 활성이 억제되어 무의식에 이른다. 유효 마취량과 치사량 사이에 비교적 넓은 안전역이 있어 자체로는 꽤 안전하지만, 높은 인화성과

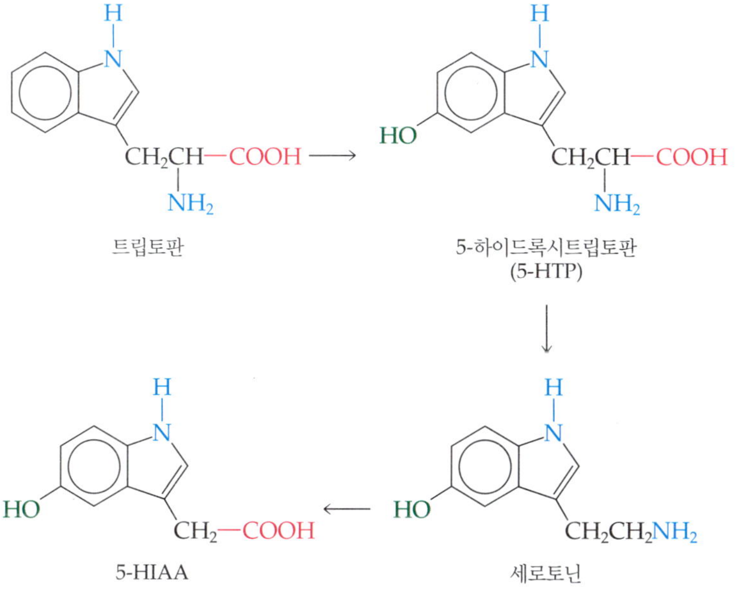

H N CH_2CH—COOH NH_2 → HO H N CH_2CH—COOH NH_2

트립토판

5-하이드록시트립토판 (5-HTP)

↓

HO H N CH_2—COOH ← HO H N $CH_2CH_2NH_2$

5-HIAA

세로토닌

◀ **그림 11.20** 세로토닌은 아미노산 트립토판으로부터 뇌에서 생성된다. 합성 과정은 여러 단계를 거치며, 단순화를 위해 일부 단계는 생략했다. 5-HIAA는 세로토닌의 대사산물이다.

오른손과 왼손 분자

사람처럼 분자도 '오른손'과 '왼손'이 있을 수 있다. 그림 11.21은 아미노산 알라닌[$CH_3CH(NH_2)COOH$]의 두 가지 구조를 공-막대 모형으로 보여준다. 이 구조들은 **입체이성질체**(stereoisomer)로, 구조식은 같지만 원자나 원자단의 3차원 배치가 다른 경우다. 알라닌의 두 입체이성질체는 한 켤레의 장갑처럼 닮았지만 서로 다르다. 모형 하나를 거울 앞에 놓으면 거울상은 다른 모형과 정확히 일치한다. 이렇게 서로 포개어 일치시킬 수 없는 거울상 관계에 있는 분자를 **거울상이성질체**(enantiomer)라고 한다('반대'를 뜻하는 그리스어 *enantios*에서 유래).

거울상이성질체는 4개의 서로 다른 치환기가 결합된 탄소 원자인 **키랄 탄소**(chiral carbon)를 가진다. 예를 들어 알라닌의 중심 탄소에는 H, CH_3, COOH, NH_2 네 그룹이 결합되어 있다. 분자에 키랄 탄소가 하나 이상 있으면 보통 두 가지 이상 입체이성질체로 존재한다. 반대로 프로판($CH_3CH_2CH_3$)처럼 키랄 탄소가 없으면 입체이성질체 쌍을 이루지 않는다.

생물학적으로 중요한 유기 분자에서 입체이성질은 매우 흔하다. 단당류는 모두 오른손이며, 단백질을 이루는 20가지 아미노산 중 19가지는 왼손이다. 글리신(H_2NCH_2COOH)은 키랄 중심이 없어 관계가 존재하지 않는다.

오른손 장갑이 왼손에 맞지 않듯이 거울상이성질체는 효소에 서로 다르게 결합하여 다른 생리적 효과를 낸다. 두 거울상이성질체를 같은 양으로 섞은 혼합물을 라세미 혼합물(라세메이트)이라 한다. 예전에는 많은 약물이 라세미 혼합물로 판매되었지만, 이제는 한쪽 거울상이성질체만 효과적이고 다른 쪽은 효과가 없거나 심지어 독성이 있을 수 있다는 사실이 알려져 있다. 예를 들어 혈중 콜레스테롤을 낮추는 아토르바스타틴(Lipitor®)이 있다. 1989년 초기 연구는 유망하지만 두드러지지 않았다. 이후 왼손 이성질체만이 활성형임이 밝혀지면서, 오른손과 분리했을 때 훨씬 더 효과적임이 드러났다. 단일 거울상이성질체만을 성분으로 하는 약물 개발은 제약 산업에서 점점 더 중요해지고 있다.

신약 특허는 유효 기간이 한정되어 있다. 최근 라세미 약물의 특허가 만료되자 여러 제약사가 '키랄 전환'을 통해 단일 거울상이성질체 약을 내놓으며 효과나 안전성의 우수성을 주장하고 있다. 현재 FDA는 새로운 라세미 혼합물에 대해 각 거울상이성질체의 정보를 제출하도록 요구하고 있다.

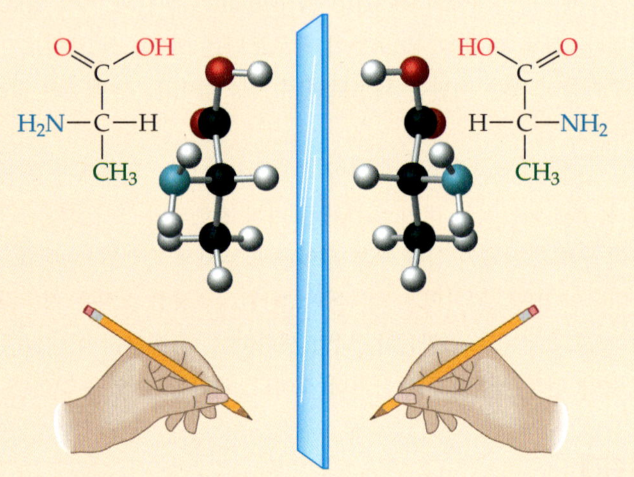

▲ **그림 11.21** D-알라닌과 L-알라닌의 공-막대 모형과 구조식. 두 분자는 서로 포개어 일치시킬 수 없는 거울상, 즉 '거울상이성질체'이다. 오른손과 왼손처럼 거울상이성질체는 서로 포개어 일치되지 않는다.

메스꺼움 같은 부작용은 단점이다.

아산화 질소(N_2O, 웃음 가스)는 1772년 Joseph Priestley(영국, 1733~1804)가 발견했으며, 곧 마취(진정) 효과가 주목되었다. 현대 마취에서는 산소와 혼합해 사용한다. 작용 발현은 빠르지만 효력은 강하지 않아 50% 이상 농도가 되어야 효과적이며, 환자의 혈액에 충분한 산소를 공급해 영구적 뇌 손상을 막기 위해 반드시 공기 대신 산소와 혼합해야 한다.

클로로포름($CHCl_3$)은 1847년에 전신 마취제로 도입되었다. 1853년 영국의 Britain 여왕이 클로로포름 마취하에 여덟째 아이를 출산한 일을 계기로 급속히 대중화되었다. 그러나 클로로포름은 유효 용량과 치사량 간격이 좁아 안전 여유가 작다. 또한 간 손상을 일으키며, 발암이 의심되며, 보관 중 산소와 반응하여 치명적인 포스겐 가스가 생성될 수 있어 산소로부터 차단하여 저장해야 한다. 이런 이유로 오늘날에는 더 이상 사용되지 않는다.

현대의 흡입 마취제는 불소를 함유한 화합물들(표 11.3)로, 불연성이며 환자에게 비교적 안전하다. 다만 수술실 종사자에 대한 안전성에는 의문이 제기되었는데, 예를 들어 여성 수술실 근무자는 일반 인구보다 유산률이 더 높게 보고된 바 있다. 수술실에서 배출되는 잔류(폐) 마취 가스를 포집·제거하면 이러한 위험을 최소화할 수 있다.

현대의 수술에서는 보통 여러 약물을 병용한다. 일반적으로 환자에게는 다음과 같은 약품이 투여된다.

표 11.3 흡입 마취제

일반명/화학명	화학식	상품명	도입 연도	현재 사용 여부
다이에틸 에테르(diethyl ether)	$CH_3CH_2OCH_2CH_3$	Ether	1842	×
아산화 질소(nitrous oxide)	N_2O	Nitrous oxide	1844	○
클로로포름(chloroform)	$CHCl_3$	Chloroform	1847	×
이소플루란(isoflurane)	$CHF_2OCHClCF_3$	Forane	1980	○
데스플루란(desflurane)	$CHF_2OCHFCF_3$	Suprane	1992	○
세보플루란(sevoflurane)	$CH_2FOCH(CF_3)_2$	Ultane	1995	○

- 불안을 감소하기 위한 벤조디아제핀계 진정제(예: Valium®, Versed®)
- 의식을 신속히 소실시키기 위한 정맥 마취제(예: 티오펜탈)
- 통증을 차단하기 위한 마약성 진통제(예: 펜타닐)
- 통증에 대한 무감각을 제공하고 무의식을 유지하기 위한 흡입 마취제(대개 산소와 아산화 질소를 병용하여 생명 유지에 필요한 호흡·순환을 보조함)
- 근육을 이완시켜 기관 삽관을 용이하게 하는 이완제(예: 판쿠로늄 브로마이드)

전신 마취제는 중추신경계 수용체에서 특정 신경전달물질의 흥분성 작용을 억제함으로써 시냅스에서의 신경 전달을 감소한다. 다만 마취제는 수용체에 비교적 약하게 결합하므로, 정확한 작용 기전을 규명하기는 어렵다.

국소 마취제

국소 마취제는 신체의 특정 부위를 통증에 둔감하게 만든다. 작용 기전은 신경세포막의 소듐 이온(Na^+)에 대한 투과성을 낮춰 신경 전도를 차단하는 것이다. 따라서 치과 치료나 소규모 수술 중에도 환자는 의식을 유지한다.

성공적으로 사용된 최초의 국소 마취제는 코카인으로, 1860년 코카나무 잎에서 처음 분리되었다(그림 11.22). 코카인의 구조는 1898년 Richard Willstätter(독일, 1872~1942)가 규명했다. 이후 과학자들은 유사한 성질을 지닌 합성 화합물을 개발하기 위해 많은 시도를 해왔다. 코카인은 강력한 각성제이기도 하며, 그 남용에 대해서는 이 장에서 별도로 다룬다.

국소 마취제는 약염기인 아민 계열이므로 보통 물에 잘 녹는 염산염 형태로 사용된다. 일부 국소 마취제(그림 11.23)는 아민-에스터(코카인, 프로카인, 클로로프로카인)이고, 다른 것들은 아민-아마이드(리도카인, 메피바카인, 프릴로카인, 부피바카인, 에티도카인)이다. 아민-에스터는 일부 사람에게 알레르기 반응을 일으킬 수 있지만, 아민-아마이드는 그렇지 않다. 또한 파라-아미노벤조산(PABA)의 에틸과 뷰틸 에스터는 외용 국소 마취제로, 대개 피크레이트염 형태의 연고로 만들어 피부에 도포하여 화상이나 개방성 상처의 통증을 완화하는 데 사용된다.

에스터의 알킬기에 두 번째 질소 원자를 도입하면 더 강력한 마취제가 만들어진다(표 11.4). 이들 중에 가장 잘 알려진 것은 1905년에 Alfred Einhorn(독일, 1865~1917)이 코카인의 구조를 연구하던 Willstätter와 함께 합성한 프로카인(Novocaine®)일 것이다. 프로카인은 효과가 나타나는 데 상당히 오랜 시간이 걸리고, 매우 빨리 소실되며, 알레르기 반응을 일으킨다. 따라서 치과에서는 더 이상 사용되지 않으며, 주로 아민-아마이드계 마취제로 대체되었다.

1940년대에 도입된 리도카인은 지금도 가장 널리 사용되는 국소 마취제이며, 작용 발현이 빠르다. 소량의 에피네프린과 병용하면 1시간 이상 효과가 지속된다.

▲ **그림 11.22** 코카나무 잎에는 국소 마취제이자 각성제인 알칼로이드 코카인이 함유되어 있다.

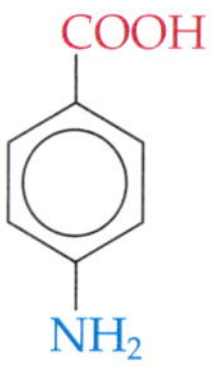

파라-아미노벤조산

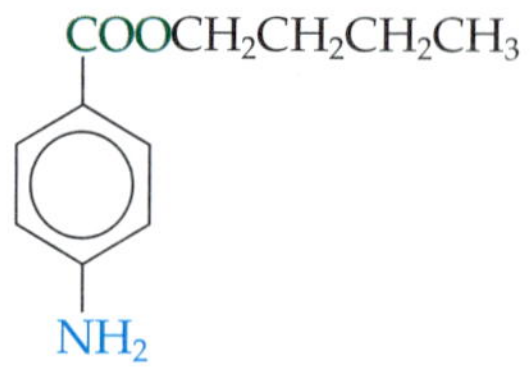

뷰틸 파라-아미노벤조에이트 (Butesin®)

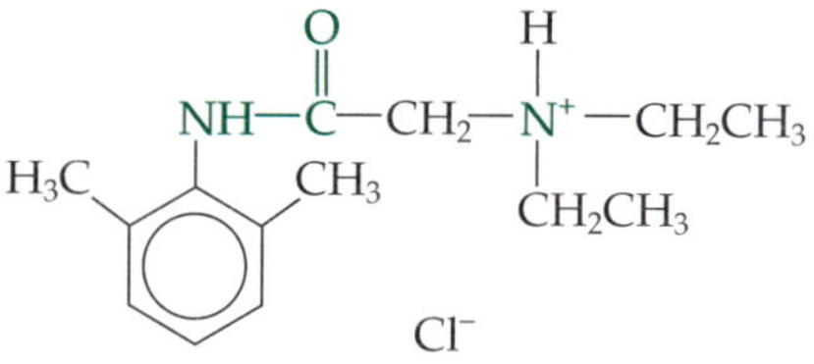

리도카인(Xylocaine®)

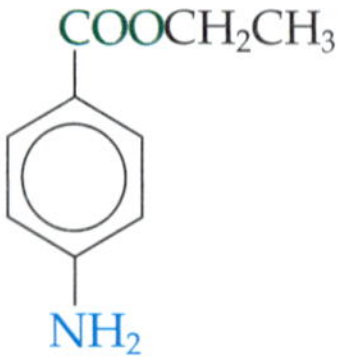

에틸 파라-아미노벤조에이트 (Benzocaine®)

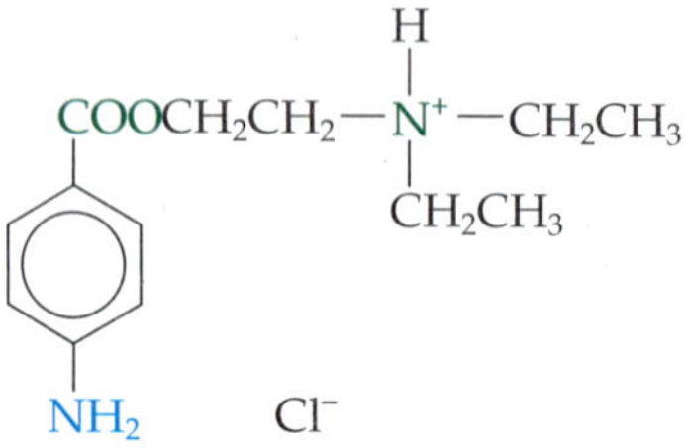

프로카인 (Novocaine®)

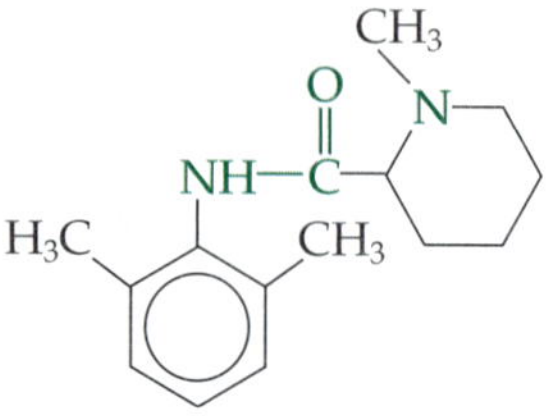

메피바카인

▲ **그림 11.23** 일부 국소 마취제. 이들은 종종 유리 염기보다 물에 더 잘 녹는 염화산염 또는 피크레이트 염의 형태로 사용된다.

Q 파라-아미노벤조산은 어디에서 유래했는가? 어느 것이 아마이드 작용기를 가지고 있는가? 어느 것이 에스터인가?

표 11.4 국소 마취제로 흔히 사용되는 물질

물질	작용 지속 시간
프로카인(Novocaine®)	짧음
리도카인(Xylocaine®)	중간(30~60분)
메피바카인(Carbocaine®)	빠름(6~10분)
부피바카인(Marcaine®)	보통(8~12분)
프릴로카인(Citanest®)	중간(30~90분)
클로로프로카인(Nesacaine®)	짧음(15~30분)
코카인	중간
에티도카인(Duranest®)	길다(120~180분)

해리성 마취제: 케타민과 PCP

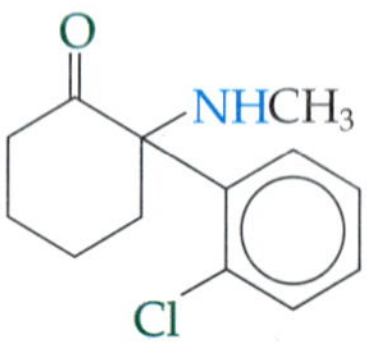

케타민

정맥 마취제인 케타민은 지각을 감각으로부터 분리하기 때문에 해리성 마취제라고 불린다. 감각과 연관된 뇌의 일부에서 의식으로 향하는 신호를 감소하거나 차단한다. 케타민은 거의 죽음에 가까운 경험을 한 사람들이 보고하는 것과 유사한 환각을 유발한다. 이들은 현장을 위에서 내려다보는 위치에서 구조자들을 지켜보았거나, 어두운 터널을 지나 밝은 빛을 향해 움직였다고 기억하는 듯하다.

케타민은 NMDA 수용체 길항제로 작용한다. N-메틸-D-아스파르트산(NMDA)은 신경전달물질인 글루탐산의 작용을 모방하는 아미노산 유도체다. 케타민이 체내 수용체에 결합해 작용하기 때문에, 신체가 이들 수용체에 맞는 자체 화학 물질을 만들어낸다고 추정된다. 이러한 화합물은 임사 체험과 같은 극한 상황에서만 합성되거나 방출될 수도 있다.

케타민은 수의학에서 널리 사용된다. 다른 대부분의 마취제에 비해 호흡을 훨씬 덜 억제하므로, 병력이 불분명한 사람이나 어린이, 건강 상태가 좋지 않은 사람에게 인간용 마취제로 사용되기도 한다.

페닐시클리딘(PCP)은 케타민과 밀접한 관련이 있다. PCP는 한때 동물용 진정제로, 또 잠시 동안은 사람을 위한 전신 마취제로 사용되었다. 이제는 불법 마약 시장에서 흔하게 볼 수 있다. 지방에 잘 녹고 물에는 거의 녹지 않는 PCP는 지방 조직에 저장되었다가 지방이 대사될 때 방출되며, 이는 사용자들이 흔히 겪는 '플래시백'을 설명해준다. 많은 사용자가 PCP로 '나쁜 환각'을 경험하고, 약 1,000명 중 1명꼴로 중증의 정신분열증(조현병) 형태가 나타난다. 고용량은 착각과 환각을 일으키며, 발작·혼수·사망을 초래할 수도 있다. 다만 PCP 사용자의 사망은 '환각' 중 발생한 사고나 자살로 인한 경우가 더 흔하다.

페닐시클리딘
(PCP)

중추신경 억제제

에틸 알코올을 재고하는 것으로 진정제 약물에 대한 탐구를 시작할 것이다. 에틸 알코올은 세계에서 가장 많이 사용되고 남용되는 약물이기 때문이다.

자연에서는 과일 속 당이 공기 중 효모에 의해 종종 알코올로 발효되지만, 의도적인 에탄올 생산은 사람들이 농경을 시작하고 나서야 본격화된 것으로 보인다. 기원전 3700년경 이집트인은 과일을 발효해 포도주를 만들었고, 바빌로니아인은 보리로 맥주를 만들었다. 그 이후로 사람들은 줄곧 과일과 곡물을 발효했으나, 비교적 순수한 에탄올은 8~9세기에 증류를 발명한 이슬람 연금술사들이 처음 만들었다.

사람들은 술을 마시면 '각성'된다고 생각하는 경우가 많지만, 에탄올은 실제로 억제제이므로 신체 활동과 정신 활동을 모두 늦춘다. 미국 성인의 약 3분의 2가 술을 마시고, 약 3분의 1은 매년 적어도 하루는 다섯 잔 이상을 마신다. 미국에는 최소 1,500만 명의 알코올중독자가 있으며, 알코올중독으로 인한 비용은 연간 2,500억 달러를 넘는다. 현재 미국의 음주자 중에 약 30%는 과음한다. CDC에 따르면 과도한 음주로 미국에서는 매년 약 8만 8,000명이 사망하고, 미성년자 음주로 인해 매년 21세 미만이 약 5,000명 사망하는 것으로 나타났다. 15~24세 연령대의 주요 사망 원인 세 가지(자동차 사고, 살인, 자살) 모두에서 알코올이 중요한 요인이다.

일부에게 음주는 작은 긍정적 측면도 있다. 장수 연구에 따르면 알코올을 적당히(하루 한두 잔 이하) 섭취하는 사람은 비음주자보다 오래 사는 경향이 있다. 이는 알코올의 이완 효과 때문일 것이다. 그러나 더 많은 양을 마시면 건강 문제가 다수 발생할 수 있고, 수명은 10~12년까지 단축될 수 있다.

주류는 대체로 열량이 높다. 순수 에탄올은 약 7 kcal/g를 제공한다. 에탄올은 시간당 약 1온스(약 30 mL) 속도로 아세트알데하이드로 산화되며, 이보다 빠른 속도로 마셔 혈중 에탄올 농도가 올라가면 취한다.

에탄올의 산화에는 니코틴아마이드 아데닌 다이뉴클레오타이드의 산화형인 NAD^+가 소모되며, 환원형은 NADH로 나타낸다(H는 수소 원자).

$$\underset{\text{에탄올}}{CH_3CH_2OH} + NAD^+ \longrightarrow \underset{\text{아세트알데하이드}}{CH_3CHO} + NADH + H^+$$

NAD^+는 보통 지방의 산화에 쓰이므로, 술을 지나치게 마시면 지방이 대사되지 않고 (주로 복부에) 축적된다. 그 결과 많은 과음자에게 익숙한 '맥주 뱃살'이 생긴다.

에탄올이 어떻게 사람을 취하게 하는지는 여전히 다소 미스터리다. 연구에 따르면 에탄올은 두 가지 신경전달물질[충동성을 억제하는 감마-아미노부티르산(GABA)와 특정 신경세포를 흥분시키는 글루탐산]의 수용체를 교란한다. 장기간 음주는 GABA와 글루탐산의 균형을 바꾸어, 뇌의 근육 활동 제어를 흐트러뜨리고 비틀거리며 넘어지게 만든다. 에탄올은 또한 뇌의 도파민 수치를 높이는데, 도파민은 알코올 및 기타 약물의 쾌감과 관련된다. 수용체 교란에 대한 최근 설명 중에 하나는 에탄올이 단백질의 3차원 구조 유지를 돕는 일부 물 분자를 대체함으로써 수용체의 기능에 영향을 줄 수 있다는 것이다.

시간이 지나 과도한 음주가 지속되면 몇몇 뇌 화학물질의 농도가 변해 좋은 기분을 되찾거나 나쁜 기분을 피하려는 목적에서 에탄올을 갈망하게 된다. 서로 다른 가정에서 자란 쌍둥이에 대한 연구는 알코올중독에 유전적 요인이 틀림없이 존재함을 보여준다. 정서적·심리적·사회적·문화적 요인도 있다. 우리는 이 오래된 약물에 대해 여전히 배워야 할 것이 많다.

바르비투르산염

바르비투르산염은 중추신경 억제제 계열로 매우 다양한 특성을 보인다. 가벼운 진정에서 깊은 수면, 심지어 사망에 이르기까지 유도하는 데 사용될 수 있다. 바르비투르산염은 GABA 수용체에 작용하는 고리형(환형) 아마이드이며, 그 작용 기전은 몇 가지 점에서 알코올과 유사하다. 지금까지 2,500종이 넘는 바르비투르산염이 합성되었지만, 의학에서 널리 사용되는 것은 소수에 불과하다(그림 11.24).

- 펜토바르비탈(pentobarbital)은 단시간 작용 최면제로 사용된다. 현대의 진정제가 개발되기 전에는 불안을 가라앉히는 데 널리 쓰였다.
- 페노바르비탈(phenobarbital)은 장시간 작용 약물이다. 간질과 같은 발작 장애 환자를 위한 항경련제로 사용된다.
- 티오펜탈(thiopental)은 고리에서 산소 원자 1개 대신 황 원자 1개를 가진다는 점만 펜토바르비탈과 다르며, 마취제로 사용된다.

바르비투르산염은 한때 소량(수 mg)에서는 진정제로, 더 많은 용량(약 100 mg)에서는 수면 유도제로 쓰였다. 한동안 수면제로 널리 처방되었으나, 남용 가능성이 더 낮고 치명적일 가능성도 더 적은 벤조디아제핀류 같은 약물로 대체되었다.

바르비투르산염은 에틸 알코올과 함께 복용할 때 특히 위험하다. 이 조합은 두 가지 우울제의 효과를 합한 것보다 아마도 10배에 달하는 효과를 낸다. 과거에는 이 조합을 복용해 사고 또는 자살로 사망한 사례가 많았다.

두 화학 물질이 각자 단독일 때보다 더 큰 효과를 함께 낼 때 이를 **상승 효과**(synergistic effect)라고 한다. 상승 효과는 치명적일 수 있으며, 알코올-바르비투르산염 조합에만 국한되지 않는다. 적절한 의료적 감독 없이 두 가지 약물을 동시에 복용해서는 절대 안 된다.

바르비투르산염은 에탄올처럼 취하게 하며, 강한 중독성을 지닌다. 습관적 사용은 내성 발달로 이어져, 같은 정도의 취함을 얻으려면 점점 더 큰 용량이 필요해진다. 부작용은 숙취, 졸림, 현기증, 두통 등 알코올과 유사하다. 금단 증상은 흔히 심하며, 경련과 섬망을 포함하고, 금단 자체가 사망을 초래할 수도 있다.

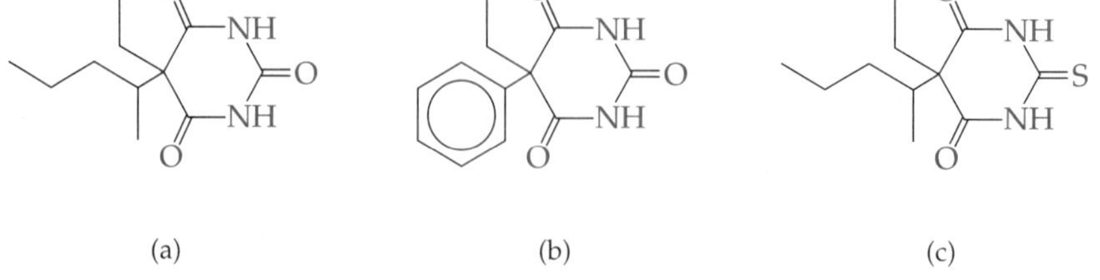

▶ **그림 11.24** 일부 바르비투르산염 약물의 구조식. (a) 펜토바르비탈(Nembutal®), (b) 페노바르비탈(Luminal®), (c) 티오펜탈(Pentothal®)이다. 이 약물들은 바르비투르산염 유도체이며, 흔히 소듐염 형태로 사용된다. 예를 들어 티오펜탈은 펜토탈 소듐의 형태로 사용된다.

항불안제

현대 사회의 분주한 생활 리듬 때문에 일부 사람들은 화학 물질에서 휴식과 이완을 찾는다. 많은 사람이 에틸 알코올을 선택한다. 하루의 긴장을 '푸는' 저녁식사 전의 한 잔은 많은 사람의 생활 방식의 일부다. 스트레스와 불안으로부터의 해소 욕구는 항우울제의 높은 인기로 이어졌다. CDC에 따르면 12세 이상 미국인 8명 중 1명이 항우울제를 복용한다.

항불안제(항불안성 약물) 중에 한 부류가 **벤조디아제핀**으로, 7원자 이종고리를 특징으로 하는 화합물이다(그림 11.25). 대표적으로 고전적 항불안제인 디아제팜(Valium), 항불안제이자 항경련제인 클로나제팜, 불면증 치료에 쓰이는 로라제팜이 있다. 항불안제(때로는 **소량 진정제**라고도 함)는 사람을 무디고 둔감하게 만들어 기분을 나아지게 할 뿐, 불안을 일으키는 근본 문제를 해결하지는 못한다. 이 약물들은 GABA 수용체에 작용하여 인지 기능과 연관된 뇌 부위에서 뉴런 활동을 약화시키는 것으로 여겨진다.

최초의 항정신병 약물(때때로 **주요 진정제**라고도 함)은 **페노티아진**이라 불리는 화합물이었다. 1952년 미국에서 클로르프로마진(Thorazine®)이 정신증 환자에게 진정제로 투여되었다. 이 약물은 프랑스에서 항히스타민제로 시험되었고, 그곳의 의료진은 알레르기 치료를 받는 정신 건강 장애 환자들이 진정되는 것을 관찰했다. 클로르프로마진이 정신분열증의 증상 조절에 도움이 되는 것으로 밝혀지면서, 정신 질환 치료에 혁신을 가져왔다. 클로르프로마진은 항정신병제로 사용되는 여러 페노티아진 중에 하나이다.

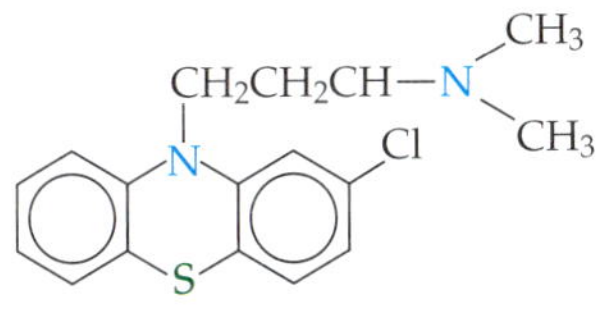

클로르프로마진
(Thorazine®)

페노티아진은 부분적으로 도파민 길항제로 작용한다. 이들은 도파민의 시냅스후 수용체를 차단하는데, 도파민은 작은 물체를 집는 것과 같은 세밀한 운동 조절, 기억과 감정, 뇌 세포의 흥분에 중요한 신경전달물질이다. 일부 연구자들은 조현병 환자가 도파민을 과도하게 생성한다고 생각하는 반면에 다른 이들은 도파민 수용체가 지나치게 많다고 본다. 어느 경우이든 도파민의 작용을 차단하면 조현병의 증상이 완화된다.

비정형 항정신병약이라 불리는 2세대 항정신병약에는 아리피프라졸(Abilify®), 리스페리돈(Risperdal®), 클로자핀(Clozaril®), 올란자핀(Zyprexa®)이 포함된다. 이 약물들은 도파민 수용체의 결합을 느슨하게 하여 더 많은 도파민이 신경세포에 도달하도록 하는 한 종류의 세로토닌 수용체에 작용하는 것으로 여겨진다. 아리피프라졸과 리스페리돈은 조현병, 양극성 장애의 급성 조증 삽화, 우울증 치료에 사용된다. 비정형 항정신병약 중에 가장 먼저 개발된 클로자핀은 실제로 조현병 치료에 가장 효과적인 약물로 입증되었지만, 백혈구 파괴와 같은 심각한 부작용 때문에 다른 항정신병약이 실패한 경우에만 사용된다. 올란자핀은 조현병과 급성 조증 삽화와 같은 정신병적 장애 치료 및 양극성 장애의 안정화에 사용된다.

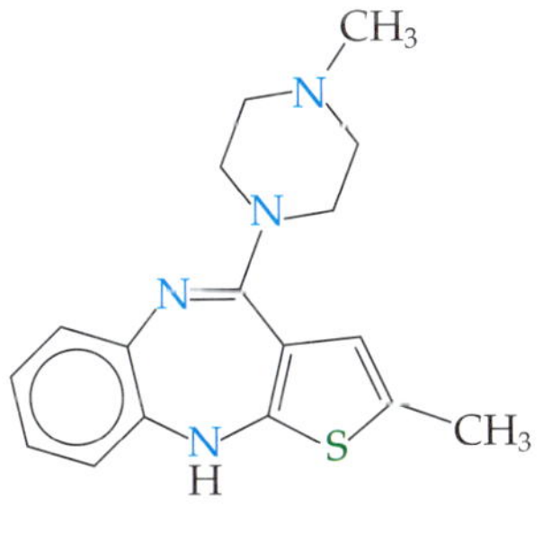

올란자핀(Zyprexa®)

항정신병약은 정신병원에 입원해야 하는 환자 수를 크게 줄이는 데 기여했다. 이 약물들이 조현병을 치유하는 것은 아니지만, 증상을 충분히 잘 조절하여 조현병 환자의 95%는 더 이상 입원이 필요하지 않게 한다. 다만, 복용을 중단하면 환자들은 재발한다.

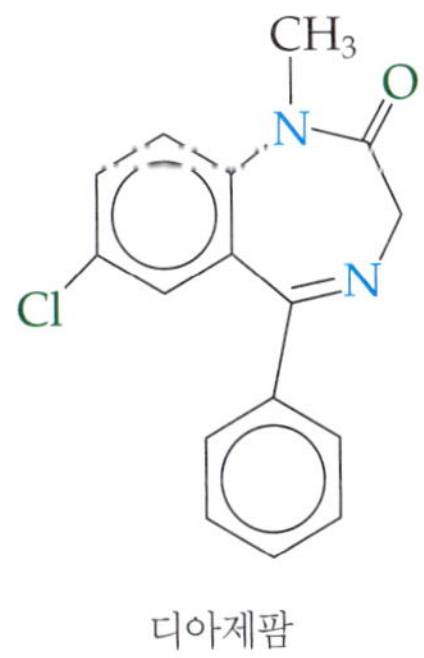

디아제팜 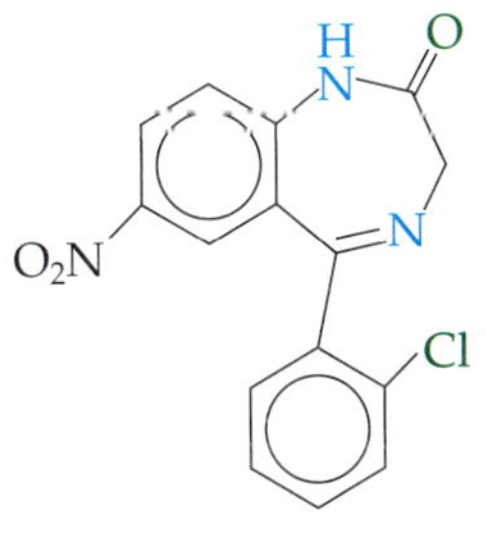 클로나제팜 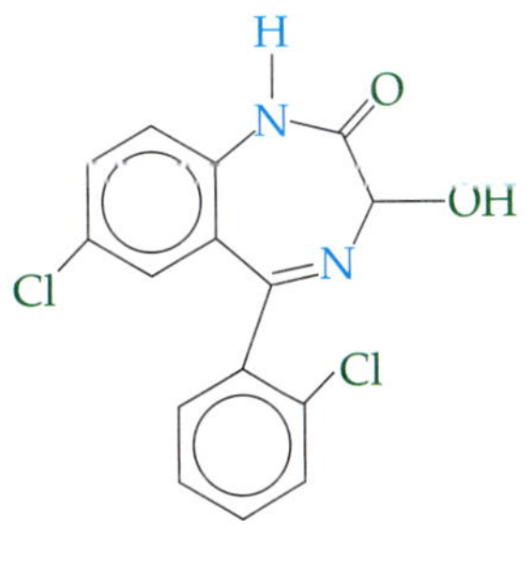 로라제팜

◀ **그림 11.25** 세 가지 벤조디아제핀: 디아제팜(Valium®), 클로나제팜(Klonopin®), 로라제팜(Ativan®)

▶ **그림 11.26** 세 가지 선택적 세로토닌 재흡수 억제제(SSRI): 플루옥세틴(Prozac®), 파록세틴(Paxil®), 설트랄린(Zolof®)

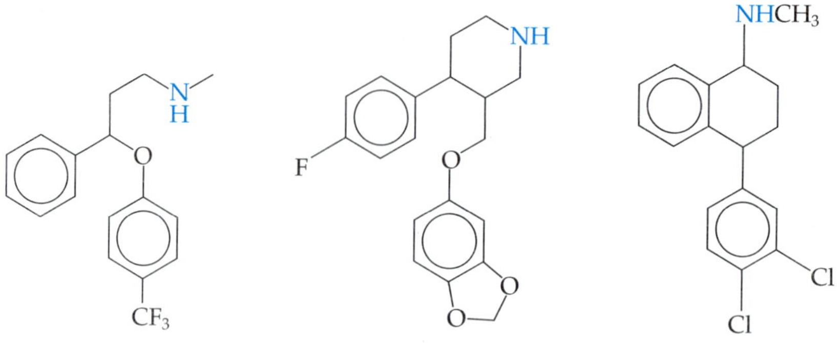

가장 오래된 계열의 항우울제인 삼환계(3개의 고리 구조) 항우울제(예를 들어 아미트리프틸린)는 노르에피네프린과 세로토닌 같은 신경전달물질이 시냅스전 뉴런으로 '재흡수'되는 것을 차단한다. 이러한 항우울제는 심각한 부작용이 있어 대부분 더 새로운 약물들로 대체되었다.

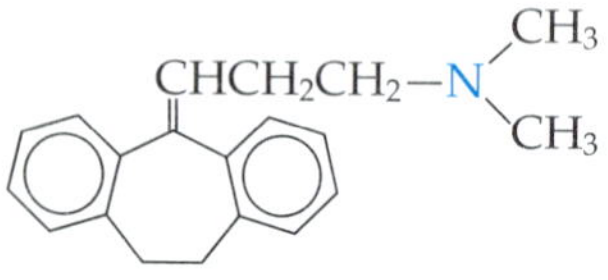

오늘날 흔히 처방되는 항우울제에는 **선택적 세로토닌 재흡수 억제제**(SSRI)라 불리는 약물이 포함된다. 대표적인 세 가지는 그림 11.26에 나와 있다. 의사들은 공황장애와 같은 불안증후군, 강박장애(도박 문제와 과식을 포함), 월경전증후군(PMS) 등 매우 다양한 심리적 장애에 대처하도록 돕기 위해 이러한 약을 처방한다. 이 약들은 신경세포에 의한 세로토닌의 재흡수를 차단하여 세로토닌의 효과를 강화한다. 삼환계 항우울제보다 안전성이 더 높고, 내약성도 더 좋은 것으로 보인다.

각성제 약물

잘 알려진 각성제 중에는 β-페닐에틸아민과 관련된 다양한 합성 아민이 있다(그림 11.27). 이러한 약물은 **암페타민**(amphetamine)이라 불리며, 에피네프린과 노르에피네프린(그림 11.18)과 구조가 유사하다. 이들은 뇌에서 노르에피네프린, 세로토닌, 도파민의 수준을 증가시킴으로써 작용하는 것으로 보인다.

암페타민과 메스암페타민은 값이 싸고 널리 남용되어 왔다. 암페타민은 한때 다이어트 약으로 사용되었으나 장기적인 효과는 거의 없었다. 암페타민은 흥분, 안절부절, 떨림, 불면, 동공 확대, 맥박수와 혈압 상승, 환각, 정신병을 유발한다.

메스암페타민은 암페타민보다 훨씬 더 뚜렷한 심리적 효과를 보인다. 메스암페타민은 항히스타민제와 가정용 화학 물질로 손쉽게 제조된다. 미국 전역에서 불법 '메스 실험실'이 운영되어 왔다. 다른 아민계 약물과 마찬가지로 암페타민류는 흔히 염산염 형태로 유통된다. 메스암페타민의 유리염기형(산에 의해 중화되지 않은 염기성 아민 형태)은 염 형태보다 더 쉽게 기화되므로 흡연된다. 메스암페타민 사용의 장기적 영향으로는 심각한 정신병적 문제, 기억 상실, 발기부전, 심각한 치과적 문제가 포함된다.

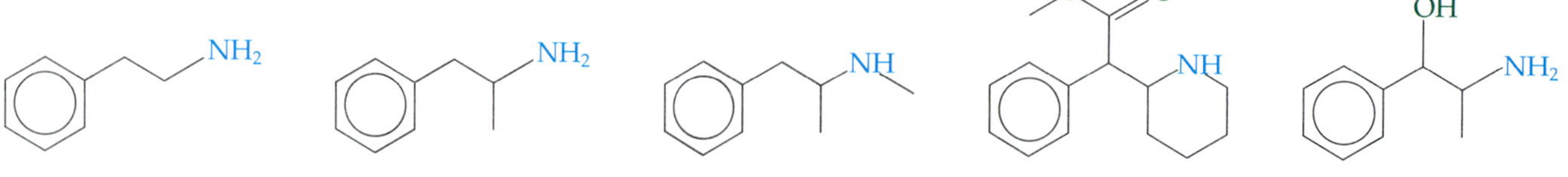

▲ **그림 11.27** (a) β-페닐에틸아민 및 관련 화합물, (b) 암페타민, (c) 메스암페타민, (d) 메틸페니데이트, (e) 페닐프로파놀아민

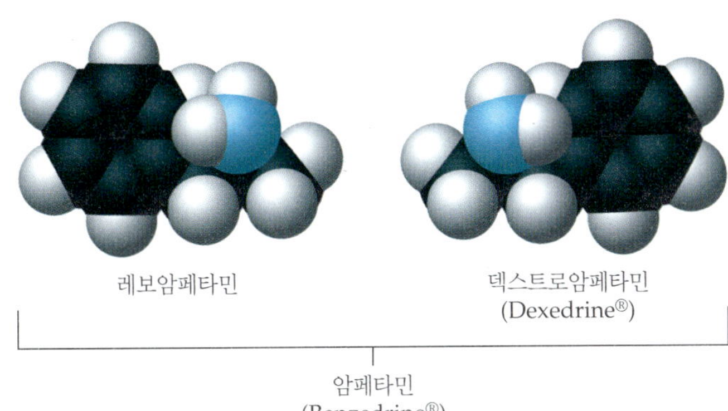

◀ Benzedrine®은 Dexedrine®과 거울상이성질체인 레보암페타민의 혼합물이다. 흔히 그렇듯이 두 이성질체는 생물학적 활성에서 큰 차이를 보인다.

어린이의 주의력결핍/과잉행동장애(ADHD) 치료에는 메틸페니데이트(Ritalin®) 또는 암페타민 혼합물이 사용된다. 이들 약물은 각성제이지만, 가만히 앉아 있지 못하는 아이들을 오히려 진정시키는 것으로 보인다. 이러한 사용은 "약물 남용으로 이어진다"라는 비판을 받았으며, "아이의 문제가 아니라 교사의 문제를 해결한다"라는 비판을 받아 왔다.

다른 많은 약물과 마찬가지로 암페타민은 서로 거울상이성질체로 존재한다. Benzedrine®은 두 이성질체를 동량으로 섞은 혼합물이다. 우선성(오른손형) 이성질체가 좌선성(왼손형) 이성질체보다 더 강한 각성제이다. 순수한 우선성 이성질체는 Dexedrine®이라는 상품명으로 판매된다.

코카인, 카페인, 니코틴

세 가지 식물 알칼로이드는 오랫동안 각성제로 사용되어 왔다. 처음에는 국소 마취제로 쓰였던 코카인은 강력한 각성제이기도 하다. 이 약물은 안데스산맥 동쪽 비탈에서 거의 독점적으로 자라는 관목의 잎에서 얻는다. 재배 지역과 그 주변에 사는 많은 토착민은 각성 효과를 얻기 위해 석회와 재를 섞은 코카나무 잎을 씹는다. 예전에는 코카인이 염 형태인 코카인 염산염으로 미국에 들어왔지만, 지금은 상당수가 유리 염기 형태의 부서진 덩어리, 즉 **크랙 코카인** 형태로 유입된다.

염산 코카인은 코의 점막을 통해 쉽게 흡수되며, 코카인을 '코로 들이마시는(흡인)' 사람들이 사용하는 형태이다. 코카인을 흡연하는 사람들은 불타는 담배의 온도에서 쉽게 기화되는 크랙을 사용한다. 코카인은 흡연 시 15초 안에 뇌에 도달한다. 이 약물은 신경세포에서 도파민이 방출된 뒤 그 재흡수를 막아, 높은 수준의 도파민이 뇌의 쾌락 중추를 자극하도록 작용한다. 과다사용 후에는 한 시간도 채 되지 않아 도파민이 고갈되어 사용자는 쾌락이 없는 상태에 놓이고 더 많은 코카인을 갈망하게 된다. 코카인의 사용은 지구력을 높이고 피로를 줄여 주지만, 그 효과는 오래가지 않는다. 자극 뒤에는 우울감이 뒤따른다.

코카인

커피, 차, 콜라류 탄산음료에는 자연적으로 가벼운 각성제인 카페인이 들어 있다. 카페인은 다른 많은 청량음료에도 첨가되며(표 11.5), 이른바 에너지 드링크가 주는 '기운을 올리기'의 원천이 되기도 한다. 카페인의 유효 용량은 약 200 mg으로, 진한 드립 커피 10온스 한 컵이나 차 3~5잔에 들어 있는 양이며, 많은 에너지 드링크에 들어 있는 양의 약 절반에 해당한다.

카페인

카페인은 중독성을 가질까? '아침에 찌뿌둥하고 까칠함' 증후군은 약한 중독성을 시사한다. 과도한 카페인 섭취의 잘 알려진 영향으로는 신경과민, 두통, 수면 문제 등이 있다. 전반적으로, 적정량의 카페인 섭취가 가져오는 위험성은 크지 않은 것으로 보인다.

또 다른 흔한 각성제는 니코틴이다. 이 약물은 담배를 피우거나 씹는 담배를 통해 섭취한다. 니코틴은 동물에 대해 독성이 매우 강하며, 농업에서는 접촉 살충제로 사용되어 왔다. 특히 주

표 11.5 청량음료의 카페인 함량

브랜드	카페인[a]
5-Hour Energy (2 oz)	138
Red Bull (8.2 oz)	80
Sun Drop	63
Mountain Dew	55
Mello Yello	53
Diet Coke	46
Dr Pepper	41
Diet Sunkist Orange	41
Pepsi-Cola	38
Diet Pepsi	36

[a] 12온스(약 355 mL) 1회 제공량당 밀리그램(mg)

출처: National Soft Drink Association; FDA.

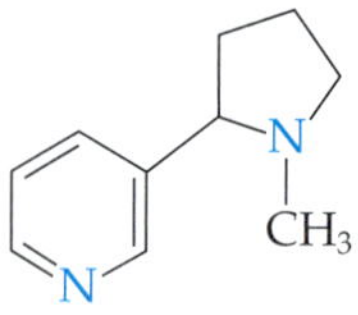

사로 투여될 경우 치명적이다. 인간의 치사량은 약 50 mg으로 추정된다. 니코틴의 각성 효과는 비교적 일시적이며, 초기 반응 뒤에는 억제(우울) 상태가 뒤따른다. 대부분의 흡연자는 자주 흡연함으로써 혈류 내 니코틴 농도를 거의 일정하게 유지한다.

니코틴은 강력한 중독성을 지닌다. 1972년 필립모리스의 한 과학자가 "니코틴 없는 담배를 피워 담배 흡연자가 된 사람은 아무도 없다"라고 말한 메모를 생각해보자. 그는 회사에 "담배를 니코틴 1회 투여량을 내놓는 디스펜서로 생각해야 한다"라고 제안했다.

N, CH_3, N

니코틴

환각성 약물

환각성 약물은 의식을 변화시키는 물질로서 감각 지각에 변화를 일으켜 사용자가 사물을 인식하는 방식을 질적으로 바꾸어 놓는다. 흔한 환각성 약물에는 실로시빈 버섯과 페요테 선인장에서 얻는 천연 물질, MDMA(엑스터시), 디메틸트립타민(DMT), PCP, 케타민 같은 합성 화학물질, LSD와 메스칼린 같은 반합성 약물이 포함된다. 마리화나는 때때로 약한 환각제로 간주된다.

리세르그산 디에틸아마이드(LSD)는 반합성 약물로, 강력한 환각제이다. 그 생리적 특성은 1943년 스위스의 화학자 Albert Hofmann(1906~2008)이 실수로 LSD를 섭취했을 때 우연히 발견되었다. 그는 자신이 겪은 증상이 LSD 때문임을 확인하기 위해, 이후 자신이 소량이라고 여긴 250 mg을 복용했다. Hofmann은 이어지는 몇 시간 동안 시각 장애와 정신분열증적 행동과 같은 증상을 겪으며 힘든 시간을 보냈다.

LSD는 자제력을 상실한 느낌을 일으킬 수 있으며, 때로는 극도의 공포감도 유발한다. LSD가 효과를 발휘하는 정확한 기작은 아직 알려지지 않았지만, 도파민 수용체에 작용하고 글루탐산염의 방출을 증가시켜 흥분을 일으키는 것으로 생각된다.

리세르그산은 호밀에 자라는 곰팡이인 맥각(ergot)에서 얻는다. 이 카르복실산은 그 디에틸아마이드 유도체로 전환된다.

LSD의 강력함은 그 비범한 효과를 경험하는 데 필요한 양이 아주 적다는 사실로 알 수 있다. 통상적인 용량은 아마도 약 10~100 μg 정도이다(Hofmann이 250 mg을 복용한 뒤 힘든 시간을 보낸 것도 무리가 아니다). 이 양이 얼마나 작은지 가늠해보자면 아스피린 정제 크기의 LSD 일부만으로도 최대 30,000회분의 복용량을 제공할 수 있다.

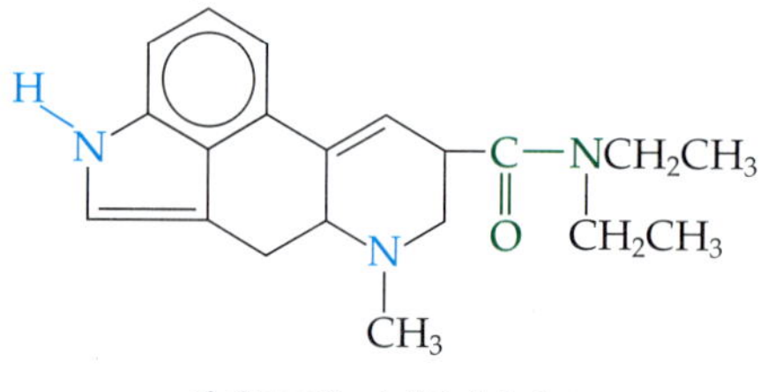

H, N, C, NCH_2CH_3, O, CH_2CH_3, N, CH_3

리세르그산 디에틸아마이드
(LSD)

다양한 식물이나 균류는 환각성 화합물을 만들어 낸다. 다음 두 가지 예를 보자.

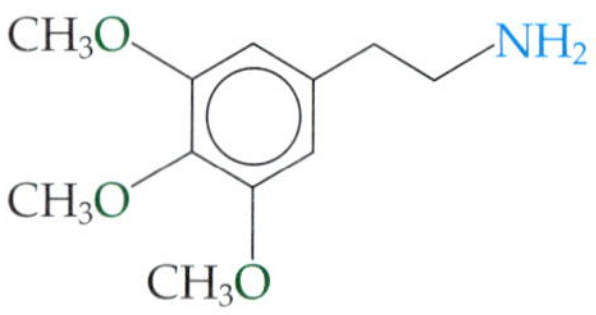

CH_3O, NH_2, CH_3O, CH_3O

메스칼린

- 트립타민 계열의 환각성 알칼로이드인 실로시빈은 *Psilocybe cubensis*를 포함한 여러 버섯 종에서 발견된다. 그 효과는 LSD와 유사하지만 지속 시간은 더 짧다.
- 메스칼린(3,4,5-트리메톡시페닐에틸아민)은 페닐에틸아민과 관련된 환각성 약물이다(그림 11.27 참조). 일부 아메리카 원주민 부족의 종교 의식에 사용되는 페요테 선인장(및 다른 종)에서 발견되며, 합성으로도 제조된다. 효과는 최대 12시간 지속된다.

마리화나

식물 *Cannabis sativa*(일반적으로 마리화나로 알려짐)는 오랫동안 유용하게 쓰여 왔다. 이 식물의 줄기는 밧줄을 만드는 데 쓰이는 질긴 섬유(대마)를 생산한다. 대마초는 부족 사회의 종교 의식에서 약물로 사용되어 왔고, 특히 인도에서 약용으로도 긴 역사를 지닌다. 미국에서는 마리화나가 가장 흔히 사용되는 불법 약물이다.

마리화나(marijuana)라는 용어는 식물의 잎과 꽃봉오리를 모아 만든 혼합물을 가리키며(그림 11.28), 이는 일반적으로 말린 뒤 흡연된다. 마리화나에는 여러 가지 활성 칸나비노이드가 있으며, 그중 주요 성분은 테트라하이드로칸나비놀(THC)이다.

마리화나 식물은 유전적 품종에 따라 THC의 효능이 상당히 달라진다. 미국 자생 야생종은 THC 함량이 보통 약 0.1%로 낮지만, 북미에서 판매되는 일부 마리화나는 THC 함량이 6%에 근접한다.

마리화나의 효과는 시료마다 THC의 양이 달라지기 때문에 측정하기가 어렵다. 마리화나를 흡연하면 맥박이 빨라지고 시간 감각이 왜곡되며 일부 복잡한 운동 기능이 저하된다. 그 밖의 가능한 효과로는 도취감(부유감), 불안감, 음식에 대한 즐거움 증가, 총명해졌다는 잘못된 인상이 있다. 연구에서는 '정신 확장' 효과가 나타나지 않았지만, 사용자는 때때로 환각을 경험하기도 한다. THC는 지용성이므로 체내에 저장된다. 스트레스나 다이어트로 인해 마지막 사용 후 오랜 시간이 지나서도 THC 검사에서 양성 반응이 나올 수 있다.

일시적 취기를 넘어 지속되는 정신병적 증상을 유발하는 등 마리화나의 장기적 영향은 불분명하다. 마리화나 사용자의 정신병적 문제 위험이 증가한다는 일부 근거가 있으며, 특히 가장 자주 사용한 사람들에서 그 증가폭(50~200%)이 가장 컸다. 마리화나를 많이 사용하는 사람은 종종 게으르고 수동적이며 정신적으로 둔해 보이지만, 그 원인이 마리화나라고 입증하기는 어렵다. 설령 그렇다 하더라도 그 피해는 과도한 음주로 인한 피해보다 덜 광범위하다.

사람이 마리화나를 피우면 THC는 폐에서 혈류로 빠르게 넘어가 뇌로 운반되며, 그곳에서 카나비노이드 수용체라 불리는 신경세포의 특정 부위에 결합한다. 뇌의 어떤 부위에는 이러한

CH_3, OH, CH_3, C_5H_{11}, O, CH_3

테트라하이드로칸나비놀 (THC)

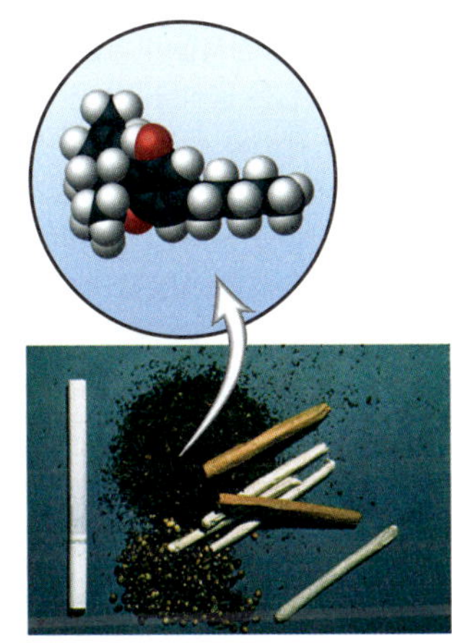

▲ **그림 11.28** 조제된 마리화나

클럽 마약: 레이브와 강간

클럽 마약은 '레이브'라 불리는 밤샘 댄스 파티에서 청소년과 젊은 성인들이 사용하는 물질을 말한다. 여기에 3,4-메틸렌디옥시메탐페타민(MDMA, 엑스터시), 감마-하이드록시부티르산(GHB, $HOCH_2CH_2CH_2COOH$), 플루니트라제팜(Rohypnol®), 케타민, 메탐페타민, LSD 등이 포함된다. 이러한 약물의 사용은 심각한 건강 문제를 일으킬 수 있으며, 특히 알코올과 함께 사용할 때 그 위험이 커진다.

특히 문제가 되는 것은 '데이트 강간 약물'로 알려진 물질들이다. 로힙놀, 케타민, GHB는 피해자를 저항할 수 없게 만들어 성폭력을 용이하게 하는 데 사용되어 왔다. 이 약물들의 영향하에 있을 때 일어난 일은 종종 기억나지 않는다. GHB의 유사체인 1,4-부탄디올($HOCH_2CH_2CH_2CH_2OH$)과 감마-부티로락톤(GBL)도 비슷한 효과를 나타낸다.

플루니트라제팜(Rohypnol®)

MDMA(엑스터시)

감마-부티로락톤(GBL)

왜 중요할까?

캘리포니아대학 어바인의 연구자 Daniele Piomelli, Nicholas DiPatrizio와 동료들은 쥐가 감자칩이나 감자튀김처럼 지방이 많은 음식을 맛보면 아난다마이드와 THC와 유사한 다른 천연 화합물의 생성을 자극하는 신호가 발생한다는 사실을 밝혀냈다. 이러한 화합물은 더 많은 지방 식품을 먹고자 하는 욕구를 촉발하여, 감자칩이나 감자튀김을 더 먹고 싶은 충동을 억제하기 어렵게 만든다.

수용체가 많고, 다른 부위에는 거의 없거나 아예 없다. 쾌락, 기억, 사고, 집중, 판단, 감각 및 시간 지각에 관여하고 움직임을 조절하는 뇌 부위에는 이러한 수용체가 풍부하다. THC가 뇌에 들어가면 음식과 음료가 하는 것과 같은 방식으로 뇌의 보상 시스템을 활성화한다. 거의 모든 남용 약물과 마찬가지로 THC는 도파민의 방출을 자극하여 행복감을 일으킨다.

뇌의 운동 조절 중추에 수용체가 위치한다는 사실은 약물에 취한 사람에게서 보이는 협응력 상실을 설명한다. 뇌의 기억 및 인지 영역에 수용체가 존재한다는 사실은 마리화나 사용자가 시험에서 성적이 좋지 않은 이유를 설명한다. 호흡과 심장 박동이 조절되는 뇌간에는 수용체가 거의 없다는 점이 순수한 마리화나만으로 치사량에 이르기 어려운 이유일 가능성이 크다.

뇌는 또한 뇌의 카나비노이드 수용체에 결합하는 THC 유사 물질인 아난다마이드(anandamide)를 생성한다. 이 물질은 프로스타글란딘 합성의 전구체인 아라키돈산에서 유래한다.

O
N
H
OH

아난다마이드

마리화나는 몇 가지 정당한 의학적 용도가 있다. 녹내장 환자에게서 안압을 내려준다. 만약 치료하지 않으면 상승된 압력은 결국 실명을 초래한다. 마리화나는 또한 방사선 치료와 화학요법을 받는 암 환자를 괴롭히는 메스꺼움을 완화하고, 통증 완화에도 유용할 수 있다. FDA는 2018년 중반에 희귀 소아 간질 치료를 위해 칸나비디올(대마의 성분)의 사용을 승인했다.

마리화나의 법적 지위는 유동적이다. 2018년 초 현재 미국 연방정부는 여전히 어떤 목적이든 그것을 불법으로 분류했다. 주법은 큰 차이를 보이며 종종 연방법과 충돌한다. 9개 주에서는 기호용이 합법이고, 31개 주에서는 의료용이 합법이지만, 주별로 허용되는 마리화나의 종류와 의료적 사용 범주에는 많은 차이가 있다. 어떤 경우에는 의료용 마리화나의 판매가 알약 형태로만 제한된다.

자가평가문제

1. 우울증은 어떤 물질의 비정상적 대사로 인해 발생할 수 있는가?
- **a.** 아세틸콜린
- **b.** GABA
- **c.** 일산화 질소(NO)
- **d.** 세로토닌

2. 아산화 질소를 마취제로 사용할 때의 위험은 무엇인가?
- **a.** 산소(O_2)와 함께 사용하지 않으면 뇌 손상을 일으킬 수 있다.
- **b.** 회복 시간이 너무 길다.
- **c.** 마취가 지나치게 깊어진다.
- **d.** 가연성이다.

3. 세계에서 가장 많이 사용되고 남용되는 중추신경 억제제는 무엇인가?
- **a.** 암페타민류
- **b.** 코카인
- **c.** 에틸 알코올
- **d.** 마리화나

4. 불안 장애 치료에 흔히 사용되는 약물 계열은 무엇인가?
   a. 암페타민류 b. 벤조디아제핀 c. 오피오이드 d. 스테로이드

5. 덱스트로암페타민을 이루는 분자에 대한 설명으로 옳은 것은 무엇인가?
   a. 암페타민과는 $-CH_3$기 하나가 다르다.
   b. 왼손·오른손 거울상이성질체의 혼합물이다.
   c. 모두 왼손 이성질체이다.
   d. 모두 오른손 이성질체이다.

6. LSD가 작용하는 신경전달물질의 수용체는 무엇인가?
   a. 아세틸콜린 b. 도파민 c. GABA d. 세로토닌

7. 약물의 길항제와 작용제는 어떻게 작용하는가?
   a. 작용제는 약물의 작용을 모방하고, 길항제는 그 작용을 차단한다.
   b. 작용제와 길항제 모두 약물의 작용을 모방한다.
   c. 작용제와 길항제 모두 약물의 작용을 차단한다.
   d. 길항제는 약물의 작용을 모방하고, 작용제는 그 작용을 차단한다.

정답: 1.d, 2.a, 3.c, 4.b, 5.d, 6.d, 7.a

11.8 약물과 사회

학습 목표
- 약물 남용과 약물 오용을 구분한다.
- 신약이 어떻게 개발되어 시판에 이르는지 설명한다.

불법 약물은 막대한 문제를 야기한다. 이 시장은 은밀하게 운영되어 판매자들이 소득을 신고하거나 세금을 내지 않으므로, 불법 약물 사업은 엄청난 수익을 낳는다. 마약 거래상의 연간 수익은 5,000억 달러가 넘고, 그중 약 절반이 미국에서 나온다. 전 세계적으로 사람들은 식품보다 불법 약물에 더 많은 돈을 쓴다. 거액의 돈이 오가기 때문에 불법 마약은 범죄가 빈번하고 살인이 흔하며 부패한 정치인이 난무하는 위험한 사업이 되었다. **약물 남용**(drug abuse, 약물의 취하게 하는 효과를 목적으로 사용하는 것)은 남용자 개인뿐 아니라 사회 전반에 심각한 문제다.

불법 약물 사용자야말로 가장 큰 피해자이다. 길거리 약물은 돈이 들고, 대부분 중독성을 지닌다. 많은 중독자는 약값을 마련하려 절도를 저지르다 끝내 감옥에 간다. 한 연구에 따르면 유죄가 확정된 수감자의 16%가 약값을 마련하려 범죄를 저질렀다고 밝혔다. 직장에서는 모든 사고와 개인 상해의 50~80%가 약물과 관련되어 있다. 약물 사용자는 비사용자보다 결근이 두 배가 넘고, 산재 보상 청구 가능성은 다섯 배나 높다. 이들은 고용주의 수익을 갉아먹고, 일자리를 유지하는 데도 자주 어려움을 겪는다.

불법 약물은 판매자가 주장하는 것과 실제가 항상 일치하지 않는다. 구매자는 자신이 구매하는 제품의 정체와 품질에 대해 판매자의 정보에 의존할 수밖에 없다. 실제로 범죄 실험실 조사에서 분석 의뢰된 모든 약물(마리화나 제외)의 거의 3분의 2가 판매자의 설명과 다른 것으로 드러났다.

승인되고 시험을 거친 합법적 약물에서도 문제가 생길 수 있다. CDC에 따르면 2016년 약물 과다복용으로 64,000명 이상이 사망했다. 일반적 인식과 달리 대부분은 코카인이나 헤로인이 아니라, 불법 시장으로 전용된 옥시콘틴과 기타 진통제 때문이었다. 거의 3,000만 명의 미국인이 의학적 목적이 아닌 이유로 처방약을 사용했다고 밝혔다.

합법 약물과 관련된 다른 문제로는 의사의 잘못된 처방, 약국 조제 오류, 환자의 복용 실수 등이 있다. 일부 약물은 치료 중인 질환보다 더 나쁜 부작용을 일으키기도 한다. 일부 약물(처방약과 일반의약품 모두)은 이름이 매우 비슷해 쉽게 혼동된다. 예를 들어 바이러스에는 효과가 없는 페니실린으로 바이러스 감염을 치료하려 드는 식의 **약물 오용**(drug misuse)은 너무 흔하다. 페니실린과 기타 항생제의 남용은 오늘날 항생제 내성 박테리아의 출현을 초래했다.

6 브랜드 의약품과 제네릭 의약품의 차이는 무엇인가?

새로운 약이 개발되면 제조사는 일정기간 그 약을 생산할 수 있는 특허권을 가진다. 이는 제약회사가 약 개발과 시험에 투입된 높은 비용을 회수할 수 있게 해준다. 특허권이 만료되면 다른 회사들도 그 약의 제네릭을 판매할 수 있지만, 동일한 양의 유효 성분이 혈류로 흡수되고 브랜드 의약품과 동일한 활성을 보인다는 것을 입증해야 한다. 비활성 성분에는 차이가 있을 수 있다. 제네릭 의약품은 브랜드 의약품보다 훨씬 저렴하다.

신약의 설계와 승인

신약을 개발해 시장에 내놓는 과정은 비용도 크고 기간도 길다. 앞서 언급했듯 신약 설계와 합성에는 여러 접근이 있다. 하나는 기존 약물을 변형해 효과를 높이거나 표적 장기나 분자에 더 잘 도달하게 만드는 방법이다. 초기에는 변형이 다소 우연적이었지만, 최근에는 플루오로퀴놀론 사례처럼 약물 작용기전과 관련된 구조적 특징을 파악해 설계에 반영한다.

또 하나의 비교적 새로운 접근은 조합 화학으로, 여러 출발 물질을 가능한 모든 방식으로 반응시켜 다수의 화합물을 만든다. 이렇게 얻은 생성물의 생물학적 활성을 시험하고, 유망한 화합물들에 대해 안전성과 유효성 시험을 시작하여 FDA 승인을 목표로 한다.

약물의 예비 시험은 인간을 대상으로 하지 않고, 흔히 박테리아·조직 배양·동물 모델 등 다른 계에서 수행된다. 이때 약물은 질환 치료에 얼마나 효과적인지, 작용 부위에 도달하는 능력은 어느 정도인지, 무엇보다 안전성 등을 평가한다. 실험실 또는 동물 모델에서의 초기 시험 결과가 긍정적이면 사람을 대상으로 약물 효과를 확인하는 임상시험에 들어간다. 1상 시험은 소수의 건강한 지원자에게 실시하여 부작용 여부를 확인하고 용량과 투여 방법을 최적화한다. 2상 시험은 더 많은 사람을 대상으로 약물이 해당 질환에 효과적인지에 초점을 맞춘다. 약물이 효과적인 것으로 보이면 더 큰 집단을 대상으로 3상 시험을 시행한다. 2상과 3상에서 신규 약물은 위약 또는 해당 질환의 다른 치료법과 비교된다. FDA 승인을 받은 안전하고 유효한 약물은 시판 이후에도 안전성과 부작용을 지속적으로 모니터링한다.

신약을 평가하는 일반적인 방법은 한 환자 집단에는 신약을 투여하고, 이에 상응하는 '대조' 집단에는 위약(속임약)을 투여하는 것이다. 위약은 환자에게 약물 형태로 투여되는 불활성 물질을 말한다. 의학계에서 가장 널리 받아들여지는 유형인 이중맹검 연구에서는 환자도 의사도 누가 실제 약을 받고 누가 위약을 받는지 알지 못한다.

약물 시험과 관련해 흥미로운 현상이 **위약 효과**(placebo effect)이다. 어떤 사람이 특정 약을 투여받고 있다고 믿으면, 실제 약을 받지 않았더라도 긍정적 결과를 기대한 나머지 실제로 그런 결과를 경험하기도 한다. 위약의 심리적 효과는 매우 강력할 수 있다. 위약 효과란 원래 효과가 없어야 할 처치로부터 건강상 이득이 나타나는 것을 말한다.

또한 비교적 소수의 사람에게만 영향을 미치는 매우 희귀한 질환도 다수 존재한다(이들 중 상당수는 유전적 결함과 관련됨). 이러한 질환은 희귀 질환으로 분류되었고, 이를 치료할 **희귀 약물**(orphan drug) 개발을 장려하기 위한 다양한 방안이 추진되었다. 정부는 때때로 세제 혜택을 제공하거나, 특허 보호를 강화하거나, 아예 정부 운영 기관을 설립해 이 분야의 연구를 추진하는 방식으로 개입하기도 한다. 이런 약물도 여전히 안전성과 유효성 기준을 충족해야 하지만, 매우 희귀한 질환에 대한 임상시험의 경우에는 비교적 소규모 시험군을 허용하는 등 시험 절차에 변형이 적용되기도 했다. 1983년 '희귀의약품법(Orphan Drug Act)' 제정 이전에는 미국에서 희귀 질환 치료제로 승인된 약이 40개도 되지 않았다. 법 제정 후 30년 동안은 600개가 넘는 약물이 시판 승인을 받았고, 그 밖의 많은 약이 개발·시험 중이다.

앞으로의 전망

신약 개발에서는 몇 가지 흐름과 새로운 접근이 나타나고 있다. 하나는 이미 한 가지 용도로 승인된 약을 다른 질환에도 효과가 있는지 시험하는 방식이다. 최근 지카 바이러스에 대한 대응이 그 한 예이다. 백신 개발에 많은 노력이 투입되는 한편, 일부 연구실에서는 알려진 약물들이 바이러스에 사용할 수 있는지를 시험했다. 이 접근의 장점은 승인 약물의 안전성이 이미 확립되어 있어, 일부 임상시험을 반복할 필요가 없다는 점이다.

일반의약품(제네릭)에 대한 대중의 의존이 널리 확산되는 것과 더불어, 바이오시밀러도 점점 흔해지고 있다. **바이오시밀러**(biosimilar)는 질병의 진단·예방·치료(완치 포함)에 사용되는 생물학적 제제로, 대체로 크고 복잡한 분자이다. 이들은 안전성과 유효성 측면에서 기존의 FDA 승인 참조의약품과 임상적으로 의미 있는 차이가 없을 정도로 '높은 유사성'을 입증해야 한다.

면역 치료 접근은 개인의 면역계를 활용해 질병과 더 효과적으로 싸우도록 한다. 이는 전반적으로 면역계를 자극하는 방법일 수도 있고, 단일클론 항체나 기타 면역 단백질 같은 면역계 구성 요소를 투여하는 방법일 수도 있다.

유전자 치료는 결함이 있는 유전자를 대체하기 위해 건강한 유전자를 개인의 세포에 도입하는 것을 말한다. 이 접근을 활용하려는 시도가 일부 있었지만, 이런 유형의 치료는 아직 초기 단계에 머물러 있다. 여전히 고도로 실험적이고 위험하며 비용이 매우 많이 들고, 여러 윤리적 쟁점을 동반한다.

많은 약물이 더 길고 건강한 삶과 통증 완화 등 사회에 막대한 혜택을 가져왔지만, 때로는 중독, 위험한 부작용, 심지어 사망 같은 문제를 일으키기도 한다. 우리는 약물을 현명하게 사용해야 한다.

자가평가문제

1. 감기 치료에 항생제를 사용하는 것은 무엇이라고 할 수 있는가?

a. 적절한 치료
b. 약물 남용
c. 약물 오용
d. 위약 효과

2. 마약성 진통제 옥시코틴을 중독되기 위해 사용하는 것은 무엇 때문인가?

a. 적질한 오락
b. 약물 남용
c. 약물 오용
d. 합법적 취중

3. 위약이란 무엇인가?

a. 활성 약물의 알코올 용액
b. 실제 약처럼 보이는 불활성 물질
c. PCB
d. 백금/세슘/붕소 약물

4. 이중맹검 연구에서 일부 환자는 시험 중인 약을 투여받고, 다른 환자들은 무엇을 투여받았는가?

a. 침술
b. 동종요법 제제
c. 모르핀
d. 위약

5. 희귀 약물이란 무엇인가?

a. 출처를 알 수 없는 물질에서 유래한 약물
b. 백신이 존재하는 질병을 치료하는 데 사용되는 약물
c. 사용이 중단된 약물
d. 희귀 질환에 사용되는 약물

정답: 1. c, 2. b, 3. b, 4. d, 5. d

녹색 화학 친환경 의약품 생산

Joseph M. Fortunak

원칙 1~5, 8, 9

학습 목표
- 화학 합성의 E 인자를 개선할 수 있는 녹색 화학 원리를 식별한다.
- 전구약물이 약물 전달과 녹색 화학에 왜 중요한지 설명한다.

이 장은 새로운 의약품을 찾기 위한 원칙을 다룬다. 먼저 질병의 경로를 조사하고, 치료용 분자 표적을 선택한 다음, 그 표적에 작용해 유익을 주는 약물을 찾는다. 약물은 선택적이고 안전해야 하므로 최신 약물은 구조가 복잡하고 합성에 시간이 오래 걸리는 경향이 있다. 제약회사는 신약 연구보다 제조에 약 두 배의 비용을 쓰기 때문에, 폐기물과 비용을 줄이기 위해 녹색 화학을 도입할 강력한 동기가 있다. 이제 박테리아 감염, 암, 통증 등에 약물이 어떻게 표적 작용하는지 배웠으니, 이러한 녹색 화학 원리가 어떻게 적용되는지 살펴보자.

1992년 네덜란드 델프트공과대학의 Roger Sheldon은 화학 생산을 위해 E 인자(환경 인자)라는 용어를 만들었다. E 인자는 제조된 제품 1 kg당 생성된 폐기물의 질량이다. 의약품 합성은 흔히 다량의 용매와 복잡한 시약을 사용한다. 제약 제조에서는 약물 1 kg당 100 kg이 넘는 폐기물이 생기는 것이 보통이며, 즉 E 인자가 100을 초과한다. 물 매질에서의 합성, 효소 공정, 생물학적 과정을 모방하는 촉매, 유해 시약이 없는 공정이 점점 더 널리 사용되어 약물 생산을 더 효율적이고 더 친환경적으로 만든다(원칙 5, 9).

"홀리 트리니티(The Holý Trinity)"는 Dr. Antonín Holý(프라하, 1936~2012)와 Drs. John C. Martin(미국 길리어드사이언스), Erik De Clerc(벨기에 레가 의학연구소)의 협업을 빗댄 말장난이다. 이 과학자들은 테노포비르 디소프록실 푸마르산염(TDF)과 테노포비르 알라페나미드 푸마르산염(TAF)을 포함해 바이러스 감염을 치료하는 새로운 계열의 약물을 개척했다. TDF는 전 세계적으로 HIV/AIDS 치료에 널리 사용된다. 2013년에는 HIV/AIDS 감염의 대부분이 발생하는 저·중소득국(LMIC)에서 600만 명이 넘는 사람들이 TDF를 복용했다.

TDF와 TAF의 합성과 사용은 녹색 화학의 원칙(1~5, 8~9)을 보여준다. HIV 역전사 효소는 바이러스 DNA를 합성할 때 실수로 테노포비르를 원료로 편입한다. 테노포비르가 바이러스 DNA에 편입되면 바이러스 복제가 멈춘다.

테노포비르는 그림과 같이 아데닌과 (R)-프로필렌 카보네이트(RPC)로부터 합성된다. 테노포비르는 활성 약물이지만, 매우 친수성(물을 좋아함)이기 때문에 지용성(지방 친화적) 세포막을 통과해 HIV 감염 세포로 들어가기 어렵다. 그래서 테노포비르는 지용성 '전구약물(prodrug)' 형태인 TDF로 전달된다. 전구약물은 흡수, 분포, 대사, 배설(ADME) 특성 중에 하나 이상을 향상하도록 약물을 가리고 보호한 형태이다. TDF는 지용성이므로 테노포비르보다 세포로 훨씬 잘 분포한다. TDF가 감염 세포 내에서 테노포비르로 가수분해되면 바이러스 복제를 저해하는 적절한 형태가 된다.

TDF는 1일 300 mg 용량에서 매우 우수한 약이다. 그러나 TDF는 여전히 혈장 내에서 빠르게 테노포비르로 절단된다. 혈장 속 테노포비르는 빠르게 배설되므로, 감염 세포로 들어가는 TDF의 비율은 낮다. TAF는 더 선택적인 전구약물 접근법을 적용한다. TAF의 전구약물 작용기는 세포 안으로 들어간 뒤에야

테노포비르 디소프록실 푸마르산염(TDF)

테노포비르 알라페나미드 푸마르산염(TAF)

테노포비르

아데닌 —(촉매 KOH, RPC)→ … —(2단계)→ 테노포비르

세포내 효소에 의해 제거된다. 이 때문에 TAF 1일 10 mg 용량이 TDF 1일 300 mg과 동등한 효과를 낸다. 혈장 내 순환 약물 농도가 낮아지는 만큼 TDF 대비 TAF의 독성 부작용이 줄어들 가능성도 있다.

연간 600만 명이 하루 300 mg의 TDF를 복용한다면 TDF의 연간 수요량은 657톤이다. 연간 600만 명이 하루 10 mg의 TAF를 복용한다면 수요는 21.9톤에 불과하다. 따라서 TDF에서 TAF로 전환하면 폐기물 발생이 줄어들어 매우 친환경적이다. 이는 비용 절감과 저·중소득 시장에서 테노포비르의 접근성 향상에도 잠재적으로 매우 중요하다.

녹색 화학의 또 다른 예를 들어 테노포비르 합성에 쓰이는 RPC는 매우 저렴한 하이드록시아세톤의 카보네이트 유도체(그림)를 대장균(*E. coli*)과 알코올 탈수소효소, 포도당 탈수소효소(ADH, GDH)를 사용하여 수성 매질에서 생산한다. 이 RPC 합성은 원자 경제적이며, E-인자가 약 6이다. 종전의 RPC 제조법은 E 인자가 최대 45에 달했고, 더 유해한 시약과 용매를 사용했다.

약물 분자가 점점 더 복잡해지고 제조가 어려워질수록 녹색 화학의 중요성은 커지고 있다. 약물 제조에 흔한 높은 비용과 높은 E 인자는 녹색 화학적 접근을 개발하도록 유인한다. 제조 비용을 낮추면 HIV/AIDS, 말라리아, 결핵 같은 질병의 필수 의약품에 대한 전 세계적 접근성도 개선된다. 저·중소득 국가에서 HIV/AIDS 치료제를 복용하는 사람 수는 2003년 23만 5,000명에서 2013년 말 1,100만 명 이상으로 늘었다. 같은 기간 환자 1인당 치료 비용은 약 80% 감소했으며, 녹색 화학은 이 성과에 크게 기여했다.

H_3C–O–C(=O)–O–CH_2–C(=O)–CH_3 —(수성 완충액, ADH 및 GDH를 함유한 대장균 / 포도당)→ H_3C–O–C(=O)–O–CH_2–CH(OH)–CH_3 → (R)-탄산 프로필렌(RPC)

하이드록시아세톤의 탄산염 유도체 — 중간 생성물(단독화되지 않음) — (R)-탄산 프로필렌(RPC)

 요약

11.1절: **약물**은 통증을 완화하고, 질병을 치료하거나, 건강 또는 웰빙을 개선하는 물질이다. 약물은 천연에서 얻을 수도 있고, 반합성 또는 합성일 수도 있다. **화학 요법**은 화학 물질을 사용하여 질병을 치료하는 것이다.

11.2절: 아스피린은 **비스테로이드성 소염진통제(NSAID)**이다. **진통제**(통증 완화), **해열제**(발열 억제), **항염제**(염증 억제), **항응고제**(혈액 응고 억제) 작용을 한다. NSAID는 통증 신호를 뇌로 보내는 호르몬유사 지질인 **프로스타글란딘**의 생성을 억제한다. 이부프로펜과 나프록센은 NSAID이다. 아세트아미노펜은 진통제·해열제이지만 염증은 줄이지 못한다. 감기약에는 알레르겐에 의해 유발되는 증상을 완화하기 위해 **항히스타민제**가 흔히 포함된다(**알레르겐**은 히스타민 방출을 촉발한다). 감기를 완치하는 치료법은 없다.

마약성 진통제는 통증을 완화하고 혼미나 마취를 유발하지만 중독성이 있다. 아편에는 천연 마약성 진통제인 모르핀이 들어 있으며, 코데인과 헤로인은 모르핀으로부터 제조된다. 코데인은 통증 완화를 위해 아세트아미노펜과 함께 쓰이는 일이 많고, 기침 억제에도 사용된다. 헤로인은 모르핀보다 훨씬 더 강력하고 중독성이 높다. 모르핀 **작용제**는 모르핀과 유사한 작용을 하고, 모르핀 **길항제**는 모르핀 수용체를 차단한다. 신체는 극심한 통증에 반응해 **엔도르핀**이라는 모르핀 유사 물질을 생성한다. 운동은 뇌세포 성장을 촉진하는 단백질인 **뉴로트로핀**(신경 영양인자)의 생성을 증가한다.

11.3절: 설파제는 최초의 항균제로서, 박테리아 성장에 필수적인 화합물을 모방한다. **항생제**는 다른 미생물의 성장을 억제하는 수용성 물질로 곰팡이나 박테리아에서 유래한다. 페니실린은 박테리아가 뮤코단백질성 세포벽을 형성하는 것을 막는다. 테트라사이클린과 플루오로퀴놀론은 **광범위 항생제**로, 다양한 박테리아에 효과적이다. 항생제를 한동안 사용하면 항생제 내성 박테리아가 종종 나타난다.

항생제는 바이러스성 질병을 치료할 수 없다. 홍역, 볼거리, 천연두처럼 일부 바이러스성 질환은 백신으로 예방할 수 있으나 모든 바이러스성 질환에 백신이 있는 것은 아니다. 헤르페스와 **후천성면역결핍증(AIDS)**은 바이러스 감염이다. 바이러스는 핵산(DNA 또는 RNA)과 단백질로 이루어진다. AIDS 바이러스와 같은 **레트로바이러스**는 숙주 세포에서 DNA를 합성하는 RNA 바이러스이다. 일부 바이러스성 질환에는 항바이러스제가 사용된다.

11.4절: 많은 항암제는 **항대사제**로서 DNA 합성을 억제하여 암세포 성장을 늦춘다. 질소 머스터드 가스와 같은 알킬화제는 생체분자에 알킬기를 전달해 그들의 정상적인 작용을 차단한다.

11.5절: **호르몬**은 내분비샘에서 생성되어 신체의 다른 부위에 생리적 변화를 알리는 화학적 전달자이다. 프로스타글란딘은 호르몬 작용을 매개한다. 몇몇 호르몬은 특징적인 4고리 골격을 가진 **스테로이드**이다. 아나볼릭 스테로이드는 근육량을 늘리는 데 사용되지만 부작용이 있다. 콜레스테롤, 코르티솔, 성호르몬은 스테로이드이다. **안드로겐**은 남성적 특성을 조절하고, **에스트로겐**은 여성의 성기능을 조절한다. **프로게스틴**은 프로게스테론과 같은 효과를 지닌 스테로이드 호르몬이다. 피임약은 합성 에스트로겐 또는 프로게스틴을 함유하며 배란과 수정을 억제한다.

11.6절: 관상동맥 질환, 부정맥, 고혈압, 울혈성 심부전은 심혈관계 질환이다. 고혈압에는 **이뇨제**, 베타 차단제, 칼슘 채널 차단제, ACE 억제제가 사용된다. 부정맥 치료제는 세포막을 가로지르는 이온 흐름을

변화시킨다. 관상동맥 질환 치료에는 유기 질산염 화합물이 포함된다.

11.7절: 향정신성 약물은 정신에 영향을 미친다. 코카인과 암페타민 같은 **각성제**, 알코올·마취제·아편제·바르비투르산염·진정제 같은 **억제제**, LSD 같은 **환각제**로 크게 나눌 수 있다.

뉴런(신경세포) 사이에는 **시냅스**라 불리는 미세한 틈이 있다. 신경전달 동안 **신경전달물질**이 시냅스로 방출되어 수용 세포에 변화를 일으킨다. 정신 질환은 노르에피네프린(NE)과 세로토닌 같은 뇌 아민과 관련된 것으로 여겨진다. NE 작용제는 NE의 작용을 강화하거나 모방하고, NE 길항제는 그 작용을 차단하거나 느리게 한다. 많은 화합물은 화학식은 같지만, 원자 배열이 다른 **입체이성질체**로 존재한다. 거울상과 서로 겹쳐지지 않는 입체이성질체를 **거울상이성질체**라 하며, 하나 이상의 **키랄 탄소**(네 가지 서로 다른 치환기가 결합된 탄소)를 가진다.

마취제는 감각 또는 인식의 결여를 일으키는 물질이다. **전신 마취제**는 의식을 잃게 하고 통증에 전반적으로 둔감하게 만든다. 국소 마취제는 신체 일부의 감각을 없앤다.

알코올은 전 세계적으로 가장 많이 사용되는 억제제이다. 펜토바르비탈과 티오펜탈 같은 바르비투르산염은 진정제 및 마취제로 쓰인다. 알코올과 바르비투르산염을 함께 복용하면 **상승 효과**가 일어나 한쪽의 작용이 다른 쪽의 작용을 강화한다. 진정제의 한 계열인 페노티아진류는 도파민 길항제로 작용하여 조현병 증상을 완화한다. SSRI는 세로토닌의 효과를 강화하는, 흔히 처방되는 항우울제이다.

암페타민은 에피네프린과 NE와 구조가 유사한 각성제다. 암페타민은 거울상이성질체로 존재하며, 그중 하나가 다른 하나보다 훨씬 더 강력하다. 메스암페타민은 암페타민보다 더 강력하다. 카페인과 니코틴은 널리 사용되는 합법적 각성제이다.

환각제는 감각 지각의 변화를 유도한다. 가장 잘 알려진 환각제는 LSD와 **마리화나**이며, 특정 버섯의 실로시빈, 페요테 선인장의 메스칼린은 천연 환각제다.

11.8절: 약물 남용(중독 효과를 목적으로 약물을 사용하는 것)은 남용자와 사회에 모두 심각한 문제이다. 합법 약물을 잘못 또는 실수로 사용하는 **약물 오용**도 문제이다. 신약은 **위약 효과**(의약품 형태로 투여된 불활성 물질이 심리적 이유로 환자에게 효과를 보이는 현상)를 피하기 위해 적절히 시험되어야 한다. 신약이 FDA 승인을 받으려면 엄격한 심사 과정을 거쳐야 하며, 여기에는 실험실·동물 모델에서의 초기 시험과 사람을 대상으로 한 여러 단계의 임상시험이 포함된다. **희귀 약물**은 소수의 환자에게 영향을 미치는 질환을 치료하며, **바이오시밀러**의 사용은 증가하고 있다.

녹색 화학: 현대 약물은 구조가 복잡하고 종종 효율이 낮은(높은 E 인자) 합성을 거친다. 녹색 화학은 폐기물 생성을 줄여 의약품 제조 비용을 낮추고 지속가능성을 높인다. 지속가능성과 효율 향상은 전 세계의 의약품 접근성도 높여 산업국뿐 아니라 저·중소득 국가에도 중요한 기여를 할 수 있다.

학습 목표	관련 문제
• 일반적인 약물을 천연물, 반합성, 합성으로 분류한다. (11.1)	1, 8, 11, 12
• 화학 요법을 정의하고 그 기원을 설명한다. (11.1)	13, 14
• 일반의약품(OTC), 진통제, 해열제, 항염증제를 열거하고 각 약물의 작용 기전을 설명한다. (11.2)	2, 15~18, 20, 60, 65, 71, 79, 81
• 몇 가지 대표적 마약성 진통제를 언급하고, 각 약물의 작용과 중독가능성을 설명한다. (11.2)	9, 19, 21, 22, 68, 73
• 흔한 항균제를 열거하고 각 약물의 작용을 설명한다. (11.3)	3, 23~25, 59, 61, 69, 80, 82, 85
• 항바이러스제의 주요 범주를 열거하고 각 범주의 작용 기전을 설명한다. (11.3)	26~28, 62
• 흔한 항암제의 주요 유형과 그 작용 기전을 설명한다. (11.4)	29~34, 86
• 호르몬, 프로스타글란딘, 스테로이드의 의의를 정의하고 각각의 기능을 설명한다. (11.5)	4, 5, 35, 38, 63, 78, 83, 84
• 성호르몬의 세 가지 유형을 나열하고, 각 호르몬의 작용과 피임약의 작동 원리를 설명한다. (11.5)	6, 36, 37, 39, 40, 77
• 심장병 치료에 사용되는 네 가지 약물 유형의 작용을 설명한다. (11.6)	41~46
• 뇌 아민인 노르에피네프린과 세로토닌이 정신에 미치는 영향과 여러 약물이 그 작용을 어떻게 변화시키는지 설명한다. (11.7)	48, 50, 54
• 각성제, 억제제, 환각제의 예를 들고 이들이 정신에 미치는 영향을 설명한다. (11.7)	7, 47, 49, 51~53, 64, 66, 67, 72, 74, 75
• 약물 남용과 약물 오용을 구분한다. (11.8)	56, 58
• 신약이 어떻게 개발되어 시판에 이르는지 설명한다. (11.8)	10, 55, 57, 70, 76
• 화학 합성의 E-인자를 개선할 수 있는 녹색 화학 원칙을 식별한다.	87, 88

 개념문제

1. 천연 약물, 반합성 약물, 합성 약물의 차이는 무엇인가?
2. 항히스타민제, 진해제, 거담제의 차이는 무엇인가?
3. 항생제란 무엇인가?
4. 호르몬이란 무엇인가?
5. 프로스타글란딘이란 무엇인가? 프로스타글란딘은 호르몬과 어떻게 다른가?
6. 피임약은 어떻게 작용하는가?
7. 세계에서 가장 널리 사용되는 중추신경 억제제는 무엇인가?
8. 헤로인, 모르핀, 페니실린, 시스플라틴을 각각 천연, 반합성, 합성으로 분류하라.
9. 마약성 진통제란 무엇인가?
10. 위약 효과란 무엇인가?

 연습문제

자연과 실험실의 약물

11. 천연 약물, 반합성 약물, 합성 약물의 예를 각각 하나씩 들어라.
12. 코데인, 플루오로퀴놀론, 키니네, 빈블라스틴, 탁솔, 6-머캅토퓨린을 각각 천연, 반합성, 합성으로 분류하라.
13. 화학 요법이란 무엇인가?
14. 사람들이 약물을 사용하는 이유를 네 가지 쓰라.

진통제

15. 아스피린의 화학명은 무엇인가?
16. 수술과 관련된 통증 완화에 아스피린 대신 아세트아미노펜을 사용하는 이유는 무엇인가?
17. COX-2 억제제란 무엇이며, 어떻게 작용하는가?
18. 다음 각 약물 종류는 어떤 역할을 하는가?
    a. 진통제
    b. 해열제
    c. 항염증제
19. 다음 중 원래 기침 억제제로 시판되었던 것은 무엇인가?
    a. 아세트아미노펜
    b. 아스피린
    c. 헤로인
    d. 메타돈
20. 다음 중 NSAID로 간주되지 않는 것은 무엇인가?
    a. 아세트아미노펜
    b. 아스피린
    c. 이부프로펜
    d. 나프록센
21. 코데인은 구조상 모르핀과 어떻게 다른가?
22. 엔도르핀은 (a) 침술의 마취 효과, (b) 부상당한 군인에게 통증이 없는 현상과 어떤 관련이 있는가?

항균 및 항바이러스 약물

23. 테트라사이클린은 광범위 항생제이다. 이것은 무엇을 의미하는가?
24. 페니실린이란 무엇이며, 어떻게 박테리아를 죽이는가?
25. 퀴놀론계 항생제에 대한 설명으로 옳은 것은 무엇인가?
    a. 항대사물질
    b. 광범위
    c. 베타-락탐
    d. 매우 특정적인 좁은 범위
26. 항바이러스제가 바이러스성 질병을 치유하는가? 바이러스성 질병에 대처하는 가장 좋은 방법은 무엇인가?
27. 항레트로바이러스 약물의 세 가지 분류는 무엇이며, 각각 어떻게 작용하는가?
28. 다음 중 항바이러스제는 무엇인가?
    a. 아시클로비르
    b. 시프로플록사신
    c. 페니실린
    d. 설파닐아마이드

항암제

29. 다음 중 항대사물질이 아닌 것은 무엇인가?
    a. 6-메르캅토퓨린
    b. 사이클로포스파미드
    c. 5-플루오로우라실
    d. 메토트렉세이트
30. 항암제의 주요 분류 두 가지를 쓰라.
31. 항대사제와 알킬화제는 어떻게 작용하는가?
32. 시스플라틴은 어떻게 작용하는가?
33. 다음 구조식은 어떤 화합물을 나타내는가? 이 화합물은 항암제의 어떤 분류에 속하는가?

SH
N N
N N
H

34. 다음 구조식은 어떤 화합물을 나타내는가? 이 화합물은 항암제의 어떤 분류에 속하는가?

Cl N Cl
O=P–NH
O

호르몬

35. 호르몬과 프로스타글란딘의 차이점 세 가지를 쓰라.

36. Carl Djerassi가 노르에틴드론을 합성할 때 프로게스테론에서 메틸기를 제거하고 에티닐기를 도입했다. 이러한 변화가 노르에틴드론을 더 좋은 약물로 만든 이유는 무엇인가?

37. 프로게스테론 분자(그림 11.14)의 세 가지 작용기를 확인하라.

38. 아나볼릭 스테로이드는 어디에 사용되는가? 그 사용과 관련된 위험은 무엇인가?

39. 응급 피임약이란 무엇이며, 어떻게 작용하는가?

40. 다음 중 스테로이드가 아닌 것은 무엇인가?
 a. 에스트라디올
 b. 엔케팔린
 c. 프로게스테론
 d. 테스토스테론

심장 질환 치료 약물

41. 이뇨제는 어떤 방식으로 혈압을 낮추는가?
 a. 신장이 더 많은 물을 배설하게 하여 혈액량을 줄인다.
 b. 심박수를 늦춘다.
 c. 혈관 확장제로 작용하여 혈관 주변 근육을 이완시킨다.
 d. 혈관을 수축시키는 효소를 억제한다.

42. 베타 차단제는 어떤 방식으로 혈압을 낮추는가?
 a. 신장이 더 많은 물을 배설하게 하여 혈액량을 줄인다.
 b. 심박수를 늦추고 심박의 힘을 약하게 한다.
 c. 혈관 확장제로 작용하여 혈관 주변 근육을 이완시킨다.
 d. 혈관을 수축시키는 효소를 억제한다.

43. 혈관을 확장시켜 흉통을 완화하고 발기부전 증상을 경감시키는 메신저 분자는 무엇인가?
 a. 이산화 탄소(CO_2)
 b. 암모니아(NH_3)
 c. 일산화 질소(NO)
 d. 이산화 황(SO_2)

44. 유기 니트로 화합물로 흔히 치료되는 것은 무엇인가?
 a. 협심증
 b. 발기부전
 c. 심장 부정맥
 d. 고혈압

45. 일반적으로 심장 질환 치료의 목표에 해당하지 않는 것은 무엇인가?
 a. 프로게스테론의 심장에 대한 효과 차단
 b. 혈압 낮추기
 c. 심장 리듬 정상화
 d. 혈관 내 지질 플라크 축적 방지

46. 고혈압 치료에 가장 효과적이면서 비용이 적게 드는 약물은 무엇인가?
 a. 안지오텐신 전환효소(ACE) 억제제
 b. 베타 차단제
 c. 칼슘 통로 차단제
 d. 이뇨제

약물과 마음

47. 향정신성 약물과 환각제의 차이는 무엇인가?

48. 시냅스란 무엇이며, 신경계에서 어떤 역할을 하는가?

49. 향정신성 약물의 분류로 간주되지 않는 것은 무엇인가?
 a. 항대사물질
 b. 우울제
 c. 환각제
 d. 각성제

50. 베타 차단제의 작용 기전은 무엇인가?
 a. 세로토닌의 흥분 작용을 감소시킨다.
 b. 약물의 작용을 제한하여 한 거울상 이성질체만 활성화되도록 한다.
 c. 마취제로 작용한다.
 d. 에피네프린과 노르에피네프린의 각성 작용을 감소한다.

51. 다음 중 국소 마취제로 사용된 것은 무엇인가?
 a. 케타민
 b. 리도카인
 c. 아산화 질소
 d. 티오펜탈

52. 다음 중 해리성 마취제는 무엇인가?
 a. 클로로포름
 b. 할로탄
 c. 케타민
 d. 메스칼린

53. 다음 각 마취제에 대해 인화성 이외의 단점을 한 가지씩 쓰라.
 a. 아산화 질소
 b. 할로탄
 c. 디에틸 에터

54. 작용제란 무엇인가? 길항제란 무엇인가?

약물과 사회

55. 한 약물이 추가 시험을 위한 FDA 승인을 받으려면 요건이 모두 충족되어야 한다. 다음 중 예외는 무엇인가?
   a. 인간 사용에 대한 안전성
   b. 낮은 비용
   c. 유효성
   d. 작용 부위에 도달하는 능력

56. 불법 약물 사용에 대한 설명으로 무엇인가?
   a. 구매자는 약물의 실제 성분과 농도를 알 방법이 거의 없다.
   b. 많은 사용자가 약값을 마련하기 위해 절도를 한다.
   c. 불법 약물 사용은 사용자에게만 영향을 미친다.
   d. 많은 사고와 개인 상해가 약물과 관련이 있다.

57. 새로운 탐색적 약물의 시험에는 이중맹검 절차가 포함된다. 이중맹검 연구에 대한 설명으로 옳은 것은 무엇인가?
   a. 모든 피시험자가 약물을 투여받는다.
   b. 일부는 약물을, 다른 일부는 위약을 투여받는다.
   c. 약물을 투여하는 의사는 누가 약물·위약을 받는지 안다.
   d. 환자들은 자신이 약물을 받는지 안다.

58. 약물 남용과 약물 오용의 차이는 무엇인가?

 심화문제

59. 플루오로퀴놀론계 약물의 구조와 기능에 관한 정보를 복습하라. 작용은 시프로플록사신과 유사하지만, 7번 위치에 큰 질소함유 고리가 없는 플루오로퀴놀론계 약물의 구조를 그려라.

60. 아세트아미노펜이 NSAID로 분류되지 않는 이유는 무엇인가?

61. 체중 140 lb 환자가 요로 감염으로 항생제 암피실린 치료를 받았다. 1일 용량은 40 mg/kg이며, 하루 3회로 나누어 투여한다. **(a)** 이 환자의 1일 총 용량은 몇 g인가? **(b)** 암피실린 캡슐 하나에는 유효 성분이 500 mg 들어 있다. 환자는 8시간마다 캡슐을 몇 개씩 복용해야 하는가?

62. 레트로바이러스에 대한 설명으로 옳은 것은 무엇인가?
   a. RNA를 뉴클레오타이드로 분해한다.
   b. DNA를 뉴클레오타이드로 분해한다.
   c. DNA 주형으로부터 RNA를 합성한다.
   d. RNA 주형으로부터 DNA를 합성한다.

63. 모든 스테로이드가 공유하는 구조적 특징은 무엇인가?

64. 일부 향정신성 약물은 최초 사용 후 오랜 시간이 지나서도 플래시백을 일으킬 수 있다. 그런 약물 두 가지를 들고, 왜 플래시백을 유발할 수 있는지 설명하라.

65. 디펜히드라민(베나드릴)의 화학식은 $C_{17}H_{21}NO$이다. 베나드릴은 수용성인가, 지용성인가? 이유를 설명하라.

66. 모든 바르비투르산염 분자에 공통적인 구조적 특징은 무엇인가? 개별 바르비투르산염 약물의 성질을 바꾸기 위해 이 구조는 어떻게 변형되는가?

67. 알코올은 다른 약물과 상호작용하여 약효를 크게 증강시키고, 심지어 사망에 이르게 할 수도 있다. 그런 약물 두 가지를 밝혀라.

68. 어떤 물질의 LD_{50}는 실험동물 집단의 50%를 치사시키는 용량(단위: mg/kg 체중)이다. 약물 A와 B의 LD_{50}가 각각 750 mg/kg, 45 mg/kg이라면 어느 쪽이 더 독성이 큰가? 이유를 설명하라.

69. 어린아이에게 투여했을 때 치아 변색을 일으키는 약물은 무엇인가?
   a. 사이클로스포린
   b. 페니실린
   c. 설파제
   d. 테트라사이클린

70. 희귀 약물이란 무엇인가?

71. 진해제, 충혈완화제, 거담제의 기능은 각각 무엇인가?

72. 암페타민의 최소치사량(MLD)이 5 mg/kg이라면 70 kg 성인의 MLD는 얼마인가? 동물의 독성 연구 결과를 언제나 사람에게 그대로 외삽법에 의해 추정할 수 있는가?

73. 11.2절에서 언급했듯이 모르핀 분자의 페놀성 —OH기를 메톡시(—OCH_3)기로 치환하면 데인이 된다. 코데인 분자의 구조를 그려라.

74. 미국의 일부 주에서는 최근 의료 목적의 마리화나 사용을 합법화했다. 마리화나의 의학적 용도를 몇 가지 제시하라.

75. 약물에서의 시너지 효과란 무엇인가?

76. 제네릭 약물은 브랜드(상표) 약물과 어떻게 다른가?

77. 다음 항목을 사망 위험이 낮은 것에서 높은 것 순으로 배열하라.
   a. 임신과 출산
   b. 피임약 복용
   c. 흡연을 지속하면서 피임약 복용

78. 화합물 중 스테로이드로 분류되지 않는 것은 무엇인가?
   a. 콜레스테롤
   b. 프레드니손
   c. 프로게스테론
   d. 프로스타글란딘 E_2

79. NSAID는 염증에서 프로스타글란딘의 효과에 대항하기 위해 어떻게 작용하는가?

80. 다음 분자에서 파라-하이드록실기를 제거하면 **(a)** 물, **(b)** 지방에 대한 용해도가 어떻게 달라지겠는가?

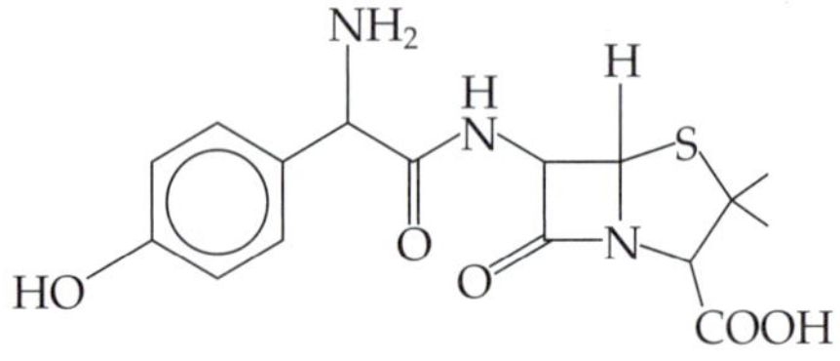

81. 다음 구조식은 어떤 NSAID를 나타내는가? 이 약물은 어떤 방향족 탄화수소와 관련이 있는가? 포함된 산소함유 작용기 두 가지의 이름을 쓰라.

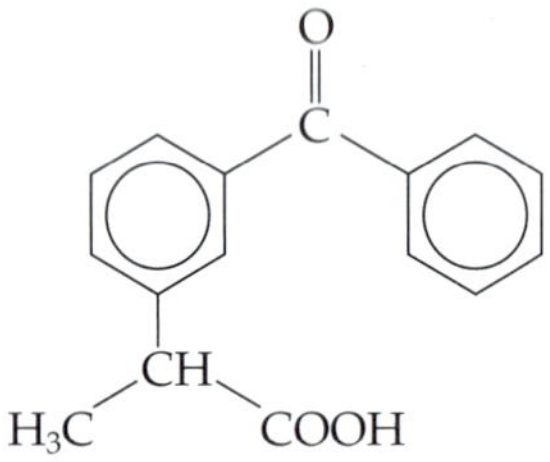

82. 클로람페니콜은 세균의 단백질 합성을 억제하는 광범위 항생제이다. 클로람페니콜(R = —H)을 **(a)** 팔미테이트 에스테르[R = —$CO(CH_2)_{14}CH_3$], **(b)** 석신산 소듐 유도체[R = —$COCH_2CH_2COONa$]로 바꾸면 용해도가 어떻게 달라지겠는가? 그 이유를 설명하라.

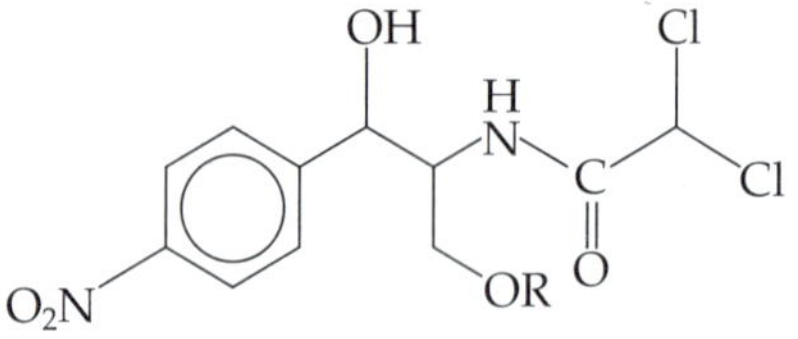

83. 다음 구조식은 어떤 종류의 약물을 나타내는가? 들어 있는 산소함유 작용기 세 종류의 이름을 쓰라.

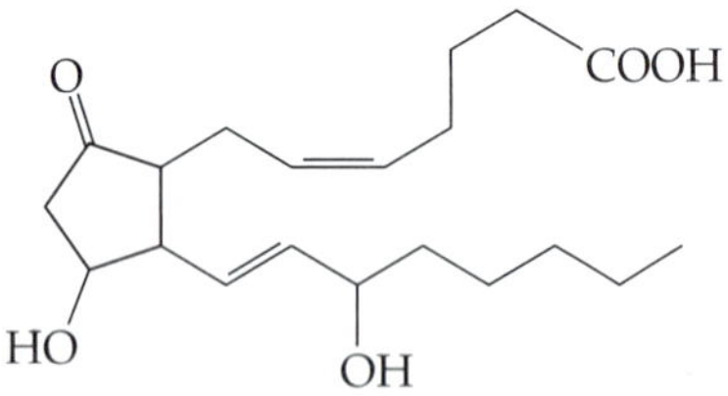

84. 다음 메게스트롤 아세테이트는 일부 암 치료에 쓰인다. 이것은 어떤 종류의 약물인가?

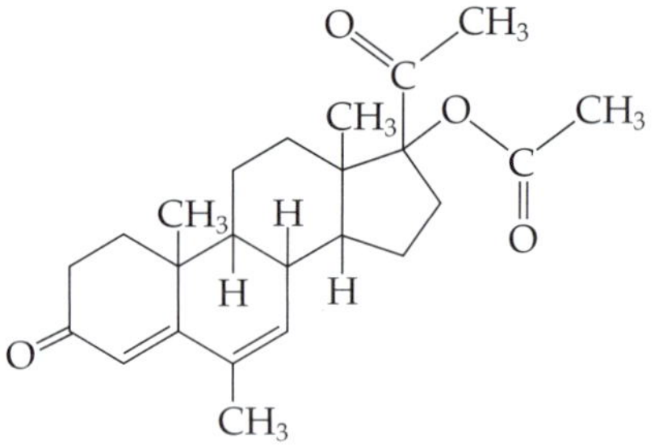

a. 펜사이클리딘
b. 프로스타글란딘
c. 스테로이드
d. 테트라사이클린

85. 항생제에 대한 설명으로 옳은 것은 무엇인가?
a. 항생제는 박테리아에는 작용하지만 바이러스에는 작용하지 않으므로 세균 감염 치료에 사용해야 한다.
b. 항생제는 박테리아와 바이러스 모두에 작용하므로 세균·바이러스 감염 모두에 사용해야 한다.
c. 항생제는 바이러스에는 작용하지만 박테리아에는 작용하지 않으므로 바이러스 감염 치료에 사용해야 한다.
d. 항생제는 박테리아와 바이러스 모두에 작용하지 않으므로 둘 다 치료에 사용해서는 안 된다.

86. 항암제에 대한 설명으로 옳은 것은 무엇인가?
a. 암세포는 정상 세포보다 빨리 자라므로 암세포만 죽인다.
b. 암세포와 정상 세포 모두에 독성이 있어 둘 다 죽인다.
c. 장에서 자라는 세포가 대부분의 정상 세포보다 더 느리게 자라므로 종종 심한 부작용이 있다.
d. 암세포와 정상 세포를 모두 죽이지만, 정상 세포가 더 천천히 자라므로 정상 세포에 더 큰 영향을 준다.

87. TDF 합성의 E-인자가 약 70이고 TAF 합성의 E-인자가 약 85라면 환자 600만 명분을 제조할 때 TAF와 TDF의 연간 폐기물 발생량 차이는 얼마인가?

88. (R)-프로필렌 카보네이트(RPC)의 효소적 합성과 유기 용매를 쓰는 화학적 합성을 비교할 때, 각각에 적용되는 녹색 화학 원리는 무엇인가?

비판적 사고 문제

이 장에서 습득한 지식과 하나 이상의 FLaReS 원칙(1장)을 적용하여 다음 진술과 주장을 평가하라.

11.1 TV 광고가 소비자에게 우울증을 극복하기 위해 새 약을 사용하는 문제에 대해 '의사와 상의하라'고 권한다. 광고는 한 여성이 야외에서 아이들과 행복하게 노는 장면으로 끝난다.

11.2 한 간호사가 자신의 손을 환자의 몸 위로 움직여 환자의 에너지장을 감지할 수 있게 해 준다는 기법, 즉 '치료적 접촉'으로 환자를 도울 수 있다고 주장한다.

11.3 TV 광고에서 한 배우가 위산 생성을 억제하는 약을 복용한 뒤, 기름지고 매운 음식으로 구성된 푸짐한 식사를 한다.

11.4 TV 광고에서 한 배우가 항히스타민을 복용한 뒤, 평소의 알레르기 증상을 겪지 않고 풀과 꽃이 가득한 초원을 기쁘게 걸어간다.

11.5 많은 사람이 MMR 백신이 자폐증의 원인이라고 믿으며, Andrew Wakefield의 12명 아동 대상 연구를 인용한다. 그러나 자폐증은 대체로 아이가 백신을 맞는 시기에 진단되며, 그 연구는 예방접종을 받은 아이와 받지 않은 아이의 자폐증 발생률을 비교하지 않았다.

11.6 한 웹사이트가 적포도주가 심장에 좋다고 주장한다.

 협업 과제

파워포인트, 포스터, 기타 프레젠테이션을 준비하여 수업에서 공유하라. 과제 1, 2번은 4명으로 이루어진 조가 수행하는 것이 가장 적합하다.

1. 다음 복합제에 대해 성분과 그 함량 목록을 포함한 간략한 보고서를 작성하라.

Advil® Cold & Sinus, Aleve® Cold & Sinus, Dimetapp® Cold & Flu, Theraflu®, Excedrin PM®, Alka-Seltzer® Plus, DayQuil®, NyQuil®

해당 제품에 들어 있는 각 물질의 화학 구조, 의학적 용도, 독성, 부작용을 제시하라.

2. 혈압을 낮추는 네 가지 주요 약물 범주가 11.6절에 나와 있다. 나열된 각 범주에서 한 약물을 골라 그 화학 구조, 독성, 부작용을 제시하라.

3. 일반 아스피린 다섯 브랜드의 비용 분석을 수행하여 각 제품의 그램당 비용을 계산하라. 고함량(엑스트라 스트렝스) 아스피린 제제의 그램당 비용을 일반 아스피린의 그램당 비용과 비교하라.

4. 인터넷을 검색하여 약물 임상시험에 대해 조사하고 다음 질문에 답하라. **(a)** 위중한 환자가 위약 대조 임상시험에 참여하고 싶어 하지 않을 수 있는 이유는 무엇인가? **(b)** 이러한 임상시험에 참여하는 것의 장점과 단점은 무엇인가? **(c)** 시험약뿐 아니라 위약을 사용하는 것이 왜 중요한가? **(d)** 때때로 대조군이 위약 대신 해당 질환의 표준 치료를 받기도 한다. 왜 그런가?

5. 다음 질환 중 하나의 치료를 위한 신약에 대해 인터넷으로 정보를 찾아라.

a. 폐렴
b. 관절염
c. 암
d. 당뇨병

6. 인터넷이나 'Merck 인덱스'(또는 유사한 참고 자료)를 이용하여 코카인, 프로카인, 리도카인, 메피바카인, 부피바카인의 독성을 찾아라. 서로 다른 동물에서의 독성을 비교하고, 그 결과를 인간에게 외삽법을 추정하는 것이 항상 정확한가? 투여 방법이 관찰된 독성에 영향을 미치는가?

7. 한 가지 신경전달물질에 대해 간략한 보고서를 작성하라. 그 기능과 작용 부위를 설명하라.

8. 탈리도마이드에 대해 간략한 보고서를 작성하라. 그 구조, 원래의 의도된 용도, 발생한 문제, 제안된 새로운 용도를 포함하라. 문제의 원인이 되었던 탈리도마이드의 키랄 탄소 원자를 지적하라.

9. 표 11.1에 나열된 마약성 진통제, 항히스타민제, 항생제, 항암제, 항우울제 중 하나에 대해 간략한 보고서를 작성하라. 선택한 약물의 화학 구조, 의학적 용도, 독성, 부작용을 포함하라.

실험 과제 속쓰림 완화하기

준비물

- 시판된 씹어 먹는 제산제 3종(힌트: 색 있는 정제가 아닌 흰색 정제를 사용하고, 활성 성분이 서로 다른 브랜드를 고르자.)
- 투명한 작은 플라스틱 컵 4개
- 절구와 공이, 밀대, 주방용 망치(알약을 부수기 위한 것)
- 적양배추 잎(지시약 준비용)
- 양배추즙 지시약(아래의 준비 방법 참조)
- 식초
- 계량스푼(테이블스푼 1개, 티스푼 1개)

의사가 어떤 약을 다른 약보다 권하는 이유는 무엇일까? 일반의약품은 효과면에서 어떻게 다를까? 이 실험에서는 씹어 먹는 제산제 3종을 분석하여 어떤 활성 성분이 가장 효과적인지 알아본다.

의약품과 약물은 순수한 형태로 환자에게 투여되는 일이 거의 없다. 보통 활성 성분은 알약 형태로 만들거나 정맥주사로 투여할 수 있도록 다른(비활성) 성분과 함께 배합된다. 비활성 성분은 특정 용량의 약물이 언제, 어떤 방식으로 전달될지를 조절하는 데 도움을 준다. 활성 성분은 생물학적으로 작용하여 질병을 치료하거나 바람직하지 않은 증상을 개선하는 분자이다. 대개 한 질환을 치료하는 데는 서로 다른 여러 활성 성분이 사용될 수 있다.

이번 실험에서는 서로 다른 활성 성분의 효과를 비교하기 위해 시판된 씹어 먹는 제산제를 사용한다. 제산제는 속쓰림 증상을 완화하기 위해 복용하며, 거의 모든 활성 성분이 약염기를 이용해 위의 과도한 산을 중화하는 방식으로 작용한다. 가장 흔히 쓰이는 염기는 마그네슘, 알루미늄, 칼슘의 수산화물과 탄산염이다.

먼저 활성 성분이 서로 다른 제산제 3종을 준비하라. 많은 제산제는 활성 성분이 둘 이상이며, 서로 다른 수산화물과 탄산염의 조합으로 되어 있다.

투명한 작은 플라스틱 컵 4개를 준비하여 그중 3개에는 각 제산제의 이름을, 나머지 1개에는 '대조'라고 라벨을 붙여라. 대조 용액은 플라스틱 컵에 식초 1테이블스푼과 양배추즙 지시약 1티스푼을 넣어 준비한다. 이 대조 용액은 반응 색깔을 비교하는 기준으로 사용한다.

다음으로 첫 번째 브랜드의 제산제 2정을 절구와 공이, 주방용 망치 등으로 잘게 부수어 해당 라벨이 붙은 컵에 넣어라. 나머지 두 브랜드에 대해서도 동일하게 하라.

그런 다음 각 플라스틱 컵에 식초 1테이블스푼을 넣고, 바로 이어서 양배추즙 지시약 1티스푼을 넣어라. 식초와 지시약을 넣은 시간을 기록하라. 컵을 가볍게 흔들어 섞고 5~10분 동안 반응을 관찰하라. 각 용액의 색은 어떻게 보이는가? 색 변화는 무엇을 의미하는가? 결과에 따라 제산제 브랜드를 가장 효과적인 것부터 가장 덜 효과적인 것까지 순서대로 매겨라.

양배추즙 지시약 만드는 법: 적양배추 한 통에서 잎 6장을 떼어 잘게 썬다. 물 8컵을 끓인 뒤, 끓는 물에 잘게 썬 양배추 잎을 넣는다. 불을 줄여 30분간 약한 불로 끓인다(졸인다). 혼합물을 체에 밭쳐 큰 용기에 걸러 담고, 실온까지 식힌다. 이 즙이 지시약 용액이다.

전형적인 결과

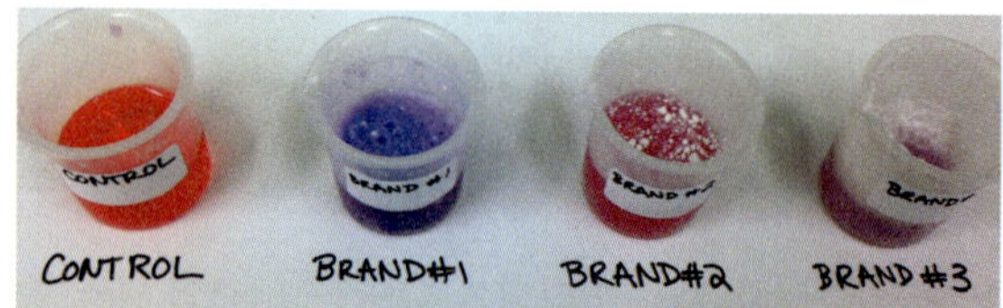

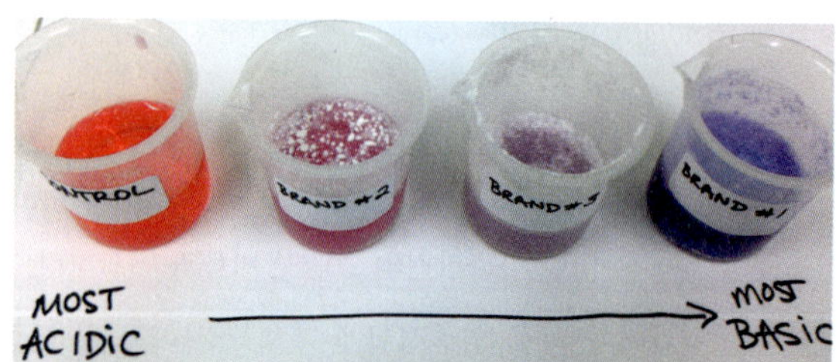

실험문제

1. 각 브랜드의 활성 성분에 대한 화학 반응식을 쓰고, 반응식을 정확히 평형 맞춰라.
2. 이 실험의 조건이 위의 조건을 잘 모사한다고 생각하는가? 이 실험 조건과 위(그리고 속쓰림과 관련된 조건) 사이에는 어떤 차이가 있을 수 있는가?
3. 제산제 정제에 관련된 다른 어떤 요인이 이 실험에 영향을 줄 수 있는가? 예를 들어 서로 다른 브랜드가 동일한 비활성 성분을 사용하는가?

농장과 정원의 화학

12

이 장과 관련된 궁금증

1. 무수 암모니아란 무엇인가?
2. 도시에서는 인이 들어 있는 잔디 비료를 살 수 없는가?
3. 살충제가 꿀벌을 죽게 만드는 것인가?
4. '제초제'가 왜 잔디까지는 죽이지 않는 것인가?
5. '유기농' 과일과 채소가 우리 건강에 더 좋은가?
6. 들판에 옥수수가 넉넉히 자라는 데도 어떻게 식량 위기가 있을 수 있는가?

현대 농업은 증가하는 지구 인구 대부분에게 풍부한 식량을 생산하지만, 경제적·환경적 측면에서 많은 문제를 야기했다. 많은 사람이 지속가능한 농업으로 눈을 돌리고 있다.

인류는 처음에 수렵과 채집으로 식량을 얻었다. 약 1만 년 전 시작된 농업혁명은 사람들이 마을과 도시에 정착함에 따라 늘어나는 인구를 먹여 살릴 보다 조직적인 식량 확보 방법으로 점차 이어졌다. 지난 수백 년의 산업혁명과 과학의 발전은 장단점을 모두 지닌 현대 농업의 발전을 촉발했다. 농업 화학에서 가장 극적인 변화는 지난 한 세기에 일어났다. 이 장에서는 과거, 현재, 잠재적인 미래의 농업 관행을 화학적 관점에서 살펴본다.

우리의 식량은 궁극적으로 녹색 식물에서 온다. 모든 생물은 한 종류의 먹이를 다른 종류로 바꿀 수 있지만, 녹색 식물은 햇빛의 에너지와 식물 세포의 엽록소를 이용해 이산화 탄소와 물을 모든 생명체의 직접적·

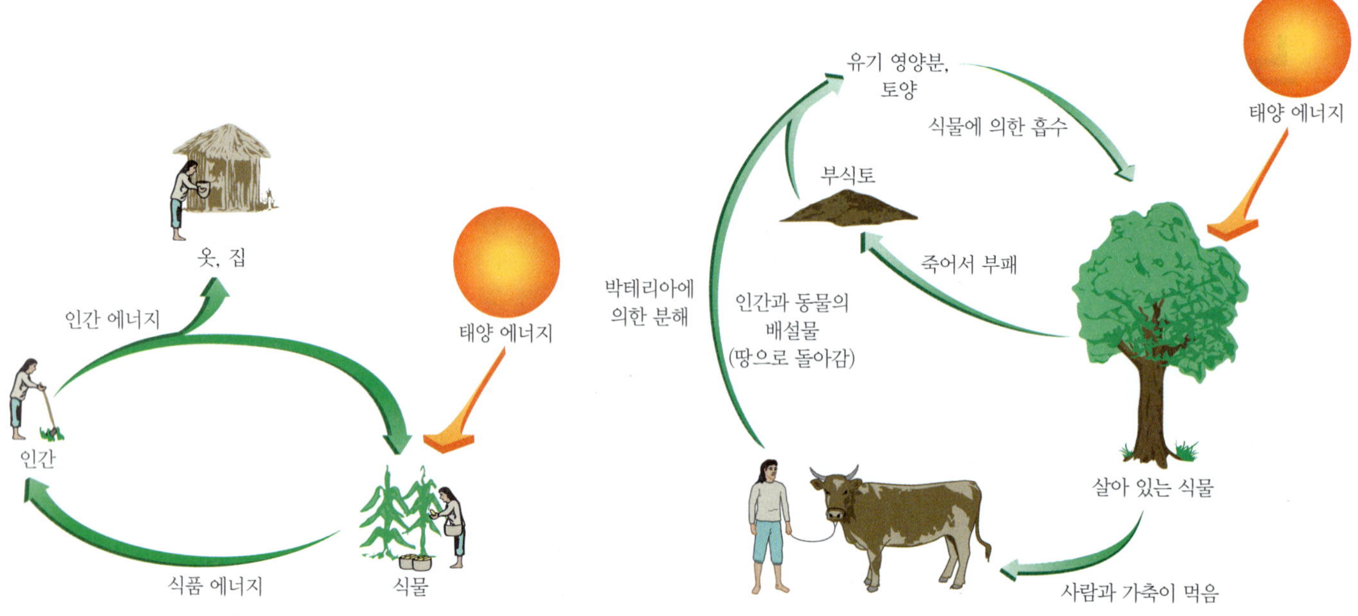

▲ **그림 12.1** 초기 농경사회에서의 에너지 흐름

▲ **그림 12.2** 단순한 체계에서의 영양분 흐름

간접적 연료인 당으로 전환할 수 있다.

$$6\ CO_2 + 6\ H_2O \xrightarrow{\text{햇빛}} C_6H_{12}O_6 + 6\ O_2$$

이 단순화한 반응은 대기 중 산소를 보충하고 이산화 탄소를 제거하기도 한다(7.2절). 식물은 다른 영양분, 특히 질소와 인의 화합물을 사용해 광합성으로 만들어진 당을 우리가 식품으로 사용하는 단백질, 지방, 기타 화학 물질로 전환할 수 있다.

식물의 주된 화학 원소(탄소, 수소, 산소)는 줄기·잎·뿌리의 주성분인 셀룰로스에 들어 있으며, 이 원소들은 공기와 물에서 온다. 그 밖의 식물 영양분은 토양에서 흡수되고, 에너지는 태양이 공급한다. 초기 농경사회에서 사람들은 식량을 얻기 위해 작물을 재배하고, 그 식량에서 에너지를 얻었다. 이 에너지의 상당 부분은 다시 식량 생산에 투입되었고, 일부는 의복을 만들고 거처를 짓는 데 쓰였다. 그림 12.1은 이런 사회에서의 에너지 흐름을 단순화해 보여준다. 현대사회는 여기에 제시된 것보다 훨씬 복잡하다. 예를 들어 일부 작물은 가축의 사료로 쓰이고, 사람은 고기·우유·달걀 같은 동물성 식품으로부터도 에너지를 얻는다.

초기 사회에서는 거의 모든 에너지가 재생가능한 자원에서 나왔다. 인간의 노동 에너지 1단위에 태양으로부터의 에너지가 넉넉히 보태지면 식량 에너지 10단위를 생산할 수도 있었다. 일부 인간 에너지는 의복을 만들기 위한 섬유용 작물을 재배하고 거처를 마련하는 데 쓰였다. 놀이나 문화 활동에 쓰이기도 했다.

영양분의 흐름도 상당히 단순했다. 식물의 사용되지 않은 부분과 사람·동물의 배설물은 토양으로 되돌아가 미생물이 잎과 다른 식물 부분을 분해하여 형성한 유기 물질인 '부식질'을 이룬다. 이 물질은 새로운 식물의 성장에 필요한 영양분을 제공한다(그림 12.2). 적절히 실행된다면 이런 형태의 농업은 토양을 심각하게 고갈시키지 않고도 수세기 동안 지속될 수 있지만, 이 수준의 농업이 부양할 수 있는 인구는 비교적 적다. 비료, 살충제, 화석연료에서 얻는 에너지를 활용하면서 현대의 고생산 농업은 작물 수확량을 크게 늘렸다. 도시에 사는 많은 사람도 푸른 잔디밭을 유지하고 생산적인 채소·화단을 가꾸기 위해 현대 농업과 유사한 재료와 방법을 사용한다.

▲ 토양은 풍화 작용으로 부서진 암석과 다양한 종류의 부식 중인 식물성·동물성 유기물로 이루어진다. 암석에서 토양이 몇 밀리미터만 형성되는 데도 수년이 걸린다. 미국에서는 매년 침식으로 50억 톤의 토양이 유실된다. 개발도상국에서는 늘어나는 인구를 먹여 살리기 위해 더 많은 땅을 경작지로 개간하면서 토양 유실이 훨씬 더 심한 경우가 많다.

12.1 비료로 식량 재배하기

학습 목표
- 식물의 세 가지 1차 식물 영양소, 여러 가지 2차 식물 영양소, 미량 영양소를 나열하고 각각의 기능을 설명한다.
- 유기 비료와 일반(재래식) 비료를 구별한다.

토양에서 빠져나간 영양분을 보충하고 작물 생산을 늘리기 위해 현대의 농부들은 다양한 화학 비료를 사용한다. 세 가지 **1차 식물 영양소**(primary plant nutrient)는 질소, 인, 포타슘이다. 먼저 질소부터 살펴보자.

질소 비료

독일의 화학자 Justus von Liebig(1803~1873)는 1843년에 질소가 식물에 필수적인 영양소임을 발견했다. 질소는 공기 중에 원소 형태(N_2)로 존재하지만, 일반적으로 식물이 직접 이용할 수는 없다. 번개가 칠 때마다 공기 중에서 어느 정도의 질산이 생성되어 비를 통해 지면으로 내려온다. 번개는 매년 토양에 약 10억 톤의 고정 질소를 공급하지만, 번개는 빈번하고 신뢰할 수 있게 일어나는 현상이 아니라 무작위적이다. 일부 박테리아는 질소를 '고정'할 수 있는데, 즉 질소를 물에 잘 녹는 질소함유 화합물로 전환한다. 이러한 중요한 기능을 수행할 수 있는 박테리아 군락은 클로버나 완두 등과 같은 콩과식물의 뿌리에 생기는 결절(뿌리혹)에서 자란다(그림 12.3). 농부들은 윤작을 통해 토양의 비옥도를 회복할 수 있다. 즉 질소를 고정하는 작물(예: 클로버)과 질소를 많이 소비하는 작물(예: 옥수수)을 번갈아 재배하는 방법이다.

▲ **그림 12.3** 콩과식물의 뿌리혹에 사는 박테리아는 대기 중 질소를 식물이 영양분으로 사용할 수 있는 수용성 화합물로 전환하여 고정한다.

식물은 보통 질산 이온(NO_3^-)이나 암모늄 이온(NH_4^+)의 형태로 질소를 흡수한다. 식물은 이 이온들을 광합성으로 만들어진 탄소 화합물과 결합하여 모든 생명 과정에 필수적인 단백질을 이루는 아미노산을 합성한다. 수천 년 동안 농부들은 토양 비료로 거름(분뇨)에 의존해왔다. 오늘날에도 저개발국의 농부들뿐 아니라 일부 선진국의 소농들 역시 여전히 거름을 밭에 뿌린다. 우리는 이제 거름에 질산염이 들어 있다는 것을 알지만, 동시에 대장균(*E. coli*)도 다량 함유되어 있다는 사실도 알고 있다.

칠레 북부 사막에서 질산 소듐(칠레 초석이라고 불림) 매장지가 발견된 뒤에 이 물질($NaNO_3$)은 토양 비료의 질소 공급원으로 널리 사용되었다. 비료를 주면 농부들은 토양 비옥도를 회복하기 위해 작물을 윤작할 필요가 없다. 비료만 더하면 매년 옥수수를 재배할 수 있는데, 왜 해마다 번갈아 재배하겠는가?

19세기 말과 20세기 초의 급격한 인구 증가로 식량 공급에 대한 압력이 커지면서 질소 비료 수요가 늘었다. 질소 비료 제조의 첫 번째 본격적인 돌파구는 제1차 세계대전 직전 독일에서 나왔다. Fritz Haber(독일, 1868~1934)가 개발한 공정을 Carl Bosch(독일, 1874~1940)가 촉매와 고압을 이용한 대규모 공정으로 확장하여 질소와 수소를 결합해 암모니아를 만드는 것이 가능해졌다.

$$3\,H_2 + N_2 \longrightarrow 2\,NH_3$$

1913년에는 질소고정 공장 한 곳이 이미 가동 중이었고, 여러 공장이 추가로 건설되고 있었다. 독일은 주로 폭약 용도로 질산 암모늄에 관심을 가졌지만, 이것이 귀중한 질소 비료이기도 하다는 사실이 밝혀졌다. 독일은 일부 암모니아를 산화시켜 질산을 만들고, 그 질산을 더 많은 암모니아와 반응시켜 질산 암모늄(NH_4NO_3)을 제조할 수 있었다.

$$NH_3 + 2\,O_2 \longrightarrow HNO_3 + H_2O$$

▶ **그림 12.4** 한 농부가 식물 영양소인 질소의 공급원인 무수 암모니아를 밭에 살포하고 있다.

표 12.1 암모니아로부터 제조되는 다양한 질소 비료

반응물:	생성 비료	화학식
없음	무수 암모니아	NH_3
이산화 탄소	요소	NH_2CONH_2
황산	황산 암모늄	$(NH_4)_2SO_4$
질산	질산 암모늄	NH_4NO_3
인산	인산 수소 암모늄	$(NH_4)_2HPO_4$

$$HNO_3 + NH_3 \longrightarrow NH_4NO_3$$

암모니아는 실온에서 기체지만, 쉽게 액화시켜 탱크에 저장·운송할 수 있다. 이렇게 만든 무수 암모니아 $NH_3(l)$는 비료로 토양에 직접 주입한다(그림 12.4). 이런 형태의 암모니아는 일반 가정용 암모니아 $NH_3(aq)$, 즉 보통 세제 등 다른 성분과 NH_3가 섞인 수용액와는 다르다는 점에 유의해야 한다.

1 무수 암모니아란 무엇인가?

'무수'는 '물이 없음'을 뜻한다. 실험실이나 가정용 세정제에 쓰이는 암모니아 용액은 물에 녹인 암모니아 가스다. '무수 암모니아'를 운반하는 농업용 탱크에는 압축되어 액화된 암모니아(NH_3)가 들어 있다. 무수 암모니아는 토양에서 암모니아와 물 사이에 강한 수소 결합이 형성되기 때문에 질소 공급 비료로 효과적이다.

암모니아로부터 만들어져 비료로 살포되는 고체 화합물의 몇 가지 예는 표 12.1에 나와 있다.

대기에는 막대한 양의 질소가 존재하지만, 현재 산업적 질소고정 방법은 많은 에너지를 소모하고 비재생 자원을 사용한다. 질소고정에 관여하는 유전자가 박테리아에서 비콩과식물로 이전된 사례가 있다. 머지않아 클로버와 완두처럼 스스로 질소 비료를 만들어낼 수 있는 형질 전환 옥수수와 면화가 개발될지도 모른다.

질소를 함유한 비료의 사용은 농장에 사는 사람들에게 부정적 영향을 미친다. 비료와 가축 분뇨의 유출 때문에 농가의 우물물에는 질산염이 높게 검출될 가능성이 크다. 그런 우물물로 분유를 타면 영아에게 치명적일 수 있다(8.3절 참조).

인 비료

식물 생장의 한계 요인은 대개 인의 가용성으로, 보통 인산염 이온 PO_4^{3-} 형태다. 식물은 인산염을 DNA와 RNA 및 생장에 필수적인 다른 화합물에 편입한다. 인산염은 뼈, 구아노(조류 배설물), 어분에 존재하므로 고대부터 비료로 쓰였을 가능성이 크다. 다만 인산염 자체가 식물 영양소로 인식된 것은 약 1800년 무렵의 일이다. 이 발견 이후 유럽의 큰 전쟁터에서 뼈를 파내 화학 공장으로 보내 비료로 가공하기도 했다.

동물의 뼈는 인이 풍부하지만, 대부분의 인산염은 물에 잘 녹지 않아 식물이 곧바로 이용하기 어렵다. 1840년대 화학자들은 뼈를 황산으로 처리하여 황산 칼슘과 인산 이수소 칼슘의 혼

합물로 바꾸는 방법을 알아냈고, 이를 과인산(superphosphate)이라 부르기도 했다. 1860년대에는 같은 처리를 인광석에도 적용하여 해마다 수천 톤을 생산했다. 과인산을 만드는 핵심 반응은 다음과 같다.

$$\underset{\text{인광석 또는 뼈(불용성)}}{Ca_3(PO_4)_2 + 2\,H_2SO_4} \longrightarrow \underbrace{Ca(H_2PO_4)_2 + 2\,CaSO_4}_{\text{과인산(더 잘 용해)}}$$

현대의 인 비료는 인광석을 인산으로 처리하여 물에 잘 녹는 인산 이수소 칼슘을 만드는 방식으로도 생산된다.

$$Ca_3(PO_4)_2 + 4\,H_3PO_4 \longrightarrow 3\,Ca(H_2PO_4)_2$$

오늘날 더 흔히 쓰이는 것은 질소와 인을 동시에 공급하는 인산 일수소 암모늄[$(NH_4)_2HPO_4$]이다.

전 세계 인산염 생산량의 약 90%가 농업에 사용된다. 2006년까지 미국이 (플로리다, 노스캐롤라이나, 유타, 몬태나의 풍부한 인광석을 바탕으로) 인 비료의 최대 생산국이었으나, 2006년에 중국이 선두로 올라섰고 모로코가 2위가 되었다. 한편 인산염의 사용은 그 성분을 환경 전반에 회수 불가능하게 흩뜨려 놓는 문제를 낳는다.

비료 유출의 큰 문제(8장 참조)는 호수·연못·하천으로 유입되는 인산염의 증가다. 인산염은 식물 영양소이므로, 과잉 인산염은 용존 산소를 소모하는 남조류(청록조류)의 급속한 증식을 일으킨다. 이러한 부영양화(8.3절)는 환경과 사회에 중대한 우려를 낳고 경제적 영향도 크다. 미국 중북부 농지에서 유출된 비료는 미시시피강을 거쳐 결국 멕시코만으로 흘러들어간다. 2017년 8월 미국 국립해양대기청(NOAA)은 미시시피 삼각주 인근 멕시코만의 데드존 면적을 8,776평방마일(뉴저지주 크기)로 측정했다. 그 물은 산소가 너무 부족하여 어류와 해양생물이 살 수 없으며, 이 데드존은 루이지애나 어업에 악영향을 미치고 있다.

2 **도시에서 인이 들어 있는 잔디 비료를 살 수 없는가?**

미네소타주 미니애폴리스와 같은 대도시들은 2000년대 초반에 인을 함유한 잔디 비료의 사용을 금지했다. 해당 지역 토양에는 이미 인이 충분했고, 과잉비료가 유출되면서 도시 호수에서 조류가 급증하여 미관상의 문제는 물론 경제적 피해까지 초래했기 때문이다.

포타슘 비료

식물 생장에 필요한 세 번째 주요 원소는 포타슘이다. 식물은 포타슘을 단순 양이온 K^+의 형태로 이용한다. 일반적으로 포타슘은 풍부하고 용해도 문제도 없다. 포타슘 이온은 소듐(Na^+) 이온과 함께 세포의 체액 균형에 필수적이며, 탄수화물의 형성과 운반에 관여하고, 아미노산으로부터 단백질이 합성되는 과정에도 필요할 수 있다. 토양에서 포타슘 이온을 흡수하면 토양은 산성화된다. 식물이 전기적 중성을 유지하려면 양전하를 띤 포타슘 이온이 뿌리끝으로 들어올 때마다 양전하의 하이드로늄 이온(H_3O^+)이 밖으로 빠져나가야 한다(그림 12.5).

상업용 비료에서 포타슘의 통상적인 화학 형태는 염화 포타슘(KCl)이다. 이 염은 독일 슈타스푸르트와 그 주변에 거대한 매장층이 있으며, 오랫동안 세계 거의 모든 포타슘 비료를 이 지역이 공급해왔다. 제1차 세계대전이 시작되자 미국은 자국 내 공급원을 찾았고, 캘리포니아의 설스호수와 뉴멕시코의 칼즈배드가 현재 미국 수요의 대부분을 충당한다. 캐나다 역시 서스캐처원과 앨버타에 막대한 매장량을 보유하고 있으며, 캐나다 대평원 지하 약 1.5 km 깊이에는 두께가 최대 200 m에 이르는 염화 포타슘층이 놓여 있다. 매장량은 크지만 포타슘염은 재생 불가능한 자원이므로 현명하게 사용해야 한다.

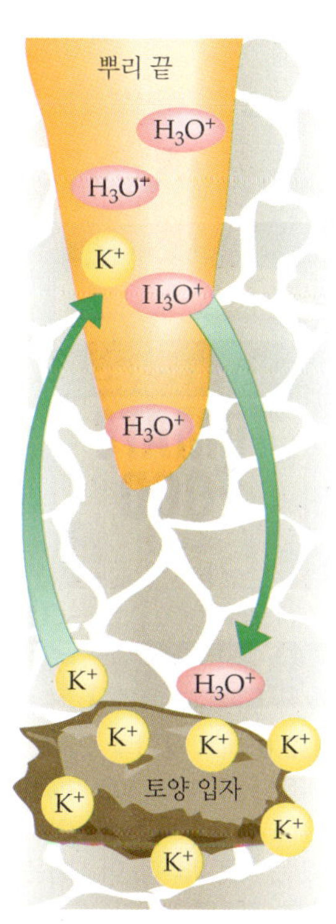

▲ **그림 12.5** 뿌리 끝이 토양에서 K^+ 이온을 흡수하면 H_3O^+(하이드로늄) 이온이 토양으로 방출된다. 따라서 포타슘 이온의 흡수는 토양을 산성화하는 경향이 있다.

기타 필수 원소

세 가지 주요 영양소(질소, 인, 포타슘) 외에도 식물이 제대로 자라려면 다른 원소들이 필요하다. **2차 식물 영양소**(secondary plant nutrient)인 마그네슘, 칼슘, 황은 중간 정도의 양이 요

표 12.2 정상적인 식물 생장을 위해 필요한 8가지 미량 영양소

원소	식물이 이용하는 형태	기능	결핍 증상
붕소	H_3BO_3	단백질 합성에 필요, 생식과 탄수화물 대사에 필수임	줄기 생장점의 고사, 뿌리 생육 불량, 꽃·종자 생산 불량
염소	Cl^-	식물 조직의 수분 함량 증가, 탄수화물 대사에 관여	시듦/쪼글거림
구리	Cu^{2+}	효소의 구성 성분, 생식과 엽록소 생성에 필수	가지 끝 마름, 새 잎의 황화
철	Fe^{2+}	효소의 구성 성분, 엽록소 생성에 필수	잎의 황화, 특히 엽맥 사이
망간	Mn^{2+}	산화·환원 반응과 탄수화물 전환에 필수	잎의 황화, 갈색 줄무늬의 괴사 조직
몰리브덴	MoO_4^{2-}	콩과식물의 질소고정과 단백질 합성을 위한 질산염 환원에 필수	생육 저하(왜소화), 옅은 녹색 또는 황색 잎
니켈	Ni^{2+}	철 흡수에 필요, 효소의 구성 성분	종자 발아 실패
아연	Zn^{2+}	초기 생장과 성숙에 필수	생육 저하(왜소화), 종자·곡물 수량 감소

구된다. 칼슘은 석회(산화 칼슘, CaO) 형태로 산성 토양을 중화하는 데 사용된다.

$$CaO(s) + 2\,H^+(aq) \longrightarrow Ca^{2+}(aq) + H_2O(l)$$

칼슘 이온 자체도 식물의 필수 영양소이다. 마그네슘 이온(Mg^{2+})은 엽록소 분자에 포함되므로 광합성에 꼭 필요하다. 황은 여러 아미노산의 구성 성분이며 단백질 합성에 필수적이다.

이 밖에도 식물은 **미량 영양소**(micronutrient)라 부르는 여덟 가지 원소를 아주 적은 양으로 필요로 한다(표 12.2). 많은 토양에는 이러한 미량 영양소가 충분히 들어 있지만, 일부 토양은 하나 이상이 결핍되어 있어 필요한 원소를 소량으로 보충하면 생산성을 크게 높일 수 있다.

식물은 소듐, 규소, 바나듐, 크롬, 셀레늄, 코발트, 불소, 비소 같은 다른 원소를 추가로 필요할 수도 있다. 이들 대부분은 토양에 존재하지만, 식물 생장에 필수적인지 여부는 아직 확실하지 않다.

비료: 장단점이 뒤섞인 것

▲ **그림 12.6** 비료 용기의 숫자는 비료가 질소 18%, P_2O_5 18%, K_2O 21%에 해당함을 뜻한다. 실제로 비료에 K_2O나 P_2O_5가 들어 있는 것은 아니다. 이 식들은 단지 환산을 위한 기준일 뿐이다. 비료에서 포타슘의 실제 형태는 거의 항상 KCl이며, KNO_3와 같은 다른 포타슘염도 필요한 K^+ 이온을 공급할 수 있다. 인은 용해성 인산염을 포함하는 여러 염 중에 하나의 형태로 공급된다.

농부와 정원사는 흔히 완전 비료를 구입하는데, 이름과 달리 보통 세 가지 주요 영양소만 포함한다. 예를 들어 비료 포대의 세 숫자 18-18-21는 질소, 인, 포타슘(NPK)의 비율을 나타낸다(그림 12.6). 첫 번째 숫자는 질소(N)의 백분율, 두 번째는 인 함량을 오산화 이인(P_2O_5)으로 환산한 백분율, 세 번째는 포타슘 함량을 산화 포타슘(K_2O)으로 환산한 백분율이다. 따라서 18-18-21은 그 비료가 N 18%, P_2O_5 18%, K_2O 21%에 해당하는 양을 포함하고, 나머지는 불활성 물질임을 뜻한다. 비료 사용은 농작물 수확량을 크게 증가시켰다(그림 12.7).

유기 비료

지금까지 살펴본 대부분의 비료는 탄소 기반 화합물이 아니므로 화학적 의미에서 '무기'에 속한다. 무수 암모니아의 NH_3처럼 단순한 분자이거나 NH_4NO_3, $Ca(H_2PO_4)_2$, KCl와 같은 이온 화합물이다.

유기(organic)라는 말은 맥락에 따라 의미가 달라진다. 요소는 화학적 의미에서의 유기물로, 구조식이 NH_2CONH_2인 탄소 기반 화합물이다. 반면 유기농 농업과 원예에서 '유기'는 탄소 함유 여부가 아니라 목화씨박, 혈분, 어유 유제(또는 어분), 가축 분뇨, 퇴비, 하수 슬러지 같은 천연 식물성·동물성 자재를 비료로 사용한다는 뜻으로 쓰인다. 암석 인산염은 화학적으로는 분명 무기물임에도 '유기' 비료로 판매되기도 한다. 유기 비료는 대체로 토양 미생물에 의해 분

해되어야 식물이 이용할 수 있는 영양분이 방출된다. 소 분뇨에서 오든, 화학 공장에서 오든 식물은 질소를 질산 이온(NO_3^-)과 암모늄 이온(NH_4^+)의 형태로 흡수한다. 정원 식물 입장에서는 그 질소가 퇴비 더미에서 왔는지, 화학 공장에서 왔는지는 중요하지 않다. 유기 비료에서의 영양분 방출은 보통 시간이 걸린다. 생육 기간 전반에 걸친 서서히 방출은 대체로 바람직하지만, 때로는 식물이 필요하는 시기에 충분한 영양분이 제때 나오지 않을 수 있다.

유기 재료는 부분적으로 분해된 식물성·동물성 물질로 이루어진 암갈색의 물질인 **부식질**(humus)을 공급한다는 장점도 있다. 부식질은 토양의 물리성을 개선해 보수력 향상, 용출에 따른 영양분 손실 감소, 침식 저항성 증대를 돕고 지렁이 같은 유익한 토양 생물에게도 더 좋은 환경을 제공한다.

유기 자재가 비료로 판매될 때는 합성 비료와 마찬가지로 포장에 NPK 비율이 표시된다. 다만 퇴비화된 분뇨나 하수 슬러지처럼 일부 유기 자재는 토양 '개량제(컨디셔너)'로 판매되며, 포장에 영양분 함량을 표기하지 않더라도 일정량의 영양분을 공급한다.

▲ **그림 12.7** 1912년 미국 농부들은 에이커당 평균 옥수수 26부셸을 수확했다. 2017년에는 에이커당 수확량이 177부셸에 달했다. 약 7배에 이르는 이 증가는 주로 비료 사용의 확대 덕분이다.

신선한 인분은 인체 병원성 미생물(예: 흔한 분변성 박테리아인 대장균) 전파 위험 때문에 과일·채소 비료로 사용해서는 안 된다. 변이주 *E. coli* O157:H7은 오염된 채소와 연관된 식중독을 일으키며, 2011년 독일에서는 대장균에 오염된 콩나물로 22명이 사망하고 2,400명 이상이 감염되었다. 이 질환은 특히 어린이와 노약자 등 취약한 사람에게 심각한 문제를 일으킬 수 있다. 돼지·개·고양이의 배설물도 내부 기생충을 사람에게 옮길 수 있으므로 비료로 사용해서는 안 된다.

유기 비료는 가축 분뇨처럼 저렴하거나 심지어 무상으로 구할 수 있는 경우가 많다. 반대로 제조 질소 비료는 보통 천연가스를 원료로 높은 에너지를 투입해 만들기 때문에 더 비싸다. 유기 비료를 현명하게 쓰면 비용을 절감하고 환경에도 유익하지만, 잘못 쓰면 비용이 커지거나 심지어 심각한 문제를 초래할 수 있다.

예제 12.1 비료 생산 반응

암모니아로부터 황산 암모늄(표 12.1)이 생성되는 반응식을 쓰고, 필요한 다른 화합물을 밝혀라.

풀이

질산 암모늄은 암모니아와 질산의 반응으로 만든다. 이와 유사하게 황산 암모늄은 암모니아와 황산의 반응으로 만들 수 있다.

$$NH_3 + H_2SO_4 \longrightarrow (NH_4)_2SO_4 \quad \text{(균형이 맞지 않음)}$$
$$2\,NH_3 + H_2SO_4 \longrightarrow (NH_4)_2SO_4 \quad \text{(균형을 맞춤)}$$

› 복습문제 12.1A

암모니아로부터 인산 일수소 암모늄[$(NH_4)_2HPO_4$, 표 12.1]이 생성되는 반응식을 쓰라. 필요한 다른 화합물은 무엇인가?

› 복습문제 12.1B

미량 영양소 아연은 흔히 황산 아연 형태로 공급된다. 산화 아연으로부터 황산 아연을 만드는 반응식을 쓰라. 필요한 다른 화합물은 무엇인가?

왜 중요할까?

비료 목적 이외로 쓰이는 토양 첨가제도 있다. 수산화 칼슘[$Ca(OH)_2$, 소석회]은 대부분의 식물에 알맞은 범위로 토양의 산도를 조정한다(산성 토양을 중화). 질석(사진)은 운모를 원료로, 튀긴 쌀(뻥튀기) 시리얼을 만드는 것과 비슷한 공정으로 제조된다. 질석은 토양을 가볍게 하고 보수력(수분 유지 능력)을 높여 준다.

자가평가문제

1. 식물의 3대 1차 필수 영양소는 질소 외에 무엇인가?
   a. 인, 카올린
   b. 포타슘, 플루토늄
   c. 포타시(가리), 인
   d. 포타슘, 인

2. 식물에 의해 흡수되는 질소의 형태는 무엇인가?
   a. N_2 b. NO_2 c. NO_2^- d. NO_3^-

3. 비료 봉지의 24-5-10에서 세 번째 숫자 10%는 무엇을 나타내는가?
   a. 활성 성분 b. 불활성 성분
   c. K_2O d. P_2O_5

4. 두 가지 1차 식물 영양소를 동시에 제공하는 것은 무엇인가?
   a. NH_4NO_3 b. $(NH_4)_2HPO_4$
   c. $(NH_4)_2SO_4$ d. NH_2CONH_2

5. 식물이 인산염을 더 쉽게 이용할 수 있도록 인산염 암석을 무엇으로 처리하는가?
   a. CO_2 b. H_2O c. H_2SO_4 d. NH_3

6. 식물이 포타슘을 흡수하면 토양은 어떻게 되는가?
   a. 더 산성화된다.
   b. 더 염기성으로 된다.
   c. 중성이 된다.
   d. 독소 오염이 줄어든다.

7. 다음 중 2차 식물 영양소는 무엇인가?
   a. C, H, O b. Ca, Mg, S
   c. N, P, K d. Zn, Cu, Fe

8. 엽록소의 기능에 필수적인 식물 영양소는 무엇인가?
   a. Ca^{2+} b. Co^{2+} c. Fe^{2+} d. Mg^{2+}

9. 비료 봉지의 8-0-24에서 질소의 백분율은 얼마인가?
   a. 8% b. 0% c. 24% d. 32%

10. 유기 비료와 합성 비료의 주된 차이는 무엇인가?
    a. 유기 비료는 더 잘 녹는다.
    b. 유기 비료는 위험이 없다.
    c. 유기 비료는 부식질을 제공한다.
    d. 유기 비료는 냄새가 더 좋다.

11. 토양의 산성을 줄이고 식물에 칼슘을 공급하기 위해 첨가하는 것은 무엇인가?
    a. 20-10-5 비료 b. 5-10-5 비료
    c. 석회(lime) d. 질석(vermiculite)

12. 일부 비료에 철을 첨가하는 목적은 무엇인가?
    a. 생장 가속 b. 토양 pH 조절
    c. 더 큰 꽃 생산 d. 잎의 황화(누렇게 됨) 방지

13. 식물의 생장과 생존에 중요한 것으로 알려진 원소 수는 대략 얼마인가?
    a. 3 b. 6 c. 14 d. 26

정답: 1. d, 2. d, 3. c, 4. b, 5. c, 6. a, 7. b, 8. d, 9. a, 10. c, 11. c, 12. d, 13. c

12.2 해충과의 전쟁

학습 목표
- 주요 농약의 종류와 작용을 설명한다.
- 여러 생물학적 방제법을 열거하고, 그 원리를 설명한다.

곤충은 지구 생명 유지에 핵심적이다. 꿀벌·나비 등은 꽃식물(그늘, 산소, 과일, 목재를 제공하는 나무 포함)에 수분을 매개한다. 수천 종의 새와 많은 양서류가 곤충식(곤충을 먹이로 함)이며, 곤충은 거의 모든 생태계의 존속, 과일과 꽃의 생산, 다수 동물 종의 유지에 필수적이다.

그럼에도 사람들은 언제나 해충에 시달려 왔다. 《출애굽기》에 기록된 이집트의 열 가지 재앙 중에 셋(이·파리·메뚜기)은 곤충 재앙이었다. 로마 문명의 쇠퇴에는 모기가 옮기는 말라리아도 한몫했으며, 중세에는 집쥐의 벼룩이 옮긴 흑사병이 서구를 여러 차례 휩쓸었다. 1660년대에 발병한 전염병은 당시 유럽 인구의 약 25%인 2,500만 명을 사망에 이르게 했다. 1880년대 프랑스의 파나마 운하 굴착 시도는 황열과 말라리아의 창궐로 좌절되었다. 1930년대 미국 중부 더스트 보울 시기에는 가뭄과 표토 유실, 흙먼지 폭풍, 작물 전멸로 고통받던 캔자스와 오클라호마 농가에 메뚜기 떼까지 덮쳐 경제적 파국을 심화시켰다.

존재하는 수백만 곤충 종 중 해로운 종은 일부에 불과하지만, 특정 작물을 파괴하거나 인체

질병을 퍼뜨리는 종에 대해서는 통제가 필요하다. 현대의 화학적 **농약**(pesticides, 우리가 해충으로 간주하는 생물을 죽이는 물질)은 이러한 재앙을 막는 최후의 방어선이 되기도 한다. 농약에는 곤충을 표적으로 하는 살충제와 쥐·생쥐 등 설치류를 표적으로 하는 살서제가 포함된다. 농약은 곤충 등 해충이 갉아먹을 식량 손실을 큰 폭으로 줄여 준다. 또한 도시에서도 뒷마당 모기, 단풍노린재, 개미와 같은 성가신 곤충을 억제하는 데 널리 쓰인다. 한편 모기·해충 기피제는 곤충을 죽이지 않고, 접근만 막는다.

몇십 년 전까지만 해도 사람들은 늪을 메우고, 연못에 기름을 부어 모기 유충을 질식시키고, 설치류 문제 지역에 비소 화합물을 살포하는 방식으로 해충을 억제했다. 비산 납[$Pb_3(AsO_4)_2$]는 납과 비소를 모두 함유해 특히 강한 독극물이었으나, 표적이 아닌 야생동물과 반려동물도 죽일 위험 때문에 미국에서는 약 25년 전에 금지되었다.

제충국(모기 방제에 사용), 니코틴 황산염(상표명 Black Leaf 40)과 같은 일부 살충제는 식물에서 얻는다. 많은 식물은 초식자를 막기 위해 자체 '천연 살충제'를 만들어 내며, 이는 건물량의 5~10%에 달하기도 한다. 담배 식물은 니코틴으로, 국화과 식물은 피레트린으로 자신을 방어한다.

미국에서는 해마다 약 5억 kg의 농약이 생산되며, 그중 약 1/4이 가정·정원·공원·골프장 등 비농업 용도에 쓰인다. 미국에서 판매되는 농약 제품은 16,000종을 넘고, 여기에 쓰이는 활성 성분만 1,000여 종이 넘는다. 다수의 독극물은 무차별적으로 작용하여 해충만이 아니라 다른 곤충도 함께 죽인다. 많은 농약은 사람과 다른 동물에도 독성이 있다. 그래서 일부 사람들은 이러한 독극물을 **살충제**(insecticides, 곤충을 죽이는 물질)라기보다는 생물살상제(biocides, 살아 있는 것을 죽이기 때문에)라고 불러야 한다고 주장한다.

표 12.3에는 일부 살충제의 급성 독성(단기 노출) 자료가 나와 있다. 장기 노출의 영향은 측정이 더 어렵다(일반적인 독성은 14장 참조). 표의 수치는 특정 살충제를 경구 투여했을 때 흰

왜 중요할까?

메뚜기 떼 창궐은 역사 내내 농작물을 초토화해왔다. 사막메뚜기(*Schistocerca gregaria*)는 보통은 단독 생활을 하지만, 특정 환경 조건에서 떼를 이루는 '군집성' 단계로 전환한다. 이 변화에는 신경화학적 기제가 작동하며, 체색이 녹색에서 노란색으로 바뀌는 변화도 포함된다. 핵심은 신경전달물질 세로토닌으로, 인간에서는 분노·체온·기분·수면·식욕·대사를 조절한다. 메뚜기에서는 개체 수 증가와 사회적 접촉 증가(및 다른 요인 가능성)에 반응하여 세로토닌이 합성되고, 이것이 군집화 전환을 유도한다.

표 12.3 쥐(경구 투여)에서의 살충제 제제의 대략적 급성 독성

살충제	LD_{50}(mg/kg)[a]	급성 독성 등급	주요 사용처
피레트린(Pyrethrins)[b]	200~2600	저독성	식용 작물, 해충 방제(벼룩, 진드기, 파리)
말라티온(Malathion)	1000(1375)	저독성	작물(알팔파, 상추)
비산납(Lead arsenate)	825	저독성	1988년 사용 금지
다이아지논(Diazinon)	285(250)	중등도 독성	작물(상추, 아몬드, 브로콜리)
카바릴(Carbaryl)	250	중등도 독성	작물(사과, 피칸, 포도, 감귤류)
니코틴(Nicotine)[c]	230	중등도 독성	공인 살포자만 제한적으로 사용
DDT[d]	118(113)	중등도 독성	미국 내 사용 금지, 말라리아 매개 모기 방제
린단(Lindane)	91(88)	중등도 독성	작물(면화), 머릿니 샴푸
메틸 파라티온(Methyl parathion)	14(24)	고독성	작물(면화, 벼, 과수)
파라티온(Parathion)	3.6(13)	고독성	작물(알팔파, 보리, 옥수수, 면화)
카보퓨란(Carbofuran)[e]	2	고독성	밭작물, 일부 과일 채소
알디카브(Aldicarb)	1	고독성	작물(면화)

[a] 시험 개체의 50%를 치사시키는 용량(LD_{50}, 체중 kg당 mg). 괄호 안 값은 수컷 쥐 자료(LD_{50}의 자세한 설명은 14장 참조)
[b] 제충국의 유효 성분. 제형 내 유효 성분 농도 변동에 따라 LD_{50} 값이 달라질 수 있음.
[c] 생쥐 경구 투여 기준. 니코틴은 주사할 때 훨씬 더 독성이 강함.
[d] 사람에 대한 추정 LD_{50}은 약 500 mg/kg
[e] 생쥐 자료

출처: O'Neill, Maryadele J., Patricia E. Heckelman, Cherie B. Koch, Kristin J. Roman, & Catherine M. Kenny, eds. *The Merck Index*, 14th ed., 2006; Whitehouse Station, NJ: Merck & Co., and the Extension Toxicology Network.

쥐 시험군의 50%를 치사시키는 양(밀리그램, LD_{50})에 해당한다. 농약이 사람의 손이나 피부에 묻은 채 제대로 씻겨나가지 않으면 음식이나 음료를 다룰 때 이를 무심코 섭취할 수 있다. 아이나 반려동물이 차고나 정원 창고에서 농약 용기를 발견하여 먹거나 마시는 사고도 있었다. 일부 머릿니 샴푸에 쓰였던 린단(lindane)과 같은 살충제는 복용용이 아니지만, 우발적 삼킴 사고가 발생할 수 있다.

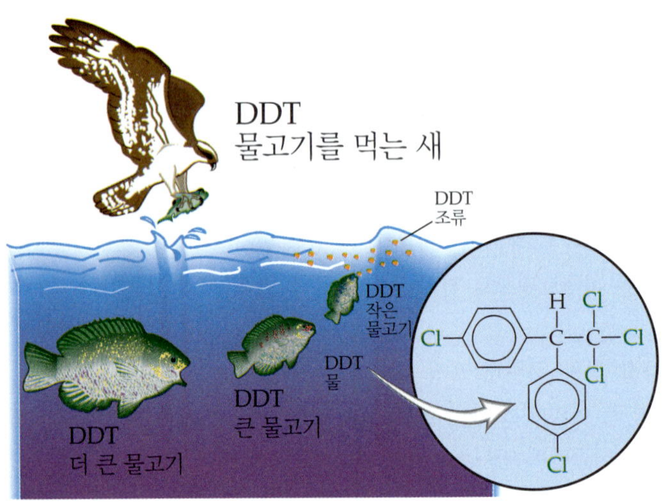

▲ **그림 12.8** 생물농축: 먹이사슬을 따라 상승하는 DDT의 농도. 오염된 지하수로부터 연못의 조류가 DDT를 흡수하는 것에서 시작하여, 물고기와 물고기를 먹는 물수리 같은 맹금류로 갈수록 살충제의 농도가 높아진다. 물고기가 클수록 세포의 지방성 막에 축적되는 DDT가 더 많다. 쐐기 모양의 DDT 분자는 막에 통로를 열어 누출을 일으킨다.

DDT: 꿈의 살충제인가, 악몽인가

제2차 세계대전 직전, 스위스 과학자 Paul Müller(1899~1965)는 DDT(디클로로디페닐트리클로로에탄, 그림 12.8 참조)가 구조에 다수의 염소 원자를 가진 염소화 탄화수소로서 매우 강력한 살충제임을 발견했다. DDT는 곧 포도나무 해충과 심각했던 감자잎벌레 피해에 효과적으로 쓰였다. DDT는 값싸고 쉽게 구할 수 있는 화학 물질로부터 간단히 합성되며, 다른 염소화 탄화수소와 마찬가지로 물에는 거의 녹지 않는다.

제2차 세계대전이 시작되자 당시 주요 살충제였던 제충국(피레트럼)의 공급은 일본의 동남아시아 및 네덜란드령 동인도(현재 인도네시아) 점령으로 끊겼다. 또 살충제에 쓰이던 납·비소·구리는 군수품 등 군사용으로 전용되었다. 이·진드기·모기 등 병원체를 옮기는 곤충으로부터 병사들을 보호할 살충제가 절실했던 연합국은 소량의 DDT를 확보해 신속히 시험했다. 활석과 섞은 DDT 분말은 훌륭한 구제제였고, 의복을 DDT로 함침시키는 방법도 사용되었다. 많은 양에 노출된 사람에게도 해로운 영향이 거의 없어 보였으며, 연합군 병사들은 거의 이가 없었지만 독일군은 심하게 감염되어 발진티푸스로 고생했다(과거 전쟁들에서는 총탄보다 발진티푸스로 더 많은 군인이 사망했을 가능성이 크다).

값싸고 다양한 해충에 효과적인 DDT는 전쟁 후 '농약 살포기(크롭 더스터)'라 불린 소형 비행기가 대면적으로 살포하면서 널리 쓰이게 되었다. 식량 생산에서 농민들에게 요긴했을 뿐 아니라, 염소화 탄화수소류는 공중보건 분야에서 더욱 극적인 성과를 냈다. 세계보건기구(WHO)에 따르면 DDT와 관련 살충제의 사용으로 약 2,500만 명의 생명을 구하고 수억 건의 질병을 예방했다. 특히 중남미와 아프리카 같은 열대 지역에서 그러했다.

DDT는 세상을 곤충 매개 질병으로부터 해방하고, 해충 피해로부터 농작물을 보호해 식량 생산을 늘려 줄 '꿈의 살충제'처럼 보였다. Müller는 이 공로로 1948년 노벨 생리의학상을 받았다.

그러나 그 이전부터 이상 징후가 있었다. 1946년에는 DDT에 내성을 지닌 집파리가 보고되었고, 1947년에는 물고기에 대한 DDT의 독성이 문서화되었다. 이런 초기 증거는 대부분 무시되었고, 화학물이 환경으로 배출되면 곧 독성이 사라질 것이라 여겨졌다. Rachel Carson의 《침묵의 봄》(1.1절 참조)이 출간된 1962년 무렵에는 미국의 DDT 생산량이 연간 7,600만 kg에 달했다.

일반적으로 염소화 탄화수소는 비교적 안정적이다. 이는 DDT의 큰 장점이었다. 작물에 살포하면 수주, 길게는 수개월 동안 그 자리에 머물며 곤충을 죽였다. 하지만 바로 그 **농약 지속성(pesticide persistence)**은 커다란 단점이기도 했다. DDT는 환경에서 잘 분해되지 않아 살포 후 최소 10년 이상 잔존한다.

생물학적 증폭: 지방 조직에서의 농축

DDT는 산소·물·토양 성분과 잘 반응하지 않기에 환경 중에 축적되어 물고기, 새, 기타 야생동물을 위협했다. 사람 등 온혈동물에는 그리 강한 독성을 보이지 않지만, 곤충은 물론 물고기를 포함한 냉혈동물에는 독성이 매우 강하다. 염소화 탄화수소는 지용성이므로 먹이사슬의 상위 포식자일수록 체내 농도가 높아지는 경향이 있다.

이런 **생물농축**(또는 **생물학적 증폭**)은 1957년 캘리포니아에서 극명히 드러났다. 샌프란시스코 북쪽 약 100마일의 클리어 레이크에 날벌레를 방제하려고 DDT를 살포한 결과로 물에는 0.02 ppm만 존재했지만 미세한 식물·동물 플랑크톤에는 5 ppm(250배)이 축적되었다. 이들을 먹는 물고기에는 최대 2,000 ppm이, 그 물고기를 먹는 잠수성 조류 그리브는 수백 마리가 폐사했다(그림 12.8). 수십억 분의 일(ppb) 수준의 DDT만으로도 플랑크톤의 성장과 새우 등 갑각류의 번식이 방해받는다.

DDT는 건강한 뼈와 치아 형성에 필수적인 칼슘 대사를 교란한다. 인간에 대한 위해가 결정적으로 입증되지는 않았지만, 조류에서의 칼슘 대사 교란은 치명적이었다. 흰머리수리, 송골매, 갈색펠리컨 등은 주로 칼슘 화합물로 된 알껍데기가 얇고 불완전하게 형성되어 부화 전부터 쉽게 깨지면서 멸종 위기에 몰렸다. 다행히 1970년대 미국과 다른 산업국가에서 DDT 사용이 금지된 이후 이들 조류는 극적인 회복을 보였다.

현재도 말라리아나 발진티푸스가 큰 보건 문제인 일부 국가에서는 DDT가 사용된다. 말라리아는 모기가 옮기는 원충(*Plasmodium*)에 의해 발생하며, 모기에게 물리면서 감염된다. 2006년에는 약 2억 4,700만 명이 감염되고 88만 1,000명이 사망했는데, 사망자의 약 90%가 사하라 이남 아프리카에서, 그중 70%가 5세 미만이었다. 주로 가정의 벽면에 살포하는 방식의 DDT 사용은 사망자 감소에 기여했다. 그러나 인간 건강에 미치는 잠재적 위해 때문에 아프리카에서도 이제는 최후의 수단으로만 사용되고 있다. 최근 수년 사이에는 살충제 퍼메트린(그림 12.9)을 처리한 침구용 모기장('bednets'라고 부름)의 광범위한 보급과 주기 진단 및 치료제 접근성 향상으로 말라리아 사망자가 2017년 약 44만 명 수준으로 감소하여 10여 년 만에 절반가량 줄었다.

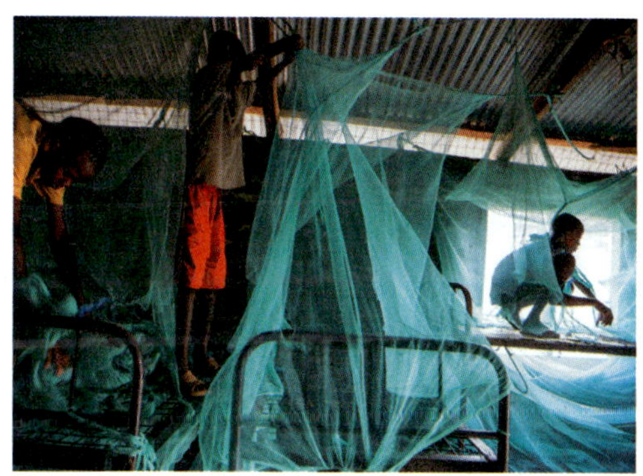

▲ **그림 12.9** 퍼메트린으로 처리한 모기장은 보통 아프리카의 가옥에서 천장에 달아 하룻밤 동안 수면 매트 아래와 가장자리까지 단단히 밀어 넣어 사용한다. 말라리아를 일으키는 기생충 *Plasmodium*을 옮기는 모기들이 가장 활발한 시간이 밤이기 때문이다. 이 방식은 말라리아 사례와 사망의 대부분이 발생한 아시아와 아프리카에서 환자 수를 줄이는 데 중요한 요인이 되었다.

오늘날 선진국에서 DDT는 주로 환경에 해로운 영향을 미치는 물질로 알려져 있다. 2000년에는 120개국이 넘는 국가가 DDT를 포함한 잔류성 유기 오염 물질(POP)을 단계적으로 퇴출하기 위한 협약에 서명했다. 이 협약은 DDT 사용을 줄이고 궁극적으로 폐지하는 것을 목표로 하지만, 각국은 말라리아 방제를 위해 계속 사용할 수 있다. DDT가 나쁘게만 들릴 수 있으나, 다른 어떤 화학 물질보다 더 많은 생명을 구했을지도 모른다.

해충의 내성 발달

살충제가 널리 사용된 약 60여 년 동안 수백 종의 곤충은 하나 이상의 살충제에 내성을 갖게 되었다. 곤충은 자연선택에 의해 내성을 발달시킨다. 예를 들어 100억 마리의 해충이 있는 밭에 새로운 살충제를 쓰면 99억 마리는 죽고 내성을 지닌 개체가 살아남아 그 유전자를 다음 세대로 전달한다. 이런 과정이 몇 세대 반복되면 내성 개체가 집단의 다수를 차지해 살충제가 더 이상 효과적이지 않게 된다.

내성은 농작물 손실과 곤충 매개 질병의 증가로 이어졌다. 목화의 보름나방, 콜로라도 감자딱정벌레, 말라리아를 옮기는 얼룩날개모기(Anopheles), 독일바퀴와 같은 일부 종은 시판되는 모든 방제제에 내성을 보인다. 그렇다면 살충제가 전혀 없었다면 작물 손실은 어땠을까? 아

▶ **그림 12.10** 살충제로 쓰이는 네 가지 유기인계 화합물

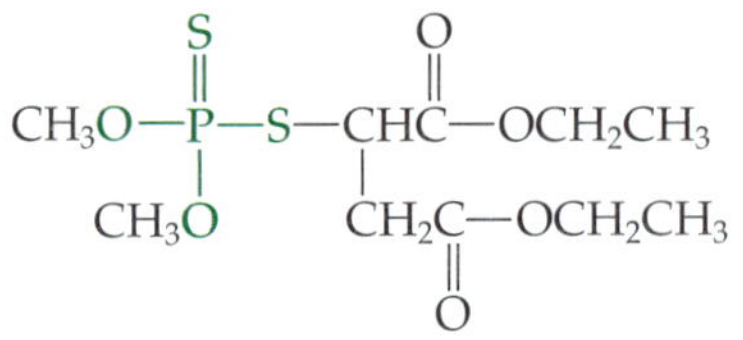

말라티온

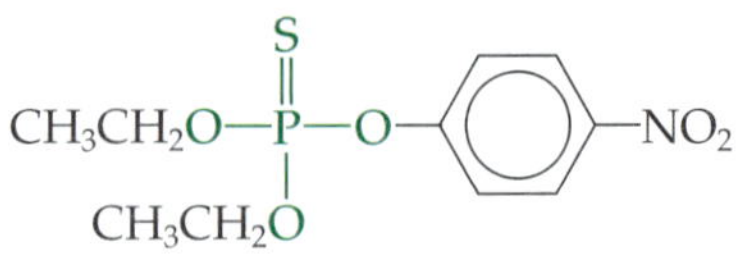

파라티온

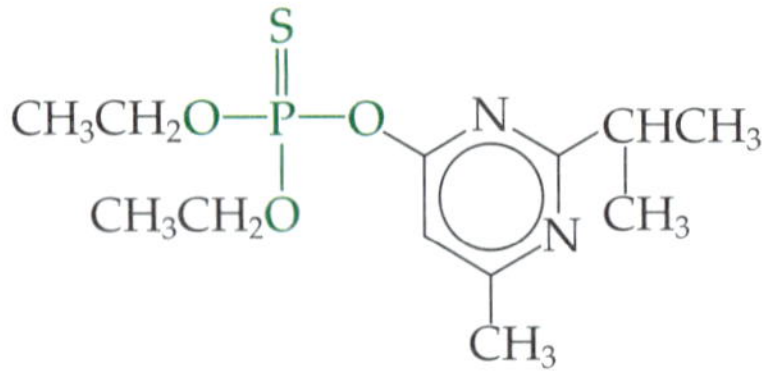

다이아지논

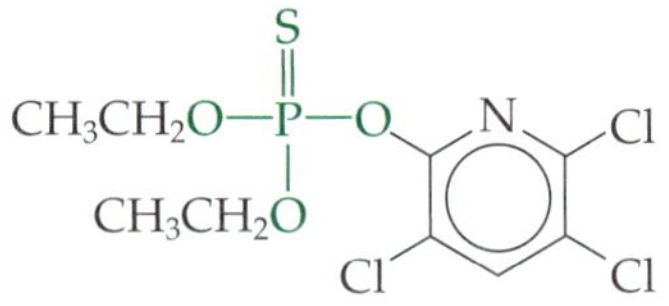

클로르피리포스

마 훨씬 컸을 것이다.

유기인계 화합물

염소화 탄화수소 살충제의 금지·제한으로 말라티온, 다이아지논, 파라티온(그림 12.10)과 같은 **유기인계 화합물**(탄소와 인을 포함)의 사용이 늘었다. 이들 중 스무 종이 넘는 제제가 시판되며, 곤충에 대한 효과와 사람·실험동물·가축에 대한 독성이 광범위하게 연구·평가되었다.

유기인계 화합물은 신경 독으로서(14장) 곤충의 신경 신호 전달을 방해한다. 높은 수준에 노출되면 사람에게도 같은 작용을 한다. 대부분은 염소화 탄화수소보다 포유류에 더 독성이 크다(표 12.3). 예외적으로 말라티온은 DDT보다 덜 독성이다. 염소화 탄화수소와 마찬가지로 유기인계 살충제도 지방 조직에 농축되지만, 환경 중 지속성은 더 낮다. 유기인계는 수일에서 수주 내에 분해되는 반면, 염소화 탄화수소는 흔히 수년간 남는다.

클로르피리포스라는 유기인계 살충제는 농축 용액을 분무하는 방식으로 전 세계에서 광범위하게 쓰였다. 공기 중 살충제를 농장 노동자나 농촌 주민이 흡입할 수 있다. 의학 연구에서 높은 수준의 노출은 태아, 영아, 유아의 신경 발달에 유의미한 악영향을 준다는 결과가 나왔고, 2015년 10월 미국에서는 사용이 금지되었다. 그러나 EPA는 2016년 11월 그 금지를 철회했는데, 논란이 큰 결정이었다.

카바메이트: 표적을 겨냥하다

널리 쓰이는 또 하나의 살충제 계열이 카바메이트다. 카바릴(Sevin®), 카보퓨란(Furadan®), 알디카브(Temik®)가 그 예다(그림 12.11). 카바메이트도 신경 독이지만 작용 시간이 더 짧고, 아세틸콜린 분해 효소를 비활성화함으로써 효과를 낸다. 대부분의 카바메이트는 한두 종의 해충만을 겨냥하는 **협범위 살충제**이고, 이에 비해 염소화 탄화수소나 유기인계는 많은 곤충을 죽

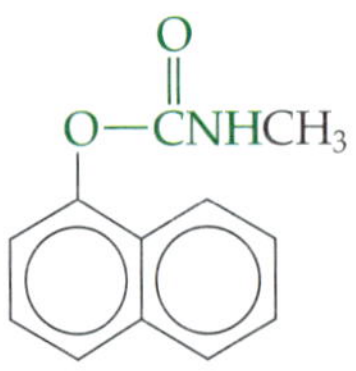

▶ **그림 12.11** 세 가지 카바메이트계 살충제

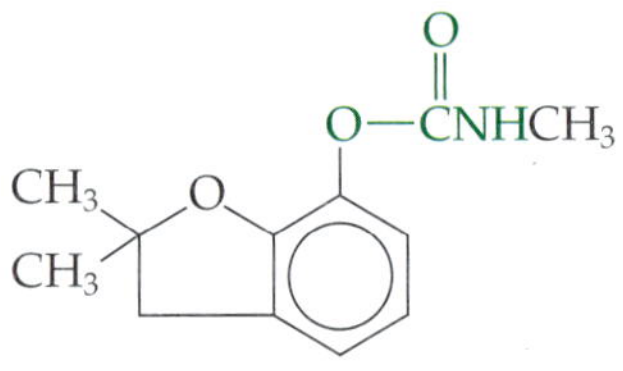

카바릴 (Sevin®)

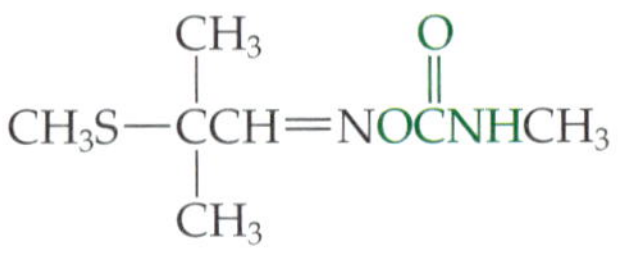

알디카브 (Temik®)

카보퓨란 (Furadan®)

이는 광범위 살충제다. 카바릴은 포유류 독성이 낮지만, 카보퓨란과 알디카브의 독성은 파라티온과 비슷하다. 카바릴은 말벌에 특히 효과적이지만 꿀벌에도 상당히 독성이 있다. 꿀벌은 중요한 수분 매개자로, 그 수가 계속 줄면 앞으로 몇 년 사이 일부 작물의 수확량이 30% 이상 감소할 수 있다.

카바메이트는 카바메이트기(—O—C(=O)—NH—)의 존재가 특징이다.

$$\mathrm{-O-C(=O)-N<}$$

O와 N에 결합된 치환기를 바꾸면 매우 다양한 화합물을 만들 수 있다. 일반적으로 카바메이트는 환경에서 비교적 빨리 분해되고 지방 조직에 축적되지 않기 때문에, 염소화 탄화수소 및 유기 인 화합물에 비해 장점이 있다.

양봉장(양봉 농장)은 농업 산업의 중요한 부분으로 잊지 말아야 한다(그림 12.12). 살충제가 군락 붕괴의 기여 요인이 될 수 있지만, 다른 많은 요인도 함께 고려해야 한다. 꿀은 인류가 사용해 온 가장 오래된 감미료이며, '자연 유래' 감미료라는 이유로 최근 더욱 인기를 얻고 있다.

▲ **그림 12.12** 양봉가의 벌통에 사는 꿀벌은 인류의 가장 오래된 감미료인 꿀을 생산하지만, 진드기 감염, 극한 기상, 농약 노출에 취약하다.

'유기' 살충제

지금까지 다룬 대부분의 살충제는 탄소를 포함하는 화합물이라는 화학적 의미의 유기물이다. 앞서 언급했듯이, 유기농 농업에서 말하는 **유기농**은 합성 제조물이 아니라 자연 유래 물질을 사용한다는 뜻이다. 유기농 살충제에는 다음과 같은 것들이 있다.

- 살충 비누(insecticidal soap): 곤충의 표피(큐티클)를 분해하여 작용한다. 표피는 주로 다당류인 키틴으로 이루어져 있다. 비누는 젖어 있고 곤충과 직접 접촉하고 있을 때에만 효과가 있으며, 동물에 독성이 없고 유해 잔류물을 남기지 않는다. 보통 정원사가 희석액을 곤충에 직접 분무한 뒤, 2~3시간 후 식물을 물로 헹군다. 4~7일 뒤 반복 적용이 필요할 수 있다. 대규모 농장에는 비실용적이다.
- 피레트린(pyrethrin): 다년생 식물인 제충국 *Chrysanthemum cinerariaefolium*에서 얻는다. 포유류의 간 효소에 의해 빠르게 불활성화되므로 포유류 독성은 낮은 편이다. 나반 일부는 포유류에 중등도 독성이 있으며, 물고기와 올챙이에는 매우 독성이 크다. 간이 없는 곤충은 피레트린에 훨씬 더 취약하다.
- 로테논(rotenone): 여러 열대·아열대 식물의 뿌리와 줄기에서 얻는 천연물이다. 포유류에는 약독성이나, 곤충과 어류에는 극독성이다.
- 붕산(H_3BO_3): 보통 미끼·가루·분말 형태로 개미와 바퀴벌레 방제에 쓴다. 위장독으로 작용하며, 곤충 외피의 왁스를 마모시켜 건조제(건조 효과)처럼도 작용한다. 사람에게는 중등도 독성이다.
- 규조토(diatomaceous earth): 규조류(조류의 일종)의 화석화된 껍질로, 주로 규산으로 이루어져 있다. 날카로운 미세 입자로 만들어 곤충의 외피를 절단하고 기름을 흡수하여 탈수·치사시킨다. 섭취되면 소화기관에도 유사한 손상을 일으킨다. 사람에게는 무해하다.
- 라이아니아(Ryania): 열대 식물 *Ryania speciosa*에서 얻는 식물성 살충제이다. 활성 성분은 알칼로이드인 라이아노딘(ryanodine)이다. 과일나방·코들링나방·옥수수밤나방 애벌레에 매우 독성이 크며, 포유류 독성은 매우 낮지만 어류에는 매우 독성이 크다.

3 살충제가 꿀벌을 죽게 만드는 것인가?

꿀벌은 벌통에서 먼 거리까지 비행할 뿐 아니라 양봉가에 의해 다른 지역으로 이동되기도 하므로 다양한 농약에 노출된다. 미국농무부(USDA)에 따르면 살충제는 2006년에 처음 보고된 '군집붕괴장애(CCD)'의 한 원인임을 보여주는 연구가 많지만, 바이러스와 바로아 진드기도 큰 피해를 입은 벌통에서 더 높은 농도로 발견되어 복합 요인이 작용함을 시사한다. 의심되는 살충제 중에는 벌통 내 바로아 진드기 구세에 쓰이는 약제가 포함된다.

▲ 가정에서는 해충의 침입에 대응하고, 정원과 잔디밭에서는 식물 피해를 막고 잡초를 제거하기 위해 많은 살충제가 사용된다. 그러나 독성이 더 낮은 대안도 있다. 예를 들어 규조토는 달팽이와 민달팽이에 효과적이다.

어떤 제품이 '유기'라고 해서 항상 안전한 것은 아니다. 일부 유기 살충제는 일부 합성 살충제만큼 또는 그 이상으로 독성일 수 있다. 또한 꿀벌 같은 유익한 곤충에도 상당히 독성이 있을 수 있다. 이러한 제품을 가장 효과적으로 사용하려면 각 지역에 있는 대학협동조합 사무소에서 상세 지침을 확인하는 것이 좋다.

생물학적 곤충 방제

해충을 천적으로 제어하는 방법도 있다. 이런 생물학적 방제에는 포식성 곤충·진드기·연체동물, 기생성 곤충, 세균·바이러스·곰팡이·선충과 같은 곤충 병원체(미생물 방제)가 포함된다. 몇 가지 예는 다음과 같다.

- 포식성 곤충(사마귀, 무당벌레 등)은 정원 해충을 잡아먹으며 시판되기도 한다.
- 기생성 곤충(*Trichogramma* 기생말벌)은 토마토뿔나방 애벌레, 옥수수 이삭벌레, 양배추루퍼, 코들링나방, 굼벵이류, 군대나방류 등 나방류 애벌레의 방제에 쓰인다.
- *Bacillus thuringiensis*(Bt)는 DiPel® 등의 상표로 시판되며, 가정 원예에서 양배추루퍼, 뿔나방류 등 나방 애벌레 방제에 널리 쓰인다. 또한 콜로라도 감자딱정벌레, 모기 유충, 먹파리, 유럽 옥수수 줄기나방, 포도잎말이 나방, 매미 나방 등에 대해서도 사용된다.
- 자연계에 낮은 수준으로 존재하는 핵다각체 바이러스(NPV)는 배양하여 작물에 살포할 수 있다. NPV는 선택성이 매우 높아 *Heliothis* 속 나방 애벌레에만 작용한다. 이러한 바이러스성 살충제는 사람·야생동물·유익 곤충에 무해한 것으로 보이고 완전 생분해되지만, 생산 비용이 높은 편이다.

인간에 대한 위험

미국환경보호청(EPA)은 매년 농업 종사자들 중에 1만~2만 건의 농약 중독이 의사에 의해 진단된다고 추정한다. 보고되지 않는 사례도 많고, 주택·잔디·정원에서 농약을 사용하다 영향을 받는 일반인 사례도 적지 않다. WHO는 전 세계적으로 매년 약 30만 명의 농업 노동자가 농약 중독으로 사망하고, 200만~500만 명이 건강상 악영향을 받는다고 추정한다. 많은 주택 소유자는 완벽히 푸른 잔디를 위해 잔디 관리 업체에 제초제와 비료 살포를 맡기고, 쾌적한 야외 모임을 위해 모기 등 비행 곤충을 죽이는 살충 스프레이를 사용한다. 그러나 분무액 흡입으로 인한 부정적 영향이 있을 수 있으므로, 라벨을 주의 깊게 읽고 가급적 사용을 줄이는 것이 바람직하다.

유전자 공학적 해충 저항성

곤충·균류 저항성 작물을 만드는 육종(유전자 공학)은 전 세계적으로 활발하다. 아시아(태국·중국 등)에서는 쌀, 서구권에서는 옥수수·대두·밀에 초점이 맞춰진다. 이 방법으로 옥수수, 밀, 쌀 등 곡물의 수량이 크게 증가했다. Bt(Bacillus thuringiensis) 유전자가 면화·옥수수·감자 등 여러 작물에 도입되어 면화는 목화볼웜 피해, 옥수수는 뿌리벌레와 줄기나방 피해로부터 보호된다.

통계에 따르면 유전자 변형(GM) 작물 도입 이후 살충제 사용이 크게 감소했다. 미국에서 옥수수 포장에 대한 살충제 처리 비율은 2005년 25%에서 2010년 9%로 줄었다. 다만 2013년경 옥수수 뿌리벌레가 다시 증가하며 옥수수에서의 살충제 사용이 재상승하고 있다.

유전자 공학에는 논란이 따른다. 도입 유전자가 야생 근연종으로 퍼져 '슈퍼 잡초'가 생길 우려와 GM 작물 단백질에 의한 알레르기 가능성(예: 땅콩 단백질 유전자 도입 시 땅콩 알레르기 유발 위험) 등이 제기된다. 해충 저항성 감자 품종이 사람에게도 독성을 보여 시장에서 퇴출된 사례도 있다. 특히 유럽에서 GM 식품에 대한 대중의 우려가 개발을 더디게 한다. 또 하나의 쟁점은 제초제 사용 증가인데, 이는 GM 기술 때문인지, 오래 사용된 제초제에 대한 잡초의 내성 진화 때문인지가 논의되고 있다(곤충이 살충제에 내성을 가지는 현상과 유사).

불임충 방제(SIT)

불임충 방제(sterile insect technique, SIT)는 대량 사육한 수컷을 방사선·화학 처리·교잡 등으로 불임화해 방사, 야생 암컷과 교미해도 자손이 생기지 않게 하여 개체군의 번식력을 떨어뜨리는 방법이다.

미국 남부·멕시코·중앙아메리카·리비아의 스크류웜(나사벌레)에 대한 방제가 성공적이었고, 라틴아메리카의 지중해초파리, 캐나다의 코들링나방 방제에도 적용되었다. 다만 비용이 크고 적용 범위가 제한적이라 주된 방제법이 되기는 어렵다.

페로몬: 성 속임수

페로몬(pheromone)은 곤충이 행로 표시, 경보, 짝 유인을 위해 체외로 분비하는 화학 물질로, 곤충 방제에서 점차 중요해지고 있다. **성 유인물질**(sex attractant)은 보통 암컷이 분비하여 수컷을 유인한다(그림 12.13).

▲ **그림 12.13** 수컷 매미나방은 큰 더듬이로 암컷이 낸 페로몬을 감지한다.

수백 가지 곤충의 페로몬이 확인되었고, 대부분 두 가지 이상 성분의 정확한 혼합비가 맞아야 활성이 된다. 화학 합성한 페로몬으로 수컷을 트랩에 유인하여 존재 해충과 밀도를 파악하고, 필요 시 기존 살충제 등으로 피해를 줄인다.

개체군 밀도가 매우 낮고 유인력이 매우 강하면 '유인 후 살해'로 충분한 방제가 가능하다. 그렇지 않으면 유인물질을 대량 살포로 수컷을 혼란시켜 교미를 방해(교미 교란)하는 방법을 쓴다. 독일·스위스의 다수 포도 재배자는 이 기법으로 살충제 없이도 와인을 생산한다.

일부 성 유인물질은 단순한 구조를 갖는다. 예를 들어 코들링나방의 성 유인물질은 탄소 12개 직쇄에 이중 결합 2개를 가진 알코올이다.

그러나 대다수는 구조가 복잡하고 분비량이 극미량이어서 연구가 까다롭다. 미국농무부 연구진이 암컷 매미나방 87,000마리의 복부 끝을 모아 극소량의 유인물질을 분리한 적도 있다.

페로몬은 극미량에서도 매우 효과적이다. 수컷 누에나방은 초당 40개 분자 수준도 감지한다. 암컷이 0.01 mg만 방출해도 반경 1 km 내 모든 수컷을 유인할 수 있다. 매미나방 애벌레는 미국 북동부를 중심으로 광범위한 산림을 고사시켰고, 지금은 미국 전역으로 확산되었다. 매미나방 페로몬은 주로 개체군 모니터링용 트랩에 쓰인다.

페로몬은 대개 가격이 비싸 대량 방제의 주역이 되긴 어렵지만, 재조합 DNA 기술로의 생합성은 장래성을 보인다. 현재로는 비용과 연구 난이도가 높고, 작업자들은 옷에 유인제가 묻지 않도록 특히 주의해야 한다(여름밤 수많은 수컷 매미나방의 표적이 되고 싶은 사람은 없으니 말이다).

유충 호르몬

일부 곤충은 유충 호르몬으로 제어할 수 있다. 호르몬은 식물·동물에서 다수의 생명 기능을 조절하는 화학적 전달자로, 극미량으로도 큰 생리 변화를 일으킨다. 곤충에서는 **유충 호르몬**(juvenile hormone)이 미성숙 개체의 발달 속도를 조절하며, 보통 적절한 시점에 분비가 멈추어 성충으로의 정상 성숙이 이뤄진다.

화학자들은 곤충 유충 호르몬을 분리하여 구조를 규명했고, 그에 따라 호르몬 또는 유사체를 합성할 수 있게 되었다. 모기 번식지인 연못에 유충 호르몬(또는 유사체)을 처리하면 무해한 전 성충 단계에 머물게 할 수 있다. 번식은 성충만 가능하므로, 이는 거의 완벽한 모기 방제법처럼 보인다.

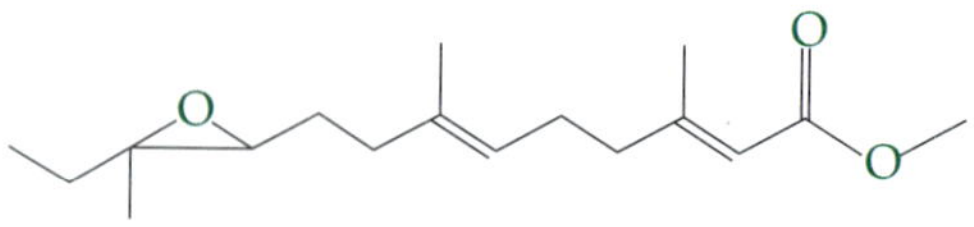

천연 유충 호르몬

실제로 메토프렌(methoprene)은 모기·벼룩 방제용으로 EPA 승인을 받은 유충 호르몬 유사체다.

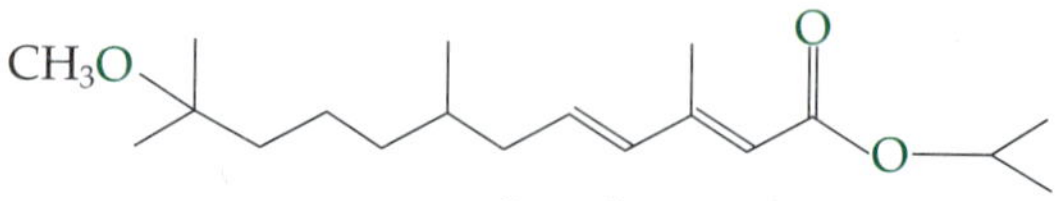

메토프렌

다만 유충 호르몬의 합성이 어렵고 비용이 크며, 성충 단계에서 해충인 종에만 실효가 있다. 나방·나비를 애벌레 단계에 오래 머물게 하는 것은 오히려 왕성한 섭식으로 작물 피해를 키울 수 있다.

자가평가문제

1. 농약은 무엇을 죽이는 제품인가?
- **a.** 곤충과 잡초만
- **b.** 해충으로 간주되는 곤충 또는 다른 동물
- **c.** 개미 또는 모기만
- **d.** 진드기와 벼룩은 죽이지만 쥐는 아님

2. 유전자 변형 작물의 사용은 농장에서 농약 사용에 어떤 변화를 가져왔는가?
- **a.** 많은 작물에서 감소했다.
- **b.** 극적으로 증가했다.
- **c.** 일부 작물에서는 증가했다.
- **d.** 기본적으로 변함이 없다.

3. 농약이 호수에 들어가면 지방 조직에서 가장 높은 농도를 보일 생물은 무엇인가?
- **a.** 물고기
- **b.** 미세 동물
- **c.** 미세 식물
- **d.** 큰왜가리(물고기를 먹는 새)

4. 농작물에 농약을 살포하면 미치는 영향으로 옳은 것은 무엇인가?
- **a.** 살포된 농작물에만 영향을 미친다.
- **b.** 먹이사슬에는 영향이 없다.
- **c.** 농작물을 재배하려면 반드시 필요하다.
- **d.** 농약이 강과 호수로 흘러들 수 있다.

5. DDT와 비교할 때 유기인계 화합물에 대한 설명으로 옳은 것은 무엇인가?
- **a.** 지속성이 더 낮고 독성도 더 낮다.
- **b.** 지속성이 더 낮고 독성은 더 높다.
- **c.** 지속성이 더 높고 독성은 더 낮다.
- **d.** 지속성이 더 높고 독성도 더 높다.

6. 다음 중 '유기' 살충제에 포함되지 않는 것은 무엇인가?
- **a.** 카바메이트
- **b.** 피레트린
- **c.** 로테논
- **d.** 살충 비누

7. 불임충 방제(SIT)가 가장 효과적으로 작동하는 경우는 무엇인가?
- **a.** 목표 곤충 개체군이 매우 클 때
- **b.** 암컷이 반복적으로 교미할 때
- **c.** 해충 종의 수컷을 대량 사육할 수 있을 때
- **d.** 수컷이 근연종과 교미할 때

8. 같은 종의 다른 개체의 행동에 영향을 주기 위해 유기체가 분비하는 물질은 무엇인가?
- **a.** 작용제
- **b.** 유도자
- **c.** 표지자
- **d.** 페로몬

9. 무당벌레와 사마귀를 이용해 곤충 해충을 방제하는 것은 무엇의 한 예인가?
- **a.** 살생물적 방제
- **b.** 생물학적 방제
- **c.** 비생물적 방제
- **d.** 해충의 착취

정답: 1. b, 2. a, 3. d, 4. d, 5. b, 6. a, 7. c, 8. d, 9. b

12.3 제초제와 고엽제

학습 목표 • 주요 제초제와 고엽제의 종류를 말하고, 그 작용을 설명한다.

Ralph Waldo Emerson은 "잡초란 그 미덕이 아직 발견되지 않은 식물"이라고 썼다. 안타깝게도 19세기에 잡초로 규정된 대부분의 식물은 오늘날에도 여전히 잡초로 분류되며, 뚜렷한 미덕이 거의 없어 보인다. 일상적으로 잡초란, 빨리 자라고 제거하기 어렵고 우리가 기르려는 식물을 압도(질식)하는 경향이 있는 식물을 뜻한다. 사전적 정의로는 원하는 곳이 아닌 곳에서 재배 식물과 경쟁하며 자라는 야생 식물이다.

미국은 매년 약 2억 2,500만 kg의 제초제를 생산한다. **제초제**(herbicide, 그림 12.14의 네 가지 예 참고)는 잡초를 죽이는 데 쓰이는 화학 물질이다. 일부 제초제는 식물의 잎을 떨어뜨리게 하는 **고엽제**(defoliant)이기도 하다.

잡초와 경쟁하지 않는 작물은 수확량이 더 많다. 잡초는 미국에서만 매년 수십억 달러의 작물 손실을 야기한다. 손이나 괭이로 잡초를 제거하는 일은 고되고 지루하므로, 대규모 농업에서는 원치 않는 식물을 죽이기 위해 화학 제초제를 사용한다. 많은 소규모 정원사는 화학 제초제 대신에 직접 파내거나 뽑아내기를 선호한다.

초기의 제초제로는 구리염 용액, 황산, 염소산 소듐($NaClO_3$) 등이 있었다. 1945년에 2,4-D(2,4-디클로로페녹시아세트산)가 도입된 뒤에야 제초제 사용이 일반화되었다. 2,4-D와 그 유도체는 생장 조절형 제초제로, 막 출아하여 빠르게 자라는 광엽 식물에 특히 효과적이다. 이들은 **낙엽**(잎 탈락)을 유도함으로써 작용한다. 2,4-D의 유도체인 2,4,5-T(2,4,5-트리클로로페녹시아세트산)는 목본식물에 특히 효과적이며, 역시 잎 탈락으로 작용한다.

▲ 민들레는 아름다운 꽃과 샐러드 채소·민간요법 재료로 유럽에서 북미로 들여왔지만, 지금은 일반적으로 잔디밭의 잡초로 취급된다. 전체 주택 소유자의 약 절반이 민들레, 바랭이풀, 질경이와 같은 잔디 잡초를 없애기 위해 2,4-D(Weed-B-Gon) 같은 제초제를 잔디에 살포한다. 미국에서는 매년 1,000만 파운드(약 4,500톤) 이상의 2,4-D가 잔디 관리에 사용된다.

2,4-디클로로페녹시아세트산 (2,4-D)

2,4,5-트리클로로페녹시아세트산 (2,4,5-T)

아트라진

글리포세이트

▲ **그림 12.14** 네 가지 흔한 제초제: 2,4-디클로로페녹시아세트산(2,4-D), 2,4,5-트리클로로페녹시아세트산(2,4,5-T), 아트라진, 글리포세이트

2,4-D와 2,4,5-T를 혼합한 제형인 **에이전트 오렌지**(Agent Orange)는 베트남전에서 적의 엄폐물을 제거하고 적군을 먹여 살리던 작물을 파괴하는 데 광범위하게 사용되었다. 에이전트 오렌지는 막대한 생태학적 피해를 야기했으며, 제초제에 노출된 미군과 베트남인 사이에서 태어난 아이들에게 선천적 기형을 일으켰을 것으로 의심된다. 실험실 연구에서는 순수한 2,4-D와 2,4,5-T 자체는 실험동물의 태아에 기형을 유발하지 않는 것으로 나타났다. 그러나 2,4,5-T 제제에 자주 혼입되어 있던 **다이옥신**(dioxins, 특히 2,3,7,8-테트라클로로디벤조-파라-다이옥신으로 약칭하여 2,3,7,8-TCDD 또는 TCDD)이 광범위한 기형을 유발한다. 다이옥신 오염에 대한 지속적인 우려로 인해 미국 EPA는 1985년에 2,4,5-T를 금지했다.

2,3,7,8-테트라클로로디벤조-파라-다이옥신 (다이옥신)

4 '제초제'가 왜 잔디까지는 죽이지 않는 것인가?

대부분의 정원·잔디 잡초(예: 민들레, 광대나물, 질경이)는 '광엽 식물'로 분류된다. 잔디(화본과 식물)는 광엽 식물이 아니므로 Weed-B-Gon과 같은 선택성 제초제를 써도 큰 영향을 받지 않는다. 다만 라벨을 주의 깊게 읽어야 한다. 성분에 글리포세이트가 있다면, 이는 비선택성 제초제이므로 잔디 전체에 살포하면 잔디밭이 모두 고사한다.

거의 모든 '선택성' 제초제(접촉하는 모든 식물이 아니라 특정 부류의 식물만 죽이는 제초제)에는 2,4-D 또는 이와 유사한 화합물 MCPA(2-메틸-4-클로로페녹시아세트산)가 들어 있다. 비선택성 제초제는 모든 식물을 고사시킨다.

아트라진과 글리포세이트

미국에서 가장 널리 쓰이는 비선택성 제초제는 아트라진과 글리포세이트다. 아트라진은 식물 세포의 엽록체 단백질에 결합하여 광합성의 전자 전달 반응을 차단한다. 아트라진은 옥수수에 자주 사용되는데, 옥수수 식물은 아트라진 분자에서 염소 원자를 제거하여 이 물질을 비활성화한다. 잡초는 화합물을 비활성화하지 못해 고사한다. 일부 연구는 아트라진이 호르몬계를 교란하여 에스트로젠 기능을 방해한다고 보고한다. 아트라진은 개구리의 성적 이상과도 관련이 있다. 아트라진은 유럽연합에서는 사용이 금지되었지만, 미국 농업에서 두 번째로 많이 쓰이는 제초제다.

글리포세이트(상품명으로는 Roundup® 등)는 미국에서 가장 흔한 제초제다. 아미노산 글리신의 유도체로, 특정 식물 효소의 기능을 억제하여 모든 식생을 고사시키는 비선택성 제초제다. 파종 전에 토양 처리용으로 사용하면 잡초가 지표로 올라오기 전에 효과적으로 제거할 수 있으며, 이런 용도를 **출아전 제초제**(pre-emergent herbicide)라고 부른다. 다행히 글리포세이트는 토양 내 박테리아에 의해 대사되므로, 살포 후 비교적 짧은 시간 안에 다른 식물을 파종하거나 이식할 수 있다. 지상부가 이미 출아한 뒤에도 살포할 수 있으나, 접촉하는 거의 모든 식물을 죽인다.

글리포세이트에 내성을 가진 콩, 옥수수, 알팔파 등 유전자 변형 작물이 개발되어, 글리포세이트를 밭에 살포하면 잡초만 죽고 작물은 피해를 입지 않는다. 그러나 광범위한 사용의 결과로 글리포세이트 저항성 잡초도 많이 출현했다.

파라콰트: 출아전 제초제 — 그 이상

파라콰트는 대부분의 식물에 독성이 있으나 토양에서 빠르게 분해되는 이온성 화합물로, 대표적인 출아전 제초제다. 이 물질은 원래 이산화 탄소를 환원하는 데 쓰였을 전자를 가로채 광합성을 억제한다.

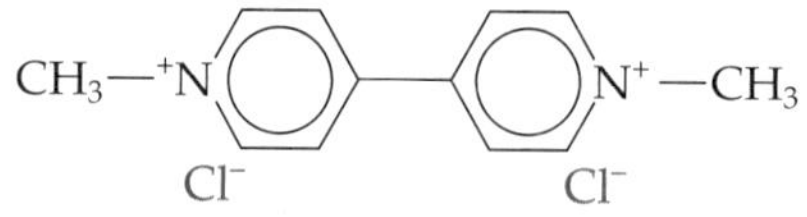

$CH_3—^{+}N$ (pyridinium)—(pyridinium) $N^{+}—CH_3$ Cl^- Cl^-

파라콰트

또한 거의 모든 식물의 잎을 신속히 고사시키는 데 사용할 수 있다. 백설탕·흑설탕·당밀·럼의 원료인 사탕수수는 당이 든 줄기 위로 날카로운 가장자리의 큰 잎이 달리는데, 전통적으로 수확 전에 잎을 소각해왔다. 최근에는 수확 직전에 파라콰트를 살포해 잎만 빠르게 제거(줄기는 손상 없이 유지)하는 방법이 사탕수수 생산국에서 보편화되고 있어 수확이 쉬워진다.

파라콰트는 농업에서 쓰이는 독성 물질 가운데에서도 가장 강력한 축에 든다. 식물에 직접 살포하면 수분 내에 고사시키는 놀라운 속도의 제초 효과를 보일 뿐 아니라, 살충·살서 효과도 있다. 작업자에게도 위험한 제초제로, 흡입하거나 극미량이라도 구강으로 들어가면 폐·간·신장을 빠르게 손상시켜 사망에 이를 수 있다. 출아전 또는 출아후 제초제로 처리된 작물에 노출된 농장 노동자는 파킨슨병 등 건강 문제의 발병 가능성이 더 높은 것으로 보고된다. 파라콰트는 중국에서 2012년에 금지되었다.

유기 제초제

합성 제초제 외의 방법으로도 잡초를 없앨 수 있다. 괭이질, 멀칭과 같은 재배 관행은 수천 년간 이어져 왔고 잔디·정원처럼 작은 면적에 쉽게 적용된다. 천연 성분 기반 제초제의 예는 다음과 같다.

- 정향유(유효 성분: 유제놀): 어린 광엽 잡초 방제에 도움
- 아세트산(종종 구연산과 병용): 어린 화분과 잡초에 효과(정향유와 아세트산을 함께 넣은 제형은 다양한 잡초에 유용)
- 비누계 제초제: 잎의 기공(호흡 기관)을 막아 작용
- 옥수수 글루텐 가루(습식 제분 부산물): 발아 중인 종자의 뿌리 형성을 억제하는 출아전 제초제처럼 작용

이러한 유기 제초제는 일반적으로 합성 제초제만큼 빠르거나 강력하지 않다. 예를 들어 옥수수 글루텐 가루는 양호한 방제를 위해 수년에 걸친 반복 살포(대개 4년)가 필요한 경우가 많다. 또한 일부 유기 제초제는 비교적 높은 농도에서만 효과적이어서 광범위 사용 시 비용이 많이 든다.

유전자 공학적 제초제 내성

잡초는 파종한 작물을 압도하기 쉬워 작물과 잔디에 제초제가 자주 쓰인다. 그런데 일부 제초제는 너무 강력해 오히려 우리가 기르고자 하는 작물에도 부정적 영향을 줄 수 있다. 이를 보완하기 위해 제초제 내성 유전자 변형 생물(GMO)이 개발되었고, 현재까지 제초제 내성 옥수수와 대두가 상용화되었다. 최근 글리포세이트 사용이 늘어나는 추세인데, 이는 식물이 장기간 사용된 제초제에 점차 저항성을 진화하는 자연 과정(해충이 살충제에 내성을 얻는 것과 유사) 때문으로 보인다. GMO 작물에 반대하는 사람들은 제초제 사용 증가를 지적하지만, 이러한 작물에서 살충제 사용이 전반적으로 감소한 사실은 종종 간과된다.

자가평가문제

1. 베트남전에서 미군이 고엽제로 쓴 2,4-D와 2,4,5-T 혼합물인 '에이전트 오렌지'가 인체에 해로웠던 주된 이유는 무엇인가?

a. 2,4-D **b.** 2,4,5-T
c. 2,4-D의 불순물 **d.** 2,4,5-T의 다이옥신 불순물

2. 제초제로 쓰이는 가장 강력한 독성 물질 중 하나는 무엇인가?

a. 파라콰트 **b.** 아트라진 **c.** 2,4-D **d.** 유제놀

3. 제초제 아트라진의 작용 기전은 무엇의 억제인가?

a. 아미노산 합성 **b.** 세포 분열 **c.** 지질 합성 **d.** 광합성

4. 글리포세이트에 대한 설명으로 옳은 것은 무엇인가?

a. 선택성 제초제이다. **b.** 토양에서 매우 오래 지속된다.
c. 작물은 죽이지 않는다. **d.** 출아전 제초제로 사용할 수 있다.

5. 선택성 제초제에서 가장 흔히 쓰이는 화합물은 무엇인가?

a. 아트라진 **b.** 2,4-D **c.** 글리포세이트 **d.** 파라콰트

정답: 1.d, 2.a, 3.d, 4.d, 5.b

12.4 지속가능한 농업

학습 목표 • 지속가능한 농업과 유기 농업을 설명한다.

농업은 20세기에 극적으로 변했다. 기계화와 농약, 합성 비료, 화석 연료 에너지의 사용 증가는 생산량을 비약적으로 끌어올렸다. 노동 수요가 줄어들면서 갈수록 더 적은 수의 농부가 더 많은 식량과 섬유를 생산할 수 있게 되었다.

이러한 변화는 동시에 관행 농업의 대안을 요구하는 문제도 낳았다. 그 대안 중에 가장 두드러진 것이 **지속가능한 농업**(sustainable agriculture)으로, 생태계에 돌이킬 수 없는 피해를 주지 않으면서 무기한 식량과 섬유를 생산할 수 있는 능력을 뜻한다. 지속가능한 농업의 세 가지 핵심 목표는 건강한 환경, 농장의 수익성, 사회적·경제적 형평성이다. 지속가능한 농업의 많은 요소는 유기농 농부와 정원사가 대대로 지켜 온 관행과 유사하다.

현대 농업은 에너지 집약적이다. 비료·농약·농기계의 생산에는 재생 불가능한 석유 에너지가 필요하다. 경운·수확·건조·운송을 위한 기계 가동, 식품의 가공·포장, 소비자 가정에서의 보존과 조리에도 에너지가 든다. 농업과 식품 생산에 쓰이는 에너지의 내역은 그림 12.15에 제시되어 있다.

에너지 소비
가정에서의 보존과 조리 (31.7%)
농업 생산에 소비된 에너지 (21.4%)
공업적 가공 (16.4%)
운반 (13.6%)
상업적 음식 제공(6.6%)
포장재(6.6%)
식품 소매(3.7%)

▲ **그림 12.15** 현대 농업과 식품 생산에서의 에너지 사용(미시간대학 환경·지속가능성 대학에서 지속가능시스템 센터의 자료)

스위스에서 21년에 걸친 한 연구는 합성 비료와 합성 살충제를 사용하는 관행적 구획과 가축 분뇨로 비료를 주고 구리계 살균제를 드물게만 사용한 유기 구획을 비교했다. 감자, 겨울밀, 클로버 혼파 초지, 보리, 사탕무를 기타 조건은 동일하게 두고 재배했다. 유기 방식은 영양분 투입을 50% 줄였음에도 수확량이 오직 20%만 낮아 더 효율적인 것으로 보였다. 비료와 농약 생산에 드는 에너지까지 감안하면 유기 방식은 관행적 방식보다 에너지를 20~56% 적게 사용하는 것으로 보고되었다.

유기 농업(organic farming)은 합성 비료나 살충제를 사용하지 않고 이루어진다. 앞서 언급했듯이 유기 농가는 가축 분뇨를 비료로 쓰고, 콩과식물과 다른 작물을 돌려짓기 하여 토양의 질소를 회복한다. 여러 작물을 함께 심고 포장을 번갈아 사용하여 해충을 방제한다(예를 들어 옥수수 해충은 그 해에 콩을 재배하는 밭에서는 버티기 어렵다). 유기 농업은 에너지 사용도 적다. 워싱턴대학 자연시스템생물학센터 연구에 따르면 규모가 비슷한 관행적 농장은 유기 농장보다 에너지를 2.3배 많이 썼다. 유기 농장의 생산량은 10% 낮았지만 비용도 비슷한 폭으로 낮았다. 유기 농장은 관행적 농장보다 노동이 12% 더 든다. 다만 인간의 노동은 재생가능한 자원인 반면에 석유는 아니다. 관행에 비해 유기 농업은 에너지 사용을 줄이고 토양을 더 건강하게 만든다.

5 '유기농' 과일과 채소가 우리 건강에 더 좋은가?

유기농으로 재배한 과일·채소에는 관행적 재배 식품에서 발견되는 농약 및 비료 잔류물이 없지만, 유기 비료로부터 유래한 대장균(*E. coli*)과 같은 오염 물질이나 자연 독소가 있을 수 있다. 대부분의 살포 농약은 과일·채소의 표면에 집중된다는 점도 유의할 만하다. 껍질을 먹지 않는 바나나, 오렌지, 자몽의 경우에 유기농이 관행적 재배 제품보다 꼭 더 나은 것은 아닐 수 있다.

유기 농법 외에도 지속가능한 농업은 가능하면 지역 제품을 구입하고 지역 서비스를 이용해 운송비를 줄이면서 더 신선한 식품을 얻고 지역 경제를 강화하는 것을 포함한다. 연료 가격이 오를수록 식품비에서 운송비 비중은 급등한다. 뉴욕시의 브로콜리 값 중 절반이 운송비일 수도 있다.

지속가능한 농업은 독립 농가와 목장이 환경을 보호하면서 좋은 식품을 생산하고 충분한 소득을 올리도록 장려한다. 관행적 농업은 심각한 토양 침식을 일으킬 수 있고 상당한 수질 오염의 원인이 되기도 한다. 우리는 할 수 있는 한도 내에서 유기 농업을 실천해야 한다. 그러나 스스로를 속여서는 안 된다. 합성 비료와 농약을 갑자기 전면 금지하면 식량 생산이 급격히 떨어질 가능성이 크다.

인간 노동의 효율성 측면에서 보면 미국 농업은 대단히 효율적이다. 농장 노동자 1명이 약 80명이 먹을 식량을 생산한다. 하지만 이 생산성은 화석연료에 의존한다. 식량 에너지 1단위를 생산하려면 석유 에너지 약 10단위가 든다. 단위 면적당 생산량으로 보면 현대 농업은 놀랍도록 효율적이지만, 투입 에너지 대비 산출 에너지로 보면 놀랄 만큼 비효율적이다. 한편, 에너지 효율이 높았던 초기 농경사회에서는 인간 에너지의 거의 전부가 식량 생산에 투입되었다는 점도 주목할 만하다. 현대 사회에서는 인간 에너지의 약 10%만이 식량 생산에 쓰이고, 나머지 90%는 우리 문명의 필수 요소인 재화와 서비스를 제공하는 데 사용된다. 우리는 식량 생산의 에너지 효율을 높이도록 노력해야 하지만, 옛 생활 방식으로 되돌아가려 하지는 않을 것이다.

자가평가문제

1. 환경을 훼손하거나 자원을 고갈시키지 않으면서 인간의 필요를 충족하는 농업을 무엇이라 하는가?
a. 기업 농업 **b.** 산업 농업 **c.** 지역 농업 **d.** 지속가능한 농업

2. 유기 농업이 관행적 농업과 다른 점은 유기 농가가 무엇을 사용하지 않는 데 있는가?
a. 가축 분뇨 **b.** 윤작 **c.** 콩과작물 **d.** 합성 살충제

3. 현대 농업과 유기 농업을 비교할 때 옳지 않은 설명은 무엇인가?
a. 현대 농업은 인간 노동이 훨씬 적게 들고 기계 에너지가 훨씬 많이 든다.
b. 현대 농장 노동자 1명은 유기농보다 훨씬 많은, 약 80명의 식량을 공급한다.
c. 유기농 농가는 시판 비료·제초제를 쓰는 농가보다 전체적으로 석유 기반 에너지를 훨씬 더 많이 쓴다.
d. 유기농 농가는 무기 비료는 덜 쓰고 탄소 기반(유기) 비료는 더 쓴다.

정답: 1. d, 2. d, 3. c

12.5 미래를 바라보며: 성장하는 굶주린 세계에 식량 공급

학습 목표 • 증가하는 인구에 식량을 공급하는 데 따르는 과제를 평가한다.

1830년 영국의 성직자이자 정치경제학자인 Thomas Robert Malthus는 세계 인구가 세계 식량 공급보다 더 빨리 늘어날 것이라고 예측했다. 출산율이 통제되지 않는다면 빈곤과 전쟁이 인구 증가를 억제하는 역할을 할 수밖에 없다고 그는 말했다. 충격적인 발언이었다!

Malthus의 예측은 단순한 수학에 근거한다. 인구는 기하학적으로 증가하는 반면에 식량 공급은 산술급수적으로 증가한다는 것이다. **산술적 성장**(arithmetic growth)은 각 기간마다 일정한 양이 더해지는 경우다. 예를 들어 한 어린이가 저금통에 저축을 시작한다고 하자. 첫째 주에는 25센트를 넣고, 그다음부터는 매주 25센트씩 추가한다. 이 저축은 산술적 성장으로, 매주 일정 금액(25센트)만큼 증가한다. 5주가 끝나면 1달러 25센트(1.25달러)가 쌓인다.

기하학적 성장(geometric growth)은 각 기간의 증가분 자체가 커지는 경우다. 다시 어린이의 저금통을 예로 들면 첫째 주에 25센트를 넣고, 둘째 주에는 예치액을 두 배로 만들기 위해 50센트를 넣어 총 75센트가 된다. 5주가 지나면 20달러 25센트(20.25달러)가 예치되어 있다. 머지않아 기하학적으로 불어나는 저축을 따라가려면 은행을 털어야 할 지경이 될지도 모른다! 물론 인구 증가율이 매주 두 배로 뛰는 것은 아니지만, 인구 증가의 큰 흐름을 보면 대략 기하학적 증가를 보인다(표 12.4).

표 12.4 세계 인구 주요 이정표

세계 인구	연도	10억 명 추가까지 걸린 시간
인구 10억 명	1804	
인구 20억 명	1927	123년
인구 30억 명	1960	33년
인구 40억 명	1974	14년
인구 50억 명	1987	13년
인구 60억 명	1999	12년
인구 70억 명	2011	12년
인구 80억 명	?	

기하학적으로 증가하는 세계 인구의 경우는 **72의 법칙**(rule of 72)을 사용해 **배가 시간**(doubling time)을 어림할 수 있다. 연간 증가율(%)로 72를 나누기만 하면 된다.

예제 12.2 인구 배가 시간

2011년 지구 인구는 70억 명이었고 연 1.092%의 속도로 증가하고 있었다. 이 비율이 계속된다면 인구가 140억 명으로 두 배가 되는 데 (이론적으로) 얼마나 걸리는가?

풀이

$$\frac{72}{1.092\%} = \text{2011년으로부터 66년, 즉 2077년경}$$

주의: 세계 인구 증가율이 해마다 1.092%로 일정한 것은 아니다.

› 복습문제 12.2A

표 12.4를 참고하라. 세계 인구가 20억 명에서 40억 명으로 두 배가 된 1927~1974년 동안의 평균 인구 증가율은 얼마였는가?

› 복습문제 12.2B

세계 인구가 10억 명에서 20억 명으로 두 배가 된 1804~1927년 동안의 평균 인구 증가율은 얼마였는가? 복습문제 12.2A의 답과 비교하라.

72의 법칙을 이용한 계산은 어디까지나 추정값일 뿐이다. 세계 전체, 개별 국가, 심지어 소지역의 인구 증가율은 큰 차이가 난다. 예를 들어 2011년 미국의 증가율은 연 0.963%였다. 중국은 오랫동안 도시 지역에서 한 가구 한 자녀 정책을 시행했으나 2016년 1월 1일부터 두 자녀까지 허용했다. 인도의 증가율은 매우 높아 6~7년 안에 중국을 제치고 세계에서 가장 인구가 많은 나라가 될 가능성이 있다. 아프리카의 일부 지역은 빠르게 증가하고 있는데, 안타깝게도 이는 종종 빈곤율과도 맞물린다. 줄어드는 경제적 자원으로 대가족을 부양하는 일은 더 어려워지기 때문이다. 따라서 72의 법칙은 기껏해야 근사값이다. 증가율에는 많은 요인이 작용하며 전염병이나 기타 재난은 사망률도 바꿀 수 있다.

그럼에도 맬서스 시기 이후 지구 인구는 엄청나게 늘어 2017년 12월에는 76억 명에 이르렀다. 현대 농업은 선진국에서 종종 잉여를 만들어내지만, 전 세계의 전쟁 피해 지역에서는 기근으로 수백만 명이 고통과 죽음을 겪었다. 예를 들어 2008년 수단 다르푸르 지역에서는 200만 명이 넘는 사람이 굶주림과 질병으로 사망 위기에 처했다. 그 뒤로 남부는 남수단으로 독립했지만 정치적 혼란과 폭력이 계속되었고, 영양실조는 여전히 광범위하다. 나이지리아, 시리아, 이라크, 아프가니스탄 등 전쟁에 연루된 많은 나라에서도 비슷한 사례를 들 수 있다.

일부 개발도상국은 식량 생산에서 큰 진전을 이루어 자급자족을 달성하기도 했다. 그럼에도 세계 몇몇 지역의 잉여와는 무관하게, 미국을 포함하여 약 8억 2,000만 명이 심각한 영양실조 상태에 있다. 그 대부분은 아시아와 아프리카에 분포하며(그림 12.16), 그중 절반은 5세 미만 아동이다. 이들은 평생 신체적·정신적 결핍의 상처를 안고 살아가게 된다. 영양부족은 어린이를 일반 감염으로 인해 사망 위험에 노출시키고 성장 지연을 초래한다. 이 장에서 살펴본 과학적 발전은 많은 사람에게 풍요를 가져다주었지만, 여전히 수백만 명은 굶주리고 있다.

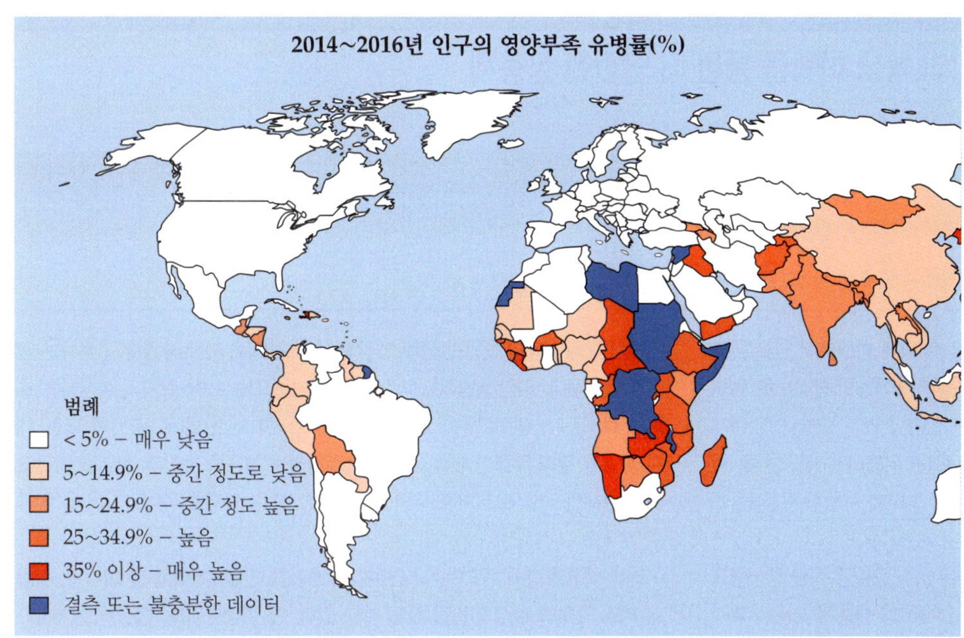

◀ **그림 12.16** 선진국에서는 과학이 대체로 맬서스의 기아 예측을 무력화했지만, 여전히 많은 사람이 식품 섭취가 부족하거나 비타민 결핍 식단을 따르고 있다. 반면 개발도상국, 특히 아시아와 아프리카에서는 굶주림이 여전히 삶의 현실이다(유엔 식량농업기구 제작 지도, 2015).

굶주린 세상을 먹여 살릴 수 있는가

유엔 인구국은 2050년에 지구 인구가 98억 명에 이를 것으로 전망한다. 더 빠를 수도, 더 늦을 수도 있다. 우리는 그 모든 사람에게 먹을 것을 공급할 수 있을까?

과학과 농업의 협력은 관개, 합성 비료, 농약, 동식물의 유전적 품종 개량 덕분에 몇 세대 전 사람들이 상상도 못 했던 수준으로 식량 공급을 늘렸다. 유전 공학을 통해 식량 생산은 더 확대될 수 있다. 과학자들은 더 많은 먹거리를 생산하고, 질병과 해충에 강하며 열악한 환경에서도 잘 자라는 작물을 설계하고 있다. 더 크게 자라 더 많은 고기나 우유를 생산하는 가축도 설계할 수 있다. 이런 노력은 언젠가 상상할 수 없을 만큼의 풍요를 가져올지도 모른다. 그러나 굶주림은 바로 지금 우리의 문제이고, 해마다 7,500만 명이 더 식탁에 앉는다. 식량 작물의 유전자 변형에 반대하는 사람이 많다는 점은 이 접근의 활용을 저해할 수 있는 과제다.

현재의 식량 생산을 네 배로 늘린다 해도 몇십 년밖에 버티지 못할 것이다. 지구상의 이용가능한 경작지가 사실상 거의 모두 경작 중이며(지구 대륙의 약 38.6%), 지표의 약 46.5%는 사막·고산·툰드라·울창한 숲으로 농업 확장에 적합하지 않다. 나머지 약 14.9%는 도시·도로·광산·벌채지 등 인간 활동으로 바뀐 땅이다. 우리는 주택과 도로 건설, 침식, 사막화의 확장, 관개 토양의 염분 증가 때문에 매일 농지를 잃고 있다. 미국 중서부의 옥수수 재배자들은 공간을 절약하려고 불과 10년 전보다 훨씬 촘촘히 심고 있다. 어류 부화장에 대한 새로운 방법과 더 효율적이고 공간을 절약하는 산란계(계란) 생산 시설도 도움이 될 것이다.

아프리카 일부 지역의 극심한 가뭄이나 아시아의 몬순 같은 지역적 기후 변동은 각국의 식량 생산 능력을 좌우한다. 기근으로 황폐해진 지역으로 식량을 보내는 일도 정치적·교통적 제약 때문에 간단하지 않다. 특히 개발도상국에서 인구 증가율보다 식량 생산을 더 빠르게 유지하는 일은 점점 어려워질 것으로 보인다.

세계 식량 위기의 흥미로운 측면은 생산된 '식량' 중 사람 먹거리로 쓰이는 비율과 가축 사료나 기타 용도로 쓰이는 비율이다. 개발도상국에서는 재배한 식량의 절대다수가(쌀·퀴노아 등) 사람 먹거리이다. 예를 들어 미국 중서부의 선진국에서는 옥수수와 대두의 83%가 가축 사료(쇠고기·돼지고기·가금)와 자동차 연료 첨가제인 에탄올 생산에 쓰이고, 사람 먹거리는 17%에 그친다.

6 들판에 옥수수가 넉넉히 자라는 데도 어떻게 식량 위기가 있을 수 있는가?

놀랍게도 그 옥수수 대부분은 사람 먹거리인 시리얼이나 가루가 아니라, 닭과 육우 등 가축 사료로 쓰인다. 많은 물량은 에탄올(자동차 연료의 약 10%) 제조에도 쓰인다. 마트에 음식이 가득하고 들판에 곡식이 자란다고 해서 모두가 배부르다는 뜻은 아니다. 세계 식량 위기를 논할 때는 빈곤의 광범위성, 열악한 교통망, 나쁜 토양, 정치적 요인 등을 함께 고려해야 한다.

녹색 화학 생체모방과 녹색 화학을 통한 더 안전한 살충제

Amy S. Cannon, Beyond Benign

원칙 3~6, 9~10

학습 목표 • 살충제가 인간에게 주는 이점과 사용상의 과제를 파악한다.
• 사람과 환경에 대한 위험을 줄이도록 살충제를 설계하는 방법의 예를 이해한다.

농업은 공동체가 정착해 살아가며 음식을 재배할 수 있게 함으로써 인류 문명의 성장에 큰 몫을 했다. 인구 증가는 세계 인구를 지속가능한 방식으로 먹여 살릴 만큼 충분한 식량을 생산해야 한다는 과제를 안겨 주었다. 오늘날 이 과제는 인류 역사상 가장 어려운 문제 중에 하나다. 해결을 위해서는 깨끗한 물, 인구 증가, 토지 이용, 에너지 이용, 유전자 변형, 농약과 비료 사용과 같은 전 지구적 이슈가 함께 논의되어야 한다.

과학의 관점에서 보면 농장과 정원에서 사용하는 화학 물질은 식량 생산량과 농업 관행의 지속가능성에 큰 영향을 미친다. 농업에서의 살충제 사용은 흉작을 크게 줄이고 수확량을 늘렸지만, 살충제는 종종 표적이 아닌 생물에도 독성을 보인다. 예를 들어 신경작용성 살충제 계열인 네오니코티노이드는 꿀벌 군집 붕괴 현상과 전 세계 꿀벌 개체수 감소에 기여하는 것으로 나타났다. 유럽연합집행위원회는 꿀벌을 보호하기 위해 2013년 12월부터 네오니코티노이드 3종의 사용을 금지했다. 그렇다면 꿀벌 같은 유익한 생물은 해치지 않고 해충만 표적으로 하는 살충제를 어떻게 만들 수 있을까?

녹색 화학 연구자들은 보다 정밀하게 표적화된 살충제의 필요에 응답하고 있다. 녹색 화학 원칙 4는 효능과 비용을 해치지 않으면서도 더 안전하고 온화한 제품과 공정을 설계할 것을 권장한다. 이는 살충제의 생산과 사용에서 아마 가장 중요한 적용 분야다. 일반적으로 더 안전한 살충제란 표적 해충에 대한 선택성이 더 높고, 주변 환경과 유익한 생물에 미치는 영향이 더 적다는 뜻이다.

더 안전한 살충제를 설계할 때 영감을 얻을 수 있는 한 곳은 자연이다. 자연에는 해충을 선택적으로 물리치는 생물이 많이 존재한다. 최근 사례로 거미 독을 바탕으로 한 살충제가 있다. 호주 퀸즐랜드대학의 Glenn King은 과거 블루마운틴 퍼널웹거미의 독에서 하나의 펩타이드를 확인했는데, 이 독은 곤충에는 독성이 있으나 포유류에는 독성이 없었다. 이러한 선택성은 다른 연구자들에게도 큰 영감을 주었고, 그 결과 거미의 독 펩타이드에서 착안한 생물농약이 개발되었다. 이 생물농약은 표적 해충에만 작용하고 꿀벌에는 악영향을 주지 않는 것으로 나타났다.

더 표적화된 살충제를 만들기 위해 과학자들은 구조 — 기능 상관성을 연구하여 표적 해충에 고유한 작용 기전을 찾아낸다. 거미 독에서 영감을 얻은 생물농약처럼 자연에서 착안한(생체모방적) 해충 기피와 저감 방법을 모색하는 연구가 활발하다. 이런 살충제는 자연에서 해법을 찾는 녹색 화학의 성장하는 흐름을 보여준다. 생체모방은 '생명'과 '모방하다'에서 온 말로, 자연의 모형·체계·요소를 본떠 복잡한 인류 문제를 해결하려는 접근을 뜻한다. 자연을 바라보면 살충제와 작물 보호처럼 우리 사회가 맞닥뜨린 과제를 풀어갈 영감을 얻을 수 있다.

녹색 화학을 통해 우리는 더 안전한 살충제를 만들 수 있을 뿐 아니라, 살충제 제조 공정의 환경 영향을 줄일 수도 있다. 덜 위험한 화학 합성을 설계하고(원칙 3), 촉매를 사용하며(원칙 9), 공정의 에너지 효율을 높이고(원칙 6), 더 안전한 용매를 쓰고(원칙 5), 살충제를 생분해성으로 설계할 수 있다(원칙 10). 생체모방과 녹색 화학의 적용은 인류에게 식량을 제공함과 동시에 환경을 보호하는 열쇠가 될 수 있다.

▲ 호주 퍼널웹거미 *Hadronyche versuta*

해결책으로 곡물 비중을 높이고 육류·유제품을 줄이는 식단 전환이 제안되곤 한다. 다만 선진국은 개발도상국보다 육류 선호가 크고, 개발도상국이 발전하면 번영과 함께 육류 소비 욕구가 커질 수 있다는 점이 과제다. 특히 쇠고기 생산에는 목초지와 옥수수가 필요하다.

지속가능한 농업이 확산되고 있지만, 우리는 여전히 합성 비료·농약·제초제를 쓰고 화석연료로 움직이는 기계에 의존하는 고에너지 농업에 크게 기대고 있다. 궁극적으로 문제의 유일한 해법은 인구 안정화다. 몇십 년 안에 그러한 전환이 이뤄질 것이라고 예측하는 이들도 있다. 많은 선진국과 일부 개발도상국에서 벌어지는 출산율 저하로 인구 조절은 가능하다. 그러나 여전히 일부 국가는 식량 공급을 훨씬 웃도는 폭발적 속도로 인구가 증가한다. 재앙적인 전쟁, 기근, 전염병, 늘어나는 인구의 폐기물로 인한 환경 오염은 모두 사망률을 급격히 높일 수 있으며, 그런 일이 일어나지 않기를 바랄 뿐이다. Thomas Malthus의 유령은 아직도 우리 곁을 맴돈다.

자가평가문제

1. 세계 식량 위기를 다룰 때 고려해야 할 요소로 부적절한 것은 무엇인가?
- **a.** 식품/비식품 용도와 무관한 옥수수·대두의 총생산량
- **b.** 인구 증가의 지역별 차이
- **c.** 도시 확장에 따른 농지 상실
- **d.** 농작물 생산 효율

2. 19세기 말부터 20세기 초의 급격한 인구 증가는 주로 무엇 덕분인가?
- **a.** 천연자원 보전 **b.** 세계 평화
- **c.** 과학적 농업 관행의 도입 **d.** 부의 공평한 분배

3. 우간다의 2013년 추정 인구가 3,590만 명이고 연 3.32%로 증가한다면 인구가 두 배가 되는 데 걸리는 시간은 대략 얼마인가?
a. 10년 **b.** 20년 **c.** 40년 **d.** 80년

4. 2025년에 인구가 가장 많을 것으로 추정되는 국가는 어디인가?
a. 중국 **b.** 인도 **c.** 미국 **d.** 나이지리아

정답: 1. a, 2. c, 3. b, 4. b

요약

12.1절: 세 가지 **1차 식물 영양소**는 질소, 인, 포타슘이다. 대기 중 질소는 토양 박테리아와 번개에 의해 자연적으로 고정된다. 질소의 인공 고정으로 만들어지는 암모니아와 질산염은 토양에 첨가할 수 있다. 인은 인산염 암석을 처리하여 식물이 이용가능하게 만들 수 있다. 포타슘은 보통 염화 포타슘 형태로 광산에서 채굴된다. **2차 식물 영양소**는 칼슘, 마그네슘, 황이다. 이 밖에 8가지 **미량 영양소**가 소량 필요하다. 상업용 비료 포장의 세 숫자에는 비료에 들어 있는 질소(N), P 성분을 P_2O_5로 환산한 값, K 성분을 K_2O로 환산한 값의 백분율을 뜻한다. 유기 비료에는 퇴비화한 가축 분뇨와 하수 슬러지가 포함된다.

12.2절: 해충은 대발생을 일으키고 식량 공급을 망칠 수 있다. **농약**은 우리가 유해하다고 여기는 생물(많은 곤충 포함)을 죽이는 데 쓰인다. 대부분의 **살충제**는 유해한 곤충만이 아니라 접촉한 곤충을 모두 죽인다. DDT는 제2차 세계대전 중·후에 수백만 명의 생명을 구했지만, 환경 중 지속성 때문에 문제가 되었다. 광범위하게 금지되었으나, 일부 개발도상국에서는 말라리아 방제를 위해 계속 사용된다. 유기인계 화합물은 신경독으로, 지방 조직에 축적되기도 하지만 DDT 같은 염소화 화합물보다 환경 중 잔류성은 낮다. 카바메이트계는 대체로 협폭(좁은 스펙트럼) 살충제로 일부 해충만 표적으로 하며, 지방 조직에 축적되지도 환경에 오래 남지도 않는다. '유기' 살충제에는 피레트린, 퍼메트린류, 로테논, 붕산, 규조토 등이 있다. 일부 해충은 사마귀, 무당벌레, 해충 특이적 세균·바이러스 등으로 생물학적 방제가 가능하다. SIT(불임 수컷 방사)로 방제하는 방법도 있다. **페로몬**은 곤충이 흔적 표시, 경보, 배우자 유인(**성 유인물질**의 경우)에 쓰는 화학 물질이다. **유충 호르몬**은 해충을 번식 불가능한 미성숙 단계에 머물게 하는 데 사용할 수 있다. 페로몬과 유충 호르몬은 해충의 모니터링·방제에 어느 정도 유용하지만, 생산이 어렵고 비용이 많이 든다.

12.3절: **제초제**는 잡초를 죽이고, **고엽제**는 식물의 잎을 떨어뜨린다. 2,4-D(제초제)와 2,4,5-T(고엽제)를 섞은 **에이전트 오렌지**는 베트남에서 지표식생 제거에 사용되었다. 이 혼합물에 오염물로 섞인 독성 높은 **다이옥신**이 선천적 기형을 유발해 2,4,5-T는 금지되었다. 이드라진과 글리포세이트는 미국에서 가장 널리 쓰이는 제초제다. 파라콰트는 **출아전 제초제**로서 작물 싹이 나오기 전에 잡초를 죽이지만, 출아후 잡초도 신속히 고사시킬 수 있다. 유기 제초제로는 정향유(유효성분 유제놀), 아세트산, 글루텐밀 등이 있다.

12.4절: **지속가능한 농업**은 생태계에 돌이킬 수 없는 피해를 주지 않으

면서 농장이 식품과 섬유를 무기한 생산할 수 있는 능력을 말한다. **유기 농업**은 합성 비료와 살충제를 사용하지 않는다. 관행적 농업보다 에너지 집약도가 낮고 생산성은 낮지만, 비용이 적게 들며 재생가능한 자원을 사용한다.

12.5절: Malthus에 따르면 식량 생산은 **산술적 성장**(매기간 일정량 증가)를 보이지만, 인구는 **기하학적 성장**(증가율 자체가 증가)을 하기 때문에 식량 생산이 인구 증가를 따라가지 못한다. **72의 법칙**은 인구 **배가 시간**을 추정하지만, 문화적·정치적 조건과 변화로 인해 이러한 예측은 본질적으로 가정에 불과하다. 과학기술의 추가 발전이 향후 식량 생산을 늘리거나 인구를 통제하는 데 도움을 줄 수 있겠지만, Malthus의 경고는 여전히 유효하다.

녹색 화학: 자연에서 영감을 얻고 녹색 화학 원칙을 적용하여 새로운 살충제를 설계함으로써, 주변 환경이나 유익한 생물을 해치지 않고 표적 해충만 겨냥하는 효과적인 방제제가 가능해진다. 이러한 살충제는 더 온화한 시약과 더 적은 에너지를 요구하는 공정으로 설계할 수 있으며, 사용 후 생분해되어 유해 잔류물을 남기지 않도록 만들 수도 있다.

학습 목표	관련 문제
• 식물의 세 가지 1차 식물 영양소, 여러 가지 2차 식물 영양소, 미량 영양소를 나열하고 각각의 기능을 설명한다. (12.1)	3, 4, 15~28, 53~56
• 유기 비료와 일반(재래식) 비료를 구별한다. (12.1)	12
• 주요 농약의 종류와 작용을 설명한다. (12.2)	10, 11, 13, 14, 29~32
• 여러 생물학적 방제법을 열거하고, 그 원리를 설명한다. (12.2)	33~35, 57
• 주요 제초제와 고엽제의 종류를 말하고, 그 작용을 설명한다. (12.3)	5, 36, 37
• 지속가능한 농업과 유기 농업을 설명한다. (12.4)	2, 6, 51, 52, 63
• 증가하는 인구에 식량을 공급하는 데 따르는 과제를 평가한다. (12.5)	7~9, 43~45
• 살충제가 인간에게 주는 이점과 사용상의 과제를 파악한다.	11, 64, 65

개념문제

1. 자라는 식물의 물질(질량)은 주로 어디에서 오는가?
2. 지속가능한 농업의 세 가지 주요 목표를 열거하라.
3. 식물에서 엽록소가 기능하려면 어떤 금속 이온이 필요한가?
4. 녹색식물에서 엽록소의 기능은 무엇인가?
5. '출아전 제초제'는 무엇을 뜻하는가? 예를 들어 설명하라.
6. '유기' 농업을 관행적 농업과 비교하라. 에너지 요구량, 노동, 수익성, 수확량을 고려하라.
7. Thomas Malthus는 1830년의 유명한 주장에서 무엇을 예측했는가?
8. 증가하는 인구에 식량을 공급하는 데 따르는 주요 과제는 무엇인가?
9. 더 많은 식량을 재배하기 위해 단순히 더 많은 땅을 농지로 전환할 수 없는 이유는 무엇인가?
10. 염소화 탄화수소가 먹이사슬에서 점점 더 고농축되는 과정을 설명하라.
11. 식량 작물에 농약을 사용할 때 내재하는 두 가지 잠재적 문제를 설명하라.
12. 사람과 동물의 배설물이 수천 년 동안 비료로 쓰였음에도 오늘날 이를 비료로 쓰지 말아야 하는 주된 이유는 무엇인가?
13. 농약과 살충제의 차이는 무엇인가?
14. 농약과 제초제의 차이는 무엇인가?

연습문제

비료

15. 식물의 구조적 부분을 이루는 세 가지 화학 원소를 열거하라. 식물 구조의 주성분인 화합물의 이름은 무엇인가?
16. 뿌리·줄기·잎을 만드는 데 쓰이는 원소들 외에 식물이 필요로 하는 세 가지 원소는 무엇인가?
17. 질소가 고정되는 여러 방법을 열거하라.
18. 암모니아는 어떻게 제조되는가?
19. 암모니아 수용액과 무수 암모니아의 차이는 무엇인가?
20. 식물에 질소가 필요한 이유는 무엇인가?
21. 인산염 비료의 공급원은 무엇인가?

22. 식물 영양에서 인의 역할은 무엇인가?

23. 인산염 암석을 어떻게 가용성 형태로 바꿀 수 있는가?

24. 식물이 포타슘 이온을 흡수하면 토양이 산성화되는 이유는 무엇인가?

25. 화학식 CaO(산화 칼슘)의 일반명은 무엇인가?

26. 정원이나 농경지 토양에 CaO를 첨가하는 것이 유리한 때는 언제인가? 그 이유는 무엇인가?

27. N, P, K 이외에 식물 생장에 필요한 이온을 다섯 가지 이상 나열하라.

28. 부영양화란 무엇인가? 연못과 호수에서 이 문제를 주로 일으키는 이온은 무엇인가?

살충제와 제초제

29. 살충제로서 DDT의 장점과 단점을 열거하라.

30. DDT가 조류에 특히 해로운 이유는 무엇인가?

31. DDT의 사용이 유리할 수 있는 상황을 몇 가지 제시하라.

32. **(a)** 협범위(좁은 스펙트럼) 살충제와 **(b)** 광범위(넓은 스펙트럼) 살충제를 정의하고 예를 들라.

33. 페로몬은 해충 방제에 어떻게 사용되는가? 예를 들어 설명하라.

34. 유충 호르몬은 해충에 어떻게 사용되는가?

35. SIT를 곤충 방제 방법으로 설명하라. SIT는 무엇의 약자인가? 널리 쓰이지 않는 이유는 무엇인가?

36. 제초제에서 가장 흔히 쓰이는 두 가지 화합물을 열거하고, 각각이 어떤 유형의 식물을 죽이는지 차이를 설명하라.

37. 베트남 전쟁에서 어떤 화합물이 사용되었으며, 이것이 사람에게 미친 부정적 영향은 무엇인가?

독성

38. 물질의 독성은 정량적으로 어떻게 표현하는가? (즉 단위는 무엇인가?)

39. 치사량이 체중 1 kg당 0.50 g이라면 체중 80 kg인 사람을 죽이는 데 필요한 DDT의 양은 얼마인가?

40. 표 12.3의 카보퓨란 독성을 참고하라. 쥐와 사람의 독성이 비슷하다고 가정할 때, 체중이 15 kg인 어린이의 치사량은 얼마인가?

성장, 인구 변화, 식량 위기

41. 매달 150달러씩 저축하는 계좌를 시작했다. 최소 1,000달러를 모으려면 몇 달이 걸리는가? 이 저축은 산술적으로 증가하는가, 기하학적으로 증가하는가?

42. 저빌(게르빌루스쥐)을 번식시키려 한다. 2마리로 시작해 6주 후 4마리, 12주 후 8마리, ⋯, 이렇게 6주마다 두 배가 된다. 24주 후에는 몇 마리가 되는가? 이 개체군 증가는 산술적 증가인가, 기하학적 증가인가? (저빌 1마리의 새끼 수는 2~5마리이며, 임신 기간은 약 3.5주이다.)

43. 인도의 2016년 인구는 13억 2,400만 명, 연 1.35%의 증가율이었다. 이 속도라면 26억 5,000만 명으로 두 배가 되는 데 몇 년이 걸리는가? 이 증가율을 바꿀 요인은 무엇인가?

44. 중국의 2016년 인구는 13억 7,900만 명, 연 0.5%의 증가율이었다. 이 속도라면 27억 5,800만 명으로 두 배가 되는 데 몇 년이 걸리는가? 이 증가율을 바꿀 요인은 무엇인가?

45. 지구의 무빙 토지가 약 77억 에이커라면 현재 농업에 사용되는 토지는 몇 억(또는 몇 십억) 에이커인가(12.5절 참조)?

46. 현재 도시 지역·도로·광산으로 사용되는 토지는 몇 억(또는 몇 십억) 에이커인가(12.5절 참조)?

47. 에탄올 생산에 쓰이는 옥수수의 비율이 2000년 7%에서 2014년 약 40%로 늘었다면 퍼센트 증가는 얼마인가? 이러한 추세의 영향은 무엇인가?

심화문제

48. 광합성의 총괄 화학 반응식을 계수에 맞춰 쓰라.

49. 암모니아의 합성 반응식을 쓰라.

50. 황산 암모늄의 합성 반응식을 쓰라.

51. 다음 각 농약이 **(a)** 화학적 의미에서만 유기물인지, **(b)** 유기 농업에서 쓰는 의미에서만 유기물인지, **(c)** 두 의미 모두에 해당하는지, **(d)** 전혀 해당하지 않는지 표시하라.
   1. 붕산 2. 규조토 3. 비산 납
   4. 말라티온 5. 로테논

52. 다음 각 제초제가 **(a)** 화학적 의미에서만 유기물인지, **(b)** 유기 농업에서 쓰는 의미에서만 유기물인지, **(c)** 두 의미 모두에 해당하는지, **(d)** 전혀 해당하지 않는지 표시하라.
   1. 아세트산 2. 아트라진 3. 2,4-D
   4. 글루텐 밀 5. 글리포세이트

53. 질산 포타슘은 비료로 사용할 수 있다. 질산 포타슘의 올바른 화학식을 쓰고, 이 화합물이 공급하는 식물 영양소를 열거하라.

54. 화합물 일수소인산 암모늄은 비료로 자주 쓰인다. **(a)** 이 화합물의 화학식을 쓰라. **(b)** 어떤 두 가지 식물 영양소를 공급하는가?

55. 암모니아와 적절한 산으로부터 일수소인산 암모늄을 생성하는 반

응식을 쓰라.

56. 미량 영양소인 구리는 흔히 황산 구리(II) 형태로 공급된다. 산화 구리(II)와 적절한 산으로 황산 구리(II)를 만드는 반응식을 쓰라.

57. 유충 호르몬을 다루는 절(12.2절)에서 메토프렌 화학식을 살펴보라. 그 분자에 존재하는 작용기를 쓰라.

58. 석회란 무엇인가? 화학식은 무엇인가? 정원과 농장 토양에 흔히 첨가하는 이유는 무엇인가?

59. 유기 제초제로 쓰이는 정향유의 주요 활성 성분은 유제놀이다. 유제놀 분자에 존재하는 작용기의 이름을 쓰라.

CH_3O, HO (구조식)

유제놀

60. 탄산수소 포타슘은 보통 원예유(고도로 정제된 석유 제품)와 함께 유기 농약으로 판매된다. 탄산수소 포타슘을 만들기 위해 수산화 포타슘을 출발 물질로 하여 이산화 탄소와 반응시켜 탄산 포타슘과 물을 만든다. 이어서 탄산 포타슘을 더 많은 이산화 탄소와 물과 반응시켜 탄산수소 포타슘을 만든다. 두 반응의 계수 맞춘 반응식을 쓰라. 탄산수소 포타슘은 유기 농약인가?

61. 광엽 잡초 방제에 널리 쓰이는 제초제 디캄바(Banvel)의 계통명은 2-메톡시-3,6-디클로로벤조산이다. 메톡시기는 $—OCH_3$이다. 디캄바의 구조식을 그려라.

62. 우간다 여성의 평균 출생아 수는 5.8명이다. 세계에서 가장 빠른 축에 드는 인구 증가율을 보인다는 추정이 있으며, 인구는 2017년 4,290만 명에서 2018년 4,430만 명으로 추정되었다. **(a)** 그 1년 동안의 연간 인구 증가율은 얼마인가? **(b)** 이 속도라면 인구가 8,860만 명으로 두 배가 되는 데 몇 년이 걸리는가? **(c)** 이 증가율을 변화시킬 요인은 무엇인가?

63. 살충 비누는 왜 대규모 농업에 실용적이지 않은가?

64. 식량 작물에 농약을 사용할 때 얻을 수 있는 이점은 무엇인가? 모두 선택하라.

a. 식량 생산량 증가
b. 농작물 실패 감소
c. 새로운 해충의 확인
d. 식품의 맛 향상

65. "선택적인 살충제의 개발은 농부들에게 유리하다. 왜냐하면 이러한 살충제는 환경에서 쉽게 빠르게 분해되기 때문이다"라는 진술은 어떠한가?

a. 진술과 이유가 모두 옳다.
b. 진술은 옳으나 이유는 옳지 않다.
c. 진술은 옳지 않으나 이유는 옳다.
d. 진술과 이유가 모두 옳지 않다.

 비판적 사고 문제

이 장에서 습득한 지식과 하나 이상의 FLaReS 원칙(1장)을 적용하여 다음 진술과 주장을 평가하라.

12.1 어떤 광고가 "유기농 곡물로 만든 특정 시리얼은 일반 가공 시리얼로는 얻을 수 없는 '생명 에너지'를 제공한다"라고 주장한다.

12.2 한 신문이 "특정 유전자 변형 작물은 적절히 관리하지 않으면 잡초가 될 수 있다"라고 보도한다.

12.3 한 웹사이트가 "질산 암모늄 등 합성 비료에서 나오는 질산 이온은 토양 세균이 유기 비료를 분해하여 생기는 질산 이온보다 식물 영양원으로서의 효율이 떨어지므로 비유기 식품은 영양가가 낮다"라고 주장한다.

12.4 한 신문 기사에서 "무독성 살충제로 담배 '선 티(sun tea)'를 사용해보라"고 제안하며, "이 특별한 차는 원치 않는 독성 없이 대부분의 정원 해충을 없애는 데 도움이 된다"라고 주장한다.

 협업 과제

파워포인트, 포스터, 기타 프레젠테이션을 준비하여 수업에서 공유하라.

1. 정원 용품점에 가서 관엽 식물이나 정원 꽃에 사용할 여러 가지 비료를 찾아본다. 장미 또는 실내 식물과 같은 다양한 대상 식물에 대한 질소(N), 인(P), 포타슘(K)의 비율을 비교하라.

2. 정원용 살충제 포장의 라벨을 살펴본다. 상품명과 유효 성분을 기재하라.

3. 같은 종류의 해충을 대상으로 하는 여러 브랜드의 시판 스프레이 살충제 라벨을 비교한다. 활성 성분을 찾아 농도를 확인하고, 라벨에 표시된 사용 시 안전 주의 사항을 확인한다. 공통점과 차이점을 찾아라. 한 가지 유형의 해충에 집중하라.

a. 개미 살인자
b. 박스 엘더 버그
c. 말벌 또는 말벌
d. 모기 또는 파리

실험 과제 잡초를 씻어내기

준비물

- 식초 6컵
- 주방용 세제 2 큰술
- 소금 1/8컵
- 계량컵
- 계량스푼
- 스프레이 병 3개(각 1쿼트 용량)
- 화분 4개(잡초 또는 저렴한 일년초)
- 유성 마커(퍼머넌트 마커)

(참고: 실내·실외 실험을 모두 할 경우 식초, 세제, 소금의 양을 각각 두 배로 준비한다.)

정원에서 원치 않는 잡초를 어떻게 없앨 수 있을까? 시판 제초제보다 덜 비싸고 덜 위험하면서도 효과적인 직접 만든 레시피가 있을까?

밖으로 나가 보자! 이 실험은 마당의 잡초에 이 수제 제초제를 직접 시험할 수 있을 때 가장 효과적이다(친구나 이웃의 마당도 가능). 이 실험에서는 세 가지 수제 제초제 레시피를 비교한다. 먼저 제초제를 만든다. 재료를 계량하여 스프레이 병에 담고, 병에 라벨을 붙인다.

- 제초제 1: 식초 2컵
- 제초제 2: 식초 2컵 + 액상 주방 세제 1큰술
- 제초제 3: 식초 2컵 + 액상 주방 세제 1큰술 + 소금 1/8컵

레시피 1과 2를 사용한 실외 실험(3일간)

사용할 수제 제초제는 비선택성이므로, 보존하려는 식물에도 해를 줄 수 있다. 실외에서 실험할 수 있다면 안개가 떠다니지 않도록 잡초에만 직접 분사한다. 목표는 눈에 보이는 잎을 충분히 적시는 것이다. 실외에서는 제초제 1과 2만 시험한다(제초제 3의 소금은 지하수를 오염시킬 수 있음). 식물이 전혀 자라지 않기를 원하는 구역에서 시행하는 것이 가장 좋다.

1일(실외)

▲ 실외 결과

세 가지 레시피를 모두 사용한 실내 실험

잡초 또는 원예점의 저렴한 잎새 일년초로 화분 4개를 준비한다. 1개는 대조구, 나머지 3개는 제초제 1~3으로 라벨을 표시한다. 네 화분이 동일한 조건이 되도록 배치한다(햇볕이 드는 창가가 좋다). 다음 4일 동안 해당 화분의 잡초 잎을 매일 같은 시간에 충분히 적시도록 분무한다. 잡초의 상태를 관찰한다. 어떤 변화가 있었는가? 색 변화가 있는가? 결과를 기록한다.

1일(실내)

2일(실내)

3일(실내)

4일(실내)

▲ 실내 결과

실험문제

1. 실내에서 가장 효과적인 제초제는 무엇인가? 그 이유를 설명하라.
2. 실외에서 가장 효과적인 제초제는 무엇인가? 그 이유를 설명하라.
3. 실내에서 가장 비효과적인 제초제는 무엇인가? 그 이유를 설명하라.
4. 실외에서 가장 비효과적인 제초제는 무엇인가? 그 이유를 설명하라.
5. 시판 합성 제초제를 구매하는 대신 직접 제초제를 만들어 사용할 의사가 있는가?

가정용 화학 제품

13

이 장과 관련된 궁금증

1. 비누는 셔츠와 손의 기름기를 어떻게 제거하는가?
2. 식기세척기에 손 세제를 사용할 수 없는 이유는 무엇인가?
3. 세탁기에 섬유유연제를 더 많이 넣으면 옷감이 더 부드러워지는가?
4. 1950년대 지어진 오래된 주택을 구매하는 경우 납 성분 페인트에 대해 걱정해야 하는가?
5. 걸쭉한 샴푸가 머리카락을 깨끗하게 하는 데 더 효과적인가?
6. 금발로 염색하고 싶다면 염색약을 머리에 바르고 병에 표시된 시간 동안 그대로 두어야 하는가?

가장 많이 판매되는 가정용 화학 제품은 비누, 세제, 각종 특수 및 다목적 세정제 등 청소용품이다. 이 장에서는 우리에게 친숙한 다양한 제품을 살펴보고 그 원리에 대해 설명한다.

집 안의 '화학 제품' 이 책의 한 가지 주제는 화학의 발전이 21세기에 들어 어떻게 우리의 삶을 광범위하게 개선하고, 수명을 연장하며, 건강과 삶의 질을 향상하고, 우리가 즐길 수 있는 유용한 제품을 위한 무수히 많은 새로운 재료를 제공했는가에 대한 것이다. 비누, 세제, 치약, 샴푸, 향수, 로션, 면도 크림, 냄새 제거제, 왁스, 페인트, 페인트 제거제, 표백제, 살충제, 얼룩 제거제, 용매, 소독제, 화장품, 헤어스프레이, 염색약 등 일반 가정에서 사용할 수 있는 화학 제품은 아마도 50만 가지쯤 될 것이다(그림 13.1).

10장에서는 식품의 화학 성분과 식품 생산에 사용되는 화학 물질에 대해 설명했다. 일부 농약은 집 주변, 특히 마당과 정원에서 사용되기도 한다(12장). 5장에서는 의류, 가정용 가구, 구조용 재료, 장난감, 저장 용기에 사용되는 고분자에 대해 알아보았고, 9장에서는 난로와 자동차에서 연소하는 연료에 대해 알아보았다. 11장에서는 약장에 들어 있는 의약품에 대해 알아보았다. 이 장에서는 청소용품, 개인 위생용품, 페인트 등 집 안 곳곳에 있는 다른 화학 물질을 살펴볼 것이다. 그중 몇 가지를 예로 들어 따라야 할 예방 조치에 대해

▲ 그림 13.1 현대 가정에는 다양한 화학 제품이 구비되어 있다.

논의할 것이다. 병에 표시된 라벨을 전혀 읽지 않는 경우가 종종 있고, 가정용 화학 제품의 오용은 비극으로 이어질 수 있다. 가정용 화학 제품 중 가장 많은 양을 차지하는 세정제부터 시작하겠다.

13.1 비누로 씻기

학습 목표
- 비누의 구조를 설명하고, 비누가 어떻게 만들어지고 기름때를 어떻게 제거하는지를 설명한다.
- 비누의 장점과 단점에 관해 설명한다.
- 물 연화제의 작동 원리와 연화제로 사용되는 물질에 관해 설명한다.

비누의 사용과 청결에 대한 다양한 문화권의 태도는 흥미로운 역사를 가지고 있다. 개발도상국에서는 가까운 시냇가에서 돌로 두드려 옷을 세탁했다. 때로는 유럽의 비누풀이나 열대 아메리카의 비누열매와 같은 식물이 세정제로 사용되기도 했다. 비누풀과 비누열매의 잎에는 비누 거품을 생성하는 화합물인 **사포닌**(saponin)이 함유되어 있다.

타버린 식물의 재에는 탄산 포타슘과 탄산 소듐이 포함되어 있다. 이 두 화합물에 존재하는 탄산 이온은 물과 반응하여 그리스와 기름을 공격할 수 있는 알칼리성 용액을 형성한다. '알칼리'라는 단어는 '재'를 의미하는 아랍어에서 유래했다. 바빌로니아 사람들은 적어도 4,000년 전에 이 알칼리성 식물의 재를 동물성 지방과 함께 가열하여 간단한 비누를 만들어 세정제로 사용했다.

개인 청결

훌륭한 대중목욕탕이 있었던 로마인들은 아마 비누를 사용하지 않았을 것이다. 그들은 온몸에 기름을 바르고 한증탕에서 땀을 흘린 다음, 기름을 문질러서 씻어냈다. 깨끗한 물웅덩이에 몸을 담그면 깨끗하게 씻을 수 있었다.

중세 시대에는 신체의 청결을 중요시하는 문화가 있었지만, 그렇지 않은 문화도 있었다. 예를 들어 인구가 약 10만 명에 달했던 12세기 파리에는 공중목욕탕이 많았다. 반면 14세기부터 17세기까지 지속된 학문과 예술의 부흥기인 르네상스 시대에는 의외로 청결에 관한 관심이 높지 않았다. 영국의 Elizabeth 1세 여왕(1533~1603)은 한 달에 한 번 목욕했다고 하는데, 이 습관 때문에 많은 사람이 그녀가 지나치게 까다롭다고 생각했다. 귀족들 사이에서는 매일 물 한 그릇으로 손과 얼굴을 씻는 것이 일반적이었다. 하지만 그 당시에는 집에 깨끗한 온수가 나오는 수도꼭지가 없었고 비누나 샴푸도 쉽게 구할 수 없었다는 점을 기억하자. Elizabeth 시대 영국의 하층민들은 아마도 일 년에 몇 번만 목욕했을 것이고, 벽난로 옆의 커다란 나무 욕조에 우물이나 강에서 가져온 물을 데워 사용했을 것이다. 당시 적어도 상류층 사이에서 불쾌한 체취에 대한 일반적인 치료법은 향수를 자유롭게 사용하는 것이었다.

요즘에는 어떨까? 어쩌면 우리는 다른 방향으로 나아가고 있는지도 모르겠다. 비누, 세제, 바디워시, 샴푸, 린스, 냄새 제거제, 땀 억제제, 애프터셰이브, 콜론, 향수 등을 고려하면 샤워 중에 씻어내는 것보다 더 많은 것을 샤워 중이나 샤워 후에 사용하고 있는 것일 수도 있다.

비누는 수백 년 동안 알려져 왔지만, 처음에는 주로 의학적 목적으로 사용되었다. 오늘날에도 특히 아시아와 아프리카에서는 님 나무(*Azadirachta Indica*)와 같은 식물로 만든 비누를 피부 치료에 사용한다. 인도에서는 피부 발진, 건선, 습진, 여드름, 수두를 치료하는 비누를 만드는 데 님 오일의 80%를 사용한다.

질병을 일으키는 미생물이 감염과 질병을 일으킨다는 사실이 밝혀지면서 18세기에는 청결에 대한 관심이 높아졌고 공중 보건 관행이 개선되었다. 19세기 중반에는 비누가 세정제로 널리 사용되었다.

비누 만들기: 비누와 글리세롤을 형성하는 지방과 잿물

비누 제조에 대한 최초의 기록은 로마의 학자 Pliny(23~79년)의 저서에서 발견되는데, 그는 페니키아인들이 염소 기름과 재를 이용해 비누를 합성했다고 기술했다. 이상하게 보일지 모르지만, 비누는 실제 지방으로 만들 수 있다! 거의 2,000년이 지난 19세기 미국의 개척자들은 고대인들이 사용했던 것과 비슷한 방식으로 비누를 만들었다. 그들은 큰 냄비에 나무 재를 채우고 재를 통해 물이 흘러내리도록 하여 재에 있는 염기성 화합물을 녹였다. 재가 담긴 냄비를 사용하면서 이러한 화합물의 혼합물에 대해 **잿물**이라는 용어가 생겨났다. 냄비의 내용물을 큰 천에 부어 젖은 재를 걸러낸 후, 잿물을 거대한 철제 주전자에 담긴 동물성 지방에 첨가했다. 이 혼합물을 장작불로 몇 시간 동안 가열한다. 비누가 표면으로 올라오고 식으면 굳어졌다. 반응의 부산물은 글리세롤이었고, 이는 냄비 바닥에 액체로 남아 있었다. 글리세롤과 비누 모두 반응하지 않은 알칼리를 포함하고 있었는데, 이 알칼리는 종종 pH가 10이 넘었기 때문에 피부에 강한 자극을 주었다. 할머니의 잿물 비누가 가혹하다는 것은 단순한 신화가 아니다.

▲ 1492년 Columbus의 신대륙 항해를 지원한 카스티야의 Isabella 여왕(1451~1504)은 평생 목욕을 단 두 번밖에 하지 않았다고 전해진다.

비누를 만드는 일반적인 반응은 다음과 같다.

$$\text{지방} + \text{염기} \longrightarrow \text{비누} + \text{글리세롤}$$

수산화 소듐은 비누를 만들 때 사용하기에 가장 좋은 염기이다. 그림 13.2에 표시된 글리세롤 부산물(시중 제품 라벨에는 글리세린이라고도 함)은 많은 핸드크림과 로션에서 발견되는 유용하고 기름진 액체이다(13.6절 참조). 하나의 지방 분자와 3개의 NaOH 화학식 단위로 3개의 비누 분자가 형성된다는 점에 유의하자. 비누 분자는 지방의 공급원에 따라 탄소 사슬의 길이가 달라진다. 그림 13.2의 비누 분자는 쇠고기 지방으로 만든 스테아르산 소듐이라고 불린다.

그림 13.2의 비누 분자 구조를 자세히 살펴보면 **비누**(soap)가 긴 사슬 카복실산의 염임을 알 수 있다. 비누의 또 다른 예로는 야자유로 만든 팔미트산 소듐이 있으며, 화학식은 $CH_3CH_2CH_2CH_2CH_2CH_2CH_2CH_2CH_2CH_2CH_2CH_2CH_2CH_2CH_2COO^- — Na^+$이다. 공간을 절약하기 위해 괄호 안에 CH_2 그룹을 함께 묶어 더 짧은 화학식인 $CH_3(CH_2)_{14}COO^-Na^+$로 표시할 수 있다.

1 비누는 셔츠와 손의 기름기를 어떻게 제거하는가?

비누 분자의 긴 탄화수소 끝은 비극성이므로, 기름과 같은 비극성 분자를 끌어당긴다. 분자의 다른 쪽 끝은 이온성(보통 음전하)이므로 극성 물 분자의 +극에 끌린다. 비극성 물질 하나를 둘러싼 많은 비누 분자로 구성된 '미셀'이라고 하는 커다란 구형 덩어리는 무수히 많은 물 분자에 의해 배수구로 씻겨 내려간다.

◀ **그림 13.2** 비누는 동물성 지방이나 식물성 기름을 수산화 소듐과 반응시켜 만들 수 있다. 불포화 탄소 사슬을 가진 식물성 기름은 일반적으로 더 부드러운 비누를 생산한다. 탄소 사슬이 짧은 코코넛 오일은 물에 더 잘 녹는 비누를 만든다.

현대의 상업용 비누 제조에서는 지방과 기름의 분자를 과열된 증기로 지방산과 글리세롤로 분리하는 경우가 많다. 그런 다음 지방산을 중화시켜 비누를 만든다. 손 비누에는 일반적으로 염료, 향수, 크림, 오일, 탈취의 특성을 가진 화합물과 같은 첨가제가 포함되어 있다. 세탁비누에는 규소와 경석과 같은 연마제가 포함되어 있다. 일부 비누는 굳기 전에 공기를 불어 넣어 밀도를 낮춰 물에 뜨도록 한다.

포타슘 비누는 소듐 비누보다 부드럽고 미세한 거품을 낸다. 일부 액체 비누와 면도 크림에 단독으로 또는 소듐 비누와 함께 사용된다. 그러나 대부분의 손 세정용 액체에는 합성 **세제**(detergent)가 함유되어 있음에도 불구하고 라벨에는 '액체 손 비누'로 잘못 표기될 수 있으니 주의해야 한다.

비누의 작동 원리

먼지와 때가 피부, 의류, 기타 표면에 달라붙는 이유는 끈적끈적한 접착제처럼 작용하는 그리스 및 오일(몸에서 나오는 기름, 식용유, 윤활유 및 기타 유사한 물질)과 결합되어 있기 때문이다. 기름은 물과 섞이지 않기 때문에 물로만 씻는 것은 별 효과가 없다.

비누 분자는 이중적인 성질을 가지고 있으며, 이는 비누가 실제로 기름과 먼지를 제거하는 방법에 대한 단서이다. 분자의 한쪽 끝은 이온이므로 **친수성**(hydrophilic, 물을 끌어당기는)이다. 분자의 나머지 부분은 탄화수소 사슬이므로 비극성이며 **소수성**(hydrophobic, 물과 반발하는)이다. 그림 13.3은 전형적인 비누를 보여준다. 친수성 '머리'는 물에 녹고, 소수성 '꼬리'는 기름과 같은 비극성 물질에 녹는다.

비누의 세정 작용은 그림 13.4에 설명되어 있다. 그림에 나타낸 것과 같은 구형의 분자 집합을 **미셀**(micelle)이라고 한다. 탄화수소 꼬리는 기름에 달라붙고, 이온 머리는 수용액에 남는다. 미셀의 형성은 기름을 매우 작은 방울로 분해하여 용액 전체에 분산시킨다. 방울들은 표면의 하전된 그룹(카복실 음이온)의 반발력 때문에 서로 합쳐지지 않는다. 기름과 물은 **에멀션**(emulsion)을 형성하고, 비누는 **유화제**(emulsifying agent) 역할을 한다. 기름이 더 이상 머리카락, 피부, 기타 '더러운' 표면에 '붙어' 있지 않기 때문에 먼지는 쉽게 제거되고 헹굼 물과 함께 배수구로 흘려보낼 수 있다. 비누를 포함하여 기름이나 그리스와 같은 비극성 물질의 현

(a) $CH_3CH_2CH_2CH_2CH_2CH_2CH_2CH_2CH_2CH_2CH_2CH_2CH_2CH_2CH_2COO^- \ Na^+$

탄화수소 꼬리 이온 머리

(b)
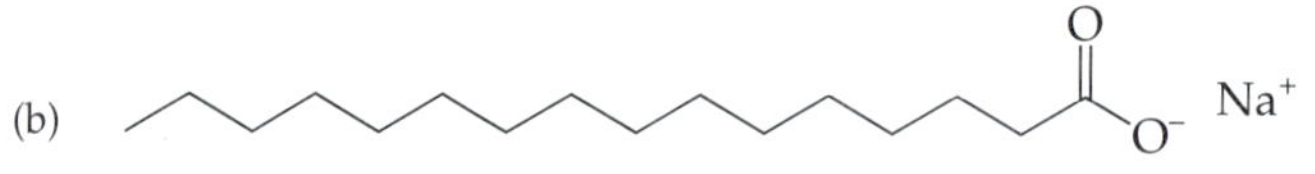

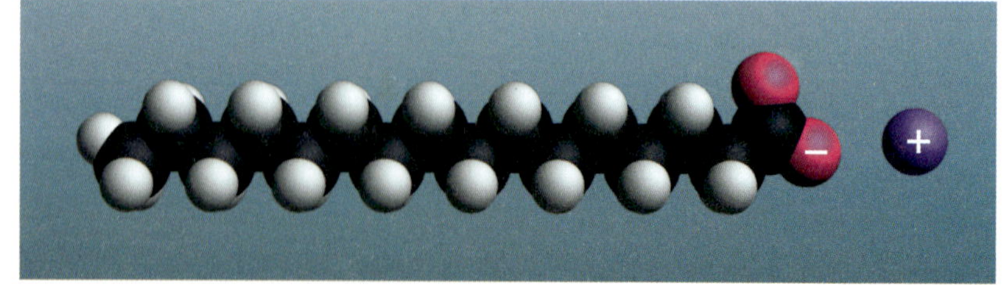
(c)

(d)

▶ **그림 13.3** 비누인 팔미트산 소듐. (a) 축소 구조식, (b) 구조식, (c) 공간-채움 모형, (d) 팔미트산 음이온의 도식적 표현

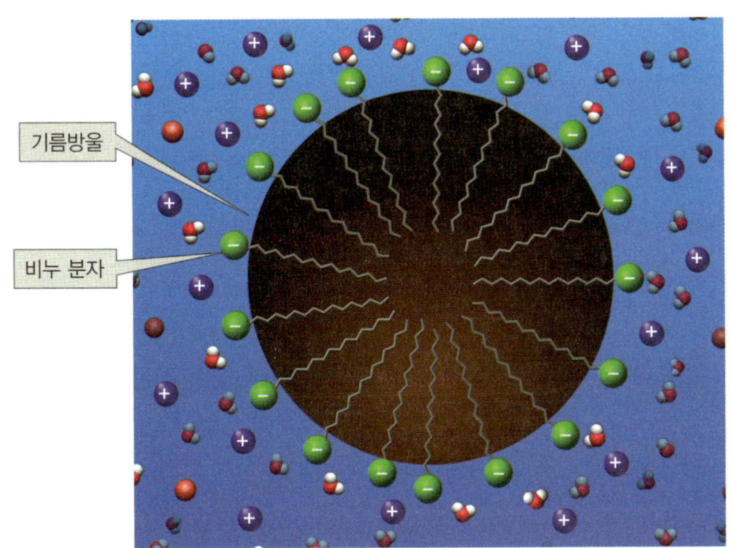

◀ **그림 13.4** 비누의 세정 작용은 비누 미셀의 그림으로 시각화할 수 있다. 작은 기름방울이 물에 떠 있는 것은 비누 분자의 소수성 탄화수소 꼬리는 기름에 잠겨 있는 반면에 친수성 이온 머리는 물속으로 뻗어 있기 때문이다. 물과 비누 분자의 이온 끝 사이의 인력이 기름방울을 물속으로 운반하여 배수구로 흘려 보낸다.

탁액을 물에 안정화시키는 모든 물질을 **표면활성제**(surface-active agent) 또는 **계면활성제**(surfactant)라고 한다.

비누의 단점과 장점

비누의 가장 큰 단점은 경수에서는 잘 작용하지 않는다는 것이다. 경수에는 칼슘, 마그네슘 및/또는 철 이온이 포함되어 있다. 비누 음이온은 이러한 금속 이온과 반응하여 끈적끈적한 불용성 덩어리를 형성한다(그림 13.5). 예를 들어 칼슘 이온이 물의 경도의 원인이고 비누가 테트라데카노산 소듐인 경우에 반응은 다음과 같다.

$$2\ CH_3(CH_2)_{12}COO^-\ Na^+(aq) + Ca^{2+}(aq) \longrightarrow [CH_3(CH_2)_{12}COO]_2Ca(s) + 2\ Na^+\ (aq)$$

테트라데카노산 칼슘은 욕조 주변의 익숙한 고리처럼 보이는 불용성, 끈적끈적한 침전물이다. 기본적으로 탄화수소 꼬리 길이가 다른 모든 비누는 동일한 결과를 가져온다. 70여 년 전에는 갓 감은 머리는 끈적끈적한 상태로 남았고, 비누로 세탁한 옷은 '얼룩덜룩한 회색'을 띠었

◀ **그림 13.5** 경수와 연수의 거품 비교. 왼쪽부터 경수에 넣은 세제, 경수에 넣은 비누, 연수에 넣은 세제, 연수에 넣은 비누이다. 세제의 거품은 경수와 연수 모두에서 거의 비슷하다. 또한 경수에 비누를 사용하면 거품이 거의 나지 않으며 불용성 물질이 형성된다.

는데, 당시에는 비누가 유일한 세정 제품이었기 때문이다. 그 이후로 비누는 경수에서 끈적끈적한 불용성 물질을 형성하지 않는 합성 세제(13.2절)로 대부분 대체되었다.

비누에는 몇 가지 장점이 있다. 연수에서 탁월한 세정제이며, 비교적 무독성이며, 재생가능한 자원(동물성 지방 및 식물성 오일)에서 추출되며, 생분해된다.

연수기

욕조의 끈적끈적한 침전물 문제를 완화하고 비누의 거품 작용을 개선하기 위해 다양한 연수제 및 연수 장치를 사용할 수 있다. 연수기는 물에서 칼슘, 마그네슘, 철 이온을 제거하는 데 사용된다. 효과적인 연수제는 세척 소다, 즉 탄산 소듐($Na_2CO_3 \cdot 10\,H_2O$)이다. 탄산 이온은 물 분자와 반응하여 pH를 높여 지방산의 침전을 방지한다.

$$CO_3^{2-}(aq) + H_2O(l) \longrightarrow HCO_3^-(aq) + OH^-(aq)$$

탄산 이온은 또한 경수를 유발하는 이온과 반응하여 이온들을 불용성 염으로 제거한다.

$$Mg^{2+}(aq) + CO_3^{2-}(aq) \longrightarrow MgCO_3(s)$$
$$Ca^{2+}(aq) + CO_3^{2-}(aq) \longrightarrow CaCO_3(s)$$

흔히 인산 삼소듐(trisodium phosphate, TSP)이라고 불리는 인산 소듐(Na_3PO_4)은 또 다른 연수제이다. 인산 이온은 다음 반응식과 같이 마그네슘 이온과 같은 경수 이온과 침전물을 형성한다.

$$2\,PO_4^{3-}(aq) + 3\,Mg^{2+}(aq) \longrightarrow Mg_3(PO_4)_2(s)$$

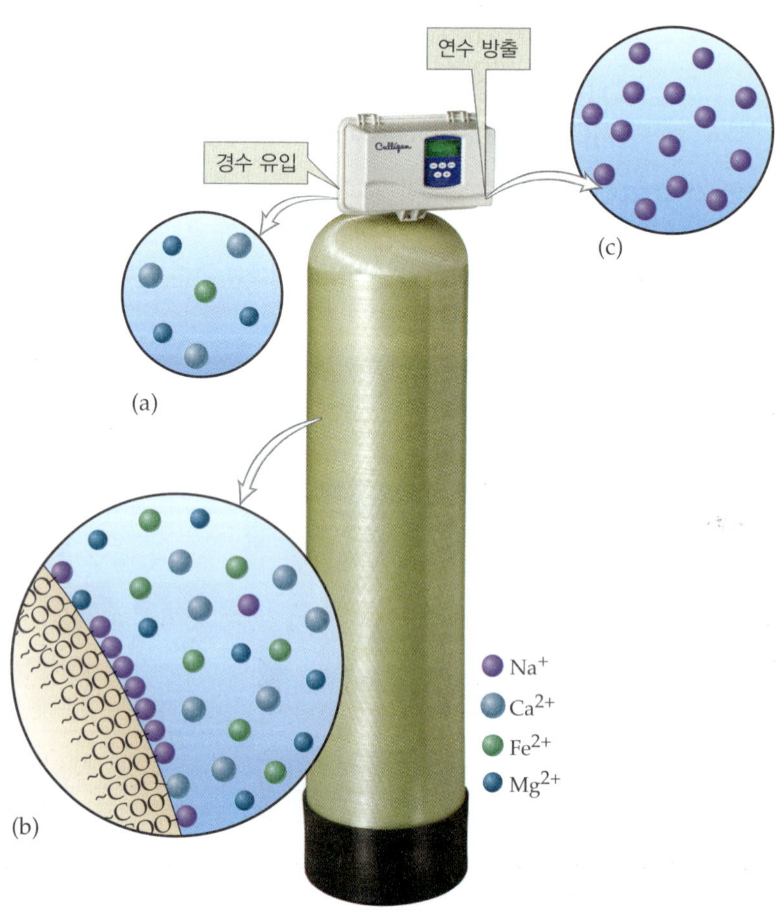

▶ **그림 13.6** 연수기는 이온 교환으로 작동한다. 연수기로 유입되는 경수에는 2가 양이온(Ca^{2+}, Mg^{2+}, Fe^{2+})이 포함되어 있다. 이러한 이온은 이온 교환 수지에 부착되고, Na^+(보라색) 이온이 방출된다. 연수기에서 나오는 물에는 대부분 Na^+ 이온이 포함되어 있다.

연수 탱크는 가정과 기업에서 널리 사용된다. 이 탱크에는 일반적으로 제올라이트(zeolite)라고 하는 실리코알루민산 소듐으로 구성된 불용성 고분자 수지가 들어 있다. 이 수지는 칼슘, 마그네슘, 철 이온을 끌어당겨 표면에 붙잡아 두고 소듐 이온을 물로 방출하여 물을 연수로 만든다(그림 13.6).

이 과정을 이온 교환이라고 한다.

$$Ca^{2+}(aq) + Na_2Al_2Si_2O_8(s) \longrightarrow 2\ Na^{+}(aq) + CaAl_2Si_2O_8(s)$$

일정 기간 사용 후 수지는 경수 이온으로 포화 상태가 되어 소듐 이온을 대체하기 위해 염(NaCl)을 첨가하여 재생해야 한다. 수도꼭지에 부착하는 Brita®와 같은 정수 필터에는 보통 활성탄이 들어 있어 물의 맛을 나쁘게 만드는 용존 유기 물질을 흡수한다. 대부분의 경수 이온은 제거되지 않는다.

자가평가문제

1. 다음 중 비누가 아닌 것은 무엇인가?
   a. 스테아린산 소듐　　b. 팔미트산 소듐
   c. 미리스트산 소듐　　d. 인산 소듐

2. 다음 중 비누의 화학식은 무엇인가?
   a. $CH_3(CH_2)_{12}CH_2OH$
   b. $CH_3(CH_2)_{12}COOH$
   c. $CH_3(CH_2)_{14}COONa$
   d. $CH_3(CH_2)_{10}SO_3Na$

3. 다음 중 연수제로 작동하지 않는 것은 무엇인가?
   a. 탄산 소듐　　b. 염화 소듐
   c. 인산 소듐　　d. 제올라이트 소듐

4. 비누 분자의 탄화수소 부분에 대한 설명으로 옳은 것은 무엇인가?
   a. 비극성 기름에 끌린다.
   b. 비극성 기름에 반발한다.
   c. 극성 물에 끌린다.
   d. 극성 기름에 반발한다.

5. 비누 분자의 이온 머리에 대한 설명으로 옳은 것은 무엇인가?
   a. 소수성이다.　　b. 친수성이다.
   c. 극성 공유 결합이다.　　d. 산성이다.

6. 비누가 기름때를 제거할 때 생성하는 것은 무엇인가?
   a. 산성 용액　　b. 불용성 덩어리
   c. 지방 입자　　d. 미셀

7. 비누의 세정 작용에서 탄화수소 꼬리에 대한 설명으로 옳은 것은 무엇인가?
   a. 기름진 먼지와 섞이고 이온성 머리는 물과 작용한다.
   b. 물과 섞이고, 이온성 머리는 기름기 있는 먼지와 작용한다.
   c. 불활성 상태로 유지되며 작용에 참여하지 않는다.
   d. 이온성 머리에서 분리되어 기름기 있는 먼지에 용해된다.

8. 물을 단단하게 만드는 데 기여하지 않는 이온은 무엇인가?
   a. Ca^{2+}　　b. Fe^{2+}　　c. Mg^{2+}　　d. Na^{+}

9. 경수에서 금속 이온이 비누 음이온과 결합할 때 비누는 무슨 작용을 하는가?
   a. 연수에서와 거의 같이 세척 작용을 한다.
   b. 완전히 녹지만 세척 작용은 하지 않는다.
   c. 거품을 형성하지만 세척 작용은 하지 않는다.
   d. 침전되고 세척 작용은 하지 않는다.

정답: 1.d, 2.c, 3.b, 4.a, 5.b, 6.d, 7.a, 8.d, 9.d

13.2 합성 세제

학습 목표
- 합성 세제의 구조, 장점, 단점을 나열한다.
- 계면활성제를 양쪽성, 음이온성, 양이온성, 비이온성으로 분류하고, 다양한 세제 제형에 어떻게 사용되는지 설명한다.

비누와 관련된 문제에 대한 기술적 접근 방식은 새로운 합성 세제의 개발이었다. 합성 세제 분자는 비누 분자와 비슷하게 이온성 머리와 긴 탄화수소 꼬리를 가지고 있어 세척 작용은 비누

(a) (b)

▶ **그림 13.7** ABS 세제는 자연에서 매우 천천히 분해된다. (a) 이 세제의 사용으로 콜롬비아의 보고타강과 같은 강에서 거품이 생겼다. (b) 또한 지하수 공급원의 오염된 물이 수도꼭지에서 흘러나오면서 거품을 일으켰다.

와 같지만, 경수에 포함된 이온의 영향에 저항할 수 있을 만큼 다른 점이 있다. 제2차 세계대전 중과 직후에는 비누 제조를 위한 원료가 부족하고 비쌌다. 합성 세제 산업은 전후에 급속도로 발전했다.

ABS 세제: 비생분해성

전쟁이 끝난 지 몇 년 만에 석유 제품으로 만든 값싼 합성 세제가 널리 보급되었다. ABS (alkylbenzenesulfonate) 세제는 프로필렌($CH_2{=}CHCH_3$), 벤젠(C_6H_6), 황산(H_2SO_4)으로 만들어졌다. 생성된 설폰산(RSO_3H)을 보통 탄산 소듐과 같은 염기로 중화하여 최종 생성물을 얻었다.

$SO_3^-\ Na^+$

세제 분자는 비누 분자와 매우 유사하다. 세제 분자 역시 긴 탄화수소 꼬리와 이온성 머리를 가지고 있지만, 이 경우에는 $—CO_2^-$가 아닌 $—SO_3^-$이다. 미셀은 여전히 비극성 기름방울 주위에 형성되고 이온성 머리는 극성 물 분자에 끌린다(그림 13.4). 중요한 차이점은 설폰산 세제는 경수에서 불용성 침전물을 형성하지 않는다는 것이다. 그림 13.5에서 볼 수 있듯이 합성 세제의 세정 작용은 경수의 영향을 거의 받지 않는다. 세제는 산성 물에서도 잘 작용한다.

ABS 세제 판매량이 급증했다. 10여 년 동안 거의 모든 사람이 만족했지만, 하수 처리장에는 거품이 쌓이기 시작했다. 강에는 거품이 높이 쌓였고, 일부 지역에서는 식수에 거품 덩어리가 나타나기도 했다(그림 13.7). 새로운 문제는 ABS 분자의 가지 달린 구조(구조를 자세히 보자)가 하수 처리장의 미생물에 의해 쉽게 분해되지 않아 지하수 공급이 위협받는다는 것이었다. 대중의 항의로 인해 법이 통과되고 업계는 공정을 변경했다. 생분해성 세제가 빠르게 시장에 출시되었고, 비생분해성 세제는 사용이 금지되었다.

LAS 세제: 생분해성

LAS(linear alkyl sulfonates)라고 불리는 생분해성 세제는 ABS 세제의 가지 달린 사슬이 아닌 탄소 원자의 선형 사슬을 가지고 있다.

$SO_3^-\ Na^+$

계면활성제는 세정제뿐만 아니라 수천 가지 제품에 사용된다. 초콜릿 제조 과정에서 식용 계면활성제인 레시틴을 소량 첨가하는 경우가 많다. 레시틴은 초콜릿이 혀 위에서 더 쉽게 분산되도록 도와준다. 그러면 초콜릿은 '더 초콜릿 같은' 맛을 낸다.

미생물은 한 번에 탄소 원자를 2개 분해하는 효소를 생성하여 LAS 분자를 분해할 수 있다

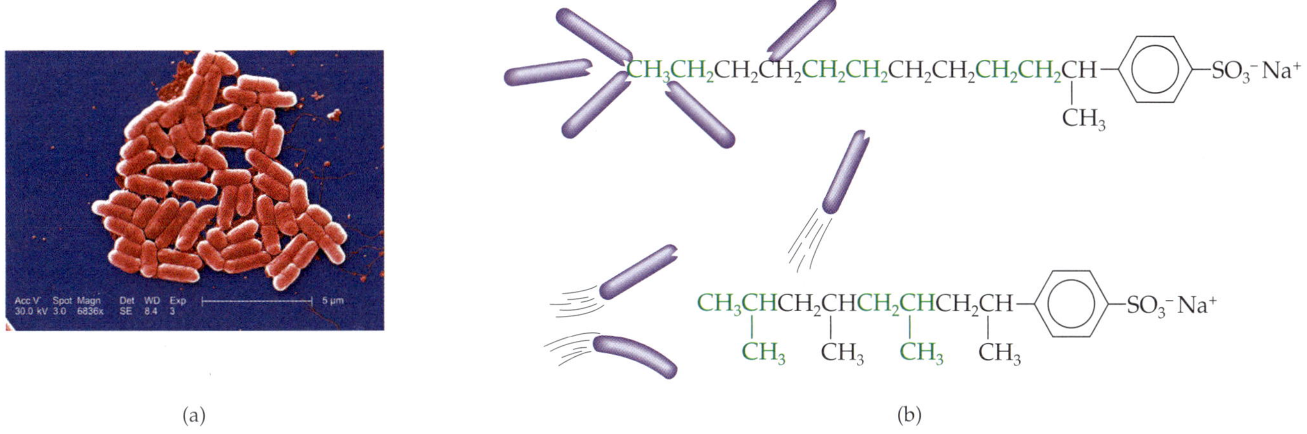

▲ **그림 13.8** 주사 전자 현미경으로 42,500배 확대한 대장균과 같은 미생물 (a)은 LAS 세제를 분해할 수 있다. 이들은 이러한 세제 (b)를 쉽게 대사하여 각 분자에서 한 번에 2개의 탄소 원자를 제거할 수 있다. ABS 분자의 가지 달린 사슬을 분해하는 데는 훨씬 더 오랜 시간이 걸린다.

(그림 13.8). ABS 분자의 가지 달린 사슬은 이 효소 작용을 차단하여 분해를 막았다. 이러한 방식으로 기술은 강에서 거품이 발생하는 문제를 해결했다.

전하를 기준으로 한 계면활성제의 분류

계면활성제는 일반적으로 긴 분자의 한쪽 끝에 있는 이온 전하에 따라 분류된다. 비누와 LAS 세제는 모두 **음이온성 계면활성제**(anionic surfactant)로, 분자의 한쪽 끝에 음전하를 띠고 있다. 음이온 계면활성제의 다른 일반적인 유형으로는 도데실 황산 소듐(상업용 제품 라벨에는 종종 라우릴 황산 소듐이라고 표기된)과 에톡시 황산 알코올(alcohol ethoxysulfates, AES)과 같은 알킬 황산염이 있다. 이온성 세제는 항상 반대 전하를 띠는 작은 이온, 즉 상대 이온(counter ion)과 결합한다. 대부분의 음이온성 계면활성제의 상대 이온은 Na^+이다.

$$CH_3(CH_2)_nOSO_3^-Na^+ \qquad CH_3(CH_2)_mO(CH_2CH_2O)_nSO_3^-Na^+$$

알킬 황산염 $n = 11 \sim 13$ 　　 에톡시 황산 알코올 $m = 6 \sim 13,\ n = 7 \sim 13$

음이온성 계면활성제는 세탁 및 손 설거지 세제, 가정용 세제, 샴푸와 같은 개인 세정 제품에 사용된다. 세정력이 뛰어나며 일반적으로 거품이 많이 난다.

이름에서 알 수 있듯이 **비이온성 계면활성제**(nonionic surfactant)에는 전하가 없다. 거품이 적고 물의 경도에 영향을 받지 않는다. 대부분의 토양에서 잘 작용하며 일반적으로 세탁 및 자동 식기세척기 제형에 사용된다. 가장 널리 사용되는 비이온성 계면활성제는 **에톡시산 알코올**(alcohol ethoxylates)이다.

$$CH_3(CH_2)_mO(CH_2CH_2O)_nH$$

에톡시산 알코올
$m = 6 \sim 13,\ n = 7 \sim 13$

양이온성 계면활성제(cationic surfactant)는 활성 부분에 양전하를 띠고 있다. 이러한 계면활성제는 특별히 좋은 세제는 아니지만, 살균 작용이 있다. 따라서 식품 및 유제품 산업에서 세정제 및 소독제로 사용되며 일부 가정용 세제의 살균 성분으로 사용된다. 가장 흔한 양이온성 계면활성제는 양전하를 띠는 질소 원자에 4개의 탄화수소기가 붙어 있다고 해서 **4차 암모늄염**(quaternary ammonium salt, quat)으로 불린다.

$$CH_3(CH_2)_nCH_2N^+(CH_3)_3Cl^-$$
4차 암모늄염
$n = 10 \sim 16$

때때로 양이온성 계면활성제는 비이온성 계면활성제와 함께 사용된다. 양이온성 계면활성제는 반대 전하의 이온이 서로 뭉쳐 용액에서 침전되어 두 가지 모두의 세정 작용을 파괴하는 경향이 있기 때문에, 음이온성 계면활성제와 함께 사용하는 경우는 거의 없다.

양쪽성 계면활성제(amphoteric surfactant)는 양전하와 음전하를 모두 가지고 있다. 산 및 염기와 모두 반응하며 부드러움, 거품, 안정성으로 유명하다. 유아용 샴푸와 같은 개인 세정 제품과 액체 손 세정제와 같은 가정용 세정 제품에 사용된다. 전형적인 양쪽성 계면활성제는 베타인(betaine)이라고 하는 화합물이다.

$$CH_3(CH_2)_nCH_2NH_2^+CH_2COO^-$$
베타인
$n = 10 \sim 16$

예제 13.1 계면활성제의 분류

다음 각 계면활성제를 음이온성, 양이온성, 비이온성, 양쪽성으로 분류하라.

a. $CH_3(CH_2)_{14}CH_2N^+(CH_3)_3\ Cl^-$
b. $CH_3(CH_2)_{13}O(CH_2CH_2O)_7SO_3^-Na^+$
c. $CH_3(CH_2)_{12}CH_2NH_2^+CH_2COO^-$
d. $CH_3(CH_2)_{12}CON(CH_2CH_2OH)_2$

풀이

a. 활성 부분의 N 원자는 양전하를 띠고 있어 양이온성 계면활성제가 된다(상대 이온은 Cl^-이다).
b. 활성 부분의 $-SO_3$기가 음전하를 띠고 있어 음이온성 계면활성제이다(상대 이온은 Na^+이다).
c. 이 물질은 양전하(원자 N)와 음전하($-COO^-$기)를 모두 가지고 있어 양쪽성 계면활성제이다.
d. 이 물질은 양전하도 음전하도 갖지 않으므로 비이온성 계면활성제이다.

› 복습문제 13.1A

다음 각 계면활성제를 음이온성, 양이온성, 비이온성, 양쪽성으로 분류하라.

a. $CH_3(CH_2)_8-C_6H_4-O(CH_2CH_2O)_9H$
b. $CH_3(CH_2)_{12}CH_2N^+(CH_3)_3Cl^-$

› 복습문제 13.1B

다음 각 계면활성제를 음이온성, 양이온성, 비이온성, 양쪽성으로 분류하라.

a. $CH_3(CH_2)_9-C_6H_4-SO_3^-\ Na^+$
b. $CH_3(CH_2)_{14}COO^-\ K^+$

왜 중요할까?

일반적인 권장량 이상의 식기세척기용 세제를 사용한다고 해서 식기가 더 깨끗해지지는 않는다. 식기 표면에 물을 강하게 휘젓는 것이 세척의 주요 메커니즘이다. 세제를 많이 사용하면 식기세척기에서 유리가 더 빨리 부식된다.

세탁 세제 제형

가정용과 상업용 세탁소에서 사용하는 세제 제품에는 일반적으로 다양한 성분이 포함되어 있다. 주성분은 계면활성제이지만 다른 첨가제에는 빌더, 증백제, 염료, 섬유유연제, 효소, 먼지의 재부착을 줄이는 기타 물질이 포함된다.

세정력을 높이기 위해 계면활성제에 첨가하는 모든 물질을 **빌더**(builder)라고 한다. 대부분의 빌더는 물의 경도를 낮추는 연수제이다. 시트르산 소듐($Na_3C_6H_5O_7$)과 삼인산 소듐($Na_5P_3O_{10}$), 육메타인산 소듐[$(NaPO_3)_6$] 같은 복합 인산염은 Ca^{2+}와 Mg^{2+} 이온을 수용성 복합체로 묶어두는데, 이를 격리라고 한다. 때로는 여러 종류의 빌더를 섞은 혼합물이 각 성분을 단독으로 사용하는 것보다 세척을 촉진하는 경우도 있다. 빌더의 주요 문제는 인산염에 의한 호수의 부영양화이다. 미국의 여러 주 및 지방 정부에서는 인산염이 포함된 세제의 판매를 금지하고 있다.

제올라이트(연수기에 관한 13.1절 참조)도 빌더로 사용할 수 있지만, 이 경우 경수의 칼슘과 마그네슘 이온이 침전되지 않고 제올라이트에 의해 현탁 상태로 유지된다(그림 13.9).

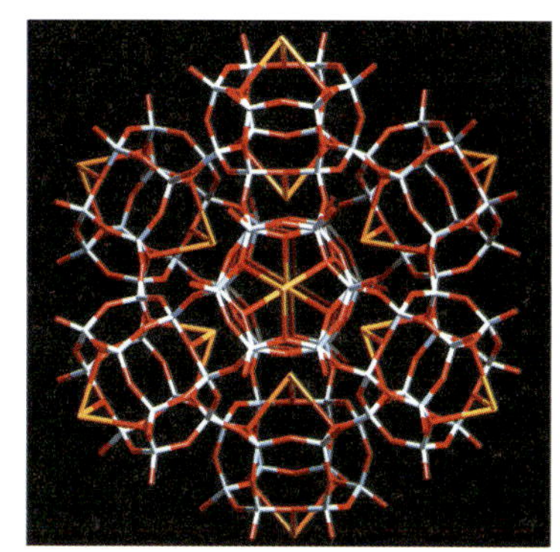

▲ **그림 13.9** 세제 제형에 사용되는 제올라이트는 Ca^{2+} 및 Mg^{2+}와 같은 양이온을 케이지 모양의 구조에 가두어 세척수에 이온을 현탁 상태로 유지할 수 있다.

거의 모든 세제에는 **형광 증백제**(optical brightener)라고 하는 형광 염료가 포함되어 있다. 흰색 옷을 여러 번 입으면 누렇고, 칙칙해 보이는 경우가 많다. 형광 증백제는 햇빛의 자외선을 흡수하여 그 에너지를 주로 청색광으로 재방출한다. 이 청색광은 누런색을 감추는 동시에 눈에 도달하는 가시광선의 양을 증가하여 옷이 '흰색보다 더 하얗게' 보이게 한다. 형광 증백제는 화장품, 종이, 비누, 플라스틱, 기타 제품에도 사용된다. 형광 증백제는 일부 사람들에게 피부 발진을 일으킬 수 있다. 많은 양이 수로로 유입되지만, 호수와 하천에 미치는 영향은 거의 알려지지 않았다. 이러한 화합물의 유일한 이점은 시각적인 효과뿐이다.

초기 세탁 세제는 분말 형태였지만, 최근에는 액체 세탁 세제가 시장의 대부분을 차지하고 있다. 과거보다 2~3배 더 농축된 세탁 세제를 흔히 '울트라' 세제라고 부른다. 액체 제품에는 에탄올, 아이소프로필알코올, 프로필렌 글리콜과 같은 용매가 포함되어 다른 성분의 분리를 방지하고 기름기 많은 오염물을 녹이는 데 도움이 될 수도 있다. 일부 액체 세탁 세제는 시트르산 소듐, 규산 소듐, 탄산 소듐, 제올라이트를 빌더로 사용하거나 표백제 및 착색제를 포함할 수 있다.

일부 액체 세탁 세제는 빌더가 없는 제형으로, 계면활성제는 많이 함유하고 있지만 빌더는 들어 있지 않다. LAS 계면활성제는 액체 세탁 세제에 사용되는 가장 저렴한 계면활성제이다. 빌더가 없는 제형은 일반적으로 소듐염 또는 트라이에탄올아민[$N(CH_2CH_2OH)_3$] 염의 형태이다.

$$CH_3(CH_2)_9CH(CH_3)-C_6H_4-SO_3^-\ HN^+(CH_2CH_2OH)_3$$

LAS의 트라이에탄올아민 염

빌더가 있는 제형에서 LAS 계면활성제는 보통 포타슘 염의 형태로 존재한다.

액체 제형에 널리 사용되는 다른 계면활성제로는 AES 화합물이 있는데, 이 화합물은 뜨거운 물보다 찬물에 더 잘 녹는 특이한 성질을 가지고 있어 특히 찬물 세탁에 특히 적합하다.

일부 세제에는 지방과 기름을 제거하는 데 도움을 주는 라이페이스(lipase, 지질에 작용하는 효소), 파스타 등의 전분 얼룩을 제거하는 데 도움을 주는 아밀레이스(amylase, 전분에 작용하는 효소), 혈액 등 단백질 얼룩을 제거하는 데 도움을 주는 프로테이스(protease, 단백질에 작용하는 효소)가 함유되어 있다.

캡슐형 세탁 세제 '포드(pod)'는 수용성 폴리비닐알코올(PVA)로 감싼 농축 세탁 세제의 작은 보따리로, 2013년에 처음 출시되었다. 비극적으로도 소셜 미디어를 통해 대중화된 청소년들의 씹어 먹는 유행으로 인해 식도 손상, 심각한 호흡 문제, 신장 및 혈압 문제, 의식 불명, 심하면 사망에 이르는 등 매우 심각한 생리학적 결과를 초래한다. 독극물 관리 센터에 보고된 1만 건 이상의 중독 사례와 최소 8명의 사망자가 세제 '포드'의 섭취로 인한 것으로 밝혀졌다.

2 식기세척기에 손 세제를 사용할 수 없는 이유는 무엇인가?

손 설거지용 액체에 함유된 계면활성제는 일반적으로 많은 거품을 생성한다. 식기세척기에서는 이러한 거품이 세척실을 가득 채워 세척에 필요한 물 분자를 방해한다. 유리 제품이나 플라스틱 또는 세라믹 식기의 거품을 제거하려면 헹굼 과정에 훨씬 더 많은 물이 필요하다. 자동 식기세척기용으로 특별히 설계된 제품을 사용해야 한다.

주방용 세제

구어체로는 '주방 비누'라고 불리지만, 손 설거지용 액체 세정제는 일반적으로 적어도 한 가지 이상의 LAS 세제를 주성분으로 함유하고 있다. 일부 제품은 지방산으로 만든 아마이드인 코카마이드(DEA)와 다이에탄올아민[$HN(CH_2CH_2OH)_2$]과 같은 비이온성 계면활성제를 사용한다. 식기세척액에는 기름기와 단백질 얼룩, 향료, 방부제, 용매, 표백제, 착색제를 제거하는 데 도움이 되는 효소도 포함될 수 있다.

$$CH_3(CH_2)_nCON(CH_2CH_2OH)_2$$

코카마이드 DEA
$n = 8 \sim 12$

자동 식기세척기용 세제는 식기세척액과는 완전히 다르다. 강알칼리성이며 손 설거지에는 절대 사용하면 안 된다. 여기에는 삼인산 소듐($Na_5P_3O_{10}$), 탄산 소듐, 메타규산 소듐(Na_2SiO_3), 황산 소듐, 염소, 산소 표백제, 소량의 계면활성제(일반적으로 비이온성 유형)만 함유되어 있다. 일부는 피부를 공격하는 강한 염기인 수산화 소듐을 함유하고 있다. 이들은 주로 강한 알칼리성, 열, 세척을 위한 기계의 격렬한 회전에 의존하여 세척한다. 자동 식기세척기로 반복해서 세척하는 식기류는 이러한 강알칼리에 의해 영구적으로 부식될 수 있으며, 이것이 섬세한 크리스탈 잔은 종종 손으로 세척하는 이유이다.

자가평가문제

1. 비누의 기능을 모방하는 데 사용되는 분자의 중요한 부분은 무엇인가?
- **a.** 긴 탄화수소 사슬의 벤젠 고리 및 비극성 말단
- **b.** 한쪽 끝에 —OH가 있는 긴 탄화수소 사슬
- **c.** 음이온 끝이 있는 긴 탄화수소 사슬
- **d.** 끝이 친수성인 긴 탄화수소 사슬

2. 다음 중 생분해되지 않는 것은 무엇인가?
- **a.** LAS 세제
- **b.** ABS 세제
- **c.** 도데실 황산 소듐
- **d.** 4차 암모늄 염

3. 다음 중 LAS 세제는 무엇인가?
- **a.** $CH_3(CH_2)_{10}CH_2N^+(CH_3)_3Cl^-$
- **b.** $CH_3(CH2)_{11}OSO_3^-Na^+$
- **c.** $CH_3(CH_2)_9CH(CH_3)C_6H_4SO_3^-Na^+$
- **d.** $CH_3(CH_2)_8O(OCH_2CH_2)_9H$

4. 경수 유발 이온이 탄산염 이온과 반응하여 형성하는 생성물은 무엇인가?
- **a.** $CaCO_3(s)$
- **b.** $Ca(OH)_2(s)$
- **c.** $Na_2CO_3(s)$
- **d.** 비누때

5. 이온 교환 수지가 물을 연화시킬 때 받아들이는 것은 무엇인가?
- **a.** Mg^{2+}
- **b.** Cl^-
- **c.** OH^-
- **d.** Na^+

6. 형광 증백제는 자외선을 무엇으로 변환하는가?
- **a.** 흑색광
- **b.** 청색광
- **c.** 열
- **d.** 황색광

7. 손 설거지용 세제에 사용되는 $CH_3(CH_2)_{10}CON(CH_2CH_2OH)_2$인 코카마이드 DEA는 어떤 종류의 계면활성제인가?
- **a.** 양쪽성
- **b.** 음이온성
- **c.** 양이온성
- **d.** 비이온성

8. 피부를 자극할 가능성이 가장 큰 것은 무엇인가?
- **a.** 자동 식기세척기용 세제
- **b.** 액체 손 세정 비누
- **c.** 액상 주방 세제
- **d.** 분말 세탁 세제

9. pH가 가장 높을 것 같은 세정제는 무엇인가?
- **a.** 손 설거지용 액상 주방 세제
- **b.** 액상 세탁 세제
- **c.** 자동 식기세척기용 세제
- **d.** LAS 세제

정답: 1. d, 2. b, 3. b, 4. a, 5. a, 6. b, 7. d, 8. a, 9. c

13.3 세탁 보조제: 섬유유연제 및 표백제

학습 목표
- 섬유유연제의 구조로부터 섬유유연제를 식별하고 그 작용을 설명한다.
- 세탁 표백제의 두 가지 유형을 말하고 그 작동 원리를 설명한다.

13.2절에서는 1개의 긴 탄화수소 사슬과 질소 원자에 결합한 3개의 작은 그룹(보통 메틸기)을 가진 4차 암모늄염 계면활성제에 대해 논의했다. 이에 대한 한 가지 예시는 옥타데실트라이메틸암모늄 염화물(octadecyltrimethylammonium chloride)이다. 이때 상대 이온인 염화 이온은 나타내지 않았다.

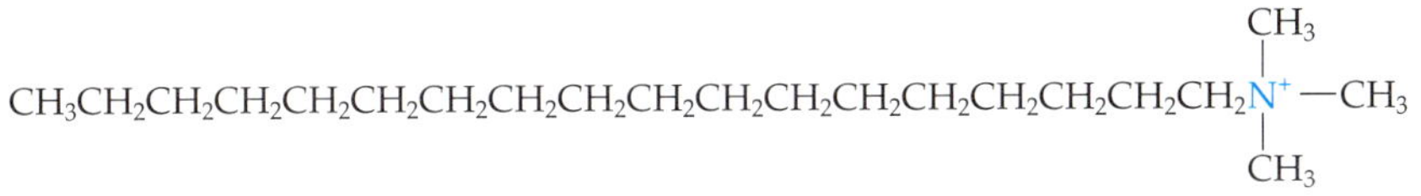

$$CH_3CH_2CH_2CH_2CH_2CH_2CH_2CH_2CH_2CH_2CH_2CH_2CH_2CH_2CH_2CH_2CH_2CH_2\overset{CH_3}{\underset{CH_3}{N^+}}-CH_3$$

섬유유연제

섬유유연제로 사용되는 또 다른 종류의 4차 염은 질소 원자에 2개의 긴 탄소 사슬과 2개의 작은 그룹을 가진다. 이에 대한 한 예가 다이옥타데실다이메틸암모늄 염화물(dioctadecyl dimethylammonium chloride)이다. 이 화합물은 섬유에 강하게 흡착되어 표면에 분자 1개 두께의 얇은 막을 형성한다. 이 긴 탄화수소 사슬이 섬유를 윤활하여 섬유에 유연성과 부드러움을 증가한다.

3 세탁기에 섬유유연제를 더 많이 넣으면 옷감이 더 부드러워지는가?

매우 소량의 섬유유연제로도 세탁물에 부드러운 감촉을 부여할 수 있다. 과도하게 사용할 때 섬유 표면에 코팅이 형성되어 세탁물이 축축하거나 왁스 같은 느낌을 줄 수 있다.

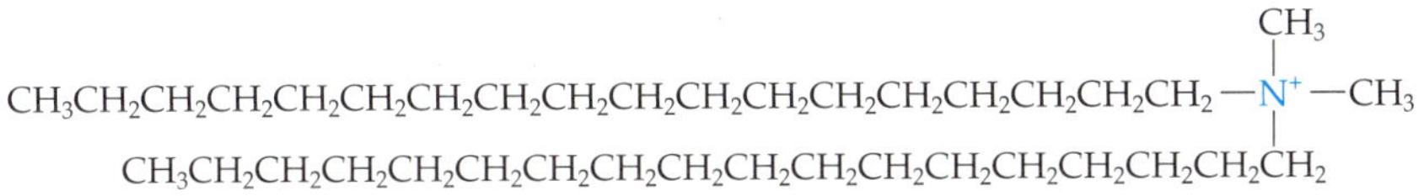

$$CH_3CH_2CH_2CH_2CH_2CH_2CH_2CH_2CH_2CH_2CH_2CH_2CH_2CH_2CH_2CH_2CH_2CH_2-\overset{CH_3}{\underset{|}{N^+}}-CH_3$$
$$CH_3CH_2CH_2CH_2CH_2CH_2CH_2CH_2CH_2CH_2CH_2CH_2CH_2CH_2CH_2CH_2CH_2CH_2$$

세탁용 표백제: 하얀 것을 더 하얗게

표백제(bleach)는 섬유에서 유색 얼룩을 제거하는 산화제이다(산화제). 세탁용 표백제에는 염소계 표백제와 산소계 표백제의 두 가지 주요 유형이 있다. 가장 흔한 액상 염소계 세탁용 표백제(예: Clorox® 및 Purex®)는 하이포아염소산 소듐(NaOCl)의 묽은 용액(보통 약 6%)이며, 주로 가격 면에서 차이가 난다. 하이포아염소산염 표백제는 염소를 빠르게 방출하며, 고농도의 염소는 섬유를 손상할 수 있다. 이 표백제는 면 의류 또는 수건에 가장 효과적으로 작용한다. 그러나 폴리에스터 섬유에는 잘 작용하지 않아, 원하는 미백 효과보다는 황변을 유발한다.

다른 염소계 표백제는 고체 분말 형태로도 사용가능하며, 이는 물속에서 염소를 서서히 방출하여 섬유 손상을 최소화한다. 트리클로르(trichlor) 또는 심클로센(symclosene)으로 알려진 트리클로로아이소시아눌산(trichloroisocyanuric acid)은 시안우레산염 유형 표백제의 한 예이다.

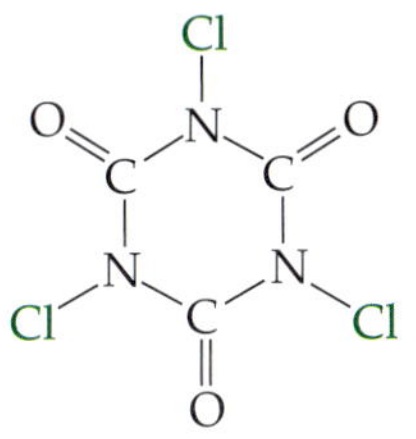

심클로센

산소계 표백제는 일반적으로 과탄산 소듐($2\ Na_2CO_3 \cdot 3\ H_2O_2$) 또는 메타붕산 소듐($NaBO_2 \cdot H_2O_2$)을 함유하고 있다. 화학식에서 알 수 있듯이, 이 화합물들은 Na_2CO_3 또는 $NaBO_2$와 과산화 수소(H_2O_2)의 복합체이다. 뜨거운 물 속에서 과산화 수소가 해리되어 강한 산화제 역할을 수행한다.

붕산염은 다소 독성을 가진다. 과붕산염 표백제는 염소계 표백제보다 활성이 낮아 동등한 표백 효과를 내기 위해서는 더 높은 온도, 더 높은 알칼리도, 더 높은 농도를 요구한다. 이들은 주로 흰색 폴리에스터-면 혼방 직물의 표백에 사용되는데, 이는 염소계 표백보다 산소계 표백을 사용할 때 섬유의 수명이 훨씬 길어지기 때문이다. 과붕산염 표백제보다 독성이 낮은 과탄산염 표백제가 급속히 주류 산소계 표백제로 자리 잡고 있다. 적절하게 사용될 경우에 산소계 표백제는 염소계 표백제보다 섬유를 더 하얗게 만든다.

표백제는 물질에 색을 띄게 하는 **발색단**(chromophore)이라 불리는 빛-흡수 화학 작용기에 작용하여 물질의 색을 변화시킨다. 대부분의 발색단은 표백제에 의해 공격받는 다수의 탄소-탄소 이중 결합을 가지고 있다. 발색단의 산화는 다음과 같이 쓸 수 있다.

$$\underset{\substack{\text{발색단}\\(\text{색을 띤})}}{-\mathrm{CH{=}CH{-}C({=}O){-}CH_2}-} \xrightarrow{[O]} \underset{\substack{\text{쪼개진 조각}\\(\text{무색})}}{-\mathrm{C({=}O){-}OH + HO{-}C({=}O){-}C({=}O){-}CH_2}-}$$

따라서 표백제는 얼룩을 실제로 제거하는 것이 아니라, 단지 그것을 색깔이 없는 형태로 변화시킬 뿐이다. 때때로 얼룩 전체가 산화되지 않아, 원래 얼룩의 매우 희미한 잔상이 남을 수 있다.

자가평가문제

1. 다음 중 섬유유연제로 사용할 수 있는 것은 무엇인가?
- **a.** $CH_3(CH_2)_{10}CON(CH_2CH_2OH)_2$
- **b.** $CH_3(CH_2)_{10}CH_2N^+(CH_3)_3Cl^-$
- **c.** $CH_3(CH_2)_{16}CH_2N^+(CH_3)_3Cl^-$
- **d.** $CH_3(CH_2)_{16}CH_2N^+(CH_3)_2CH_2(CH_2)_{16}CH_3Cl^-$

2. 대부분의 섬유유연제는 어떤 화합물 계열에 속하는가?
- **a.** 양쪽성 세제
- **b.** 음이온성 세제
- **c.** 비이온성 세제
- **d.** 4차 암모늄 염

3. 산소계 표백제에 대한 설명으로 옳은 것은 무엇인가?
- **a.** 뜨거운 물에 넣으면 과산화 수소를 방출한다.
- **b.** 산화제로 작용하기 위해 산소 분자를 방출한다.
- **c.** 붕산염 및 하이포아염소산염을 포함한다.
- **d.** 순하고 독성이 없는 화학 물질이다.

4. 염소계 가정용 표백제의 주성분(물 제외)은 무엇인가?
- **a.** NaOH
- **b.** Cl_2
- **c.** NH_4Cl
- **d.** NaOCl

5. 표백제의 작용 과정은 무엇인가?
- **a.** 계면활성제의 작용을 촉진시킨다.
- **b.** 활성 자리를 개방한다.
- **c.** 경수 유발 이온을 격리시킨다.
- **d.** 발색단을 산화시킨다.

6. 분말 과붕소산염 표백제의 단점이 아닌 것은 무엇인가?
- **a.** 농축된 용액에서만 가장 잘 작용한다.
- **b.** 면 섬유에는 잘 맞지 않는다.
- **c.** 염소계 표백제보다 활성이 낮다.
- **d.** 더 높은 온도가 필요하다.

정답: 1. d, 2. d, 3. a, 4. d, 5. d, 6. b

13.4 다목적 세척제와 특수 목적 세척제

학습 목표 • 다목적 세척제와 특수 목적 세척제의 주요 성분(및 그 용도)을 나열한다.

다목적 세척제

벽, 바닥, 조리대, 가전제품, 기타 단단하고 내구성이 있는 표면에 사용가능한 다양한 다목적 세척제가 있다. 수용액으로 사용되는 제품들은 계면활성제, 탄산 소듐, 암모니아, 용매형 그리스 제거제, 소독제, 표백제, 탈취제, 기타 성분들을 포함할 수 있다. 이 제품 중 일부는 특정 작업에는 매우 효과적이지만, 다른 작업에는 그렇지 못할 수 있다. 이들은 일부 표면을 손상할 수 있으나, 다른 표면에 대해서는 특히 잘 작용한다. 가장 중요한 것은 부적절하게 사용할 경우 유해할 수 있다는 점이다. 따라서 제품 라벨을 읽는 것이 중요하다.

병에서 바로 꺼낸 가정용 암모니아 용액은 눌어붙은 기름때나 탄 음식물을 제거하는 데 효과적이다. 물에 희석한 이 용액은 거울, 창문, 기타 유리 표면을 깨끗하게 세척한다. 세제와 혼합된 암모니아는 비닐 바닥재의 왁스를 빠르게 제거한다. 암모니아 증기는 강한 자극성이 있으므로, 이 제품들을 밀폐된 공간에서 사용해서는 안 된다. 암모니아는 아스팔트 타일, 목재 표면, 알루미늄에 얼룩이나 구멍이나 부식을 유발할 수 있으므로 이러한 재료에 사용해서는 안 된다.

베이킹 소다(탄산수소 소듐, $NaHCO_3$)는 포장 상자에서 바로 꺼내 사용하면 순한 연마 세정제이다. 어느 정도 음식 냄새를 흡수하므로 냉장고 내부를 청소하는 데 유용하다.

식초(아세트산)는 기름때를 제거한다. 하지만 식초는 주성분이 탄산 칼슘인 대리석과 반응하여 대리석을 용해해 표면에 흠집을 남기기 때문에 대리석에는 사용해서 안 된다.

$$\underset{\text{대리석}}{CaCO_3(s)} + \underset{\text{식초}}{2\,CH_3COOH(aq)} \longrightarrow Ca^{2+}(aq) + 2\,CH_3COO^-(aq) + CO_2(g) + H_2O(l)$$

표면을 씻는 물리적, 화학적 과정에는 시간이 필요하다. 세척에서 흔히 간과되는 방법의 하나는 표면을 깨끗한 물이나 묽은 비눗물 용액에 담가두는 것이다. 묽은 비눗물 용액을 단순히 표면에 뿌리고 몇 분 동안 내버려 두기만 해도 놀랍도록 효과적이며, 저렴하고 오염이 없는 세척제가 될 수 있다.

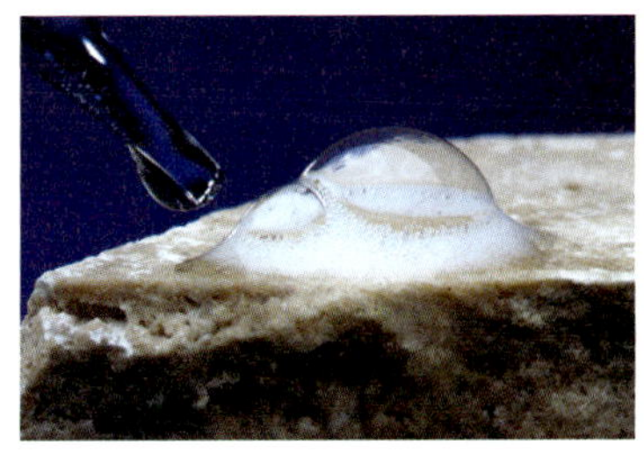

▲ 식초는 대리석과 반응하여 표면에 구멍을 만든다. 이 과정에서 이산화 탄소 기체가 방출되어 거품을 형성한다.

$$\begin{array}{rl} H_2C & -COOH \\ HO- C & -COOH \\ H_2C & -COOH \end{array}$$

구연산

특수 목적 세척제

시중에는 고도의 특수 목적 세척제가 많이 나와 있다. 금속의 경우는 크로뮴 세척제, 황동 세척제, 구리 세척제, 은 세척제가 있다. 석회 제거제, 녹 제거제, 그리스 제거제가 있고, 목재 표면 세척제, 비닐 바닥재, 세라믹 타일 전용 세척제도 있다. 거의 모든 가정에서 볼 수 있는 특수 목적 세척제 몇 가지를 살펴보자.

변기 세정제는 변기에 쌓인 '석회'를 녹이는 산이다. 잔류물은 주로 탄산 칼슘($CaCO_3$)으로, 경수에서 침전되며 철 화합물과 곰팡이 증식으로 인해 변색되는 경우가 많다. 탄산 칼슘은 산에 쉽게 용해된다. 고체 결정 세척제에는 일반적으로 황산수소 소듐($NaHSO_4$)이 포함되며 액체 세척제에는 염산(HCl), 구연산, 기타 산성 물질이 포함되어 있다.

녹이 주된 변색 원인이라면 녹 제거 전용 제품이 가장 좋을 수 있다. 일반적으로 옥살산($H_2C_2O_4$) 또는 옥살산 이온($C_2O_4^{\ 2-}$)을 함유하여 철 이온과 착물을 형성한다.

대부분의 연마용 분말 세척제는 탄산 소듐, 탄산 칼슘, 실리카(SiO_2)와 같은 연마제를 함유하여 딱딱한 표면의 먼지를 긁어내고, 기름기를 녹이는 계면활성제를 함유하고 있다. 일부 제품에는 분말 표백제가 들어 있다. 연마제는 주로 도자기 욕조와 싱크대의 얼룩을 제거하는 데 사용된다. 이러한 연마성 세척제는 가전제품, 조리대 및 금속 소리기구의 마감재에 흠집을 낼 수 있다. 심지어 싱크대, 변기, 욕조의 표면에도 흠집이 생길 수 있다. 흠집에 먼지가 들어가면 나중에 청소하기가 더욱 어려워진다.

유리 세정제는 휘발성 액체로 잔여물을 남기지 않고 증발한다. 일반적인 유리 세정제는 단순히 물로 희석한 아이소프로필 알코올(소독용 알코올)이다. 대부분의 상업용 유리 세정제에는 세척력을 높이기 위해 암모니아 또는 식초가 함유되어 있다.

세척제 혼합의 위험성

표백제를 다른 가정용 화학 물질과 혼합하는 것은 상당히 위험할 수 있다. 예를 들어 하이포아염소산 표백제를 염산과 혼합하면 유독한 염소 기체가 발생한다.

$$2\,HCl(aq) + ClO^-(aq) \longrightarrow Cl^-(aq) + H_2O(l) + Cl_2(g)$$

표백제를 염산이 들어 있는 변기 세정제와 혼합하는 것은 특히 위험하다. 대부분의 욕실은 작고 환기가 잘 되지 않기 때문에 이렇게 제한된 공간에서 염소가 발생하면 위험하다. 염소는 목과 호흡기 전체에 심각한 손상을 입힐 수 있다. 만약 공기 중 염소 농도가 매우 높으면 사망에 이를 수도 있다.

표백제를 암모니아와 혼합하는 것 또한 매우 위험하다. 생성되는 기체 중 두 가지는 클로라민(NH_2Cl)과 하이드라진(NH_2NH_2)이며, 둘 다 매우 독성이 강하다. 특별한 지침 없이는 표백제를 다른 화학 물질과 절대 혼합해서는 안 된다. 사실, 정확히 무엇을 해야 하는지 알지 못하면 어떤 화학 물질도 섞지 않는 것이 좋다.

나만의 유리 세정제를 만들 수 있다. 양동이에 약 0.8 L의 찬물을 넣는다. 거품이 있는 암모니아 용액 30 mL와 아이소프로필(소독용) 알코올 120 mL를 조심스럽게 넣는다. 잘 섞은 후 용액을 깨끗한 스프레이 병에 붓는다. 유명 브랜드 유리 세정제처럼 보이게 하려면 파란색 식용 색소 한 방울을 추가한다.

출처: *How to Clean and Care for Practically Anything*, Yonkers, NY: Consumer Reports Special Publications, 2002

주방 배수구가 막히는 것은 보통 관이 기름때로 막혔기 때문이다. 배수구 세척제에는 종종 고체 형태 또는 농축된 액체 용액 형태의 수산화 소듐이 포함되어 있다. 고체 수산화 소듐은 관 내부의 물에 녹는데, 이 과정은 발열 과정이고, 이 열이 고체 또는 반고체 상태의 기름 대부분을 녹인다. 그런 다음 수산화 소듐은 일부 기름때와 반응하여 비누로 변하고, 이는 기름보다 제거하기 쉽다. 일부 제품에는 수산화 소듐 용액과 반응하여 수소 기체를 형성하는 알루미늄 금속 조각도 포함되어 있어 배수구의 막힌 부위에서 기포가 발생하여 휘저어주는 작용을 일으킨다.

욕조나 샤워기 배수구는 머리카락으로 막히는 경우가 많기 때문에 배수구 세척제에 들어 있는 수산화 소듐은 모든 염기성 물질과 마찬가지로 단백질 기반의 머리카락을 공격하여 이를 분해한다. 많은 액체 배수구 세척제에는 표백제(하이포아염소산 소듐, NaOCl)도 포함되어 있다. 최고의 배수구 세척제는 예방이다. 주방 싱크대에 기름을 붓지 말고 욕조 배수구에 머리카락이 들어가지 않도록 주의하자. 배수구가 막혔을 때 배관공이 사용하는 기기들이 화학적인 배수구 세척제보다 더 나은 선택인 경우가 많다.

오븐 세척제의 활성 성분은 수산화 소듐이다. 몇몇 인기 제품은 에어로졸 거품 형태로 분사된다. 오븐 벽의 기름때가 수산화 소듐과 반응하면 비누로 전환된다. 그런 다음 결과 혼합물을 젖은 스펀지로 씻어낼 수 있다. 수산화 소듐은 매우 부식성이 강하고 피부에 손상을 줄 수 있으므로 고무장갑을 착용해야 한다. 강한 염기는 실명을 유발할 수 있으므로 스프레이로부터 눈을 보호하기 위해 보안경을 착용하는 것도 적극적으로 권장된다.

손 소독제는 손을 씻을 물이 없을 때 유용하다. 대부분의 손 소독제에는 고농도의 알코올이 함유되어 있어 박테리아를 죽이고 사용 중에 빠르게 증발하여 손을 깨끗하고 건조하게 유지한다. 하지만 알코올은 가연성이므로 화기 주변에서는 주의해야 한다. 4차 암모늄염인 계면활성제는 추가적인 살균 효과를 제공하며, 점증제는 손 소독제를 손에 더 쉽게 펴 바를 수 있게 해준다.

직접 작업을 하는 사람들이나 정비공들은 종종 손의 기름과 때를 제거하기 위해 물 없는 손 세정제를 사용한다. 손 소독제와 마찬가지로 이러한 손 세정제는 물 없이도 작용한다. 사실 처

항균제 트리클로산

트리클로산(triclosan)은 1970년대부터 최근까지 수술용 스크럽 제제에 사용되던 살균제이다.

Cl OH O Cl Cl

트리클로산

의사들이 손 세척 절차를 엄격하게 따랐을 때, 포도상구균 박테리아는 일반적으로 이러한 제품을 사용하여 관리되었다. 그 후 수십 년 동안 많은 비누, 액체 비누, 샴푸, 치약 제조업체들이 제품에 트리클로산을 첨가하고 '항균' 또는 '항미생물'이라고 표시했다. 2000년까지 액체 비누의 약 75%와 고체 비누의 최소 25%에 트리클로산이 함유되었다. 손 소독제와 액체 비누의 인기가 급증하면서 2014년까지 곰팡이 제거 제품을 포함해 2,000개 이상의 소비자 제품에 '항균제' 트리클로산이 함유되었다. 그러나 1974년부터 이 물질을 연구해온 미국식품의약국(FDA)은 광범위한 과학적 연구를 통해 트리클로산이 치약과 구강청결제 제품에서는 플라크를 줄이는 데 약간의 효과가 있을 뿐, 손 비누에는 일반 비누보다 더 효과적이지 않다는 결론을 내리고 트리클로산 사용을 금지했다. 2017년 9월에 FDA는 트리클로산이 이러한 제품에서 효과가 없을 뿐만 아니라 알레르기 민감화, 미생물 내성, 내분비 교란, 피부 발진 등 건강에 해로운 다른 영향을 미칠 수 있다는 이유로 '소비자 살균 세척제'에 트리클로산 함유를 금지했다. 손을 씻은 물은 하수구로 흘러 들어가기 때문에 폐수에서 트리클로산이 발견되리라는 것은 당연해 보이며, 연구 결과에서도 이러한 사실이 밝혀졌다. 미국식품의약국(FDA)과 미국환경보호국(EPA)은 "물과 함께 사용하는 항균제(트리클로산 포함)는 일반적으로 안전하다고 인정되지 않는다"라고 명시하고 있다. 현재 수술용 스크럽 제제에는 클로르헥시딘 글루코산염, 헥사클로로펜 또는 기타 항균 물질이 함유되어 있다.

음에는 물 없이 사용하는 것이 가장 효과적이다. 물 없는 손 세정제는 라놀린(13.5절)과 레몬 또는 오렌지 기름 그리고 혼합물을 크림 같은 에멀션으로 걸쭉하게 만드는 계면활성제를 함유하고 있다. 부석(화산재 가루)을 첨가하여 피부 주름과 접힌 부분의 먼지를 제거하는 데 도움을 주는 경우가 많다. 기름은 손에 묻은 기름때를 녹이는 용매 역할을 하고, 계면활성제는 기름과 때가 섞인 상태로 떠 있게 만들어 수건으로 닦아낼 수 있도록 해준다.

'친환경' 세척제와 '천연' 세척제

가정용으로 판매되는 많은 세척제는 '천연' 또는 '친환경'으로 기존 제품보다 '사용하기에 더 안전하다'라고 주장한다. 이러한 세척제에 대한 표준 정의나 미국 연방정부의 감독이 부족하기 때문에 소비자의 선택이 어렵다. 제조업체는 모든 성분을 나열할 필요가 없는데, 그렇게 하면 영업 비밀이 노출될 수 있기 때문이다. EPA 목록에는 84,000개의 화학 물질이 있으며, EPA는 제조업체에 독성에 대한 주의 사항만 제공하도록 요구하고 있다. 친환경이라고 주장하는 제품에도 유해 물질이 포함되어 있을 수 있다. 예를 들어 오렌지 껍질에서 추출한 리모넨(limonene)이라는 천연 화합물로 만든 용매는 가연성이며 피부와 눈에 자극을 줄 수 있다.

일반적으로 친환경 제품에는 식물에서 추출한 성분이 더 많이 함유되어 있다. 향이 나는 경우 보통 시트러스나 라벤더와 같은 천연 향을 사용한다. 옥수수나 콩에서 추출한 친환경 물질이 일반적이다. 유용한 예로 에틸락테이트($CH_3CHOHCOOCH_2CH_3$) 에스터가 있는데, 에스터의 원료가 되는 알코올(에탄올)과 카복실산(락트산) 모두 옥수수에서 생산할 수 있다. 에틸락테이트는 다양한 물질을 용해하고 휘발성이 낮기 때문에 대기 오염에 거의 영향을 미치지 않는다. 또한 환경에서 쉽게 분해된다.

자가평가문제

1. 독성 기체 방출로 인해 가장 위험한 세정제 혼합물은 무엇인가?
   a. 소독용 알코올과 암모니아
   b. 소독용 알코올과 식초
   c. 산성 변기 세정제와 표백제
   d. 표백제와 소독용 알코올

2. 가정용 암모니아를 안전하게 사용하기에 적절하지 않은 것은 무엇인가?
   a. 알루미늄 청소　b. 그을린 기름기 제거
   c. 거울 닦기　d. 왁스 제거

3. 식초를 안전하게 사용하기에 적절하지 않은 것은 무엇인가?
   a. 그리스 제거　b. 무기 침전물 용해
   c. 대리석 표면 연마　d. 비누 거품 제거

4. 베이킹 소나(탄산수소 소듐)를 안전하게 사용하기에 적절하지 않은 것은 무엇인가?
   a. 카펫 냄새 제거　b. 냉장고 냄새 제거
   c. 산의 중화　d. 표백제의 중화

5. 암모니아 용액과 식초를 혼합하면 생성되는 것은 무엇인가?
   a. 더 좋은 화장실 세척제
   b. 염 용액
   c. 금속 세척에 좋은 용액
   d. 석회 침전물에 효과적인 계면활성제

6. 하이포아염소산 표백제와 암모니아를 혼합하면 생성되는 것은 무엇인가?
   a. 하이포아염소산 암모늄　b. 더 효과적인 세척제
   c. 계면활성제　d. 독성 기체

7. 변기에 쌓인 석회($CaCO_3$) 침전물을 제거할 수 있는 것은 무엇인가?
   a. NaOCl　b. NaCl　c. HCl　d. NaOH

8. 배수구를 막히지 않게 하는 가장 효과적인 방법은 무엇인가?
   a. 기름과 머리카락이 들어가지 않도록 한다.
   b. 그리스를 배수구에 버리기 전에 비누로 전환한다.
   c. 일주일에 한 번 NaOCl로 처리한다.
   d. 한 달에 두 번 NaOH로 처리한다.

정답: 1. c, 2. a, 3. c, 4. d, 5. b, 6. d, 7. c, 8. a

13.5 용매, 페인트, 왁스

학습 목표 • 용매와 페인트에 사용되는 화합물을 식별하고 그 용도를 설명한다.
• 구조를 통해 왁스를 식별한다.

▲ **그림 13.10** 석유 증류액이 함유된 세정제에는 가연성 및 삼킬 경우의 위험성을 경고하는 표식이 있다.

가정에서 사용할 수 있는 수천 가지의 화학 물질 중 흔히 사용되는 세 가지 범주는 용매, 페인트, 왁스이다.

용매

용매는 가정에서 페인트, 니스, 접착제, 왁스, 기타 물질을 표면에서 제거하거나 페인트를 피부에 흘렸을 때 피부에서 제거하기 위해 사용된다. '테레빈유'는 소나무에서 얻은 액체의 혼합물이다. 미국과 캐나다에서는 석유 증류액 또는 '미네랄 스피릿'이라고 불리는 석유 용매로 대부분 대체되었다. 이러한 용매는 주로 7~14개의 탄화수소를 함유한 탄화수소의 혼합물로, 일부 다목적 세정제에 그리스 제거제로 첨가되기도 한다(그림 13.10). 이들은 그리스와 유성 페인트를 쉽게 용해하지만, 휘발유와 마찬가지로 인화성이 강하고 삼키면 치명적이다. 폐는 탄화수소 증기로 포화 상태가 되고 액체로 가득 차서 기능하지 못하게 된다. 따라서 이러한 용매는 적절한 환기 상태에서만 사용해야 하며 화기 주변에서는 절대로 사용하지 않아야 한다. 용매를 사용하기 전에 모든 주의 사항을 반드시 읽고 주의해야 한다. 휘발유는 세척에 사용해서는 안 된다. 여러 가지 면에서 너무 위험하다.

가정용 용매와 관련된 골치 아픈 문제는 '기분이 좋아지기 위해' 연기를 흡입하는 행위이다. 용매 냄새 맡기의 인기는 주로 또래의 압력, 특히 젊은 청소년들 사이에서 나타나는 것으로 보인다. 장기간 냄새를 맡으면 중요한 장기, 특히 폐에 영구적인 손상을 입힐 수 있다. 돌이킬 수 없는 뇌 손상이 있을 수 있으며 용매의 냄새를 맡다가 심부전으로 사망한 경우도 있다.

페인트

페인트(paint)는 래커, 에나멜, 니스, 유성 도료, 다양한 아크릴 또는 라텍스 마감재 등 다양한 제품을 포괄하는 광범위한 용어이다. 이러한 재료 중 일부 또는 전부를 모든 가정에서 찾을 수 있다. 페인트는 안료, 바인더, 용매의 세 가지 기본 성분으로 구성된다. 안료는 물에 녹지 않고 일반적으로 불투명도를 제공하는 고체 물질로, 흰색 또는 유색일 수 있다. 바인더는 안료를 바를 표면에 고정하고, 용매는 바르기 쉽도록 적절한 농도를 만드는 데 도움을 준다.

4 1950년대 지어진 오래된 주택을 구매하는 경우 납 성분 페인트에 대해 걱정해야 하는가?

그럴 수도 있고, 아닐 수도 있다. 오래된 주택의 벗겨진 페인트는 어린이나 성인이 실수로 흡입하거나 섭취할 때는 건강에 심각한 결과를 초래할 수 있다. 그러나 연방법에 따라 1978년 이전에 지어진 주택의 경우, 납 성분이 함유된 페인트가 사용되었는지를 확인하기 위해 페인트 분석을 의무화하고 있다. 주택을 구입할 때는 주택에 사용된 페인트에 대한 분석을 받아 납 성분이 없는지 확인해야 한다. 외관에 납 성분 페인트가 포함된 것으로 확인되면 재도장을 위해 외벽을 연마하거나 강철 또는 비닐 외장재로 교체하기 위해 오래된 외벽을 제거할 때 특별한 예방 조처를 해야 한다. 작업자는 반드시 보호복과 마스크를 착용하여 공기 중 입자를 흡입하지 않도록 해야 한다.

페인트의 역사는 인류 문명의 시작과 함께 거슬러 올라간다. 2011년에 남아프리카 블롬보스 동굴의 전복 껍데기에서 기원전 10만 년 전의 것으로 추정되는 연마 도구와 분쇄된 붉은 황토색 안료가 발견되었고, 유럽과 아프리카에서는 선사시대 사람들의 동물과 문화 활동을 묘사한 동굴 벽화가 발견되었다. 중세 이후 예술가들은 분쇄한 광물을 천연 식물성 기름과 혼합하여 그림을 그리는 안료로 사용해왔다. 아주 최근까지만 해도 색소로 사용할 수 있는 안료는 비교적 적었다. 많은 안료가 철의 산화물이나 수산화물이었고, 이를 '오커(ochres)' 또는 '엄버(umbers)'라고 불렀다. 여기에는 황색과 적색 황토 그리고 구운 엄버와 생 엄버가 포함되었다. 녹색 안료는 크로뮴 산화물 또는 구리 화합물로 만들어졌다. 파란색은 더 구하기 어려웠는데, 청금석(광물) 분말이 가장 좋지만 가장 희귀한 파란색 안료의 공급원이었다. 붉은 색소인 **알리자린**(alizarin)은 매더라는 식물의 뿌리에서 얻거나 코치닐 곤충을 으깬 것에서 얻었다. 오늘날에도 이러한 유색 안료의 대부분은 미술용품 가게에서 구입할 수 있다.

벽이나 기타 표면을 칠하기 위해 1970년대까지 대부분의 페인트에서 '백색 납'[염기성 탄산 납, 2 $PbCO_3 \cdot Pb(OH)_2$]이 흰색 안료로 사용되었다. 1977년에 사용이 금지되었고, 주로 이산화 티타늄(TiO_2)으로 대체되었다. 이산화 티타늄은 뛰어난 안정성과 은폐력을 가진 선명한 흰색의 무독성 안료이다. 모든 일반 페인트는 이산화 티타늄이 안료로 사용된다. 유색 페인트의 경우 소량의 인공 유색 안료 또는 염료를 흰색 베이스 혼합물에 첨가하여 거의 무제한의 색조를 만들 수 있다.

바인더 또는 필름 형성제는 안료 입자를 하나로 묶어 페인트를 칠한 표면에 고정하는 물질이다. 가장 오래된 바인더는 물과 달걀노른자를 섞어 만들었다. 유성 페인트에서 바인더는 일반적으로 동유 또는 아마씨유이며, 세척에는 미네랄 스피릿이나 테레빈유가 필요하다. 수성 페인트에서 바인더는 라텍스 기반 또는 아크릴 고분자이다. 대부분의 실내용 페인트는 폴리비닐아세테이트를 바인더로 사용하며, 흘린 페인트는 물로 씻어낼 수 있다. 예술가들의 수채화 바인더에는 일반적으로 아카시아 나무에서 얻은 아라비아 고무가 포함되어 있다. 실외용 수성 페인트는 수지(resin)라고 하는 점성 아크릴 고분자를 바인더로 사용한다. 아크릴 라텍스 페인트는 비와 햇빛에 훨씬 더 강하다.

페인트의 용매는 페인트가 표면에 도포될 때까지 페인트를 액체로 유지한다. 용매는 알코올, 탄화수소, 에스터, 케톤(또는 이들의 일부 혼합물) 또는 물일 수 있다.

페인트에는 페인트를 더 빨리 건조하게 하는 건조제(또는 활성제), 곰팡이 성장을 방지하는 살균제, 페인트의 점도를 높이는 증점제, 페인트가 캔 내부에 피막을 형성하지 않도록 하는 피막 방지제, 혼합물을 안정시키고 안료 입자를 분리하는 계면활성제와 같은 첨가제가 포함될 수도 있다.

에나멜, 유성, 라텍스 등 페인트는 다양한 방식으로 굳는다. 유성 페인트에는 일반적으로 아마씨유를 사용하는데, 산화되면 단단한 표면을 형성한다. 래커는 용매에 고분자를 함유하고 있으며, 용매가 증발하면서 굳는다.

왁스

화학적으로 **왁스**(wax)는 긴 사슬을 가진 유기산(지방산)과 긴 사슬 알코올의 에스터이다. 왁스는 주로 식물과 동물에서 보호 코팅제로 생산된다. 탄화수소로 구성되어 생일 양초 등에 사용되는 파라핀 왁스와 이러한 화합물을 혼동해서는 안 된다.

그림 13.11에는 세 가지 전형적인 왁스가 나와 있다. 밀랍은 꿀벌이 벌집을 만드는 재료로 양초나 구두약과 같은 가정용품에 사용된다. 카르나우바 왁스는 브라질에서 발견되는 특정 야자나무의 잎에 형성되는 코팅제이다. 밀랍과 유사한 에스터의 혼합물로 자동차 왁스, 바닥 왁스, 가구 광택제뿐만 아니라 Chapstick™과 같은 립밤, 눈 화장품 등을 만드는 데 사용된다. 향유고래의 머리에서 추출하는 스페르마세티 왁스는 세틸팔미테이트가 주성분이다. 한때 화장품 및 기타 제품을 만드는 데 널리 사용되었던 향유고래는 거의 멸종 직전까지 사냥당하여 국제 조약에 의해 보호되고 있으므로 현재 공급이 부족한 상태이다.

양털의 기름인 **라놀린**(lanolin)도 왁스이다. 물과 안정된 에멀션을 형성하기 때문에 다양한 피부용 크림과 로션에 사용된다. 많은 천연 왁스가 실리콘과 같은 합성 고분자(5.5절)로 대체되었는데, 이는 대개 더 저렴하고 효과적이다.

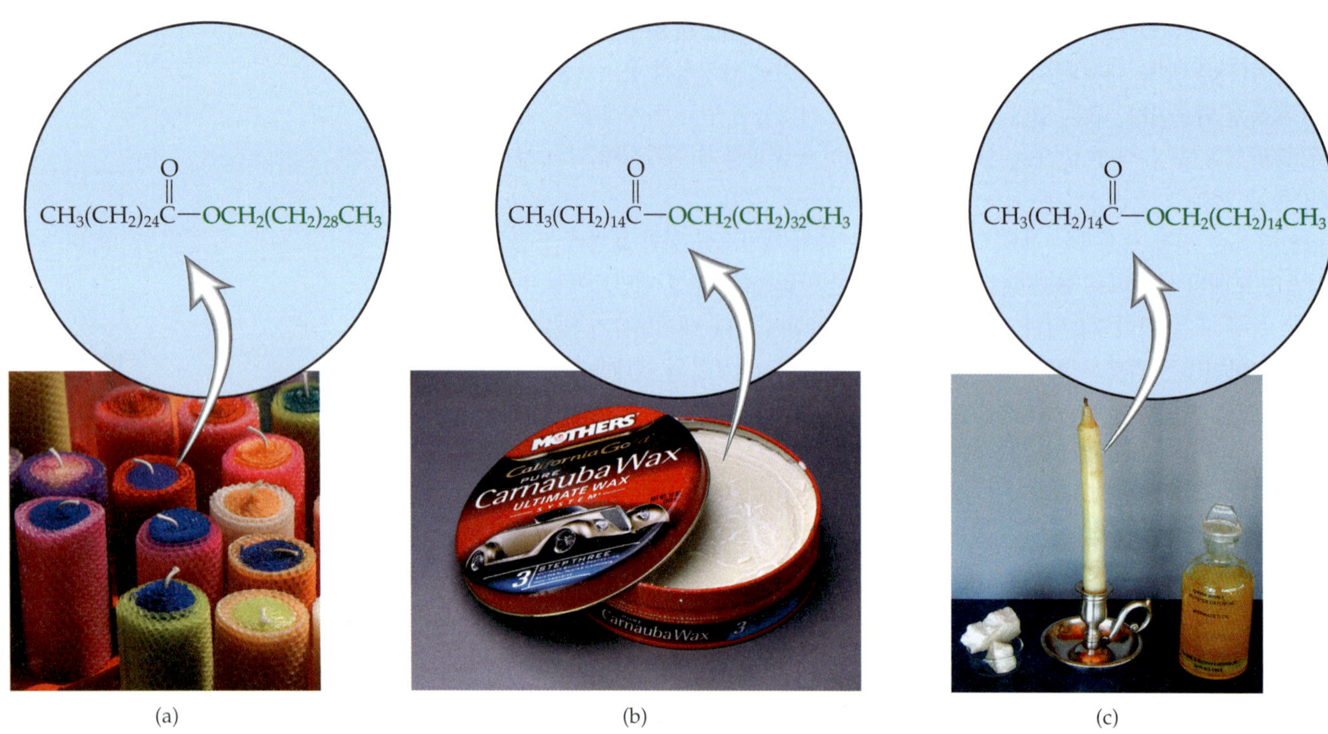

▲ **그림 13.11** 분자 모형은 (a) 밀랍, (b) 카르나우바 왁스, (c) 스페르마세티의 전형적인 성분인 에스터를 보여준다.

자가평가문제

1. 가정용 및 상업용 제품에서 유기 용매의 성질에 해당하지 않는 것은 무엇인가?

a. 일반적으로 니스 및 접착제를 제거하는 데 좋다.
b. 일반적으로 가연성이다.
c. 휘발성이며 증기를 흡입하면 심장과 뇌의 호흡과 기능에 영향을 미친다.
d. 섭취하면 독성이 다소 낮다.

2. 페인트의 세 가지 기본 구성 요소는 색소와 용매 그리고 나머지 하나는 무엇인가?

a. 빌더 **b.** 방부제 **c.** 바인더 **d.** 왁스

3. 왁스는 다음 중 무엇인가?

a. $CH_3(CH_2)_{14}COOCH_3$
b. $CH_3(CH_2)_{28}CH_2OH$
c. $CH_3(CH_2)_{28}COOCH_3$
d. $CH_3(CH_2)_{14}COOCH_2(CH_2)_{28}CH_3$

4. 왁스에 대한 설명으로 옳은 것은 무엇인가?

a. 긴 사슬 지방산이다.
b. 긴 사슬 알코올이다.
c. 2개의 긴 사슬을 가진 에스터이다.
d. 단백질이다.

5. 현대의 페인트 안료에 대한 설명으로 옳은 것은 무엇인가?

a. 검은색에는 PbS를 사용한다.
b. 파란색에는 구리 화합물을 사용한다.
c. $PbCO_3$는 TiO_2로 대체되었다.
d. 무기 성분을 포함하지 않는다.

정답: 1. d, 2. c, 3. d, 4. c, 5. c

13.6 화장품: 개인 관리용 화학 제품

학습 목표 • 피부, 머리카락, 치아의 화학적 성질을 설명한다.
• 다양한 화장품의 주요 성분과 그 용도를 파악한다.

오래전부터 사람들은 세정, 미용, 외모를 꾸미기 위한 목적으로 자연에서 얻은 재료를 사용해 왔다. 증거에 따르면 적어도 6000년 전에 이집트인은 안티모니 가루와 녹색 구리 광석인 **공작**

석(malachite)을 아이섀도로 사용했다. 이집트 파라오는 기원전 3500년경부터 향이 나는 머릿기름을 사용했다. 기원전 2세기 그리스 의사인 Galen은 콜드크림을 발명한 것으로 알려져 있다. 17세기에 패션에 민감한 유럽의 신사는 목욕을 거의 하지 않는다는 사실을 감추기 위해 화장품을 아낌없이 사용했다. 18세기 유럽의 여성과 일본 여성은 탄산 납($PbCO_3$)으로 얼굴을 하얗게 칠했고, 많은 사람이 납 중독으로 사망했다.

화장품의 사용은 길고 흥미로운 역사가 있지만, 과거의 사용량은 현대 산업 사회에서 사람들이 사용하는 화장품의 양과 종류에 미치지 못한다. 매년 우리는 헤어스프레이에서 매니큐어, 구강 청결제에서 발 파우더에 이르기까지 수십억 달러를 소비한다. 세계 100대 화장품 기업의 매출을 합치면 연간 1,900억 달러가 넘으며, 매년 5% 이상의 증가율로 증가하고 있다.

화장품이란 무엇인가? 1938년 미국 식품, 의약품 및 화장품법은 **화장품**(cosmetic)을 '세정, 미용, 매력 증진 또는 외모 변화를 위해 인체 또는 그 일부에 문지르거나, 붓거나, 뿌리거나, 분무하여 넣거나 다른 방법으로 바르기 위한 물품'으로 정의했다. 비누는 분명히 세정용으로 사용되지만, 법의 규제 대상에서 제외되어 있다. 또한 신체의 구조나 기능에 영향을 미치는 물질도 제외된다. 땀을 줄이는 제품인 땀 억제제는 비듬 방지 샴푸와 마찬가지로 법적으로 약물로 분류된다.

의약품과 화장품의 가장 큰 차이점은 의약품은 시판 전에 안전성과 유효성이 입증되어야 하지만, 화장품은 일반적으로 시판 전에 검사를 받을 필요가 없다는 점이다. 식품, 의약품, 화장품법에 따르면 제품이 의약품 성질을 가지고 있다면 반드시 의약품으로 허가를 받아야 한다. 그런데도 화장품 업계에서는 의약품 또는 의약품과 유사한 효능이 있는 것으로 추정되는 화장품을 지칭하기 위해 **코스메슈티컬**(cosmeceutical)이라는 용어를 사용한다.

화장품에는 8,000여 가지 이상의 화합물이 사용되며, 수만 가지 조합으로 판매된다. 특정 유형의 화장품 브랜드는 대부분 동일한(또는 매우 유사한) 활성 성분을 함유하고 있다. 따라서 광고는 일반적으로 제품 자체보다는 이름, 용기, 향을 판매하는 데 초점을 맞추고 있다.

피부 크림과 로션

피부는 신체에서 가장 큰 기관으로 성인의 평균 면적은 약 18 ft^2이다. 피부는 신체를 둘러싸고 있어 유해 물질은 들어오지 못하게 하고 수분과 영양분은 밖으로 나가지 못하게 하는 장벽을 형성한다(그림 13.12). 피부의 바깥층인 **표피**는 바깥쪽의 죽은 세포(각질층)와 안쪽의 살아 있는 세포로 나뉘며, 이 세포들이 지속적으로 새로운 세포를 만들어 각질층의 세포를 대체하며 오래된 세포들은 떨어져 나간다.

각질층은 주로 **케라틴**(keratin)이라 불리는 질기고 섬유질인 단백질로 구성되어 있다. 케라틴의 수분 함량은 약 10%이다. 수분 함량이 10% 미만인 사람의 피부는 건조하고 각질이 일어난다. 10% 이상이면 해로운 미생물이 번식하기에 이상적인 조건이 된다. 피부는 피지샘의 기름진 분비물인 **피지**(sebum)에 의해 수분이 손실되지 않도록 보호된다. 태양과 바람에 노출되면 피부가 건조해지고

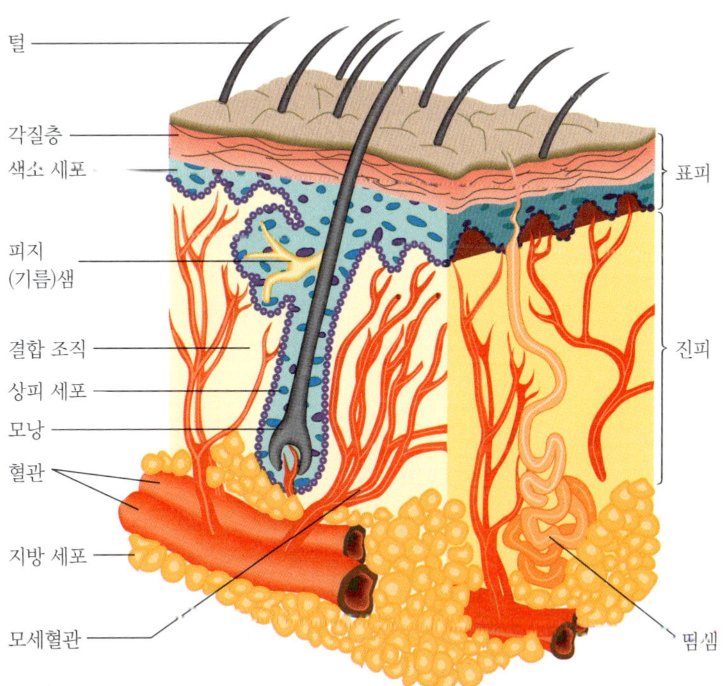

▲ **그림 13.12** 피부의 단면. 피부는 2개의 주요 층으로 이루어져 있다. 진피 1 $in.^2$에는 약 1 m의 혈관, 4 m의 신경, 100개의 땀샘, 여러 개의 기름샘, 300만 개 이상의 세포, 모낭의 활동 부위 등이 있다. 진피 위에 있는 표피는 지속적으로 분열하는 얇은 세포층으로 구성되어 있다. 이 세포는 각질층으로 올라가면서 죽는다. 화장품은 일반적으로 바깥층인 각질층에만 영향을 미친다.

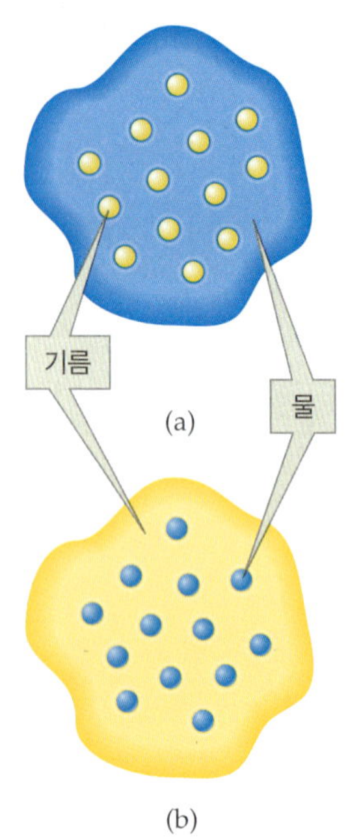

▲ **그림 13.13** (a) 로션은 물에 기름이 섞인 에멀션이다. (b) 크림은 기름에 물이 섞인 에멀션이다. 로션은 수분이 증발하면서 피부에서 열을 제거하기 때문에 시원하게 느껴진다. 크림은 기름진 느낌이 든다.

각질이 생길 수 있으며, 너무 자주 씻으면 천연 피부 기름이 제거된다.

화장품은 각질층의 죽은 세포에 바른다. 피부에 바르는 대부분의 제제는 로션이나 크림 형태이다. **로션**(lotion)은 작은 기름방울이 물에 분산된 에멀션이다. **크림**(cream)은 이와 반대로 작은 물방울이 기름에 분산되어 있으며(그림 13.13), 일반적으로 로션보다 점도가 훨씬 높다. 크림과 로션의 필수 성분은 물, 보호막을 형성하고 연화제 역할을 하는 기름 성분, 극성인 물을 비극성인 기름 성분(대개는 글리세릴스테아레이트)에 결합시키는 유화제이다. 유화제는 수분이 필요한 피부 아래층으로 수분을 운반하는 데 도움을 주며, 이는 로션이나 크림의 주요 기능일 수 있다. '보습제'라고 주장하는 제품에는 이 세 가지 성분이 모두 포함되어 있어야 한다.

기름 성분으로 사용되는 전형적인 물질 중에는 글리세롤, 미네랄 오일과 바셀린을 포함한 원유에서 추출한 알칸의 혼합물이 있다. 그 외에는 양털에서 얻은 라놀린, 알로에 베라 젤, 올리브 오일, 팜유와 같은 천연 지방과 오일이 있다. Vaseline®이나 미네랄 오일(베이비 오일)은 피부를 부드럽게 하지만 피부 속 수분을 회복시키지는 못한다. 알칸의 혼합물인 휘발유는 피부를 건조하게 하지만 탄소수가 더 많은 알칸인 미네랄 오일과 바셀린은 피부를 부드럽게 한다는 것이 이상하게 보일 수 있다. 그러나 휘발유는 얇고 자유롭게 흐르는 액체라는 점을 명심해야 한다. 휘발유는 천연 피부 기름을 녹여 제거한다. 탄소수가 많은 알칸은 점성이 높아 피부에 잘 남아 연화제 역할을 한다.

일부 화장품에는 피부의 수분 손실을 억제하는 **보습제**가 함유되어 있다. 이러한 보습제에는 글리세롤, 젖산, 요소가 포함된다. 글리세롤은 3개의 수산기를 가지고 있어 수소 결합을 통해 수분을 유지한다. 요소는 표피 표면 아래, 피부를 구성하는 세포의 바로 아래에서 물과 결합한다. 요소와 젖산은 또한 각질 제거제 역할을 하여 죽은 세포가 더 빨리 떨어져 나가도록 하여 새롭고 신선한 피부가 노출되도록 한다. 향수와 향료는 로션과 크림에서 제품 판매를 돕는 것 외에는 실질적인 기능을 제공하지 않는다.

일부 크림에는 비타민, 항균제, 기타 성분이 함유되어 있다. 스킨 로션과 크림에 함유된 비타민 E는 항산화 및 항염증제로서 상처, 긁힌 상처, 수술 절개 부위의 치유를 촉진하는 것으로 입증되었다. 크림 형태로 피부에 바르는 비타민 C는 과일과 채소를 통해 섭취할 때 만큼 몸에 유용하지 않지만, 많은 제조업체에서 피부 제품에 비타민 C의 효능을 주장하고 있다. 아기의 기저귀 발진용 크림에는 보통 발진을 치유하는 데 도움이 되는 무기물인 산화 아연이 함유되어 있으며, 이러한 제품은 성인의 피부 긁힘이나 가벼운 피부 상처를 치료하는 데도 사용할 수 있다. 다양한 항균 크림에는 바시트라신 아연이 활성 성분으로 함유되어 있으며, 가려움증 방지 제재에는 하이드로코르티손 또는 디펜히드라민 염산염이 함유되어 있을 수 있다(11장 참조).

안티에이징 크림과 로션

일부 화장품은 주름, 기미, 기타 피부 노화 징후를 완화한다고 주장하며, 소비자들은 이러한 제품에 매년 수십억 달러를 지출하고 있다. 많은 제품에는 과일과 유당에서 추출한 알파 하이드록시산(AHA)이 함유되어 있다. 알파 하이드록시산은 카복실 탄소 옆의 탄소 원자에 하이드록실기가 있는 카복실산이다. 글리콜산과 젖산이 대표적인 예이다. AHA 및 관련 물질은 각질 제거제 역할을 한다. 비교적 안전해 보이지만, 일부 사람들에게는 발적, 부기, 작열감, 물집, 출혈, 발진, 가려움증, 피부 변색 등을 유발할 수 있다. AHA 함유 제품을 사용하는 사람들은 햇빛에 더 민감하게 반응하여 피부암에 걸릴 위험이 더 커질 수 있다. 피부 주름의 가장 좋은 치료법은 예방인데, 태양에 과도하게 노출되는 것을 피하고 담배를 피우지 않는 것이다. 흡연은 피부의 조기 노화를 유발한다. 니코틴은 피부에 혈액을 공급하는 작은 혈관을 수축시킨다. 수년에 걸쳐 수축이 반복되면 피부가 탄력을 잃고 주름이 생기게 된다.

면도 크림

면도 크림은 스테아르산, 글리세롤, 물, 향료, 보존제와 코카마이드와 같은 발포제 등으로 구성된다. 긴 사슬 포화 지방산(10장 참조)인 스테아르산은 비누처럼 작용하여 피부와 모발에 매끄럽고 미끌미끌한 표면을 형성한다. 글리세롤은 수소 결합을 통해 물에 끌어당겨 보습제 역할을 한다. 수염에 수분을 공급하여 제모를 쉽게 한다. 또한 제품의 점도를 높여준다.

자외선 차단제

햇빛의 자외선은 **멜라닌**(melanin)의 생성을 유발하여 밝은 피부를 어둡게 만든다. 어두운 멜라닌은 피부의 더 깊은 층이 손상되지 않도록 보호한다. 과도한 자외선 노출은 피부의 조기 노화를 유발하고 피부암, 특히 편평세포암을 유발할 수 있다. 과도한 태닝은 흑색종을 포함한 피부암의 급증을 초래했다. 단파장 자외선(UV-B)은 에너지가 더 강하고 특히 해롭다.

왜 중요할까?

피부의 멜라닌 유형이 중요한 이유는 무엇일까? 단순한 미용상의 문제가 아니다. 피부가 어두운 사람은 흑색종이나 기타 피부암에 걸릴 확률이 100배나 낮다. 멜라닌은 좋은 자외선 차단제이다. 사람이 얼마나 쉽게 햇볕에 타는지는 피부 속 멜라닌의 양과 종류에 따라 다르다. 피부에 주로 페오멜라닌이 있는 사람은 피부암에 걸릴 가능성이 더 크다.

자외선 차단제(sunscreen)는 자외선으로부터 물리적 또는 화학적 차단 효과를 제공한다. 물리적 자외선 차단제 또는 선블록은 자외선이 피부에 도달하는 것을 차단하는 불투명한 필름으로, UV-A와 UV-B를 모두 차단한다. 대부분은 흰색 산화 아연(ZnO) 또는 이산화 티타늄(TiO_2) 안료를 함유하여 태양빛을 반사한다. 가장 최근의 제형에는 나노 입자의 ZnO 또는 TiO_2가 포함되어 있어 이전 제형만큼 하얗게 보이지 않으므로 대부분 사용자가 자외선 차단제를 더 잘 받아들일 수 있게 되었다. 화학적 자외선 차단제는 자외선이 피부에 손상을 입히기 전에 자외선을 흡수한다. 대표적인 성분으로는 아보벤존, 옥시벤존, 호모살레이트, 옥틸 메톡시신나메이트, 옥티녹세이트 등이 있으며, 이들은 자외선 A(UV-A)를 차단한다. 최근 연구에 따르면 이들 자외선 흡수제는 피부에 과다하게 발랐을 경우에 체내 호르몬 변화를 일으킬 수 있다고 한다. 물론 문제는 더 많은 양을 발라야 자외선을 더 잘 차단할 수 있다는 것이다.

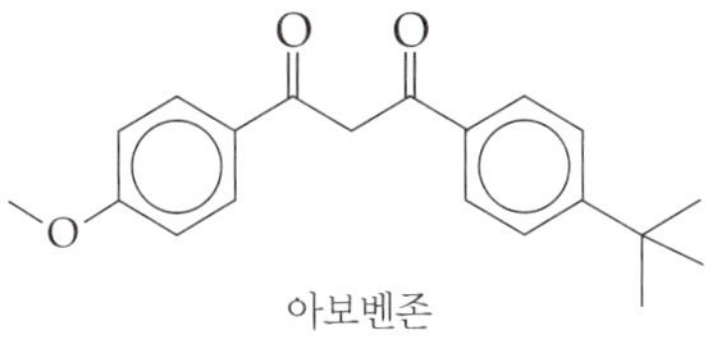

아보벤존

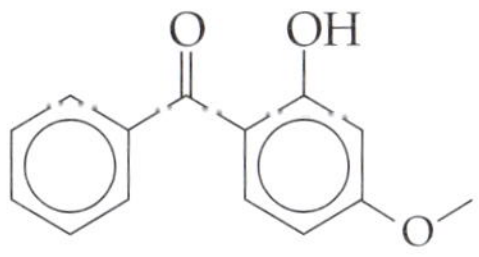

옥시벤존

$$CH_3O{-}C_6H_4{-}CH{=}CHCOOCH_2CH(CH_2CH_3)CH_2CH_2CH_2CH_3$$

옥틸 메톡시신나메이트(OMC)
(2-ethylhexyl-4'-methoxycinnamate)

자외선 차단 지수(sun protection factor, SPF)는 제품의 자외선 흡수 효과를 시간으로 표시한 등급이다. SPF 값은 2에서 45 이상까지 다양하다. 예를 들어 SPF 15는 무방비 상태의 피부보다 15배 더 오랫동안 화상을 입지 않고 햇볕에 노출될 수 있음을 나타낸다. 그러나 소비자는 이러한 보호를 위해 필요한 양이 일반적으로 사람들이 바르는 양보다 훨씬 많으며 크림이 쉽게 지워질 수 있다는 점에 유의해야 한다. SPF 지수와 관계없이 자주 덧바르는 것이 좋다. SPF 지수가 상당히 높은 자외선 차단제는 소비자에게 햇볕에 타지 않을 것이라는 잘못된 희망을 줄 수 있다. 일부 연구에 따르면 SPF 30과 SPF 45 제품 간 차단 효과는 상대적으로 거의 차이가 없는 것으로 나타났다. 스키를 타는 사람들과 겨울철 야외 활동을 즐기는 사람들은 태양 광선이 하얀 눈에서 쉽게 반사되기 때문에 겨울철에도 자외선 차단제를 사용하는 것이 좋다.

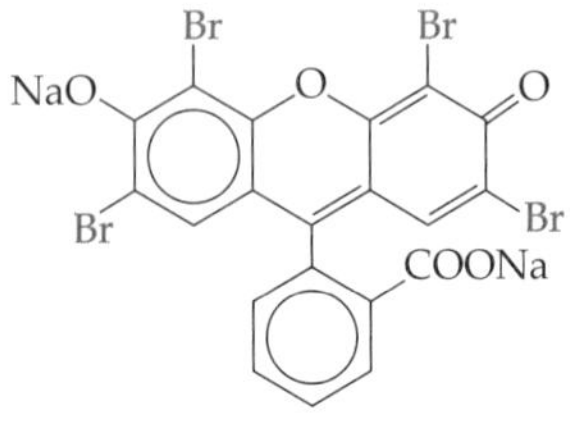

테트라브로모플루오레세인

립스틱 및 립밤

립스틱과 립밤은 성분과 기능면에서 스킨 크림과 매우 유사하다. 이들은 오일과 왁스로 만들어지며, 견고함을 제공하기 위해 왁스의 비율이 더 높다. 입술에는 보호 기름이 거의 없기 때문에 입술이 자주 건조해져 입술이 트는 경우가 많다. 립스틱과 립밤은 수분 손실을 방지하고 입술을 부드럽고 밝게 해주는 역할을 한다. 이러한 제품에 사용되는 오일은 피마자유, 참기름, 미네랄 오일인 경우가 많다. 흔히 사용되는 왁스로는 밀랍, 카르나우바 왁스, 멕시코 북부와 미국 남부 인접 지역에서 발견되는 유포르비아과의 관목에서 얻은 칸델릴라 왁스 등이 있다. 립스틱에 색상을 부여하는 것은 염료와 색소이다. 오일의 불쾌한 지방 냄새를 가리기 위해 향료가 첨가되고 산패를 지연시키기 위해 산화방지제가 사용된다. 청적색 화합물인 테트라브로모플루오레세인(tetrabromofluorescein)과 같은 브로모산 염료는 많은 립스틱의 색을 담당한다.

눈 화장

콜(kohl)이라 불리는 걸쭉하고 검은색의 약간 기름진 혼합물은 수천 년 동안 눈 주위에 사용되어 왔다. 이집트의 여왕과 귀족 여성들은 이러한 혼합물을 사용하여 눈매를 더욱 돋보이게 했다. 오늘날에도 콜은 남부 아시아, 특히 인도, 중동, 서부 아프리카, 아프리카의 소말리아 반도 지역에서 얼굴과 눈을 장식하는 데 널리 사용되는데, 이곳에서는 사회 및 종교의식(특히 이슬람 축제, 전통춤, 의학적 이유)으로 콜이 사용된다. 많은 사람은 콜이 시력을 보호하고 눈을 시원하게 하고 치유하는 효과가 있다고 믿는다. 물론 검은색 물질은 해로운 자외선을 포함한 태양의 복사선을 많이 흡수한다. 경기 날 눈 밑에 아이섀도를 바르는 21세기 미식축구 선수들도 이 성질을 활용한다.

그렇다면 콜이란 무엇일까? 서양에서는 탄소가 주성분이지만 다른 문화권의 전통적인 콜은 잘게 분쇄한 황화 납(II)(갈레나) 또는 드물게는 황화 안티모니로 만들어왔다. 당연히 납과 안티모니 화합물을 피부와 눈 주변에 사용하는 것에 대한 우려가 있으며 특히 어린이의 경우 더욱 그렇다. 미국에서는 외국산 콜을 수입하거나 판매하는 것은 불법이며, FDA에서 승인한 색소 첨가제 목록에도 포함되어 있지 않다.

시중에서 판매되는 마스카라와 아이라이너는 비누, 오일, 지방, 왁스를 기본으로 한다. 마스카라는 산화 철(III) 안료에 의해 갈색으로, 탄소(램프 블랙)에 의해 검은색을 나타낸다. 전형적인 구성은 왁스 40%, 비누 50%, 라놀린 5%, 착색 물질 5%이다. 눈썹연필의 성분은 거의 동일하지만 비율은 다르다. 소량의 방부제와 향료가 첨가될 수도 있다.

아이섀도 크림에는 일반적인 지방, 오일, 왁스가 함유된 바셀린을 기본 물질로 한다. 파우더 아이섀도와 페이스 파우더는 기본 물질로 탈크[수화 마그네슘 규산염, $Mg_3Si_4O_{10}(OH)_2$] 또는 옥수수 수염을 사용한다. 아이섀도는 산화 크로뮴(III)(Cr_2O_3)으로 녹색을 띠거나 울트라마린(다황화물 이온을 함유한 규산염 광물)으로 파란색을 띠거나 산화 아연 또는 이산화 티타늄 안료로 흰색을 띠기도 한다.

어떤 사람들은 눈 화장품 성분에 알레르기 반응을 보이기도 한다. 더 심각한 문제는 박테리아 오염으로 인한 눈 감염이다. 눈 화장품은 3개월 후에는 폐기하는 것이 좋다. 마스카라는 각막을 쉽게 긁을 수 있는 작은 막대 때문에 특히 우려된다.

다른 산업과 마찬가지로 화장품 회사들도 친환경 제품으로 전환하고 있다. 2017년 미국에서 천연 화장품의 매출은 140억 달러를 돌파하여 2007년의 두 배에 달했다. 재생가능한 식물, 동물 및 무기질 제품으로 만든 이러한 화장품은 환경에 더 좋을 수 있지만, 기존 화장품보다 효과가 더 좋다는 증거는 거의 없다. 실제로 천연 성분은 합성 성분보다 알레르기 반응을 일으킬 가능성이 더 클 수 있다. 천연이라고 해서 반드시 더 좋은 것은 아니다. 극단적인 예로 옻나무를 생각해보자.

냄새 제거제와 땀 억제제

시중에 판매되는 많은 제품이 '냄새 제거제'라고 불리지만, 사람들은 '땀 억제제'가 더 세련된 용어라고 생각한다. 실제로 **냄새 제거제**(deodorant)와 **땀 억제제**(antiperspirant)는 서로 다른 기능을 가지고 있다. 대부분의 시판 제품에는 이 두 가지 성분이 들어 있으며, 적절한 농도를 만들기 위한 성분과 향료도 포함되어 있다.

화학적 냄새 제거제는 냄새를 유발하는 박테리아를 죽이기 위한 살균제이다. 세균은 겨드랑이의 따뜻하고 습한 환경에서 땀 잔여물과 피지(천연 체내 기름)에 작용해 트랜스-3-메틸-2-핵세노산과 같은 악취를 유발하는 단쇄 지방산을 생성한다. 살균제는 일반적으로 스테아릴 알코올 또는 스테아르산 소듐과 같은 알코올이다. (트리클로산은 더 이상 사용되지 않는다. 13.4절 두 번째 에세이 박스 참조) 발 냄새를 없애는 분말 냄새 제거제에도 살균제가 포함되어 있다.

땀 억제제는 땀을 억제하며 FDA에서 의약품으로 분류한다. 활성 땀 억제제 성분에는 알루미늄과 지르코늄의 염화물과 수산화물의 착물이 포함된다. 알루미늄 클로로하이드레이트 [$Al_2(OH)_5Cl \cdot 2H_2O$] 또는 Al-Zr 착물(알루미늄 지르코늄 트리클로로하이드렉스 글리라고 한다)가 땀 억제제에 함유되어 있다. 알루미늄 염은 땀샘의 입구를 수축시키고 땀샘의 케라틴 섬유와 반응하여 젤과 같은 마개를 형성하는 순한 **수렴제**(astringent)로 작용한다. 이 두 가지 방법으로 땀 배출량을 제한한다.

겨드랑이용 상업 제품은 크림이나 로션 형태로 만들거나 알코올에 녹여 스프레이 형태로 사용할 수 있다. 롤온 방식은 1960년대에 발명되었지만, 최근에는 냄새 제거제 '스틱'이 시장점유율을 장악하고 있다. 남성용 제품은 일반적으로 여성용 제품에 비해 두 가지 주요 활성 성분의 함량이 더 높다. 땀은 자연스럽고 건강한 신체 과정이며, 이를 일상적으로 멈추는 것은 현명하지 않을 수 있다. 규칙적인 목욕과 옷 갈아입기로 땀 억제제는 대부분의 사람에게 불필요하지만, 현대 문화에서는 땀 억제제의 사용을 필요로 하는 것 같다.

치약: 입자와 향이 있는 비누

수 세기 전 사람들은 작은 막대기, 으깬 숯, 새 깃털, 고슴도치 깃털 등을 사용하여 이를 닦았다. 21세기 문화에서는 치실이 훨씬 더 보편적이지만, 사람들은 여전히 치아 사이에 낀 음식물 찌꺼기를 제거하기 위해 이쑤시개를 사용한다. 분말 치약은 19세기에 발명되어 적어도 20세기 중반까지 일반적으로 사용되었다. 치약과 젤은 더 최근에 개발되었으며, 최근에는 다양한 맛과 첨가제가 들어간 제품을 선택할 수 있다.

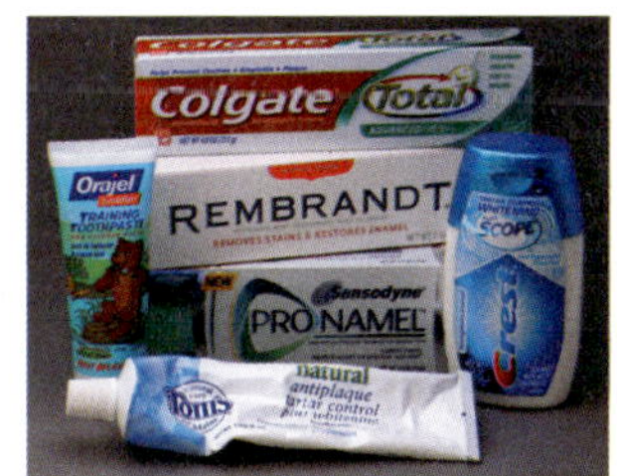

▲ 치약은 많은 상표와 다양한 제형으로 판매되고 있다. 일부 제품에는 베이킹 소다(탄산수소 소듐) 및/또는 과산화 수소가 성분으로 함유되어 있지만, 그 효과에 대한 증거는 미미하다. 치약의 유일한 필수 성분은 세제와 연마제이다.

치약의 필수 성분은 세제와 연마제이다. 연마제는 일반적인 치약 제형에서 최소 50%를 차지할 수 있다. 이상적인 연마제는 치아를 닦을 수 있을 만큼 단단해야 하지만 치아 법랑질을 손상할 만큼 딱딱하지 않아야 한다. 대부분 치약은 입자가 매우 작아서 손가락 사이나 입안에서 문지르면 거칠게 느껴지지 않는다. 치약에 자주 사용되는 연마제는 표 13.1에 나와 있다.

치약에 사용되는 전형적인 세제는 도데실 황산 소듐[라우릴 황산 소듐, $CH_3(CH_2)_{11}OSO_3^- Na^+$]으로, 놀랍게도 대부분의 헤어 샴푸에서 발견되는 세제와 동일하다(이후의 '모발 화학' 참조). 치약에는 다양한 향, 색, 소르비톨, 글리세롤, 사카린과 같은 감미료가 들어 있다(10.5절). 스피어민트, 윈터그린, 페퍼민트 등이 대표적인 향이지만 최근에는 생강, 계피, 풍선껌(특히 어린이용), 레몬, 오렌지, 바닐라 등이 향료 옵션에 추가되고 있다. 일부 치약은 식용 색소

HO—C_6H_4—C(=O)—OCH_3

메틸 파라-하이드록시벤조에이트
(메틸파라벤)

표 13.1 치약에 일반적으로 사용되는 연마제

이름	화학식
침전된 탄산 칼슘	$CaCO_3$
불용성 메타인산 소듐	$(NaPO_3)_n$
인산 수소 칼슘	$CaHPO_4$
인산 칼슘	$Ca_3(PO_4)_2$
파이로인산 칼슘	$Ca_2P_2O_7$
수화 알루미나	$Al_2O_3 \cdot nH_2O$
수화 실리카	$SiO_2 \cdot nH_2O$

나만의 치약을 만들 수 있다. 탄산수소 소듐(베이킹 소다) 180 mL(약 2/3컵)와 염화 소듐(식염) 60 mL(약 1/4컵)를 함께 저어준다. 이 건조한 혼합물에 글리세롤 15 mL(약 1큰술)를 추가한다. 걸쭉한 페이스트가 될 정도로 물을 넣고 저어준다. 페퍼민트 향료 몇 방울 또는 페퍼민트 추출물 한 방울을 추가하여 맛을 개선한다. 밀폐 용기에 보관한다.

로 색을 내거나 줄무늬를 넣거나 미세 운모를 함유하여 반짝이게 만들기도 한다. 셀룰로스 검과 폴리에틸렌 글리콜과 같은 증점제와 메틸 파라-하이드록시벤조에이트와 같은 방부제가 치약 제형에 중요한 역할을 한다. 이산화 티타늄은 치약 제형에서 상당한 비율을 차지하는 경우가 많으며, 주로 흰색 염료 역할을 하지만 순한 연마제 역할을 하기도 한다.

플루오린 화합물은 충치를 줄이기 위해 대부분 최신 치약, 심지어 가장 저렴한 일반 제품에도 첨가된다. 플루오린화 소듐(NaF)과 플루오로인산 소듐(Na_2PO_3F)이 가장 일반적으로 사용되는 플루오린함유 화합물이지만, 일부 제품에서는 여전히 플루오린화 주석(II)이 함유되어 있다. 치아의 법랑질은 주로 수산화 인회석[하이드록시아파타이트, $Ca_5(PO_4)_3OH$]으로 구성되어 있다. 치약(또는 불소화된 식수)의 플루오린은 법랑질의 일부를 수산화인회석보다 더 강하고 부식에 강한 플루오린화인회석[$Ca_5(PO_4)_3F$]으로 바꾼다.

충치는 주로 당분을 플라크로 전환하는 박테리아에 의해 발생한다. **플라크**는 치아를 제대로 닦지 않을 때 치아 표면에 남게 되는 수천 개의 박테리아, 작은 입자, 단백질, 점액으로 구성된 막이다. 이 박테리아는 당을 젖산과 같은 산으로 전환한다. 산은 치아 법랑질을 녹인다. 플라크를 제거하지 않으면 굳어 치석으로 변할 수 있다. 칫솔질과 치실 사용은 플라크를 제거하여 충치를 예방한다. 당분은 간식보다는 식사 시에만 섭취하고 식사 후 바로 칫솔질을 하면 충치를 최소화할 수 있다. 맥주의 젖산과 콜라 음료의 인산(H_3PO_4)과 같은 산도 이러한 음료를 다량 섭취하는 사람의 치아 법랑질을 침식할 수 있다.

매우 민감한 치아를 위한 특수 치약에는 질산 포타슘 또는 염화 스트론튬이 함유되어 있을 수 있다. 치석 제거 제품과 미백 치약에는 연마제 또는 과산화 수소가 더 많이 함유되어 있다. 베이킹 소다($NaHCO_3$)와 과산화 수소(H_2O_2)를 성분으로 하는 치약은 성인 치아 손실의 주요 원인인 잇몸 질환을 예방한다고 주장하지만, 그 효과에 대한 증거는 거의 없는 것으로 보인다.

인기 있는 치아 미백제에는 종종 과산화 수소가 표백제로 포함된다. 과산화 수소는 표백제가 얼룩진 옷에 작용하는 것과 거의 같은 방식으로 치아의 착색된 화합물에 작용한다. 그러나 과산화 수소의 작용은 느리다. 치약에 들어 있는 과산화 수소는 치아에 충분히 오랫동안 접촉하지 않아 큰 효과를 발휘하지 못한다. 대부분의 성공적인 치아 미백제는 30분 이상 사용해야 한다. 치과에서 사용하는 미백제는 반응 속도를 높이기 위해 자외선과 함께 고농도의 과산화 수소를 사용하는 경우가 많다. 치아 미백제 사용 시 주의가 필요하다. 너무 자주 사용하면 치아가 약해질 수 있다.

향수, 콜론, 애프터셰이브

향수(perfume)는 가장 오래되고 널리 사용되는 화장품 중 하나이다. 원래 모든 향수는 향기로

표 13.2 향수에 사용되는 꽃 향과 과일 향이 나는 화합물

이름	구조[a]	냄새(향)	분자식
시트랄(Citral)	O, H	레몬	$C_{10}H_{16}O$
이론(Irone)	O	이리스 뿌리	$C_{14}H_{22}O$
재스몬(Jasmone)	O	자스민	$C_{11}H_{16}O$
페닐아세트알데하이드 (Phenylacetaldehyde)	H, O	라일락, 히아신스	C_8H_8O
2-페닐에탄올 (2-Phenylethanol)	OH	장미	$C_8H_{10}O$

[a] 각 화합물은 10개 이상의 탄소 원자에 대해 1개의 산소 원자를 가지고 있음을 주목한다.

운 식물과 같은 천연 원료에서 추출되었다. 향수의 화학은 매우 복잡하지만, 화학자들은 향수의 많은 성분을 규명하고 실험실에서 합성하여 많은 합성 향수를 생산할 수 있게 되었다. 화학자들은 지금까지 중요하지만 때로는 소량인 많은 성분을 모두 파악할 수 없었기 때문에, 최고의 향수는 여전히 천연 재료로 만들어진 것이다.

좋은 향수에는 100가지 이상의 성분이 들어 있을 수 있다. 이 성분들은 휘발성의 차이에 따라 **노트**(note)라고 불리는 세 가지 범주로 나뉜다. 가장 휘발성이 높은 부분(가장 쉽게 증발하는 부분)은 **탑 노트**(top note)라고 한다. 상대적으로 작은 분자로 구성된 이 부분은 향수를 처음 뿌렸을 때 향을 담당한다. 일반적인 탑 노트에는 시트러스 및 생강 향과 라일락 또는 히아신스 냄새가 나는 페닐아세트알데히드(표 13.2)와 같은 화합물이 포함된다. 표 13.2의 향기 분자는 지용성이다. 피부 오일에 용해되어 몇 시간 동안 유지될 수 있다.

미들 노트(middle note, 또는 **핵심 노트**)는 휘발성이 중간 정도이다. 이 부분은 탑 노트 화합물의 대부분이 증발한 후에도 지속되는 향을 담당한다. 전형적인 미들 노트에는 라벤더와 장미 향, 장미 향이 나는 2-페닐에탄올과 같은 화합물이 포함된다. **엔드 노트**(end note, 또는 베이스 노트)는 휘발성이 낮은 부분으로, 분자가 큰 화합물로 이루어져 있으며 종종 사향 냄새를 풍긴다. 에센셜 오일은 샌달우드, 파출리 등 기분 좋은 향을 가진 식물에서 추출한 휘발성 유성 화합물로, 일반적으로 베이스 노트를 만드는 데 사용된다.

향은 희석 정도에 따라 달라진다. 화합물의 진한 용액은 불쾌한 냄새가 날 수 있지만, 희석된 용액에서는 기분 좋은 향이 날 수 있다. 이러한 화합물에는 사향(표 13.3)이 포함되며, 이는 종종 꽃이나 과일 향의 탑 노트와 미들 노트의 냄새를 완화하기 위해 향수에 첨가된다. 시벳톤이라는 화합물을 제공하는 사향고양이는 스컹크와 비슷한 동물이다. 사향고양이의 분비물은 스컹크와 마찬가지로 방어용 무기이다. 사향노루의 분비물은 아마도 사슴의 성 유인제 역할을 하는 페로몬일 것이다. 합성 시벳톤과 머스콘이 생산되고 있지만, 많은 고급 향수 제조사들은 여전히 천연 시벳톤을 선호한다. 오늘날 향수에 사용되는 거의 모든 머스콘은 합성이다.

표 13.3 향수에 섬세한 향을 더하기 위해 사용되는 불쾌한 화합물

화합물	구조	천연 공급원	분자식	분자량(u)
시벳톤(Civetone)	=O	사향고양이	$C_{17}H_{30}O$	250.42
머스콘(Muscone)	O, CH_3	사향노루	$C_{16}H_{30}O$	238.41
인돌(Indole)	NH	배설물	C_8H_7N	117.15

아로마테라피

아로마테라피는 건강과 행복을 증진하기 위한 목적으로 에센셜 오일을 사용하는 방법이다. 확실히 후각은 일상생활에서 매우 중요하다. 아로마테라피에는 비누, 목욕 첨가제, 샤워 젤, 양초, 실내 방향제, 오일 버너, 에센셜 오일이 함유된 화장품 등이 사용된다.

일반적으로 사용되는 에센셜 오일은 금잔화, 레몬, 오렌지, 자몽, 제라늄, 라벤더, 재스민, 베르가못에서 추출한 것이다. 에센셜 오일은 피부에 바르기 전에 스위트아몬드 오일, 살구씨 오일, 포도씨 오일과 같은 식물성 오일인 캐리어 오일로 희석된다.

미국 아로마테라피 시장은 연간 8억 달러 규모로 전 세계 매출의 대부분을 차지한다. 가정용 방향제는 미국 아로마테라피 매출의 거의 절반을 차지한다. 아로마테라피 지지자들의 주장을 평가하기는 어렵다. 이러한 오일에서 나오는 기분 좋은 향기는 신경계에 긍정적인 영향을 미치거나, 최소한 사람들에게 긍정적인 심리적 효과를 주는 것으로 알려져 있다. 향이 즐거운 경험을 떠올리게 할 때 생기는 기분 좋은 느낌처럼 단순한 것일 수도 있다. 에센셜 오일에서 발견되는 분자의 신경계에 대한 화학적 효과는 더 많은 연구가 필요하며, 사람의 코의 감도는 우리가 생각하는 것보다 더 복잡하다.

CH_3 CH_3 HO

α-안드로스테놀

OH

멘톨

인간에게도 성적 유인 물질이 있을까? 증거는 부족하지만, 일부 향수 제조업체는 제품에 α-안드로스테놀을 첨가한다. α-안드로스테놀은 사람의 머리카락과 소변에서 자연적으로 생성되는 스테로이드이다. 일부 연구에서는 이 성분이 여성에게 성적 유인 물질로 작용할 수 있다고 주장하지만, 이는 단순한 광고 전략일 가능성이 더 커 보인다. 설사 인간에게 성적 유인 물질이 있다고 해도, 그것이 인간의 행동에 큰 영향을 미칠지는 의문인데, 아마도 문화적 제약이 더 클 것이기 때문이다. 어쨌든 우리는 사향노루의 성적 유인 물질을 더 선호하는 것 같다.

향수는 일반적으로 에틸 알코올에 용해된 10~25%의 향기로운 화합물과 고정액으로 구성된다. **콜론**(cologne)은 에틸 알코올 또는 알코올-물의 혼합물로 희석한 향수이다. 콜론의 세기는 향수의 약 10분의 1 정도에 불과하며 일반적으로 향수 에센스가 1~2%만 함유되어 있다.

애프터셰이브 로션은 향수와 비슷하다. 대부분은 에탄올이 약 50~70%이고 나머지는 물, 향수, 식용 색소이다. 일부는 피부 진정 효과를 위해 멘톨이나 유칼립톨이 첨가되어 있다. 다른 제품에는 트고 갈라진 피부를 진정시키는 피부연화제가 함유되어 있다.

향수는 화장품 및 기타 소비재와 관련된 많은 알레르기 반응의 원인이다. **저자극성 화장품**(hypoallergenic cosmetic)은 일반 제품보다 알레르기 반응을 덜 유발하는 것으로 알려진 화

장품이다. 이 용어는 법적 의미는 없지만 이러한 화장품의 대부분은 향료를 포함하고 있지 않다.

모발 화학

피부와 마찬가지로 모발은 주로 섬유질 단백질인 케라틴으로 구성되어 있다. 모발의 케라틴은 피부의 케라틴보다 5~6배 더 많은 이황화 결합을 가지고 있다. 단백질 분자는 아미노산 사슬이 수소 결합, 염다리, 이황화 결합, 분산력 등 네 가지 힘에 의해 서로 결합되어 있다는 것을 기억하자. 이 중 샴푸와 컨디셔너의 작용을 이해하는 데 중요한 것은 수소 결합과 염다리이다. 단백질 사슬 사이의 수소 결합은 물에 의해 파괴되고(그림 13.14), 염다리는 pH의 변화에 의해 파괴된다(그림 13.15). 이황화 결합은 모발을 영구적으로 곱슬하게 하거나 곧게 펴면 끊어지고 복원된다.

샴푸

눈에 보이는 머리카락은 죽은 것이며, 뿌리만이 살아 있다. 머리카락 줄기는 피지에 의해 윤활된다. 머리카락을 감으면 이 기름과 기름에 붙어 있는 먼지가 제거된다. 머리카락을 감으면 케라틴은 물을 흡수하여 부드러워지고 탄력이 생긴다. 물은 수소 결합과 일부 염다리를 파괴한다. 산과 염기는 특히 염다리를 파괴하기 때문에 모발 관리에서 pH를 조절하는 것이 중요하다. 염다리의 수는 pH 4.1에서 최대화된다. 제2차 세계대전 이전에 샴푸에 사용되는 세정제는

▲ 샴푸는 다양한 형태와 상표로 판매되고 있다. 모든 샴푸의 유일한 필수 성분은 세제이다.

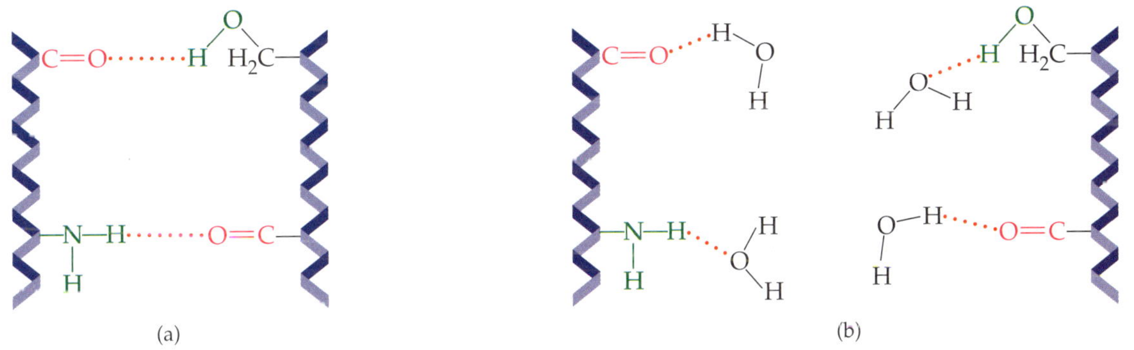

▲ **그림 13.14** (a) 머리카락 한 가닥에서, 인접한 단백질 사슬은 한 사슬의 카보닐기와 다른 사슬의 아마이드기를 연결하는 수소 결합에 의해 서로 결합되어 있다. (b) 머리카락이 젖었을 때, 이 그룹들은 서로가 아닌 물과 수소 결합하여 사슬 사이의 수소 결합을 방해한다.

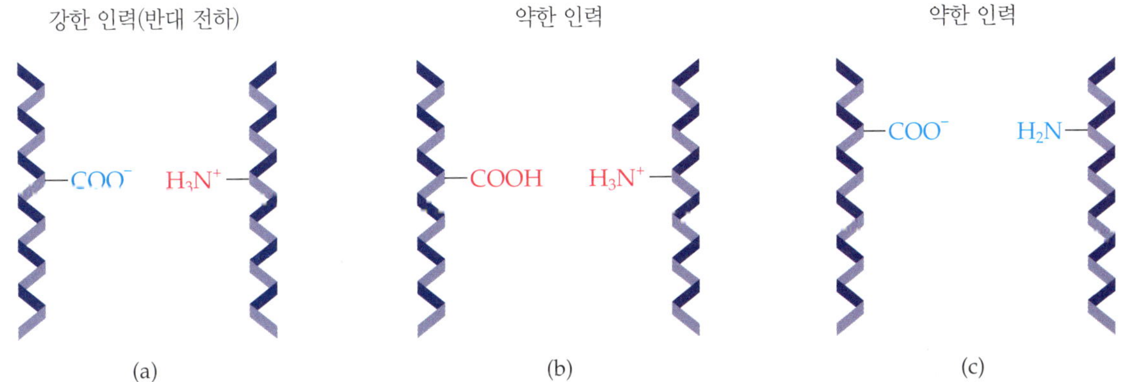

▲ **그림 13.15** (a) 한 단백질 사슬의 이온화된 카복실기와 다른 사슬의 이온화된 아미노 기능 사이의 강한 정전기적 힘이 사슬을 서로 붙잡아 준다. (b) pH 변화는 이 염다리를 파괴할 수 있다. pH가 낮아지면 카복실기는 양성자를 받아들이고 전하를 잃게 된다. (c) pH가 상승하면 아미노기에서 양성자가 제거되어 전하를 띠지 않게 된다. 두 경우 모두 단백질 사슬 사이의 힘은 상당히 약해진다.

5 걸쭉한 샴푸가 머리카락을 깨끗하게 하는 데 더 효과적인가?

샴푸는 미세한 실리카 또는 고분자를 이용하여 더 걸쭉하게 만든다. 걸쭉한 샴푸는 단순히 세제를 더 많이 넣는 것이 아니라 점증제를 더 많이 첨가한 것이다. 소비자들은 샤워 시 편리함을 위해 더 걸쭉한 샴푸를 원하는 것 같다. 더 묽은 샴푸는 손가락 사이로 흘러내릴 수 있기 때문이다.

6 금발로 염색하고 싶다면 염색약을 머리에 바르고 병에 표시된 시간 동안 그대로 두어야 하는가?

머리카락에 있는 유멜라닌은 검은색 또는 짙은 갈색을 띠는데, 거의 무색 화합물로 쉽게 산화된다. 모발에 존재할 수 있는 페오멜라닌(붉은색)은 산화가 어렵다. 탈색용 염색약을 머리카락에 충분한 시간 동안 두지 않으면 원래 의도했던 옅은 금발이 아닌 붉은 색조가 뚜렷한 '딸기색' 금발이 될 수도 있다.

비누였는데, 연한 물에서는 잘 작동하지만 경수에서는 머리카락에 윤기 없는 막을 남겼다. 사람들은 종종 식초나 레몬주스가 함유된 린스를 사용하여 이 막을 제거했다. 오늘날의 제품에는 이러한 린스가 필요하지 않다.

요즘의 샴푸는 세정제로 합성 세제를 사용하는데, 이는 샴푸의 유일한 필수 성분이며, 일반적으로 제형의 20~25%를 차지한다. 성인용 샴푸의 경우에 세제는 종종 도데실 황산 소듐(보통 제품 라벨에 라우릴 황산 소듐으로 표기), 라우릴 황산 암모늄, 라우레스 황산 소듐과 같은 음이온 타입이거나 세제를 혼합한 형태이다. 유아 및 어린이용 샴푸의 경우에 세제는 눈에 덜 자극적인 양쪽성 계면활성제(13.2절)인 경우가 많다.

가장 저렴한 샴푸와 가장 비싼 샴푸의 가격 차이가 큰 이유는 무엇일까? 차이는 첨가제 때문이다. 과일 또는 허브 향, 단백질 또는 비타민이 풍부하거나 지성, 건성, 염색한 모발용으로 특별히 만들어진 샴푸를 구입할 수 있다. 지성, 중성, 건성 모발용 샴푸는 주로 세제 농도에 따라 달라진다. 지성 모발용 샴푸는 더 진하고, 건성 모발용 샴푸는 더 묽다. 샴푸에 들어 있는 비타민은 아무런 용도가 없다. 염색한 모발용 샴푸에는 자외선 차단제가 함유되어 있는데, 자외선이 회색 또는 금발 모발을 더 진하게 만드는 분자를 파괴하기 때문이다. 머리카락을 헹군 후에도 자외선 차단제가 모발에 남아 있는지는 의문이다. 머리카락은 단백질이기 때문에, 단백질이 풍부한 샴푸는 모발에 탄력을 준다. 단백질(보통 케라틴 또는 콜라겐)은 모발을 코팅하고 말 그대로 갈라진 모발 끝을 서로 붙인다. 단백질은 컨디셔너에도 종종 첨가된다. 컨디셔너는 주로 긴 사슬 알코올 또는 긴 사슬 4급 암모늄염으로, 섬유유연제에 사용되는 화합물(13.3절)과 유사하며 모발 섬유를 코팅하는 것과 거의 같은 방식으로 작용한다.

모발의 단백질 사슬에는 산성기와 염기성기가 있으므로 샴푸의 산성 또는 염기성이 모발에 영향을 미친다. 모발과 피부는 모두 약산성이다. 강염기성 또는 강산성 샴푸는 모발을 손상시킬 수 있다. 대부분의 샴푸는 중성 또는 약산성에 가까운 4~7 사이의 pH 값을 가지고 있다.

그렇다면 향은 어떨까? 꿀, 딸기, 허브, 오이, 레몬과 같은 '천연' 성분은 샴푸나 기타 화장품의 효능에 아무런 도움이 되지 않는다는 충분한 증거가 있다. 왜 그런 성분이 있을까? 향은 판매에 도움이 되며, 이러한 성분은 자연스러운 생활 방식에 관심이 있는 사람들에게도 호소력이 있다. 이러한 향을 사용하는 데에는 한 가지 위험이 있다. 벌, 모기, 기타 곤충도 특정 과일 및 꽃 냄새를 좋아한다. 소풍이나 등산을 하러 가기 전에 이러한 제품을 사용하면 머리에 벌이 앉을 수 있다.

머리 염색

멜라닌은 피부와 모발의 색소를 지칭하는 광범위한 용어이다. 머리카락과 피부의 색은 두 가지 색소의 상대적인 양에 의해 결정된다. 유멜라닌(eumelanin)은 갈색을 띤 검은색 색소이고, 붉은 색소인 페오멜라닌(pheomelanin)은 빨간 머리의 머리카락을 물들이고 주근깨의 주요 색소이다. 갈색 머리는 모발에 유멜라닌이 대부분이지만 금발은 두 색소가 거의 없다.

갈색 머리를 금발로 바꾸고 싶으면 머리카락의 색소를 무색 화합물로 산화시켜 금발로 만들면 된다. 과산화 수소는 일반적으로 머리카락을 표백하는 데 사용되는 산화제이다. (검은 머리카락을 금발로 표백하는 것과 같은 물질이 머리카락을 회색으로 만든다. 나이가 들면서 모낭의 과산화 수소 농도가 축적되어, 결국 멜라닌 생성을 억제한다.)

더 어두운 모발을 만들거나 흰머리를 원래의 갈색 또는 검은색으로 되돌리기 위한 염색은 모발에 염색제를 첨가해야 하므로 탈색보다 더 복잡하다. 염색 색상은 씻어낼 수 있는 수용성 염료와 같이 일시적인 것도 있고, 모발에 침투하여 오래 남는 영구적인 염료도 있다. 이러한 염료는 종종 수용성이며 무색의 전구체 형태로 사용되어 모발에 스며든 다음 과산화 수소에 의해

H_2N–⌬–NH_2	H_2N–⌬–NH–⌬–SO_3H	MMPD	EMPD
파라-페닐렌다이아민	파라-아미노다이페닐아민설폰산	MMPD	EMPD
(a)	(b)	(c)	(d)

▲ **그림 13.16** (a) 대부분 염색약은 파라-페닐렌다이아민의 유도체이다. 여기에는 (b) 파라-아미노다이페닐아민설폰산, (c) 파라-메톡시-메타-페닐렌다이아민(MMPD), (d) 파라-에톡시-메타-페닐렌다이아민(EMPD) 등이 포함된다.

산화되어 유색 화합물로 변한다. 영구 염색약은 머리카락 줄기의 죽은 바깥쪽 부분에만 영향을 미친다. 새로운 모발은 두피에서 자라면서 자연스러운 색을 띠게 된다.

영구적 염색약은 종종 파라-페닐렌다이아민이라는 방향족 아민의 유도체이다(그림 13.16). 이 분자에 치환체를 붙이면 다양한 색상을 얻을 수 있다. 파라-페닐렌다이아민(*para*-phenylenediamine) 분자는 검은색을 생성하고, 유도체인 파라-아미노다이페닐아민설폰산(*para*-aminodiphenylaminesulfonic acid)은 금발 염색에 사용된다. 중간 색상은 다른 유도체를 사용하여 얻을 수 있다. 한 가지 유도체인 파라-메톡시-메타-페닐렌다이아민(*para*-methoxy-*meta*-phenylenediamine, MMPD)은 쥐와 생쥐에게 먹였을 때 암을 발생시키는 것으로 나타났지만, 이를 염색약으로 사용하는 사람들에 대한 위험성은 아직 알려지지 않았다. 흥미로운 점은 MMPD의 대체 물질 중 하나가 동족체인 파라-에톡시-메타-페닐렌다이아민(*para*-ethoxy-*meta*-phenylenediamine, EMPD)이라는 것이다. 검사 결과 EMPD가 박테리아에 돌연변이를 일으킨다는 사실이 밝혀졌다. 이러한 돌연변이원은 종종 발암물질이기도 하다.

헤나(henna)는 로소니아 이너미스(*Lawsonia inermis*) 식물에서 추출한 천연 주황빛 갈색 염료로, 고대부터 인도 아대륙과 중동, 아프리카 소말리아 반도 지역에서 머리카락을 염색하고 피부와 손톱을 섬세하게 장식하는 데 사용되어 왔다.

그레시안 포뮬라(Grecian Formula)와 같이 서서히 색이 나타나는 염색약은 비교적 간단한 화학 원리를 사용한다. 무색의 아세트산 납[$Pb(CH_3COO)_2$]이 함유된 용액을 모발에 문지른다. 이 용액이 머리카락 줄기 속으로 침투하면서 Pb^{2+} 이온이 모발의 황 원자와 반응하여 검은색의 황화 납(II)(PbS)을 형성한다. 반복적으로 바르면 더 많은 황화 납이 생성되어 더 어두운 색을 띠게 된다. 납 화합물을 피부와 접촉하여 사용하는 것의 안전성에 의문이 제기되고 있다.

퍼머: 곱슬머리의 화학

곱슬머리의 화학은 흥미롭다. 모발은 단백질이며 인접한 단백질 사슬은 이황화 결합으로 서로 연결되어 있다. 퍼머 로션에는 디오글리콜산($HSCH_2COOH$)과 같은 환원제가 포함되어 있어 이황화물 결합을 끊어서(그림 13.17), 모발이 롤러에 말린 상태로 유지될 때 단백질 사슬이 분리될 수 있게 한다. 그런 다음 모발은 과산화 수소와 같은 순한 산화제로 처리된다. 이황화 결합이 새로운 위치에 형성되어 모발에 모양을 부여한다.

동일한 화학 과정은 자연적인 곱슬머리를 곧게 펴는 데 사용할 수 있다. 곱슬곱슬함의 변화는 이황화 결합이 환원된 후와 결합이 회복되기 전에 머리카락이 어떻게 배열되는지에 따라 달라진다.

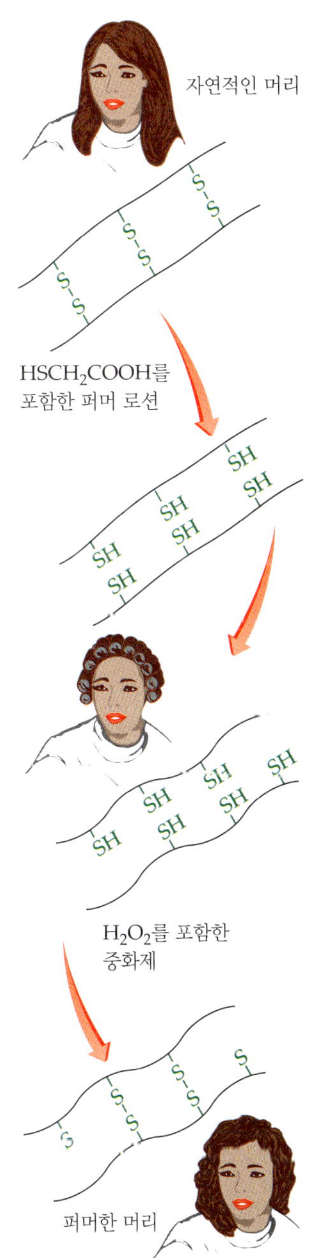

▲ **그림 13.17** 퍼머는 단백질 사슬 사이의 이황화 결합을 끊은 다음 새로운 위치에 다시 형성함으로써 이루어진다.

헤어스프레이

머리카락은 **수지**(resin), 즉 모발에 끈적끈적한 막을 형성하는 고체 또는 반고체 유기 물질로 고정할 수 있다. 모발에 사용되는 일반적인 수지는 폴리비닐피롤리돈(PVP)과 그 공중합체이다.

$$\cdots CH-CH_2-CH-CH_2-CH-CH_2-CH-CH_2-CH-CH_2\cdots$$

수지를 용매에 녹인 후 혼합물을 모발에 분사하면 용매가 증발한다. 헤어스프레이의 추진제는 일반적으로 가연성인 부탄과 같은 휘발성 탄화수소이다.

고정 수지는 무스 형태로도 제공된다. **무스**(mousse)는 단순히 거품이다. 헤어스프레이와 마찬가지로 활성 성분은 PVP와 같은 수지이다. 염색제와 컨디셔너도 무스로 사용할 수 있다.

제모제

원치 않는 모발을 제거하는 화학 물질을 **제모제**(depilatory)라고 한다. 대부분은 황화 소듐 또는 티오글리콜 칼슘[$Ca(OOCCH_2SH)_2$]과 같은 수용성 황 화합물을 함유하고 있으며, 크림이나 로션 형태이다. 이러한 강염기성 혼합물은 모발의 일부 펩타이드 결합을 파괴하여 털을 제거한다. 피부도 단백질로 구성되어 있으므로 털을 공격하는 화학 물질은 피부도 손상시킬 수 있다는 점을 기억해야 한다.

모발 복원제

수년 동안 남성들은 탈모 부위에 머리카락이 자랄 수 있는 방법을 찾아왔다. 여성도 탈모로 고통받지만, 남성보다는 가발에 거부감이 없는 것처럼 보인다.

미녹시딜은 원래 고혈압 치료제로 소개되었다. 미녹시딜은 혈관을 확장하는 작용을 한다. 이 약을 복용한 사람들이 신체 여러 부위에 털이 나기 시작하자, 탈모가 시작되는 사람들의 두피에 사용되었다. 미녹시딜은 모낭이 있는 피부 어디에서나 잔털을 자라게 할 수 있다. Rogaine®이라는 상품명으로 판매되고 있지만, 최근에는 복제약도 판매되고 있다. 효과를 보려면 지속적으로 사용해야 하며 비용은 1년에 수백 달러 이상일 수 있다.

정보에 밝은 소비자

이 장에서 집에 있는 수많은 화학 제품에 대한 모든 것을 설명할 수는 없다. 그중 일부에 관한 내용이 책으로 출간되었으며, 더 알고 싶다면 도서관에 도움이 될 만한 책이 많이 있다. 인터넷에서도 많은 정보를 얻을 수 있지만 대부분은 광고성 정보에 불과하니 주의해서 읽어야 한다. 여기서 얻은 지식과 제품 라벨에 적힌 정보를 통해 더 현명한 소비자가 되고, 사고를 예방하는 데 도움을 받을 수 있다.

구매한 제품이 불만족스럽다면 해당 제품을 만든 회사에 알려야 한다. 화장품 업계는 매년 고객으로부터 수천 건의 불만을 접수한다. FDA에 불만을 제기할 수도 있다. 화장품의 부작용에 관한 많은 보고서가 매년 FDA에 제출된다. FDA는 유해성에 대한 증거 없이는 화장품을 금지할 수 없으며, 발암성 테스트는 복잡한 과정이고 몇 년이 걸리며 최소 50만 달러의 비용이 소요된다.

화장품의 대부분은 저렴한 재료로 만들어지지만, 광고가 많이 나오는 화장품은 가격대가 매우 높다. 그만한 가치가 있을까? 슈퍼마켓이나 약국에서 다양한 브랜드의 제품을 접할 때, 가장 비싼 제품이 반드시 다른 제품보다 더 좋은 것은 아니라는 사실을 기억하자. 이것은 화학의 영역을 넘어서는 판단이다. 저 유명한 상표가 붙은 멋진 작은 병 안에 들어 있는 100달러짜리 제품은 제조업체가 생산하는 데 5달러도 안 들었을 수 있다. 반면에 그 제품이 당신의 외모를 개선하거나 기분을 좋게 만든다면 가격은 중요하지 않을 수도 있다. 오직 여러분만이 결정할 수 있다.

자가평가문제

1. 스킨 크림과 로션에 들어 있는 성분이 아닌 것은 무엇인가?
- **a.** 단백질 **b.** 무기질
- **c.** 글리세린 **d.** 유화제

2. 새로운 화장품을 출시할 때 제조업체가 해야 하는 일은 무엇인가?
- **a.** 화장품이 의도된 용도에 안전하고 효과적임을 증명할 필요가 없다.
- **b.** FDA에 안전성을 테스트하기 위해 비용을 지불해야 한다.
- **c.** 성분이 의도된 용도에 안전하다는 증거를 FDA에 제공해야 한다.
- **d.** 제품이 의약 목적 화장품이 아님을 증명하는 신청서를 FDA에 제출해야 한다.

3. 태양광 화상을 가장 많이 일으키는 자외선의 유형은 무엇인가?
- **a.** UV-A **b.** UV-B
- **c.** UV-C **d.** UV-X

4. 머리카락이 '더러워지는' 이유는 무엇인가?
- **a.** 손에 기름이 묻고 손으로 머리카락을 만지기 때문이다.
- **b.** 먼지와 흙은 공기 중에 자연적으로 존재하며 머리카락에 쌓이기 때문이다.
- **c.** 단백질인 머리카락이 기름기 많은 먼지를 끌어당기기 때문이다.
- **d.** 모근 근처의 피지선이 공기 중의 먼지를 빨아들이는 기름을 분비하기 때문이다.

5. 설탕이 충치를 유발하는 이유는 무엇인가?
- **a.** 박테리아에 의해 치아 법랑질을 침식하는 산으로 바뀌기 때문이다.
- **b.** 치아 법랑질을 직접 공격하기 때문이다.
- **c.** 기계적으로 치아 법랑질을 마모시키기 때문이다.
- **d.** 위산 빙출을 유발하기 때문이다.

6. 향수 성분 중 가장 작은 분자로 구성된 것은 무엇인가?
- **a.** 엔드 노트 **b.** 미들 노트
- **c.** 베이스 노트 **d.** 탑 노트

7. 애프터셰이브 로션에 들어 있지 않은 성분은 무엇인가?
- **a.** 에탄올 **b.** 멘톨
- **c.** 물 **d.** 단백질

8. 화장품의 저자극성 라벨이 의미하는 것은 무엇인가?
- **a.** 모든 것이 천연 성분이다.
- **b.** 피부과 의사의 시험을 거쳤다.
- **c.** 향수가 들어 있지 않다.
- **d.** 여전히 알레르기 반응을 일으킬 수 있는 물질이 포함되어 있을 수 있다.

9. 머리카락이 젖으면 어떤 유형의 힘이 방해되는가?
- **a.** 수소 결합 **b.** 이황화 결합
- **c.** 염다리 **d.** 펩타이드 결합

10. 콜에 대한 설명으로 옳은 것은 무엇인가?
- **a.** 단순히 분쇄된 석탄이다.
- **b.** 많은 문화권에서 얼굴 장식에 사용된다.
- **c.** 태양의 자외선 및 가시선을 잘 반사한다.
- **d.** 질병으로부터 눈을 보호하는 데 효과적이다.

11. 다음 중 샴푸의 필수 성분은 무엇인가?
- **a.** 컨디셔너 **b.** 향기
- **c.** 세제 **d.** 단백질

12. 퍼머할 때 파괴되는 화학적 힘은 무엇인가?
- **a.** 수소 결합 **b.** 이황화 결합
- **c.** 염다리 **d.** 펩타이드 결합

13. 피부에 멜라닌이 거의 없는 사람에 대한 설명으로 옳은 것은 무엇인가?
- **a.** 태양광 화상과 피부암에 더 취약하다.
- **b.** 보통 자연적으로 검은색 머리이다.
- **c.** 머리카락이 일찍 회색으로 변한다.
- **d.** 자외선 차단제를 거의 사용하지 않아도 된다.

정답: 1. a, 2. a, 3. b, 4. d, 5. a, 6. d, 7. d, 8. c, 9. a, 10. b, 11. c, 12. b, 13. a

녹색 화학 가정에서 녹색 화학 실천하기

Marty Mulvihill, University of California-Berkeley

원칙 1

학습 목표 • 친환경 생활용품을 선택할 때 녹색 화학 원칙을 어떻게 적용할 수 있는지 알아본다.

녹색 화학의 12가지 원칙은 화학자들이 화학 물질을 보다 안전하고 효율적으로 설계하고 사용하는 데 도움이 된다. 이러한 원칙은 가정에서 화학 제품을 사용하는 데도 도움이 될 수 있다. 집에 있는 제품을 직접 디자인할 기회는 많지 않지만, 어떤 제품을 구매하고 어떻게 사용하는지는 통제할 수 있다. 이 장에서 다루는 화학에 대한 이해와 이러한 원칙을 결합하여 어떻게 더 친환경적인 소비자가 될 수 있는지 알게 될 것이다. 다음 지침은 녹색 화학의 12가지 원칙을 활용하여 친환경 소비 습관을 기르는 방법의 예이다.

1. **필요한 만큼만 구매해서 사용한다.** 원칙 1은 불필요한 낭비를 피하는 데 도움이 된다. 필요한 제품만 구매하여 사용하면 가정에서 낭비를 피할 수 있다.
2. **더 안전한 제품을 선택한다.** 원칙 3, 4, 5는 모두 화학자들이 원하는 기능을 제공하면서도 가능한 가장 안전한 성분을 선택하도록 상기시켜 준다. 가정에서도 마찬가지이다. 전문가에게 문의하여 어떤 제품이 가장 안전한지 알아보자.
3. **자원 고갈을 최소화하는 제품을 선택한다.** 원칙 7은 재생가능한 원료 화학 물질을 사용하도록 권장하고, 원칙 6은 에너지 효율성을 촉진한다. 에너지 효율이 높거나 재생가능한 자원으로 만든 제품을 선택함으로써 자원 고갈을 최소화할 수 있다.
4. **재사용, 재활용이 가능하거나 쉽게 분해되는 재료를 선택한다.** 원칙 10은 화학자에게 환경적으로 분해되는 화학 물질을 설계하라고 말한다. 환경에서 쉽게 분해되는 제품을 찾는다. 재사용 또는 재활용이 가능한 포장재로 된 제품을 구매한다.
5. **최신 정보를 유지한다.** 원칙 11은 화학자가 실시간으로 반응을 지켜보아 위험과 낭비를 피할 수 있도록 장려한다. 소비자로서 우리는 제품 안전 및 규제에 대한 새로운 발전을 지켜보아 최상의 제품을 선택할 수 있다.
6. **사고를 예방한다.** 원칙 12는 화학자가 본질적으로 더 안전한 화학 물질을 사용하여 사고를 예방하기 위해 노력해야 한다는 것을 상기시킨다. 제품 라벨을 읽고, 적절한 보호 장비를 사용하고, 환기를 극대화하고, 가장 안전한 제품을 선택함으로써 사고를 예방할 수 있다.

요약

13.1절: 일부 식물에는 거품을 생성하는 **사포닌**이 함유되어 있다. 식물 재에는 물과 반응하여 수산화 이온을 형성하기 때문에 알칼리성인 K_2CO_3와 Na_2CO_3가 포함되어 있다. **비누**는 긴 사슬 카복실산의 염으로, 전통적으로 지방과 잿물(NaOH)로 만들어지며 부산물로 글리세롤이 있다. 비누 분자는 **소수성** 탄화수소 꼬리(기름이나 그리스에 용해됨)와 **친수성** 이온 머리(물에 용해됨, 보통 COO^-)를 가지고 있다. 비누 분자는 비누 분자의 탄화수소 꼬리가 묻혀 있는 작은 구형 기름방울인 **미셀**을 형성하여 기름이나 그리스를 물에 분산한다. 이러한 방식으로 현탁액을 안정화시키는 제제를 **계면활성제**라고 한다. 비누는 경수(Ca^{2+}, Fe^{2+}, Mg^{2+} 이온이 포함된 물)에서 잘 작동하지 않는데, 이는 비누가 불용성 이온을 형성하기 때문이다. 연수기에는 경수 이온을 제거하고 Na^+ 이온으로 대체하는 이온 교환 수지가 포함되어 있다. 다른 연수제는 경수 이온을 인산염 또는 탄산염으로 침전시킬 수 있다.

13.2절: 합성 **세제**는 일반적으로 긴 탄화수소 꼬리와 극성 또는 이온성 머리를 가지고 있으며, 보통 구조에 SO_3^-가 포함되어 있다. ABS 세제는 분지 사슬 구조를 가지고 있으며 쉽게 생분해되지 않는다. LAS 세제는 미생물에 의해 분해될 수 있는 선형 탄소 원자 사슬을 가지고 있다. 비누, ABS 세제, LAS 세제는 활성 부분에 음전하를 띠는 **음이온성 계면활성제**이다. **비이온성 계면활성제**는 전하가 없다. 4급 암모늄염과 같은 **양이온성 계면활성제**는 양전하를 띠고 있다. **양쪽성 계면활성제**는 양전하와 음전하를 모두 가지고 있다. 세제 제형에는 세정력을 높이기 위해 인산 복합체와 같은 **빌더**가 포함되는 경우가 많다. 형광 염료인 **형광 증백제**는 흰색을 '더 하얗게' 보이게 하도록 세제에 첨가되는 경우가 많다. 표백제, 향료, 섬유유연제는 세탁 세제에 들어 있을 수 있다. 액체 식기세척 세제는 주로 계면활성제(LAS)를 활성 성분으로 함유하고 있다. 자동 식기세척기용 세제는 강알칼리성이므로 손 설거지에는 사용해서는 안 된다.

13.3절: 양이온성 계면활성제는 4차 암모늄염을 포함하며, 두 개의 긴 탄화수소 사슬을 가진 것들은 섬유유연제로 사용된다. **표백제**는 산화제이다. 하이포아염소산염 표백제는 염소를 방출한다. 산소 표백제는 일반적으로 과붕산염 또는 과탄산염을 함유한다. 표백제는 유색 발색단을 무색 조각으로 산화시키는 작용을 한다.

13.4절: 다목적 세척제에는 계면활성제, 암모니아, 소독제가 함유되어 있을 수 있다. 세척제를 올바르고 안전하게 사용하려면 라벨을 반드시 읽어야 한다. 가정용 암모니아, 탄산수소 소듐(베이킹 소다), 식초는 여러 용도로 사용할 수 있는 좋은 세척제이다. 특수용 세척제에는 산이 함유된 변기 세정제, 연마제가 함유된 연마 분말, 암모니아가 함유된 유리 세정제 등이 있다. 배수구 클리너에는 NaOH와 때때로 표백제가

포함되어 있다. 오븐 클리너의 활성 성분은 NaOH이다. 표백제는 다른 세제와 절대 함께 사용해서는 안 된다.

13.5절: 용매는 페인트 및 기타 물질을 제거하는 데 사용된다. 많은 유기 용매는 휘발성과 가연성이 있다. **페인트**에는 색소, 바인더, 용매가 포함되어 있다. 이산화 티타늄이 가장 일반적인 색소이다. 수성 페인트는 바인더로 고분자를 포함하고, 유성 페인트는 동유 또는 아마씨유를 사용한다. **왁스**는 긴 사슬 알코올과 지방산의 에스터이다. 밀랍과 카나우바 왁스가 일반적으로 사용되는 왁스이다. 양털에서 추출한 **라놀린**도 스킨 크림과 로션에 사용되는 왁스이다.

13.6절: **화장품**은 세정이나 미용을 위해 몸에 바르는 것이지만, 의약품처럼 안전성과 효과가 입증될 필요는 없다. 피부는 **케라틴**이라는 질긴 섬유질 단백질로 이루어진 외층을 가지고 있다. **피지**는 기름 분비물로서 피부가 수분을 잃지 않도록 보호한다. **로션**은 물에 기름방울이 섞인 에멀션이고, **크림**은 기름에 물방울이 섞인 에멀션이다. 이들 각각은 피부에 물리적 보호막을 형성하여 수분을 유지한다. 크림과 로션은 또한 피부를 부드럽게 하는데, 이를 피부 연화제라고 한다. 글리세롤과 보습제는 물과 결합하여 수분을 피부에 붙잡아 둔다. 자외선은 피부를 검게 만드는 **멜라닌** 색소의 생성을 촉진한다. **자외선 차단제**는 자외선(UV) 복사선을 차단하거나 흡수하며, 이 중 UV-B는 UV-A보다 더 해롭다. **자외선 차단 지수(SPF)**는 자외선 차단제의 자외선 흡수 물질이 얼마나 효과적인지를 나타낸다. 눈 화장과 립스틱은 주로 기름, 왁스, 색소가 혼합된 제품이다. 일부 전통적인 메이크업 성분은 위험하다. **냄새 제거제**는 체취를 가리고 냄새를 유발하는 박테리아를 죽인다. **땀 억제제**는 땀샘의 입구를 수축시켜 **수렴제** 역할을 하여 땀 분비를 억제한다. 치약에는 세제와 연마제뿐만 아니라 증점제, 향료, 종종 플루오린 화합물이 첨가된다. **향수**의 향은 휘발성이 가장 높은 **탑 노트**, 휘발성이 중간 정도인 **미들 노트**, 휘발성이 가장 낮은 **엔드 노트**의 세 가지 부분으로 이루어져 있다. **콜론**은 희석된 향수이다. **저자극성 화장품**은 일반 제품보다 알레르기 반응을 덜 일으킨다고 주장하지만, 이 용어는 법적 의미가 없으며 보통 향료가 들어 있지 않다. 샴푸는 물, 증점제, 향료가 혼합된 합성 LAS 세제이다. 검은색 머리카락에는 유멜라닌 색소가, 빨간색 머리카락에는 페오멜라닌 색소가 포함되어 있고, 금발 머리카락에는 두 색소가 거의 함유되어 있지 않다. 많은 염색약은 파라 페닐렌다이아민을 기반으로 한다. 머리카락은 과산화 수소로 탈색된다. 머리카락을 영구적으로 곱슬곱슬하게 하거나 곧게 펴는 것은 환원제를 사용하여 단백질 사슬 사이의 이황화 결합을 끊은 다음, 산화 중화제를 사용하여 다른 위치에서 결합을 다시 형성한다. 헤어스프레이에는 모발에 끈적끈적한 필름을 형성하는 유기 물질인 **수지**가 포함되어 있다. 이러한 수지는 **무스**와 같은 거품 형태로도 판매된다. 모발을 제거하는 화학 물질을 **제모제**라고 하며, 이러한 화학 물질은 피부를 손상시킬 수 있다.

녹색 화학: 녹색 화학의 원칙은 우리가 더 친환경적인 선택을 하는 데 도움이 될 수 있다. 화학적 성질을 이해하면 더 친환경적인 제품을 선택할 수 있다.

학습 목표	관련 문제
• 비누의 구조를 설명하고, 비누가 어떻게 만들어지고 기름때를 어떻게 제거하는지를 설명한다. (13.1)	1, 2, 17~23, 89, 90
• 비누의 장점과 단점에 관해 설명한다. (13.1)	3, 6
• 물 연화제의 작동 원리와 연화제로 사용되는 물질에 관해 설명한다. (13.1)	5, 13, 24~28, 30, 31
• 합성 세제의 구조, 장점, 단점을 나열한다. (13.2)	4, 29, 38~42, 91
• 계면활성제를 양쪽성, 음이온성, 양이온성, 비이온성으로 분류하고, 다양한 세제 제형에 어떻게 사용되는지 설명한다. (13.2)	7, 8, 33~35, 44, 45, 93, 97
• 섬유유연제의 구조로부터 섬유유연제를 식별하고 그 작용을 설명한다. (13.3)	46~48
• 세탁 표백제의 두 가지 유형을 말하고 그 작동 원리를 설명한다. (13.3)	49, 50
• 다목적 세척제와 특수 목적 세척제의 주요 성분(및 그 용도)을 나열한다. (13.4)	9~12, 51~57, 98, 99, 102, 103, 106, 108
• 용매와 페인트에 사용되는 화합물을 식별하고 그 용도를 설명한다. (13.5)	58~60
• 구조를 통해 왁스를 식별한다. (13.5)	61, 101, 108
• 피부, 머리카락, 치아의 화학적 성질을 설명한다. (13.6)	12, 65, 76, 77, 104, 105
• 다양한 화장품의 주요 성분과 그 용도를 파악한다. (13.6)	14~16, 36, 37, 62~75, 78~88, 94, 103
• 친환경 생활용품을 선택할 때 녹색 화학 원칙을 어떻게 적용할 수 있는지 알아본다.	107, 108

개념문제

1. 비누 분자가 표면의 기름때를 제거하는 방법을 비누 분자의 모양, 성질, 극성, 분자 간 상호작용을 고려하여 자세히 설명하라.
2. 세정제가 비누로 분류될 때, 세정 과정에서 물의 기능은 무엇인가? 분자 간 상호작용을 반드시 포함하여 설명하라.
3. 비누의 장점과 단점은 무엇인가?
4. 합성 세제의 장점과 단점은 무엇인가?
5. 비누가 '경수'에서 잘 작용하지 않는 이유와 그 과정을 설명하라. 물을 경수로 만드는 이온을 포함하여 설명하라.
6. 미셀이란 무엇인가?
7. 비누와 음이온 세제의 구조적 차이점은 무엇인가?
8. 양이온성 계면활성제는 비이온성 계면활성제와 함께 사용되는 경우가 많지만, 음이온성 계면활성제와 함께 사용되는 경우는 드물다. 왜 그런가?
9. 액체 식기세척제(손 설거지용)에는 어떤 성분이 사용되는가? 자동 식기세척기용 세제는 손 설거지용 세제와 어떻게 다른가?
10. 가정용 희석 암모니아의 몇 가지 용도를 나열하라. 암모니아를 사용할 때 어떤 안전 예방 조치를 따라야 하는가?
11. 암모니아 용액은 어떤 성질로 인해 유용한가? 단점은 무엇인가?
12. 베이킹 소다를 세정제로서 유용하게 만드는 두 가지 성질을 나열하라.
13. 연수 탱크는 어떻게 작동하는가?
14. 화장품의 법적 정의는 무엇인가? 비누도 화장품인가?
15. 냄새 제거제는 화장품으로 분류되는가, 의약품으로 분류되는가? 그 이유는 무엇인가?
16. 땀 억제제는 화장품으로 분류되는가, 의약품으로 분류되는가? 그 이유는 무엇인가?

연습문제

비누

17. 포타슘 비누는 소듐 비누와 어떻게 다른가? 도데실 황산 소듐과 도데실 황산 포타슘의 화학식 쓰라.
18. 세탁 비누에는 어떤 성분이 첨가되는가? 그 첨가제의 어떤 성질이 연마에 유용한가?
19. 잿물과 지방으로 비누를 만드는 반응식을 쓰라.
20. 트리팔미틴과 잿물(수산화 소듐)의 반응에 대한 반응식을 쓰라.
21. 다음 각 화합물의 구조식을 쓰라.
    a. 스테아린산 소듐
    b. 팔미트산 포타슘
22. 다음 각 화합물의 구조식을 쓰라.
    a. 스테아린산 포타슘
    b. 팔미트산 소듐
23. 다음 반응에서 형성되는 생성물의 화학식을 쓰라.

$$\begin{array}{l} CH_2O-\overset{\displaystyle O}{\overset{\|}{C}}(CH_2)_{10}CH_3 \\ | \\ CH-O-\overset{\displaystyle O}{\overset{\|}{C}}(CH_2)_{10}CH_3 \quad + \quad 3\,NaOH \longrightarrow \\ | \\ CH_2O-\overset{\displaystyle O}{\overset{\|}{C}}(CH_2)_{10}CH_3 \end{array}$$

물 연화제

24. 어떤 이온이 물을 '경수'로 만드는가?
25. 탄산염 이온이 경수에서 마그네슘 이온과 반응하여 불용성 침전물을 형성하는 과정을 나타내는 반응식을 쓰라.
26. 인산염 이온이 경수에서 칼슘 이온과 반응하여 불용성 침전물을 형성하는 과정을 나타내는 반응식을 쓰라.
27. 제올라이트 소듐을 사용하는 연수기가 물에서 칼슘 이온을 제거하는 방법을 나타내는 반응식을 쓰라.
28. 인산 소듐이 어떻게 물을 연수로 만드는지 설명하라. 그 반응이 어떻게 일어나는지를 나타내는 반응식을 쓰라.

빌더

29. 빌더(세제)란 무엇인가?
30. 인산 소듐은 세제의 세정 작용을 어떻게 돕는가?
31. 제올라이트는 세제의 세정 작용을 어떻게 돕는가?
32. 제올라이트는 빌더로서 탄산염에 비해 어떤 장점이 있는가?

세제: 구조 및 성질

33. 다음 각 계면활성제를 음이온성, 양이온성, 비이온성, 양쪽성 계면활성제로 분류하라.
    a. $CH_3(CH_2)_9CH_2CH_2OSO_3^-\ Na^+$
    b. $CH_3-C_6H_4-(CH)_{10}N^+(CH_3)_3Cl^-$

34. 양쪽성 계면활성제란 무엇인가? 어떤 종류의 제품에서 찾을 수 있는가?

35. 비이온성 계면활성제란 무엇인가? 어떤 종류의 제품에서 찾을 수 있는가?

36. 샴푸와 치약에서 가장 흔하게 발견되는 세제의 종류는 무엇인가?

37. 샴푸와 치약에 들어 있는 가장 일반적인 세제의 이름을 쓰라. 제품 라벨에서 볼 수 있는 '일반적인' 이름과 IUPAC 이름을 쓰라.

38. ABS와 LAS 세제의 구조적 차이점과 유사점은 무엇인가?

39~43번 문제는 다음 화합물 I, II, III을 참고하여 답하라. C_6H_4는 1,4-이치환 벤젠 고리를 나타낸다.

I. $CH_3(CH_2)_9CH(CH_3)—C_6H_4—SO_3^-Na^+$
II. $CH_3(CH_2)_{11}OSO_3^-Na^+$
III. $CH_3(CH_2)_{15}N^+(CH_3)_3Br^-$

39. 선형 알킬 설포네이트(LAS)는 무엇인가?

40. 알킬 황산염은 무엇인가?

41. 생분해되는/생분해되지 않는 것은 무엇인가?

42. 4차 암모늄염은 무엇인가?

43. 음이온성 계면활성제는 무엇인가? 양이온성 계면활성제는 무엇인가?

44. 암모니아로 닦으면 안 되는 표면에는 어떤 것들이 있는가? 왜 그런가?

45. 식초로 닦으면 안 되는 표면에는 어떤 것들이 있는가? 왜 그런가?

섬유유연제

46. 섬유유연제 역할을 하는 화합물의 예를 들라.

47. 섬유유연제는 어떻게 작동하는가?

48. 건조기에 섬유유연제 시트를 더 넣거나 세탁물에 액체 섬유유연제를 더 넣으면 안 되는 이유는 무엇인가?

표백제

49. 분말 표백제에서 발견되는 두 가지 중요한 화합물의 이름을 쓰라.

50. 모든 액체 표백제에서 발견되는 화합물의 이름과 화학식을 쓰라.

51. 과붕산염 표백제는 어떻게 작동하는가?

52. 과붕산염 표백제의 몇 가지 장단점을 나열하라.

53. 염소계 표백제는 어떻게 작동하는가?

54. 염소계 표백제의 몇 가지 장단점을 나열하라.

용매 및 페인트

55. 가정에서 용매를 사용할 때 주요 위험은 무엇인가?

56. 석유 증류물이 포함된 세척제의 위험성 두 가지를 나열하라.

57. 휘발유를 세척 용매로 사용해야 하는가? 그 이유는 무엇인가?

58. 대부분의 페인트에서 발견되는 흰색 염기성 안료의 이름과 화학식을 쓰라.

59. 세척용 용매 측면에서 라텍스 기반 페인트와 유성 페인트의 주요 차이점은 무엇인가? 각각에 적합한 용매의 이름을 쓰라.

60. 페인트에서 바인더의 용도는 무엇인가? 페인트에 사용되는 현대 및 고대 물질의 이름을 쓰라.

61. 왁스의 기본 구조를 설명하라.

피부용 화장품

62. 연화제란 무엇인가? 연화제로 흔히 사용되는 물질 세 가지를 나열하라.

63. 스킨 로션의 세 가지 주요 성분을 나열하라.

64. 스킨 로션이나 크림에 글리세릴스테아레이트와 같은 유화제가 중요한 이유는 무엇인가?

65. 피부가 거칠어지고 각질이 생기는 주된 이유는 무엇인가?

66. 많은 문화권에서 종교적, 사회적, 의학적 목적으로 사용되는 콜의 위험한 성분은 무엇인가?

67. 선스크린과 선블록의 차이점은 무엇인가?

68. 자외선 차단제에는 일반적으로 어떤 물질이 사용되는가?

69. 자외선 차단제로 사용되는 최소 두 가지 물질의 이름은 무엇인가?

립스틱과 립밤

70. 립밤과 립스틱의 주요 성분은 무엇인가? 해당 성분 중 하나의 구체적인 이름을 쓰라.

71. 립스틱 색소에는 어떤 재료가 사용되는가?

치약

72. 충치의 주요 원인은 무엇인가? 충치를 예방하는 가장 좋은 방법은 무엇인가?

73. 모노 플루오로 인산 소듐의 화학식은 무엇인가? 왜 치약에 들어가는가?

74. 치약에 들어 있는 **(a)** 글리세롤, **(b)** 플루오린화 소듐, **(c)** 도데실 황산 소듐의 용도는 무엇인가?

75. 치약에 들어 있는 **(a)** 질산 포타슘, **(b)** 과산화 수소, **(c)** 수화 실리카의 용도는 무엇인가?

76. 치아 에나멜의 화학식은 무엇인가? 화학명을 쓰라.

77. 플루오린은 어떻게 치아 법랑질을 강화하는가? 치아 법랑질을 플루오린으로 처리할 때 형성되는 물질의 이름과 화학식을 쓰라.

향수 및 콜론

78. 향수란 무엇인가? 콜론이란 무엇인가?

79. 사향이란 무엇인가? 향수에 사향이 첨가되는 이유는 무엇인가?

80. 일부 애프터셰이브 로션에서 멘톨의 기능은 무엇인가?

81. 땀 억제제 역할을 하는 화합물의 이름과 그 기능을 쓰라.

82. 냄새 제거제 역할을 하는 화합물의 이름과 그 기능을 쓰라.

모발 및 모발 관리

83. 일시적 염색약과 영구 염색약의 차이점은 무엇인가? 영구 염색약이 실제로 영구적이지 않은 이유는 무엇인가?

84. 레진이란 무엇인가? 레진은 모발 관리에 어떻게 사용되는가?

85. 직모를 곱슬하게 하거나 곱슬머리를 곧게 펴는 두 과정을 머리카락의 이황화 결합과 관련하여 간략히 설명하라.

86. 헤어 샴푸의 가장 중요한 화학 성분은 무엇인가? 일반적으로 사용되는 화합물의 이름과 화학식을 쓰라.

87. 검은색 머리에서 밝은색 머리로 염색하는 것과 흰색 머리를 더 어두운 색으로 바꾸는 염색의 차이점을 설명하라.

88. 일시적, 반영구적, 영구적 염색약의 작용 방식에 따른 차이점은 무엇인가?

심화문제

89. 화학식과 설명 또는 용도를 바르게 연결하라.

1. CH_3COOH	**a.** 식초의 성분
2. $Na_2Al_2Si_2O_8$	**b.** 순한 연마성 세정제
3. $NaHCO_3$	**c.** 표백제로 사용
4. $NaOCl$	**d.** 비누를 만드는 데 사용
5. $NaOH$	**e.** 물 연화제
6. Na_3PO_4	**f.** 제올라이트

90~93번 문제는 다음 구조 I~IV를 참고하라.

I. $CH_3(CH_2)_{15}N^+H_2CH_2COO^-$
II. $CH_3(CH_2)_{10}COO^-$
III. $CH_3(CH_2)_9CH(CH_3)-C_6H_4-SO_3^-\ Na^+$
IV. $CH_3(CH_2)_{11}-C_6H_4-N^+(CH_3)_3Cl^-$

90. 비누의 구조는 무엇인가?

91. 합성 세제의 구조는 무엇인가?

92. 아기용 샴푸의 구조는 무엇인가?

93. 양쪽성 계면활성제의 구조는 무엇인가?

94. 피부 크림의 성분인 아이소프로필 팔미테이트의 구조를 쓰라.

95. 물의 경도는 물 1 L당 탄산 칼슘 밀리그램으로 표시된다. 경도가 295 mg/L인 물 10.0 L를 연수로 만드는 데 필요한 탄산 소듐의 양을 계산하라. (힌트: 물에 얼마나 많은 Ca^{2+}이 존재하는가?)

96. 페닐 아세트알데하이드와 2-페닐 에탄올은 분자량이 비슷하지만, 페닐 아세트알데하이드는 향수의 탑 노트 성분이고 2-페닐 에탄올은 미들 노트 성분이다. 표 13.2를 참조하여 그 이유를 설명하라.

97. 인터넷에서 특정 산업용 세제 혼합물의 성분에 대한 정보를 검색하면 쿼트(quats)가 포함되어 있음을 알 수 있다. 이 세제 유형의 전체 이름(별칭이 아닌)은 무엇인가? 이 성분은 어떤 유형의 계면활성제인가?

98. 수산화 소듐은 배수구 세척에서 여러 가지 기능을 한다. 이러한 기능 중 두 가지를 설명하라.

99. 형광 증백제는 직물에 닿는 빛(에너지)보다 더 많은 빛(에너지)을 반사하는 것처럼 보이게 한다. 형광 증백제는 에너지 절약의 법칙을 위반하는가?

100. 그림 13.11을 참조하여 카르나우바 왁스와 스페르마세티의 에스터가 어떻게 비슷하고 어떻게 다른지 설명하라.

101. 그림 13.11a를 복습하라. 밀랍의 에스터가 가수분해될 때 형성되는 **(a)** 카복실산과 **(b)** 알코올의 응축된 구조를 그려라.

102. 다음 각 변기 세정제에 의해 변기에 쌓인 탄산 칼슘이 용해되는 반응식을 쓰라.

a. 염산
b. 황산수소 소듐
c. 구연산($HC_6H_7O_7$)

103. 자외선 차단제 라벨에 'SPF 30'이라고 표시되어 있고, 직사광선에 15분 정도 노출되었을 때 피부가 화상을 입는다면 이론적으로 얼마나 오래 햇볕에 노출된 후 크림을 다시 발라야 하는가? 계산보다 빨리 덧발라야 하는 이유는 무엇인가?

104. 피부의 주요 구성 성분은 주로 어떤 유기 화합물 범주에 속하는가?

105. 모발의 주성분은 주로 어떤 유기 화합물의 범주에 속하는가?

106. 휘발성 유기 화합물로 간주되지 않는 분자는 무엇인가?

a. 헥산
b. 에터
c. 포름알데히드
d. 물
e. 아세톤

107. 세탁물 1개에 온수(65 ℃)를 사용할 때와 비교해서 냉수(가열되지 않은 수돗물)를 사용했을 때 얼마나 많은 에너지를 절약할 수 있는지 계산하라. 전형적인 최신 고효율 세탁기는 세탁물당 50~100 L의 물을 사용한다(구형 통돌이 세탁기는 170 L까지 사용). 수돗물이 10 ℃이고 세탁기가 75 L의 물을 사용한다고 가정하고 계산하라.

108. 생활용품에 포함된 다음 각 성분의 용도는 무엇인가?

a. $NaOCl$
b. $CH_3(CH_2)_{14}COONa$
c. ($Na_5P_3O_{10}$)
d. $CH_3(CH_2)_{14}COOCH_2(CH_2)_{28}CH_3$

 비판적 사고 문제

이 장에서 습득한 지식과 하나 이상의 FLaReS 원칙(1장)을 적용하여 다음 진술과 주장을 평가하라.

13.1 세탁 세제는 '옷을 50% 더 밝게, 50% 더 하얗게, [그리고] 100% 새롭고 개선된' 세제이다.

13.2 어떤 제품이 냄새 제거 스프레이라고 주장한다.

13.3 한 브랜드의 치약은 '천연'이라고 주장하는데, 실리카와 SLS(소듐 라우릴 설페이트)가 함유되어 있다.

13.4 한 화장품 광고에서는 "대부분의 무기질 화장품에는 유해할 수 있는 파라벤, 색소, 충전물과 같은 합성 방부제가 들어 있다. 우리 브랜드는 천연 성분인 옥시염화 비스무트를 사용한다"라고 한다.

13.5 새로운 스킨 크림은 "주름을 줄이고 노화와 태양 노출로 인한 손상을 예방하거나 되돌린다"라고 한다.

13.6 스킨 크림의 비타민은 "피부에 영양을 공급한다"라고 한다.

13.7 "인공적인 성분이 함유된 제품은 진정한 아로마테라피 효과를 제공하지 않는다."

13.8 "세탁 볼은 화학 물질이 들어 있지 않으면서도 세탁기에 넣어 세탁, 탈취, 살균, 표백, 부드러운 옷감으로 무한정 재사용할 수 있다."

13.9 한 냄새 제거제 광고에서 "여성의 연약한 피부를 위해 pH가 균형을 이룬다"라고 주장하며, 그 증거로 젖은 리트머스지를 손목에 올려놓아도 색이 변하지 않는다는 것을 제시한다.

13.10 캡슐형 세제(pod)를 씹어 삼키는 동영상을 만들어달라는 유튜브 영상이 올라왔는데, 결국 세제로 빨래를 해도 해가 없을 것 같다는 결론이 나온다.

 협업 과제

파워포인트, 포스터, 기타 프레젠테이션을 준비하여 수업에서 공유하라.

1. 르네상스 예술가들과 네덜란드 거장들이 사용한 색소의 종류, 색소의 획득 및 제조 방법, 색소의 위험성을 조사하라.
2. 남아시아 및 기타 문화권에서 사용되는 헤나와 그 중요성을 조사하라.
3. 서로 다른 세 가지 문화 및 역사적 시대의 얼굴 화상을 사회적 의미와 화학 성분을 포함하여 비교하라.
4. 동네 식료품점이나 할인점에 가서 다음 개인 관리 제품 중 하나 이상을 종류별로 10개 정도 골라 성분을 비교하고 공통점과 독특한 성분을 찾아보라. 온스당 가격을 비교하라.
   a. 치약 또는 치약 젤
   b. 샴푸
   c. 냄새 제거제/땀 억제제
   d. 핸드크림과 로션

실험 과제 행복한 손

준비물

- 소독용 알코올 2/3컵(보통 70% 아이소프로필 알코올)
- 일반 알로에 베라 젤 1/3컵(첨가제가 적을수록 좋다)
- 에센셜 오일 8~10방울(라벤더, 타임, 정향, 계피 잎, 페퍼민트, 카모마일 또는 오렌지 또는 바닐라 추출물 몇 방울 등), 선택 사항
- 액체 비누
- 믹싱볼
- 주걱/나무 숟가락
- 깔대기
- 펌프 또는 분무기가 달린 플라스틱병
- Glo Germ Mini 키트(박테리아 시각화용)
- UV 펜 라이트
- 친구

당신의 손은 얼마나 깨끗한가? 손 소독제가 비누와 물로 씻는 것보다 박테리아 더 많이 죽는가?

질병과 세균의 확산을 막기 위해 하루에 여러 번 손을 씻는 것이 중요하다. 이 실험에서는 손 세정제를 직접 만들어 액체 비누와 비교하여 항균 효능을 알아볼 것이다. 두 제품 모두 최근 FDA와 EPA에서 사용을 금지한 항균 화학 물질인 트리클로로산이 함유되어 있지 않다.

1부: 직접 만든 손 소독제

먼저 재료를 준비하여 수제 손 소독제를 만들자. 작은 믹싱볼에 소독용 알코올(~70% 아이소프로필) 2/3컵을 붓는다.

다음으로 알로에 베라 1/3컵을 계량한다. 알코올 향을 줄이기 위해 에센셜 오일이나 과일 추출물 8~10방울을 추가할 수 있다. 주걱이나 나무 숟가락을 사용하여 재료를 섞는다. 용액을 펌프가 달린 용기에 붓거나 깔때기를 사용하여 흘리지 않도록 뚜껑을 닫는다(그림 1).

▲ 그림 1

2부: 손 세정 효과 실험

이 실험은 실험 조원과 함께 하는 것이 가장 효과적이다. 먼저 손바닥에 동전 크기의 Glo Germ 젤을 바른다. 로션을 바르듯 손에 문질러서 손과 손톱, 손가락 사이를 완전히 덮는다.

Glo Germ 젤을 바른 후 실험 조원에게 UV 펜 라이트를 손에 비추게 한다. 어두운 방이나 옷장에서 이 작업을 수행하면 더 쉽게 볼 수 있다. 무엇이 보이는가? 세균의 흔적이 보이는가(그림 2 참조)?

▲ 그림 2

비누와 물로 30초 동안 손을 잘 씻는다(그림 3). 이제 어두운 방으로 돌아가 그림 2와 같이 UV 펜 라이트를 손에 다시 비춘다.

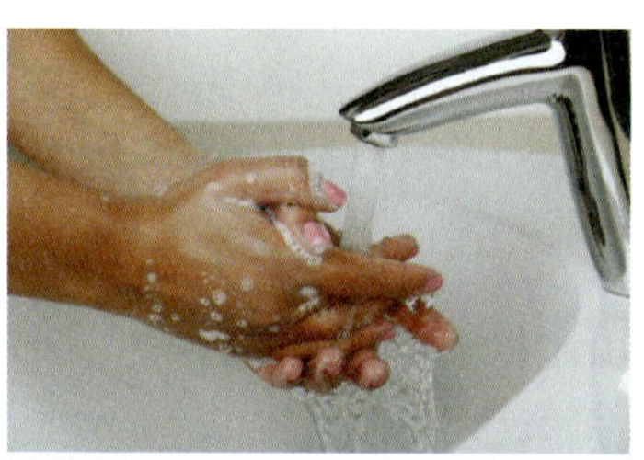

▲ 그림 3

무엇이 보이는가? 자외선 아래에서 보인 반점의 수나 크기에 변화가 있는가?

역할을 바꿔서 실험 조원에게 Glo Germ 젤을 바르게 한다. 위와 같은 단계를 따르되, 이번에는 실험 조원에게 비누와 물 대신 손 소독제를 사용하여 손을 씻게 한다. 차이가 느껴지는가?

실험문제

1. 두 가지 다른 손 세정 방법을 사용한 후 누구의 손에 세균이 번식하는 면적이 줄어든 것 같은가?
2. 모든 비누와 손 소독제가 똑같이 만들어지는 것은 아니다. 이 실험을 확장하기 위해 어떤 다른 변수를 포함할 수 있는가?
3. 비누와 손 소독제의 작용 방식은 어떻게 다른가?

14

독성 물질

? 이 장과 관련된 궁금증

1. 어떤 물질이 생명에 필수이면서 동시에 독이 될 수 있는가?
2. 초콜릿은 개에게 왜 그렇게 치명적인가?
3. 과학자들은 잠재적 발암물질을 시험할 때, 왜 그렇게 높은 용량을 사용하는가?
4. PCB, 납, 다이옥신과 같은 폐기물을 그냥 태워서 처리할 수 없는가?

다들 '독'과 '자연'을 같은 맥락으로 잘 보지 않는다. 하지만 독에 관해서라면 자연은 수천 년 동안 인간을 능가해왔다. 오늘날에도 가장 독성이 강한 물질들은 과학 실험실이 아니라 자연에서 나온다. 수선화와 아마릴리스과 식물의 알뿌리(구근)와 주된 식물체(지상부)에는 꽤 독성이 있다. 모든 수선화속(*Narcissus*) 종에는 라이코린이라는 알칼로이드 독소가 들어 있어 구토·설사·경련을 유발하고, '수선화 가려움'이라 불리는 접촉성 피부염을 일으킨다. 수선화 구근이 일반 양파와 비슷하게 생긴 탓에 우발적 중독 사고가 보고되곤 했다.

독성학: 무엇이 '독'을 만드는가 독이란 무엇일까? 어쩌면 더 나은 질문은 "얼마나 많은 양이 독이 되는가?"일지 모른다. 어떤 물질은 한 농도에서는 해가 없지만, 다른 농도에서는 해를 주거나 심지어 치명적일 수 있다. 서기 1500년경 Paracelsus가 "용량이 곧 독을 만든다."라는 생각을 처음 제안한 것으로 알려져 있다. 식탁용 소금이나 설탕처럼 흔한 물질도 비정상적으로 많은 양을 섭취하면 독이 될 수 있다.

독(poison)은 살아 있는 유기체에 상해, 질병, 죽음을 유발하는 물질이다. 우리는 보통 적은 용량으로도 사람을 죽이거나 해칠 수 있으면 그 물질을 '독성'이 있다고 여긴다. 독성이 되는 용량은 모두에게 같을 필요가 없다. 성인에게는 안전한 소금의 양이 아주 작은 영아에게는 치명적일 수 있다. 건강한 10대에게는 무해한 설탕의 양이, 당뇨병이 있는 아버지에게는 꽤 해로울 수도 있다.

물론 어떤 화합물은 다른 것보다 훨씬 더 독성이 강하다. 건강한 성인을 죽이려면 막대한 양의 소금이 필요하지만, 보툴리눔 독소(보툴린)는 몇 나노그램만으로도 치명적일 수 있다. 물질의 투여 방법도 중요하다. 니코틴을 정맥으로 투여하면 경구 섭취할 때보다 독성이 50배 이상 크다. 마시기 좋은 순수한 생수조차도 과량섭취하면 치명적일 수 있다. 10장을 떠올려 보자. 비타민 A는 건강에 필수적이지만, 체내 지방 조직에 축적되면 독성 수준에 이를 수 있다.

이 장에서는 자연 유래와 인공적으로 만들어진 독을 살펴본다. 이러한 독이 인체에 무엇을 하는지, 다양한 중독이 어떻게 치료되는지 배울 것이다. **독성학**(toxicology)은 독의 작용과 영향, 검출과 감별, 해독제를 연구하는 학문이다. 여기서는 알려진 수많은 독성 물질 중에서도 일상에서 마주칠 가능성이 높은 것들을 우선적으로 다룬다.

14.1 천연 독

학습 목표 • 몇 가지 천연 독과 그 기원을 설명한다.

1 어떤 물질이 생명에 필수이면서 동시에 독이 될 수 있는가?

많은 물질이 낮은 용량에서는 몸에서 필요한 기능을 수행하지만, 높은 용량에서는 동일한 물질이 해로운 생화학적 반응을 일으킨다. 예를 들어 철 이온은 적혈구 생성에 필요하다. 그러나 철이 과다하면 다른 세포에 흡수되어 세포사를 유발할 수 있고, 간 기능을 방해하기도 한다.

기원전 399년에 Socrates는 아테네 청년들을 타락시켰다는 혐의로 유배와 사형 중 선택을 강요받았고, 독물 헴록을 마셔 죽음을 택했다. **독소**(toxin)는 식물이나 동물이 자연적으로 만들어 내는 독을 뜻한다. 독소는 고대부터 널리 알려져 있었다. 독살은 많은 고대 사회에서 공식적인 사형 집행 수단이었다. 헴록은 아테네의 공식 독극물이었고, 뱀과 곤충의 독, 기타 식물성 알칼로이드도 전 세계적으로 널리 사용되었다. 오늘날에도 남아메리카의 일부 원주민 공동체는 야생동물을 사냥할 때 큐라레와 같은 자연 독을 화살에 바르는 방식을 사용한다.

지난 150년 동안 우리는 이러한 천연 독성 물질에 대해 훨씬 더 많이 알게 되었다. Socrates가 복용한 헴록은 아마 독미나리(*Conium maculatum*)의 덜 익은 열매를 말려 차로 달인 것이었을 것이다(그림 14.1). 이 열매에는 코니인(coniine)이 들어 있어 메스꺼움, 쇠약, 마비를 일으키며 Socrates의 경우처럼 죽음에 이르게 할 수 있다.

▶ **그림 14.1** 독미나리(*Conium maculatum*)는 Socrates가 복용한 헴록의 원료가 되었을 가능성이 큰 식물로, 주요 알칼로이드는 코니인이다.

알칼로이드는 식물에 자연적으로 존재하는 이종고리 아민이다. 코니인과 큐라레의 독소 외에도 알칼로이드에는 카페인, 니코틴, 모르핀, 코카인(11.7절)이 포함된다. 가장 독성이 강한 알칼로이드 중 하나는 스트리크닌으로, 마전자속(*Strychnos*)에 속하는 여러 나무 종의 씨앗에서 발견된다. 단 30 mg의 용량으로도 치명적일 수 있다.

독소는 식물뿐 아니라 뱀, 도마뱀, 개구리 등 동물에 의해서도 생성된다. 많은 곤충과 미생물도 독을 만든다. 예를 들어 해마다 약 10만 명의 미국인이 대장균(*E. coli*) 감염을 겪고, 그중 약 1%가 사망한다. 대부분의 대장균은 무해하지만, 일부는 특히 독성이 강하고 어떤 균주는 베로톡신을 만든다. 아마 박테리아 독소 중에 가장 강력한 것은 보툴린(보툴리눔 독소)으로, 보툴리즘을 일으키는 신경독이다(14.4절).

정원과 가정의 독성 식물

많은 천연 독이 식물 알칼로이드이기 때문에, 독성 물질이 정원이나 농장·목장에 존재하는 것은 놀랍지 않다. 선반에서 발견될 수 있는 독성 농약(12장) 외에도 식물 자체가 독성인 경우가 있다. 예를 들어 아름다운 관목인 협죽도(*Nerium oleander*)에는 강력한 강심배당체인 올레안드린과 네리인을 포함해 여러 종류의 독이 들어 있다(강심배당체는 스테로이드 부분과 당 부분을 가지며 심장 수축력을 증가시키는 화합물이다). 협죽도의 독성은 매우 강하여 협죽도 꽃꿀을 먹은 벌이 만든 꿀을 사람이 먹는 것만으로도 중독될 수 있다.

붓꽃, 진달래, 수국도 모두 독성이 있다. 호랑가시나무 열매, 등나무 씨앗, 쥐똥나무(프리벳) 생울타리의 잎과 열매도 마찬가지다. 실내 식물도 독성을 지닐 수 있다. 가장 인기 있는 식물 중 하나인 필로덴드론은 상당히 독성이 강하다. 묵주완두(*Abrus precatorius*)의 씨앗은 매우 아름다워 장신구 제작에 자주 쓰인다. 그러나 이 씨앗에는 아브린(abrin)이 들어 있다. 아브린은 2개의 펩타이드 사슬로 이루어져 함께 작용하여 리보솜을 정지시켜 단백질 합성을 억제한다. 완두 씨앗 한 알에 들어 있는 독의 양(약 3 mg)만으로도 사람을 죽일 수 있다. 다행히 씨앗을 통째로 삼키면 위험이 크지 않지만, 씨앗 껍질이 손상되면 독소가 방출된다.

일부 식품에도 독이 들어 있다. 예를 들어 대황 잎에는 독성인 옥살산이 들어 있다. 멍든 셀러리는 푸소랄렌류(psoralens)를 만들어내고, 저장된 땅콩과 곡류에 생기는 곰팡이는 아플라톡신류를 생성한다. 이러한 화합물은 강력한 돌연변이원 및 발암물질이다(14.6절). 일본에서는 난소와 간에 치명적 독을 지닌 복어의 한 종류를 별미로 즐기는데, 부적절한 조리로 매년 여러 사람이 목숨을 잃는다.

▲ 협죽도 꽃은 아름답지만, 식물의 모든 부분이 독성이다.

▲ 묵주완두의 씨앗은 목걸이로 자주 만들어지며, 묵주에도 쓰여 왔다.

자가평가문제

1. 독에 대한 학문을 무엇이라 부르는가?
   a. 종양학 **b.** 약리학 **c.** 항문학 **d.** 독성학
2. 독의 정의로 가장 적절한 것은 무엇인가?
   a. 모든 알칼로이드 **b.** 모든 화학 물질
   c. 용량에 의해 규정됨 **d.** 합성 화학 물질
3. 다음 중 알칼로이드가 아닌 것은 무엇인가?
   a. 카페인 **b.** 보툴린 **c.** 니코틴 **d.** 코카인
4. Socrates가 복용한 독의 활성 성분은 무엇인가?
   a. 비소 **b.** 보툴린 **c.** 코니인 **d.** 리신

정답: 1. d, 2. c, 3. b, 4. c

14.2 독과 그 작용 방식

학습 목표
- 부식성 독, 물질대사 독, 중금속 독을 구분하고 각 유형의 작용을 설명한다.
- 흔한 물질대사 독과 중금속 독의 해독제를 식별한다.

독은 다양한 방식으로 작용한다. 여기서는 몇 가지 대표적인 독의 작용을 살펴본다. 4장에서 강산과 강염기는 인체 조직에 부식성 영향을 미친다는 것을 기억하자. 이러한 물질은 살아 있는 세포를 무차별적으로 파괴한다. 농도가 낮은 부식성 화학 물질은 더 미묘한 효과를 나타낼 수 있다.

독으로 작용하는 강산과 염기

산과 염기 모두 단백질(폴리아미드)을 포함한 아미드의 가수분해를 촉매한다. 단백질의 기능에는 '모양'이 결정적으로 중요하며, 가수분해 생성물은 원래 단백질의 기능을 수행할 수 없다. 예를 들어 그 단백질이 효소라면 가수분해로 비활성화된다. 노출이 심할 경우에는 조직이 완전히 파괴될 때까지 분절(파편화)이 계속된다.

$$R-\overset{O}{\overset{\|}{C}}-\overset{H}{\overset{|}{N}}-R' + H_2O \xrightarrow{H^+ \text{ 또는 } OH^-} R-\overset{O}{\overset{\|}{C}}-OH + H-\overset{H}{\overset{|}{N}}-R'$$

온전한 단백질 분자 → 조각들

폐 속의 산은 특히 파괴적이다. 7장에서 보았듯이 황을 함유한 석탄을 태우면 황산이 형성된다. 특정 플라스틱과 기타 폐기물을 태울 때도 산이 만들어진다. 이러한 산성 대기 오염 물질은 폐 조직의 분해를 일으킨다.

독으로 작용하는 산화제

다른 대기 오염 물질도 생세포를 손상시킨다. 오존, 과산화아세틸 질산염(PAN), 광화학 스모그의 다른 산화성 성분들은 아마도 효소를 비활성화함으로써 주된 손상을 초래한다. 효소의 활성 부위에는 황을 함유한 아미노산인 시스테인과 메티오닌이 들어 있는 경우가 흔하다. 시스테인은 오존에 의해 쉽게 산화되어 시스테산으로 된다.

$$HS-CH_2-\underset{NH_2}{\underset{|}{\overset{H}{\overset{|}{C}}}}-COOH + O_3 \longrightarrow HO-\underset{O}{\underset{\|}{\overset{O}{\overset{\|}{S}}}}-CH_2-\underset{NH_2}{\underset{|}{\overset{H}{\overset{|}{C}}}}-COOH$$

시스테인 → 시스테산

메티오닌은 메티오닌 설폭사이드로 산화된다.

$$CH_3-S-CH_2CH_2-\underset{NH_2}{\underset{|}{\overset{H}{\overset{|}{C}}}}-COOH + O_3 \longrightarrow CH_3-\overset{O}{\overset{\|}{S}}-CH_2CH_2-\underset{NH_2}{\underset{|}{\overset{H}{\overset{|}{C}}}}-COOH$$

메티오닌 → 메티오닌 설폭사이드

트립토판도 오존과 반응한다. 이 아미노산에는 황이 없지만, 이중 결합에서 고리가 열리는 산화를 겪는다.

$$\text{(indole)}-CH_2-\overset{NH_2}{\overset{|}{CH}}-COOH + O_3 \longrightarrow C_6H_4(-NH-\overset{O}{\overset{\|}{C}}-H)-\overset{O}{\overset{\|}{C}}-CH_2-\overset{NH_2}{\overset{|}{CH}}-COOH$$

트립토판 → 산화 생성물

산화제는 세포 내의 많은 다른 화학 물질의 결합도 끊을 수 있다. 오존처럼 강력한 산화제는 매우 선택적인 방식보다는 무차별적으로 공격할 가능성이 더 크다.

물질대사 독

일부 화학 물질은 혈류에서 산소의 운반을 차단하거나 세포 내의 산화 과정을 방해함으로써 대사 산물의 세포 내 산화를 저해한다. 이들 화학 물질은 복잡한 단백질 분자 속 철 원자에 작용한다. 아마도 이러한 물질대사 독 중에 가장 잘 알려진 것은 일산화 탄소일 것이다. CO는 헤모글로빈의 철 원자에 강하게 결합하여 산소 운반을 막는다(7.4절 참조). 헤모글로빈은 선홍색으로, 혈액이 붉게 보이는 이유다. 헤모글로빈에는 Fe^{2+}가 들어 있다. 조리 과정에서 붉은 고기가 갈색으로 변하는 것은 헤모글로빈이 산화되어 **메트헤모글로빈**으로 바뀌기 때문이다. Fe^{3+}를 포함하는 메트헤모글로빈은 갈색이다. 말라붙은 혈흔이 갈색으로 변하는 것도 같은 이유다.

일부 농업 지역의 지하수에서 위험한 수준으로 발견되는 질산 이온(8.3절)도 헤모글로빈의 산소 운반 능력을 떨어뜨린다. 소화관의 미생물이 질산염을 아질산염으로 환원한다. 이 과정을 환원 반쪽 반응으로 쓸 수 있다.

질산 이온 / 아질산 이온

$$2\,H^+(aq) \quad + \quad NO_3^-(aq) \quad + \quad 2\,e^- \quad \longrightarrow \quad NO_2^-(aq) \quad + \quad H_2O$$

아질산 이온은 헤모글로빈의 Fe^{2+}를 Fe^{3+}로 산화하여, 산소를 운반하지 못하는 메트헤모글로빈을 형성한다. 그 결과 생기는 산소 결핍성 질환을 **메트헤모글로빈혈증**이라 하며, 유아에게서 나타나면 '푸른 아기 증후군'으로 알려져 있다. **메틸렌 블루**라는 화합물은 메트헤모글로빈을 다시 헤모글로빈으로 환원시킬 수 있다.

시안화물은 C≡N기를 포함하는 화합물로, 현실과 소설 모두에서 가장 악명 높은 독 중에 하나다. 여기에 시안화 소듐(NaCN)과 같은 염, 공유 결합 화합물인 시안화 수소(H—C≡N)가 포함된다. 시안화물은 작용이 빠르고 강력하다. HCN 약 50 mg 또는 시안화물 염 200~300 mg이면 치명적일 수 있다. 시안화물 노출은 주택 화재에서 연기를 들이마신 피해자들에서 흔히 발생한다. 전문가들은 선박, 창고, 화물열차 객차, 감귤류 및 기타 과수에서 해충을 구제하기 위해 HCN 가스를 사용한다. 시안화 소듐(NaCN)은 광석에서 금과 은을 추출하거나 전기도금조에서 쓰인다.

전 세계적으로 매년 약 11억 kg의 시안화 수소가 생산되며, 이 중에 약 1억 5,000만 kg은 금 제련용 시안화 소듐 생산에 사용된다. 나머지는 플라스틱, 접착제, 난연제, 화장품, 의약품 등 각종 소재의 산업 생산에 쓰인다.

주택 화재의 사망은 실제로 독성 가스 때문에 발생하는 경우가 흔하다. 연기가 나는 화재는 일산화 탄소를 생성하지만, 플라스틱과 직물이 탈 때 생기는 시안화 수소도 중요하다(5장). 일부 소방 구조대는 연기 흡입 환자의 응급 처치를 위해 티오황산 소듐 용액이 들어 있는 스프링식 피하주사기를 휴대하기도 한다. 제2차 세계대전 동안 나치의 학살수용소에서는 600만 명의 유대인을 포함해 1,500만 명이 가스로 살해되었다. 트레블링카, 벨제츠, 소비보르에서는 밀폐된 방에서 내연 기관의 CO가 사용되었고, 아우슈비츠/비르케나우, 슈투트호프 등에서는 운반체(보통 목재 펄프나 규조토)에 HCN을 흡착시킨 **치클론-B**가 사용되었다.

시안화물은 세포 내에서 포도당의 산화를 차단함으로써 작용한다. 즉 시안화 이온이 **사이토크롬 산화효소**라 불리는 산화의 효소에서 철(III) 이온과 안정한 복합체를 형성한다. 이 효소들은 본래 세포 내에서 산소의 환원을 위한 전자를 제공하는 방식으로 작용한다. 시안화물은 이 작용을 차단하여 세포 호흡을 급격히 멈추게 하고, 수분 내 사망에 이르게 한다. 시안화물은 의료·실험실 종사자들에 의해 자살에 사용되기도 한다.

시안화물 중독의 해독제는 신속히 투여되어야 한다. 호흡을 보조하기 위해 100% 산소를 공급하는 것이 도움이 될 때가 있다. 종종 아질산 소듐을 정맥 주사하여 효소들 속 철 원자를 비활성형인 Fe^{3+}로 산화시킨다. 이때 생성된 메트헤모글로빈은 시안화물 음이온과 강하게 결합하여, 사이토크롬 산화효소를 해방시킨다. 앞서와 마찬가지로 메트헤모글로빈은 제거되어야 한다. 시간이 허락되면 이어서 티오황산 소듐($Na_2S_2O_3$)을 투여한다. 티오황산 이온은 황 원자를 시안화 이온에 전달하여 비교적 무해한 티오시아네이트 이온(SCN^-)으로 바꾼다.

시안 이온 / 티오황산 이온 / 티오시안산 이온 / 아황산 이온

$$CN^-(aq) + S_2O_3^{2-}(aq) \longrightarrow SCN^-(aq) + SO_3^{2-}(aq)$$

안타깝게도 시안화물 중독자는 치료를 받을 만큼 오래 생존하는 경우가 드물다.

몸이 스스로 만드는 독: 플루오로아세트산

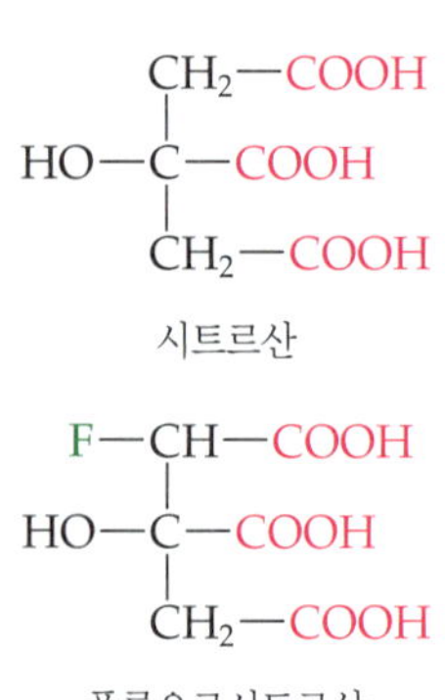

우리 몸은 일반적으로 독성 물질을 해독한다(14.5절). 그러나 플루오로아세트산(FCH_2COOH)과 같이 본래는 거의 무해한 화학 물질을 치명적인 독으로 전환하기도 한다. 세포는 아세트산을 이용해 시트르산을 만들고, 이는 시트르산 회로라 불리는 일련의 단계를 거쳐 분해되면서 에너지를 방출한다. 플루오로아세트산을 섭취하면 이는 대사되어 플루오로시트르산으로 전환된다. 플루오로시트르산은 시트르산에 작용하는 효소에 결합하여 시트르산 회로를 효과적으로 차단한다. 그 결과 세포의 에너지 생성 기작이 정지하고, 빠르게 사망에 이를 수 있다.

플루오로아세트산의 소듐염인 플루오로아세테이트 소듐(FCH_2COONa)은 **화합물 1080(Compound 1080)**으로도 알려져 있으며, 설치류와 포식 동물을 구제하는 데 사용된다. 선택성이 낮아 사람, 반려동물, 기타 동물에도 위험하다. 플루오로아세트산은 남아프리카의 극독 식물인 **기프블라르(gifblaar)**에도 자연적으로 존재한다.

중금속 독성

물의 밀도의 최소 다섯 배에 이르는 금속을 **중금속**이라 한다. 많은 중금속은 독성을 나타내며, 특히 납, 수은, 카드뮴이 두드러진다. 물론 독성이 있으려면 반드시 밀도가 높아야 하는 것은 아니다. 베릴륨은 매우 가벼운 금속이지만 특히 독성이 강하다. 모든 베릴륨 화합물은 독성이 있으며, **베릴륨중독증(berylliosis)**이라 불리는 고통스럽고 대개 치명적인 질환을 일으킬 수 있다.

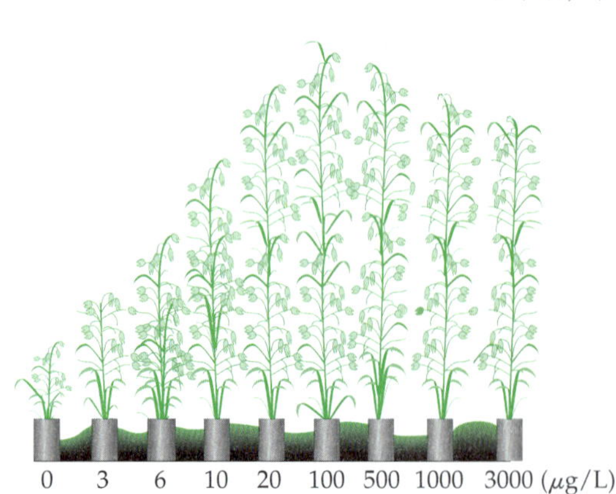

▲ **그림 14.2** 귀리 묘목의 키(초장)에 대한 구리 이온의 영향. 왼쪽에서 오른쪽으로 Cu^{2+}의 농도는 0, 3, 6, 10, 20, 100, 500, 1000, 3000 μg/L이다. 왼쪽의 식물들은 다양한 정도의 결핍을, 오른쪽의 식물들은 구리 이온 독성을 보인다. 따라서 귀리 묘목에 대한 Cu^{2+}의 최적 농도는 약 100 μg/L이다.

인류는 오랫동안 산업, 농업, 가정에서 다양한 금속을 사용해왔다. 대부분의 금속과 그 화합물은 과다섭취시 어느 정도의 독성을 보인다. 필수 무기질도 과다섭취하면 독성이 나타날 수 있다. 많은 경우에 금속 이온의 결핍과 과다는 모두 위험하다. 이 효과는 그림 14.2에 제시되어 있다.

일부 금속 이온은 '적정량'에서 인체 건강에 필수적이다. 평균 성인은 하루에 철 10~18 mg이 필요하다. 이보다 적게 섭취하면 빈혈이 발생한다. 반대로 과량 섭취시 구토, 설사, 쇼크, 혼수, 심지어 사망에 이를 수 있다. 1정에 황산 철(II)($FeSO_4$) 325 mg(원소 철 65 mg)을 함유한 알약 10~15정만으로도 소아에게 치명적이었던 사례가 보고되었다. 과도한 Fe^{2+}는 장 점막을 손상시킬 수 있으며, 혈중을 순환하는 Fe^{2+}의 농도가 혈액 내 철 결합 단백질의 결합 능력을 초과하면 철 중독이 발생한다.

다른 중금속은 주로 효소를 비활성화함으로써 독성을 나타낸다. 단순한 실험실 반응에서 중금속 이온은 황화 수소(H_2S)와 반응하여 불용성 황화물을 만든다.

$$Pb^{2+}(aq) + H_2S(g) \longrightarrow PbS(s) + 2\,H^+(aq)$$
$$Hg^{2+}(aq) + H_2S(g) \longrightarrow HgS(s) + 2\,H^+(aq)$$

대부분의 효소에는 티올기(—SH, sulfhydryl)를 가진 아미노산이 포함되어 있으며, 이런 —SH기가 H_2S와 유사한 방식으로 중금속 이온과 결합하면 효소가 불활성화된다(그림 14.3).

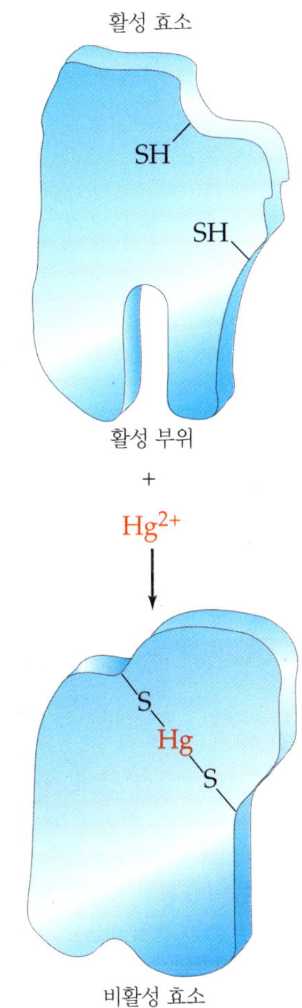

▲ **그림 14.3** 수은 중독. 효소는 활성 부위에서 기질 분자와 결합하여 반응을 촉매한다. 수은 이온은 티올기(—SH)와 반응하여 효소의 입체 구조를 변화시키고 활성 부위를 파괴한다.

수은(Hg)은 매우 특이한 금속으로, 상온에서 액체 상태인 유일한 흔한 금속이다. 밝고 은백색이며 밀도가 큰 이 액체는 한때 **퀵실버**(quicksilver)로 불렸고, 과거에는 깨진 체온계에서 나온 수은을 아이들이 갖고 놀기도 했다. 현재 가정용 수은 체온계는 대부분 다른 방식의 체온계로 대체되었으나, 일부 가정에는 여전히 오래된 수은 체온계가 남아 있을 수 있다.

금속 수은은 다양한 용도가 있었다. 기압계, 치과용 아말감(충전재) 제조, 스위치의 액체 금속 전기 접점 등이다. 그러나 이러한 용도는 오늘날 많은 지역에서 제한되고 있다.

미국에서는 매년 약 140,000 kg의 수은이 대기 중으로 배출되며, 그중 약 40%는 석탄 화력 발전소에서 기인한다(석탄에는 수은이 극미량만 존재하지만, 미국은 연간 약 7억 톤의 석탄을 연소한다). 기타 배출원으로는 폐기물 소각 시설과 염소·수산화 소듐을 생산하는 염소-알칼리 공정의 공장 등이 있으며, 대기 중 수은은 결국 토양과 수계로 되돌아간다.

수은의 증기는 독성이 있어 취급자에게 위험하다. 특히 장기간 흡입 노출하면 위험성이 크다. 개방된 용기나 바닥에 흘린 수은만으로도 실내 공기 중 수은 증기 농도가 설정된 최대 안전 수준을 최대 200배까지 초과할 수 있다. 과거 펠트 모자 제조에 종사한 노동자들은 수은 증기에 장기간 노출되어 신경학적 증상을 보였고, 이로부터 **미친 모자 장수병**(mad hatter disease)이라는 용어가 생겼다.

위해성이 큰 만성 노출은 광산·제련 등 수은을 정기적으로 취급하는 직업 환경에서 주로 발생한다. 흡입된 수은은 체내에서 Hg^{2+} 이온으로 전환되며, 수은은 체내에 축적되는 독소로 투여량의 절반이 배출되는 데 약 70일이 걸린다.

수생 생태계에서는 수은 증기가 혐기성 미생물에 의해 고독성의 메틸수은 이온(CH_3Hg^+)으로 전환되고, 어류는 이를 체내에 농축하는 경향이 있다. 이에 따라 연방 및 주환경기관은 특히 황새치와 상어 같은 특정 어종의 섭취를 제한하거나 피하도록 권고하고 있다.

다행히 수은 중독에는 해독제가 있다. 영국 과학자들은 비소 함유 전쟁가스인 루이사이트(lewisite)의 해독제를 찾는 과정에서 중금속 중독 치료에도 효과적인 글리세롤 유도체를 개발했는데, 이를 **브리티시 안티루이사이트**(British antilewisite, BAL)라 한다. BAL은 Hg^{2+} 이온을 **킬레이트화**(chelating, 그리스어로 발톱을 뜻하는 *chela*에서 유래)하여 포획함으로써 이온이 중요한 효소를 공격하지 못하도록 둘러싸는 방식으로 작용한다.

$CH_2—CH—CH_2$
OH SH SH
BAL

$[CH_2—CH—CH_2$ / S S OH / Hg / OH S S / $CH_2—CH—CH_2]^{2-}$
2개의 BAL 분자에 킬레이트된 수은 원자

수은 중독의 영향은 몇 주가 지나서야 나타날 수 있다는 점이 나쁜 소식이다. 평형 감각, 시각, 촉각, 청각의 상실과 같은 증상이 알아볼 수 있을 정도가 될 때쯤이면 이미 뇌와 신경계에 광범위한 손상이 일어난 뒤이다. 이러한 손상은 대부분 되돌릴 수 없다. BAL과 유사한 해독제는 사람들이 자신이 중독되었음을 알고 즉시 치료를 받을 때에만 효과적이다.

물에 사실상 불용성인 경우를 제외하면 수은의 모든 화합물은 투여 방식과 무관하게 독성을 띤다. 그러나 금속 수은은 경구 섭취(삼킴)할 때에는 독성이 그다지 큰 것으로 보이지 않는다. 대부분이 변하지 않은 채로 몸을 통과하기 때문이다. 실제로 18세기와 19세기에는 장 폐색의 치료제로 수은을 경구 투여했다는 보고가 다수 있다. Benjamin Franklin도 생애 말기에 수은 치료를 받았다. 복용량은 몇 온스에서 1파운드 이상까지 다양했다.

납은 부드럽고 밀도가 크며, 부식에 강한 이 금속과 그 화합물에 우리가 많은 용도를 가지고 있음을 반영하듯이 환경에 널리 퍼져 있다. 납(Pb^{2+} 이온 형태)은 많은 식품에 존재하며, 일반적으로 0.3 ppm 미만의 농도로 들어 있다. 납 이온은 납으로 밀봉된 관에서 용출되어 음용수에도 유입되며, 최대 0.1 ppm에 이를 수 있다. 납 화합물은 한때 가정용 페인트에 널리 사용되었고, 테트라에틸 납은 대부분의 휘발유에 사용되었다. 이 두 용도가 금지된 이후 납 노출은 1970년대 약 15 μg/dL에서 오늘날 2 μg/dL 미만으로 극적으로 감소했다. CDC는 혈중 납 농도 10 μg/dL 초과를 용인할 수 없는 건강 위험으로 정하지만, 더 낮은 농도에서도 유해한 건강 영향이 나타날 수 있다. 영향에는 낮은 지능지수와 낮은 학교 성적이 포함된다.

2014년에 비용 절감을 위해 미시간주 플린트시의 상수도 공급원을 변경한 뒤 대규모 보건 위기가 발생했다. 그 결과 플린트의 수천 명의 아동이 높은 납 농도에 노출되었고, 플린트에서 혈중 납 농도가 상승한 아동의 비율은 거의 5%로 두 배가 되었다(8.5절). 많은 도시가 상수도관을 포함한 노후 인프라를 가지고 있다.

▲ 2007년, 피셔-프라이스는 페인트에 과도한 수준의 납이 들어 있었을 수 있다는 이유로 거의 백만 개의 아동용 장난감을 자발적으로 리콜했다. 2011년에는 기억력 테스트 카드, 장난감 정원용 갈퀴, 스케치북, ESI-R 스크리닝 자료 등 특정 종류의 아동용 장난감에 대해 덜 광범위한 리콜이 있었다.

납과 그 화합물은 매우 독성이 크다. 금속성 납은 체내에서 일반적으로 Pb^{2+}로 전환된다. 납은 뇌, 간, 신장을 손상시킬 수 있으며, 극단적인 경우 치명적일 수 있다.

납 중독은 특히 어린이에게 해롭다. 일부 어린이들은 비정상적인 물건을 먹으려는 갈망을 보이는데, 이 증후군(피카라고 불림)이 있는 아이들은 벗겨진 납 기반 페인트 조각을 먹는다. 그들은 또한 음식에서, 심지어 납 함유 페인트가 코팅된 장난감에서 납을 섭취한다. 휘발유 첨가제로서 테트라에틸 납을 제거한 것은 자동차 배기가스로 거리 환경에 퇴적되던 납 화합물에 대

비소 중독

비소는 금속은 아니지만 일부 금속적 성질을 가진다. 상업적 독극물에서 비소는 보통 비산염(AsO_4^{3-}) 또는 아비산염(AsO_3^{3-}) 이온으로 존재한다. 중금속 이온과 마찬가지로, 이러한 이온은 티올기(—SH)를 포획함으로써 효소를 비활성화한다.

$$^{-}O-As(O^{-})_2 + \text{HS-, HS-(효소)} \longrightarrow {}^{-}O-As(S-)(S-)\text{(효소)} + 2\,OH^{-}$$

아비산염 이온 　 효소 　 효소 (비활성화)

비소를 포함하는 유기 화합물은 수없이 많다. 그중 하나인 '아르스페나민(arsphenamine)'은 최초의 항균제로, 한때 매독 치료에 널리 사용되었다.

$$HO-C_6H_3(NH_2)-As{=}As-C_6H_3(NH_2)-OH$$

아르스페나민

또 다른 비소 화합물인 '루이사이트'는 미국의 W. Lee Lewis(1878~1943)가 처음 합성하여 그의 이름을 따 명명되었으며, 화학전에 사용하기 위한 수포제로 개발되었다. 미국은 1918년에 루이사이트의 대량 생산을 시작했지만, 다행히 제1차 세계대전이 이 기체가 사용되기 전에 끝났다.

$$ClHC{=}CH-AsCl_2$$

루이사이트

한 어린이들의 노출을 낮추었다. 어린이의 혈액에서 Pb^{2+}가 다량이면 인지 및 행동 문제, 빈혈, 청력 손실, 발달 지연, 기타 신체적 및 정신적 문제가 생길 수 있다.

성인은 하루에 약 2 mg의 납을 배설할 수 있다. 대부분의 사람은 공기, 음식, 물로부터 적은 양을 섭취하므로 일반적으로 독성 수준을 축적하지 않는다. 그러나 섭취가 배설을 초과하면 납은 체내에 축적되어 만성적이고 비가역적인 납 중독이 생길 수 있다.

납 중독은 보통 BAL과 에틸렌디아민테트라아세트산(EDTA)이라는 또 다른 킬레이트제의 병용으로 치료한다.

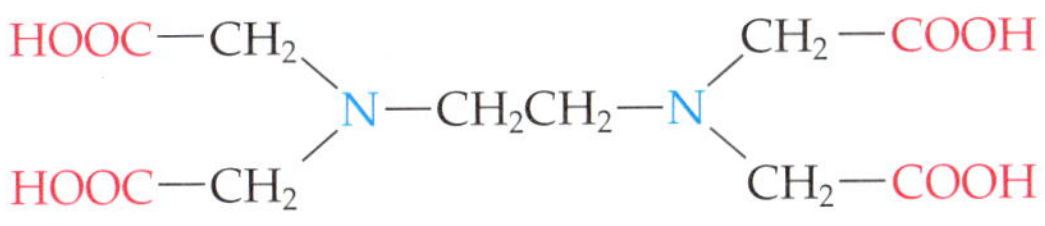

$$(HOOC{-}CH_2)_2N{-}CH_2CH_2{-}N(CH_2{-}COOH)_2$$

EDTA

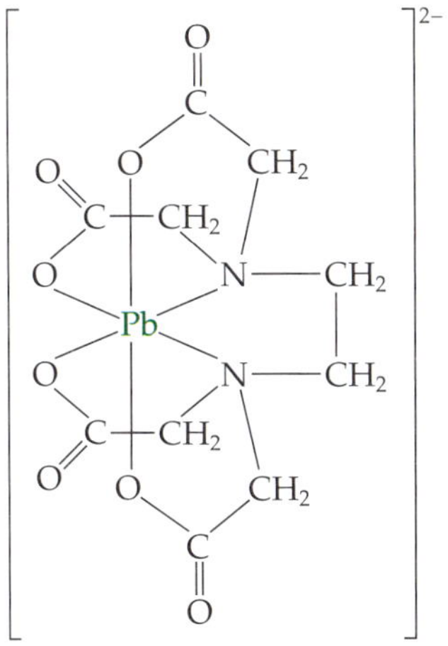

EDTA의 칼슘염은 정맥으로 투여된다. 체내에서 칼슘 이온은 납 이온에 의해 치환되고, 납 이온은 EDTA에 더 강하게 결합한다.

$$CaEDTA^{2-} + Pb^{2+} \longrightarrow PbEDTA^{2-} + Ca^{2+}$$

그 후 납-EDTA 착물은 배설된다.

납-EDTA 착물

수은 중독의 경우와 마찬가지로, 납 화합물로 인한 신경학적 손상은 비가역적이다. 효과를 보려면 치료가 일찍 시작되어야 한다.

카드뮴은 또 하나의 유용하지만 문제가 되는 중금속이다. 이는 합금, 전자 산업, 니켈-카드뮴 충전식 배터리, 그리고 많은 다른 용도에 사용된다. 카드뮴(Cd^{2+} 이온)은 매우 독성이 크다. 카드뮴 중독은 뼈에서 칼슘 이온(Ca^{2+})의 손실을 일으켜 뼈가 부서지기 쉽고 쉽게 부러지게 만든다. 또한 심한 복통, 구토, 설사, 질식감을 유발한다.

가장 주목할 만한 카드뮴 중독 사례는 일본 진즈강 상류에서 발생했다. 광산의 제분 폐기물에서 카드뮴 이온이 물로 유입되었다. 하류의 농가들은 이 물을 논 관개와 식수, 조리, 기타 가사용으로 썼다. 이들 중에 많은 사람이 곧 '아프다, 아프다'를 의미하는 이타이-이타이(itai-itai) 병으로 알려진 이상하고 고통스러운 질병을 앓기 시작했다. 200명 이상이 사망했고, 수천 명이 장애를 입었다.

중국산 상난감이 납 함유로 인해 수입이 제한된 뒤, 일부 해외 제조업체들은 대체로 카드뮴을 사용했다. 불행히도 카드뮴 이온은 납 이온보다도 더 독성이 크다.

자가평가문제

1. 다음 중 부식성 독이 아닌 것은 무엇인가?
a. HCN **b.** HNO_3
c. O_3 **d.** NaOH

2. 아질산염의 독성 기전은 무엇인가?
a. 사이토크롬 산화효소의 작용을 차단하는 것
b. 아세틸콜린에스테레이스의 작용을 차단하는 것
c. 옥시헤모글로빈에서 O_2를 치환하는 것
d. 헤모글로빈의 Fe^{2+}를 산화하는 것

3. 시안화물은 정상 호흡을 무엇으로 작용하여 차단하는가?
a. 조효소 **b.** 효소
c. 효소 활성자 **d.** 효소 억제자

4. 다음 중 가장 중요한 독성 중금속은 무엇인가?
a. 금, 백금, 은 **b.** 철, 칼슘, 수은
c. 납, 은, 금 **d.** 납, 수은, 카드뮴

5. 어린이에게 치명적일 가능성이 가장 큰 것은 무엇인가? (힌트: 해당 성분을 함유한 종합 비타민제를 과다복용했을 때)
a. 아스코르브산 **b.** 비오틴
c. 철 **d.** 라이코펜

6. 킬레이트제는 무엇에 결합하는가?
a. 메티오닌의 —SH기 **b.** 헤모글로빈의 철
c. 납 이온 **d.** 강산

정답: 1. a, 2. d, 3. d, 4. d, 5. c, 6. c

14.3 신경계의 화학 더 알아보기

학습 목표 • 신경전달물질을 정의하고, 여러 물질이 그 작용을 어떻게 방해하는지 설명한다.

알려진 가장 독성이 강한 물질들 중 일부는 신경계에 작용한다. 신호는 신경세포 사이의 시냅스를 가로질러 **신경전달물질**이라 불리는 화학적 전달자에 의해 전달된다(11.7절). 신경독소는 신경전달물질의 작용을 여러 방식으로 교란할 수 있는데, 그 합성이나 수송을 방해하거나 수용체 부위를 점유하거나 분해를 차단하는 방식이다.

그러한 화학적 전달자 중 하나가 **아세틸콜린**(ACh)이다. ACh는 특정 수용체에 맞물려 결합함으로써 세포막의 특정 이온에 대한 투과성을 변화시켜 시냅스 후 신경세포를 활성화한다. ACh가 시냅스를 가로질러 자극을 전달한 뒤에, 아세틸콜린에스터레이스(acetylcholinesterase)라는 효소가 촉매하는 반응으로 빠르게 가수분해되어 아세트산과 비교적 비활성인 콜린으로 분해된다.

$$\underset{\text{아세틸콜린}}{CH_3\overset{O}{\overset{\|}{C}}OCH_2CH_2-\overset{CH_3}{\overset{|}{\underset{CH_3}{\underset{|}{N^+}}}}-CH_3} + H_2O \xrightarrow{\text{아세틸콜린에스터레이스}} \underset{\text{아세트산}}{CH_3\overset{O}{\overset{\|}{C}}OH} + \underset{\text{콜린}}{HOCH_2CH_2-\overset{CH_3}{\overset{|}{\underset{CH_3}{\underset{|}{N^+}}}}-CH_3}$$

시냅스 후 세포는 이 가수분해 생성물을 방출하고, 이어서 추가 자극을 받을 준비가 된다. 아세틸레이스와 같은 다른 효소들이 아세트산과 콜린을 다시 아세틸콜린으로 전환하여 이 순환을 완성한다(그림 14.4).

알츠하이머병 환자에게서는 아세틸레이스가 결핍되어 있다. 그 결과 적절한 뇌 기능에 필요한 아세틸콜린(ACh)을 충분히 만들지 못한다. 도네페질(Aricept®)과 같은 치료제는 아세틸콜린에스터레이스의 작용을 억제하여 ACh 농도의 저하를 막는 데 도움을 준다. 다만 이러한 약물의 효과는 중등도에 그친다.

신경독과 아세틸콜린 주기

다음 예에서 보듯이 여러 물질은 세 가지 서로 다른 지점 중에 하나에서 아세틸콜린 주기를 방해할 수 있다.

- 보툴린은 부적절하게 가공된 통조림 식품에서 발견되는 혐기성 세균 *Clostridium botulinum*이 만드는 치명적 독소이다. 보툴린은 ACh의 합성을 차단한다. 신경전달물질이 생성되지 않으면 신호가 전달되지 않는다. 마비가 진행되고, 보통 호흡부전으로 사망에 이른다.

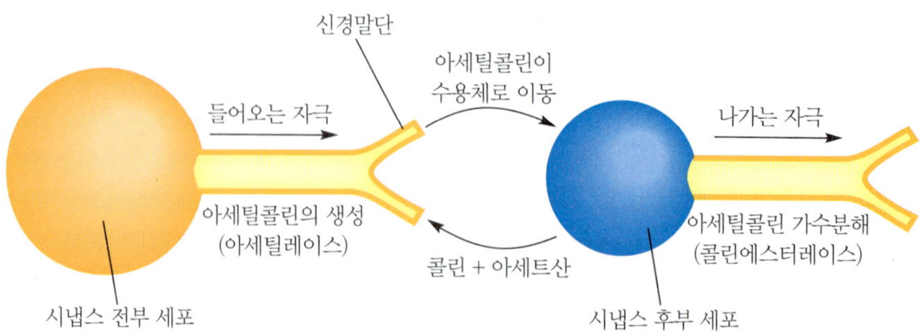

▶ **그림 14.4** 아세틸콜린 순환

- 큐라레(curare), 아트로핀(atropine), 일부 국소마취제는 ACh 수용체 결합부위를 차단함으로써 작용한다. 이 경우 신호는 보내지지만 수용되지 않는다. 국소마취제는 이 기전을 이용해 국한된 부위의 통증을 완화하지만, 충분한 양이면 이들 약물도 치명적일 수 있다.
- 항콜린에스터레이스 독소는 효소 아세틸콜린에스터레이스를 억제함으로써 작용한다.

아트로핀

살충제 및 전쟁 무기로서의 유기인 화합물

유기인계 살충제(12.2절)는 잘 알려진 신경독이다. 이들 화합물의 인-산소 결합은 아세틸콜린에스터레이스에 강하게 결합하여 아세틸콜린의 분해를 차단하는 것으로 여겨진다(그림 14.5). 그 결과 아세틸콜린이 축적되어 시냅스 후 신경세포가 반복적으로 발화하고, 근육·샘·장기가 과도하게 자극된다. 심장은 격렬하고 불규칙하게 뛰며, 환자는 경련을 일으키고 빠르게 사망한다.

제2차 세계대전 동안 살충제용 유기인계 화합물을 연구하던 독일 과학자는 전쟁에 이용될 수 있는 지극히 독성이 강한 화합물을 발견했다. 러시아군은 과일 향이 나는 화합물 **타분**(tabun, 미국 육군 명칭 agent GA)을 제조하던 독일의 공장을 점령했고, 소련은 그 공장을 해체하여 자국으로 옮겼다. 한편 미국 육군도 그 재고의 일부를 확보했다.

미국은 다른 신경독(그림 14.6)도 개발했다. 그중 **사린**(sarin, agent GB)은 타분보다 독성이 약 네 배 강하며 1995년 도쿄 지하철 공격에 사용되었다. 또한 무취라는 '장점'을 지닌다. 또 다른 유기인계 신경독은 **소만**(soman, agent GD)으로, 타분과 사린이 대체로 비지속성인 데 비해 소만은 중등도의 지속성을 보인다. 또 하나의 신경독은 VX라 불린다. VX는 사린보다 독성이 약간 더 강할 뿐이지만, 환경에서의 지속성은 더 크다. 이들 화합물의 구조가 서로 다양함에 유의한다. 화학전 작용제의 개발 접근법은 약물 개발과 매우 유사하다. 먼저 효과가 있는 것을 찾은 다음, 그 구조 변형체를 합성하여 시험한다.

1970~1980년대에 러시아 과학자들이 또 다른 계열의 신경작용제를 개발했으며, 그중 일부는 VX보다 독성이 몇 배 더 강한 것으로 알려져 있다. 이들 **노비촉**(Novichok) 계열 중에 하나가 2018년 3월 영국에서 발생한 Sergei Skripal과 Yulia Skripal 독살 사건에 연루된 것으로 지목되었다.

타분
(agent GA)

사린
(agent GB)

소만
(agent GD)

VX

▲ **그림 14.6** 화학전에서 신경독으로 사용되는 네 가지 유기인계 화합물. 이들의 구조를 살충제 말라티온과 파라티온(그림 12.10)의 구조와 비교하라.

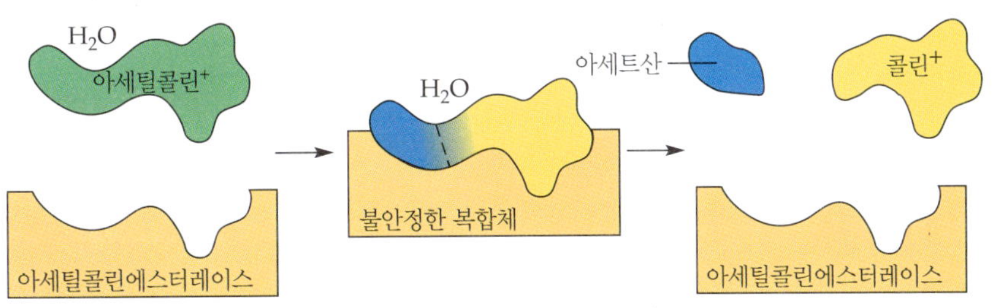

(a) 아세틸콜린의 촉매 분해

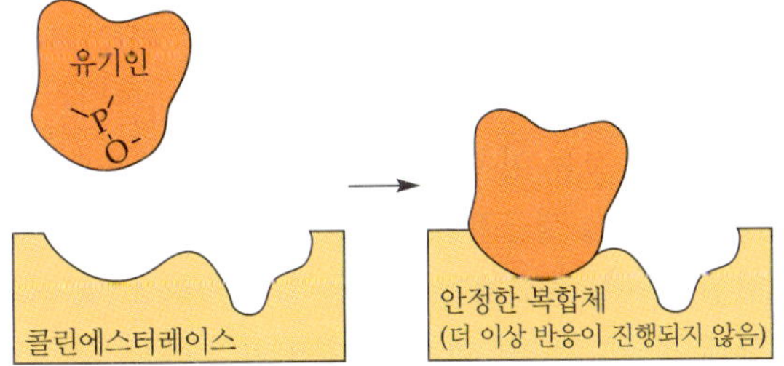

(b) 촉매가 유기인 독소에 의해 방해를 받는다.

◀ **그림 14.5** (a) 아세틸콜린에스터레이스는 아세틸콜린을 아세트산과 콜린으로 가수분해하도록 촉매한다. (b) 유기인산염은 아세틸콜린에스터레이스에 결합하여 효소를 묶어 두어 아세틸콜린의 분해를 막는다.

Q 아세틸콜린의 가수분해에서 어떤 작용기가 절단되는가?

이들 신경독은 알려진 합성 화학 물질 중에 가장 독성이 강한 축에 속하지만(자연 독소인 보툴리눔 독소만큼은 아니다), 흡입되거나 피부를 통해 흡수되어 앞서 설명했듯이 근육 조정 능력을 완전히 상실시키고 마비에 따른 호흡 정지로 사망에 이르게 한다. 일반적인 해독 요법은 아트로핀 주사(아세틸콜린 수용체 결합부위를 차단하여 신경작용제가 유발하는 마비를 막음)와 인공호흡으로 이루어진다. 아트로핀은 과량에서는 그 자체가 독이므로 주의가 필요하다. 해독제가 없으면 흡수된 용량에 따라 보통 2~10분 내에 사망한다.

인계(인-기반) 살충제인 말라티온과 파라티온(12.2절)은 화학전에서 사용되는 신경독과 유사하지만 독성은 훨씬 낮다. 그럼에도 불구하고 이들 및 유사한 살충제는 매우 신중하게 사용해야 한다.

신경독 연구는 신경계의 화학에 대한 이해를 증진시켰다. 이러한 지식을 바탕으로 과학자들은 신경독에 대한 해독제를 설계하고, 신경계 질환을 더 잘 이해하며 통증 및 알츠하이머병·파킨슨병과 같은 질환을 치료할 새로운 약물을 개발할 수 있게 되었다.

자가평가문제

1. 신경전달물질 아세틸콜린(ACh)의 수용체 부위는 무엇에 의해 차단되는가?
a. 아트로핀 **b.** 콜린 **c.** 아편계 약물 **d.** 날록손

2. 다음 중 아세틸콜린에스터레이스는 무엇인가?
a. 아세틸콜린을 분해하는 효소 **b.** 호르몬
c. 신경전달물질 **d.** 각성제

3. 큐라레는 근육 조직의 아세틸콜린 수용체를 차단하여 어떤 결과를 초래하는가?
a. 근육섬유의 수축 **b.** 과도한 수축 및 경련
c. 운동 신경 자극에 대한 근육의 반응 불능 **d.** 근육 섬유의 자극 증가

4. 다음 중 다른 것들보다 독성이 훨씬 낮은 신경독은 무엇인가?
a. 말라티온 **b.** 사린 **c.** 소만 **d.** 타분

5. 가장 위해성이 큰 신경독은 어느 계열에 속하는가?
a. 코카인과 같은 알칼로이드 **b.** DDT와 같은 염소화 탄화수소
c. 휘발유와 같은 탄화수소 **d.** 유기인계 화합물

정답: 1.a, 2.a, 3.c, 4.a, 5.d

14.4 치사량

학습 목표 • LD_{50} 값의 개념을 설명하고, 독성의 척도로서 갖는 몇 가지 한계를 열거한다.
• LD_{50} 값과 체중으로부터 치사량을 계산한다.

일부 물질은 다른 물질보다 훨씬 강한 독성을 지닌다. 독성을 정량화하기 위해 과학자들은 **LD_{50}**(lethal dose for 50%, 50% 치사량) 값을 사용하는데, 이는 시험동물 집단의 50%를 사망에 이르게 하는 투여량을 의미한다. 이 지표를 쓰는 이유는 동물마다 체력과 독성에 대한 감수성이 다르기 때문이다. 50%를 치사시키는 용량을 평균적 치사량으로 본다.

보통 LD_{50} 값은 시험동물의 체중 단위당 독성 물질의 질량(예를 들어 동물 1 kg당 독성 물질 mg)으로 제시한다. 시험 물질은 대개 경구로 투여한다(정맥 내 투여의 LD_{50} 값은 경구 섭취의 값과 크게 다를 수 있다). LD_{50} 값은 다양한 물질의 상대적 독성을 비교하는 데 유용하지

표 14.1 일부 물질의 LD_{50}(대략값)

물질	시험동물	투여 경로	LD_{50}(mg/kg)	용도/출현
설탕(자당, sucrose)	흰쥐	경구	29,700	식탁용 설탕
염화 소듐(sodium chloride)	흰쥐	경구	3000	식탁용 소금
에틸 알코올(Ethyl alcohol)	흰쥐	경구	2080	음용 알코올
아스피린(aspirin)	흰쥐	경구	1500	진통제
아세트아미노펜(acetaminophen)	생쥐	경구	340	진통제
니코틴(nicotine)	생쥐	경구(정맥 내)	230(0.3)	담배 성분, 살충제
카페인(caffeine)	흰쥐	경구	192	커피·콜라 성분
로테논(rotenone)	흰쥐	경구(정맥 내)	132(6)	살충제
시안화 소듐(sodium cyanide)	흰쥐	경구	15	금 추출 공정
삼산화 비소(arsenic trioxide)	흰쥐	경구	15	살충제·의약품 제조
에틸렌 글리콜(ethylene glycol)	흰쥐	경구	6.86	부동액
케타민(ketamine)	흰쥐	경구	0.229	수의용 마취제
사린(sarin)	사람	피부 접촉	0.01	화학전 신경작용제
VX 작용제(agent VX)	사람	피부 접촉	0.01	화학전 신경작용제
파상풍 독소(tetanus toxin)	사람	자상(찔린 상처)	0.0000025	토양에 존재
리신(ricin)	생쥐	경구	0.000005	피마자씨
보툴리눔 독소(botulin toxin)	사람	흡입	0.000003	생물학전 작용제로 사용가능
		경구	0.0000002	식중독

만, 시험동물에서 얻은 값이 사람에게서 측정될 값과 반드시 같지는 않다. 사람을 대상으로 이러한 독소를 시험하는 것은 명백히 비윤리적이므로 배양된 인간 세포를 이용한 독성 시험으로 자료를 수집한다.

표 14.1에는 여러 물질의 LD_{50} 값이 제시되어 있다. LD_{50} 값이 클수록 독성은 낮다. 일반적으로 경구 LD_{50} 값이 15,000 mg/kg 초과인 물질은 거의 무독성으로 간주한다. 7,500~15,000 mg/kg인 물질은 저독성, 500~7,500 mg/kg은 중등도 독성, 500 mg/kg 미만은 고독성으로 분류한다.

보톡스의 수수께끼

보툴린은 알려진 물질 중에 가장 독성이 강하며, 중간 치사량은 체중 1 kg당 약 0.2 ng에 불과하다(1 ng은 1 g의 10억 분의 1). 그럼에도 보툴린은 상업적 제형인 보톡스(Botox®)로 제조되어 난치성 근육 경련의 치료에 의학적으로 사용되며, 주름 제거를 위한 미용 시술에도 널리 쓰인다. 근육이 이완하지 못한 채 오랫동안 수축하면 심한 통증을 일으킬 수 있다. 보톡스를 미량 근육 내에 주사하면 말단 신경의 수용체에 결합하여 아세틸콜린이 방출을 차단하고, 그 결과 수축 신호가 봉쇄된다. 과도하게 당기던 근육 섬유는 마비되어 경련이 완화된다.

보톡스는 통제되지 않는 눈 깜빡임(사시), 파킨슨병과 같은 질환의 치료에도 사용된다. 예를 들어 사시에서는 외안근이 안구를 안쪽으로 끌어당겨 안쪽 초점이 형성된다. 보툴린으로 치료하면 이러한 근육 수축이 억제되고, 반복 치료를 통해 문제가 교정된다.

보톡스는 일부 환자에서 편두통 통증을 억제하는 데 효과가 있는데, 통증 신호를 뇌로 전달하는 신경을 차단하고 근육을 이완시켜 통증 민감도를 낮추는 것으로 보인다. 또한 땀샘을 자

보톡스는 보툴리눔 독소를 정제하여 극히 희석한 제제이다. 보톡스를 특정 근육에 주사하면 근육 수축을 유발하는 신호를 차단한다. 근육이 수축하지 못하므로 피부가 펴져 보이고 주름이 완화될 수 있다.

극하는 화학 물질인 아세틸콜린의 방출을 차단함으로써 다한증 치료에 쓰인다. 방광 근육의 불수의적 수축으로 인해 요실금이 생기거나 방광을 완전히 비우기 어려운 경우에도 보톡스 주사가 사용되며, 보톡스가 이러한 수축을 차단한다.

미용 시술에서는 정밀하게 조절된 소량의 보톡스를 주입하여 작은 얼굴 근육을 비활성화함으로써 이마의 '놀람 주름', 미간의 찡그림 주름, 눈가의 까마귀발 주름을 현저히 줄인다. 이 효과는 수개월이 지나면 사라진다.

자가평가문제

1. 독성은 흔히 LD_{50}값으로 보고되는데, LD_{50}에 대한 설명으로 옳은 것은 무엇인가?

a. 시험 집단의 절반을 사망에 이르게 하는 용량
b. 평균 50세 성인을 사망시키는 최저 용량
c. 50개월 영아를 사망시킬 가능성이 있는 최저 용량
d. 50 mg 투여로 사망한 시험 집단의 비율

2. 표 14.1에 따르면 독성이 가장 낮은 물질은 무엇인가?

a. 부동액(에틸렌글리콜)
b. 니코틴
c. 케타민
d. 시안화 소듐

3. 한 화합물의 LD_{50}값이 4,000 mg/kg(체중)이다. 이 화합물의 독성은 어느 수준으로 분류되는가?

a. 거의 무독성 **b.** 저독성
c. 중등도 독성 **d.** 고독성

정답: 1. a, 2. b, 3. c

14.5 해독 기관으로서의 간

학습 목표 • 간이 일부 물질을 어떻게 해독하는지 설명한다.

인체는 일부 독성 물질을 일정 범위 내에서는 처리할 수 있다. 간은 산화·환원 반응을 이용하거나, 아미노산 등 체내의 정상 화학 물질과 접합시켜 일부 화합물을 해독한다.

가장 흔한 경로는 산화이다. 에탄올은 산화되어 아세트알데하이드가 되고 다시 아세트산으로, 이어서 이산화 탄소와 물로 전환된다.

$$CH_3CH_2OH \longrightarrow CH_3CHO \longrightarrow CH_3COOH \longrightarrow CO_2 + H_2O$$

메탄올이나 에틸렌 글리콜 중독의 전통적 해독제는 정맥 주사로 투여되는 에탄올이다. 에탄올이 간 효소를 사실상 포화시켜 메탄올의 산화를 막아 해당 화합물이 체외로 배설될 때까지 시간을 번다. 보다 안전한 해독제인 약물 포메피졸(fomepizole)은 알코올의 산화를 촉매하는 간 효소를 억제한다.

담배의 고독성 성분 니코틴은 산화되어 코티닌이 되면서 해독된다.

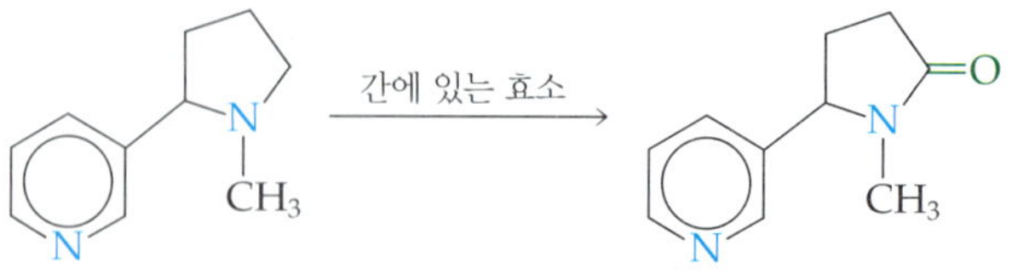

간에 있는 효소

니코틴 → 코티닌

코티닌은 니코틴보다 독성이 낮고 산소 원자가 추가되어 수용성이 증가하므로 소변으로 더 쉽게 배설된다.

간에는 철을 함유한 시토크롬 P-450 **효소**가 있다. 이 효소계의 철 원자는 본래 산화에 잘 저항하는 화합물에도 산소를 전달할 수 있다. P-450 효소는 체내에 머물기 쉬운 지용성 물질을

2 초콜릿은 개에게 왜 그렇게 치명적인가?

초콜릿에는 카페인과 유사한 여러 화합물이 있는데, 그중 '테오브로민(알칼로이드)'이 문제다. 개는 사람보다 테오브로민을 훨씬 느리게 대사하므로 과잉 행동, 고혈압, 빈맥, 발작 등의 독성 효과가 오래 지속될 수 있으며, 심한 경우 호흡부전과 심정지로 이어질 수 있다.

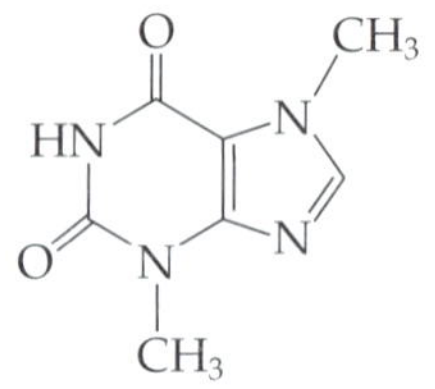

테오브로민

더 잘 배설되는 수용성 물질로 산화시키며, 일부 화합물을 아미노산과의 접합 형태로 전환하기도 한다. 예를 들어 톨루엔은 물에 거의 녹지 않지만, P-450 효소는 톨루엔을 더 잘 녹는 벤조산으로 산화시키고, 이어 이 벤조산을 아미노산 글리신과 결합시켜 히푸르산(hippuric acid)을 만든다. 히푸르산은 수용성이 더욱 커져 쉽게 배설된다.

$$C_6H_5{-}CH_3 \xrightarrow{\text{산화}} C_6H_5{-}\overset{\overset{\displaystyle O}{\|}}{C}{-}OH \xrightarrow[\text{(글라이신)}]{H_2N{-}CH_2{-}COOH} C_6H_5{-}\overset{\overset{\displaystyle O}{\|}}{C}{-}NHCH_2\overset{\overset{\displaystyle O}{\|}}{C}{-}OH$$

톨루엔　　　벤조산　　　히푸르산

간 효소는 본질적으로 산화, 환원, 접합 반응을 수행할 뿐이다. 최종 생성물의 독성이 항상 더 낮은 것은 아니다. 예를 들어 메탄올은 더 독성이 강한 포름알데하이드로 산화되며, 이 물질이 세포의 단백질과 반응하여 실명, 경련, 호흡부전, 사망을 유발할 수 있다.

알코올을 산화하는 간 효소는 남성 호르몬 테스토스테론도 비활성화한다. 만성 알코올 중독 환자에서 이러한 효소가 증가하면 테스토스테론의 분해가 더 빨라지며, 이것이 잘 알려진 질환 특징 중에 하나인 알코올성 발기부전의 기전이다.

벤젠은 체내에서 대체로 불활성이어서 간에 도달할 때까지 반응하지 않는다. 간에 이르면 서서히 에폭사이드(epoxide)로 산화된다.

$$C_6H_6 \xrightarrow{\text{간에서 산화}} C_6H_6O$$

벤젠　　　에폭사이드 (발암물질)

이 에폭사이드는 반응성이 매우 커서 특정 핵심 단백질을 공격할 수 있으며, 그로 인한 손상이 때때로 백혈병을 유발한다.

사염화 탄소(CCl_4)도 체내에서 상당히 불활성이지만, 간에 도달하면 반응성 트리클로로메틸 자유 라디칼($\cdot CCl_3$)로 전환되고, 이어 체내의 불포화 지방산을 공격한다. 이러한 작용은 암을 유발할 수 있다.

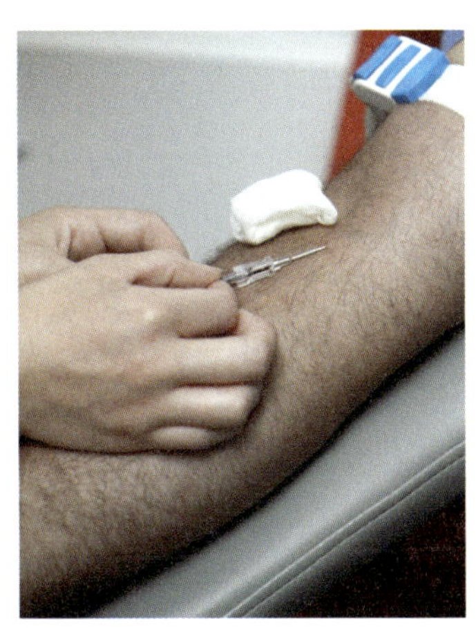

왜 중요할까?

의사는 스타틴 등 일부 약을 처방하기 전에 종종 간 효소 혈액 검사를 시행한다. 약물이 효과를 내기 위해서는 간 기능이 정상이어야 하며, 간이 손상된 경우 일부 약은 손상을 악화시킬 수 있다. 간 효소가 혈류로 누출되는 소견은 약 투여에 앞서 교정해야 할 문제를 시사한다.

'독소' 없애기

2000년 전 그리스 의사들은 네 가지 체액(혈액, 가래, 흑담즙, 황담즙)의 이론으로 질병을 설명했다. 건강은 이 체액들의 균형에 달려 있고, 한 가지 이상이 많거나 적으면 병이 생긴다고 보았다. 오늘날에도 긍정적이고 행복한 사람을 두고 "기분이 좋다"라고 말하곤 한다. 체액이 부족하다고 여겨진 환자에게는 안정을 취하게 하고 식이를 바꾸거나 약을 쓰기도 했고, 과잉이라고 판단되면 발한·설사 유발·사혈 등을 시행했다. 오늘날에도 땀을 흘리면 '독소'가 배출된다고 믿는 사람들이 있다. 그리고 완하제나 기타 '결장 세정제'가 몸을 정화한다는 생각을 바탕으로 꽤 큰 규모의 사업도 있다. 그러나 이러한 잘못된 믿음은 오랜 세월 지속되곤 한다.

▲ 중세에는 감염으로 인한 염증 치료에 사혈이 흔히 사용되었다.

자가평가문제

1. 인체 내에서의 활동에 관한 설명으로 옳지 않은 것은 무엇인가?
   a. 벤젠은 불활성이므로 무독성이다.
   b. 수은 증기는 Hg^{2+}로 전환된다.
   c. 일부 무독성 물질은 독성 형태로 전환될 수 있다.
   d. 일부 독성 물질은 무독성 형태로 전환될 수 있다.

2. 간에서 포름알데하이드로 산화되는 물질은 무엇인가?
   a. 벤젠 b. 메탄올
   c. 니코틴 d. 톨루엔

3. 니코틴은 간에서 코티닌으로 산화된다. 코티닌의 독성이 더 낮은 이유는 무엇인가?
   a. 간에서 환원되므로 더 이상 활성형이 아니다.
   b. 산소가 추가되어 수용성이 커지므로 소변으로 더 쉽게 배설된다.
   c. 에폭사이드가 포함되어 더 반응성이 크다.
   d. 혈류에서 지방산을 제거한다.

정답: 1. a, 2. b, 3. b

14.6 발암물질과 기형유발물질

학습 목표 • 암이 발생하는 과정을 설명한다.
• 발암물질을 검사하는 세 가지 방법을 제시하고 설명한다.

발암물질(carcinogen)은 종양의 성장을 유발하는 물질이다. **종양**(tumor)은 조직의 비정상적 증식으로 양성 또는 악성일 수 있다. **양성 종양**은 인접 조직을 침범하지 않으며, 종종 자연적으로 퇴행하고 성장 속도가 느린 것이 특징이다. 흔히 **암**으로 불리는 **악성 종양**은 인접 조직을 침범·파괴할 수 있다. 그 성장 속도는 느릴 수도 빠를 수도 있으나, 성장 자체에 제한이 없다는 점이 특징이다.

암은 단일 질환이 아니다. 약 200가지에 이르는 여러 질환을 포괄하는 총칭이며, 그중 상당수는 서로 밀접하게 관련되어 있지 않다. 우리가 발암물질을 우려하는 이유로 미국에서는 남성의 약 절반, 여성의 약 3분의 1이 생애 어느 시점에 암을 겪기 때문이다.

암의 원인은 무엇인가

많은 사람은 합성 화학 물질이 암의 주된 원인이라고 생각하지만, 사실은 그렇지 않다. 일반 사망 원인(11.3절)과 마찬가지로, 대부분의 암은 생활습관 요인에 의해 유발된다. 미국에서 암 사망의 거의 3분의 2가 식이, 흡연, 운동 부족과 연관된다(그림 14.7).

미국산업안전보건청(OSHA)에는 국가 독성학 프로그램(NTP)이 있고, 발암물질을 두 범주로 나누어 지속적으로 목록화한다. 2016년 "알려진 인체 발암물질(Known Human Carcinogens)"이라는 제목의 목록에는 62개 항목이 수록되어 있다. 이들은 특정 물질·제제·혼합물에 대한 노출과 인체 암 발생 사이의 인과 관계를 확립할 만큼 사람을 대상으로 한 연구

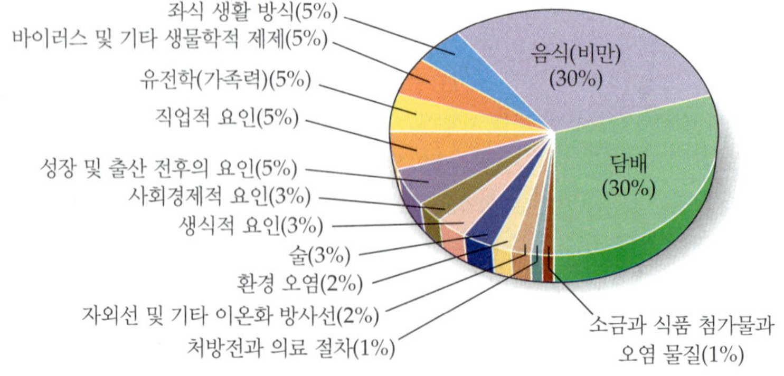

▶ **그림 14.7** 암 위험요인의 순위. 전체 암 사망의 약 30%는 담배와 또 다른 약 30%는 지방·열량이 높고 과일·채소가 적은 식단과 관련된다. 환경 오염과 식품 첨가물은 대중이 암의 원인으로 높게 인식하지만, 실제로는 암 사망에 비교적 작은 기여만을 한다(하버드대학 공중보건대학 자료에 근거함).

흡연, 전자담배, 암

담배 흡연과 암의 연관성은 수십 년 전부터 알려져 왔지만, 정확한 기전은 1996년에야 제시되었다. 당시 연구자들은 전체 폐암의 약 60%에서 변이가 관찰되는 종양억제 유전자 *P53*과 담배 연기 속 발암물질 벤즈피렌(benzpyrene)의 대사산물에 주목했다.

체내에서 벤즈피렌은 활성 발암체(에폭사이드)로 산화되어 유전자의 특정 뉴클레오타이드(변이가 자주 일어나는 '핫스팟')에 결합한다. 이러한 벤즈피렌 대사산물이 다수의 변이를 일으킨다는 개연성이 크다.

전자담배(e-cigarette)는 2007년 중국에서 미국으로 도입되었다. 이 기기는 니코틴 용액을 기화시켜 흡입하게 하는 장치이다. 전자담배를 사용하는 청소년이 결국 흡연자가 될 수 있음을 시사하는 근거가 있으며, 매년 40만 명 이상의 아동이 새로운 상습 흡연자가 되고, 이들 중 거의 3분의 1은 결국 흡연으로 사망한다. 많은 전자담배기기는 사탕·과일 맛의 가향 니코틴 용액을 쓰며, 영유아가 리필 용액을 섭취할 경우 치명적 수준의 니코틴뿐 아니라 디에틸렌 글리콜, 중금속, 휘발성 유기 화합물, 초미세입자 등 유해 물질에 노출 위험이 있다. 이들 물질은 폐로 유입되거나 뇌 발달에 영향을 줄 수 있다.

흡연은 미국에서 예방가능한 조기 사망의 최상위 원인이다. 미국 사망자의 5명 중 1명은 흡연 관련 사망이다. CDC에 따르면 흡연은 심장병, 뇌졸중, 각종 암, COPD, 폐기종, 폐렴 등 24개의 의학적 문제로 인한 사망과 연관된다. 흡연은 잇몸·구강 질환, 만성 쉰 목소리, 성대 폴립, 피부의 조기 노화와 주름을 유발한다. 흡연으로 인한 악성 종양은 폐암에 국한되지 않으며, 췌장·방광·유방·신장·구강·인후·위·후두·자궁경부의 암도 흡연과 관련된다. 실제로 흡연에 인한 사망은 에이즈, 알코올, 불법 약물, 교통사고, 살인, 자살을 모두 합친 것보다 많다. 평균적으로 흡연자는 비흡연자보다 10년 일찍 사망한다.

에서 발암성에 대한 충분한 증거가 있다고 NTP가 판단한 경우이다. 또 다른 "인체 발암물질일 것으로 합리적 예상됨(Reasonably Anticipated to Be Human Carcinogens)"이라는 제목의 목록에는 186개 항목이 포함되어 있다. 이러한 의심되는 발암물질은 이미 알려진 발암물질과 구조적으로 유사하거나, 사람 또는 실험동물 연구에서 발암성에 대한 증거가 제한적한 경우가 많다.

햇빛, 라돈, 사사프라스의 사프롤(safrole)처럼 자연적으로 존재하는 발암물질도 있다. 일부 과학자들은 우리가 섭취하는 발암물질의 99.99%가 자연 유래라고 추정한다. 식물은 균류·곤충·사람을 포함한 고등동물로부터 자신을 보호하기 위해 다양한 화합물을 만들어내며, 버섯·바질·셀러리·무화과·겨자·후추·회향·파스닙·감귤류 오일 등(호기심 많은 화학자가 눈을 돌리는 거의 모든 곳에서) 발암성 화합물이 보고된다. 발암물질은 조리 과정에서도 생성되고, 정상 대사의 신물로도 생긴다. 발암물질이 이렇게 널리 피져 있으므로, 우리는 그로부디 자신올 보호하는 장치가 필요하다.

암은 어떻게 발생하는가

화학 물질과 물리적 요인이 암을 일으키는 작용 기전은 매우 다양하다. 일부 발암물질은 DNA를 화학적으로 변형하여 복제와 단백질 합성의 암호를 교란한다. 예를 들어 매우 강력한 발암물질 아플라톡신 B는 땅콩 등 식품의 곰팡이가 생성하며, DNA의 구아닌 잔기에 결합하는 것으로 알려져 있다. 다만 이것이 어떻게 암을 시작시키는지는 아직 규명되지 않았다.

유전 요인도 많은 암의 발생에 관여한다. 온코진(oncogene)으로 불리는 특정 유전자는 정상 세포를 암세포로 진환하는 과정을 촉빌·유지하는 깃으로 보인다. 온코진은 원래 세포 성장과 분열을 조절하던 정상 유전자에서 기원하며, 현재 약 100개가 알려져 있다. 화학 발암물질·방사선·일부 바이러스 등이 온코진을 활성화할 수 있다. 암이 발생하려면 과정의 서로 다른 단계에서 둘 이상의 온코진이 켜져야 할 가능성이 크다. 이와 별개로 암의 발생을 평소 억제하는 억제 유전자가 있으며, 암이 생기려면 이 유전자들이 불활성화되어야 한다. 억제 유전자의 불활성화는 돌연변이, 변형, 소실로 일어날 수 있다. 예를 들어 한 세포가 암세포로 되기까지 여러 번의 돌연변이가 필요할 수 있다. 보통 50세 이전에 발병하는 유전성 유방암의 한 유형은

*BRCA1*이라는 종양억제 유전자의 돌연변이로 발생한다. *BRCA1* 변이를 보인 여성의 유방암 위험은 약 80%로, 미국 여성 일반의 약 10%에 비해 매우 높다.

화학적 발암물질

발암물질은 서로 매우 다른 여러 화학 물질에서 나타난다. 여기서는 몇 가지 주요 분류에만 초점을 맞춘다.

다환방향족 탄화수소(PAH) — 그중 3,4-벤즈피렌(7.7절 참조)이 아마 가장 잘 알려져 있다 — 는 악명 높은 발암물질군에 속한다. 이 탄화수소들은 거의 모든 유기물이 불완전 연소할 때 형성된다. 숯불에 구운 고기, 담배 연기, 자동차 배기가스, 커피, 탄 설탕 등 많은 물질에서 검출되었다. 모든 다환방향족 탄화수소가 발암성인 것은 아니다. 그러나 발암성과 특정 분자 크기 및 형태 사이에는 강한 상관관계가 있다.

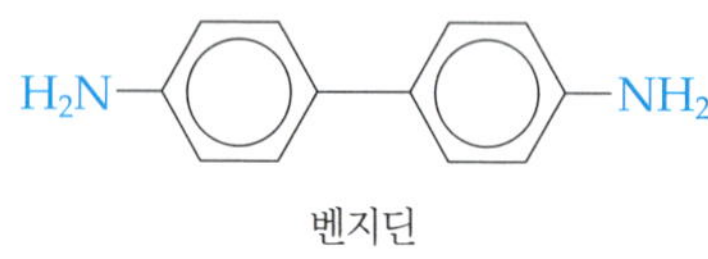

벤지딘

방향족 아민은 또 하나의 중요한 발암물질 분류를 이룬다. 대표적인 예로 β-나프틸아민과 벤지딘이 있다. 한때 염료 산업에서 널리 사용되었으며, 이들 물질과 장기간 접촉한 직종의 근로자들에서 방광암의 높은 발생에 책임이 있었다.

모든 발암물질이 방향족 화합물은 아니다. 대표적인 지방족(비방향족) 발암물질 두 가지는 디메틸니트로사민(10.5절)과 염화 비닐(5.3절)이다. 다른 비방향족 발암물질로는 질소나 산소를 포함하는 3- 및 4-이종고리(예를 들어 에폭사이드, 에틸렌이민 유도체)와 락톤이라 불리는 고리형 에스터가 있다(그림 14.8).

▶ **그림 14.8** 작은 이종고리성 발암물질 세 가지

Q 각 화합물은 어느 계열의 화합물에 속하는가?

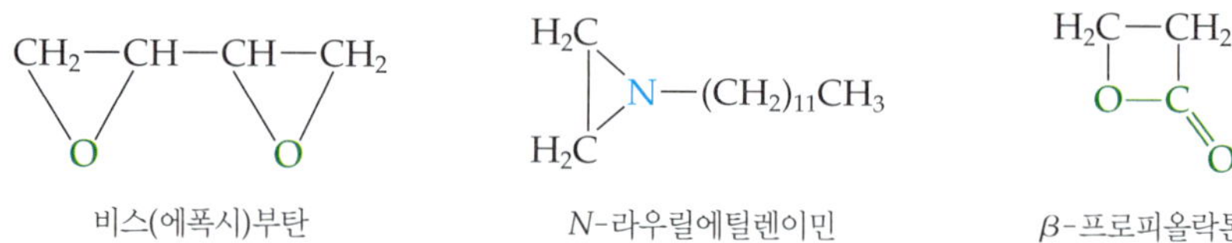

이 발암물질 목록은 포괄적이지 않다. 종양을 유발하는 성질을 지닌 화합물의 몇 가지 분류를 이해하도록 돕기 위한 것이다.

항암제

우리가 먹는 음식에 천연 발암물질이 많다면 어째서 모두가 암에 걸리지 않는 걸까? 아마도 음식 속 다른 물질들이 **항발암물질**(anticarcinogen)로 작용하기 때문일 것이다. 항산화 비타민은 일부 암으로부터 보호 효과가 있는 것으로 여겨지며, 식품 첨가물인 뷰틸화 하이드록시톨루엔(BHT)은 위암에 대한 보호 효과가 있을 수 있다. 특정 비타민도 항발암 효과가 보고되어 왔다.

항산화 비타민에는 비타민 C, 비타민 E, 비타민 A의 전구체인 β-카로틴이 포함된다. 십자화과 채소(양배추, 브로콜리, 브뤼셀스프라우트, 케일, 콜리플라워)가 풍부한 식단은 동물과 사람 집단 모두에서 암 발생률을 낮추는 것으로 나타났다. 반면 보충제 형태로 섭취한 비타민의 항발암성에 대한 근거는 덜 확정적이며, β-카로틴의 경우에는 상충된 결과도 있다. **플라보노이드**라 불리는 황색·적색·청색 식물의 색소도 항발암물질로 여겨진다. 감귤류, 베리류, 적양파, 녹차, 다크 초콜릿이 플라보노이드의 좋은 급원이다.

우리 식품에는 아직 확인되지 않은 다른 많은 항발암물질도 있을 가능성이 크다.

발암물질을 검사하는 세 가지 방법

화학 물질이 암을 유발한다는 사실을 우리는 어떻게 아는가? 사람을 대상으로 실험할 수는 없

으므로, 어떤 물질이 사람에게 암을 유발하는지 절대적으로 증명할 방법은 없다. 대신 세균 돌연변이 선별검사, 동물 실험, 역학 연구의 세 가지 방법으로 근거를 모은다.

어떤 물질이 발암성일 가능성이 있는지를 가장 빠르고 저렴하게 알아보는 방법은 버클리의 캘리포니아대학 Bruce N. Ames가 개발한 선별 검사와 같은 것이다. **Ames 검사**(Ames test)는 페트리 접시에서 수행할 수 있는 간단한 실험 절차이다(그림 14.9). 이 시험은 대부분의 발암물질이 어떤 형태로든 유전자를 변형시키는 돌연변이원이라는 가정에 기초한다. 실제로 그러한 경우가 많다. 돌연변이원 목록이나 발암물질 목록에 오른 화학 물질의 약 90%는 다른 목록에도 함께 등장한다.

Ames 검사에서는 히스티딘을 합성하지 못하도록 변형된 특수 살모넬라 균주를 사용한다(성장을 위해서는 히스티딘을 외부에서 보충해야 한다). 히스티딘을 제외한 모든 영양분을 포함한 한천 배지에 박테리아를 접종한 뒤, 돌연변이 유발 화학 물질 존재하에 배양하면 박테리아가 변이되어 더 이상 외부 히스티딘을 필요로 하지 않게 되고 정상 균처럼 증식할 수 있다. 암은 세포의 조절되지 않은 증식이므로, 페트리 접시에서 집락이 증식했다는 것은 첨가된 화학 물질이 돌연변이원이었고 아마도 발암물질일 가능성을 시사한다.

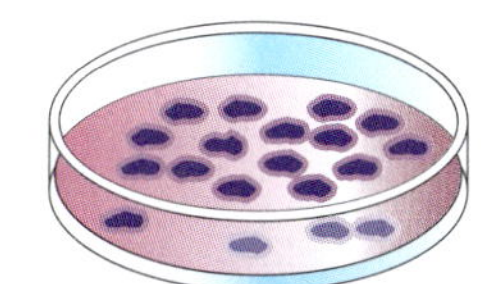

돌연변이가 유도한 복귀돌연변이체

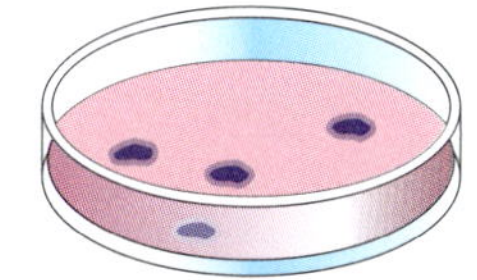

자발적인 복귀돌연변이체

▲ **그림 14.9** Ames 검사. 2개의 페트리 접시에는 모두 변형된 살모넬라(*Salmonella*) 균주가 들어 있다. 위쪽 접시에 화학 물질을 가하면 살모넬라가 변형 전 상태로 되돌아가는데, 이는 돌연변이가 일어났고 그 화학 물질이 돌연변이원임을 나타낸다. 아래쪽 접시는 대조군으로, 자연발생 돌연변이만 소수 보이고 역변환은 거의 없다.

발암이 의심되는 화학 물질은 동물 실험으로도 평가할 수 있다. 낮은 용량을 쓰고 수백만 마리의 쥐를 쓰는 실험은 비용이 과다하므로, 보통은 높은 용량을 쓰고 수십 마리의 쥐로 시험한다. 같은 수의 쥐를 대조군으로 두고, 식이와 환경은 동일하게 유지하되 의심 물질만 투여하지 않는다. 실험군에서의 암 발생률이 대조군보다 높으면 그 화합물이 발암성으로 해석한다.

동물 실험 결과만으로 단정할 수는 없다. 사람은 보통 실험과 같은 높은 용량에 노출되지 않으며, 어떤 물질에는 역치가 있어 그 미만에서는 발암성이 나타나지 않을 수도 있다. 또한 사람의 대사는 실험동물과 다소 다르다. 어떤 물질은 쥐에서 발암성이지만 사람에게는 아닐 수 있고(또는 그 반대), 동일 화학 물질의 발암성은 쥐와 생쥐 사이에서도 약 70% 정도의 상관성에 그친다. 설치류와 사람 사이의 상관성은 그보다 더 낮을 것으로 보인다.

3 **과학자들은 잠재적 발암물질을 시험할 때, 왜 그렇게 높은 용량을 사용하는가?**

일부 동물 실험의 타당성이 언론에서 문제 시되기도 한다. 그러나 발암성이 없는 물질은 높은 용량에서도 암을 유발하지 않는다는 관찰이 반복되어 왔다. 동물 실험에서 높은 용량을 사용하는 이유는 양성 결과를 더 빨리 나타나게 하려는 데 있다.

동물 실험은 비용이 많이 든다. 암 연구에서 단일 물질에 대한 동물 시험은 4~8년이 걸리고 수십만 달러가 소요될 수 있다. 또한 동물 실험은 논란의 대상이다. 지지자와 반대자는 시험의 윤리성과 가치에 대해 논쟁한다.

역학 연구는 증례군 연구를 이용하여 어떤 물질이 사람에게 암을 유발한다는 증거를 제시한다. 특정 종류의 암의 발생률이 정상보다 높은 집단을 대상으로 구성원의 배경에서 공통 요인을 조사한다. 이러한 연구는 흡연이 폐암을, 염화 비닐이 드문 유형의 간암을, 석면이 흉막강(폐를 수용하는 체강) 내벽의 암을 유발한다는 것을 보여주었다. 이 연구들은 때로 정교한 수학적 분석을 필요로 하며, 발암 과정에 다른(알려지지 않은) 요인이 관여했을 가능성은 항상 존재한다.

더 최근에는 고전압 송전선, 일부 전기기기, 휴대전화 등을 둘러싼 전자기장이 암을 유발할 수 있는지 여부를 규명하기 위한 역학 연구가 수행되었다. 현재까지의 결과는 설령 영향이 있더라도 극히 미미하다는 점을 시사한다.

물리적 및 생화학적 이상: 기형유발물질

기형유발물질(teratogen)은 신체적·생화학적 이상을 일으키는 물질이다. 가장 악명 높은 기형유발물질은 진정제 탈리도마이드일 것이다. 50여 년 전에는 실험실 연구에 근거하여 매우 안전한 약으로 여겨지면서 임신부에게 자주 처방되었고, 독일에서는 처방전 없이도 구입할 수 있었다. 그러나 사람 집단에서 실험동물로는 확보하지 못했던 증거를 모으는 데 몇 년이 걸렸다.

탈리도마이드

▲ 탈리도마이드의 구조

이 약은 발달 중인 인간 배아에 파국적인 영향을 미쳤다. 임신 초기 12주 동안 이 약을 복용

▲ FDA의 Frances O. Kelsey(앞줄 왼쪽)는 탈리도마이드의 미국 내 사용 승인을 거부한 공로로 John F. Kennedy 대통령에게서 연방민간공로상을 수여받았다.

한 약 1만 2,000명의 여성에게서 팔과 다리가 짧거나 없는 등 다른 신체 결함을 동반하는 **포코멜리아**(phocomelia) 환아가 태어났다. 이 약은 독일과 영국에서 널리 사용되었고, 이 두 나라가 가장 큰 피해를 입었다. 미국은 비교적 큰 피해를 피했는데, 미국식품의약국(FDA)의 Frances O. Kelsey가 약물 안전성에 의문을 제기할 근거가 있다고 판단하여 미국 내 사용을 승인하지 않았기 때문이다. 켈시는 1962년 John F. Kennedy 대통령으로부터 연방민간공로상을 수상했다.

현재 탈리도마이드는 임신부 사용을 막기 위해 엄격한 제한 아래에 특정 질환 치료로 사용되고 있다. 나병에 흔히 동반되는 쇠약성 피부 질환에 대해 특이적인 항염증 작용을 나타내며, 에이즈(AIDS)에 흔히 수반되는 심한 체중 감소 상태인 **소모증** 치료에도 사용하기 위해 연구 중이다. 과학자들은 유익한 효과를 높이고 해로운 성질을 줄이기 위해 탈리도마이드 유도체도 연구하고 있다.

기형유발물질로 작용하는 다른 화학 물질로는 중증 여드름 치료에 사용을 승인받은 처방약 아이소트레티노인(Accutane)이 있다. 임신 1삼분기에 복용하면 다발성 중증 기형을 일으킬 수 있다. 다만 의사와 환자에게 제공된 교육 자료 덕분에, 아이소트레티노인 사용과 관련한 비극은 소수를 제외하고 대부분 예방되었다.

COOH

아이소트레티노인
(13-시스-레티노산)

지금까지 가장 위험한 기형유발물질은 에틸 알코올이며, 태아알코올증후군을 일으켜 영아의 인지 및 신체 장애를 초래할 수 있다.

자가평가문제

1. 스위치가 켜졌을 때 암 발생에 관여하는 일부 유전자를 무엇이라 하는가?
a. DNA 수선 유전자 **b.** 암유전자
c. *P53* **d.** 억제 유전자

2. 암 발생을 예방하는 데 관여하는 일부 유전자는 스위치가 꺼지면 암세포가 성장할 수 있다. 이를 무엇이라 부르는가?
a. DNA 수선 유전자 **b.** 암유전자
c. *BRCA1* 유전자 **d.** 억제 유전자

3. 많은 다환방향족 탄화수소(PAH)는 알려진 발암물질이다. PAH의 공급원에는 무엇이 있는가?
a. 인공 향료 **b.** 자동차 배기가스
c. 살충제 **d.** 플라스틱

4. 대표적인 지방족 발암물질은 무엇인가?
a. 아라키돈산 **b.** 부탄
c. 발린 **d.** 염화 비닐

5. 어떤 물질이 발암물질일 가능성이 있는지 가장 빠르게 확인하는 방법은 무엇인가?
a. Ames 시험 **b.** 동물 실험
c. 역학 연구 **d.** 대사 시험

6. Ames 시험에 대한 설명으로 옳은 것은 무엇인가?
a. 신규 화합물의 간 독성 평가
b. 흑색종에 대한 면역학적 검사
c. 기초 화학 과목의 표준 기말시험
d. 잠재적 발암물질 선별을 위한 돌연변이원성 시험

7. 신생아의 사지가 없거나 짧아지는 포코멜리아를 유발한 기형유발물질은 무엇인가?
a. 에탄올 **b.** 아이소트레티노인
c. 말라티온 **d.** 탈리도마이드

정답: 1. b, 2. d, 3. b, 4. d, 5. a, 6. d, 7. d

14.7 유해 폐기물

학습 목표 • 유해 폐기물을 정의하고, 폐기물의 네 가지 유형을 나열하며 각 유형의 예를 제시한다.

최근 몇 년 사이에 대중은 환경 내 유해 폐기물에 대한 우려가 커지고 있다. 화학 폐기물 매립으로 인해 뉴욕의 러브 커널(Love Canal)과 켄터키의 밸리 오브 더 드럼(Valley of the Drums)이 널리 알려지게 되었고, 2017년 텍사스주 휴스턴 지역을 강타해 대규모 홍수와 정전을 초래한 허리케인 하비와 같은 자연재해는 이러한 심각한 문제를 더욱 악화시킬 수 있다. 유해 폐기물은 화재나 폭발을 일으킬 수 있고, 대기를 오염시키며, 우리의 식품과 물을 오염시킬 수 있다. 때로는 직접 접촉으로 중독을 일으키기도 한다. 그러나 우리가 산업이 생산하는 제품을 원한다면 유해 폐기물 문제가 뒤따르는 것은 불가피하며, 이를 다루어야 한다(표 14.2).

어떤 문제든 다루는 첫 단계는 그 문제를 이해하는 것이다. **유해 폐기물**(hazardous waste)은 부적절하게 관리될 때 사망이나 질병을 일으키거나 그에 기여할 수 있거나 인체 건강 또는 환경을 위협하는 폐기물을 말한다. 편의를 위해 유해 폐기물은 네 가지 유형(반응성, 인화성, 독성, 부식성)으로 나눈다.

반응성 폐기물(reactive waste)은 자발적으로 공기나 물과 격렬하게 반응하는 경향이 있다. 이러한 폐기물은 시안화 수소(HCN)나 황화 수소(H_2S)와 같은 유독가스를 발생시키거나 충격 또는 열에 노출될 때 폭발할 수 있다. 트리니트로톨루엔(TNT)과 니트로글리세린과 같은 폭발물은 말할 것도 없이 반응성 폐기물에 해당한다. 가정에서 폭발할 수 있는 폐기물의 예로는 부적절하게 취급된 프로판 탱크와 에어로졸 캔이 있다. 반응성 폐기물의 또 다른 예는 금속 소듐으로, 물과 반응하여 수소 기체를 만들며 이 수소가 공기 중에서 점화되면 폭발할 수 있다.

$$2\,Na(s) + 2\,H_2O(l) \longrightarrow 2\,NaOH(aq) + H_2(g)$$
$$2\,H_2(g) + O_2(g) \longrightarrow 2\,H_2O(g)$$

반응성 폐기물은 대개 처분 전에 비활성화할 수 있다. 프로판 탱크와 에어로졸 캔은 완전히 비운 뒤 적절히 폐기할 수 있다. 소듐은 처리 없이 버리기보다, 반응이 느린 이소프로필알코올로 처리한다.

인화성 폐기물(flammable waste)은 점화되면 쉽게 연소하여 화재 위험을 초래한다. 예를 들어 탄화수소 용매인 헥산이 있다. 1981년 켄터키주 루이빌의 하수도에서 (랄스톤-퓨리나 회사가 실수로 버린 것으로 추정되는) 헥산이 점화되어 폭발이 일어나 여러 블록의 도로가 파괴되었다.

표 14.2 산업 제품과 유해 폐기물 부산물

제품	관련 폐기물
플라스틱	유기 염소계 화합물
농약	유기 염소계 화합물, 유기인계 화합물
의약품	유기용매 및 잔류물, 중금속(예: 수은, 아연)
도료	중금속, 안료, 용매, 유기 잔류물
기름·휘발유	기름, 페놀 및 기타 유기 화합물, 중금속, 암모늄 염, 산, 강염기
금속	중금속, 불화물, 시안화물, 산성·알칼리성 세정제, 용매, 안료, 연마제, 도금 염, 오일, 페놀류
가죽	중금속, 유기용매
섬유	중금속, 염료, 유기 염소계 화합물, 용매

$$2\,C_6H_{14}(l) + 19\,O_2(g) \longrightarrow 12\,CO_2(g) + 14\,H_2O(g)$$

가정에서의 인화성 폐기물 예로는 휘발유, 라이터 연료, 다수의 용매, 매니큐어가 있다.

독성 폐기물(toxic waste)은 인체 건강이나 환경에 위험을 초래할 만큼의 양으로 유독 물질을 함유하거나 방출한다. 이 장에서 논의한 대부분의 유독 물질은 환경에 부적절하게 버려지면 독성 폐기물에 해당한다. 일부 독성 폐기물은 안전하게 소각할 수 있다. 예를 들어 폴리염화비페닐(PCB, 5.7절)은 고온에서 연소되어 이산화 탄소, 물, 염화 수소를 형성한다. 염화 수소를 스크러빙으로 제거하거나 안전하게 희석·분산시키면, 이는 PCB 처분의 만족스러운 방법이다. 그러나 어떤 독성 폐기물은 소각할 수 없어 수년 동안 밀폐·감시해야 한다. 가정에서의 독성 폐기물 예로는 페인트, 살충제, 자동차용 오일, 의약품, 세정제가 있다.

부식성 폐기물(corrosive waste)은 일반 용기 재료를 부식시키므로 특수 용기가 필요한 폐기물이다. 산은 철과 반응하여 용해시키므로 철제 드럼에 보관할 수 없다.

$$Fe(s) + 2\,H^+(aq) \longrightarrow Fe^{2+}(aq) + H_2(aq)$$

산성 폐기물은 처분 전에 중화(4장)를 할 수 있으며, 석회(CaO)는 이러한 중화에 흔히 쓰이는 값싼 염기다.

$$2\,H^+(aq) + CaO(s) \longrightarrow Ca^{2+}(aq) + H_2O(l)$$

가정에서의 부식성 폐기물 예로는 배터리 산, 배수관 세정제, 오븐 세정제가 있다.

유해 폐기물을 다루는 최선의 방법은 애초에 그것을 만들지 않는 것이다. 이것이 녹색 화학의 주요 초점이다. 많은 산업에서 폐기물 발생을 막기 위해 제조 공정을 수정했고, 일부 폐기물은 재처리하여 에너지나 물질을 회수할 수 있다. 헥산 같은 탄화수소 용매는 정제하여 재사용하거나 연료로 태울 수 있다. 한 산업의 폐기물이 다른 산업의 원료가 되는 경우도 흔하다. 예를 들어 금속 산업에서 나오는 폐 질산은 비료로 전환할 수 있다.

유해 폐기물을 재사용하거나 소각하거나 처리하여 덜 위험하게 만들 수 없다면 안전한 매립지에 보관해야 한다. 안타깝게도 매립지는 종종 누수되어 지하수를 오염시킨다. 우리는 한 독성 폐기물 더미를 정화해 다른 곳으로 옮기는 다소 섬뜩한 '껍데기 바꾸기' 놀이를 하게 된다. 염소 화합물을 포함한 유기성 폐기물 처리에 대한 현재 최선의 기술은 소각(그림 14.10)이다. 1,260 ℃에서 99.9999%를 넘는 파괴율이 달성된다. 소각의 큰 문제는 소각장을 지을 부지를 찾는 일이다. 누구도 유해 폐기물 소각장이 근처에 들어오는 것을 원치 않는다.

생분해는 큰 가능성을 보여주는 또 다른 방법이다. 과학자들은 휘발유에 들어 있는 것과 같은 탄화수소를 분해하는 미생물을 확인했다. 다른 박테리아는 적절한 영양분이 제공되면 염소화 탄화수소를 분해할 수 있다. 토양의 특정 박테리아는 TNT와 니트로글리세린까지 분해할

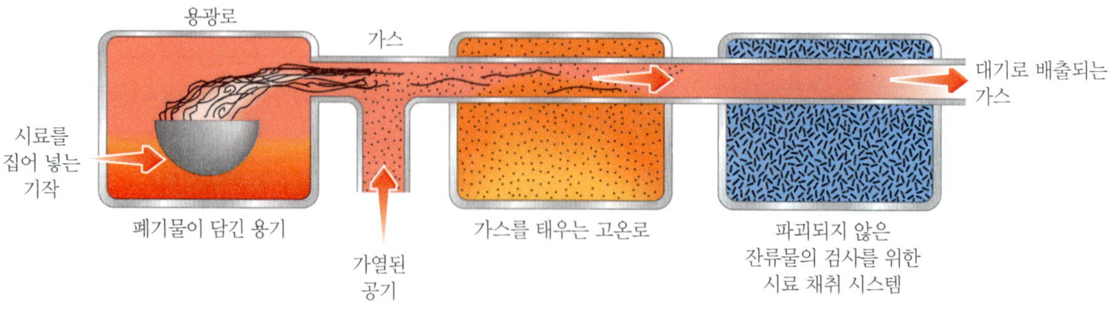

▲ **그림 14.10** 유해 폐기물 소각로의 개략도

Q PCB는 공기 중 고온에서 연소되어 이산화 탄소, 물, 염화 수소를 형성한다. PCB 성분 $C_6H_2Cl_3—C_6H_3Cl_2$의 소각 반응식을 쓰라.

녹색 화학 녹색 화학으로 더 안전한 화학 물질 설계

Richard Williams

원칙 3, 4, 10

학습 목표
- 화학 물질의 구조가 어떻게 유해한 성질과 상업적 유효성을 동시에 초래할 수 있는지 설명한다.
- 더 안전한 화학 구조를 설계하는 과정을 추적한다.

화학 산업은 인간의 삶의 질을 향상시키는 수많은 제품을 만든다. 그러나 사람에 의해 만들어진 많은 화학 물질의 안전성에 대한 불확실성은 우려의 대상이 되어 왔다. 연구 개발의 초기 단계에서 화학 개발자가 어떻게 위험을 식별하고 대응할 수 있을까? 녹색 화학자는 어떤 요인이 화학 물질을 독성으로 만드는지 이해하고, 이 정보를 사용하여 효과적이면서도 안전한 제품을 설계함으로써 이 도전에 대응할 수 있다.

대중과 대중의 영향을 받는 규제 당국은 유럽연합의 REACH(화학 물질의 등록·평가·허가·제한) 법제와 미국독성물질규제법(TSCA) 개정안 제안에서 보듯이, 일반적으로 위험에 대해 훨씬 더 큰 관심을 보이고 있다. REACH는 기업이 화학 물질을 제조하거나 수입하기 전에 인체 건강 및 환경 안전 시험자료와 위험 평가를 제출하도록 요구한다. 이러한 조치는 옳은 방향이지만, 대부분의 화학 물질 안전성 시험은 보통 연구 개발 과정의 후반에 수행된다. 그 시점까지 제품 시험에 수년과 수백만 달러가 투입되었을 수 있으며, 화학 제품을 변경하기는 어려울 수 있다.

녹색 화학은 연구 개발 단계에서 화학 물질의 상업적 유효성을 최적화하면서 위해성과 위험을 최소화할 기회를 제공한다(원칙 4). 위험은 분자의 고유 위해성과 노출, 즉 화학 물질과 생물체 사이의 접촉의 함수이다. 14.2절에서 보았듯이, 해를 끼칠 수 있는 능력인 위해성은 분자의 고유 특성이다. 마찬가지로 상업적 기능은 분자의 구성과 원자의 3차원 배열에 좌우된다. 위해성은 물리적(연소, 폭발 등)일 수도 있고, 독성학적(급성·만성 중독, 발암성, 생식독성, 자극성 등)일 수도 있다. 위험은 노출을 막는 보호 장비로 줄일 수 있는 경우가 많지만, 녹색 화학은 그보다 나은 접근을 제시한다.

더 안전한 화학 물질 설계는 무엇이 분자를 위험하게 만드는지에 대한 이해에 의존한다. 예를 들어 할로겐 원자는 흔히 분자의 안정화를 위해 도입되지만, 그 안정성 때문에 생분해가 방해되고 환경 중 농도가 높아질 수 있다. 폴리염화비페닐(PCB)은 오염된 수역에 사는 물고기 체내에 축적되어 건강 위험이 되었다. 따라서 그 물고기를 섭취하는 사람의 실제 노출량은 건강에 허용되는 수준을 크게 넘을 수 있다(14.4절). 방향족 고리의 염소 원자 수를 줄이도록 분자를 설계하면 분해가 촉진되고(원칙 10), 의미 있는 노출과 위험을 제거할 수 있다. 현재의 혁신적 설계 전략은 상업적 기능에 필요한 딱 그 정도의 안정성만 갖춘 화학 물질을 사용하면서 문제가 되는 생물체의 독특한 생리적 표적을 정밀하게 겨냥한다.

독성의 유무와 같은 분자 특성이 화학 구조에 의해 어떻게 좌우되는지 이해하는 것은 매우 중요하다. 비선택적 접촉형 제초제 파라콰트가 포유류에 독성이라는 사실만으로는 설계 화학자에게 충분한 통찰을 주지 못한다. 그러나 파라콰트가 전하, 분자 형태, 양전하 질소 사이의 탄소 원자 수 때문에 폐에 축적되어 손상을 유발한다는 것을 알게 되자, 화학자들은 디콰트를 설계할 수 있었다. 디콰트는 제품으로서의 효능은 동등하지만, 그 구조 덕분에 폐세포로의 유입 능력이 낮아지고 세포 손상이 줄어들어 훨씬 저독성이다(원칙 3).

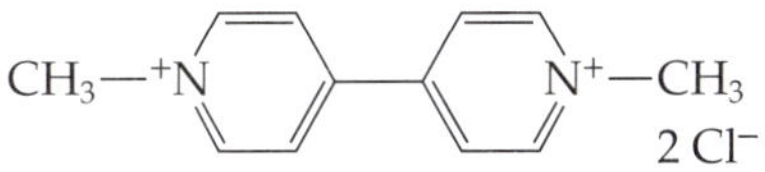

파라콰트

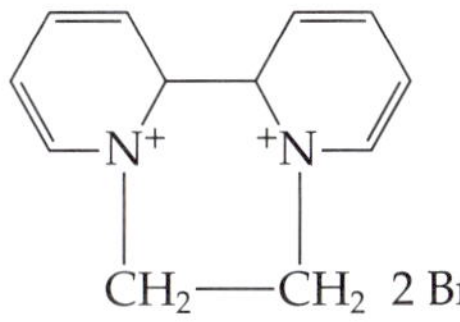

디콰트

화학 실제 단계에서 구조에 기반하여 위해성을 더 효과적으로 식별하려는 과학적 진보가 모색되고 있다. 기존의 안전성 시험법은 느리고 비용이 많이 들며, 다수의 실험 동물에 의존하고, 분자가 어떻게·왜 독성을 띠는 지에 대한 정보를 제공하지 못하기 때문이다. 현재 우리가 활용할 수 있는 접근으로는 구조적 특징과 위해성을 연계하는 경험 법칙, 계산 방법, 기지(旣知) 위해성 데이터베이스, 모델, 단기 분석 등이 있다. 녹색 화학은 매년 수천 종의 신물질을 합성하는 화학자들이 더 안전한 분자를 설계하도록 이러한 방법들을 뒷받침한다. 이러한 접근을 설계 초기에 도입하면 비용과 시간을 절감할 수 있다.

앞으로 연구자들은 구조가 유사하거나 다양한 대규모 화학 물질 집합을 신속히 스크리닝하고, 더 안전하면서 상업적으로 성공적인 화학 물질 설계를 뒷받침할 지식 기반을 구축할 수 있는 화학 설계 도구의 개발을 추진하고 있다. 혁신 과제는 만만치 않지만, 설계 초기부터 안전성을 통합하는 접근은 매우 유망하다.

4 PCB, 납, 다이옥신과 같은 폐기물을 그냥 태워서 처리할 수 없는가?

PCB, 신경가스, 다른 유기 물질은 대개 소각(그림 14.10)으로 처분할 수 있는데, 이는 이들이 CO_2와 H_2O 같은 단순한 화합물로 산화되기 때문이다. 그러나 납, 수은, 비소와 같은 독소는 원소이다. 납 화합물을 포함한 폐기물을 소각하면 소각 후에도 납은 PbO나 금속 납(Pb)과 같은 형태로 여전히 남게 된다.

수 있다. 유전공학을 통해 과학자들은 매우 다양한 폐기물을 분해할 수 있는 새로운 세균 균주를 개발하고 있다.

독성 물질의 대가

우리는 가정과 직장 안팎에서 너무 많은 독성 물질을 사용하므로 사고가 일어날 수밖에 없다. 응급 중독에 대처하도록 의사를 돕기 위해 많은 도시에서 독극물관리센터가 설립되었다. 살충제, 의약품, 세정제, 기타 화학 물질은 우발적 중독으로 우리가 치르는 대가에 값할 만큼의 가치를 지니는가? 그것은 독자에게 달려 있다. 일반적으로 비극을 초래하는 것은 이러한 화학 물질의 오용이다.

신경가스, 발암물질, 기형유발물질과 같은 무시무시한 것들을 떠올리면 화학자와 화학을 부정적으로 보기 쉽다. 그러나 독성 화학 물질의 위험한 성격에도 불구하고 많은 화학 물질이 우리에게 막대한 이익을 주며 안전하게 사용될 수 있다는 점을 기억해야 한다. 위험성이 알려지자 플라스틱 산업은 염화 비닐 배출을 통제할 수 있었고, 그로부터 만들어지는 염화 비닐이 발암물질이더라도 우리는 여전히 유용한 비닐 플라스틱을 사용할 수 있다.

우리는 유해 물질을 사용함으로써 얻는 이익이 그 사용으로 감수하는 위험에 값하는지 결정해야 한다. 독성 화학 물질과 관련된 많은 쟁점은 감정적이며, 이에 관한 결정의 대부분은 정치적이다. 그럼에도 이러한 문제의 가능한 해결책은 주로 화학의 영역에 있다. 여기에서 배운 화학 지식이 현명한 결정을 내리는 데 도움이 되기를 바란다. 무엇보다도 화학은 여러분이 하는 거의 모든 일에 영향을 미치므로 평생에 걸쳐 화학을 더 배우기를 바란다. 여러분의 성공과 행복을 기원하며, 배움의 기쁨이 언제나 함께하기를 바란다.

자가평가문제

1~4번 문제에서 왼쪽 열에 설명되거나 명명된 폐기물을 오른쪽 열의 범주와 짝지어라.

1. 물과 격렬하게 반응하는 경향이 있다.	**a.** 부식성
2. 흔한 강산과 강염기	**b.** 가연성
3. 폐기된 미사용 살충제	**c.** 반응성
4. 숯불 착화용 라이터 액체	**d.** 독성

5. 유해 폐기물을 다루는 최선의 방법은 무엇인가?
- **a.** 소각로에서 태우는 것
- **b.** 매립지에 묻는 것
- **c.** 퇴비화하는 것
- **d.** 사용을 최소화하거나 없애는 것이다.

정답: 1. c, 2. a, 3. d, 4. b, 5. d

요약

독은 손상, 질병, 사망을 일으키는 물질이다. **독성학**은 독을 다루는 약리학의 한 분야이다.

14.1절: **독소**는 식물이나 동물이 자연적으로 생성하는 독이다. 큐라레, 스트리크닌, 보툴린 등 많은 천연 독이 존재한다. 헴록, 호랑가시나무 열매, 아이리스, 진달래, 수국 등 많은 식물도 독성이 있다.

14.2절: 독은 다양한 방식으로 작용한다. 강산과 강염기는 부식성이므로 독성이 있다. 이들은 단백질을 가수분해시킨다. 오존과 PAN 같은 강한 산화제는 주로 효소를 비활성화하여 손상을 일으킨다. 일산화 탄소와 아질산 이온은 혈액의 산소 운반을 방해한다. 시안화물은 세포 호흡을 정지시킨다. 플루오로아세트산을 포함한 몇몇 물질은 자체로는 고독성이 아니지만, 체내에서 독성 물질로 전환된다. 납과 수은 같은

중금속 독은 효소의 —SH기를 결합하여 비활성화한다. 카드뮴은 뼈에서 칼슘 이온의 손실을 유발한다. 중금속 중독은 금속 이온을 결합하여 배설되게 하는 **킬레이트제**로 치료할 수 있다.

14.3절: 유기인계 화합물과 같은 신경독은 아세틸콜린 주기를 방해한다. 신경독은 알려진 합성 화학 물질 중 가장 독성이 강한 부류에 속한다.

14.4절: LD_{50} 값은 실험 동물 집단의 50%를 치사시키는 용량이다. 보통 독으로 간주하지 않는 많은 물질도, LD_{50} 값이 크다는 사실로 보아 어느 정도의 독성을 가진다. 보툴리눔 독소는 LD_{50} 값이 가장 낮아, 알려진 물질 중 독성이 가장 크다.

14.5절: 간은 물질을 산화·환원하거나, 체내에 정상적으로 존재하는 다른 화학 물질과 결합시켜 해독할 수 있다. 간의 P-450 효소계는 이러한 해독 반응을 많이 수행한다. 때로는 벤젠이나 CCl_4(사염화 탄소)처럼 덜 독성인 물질을 더 독성인 물질로 전환하기도 한다.

14.6절: **발암물질**은 종양의 성장을 유발한다. 양성 종양은 서서히 자라며 인접 조직을 침범하지 않는다. 악성 종양, 즉 암은 인접 조직을 침범·파괴할 수 있다. 일부 발암물질은 자연 유래이지만, 암 사망의 대부분은 담배, 식이, 운동 부족과 연관된다. 온코진은 정상 세포를 암세포로 전환하는 과정을 유발하는 것으로 보이며, 억제 유전자는 암 발생을 막는 역할을 한다. 항산화 비타민을 포함한 식품 속 몇몇 물질은 **항발암물질**로 작용한다.

Ames 검사는 박테리아 증식을 관찰하여 돌연변이원성 및 잠재적 발암성을 선별한다. 동물 실험은 종종 필요하지만, 그 자체로는 결정적 판단을 주지 못한다. 역학 연구는 발암물질을 식별하는 데 가장 유용한 것으로 보인다.

기형유발물질은 신생아에서 인지적·신체적 장애를 일으키는 물질이다.

14.7절: **유해 폐기물**은 다음과 같이 분류된다. **반응성 폐기물**(자발적이거나 공기·물과 격렬히 반응), **인화성 폐기물**(점화 시 쉽게 연소), **독성 폐기물**(독성 물질을 포함하거나 방출), **부식성 폐기물**(통상 용기 재질을 부식)이다. 유해 폐기물을 다루는 최선의 방법은 애초에 그것을 만들지 않는 것이다. 폐기물은 매립 또는 소각될 수 있으며, 일부 폐기물의 처리에는 생분해가 유망하다.

녹색 화학: 화학의 진보는 신규 화학 물질이 가질 수 있는 위해성과 위험을 식별하고 이를 통제하거나 제거할 수 있게 해준다. 바람직하지 않은 특성을 제거하도록 하는 설계는 개발 초기 단계부터 추진될 수 있으며, 이를 통해 상업적 유효성을 달성하고 안전성을 극대화할 수 있다.

학습 목표	관련 문제
• 몇 가지 천연 독과 그 기원을 설명한다. (14.1)	9, 10, 63
• 부식성 독, 대사성 독, 중금속 독을 구분하고 각 유형의 작용을 설명한다. (14.2)	4, 5, 11~14, 18, 50, 52, 57
• 흔한 물질대사 독과 중금속 독의 해독제를 식별한다. (14.2)	15~17
• 신경전달물질을 정의하고, 여러 물질이 그 작용을 어떻게 방해하는지 설명한다. (14.3)	19~22, 47, 53
• LD_{50} 값의 개념을 설명하고, 독성의 척도로서 갖는 몇 가지 한계를 열거한다. (14.4)	1~3, 25, 26, 55, 64
• LD_{50} 값과 체중으로부터 치사량을 계산한다. (14.4)	23, 24, 54, 60
• 간이 일부 물질을 어떻게 해독하는지 설명한다. (14.5)	27~32, 58, 59
• 암이 발생하는 과정을 설명한다. (14.6)	6~8, 37, 39, 40, 48, 49, 51, 56, 62
• 발암물질을 검사하는 세 가지 방법을 제시하고 설명한다. (14.6)	33~36, 38, 61
• 유해 폐기물을 정의하고, 폐기물의 네 가지 유형을 나열하며 각 유형의 예를 제시한다. (14.7)	41~46
• 화학 물질의 구조가 어떻게 유해한 성질과 상업적 유효성을 동시에 초래할 수 있는지 설명한다.	65
• 더 안전한 화학 구조를 설계하는 과정을 추적한다.	66, 67

개념문제

1. 에틸 알코올(음용 알코올)은 독성 물질인가? 설명하라.
2. 어떤 물질이 한 사람에게는 다른 사람보다 더 해로울 수 있는 이유는 무엇인가? 예를 들어 설명하라.
3. 물질의 독성은 투여 경로에 어떻게 의존하는가?
4. 플루오로아세트산은 어떻게 독성 효과를 나타내는가?
5. 수은 중독과 납 중독의 몇 가지 공급원을 열거하라.
6. 암의 두 가지 주요 원인은 무엇인가?
7. 몇 가지 천연 발암물질의 이름을 지어라.
8. 흡연은 어떻게 암을 유발하는가?

연습문제

천연 독

9. 다음 중 천연 독으로 간주되지 않는 것은 무엇인가?
   a. 큐라레
   b. DDT
   c. 니코틴
   d. 스트리크닌

10. 독소란 무엇인가?

독과 그 작용 방식

11. 가수분해가 단백질의 기능에 어떤 영향을 미치는지 설명하라.

12. 대사성 독이란 무엇인가? 두 가지 예를 들어 설명하라.

13. 메트헤모글로빈이란 무엇인가? 메틸렌 블루는 이에 어떤 영향을 미치는가?

14. 질산염은 어떻게 독성 효과를 나타내는가?

15. 티오황산 소듐은 시안화물 중독의 해독제로 어떻게 작용하는가?

16. BAL은 수은 중독의 해독제로 어떻게 작용하는가?

17. EDTA는 납 중독의 해독제로 어떻게 작용하는가?

18. 카드뮴(Cd^{2+})은 어떻게 독성 효과를 나타내는가? '이타이이타이병'이란 무엇인가?

신경계의 추가 화학

19. 아세틸콜린 차단 독이란 무엇인가? 이는 아세틸콜린 주기에 어떻게 작용하는가?

20. 의학에서 보툴린의 몇 가지 사용 예를 설명하라.

21. 신경독에 노출되어 나타날 수 있는 결과로 옳지 않은 것은 무엇인가?
   a. 피부를 통한 흡수
   b. 아세틸콜린에스터레이스의 활성화
   c. 근육 조정 능력 상실
   d. 호흡 정지를 일으키는 마비

22. 보툴리즘 중독의 흔한 공급원은 무엇인가?
   a. 오염된 신선한 과일과 채소
   b. 중금속 노출
   c. 부적절하게 통조림된 식품
   d. 국소 마취제 사용

치사량

23. 보팔 참사를 일으킨 물질 메틸 아이소시아네이트(쥐 경구 투여)의 LD_{50} 값은 140 mg/kg이다. 체중 125 lb(파운드)인 사람의 치사량을 추정하라.

24. 카바릴(Sevin)의 쥐 경구 LD_{50} 값은 307 mg/kg이다. 이 값을 사람에게 외삽할 수 있다고 가정할 때, 18 kg 어린이의 치사량은 얼마인가?

25. 쥐에서 에틸 알코올의 LD_{50}는 2,080 mg/kg, 에틸렌 글리콜의 LD_{50}는 6.86 mg/kg이다. 어느 쪽이 더 독성이 큰지 설명하라.

26. LD_{50} 값이 15,000 mg/kg보다 크면 무엇으로 간주되는가?
   a. 높은 독성
   b. 낮은 독성
   c. 중등도 독성
   d. 무시할 수 있을 정도의 독성

해독 기관으로서의 간

27. 간은 니코틴을 어떻게 해독하는가?

28. P-450 시스템이란 무엇이며, 그 기능은 무엇인가?

29. P-450 효소는 외인성 물질을 항상 해독하는가? 설명하라.

30. 섭취된 톨루엔의 해독 과정에서의 두 단계를 열거하라. 이 단계들의 효과는 무엇인가?

31. 만성 음주가 테스토스테론 감소로 이어지는 이유는 무엇인가?

32. 포메피졸이 메탄올 중독의 좋은 해독제인 이유는 무엇인가?

발암물질과 기형유발물질

33. 돌연변이원은 돌연변이를 일으키는 물질의 총칭이다. 일부 돌연변이원은 발암물질이기도 하다. 과학자는 어떤 물질이 돌연변이원인지 어떻게 판정하는가?

34. 기형유발물질이란 무엇인가? 이들이 특히 검출하기 어려울 수 있는 이유는 무엇인가?

35. 실험동물을 이용하여 발암성을 시험할 때의 몇 가지 한계를 열거하라.

36. 역학 연구란 무엇인가? 이러한 연구는 어떤 물질이 암을 유발한다는 사실을 절대적으로 증명할 수 있는가?

37. P35 유전자는 무엇인가?

38. Ames 돌연변이원성 시험을 설명하라. 발암물질 선별용 스크리닝 시험으로서의 한계는 무엇인가?

39. 신생아의 인지 및 신체 장애를 가장 많이 일으키는 기형유발물질은 무엇인가?
   a. 아플라톡신 b. 에틸 알코올
   c. 이소트레티노인 d. 탈리도마이드

40. 흡연, 식이, 운동 부족과 같은 생활 습관 요인에 의해 발생하는 암은 대략 몇 퍼센트인가?
   a. 15% b. 35% c. 65% d. 95%

유해 폐기물

41. 유해 폐기물을 다루는 최선의 방법은 무엇인가?
- **a.** 소각한다
- **b.** 매립한다
- **c.** 중화한다
- **d.** 애초에 발생시키지 않는다

42. 유해 폐기물의 유형으로 간주되는 것은 무엇인가?
- **a.** 생분해성, 부식성, 인화성, 독성
- **b.** 반응성, 생분해성, 부식성, 인화성
- **c.** 독성, 반응성, 부식성, 인화성
- **d.** 인화성, 중화 가능성, 부식성, 독성

43. 유독성 폐기물을 정의하고 예를 하나 들라.

44. 다음 중 부식성 폐기물은 무엇인가?
- **a.** 배수관 세정제로 사용되는 수산화 소듐
- **b.** 물과 반응하여 가연성 수소(H_2) 기체를 생성하는 스트론튬(Sr) 금속
- **c.** 폭발물 트리니트로톨루엔
- **d.** 강철 드럼을 용해시키는 인산

45. 부식성 폐기물이란 무엇인가?

46. 유해 폐기물이란 무엇인가?

심화문제

47. 아세틸콜린 주기를 방해하는 방법이 아닌 것은 무엇인가?
- **a.** 히푸르산을 첨가한다.
- **b.** 아세틸콜린 수용체 부위를 차단한다.
- **c.** 아세틸콜린의 합성을 차단한다.
- **d.** 아세틸콜린에스터레이스를 억제한다.

48. 벤젠은 어떤 방식으로 작용하여 암을 유발하는가?

49. 사염화 탄소(CCl_4)는 어떤 방식으로 작용하여 암을 유발하는가?

50. 아미노산 중 오존에 의해 산화되지 않는 것은 무엇인가?
- **a.** 시스테인
- **b.** 글리신
- **c.** 메티오닌
- **d.** 트립토판

51. 종양 유전자와 억제 유전자의 차이는 무엇인가?

52. 다음 중 단백질을 가수분해하여 작용하는 것은 무엇인가?
- **a.** 산과 염기
- **b.** 카드뮴
- **c.** 일산화 탄소
- **d.** 시안화 소듐

53. 다음 중 시냅스로 방출되는 신경전달물질은 무엇인가?
- **a.** 아세틸콜린
- **b.** 아르스페나민
- **c.** 코티닌
- **d.** 히푸르산

54. 압생트는 쑥 향의 리큐어로 1880년경부터 1914년경까지 프랑스에서 매우 인기 있었으며, 쥐 경구 LD_{50}가 87.5 mg/kg인 신경독소 투존(thujone)을 함유한다. 압생트는 Degas, van Gogh 등에게 작품 주제가 되기도 했다. 이 술은 1912년 미국에서 금지되었다가 2007년에 다시 합법화되었으며, 시판 증류 제품의 투존 함량은 10 mg/L 이하로 제한된다. **(a)** 다음 구조식으로부터 투존의 분자식을 구하라. **(b)** 55 kg 성인의 추정 치사량을 계산하라(쥐와 사람의 LD_{50}가 같다고 가정). **(c)** 압생트 0.50 L 한 병에 들어갈 수 있는 투존의 최대 질량은 얼마인가?

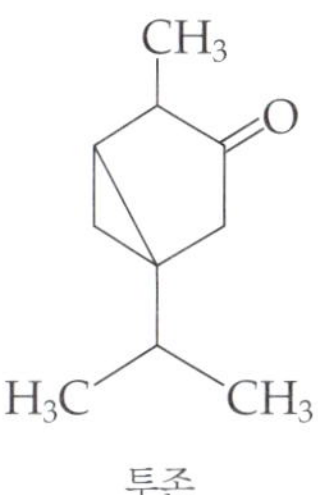

투존

55. 인에는 두 가지 동소체가 있다. 붉은 인은 성냥 제조에 쓰이며 독성이 약하다. 노란 인(백린)은 왁스 같은 노란 고체로, 55 kg 성인의 경구 치사량이 불과 70 mg일 정도로 매우 독성이 크다. **(a)** 백린의 LD_{50}(단위: mg/kg)는 얼마인가? **(b)** 표 14.1에서 백린은 어느 범주에 해당하는가?

56. 50여 년 전 영국에서 폐암 환자 1,357명을 대상으로 한 연구가 있었다. 이 중 1,350명은 흡연자, 7명은 비흡연자였다. 연령 등 특성이 일치하는 비환자 대조군은 흡연자 1,296명, 비흡연자 61명이었다. **(a)** 환자군과 대조군 각각에서 흡연자의 백분율을 계산하고, 이 비율로부터 무엇을 추론할 수 있는지 설명하라. **(b)** 환자군과 대조군 각각의 '흡연 승산(odds)'을 계산하라. **(c)** 승산비(odds ratio)를 계산하고, 그 의미를 해석하라.

57. 표 10.2에 나열된 영양소 중 '중금속'에 해당하는 것은 어느 것이 있는가?

58. "벤젠 자체는 독성이 아니다. 인체가 그것을 독성으로 만든다"라는 진술을 정당화하라.

59. 코티닌에 추가된 산소 원자는 왜 물에 대한 용해도를 높이는가? 이것이 왜 중요한가?

60. 쥐에 경구 투여한 에틸 알코올의 LD_{50}는 10.3 g/kg이다. **(a)** 전형적인 395 g 쥐를 치사시킬 가능성이 있는 100프루프 보드카(에탄올 50% v/v)의 부피(mL)를 구하라. **(b)** 쥐의 질량이 67%가 물이라고 가정할 때, 혈중 알코올 농도는 몇 mg/mL가 되는가(100프루프 보드카의 밀도 0.92 g/mL, 순수 에탄올의 밀도 0.79 g/mL)?

61. 현재 화학 물질 독성 시험의 '골드 스탠더드'는 무엇인가?
   a. 세포 배양 시험   **b.** 설치류 시험
   c. 인체 시험   **d.** 나노기술 시험

62. 돌연변이원과 발암물질에 대한 설명으로 옳은 것은 무엇인가?
   a. 돌연변이원은 DNA를 변형하므로 항상 발암물질이다.
   b. 돌연변이원은 DNA를 변형할 수 있으므로 발암물질일 수 있다.
   c. 발암물질은 DNA를 변형할 수 없으므로 돌연변이원은 발암물질이 아니다.
   d. 돌연변이원은 신생아의 인지·신체 장애만 일으키므로 발암물질이 아니다.

63. 독과 독소에 대한 설명으로 옳은 것은 무엇인가?
   a. 독소는 자연적으로 만들어지지 않기 때문에 독이다.
   b. 독소는 자연적으로 만들어지기 때문에 독이다.
   c. 독은 유기체에 손상·질병·사망을 일으킬 수 있으므로 독소일 수 있다.
   d. 독은 합성 과정으로 만들어지므로 독소일 수 있다.

64. 어떤 물질의 쥐 경구 LD_{50}가 400 mg/kg이다. 사람에서의 LD_{50} 값은 얼마인가?
   a. 사람의 체격이 더 크므로 400 mg/kg 미만
   b. 모든 종에서 같으므로 400 mg/kg
   c. 사람이 더 크므로 400 mg/kg 초과
   d. 종마다 대사가 달라 알 수 없다.

65. 파라콰트를 제초제로 쓰는 대신에 디콰트로 대체하는 것이 더 '친환경'인 이유를 설명하라.

66. 녹색 화학은 어떻게 더 안전한 화학 물질 설계로 이어질 수 있는가?
   a. R&D 마지막 단계에서 시험하면 안전성이 보장된다.
   b. 특정 구조적 특징을 위해성과 연결하여 그 특징을 새 분자에서 설계적으로 제거할 수 있다.
   c. 보호장비 사용으로 위험을 줄일 수 있다.
   d. 분자가 덜 생분해됨으로써 환경에 유입되지 않게 할 수 있다.

67. 녹색 화학이 더 안전한 화학 물질 설계에 기여하는 예는 무엇인가?
   a. 소비자가 기존 제품보다 성능이 떨어지는 더 안전한 제품을 선택한다.
   b. 화학자가 유해 성질을 유발하는 구조 요소를 규명하고, 그 부분을 더 안전한 대안으로 치환한다.
   c. 입법자가 염소를 포함한 모든 화학 물질 사용을 금지하는 법을 통과시킨다.
   d. 독성 화학 물질 사용 시 보호장비 착용을 제안한다.

비판적 사고 문제

이 장에서 습득한 지식과 하나 이상의 FLaReS 원칙(1장)을 적용하여 다음 진술과 주장을 평가하라.

14.1 온라인 광고에서 에키네시아가 '자연 유래'이므로 무독성이라고 암시한다.

14.2 어떤 책이 "모든 방향족 화합물은 발암물질이므로 금지해야 한다"라고 주장한다.

14.3 한 자연식품 옹호가가 "발암물질을 함유한 식품은 어떤 것이든 시판을 허용해서는 안 된다"라고 주장한다.

14.4 '유기 천연 화학 물질 무첨가 매트리스'를 광고하면서 자사 제품에는 "독소, 포름알데히드, VOC, 살충제, 합성, 화학 발포체가 전혀 없다"라고 주장한다.

14.5 어떤 광고가 "β-카로틴을 함유한 보충제는 항산화제이므로 암을 예방할 수 있다"며 대용량(메가도스) 복용을 권장한다.

협업 과제

파워포인트, 포스터, 기타 프레젠테이션을 준비하여 수업에서 공유하라.

1. 다음 주장 중 하나를 선택하고, 찬반 어느 쪽이든 입장을 정해 뒷받침할 준비를 하라.
   a. 식품에 자연적으로 존재하는 발암물질도 합성 살충제를 평가할 때 사용하는 것과 동일한 시험을 거쳐야 한다.
   b. 물질은 실험동물을 대상으로 독성 또는 발암성 시험을 수행해야 한다.
   c. 전쟁에서 신경가스는 총탄보다 덜 인도적이다.

2. 인터넷에서 브라운필드에 관한 정보를 조사하라. 브라운필드란 무엇인가? 이에 대해 어떤 조치가 이루어지고 있는가? 여러분 근처에도 존재하는가?

3. 많은 치과 충전재가 수은을 포함한 아말감으로 이루어져 있으며, 그 안전성에 대한 논쟁이 반복적으로 제기된다. 선호하는 탐색 방법을 사용하여 이 사안을 다루는 웹사이트들을 찾아 서로 대립하는 관점을 간략히 분석하라.

4. 인터넷에서 환경에 미치는 카드뮴의 영향에 관한 정보를 조사하고, 카드뮴 사용에 대한 위험-편익 분석(1장)을 수행하라.

실험 과제 짠 씨앗

준비물

- 식탁용 소금(NaCl)
- 작은 비닐봉지 6개
- 작은 투명 플라스틱 컵 5개
- 주방 저울
- 드로퍼
- 티스푼
- 상추 씨앗
- 종이 타월
- 계량컵
- 증류수

팝콘, 감자튀김, 버터 바른 옥수수에 소금을 뿌리는 것을 싫어하는 사람이 있을까? 식탁용 소금은 사람이 소량 섭취할 때는 안전하지만, 식물에게는 어떨까? 어떤 식물이 소금물에 얼마나 민감할까? 상추 씨앗에는 어느 정도의 소금이 독성이 될까?

우리의 식단에는 소듐이 들어 있다. 그런데 염화 소듐은 또 어디에 쓰일까? 염화 소듐은 많은 산업 공정에서 흔히 쓰이는 화학 물질이다. 염화 소듐(암염)은 흔한 제빙제이지만, 콘크리트를 손상시키고 토양을 오염시키며 식물과 동물에 해를 주기 때문에 점점 더 많은 곳에서 대체제를 사용하고 있다. 화학자의 한 가지 목표는 인간 건강과 환경에 본질적으로 더 안전한 물질과 공정을 설계하는 것이다. 화학자는 사용하는 물질이 인체 건강과 환경에 미치는 영향을 고려하도록 훈련되어야 한다. 생태 독성을 이해하는 것은 더 안전한 화학 물질과 공정을 설계하는 데 필수적이다.

이 실험은 상추 씨앗 표본에 서로 다른 농도의 식염(염화 소듐, NaCl)을 사용하여 수행하는 생태 독성 실험이다. 이 실험에서 여러분은 NaCl이 상추 씨앗에 독성을 나타내는 농도가 어디인지 확인하게 된다.

먼저, 중량 백분율 10% NaCl 저장 용액을 만든다. NaCl 10 g을 달아 계량컵이 물을 1/2컵 눈금 바로 아래까지 채운다.

다음으로, 각 용액의 농도가 이전 용액의 1/10이 되도록 직렬 희석을 준비한다. 5개의 컵에 각각 10%, 1%, 0.1%, 0.01%, 0.001% NaCl이라고 표기한다.

10% 용액 1/4티스푼을 덜어 1/4티스푼 분량의 증류수 9회분과 섞어 1% 용액을 만든다. 이어서 1% 용액 1/4티스푼을 덜어 1/4티스푼 분량의 증류수 9회분과 섞어 그다음 농도의 용액을 만들고, 같은 방식으로 계속한다.

비닐봉지 6개에는 각각 대조군, 10%, 1%, 0.1%, 0.01%, 0.001% NaCl이라고 표기한다. 각 봉지에 접은 종이 타월을 하나씩 넣는다.

대조군 봉지와 나머지 모든 봉지에 증류수 1티스푼씩을 붓는다.

각 봉지에 상추 씨앗 6개를 조심스럽게 넣고, 봉지 안의 젖은 종이 타월 위에 씨앗이 고르게 간격을 두고 놓이도록 배치한다. 그림 1은 각 봉지가 자신에게 들어갈 용액이 담긴 컵과 나란히 정렬된 모습을 보여준다.

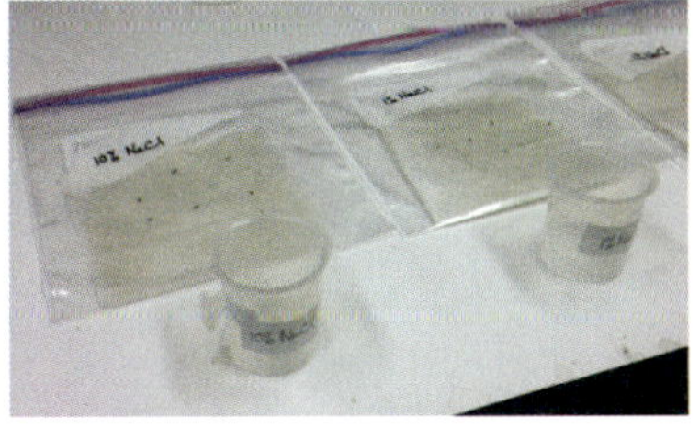

▲ 그림 1

서로 다른 농도의 NaCl 용액을 해당 봉지에 조심스럽게 떨어뜨려 넣는다. 용액을 넣은 뒤에도 씨앗이 종이 타월 위에 그대로 있는지 확인한다. 습기를 유지하기 위해 봉지를 밀봉하고, 직사광선을 피한 밝은 곳에 둔다. 그림 2는 대조군을 보여준다.

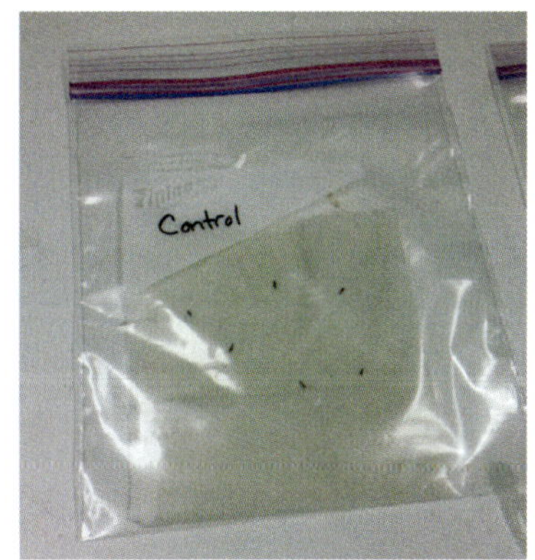

▲ 그림 2

매일 씨앗을 확인한다. 각 봉지에서 발아한 씨앗의 개수를 기록한다. 각 봉지에서 몇 개의 씨앗이 싹텄는가? 씨앗이 발아할 수 있도록 5일을 기다린다.

발아가 끝나면 그림 3을 모델로 삼아 유근(뿌리)의 성장을 측정한다(길이는 그림 3에 표시됨).

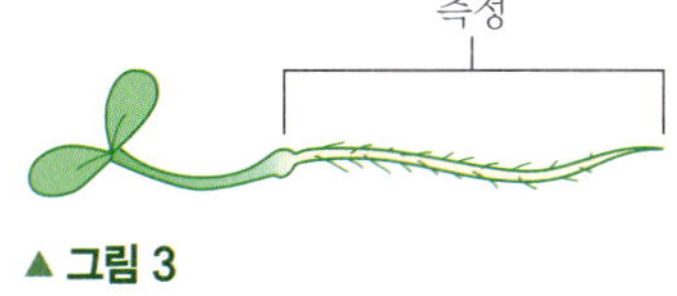

▲ 그림 3

실험문제

1. 대조군 봉지의 씨앗이 다른 봉지보다 더 빨리 싹텄는가?
2. 씨앗이 전혀 발아하지 않을 만큼 충분히 독성이 있는 농도는 어느 정도인가?
3. 어떤 농도가 씨앗의 발아를 저해하는지 판별할 수 있는가?
4. 염분 독성이 상추 씨앗에 미치는 영향에 대해 독자의 결과는 무엇을 말해주는가?

용어 사전

가소제(plasticizer) 플라스틱을 더 유연하게 만들기 위해 비닐 같은 플라스틱에 첨가하는 화학 물질

가수분해(hydrolysis) 물과의 반응. 문자 그대로 물에 의해 쪼개지는 것

가정(hypothesis) 실험에 의해 검증될 수 있는 이성적인 추측

가황(vulcanization) 황과 반응시켜 천연적으로 부드러운 고무를 단단하게 만드는 과정

각성제(stimulant drug) 경각심을 높이고 정신적 과정을 빠르게 하고 기분을 좋게 하는 약물

강산(strong acid) 물에서 완전히 이온화되는 산. 강력한 양성자 주개

강염기(strong base) 물에서 완전히 해리하는 염기. 강력한 양성자 반개

강철(steel) 적은 양의 탄소와 마그네슘, 니켈, 크롬 같은 다른 금속을 포함한 철의 합금

강화식품[enrichment (food)] 식품 가공 동안에 없어진 영양분을 보충한 식품

거울상이성질체(enantiomers) 겹쳐지지 않는 거울상을 갖는 이성질체

결손효소(apoenzyme) 효소의 순수한 단백질 부분

결정(crystal) 뚜렷한 각을 가진 평면 표면을 가진 고체

경수(hard water) 칼슘, 마그네슘, 철을 포함한 물

계면활성제[surface-active agent (surfactant)] 기름 같은 비극성 물질의 서스펜션을 물 안에서 안정화시키는 물질

고도 처리(advanced treatment) 인산염, 질산염과 기타 불순물을 제거하도록 고안된 하수 처리

고리형 탄화수소(cyclic hydrocarbon) 고리를 가진 탄화수소

고분자(polymer) 분자량이 큰 분자. 작은 단위의 반복으로 형성된 사슬

고엽제(defoliant) 식물의 잎을 떨어뜨리는 물질

고체(solid) 모양과 부피를 유지하는 물질의 상태

공중합체(copolymer) 두 가지 이상의 다른 단위체가 결합하여 형성된 고분자

과학(science) 자연 법칙에 기초한 지식의 일부분

과학 모형(scientific model) 과학적 현상을 설명하기 위한 모형

과학 법칙(scientific law) 실험 자료의 요약. 종종 수학식으로 표현된다.

광범위 항생제(broad-spectrum antibiotic) 넓은 범위의 미생물에 효과적인 항생제

광자(photon) 에너지 입자의 단위

광전지(photovoltaic cell) 태양전지. 태양빛을 직접 전기 에너지로 전환하는 전지

광화학 스모그(photochemical smog) 주로 자동차에서 나온 탄화수소와 질소 산화물에 태양이 작용하여 생성된 스모그

구형 단백질(globular protein) 대략 구형으로 접힌 단백질 또는 물속에서 달걀 모양으로 생긴 단백질

국소 마취제(local anesthetic) 환자가 의식이 있는 동안 몸의 일부분을 통증에 무감각하게 만드는 물질

균일(homogeneous) 전체에 걸쳐 같은. 모든 부분의 조성이 일정한 시료

기름(식품)[oil (food)] 상온에서 액체인 글리세롤과 지방산으로 형성된 물질

기술(technology) 인간의 필요와 수요를 맞추기 위해 천연 물질을 변형시키는 모든 과정의 합

기아(starvation) 자발적이든 또는 비자발적이든 간에 몸에 영양이 공급되지 않는 것

기압(atm) 760 mmHg와 동일한 압력

기온 역전(temperature inversion) 차갑고 움직이지 않는 공기층 위에 따뜻한 공기층이 있는 것

기체(gas) 모양이나 부피를 갖지 않는 물질의 상태

기체 반응의 법칙(law of combining volume) 모든 측정이 같은 온도와 압력에서 이루어졌을 때 기체 반응물과 생성물의 부피는 간단한 정수비가 성립한다.

기초 연구(basic research) 지식 자체만을 위한 연구

기초 입자(fundamental particle) 전자, 양성자, 중성자

기하학적인 성장(geometric growth) 매 성장 기간마다 수가 배로 증가하는 것

기형유발물질(teratogen) 임산부에게 선천적 기형아를 낳게 하는 물질

기화(vaporization) 액체에서 기체 상태로 물질의 변화가 일어나는 과정

길항제(antagonist) 수용체를 막아 작용제의 작용을 방해하는 약품

껍질(shell) 전자 에너지 준위. 원자 안에서 전자가 가질 수 있는 양자화된 에너지 수준

냄새 제거제(deodorant) 몸 냄새를 가리기 위해 향수를 사용하는 제품. 일부 제품은 냄새를 나게 하는 박테리아를 죽여 몸 냄새를 제거한다고 주장한다.

농약(pesticide) 해충을 죽이는 물질(잡초, 곤충, 쥐 등)

뉴런(neuron) 신경세포

뉴로트로핀(neurotrophin) 운동을 하는 동안 생산되는 뇌세포의 성장을 촉진하는 물질

다이옥신(dioxins) 염소 화합물을 연소할 때 생성되는 매우 독성이 강한 염화 고리 화합물. 한때 제초제의 불순물로 섞여 있었다.

단량체(monomer) 상대적으로 작은 분자량을 가진 물질. 단위체는 결합하여 고분자를 만든다.

단백질(protein) 아미노산 고분자

대기(atmosphere) 지구를 둘러싼 기체 덩어리

대기 역전(atmospheric inversion) 차갑고 움직이지 않는 공기 위에 따뜻한 공기가 있는 것

대사길항물질(antimetabolite) 핵산의 합성을 방해하는 화합물

독성 폐기물(toxic waste) 인간과 환경에 위협이 될 정도로 많은 양의 독성 물질을 방출하는 폐기물

독성학(toxicology) 독성 물질이 몸에 미치는 영향, 독성 물질의 확인, 검출, 해독을 다루는 약리학의 일부분

돌연변이유발물질(mutagen) 유전 물질을 파괴하지 않고 유전자의 변호를 초래하는 물질

동소체(allotrope) 같은 물리적 상태에 있는 같은 원자의 서로 다른 상태

딜레이니 수정안(Delaney Amendment) 1958년 개정된 미국 식품, 약품, 화장품법 개정안은 실험동물에게 암을 유발하는 어떤 화학 물질도 식품에서 자동적으로 금지한다.

딸 동위원소(daughter isotope) 다른 동위원소의 방사성 붕괴에 의해 생성된 동위원소

땀억제제(antiperspirant) 땀샘 구멍을 수축시켜 땀을 막아주는 제제

라놀린(lanolin) 양모에서 얻는 천연 기름

락트산 한계(lactate threshold) 근육 조직의 락트산 농도 최고 한계. 이 농도보다 위에서는 근육이 너무 지쳐 수축할 수 없다.

레트로바이러스(retrovirus) 숙주 세포에서 DNA를 합성하는 RNA 바이러스

로션(lotion) 물에 분산된 지방과 기름의 미세방울의 에멀션

리터(L) 세제곱 데시미터와 같은 부피 단위

마리화나(marijuana) 대마의 잎, 꽃, 씨, 작은 줄기로 만들어진 약물

마약(narcotic) 마취 상태를 유도하는 진정, 진통제

마취제(anesthetic) 감각과 고통을 잃어버리게 하는 물질

마취제(general anesthetic) 뇌에 작용하여 통증에 무감각해질 뿐만 아니라 무의식을 유도하는 진정제

멜라닌(melanin) 피부와 머리카락의 색을 결정하는 검은 갈색을 띠는 색소

몰(mol) 6.02×10^{23}개의 화학식 단위를 함유한 화학 물질을 양

몰농도(molarity, M) 용액 1 L당 용질 1몰이 있는 용액의 농도

몰질량(molar mass) 그램으로 표현된 물질의 화학식량

무게(weight) 물체에 대한 지구의 인력 측정

무기 화학(inorganic chemistry) 탄소를 제외한 모든 원소의 화합물에 대한 연구

무산소 운동(anaerobic exercise) 충분한 산소 없이 일어나는 근육 수축 운동

무스(mousse) 거품 또는 포말. 머리를 원하는 위치에 고정시키기 위해 사용되는 수지로 구성된 머리 관리 제품

물리적 변화(physical change) 물리적 상태의 변화

물리적 성질(physical property) 물질의 성분 변화 없이 보일 수 있는 물질의 성질

물질(matter) 모든 도구가 만들어진 재료. 질량과 부피를 가진 모든 것

물질(substance) 순물질 참조

(물질의) 비열[specific heat (of a substance)] 1 g의 물질을 1 ℃

올리는 데 필요한 열량

(물질의) 증발열[heat of vaporization (of a substance)] 1 g의 물질을 증발이나 응축시키는 데 필요한 열량

묽은 용액(dilute solution) 용액의 단위 부피당 상대적으로 작은 용질이 있는 용액

미들 노트(middle note) 휘발성이 중간인 향수의 성분. 탑 노트 화합물이 증발되고 난 뒤에 남아 향기를 낸다.

미량 원소(micronutrient) 몸에서 매우 적은 양이 필요한 물질

미셀(micelle) 친수성 말단기가 바깥쪽으로 배열된 계면활성제 분자들의 구형 집합체

미터(m) 길이의 SI 단위. 야드보다 조금 더 길다.

밀도(density) 단위 부피당 질량

바이오매스(biomass) 식물과 동물의 총 질량. 에너지 연구에서는 보통 연료로 사용되는 식물을 의미한다.

반응물(reactant) 화학 변화가 일어날 때 출발 물질 또는 초기 물질. 반응물은 화학 반응식의 화살표 안에 쓴다.

반응성 폐기물(reactive waste) 자발적으로 반응하는 경향이 있는 폐기물 또는 공기나 물과 격렬히 반응하는 폐기물

발암물질(carcinogen) 종양을 일으키는 물질

발열 반응(exothermic) 환경으로 열을 방출하는 과정

배수 비율 법칙(law of multiple proportions) 원소들은 하나 이상의 비율로 결합하여 하나 이상의 화합물을 만든다(예: CO와 CO_2).

변수(variable) 실험 동안 변화하는 요소

병풍 구조(pleated sheet) 병풍처럼 생긴 단백질의 2차 구조

보습제(humectant) 습기를 주는 작용제

복제(replication) 복사 또는 중복. DNA가 자신을 재생산하는 과정

부가 중합(addition polymerization) 단위체 분자의 모든 원자가 고분자에 포함되는 중합반응

부껍질(subshell) 원자에 있는 전자 에너지 준위를 잘게 나눈 것

부식성 폐기물(corrosive waste) 전통적인 용기를 부식하기 때문에 특별한 용기가 필요한 폐기물

부영양화(eutrophication) 물에 식물이 과도하게 자라는 것. 일부 식물은 빛이 부족하여 죽는다. 물은 식물의 과도한 성장 때문에 산소가 모자라게 되고 물고기가 살거나 여흥을 즐길 수 있는 곳이 되지 못한다.

부준위(sublevel) 부껍질 참조

부피 백분율(percent by volume) (용질의 부피 ÷ 용액의 부피) × 100%로 나타내는 용액의 농도

분리성 마취제(dissociative anesthetic) 죽었다가 살아난 경험과 비슷한 환각을 포함한 총체적인 인격 장애를 일으키는 물질

분자(molecule) 공유 결합으로 연결된 2개 이상의 원자들. 분자성 물질의 가장 작은 기본 단위

분자 동력학(kinetic-molecular theory) 물질의 세 가지 상태의 거동을 설명하기 위해 분자의 운동을 사용하는 모형

분자량(molecular mass) 원자 질량 단위로 표시된 물질 한 분자의 질량. 분자식에 표현된 원자 질량의 합

불활성 기체(noble gas) 주기율표의 가장 오른쪽에 위치(8A 족)해 있는 반응성이 없는 기체

비공유 전자쌍(nonbonding pair, NBP) 원자들의 최외각 껍질에 있는 결합에 참여하지 않은 전자쌍. 고립 전자쌍이라고도 불린다(LP).

비누(soap) 사슬이 긴 카르복실산의 염(보통 소듐염)

비스테로이드성 소염제(nonsteroidal anti-inflammatory drug, NSAID) 코티존과 프레드니손 같은 강력한 스테로이드성 소염제와 구별되는 약한 소염제

비이온성 계면활성제(nonionic surfactant) 산소 원자가 물을 끌어당겨 물에 녹게 만드는 극성 머리와 탄화수소 꼬리로 이루어진 계면활성제. 이온 전하를 갖지 않는다.

비타민(vitamin) 좋은 건강을 유지하기 위해 필요한 만큼 몸이 생산하지 못하는 유기 화합물

빌더(builder) 세척력을 강화하기 위해 계면활성제에 첨가되는 물질

사포닌(saponin) 비누 같은 거품을 내는 천연 화합물

산(acid) 물에 첨가했을 때 과량의 하이드로늄 이온을 생성하는 물질. 양성자 주개

산-염기 지시약(acid-base indicator) 산과 염기에서 색이 다른 물질

산 무수물(acidic anhydride) 비금속 산화물 같이 물을 첨가했을 때 산을 형성하는 물질

산성비(acid rain) pH가 5.6보다 낮은 비

산소 부채(oxygen debt) 무산소 운동을 하는 동안 근육 세포가 요구하는 산소

산소 순환(oxygen cycle) 대기, 토양, 물, 살아 있는 유기체 사이에서 산소가 순환되는 다양한 과정

산업 스모그(industrial smog) 산업 활동과 관련하여 오염된 공기. 보통 황산화물과 입자성 물질이 특징이다.

살충제(insecticide) 곤충을 죽이는 물질

삼염기쌍(base triplet) 어떤 아미노산을 운반할지를 결정하는 tRNA에 있는 3개의 염기 순서

삼중 결합(triple bond) 두 원자 사이의 전자쌍 3개가 있는 것

삼중수소(tritium) 핵에 2개의 중성자와 1개의 양성자가 있는 수소의 동위원소(수소-3)

상승 효과(synergistic effect) 기대 효과의 합보다 더 큰 효과

생물학적 산소 요구량(biochemical oxygen demand, BOD) 미생물이 물로부터 유기 물질을 제거하는 데 필요한 산소의 양

생성물(product) 화학 반응에 의해 생성된 물질. 생성물의 화학식은 화학 반응식의 화살표가 가르치는 방향에 쓴다.

석면(asbestos) 규산염이 섬유 형태로 있는 것

석유(petroleum) 세계의 다양한 곳에 매장된 검고 기름기 있는 탄화수소의 혼합물

석유혈암(oil shale) 케로겐을 함유한 화석 암석. 높은 비용이 드는 증류를 통해 기름을 얻을 수 있다.

석탄(coal) 탄소가 풍부한 화석화된 검은 암석

섭씨온도(Celsius scale) 물이 어는점을 0 ℃로 끓는점을 100 ℃로 정한 온도 척도

성 유인물질(sex attractant) 같은 종의 반대 성을 가진 생물을 짝짓기를 위해 유인하는 물질이나 물질의 혼합물

세라믹(ceramic) 점토로 만든 단단한 고체 생성물

셀룰로이드(celluloid) 셀룰로스 질산염. 천연 섬유소와 질산을 반응시킨 합성 물질

소수성(hydrophobic) 물에 끌리지 않는 것. 다른 비극성 분자에 끌린다.

소염제(anti-inflammatory) 염증을 막는 물질

속근 섬유(fast-twitch fiber) 무산소 운동에 적합한 강하고 큰 근육 섬유

수렴제(astringent) 땀샘 구멍을 수축시키는 물질. 따라서 땀의 양을 줄인다.

수소 폭탄(hydrogen bomb) 수소 동위원소의 핵융합에 기초한 폭탄

수용액(aqueous solution) 물이 용매인 용액

수정(quartz) 3차원으로 배열된 SiO_4 정사면체로 구성된 화합물

수지(resin) 보통 끈적끈적한 고체 또는 반고체성 유기 물질인 고분자 물질

순수 물질(pure substance) 물질이라고 해도 된다. 어떻게 만들거나 어떻게 발견되거나 항상 조성이 같다.

스모그(smog) 연기와 안개가 합쳐진 것. 오염된 공기

스테로이드(steroid) 하나의 사이클로펜탄과 3개의 사이클로헥산이 겹쳐진 4개의 고리를 갖는 분자

슬래그(slag) 석회석과 철광석에 있는 규산염 불순물이 반응하여 생긴 상대적으로 녹는점이 낮은 생성물

습식 세정기(wet scrubber) 굴뚝 연기의 오염물을 제거하기 위해 물이나 용액을 사용하는 오염 방지 장치

시냅스(synapse) 신경섬유 사이의 작은 공백

시멘트(포틀랜드 시멘트)[cement(Portland cement)] 석회석, 점토, 모래로 만든 혼합물. 물과 섞으면 돌처럼 굳는다.

식이 무기질(dietary mineral) 바른 건강과 안녕을 위해 식품에 필요한 무기질

식품 기준 섭취량(Dietary Reference Intake, DRI) 식품과 다른 영양분 섭취의 기준량. EAR(평균요구열량), RDA(식품 섭취 권장량), AI(충분 섭취량), UL(상한 섭취량) 등이 있다.

식품 섭취 권장량(Recommended Daily Allowance, RDA) 균형 잡힌 식사를 위해 하루에 필요한 권장 영양 섭취량

식품 첨가물(food additive) 생산, 가공, 포장, 저장의 결과로 식품 안에 존재하는 기초식품 이외의 물질

신경전달물질(neurotransmitter) 한 신경세포에서 다음 신경세포로 시냅스를 가로질러 자극을 전달하는 화학 물질

실리콘(silicone) 규소와 산소 원자가 교차하는 사슬을 기본으로 가진 고분자

아나볼릭 스테로이드(anabolic steroid) 몸의 단백질(근육)을 만드는 것을 돕는 약물

아민(amine) 탄소, 수소, 질소 원소를 함유한 화합물. 암모니아의 수소 하나 또는 그 이상을 알킬기로 치환하여 유도된다.

아보가드로수(Avogadro's number) 12 g의 순수한 탄소-12에 들어 있는 원자의 수(6.022×10^{23})

아플라톡신(aflatoxins) 저장된 땅콩이나 곡물에서 자라는 곰팡이에서 나오는 독소

안드로젠(androgen) 남성 성 호르몬

안티코돈(anticodon) mRNA의 코돈에 상보를 이루는 tRNA 분자에 있는 3개의 인접한 뉴클레오타이드 순서

알레르겐(allergen) 알레르기 반응을 유발하는 물질

알칼리혈증(alkalosis) 혈액의 pH가 생명을 위협할 정도로 올라가는 생리학적 상태

암페타민(amphetamine) β-페닐에틸아민과 관련된 각성제

액체(liquid) 용기의 모양을 갖고 빠르게 흐르며 상당히 일정한 부피를 유지하는 물질의 상태

약리학(pharmacology) 살아 있는 유기체의 약에 대한 반응을 연구하는 것

약물 남용(drug abuse) 도취 효과를 얻기 위해 약물을 사용하는 것

약물 오용(drug misuse) 의도된 목적 이외로 약을 사용하는 것

약산(weak acid) 물에서 조금 이온화하는 산. 약한 양성자 주개

약염기(weak base) 물에서 조금 이온화하는 염기. 약한 양성자 받개

양이온성 계면활성제(cationic surfactant) 탄화수소 꼬리와 양전하를 가진 수용성 머리를 가진 계면활성제

양자(quantum) 특정한 크기를 가진 에너지 다발. 광자 하나의 에너지

양적 인자(stoichiometric factor) 화학식에 있는 계수를 통해 두 물질의 양을 관계 짓는 인자

양전자(positron, β^+) 전자의 질량을 가진 양전하로 하전된 입자

양쪽성 계면활성제(amphoteric surfactant) 탄화수소 꼬리와 양전하와 음전하를 모두 갖는 수용성 머리를 가진 계면활성제

양쪽성 이온(zwitterion) 양전하와 음전하를 동시에 가진 분자. 쌍극자 이온

에너지(energy) 일을 하는 능력

에너지 보존의 법칙(law of conservation of energy) 우주에 있는 에너지양은 일정하다. 에너지는 창조되지도 않고 파괴되지도 않으며 전환만이 가능하다.

에너지 준위(껍질)[energy levels(shells)] 원자 안에서 전자가 가질 수 있는 특정하고 양자화되어 있는 에너지 값

에멀션(emulsion) 물 안에 있는 지방이나 기름 극 미세 입자의 서스펜션

에스토로젠(estrogen) 여성 성 호르몬

에어로졸(aerosol) 공기 중에 퍼져 있는 지름 1 μm 이하의 입자

에이전트 오렌지(Agent Orange) 베트남전에서 적군에 의해 재배되는 작물과 직의 은폐물을 제거하기 위해 광범위하게 사용되었던 2,4-D와 2,4,5-T의 조합

엔돌핀(endorphin) 아편과 같은 수용체에 결합하는 천연 펩타이드

엔드 노트(end note) 낮은 휘발성을 갖는 향수의 부분. 큰 분자로 구성되어 있다.

엔트로피(entropy) 에너지 상태들에 원소들의 분포도를 측정한 것

역삼투법(reverse osmosis) 반투막을 통한 압력 여과법. 물은 고농도 지역에서 저농도 지역으로 흐른다.

연금술(alchemy) 중세 시대 유럽에서 유행했던 화학, 요술, 종교의 신비로운 결합

연료(fuel) 상당한 양의 에너지를 방출하며 쉽게 연소되는 물질

열(heat) 온도 차이로 생기는 에너지의 전이

열가소성 고분자(thermoplastic polymer) 열을 가해 모양을 바꿀 수 있는 고분자

열경화성 고분자(thermosetting polymer) 부드럽게 만들어 다시 성형할 수 없는 고분자

열역학 제1법칙(first law of thermodynamics) 에너지는 창조되지도 않고 파괴되지도 않는다.

열역학 제2법칙(second law of thermodynamics) 어떤 자발적인 과정에서도 우주의 엔트로피는 증가한다.

열용량(heat capacity) 물체나 물질의 온도를 1 ℃ 변화시키는 데 필요한 열량

염(salt) 산과 염기의 반응으로 생성되는 이온 화합물

염기(base) 물에 첨가했을 때 수산화 이온을 과량으로 방출하는 물질. 양성자 받개

염기성 무수물(basic anhydride) 금속 산화물 같이 물에 첨가했을 때 염기를 주는 물질

오비탈(orbital) 1개 또는 2개의 전자들에 이해 채워진 원자 안의 공간

오염 물질(pollutant) 잘못된 장소에 잘못된 농도로 존재하여 원치 않는 부작용을 초래하는 화학 물질

오존층(ozone layer) 성층권에서 오존을 포함한 층으로 태양의 치명적인 자외선으로부터 살아 있는 생물을 보호한다.

옥탄가(octane rating) 아이소옥탄(옥탄가 100)과 헵탄(옥탄가 0)의 혼합물과 비교한 휘발유의 제폭 성질

온도(temperature) 열 강도의 측정 또는 시료의 입자가 얼마나 에너지가 강한가의 측정

온실 효과(greenhouse effect) 대기에 이산화 탄소와 다른 물질이 과량으로 있기 때문에 태양의 열 에너지가 지구에 남아 있는 것. 지구의 평균 대기 온도와 표면 온도를 상승시킨다.

왁스(wax) 긴 사슬 알코올과 긴 사슬 지방산의 에스터

용존 산소(dissolved oxygen) 물에 녹아 있는 산소. 물고기와 수중 생물이 사는 데 필요한 물의 능력 측정

우선성 이성질체(dextro isomer) 오른손 위치에 있는 이성질체

우주선(cosmic rays) 우주로부터 들어오는 고에너지 방사선

운동 에너지(kinetic energy) 운동의 에너지

운모(mica) 2차원 판상 구조로 배열된 정사면체 SiO_4로 구성된 광물질

운반 RNA(transfer RNA, tRNA) 안티코돈 뉴클레오타이드를 가진 작은 분자. 아미노산과 결합하는 RNA 분자

원소(element) 모든 원자가 같은 수의 양성자를 갖는 기본적인 물질

원자(atom) 원소의 특성을 가진 가장 작은 입자

원자로(nuclear reactor) 핵분열에 의해 에너지를 생산하는 발전소

원자 이론(atomic theory) 모든 원소는 원자로 이루어졌다고 설명하여 배수비례의 법칙과 일정 성분비의 법칙을 설명하는 모형

원자 질량 단위(atomic mass unit, amu) 상대적 원자 질량. 탄소-12 원자의 1/12에 해당하는 질량

위약(placebo) 진짜 약처럼 보이지만 활성 성분이 없는 물질

위치 에너지(potential energy) 위치와 조성에 의해 결정되는 에너지

위험-이익 분석(risk-benefit analysis) 이익을 위험으로 나눠 얻는 기대 지수

유기 농업(organic farming) 합성 비료와 농약을 사용하지 않는 농업

유도 방사능(induced radioactivity) 안정한 동위원소를 원소 입자로 충격을 가하여 방사성 동위원소로 만들어서 초래되는 방사능

유리(glass) 모래를 소다, 석회, 다양한 금속 산화물과 같이 녹여 얻은 비결정성 물질

유리 전이 온도(glass transition temperature, T_g) 이 온도보다 높은 온도에서 고분자는 부드럽고 질기다. 이 온도 아래에서 고분자는 깨지기 쉽다.

유산소 산화(aerobic oxidation) 산소의 존재하에 일어나는 산화 과정

유산소 운동(aerobic exercise) 산소의 존재하에 일어나는 근육 수축 운동

유전자(gene) 단백질을 만드는 데 필요한 정보를 담고 있는 핵산 분자의 일부분. 유전 정보의 가장 작은 부분

유충 호르몬(juvenile hormone) 유충의 성장 속도를 조절하는 호르몬. 곤충이 성숙하는 것을 막는다.

유해 폐기물(hazardous waste) 부적절하게 처리되면 죽음이나 병을 불러오고 인간의 건강이나 환경을 위협하는 폐기물

유효 숫자(significant figure) 확실하게 아는 측정값과 불확실한 한 자리를 포함한 수

음극선(cathode ray) 진공관 안에서 음극에서 방출되는 고속의 전자 흐름

음이온성 계면활성제(anionic surfactant) 탄화수소 꼬리와 음전하를 가진 수용성 머리를 가진 계면활성제

응고(freezing) 융해의 반대. 액체에서 고체로의 변화

응용 연구(applied research) 특정한 문제를 푸는 것에 목적을 둔 연구

의약품(drug) 생물의 기능에 영향을 미치는 화학 물질로, 통증을 덜고 병을 치료하며 건강과 안녕을 증진한다.

이뇨제(diuretic) 소변을 증가시키는 물질

이론(theory) 실험에 기초한 물질의 거동에 대한 자세한 설명. 새로운 자료가 입증되면 바뀔 수도 있다.

이온(ion) 전하를 띤 원자나 원자단

인화성 폐기물(flammable waste) 점화시키면 쉽게 연소하는 폐기물. 화재의 위험이 있다.

일정 성분비 법칙(law of definite proportions) 한 화합물 안에 들어 있는 성분 원소들은 일정한 비를 갖는다.

입자성 물질(particulate matter, PM) 분자 크기보다 큰 고체와 액체 입자로 이루어진 오염물

입체이성질체(stereoisomer) 3차원 공간에서 원자나 원자단의 배열이 다른 같은 구조식을 갖는 이성질체

자유 라디칼(free radical) 쌍을 이루지 않은 전자를 갖고 있는 반응성이 큰 중성 화학종

작용제(agonist) 특정한 수용체에 잘 맞아 수용체를 활성화시키는 분자

저자극성 화장품(hypoallergenic cosmetics) 정상 제품보다 알레르기 반응이 더 작다고 주장되는 화장품

전기분해(electrolysis) 전기에 의해 화학 반응이 일어나는 과정

전기 집진기(electrostatic precipitator) 입자에 전하를 띠게 한 뒤 반대 전하의 인력으로 굴뚝 연기에서 입자성 물질을 제거하는 장치

전분(starch) 알파 결합을 통해 결합된 글루코오스의 고분자. 복잡한 탄수화물

전자(electron) 음전하를 가진 원자 내 입자

전자 포획(electron capture, EC) 첫 번째나 두 번째 껍질로부터 핵이 전자를 흡수하는 방사성 붕괴의 형태

접촉개질법(catalytic reforming) 옥탄가가 낮은 알칸을 옥탄가 높은 방향족 화합물로 전환하는 과정

제초제(herbicide) 식물을 죽이는 물질

족(group) 주기율표의 세로줄. 원소들의 족

좌선성 이성질체(levo isomer) 왼손 위치에 있는 이성질체

주기(period) 주기율표의 가로줄

주기율표(periodic table) 가로줄과 세로줄로 이루어진 원소의 체계적 배열. 같은 세로줄에 있는 원소들은 비슷한 성질을 갖는다.

준금속(metalloid) 성질이 금속과 비금속의 중간인 원소

줄(joule, J) 에너지의 SI 단위(1 J = 0.239 cal)

중성자(neutron) 질량이 대략 1 u이고 전하가 없는 기본 입자

중수소(deuterium) 하나의 양성자와 하나의 중성자를 가진 수소의 동위원소(질량수 2 u)

증식(동위원소)[enrichment(isotope)] 한 원소의 동위원소의 비율을 다른 동위원소에 비해 증가시키는 과정

증식로(breeder reactor) 비분열성 동위원소를 분열성 동위원소로 바꾸는 핵반응로

지구 온난화(global warming) 지구 평균 온도의 증가

지근 섬유(slow-twitch fiber) 유산소 운동에 적합한 근육 섬유

지열 에너지(geothermal energy) 지구 내부의 열로부터 얻는 열

지질(lipid) 비극성 용매에는 녹고 물에는 녹지 않는 동물이나 식물에서 얻는 물질

진징제(depressant drug) 신체적, 정신적 활동을 느리게 하는 약품

진통제(analgesic) 통증을 덜어주는 의약품

진한 용액(concentrated solution) 용액의 단위 부피당 상대적으로 많은 양의 용질을 가진 용액

질량(mass) 물질의 양의 측정

질량 백분율(percent by mass) (용질의 질량 ÷ 용액의 질량) × 100%로 나타내는 용액의 농도

질량 보존 법칙(law of conservation of mass) 물질은 화학 변화를 하는 동안에 창조되지도 않고 파괴되지도 않는다.

질소 순환(nitrogen cycle) 대기, 토양, 물, 살아 있는 유기체 사이를 질소가 순환하는 다양한 과정

천연가스(natural gas) 지하에서 발견되는 주로 메테인으로 구성된 기체 혼합물

첨가 반응(addition reaction) 2개의 반응물에 있는 원자가 단일한 생성물에 모두 포함되는 반응

청동(bronze) 구리와 수석의 합

촉매 변환기(catalytic converter) 일산화 탄소와 탄화수소를 이산화 탄소로 산화하고 산화 질소를 질소 기체로 전환하는 촉매를 가진 장치

최외각 껍질 전자쌍 반발 이론(valence shell electron pair repulsion theory, VSEPR) 자의 모양을 결정하는 데 필요한 화학 결합 이론. 최외각 전자쌍은 가능한 서로 멀리 떨어지려고 반발한다.

최외각 전자(valence electron) 원자의 가장 바깥 껍질에 있는 전자

축합 중합(condensation polymerization) 고분자가 형성되면서 물(또는 다른 작은 분자)이 떨어져 나가기 때문에 출발 단위체의 모든 원자가 고분자에 포함되지 않는 반응

출아전 제초제(preemergent herbicide) 토양에서 빠르게 분해되어 작물의 새싹이 자라기 전에 잡초를 죽일 수 있는 제초제

친수성(hydrophilic) 물 같은 극성 분자에 끌리는 것

칼로리(calorie, cal) 1 g의 물을 1 ℃ 올리는 데 필요한 열량

케라틴(keratin) 표피의 가장 바깥을 구성하는 질긴 섬유성 단백질

케로겐(kerogen) 유모 혈암에서 발견되는 복잡한 물질. 대략적 조성은 $(C_6H_8O)_n$이며 n은 큰 수이다.

켈빈(kelvin, K) 온도의 SI 단위. 켈빈온도 0는 절대온도 0°이다.

코돈(codon) 하나의 아미노산을 지정하는 mRNA에 있는 3개의 뉴클레오타이드 순서

콜론(cologne) 묽힌 향수

크림(cream) 기름에 있는 작은 물방울의 에멀션

키랄 탄소(chiral carbon) 4개의 다른 기를 가진 탄소 원자

킬로그램(kg) 질량의 SI 단위, 2.2 lb와 같은 양

킬로칼로리(kilocalorie) 1,000 cal와 같은 에너지 단위. 식품 1칼로리와 같다.

타르 모래(tar sand) 진한 탄화수소 물질인 역청을 함유한 모래

탄성체(elastomer) 고무 같은 성질을 갖는 합성 고분자

탈모제(depilatory) 털을 제거하는 약품

탑 노트(top note) 가장 빨리 기화되는 향수의 부분. 상대적으로 작은 분자로 이루어져 있다. 향수를 사용했을 때처럼 나는 냄새의 성분

태양전지(solar cell) 태양빛을 전기로 전환하는 장치. 광전지

테트라사이클린(tetracycline) 4개의 겹친 고리를 갖는 항균제

페로본(pheromone) 자취를 남기고, 경고를 보내고, 이성을 유인하기 위해 유기체가 분비하는 천연 화학 물질

페인트(paint) 색소, 고정제, 용매를 포함한 표면 피복제

폴리아마이드(polyamide) 아마이드 결합에 의해 구조 단위가 결합된 고분자

폴리에스터(polyester) 다이카르복실산과 다이알코올로 이루어진 고분자

프로게스킨(progestin) 프로게스테론의 작용을 흉내 내는 화합물

프로스타글란딘(prostaglandin) 혈압을 증가시키고 평활근을 수축시키며 기타 생리 과정에 관련된 아라키돈산으로부터 유도된 호르몬 같은 화합물

플라즈마(plasma) 완전한 원자나 분자가 아닌 분리된 전자와 핵으로 이루어진 기체와 비슷한 물질의 상태

피리미딘(pyrimidine) 핵산에서 발견되는 1개의 고리를 갖는 염기

피부보습제(skin moisturizer) 피부에 습기를 더해주고 피부에 습기를 유지시켜 주는 물질

피부보호지수(skin protection factor, SPF) 선 스크린이 자외선을 막아주는 능력을 나타내는 지수

피부연화제(emollient) 피부를 부드럽게 하기 위해 사용하는 기름이나 그리스

피지(sebum) 피부를 습기의 손실로부터 보호하기 위해 몸에서 분비하는 기름

한계 반응물(limiting reactant) 반응에서 먼저 소모되는 반응물. 이 반응물이 소모되면 다른 반응물이 아무리 많이 남아 있어도 반응은 멈춘다.

한점 이론(set-point theory) 각 사람마다 순환하는 지방산의 수준이 있어 이 점 아래에서는 계속 배가 고파져서 식이요법으로 체중 감량이 어렵다는 것을 설명한 이론

할로젠(halogen) 주기율표에서 7A 족에 있는 원소

합금(alloy) 두 가지 이상 원소의 혼합물로, 최소한 하나는 금속이다. 합금은 금속 성질을 갖는다.

항발암물질(anticarcinogen) 암의 생성을 방해하는 물질

항생제(antibiotic) 미생물의 성장을 방해하는 곰팡이나 박테리아에서 얻는 수용성 물질

항응고제(anticoagulant) 혈액의 응고를 방해하는 물질

항콜린제(anticholinergic) 아세틸콜린을 신경전달물질로 사용하는 신경에 작용하는 약물

항히스타민제(antihistamine) 재채기, 가려운 눈, 콧물 등 알레르기 증상을 더는 물질

해열제(antipyretic) 열을 내려주는 물질

향수(perfume) 식물 추출물과 알코올에 녹는 다른 화학 물질로 이루어진 향기 나는 혼합물

향정신성 의약품(psychotropic drug) 마음에 영향을 미치는 약품

혐기성 부패(anaerobic decay) 산소 없이 일어나는 부패

형광 발광제(optical brightener) 태양으로부터 눈에 보이지 않는 형광 발광제를 흡수하여 파란색 가시광선을 내는 물질

호르몬(hormone) 내분비샘에 의해 혈액 안으로 분비되는 화학적 전령

혼합물(mixture) 다양한 조성을 가진 물질

화석연료(fossil fuel) 석탄, 석유, 천연가스

화장품(cosmetics) 1938년 미국 식품, 약품, 화장품 법에 의해 '세정, 미용, 매력의 증가, 외모의 변화를 위해 바르거나 부어지거나 뿌리거나 분사하거나 다른 방법으로 인간의 몸 전체나 부분에 도입되는 물건'으로 정의된 물질

화학(chemistry) 물질과 그 변화에 관한 연구

화학 결합(chemical bond) 원자와 이온을 화합물 안에 결합시키는 인력

화학 기호(chemical symbol) 원소를 나타내는 한 글자나 두 글자 약어

화학 반응식(chemical equation) 화학식과 계수로 반응 전과 후를 나타내는 것

화학식(formula) 성분 원소가 기호로 나타내도록 화학 물질을 나타낸 것

화학식량(formula mass) 화학 물질의 분자식에 나타난 원자질량의 합. 원자 질량 단위로 표현한다(u).

화학양론(stoichiometry) 반응물과 생성물 사이의 양적 관계

화학적 변화(chemical change) 화학 조성의 변화

화학적 성질(chemical property) 한 물질이 다른 물질과 반응하여 조성이 변하는 것을 나타내는 물질의 성질

화학 치료(chemotherapy) 병을 치료하거나 통제하기 위해 화학 물질을 사용하는 것

화합물(compound) 2개 이상의 원소가 정해진 비율로 결합한 순수한 물질

환각제(hallucinogenic grug) 실제가 아닌 시각과 감각을 주는 약물

활성 슬러지법(activated sludge method) 일부 슬러지가 재활용되는 1차 하수 처리와 2차 하수 처리법의 조합

활성탄 여과법(charcoal filtration) 유기 화합물을 흡착하기 위해 물을 활성탄으로 여과하는 것

회복제(restorative drug) 통증을 덜어주고 근육을 무리하게 사용하여 생기는 염증을 덜어주는 약

후천성면역결핍증(acquired immune deficiency syndrome, AIDS) 면역 체계를 약화시키는 레트로바이러스(HIV)에 의해 초래되는 질병

휘발성 유기 화합물(volatile organic compound, VOC) 쉽게 기화하여 오염을 일으키는 화합물

휘발유(gasoline) 탄소 수가 C_5에서 C_{12}인 탄화수소를 포함한 석유의 분율. 주로 알칸이고 자동차 연료로 쓰인다.

흡열 반응(endothermic) 환경으로부터 에너지를 흡수하는 과정

1차 식물 영양소(primary plant nutrient) 질소, 인, 칼륨

1차 하수 처리(primary sewage treatment) 수조 안에서 폐수에 있는 고체를 침전에 의해 제거하는 하수 처리

2차 식물 영양소(secondary plant nutrient) 마그네슘, 칼슘, 황

2차 하수 처리(secondary sewage treatment) 1차 처리된 유출수에 공기를 넣고 부유성 고체를 제거하기 위해 모래와 자갈로 이루어진 필터에 통과시키는 것

72의 법칙(rule of 72) 기하급수적으로 증가하는 인구가 2배가 되는 시간을 주는 수학 식. 72를 연간 인구 증가율로 나누면 인구가 2배가 되는 시간이 나온다.

AIDS 후천성면역결핍증 참조

Ames 검사법(Ames test) 돌연변이를 일으키는 물질의 실험실 검사법. 돌연변이를 일으키는 물질은 대개 발암물질이기도 하다.

DNA(deoxyribonucleic acid) 세포의 핵에서 주로 발견되는 핵산의 형태

FLaReS 주장을 시험하기 위한 두문자어: falsifiability, logic, replicability, sufficiency

GRAS 목록 1958년에 미국 의회에 의해 제정된 일반적으로 안전하다고 생각되는 식품 첨가물 목록

LD_{50} 실험동물의 50%를 죽이는 용량

PCR(polymerase chain reaction) DNA 조각의 많은 복제물을 재생산하는 과정

pH 하이드로늄 이온 농도에 음의 로그를 한 것

RNA(ribonucleic acid) 원형질과 세포의 다른 부분에서 발견되는 핵산의 형태

SI 단위(국제 단위계, System International unit) 세계의 과학자들에 의해 사용되는 측정 단위. 7개의 기본 단위와 이들의 배수 또는 약수로 이루어진다.

X선 가시광선과 비슷한 방사선. 그러나 에너지와 투과력이 훨씬 높다.

정답(복습문제, 개념문제, 연습문제, 심화문제, 비판적 사고 문제, 실험문제)

홀수 번호 문제는 간략한 답을 제공하며, 본문을 복습하면 완전한 답을 얻을 수 있다. 숫자 문제는 반올림 및 소수점 사용으로 인해 답이 약간 다를 수 있다.

1장

1.1 **A. a.** DQ는 아마도 작을 것이다.
b. DQ는 아마도 클 것이다.
B. a. DQ는 불확실 할 것이다.
b. DQ는 아마도 클 것이다.

1.2 **A. a.** 1.00 kg **b.** 179 lb

1.3 **A.** 물리적: **(b)**; 화학적: **(a)**, **(c)**
B. 물리적: **(a)**, **(c)**; 화학적: **(b)**

1.4 **A.** 원소: Hf, No, Fm; 화합물: CuO, NO, HF
B. 8

1.5 **A. a.** 7.24 kg **b.** 4.29 μm **c.** 7.91 ms
B. a. 3.8×10^{-9} s **b.** 7.54×10^{-3} m **c.** 2.9×10^{3} A

1.6 **A. a.** 7.45×10^{-9} m **b.** 5.25×10^{-6} s **c.** 1.415×10^{3} m
d. 2.06×10^{-3} m **e.** 6.19×10^{3} m
B. a. 5.7×10^{4} m **b.** 1.1×10^{-2} A

1.7 **A.** 500 cm^2 **B.** 1600 cm^3

1.8 **A. a.** 755 mm **b.** 0.2056 L **c.** 206,000 μg
B. a. 409,000 mg **b.** 2.45×10^{8} ns

1.9 **A.** 가라앉는다; 뜬다
B. 0.88 g/mL; 기름은 물위에 뜬다

1.10 **A.** 1.11 g/mL **B.** 마그네슘

1.11 **A.** 351 K **B.** 77 K

1.12 **A.** 1799 kcal **B.** 34 kcal

1. 과학은 검사가능하고, 재현가능하며, 설명 및 예측이 가능하고, 잠정적이다. 시험 가능성은 과학을 가장 잘 구분하는 요소이다.

3. 이러한 문제는 일반적으로 과학적 방법으로 처리하기에는 변수가 너무 많다.

5. 위험-이익 분석은 작업의 이익과 해당 작업의 위험을 비교한다.

7. 바람직성 지수인 DQ는 편익을 위험으로 나눈 값이다. DQ가 크다는 것은 편익에 비해 위험이 적다는 것을 의미한다. 위험과 편익을 정량화하기 어려운 경우가 많다.

9. SI에서 유래한 부피 단위는 리터(L)로 비교적 큰 양이다. 밀리리터(mL)와 마이크로리터(μL)가 더 자주 사용된다.

11. a. 적용 **b.** 적용 **c.** 기본

13. 사회적 편익은 매우 크다. 선별된 개인에 대한 위험도 크지만 처방을 통해 접근을 제한하여 관리한다. DQ가 높다.

15. a. 높은
b. 높음(그러나 시나리오 A보다 낮음), 보호 장비

17. a. 특히 문제의 원인을 알 수 없는 경우 DQ가 낮다. MRSA의 발생 위험이 치료의 가능한 이점보다 클 가능성이 높다. 독감은 항생제에 반응하지 않는 바이러스성 문제이며, DQ는 **(a)**보다 훨씬 낮다.

19. 100 g, 2 kg

21. **(a)**와 **(b)** 모두 합리적이다. **(c)** 100 kg, **(d)** 10 kg

23. 250 mL

25. 1.46×10^{9} km^3

27. 그렇다. 26.3 mm 직경의 관은 25.4 mm(1인치)보다 크다.

29. a. 물리적 **b.** 화학적 **c.** 화학적 **d.** 물리적

31. a. 물리적 **b.** 화학적 **c.** 물리적

33. a. 혼합물 **b.** 순물질 **c.** 순물질 **d.** 순물질

35. a. 불균질 **b.** 균질 **c.** 불균질 **d.** 균질

37. 물질; 성질은 변하지 않는다.

39. a. 화합물 **b.** 원소 **c.** 원소 **d.** 원소

41. a. 탄소 **b.** 마그네슘 **c.** 헬륨 **d.** 질소

43. f

45. a. 4.4 ns **b.** 8.5 cg **c.** 3.38 Mm

47. a. 55.2 L **b.** 0.325 g **c.** 0.27 m **d.** 2.7 cm
e. 0.078 ms

49. a. cm **b.** kg **c.** dL

51. a. 1.4×10^{6} mg
b. 1.4×10^{3} g
c. 1.4×10^{12} ng

53. d

55. a. 222 g (Lucara), 621 g (Cullinan)
b. 0.49 lb, 1.37 lb

57. 0.918 g/mL

59. 18.9 g

61. a. 344 mL **b.** 495 cm^3

63.

65. 예(총 하중은 145 lb)

67. 5.40 kg

69. −196 ℃

71. 38.5 kcal

73. **(a)**, **(b)**, **(c)**는 가설이다.

75. 52.6분(min)

77. b

79. 2.09 g 경화제

81. (1) d, (2) e, (3) b, (4) a, (5) d

83. 6.0×10^2 g

85. 양배추 < 감자 < 설탕(가장 무거움)

87. 5.23 g/cm^3

89. 6.73×10^{-6} cm

91. 0.908 mt

93. **a.** 1.3 g/cm^3 **b.** 5.44 g/cm^3 **c.** 0.688 g/cm^3

95. 유해 물질의 발생과 사용을 줄이거나 없애는 화학 제품 및 공정의 설계

97. a

실험문제

1. 모두 밀도가 조금씩 다르다.

2. 유리컵의 아래쪽에 있는 액체는 위쪽에 있는 액체보다 밀도가 높다. 싱딘에 있는 액체는 그룹에서 밀도가 가장 낮다.

3. 그렇다. 물과 알코올은 혼합 가능하므로 여러 액체가 함께 섞이게 된다. 식물성 기름과 시럽은 섞이지 않으므로 식물성 기름과 시럽이 분리된다(비혼화성).

4. 물과 알코올은 다시 분리되지 않지만, 식물성 기름과 시럽은 기름과 섞이지 않는 성질이 있어 다시 분리된다.

5. 밀도(질량/부피)를 사용하면 물질의 부피와 질량(또는 무게) 사이를 변환할 수 있다. 밀도는 무게와 무게의 분포가 중요한 무언가를 만들 때 중요하다. 예를 들어 알루미늄 호일로 만든 보트는 물 위에 뜰 수 있지만 같은 호일 조각을 구기면 가라앉는다.

2장

2.1 **A.** 수소 원자 3개마다 인 원자 1개
B. 질소 63.0 g

2.2 **A.** CaO 112 g
B. CO_2 87.9 g

2.3 **A.** 평균 Cl + I는 81.2, 실제 Br은 79.9 amu이다.
B. He/Ne/Ar

1. **a.** 원자: 물질은 불연속적인 입자로 이루어져 있다. 연속: 물질은 무한히 나눌 수 있다.
b. 그리스: 네 가지 원소, 원자 없음. 현대: 각 원소에는 고유한 종류의 원자가 있다.

3. 불연속: 사람들, 계산기, M&M 초코볼. 연속: 헝겊과 밀크 초콜릿은 무한히 나눌 수 있는 듯한 인상을 준다.

5. 모든 수소 원자의 무게는 같고, 모든 산소 원자의 무게는 같기 때문에 수소(H) 2개와 산소(O) 1개가 포함된 물질은 항상 H 대 O 질량비가 같게 된다.

7. 일정 성분비 법칙

9. 배수 비율 법칙

11. 상자 C에는 15개의 산소 원자가 있고, 초기 혼합물에는 14개만 있다.

13. 비슷한 성질을 가진 원소들을 열로 배치하면 원소 사이에 빈 공간이 생기는 경우가 있다. Mendeleev는 빈 공간의 위와 아래 그리고 공간의 양쪽 원소 사이를 보간하여 미처 발견하지 못한 원소의 성질을 예측했다.

15. **a.** 용기를 완전히 밀봉하면 반응과 관련된 모든 생명 과정이 관련된 원자를 보존하기 때문에 1~2주 후 용기의 무게는 실험을 시작할 때의 무게와 동일하다. 이러한 원자 중 일부는 기체, 일부는 고체, 일부는 액체 형태로 나타나지만 모두 용기 안에 유지된다.
b. 아니다, 쥐를 철제 용기 안에 넣으면 물질대사의 기체 생성물이 빠져나갈 것이다. 1~2주 후의 무게는 원래의 무게보다 줄어들 것이다.

17. **c.** 거품은 기체이며, 물질이고 질량을 가지며, 물을 떠난다.

19. O_2 36.6 g

21. 원소 비율로 보면 프로페인 88.20 g에는 72.06 g의 탄소(C)가 들어 있는데, 72.06 g의 탄소는 최대 264 g의 이산화 탄소를 생산할 수 있다.

23. b

25. **a.** 수소 54.8 g **b.** 산소 434 g

27. 탄소 3.8 kg

29. d

31. 화학 반응은 원자의 재배열을 수반한다는 Dalton의 이론에 따르면 다이아몬드 속 탄소 원자는 산소 원자와 결합해 새로운 화합물을 형성했을 것이다. 물 속의 수소와 산소 원자는 전기분해에 의해 분리되기는 하지만 파괴되지는 않았을 것이다.

33. a

35. c

37. SnO_2

39. 그렇다. Fe:O는 뷔스타이트의 경우 3.48:1, 적철광의 경우 2.33:1, 자철광의 경우 2.61이다. 3.48/2.61=1.333 또는 4:3, 3.48/2.33=1.49 또는 3:2.

41. 0.050 mol C, 3.0×10^{22} C 원자

43. 60.00 g 탄소-12, 60.05 g C

45. 그렇다. 세 샘플의 탄소와 수소 비율은 동일하다.

47. 모든 U 원자당 6개의 F 원자

49. 2.61 g SO_2

51. 0.5836 g를 0.4375로 나누면 1.334가 된다. 이렇게 하면 1.334 대 1의 N 대 O의 비율이 된다. 두 값에 3을 곱하면 4.002 대 3, 즉 4 대 3이 된다.

53. 질량 보존 법칙. 모든 원자는 풍선 안에 유지되었기 때문에 질량은 변하지 않았다.

55. **a.** Se 질량 = (32 + 125)/2 = 78.6

b. Se 질량 = (32.06 + 127.60)/2 = 79.83

57. **(c)**와 **(e)**는 위험하고, **(b)**는 희귀하고, 나머지는 둘 다 아니다.

59. 수은은 원소이고 파괴할 수 없다. 매립지에 축적되면 해당 지역의 지하수와 토양에 수은 함량이 높아질 수 있다.

실험문제

1. 두 반응 모두 '탄산'이 발생하고 혼합물에서 가스가 뿜어져 나온다. 이산화 탄소의 손실로 인해 봉투에 들어 있지 않은 혼합물의 무게는 줄어야 한다. 봉투에 들어 있던 혼합물은 같은 무게로 유지되어야 한다.

2. 이산화 탄소는 밀봉된 봉투 안에 포집되어야 하므로, 무게는 크게 변하지 않아야 한다.

3. 물질 보존의 법칙을 뒷받침해야 한다. Alka-Seltzer 반응에서 알약 안의 물질은 사라지지 않고 일부가 기체로 변해 빠져나간다. 봉투에서 했던 것처럼 그 기체를 가둘 수 있다면 질량이 보존된다는 것을 알 수 있다.

3장

3.1 **A.** $3\,H_2 + N_2 \longrightarrow 2\,NH_3$

B. $2\,Fe_2O_3 + 3\,C \longrightarrow 3\,CO_2 + 4\,Fe$

3.2 **A.** 1.66 L

B. 프로페인, 3.20 L(4.00 L의 산소는 0.80 L의 프로페인을 소비한다.)

3.3 **A.** **a.** 65.0 amu **b.** 76.1 amu

B. **a.** 60.1 amu **b.** 234.1 amu

3.4 **A.** 41.1% N

B. 질산 암모늄

3.5 **A.** **a.** 0.874 g C **b.** 1000 g H_2O

c. 17.0 g $Ca(HSO_4)_2$

B. **a.** 0.0664 mol Fe **b.** 2.29 mol C_5H_{12}

c. 0.000674 mol $Mg(NO_3)_2$

3.6 **A.** 분자: H_2S 2분자가 O_2 3분자와 반응하여 SO_2 2분자 및 H_2O 2분자를 형성한다. 몰: 2 mol H_2S가 3 mol O_2 반응하여 2 mol SO_2 및 2 mol H_2O를 형성한다. 질량: 68.2g H_2S는 96.0 g O_2와 반응하여 128.1 g SO_2 및 36.0 g H_2O를 형성한다.

B. **a.** 원자는 보존된다.

b. 분자는 보존되지 않는다.

c. 몰은 보존되지 않는다.

d. 질량은 보존된다.

3.7 **A.** **a.** 3.750 mol CO_2 **b.** 0.0354 mol CO_2

B. 프로페인 7.0 mol

3.8 **A.** 3.44 g O_2

B. **a.** 974 g CO_2 **b.** 1083 g CO_2

3.9 **A.** 0.00672 M

B. 1.10 M

3.10 **A.** **a.** 0.0909 M **b.** 0.0168 M

B. 0.00881 M

3.11 **A.** **a.** 337 g KOH **b.** 11.2 g KOH

B. 9.55 kg NaOH

3.12 **A.** 24.7 mL

B. 0.000630 g

3.13 **A.** 89.3% 에탄올

B. 30.7% 톨루엔

3.14 **A.** 2.06% H_2O_2

B. 49.4% NaOH

3.15 **A.** 11.3 g의 포도당을 충분한 물에 녹여 250 g의 용액을 만든다.

B. 11.1 g의 NaCl을 충분한 물에 녹여 1.25 kg의 용액을 만든다.

1. **a.** 물질의 가장 작은 반복 단위

b. 화합물의 원자량의 합

c. 6.022×10^{23} 화학식 단위의 물질을 포함하는 물질의 양

d. 정확히 12 g의 순수한 탄소-12에 들어 있는 원자 수 (6.022×10^{23})

e. 그램으로 표현되는 물질의 화학식량; 1몰의 질량

f. 지정된 조건에서 기체 1몰이 차지하는 부피

3. 한 줌. 한 꼬집은 대략 1 g(즉 1 g/mol), 한 통은 수 kg(> 1000 g/mol), 트럭 한 대 분량은 그보다 훨씬 많은 양이다!

5. **a.** 용액은 두 가지 이상의 물질이 균일하게 혼합된 균일 혼합물이다.

b. 용매는 용매를 분산시키는 물질로, 용액에서 일반적으로 가장 많은 양으로 존재한다.

c. 용질은 용매에 용해되어 용액을 형성하는 물질이다.

d. 수용액은 물이 용매인 용액이다.

7. **a.** 12 **b.** 3 **c.** 6

9. 6 N, 3 P, 27 H, 12 O

11. **a.** H_2O_2 2분자는 H_2O 2분자와 O_2 1분자를 생성한다.

b. H_2O_2 2몰이 H_2O 2몰과 O_2 1몰을 생성한다.

c. H_2O_2 68 g이 H_2O 36 g과 O_2 32 g을 생성한다.

13. **a.** $4\,Li + O_2 \rightarrow 2\,Li_2O$

b. $3\,Mg + Co_2O_3 \rightarrow 2\,Co + 3\,MgO$

c. $Zr + 2\,H_2S \rightarrow ZrS_2 + 2\,H_2$

15. **a.** $N_2 + 2\,O_2 \rightarrow N_2O_4$

b. $9\,C + 2\,O_3 \rightarrow 3\,C_3O_2$

c. $UO_3 + 6\,HF \rightarrow UF_6 + 3\,H_2O$

17. **a.** 이들은 같은 수의 분자를 포함한다.

b. Cl_2 분자가 질량이 가장 커서(70.9 amu), 염소 풍선이 가장 무겁다.

19. **a.** 103 L CO_2 **b.** 7.30 mL

21. 5:1

23. a. 6.02×10^{23}개의 P_4 분자　b. 2.41×10^{24}개의 P 원자
25. c
27. a. 159.6 g/mol　b. 286.6 g/mol
c. 368.2 g/mol　d. 74.1 g/mol
29. a. 535 g $AgNO_3$　b. 10.0 g $CaCl_2$
c. 404.4 g H_2S
31. a. 0.228 mol Sb_2S_3　b. 2.23 mol MoO_3
c. 7.44 mol $AlPO_4$
33. a. 17.1%　b. 26.2%
35. a. 2.54 mol CO_2　b. 11.4 mol O_2
37. a. 1400 g NH_3　b. 200 g H_2
39. a. 1.09 M　b. 0.602 M
41. a. 23.7 g HCl　b. 12.7 g K_2CrO_4
43. a. 0.333 L　b. 0.64 L
45. a. 3.68 %　b. 50.5 %
47. NaCl 310 g을 물 3440 g에 용해한다.
49. 아세트산 40.0 mL에 물을 첨가하여 용액의 총 부피를 2.00 L로 만든다.
51. 두 번째 식은 양쪽의 총 전하가 다르므로 올바르지 않다.
53. a. $3\ FeO(s) + 2\ Al(s) \rightarrow 3\ Fe(l) + Al_2O_3(s)$
b. $K_2S(aq) + Cu(NO_3)_2(aq) \rightarrow 2\ KNO_3(aq) + CuS(s)$
55. a. 같다.　b. 0.50 mol C_2H_2
57. 1.4×10^5 g CaO
59. 0.418 mol H_2O_2
61. a. 94.9% 에탄올　b. 0.258% 아세톤
63. a. 357 yg U　b. 722 U 원자
65. 8.25 mL
67. 모든 바닷물의 컵 수는 6.10×10^{21}이고, 한 컵의 물에 들어 있는 H_2O 분자 수는 7.89×10^{24}이므로, 해당 진술은 타당하다.
69. 8.57×10^7 g 또는 8.57×10^4 kg $NaHCO_3$
71. 111 mol H_2O
73. 975달러
75. a. $C_6H_{12}O_6 \longrightarrow 2\ C_2H_6O + 2\ CO_2$;
$C_2H_4 + H_2O \longrightarrow C_2H_6O$
b. (1) 51.1%; (2) 100%
c. (1) CO_2는 부산물(폐기물); (2) 부산물 없음
d. (1) 지속가능; (2) 지속 불가능
e. 반응 (1)은 부산물을 생성하지만 지속가능하며 재생 불가능한 귀중한 석유를 소비하지 않는다.
77. a. 51.3%　b. 52.6%　c. 81.5%

실험문제

1. 원자는 보존되지만, 분자는 보존되지 않는다.
2. 이산화 탄소는 지구 생명체에 필수적인 요소이지만, 과다한 이산화 탄소는 지구 기후 변화에 기여한다. 화석 연료 연소는 환경에 상당한 영향을 미쳤으며, 탄소 발자국을 줄이지 못한다면 계속 환경에 피해를 초래할 것이다.
3. 물질 보존 법칙은 화학 반응 동안 물질이 생성되거나 소멸되지 않는다고 규정한다. 원자들은 다르게 결합될 수 있지만, 반응물의 원자 수와 질량은 생성물의 원자 수와 질량과 같아야 한다. 화학 반응식을 맞추는 것은 반응식이 현실을 정확히 반영하도록 보장한다.

4장

4.1 A. a. $HI(aq) \longrightarrow H^+(aq) + I^-(aq)$
b. $Ca(OH)_2(s) \xrightarrow{H_2O} Ca^{2+}(aq) + 2\ OH^-(aq)$
B. $CH_3COOH(aq) \xrightarrow{H_2O} H^+(aq) + CH_3COO^-(aq)$
4.2 A. $HBr(aq) + H_2O \longrightarrow H_3O^+(aq) + Br^-(aq)$
B. $HClO_4 + CH_3OH \longrightarrow CH_3OH_2^+ + ClO_4^-$
4.3 A. H_2SeO_3　B. HNO_3
4.4 A. $Sr(OH)_2$　B. KOH
4.5 A. $NaOH(aq) + HC_2H_3O_2(aq) \longrightarrow NaC_2H_3O_2(aq) + H_2O$
B. $2\ HCl(aq) + Mg(OH)_2(aq) \longrightarrow MgCl_2(aq) + 2\ H_2O$
4.6 A. pH = 9　B. pH = 2
4.7 A. 1×10^{-2} M (0.01 M)　B. 1×10^{-3} M (0.001 M)
4.8 A. c　B. pH = 2.4
4.9 A. 비커 III: HNO_3, 비커 II: KOH
B. 5개의 OH^-, 6개의 NO_3^-
4.10 A. a. HSO_4^-　b. H_2CO_3
B. a. CN^-　b. NH_2^-
1. a. 산은 물에서 H^+이온을 생성하는 물질(또는 이온)이다(Arrhenius 정의). 예: HCl
b. 염기는 용액에서 OH^- 이온을 생성하는 물질(또는 이온)이다(Arrhenius 정의). 예: KOH
c. 염은 산-염기 반응으로 생성된 이온 화합물이다. 예: K_2SO_4 (H_2SO_4와 KOH로부터 생성)
3. 리트머스는 보라색으로 변하거나 변화가 없다. 철과 아연에는 영향이 없다.
5. 대부분의 수소 원자는 중성자를 가지지 않고, 핵에는 양성자만 존재한다. 산-염기 화학에서 양성자(H^+)는 전자를 잃은 수소 원자이다. 핵 양성자는 모든 원자 중심에 있는 양전하 입자이다.
7. 중화는 산을 염기에 첨가하거나 염기를 산에 첨가하여 용액이 중성이 될 때 발생한다. 즉 H^+와 OH^-의 양(농도)이 같아질 때이다.
9. NaOH와 같은 강염기는 물에서 완전히 이온화하여 OH^-를 생성한다. 약염기는 물과 거의 반응하지 않으며, H^+를 물로부터 받아 OH^-를 생성한다.
11. 강산과 강염기는 부식성이 있으며, 신속히 씻어내지 않으면 화상을 일으킬 수 있다. 강염기는 처음에 피부에 닿으면 미끄럽게 느껴진다.
13. a. $HBr \rightarrow H^+(aq) + Br^-(aq)$
b. $CsOH \rightarrow Cs^+(aq) + OH^-(aq)$
15. HClO, 하이포아염소산
17. a. 염기　b. 산　c. 염기
19. a. $HCOOH(aq) + H_2O(l) \longrightarrow H_3O^+(aq) + HCOO^-(aq)$
b. $C_5H_5N(aq) + H_2O(l) \longrightarrow C_5H_5NH^+(aq) + OH^-(aq)$
21. $NH_3(aq) + H_2O \longrightarrow NH_4^+(aq) + OH^-(aq)$
23. a. 염산[HCl(g)는 염화 수소]　b. $Sr(OH)_2$

c. 수산화 포타슘 d. H_3BO_3

25. **a.** 인산, 산 **b.** 수산화 세슘, 염기 **c.** 탄산, 산

27. **a.** HNO_2 **b.** H_3PO_3

29. **a.** H_2SeO_3, 산 **b.** $Sr(OH)_2$, 염기

31. 강산

33. 약염기

35. **a.** 강염기 **b.** 강산 **c.** 약산 **d.** 염

37. 0.10 M $HClO_4$(강산) > 0.10 M HClO(약산) > 0.20 M NH_3 (약염기)

39. **a.** $AgOH + HCl \longrightarrow AgCl + H_2O$
b. $RbOH + HNO_3 \longrightarrow RbNO_3 + H_2O$

41. **a.** $H_2SO_3(aq) + Mg(OH)_2(aq) \longrightarrow 2\,H_2O(aq) + MgSO_3(aq)$

43. **a.** 산성 **b.** 염기성 **c.** 산성 **d.** 염기성

45. 8.0

47. 11.0

49. 1.0×10^{-6} M H^+

51. pH는 5에서 6 사이이다.

53. NH_3OH^+는 NH_2OH의 짝산이고, Cl^-는 HCl의 짝염기이다.

55. $Al(OH)_3(s) + 3\,HCl(aq) \longrightarrow AlCl_3(aq) + 3\,H_2O$
$Mg(OH)_2(s) + 2\,HCl(aq) \longrightarrow MgCl_2(aq) + 2\,H_2O$

57. 염기는 쓴맛이 내는 것으로 알려져 있으며, 비누는 염기성 (pH > 7.0)일 가능성이 크다.

59. c

61. $CaCO_3(s) + 2\,HCl(aq) \longrightarrow CaCl_2(aq) + H_2CO_3(aq)$
[H_2CO_3 대신 $H_2O + CO_2$로 나타내어도 된다.]

63. $HS^- + H_2O \longrightarrow H_2S + OH^-$

65. $NaOH > NH_3 > NaCl > HC_2H_3O_2 > HNO_3$

67. HPO_4^{2-}(산) $+ H_2O \longrightarrow H_3O^+ + PO_4^{3-}$,
HPO_4^{2-}(염기) $+ H_2O \longrightarrow H_2PO_4^- + OH^-$

69. 3가 규칙, 4가 규칙

71. $NH_3 + NH_3 \rightarrow NH_4^+ + NH_2^-$

73. pH를 낮춘다.

75. 1000 L

77. 몬모릴로나이트 점토

실험문제

2. 레몬 주스, 식초, 오렌지 주스, 탄산수

3. 암모니아, 붕사, 베이킹 소다, 제산제, 샴푸

4. 암모니아, 베이킹 소다 용액, 제산제와 같은 염기성 용액을 몇 방울 첨가한다.

5. 물의 pH가 결과에 영향을 줄 수 있으며, 물질에 알 수 없는 첨가물이 포함되어 있을 가능성도 있어 결과에 영향을 줄 수 있다.

5장

5.1 **A.** $CH_2{=}CH{-}CN$ **B.** $CH_2{=}CH{-}Br$

5.2 **A.** $\left[\!-CH_2CH(F){-}CH_2CH(F){-}CH_2CH(F){-}CH_2CH(F)-\!\right]$

B. $-\!\!\left[CH_2CH(OCOCH_3)CH_2CH(OCOCH_3)CH_2CH(OCOCH_3)CH_2CH(OCOCH_3) \right]\!\!-$

5.3 **A.** **a.** $-\!\!\left[OCH_2COOCH_2COOCH_2COOCH_2CO \right]\!\!-$
b. $-\!\!\left[OCH_2(C{=}O) \right]\!\!-_n$

B.

a. $-\!\!\left[NH(CH_2)_3CONH(CH_2)_3CONH(CH_2)_3CONH(CH_2)_3CO \right]\!\!-$

b. $-\!\!\left[NH(CH_2)_3CO \right]\!\!-_n$

1. 폴리에틸렌에서 각 탄소 원자에는 2개의 수소 원자가 결합되어 있다. PVC의 단량체는 염화 비닐($H_2C{=}CHCl$)이며, PVC에서 1개의 탄소마다 수소 원자 1개와 염소 원자 1개가 번갈아 결합되어 있다. 용도는 장난감, 비닐봉지, 쓰레기통 등이다.

3. 모든 단량체 원자가 고분자에 포함되는 중합 반응으로, 이중 결합을 통해 이루어진다.

5. 스타이렌

7. 질산으로 처리한 천연 셀룰로스로 만든 반합성 소재이다.

9. 합성 섬유는 가격이 저렴하며 다양한 성질을 가지고 있다.

11. 많은 응용 분야에서 플라스틱은 종류별로 분리하고 녹여 새로운 물체로 성형해야 한다.

13. 고분자는 여러 개의 작은 반복 단위가 서로 결합된 것으로 구성되며, 이 단위들을 단량체라고 한다.

15. LDPE는 분자가 고도로 분절된 분자 구조를 가지고 있으며, 느슨하게 배열된 비정질 구조를 형성하고 있다. 이러한 구조는 LDPE를 부드럽고 유연하게 만든다.

17. HDPE는 대부분 선형 분자로 이루어져 있어 서로 가깝게 밀집될 수 있는 구조를 가진 반면에 LDPE 분자는 많은 곁사슬을 가진다. HDPE(예: 우유 주전자)는 부드럽고 유연한 LDPE(예: 샌드위치 봉지)에 비해 더 단단하고 고온에서도 형태가 유지된다.

19. **a.** $H_2C{=}CH_2$ **b.** $H_2C{=}CHC_6H_5$

21. **a.**

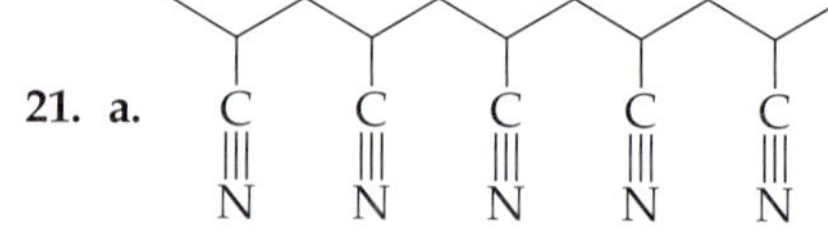

b. $-\!\!\left[CH_2CF_2CH_2CF_2CH_2CF_2CH_2CF_2 \right]\!\!-$

23. **a.** $-\!\!\left[CH_2CH(CH_2CH_2CH_3)CH_2CH(CH_2CH_2CH_3)CH_2CH(CH_2CH_2CH_3) \right]\!\!-$

b. $-\!\!\left[CH_2{-}C(C{\equiv}N)(C(=O)OCH_3) \right]\!\!-_n$

25. $H_2C{=}C(CH_3){-}CH{=}CH_2$

27. 고무의 분자는 나선 모양(코일)으로 감겨 있는 구조를 가진다. 고무를 늘리면 나선형 분자들이 펴지지만, 힘을 풀면 다시 분자가 감긴 형태로 되돌아간다.

29. SBR은 스타이렌과 부타디엔을 공중합체하여 만들어진다.

31. $\text{-[}CO(CH_2)_6CONH(CH_2)_8NHCO(CH_2)_6CONH(CH_2)_8NH\text{]-}$
33. $\text{-[}OCH_2COOCH_2COOCH_2COOCH_2CO\text{]-}$
35. 원자 < 원소 < 화합물 < 고분자
37. 고분자의 성질이 단단하고 딱딱하며 깨지기 쉬운 상태에서 고무처럼 탄력 있고 질긴 상태로 변하는 온도를 유리 전이 온도(T_g)라고 한다. 자동차 타이어와 같은 고무 재료는 T_g가 낮아야 하고 유리 대체 재료는 T_g가 높아야 한다.
39. 단량체는 고분자보다 녹는점이 훨씬 낮으며, 이는 고분자에서의 분자 간 인력이 단량체보다 훨씬 강하기 때문이다. 많은 단량체를 가열하면 끓을 수 있지만(액체 → 기체), 고분자는 충분히 가열해도 끓지 않고 분해된다.
41. 가소제의 분자는 볼 베어링처럼 작용하여 고분자 분자들을 분리하고 서로 미끄러지듯 움직이게 한다. 따라서 고분자의 유리 전이 온도가 낮아진다.
43. 프탈레이트
45. d
47. **a.** 단량체 **b.** 반복 단위 **c.** 고분자, 부가 중합
49. $CH_2{=}CCl_2$ 및 $CH_2{=}CHCl$
51. $n\ CH_2{=}C(C{\equiv}N)C(=O)O[CH_2]_7CH_3 \longrightarrow \text{-[}CH_2{-}C(C{\equiv}N)(C(=O){-}O{-}[CH_2]_7CH_3)\text{]-}_n$
53. $\{-CH_2-C(CH_3)_2-CH_2-C(CH_3)_2-CH_2-C(CH_3)_2$
$CH_2-C(CH_3)_2-\}$
55. $CH_3CH(OH)CH_2C(=O)OH$
57. CH_3기는 직쇄 사슬의 일부가 아니며, CH기에 결합된 다음 CH_2가 CH기에 연속적으로 결합하는 방식으로 사슬이 형성된다.
59. 골프공은 엘라스토머로 만들어진다.
61. 1-부탄올은 분자의 한쪽 끝에만 OH기가 있기 때문에 테레프탈산의 양쪽 끝에 첫 번째 에스터가 형성된 후에는 반응이 계속 될 수 없다. 최종 생성물은 부탄올-테레프탈산-부탄올의 삼량체, 즉 $CH_3(CH_2)_3OC(O)C_6H_5C(O)O(CH_2)_3CH_3$로 제한된다. 결국 고분자를 형성할 수 없다.
63. $\text{-[}O{-}Si(CH(CH_3)_2)_2{-}O{-}Si(CH(CH_3)_2)_2{-}O{-}Si(CH(CH_3)_2)_2{-}O{-}Si(CH(CH_3)_2)_2\text{]-}$
65. $\text{-[}NHCH_2CONHCH_2CONHCH_2CONHCHCO\text{]-}_n$
67. b, c, d
69. LDPE에서는 곁사슬이 다른 주사슬과 결합하지 않기 때문에 주사슬들이 밀접하게 배열되는 것을 방해하여 고분자의 강도를 약화시킨다. 가황 고무에서는 황 사슬이 2개의 서로 다른 사슬을 연결하여 서로를 고정함으로써 고무에 강도와 탄성을 더한다.
71. b
73. a, b, d, e
75. a와 c

실험문제

1. 공은 튀어오른다. 그 높이는 대략 12~36인치 정도로 다양하다.
2. 화학 반응이 일어나며, 고분자는 원래의 출발 물질과 다른 성질을 가진다.
3. 섞는 각 성분의 양에 따라 끈적거리거나 미끌거리거나 신축성 있는 물질을 만들 수 있다. 예를 들어 옥수수 전분을 더 많이 넣으면 혼합물을 구부리고 늘릴 수 있다. 붕사를 적게 넣으면 끈적한 혼합물을 얻을 수 있다. 미끌거리는 물질을 만들려면 접착제를 더 추가하면 된다.
4. 아니다, 이 공은 생분해 되지 않는다. PVA는 일반적으로 석유에서 추출되는 탄소 기반 단량체로 만들어졌다.

6장

1. 암석권, 대기권, 수권. 이 세 가지는 지구 질량의 극히 일부분을 차지한다.
3. 내열성을 위한 산화 붕소, 광학기기용 렌즈를 만들기 위한 산화납, 유리를 파란색으로 만들기 위한 코발트 화합물. 다른 답변도 가능하다.
5. 석회암은 바다 가장자리에 있는 연체동물 껍질이나 산호초가 부서져 형성된다. 지구의 대부분은 한때 물로 덮여 있었기 때문에 지구의 많은 지역에서 석회암이 발견될 것으로 예상된다.
7. 구리는 천연 (금속) 상태로 발견되며 주석은 철보다 광석에서 추출하기가 더 쉽다.
9. 대부분의 알루미늄은 (보크사이트에) 국부적으로 분포하기보다는 점토에 얇게 분포되어 있다.
11. 알루미늄은 전기 분해로만 추출할 수 있기 때문에 많은 양의 전기가 필요하다.
13. 세포는 탈수로 인해 죽는다. 물은 세포에서 세포벽을 통해 세포 표면의 염 용액으로 이동하여 세포막 양쪽의 농도를 '균등화'한다.
15. 육류와 생선을 보존하고, 감염을 유발할 수 있는 미생물을 죽이기 위해 상처에 바르는 용도이다.
17. 위생 매립지에 폐기물 보관, 소각 및 재활용
19. 사용한 금속은 이미 다시 사용할 수 있는 금속 형태이므로 녹이고 약간의 정제만 하면 된다. 가장 중요한 것은 금속이 매립되거나 환경적으로 분산되지 않도록 하는 것이다.
21. d
23. 규산염(석영), 탄산염(방해석), 산화물(적철광), 황화물(방연광)
25. Si(15.9%) H(15.1%) Na(1.8%) Fe(1.5%) = Ca(1.5%) Mg(1.4%) K(1.0%)
27. 토양, 화석연료, 동물, 식물
29. 규산염 사면체는 3차원 배열로 배열되어 있다.
31. 석영의 SiO_4 사면체는 다이아몬드의 탄소 원자처럼 3차원 배열로 배열되어 있어 석영에 경도와 높은 녹는점을 부여한다.
33. 운모는 2차원 시트 모양의 배열로 배열된 SiO_4 사면체로 구성된다. 운모는 얇고 투명한 시트로 쉽게 쪼개진다. 이 시트는 주로

Al^{3+}와 같은 양이온과 원자 사이의 결합으로 연결된다.

35. c

37. 산소는 가장 높은 원자 비율과 가장 높은 질량 비율을 모두 가지고 있다. 유리의 주성분은 모래인 이산화 규소(SiO_2)이며, 두 개의 산소 원자가 규소 원자 하나보다 더 무겁다.

39. 녹은 유리가 냉각되면 규산염 사면체가 불규칙한 3차원 배열로 결합하여 결합 강도가 달라진다. 열을 가하면 약한 결합이 먼저 끊어지기 때문에 유리는 다양한 온도 범위에서 부드러워진다.

41. 시멘트는 석회석과 점토를 가열하여 만든 칼슘과 알루미늄 규산염의 복합체이다. 콘크리트는 시멘트, 모래, 자갈, 물을 혼합하여 고체로 굳힌 것이다.

43. 산호나 연체 동물이 풍부한 따뜻한 바다, 종종 해안 근처에서

45. 조각상, 타지마할, 교회, 계단과 같은 건축물의 건축 자재, 주방 조리대

47. **a.** $BaCO_3$ **b.** K_2CO_3

49. $H_2SO_4 + CaCO_3 \longrightarrow CaSO_4 + H_2O + CO_2$

51. 보크사이트에서 추출한 알루미늄; 휘동광에서 추출한 구리; 적철광에서 추출한 철

53. **a.** 구리가 +1에서 0으로 변경된다.
b. 철이 +3에서 0으로 변경된다.

55. **a.** 전자 4개 **b.** 전자 6 개

57. 환원; 다음 반응에서 어븀이 +3에서 0으로 환원된다.
$2\ ErF_3 + 3\ Mg \longrightarrow 2\ Er + 3\ MgF_2$

59. 구리는 부드럽지만 주석은 단단하다.

61. $V_2O_5 + 5\ Ca \longrightarrow 5\ CaO + 2\ V$
a. V_2O_5에서 V가 환원된다.
b. Ca는 환원제이다.
c. Ca는 산화된다.
d. V_2O_5의 V는 산화제이다.

63. $2\ EuCl_3 \longrightarrow 2\ Eu + 3\ Cl_2$
a. $EuCl_3$의 Eu가 환원된다.
b. 환원제는 Cl^-이다.
c. Cl^-는 산화된다.
d. $EuCl_3$의 Eu는 산화제이다.

65. 염은 산-염기 반응의 이온 생성물이다. 질산 암모늄(NH_4NO_3)은 질산(HNO_3)과 암모니아(NH_3)가 결합하여 형성된 염이다.

67. 다이아몬드, 에메랄드, 루비, 사파이어

69. 루비와 사파이어는 모두 알루미늄 산화물인 Al_2O_3이다. 루비에는 미량의 크롬(III) 이온이, 사파이어에는 미량의 티타늄(IV)와 철(II) 이온이 포함되어 있다.

71. 1.2×10^9 kWh

73. 38.5 g $InCl_3$

75. 세 가지 R은 줄이기(reduce), 재사용(reuse), 재활용(recycle)을 의미한다.

77. 답변은 다양하며 인터넷 검색이 필요하다.
a. 백금 금속이 촉매로 사용된다.
b. 백금은 화학적으로 불활성이다. 니켈 및 기타 금속으로 대체할 수 있다.

79. 대부분 용매는 유기물이며 물과 섞이지 않기 때문에 수용액에서 반응이 어렵다. 또한 쉽게 증발하여 VOC 오염의 원인이 된다. 대부분은 유해 폐기물로 간주된다.

실험문제

1. 탄산 칼슘을 함유한 석회석, 방해석, 분필에 레몬즙과 식초가 거품을 냈어야 한다. 레몬즙은 pH가 2.3으로 더 산성이고 식초는 보통 3에 가깝기 때문에 레몬즙이 더 기포가 많이 생길 수 있다.

2. 석회암이나 분필과 같이 탄산 칼슘이 함유된 암석만 반응하여 CO_2 기포를 형성한다.

3. 산성비는 레몬 주스나 식초와 마찬가지로 석회암과 대리석 조각상에도 같은 효과를 낸다. 석회암/대리석은 서서히 녹아내린다.

4. $CaCO_3 + C_2H_4O_2 \longrightarrow Ca(C_2H_3O_2)_2 + CO_2 + H_2O$

7장

7.1 **A.** 9.3×10^4 kg CO
B. 생성되는 이산화 탄소의 질량은 연료의 탄소 질량에 따라 달라진다. CH_3OH의 각 원자(C)는 4개의 수소(H) 원자와 1개의 산소(O) 원자를 동반하는 반면에 CH_4 각 원자(C)는 4개의 수소 원자에만 결합되어 있다. 따라서 CH_3OH는 kg당 탄소 함유량이 적고 CO_2 배출량이 적다.

7.2 **A.** 3790 g H_2O
B. 4940 kg CO_2

1. 냉매; 플라스틱 폼의 성형

3. 석탄을 연소하고 남은 고체 무기질 물질을 바닥재라고 한다. 비산재는 굴뚝으로 배출된다.

5. 온실가스는 가시광선은 지표면으로 통과시키지만, 지구가 방출하는 열을 흡수해 지구의 온도를 높이는 CO_2, CH_4, H_2O를 말한다.

7. **a.** 지상 오존은 강력한 산화제로 반응성이 매우 높다. 심각한 호흡기 자극제이며 특히 어린이에게 해롭다. 오존은 고무를 굳게 하고 균열을 일으켜 자동차 타이어를 손상시키고 농작물에도 피해를 입힌다.
b. 성층권 오존의 고갈은 대기가 태양으로부터 자외선을 흡수하는 능력을 감소시킨다. 고에너지 자외선은 세포 손상을 일으키고 식물 물질을 파괴하며 암을 유발한다.

9. 광화학 스모그는 햇빛 아래에서 연소되지 않은 탄화수소와 질소 산화물이 복잡한 일련의 반응을 거쳐 갈색 연무를 생성할 때 발생한다. 이러한 유형의 스모그는 따뜻하고 화창한 기후와 관련이 있는 경우가 많다. 산업 활동과 관련된 오염된 공기는 종종 산업 스모그라고 불린다. 연기, 안개, 이산화 황, 재, 그을음과 같은 입자상 물질이 존재하는 것이 특징이다. 대부분 산업 스모그는 석탄 연소로 인해 발생한다. 산업 스모그와 관련된 기상 조건은 서늘하거나 추운 온도, 높은 습도, 종종 안개이다.

11. 질소 고정에서 대기 중 질소는 박테리아에 의해 질산염과 암모니아로 전환되어 식물이 사용할 수 있게 된다. 동물과 대부분의 식물은 대기 중의 질소를 사용할 수 없기 때문에 질소고정이 중요하다. 인위적인 질소고정은 식량 생산량을 크게 증가시켰다.

13. 열권

15. **a.** $4\ Fe + 3\ O_2 \longrightarrow 2\ Fe_2O_3$
b. $4\ Cr + 3\ O_2 \longrightarrow 2\ Cr_2O_3$

17. 차갑고 습한 고요한 공기

19. $2\ SO_2 + O_2 \longrightarrow 2\ SO_3$

21. $SO_2 + 2\ H_2S \longrightarrow 3\ S + 2\ H_2O$

23. $3\ NO_2 + H_2O \longrightarrow 2\ HNO_3 + NO$

25. 자동차 엔진과 같은 고온에서. $N_2 + O_2 \longrightarrow 2\ NO$

27. 과산화아세틸 질산염($CH_3COOONO_2$)은 탄화수소, 산소, 이산화 질소로 만들어지며, 호흡을 어렵게 하고 눈에 자극을 일으킨다.

29. **a.** $2\ C_8H_{18} + 25\ O_2 \longrightarrow 16\ CO_2 + 18\ H_2O$
b. 1.3×10^{10} kg CO_2

31. NO_2와 NO만이 홀수 개의 전자를 가지고 있다.

33. 1.2 g CO

35. 1992년부터 2009년까지 이산화 탄소 배출량이 감소한 것은 (촉매 변환기가 없거나 효율이 낮은) 구형 자동차의 사용이 중단되었기 때문일 수 있다. 2009년에는 대부분 구형 자동차가 도로에서 퇴출되었기 때문에 CO 배출량이 정체기에 도달했다.

37. 동소체

39. $3\ CH_4 + 4\ O_3 \longrightarrow 3\ CO_2 + 6\ H_2O$

41. 또 다른 자유 라디칼; 홀수 + 홀수 = 짝수

43. H_2SO_4 및 HNO_3

45. $6\ HNO_3 + 2\ Fe \longrightarrow 2\ Fe(NO_3)_3 + 3\ H_2$

47. 실내 환기가 잘 안 되는 히터, 실외 자동차에서 발생하는 일산화탄소

49. 크롤링 공간은 기체 상태의 라돈이 통풍구를 통해 방출되도록 하고, 콘크리트 슬래브는 라돈을 내부에 가둔다.

51. 기체; 흡입하면 방사성 붕괴 생성물을 형성하고 체내에서 방사선을 방출할 수 있다.

53. 지구에서 방출되는 적외선 방사를 흡수하는 기체로 인한 지구의 온난화

55. 사람이 내뿜은 이산화 탄소는 식물이 광합성을 통해 포도당과 산소 기체를 형성하는 데 사용된다. 사람(및 동물)은 음식(식물과 동물)을 섭취하여 다시 CO_2를 생성함으로써 존재에 필요한 연료를 얻는다. 그 결과 대기 중 CO_2 수준에 크게 기여하지 않는 주기가 만들어진다.

57. 33% 이상(300 ppm에서 400 ppm 이상의 CO_2)

59. 인간의 활동은 필연적으로 폐기물을 발생시키며, 100% 효율적인 과정은 없다.

61. 6.9 mg/day

63. 대기가 보유할 수 있는 수증기의 양은 온도에 따라 크게 달라진다. 해당 온도에서 대기가 보유할 수 있는 수증기보다 더 많은 수증기가 형성되면(화석연료의 연소로 인해), 여분의 수증기는 응축되어 구름(햇빛 반사) 또는 강수를 형성하게 된다. 그러나 지표면 온도가 상승하면 대기가 보유할 수 있는 수증기의 양이 증가하여 온실효과가 증가한다.

65. 오늘 여러분이 내쉬는 숨에는 부처님의 숨에서 나온 공기 분자가 2개 정도 있을 것이다.

67. $3\ NO_2 + H_2O \longrightarrow 2\ HNO_3 + NO$;
$2\ NO + O_2 \longrightarrow 2\ NO_2$

69. 미국 시민들에게 보내는 신호는 미국 시민 개개인이 대기 중 이산화 탄소 농도에 중국인보다 40% 더 많이 기여하고 있다는 것일 수 있다.

71. **a.** 5.1×10^{18} kJ
b. 5.0×10^{17} kJ, 1° 온도 상승에 필요한 에너지의 약 10%
c. 2×10^{17} kJ, 1° 온도 상승을 일으키는 데 필요한 에너지의 약 4%에 불과한다.

73. 대부분 용매는 유기물이며 물과 섞이지 않기 때문에 수용액에서 반응이 어렵다. 또한 쉽게 증발하여 VOC 오염의 원인이 된다. 대부분은 유해 폐기물로 간주된다.

실험문제

1. 색상 변화는 SPF 등급에 따라 달라지며, SPF가 높은 자외선 차단제일수록 색상 변화가 느려진다.

2. 답변은 다양하다.

3. 결과는 SPF 자외선 차단제가 더 이상 자외선을 차단하지 못하거나 더 이상 효과가 없다는 것을 보여주어야 한다. 최근 FDA는 제조업체가 더 이상 자외선 차단제가 '방수' 또는 '땀에 강하다'고 주장할 수 없도록 하는 규정을 통과시켰다.

8장

8.1 **A.** 8.00×10^4 cal; 80.0 kcal; 334 kJ
B. 구리

1. 액체 상태의 물에서는 분자가 무작위로 배열되어 있고 그 사이에 공간이 거의 없다. 얼음에서는 수소 결합에 의해 물 분자가 단단한 육각형 배열로 고정되어 있다. 각 산소 원자는 2개의 수소 원자와 공유 결합하고, 다른 2개의 물 분자 각각에 있는 수소 원자와 수소 결합한다. 각 육각형의 중앙에는 빈 공간만 있기 때문에 고체 구조는 액체 물보다 밀도가 낮다.

3. 원유는 주로 분자 간 힘이 약한 비극성 분자로 구성되어 있다. 물은 극성을 띠며 수소 결합의 힘이 강하다. 물 분자에 대한 기름 분자의 약한 인력이 물 분자의 훨씬 강한 인력을 극복하기에는 역부족이기 때문에 기름은 물과 섞일 수 없다.

5. 물은 비열 용량이 높기 때문에 낮 동안 바다는 수온을 크게 올리지 않고도 태양으로부터 많은 양의 열을 흡수한다. 밤에는 물이 식으면서 그 에너지를 공기 및 인근 육지로 열로 방출한다. 암석, 식물, 건물은 열용량이 크지 않기 때문에 내륙 지역은 기온 변화가 더 크다.

7. 물은 많은 이온성 염을 용해한다. 강물이 암석과 토양 위로 흐르면서 이러한 염은 용해된다(대부분 용해도가 낮기 때문에 천천히 용해된다). 이온은 궁극적으로 바다에 도달하여 물이 증발할 때 남게 된다. 오랜 세월에 걸쳐 바다는 짠맛이 강해졌다. 이 과정은 최근에도 계속되고 있다.

9. 식물 비료는 인산염, 질산염, 소듐 및 포타슘 이온을 수로에 전달한다.

11. 콜레라 및 장티푸스. 선진국의 대부분에서는 물을 염소 처리하거나 오존을 사용하여 수인성 박테리아를 죽인다.

13. 수역의 유기물을 분해하는 데 산소가 필요하면 물 속의 용존 산소량이 감소한다. 생화학적 산소 요구량은 분해에 필요한 산소의 양을 나타낸다. 부영양화: 인간의 배설물이나 기타 공급원에서 나오는 질산염과 인산염은 조류의 영양분으로 작용하며, 조류가 죽으면 추가 유기물이 되어 BOD를 더욱 증가시킨다.

15. 암석에는 종종 석회암인 $CaCO_3$가 포함되어 있다. 산을 중화시키면 칼슘 이온이 방출되어 경수가 된다.

17. $HCCl_3$나 CH_3Cl과 같은 염소화 탄화수소는 극성분자로, 쌍극자-쌍극자 상호작용에 의해 극성의 물에 끌린다. 지하수에서 이러한 화합물은 쉽게 증발하지 않는다. 매우 낮은 농도는 오랫동안 물에 용해된 상태로 남아있을 수 있다.

19. 2.48×10^4칼로리

21. 철의 비열량은 물의 약 1/10로, 같은 양의 물을 같은 온도 변화로 데우는 데는 약 1/10의 열량이 필요하다.

23. 땀의 기화는 체온을 유지하는 데 도움이 된다. 물의 기화열이 높다는 것은 그 과정에서 수분이 많이 손실되지 않는다는 것을 의미한다.

25. 대기 중에 용해된 이산화 탄소(CO_2)와 오염으로 인한 질산화물(NO_x) 및 황산화물(SO_x)은 빗물에서 산을 형성하여 pH를 낮춘다.

27. 물의 대부분은 바닷물(염수)이며 식수로 사용할 수 없다. 존재하는 담수의 대부분은 극지방 얼음에 얼어 있다.

29. 호기성 박테리아는 영양분을 분해하기 위해 산소가 필요한다. 혐기성 세균은 산소 없이도 영양소를 분해할 수 있다.

31. b

33. 그렇다. 갤런당 0.44 g만 함유되어 있다.

35. b

37. 0.7~1.0 ppm 플루오린 첨가

39. 그렇다. 자외선 조사에 의해. 정수된 깨끗한 물을 직사광선에 6시간 이상 노출하면 대부분의 미생물을 죽일 수 있다.

41. 약 2리터

43. 생수는 안전하고 편리하지만 수돗물에 비해 가격이 매우 비싸다. 생수는 식품으로 간주되어 미국환경 보호국(EPA)의 규제를 받지만, 도시의 상수도처럼 엄격한 검사를 거치지 않기 때문에 도시 상수도만큼 안전하지 않을 수 있다. 생수의 가장 큰 단점은 병을 제조해야 하는데, 이 과정에서 석유 공급과 많은 에너지가 필요하다는 점이다. 이러한 병을 재활용하면 생수의 단점을 줄이는 데 도움이 될 수 있다.

45. 하수는 연못에 가라앉아 부유 물질의 약 절반과 유기 물질의 3분의 1을 제거한다.

47. 질산염과 인산염은 2차 폐수 처리로 제거되지 않다.

49. **a.** 3차 **b.** 1차 **c.** 2차

51. $2\ HNO_3(aq) + CaCO_3(s) \longrightarrow Ca(NO_3)_2(aq) + H_2O(l) + CO_2(g)$

53. $Ca_5(PO_4)_3OH(s) + F^-(aq) \longrightarrow Ca_5(PO_4)_3F(s) + OH^-(aq)$

55. 9 ppb 벤젠

57. 110 ppm $Ba(NO_3)_2$

59. 그렇다. 농도(0.009 mg Cu/L, 8 mg NO_3^-)가 기준치 이하이다.

61. 헵타클로르; 1 mg/L는 최대 허용치의 2500배이다.

63. a, b, c는 올바르지 않다.

65. b

67. Cl_2는 Cl^-로 환원되며 산화제이다. SO_2는 환원제이다.

69. 분산력; Rn은 비극성이다.

71. **a.** 9.5×10^3 kcal **b.** 715 g CH_4
c. 35.4 ft^3 **d.** $0.26

73. a

75. 극성 물질은 다른 극성 물질을 녹이는 경향이 있다. 물에 녹아 있는 물질 X의 양이 적으므로 Y는 X보다 극성이 더 커야 한다.

실험문제

1. 용액이 희석되면서 색과 맛이 모두 희미해지지만, 당을 맛볼 수는 없지만 희미한 색은 여전히 볼 수 있다.

2. 6번째 컵에는 색이나 맛이 거의 없어야 한다. 몇 번 더 희석하면 색이나 맛이 없는 지점에 도달할 것이다.

3. 희석은 오염에 대한 해결책이 아니다. 물에 색이 없거나 단맛이 없다고 해서 오염이 완전히 사라진 것은 아니다. 일부 화학 물질은 매우 낮은 농도에서도 여전히 해로운 영향을 미칠 수 있다.

4. 오염 물질은 물에 남지 않을 수도 있지만 토양으로 이동하여 식물에 축적되거나 (액체가) 대기 중으로 증발할 수 있다.

9장

9.1 **A.** 39,000 J
B. 형광등 46,800 J; 백열등 216,000 J; 78.3% 절감 효과
C. 1.24달러 절약

9.2 **A.** 183 kJ
B. 290.2 kJ

1. 온도는 움직이는 분자의 평균 운동 에너지와 관련이 있다. 열은 화학 반응의 반응물에서 생성물 사이를 이동하는 운동 에너지의 총량이다.

3. 온도가 높아지면 움직이는 분자의 운동 속도가 빨라져 반응을 일으키는 충돌이 더 자주 일어난다.

5. 순수한 산소는 공기보다 약 5배 많은 산소(O_2) 분자를 가지고 있기 때문에 목재와 산소(O_2) 분자 사이의 효과적인 (반응 생성) 충돌이 훨씬 더 빠른 속도로 발생한다.

7. 원자로에 사용되는 물질은 약 3%의 U-235(실제 핵분열성 연료)이다. 핵폭탄이 작동하려면 순도 90% 이상의 U-235 또는 Pu-239가 필요하다.

9. 줄(joule)과 칼로리. 4.18 J = 1칼로리

11. 5.4×10^3 kJ

13. 폭포 꼭대기의 물은 최대 위치 에너지를 가진다. 물이 떨어지면 위치 에너지는 감소하고 같은 양만큼 운동 에너지는 증가한다.

15. 목재

17. 탄화수소 + 산소 가스 $\longrightarrow$ 이산화 탄소 + 물

19. $C_3H_8 + 5\ O_2 \longrightarrow 3\ CO_2 + 4\ H_2O$

21. $2\ C_3H_8 + 7\ O_2 \longrightarrow 6\ CO + 8\ H_2O$

23. $2\ C_8H_{18} + 25\ O_2 \longrightarrow 16\ CO_2 + 18\ H_2O$

25. **a.** H—C(H)(H)—H　:Ö=Ö:　:Ö=C=Ö:　H—Ö—H

b. 1652 kJ　　**c.** 998 kJ

d. 1596 kJ　　**e.** 1868 kJ

f. −816 kJ; 반응은 발열 반응으로 열이 방출된다. (참고: 결합 에너지 값이 근사치이기 때문에, 27번 문제와 결과가 같지 않다.)

27. 1.97×10^4 kJ

29. 4.43 kJ

31. 1.20×10^3 kJ

33. 우주의 에너지 양은 일정하며 에너지가 보존된다.

35. 엔트로피는 계 내 에너지의 분포 정도를 나타내는 척도이다. 화석연료가 연소될 때 엔트로피가 증가하는 이유는 소수의 큰 분자(연료)가 많은 수의 작은 분자들로 변하면서 에너지가 너 넓게 분산되기 때문이다.

37. 대기 중의 질소

39. 장점: 풍부하며 보다 사용하기 편리한 액체 및 기체 연료로 전환 가능하다. 단점: 산성비를 유발하는 황산화물을 생성하고 공기 중에 비산재와 석탄에 포함된 미량의 수은이 떠다니며, 채굴이 위험하고, 사용하기 불편하다.

41. 311년

43. 57년

45. 석유는 동물성 유기물이 분해되어 생성된 것, 석탄은 식물성 유기물이 분해되어 생성된 것으로 여겨진다.

47. 분별 증류에서는 원유가 기화되어 긴 길림을 따라 상승한다. 물질의 분자량이 증가함에 따라 끓는점이 높아지므로 끓는점이 낮은 물질은 더 높은 곳으로, 끓는점이 높은 물질은 아래 쪽에 응축되어 분리된다.

49. 포장 재료는 대부분 암석이며, 아스팔트(원유를 증류하고 남은 것)를 바인더로 사용한다. 많은 양의 원유를 사용하기 때문에 많은 양의 아스팔트를 아주 저렴하게 구할 수 있다.

51. 20.0%

53. ${}^{238}_{92}U + {}^{1}_{0}n \rightarrow {}^{239}_{92}U \rightarrow {}^{239}_{93}Np + {}^{0}_{-1}e$; ${}^{239}_{93}Np \rightarrow {}^{0}_{-1}e + {}^{239}_{94}Pu$
U-238은 중성자 하나를 흡수하여 U-239가 된다. U-239는 베타 붕괴를 통해 빠르게 Np-239를 형성하고 Np-239 역시 베타 붕괴에 의해 Pu-239를 생성한다.

55. 증식 원자로는 사용하는 연료와 동일한 연료를 만들지 않는다. 증식 원자로의 연료는 약 3%의 U-235(실제 연료)와 97%의 사용 불가능한 U-238의 혼합물이다. U-235가 핵분열 동안 방출된 여분의 중성자들은 U-238 원자에 흡수되어 (사용가능한 연료) Pu-239로 붕괴되는 U-239를 생성한다. 풍부한 U-238이 U-235보다 더 많은 중성자를 흡수하지만, 사용되는 양보다 더 많은 연료가 생성된다. 이는 에너지 보존 법칙이다.

57. 핵융합로는 바닷물에서 쉽게 구할 수 있는 수소-2(중수소)를 연료로 사용할 수 있다. 이 연료는 방사능을 띠지 않으며, 주요 생성물인 헬륨 역시 방사성이 없다. 플라즈마는 양전하를 띤 원자핵과 전자로 이루어진 뜨거운 기체 혼합물이다.

59. ${}^{232}_{90}Th + {}^{1}_{0}n \rightarrow {}^{233}_{90}Th \rightarrow {}^{233}_{91}Pa + {}^{0}_{-1}e$; ${}^{233}_{91}Pa \rightarrow {}^{0}_{-1}e + {}^{233}_{92}U$

61. 2.2×10^7 mol CH_4

63. 4.6×10^7 mol C

65. 태양 전지는 태양 에너지를 직접 전기로 변환하는 반도체 소자이다.

67. 13 m^2

69. 장점: 매우 낮은 운영 비용(유지 관리), 바람은 무료, 초기 비용은 몇 년 안에 회수된다. 단점: 매우 높은 초기 비용, 모든 지역에 바람이 충분하지 않고, 바람이 지속적으로 불지 않으며, 매년 수천 마리의 새(조류)를 죽인다.

71. 연료 전지는 반응물이 공급되는 한 멈추지 않으며, 부산물은 유해 폐기물이 아니다. (H_2—O_2 전지는 물을 생산한다.)

73. 장점: 매우 낮은 운영 비용(유지 보수), 지속적인 전기 공급, 심각한 폐기물 없다. 단점: 높은 초기 비용, 좋은 부지는 이미 대부분 차지한 상태, 저수지의 토사가 쌓임, 댐이 물고기의 이동을 막는다.

75. 장점: 배기가스 배출 없고 전력망에 연결할 수 있다. 단점: 휘발유 자동차보다 비싸고, 리튬 배터리를 주기적으로 교체해야 하며, 주행 거리가 짧고, 충전소가 적으며, 충전에 시간이 많이 소요된다.

77. **a.** $C + 2\ H_2 \longrightarrow CH_4$　　**b.** $C + H_2O \longrightarrow CO + H_2$

79. 흡열 반응; 용해 과정에서 질산암모늄이 물로부터 열을 흡수하여 온도가 내려간다.

81. b

83. **a.** 흡열 반응; 물이 끓기 위해 가열기로부터 열을 흡수하고 있다.

b. 흡열 반응; 기화열이 증기로 바뀌기 위해서는 물에 흡수되어야 한다. (즉 물이 수증기로 변하기 위해서는 '기화열'을 흡수해야 한다.)

85. **a.** 102 W

b. (102 W)(1마력/745 W) = 0.14마력 = 1인력

87. 551 kW

89. 수소: 1.33×10^5 kJ/kg; 이소부텐, 4.62×10^4 kJ/kg

91. 6.91톤의 메탄(CH_4)

93. **a.** $S + O_2 \longrightarrow SO_2$　　**b.** 5000 t

95. **a.** 질량 기준으로 탄소가 75%인 CH_4는 이산화 탄소를 가장 적게 생성한다. C_4H_{10}은 탄소가 83%이고, 탄소는 당연히 100% 탄소이다.

b. 메탄(CH_4), 열 1 kJ당 탄소는 0.11 g CO_2, CH_4는 0.055 g, C_4H_{10}은 0.061 g을 생성한다.

97. 차량 연료로서 휘발유에 대한 필요성은 매우 크다.

실험문제

1. 사탕이 녹는 것은 물리적 변화이고, 과산화 수소가 반응하는 것은 화학적 변화이다.

2. 물과 사탕; 혼합물을 식히고 열을 사탕에 흡수하여 녹였다.

3. 효모와 과산화 수소; 반응의 결과로 열이 방출되었다.

4. 산소; 타고 있던 부목이 불꽃을 일으켜야 했다.
5. 아니다; 그것은 물리적 변화일 뿐 산소가 생성되지 않았다.

10장

10.1 A. 약 45% 지방
B. 하루 최대 권장 지방 섭취량의 75%; 단 150 g 더; 어렵다.
10.2 A. 4.8파운드 B. 7.4파운드
10.3 A. 70마일 B. 2700 kcal
10.4 A. 16.3 B. 174파운드

1. 지용성; 과잉분은 저장·축적되고, 과잉의 수용성 비타민은 배설된다.
3. 더 많은 식이 에너지(칼로리); 탄수화물, 주로 전분 섭취 증가
5. 비타민 E; 비타민 C
7. 밀도; 생체전기 임피던스 분석. 정확한 밀도 측정에는 큰 수조가 필요하다. 임피던스는 골밀도, 체수분 함량 등에도 좌우된다.
9. 급격한 체중 증가; 심장병, 뇌졸중, 제2형 당뇨병으로 이어진다.
11. FDA; 회사는 그 첨가제가 안전하다는 것을 입증해야 한다.
13. 탄수화물과 지방에는 탄소·수소·산소만 들어 있다. 단백질에는 그 원소들에 더해 질소와 황이 포함된다.
15. 운동선수는 일반적으로 더 많은 식이 에너지가 필요하며, 바람직하게는 전분 형태가 좋다. 또한 더 많은 물과 전해질이 필요하다.
17. 적정 단백질은 모든 필수 아미노산을 충분한 양으로 제공한다. 고기, 달걀, 우유 등.
19. a. 아이오딘화물 이온 b. 철(II) 이온
c. 칼슘 이온 d. 소듐 이온
21. c
23. 뼈 구조를 위해 칼슘과 인의 흡수를 촉진한다. 아니다; 과잉은 바람직하지 않은 칼슘 침착을 초래할 수 있다.
25. 리보플라빈과 시아노코발아민; 수용성이며 체내에 저장될 수 없다.
27. 아스코르브산 = 비타민 C; 시아노코발아민 = 비타민 B_{12}; 칼시페롤 = 비타민 D; 레티놀 = 비타민 A; 토코페롤 = 비타민 E
29. 이뇨제는 소변 형성과 수분 손실을 촉진한다. ADH는 과도한 수분 손실을 막는다.
31. b
33. d
35. a. 부패를 지연시킨다.
b. 시각적 매력을 위한 착색제
c. 감미료
37. b
39. a
41. d
43. a. 렙틴은 체내 지방의 양을 시상하부에 알려 준다.
b. 그렐린은 위에서 생성되는 식욕 자극 물질이다.
45. 저탄수화물 식이는 글리코겐과 수분을 빠르게 고갈시킨다. 탄수화물을 섭취하는 즉시 글리코겐이 회복되고 체중이 돌아온다. 완전 단식은 지방이 아니라 단백질의 대사를 유발한다. 체중이 다시 늘 때는 지방으로 늘어난다.
47. 2시간
49. 약 20 km
51. 26.8
53. a. 무산소성 b. 유산소성
55. 유산소 산화에는 산소가 필요하며, 미오글로빈이 높은 근육 조직은 그 산소를 제공한다.
57. 액토미오신은 근육 수축에 필요한 에너지를 제공하기 위해 ATP의 가수분해를 촉매한다. 촉매 활성이 높다는 것은 에너지가 빠르게 분배된다는 뜻이다. 짧고 강렬한 활동에 적합하다.
59. 그렇다. 곡류(밀, 보리)와 콩이 들어 있다.
61. 베타-카로틴은 비타민 A의 전구체이며 필요에 따라 지방에 저장될 수 있다.
63. a. 20 mL b. 1200 mL
65. 포화 지방 10 g
67. 0.82 g/mL; 지방형
69. 수크랄로스에서는 자당의 OH 3개가 염소 원자로 치환되어 있다.
71. 아니다. 운동으로 근육을 키운다.
73. 산소 4.5 L
75. c
77. a. 3 b. 1 c. 2
79. a. 혐기성 소화로 폐기물을 연료로 전환할 수 있다.
b. 일부 화학 물질은 FSCW에서 대체 용도로 추출할 수 있다(예: 오렌지 껍질의 리모넨).
c. FSCW를 활용하면 폐기물이 매립지로 가지 않아 돈을 아낀다(비용 절감).
d. 일부 FSCW에는 추출가능한 고부가 가치의 화학 물질이 있어 사업 기회를 창출한다.

실험문제

1. 아니다
2. 위산에 녹아 몸이 사용할 수 있는 철 이온을 제공한다.
3. 쇠고기, 간, 닭고기, 햄, 정어리 등 여러 가지

11장

1. 천연 약물은 보통 식물이나 동물에서 물리적 과정을 통해 추출된다. 반합성 약물은 천연 약물을 변형하여 치료 효능을 개선한 것이다. 합성 약물은 실험실에서 합성된다.
3. 박테리아를 죽이거나 성장을 늦추는 약물; 원래는 생물에서 유래한 제제로 한정되었다.
5. 호르몬 작용의 매개체. 프로스타글란딘은 생성된 부위 근처에서 작용하고, 호르몬은 몸 전체에서 작용한다.
7. 에틸 알코올
9. 혼수와 진통을 유발하는 약물
11. 천연: 모르핀. 반합성: 헤로인. 합성: 하이드로코돈
13. 화학요법은 암을 치료하기 위해 약물을 사용하는 것이다.
15. 아세틸살리실산
17. COX-2 억제제는 비스테로이드성 소염진통제(NSAID)이다. 염

증이 일어나는 조직에 존재하는 COX-2 효소의 촉매 작용을 감소시킨다.

19. c

21. 모르핀의 페놀성 수산기(—OH)는 코데인에서는 메톡시기(—OCH_3)로 치환되어 있다.

23. 테트라사이클린류는 매우 다양한 박테리아에 효과적이다.

25. b

27. 뉴클레오시드 유사체는 바이러스 DNA에서 뉴클레오시드를 유사체로 치환하여 레트로바이러스를 무력화한다. 비뉴클레오시드 역전사효소 억제제는 역전사효소가 더 많은 바이러스를 만들지 못하게 막는다. 프로테이스 억제제는 프로테이스 효소를 차단하여 새로운 세포가 감염되지 못하게 한다.

29. b

31. 항대사제는 대사적으로 필수적인 물질과 매우 유사하여 그 물질이 관여하는 반응을 방해한다. 알킬화제는 생물학적으로 중요한 화합물에 알킬기를 전달하여 화합물의 통상적 작용을 차단한다.

33. 6-메르캅토퓨린; 항대사제이다.

35. 프로스타글란딘은 생성된 부위 근처에서 작용하고, 조직에 따라 서로 다른 효과를 낼 수 있으며, 빠르게 대사된다. 호르몬은 내분비샘에서 만들어지고, 서로 다른 부위에서 같은 효과를 나타내며, 서서히 대사된다.

37. 케톤 2개와 알켄 1개

39. 응급피임약은 성관계 후에 작용한다. 플랜 B는 몸이 이미 임신했다고 '생각'하게 만든다. RU-486은 자궁이 착상된 난자를 배출하도록 유도한다.

41. a

43. c

45. a

47. 향정신성 약물은 인간의 정신에 영향을 미치는 약물이고, 환각제는 주변에 대한 지각을 변화시키는 향정신성 약물의 한 범주이다.

49. a

51. b

53. **a.** N_2O는 강력하지 않다.
b. 수술실 종사자에 대한 안전성이 문제로 제기된다.
c. 메스꺼움을 유발한다.

55. b

57. b

59.

N
F
COOH
O

61. **a.** 2.5 g
b. 1회 복용량당 1.7캡슐(실제: 하루 두 번 2캡슐, 한 번에 1캡슐)

63. 6원자 고리 3개와 5원자 고리 1개가 융합(방 3개와 욕실 1개)

65. 지용성. 17개의 탄소와 21개의 수소 중에 산소 1개와 질소 1개만 있어, 구조 대부분이 지방처럼 비극성이다.

67. 바르비투르산계 약물과 아세트아미노펜

69. d

71. 진해제는 기침을 줄이고, 비충혈 제거제는 비강 점막의 부종을 줄이며, 거담제는 점액을 묽게 하여 배출을 돕는다.

73.

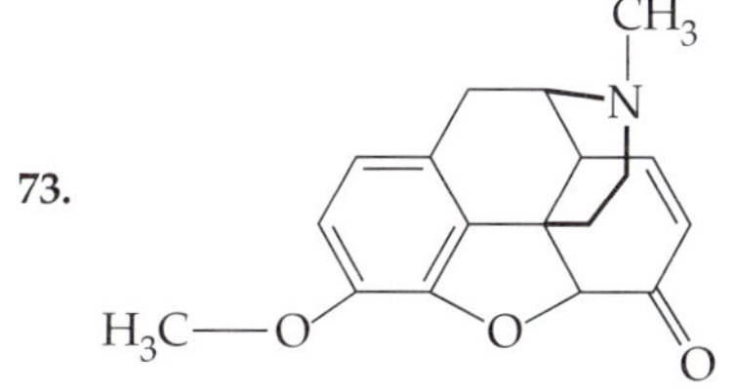

75. 한 약물이 다른 약물의 효과를 증폭시킨다.

77. $b < a < c$

79. NSAID는 프로스타글란딘 형성을 촉매하는 효소(사이클로옥시게나제, COX)를 억제한다.

81. 벤젠계에 관련. 케톤과 카르복실산

83. PGE_2; 케톤, 알코올, 카르복실산

85. a

87. TAF는 TDF가 내는 폐기의 약 4% 수준의 폐기를 발생시킨다.

실험문제

1. 브랜드 1:

$Al(OH)_3(s) + 3\ CH_3COOH(aq) \longrightarrow Al(OOCCH_3)_3(aq) + 3\ H_2O(l)$

$MgCO_3(s) + 2\ CH_3COOH(aq) \longrightarrow Mg(OOCCH_3)_2(aq) + H_2O(l) + CO_2(g)$

브랜드 2:

$CaCO_3(s) + 2\ CH_3COOH(aq) \longrightarrow Ca(OOCCH_3)_2(aq) + H_2O(l) + CO_2(g)$

$Mg(OH)_2(s) + 2\ CH_3COOH(aq) \longrightarrow Mg(OOCCH_3)_2(aq) + 2\ H_2O(l)$

브랜드 3:

$CaCO_3(s) + 2\ CH_3COOH(aq) \longrightarrow Ca(OOCCH_3)_2(aq) + H_2O(l) + CO_2(g)$

2. 이 실험에는 식초(아세트산)를 사용했다. 위 속의 과도한 가스는 보통 염산이므로, 이것이 한 가지 차이점이다. 위 내용물도 또 다른 변수로, 다른 성분들이 유효 성분의 작용을 방해하거나 강화할 수 있다.

3. 정제는 서로 다른 충전제와 비활성 성분으로 제조되므로 용해 속도가 서로 다를 수 있다.

12장

12.1 **A.** $2\ NH_3 + H_3PO_4 \longrightarrow (NH_4)_2HPO_4$; 인산
B. $ZnO + H_2SO_4 \longrightarrow ZnSO_4 + H_2O$; 황산

12.2 **A.** 1.53%
B. 0.59%; 파트 A의 약 1/3 속도

1. 광합성을 통해 이산화 탄소와 물

3. 마그네슘 이온, Mg^{2+}

5. 작물을 심기 전에 잡초를 죽이는 제초제; 글리포세이트

7. 인구가 식량 공급보다 더 빨리 증가할 것이다.

9. 모든 토지가 식량 작물 재배에 적합한 것은 아니다.
11. 해충이 내성을 발달시키며, 농약이 식품에 남는다.
13. 살충제는 우리가 해충이라 간주하는 생물을 죽이는 물질을 통칭하고, 살충제는 특히 곤충 해충을 죽이는 물질이다.
15. 탄소, 수소, 산소; 셀룰로스
17. 번개에 의해; 콩과식물의 박테리아에 의해; 인공적으로 하버 공정에 의해
19. 암모니아 용액은 NH_3 기체를 물에 녹인 것이다. 무수 암모니아는 액체가 될 때까지 압축한 NH_3 기체이다.
21. 뼈, 새의 배설물, 어분
23. 황산으로 처리하여
25. 석회
27. Mg^{2+}, Ca^{2+}, Cl^-, Fe^{2+}, Cu^{2+} 등
29. DDT는 많은 곤충에 효과적이지만 분해되지 않고 식품에 축적된다.
31. 곤충 매개 질병(말라리아, 발진티푸스)이 큰 문제인 지역
33. 페로몬은 곤충을 유인하거나 흔적을 표시하는 데 사용된다. 성 유인 페로몬은 수컷 곤충을 덫으로 유인하거나 혼란시켜 짝을 찾지 못하게 할 수 있다.
35. 불임 곤충 기법은 수컷 해충을 불임 처리한 뒤 감염 지역에 방사하는 것이다. 암컷이 불임 수컷과 짝짓기하면 자손이 생기지 않는다. 비용이 많이 들고 적용 범위가 제한적이다.
37. 2,4-디클로로페녹시아세트산(2,4-D)과 2,4,5-트리클로로페녹시아세트산(2,4,5-T). 이들은 선천성 결함을 일으키는 다이옥신으로 오염되어 있었다.
39. 40 g
41. 20개월; 산술적 증가
43. 53년; 이용가능한 거주 공간, 식량 공급, 수자원 가용성, 기타 요인
45. 30억 명(38.6%)
47. 약 570%; 추세가 계속되면 식품 및 가축 사료용 옥수수의 부족
49. $N_2 + 3\ H_2$ S NH_3
51. **a.** d **b.** b **c.** d **d.** a **e.** c
53. KNO_3; 칼륨과 질소를 공급한다.
55. $2\ NH_3 + H_3PO_4$ S $(NH_4)_2HPO_4$
57. 에터, 에스터, 알켄기 2개
59. 에터, 페놀, 알켄, 방향족 고리
61. Cl, COOH, OCH_3, Cl
63. 비누로 살포한 뒤 2~3시간 후 물로 헹궈야 하므로 시간 제약이 있다.
65. b

실험문제

1. 주방 세제와 염을 넣은 제초제가 가장 효과적일 가능성이 높다. 계면활성제는 용액이 잎 전체에 퍼지도록 돕고, 식초(5% 아세트산)의 산성은 식물의 '질식'을 유발하는 데 기여한다. 소금은 토양을 오염시키고 역삼투를 일으켜 토양의 영양분을 식물이 흡수하지 못하게 한다. 고농도의 소금과 식초는 주의하지 않으면 토양에 지속적인 손상을 줄 수 있다.
2. 주방 세제를 섞은 식초 제초제는 식초만 사용할 때보다 더 효과적이다. 계면활성제가 잎 표면에 용액을 퍼뜨리고, 식초의 산성이 식물의 '질식'에 기여한다.
3. 세 가지 제초제 중 식초만 사용한 것이 가장 효과가 낮을 가능성이 크지만, 잡초 종류에 따라 효과가 있을 수 있으며 3일보다 더 긴 시간이 걸릴 수 있다.
4. 두 가지 중 식초만 사용한 것이 대체로 덜 효과적이지만, 잡초 종류에 따라 효과가 있을 수 있으며 3일보다 더 긴 시간이 걸릴 수 있다.

13장

13.1 **A. a.** 비이온성 **b.** 양이온성
B. a. 음이온성 **b.** 음이온성

1. 비극성 분자는 비극성 분자끼리 서로 끌어당긴다(분산력 작용). 비누 분자의 비극성 탄화수소 꼬리 부분은 비극성의 기름때 분자에 끌려 구형의 미셀을 형성하며, 극성 머리 부분은 표면에 위치한다. 이 극성 말단은 주위의 극성 물 분자에 끌려 배수로로 씻겨 내려간다.
3. 장점: 무독성, 생분해성, 재생 가능한 자원에서 추출한다. 단점: 경수에서는 작동하지 않으며 불용성 칼슘 염을 남긴다.
5. 칼슘, 마그네슘 또는 철분 이온은 팔미트산소듐과 같은 비누와 반응하여 불용성 침전물인 팔미트산칼슘(칼슘팔미트산염)을 형성한다. 비누는 용액 상태에서만 효과적으로 작용한다.
7. 비누 분자의 이온성 말단은 $—COO^-$(카복실산 음이온)이고, 음이온성 세제의 이온성 말단은 일단적으로 $—SO_3^-$(설폰산 음이온)을 갖는다.
9. 최소 한가지 LAS 세제를 사용해야 한다. 비이온성 계면활성제, 효소, 향료, 기타 성분이 들어 있을 수 있다. 식기세척기용 세제는 강염기성으로 삼인산 소듐, 탄산 소듐, 메타슈산 소듐, 소량의 계면활성제가 함유되어 있다. (식기세척기를 사용해 본 적이 없는 분들은 왜 식기세척기에 손세정제를 사용하면 안 되는지 금방 알거다!)
11. 약염기성인 암모니아는 기름기나 탄 음식, 유리, 기타 딱딱한 표면에 효과적이다. 하지만 증기는 자극적이며 암모니아는 아스팔트 타일, 목재 또는 알루미늄을 변색시키거나 부식시킬 수 있다.
13. 이온 교환 과정에서 경수 내의 칼슘·마그네슘·철 이온이 제올라이트 내 음이온 자리에 끌려 들어가며, 제올라이트의 소듐 이온을 대체해 소듐 이온을 물로 방출한다.
15. 화장품; 땀에서 화학 물질을 만들어 악취 화합물을 형성하는 박테리아를 파괴한다.
17. $CH_3(CH_2)_{10}CH_2OSO_3^-\ Na^+$, $CH_3(CH_2)_{10}CH_2OSO_3^-\ K^+$
19. NaOH + 지방 ⟶ 소듐 비누 + 글리세롤
21. **a.** $CH_3(CH_2)_{15}COO^-\ Na^+$ **b.** $CH_3(CH_2)_{14}COO^-\ K^+$

23. 3 $CH_3(CH_2)_{10}COO^-$ Na^+ + $CH_2(OH)CH(OH)CH_2OH$
25. $Mg^{2+} + CO_3^{2-} \longrightarrow MgCO_3$
27. 2 Na-제올라이트 + Ca^{2+} ⟶ Ca-제올라이트 + 2 Na^+
29. 세정력을 높이기 위해 기질에 첨가하는 물질
31. 칼슘과 마그네슘 이온은 '비누 찌꺼기'로 침전되지 않고 제올라이트에 의해 현탁 상태로 유지된다.
33. **a.** 음이온성 **b.** 양이온성
35. 비이온성 계면활성제는 전하를 띠지 않으며, 세탁 및 자동 식기 세척기 세제에 사용된다.
37. 일반명: 라우릴 황산 소듐(sodium lauryl sulfate). IUPAC 이름: 소듐 도데실 황산염(sodium dodecyl sulfate).
39. I
41. III
43. I과 II는 음이온성, III은 양이온성이다.
45. 탄산 칼슘이자 염기성인 대리석. 식초와 반응하여 표면이 부식된다(표면에 구멍이 생긴다).
47. 섬유에 윤활 역할을 하는 얇은 막을 형성하여 유연성과 부드러움을 증가시킨다.
49. 과탄산 소듐, 과붕산 소듐
51. 과붕소산염 표백제는 뜨거운 물에서 강력한 산화제인 이산화 수소(H_2O_2)를 방출한다.
53. 이 제품에는 NaOCl이 함유되어 있으며, 이는 뜨거운 물에서 염소를 방출하여 색을 내는 분자를 산화시킨다.
55. 인화성 및 독성
57. 아니다. 너무 가연성이 높다.
59. 라텍스 페인트는 비누와 물로 닦아낼 수 있다. 유성 페인트는 미네랄 스피릿이나 테레빈유와 같은 유기 용매가 필요하다.
61. 왁스는 긴 사슬(장쇄)의 카르복실산과 긴 사슬(장쇄)의 알코올로 이루어진 에터이다.
63. 물; 피부를 보호하고 부드럽게 하는 기름신 물실; 이 둘을 결합하는 유화제
65. 수분 손실
67. 선크림은 유해한 자외선을 흡수하고 선블록은 자외선을 반사한다.
69. 아보벤존(Avobenzone); 옥시벤존(oxybenzone); 옥틸 메톡시신나메이트(octyl methoxycinnamate)
71. 브로모산 염료와 같은 염료 및 산화철과 같은 색소(안료)
73. Na_2PO_3F; 불소 이온을 공급하여 에나멜(치아의 법랑질)을 강화한다.
75. **a.** 치아 민감도 감소 **b.** 미백제(표백제)
c. 치아 청결(세척)에 도움이 되는 연마제
77. 불소는 치아 법랑질의 하이드록시아파타이트와 반응하여 더 강하고 부식에 대한 저항성이 높은 플루오로아파타이트 [$Ca_5(PO_4)_3F$]로 전환한다.
79. 머스크는 베이스 노트(무겁고 낮은 휘발성)로 사용되며 꽃향기나 과일 향이 나는 탑 노트와 미들 노트의 냄새를 완화한다.
81. 알루미늄 클로로하이드레이트는 땀샘의 구멍을 수축시킨다.
83. 임시 염색약은 수용성이므로 씻어낼 수 있지만 영구 염색약은 머리카락이 잘리거나 빠질 때까지 지속된다.
85. 환원제를 사용하여 머리카락 내의 이황화 결합을 끊은 뒤, 머리카락을 롤에 감고, 그 후 산화제를 사용하여 이황화 결합을 다시 형성하여 롤의 형태로 머리 모양을 고정한다.
87. 머리 색깔을 밝게 하려면 색소를 산화하여 탈색해야 한다. 백발을 더 어두운 색으로 바꾸려면 모발의 황 원자와 반응하여 검은 황화 납(II) 황화물을 형성하는 아세트산 납을 사용할 수 있다.
89. 1 = a; 2 = f; 3 = b; 4 = c; 5 = d; 6 = e
91. I, III, IV
93. I
95. 3.12 g Na_2CO_3
97. 4차 암모늄염; 양이온 계면활성제이다.
99. 아니다. 눈에 보이지 않는 자외선으로부터 에너지를 흡수하여 그 에너지를 가시광선으로 방출한다.
101. **a.** $CH_3(CH_2)_{24}COOH$ **b.** $CH_3(CH_2)_{28}CH_2OH$
103. 7.5시간; 땀, 수영, 옷으로 인해 자외선 차단제가 일부 지워질 수 있다.
105. 단백질
107. 1.7×10^4 kJ

실험문제

1. 손을 씻을 때는 비누와 물이 가장 효과적이다.
2. 세탁 시간, 비누/세정제 사용량, 오염물의 양, 그 밖의 여러 요인들이 영향을 준다.
3. 비누는 계면활성제로서 기름때를 작은 전하를 띤 미셀로 바꾸어 물이 쉽게 씻어내도록 한다. 손 소독제는 알코올을 이용해 세균을 죽이지만, 기름이나 먼지를 제거하는 데는 그만큼 효과적이지 않다.

14장

1. 소량이면 아니다. 더 많은 양은 간 문제를 일으킬 수 있다.
3. 투여 경로가 독 작용의 속도와 해독 속도 등을 좌우한다.
5. 수은: 직업적 노출, 오염된 생선 섭취 등. 납: 납 성분이 든 페인트 조각, 납땜된 배관(식수)과 캔(식품).
7. 햇빛, 라돈, 사프로롤, 다환 방향족 탄화수소(PAH)
9. b
11. 단백질의 기능 수행을 방해한다.
13. 헤모글로빈의 Fe(II)가 Fe(III)로 산화된 산물이다; 메틸렌 블루가 그 반응을 되돌린다.
15. 시안화 이온을 티오시아네이트 이온으로 산화한다.
17. 납과 강하게 결합하여 복합체를 만들고, 그 복합체가 소변으로 배설될 수 있게 한다.
19. 보툴린, 큐라레, 타분, 사린과 같은 신경독. 이들은 아세틸콜린에스테라아제를 결합해 아세틸콜린의 분해를 막는다.
21. b
23. 약 8.0 g
25. 에틸렌글리콜; 치사에 필요한 양이 더 적다.
27. 독성이 더 낮은 코티닌으로 산화한다.

29. 그렇다. 단지 산화를 촉매할 뿐이다. 때로는 비독성 물질을 독성 물질로 바꾸기도 한다.
31. 만성 음주자의 경우 효소 축적으로 테스토스테론이 더 빠르게 분해된다.
33. Ames 시험
35. 인간은 동등한 용량에 노출되지 않으며, 인간의 대사는 시험동물의 대사와 다르다.
37. *P35* 유전자
39. b
41. d
43. 유독성 폐기물은 인체 건강이나 환경에 위해를 주는 독소를 함유하거나 방출하는 폐기물이다. 예: 페인트, 살충제, 윤활유(자동차 오일), 의약품, 세정제
45. 부식성 폐기물은 일반적인 용기 재료를 부식시키거나 파괴한다.
47. a
49. 간이 CCl_4를 반응성 트리클로로메틸 자유라디칼로 전환하며, 이것이 암을 유발할 수 있다.
51. 암유전자는 정상 세포가 암세포로 전환되도록 유발하거나 그 상태를 유지하는 것으로 보인다. 억제 유전자는 일반적으로 암의 발생을 막는다.
53. a
55. **a.** 1.3 mg/kg b. 에틸렌글리콜과 케타민 사이
57. 첫 12가지 미량 원소: 철, 구리, 아연, 망간 등.
59. 물과 수소 결합할 수 있는 극성 케톤기를 형성하여 더 쉽게 배설된다.
61. c
63. c
65. 디콰트는 동등하게 효과적이지만 독성은 훨씬 낮다.
67. b

실험문제

1. 그렇다. 대조군의 씨앗이 가장 빠르게 자라고 뿌리가 가장 길어야 한다.
2. 10% NaCl 농도에서는 성장이 전혀 없었다.
3. 1%와 0.01% NaCl 농도 사이에는 성장의 뚜렷한 차이가 있다.
4. 10% NaCl 농도는 상추 씨앗에 독성이 있어 성장이 없다는 점이 증거다. 1% NaCl에서 0.1% NaCl보다 성장이 더 많다. 농도가 높을수록 성장이 없고, 낮을수록 성장이 많을 것이라 예상된다. 0.01%와 0.001%의 성장은 대조군과 유사하므로, 매우 낮은 NaCl 농도는 성장을 저해하지 않는다.

사진 및 텍스트 출처

사진 출처

Cover The coastline at Big Sur in California: Mint Images/Getty Images **Chapter 1** Opener: Steve Proehl/Getty Images; Page 1 (top): Iaremenko Sergii/Shutterstock; Page 1 (bottom): Zoonar GmbH/Alamy Stock Photo; Page 2: Shanghai Daily/AP Images; Page 3 (top): Universal Art Archive/Alamy Stock Photo; Page 3 (bottom): Bonninstudio/Alamy Stock Photo; Page 5: icollection/Alamy Stock Photo; Page 7: iofoto/Shutterstock; Page 10: Bettmann/Getty Images; Page 11: Karen Tam/AP Images; Figure 1.4: NASA; Figure 1.5 (left): Westend61/Getty Images; Figure 1.5 (right): Tom Boschler/Pearson Education, Inc.; Figure 1.7 (left to right): United States Mint, photomatz/Shutterstock, Grzegorz Raniewicz/Shutterstock, HDesert/Alamy Stock Photo; Page 17: Jim West/Alamy Stock Photo; Figure 1.8: Richard Megna/Fundamental Photographs; Figure 1.9: Eric Schrader/Pearson Education, Inc.; Figure 1.10 (left): Niderlander/Shutterstock; Figure 1.10 (right): emf images/Fotolia; Page 31: Elevance Renewable Science, Inc.; Page 35: McCreary, Terry; Page 36 (left): Buquet Christophe/Shutterstock; Page 36 (center): Reimschuessel/Newscom; Page 36 (right): World History Archive/Newscom; Page 38 (left): Yana Kabangu/Shutterstock; Page 38 (right): David A. Aguilar; Page 40: Wm. Baker/GhostWorx Images/Alamy Stock Photo. **Chapter 2** Opener: maximimages.com/Alamy Stock Photo; Page 41 (top): MS Mikel/Shutterstock; Page 41 (bottom): Wilson Ho; Figure 2.1: John Muggenborg/Alamy Stock Photo; Figure 2.3: Konradlew/Getty Images; Figure 2.3 (inset): Susumu Nishinaga/Science Source; Page 44: DEA/E. LESSING/Getty Images; Figure 2.6a: Manamana/Shutterstock; Figure 2.6b: Katharina Wittfeld/Shutterstock; Figure 2.6c: Richard Megna/Fundamental Photographs; Page 47: World History/TopFoto/The Image Works; Page 49: Matt Meadows/Getty Images; Page 55: Science Source; Page 57 (top): IBM Research/Science Source; Page 57 (left to right): I. Pilon/Shutterstock, Scanrail/Fotolia, Patryk Kosmider/Fotolia, tagstiles.com/Fotolia; Page 58 (left to right): I. Pilon/Shutterstock, Rawpixel.com/Shutterstock, LesPalenik/Shutterstock, Skaljac/Shutterstock; Page 59: Libby Welch/Alamy Stock Photo; Page 63: Richard Megna/Fundamental Photographs. **Chapter 3** Opener: Jeff Hunter/Getty Images; Page 65 (top): Goritza/Shutterstock; Page 65 (bottom): Friedberg/Fotolia; Page 66: GL Archive/Alamy Stock Photo; Figure 3.2b: Richard Megna/Fundamental Photographs; Page 70 (top): Otto Glasser/National Library of Medicine; Page 70 (bottom): INTERFOTO/Alamy Stock Photo; Page 72: ZUMA Press, Inc./Alamy Stock Photo; Figure 3.9 (left, right): Richard Megna/Fundamental Photographs; Figure 3.9 (center): SPL/Science Source; Figure 3.10: ktsdesign/Shutterstock; Figure 3.11: Wabash Instrument Corp/Fundamental Photographs; Page 79: Martí sans/Alamy Stock Photo; Page 81: Elenathewise/Fotolia; Page 84: Rick Pickford; Page 89 (top): Richard Megna/Fundamental Photographs; Page 89 (center): Africa Studio/Shutterstock; Page 89 (bottom): Gary Retherford/Science Source; Page 96: Andrey_Kuzmin/Shutterstock. **Chapter 4** Opener: HERA FOOD/Alamy Stock Photo; Page 97 Fotocrisis/Shutterstock; Page 98: Andreas Argirakis/Alamy Stock Photo; Page 100: Science History Images/Alamy Stock Photo; Figure 4.1: Richard Megna/Fundamental Photographs; Figure 4.2c: Charles D Winters/Science Source; Figure 4.3: Richard Megna/Fundamental Photographs; Page 105: Aleksandar Varbenov/Alamy Stock Photo; Page 124: Scott Abbott; Page 139: Marilyn Duerst. **Chapter 5** Opener: Dmitri Ma/Shutterstock; Page 140 (top): Casther/Shutterstock; Page 140 (bottom): Elizaveta Galitckaia/Shutterstock; Page 144: Norenko Andrey/Shutterstock; Page 146: Pictorial Press Ltd/Alamy Stock Photo; Page 149: Winai Tepsuttinun/Shutterstock; Page 153: Jim Gibson/Alamy Stock Photo; Page 157: Eric Schrader/Pearson; Page 158: Alistair Scott/Alamy Stock Photo; Page 159, 160: Nathan Eldridge/Pearson Education, Inc.; Page 168: JIANG HONGYAN/Shutterstock, Fitria Ramli/Shutterstock. **Chapter 6** Opener: posteriori/Shutterstock; Page 169 (top): CK Foto/Shutterstock; Page 169 (bottom): Jonathan Daniel/Allsport/Getty Images; Page 170: Hercules Milas/Alamy Stock Photo; Page 171: fullempty/Alamy Stock Photo; Page 172: kviktor/Shutterstock; Page 172: holly.w/Stockimo/Alamy Stock Photo; Figure 6.4: Richard Megna/Fundamental Photographs; Figure 6.11a: Tony Freeman/PhotoEdit; Figure 6.11b: George Mattei/Science Source; Figure 6.11c: Liv friis-larsen/Shutterstock; Figure 6.17: Richard Megna/Fundamental Photographs; Figure 6.18: Scanrail1/Shutterstock; Page 192: PJF Military Collection/Alamy Stock Photo; Page 195: amalia19/Shutterstock. **Chapter 7** Opener: SolStock/Getty Images; Page 196 (top): grey_and/Shutterstock; Page 196 (bottom): Zigzag Mountain Art/Shutterstock; Figure 7.1: Eric Schrader/Pearson Education, Inc.; Page 198 (top): Tyler Boyes/Shutterstock; Page 198 (center): Denise Kappa/Shutterstock; Page 198 (bottom): Richard Megna/Fundamental Photographs; Figure 7.2: Eric Schrader/Pearson Education, Inc.; Page 199: Science and Society/SuperStock; Page 200: Andriy Popov/123RF; Page 204: BlueHorse_pl/Shutterstock; Figure 7.7: Richard Megna/Fundamental Photographs; Page 210: Richard Megna/Fundamental Photographs; Figure 7.9: Creative Digital Visions/Pearson Education, Inc., Inc.; Page 215 (top): Terry Putman/Shutterstock; Page 215 (bottom): Michael P Gadomski/Science Source; Page 223: Farsad Behzad Ghafarian/Shutterstock. **Chapter 8** Opener: Scharfsinn/Shutterstock; Page 224 (top): PHENPHAYOM/Shutterstock; Page 224 (bottom): Car Culture/Getty Images; Figure 8.1: Paul Silverman/Fundamental Photographs; Page 231: Kara/Fotolia; Figure 8.4: Peticolas/Megna/Fundamental Photographs; Page 235: Pelikh Alexey/Shutterstock; Page 237 (top): Spencer Grant/PhotoEdit; Page 237 (bottom): Marianne de Jong/Shutterstock; Page 239: krishnacreations/Fotolia; Page 241: Walter Drake; Page 242: sirtravelalot/Shutterstock; Page 243: Spacex/Newscom; Page 245 (top): Richard Megna/Fundamental Photographs; Page 245 (bottom): Eric Schrader/Pearson Education, Inc.; Page 246: Paul Reid/Shutterstock; Figure 8.9: Eric Schrader/Pearson Education, Inc.; Figure 8.10: L Lauzuma/Shutterstock; Page 253 (left): sciencephotos/Alamy Stock Photo; Page 253 (right): photowind/Shutterstock; Page 254: Sherri R. Camp/Shutterstock; Page 255: Jacob Kearns/Shutterstock. **Chapter 9** Opener: Mr.Weerayut Chaiwanna/Shutterstock; Page 259: PattayaPhotography/Shutterstock; Page 264: Vladimir Breytberg/Shutterstock; Figure 9.6b: Richard Megna/Fundamental Photographs; Page 268: rommma/123RF; Page 269: JPC-PROD/shutterstock; Figure 9.9: Clive Freeman/The Royal Institution/Science Source; Page 274, 278, 279: Eric Schrader/Pearson Education, Inc. Inc.; Page 280: Southern Illinois University/Science Source; Page 286 (top): Henrik Larsson/Shutterstock; Page 286 (bottom): Eric Schrader/Pearson Education, Inc. **Chapter 10** Opener: Jelle vd Wolf/Shutterstock; Page 303 (top): Good Shop Background/Shutterstock; Page 303 (bottom): BALDUCCI/SINTESI/SIPA/Newscom; Page 304: Brian Nolan/Shutterstock; Figure 10.1b, 10.2: Richard Megna/Fundamental Photographs; Page 310 (top): Dennis MacDonald/PhotoEdit; Page 310 (bottom left): Koksharov Dmitry/Shutterstock; Page 310 (bottom center): James Edward Bates/MCT/Newscom; Page 310 (bottom right): Inara Prusakova/Shutterstock; Page 311: Michele Cozzolino/Shutterstock; Page 312: Global Warming Images/Alamy Stock Photo; Page 313: Freerk Brouwer/Shutterstock; Page 315: Lenscap/Alamy Stock Photo; Page 316 (top): Maridav/Shutterstock; Page 316 (bottom): IMAGENFX/Shutterstock; Page 318: glenda/Shutterstock; Page 320 (bottom): Mar Photographics/Alamy Stock Photo; Page 321: Crisferra/Shutterstock; Page 323: Amoco Fabrics & Fibers/Propex; Page 324: Tommy Trenchard/Alamy Stock Photo; Page 325: Beth Hall/Alamy Stock Photo; Page 334: Daftly Domestic. **Chapter 11** Opener: Media for Medical SARL/Alamy Stock Photo; Page 335 (top): Triff/Shutterstock; Page 335 (bottom): SergeyIT/Shutterstock; Figure 11.2: Nora D. Volkow/National Institute of Health; Page 347: Tim Graham/Alamy Stock Photo; Page 348: Library of Congress, Washington, D.C (Photoduplication); Page 349 (top): Omikron/Science Source; Page 349 (bottom): Khlungcenter/Shutterstock; Page 351: Simon Fraser/Science Source; Page 355: Science Source/Science Source; Page 357 (top): Pictorial Press Ltd/Alamy Stock Photo; Page 357 (bottom): PF-(bygone1)/Alamy Stock Photo; Page 359: Argonne National Laboratory/Science Source; Page 360: Lawrence Berkeley National Laboratory; Figure 11.12: United States Air Force; Figure 11.13: JIJI PRESS/AFP/Getty Images; Figure 11.14: DigitalGlobe/ScapeWare3d Contributor/Getty Images; Page 366: Steve Allen/Shutterstock; Page 373: ACORN 1/Alamy Stock Photo. **Chapter 12** Opener: Marilyn Duerst; Page 374 (top): Ruslan Ivantsov/Shutterstock; Page 374 (bottom): Steve Hamblin/Alamy Stock Photo; Page 377: Galyna Andrushko/Shutterstock; Figure 12.3 (left): Madlen/Shutterstock; Figure 12.3 (right): Gary Cook/Alamy Stock Photo; Figure 12.4: Marilyn Duerst; Figure 12.5: S_E/Fotolia; Figure 12.6: H.Catherine/W. Skinner; Figure 12.7: Benoit Daoust/Shutterstock; Page 381: nikkytok/Shutterstock; Page 382 (top): Lee Prince/Shutterstock; Page 382 (bottom): tawat thanumtieng/Shutterstock; Page 383: BIOPHOTO ASSOCIATES/Getty Images; Page 384 (left): Haider Azim/Alamy Stock Photo; Page 384 (right): maxstock/Alamy Stock Photo; Page 386: Puwalski/Shutterstock; Page 388: Joan Albert Lluch/Fotolia; Page 389: Byjeng/Shutterstock; Page 390: Arturo Limon/Shutterstock; Page 391: John Cancalosi/Alamy Stock Photo; Page 392 (left): vvoe/Shutterstock; Page 392 (right): Arne Dedert/Newscom; Page 397 (left): Stephen St. John/Getty Images; Page 397 (right): Turtle Rock Scientific/Science Source. **Chapter 13** Opener: Paopano/Shutterstock; Page 398: trancedrumer/Shutterstock; Page 400: IrinaK/Shutterstock; Page 403: Jacques Descloitres/MODIS Rapid Response Team/NASA/GSFC; Page 404 (top): Sergei Butorin/Shutterstock; Page 404 (bottom): Dr. Ray Clark FRPS & Mervyn de Calcina-Goff FRPS/Science Source; Page 405: Carl Mydans/The LIFE Picture Collection/Getty Images; Page 408: Jose Gil/Shutterstock; Page 410: BrazilPhotos.com/Alamy Stock Photo; Page 413: Monica Schroeder/Science Source; Page 416: NOAA; Figure 13.11: NASA Ozone Watch; Page 420: U.S. Geological Survey/Science Source. **Chapter 14** Opener: Nito/Shutterstock; Page 431 (top): Gaak/Shutterstock; Page 431 (bottom): Mcarter/Shutterstock; Figure 14.1b: Paul D. Van Hoy II/Getty Images; Page 433: Kokoulina/Shutterstock; Page 434: Oleksandr Kalinichenko/Shutterstock; Page 441: Top Photo Corporation/Shutterstock; Page 442: US Environmental Protection Agency (EPA); Page 443: Design Pics Inc/Alamy Stock Photo; Page 444: PETER PARKS/AFP/Getty Images; Page 448 (top): Sven Torfinn/Panos Pictures; Page 448 (bottom): National Institute of Dental Research. **Chapter 15** Opener: Casey Reed/NASA; Page 459 (top): seeyou/Shutterstock; Page 459 (bottom): videowokart/123RF; Page 462: U.S. Consumer Product Safety Commission; Figure 15.1: Greenshoots Communications/Alamy Stock Photo; Figure 15.2: Richard Megna/Fundamental Photographs; Page 466: Mark Phillips/Alamy Stock Photo; Page 467: PÃ©ter Gudella/123RF; Figure 15.3: D and D Photo Sudbury/Shutterstock; Figure 15.4: Richard Megna/Fundamental Photographs; Page

469: Carolyn Franks/123RF; Page 474: U.S. Department of the Interior Museum; Page 475 (top): BanksPhotos/Getty Images; Page 475 (bottom): John Kaprielian/Getty Images; Figure 15.12: Larry Lee Photography/Getty Images; Figure 15.14: UK Atomic Energy Authority/EUROfusion; Figure 15.15b: Beautiful landscape/Shutterstock; Page 488 (top): zgsxycll/123RF; Page 488 (bottom): Martin Bond/Science Source; Page 489: Frank Fennema/123RF; Figure 15.18: Steve Allen/Science Source; Page 500 (left): Gift of Curiosity; Page 500 (right): Kathy L. Ceceri. **Chapter 16** Opener: TCreativeMedia/Shutterstock; Page 501 (top): NaniP/Shutterstock; Page 501 (bottom): Ed Walls Photography/Shutterstock; Page 505: Eric Schrader/Pearson Education, Inc.; Figure 16.7a: Biophoto Associates/Science Source; Figure 16.7b: CNRI/Science Source; Figure 16.9: Richard Megna/Fundamental Photographs; Page 508: Alex Treadway/Alamy Stock Photo; Figure 16.10: Yakov Oskanov/123RF; Figure 16.11 (left): Marilyn Duerst; Figure 16.11 (right): Baiba Opule/123RF; Page 509: Marianna Day Massey/Newscom; Page 511: Nicolaas Weber/Shutterstock; Figure 16.14: Eric Schrader/Pearson Education, Inc.; Figure 16.16a: Martin M Rotker/Getty Images; Figure 16.16b: Sebastian Kaulitzki/Shutterstock; Page 514, 515: Eric Schrader/Pearson Education, Inc.; Figure 16.18a: Richard Megna/Fundamental Photographs; Page 526: Swapan/Fotolia; Page 530: A. Barrington Brown/Science Source; Page 532: Andrew Syred/Science Source; Page 536: Tono Balaguer/Shutterstock; Page 540: UCLA Henry Samueli School of Engineering and Applied Science; Page 543: Eric Schrader/Pearson Education, Inc.; Page 547: Beret Marie Olsen. **Chapter 17** Opener: Aleksandr Markin/Shutterstock; Page 548 (top): Ivonne Wierink/Shutterstock; Page 548 (bottom): Rido/Shutterstock; Figure 17.1: USDA; Figure 17.2: chatuphot/Shutterstock; Figure 17.3a: Clinical Photography, Central Manchester University Hospitals NHS Foundation Trust, UK/Science Source; Figure 17.3b: DoubleVision/Science Source; Page 557: Corbin O'Grady Studio/Science Source; Figure 17.4: Christopher Edwin Nuzzaco/Shutterstock; Page 561: Charles Taylor/Shutterstock; Page 564: Gvictoria/Shutterstock; Figure 17.11: Andy Crump, TDR, World Health Organization/Science Source; Figure 17.12: David Madison/Getty Images; Page 575: Python Pictures/Everett Collection; Page 576: ROBYN BECK/AFP/Getty Images; Figure 17.14: ESB Professional/Shutterstock; Figure 17.15: Kathy Willens/ASSOCIATED PRESS; Figure 17.16: Jose Luis Calvo/Shuttestock; Figure 17.17: Greg M. Cooper/ASSOCIATED PRESS; Figure 17.18: ammentorp/123RF; Page 580 (left): granata68/Shutterstock; Page 580 (right): Egor Rodynchenko/Shutterstock; Page 580 (bottom left): Green Leaf/Shutterstock; Page 580 (bottom center): Maksim Toome/Shutterstock; Page 580 (bottom right): Curly Pat/Shutterstock. **Chapter 18** Opener: unpict/Fotolia; Page 587 (top): Diana Taliun/Shutterstock; Page 588 (top): mce12/Getty Images; Page 588 (center): Jeff Rotman/Science Source; Page 588 (bottom): Vasiliy Vishnevskiy/123RF; Page 590: Mike Kemp/RubberBall/Alamy Stock Photo; Figure 18.4: Nigel Cattlin/Alamy Stock Photo; Page 593: Library of Congress; Page 608: Walter Oleksy/Alamy Stock Photo; Page 610: Mark Harmel/Alamy Stock Photo; Figure 18.22: Ildi Papp/Shutterstock; Figure 18.28: U.S. Drug Enforcement Administration; Page 627: Monkey Business Images/Shutterstock; Page 637: Amy Cannon/Beyond Benign. **Chapter 19** Opener: Daxiao Productions/Shutterstock; Page 638 (top): m.pilot/Shutterstock; Page 638 (bottom): KPG_Payless/Shutterstock; Page 639: montian noowong/123RF; Figure 19.3: Eric Schrader/Pearson Education, Inc.; Figure 19.4: Rick Dalton - Ag/Alamy Stock Photo; Figure 19.6: Eric Schrader/Pearson Education, Inc.; Figure 19.7: Torychemistry/Shutterstock; Page 644: Sarah Cuttle/Dorling Kindersley Limited; Page 645: wrangel/123RF; Figure 19.9: Randy Olson/National Geographic/Getty Images; Figure 19.12: danymages/Shutterstock; Page 650: Jonathan Pearson/Alamy Stock Photo; Figure 19.13: USDA; Page 654: Yellowj/Shutterstock; Page 660: Paul Looyen/123RF; Page 666: Kate Anderson. **Chapter 20** Opener: Erin Lester/Getty Images; Page 667 (top): Patryk Kosmider/Shutterstock; Page 667 (bottom): YuriyZhuravov/Shutterstock; Figure 20.1: Richard Megna/Fundamental Photographs; Page 669: Classic Image/Alamy Stock Photo; Figure 20.5: Richard Megna/Fundamental Photographs; Figure 20.7a: Inc/Shutterstock; Figure 20.7b: Richard Megna/Fundamental Photographs; Figure 20.8a: Janice Haney Carr/CDC; Page 676: Eric Schrader/Pearson Education, Inc.; Figure 20.9: Alfred Pasieka/Science Source; Page 679: Eric Schrader/Pearson Education, Inc.; Figure 20.10: Richard Megna/Fundamental Photographs; Figure 20.11a: ChandraPhoto/Shutterstock; Figure 20.11b: Eric Schrader/Pearson Education, Inc.; Figure 20.11c: Prof. Genevieve Anderson; Page 689, 692: Eric Schrader/Pearson Education, Inc.; Page 694: Tanya Little/Shutterstock; Page 702 (left): David Smart/Shutterstock; Page 702 (top right): Phil Masturzo/Newscom; Page 702 (bottom right): Fernando Madeira/Fotolia. **Chapter 21** Opener: Studio Porto Sabbia/Fotolia; Page 703 (top): wolfman57/Shutterstock; Page 703 (bottom): hivaka/Fotolia; Figure 21.1: Gerard Sauze/Fotolia; Page 705 (top): Sufi/Shutterstock; Page 705 (bottom): Stu Smucker/age fotostock/Getty Images; Page 709: Kevin Wolf/Associated Press; Page 716 (left): Picsfive/Shutterstock; Page 716 (right): New York Public Library/Science Source; Page 720: US Food and Drug Administration FDA; Page 729: Kate Anderson.

텍스트 출처

Chapter 1 page 3 "Better Living Through Chemistry" Du Pont Ads. Darren Brouwer, BETTER LIVING THROUGH CHEMISTRY? Why chemists need to be humanists. Article. (A Cardus Project). page 30 1.10 Critical Thinking: Lett, James, "A Field Guide to Critical Thinking," *The Skeptical Inquirer*, Winter 1990, pp. 153–160. page 35 "Pure shampoo, with nothing artificial added." 20+ Best Organic Shampoos That Are Actually Non-Toxic. SKINCARE OX. page 37 "the face that launched a thousand ships" Christopher Marlowe. *The Tragical History of Doctor Faustus*. (J. M. Dent and Company, 1897). **Chapter 4** page 137 "Some of these hydrocarbons are very light, like methane gas—just a single carbon molecule attached to three hydrogen molecules." Lisa Marshall and Matthew Spiegelman: Fried Ice: Should we torch oil spills off Alaska with napalm? (Discover Magazine, November 08, 2003 page 02: http://discovermagazine.com/2003/nov/fried-ices) Kalmbach Media Co. page 138 "separates the positive and negative charges in the hydrocarbon fuel molecules, increasing their polarity and allowing them to react more readily with oxygen." Robert E. Hinchee and Robert F. Olfenbuttel: In Situ Bioreclamation: Applications and Investigations for Hydrocarbon and Contaminated Site Remediation. (Elsevier, 2013). page 138 "Fifty years ago, the hydrogen bond angle in water was 108? and you rarely heard of anyone with cancer. Today, it's only 104? and, as a result, cancer is an epidemic!" Orac: Your Friday Dose of Woo: Just what your water needs–more electrons! (August 25, 2006). **Chapter 5** page 168 "What goes in must come out." Seyi Hopewell: *Why Must I Marry This Bruvva?* (Xlibris Corporation, 2011). **Chapter 6** page 177 "Like dissolves like." Steven S. Zumdahl & Susan A. Zumdahl: Chemistry (Cengage Learning, 2013). **Chapter 8** page 229 "the charge an atom would have in a formula if all the bonds were entirely ionic." Kaplan Test Prep, MCAT Organic Chemistry Review 2018–2019: Online + Book (Simon and Schuster, 2017). **Chapter 10** page 327 Slogan: "Yes, this new product is greener!" London Court of International Arbitration (LCIA). page 333 "plastic bags are . . . an environmentally responsible choice." Olivia Legan: City Council poised to vote on plastic bag ban. (October 19, 2010) The Samohi. http://www.thesamohi.com/news/city-council-poised-to-vote-on-plastic-bag-ban. **Chapter 11** page 365 "May you live in interesting times" Tereze Glück: *May You Live in Interesting Times* (University of Iowa Press, 1995). **Chapter 12** page 391 Figure 12.9 Population timeline from 1800-2050 Source: United Nations, World Population Prospects: The 2012 Revision. New York: 2012. **Chapter 13** page 398 "I saw the blackness of space, and then the bright blue Earth. And then it looked as if someone had taken a royal blue crayon and traced along Earth's horizon. And then I realized that blue line, that really thin royal blue line, was Earth's atmosphere, and that was all there was of it. And it's so clear from that perspective how fragile our existence is." Sally Ride, Sher, Lynn. 2014. *Sally Ride: America's First Woman in Space*. New York: Simon & Schuster. page 415 "to use proven methods of controlling indoor air pollution. These methods include eliminating or controlling pollutant sources, increasing outdoor air ventilation, and using proven methods of air cleaning." U.S. Environmental Protection Agency, "Ozone Generators That are Sold as Air Cleaners." page 416 Figure 13.11 The ozone hole (purple) over Antarctica Ozone Hole, September 16, 2013: NASA; http://earthobservatory.nasa.gov/IOTD/view.php?id=82235. page 423 "We have met the enemy, and he is us." Walt Kelly: *Pogo* (Simon and Schuster, 1972). page 429 "There are more molecules in one breath of air than there are breaths in Earth's entire atmosphere." C. Donald Ahrens: *Meteorology Today: An Introduction to Weather, Climate, and the Environment* (Cengage Learning, 2012). **Chapter 14** page 437 Figure 14.2 Where Is Earth's Water? Data from Igor Shiklomanov's chapter "World fresh water resources" in *Water in Crisis: A Guide to the World's Fresh Water Resources*. page 438 Figure 14.3 The water (hydrological) cycle Source: USGS: http://water.usgs.gove/edu/watercyclessummary.html. page 457 "The water we drink in the present day may be some of the same water that flowed in the time of the dinosaurs." UNESCO: Free flow: Reaching Water Security through Cooperation (UNESCO, 2013). page 457 "oxygenated and structured water has smaller molecules that penetrate more quickly into the cells, and therefore hydrate your body faster and more efficiently." Denice D. Cook M.D.: *Choose Life: Optimizing Your Health and Functioning Toward 100 Years and Beyond* (Author House, 2010). **Chapter 15** page 467 "The forms of energy available for useful work are continually decreasing; energy spontaneously tends to distribute itself among the objects in the universe." Frank B. Salisbury: *"Units, Symbols, and Terminology for Plant Physiology: A Reference for Presentation of Research Results in the Plant Sciences."* (Oxford University Press, 1996). page 467 "Heat always flows from a hot object to a cooler one" George I. Sackheim: *Practical Physics for Nurses*. (Saunders, 1957). page 470 Table 15.3 Estimated U.S. and World Reserves of Economically Recoverable Fuels and Annual Consumption of Fossil Fuels Source: U.S. Energy Information Administration, April 2014 report; Data are as of January 1, 2013, for the year ending December 31, 2012. page 472 Table 15.4 Table: Major Components of Various Types of Coal (Minor Components Include Volatile Materials and Sulfur) Source: Data from Diessel, C. F. K. Coal-Bearing Depositional Systems. New York: Springer-Verlag, 1992. page 482 Table 15.6 Electricity Generation Using Nuclear Power Plants (Selected Countries) International Atomic Energy Agency, PRIS Database. Vienna: 2010. page 492 Table 15.7 Table: Total Primary Energy Consumption Per Capita, (quadrillion BTU's in 2011) Source: U.S. Energy Information Administration. **Chapter 17** page 561 "This statement has not been evaluated... treat, cure, or prevent any disease." Source: Dietary Supplement Health and Education Act of 1994. **Chapter 18** page 624 "leads to drug abuse" and "solves the teacher's problem, not the kid's." Quinn McGavin: Stimulant, depressant, and psychotropic drugs. Prezi, Inc. (July 2018). page 625 Table 18.5 Caffeine in Soft Drinks Source: National Soft Drink Association, FDA. page 625 "no one has ever become a cigarette smoker by smoking cigarettes without nicotine", "think of the cigarette as a dispenser for a dose unit of nicotine." Source: Philip Morris quoted in Internal Report for Philip Morris (1972), written by William L Dunn, Jr, cited in Douglas, op. cit., at 3. **Chapter 19** page 646 Table 19.3 Approximate Acute Toxicity of Insecticidal Preparations Administered Orally to Rats. Sources: O'Neill, Maryadele J., Patricia E. Heckelman, Cherie B. Koch, Kristin J. Roman, and Catherine M. Kenny, The Merck Index, 14th ed. (Whitehouse Station, NJ: Merck & Co., 2006), and the Extension Toxicology Network. page 654 "a weed is a plant whose virtues have not yet been discovered." Ralph Waldo Emerson, *The Later Lectures of Ralph Waldo Emerson*, 1843–1871, Volume 2 Edited by: Ronald A. Bosco, Joel Myerson. (University of Georgia Press, 2010). page 657 Figure 19.15 Energy use in modern agriculture and food production. Data from Center for Sustainable Systems, University of Michigan. 2013. "U.S. Food System Factsheet." Pub. No. CSS01-06. October 2013. page 665 "Try out tobacco 'sun tea' as a nontoxic pesticide." "This special tea can help you eliminate most garden pests without any unwanted toxicity." Kathy Van Mullekom: Homemade Tobacco 'Tea' Wards Off Pests (Daily Press. May 08, 2005). **Chapter 20** page 681 "antibacterial agents [including triclosan] to be used with water are not generally recognized as safe." U.S. Food and Drug Administration (September 02, 2016). page 685 "articles intended to be rubbed, poured, sprinkled or sprayed on, introduced into, or otherwise applied to the human body or any part thereof, for cleansing, beautifying, promoting attractiveness or altering the appearance." U.S. Federal Food, Drug, and Cosmetic Act of 1938. page 701 "reduces wrinkles and prevents or reverses damage caused by aging and sun exposure." Mayo Clinic Staff: Wrinkle creams: Your guide to younger looking skin. Mayo Foundation for Medical Education and Research (MFMER). page 701 "pH-balanced for a woman's tender skin" Lindsey Gremont: Easy Homemade Deodorant for Sensitive Skin. Homemade Mommy (January 14, 2014). **Chapter 21** page 703 "the dose makes the poison." Paracelsus Qouted in *Hugh D. Crone: The Man who Defied Medicine : His Real Contribution to Medicine and Science*. Albarello Press, 2004.

* 사진 및 텍스트 출처의 쪽수는 원서를 기준으로 한 것이다.

찾아보기

일부 유기 작용기

Name of Class	Functional Group	General Formlua of Class
Alkane	None	R—H
Alkene	$>C{=}C<$	$R{-}C(R'){=}C(R''){-}R'''$
Alkyne	$-C{\equiv}C-$	$R{-}C{\equiv}C{-}R'$
Alcohol	$-\overset{\vert}{\underset{\vert}{C}}-O-$	$R{-}O{-}H$
Ether	$-\overset{\vert}{\underset{\vert}{C}}-O-\overset{\vert}{\underset{\vert}{C}}-$	$R{-}O{-}R'$
Aldehyde	$-\overset{O}{\overset{\Vert}{C}}-H$	$R-\overset{O}{\overset{\Vert}{C}}-H$
Ketone	$-\overset{O}{\overset{\Vert}{C}}-$	$R-\overset{O}{\overset{\Vert}{C}}-R'$
Amine	$-\overset{\vert}{\underset{\vert}{C}}-\overset{\vert}{N}-$	$R-\overset{H}{\overset{\vert}{N}}-H$ $R-\overset{H}{\overset{\vert}{N}}-R'$ $R-\overset{R'}{\overset{\vert}{N}}-R''$
Carboxylic acid	$-\overset{O}{\overset{\Vert}{C}}-O-H$	$R-\overset{O}{\overset{\Vert}{C}}-O-H$
Ester	$-\overset{O}{\overset{\Vert}{C}}-O-\overset{\vert}{\underset{\vert}{C}}-$	$R-\overset{O}{\overset{\Vert}{C}}-O-R'$
Amide	$-\overset{O}{\overset{\Vert}{C}}-\underset{\vert}{N}-$	$R-\overset{O}{\overset{\Vert}{C}}-\underset{\underset{H}{\vert}}{N}-H$ $R-\overset{O}{\overset{\Vert}{C}}-\underset{\underset{H}{\vert}}{N}-R'$ $R-\overset{O}{\overset{\Vert}{C}}-\underset{\underset{R''}{\vert}}{N}-R'$